国家电网公司
STATE GRID
CORPORATION OF CHINA

国家电网公司继电保护培训教材

国家电力调度通信中心 编著

（上册）

中国电力出版社
CHINA ELECTRIC POWER PRESS

内 容 提 要

本书是国家电网继电保护培训教材，共分八章，内容包括：专业基础理论、电力系统运行及故障分析、输电线路保护及重合闸、元件保护、电力系统安全自动装置、二次回路、继电保护整定计算基础、继电保护相关知识，另外还有事故分析案例作为附录。

本书可作为从事电力系统继电保护工作的运行、维护、管理、设计、研发和教学人员的专业参考书和培训教材，也可供相关专业技术人员和高校电力专业师生参考。

图书在版编目（CIP）数据

国家电网公司继电保护培训教材/国家电力调度通信中心编著．北京：中国电力出版社，2009.4（2021.12重印）

ISBN 978-7-5083-8389-7

Ⅰ．国… Ⅱ．国… Ⅲ．电力系统-继电保护-技术培训-教材 Ⅳ．TM77

中国版本图书馆CIP数据核字（2009）第009758号

中国电力出版社出版、发行

（北京市东城区北京站西街19号 100005 http://www.cepp.sgcc.com.cn）

北京雁林吉兆印刷有限公司印刷

各地新华书店经售

*

2009年4月第一版 2021年12月北京第二十五次印刷

787毫米×1092毫米 16开本 51.25印张 1276千字

印数68501—70500册 定价**150.00**元（上、下册）

《国家电网公司继电保护培训教材》

编　委　会

前　言

本书是在国家电网公司《继电保护岗位技能培训大纲》基础上，编写的一本继电保护岗位技能培训教材。全书是在国家电网公司领导亲切关怀下，在国家电力调度通信中心继电保护处直接主持领导下完成的。在编写过程中得到了华东网调、华北网调、辽宁省调、江苏省调、浙江省调、河北省调、甘肃省调、湖南省调、四川省调、江苏省电力公司生产技能培训中心、四川省电力培训中心、常州供电公司、苏州供电公司、盐城供电公司和南瑞继保电气有限公司等单位的大力支持与帮助。

本书在编写中尽力做到由浅入深、由易到难；各公式的推导严密完整，物理概念的阐述清晰准确。力求使具有专科及以上学历的电力系统专业毕业的学生能够自学并且学懂。

理论与实践紧密结合是本书的一大特点。在理论上本书有一定的广度与深度。本书除用较多篇幅解释了继电保护的基础理论外，还论述了继电保护理论研究中的一些新成果，分析并收集了继电保护研发中的一些新技术。同时考虑到继电保护是一门实践性很强的应用学科，所有的理论分析都应该落实到应用的实际。因此本书还用了大量篇幅论述了各种保护、安全自动装置的具体实现方法及其在使用中的大量问题。同时本书还用较多篇幅论述了继电保护工作者在现场工作中遇到的很多实际问题以及应该掌握的岗位技能知识。所以本书可以作为从事电力系统继电保护工作的运行、维护、管理、设计、研发和教学人员的专业参考书和培训教材以及相关专业技术人员的参考工具书。同时本书也可以作为高等学校电力系统专业师生的教学、研究参考书。

本书第一章由支叶青、周丽芳编写；第二章由许正亚编写；第三章由高中德、王芊编写；第四章由傅洪全、胡晓丽、周丽芳编写；第五章由姜瑆、刘正梅编写；第六章由曹良编写；第七章由廖小君编写；第八章由廖小君、杨先义编写；附录由薛峰编写。全书由高中德统稿。王德林、陈建民、孙集伟、韩学军、邱金辉、严国平、裘愉涛、张洪、姚旭、徐宇新、王伟、倪腊琴等分别对各章节进行了审核并参加了全书的评审工作。

对本书所引用的公开发表的国内外有关研究成果的作者、各制造厂家生产装置中公开发表的技术成果的作者，编者表示衷心的感谢！

编著者

2009 年 2 月

目 录

下　册

第一章

专业基础理论

第一节　单相交流电路分析与计算

一、正弦交流电的基本概念

大小和方向随时间作周期性变化，并在一周内平均值为零的电流、电压，称为交流电流和交流电压。随时间按正弦规律变化的交流电称为正弦交流电。通常所说的交流电，若无特别说明都是指正弦交流电。正弦交流电流、电压都称为正弦量。

以电流为例，其波形如图 1－1 所示，其数学表达式为：

$$i = I_m \sin(\omega t + \theta) \tag{1-1}$$

式中：i 称为瞬时值；I_m 称为最大值；ω 称为角频率；（$\omega t + \theta$）称为相位；θ 称为初相角。最大值、角频率和初相角是确定正弦交流电的三要素。

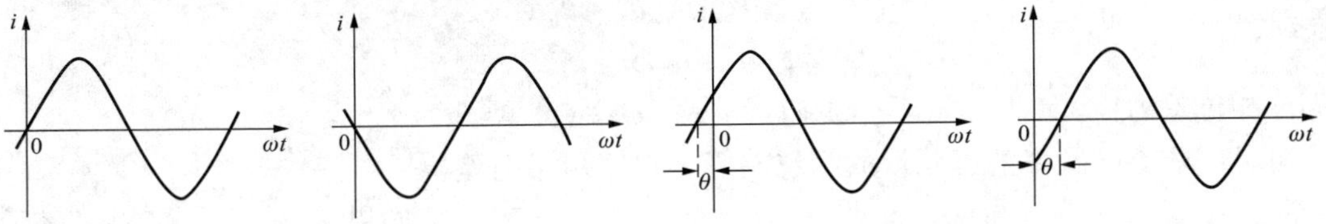

θ=0°　　θ=180°　　0°<θ<180°　　0°>θ>−180°

图 1－1　正弦交流电流波形

（一）交流电的周期、频率和角频率

交流电变化一周所需要的时间称为周期，用 T 表示，单位是秒（s）。交流电在 1s 内重复变化的次数称为频率，用 f 表示，单位是赫兹（Hz），简称赫。

周期和频率互为倒数关系，即

$$f = \frac{1}{T} \tag{1-2}$$

交流电每变化一周就变化了 2π 弧度，即　$\omega T = 2\pi$

角频率、周期及频率的关系为

$$\omega = \frac{2\pi}{T} = 2\pi f \tag{1-3}$$

角频率 ω 的单位是弧度/秒（rad/s）。我国电力工业的标准频率为 50Hz，周期为 0.02s。

（二）交流电的瞬时值、最大值及有效值

交流电的瞬时值是随时间变化的，用小写字母表示，如 i、u、e。最大值又称幅值，虽然是一个不随时间变化的定值，但实际上是一个最大的瞬时值。最大值用带下标 m 的大写字母表示，如 I_m、U_m、E_m。瞬时值及幅值的大小难以用电工仪表测量。因此引入一个衡量交流电大小的量值，即交流电的有效值。

交流电有效值的定义是：在阻值相等的两个电路中，分别通入直流电流 I 和交流电流 i，如果在相同的时间内这两个电流所产生的热量相同，则交流电 i 的有效值就等于这个直流电

流 I 的大小。交流电的有效值用大写字母表示，如 I、U、E。正弦交流电的有效值等于其最大值的 $\frac{1}{\sqrt{2}}$ 倍。即

$$I=\frac{I_m}{\sqrt{2}} \qquad U=\frac{U_m}{\sqrt{2}} \qquad E=\frac{E_m}{\sqrt{2}} \tag{1-4}$$

通常所说的交流电压和电流的大小（如380V、5A）是指有效值，一般交流测量仪表所指示电压或电流数值都是指交流电的有效值。

（三）交流电的相位、初相位及相位差

$(\omega t+\theta)$反映了交流电随时间变化的角度，称为相位角，简称相位。在不同的时刻 t 就有不同的$(\omega t+\theta)$值。

$t=0$ 时的相位 θ 称为初相。初相与计时起点选择有关。计时起点选择不同，初相也不同。我们知道，正弦交流电在一周内瞬时值两次为零，规定波形由负到正时与横轴的交点为零值点，因此从波形图上看，初相的大小就是零值点到坐标原点的距离。零值点位于坐标原点左边取“+”，零值点位于坐标原点右边取“-”。常取初相$|\theta|\leqslant\pi$。

任何两个频率相同的正弦量之间的相位关系可以通过它们的相位差来反映。设有两个同频率的正弦量，其函数表达式分别为：

$$u=U_m\sin(\omega t+\theta_u)$$
$$i=I_m\sin(\omega t+\theta_i)$$

它们的相位差为：　　$\varphi=(\omega t+\theta_u)-(\omega t+\theta_i)=\theta_u-\theta_i$

可见，两个同频率的正弦量的相位差等于它们初相之差。

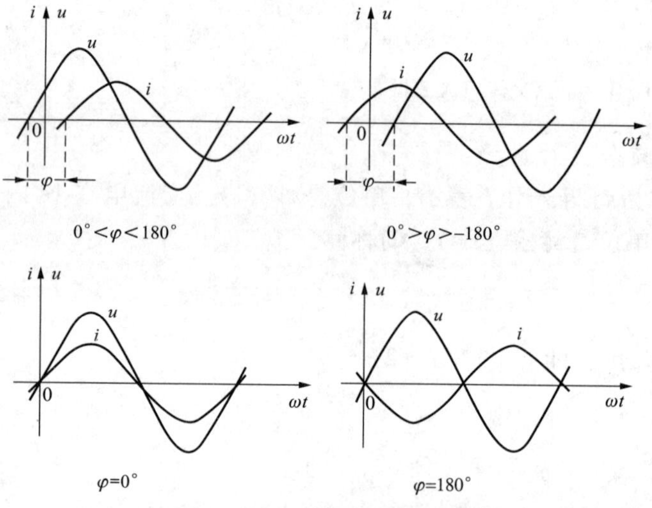

图1-2　正弦量的相位关系

如果 $\theta_u>\theta_i$，$\varphi>0$，表示在相位上 u 超前 $i\varphi$ 角；如果 $\theta_u<\theta_i$，$\varphi<0$，表示在相位上 u 滞后 $i\varphi$ 角；如果 $\theta_u=\theta_i$，$\varphi=0$，表示 u 与 i 同相；如果 $\theta_u-\theta_i=\pi$，表示 u 与 i 反相。同频率正弦量的相位关系如图1-2所示。

需要注意：

1）初相与计时起点有关，而相位差与计时起点无关。

2）初相与相位差都与正弦量参考方向选择有关。

3）同频率正弦量的相位差才有意义。

例1-1　已知正弦电压 $u=311\sin\left(314t-\frac{\pi}{6}\right)$V。试求：① 电压的最大值、有效值、相位及初相；② 角频率、频率及周期；③ $t=0$ 和 $t=0.01$s 时电压的瞬时值各为多少？④ 如有一正弦电流 $i=7.07\sin\left(314t+\frac{\pi}{3}\right)$A，那么电压与电流的相位差为多少？

解：

（1）电压最大值 $U_m=311(V)$；有效值 $U=\frac{311}{\sqrt{2}}=220(V)$；相位为 $\left(314t-\frac{\pi}{6}\right)$；初相 $\theta_u=-\frac{\pi}{6}$。

（2）角频率 $\omega=314rad/s$；频率 $f=\frac{\omega}{2\pi}=\frac{314}{2\pi}=50Hz$；周期 $T=\frac{1}{50}=0.02s$。

（3）$t=0s$ 时电压的瞬时值为

$$u=311\sin\left(314\times0-\frac{\pi}{6}\right)=311\sin\left(-\frac{\pi}{6}\right)=-155.5(V)$$

$t=0.01s$ 时电压的瞬时值为：

$$u=311\sin\left(314\times0.01-\frac{\pi}{6}\right)=311\sin\left(100\pi\times0.01-\frac{\pi}{6}\right)=311\sin\left(\frac{5\pi}{6}\right)=155.5(V)$$

（4）电压与电流的相位差为

$\varphi=\theta_u-\theta_i=-\frac{\pi}{6}-\frac{\pi}{3}=-\frac{\pi}{2}$，电压滞后电流 $\frac{\pi}{2}$；或者说电流超前电压 $\frac{\pi}{2}$。

二、正弦交流电的相量表示法

如前所述，正弦交流电可以用三角函数式和波形图来表示。用三角函数式的优点是可以直接从函数式中看出正弦量的三要素；波形图的优点是直接可以看到一个正弦量的变化情况。但在交流电路的分析和计算时，经常需要将几个同频率的正弦量进行加减等运算，用三角函数式和波形图就显得很麻烦。为了便于计算，正弦交流电常用相量来表示，这样可以把三角函数运算简化成复数形式的代数运算。

在直角坐标系中，一个向量匀速旋转时在 Y 轴上的投影对应一条正弦函数。反之一个正弦量也可以用一个旋转向量来表示。用旋转向量来表示正弦量时，向量的长度代表正弦量的最大值，向量的初始位置与 X 轴正方向的夹角代表正弦量的初相，向量旋转的角速度代表正弦量的角频率，不同时刻 t 向量在 Y 轴上的投影代表正弦量的瞬时值。

在以后要讨论的交流电路中，如果给定电源的频率一定，那么电路中相应的电压、电流的频率都与电源频率相同，即各正弦量都是同频率的。因此只需要画出一个能够反映正弦量大小和初相两个因素的向量，就可以把这个正弦量完全表示出来。

以上分析说明，正弦量可以用一个复平面中处于起始位置的固定向量来表示，这个固定向量的长度可用有效值或最大值，通常采用有效值。

需要注意的是正弦量本身是标量，正弦量用向量来表示的是有效值和相位，与表示力、电场强度、磁感应强度等的空间向量有本质的区别的。只是正弦量借助向量这个工具来进行分析计算，为了加以区别，所以我们把表示正弦量的向量称为相量。用大写字母加点作为符号，如 $\dot{U}$、$\dot{I}$、$\dot{E}$。

在复平面内的相量也可以用复数表示。如图1－3中，相量 $\dot{A}$ 在实轴上的投影 a 称为复数的实部，在虚轴上的投影 b 称为复数的虚部，长度 c 称为称为复数的模，与实轴之间的夹角 θ 称为复数的幅角。

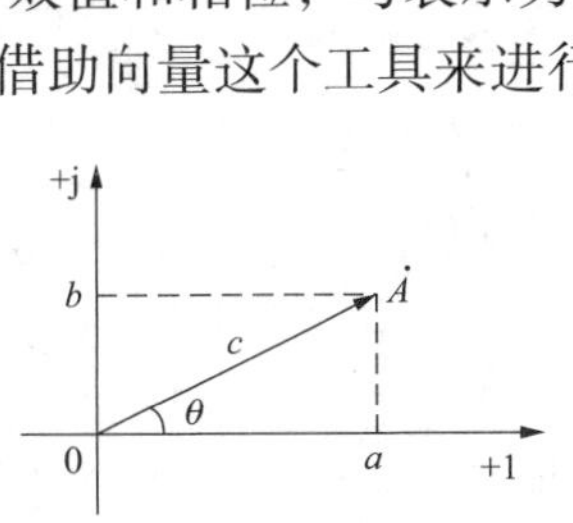

图1－3 相量图

它们之间的关系是

$$a=c\cos\theta$$
$$b=c\sin\theta$$

$$c = \sqrt{a^2 + b^2}$$

$$\theta = \arctan \frac{b}{a}$$

由数学中的欧拉公式：

$$\cos\theta + \mathrm{j}\sin\theta = \mathrm{e}^{\mathrm{j}\theta}$$

可得相量用复数表示的四种形式：

$$\dot{A} = a + \mathrm{j}b = c(\cos\theta + \mathrm{j}\sin\theta) = c\mathrm{e}^{\mathrm{j}\theta} = c\angle\theta^\circ \qquad (1-5)$$

它们依次分别称为复数的代数式、三角式、指数式和极坐标式。复数在加减运算时宜采用代数式，实部与实部相加减，虚部与虚部相加减；在乘除运算时宜采用指数式和极坐标式，模与模相乘除，幅角与幅角相加减。

例 1-2 已知 $i_1 = 28.28\sin(314t + 60^\circ)$ A，$i_2 = 14.14\sin(314t - 45^\circ)$ A。

试求：① i_1、i_2 的相量表示；② 求 $i_1 + i_2$；③ 画出相量图。

解：（1）i_1、i_2 的相量表示：

$$\dot{I}_1 = \frac{28.28}{\sqrt{2}}\angle +60^\circ = 20\angle +60^\circ\ \text{A}; \quad \dot{I}_2 = \frac{14.14}{\sqrt{2}}\angle -45^\circ = 10\angle -45^\circ\ \text{A}$$

（2）$i_1 + i_2$：

$$\begin{aligned}\dot{I}_1 + \dot{I}_2 &= 20\angle +60^\circ + 10\angle -45^\circ \\ &= 10 + \mathrm{j}17.32 + 7.07 - \mathrm{j}7.07 \\ &= 17.07 + \mathrm{j}10.25 = 19.91\angle +30.98^\circ\ \text{A}\end{aligned}$$

数学表达式为：

$$i_1 + i_2 = \sqrt{2} \times 19.91\sin(314t + 30.98^\circ)\ \text{A}$$

（3）相量图如图 1-4 所示。

由相量图清晰可见各电流的相位差。

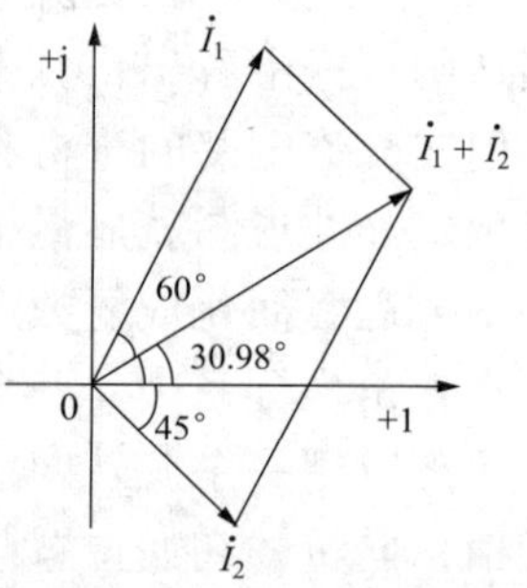

图 1-4 例 1-2 相量图

三、单一元件的交流电路

知道了交流电的基本概念及相量表示法后，以下讨论只含一个理想无源元件、最简单的交流电路。

（一）纯电阻电路

1. 电压与电流的关系

在图 1-5（a）所示电路中，设电压与电流参考方向一致，选择电流为参考量，即

$$i = I_\mathrm{m}\sin\omega t$$

根据欧姆定律 $u = Ri = RI_\mathrm{m}\sin\omega t = U_\mathrm{m}\sin\omega t$

可见：

1）电阻上电压和电流为同频率的正弦量；

2）电阻上电压和电流相位一致；

3）电压和电流的最大值和有效值关系分别为

$$U_\mathrm{m} = RI_\mathrm{m}; \qquad U = RI \qquad (1-6)$$

将电阻上电压和电流关系用相量来表示，则

$$\dot{U}_\mathrm{m} = R\dot{I}_\mathrm{m}; \qquad \dot{U} = R\dot{I} \qquad (1-7)$$

波形图和相量图如图 1-5（b）、（c）所示。

2. 功率关系

（1）瞬时功率。

在交流电路中电压和电流是随时间变化的，所以电阻在任一时刻吸收和消耗的功率也是随时间变化的。电路在任一时刻吸收和消耗的功率称为瞬时功率，等于电压电流瞬时值的乘积。用小写字母 p 表示。即

$$p=ui=U_mI_m\sin^2\omega t=2UI\sin^2\omega t$$

波形如图 1－5（d）所示。从图可见，瞬时功率在不断变化，除过零点外其余各点均为正值。说明在交流电路中，电阻是耗能元件。

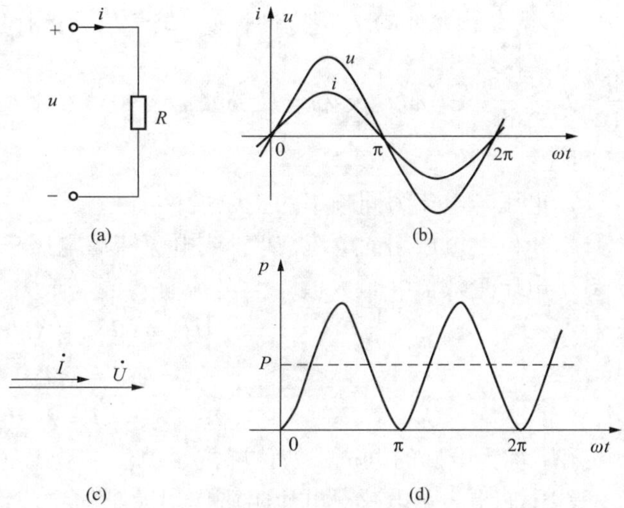

图 1－5　纯电阻电路

（a）电路图；（b）电压电流波形；（c）相量图；（d）功率波形

（2）平均功率。

瞬时功率只能说明功率的变化情况，没有实际意义。工程上通常用它在一个周期内的平均值来衡量交流电路功率的大小，这个平均值称为平均功率，又称有功功率，用大写字母 P 表示。即

$$P=\frac{1}{T}\int_0^T p\mathrm{d}t=\frac{1}{T}\int_0^T 2UI\sin^2\omega t\mathrm{d}t=UI$$

因为 $U=RI$ 的关系，所以电阻的平均功率还可以采用下面公式计算：

$$P=UI=I^2R=\frac{U^2}{R} \tag{1-8}$$

式（1－8）与直流电路电阻元件功率计算公式一样，但要注意的是这里的电压 U 和电流 I 分别是电阻两端交流电压和电流的有效值。有功功率的单位是瓦（W）。各种电气设备上的所标的功率就是平均功率（有功功率）。

例 1－3　额定电压为 220V，功率为 100W 的白炽灯接于 220V 的交流电源上。试求：① 白炽灯的电阻；② 如果电流的初相为 30°，$\omega=314\text{rad/s}$，写出电流瞬时值函数表达式；③ 如果每天使用 5 小时（h），试计算一个月（以 30 天计）所消耗的电能是多少？

解：（1）白炽灯是电阻元件，电阻 R 由式 $P=\frac{U^2}{R}$，可得

$$R=\frac{U^2}{P}=\frac{220^2}{100}=484\Omega$$

（2）电流的有效值　　$I=\frac{P}{U}=\frac{100}{220}=0.45\text{A}$

电流瞬时值函数表达式　　$i=\sqrt{2}\times0.45\sin(314t+30°)$ A

（3）一个月所消耗的电能　　$W=Pt=100\times10^{-3}\times5\times30=15\text{kWh}$

（二）纯电感电路

1. 电压与电流关系

电感元件如果通入交流电流，由于电流的变化，由电流建立的磁通也随之变化，从而产生自感电动势，在电感两端建立起自感电压。设电压与电流参考方向一致，如图 1－6（a）

所示。根据电感元件的伏安特性：$u=L\dfrac{di}{dt}$，若选择电流为参考量 $i=I_m\sin\omega t$，则电压 $u=L\dfrac{di}{dt}=L\dfrac{dI_m\sin\omega t}{dt}=\omega LI_m\cos\omega t=U_m\sin(\omega t+90°)$

可见：

1）电压与电流为同频率的正弦量；

2）相位上电压超前电流90°，或电流滞后电压90°；

3）电压有效值（最大值）与电流有效值（最大值）之间有类似欧姆定律的关系。即

$$\left.\begin{aligned}U_m&=\omega LI_m=X_LI_m\\U&=\omega LI=X_LI\end{aligned}\right\}\qquad(1-9)$$

其中

$$X_L=\omega L=2\pi fL\qquad(1-10)$$

式中：X_L 称为电感的电抗，简称感抗，单位是欧姆（Ω）。电压一定时，X_L越大，则电流越小，所以 X_L 是表示电感对电流阻碍作用大小的物理量。但要注意，电感对正弦电流的阻碍作用是由于自感电动势总是企图阻止交流电流变化形成的。

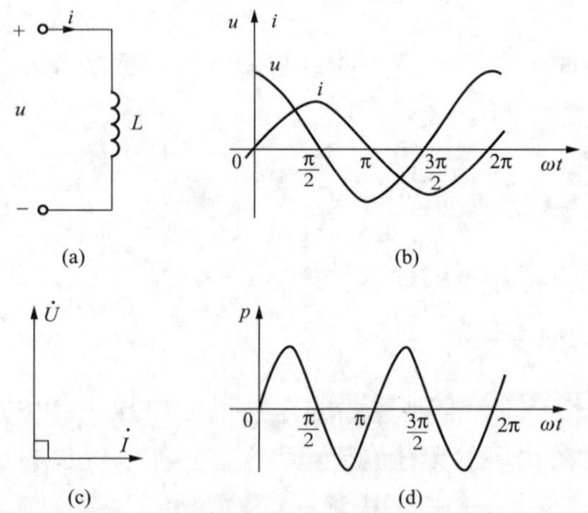

图1-6 纯电感电路

（a）电路图；（b）电压电流波形；（c）相量图；（d）功率波形

感抗 X_L 的大小与电感 L 和电源频率 f 成正比。当电感 L 一定时，感抗与频率 f 成正比，即 f 越高，X_L 越大，阻碍电流通过的能力越强，当 $f\to\infty$ 时，电感相当于开路。反之，f 越低，X_L 越小，阻碍电流通过的能力越弱，当 $f=0$（直流）时，$X_L=0$，电感相当于短路。所以电感元件具有“通低频、阻高频”的作用。

将电感上电压和电流关系用相量来表示，则

$$\left.\begin{aligned}\dot U_m&=jX_LI_m=j\omega L\dot I_m\\\dot U&=jX_L\dot I=j\omega L\dot I\end{aligned}\right\}\qquad(1-11)$$

波形图和相量图如图1-6（b）、（c）所示。

2. 功率关系

（1）瞬时功率。

$$\begin{aligned}p&=ui=U_m\sin(\omega t+90°)I_m\sin\omega t=U_mI_m\cos\omega t\ \sin\omega t\\&=UI\sin2\omega t\end{aligned}$$

由上式看出瞬时功率也是时间的正弦函数，只是频率是电流（电压）频率的二倍。波形如图1-6（d）所示。由图1-6（b）、（d）可知，在第一个四分之一周期内，由于电压与电流为同方向，瞬时功率为正，电感吸收的电能转换成磁场能量储存在电感线圈中，它随电流增大而增加，当电流达到最大值时，其能量也达最大值为 $W_L=\dfrac{1}{2}LI_m^2$。在第二个四分之一周期内，电感电流与电压的实际方向相反，瞬时功率为负，在此期间电流下降，磁场能量减少，即电感中原先储存的磁场能量又返回给电源，到第二个四分之一周期结束，电流下降到零，电感中磁场能量全部放出。第三、第四个四分之一周期与第一个和第二个四分之一周

期相似，只是电流方向相反而已。可见电感只是储存与释放能量，并不消耗功率，因此，平均功率等于零。即

$$p = \frac{1}{T}\int_0^T p\mathrm{d}t = \frac{1}{T}\int_0^T UI\sin 2\omega t\mathrm{d}t = 0$$

（2）无功功率。

电感虽然不消耗能量，但它与电源之间存在能量交换，我们就用瞬时功率的最大值，即能量交换的最大值来表示电感与电源间能量交换的规模，称为无功功率，用大写英文字母 Q_L 表示，即

$$Q_L = UI = I^2 X_L = \frac{U^2}{X_L} \tag{1-12}$$

它的量纲虽与平均功率相同，但为了与有功功率相区别，无功功率的单位叫乏尔，简称乏，用 var 表示。

必须指出，无功功率并非无用功率，切不可把“无功”功率理解成“无用”功率，而应理解成电感元件与电源之间能量交换的规模。无功功率和有功功率一样，在电力生产过程中占有极其重要的地位。如变压器和电动机等都是电感性负载，需要建立磁场来传送电能或进行能量交换，在这里无功功率是用来建立磁场的，没有无功就没有磁场，这些电气设备就不能工作。所以电厂在发出有功功率的同时，还要发出一定的无功功率。

例 1－4　把 $L=100\text{mH}$ 的电感接到 $u=\sqrt{2}\times 220\sin(314t-30°)\text{V}$ 的交流电源上，求：① 感抗 X_L；② 电感电流的瞬时表达式 i，并画出 u、i 的相量图；③ 电感的无功功率 Q_L；④ 如果电源的频率变成 500Hz，其他条件不变，此时感抗、电流的有效值及无功功率又为多少？⑤ 如果把该电感接到 220V 直流电源上，会产生什么后果？

解：（1）感抗 $X_L=\omega L=314\times 100\times 10^{-3}=31.4\Omega$

（2）电流 i。已知 $\dot{U}=220\angle -30°\ \text{V}$

$$\dot{I}=\frac{\dot{U}}{\mathrm{j}X_L}=\frac{220\angle -30°}{\mathrm{j}31.4}=7\angle -120°\ \text{A}$$

瞬时值表达式　$i=\sqrt{2}\times 7\sin(314t-120°)\ \text{A}$

电压、电流相量图如图 1－7 所示。

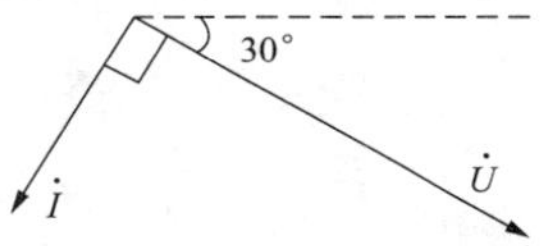

图 1－7　例 1－4 相量图

（3）无功功率 $Q_L=UI=220\times 7=1540\text{var}$

（4）$f=500\text{Hz}$，$X_L=\omega L=2\pi fL=2\pi\times 500\times 100\times 10^{-3}=314\Omega$

$$I=\frac{U}{X_L}=\frac{220}{314}=0.7\text{A}\qquad Q_L=UI=220\times 0.7=154\text{var}$$

（5）如果把该电感接到 220V 直流电源上，因为直流电源的 $f=0$，$X_L=0$，相当于短路，会将该电感线圈烧坏。

（三）纯电容电路

1. 电压与电流关系

在图 1－8（a）所示电容电路中，选择 u 和 i 参考方向一致，根据电容元件的伏安特性 $i=C\frac{\mathrm{d}u}{\mathrm{d}t}$，若选电压 u 为参考正弦量，即 $u=U_m\sin\omega t$，则电流

$$i=C\frac{\mathrm{d}U_m\sin\omega t}{\mathrm{d}t}=\omega CU_m\cos\omega t=I_m\sin(\omega t+90°)$$

可见：

1）电压与电流为同频率的正弦量；

2）相位上电流超前电压90°，或电压滞后电流90°；

3）电压有效值（最大值）与电流有效值（最大值）之间有类似欧姆定律的关系。即

$$\left.\begin{aligned}U_m &= X_C I_m\\ U &= X_C I\end{aligned}\right\}\tag{1-13}$$

其中

$$X_C=\frac{1}{\omega C}=\frac{1}{2\pi fC}\tag{1-14}$$

式中：X_C 为电容的电抗，简称容抗。在交流电路中，容抗 X_C 与电阻 R 及感抗 X_L 一样具有阻碍电流通过的性质，它是一个表征电容对正弦电流阻碍作用的物理量。式（1-14）中，电容 C 的单位是法，用 F 表示，容抗的单位也是欧姆（Ω）。

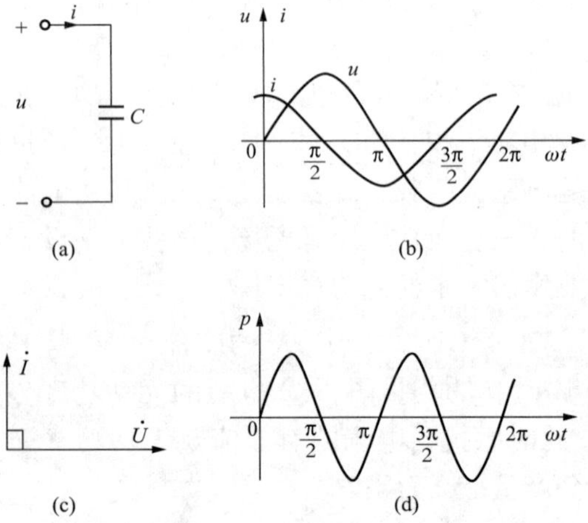

图1-8 纯电容电路

（a）电路图；（b）电压和电流波形；（c）相量图；（d）功率波形

容抗 X_C 与电容 C 及电源的频率 f 有关，当频率 f 一定时，容抗 X_C 与电容 C 成反比，即 C 越大，X_C 越小。当电容 C 一定时，容抗与频率成反比。频率越高，容抗 X_C 越小，阻碍电流的能力越小，当 f 很高时，容抗 X_C 趋向于0，电容相当于短路，所以高频电流很容易通过电容器；反之频率越低，X_C 越大，对电流的阻碍作用越大，当 $f=0$（直流）时，X_C 趋于无穷大，这时电容器相当于开路。所以电容具有"通高频、阻低频、隔直流"的作用。将上述电容上电流和电压的关系统一用相量表示，则

$$\left.\begin{aligned}\dot{U}_m &= -jX_C\dot{I}_m = -j\frac{1}{\omega C}\dot{I}_m\\ \dot{U} &= -jX_C\dot{I} = -j\frac{1}{\omega C}\dot{I}\end{aligned}\right\}\tag{1-15}$$

波形图和相量图如图1-8（b）、（c）所示。

2. 功率关系

（1）瞬时功率。

$$\begin{aligned}p &= ui = U_m\sin\omega t\cdot I_m\sin(\omega t+90°) = U_mI_m\sin\omega t\cdot\cos\omega t\\ &= UI\sin 2\omega t\end{aligned}$$

由上式看出瞬时功率也是时间的正弦函数，只是频率是电流（电压）频率的二倍。波形如图1-8（d）所示。由图1-8（b）、（d）可知，在第一个四分之一周期内，u、i 都为正，$p>0$，表示电容从电源吸收功率，并将其转换成电场能量储存在电容器中，当电压 u 达到最大值 U_m 时，电场能量也达到最大值 $\frac{1}{2}CU_m^2$，这是电容器充电过程。在第二个四分之一周期内，u 仍为正，i 为负，$p<0$，电容器输出功率，向电源释放能量并逐渐减少至零，这是电容器放电过程。第三、第四个四分之一周期内，过程与前面相似，只是电容器的反向充电和放电过程。上述过程可见，电容元件的作用是储存和释放电场能量，并不消耗功率，其

平均功率等于零。即

$$P=\frac{1}{T}\int_0^T p\mathrm{d}t=\frac{1}{T}\int_0^T UI\sin2\omega t\mathrm{d}t=0$$

（2）无功功率。

电容上平均功率等于零，只与电源之间存在能量交换，并且是通过瞬时功率反映出来的，由此我们用电容的瞬时功率最大值，即能量交换的规模来表示电容与电源间能量交换的情况，称作无功功率，用大写字母 Q_C 表示，即

$$Q_C=UI=I^2X_C=\frac{U^2}{X_C} \tag{1-16}$$

Q_C 单位与 Q_L 一样是乏尔，简称乏，用 var 表示。

例 1-5 现有 47μF、额定电压为 20V 的电容器，试问：① 能否接到 20V 的交流电源上工作？② 将两只这样的电容器串联后接到工频 20V 的交流电源上，电路的电流和无功功率为多少？③ 将两只这样的电容器并联后接到 1000Hz、10V 的交流电源上，电路的电流及无功功率又是多少？

解：（1）交流电源电压 20V 指有效值，其最大值为

$U_m=\sqrt{2}U=\sqrt{2}\times20=28.28$V，超过电容器额定电压 20V，故不能接到 20V 的交流电源上。

（2）两只 47μF 的电容器串联后接到工频 20V 的交流电源上工作时，串联等效电容及容抗为：

$$C=\frac{C_1C_2}{C_1+C_2}=\frac{47\times10^{-6}\times47\times10^{-6}}{(47+47)\times10^{-6}}=23.5\times10^{-6}\text{F}=23.5\mu\text{F}$$

$$X_C=\frac{1}{2\pi fC}=\frac{1}{2\times3.14\times50\times23.5\times10^{-6}}\approx135.5\Omega$$

电流及无功功率为：

$$I=\frac{U}{X_C}=\frac{20}{135.5}=0.15\text{A}$$

$$Q_C=UI=20\times0.15=3\text{var}$$

（3）两只 47μF 的电容器并联后接到 1000Hz、10V 的交流电源上工作时，并联的等效电容及容抗为

$$C=C_1+C_2=47+47=94\mu\text{F}$$

$$X_C=\frac{1}{2\pi fC}=\frac{1}{2\times3.14\times1000\times94\times10^{-6}}=1.69\Omega$$

电流及无功功率为

$$I=\frac{U}{X_C}=\frac{10}{1.69}=5.92\text{A}$$

$$Q_C=UI=10\times5.92=59.2\text{var}$$

四、*RLC* 串并联交流电路

（一）*RLC* 串联交流电路

1. 电压与电流的关系

RLC 串联交流电路如图 1-9 所示。当电路两端加上正弦交流电压 u 时，电路中将产生交流电流 i，同时在各元件上产生电压 u_R、u_L 和 u_C。参考方向如图 1-9 所示。

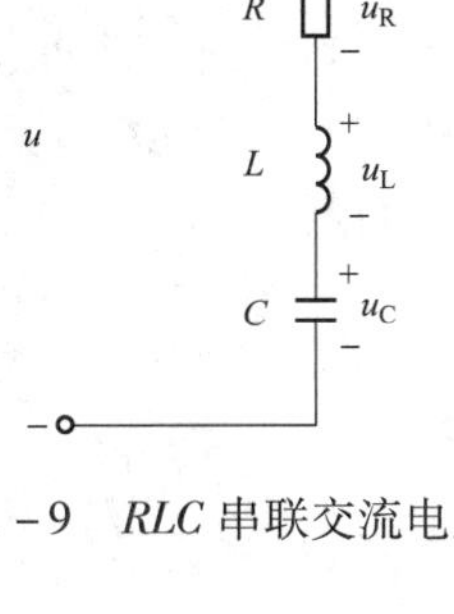

图 1-9 *RLC* 串联交流电路

根据基尔霍夫电压定律（KVL）：

$$u=u_R+u_L+u_C$$

用相量表示，则

$$\begin{aligned}\dot{U} &= \dot{U}_R + \dot{U}_L + \dot{U}_C = R\dot{I} + jX_L\dot{I} - jX_C\dot{I} \\ &= [R + j(X_L - X_C)]\dot{I} = (R + jX)\dot{I} \\ &= Z\dot{I}\end{aligned} \tag{1-17}$$

式中

$$X = X_L - X_C \tag{1-18}$$

称为电路的电抗，它反映了感抗和容抗综合限流作用。

$$Z = R + jX = |Z|\underline{/\varphi} \tag{1-19}$$

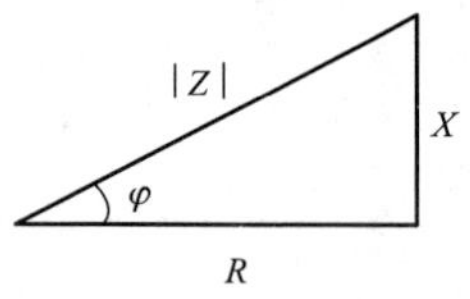

图 1－10　阻抗三角形

称为电路的复阻抗，它只是一般的复数计算量，不是相量。$|Z|$是复阻抗的模，称为阻抗。φ 称为复阻抗的幅角，是阻抗角。$|Z|$、R 和 X 三者之间构成一个直角三角形，称为阻抗三角形，如图 1－10 所示。

$$\left.\begin{aligned}|Z| &= \sqrt{R^2 + X^2} = \sqrt{R^2 + (X_L - X_C)^2} \\ R &= |Z|\cos\varphi \\ X &= |Z|\sin\varphi\end{aligned}\right\} \tag{1-20}$$

阻抗角 φ 可用阻抗三角形求得

$$\varphi = \arctan\frac{X}{R} = \arccos\frac{R}{|Z|} = \arcsin\frac{X}{|Z|} \tag{1-21}$$

由式（1－17）可得

$$Z = \frac{\dot{U}}{\dot{I}} = \frac{\dot{U}\underline{/\theta_u}}{\dot{I}\underline{/\theta_i}} = \frac{U}{I}\underline{/\theta_u - \theta_i} = |Z|\underline{/\varphi} \tag{1-22}$$

其中

$$|Z| = \frac{U}{I} \tag{1-23}$$

$$\varphi = \theta_u - \theta_i \tag{1-24}$$

即电压与电流有效值之比等于阻抗，电压与电流的相位差等于阻抗角。

根据式（1－17）可作电流、电压相量图。考虑到串联电路中各元件中通过的是同一电流，所以选电流为参考相量比较方便，把电流画在正实轴上，然后根据 R、L、C 上电压与电流的相位关系，即 $\dot{U}_R$ 与 $\dot{I}$ 同相，$\dot{U}_L$ 超前 $\dot{I}\,\frac{\pi}{2}$，$\dot{U}_C$ 滞后 $\dot{I}\,\frac{\pi}{2}$，画出 $\dot{U}_R$、$\dot{U}_L$ 和 $\dot{U}_C$，三者相量相加就可以得到了总电压 $\dot{U}$，如图 1－11（a）所示（图中设 $X_L > X_C$）。

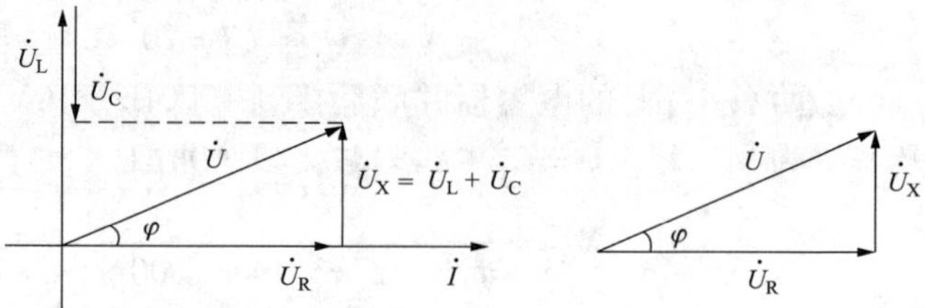

图 1－11　*RLC* 串联电路相量图及电压三角形
（a）*RLC* 串联电路相量图；（b）电压三角形

从图 1－11（a）所示的相量图可以看出，$\dot{U}_R$、$\dot{U}_X$ 和 $\dot{U}$ 三个相量组成一个电压直角三角形，如图 1－11（b）所示。由电压三角形可知各电压有效值之间的关系

$$\left.\begin{aligned}U_R &= U\cos\varphi \\ U_X &= U\sin\varphi \\ U &= \sqrt{U_R^2 + U_X^2} = \sqrt{U_R^2 + (U_L - U_C)^2}\end{aligned}\right\} \tag{1-25}$$

其中 φ 是端电压 u 与电流 i 之间的相位差。从电压三角形中得

$$\varphi=\arctan\frac{U_X}{U_R}=\arctan\frac{U_L-U_C}{U_R} \qquad (1-26)$$

以上分析可见：

1）*RLC* 串联电路中，各电压和电流都是同频率的正弦量。

2）端电压的有效值（或最大值）与电流的有效值（或最大值）之间有类似欧姆定律的关系，即 $I=\frac{U}{|Z|}$，但要注意 $|Z|\neq\frac{u}{i}$。

3）各电压有效值（或最大值）之间不符合 KVL 定律，即 $U\neq U_R+U_L+U_C$。

4）端电压与电流之间的相位差就是电路的阻抗角 φ。如把阻抗三角形各边乘以电流有效值就可得电压三角形。

例 1-6　有 $R=30\Omega$，$L=127\text{mH}$ 的线圈与 $C=39.8\mu\text{F}$ 电容串联，接到电压为 220V、频率为 50Hz 的正弦交流电源上，试求通过线圈的电流、线圈电压及电容器上电压。

解： $X_L=2\pi fL=2\pi\times50\times127\times10^{-3}=40(\Omega)$

$$X_C=\frac{1}{2\pi fC}=\frac{1}{2\pi\times50\times39.8\times10^{-6}}=80(\Omega)$$

$$Z=R+j(X_L-X_C)=30+j(40-80)=30-j40=50\angle-53.1^\circ$$

以电源电压为参考相量　$\dot{U}=220\angle0^\circ\ (\text{V})$

则通过线圈的电流　$\dot{I}=\frac{\dot{U}}{Z}=\frac{220\angle0^\circ}{50\angle-53.1^\circ}=4.4\angle53.1^\circ\ (\text{A})$

线圈两端电压

$$\dot{U}=\dot{I}Z_{RL}=4.4\angle-53.1^\circ\times(30+j40)=4.4\angle53.1^\circ\times50\angle53.1^\circ=220\angle106.2^\circ\ (\text{V})$$

电容上电压　$\dot{U}_C=-jX_C\dot{I}=-j80\times4.4\angle53.1^\circ=352\angle-36.9^\circ\ (\text{V})$

2. 电路的三种性质

RLC 串联电路中，电抗 X 的值不同时，电路呈现以下三种性质：

当 $X_L>X_C$，即 $X>0$ 时，$U_L>U_C$，表明感抗的作用大于容抗，$\varphi>0^\circ$，此时电压超前电流，电路呈电感性，相量图如图 1-12（a）所示。

当 $X_L<X_C$，即 $X<0$ 时，$U_L<U_C$，表明容抗的作用大于感抗，$\varphi<0^\circ$，此时电压滞后电流，电路呈电容性，相量图如图 1-12（b）所示。

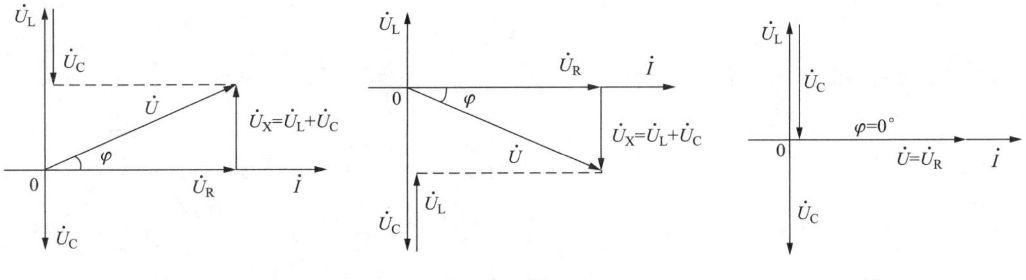

图 1-12　*RLC* 串联电路三种不同性质时的相量图

（a）电感性；（b）电容性；（c）电阻性

当 $X_L = X_C$，即 $X = 0$ 时，$U_L = U_C$，表明感抗与容抗的作用相同，相互抵消，$\varphi = 0°$，此时电压电流同相，电路呈电阻性，称为串联谐振。相量图如图 1－12（c）所示。

（二）*RLC* 并联电路

1. 电压与电流的关系

R、*L*、*C* 三个元件的并联电路如图 1－13（a）所示。分析并联电路，由于各元件的电压相等，一般以电压为参考相量。根据各元件上电流与电压的相位关系，作出相量图如图 1－13（b）所示，图中设 $X_C < X_L$。

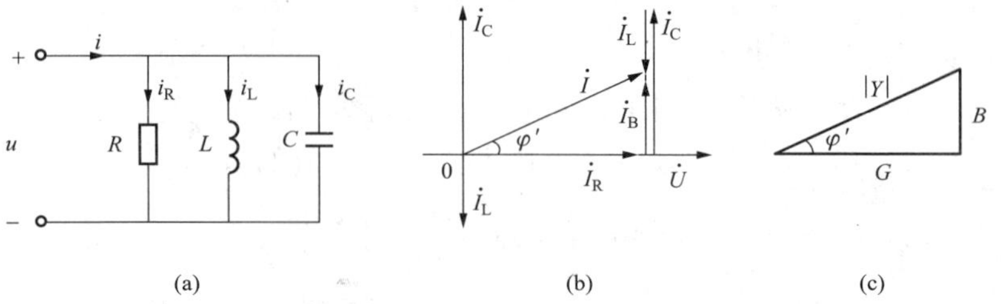

图 1－13 *RLC* 并联电路

（a）电路图；（b）相量图；（c）导纳三角形

各元件中电流相量分别为

$$\dot{I}_R = \frac{\dot{U}}{R} = G\dot{U}; \qquad \dot{I}_L = \frac{\dot{U}}{jX_L} = -jB_L\dot{U}; \qquad \dot{I}_C = \frac{\dot{U}}{-jX_C} = jB_C\dot{U} \tag{1-27}$$

式（1－27）中：电阻的倒数 $G = \frac{1}{R}$ 称为电导，感抗的倒数 $B_L = \frac{1}{X_L} = \frac{1}{\omega L}$ 称为感纳，容抗的倒数 $B_C = \frac{1}{X_C} = \frac{1}{\omega C}$ 称为容纳。G、B_L 及 B_C 的单位都是西门子（A/V），用符号 S 表示。

由基尔霍夫电流定律（KCL），端口电流相量为

$$\begin{aligned}\dot{I} &= \dot{I}_R + \dot{I}_L + \dot{I}_C = \dot{I}_G + \dot{I}_B = [G + j(B_C - B_L)]\dot{U} \\ &= (G + jB)\dot{U} = Y\dot{U}\end{aligned} \tag{1-28}$$

式（1－28）中，Y 称为复导纳，单位是 S，是端口电流相量与电压相量的比值，即

$$Y = \frac{\dot{I}}{\dot{U}} = |Y|\underline{/\varphi'}$$

复导纳的实部为电路的电导 G，虚部 $B = B_C - B_L$ 称为电纳，单位是 S。

复导纳的模
$$|Y| = \sqrt{G^2 + B^2} = \sqrt{G^2 + (B_C - B_L)^2} \tag{1-29}$$

复导纳的幅角
$$\varphi' = \arctan\frac{B}{G} = \arctan\frac{B_C - B_L}{G} \tag{1-30}$$

φ' 叫做导纳角，是电流与电压的相位差角，即

$$\varphi' = \theta_i - \theta_u \tag{1-31}$$

由 G、B、$|Y|$ 组成的直角三角形，称为导纳三角形。如图 1－13（c）所示。

2. 并联电路的三种性质

在 *RLC* 并联电路中，电纳 B 的值不同时，电路呈现以下三种性质：

当 $B_C > B_L$，即 $B > 0$ 时，$I_C > I_L$，$\varphi' > 0°$，此时电流超前电压，电路呈电容性，相量图如图 1－14（a）所示。

当 $B_C < B_L$，即 $B < 0$ 时，$I_C < I_L$，$\varphi' < 0°$，此时电流滞后电压，电路呈电感性，相量图如图 1－14（b）所示。

当 $B_C = B_L$，即 $B = 0$ 时，$I_C = I_L$，$\varphi' = 0°$，此时电压电流同相，电路呈电阻性，处并联

谐振状态。相量图如图 1－14（c）所示。

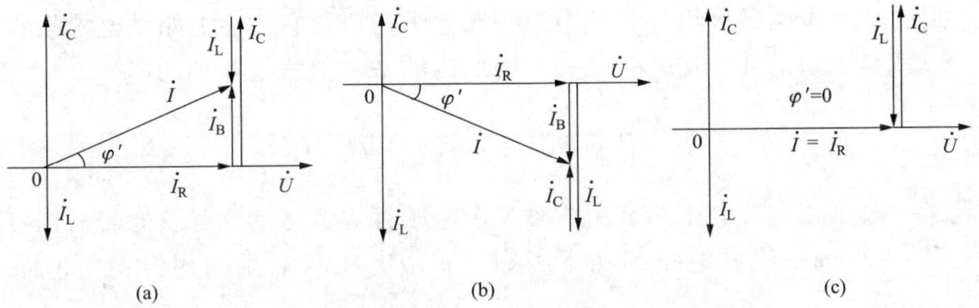

图 1－14 *RLC* 并联电路三种不同性质时的相量图

（a）电容性；（b）电感性；（c）电阻性

例 1－7 由 *RLC* 组成的并联电路如图 1－13（a）所示，已知 $R=5\Omega$，$L=20\mu H$，$C=0.3\mu F$，端口电流 $I=2A$，$\omega=10^6 rad/s$。求：① 电路总导纳；② 端口电压；③ 流过各元件的电流；④ 电路的性质。

解：（1）各支路导纳分别为

$$G=\frac{1}{R}=\frac{1}{5}=0.2S;\qquad B_L=-j\frac{1}{\omega L}=-j\frac{1}{10^6\times 20\times 10^{-6}}=-j0.05S$$

$$B_C=j\omega C=j10^6\times 0.3\times 10^{-6}=j0.3S$$

电路总导纳为 $Y=G+j(B_C-B_L)=0.2+j(0.3-0.05)=0.2+j0.25$

$$=0.32\angle 51.34^\circ\ S$$

（2）设电流相量 $\dot{I}=2\angle 0^\circ$ A，则端口电压相量

$$\dot{U}=\frac{\dot{I}}{Y}=\frac{2\angle 0^\circ}{0.32\angle 51.34^\circ}=6.25\angle -51.34^\circ\ V$$

（3）流过各元件的电流为

电阻元件 $\dot{I}_R=G\dot{U}=0.25\times 6.25\angle -51.34^\circ=1.25\angle -51.34^\circ\ A$

电感元件 $\dot{I}_L=-jB_L\dot{U}=-j0.05\times 6.25\angle -51.34^\circ=0.31\angle -141.34^\circ\ A$

电容元件 $\dot{I}_C=jB_C\dot{U}=j0.3\times 6.25\angle -51.34^\circ=1.88\angle 38.66^\circ\ A$

（4）电路的性质

$\varphi'=\theta_i-\theta_u=0^\circ-(-51.34^\circ)=51.34^\circ$；端口电流超前电压 51.34°，电路呈电容性。

五、交流电路的功率及功率因数的提高

前面讨论过交流电路中电阻、电感、电容单元件的功率，实际交流电路的负载就是这三种不同性质的元件组合而成的无源网络，如图 1－15 所示。设外施交流电压 u 和电流 i 的参考方向如图所示，下面分别来讨论交流电路的功率关系。

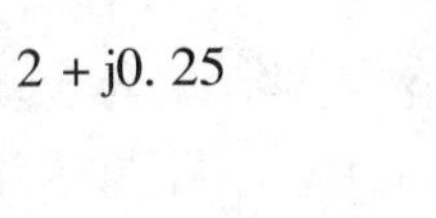

图 1－15 无源二端网络

（一）有功功率和功率因数

在图 1－15 所示交流电压 u 和电流 i 的参考方向下，瞬时功率为 $p=ui$，为简便起，设 $i=\sqrt{2}I\sin\omega t$A，$u=\sqrt{2}U\sin(\omega t+\varphi)$V，$\varphi$ 是电压与电流的相位差。

则瞬时功率为 $p=ui=\sqrt{2}I\sin\omega t\sqrt{2}U\sin(\omega t+\varphi)$

$$=UI\cos\varphi(1-\cos2\omega t)+UI\sin\varphi\sin2\omega t \quad (1-32)$$

上式表明，瞬时功率由两部分组成。其中第一部分恒为正，它代表电路从电源吸收的瞬时功率，实际上也就是电阻消耗的功率，在一个周期内的平均值就是有功功率

$$P=\frac{1}{T}\int_0^T UI\cos\varphi(1-\cos2\omega t)\mathrm{d}t=UI\cos\varphi \quad (1-33)$$

从上式可见，一般正弦交流电路的有功功率等于电压有效值与电流有效值的乘积再乘上一个系数 $\cos\varphi$，我们把 $\cos\varphi$ 叫做电路的功率因数。φ 是电压与电流的相位差角，即电路的阻抗角。

另外，在电路中只有电阻消耗有功功率，所以电路中消耗的总有功功率等于所有电阻上消耗功率之和，即

$$P=\sum_{k=1}^{n}I_k^2R_k=\sum_{k=1}^{n}P_k \quad (1-34)$$

式中：R_k 和 I_k 分别是第 k 个电阻的阻值和流过第 k 个电阻的电流的有效值。

（二）无功功率

无功功率是衡量电源和负载中电抗元件交换规模的物理量，在数值上等于瞬时功率的最大值。由式（1－32）可知，其交换功率应为瞬时功率的第二部分，其交换的规模 $UI\sin\varphi$，所以无功功率为

$$Q=UI\sin\varphi \quad (1-35)$$

这是交流电路中计算无功功率的一般公式。在既有电感又有电容的交流电路中，为了区分两者的无功功率，通常采用正、负加以区别，所以无功功率有正负之分。

对感性电路 $\varphi>0°$，$\sin\varphi>0$，$Q>0$；

对容性电路 $\varphi<0°$，$\sin\varphi<0$，$Q<0$。

对 RLC 串联电路，由电压三角形可知，电抗电压 $U_X=U\sin\varphi$，所以无功功率还可由下列公式计算

$$\begin{aligned}Q&=UI\sin\varphi=U_XI=(U_L-U_C)I=(X_LI-X_CI)I\\&=I^2X_L-I^2X_C=I^2(X_L-X_C)=I^2X\end{aligned} \quad (1-36)$$

$$Q=Q_L-Q_C \quad (1-37)$$

从式（1－36）、式（1－37）可见，在交流电路中，不仅存在着负载中电抗元件和电源之间的能量交换，而且还存在着电感元件和电容元件之间的能量交换。也就是电感无功与电容无功相互补偿，电感吸收能量时，正是电容释放能量时，电容吸收能量时，电感正好释放能量。通常电感的无功功率不等于电容无功功率，所以不会正好完全补偿，无功功率的不足部分由电源提供。

（三）视在功率

视在功率是用来表示电气设备容量的。如一台发电机，正常情况下的端电压是由电机的绝缘性能限定的，称为额定电压。而能提供的电流则是由导线的截面、材料和散热条件确定的，称为额定电流。额定电压与额定电流的乘积，则表示这台发电机的容量，即表示这台发电机可能提供的最大功率。把电压的有效值与电流的有效值的乘积称为视在功率，用大写字母 S 表示，即

$$S=UI \quad (1-38)$$

视在功率的单位是伏安，用 V·A 表示。

有功功率 P、无功功率 Q、视在功率 S 虽代表了三种不同含义的功率，但三者之间是相

互联系的。它们之间的关系为

$$\left.\begin{aligned}P&=S\cos\varphi\\Q&=S\sin\varphi\\S&=\sqrt{P^2+Q^2}\end{aligned}\right\}\qquad(1-39)$$

由有功功率 P、无功功率 Q、视在功率 S 构成的直角三角形称为功率三角形，如图 1－16 所示。

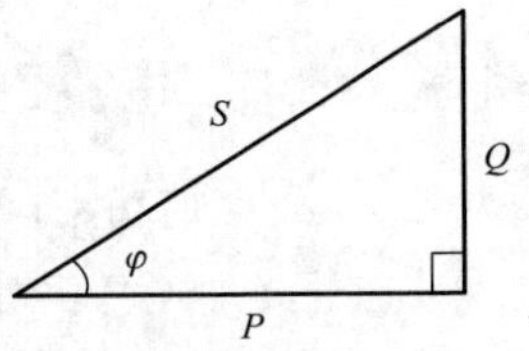

图 1－16 功率三角形

例 1－8 已知 $R=50\Omega$，$L=0.2\text{H}$，$C=100\mu\text{F}$ 三个元件，串联接在 $f=50\text{Hz}$、$\dot{U}=220\angle 0^\circ$ V 的交流电源上。试求：① 复阻抗 Z；② 电流 $\dot{I}$；③ 视在功率 S、有功功率 P 及无功功率 Q、Q_L、Q_C。

解：（1）复阻抗

$$Z=R+\text{j}\left(\omega L-\frac{1}{\omega C}\right)=50+\text{j}\left(2\times3.14\times50\times0.2-\frac{1}{2\times3.14\times50\times100\times10^{-6}}\right)$$
$$=50+\text{j}31=58.8\angle 31.7^\circ\ \Omega$$

（2）电流 $$\dot{I}=\frac{\dot{U}}{Z}=\frac{220\angle 0^\circ}{58.8\angle 31.7^\circ}=3.7\angle -31.7^\circ\ \text{A}$$

（3）视在功率 $$S=UI=220\times3.7=8.14\text{V}\cdot\text{A}$$

有功功率 $$P=S\cos\varphi=220\times3.7\cos31.7^\circ=692.6\text{W}$$

无功功率 $$Q=UI\sin\varphi=220\times3.7\sin31.7^\circ=427.7\text{var}$$

感性无功功率 $$Q_L=X_LI^2=2\pi fLI^2=2\times3.14\times50\times0.2\times3.7^2=859.7\text{var}$$

容性无功功率 $$Q_C=X_CI^2=\frac{1}{2\pi fC}I^2=\frac{1}{2\times3.14\times50\times100\times10^{-6}}\times3.7^2=453.3\text{var}$$

（四）功率因数的提高

1. 提高功率因数的意义

电力系统的负载大部分是感性的，如异步电动机，一般功率因数比较低，由此带来的主要问题是设备的利用率降低及输电线路的损耗增大。例如一台额定容量为 1000kVA 的变压器在额定情况下运行，在负载的功率因数为 1 时，此变压器传输的有功功率为 1000kW；而当负载的功率因数为 0.6 时，只能传输 1000×0.6＝600kW 的有功功率。

在电压 U 一定，向负载输送有功功率 P 时，负载的功率因数 $\cos\varphi$ 越低，则通过输电线路的电流 $I=\dfrac{P}{U\cos\varphi}$ 越大，线路电阻 r_L 的损耗 I^2r_L 越大；输电线路的电流越大，线路阻抗的电压降越大，使用户端电压降低影响负载的正常工作。所以提高功率因数对提高设备利用率、降低线路损耗及线路电压损耗都有重要的意义。

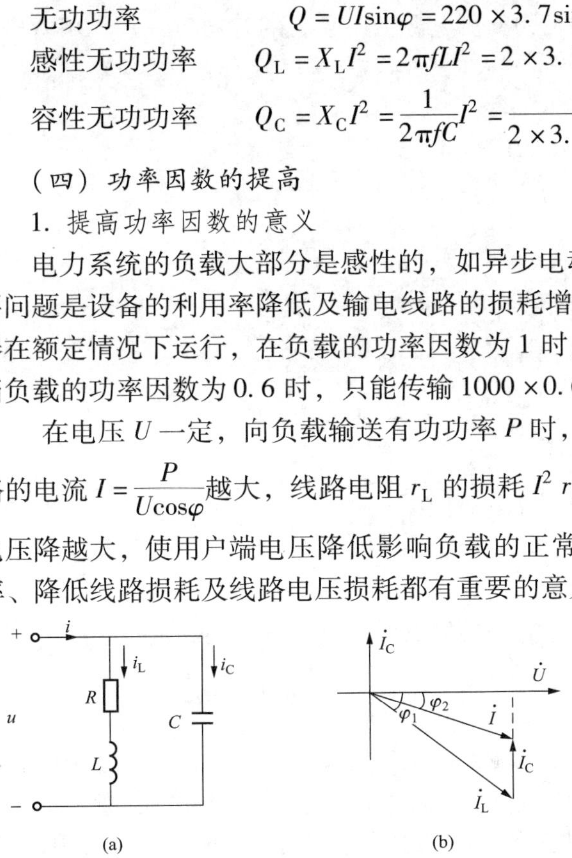

图 1－17 功率因数的提高

（a）电感性负载并联电容电路；（b）相量图

2. 提高功率因数的方法

在电感性负载侧并联电容器，使无功功率就地交换，减少电源对负载供给的无功功率，也就减少了电源至负载线路的电流，降低了线路损耗，提高了功率因数。如图 1－17 所示。

电感性负载在未并电容器前，电流 $\dot{I}_L$

滞后电压 $\dot{U}$ 为 φ_1 角，此时 $\dot{I}=\dot{I}_L$ 也滞后 $\dot{U}$ 为 φ_1 角。并联电容后，电压 $\dot{U}$ 不变，电感性负载支路电流 $\dot{I}_L$ 不变，电容支路中电流 $\dot{I}_C$ 超前电压 $\dot{U}$ $\frac{\pi}{2}$。总电流 $\dot{I}=\dot{I}_L+\dot{I}_C$，$\dot{I}$ 滞后电压 $\dot{U}$ 为 φ_2 角，且 $\varphi_2<\varphi_1$，则功率因数 $\cos\varphi_2>\cos\varphi_1$，从而提高了电路的功率因数。

现要求把电感性负载的功率因数从 $\cos\varphi_1$ 提高到 $\cos\varphi_2$，试确定要并联多大的电容器。

并联电容器前 $P=UI_L\cos\varphi_1$；$I_L=\dfrac{P}{U\cos\varphi_1}$

并联电容器后 $P=UI\cos\varphi_2$；$I=\dfrac{P}{U\cos\varphi_2}$

由图 1－17（b）相量图可见

$$I_C=I_L\sin\varphi_1-I\sin\varphi_2=\frac{P}{U}(\tan\varphi_1-\tan\varphi_2)$$

由式

$$I_C=\frac{U}{X_C}=U\omega C$$

代入上式

$$U\omega C=\frac{P}{U}(\tan\varphi_1-\tan\varphi_2)$$

可得

$$C=\frac{P}{U^2\omega}(\tan\varphi_1-\tan\varphi_2) \tag{1-40}$$

应用式（1－40）可求出功率因数从 $\cos\varphi_1$ 提高到 $\cos\varphi_2$ 所需的并联电容。

例 1－9 有一电感性负载接在 220V 的工频交流电源上，吸收的有功功率 $P=10\text{kW}$，功率因数为 0.7。现要求把功率因数提高到 0.9，求：① 所需要并联电容器的电容量；② 比较并联电容前后的线路电流。

解：（1）感性负载的阻抗角 $\varphi_1=\cos^{-1}0.7=45.57°$

并联电容后电路的阻抗角 $\varphi_2=\cos^{-1}0.9=25.84°$

所需并联的电容量为

$$C=\frac{P}{U^2\omega}(\tan\varphi_1-\tan\varphi_2)=\frac{10\times10^3}{220^2\times2\times\pi\times50}(\tan45.57°-\tan25.84°)=352\mu\text{F}$$

（2）未并电容时线路中的电流等于负载电流，即

$$I=I_L=\frac{P}{U\cos\varphi_1}=\frac{10\,000}{220\times0.7}=64.94\text{A}$$

并联电容后，线路中的电流为 $I=\dfrac{P}{U\cos\varphi_2}=\dfrac{10\,000}{220\times0.9}=50.51\text{A}$

可见并联电容后线路中电流有效值减少了 64.94－50.51＝14.43A。

第二节 三相交流电路分析与计算

一、对称三相交流电源

三相交流发电机有定子和转子组成，对于汽轮发电机来说转子是一对磁极，定子嵌有三相绕组，三相绕组 AX、BY 和 CZ 的匝数和尺寸完全相同，只是它们在空间的位置上顺时针彼此相差 120°。当转子磁极按顺时针方向匀速旋转时，在三相线圈中都会产生感应电动势，在线圈两端产生电压，在发电机的设计和制造时，使产生的电压按正弦规律变化。如果我们把三相绕组的始端规定为 A、B、C，末端规定为 X、Y、Z，且设电压参考方向为由始端到

末端。由于三相线圈结构和参数相同，发电机发出的一组电压就是对称三相电压。把它们按一定方式连接，就构成了对称三相电源。

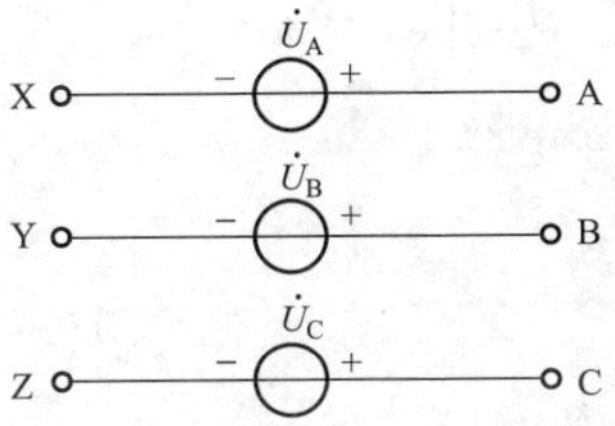

图1-18 对称三相电源

如图1-18表示一组对称三相电压源，A、B、C分别表示电压源的参考正极性端叫做始端，X、Y、Z分别表示参考负极性端叫做末端。端电压的瞬时值用 u_A、u_B、u_C 表示。

以A相为参考，则三相电源的电压瞬时值表达式为

$$\left.\begin{aligned} u_A &= U_m \sin\omega t \\ u_B &= U_m \sin(\omega t - 120°) \\ u_C &= U_m \sin(\omega t + 120°) \end{aligned}\right\} \tag{1-41}$$

对应的有效值相量表达式为

$$\left.\begin{aligned} \dot{U}_A &= U\angle 0° \\ \dot{U}_B &= U\angle -120° = \alpha^2 \dot{U}_A \\ \dot{U}_C &= U\angle +120° = \alpha \dot{U}_A \end{aligned}\right\} \tag{1-42}$$

式中：α 是单位相量算子。

$$\alpha = e^{j120°} = \angle +120° = -\frac{1}{2} + j\frac{\sqrt{3}}{2}; \qquad \alpha^2 = e^{-j120°} = \angle -120° = -\frac{1}{2} - j\frac{\sqrt{3}}{2}$$

对称三相电源电压波形和相量如图1-19所示。

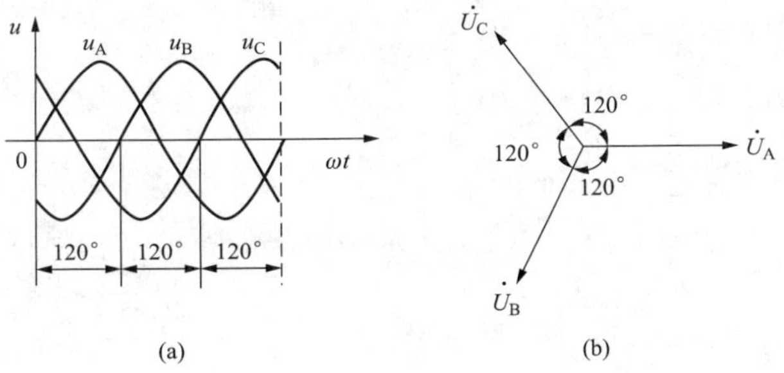

图1-19 对称三相电压波形和相量图

（a）对称三相电压波形；（b）相量图

三个相电压达同一数值（如正的最大值）的先后顺序叫做相序。以上三相电压的相序是A-B-C，这种相序称正序或顺序；如果它们的顺序是A-C-B，这种相序称为为负序或逆序。如果不加说明，三相电压的相序都是指正序。在发电厂和变电站的母线上，通常涂黄、绿、红三种颜色，分别表示A、B、C三相。

对称三相电压满足：瞬时值之和及相量之和均为零，即

$$\left.\begin{aligned} u_A + u_B + u_C &= 0 \\ \dot{U}_A + \dot{U}_B + \dot{U}_C &= 0 \end{aligned}\right\} \tag{1-43}$$

二、三相交流电源的连接

三相电源有星形（Y形）和三角形（△形）两种连接方式。

（一）三相电源的星形连接

图1-20为三相电源的星形连接，将三个电压源的末端X、Y、Z连接在一起，形成一个公共端N，叫做电源的中性点，简称中点，从中点引出的导线称为中线或零线。从首端A、B、C引出三条输电线称为端线（又称火线）。

如图1-20（a）所示，电压分两种，一种是每相电源绕组的首端与中线之间的电压称为电源的相电压，用 u_A、u_B、u_C 表示。三相电源的任意两条端线间的电压称为电源的线电

压，用 u_{AB}、u_{BC}、u_{CA} 表示。

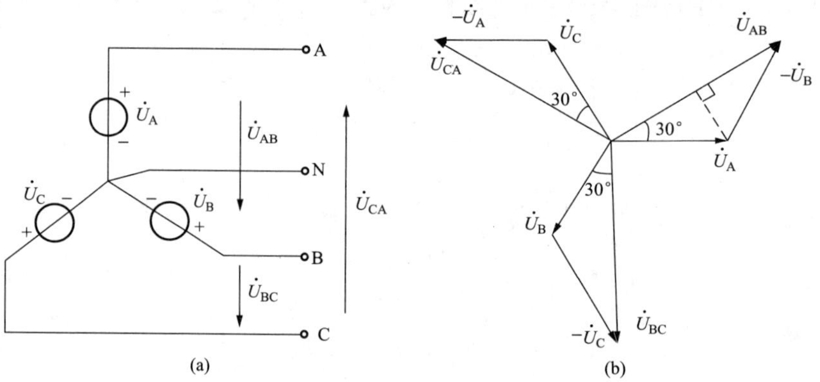

图 1－20　三相电源的星形连接

（a）星形连接；（b）电压相量图

由 KVL 可知，星形连接的三相电源的线电压的瞬时值与相电压的瞬时值之间有以下关系：

$$u_{AB}=u_A-u_B$$

$$u_{BC}=u_B-u_C$$

$$u_{CA}=u_C-u_A$$

当三相电压均为同频率的对称正弦电压时，上述关系可用相量表示，即：

$$\begin{aligned}\dot{U}_{AB}&=\dot{U}_A-\dot{U}_B=\sqrt{3}\dot{U}_A\angle 30^\circ\\ \dot{U}_{BC}&=\dot{U}_B-\dot{U}_C=\sqrt{3}\dot{U}_B\angle 30^\circ\\ \dot{U}_{CA}&=\dot{U}_C-\dot{U}_A=\sqrt{3}\dot{U}_C\angle 30^\circ\end{aligned}\qquad(1-44)$$

由式（1－44）及图 1－20（b）可见，线电压 $\dot{U}_{AB}$、$\dot{U}_{BC}$、$\dot{U}_{CA}$ 在相位上分别超前对应相电压 $\dot{U}_A$、$\dot{U}_B$、$\dot{U}_C$ 30°。用 U_L 表示线电压的有效值，用 U_P 表示相电压的有效值，根据上式可写出一般式

$$U_L=\sqrt{3}U_P\qquad(1-45)$$

分析结果表明，对于星形连接的三相电源，若三个相电压是一组对称正弦电压，则线电压也是一组对称正弦电压；在习惯参考方向下，各线电压在相位上分别超前相应的相电压 30°；线电压的有效值等于 $\sqrt{3}$ 倍相电压的有效值。

流过每相电源的电流称为相电流，流过端线的电流称为线电流，用 i_A、i_B、i_C 表示。流过中线的电流称为中线电流，用 i_N 表示。星形连接时端线上的电流就是流过各相电源的电流，所以星形连接的三相电路中线电流等于相应的相电流。如用 I_P 表示相电流的有效值，用 I_L 表示线电流的有效值，则有：

$$I_L=I_P\qquad(1-46)$$

上述有关电源的线电压与相电压、线电流与相电流的关系同样适用于对称星形负载。

（二）三相电源的三角形连接

将三相绕组依次首尾相接，从三个连接点引出三根端线，这种接法称为三相电源的三角形（△）连接，如图 1－21（a）所示。

三角形连接的三相电源内部形成一个闭合回路。对于对称三相电源来说，由于对称三相

电压相量之和等于零，即 $\dot{U}=\dot{U}_A+\dot{U}_B+\dot{U}_C=0$，如图 1－21（b）所示。若连接正确，则三角形回路中电压相量和等于零，在没有接上负载的情况下，三角形回路中没有电流。

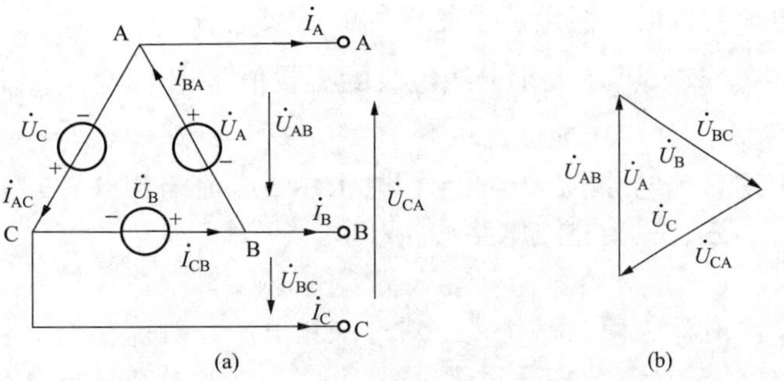

图 1－21 电源的三角形连接

（a）电源的三角形连接；（b）电压相量

若不慎将其中一相绕组（C 相）的极性接反，则三角形回路中的电压不为零，回路中电压在数值上等于一相电压的两倍如图 1－22（a）所示。这种情况下回路中将产生很大环流，以致烧坏绕组。因此，当三相电源作三角形连接时，为避免因错接而造成事故，可先将三相绕组接成开口三角形，在开口处接上一只电压表，测量回路电压如图 1－22（b）所示。若电压表计数为零，则可断定接线正确，这时可将开口处连接，否则，应测定极性，查出错误，重新接线。

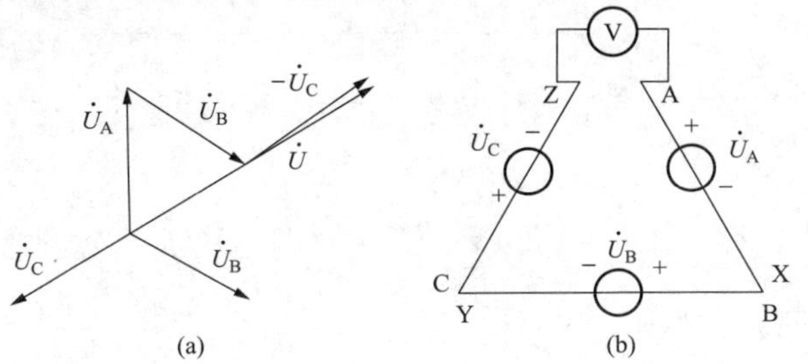

图 1－22 三角形回路电压

（a）C 相极性接反相量；（b）测量三角形回路电压

三角形连接的三相电源，每相电源直接接于两端线之间，因此，三角形连接的三相电源的线电压就是相应的相电压。如图 1－21（a）所示。关系如下

$$u_{AB}=u_A \qquad \dot{U}_{AB}=\dot{U}_A$$

$$u_{BC}=u_B \quad 或 \quad \dot{U}_{BC}=\dot{U}_B$$

$$u_{CA}=u_C \qquad \dot{U}_{CA}=\dot{U}_C$$

用 U_L 表示线电压，U_P 表示相电压，由上式可得：

$$U_L=U_P \tag{1-47}$$

如图 1－21（a）所示三角形连接的三相电源，应用 KCL，线电流的瞬时值（或相量）等于相应的两个相电流的瞬时值（或相量）之差。即

$$i_A=i_{BA}-i_{AC} \qquad \dot{I}_A=\dot{I}_{BA}-\dot{I}_{AC}$$

$$i_B=i_{CB}-i_{BA} \quad 或 \quad \dot{I}_B=\dot{I}_{CB}-\dot{I}_{BA}$$

$$i_C=i_{AC}-i_{CB} \qquad \dot{I}_C=\dot{I}_{AC}-\dot{I}_{CB}$$

若三个相电流是一组对称的正弦电流，线电流与相电流关系为

$$\left.\begin{aligned}\dot{I}_A&=\dot{I}_{BA}-\dot{I}_{AC}=\sqrt{3}\dot{I}_{BA}\angle-30^\circ\\ \dot{I}_B&=\dot{I}_{CB}-\dot{I}_{BA}=\sqrt{3}\dot{I}_{CB}\angle-30^\circ\\ \dot{I}_C&=\dot{I}_{AC}-\dot{I}_{CB}=\sqrt{3}\dot{I}_{AC}\angle-30^\circ\end{aligned}\right\} \tag{1-48}$$

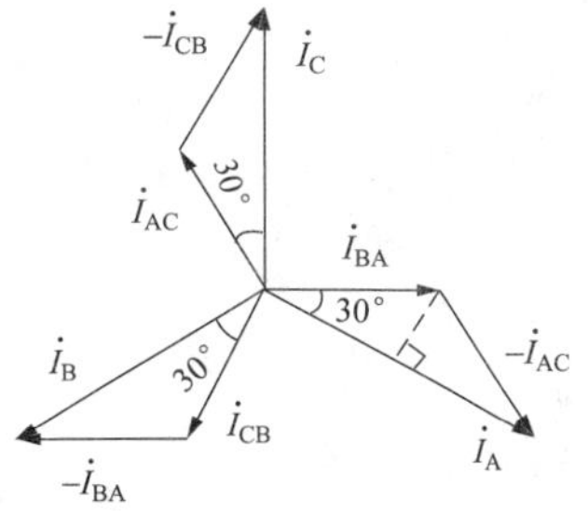

图 1－23 三角形连接电流相量图

以 $\dot{I}_{BA}$ 相电流为参考相量，作出电流相量如图 1－23 所示。从以上分析及相量图可见：在三角形连接中，当相

电流对称时，线电流也是对称的。线电流 $\dot{I}_A$、$\dot{I}_B$、$\dot{I}_C$ 在相位上分别滞后于相应相电流 $\dot{I}_{BA}$、$\dot{I}_{CB}$、$\dot{I}_{AC}$ 30°，大小上线电流的有效值是相电流的$\sqrt{3}$倍。即

$$I_L=\sqrt{3}\,I_P \tag{1-49}$$

上述有关电源的线电压与相电压、线电流与相电流的关系同样适用于对称三角形负载。

三、三相交流电路分析

（一）对称三相电路分析

对称三相电路就是由对称三相电源、对称三相负载和复阻抗相等的端线组成的电路。从电路结构上看，三相电路是一个多分支的复杂交流电路，可用求解复杂电路的方法进行分析计算。但对称三相电路具有一些特殊规律，因此可以找到比较简便的分析计算方法。下面介绍不同连接方式的三相电路的分析方法。

1. 对称三相四线制 Y-Y 三相电路

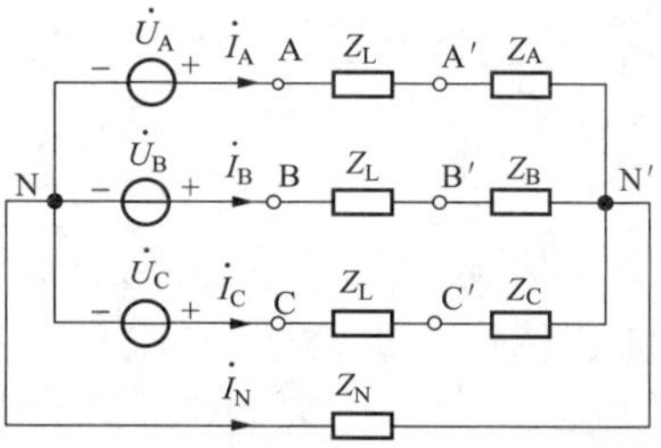

图 1-24　对称三相四线制 Y-Y 三相电路

首先分析如图 1-24 所示的对称三相四线制 Y-Y 三相电路。设对称三相电源的电压分别为 $\dot{U}_A=U\angle 0°$，$\dot{U}_B=U\angle -120°$，$\dot{U}_C=U\angle 120°$，对称三相负载的复阻抗为 $Z_A=Z_B=Z_C=Z$，若端线的复阻抗为 Z_L，中线的复阻抗为 Z_N，应用节点电压法（弥尔曼定理）：

$$\dot{U}_{N'N}=\frac{\dfrac{1}{Z_A+Z_L}\dot{U}_A+\dfrac{1}{Z_B+Z_L}\dot{U}_B+\dfrac{1}{Z_C+Z_L}\dot{U}_C}{\dfrac{1}{Z_A+Z_L}+\dfrac{1}{Z_B+Z_L}+\dfrac{1}{Z_C+Z_L}+\dfrac{1}{Z_N}}=\frac{\dfrac{1}{Z+Z_L}(\dot{U}_A+\dot{U}_B+\dot{U}_C)}{\dfrac{3}{Z+Z_L}+\dfrac{1}{Z_N}}$$

由于 $\dot{U}_A+\dot{U}_B+\dot{U}_C=0$，可得 $\dot{U}_{N'N}=0$。

由此可得出这样的结论：在电源和负载都是星形连接的对称三相正弦交流电路中，无论中线阻抗为何值，电源中性点 N 与负载中性点 N′之间的电压为零。也就是说，Y-Y 连接的对称三相正弦交流电路中电源中性点 N 与负载中性点 N′等电位。电路中等电位点可以用无阻抗的导线连接起来。因此，对于电源和负载都是星形连接的对称三相正弦交流电路，无论有无中线，不管中线阻抗为何值，在计算时可用无阻抗的导线将电源中性点与负载中性点连接起来。

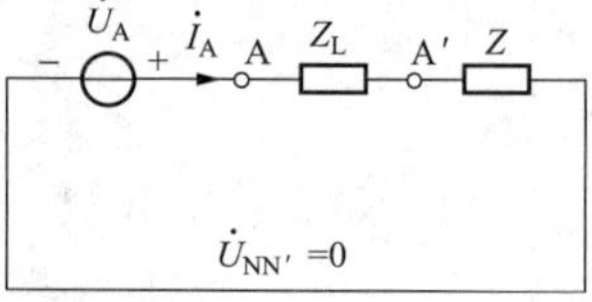

图 1-25　单相计算电路

这一结论表明，从电路计算的角度看，对称 Y-Y 三相电路中各相之间彼此无关，相互独立。各相电流仅由各相电源电压和各相阻抗决定，而与其他两相的阻抗、电源电压及中线阻抗无关。一相（如 A 相）电路中的电压、电流可用如图 1-25 所示单相电路来计算。

应用欧姆定律，可求得各相电流（线电流）：

$$\left.\begin{aligned}\dot{I}_A&=\frac{\dot{U}_A}{Z_L+Z}\\ \dot{I}_B&=\frac{\dot{U}_B}{Z_L+Z}=\alpha^2\dot{I}_A=\dot{I}_A\angle -120°\\ \dot{I}_C&=\frac{\dot{U}_C}{Z_L+Z}=\alpha\dot{I}_A=\dot{I}_A\angle 120°\end{aligned}\right\} \tag{1-50}$$

中线电流：$\dot{I}_N=\dot{I}_A+\dot{I}_B+\dot{I}_C=0$

由欧姆定律可求得负载各相电压：

$$\left.\begin{aligned}\dot{U}'_A&=Z\dot{I}_A\\ \dot{U}'_B&=Z\dot{I}_B=Z\alpha^2\dot{I}_A=\alpha^2\dot{U}'_A=\dot{U}'_A\angle{-120°}\\ \dot{U}'_C&=Z\dot{I}_C=Z\alpha\dot{I}_A=\alpha\dot{U}'_A=\dot{U}'_A\angle{120°}\end{aligned}\right\}\quad(1-51)$$

负载各线电压：

$$\left.\begin{aligned}\dot{U}'_{AB}&=\sqrt{3}\dot{U}'_A\angle{30°}\\ \dot{U}'_{BC}&=\sqrt{3}\dot{U}'_B\angle{30°}\\ \dot{U}'_{CA}&=\sqrt{3}\dot{U}'_C\angle{30°}\end{aligned}\right\}\quad(1-52)$$

通过上面的分析，可得下述结论：在对称三相电路中，线电压、相电压、线电流、相电流等各组电压和电流都是和电源相电压同相序的对称量。因此，计算对称三相电路，只需计算其中一相电路。求出一相的电压、电流后，根据对称性，就可以求出另外两相的相应电压和电流。

2. △－Y 和 Y－Y 连接的对称三相电路

对于三相电源为三角形连接、三相负载为星形连接的△－Y 连接的三相电路，如图 1－26（a）所示，只要把三角形连接的对称三相电源等效变换成星形连接的对称三相电源，就可以变换成 Y－Y 连接的对称三相电路如图 1－26（b）所示，就可用前面介绍的方法进行计算。

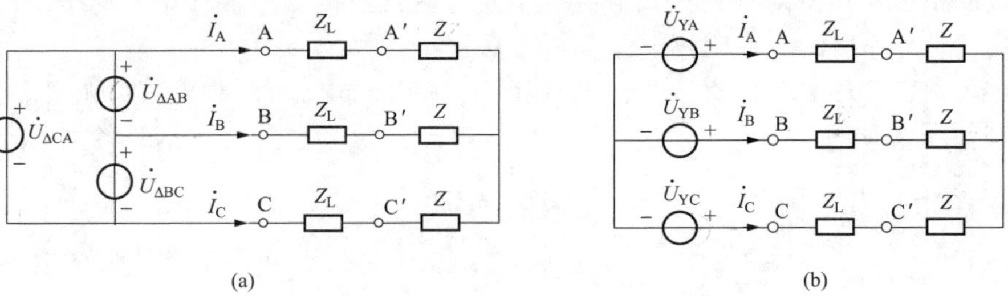

图 1－26　△－Y 和 Y－Y 连接的对称三相电路

（a）△－Y 连接的三相电路；（b）Y－Y 连接的三相电路

若 $\dot{U}'_{YA}$、$\dot{U}'_{YB}$、$\dot{U}'_{YC}$ 为星形连接的三相对称电源的相电压；$\dot{U}'_{\triangle AB}$、$\dot{U}'_{\triangle BC}$、$\dot{U}'_{\triangle CA}$ 为三角形连接的三相对称电源的线电压，则星形连接的对称三相电源与三角形连接的对称三相电源之间的等效条件为：

$$\left.\begin{aligned}\dot{U}'_{YA}&=\frac{1}{\sqrt{3}}\dot{U}'_{\triangle AB}\angle{-30°}\\ \dot{U}'_{YB}&=\frac{1}{\sqrt{3}}\dot{U}'_{\triangle BC}\angle{-30°}\\ \dot{U}'_{YC}&=\frac{1}{\sqrt{3}}\dot{U}'_{\triangle CA}\angle{-30°}\end{aligned}\right\}\quad(1-53)$$

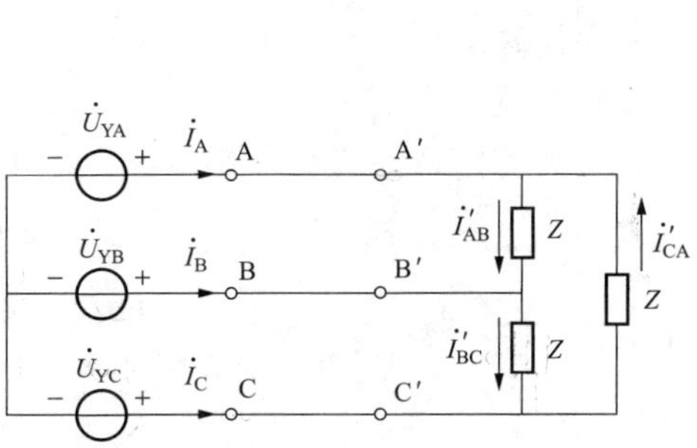

图 1－27　Y－△连接的对称三相电路

3. Y－△连接的对称三相电路

对称三角形负载接至对称星形电源 Y－△的对称三相电路，如图 1－27 所示。设三相电源的

相电压 $\dot{U}_A$、$\dot{U}_B$、$\dot{U}_C$ 是对称的，线路阻抗为零，三角形负载的每相阻抗为 Z。

根据对称星形连接的三相电路的线电压与相电压的关系，可求得电源的线电压

$$\left.\begin{aligned}\dot{U}_{AB}&=\sqrt{3}\dot{U}_A\angle 30^\circ\\ \dot{U}_{BC}&=\sqrt{3}\dot{U}_B\angle 30^\circ\\ \dot{U}_{CA}&=\sqrt{3}\dot{U}_C\angle 30^\circ\end{aligned}\right\}$$

根据欧姆定律，可求得负载相电流

$$\left.\begin{aligned}\dot{I}'_{AB}&=\frac{\dot{U}'_{AB}}{Z}=\frac{\dot{U}_{AB}}{Z}\\ \dot{I}'_{BC}&=\frac{\dot{U}'_{BC}}{Z}=\frac{\dot{U}_{BC}}{Z}=\alpha^2\dot{I}'_{AB}\\ \dot{I}'_{CA}&=\frac{\dot{U}'_{CA}}{Z}=\frac{\dot{U}_{CA}}{Z}=\alpha\dot{I}'_{AB}\end{aligned}\right\}\tag{1-54}$$

根据对称三角形连接的三相电路中的线电流与相电流的关系，可求得线电流

$$\left.\begin{aligned}\dot{I}_A&=\sqrt{3}\dot{I}'_{AB}\angle -30^\circ\\ \dot{I}_B&=\sqrt{3}\dot{I}'_{BC}\angle -30^\circ=\alpha^2\dot{I}_A\\ \dot{I}_C&=\sqrt{3}\dot{I}'_{CA}\angle -30^\circ=\alpha\dot{I}_A\end{aligned}\right\}\tag{1-55}$$

对于必须考虑线路阻抗的 Y－△连接的对称三相电路，可把三角形连接的对称三相负载变换成等效的星形连接的对称三相负载，从而把 Y－△连接变换成 Y－Y 连接的对称三相电路。就可用 Y－Y 连接的对称三相电路分析方法进行计算。

例 1－10 三相负载 $Z_A=Z_B=Z_C=19+j11\Omega$，接于线电压为 380V 的对称三相电源上。试求：① 负载作 Y 连接时各相电流、线电流及中线电流；② 负载作△连接时各相电流、线电流。

解：以 A 相电压为参考 $\dot{U}_A=\frac{380}{\sqrt{3}}\angle 0^\circ=220\angle 0^\circ$ V

（1）Y 连接时各相电流、线电流及中线电流。

各相相电流为： $\dot{I}_A=\frac{\dot{U}_A}{Z_A}=\frac{220\angle 0^\circ}{19+j11}=\frac{220\angle 0^\circ}{22\angle 30^\circ}=10\angle -30^\circ$ A

$\dot{I}_B=10\angle -150^\circ$ A； $\dot{I}_C=10\angle 90^\circ$ A

线电流：负载作 Y 连接时线电流与各相电流相等。

中线电流：$\dot{I}_N=\dot{I}_A+\dot{I}_B+\dot{I}_C=10\angle -30^\circ+10\angle -150^\circ+10\angle 90^\circ=0$

上面计算结果可知，负载对称时，中线电流为零，即使中线断开电路的工作情况不会变化，各相电流也不变。

（2）负载作△连接时各相电流、线电流。

电源线电压为 380V，每相负载上的电压等于电源线电压。设 $\dot{U}_{AB}=380\angle 30^\circ$ V。

各相电流为： $\dot{I}_{AB}=\frac{\dot{U}_{AB}}{Z_A}=\frac{380\angle 30^\circ}{19+j11}=\frac{380\angle 30^\circ}{22\angle 30^\circ}=17.3\angle 0^\circ$ A

$\dot{I}_{BC}=17.3\angle -120^\circ$ A； $\dot{I}_{CA}=17.3\angle 120^\circ$ A

对称负载作△连接时线电流大小是相电流的$\sqrt{3}$倍，相位上滞后相应相电流 30°。所以各线电

流为： $\dot{I}_A=\sqrt{3}\times17.3\angle0°-30°=30\angle-30°$ A

$\dot{I}_B=30\angle-150°$ A； $\dot{I}_C=30\angle90°$ A

由本例可见，电源电压不变，对称负载由星形连接改为三角形连接后，负载每相上的电压增加到$\sqrt{3}$倍，相电流也增加到$\sqrt{3}$倍，三角形连接时的线电流是星形连接时的3倍。

（二）简单不对称三相电路分析

1. 负载不对称的三相四线制电路

图1－28所示的电路是一个负载不对称的三相四线制电路，其中三相负载的复阻抗Z_A、Z_B、Z_C不相等，设端线、中线阻抗为零。

由于中线阻抗为零，使负载中性点N′与电源中性点N等电位，使得每相负载上的电压等于电源的相电压，即

$$\dot{U}'_A=\dot{U}_A,\quad \dot{U}'_B=\dot{U}_B,\quad \dot{U}'_C=\dot{U}_C$$

由此可知，对于中线和端线的阻抗为零的负载不对称的三相四线制电路，当三相电源电压对称时，三相负载上的电压依然是对称的。但由于三相负载阻抗不相等，所以三相电流是不对称的。三相电流分别为

$$\dot{I}_A=\frac{\dot{U}_A}{Z_A},\quad \dot{I}_B=\frac{\dot{U}_B}{Z_B},\quad \dot{I}_C=\frac{\dot{U}_C}{Z_C} \tag{1-56}$$

中线电流为

$$\dot{I}_N=\dot{I}_A+\dot{I}_B+\dot{I}_C \tag{1-57}$$

由于三相负载不对称，中线电流就不等于零。前面已经说明，对称三相四线制电路的中线电流等于零，意味着中线是不起作用的。现在可以看到，在不对称的三相四线制电路中，中线电流不等于零。这表明，中线具有传导三相系统中的不平衡电流或单相电流的作用。

2. 负载不对称的三相三线制电路

图1－29所示电路是一个不对称的三相三线制电路，其中三相电源和三相负载均为星形连接，三相负载的复阻抗Z_A、Z_B、Z_C不相等，设端线阻抗为零。

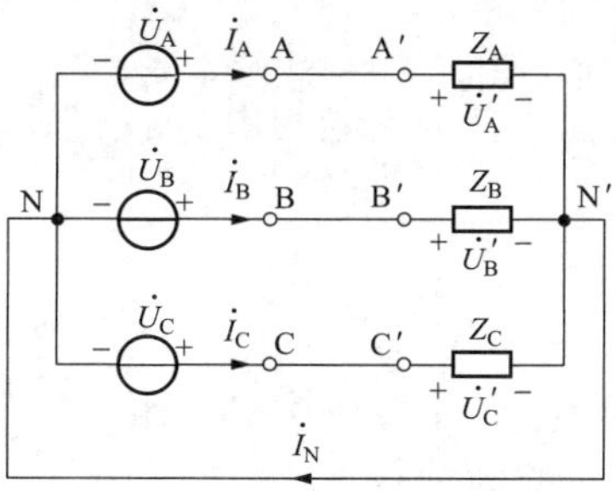

图1－28 有中线三相不对称电路

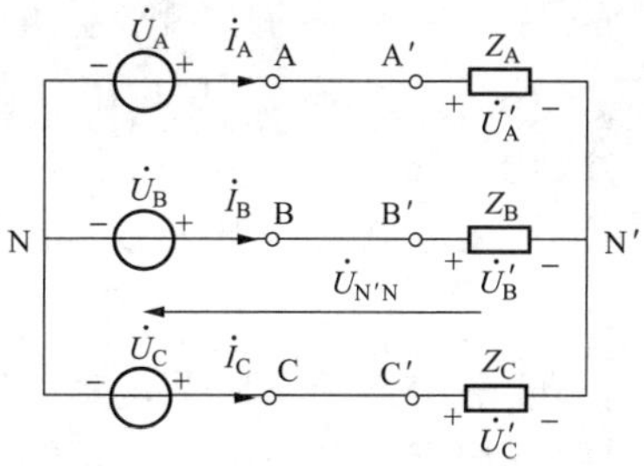

图1－29 不对称的三相三线制电路

首先应用节点电压法求得负载中性点N′至电源中性点N的电压

$$\dot{U}_{N'N}=\frac{\frac{1}{Z_A}\dot{U}_A+\frac{1}{Z_B}\dot{U}_B+\frac{1}{Z_C}\dot{U}_C}{\frac{1}{Z_A}+\frac{1}{Z_B}+\frac{1}{Z_C}}$$

可见，当三相负载不对称或三相电源不对称时，电压$\dot{U}_{N'N}$不等于零。由此可得：对于无中线或中线阻抗不为零的不对称的Y－Y连接的三相系统，负载中性点与电源中性点之间的电压不等于零，即负载中性点N′的电位与电源中性点N的电位不相等。这一现象称为中

性点位移，负载中性点和电源中性点间的电压 $\dot{U}_{N'N}$ 称为中性点位移电压。

设 $\dot{U}_A$、$\dot{U}_B$、$\dot{U}_C$ 对称，求得中性点位移电压 $\dot{U}_{N'N}$ 之后，应用基尔霍夫电压定律可求得三相负载上的相电压

$$\left.\begin{aligned}\dot{U}'_A &= \dot{U}_A - \dot{U}_{N'N}\\ \dot{U}'_B &= \dot{U}_B - \dot{U}_{N'N}\\ \dot{U}'_C &= \dot{U}_C - \dot{U}_{N'N}\end{aligned}\right\} \quad (1-58)$$

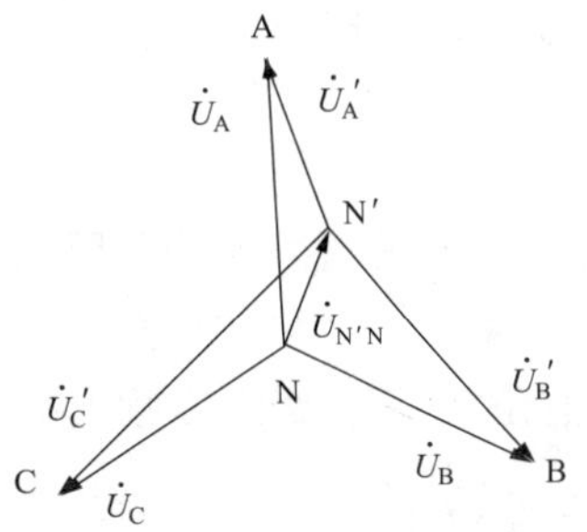

图1－30　负载中性点位移

根据上式可作出各相负载电压的相量图，如图 1－30 所示，可见这种情况下三相负载上的相电压是不对称的。

三相负载的电流分别为

$$\dot{I}_A = \frac{\dot{U}'_A}{Z_A},\quad \dot{I}_B = \frac{\dot{U}'_B}{Z_B},\quad \dot{I}_C = \frac{\dot{U}'_C}{Z_C} \quad (1-59)$$

由于三相负载复阻抗不等及负载上三相电压不对称，所以三相电流也是不对称的。

在无中线负载不对称的 Y－Y 连接的三相电路中，由于中性点位移电压 $\dot{U}_{N'N}$ 的出现，造成负载上的相电压不对称，使得有的相电压高于电源相电压（见图 1－30 中 B、C 相），有的相电压低于电源相电压（见图 1－30 中 A 相）。电压过高，可能造成电气设备损坏；电压过低，用电设备不能正常工作。如果装设中线，且中线阻抗很小，就能使得中性点位移电压很小（$\dot{U}_{N'N}\approx 0$），从而避免上述现象的产生。可见：中线的主要作用就在于减小中性点位移电压，使星形连接的不对称负载的相电压对称。在实际电力系统中，为避免中线断开，中线应具有足够的机械强度且安装牢固，同时中线上不应装设熔断器和开关。

（三）三相交流电路功率

三相电路中三相负载吸收的总有功功率、总无功功率分别等于各相有功功率、无功功率之和，即

$$\left.\begin{aligned}P &= P_A + P_B + P_C = U_A I_A \cos\varphi_A + U_B I_B \cos\varphi_B + U_C I_C \cos\varphi_C\\ Q &= Q_A + Q_B + Q_C = U_A I_A \sin\varphi_A + U_B I_B \sin\varphi_B + U_C I_C \sin\varphi_C\end{aligned}\right\} \quad (1-60)$$

式中：U_A、U_B、U_C 表示三相相电压的有效值；I_A、I_B、I_C 表示三相相电流的有效值；φ_A、φ_B、φ_C 分别表示各相的相电压与相电流之间的相位差。

三相正弦交流电路的视在功率的定义式为

$$S = \sqrt{P^2 + Q^2} \quad (1-61)$$

应注意，一般情况下，三相正弦交流电路的视在功率不等于各相视在功率之和。

在对称三相交流电路中，三相电压和三相电流都是对称的，有

$$U_A = U_B = U_C = U_P,\quad I_A = I_B = I_C = I_P,\quad \varphi_A = \varphi_B = \varphi_C = \varphi$$

所以各相电路的有功功率、无功功率及视在功率均分别相等，因而对称三相正弦交流电路的总功率

$$\left.\begin{aligned}P &= 3P_A = 3U_P I_P \cos\varphi\\ Q &= 3Q_A = 3U_P I_P \sin\varphi\\ S &= \sqrt{P^2 + Q^2} = 3U_P I_P\end{aligned}\right\} \quad (1-62)$$

可见，对称三相电路的有功功率、无功功率及视在功率分别等于一相有功功率、无功功率及视在功率的三倍。

在电力系统中，由于三相电气设备铭牌标出的电压和电流通常是线电压和线电流的额定

值，且线电压和线电流的数值容易测量，所以通常用线电压和线电流来计算功率。

当对称三相负载星形连接时

$$\left.\begin{aligned} U_P &= \frac{U_L}{\sqrt{3}} \\ I_P &= I_L \end{aligned}\right\}$$

当对称三相负载三角形连接时

$$\left.\begin{aligned} U_P &= U_L \\ I_P &= \frac{I_L}{\sqrt{3}} \end{aligned}\right\}$$

将上述关系代入对称三相正弦交流电路功率的式（1-62），可得

$$\left.\begin{aligned} P &= \sqrt{3}U_L I_L \cos\varphi \\ Q &= \sqrt{3}U_L I_L \sin\varphi \\ S &= \sqrt{3}U_L I_L \end{aligned}\right\} \quad (1-63)$$

应注意，式（1-63）中的 φ 仍为相电压与相电流之间的相位差，切勿误认为是线电压与线电流间的相位差。

第三节 非正弦周期电流电路

一、非正弦周期信号

在实际的交流电路中，存在着各种各样的非正弦周期信号。电力系统中的电源或信号源所产生的电信号一般不是准确地按正弦规律变化的。例如：由于设计和制造上的原因，电力系统中的交流发电机发出的电压波形并不是理想的正弦波；无线电通信系统中的信号源所产生的电信号也不是正弦波；自动控制系统和计算机网络中大量使用的脉冲信号也都不是正弦信号；非正弦信号发生器产生的信号都是非正弦信号，如方波信号发生器产生的就是矩形波电压如图1-31（a）所示。

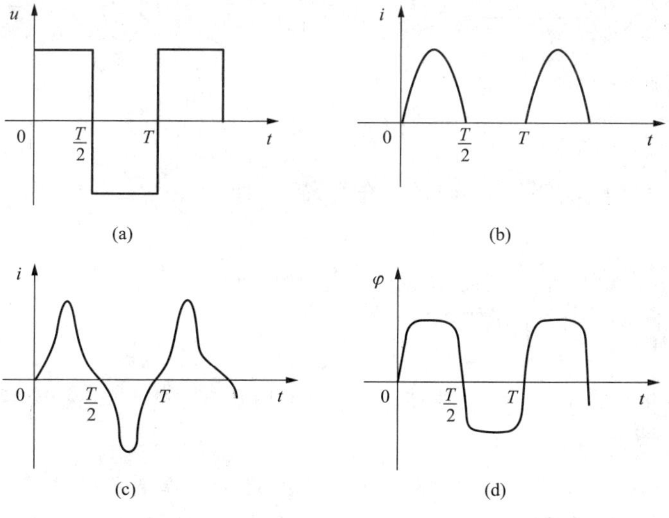

图1-31 非周期信号波形

另外，由于电路中存在一些非线性元件，即使电源电压是正弦波，电路中也会产生非正弦电流。例如，当二极管两端施加正弦电压时，通过二极管的电流波形只有正半波，如图1－31（b)所示。在铁芯线圈两端外加正弦电压（如铁芯饱和)，则通过线圈的电流波形为一尖顶波，如图1－31（c）所示；若铁芯线圈中通入正弦电流（如铁芯饱和)，则铁芯中的磁通将是一个平顶波，如图1－31（d）所示。

如果一个电路中同时存在着不同频率的正弦电压或电流，则该电路的合成电压或电流将是非正弦的。如图1－32（a）所示电路中两电压源的电压 u_{s1} 和 u_{s3} 是两个频率不同的正弦量，它们分别为：

$$u_{s1} = U_{m1}\sin\omega t$$

$$u_{s3} = U_{m3}\sin3\omega t$$

该电路的端电压等于这两个电压源的电压之和，即

$$u = u_{s1} + u_{s3} = U_{m1}\sin\omega t + U_{m3}\sin3\omega t$$

u_{s1} 和 u_{s3} 的波形如图1－32（b）中虚线所示。利用曲线相加法，即将这两个正弦波逐点相加可求得 u 的波形，如图1－32（b）中实线所示，它是一个平顶波。

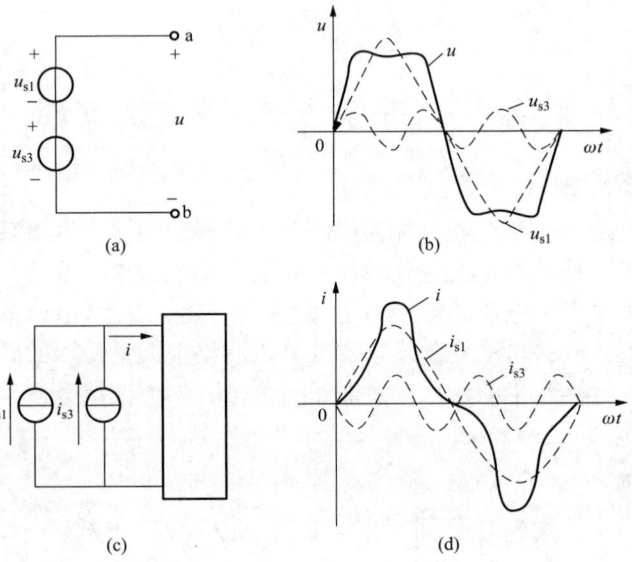

图1－32 两个不同频率正弦量的和

如图1－32（c）所示电路中两电流源的电流分别为

$$i_{s1} = I_{m1}\sin\omega t$$

$$i_{s3} = -I_{m3}\sin3\omega t$$

该电路中电流 i 等于这两个电流源的电流之和，即

$$i = i_{s1} + i_{s3} = I_{m1}\sin\omega t + (-I_{m3}\sin3\omega t)$$

i_{s1} 和 i_{s2} 的波形如图1－32（d）中虚线所示。利用曲线相加法，可求得 i 的波形，如图1－32（d）中实线所示，它是一个尖顶波。

由以上分析可知，若干个不同频率的正弦量之和为一非正弦周期量，合成的非正弦周期量的波形不仅与各正弦量的频率有关，还与各正弦量的初相和幅值有关。

二、非正弦周期函数的分解

（一）非正弦周期函数的傅里叶级数

若干个不同频率的正弦量之和为一非正弦周期量，那么反过来，一个非正弦周期量能否分解为若干个不同频率的正弦量之和？如果能分解，如何确定这些正弦分量？这两个问题在高等数学中有详细的论述。这里扼要的介绍有关结论。

数学理论证明，任何满足狄里赫利条件的周期函数都可以展开为一系列不同频率的正弦函数和余弦函数之和。周期为 T，角频率 $\omega=\frac{2\pi}{T}$的周期函数表达式为

$$\begin{aligned}f(t) &= a_0+a_1\cos\omega t+b_1\sin\omega t+a_2\cos2\omega t+b_2\sin2\omega t+\cdots+a_k\cos k\omega t+b_k\sin k\omega t+\cdots\\&= a_0+\sum_{k=1}^{\infty}(a_k\cos k\omega t+b_k\sin k\omega t)\end{aligned}$$

上式中等号右边的数学式称为函数$f(t)$的傅里叶级数，其中各项的系数称为函数$f(t)$的傅里叶系数，$f(t)$的傅里系数可以按以下公式计算：

$$\left.\begin{aligned}a_0 &= \frac{1}{T}\int_0^T f(t)\mathrm{d}t\\a_k &= \frac{2}{T}\int_0^T f(t)\cos k\omega t\mathrm{d}t\\b_k &= \frac{2}{T}\int_0^T f(t)\sin k\omega t\mathrm{d}t\end{aligned}\right\} \tag{1-64}$$

$f(t)$的傅里叶级数展开式中：$k=1,\ 2,\ 3,\ \cdots$；不随时间变化的常量 a_0 称为恒定分量或直流分量；角频率为 ω 的正弦量，称为基波或一次谐波；角频率为 2ω、3ω 的正弦量分别称为二次谐波、三次谐波；二次及以上的谐波统称为高次谐波；谐波次数为偶数时称为偶次谐波；谐波次数为奇数时称为奇次谐波。

从理论上讲，非正弦周期函数的傅里叶级数应含有无穷多项，也就是说，必须取无穷多项才能准确地表示它。而从实际运算来看，只能取有限项，这就产生了误差问题。但由于非正弦周期函数的谐波分量的幅值是随着谐波次数的增加而逐渐减小，因此，在工程上一般只需要取为数不多的前几项进行计算，就能满足要求。

（二）对称周期函数的谐波分析

1. 奇函数

若$f(t)=-f(-t)$，则函数$f(t)$称为奇函数。奇函数的波形对称于坐标系的原点。奇函数的傅里叶级数只含有正弦项，不含有常数项和余弦项，即 $a_0=0$，$a_k=0$。

2. 偶函数

若$f(t)=f(-t)$，则函数$f(t)$称为偶函数。偶函数的波形对称于纵轴。偶函数的傅里叶级数中只含有常数项和余弦项，不含有正弦项，即 $b_k=0$。

3. 奇谐波函数

若$f(t)=-f\left(t+\frac{T}{2}\right)$，则函数$f(t)$称为奇谐波函数。将奇谐波函数$f(t)$的波形移动半个周期后所得到的波形与$f(t)$的波形关于横轴对称。奇谐波函数的傅里叶级数中只含有奇次项，即 $a_{2k}=0$，$b_{2k}=0$。

三、非正弦周期量的有效值、平均值及电路的平均功率

（一）有效值

设一非正弦周期电流 i 的傅里叶级数展开式为

$$i = I_0 + \sum_{k=1}^{\infty} I_{mk}\sin(k\omega t + \theta_k)$$

代入有效值定义式 $I = \sqrt{\frac{1}{T}\int_0^T i^2 \mathrm{d}t}$ 得出此电流的有效值为

$$I = \sqrt{I_0^2 + I_1^2 + I_2^2 + \cdots} \tag{1-65}$$

式中：$I_1, I_2, \cdots$表示各次谐波电流的有效值。式（1－65）表明非正弦周期电流的有效值等于直流分量的平方与各次谐波有效值的平方之和的平方根。此结论同样适用于非正弦周期电压有效值的计算。

（二）平均值

在电工技术中，常把周期量的平均值定义为周期量的绝对值在一个周期内的平均值。以电流为例，其平均值的定义式为

$$I_{av} = \frac{1}{T}\int_0^T |i| \mathrm{d}t$$

周期量平均值的几何意义可从图 1－33（a）中看出，尖顶波电流$|i|$的波形，它的绝对值$|i|$的波形如图 1－33（b）所示。图中矩形 ABC0（图中虚线所示）的面积等于一个周期内的绝对值$|i|$的函数曲线与横轴所包围的面积，矩形 ABC0 的高度就等于电流$|i|$的平均值。应用平均值的定义式 $I_{av} = \frac{1}{T}\int_0^T |i| \mathrm{d}t$ 可求得正弦电流 i 的平均值

$$I_{av} = \frac{1}{T}\int_0^T |I_m \sin\omega t| \mathrm{d}t = \frac{2}{\pi} I_m = 0.9I \tag{1-66}$$

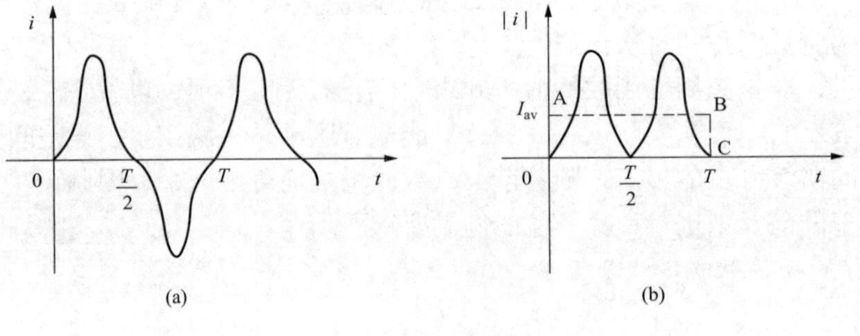

图 1－33 非周期正弦量的平均值

式（1－66）结果表明，正弦量的平均值是幅值的$\frac{2}{\pi}$倍。把电流的有效值与平均值的比$\frac{I}{I_{av}} = 1.11$ 称为正弦波的波形系数。

（三）平均功率

如果一个二端网络的端口电压和电流都是非正弦周期量，选择参考方向一致，它们的傅里叶级数式为

$$u(t) = U_0 + \sum_{k=1}^{\infty} U_{mk}\sin(k\omega t + \theta_{uk})$$

$$i(t) = I_0 + \sum_{k=1}^{\infty} I_{mk}\sin(k\omega t + \theta_{ik})$$

二端网络吸收的平均功率为

$$P = \frac{1}{T}\int_0^T p(t)\,\mathrm{d}t = \frac{1}{T}\int_0^T u(t)i(t)\,\mathrm{d}t$$

通过积分运算可得：

$$\begin{aligned} P &= U_0I_0 + U_1I_1\cos\varphi_1 + U_2I_2\cos\varphi_2 + \cdots + U_kI_k\cos\varphi_k + \cdots \\ &= U_0I_0 + \sum_{k=1}^{\infty} U_kI_k\cos\varphi_k \end{aligned} \qquad (1-67)$$

式中：U_k、I_k 表示第 k 次谐波电压、电流的有效值；φ_k 表示第 k 次谐波电压与电流之间的相位差。

式（1－67）表明，非正弦周期电流电路吸收的平均功率等于其直流分量和各次谐波分量吸收的平均功率之和。这一结果也表明，只有同频率的谐波电压和电流才能构成平均功率。

四、对称三相电路中的高次谐波

（一）对称三相非正弦周期电压谐波分量的特点

对称三相电路中，三个非正弦周期相电压的变化规律相同，但在时间上依次相差$\frac{T}{3}$，即

$$u_A = u(t),\quad u_B = u\left(t - \frac{T}{3}\right),\quad u_C = u\left(t + \frac{T}{3}\right)$$

在实际电力系统中，三相发电机产生的电压为奇函数，因而可将它们展开成如下傅里叶级数

$$\begin{aligned} u_A &= U_{m1}\sin\omega t + U_{m3}\sin 3\omega t + U_{m5}\sin 5\omega t + \cdots \\ u_B &= U_{m1}\sin(\omega t - 120^\circ) + U_{m3}\sin 3\omega t + U_{m5}\sin(5\omega t + 120^\circ) + \cdots \\ u_C &= U_{m1}\sin(\omega t + 120^\circ) + U_{m3}\sin 3\omega t + U_{m5}\sin(5\omega t - 120^\circ) + \cdots \end{aligned}$$

从上式中可以看出这组对称非正弦周期量中有以下各次谐波分量。

1. 基波

$$\left.\begin{aligned} u_{A1} &= U_{m1}\sin\omega t \\ u_{B1} &= U_{m1}\sin(\omega t - 120^\circ) \\ u_{C1} &= U_{m1}\sin(\omega t + 120^\circ) \end{aligned}\right\} \qquad (1-68)$$

可见，各相基波电压大小相等，相位按 A－B－C 的次序依次相差 120°，构成正序对称量。同理 7 次、13 次等$(3k+1, k=0,2,4,\cdots)$次谐波都构成正序对称量，相量图见图 1－34（a）。

2. 三次谐波

$$\left.\begin{aligned} u_{A3} &= U_{m3}\sin\omega t \\ u_{B3} &= U_{m3}\sin 3\omega t \\ u_{C3} &= U_{m3}\sin 3\omega t \end{aligned}\right\} \qquad (1-69)$$

可见，各相三次谐波电压大小相等，相位相同，构成零序对称量。同理 9 次、15 次等$(3k, k=1,3,5,\cdots)$次谐波都构成零序对称量，相量图见图 1－34（b）。

3. 五次谐波

$$\left.\begin{aligned} u_{A5} &= U_{m5}\sin 5\omega t \\ u_{B5} &= U_{m5}\sin(5\omega t + 120^\circ) \\ u_{C5} &= U_{m5}\sin(5\omega t - 120^\circ) \end{aligned}\right\} \qquad (1-70)$$

可见，各相五次谐波电压大小相等，相位按 A－C－B 的次序依次相差 120°，构成负序对称量。同理 11 次、17 次等($3k-1, k=2,4,6,\cdots$)次谐波都构成负序对称量，相量图见图 1－34（c）。

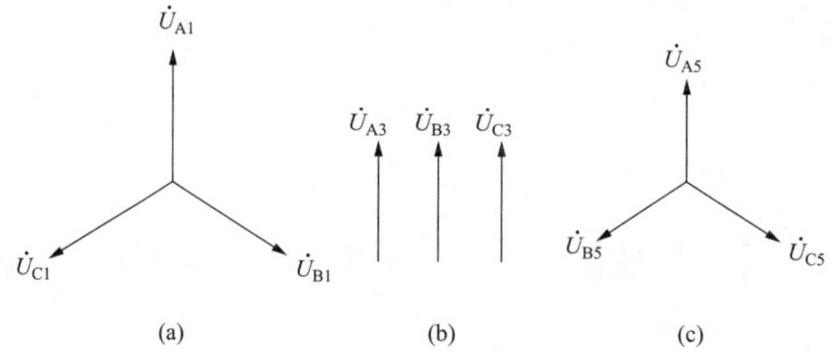

图 1－34　对称三相非正弦电压谐波分量相量图

（二）电源为星形连接时的谐波分析

电源作星形连接时，如果电源的相电压中含有一、三、五、……奇次谐波分量，相电压各次谐波的有效值分别为 U_{P1}、U_{P3}、U_{P5}、…，则电源相电压的有效值为

$$U_P = \sqrt{U_{P1}^2 + U_{P3}^2 + U_{P5}^2 + \cdots} \tag{1-71}$$

Y 形连接电源的线电压等于相电压之差，对于基波、五次谐波等正序和负序组相电压，三相电压大小相等，相位互差 120°，线电压的有效值为相电压有效值的$\sqrt{3}$倍，即

$$\left.\begin{aligned} U_{L1} &= \sqrt{3}U_{P1} \\ U_{L5} &= \sqrt{3}U_{P5} \\ &\vdots \end{aligned}\right\} \tag{1-72}$$

但对三次谐波等零序组相电压来说，由于三相电压大小相等、相位相同，相电压之差为零，故线电压中无三次谐波等零序谐波分量。电源线电压的有效值为

$$U_L = \sqrt{U_{L1}^2 + U_{L5}^2 + \cdots} = \sqrt{3}\ \sqrt{U_{P1}^2 + U_{P5}^2 + \cdots} \tag{1-73}$$

因此 Y 形连接电源线电压有效值小于相电压的$\sqrt{3}$倍，即

$$U_L < \sqrt{3}U_P \tag{1-74}$$

（三）电源为三角形连接时的谐波分析

三相电源三角形连接时，如果电源相电压为正弦交流电，则电源三角形回路电压为零，电源中没有环路电流（简称环流）。如果电源相电压不是正弦交流电，那么在电源回路中每组的一次、七次等正序谐波电压（及每组的五次、十一次等负序谐波电压）的总和等于零，而每组的三次、九次等零序谐波电压的总和则等于每相中零序谐波的 3 倍，电源三角形回路的总电压不为零。其有效值为

$$U_3 = 3\ \sqrt{U_{P3}^2 + U_{P9}^2 + \cdots} \tag{1-75}$$

从而在电源回路中产生环流，以三次谐波为例，如图 1－35 所示。设电源相电压中三次谐波分量为 $\dot{U}_3$，三次谐波内阻抗为 Z_{03}，则三次谐波环流为

$$\dot{I}_3 = \frac{3\dot{U}_3}{3Z_{03}} = \frac{\dot{U}_3}{Z_{03}}$$

同理，电源相电压中九次谐波分量为 $\dot{U}_9$，对九次谐波内阻抗为 Z_{09}，9 次谐波环流为

$$\dot{I}_9=\frac{3\dot{U}_9}{3Z_{09}}=\frac{\dot{U}_9}{Z_{09}}$$

这些环流在电源内部产生损耗，引起发热，所以发电机三相绕组一般不作三角形连接。由于环流在内阻抗上产生压降，故电源线电压（相电压）中三次、九次等谐波分量为

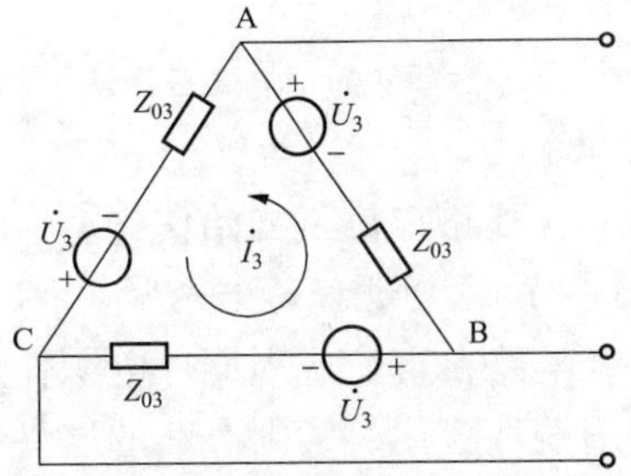

图 1－35 电源为三角形连接时三次谐波环流

$$\dot{U}_{AB3}=\dot{U}_3-Z_{03}\dot{I}_3=\dot{U}_3-Z_{03}\frac{\dot{U}_3}{Z_{03}}=0$$

$$\dot{U}_{AB9}=\dot{U}_9-Z_{09}\dot{I}_9=\dot{U}_9-Z_{09}\frac{\dot{U}_9}{Z_{09}}=0$$

所以线电压（相电压）中不含有零序谐波，于是

$$U_L=\sqrt{U_{P1}^2+U_{P5}^2+\cdots} \qquad (1-76)$$

当三角形连接的电源接有负载时，三个线电流相量和等于零，所以线电流中不含有三次、九次等零序谐波，而电源的相电流中除含有正序及负序谐波外，还有零序谐波环流，从而得到 $I_L<\sqrt{3}I_P$。

结论：三角形连接电源的相电流中含有零序谐波时，线电流中不含零序谐波，因而，其线电流的有效值小于相电流的$\sqrt{3}$倍。

（四）四线制星形连接负载

对于四线制星形负载，如果电源相电压中含有一次、三次、五次……等奇次谐波，则负载相电流（线电流）中，也含有一次、三次、五次……等奇次谐波。由于每组正序谐波、负序谐波之和为零，而每组零序谐波之和等于相电流（线电流）的零序谐波分量的三倍，所以中线电流有效值为

$$I_N=3\sqrt{I_3^2+I_9^2+\cdots} \qquad (1-77)$$

（五）三线制星形连接负载

由于三次、九次等零序谐波电流没有通路，所以线电流中不存在零序电流，但电源与负载的两中性点之间要产生电压。中点电压只含有零序谐波分量，其有效值为

$$U_{N'N}=\sqrt{U_3^2+U_9^2+\cdots} \qquad (1-78)$$

（六）三角形连接的负载

负载作三角形连接时，每相负载承受电源线电压，而三相电源不管是 Y 接还是△接，线电压中都不含有零序谐波，所以负载的相电流、线电流中都不含有零序谐波。

综合以上分析，对称三相非正弦交流电路之所以出现一些特殊情况，其主要原因是由于电路中存在三次、九次……等零序谐波的缘故。在电力系统中，要注意到谐波对继电保护的影响，如三次谐波对 YNd 连接的变压器差动保护的影响。

第四节 线性动态电路的时域分析

一、换路定律及初始值计算

（一）过渡过程的概念

若电路在直流或周期性电源作用下，所产生的各支路电压和电流都是直流或都按同样规律作周期性变化时，则电路的这种工作状态称为稳定状态，简称稳态。当电路的结构或元件的参数发生改变时，电路的工作状态将随之而发生改变，一般来说，这种改变不是瞬间完成的，而是需要经历一个过程，这个过程称为过渡过程。电路在过渡过程中的工作状态称为暂态。例如：如图1－36所示电路，开关S闭合前，电路处于一种稳定状态。在这种状态下，电容元件电压为零（设电容元件未充电），电容元件储存的电场能量也为零。

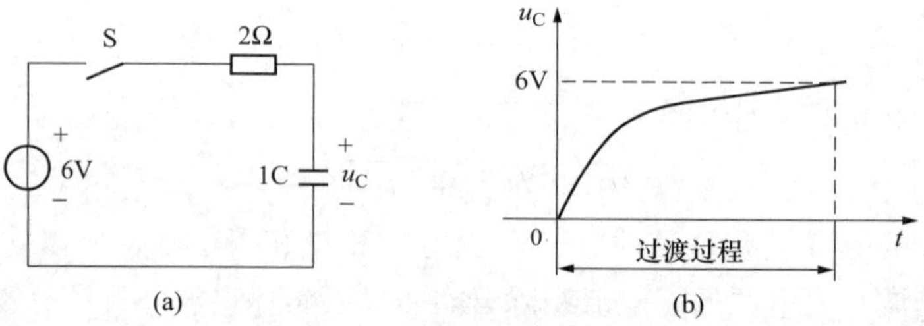

图1－36 电路的暂态过程

开关闭合后，电路进入稳定状态时，电容元件的电压应为6V，电容元件的储能应为18J。电容元件的电压从零变化到6V，不可能瞬间完成。因为，如果电容元件的电压由零跃变为6V，则意味着，电容元件所储存的电场能量将由零跃变为18J。能量的跃变需要无穷大的功率才能实现，所以电容元件所储存的能量不能跃变。

电容元件上的电压 u_C 将按照图1－36（b）所示的规律变化。可见，电容元件上的电压 u_C 从开关闭合前稳定状态零值变化到开关闭合后的稳定状态6V，经历了一个过程，这个过程就称为过渡过程。

由以上分析可知，电路中产生过渡过程的必要条件是：① 电路结构或电路元件参数发生变化；② 电路中存在储能元件。

分析电路过渡过程，探讨过渡过程的规律，一方面是为了便于利用过渡过程的规律，以达到实现某种技术的目的。例如，数字脉冲电路中的微分器、积分器、非正弦信号发生器；高压实验中所用的冲击电压发生器等设备或器件就是利用电容器充、放电过程中的性能来实现它们的特定功能。另一方面则是为了便于采取措施，防止因过渡过程而造成的危害。例如，在电力系统中，常因开关操作或发生事故而产生过渡过程，从而导致系统内出现过电压或过电流，造成电气设备损坏。空投变压器产生的励磁涌流，也会引起差动保护误动。

（二）换路定律

电路结构、元件参数和电源数值的突然改变称为换路。电路结构的改变是指电路的接通、断开。元件参数的改变是指电路中电阻、电感、电容元件的电阻值、电感量、电容量的变化，电源数值的改变是指电压源的电压、电流源的电流发生变化。

储能元件的能量不能跃变，确切地说，如果电容元件和电感元件的功率不是无穷大，则电容元件和电感元件中所储存的能量不能跃变。我们知道，电容元件和电感元件所储存的电场能量和磁场能量分别为$\frac{1}{2}Cu_C^2$和$\frac{1}{2}Li_L^2$。由此可见，电容元件的能量不能跃变就意味着其电压不能跃变；电感元件的能量不能跃变就意味着其电流不能跃变。

假设换路在瞬间完成，并以换路的瞬间作为计时起点，即设换路瞬间$t=0$。为区分换路前后的瞬间，把换路前的最后瞬间记为$t=0_-$，把换路后最初瞬间记为$t=0_+$。由上述结论可知，在$t=0$时刻，若电容元件的电流i_C和电感元件的电压u_L为有限值，则电容元件的电压u_C和电感元件的电流i_L在$t=0_+$时刻的值$u_C(0_+)$和$i_L(0_+)$应等于它们在$t=0_-$时刻的值$u_C(0_-)$和$i_L(0_-)$，即

$$\begin{aligned} u_C(0_+) &= u_C(0_-) \\ i_L(0_+) &= i_L(0_-) \end{aligned} \tag{1-79}$$

上式表明，当电容元件中的电流为有限值时，电容元件的电压在换路瞬间不会发生跃变。当电感元件的电压为有限值时，电感元件中的电流在换路瞬间不会发生跃变。这一结论称为换路定律。

（三）初始值计算

$t=0_+$时刻电路中各物理量的数值称为初始值。电容元件的电压和电感元件的电流的初始值可称为电路的初始条件。初始值的计算是过渡过程分析中重要的内容。

计算初始值的步骤可归纳如下：

（1）由换路前的电路计算出电容元件的电压和电感元件的电流，确定它们在$t=0_-$时的值$u_C(0_-)$和$i_L(0_-)$。应注意，在直流稳态电路中，电容元件相当于开路，电感元件相当于短路。

（2）根据换路定律，得到电容元件的电压和电感元件的电流的初始值$u_C(0_+)$和$i_L(0_+)$。

（3）画出换路后初始瞬间（$t=0_+$时刻）的等效电路。方法是：将原电路中的电容元件用电压源来代替，电压源的电压等于该电容元件电压的初始值$u_C(0_+)$；将原电路中的电感元件用电流源来代替，电流源的电流等于该电感元件电流的初始值$i_L(0_+)$；原电路中电源的数值，用该电源在$t=0_+$的值代替；将电路中的电阻保留在原电路的位置上，其电阻值不变。

（4）计算换路后初始瞬间的等效电路，求出所需要的初始值。

二、*RC* 串联电路的过渡过程

（一）*RC* 电路的充电过程

在如图1－37的电路中，假定开关S闭合前电容元件未充电，$u_C(0_-)=0$。$t=0$时合上开关S，开关S刚合上瞬间，由于电源电压为有限值，电源不能提供无穷大电流，电容元件两端的电压不能跃变，因而电容元件两端的电压仍保持为零，即$u_C(0_+)=0$，此瞬间，电容元件相当于短路，在电源电压的作用下，电路中产生电流。此时电源电压全部加在电阻R上，因此，电路中的电流

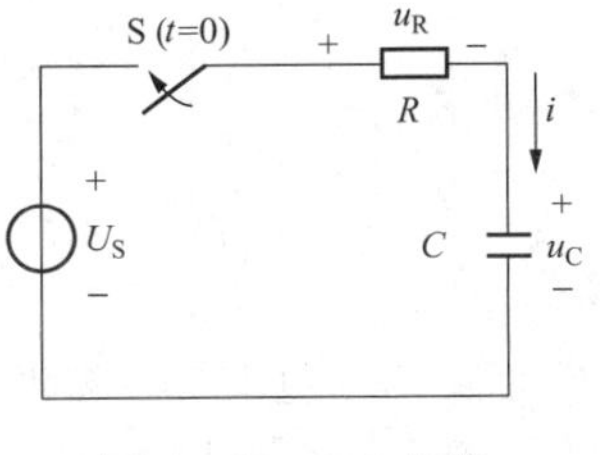

图1－37 *RC* 电路

$$i(0_+)=\frac{U_S}{R}$$

开关S闭合后，电容元件两极上的电荷不断地增加，储存于电容元件之中的电场能量逐渐增多，电容元件的端电压逐渐升高，电路中的电流逐渐减小。直至电容元件的电压u_C等于电源电压U_S时，电路中的电流减小至零，过渡过程结束，电路达到稳定状态。这就是电

容元件充电的物理过程。

从能量的观点来看，电容元件的充电过程就是其电场能量不断积累的过程。换路后初始瞬间，电容元件中的电场能量为零；充电过程中，电容元件不断地从电源吸取能量，并把它转变为电场能量，充电结束时，电容元件所储存的电场能量为$\frac{1}{2}CU_S^2$。充电过程中电源提供的能量，一部分转换成电场能量，储存于电容元件之中，另一部分被电阻吸收，转换为热能而损耗掉。

根据基尔霍夫电压定律： $u_C + u_R = U_S$

电阻、电容元件的电压与电流的关系： $u_R = Ri,\ i = C\frac{du_C}{dt}$

换路定律： $u_C(0_+) = u_C(0_-) = 0$

可以得到一个描述过渡过程中电压 u_C 变化规律的电路方程

$$\left.\begin{aligned} RC\frac{du_C}{dt} + u_C = U_S \\ u_C(0_+) = 0 \end{aligned}\right\} \tag{1-80}$$

这是一个含有未知变量 u_C 的一阶导数$\frac{du_C}{dt}$的方程，称为一阶微分方程。过渡过程中，电路中电压和电流的变化规律是由初始条件和描述电路动态规律的微分方程共同决定的，因此，我们把初始条件与描述电路动态规律的微分方程写在一起。

由数学分析可知，该方程的解为

$$u_C = U_S(1 - e^{-\frac{t}{\tau}}) \qquad (t \geqslant 0) \tag{1-81}$$

式中 $\tau = RC$——电路的时间常数，单位为秒（s）。

由 u_C 可求出电流

$$i = C\frac{du_C}{dt} = C\frac{d}{dt}(U_S - U_S e^{-\frac{t}{\tau}}) = \frac{U_S}{R}e^{-\frac{t}{\tau}} \qquad (t \geqslant 0) \tag{1-82}$$

应注意，以上表达式只适用于换路后的情况，即只适用于 $t \geqslant 0$ 的情况，对于换路前是不适用的。

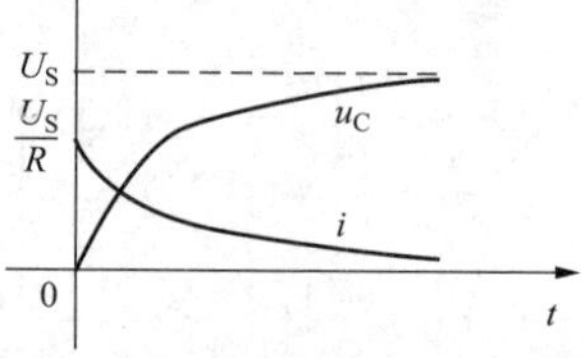

图 1-38 电压、电流随时间变化曲线

根据式（1-81）、式（1-82），可画出 u_C 和 i 随时间变化的曲线，如图 1-38 所示。

从 u_C 和 i 的表达式或它们的变化曲线可以看出，在充电过程中，电容元件的电压 u_C 从初始值 0 开始，按指数规律逐渐上升，最后趋于稳态值 U_S。电路中的电流 i 从初始值$\frac{U_S}{R}$开始，随着电压 u_C 的上升，按相同的指数规律逐渐减小，最后趋于零。

R 和 C 的乘积称为 RC 电路的时间常数 τ。当 R 的单位为欧姆（Ω），C 的单位为法拉（F）时，τ 的单位为秒（s）。时间常数 τ 的大小取决于电路的结构和元件的参数。对于 RC 串联电路，R、C 越大，τ 越大；反之，R、C 越小，τ 越小。对于 RC 电路的充电过程而言，τ 的大小标志着充电的快慢，τ 越小，充电越快；反之，τ 越大，充电越慢。

从理论上讲，换路后的电路一般需要经过无限长的时间（$t \to \infty$）才能达到稳定。但是，

由于指数函数 $Ae^{-\frac{t}{\tau}}$ 开始衰减较快，往后逐渐减慢，实际上经过 $3\tau\sim5\tau$ 的时间，就可认为电路达到了稳定状态。

（二）RC 串联电路的放电过程

RC 串联电路的放电过程，电路如图 1－39 所示，换路前开关 S 合在位置 1 上，电路已处于稳态。在 $t=0$ 时，将开关从位置 1 合至位置 2。

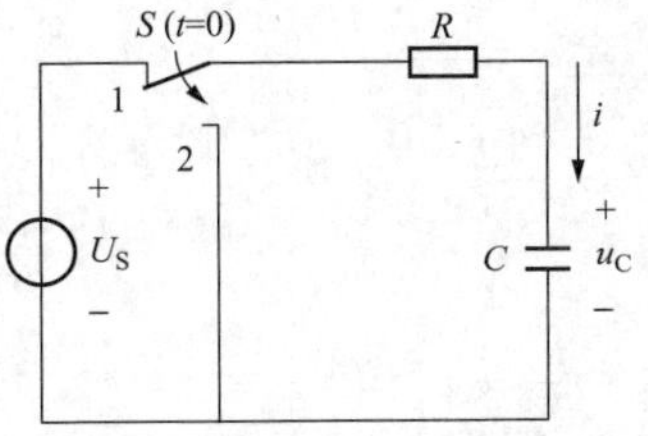

图 1－39　RC 串联电路

（1）电容元件放电的物理过程。

电容元件放电的物理过程如下：开关合在位置 1 时，电容元件已充电，其电压为 U_0（$U_0=U_S$）。开关合至位置 2 的最初瞬间，由于电容元件的电压不能跃变，电容元件的电压 u_C 仍能保持为 U_0。这时电容元件负极上的负电荷在电场力的作用下，脱离负极，经电阻 R 移至电容元件的正极，与正极上的正电荷中和。同时由于电荷的定向运动，电路中产生电流 i。随着时间的推移，电荷不停地运动，电容元件两极上的正负电荷不断地中和，两极上储存的电荷不断减少，电场逐渐减弱，电容元件上的电压逐渐下降，电路中的电流逐渐减小。直至电容元件两极上的电荷全部中和，电路中各量均为零时，放电过程告以结束，电路进入稳态。

电容元件在换路最初瞬间储存的能量为 $\frac{1}{2}CU_0^2$。换路后，电路中的电阻以 i^2R 这样的值不断吸收电场能量，并把它转换为热能，造成了电场能量的逐渐减小，最终导致电容元件中的储能完全消失。

（2）放电过程中电压、电流的变化规律。

放电过程中电容元件的电压、电流的变化规律同样可通过数学分析而获得。根据基尔霍夫电压定律、换路定律及元件的电压和电流的关系，可列出换路后的电路方程

$$\left.\begin{aligned}RC\frac{du_C}{dt}+u_C&=0\\u_C(0_+)&=U_0\end{aligned}\right\}\qquad(1-83)$$

解方程，可得

$$u_C=U_0e^{-\frac{t}{\tau}}\qquad(t\geqslant0)\qquad(1-84)$$

$$i=C\frac{du_C}{dt}=-\frac{U_0}{R}e^{-\frac{t}{\tau}}\qquad(t\geqslant0)\qquad(1-85)$$

式中：τ 为电路的时间常数，s。$\tau=RC$。

根据以上公式，可画出 u_C 和 i 随时间变化的曲线，如图 1－40 所示。

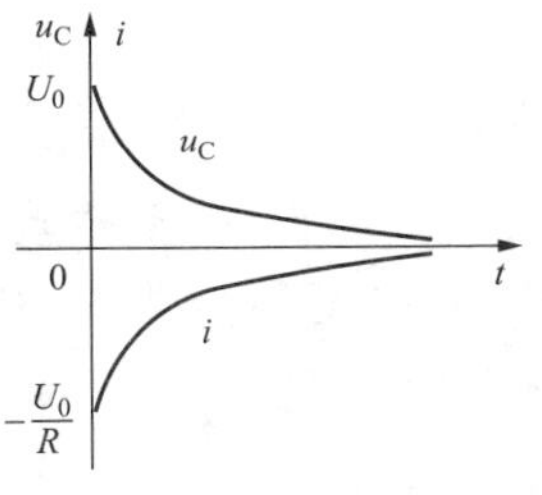

图 1－40　电压、电流变化曲线

从 u_C 和 i 的表达式或它们的变化曲线可以看出，在放电过程中，电容电压 u_C 从初始值 U_0 开始，按指数规律下降，最后趋于零。放电电流 i 从 $\frac{U_0}{R}$ 开始，按相同的指数规律最后也趋于零。

三、RL 串联电路的过渡过程

（一）RL 串联电路与直流电压源接通

RL 串联电路与直流电压源接通的电路如图 1－41 所示。开关 S 在 $t=0$ 时闭合。开关合

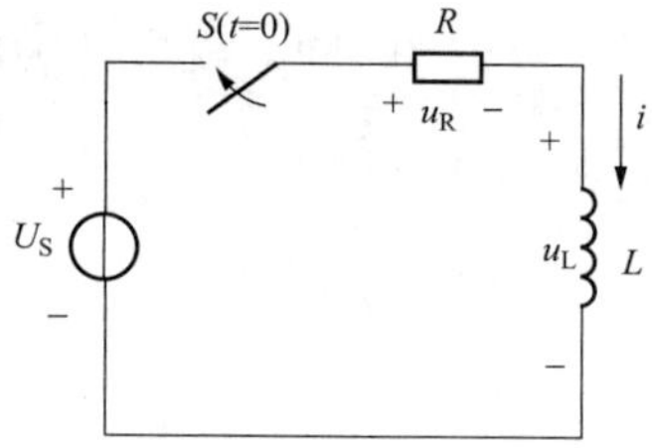

图 1－41 RL 串联电路

上之前电感元件中的电流为零，即 $i(0_-)=0$。

首先分析换路后电压、电流的变化规律。

由基尔霍夫电压定律：$u_L+u_R=U_S$

电感、电阻上的电压和电流的关系：$u_L=L\dfrac{di}{dt}$，$u_R=Ri$

换路定律：$i(0_+)=i(0_-)=0$

由上述关系可以得到一个以 i 为未知变量的微分方程

$$\left.\begin{aligned}L\frac{di}{dt}+Ri=U_S\\ i(0_+)=0\end{aligned}\right\}\tag{1-86}$$

解方程可得

$$i=\frac{U_S}{R}(1-e^{-\frac{t}{\tau}})\qquad(t\geqslant 0)\tag{1-87}$$

式中：τ 为电路的时间常数，s。$\tau=\dfrac{L}{R}$。

由此可求得

$$u_L=L\frac{di}{dt}=U_Se^{-\frac{t}{\tau}}\qquad(t\geqslant 0)\tag{1-88}$$

由此可见，i、u_L 随时间按指数规律变化的曲线如图 1－42 所示。

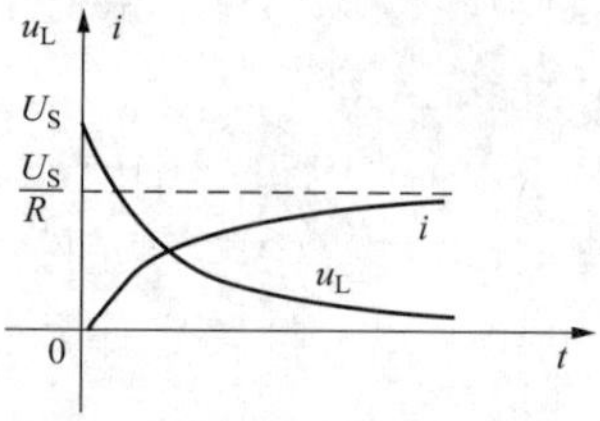

图 1－42 u_L、i 变化曲线

RL 串联电路的时间常数 τ 的意义与 RC 串联电路中的时间常数相同，当 L 的单位为亨利（H），R 的单位为欧姆（Ω）时，τ 的单位为秒（s）。由 $\tau=\dfrac{L}{R}$ 可知，RL 串联电路的时间常数 τ 与 L 成正比，与 R 成反比。由此可知，在过渡过程中，RL 串联电路中的电压和电流的变化的快慢取决于电路元件参数 R 和 L。若 L 越大，R 越小，则 τ 越大，电压和电流变化越慢；反之，若 L 越小，R 越大，则 τ 越小，电压和电流变化越快。

换路后电路中所发生的物理过程如下：开关 S 合上后，电路构成闭合回路，电路中产生电流 i，电流从零开始增大，由于电流变化，导致电感元件中产生自感电动势，使得电感元件两端产生电压（自感电压）。

开关刚合上瞬间，电流的变化率 $\dfrac{di}{dt}$ 很大，电感元件的电压很高。但是根据基尔霍夫电压定律可知，开关闭合后，初瞬电流仍保持为零（此瞬间电感元件相当于开路）。这时电阻两端的电压也为零，电源电压全加在电感元件上，因而电感元件电压的初始值为 U_S。

随着时间的推移，电流的变化率不断减小，电感元件中的自感电动势及其端电压不断下降，电流不断增大。当电流趋近于 $\dfrac{U_S}{R}$ 时，电流的变化率趋于零，电感元件的电压也趋于零，此时全部电源电压均加在电阻上，此时电路进入稳定状态，电感元件相当于短路。

从能量观点来看，RL 串联电路接通直流电压源的过渡过程，就是电感元件中的磁场能量不断积累的过程。换路前电感元件中的储能为零，换路后电感元件不断地从电源吸取电能，并把它转变为磁场能量，储存于自身之中。过渡过程结束时，电感元件所储存的磁场能量为$\frac{1}{2}L\left(\frac{U_S}{R}\right)^2$。在整个过渡过程中，电源不断地向其外部电路提供能量，电源所提供的能量一部分转换为电感元件的磁场能量储存于电感元件中，另一部分则被电阻转变为热能而损耗掉。

（二）*RL* 串联电路的短接

如图 1－43 所示 *RL* 串联电路，在开关 S 闭合前处于稳定状态。$t=0$ 时，将开关 S 闭合。现在我们来分析开关闭合后电感元件的电压和电流的变化规律及电路所发生的物理过程。设开关闭合前电感元件中的电流等于 I_0，即：

$$i(0_-)=\frac{U_S}{R_0+R}=I_0$$

根据换路定律：$i(0_+)=i(0_-)=I_0$

由基尔霍夫电压定律及电感元件上的电压与电流之间的关系，可列出换路后的电路方程：

$$\left.\begin{aligned}L\frac{di}{dt}+Ri=0\\ i(0_+)=I_0\end{aligned}\right\} \qquad (1-89)$$

解上述方程可得：

$$i=I_0e^{-\frac{t}{\tau}} \qquad (t\geqslant 0) \qquad (1-90)$$

式中：τ 为电路的时间常数，单位为秒（s）。$\tau=\frac{L}{R}$。

由上式可求得：

$$u_L=L\frac{di}{dt}=-RI_0e^{-\frac{t}{\tau}} \qquad (t\geqslant 0) \qquad (1-91)$$

由此可见，u_L 和 i 都是随时间按指数规律衰减的，变化曲线如图 1－44 所示。

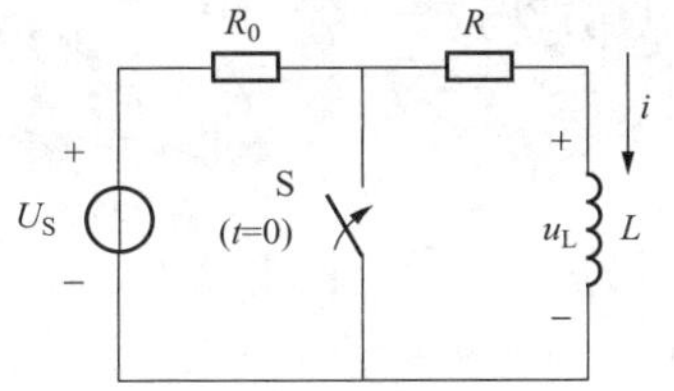

图 1－43　*RL* 串联电路

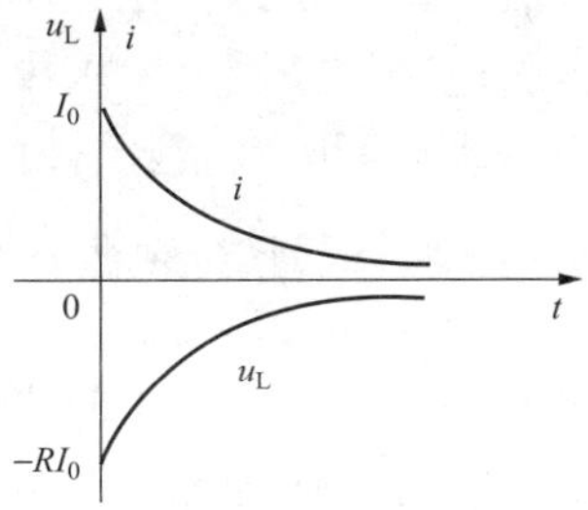

图 1－44　u_L 和 i 变化曲线

它们衰减的快慢取决于元件参数 R 和 L，L 越大，R 越小，则 τ 越大，u_L 和 i 衰减越慢；L 越小，R 越大，则 τ 越小，u_L 和 i 衰减越快。

RL 串联电路短接后的物理过程如下：开关 S 闭合后，*RL* 串联短接，构成独立回路。这时 *RL* 串联回路中没有维持恒稳电场的电源，因此，回路中的电流必将减小。由于电流减小，电感元件中产生自感电动势，自感电动势的作用就是阻碍原电流的减小。因此，电流不会立刻消失，但自感电动势产生后，并不能使电路中的电流保持不变，因为电路中存在着耗能元件 R，因此电流依然要减小。

在开关 S 刚闭合瞬间，电流的初始值 $i(0_+)=i(0_-)=I_0$，电感元件的电压在数值上等于电阻电压，故电感元件电压的初始值为 $-RI_0$（负号是因参考方向选择的原因）。换路后电路中的电流从初始值 I_0 开始逐渐减小，电感元件的电压的绝对值从初始值 RI_0 开始按照同样的规律逐渐下降，最后趋于零，过渡过程结束。

从能量观点看，RL 串联电路短接的过渡过程就是电感元件中磁场能量不断释放的过程，即电感元件的灭磁过程。换路前电感元件中建立的磁场，储存的磁场能量为 $\frac{1}{2}LI_0^2$。换路后，电路失去了激励能源，仅靠电感元件的储能来维持电流。而电路中的电阻则以 i^2R 的速率不断地从电感元件中吸取能量，并将这些能量转变为热能，耗散于周围空间。最后电感元件中所储存的磁场能量全部被消耗掉。

四、一阶电路的三要素法

只含有一个独立储能元件的电路称为一阶电路。通过对一阶电路的分析和总结，可以得出一阶电路暂态过程中电压或电流的一般表达式，表达式形式如下：

$$f(t)=f_\infty(t)+[f(0_+)-f_\infty(0)]e^{-\frac{t}{\tau}} \qquad (t\geqslant 0) \qquad (1-92)$$

式中：$f(t)$ 为电路中的电压或电流；$f(0_+)$ 为电压或电流的初始值；$f_\infty(t)$ 为电压或电流的稳态分量；$f_\infty(0)$ 为电压或电流的稳态分量的初始值；τ 为换路后电路的时间常数。

由此可知，只要求出 $f_\infty(t)$、$f(0_+)$ 和 τ 这三个特征量，就可以根据式（1-92）直接写出待求的电压或电流的表达式，而不必再建立电路方程并求解电路方程。这种方法称为三要素法。$f_\infty(t)$、$f(0_+)$ 和 τ 称为一阶电路的三要素。

三要素法的适用范围是：可用于计算一阶电路过渡过程中的任意电压和电流。对电路的限制条件是：

1）电路应是一阶电路；

2）换路后，电路应能够建立起稳定状态，且电压或电流的稳态分量可用稳态电路的分析方法求得。

对于直流电源或正弦交流电源作用下的一阶电路，一般都可以应用三要素法。应用三要素法求解一阶电路的关键是要求出三个要素。关于初始值 $f(0_+)$ 的计算，我们已在前面讨论了。下面分别介绍时间常数 τ 和稳态分量 $f_\infty(t)$ 的计算方法。

（一）时间常数 τ 的计算方法

（1）画出求 τ 的等效电路。

将换路后的电路中的电压源用短路替代，电流源用开路替代，电阻和储能元件仍保留在原来位置上。经过这样处理后所得到的电路为求 τ 的等效电路。

（2）计算求 τ 的等效电路中从储能元件两端看出去的二端网络的等效电阻 R。

例如，图1-45（b）、（c）所示的求 τ 的等效电路中，从电容元件两端看出去的二端网络，其等效电阻为

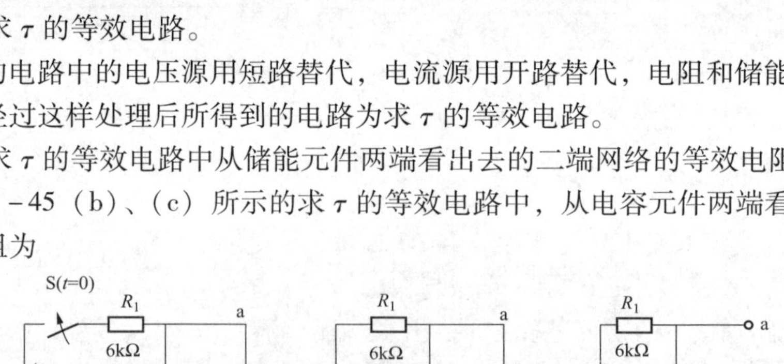

图1-45　求 τ 的等效电路

$$R=\frac{R_1R_2}{R_1+R_2}=\frac{3\times6}{3+6}=2\text{k}\Omega$$

(3) 应用 RC 串联电路和 RL 串联电路的时间常数的计算公式 $\tau=RC$ 和 $\tau=\frac{L}{R}$，计算出电路的时间常数 τ。

如图 1-45 (a) 所示电路换路后的时间常数为

$$\tau=RC=2\times10^3\times1\times10^{-6}=2\times10^{-3}\text{s}$$

(二) 计算稳态分量 $f_\infty(t)$ 及稳态分量的初始值 $f_\infty(0)$ 的方法

(1) 画出换路后的稳定状态的等效电路。若换路后电路中的电源都是直流电源，则换路后的稳态等效电路是一个直流稳态电路。这种情况下，稳态等效电路中电容元件用开路替代，电感元件用短路替代。若换路后电路中的电源都是正弦交流电源，则换路后的稳态等效电路就是一个正弦稳态电路。

(2) 应用稳态电路的计算方法，计算稳态等效电路，求出待求电压或电流的稳态分量 $f_\infty(t)$；将 $t=0$ 代入 $f_\infty(t)$ 的表达式中，求出稳态分量的初始值 $f_\infty(0)$。

例如，计算图 1-45 (a) 所示的稳态等效电路，可求得电容元件的电压的稳态分量 $u_{C\infty}$ 和稳态分量的初始值 $u_{C\infty}(0)$。

$$u_{C\infty}(t)=\frac{R_2}{R_1+R_2}U_S=\frac{3}{6+3}\times18=6\text{V};\qquad u_{C\infty}(0)=6\text{V}$$

若换路前电容上电压 $u_C(0_-)=0$，$u_C(0_+)=u_C(0_-)=0\text{V}$，由三要素方法公式可得：电容上电压为

$$u_C=u_{C\infty}(t)+[u_C(0_+)-u_{C\infty}(0)]e^{-\frac{t}{\tau}}=6+(0-6)e^{-\frac{t}{2\times10^{-3}}}=6(1-e^{-500t})\text{V}$$

五、RL 串联电路的正弦响应

图 1-46 所示电路中，设开关闭合前电路已稳定，且电感无储能。$t=0$ 开关 S 合上。交流电源电压为 $u_S=U_m\sin(\omega t+\theta_u)$。应用三要素法。

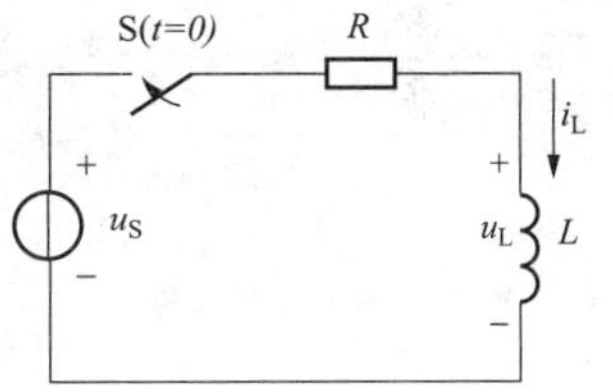

图 1-46 RL 接通正弦电源电路

(1) 求初始值 $i_L(0_+)$。

由于开关闭合前已稳定，且电感无储能，$i_L(0_-)=0$

根据换路定律 $i_L(0_+)=i_L(0_-)=0$

(2) 求稳态分量。

电路阻抗为 $Z=R+j\omega L=|Z|\angle\varphi$，开关闭合后 $t=\infty$ 时，电感电流相量

$$\dot{I}_{Lm}=\frac{\dot{U}_m}{Z}=\frac{U_m\angle\theta_u}{|Z|\angle\varphi}=\frac{U_m}{|Z|}\angle\theta_u-\varphi$$

$$i_{L\infty}(t)=\frac{U_m}{|Z|}\sin(\omega t+\theta_u-\varphi)=I_{Lm}\sin(\omega t+\theta_u-\varphi)$$

将 $t=0$ 代入 $i_{L\infty}(t)$ 式中，得稳态分量的初始值

$$i_{L\infty}(0)=I_{Lm}\sin(\theta_u-\varphi)$$

(3) 求时间常数 τ。

将上面计算的值和 $\tau=\frac{L}{R}$ 代入式 (1-88) 可得电感电流

$$
\begin{aligned}
i_L(t) &= i_{L\infty}(t) + [i_L(0_+) - i_{L\infty}(0)]e^{-\frac{t}{\tau}} \\
&= I_{Lm}\sin(\omega t + \theta_u - \varphi) - I_{Lm}\sin(\theta_u - \varphi)e^{-\frac{R}{L}t} \quad (t \geqslant 0)
\end{aligned} \tag{1-93}
$$

从式（1－93）可看出，电流 $i_L(t)$ 的变化规律是由两部分组成的，第一部分为正弦量，其频率与电源频率相同；第二部分按指数规律衰减。且都与（$\theta_u-\varphi$）有关。其中 φ 取决于电路的电阻 R 和感抗 ωL 的大小，它是电路的阻抗角；接入相位角 θ_u 取决于开关 S 合闸时间。在不同的时刻合闸，电路就有不同的响应。

1）若开关闭合时，$\theta_u=\varphi$（或 $\theta_u-\varphi=\pi$），则 $\sin(\theta_u-\varphi)=0$，电路中的电流为 $i_L(t)=I_{Lm}\sin\omega t$，这种情况下没有过渡过程，电路直接进入稳定状态。

2）若开关闭合时，$\theta_u-\varphi=-\dfrac{\pi}{2}$（或 $+\dfrac{\pi}{2}$），则 $\sin(\theta_u-\varphi)=-1$（或 $+1$），电路中的电流为

$$i_L(t)=I_{Lm}\sin\left(\omega t \pm \frac{\pi}{2}\right) \mp i_{Lm}e^{-\frac{R}{L}t} = i'_L \mp i''_L$$

如果电路的时间常数很大，第二项衰减很慢，在开关闭合后约半个周期（0.01s），电流达到最大值，若不计衰减，等于稳态分量的两倍，在电路中出现过电流现象。电流的波形图如图 1－47 所示。

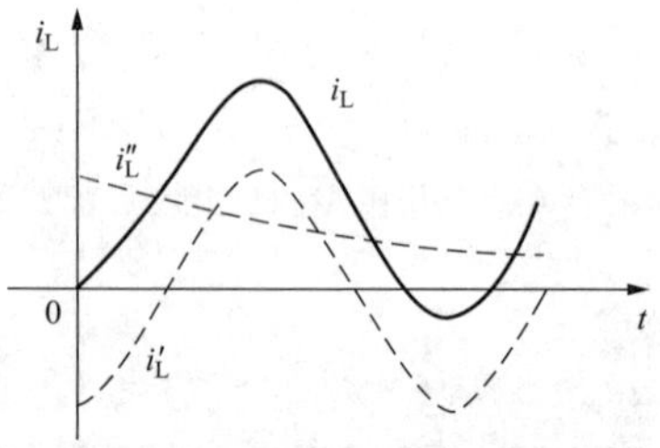

图 1－47　$\theta_u-\varphi=-\dfrac{\pi}{2}$电流的波形

3）通常情况下，开关闭合时过渡过程情况介于上述两种情况之间。

例 1－11　RL 串联电路接于电压 $u=\sqrt{2}\times220\sin$（$314t+30°$）V 正弦交流电源，已知 $R=50\Omega$，$L=0.2H$，在 $t=0$ 时合上开关 S，求 $t>0$ 时的电流 $i(t)$。

解：（1）初始值 $i(0_+)=0$。

（2）稳态分量及稳态分量初始值

$$Z=R+j\omega L=50+j314\times0.2=80.3\angle 51.5°\ \Omega$$

$$\dot{I}=\frac{\dot{U}}{Z}=\frac{220\angle 30°}{80.3\angle 51.5°}=2.74\angle -21.5°\ \text{A}$$

$$i_\infty(t)=\sqrt{2}\times2.74\sin(314t-21.5°)$$

$$i_\infty(0)=\sqrt{2}\times2.74\sin(-21.5°)$$

（3）时间常数　$\tau=\dfrac{L}{R}=\dfrac{0.2}{50}=4\times10^{-3}=\dfrac{1}{250}\ \text{s}$

由三要素法，可求得电流为

$$
\begin{aligned}
i(t) &= i_\infty(t)+[i(0_+)-i_\infty(0)]e^{-\frac{t}{\tau}} \\
&= \sqrt{2}\times2.74\sin(314t-21.5°)-\sqrt{2}\times2.74\sin(-21.5°)e^{-250t} \\
&= \sqrt{2}\times2.74\sin(314t-21.5°)+1.42e^{-250t}\ \text{A}
\end{aligned}
$$

第五节　电磁与磁路分析计算

一、磁场及基本物理量

电流的周围空间存在着一种特殊形态的物质，其特点是对运动的电荷有作用力，我们称

在此空间存在磁场。磁场具有方向性。在磁场中某处放置一个小磁针，将受磁场力的作用并有一定的方向，规定磁针 N 极所指的方向为该处磁场方向。

（一）磁感应强度与磁通

1. 磁感应强度

表征磁场性质的基本物理量是磁感应强度 B。可用洛伦兹力来定义，磁场中某点的磁感应强度，其方向即为该点的磁场方向，其数值为单位正电荷在该点以单位速度运动时所受的最大磁场力（即速度与磁场方向垂直时所受的磁场力），即

$$B=\frac{F_{\max}}{qv} \tag{1-94}$$

式中：$F_{\max}$为点电荷 q 在该点运动时所受的最大磁场力；v 为其运动速度。在国际单位制中，B 的单位为特斯拉，简称特，用 T 表示。工程上，B 还常以高斯为单位，用 GS 表示，它与特斯拉（T）的换算关系为 $1\text{GS}=10^{-4}\text{T}$。

磁场可用磁力线来形象描述。磁力线按下述规定画出：磁力线上每一点的切线方向即为该点的磁场方向；通过磁场中某点垂直于向量的单位面积上磁力线数等于该点向量 B 的数值，即磁力线的密度等于该点的磁感应强度值。实验表明，在磁场中任一点，向量都有确定的方向，因此，磁力线互不相交。且磁力线总是环绕着产生磁场的电流而闭合，其方向与电流方向符合右手螺旋关系。

在磁场中每一点上，若磁感应强度的方向相同、数值相等，则称为均匀磁场，否则，称为非均匀磁场。

2. 磁通

在电磁问题的分析中，要用到磁通的概念。在均匀磁场中，取一个与磁感应强度向量 B 垂直的平面 S，则它们的乘积

$$\Phi=BS \tag{1-95}$$

Φ 称为磁通。其单位为韦伯，用 Wb 表示。

在不均匀磁场中，为计算磁通，可在磁场中取一小面积元 ds，使 ds 与该点磁场方向垂直。因 ds 很小，可认为在面积元 ds 上磁感应强度 B 为常数，磁场是均匀的，穿过的磁通为

$$\mathrm{d}\phi=B\mathrm{d}s$$

若在磁场中取一曲面 S，以 Φ 表示穿过此曲面的磁通，则有穿过曲面 S 的磁通为

$$\Phi=\int_S \mathrm{d}\phi=\int_S B\mathrm{d}s \tag{1-96}$$

由上式看出，磁通是一个标量，它没有空间方向，但有正负。当 B 与 ds 的夹角小于 90°时，$B\cdot\mathrm{d}s$ 为正；B 与 ds 的夹角大于 90°时，$B\cdot\mathrm{d}s$ 为负。穿过某曲面 S 的磁通可以形象地用穿过该面积 S 的磁力线的根数来表示。

当磁感应强度和通过它的面积垂直，且它在此面积中均匀分布时，则有

$$B=\frac{\Phi}{S} \tag{1-97}$$

即磁感应强度值为穿过单位面积的磁通量，故又称为磁通密度（简称磁密）。

由于磁力线总是闭合的，因此对于磁场中任一封闭面而言，穿入的磁力线数必等于穿出的磁力线数。对封闭曲面来说，一般规定指向向外的正法线方向为正，因此，穿出封闭曲面的磁通为正，穿入封闭曲面的磁通为负，通过任一闭合曲面的总磁通量必然为零，称为磁通的连续性。即

$$\oint_S B\mathrm{d}s = 0 \tag{1-98}$$

（二）磁场强度与磁导率

1. 磁场强度

磁场强度是描述磁场的另一个重要物理量。它也是一个矢量，一个空间点的函数，用符号 H 表示，它与磁场中同一点的磁感应强度 B 的关系是

$$B = \mu H \tag{1-99}$$

式中：μ 为磁场中该点磁介质的磁导率。

在均匀无限大介质的磁场中，磁场强度只取决于产生这个磁场的电流分布而与介质无关。也就是说，在由某一电流分布所产生的磁场中，如果分别充满着不同的介质，则在磁场中同一点的磁场强度 H 是相同的，而磁感应强度 B 会随着介质的不同而不同，不同的程度取决于介质的磁导率 μ。磁场强度的单位，在国际单位制中是安/米（A/m）。

2. 磁导率

磁导率 μ 是反映物质导磁能力的物理量，在国际单位制中，它的单位是亨/米（H/m）。实验指出，在国际单位制中，真空的磁导率 $\mu_0 = 4\pi \times 10^{-7}$ H/m。

其他物质的磁导率与真空磁导率的比值称为该物质的相对磁导率，用符号 μ_r 表示，即

$$\mu_r = \frac{\mu}{\mu_0}$$

按照导磁性能的不同，物质可大体分为三类：一类为顺磁物质，此类物质的 μ_r 稍大于 1，属于这类物质的有铅、铂、锰、铬等。另一类是反磁物质，μ_r 稍小于 1，属于此类物质的有铋、锑、铜、锌、金、银等。第三类是铁磁物质，μ_r 比 1 大得多，一般为几百到几万，有的甚至超过 10^5。属于此类物质的有铸铁、铸钢、硅钢、铁镍合金等。应该指出，虽然前两类物质中的各种物质的相对磁导率 μ_r 有些不同，但它们都很接近 1，所以工程上把前两类物质的 μ_r 看作 1，归属为非铁磁物质。

二、铁磁物质的磁化

自然界的物质，按其磁性能可分为铁磁物质与非铁磁物质两大类。铁、镍、钴等金属以及它们的合金具有特殊的磁性能，其特点是：它们的磁导率很大，$\mu \gg \mu_0$（如硅钢片 μ_r = 6000～8000），且磁导率 μ 不是常数，与磁场强度及铁磁物质原有的磁状态有关，这类物质称为铁磁物质。铁磁物质是电机、电器制造中的重要材料之一。除铁磁物质外，其余物质的磁导率都近似等于 μ_0，称为非铁磁物质。

（一）铁磁物质的起始磁化

铁磁物质在外磁场作用下，具有特殊的磁化过程。铁磁物质是由许多被称为“磁畴”的天然磁化区域所组成的。每一个磁畴的体积很小，但包含有数亿个分子。在每个磁畴中，分子电流所产生的磁场的排列方向是一致的。因此每个磁畴就是一个永磁体，具有很强的磁性。但在未被磁化的铁磁物体中，各个磁畴的排列是杂乱无章的。因而从整体来看，各个磁畴产生的磁场互相抵消，

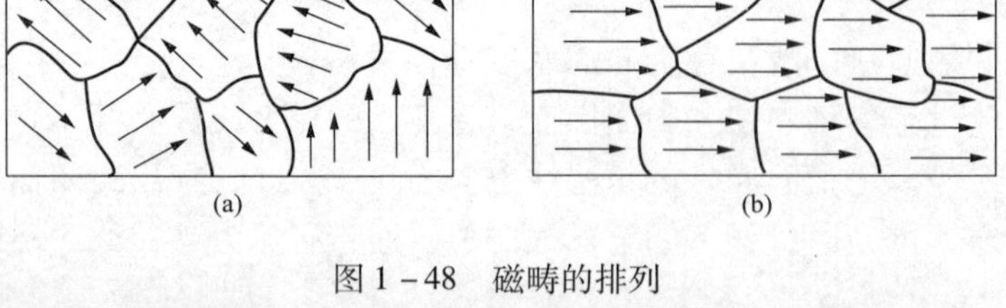

(a) (b)

图 1-48 磁畴的排列

对外不显示磁性。如图 1-48（a）所示。

当外磁场作用于铁磁物质时，受磁场力的作用，原来杂乱排列的磁畴将趋于有规则的排列，此现象称为铁磁物质的磁化。被磁化的铁磁物质对外就显示出磁性。如图 1-48（b）所示。

铁磁物质的磁化特性常用磁化曲线，即 $B-H$ 曲线表示。磁化曲线可由实验测定。图 1-49所示为测定磁化曲线的原理电路。将铁磁物质制成环形铁芯，在铁芯上均匀绕上线圈（称为励磁绕组），调节电阻 R，使电流（称为励磁电流）逐渐增大，磁场强度$\left(H=\frac{N}{l}i\right)$随着加大。测得对应于不同 H 值的磁感应强度 B 值，便可逐点绘出 $B-H$ 曲线，如图 1-50 所示。

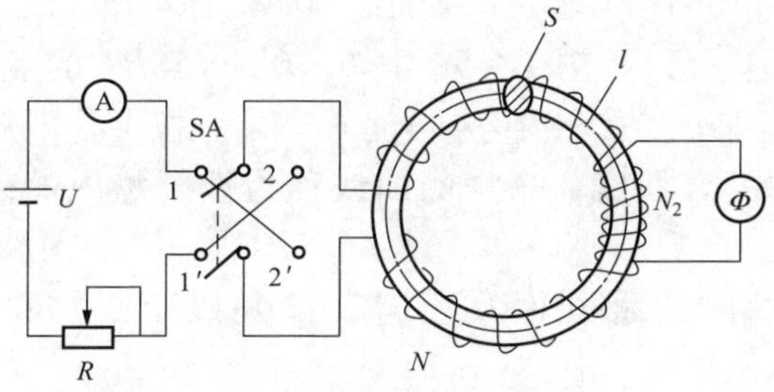

图 1-49　测定磁化曲线的原理电路

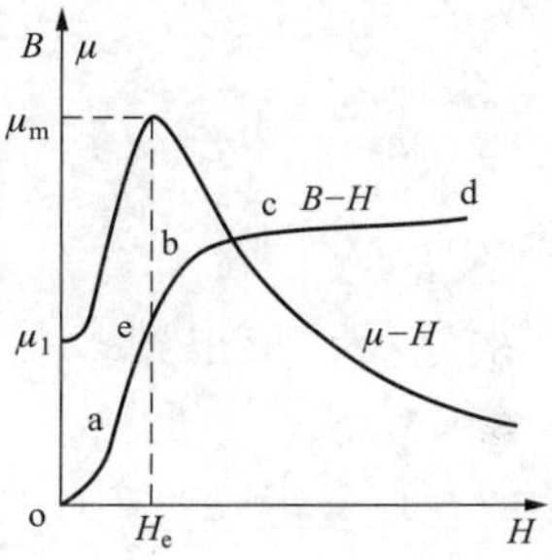

图 1-50　起始磁化曲线

对此曲线，可作如下的解释：在铁磁物质未被磁化的情况下，施以外磁场，使 H 从零开始逐渐增加。开始时磁场较弱，在外磁场作用下，各磁畴略有偏转，排列略为整齐，对外显示出磁性，B 值逐渐上升。由于磁畴偏转程度与磁场强度 H 有关，随着 H 上升，B 值也增大，如图 1-50 所示曲线上的 oa 段。当磁场强度增加到一定程度时，某些与外磁场方向相反的磁畴发生翻转，而变得与外磁场方向一致，因此使磁化得以增强，B 值随外磁场强度 H 值的增加而迅速上升，如图 1-50 所示曲线上的 ab 段。在磁场强度增加到对应于 b 点之后，由于磁畴都已翻转，方向都已趋于一致，此后再增加磁场强度 H 时，铁磁物质的磁化程度就不会增加了，故 B 值仅能缓慢增加，如图 1-50 所示曲线 b 点以右的部分，即磁化已达到"饱和"。通常称 b 点为膝点（饱和点）。上述 $B-H$ 曲线，是从铁磁物质未被磁化的情况下开始，逐步增大 H 值的磁化过程中获得的，称为起始磁化曲线。由图 1-50 可见，在不同 H 值下 μ 值也不同，在 ab 段内某点 μ 达到最大值，而在"饱和"后迅速下降，显然 $\mu\neq$定值。而非铁磁物质的 $B-H$ 曲线为直线，μ 是常数。

（二）磁滞回线

在上述测定铁磁物质磁化的实验中，当磁场强度由零增加到某一最大值 H_m 时，对应的磁感应强度值为 B_m，若减小磁场强度，则 B 应下降。但实验表明 B 将不沿原来的曲线下降，而将沿着比起始磁化曲线稍高的曲线下降，这是由于磁畴的翻转过程是不可逆的缘故。当 H 值减小到零时（即励磁电流为零），磁感应强度仍具有某一非零值 B_r，如图 1-51 所示，这种现象称为磁滞，即 B 的改变滞后于 H 的改变。铁磁物质磁化后，当外磁场为零时仍具有的磁感应强度 B_r，称为剩余磁感应强度，简称剩磁。永久磁铁就是利用剩磁来产生磁场的。

要使已磁化的铁磁物质中的磁感应强度为零，需要外加相反的磁场（即改变励磁电流的方向）进行去磁。在图 1－49 测定磁化曲线的原理电路中，将开关 SA 由 1 合至 2，励磁电流 I 的方向改变，H 的方向随之改变。当 H 由零向相反方向增加时，B 逐渐下降，至 $H=-H_C$ 时 $B=0$。这个反向磁场强度值 H_C，称为矫顽力。矫顽力是抵消已磁化的铁磁物质的剩磁所需的反向外加磁场强度。

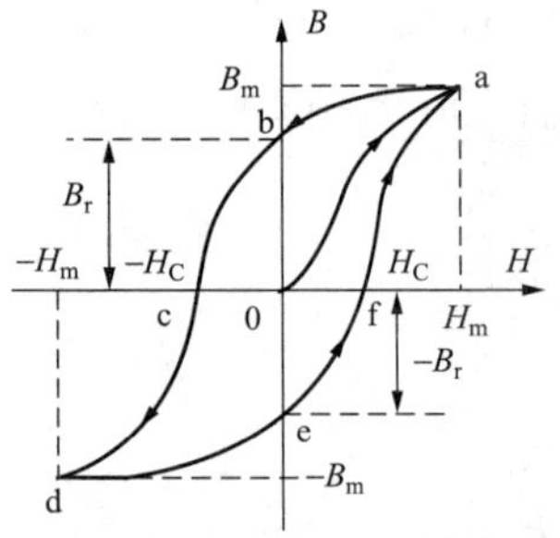

图 1－51　磁滞回线

反向磁场强度由 $-H_C$ 继续向负的方向增大，磁感应强度改变方向后数值也增大，直到 $H=-H_m$ 时，磁感应强度值为 $-B_m$。若重新减小 H 的绝对值，那么，B 的绝对值也随着减小，磁状态将沿着较低的一条曲线返回 $H=0$，$B=-B_r$ 的点。在这一点上，励磁电流为零，同样具有剩余磁感应强度，但剩磁的方向与前相反。然后再改变励磁电流的方向，并逐渐增大电流值，则 H 随着增大，B 将逐渐减小到零，到达图 1－51 中 $B=0$，$H=H_C$ 的点。再继续增大 H 到 H_m 值，磁感应强度 $B=B_m$。按上述顺序反复磁化多次之后，将得到多条对称于原点的闭合曲线，这样的曲线称为铁磁物质的磁滞回线。

铁磁物质在反复磁化过程中要消耗能量，这种能量损耗称为磁滞损耗。可以证明：反复磁化一次的磁滞损耗与磁滞回线的面积成正比。

按照磁滞回线的形状和在工程上的用途，铁磁物质基本上分为硬磁材料和软磁材料两大类，如图 1－52 所示。

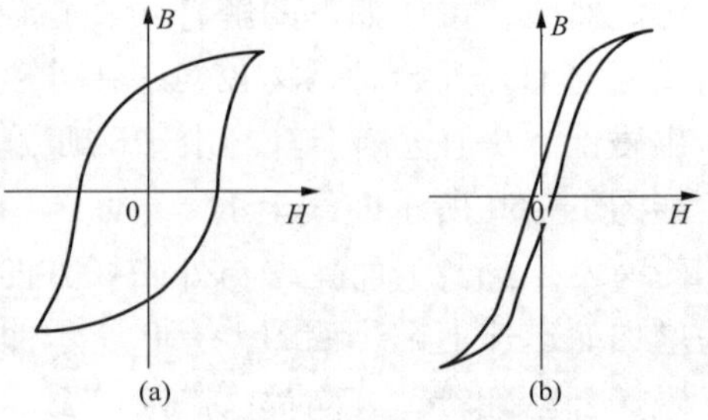

图 1－52　软磁、硬磁材料

（a）硬磁材料；（b）软磁材料

磁滞回线面积较宽而大的，属于硬磁材料，如图 1－52（a）所示。硬磁材料有较大的剩磁和矫顽力；永久磁铁就是用这类材料制成的。常用的硬磁材料有铬、钨、钴、镍等的合金。

磁滞回线面积窄小的，属于软磁材料，如图 1－52（b）所示。软磁材料的剩磁及矫顽力小，没有外磁场时可以认为磁性基本消失；磁滞回线狭窄，磁滞回线的面积及磁滞损耗小；磁导率高。电工钢片（硅钢片）、铁镍合金、铸铁、铸钢等都是软磁材料。由于电力变压器和交流电机的铁芯都要在反复磁化的情况下工作，所以都用硅钢片叠成。

由于软磁材料的磁滞回线狭窄，一般就用基本磁化曲线代表其磁性能，供磁路计算用。

（三）基本磁化曲线

在图 1－49 的测定磁化曲线的原理电路中，取不同励磁电流的最大值 I_m，便可得不同的 H_m 值，可作出一系列的磁滞回线。由各条磁滞回线的正顶点连成的曲线，称为铁磁物质的基本磁化曲线，如图 1－53 所示。基本磁化曲线略低于起始磁化曲线，但相差很小。

图 1－54 中给出了几种软磁材料的基本磁化曲线，供有关计算使用。

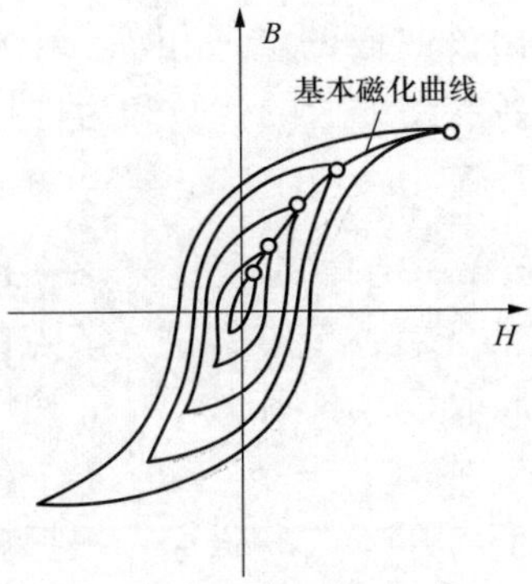

图 1－53 基本磁化曲线

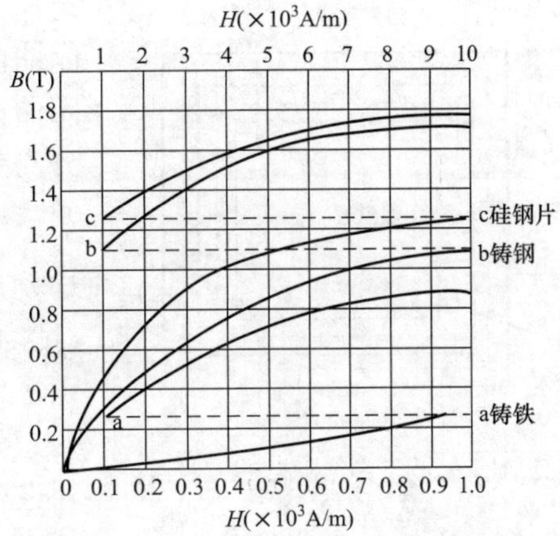

图 1－54 几种软磁材料的基本磁化曲线

三、磁路及磁路定律

(一) 磁路

很多电气设备工作需要磁场及磁通。由于铁磁物质的磁导率远大于非铁磁物质的磁导率，我们利用铁磁物质作成闭合的或近似于闭合的环路，将导线缠绕其上通以电流，则通电线圈所产生的磁通将沿铁磁材料形成一闭合路径。这种由铁磁材料做成的、磁通集中通过的路径称为磁路。常见磁路如图 1－55 所示。

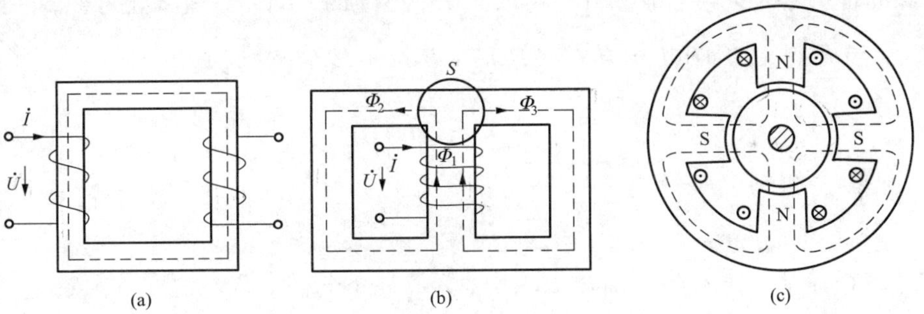

图 1－55 常见几种磁路

磁路在电机、变压器及电磁铁等许多电气设备中有着广泛的应用。绝大部分磁通通过磁路而闭合，但也有很少部分磁通通过周围的非铁磁材料闭合。我们把通过铁磁材料构成磁路闭合的磁通，称为主磁通，而把那些通过磁路周围非铁磁材料而闭合的磁通称为漏磁通。在作磁路计算时，通常可略去漏磁通。

与电路相类似，磁路也可分为无分支磁路和有分支磁路两种。图 1－55（a）所示为无分支磁路，它仅有一个回路。另一类磁路称为有分支磁路，如图 1－55（b）、(c）所示。在有分支磁路中，有两条或多于两条的磁通支路。

由于制造和结构上的原因，磁路中常会含有空气隙，当空气隙很小时，气隙里的磁力线大部分是平行而均匀的，只有极少数磁力线扩散出去，造成所谓的边缘效应，相对于主磁通来说，所占的比例很小，所以一般可忽略不计。如图 1－56 所示。

(二) 磁路的基尔霍夫第一定律

同电路一样，磁路也存在着固定的规律，推广电路的基尔霍夫定律可以得到有关磁路的

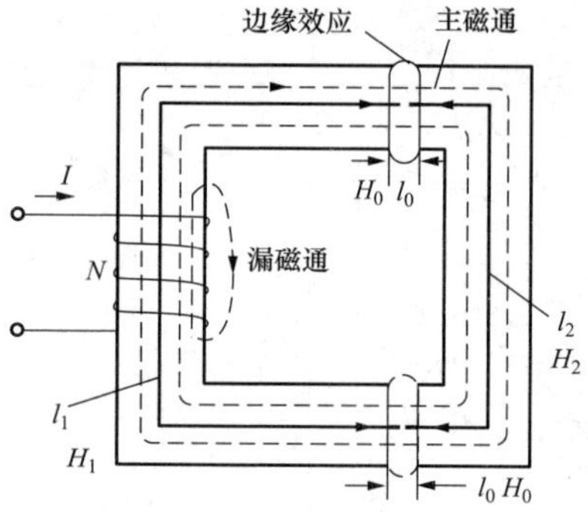

图 1-56 含气隙的磁路

定律。对图 1-55（b）中磁路的分支点（节点）取封闭曲面 S，根据磁通的连续性，忽略漏磁通后，进入封闭曲面 S 的磁通与穿出该曲面的磁通相等。因此，磁路分支点（节点）所连各支路磁通的代数和为零，即

$$\sum \Phi = 0 \quad (1-100)$$

这就是磁路基尔霍夫第一定律的表达式。在图 1-55（b）中，若把封闭曲面 S 看作节点，进入节点的磁通取正号，离开节点的磁通取负号，则

$$\Phi_1 - \Phi_2 - \Phi_3 = 0 \quad 或 \quad \Phi_1 = \Phi_2 + \Phi_3 \quad (1-101)$$

即进入节点的磁通等于离开节点的磁通。根据磁路的基尔霍夫第一定律，无分支磁路任一截面的磁通是相同的。

（三）磁路的基尔霍夫第二定律

在磁路计算中，为了找出磁通和励磁电流之间的关系，需要应用安培环路定律（又称全电流定律）。安培环路定律的内容是：在磁场中，磁场强度沿任意闭合路径的线积分等于穿过该闭合路径所限定面积的电流的代数和。用公式表示为

$$\oint_l H\mathrm{d}l = \sum I \quad (1-102)$$

在具体应用此定律时，闭合路径所限定的面积的方向可由路径方向的右手定则确定。公式等号右边各项的正负号为：当电流的方向与该面积上磁通的方向一致者为正号，不一致者为负号。由图 1-56 可得

$$\oint_l H\mathrm{d}l = H_1 l_1 + H_0 l_0 + H_2 l_2 + H_0 l_0 = \sum (Hl)$$

$$\sum i = NI$$

代入式（1-102）得到

$$\sum (Hl) = NI \quad (1-103)$$

上式是磁路的基尔霍夫第二定律。式中 l 为磁路的长度，N 为线圈的匝数。此式中某段磁路的长度与其磁场强度的乘积 Hl 称为该段磁路的磁压或磁位降，用 U_{M} 表示。沿磁场方向的磁压为正。乘积 NI 称为磁动势或磁势，通常用 F 表示：$F = NI$。式（1-103）表明：闭合磁路中各段磁压的代数和等于各磁势的代数和。磁动势的方向由电流确定，与电流符合右手螺旋关系。磁压、磁动势的方向与闭合路径绕行方向一致者取正号，反之取负号。

（四）磁路的欧姆定律

磁路的第三个定律是磁路的欧姆定律。此定律可导出如下

$$\left.\begin{aligned} \Phi &= BS = \mu HS = \frac{Hl\mu S}{l} = \frac{Hl}{\dfrac{l}{\mu S}} = \frac{U_{\mathrm{M}}}{R_{\mathrm{M}}} \\ \Phi &= \frac{F}{R_{\mathrm{M}}} = \frac{IN}{R_{\mathrm{M}}} \end{aligned}\right\} \quad (1-104)$$

式（1-104）叫做磁路的欧姆定律，它具有与电路的欧姆定律相似的形式。式中 $R_{\mathrm{M}} = \dfrac{l}{\mu S}$称为磁阻，其单位为 $1/H$。磁阻的大小与磁路的长度成正比，与磁路的截面和磁导率成反比。

由于磁导率不是常数，磁阻也不是常数，随磁路饱和程度而变化。

（五）磁路基本定律的应用

在电机、电器的设计中常需进行磁路的计算。磁路中的磁通不随时间变化是恒定数值（即励磁电流为直流）时，称为恒定磁通的磁路。磁路计算中，常见的问题是已知磁路的结构、尺寸及磁通，要计算励磁线圈的匝数及电流。这一类问题可直接按磁路定律计算，通常称为磁路计算的正面问题。另一类则是与此相反的问题，即已知励磁线圈的电流及匝数，计算磁路中的磁通。这一类问题通常不能通过直接计算求解，因为铁磁材料具有非线性特性（即它的磁导率不是恒定值），通常称为磁路计算的反面问题。下面分别讨论这两类磁路问题的计算方法。

1. 无分支磁路计算的正面问题

这是已知磁通求磁势的问题，通过具体的例子来说明这一问题的计算方法。如果由铁磁材料组成的磁路只是一个回路，而且回路中各处的材料和截面积均相同，这种磁路就是无分支均匀磁路。

例 1－12 铸钢圆环磁路如图 1－57 所示，其截面积为 $S=5\text{cm}^2$，平均磁路长度 $l=100\text{cm}$，如要产生磁通 $\Phi=7.5\times10^{-4}\text{Wb}$，试求所需磁动势 F。

解：这是一个正面问题，求解步骤如下：

（1）$B=\dfrac{\Phi}{S}=\dfrac{7.5\times10^{-4}}{5\times10^{-4}}=1.5\text{T}$

（2）查铸钢的磁化曲线图，可得

当 $B=1.5\text{T}$ 时，$H=3500\text{A/m}$

（3）$F=Hl=3500\times100\times10^{-2}=3500\text{A}$

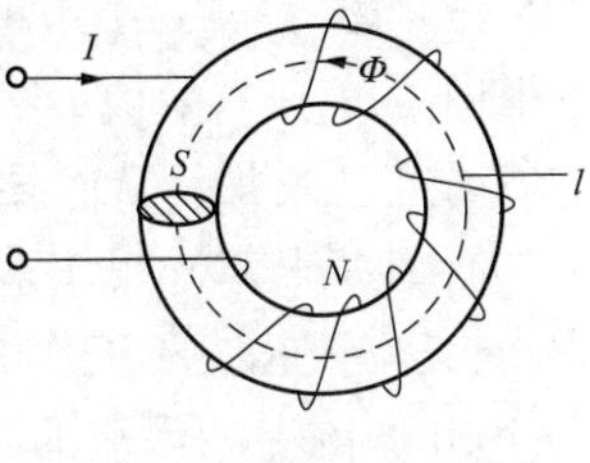

图 1－57 铸钢圆环磁路

2. 无分支磁路计算的反面问题

磁路计算的反面问题一般用试探法求解。先假设磁通为某值 Φ'，按正面问题的解法求出相应的磁动势 F'，所得磁动势一般不会恰好等于给定值，根据其差额再假设第二个磁通值 Φ''，并求出相应的 F''，如此逐次试探，直到结果与给定的磁动势的值之差额足够小，满足工程要求为止。还可以按几次试探计算的 Φ 与 F 值，作出 $F-\Phi$ 曲线，由给定的磁动势从曲线上查出待求的磁通。

四、交流铁芯线圈

交流铁芯线圈是用正弦交流电流来励磁的，其电磁关系与直流铁芯线圈有很大不同。在直流铁芯线圈中，因为励磁电流是直流，其磁通是恒定的，在铁芯和线圈中不会产生感应电动势。而交流铁芯线圈的电流是变化的，变化的电流会产生变化的磁通，于是会产生感应电动势，感应电动势反过来又会影响电路，所以交流铁芯线圈中，电与磁是相互影响的。

（一）线圈感应电动势与磁通的关系

选择线圈电压 u、电流 i、磁通 Φ 及感应电动势 e 的参考方向如图 1－58 所示。由法拉利电磁感应定律可知：

$$e=-N\frac{\mathrm{d}\Phi(t)}{\mathrm{d}t}$$

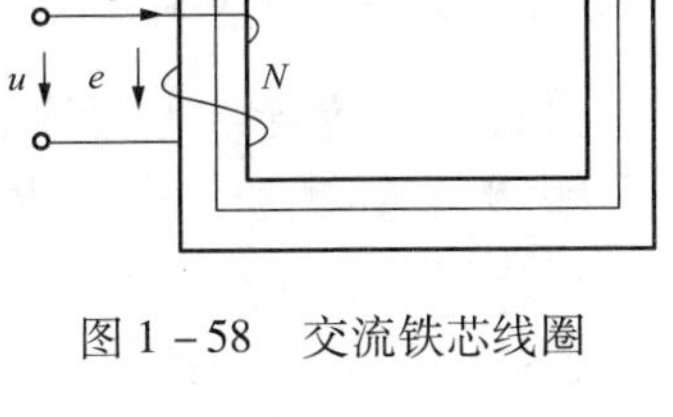

图 1－58 交流铁芯线圈

式中：N 为线圈匝数。在上式中，若设磁通为正弦量 $\Phi(t)=\Phi_m\sin\omega t$，则有

$$e(t) = -N\frac{\mathrm{d}}{\mathrm{d}t}(\Phi_m \sin\omega t) = -\omega N\Phi_m \cos\omega t$$
$$= \omega N\Phi_m \sin(\omega t - 90°)$$

可见，磁通 Φ 为正弦量，感应电动势 e 也是正弦量，且感应电动势 e 的相位比磁通的相位滞后 90°，即铁芯线圈中有交变的磁通才感应电动势，并且感应电动势的有效值与主磁通的最大值关系为

$$E = \frac{1}{\sqrt{2}}\omega N\Phi_m = \frac{1}{\sqrt{2}}2\pi fN\Phi_m = 4.44fN\Phi_m \tag{1-105}$$

在图 1－58 中，如果忽略线圈电阻及漏磁通，则有

$$u(t) = -e(t) = \omega N\Phi_m \sin(\omega t + 90°)$$

在上式中可见，若电压为正弦量时，磁通也为正弦量，且电压 u 的相位比磁通 ϕ 的相位超前 90°。即在铁芯线圈两端加上正弦交流电压 u，铁芯线圈中就有电流流过建立磁势，磁势作用在磁路上产生正弦交变的磁通 ϕ，交变的磁通在铁芯线圈中感应电动势 e。且均为同频率的正弦量，电压及感应电动势的有效值与主磁通的最大值关系为

$$U = E = 4.44fN\Phi_m \tag{1-106}$$

式（1－106）是一个很重要的公式。它表明：当电源的频率 f 及线圈匝数 N 一定时，若外加在线圈上的电压有效值 U 不变，则主磁通的最大值 Φ_m 不变，线圈电压的有效值 U 升高时，Φ_m 与 U 成正比增加，从而导致励磁电流增加，这就是产生变压器过励磁的原因之一。

（二）正弦电压作用下磁化电流的波形

影响交流铁芯线圈工作的因素有铁芯的磁饱和、磁滞和涡流、漏磁通、线圈电阻等。其中磁路饱和、磁滞和涡流的影响最大。当加在铁芯线圈两端的电压为正弦波时，磁通也是正弦波，考虑交流铁芯线圈的磁化时，由于 i 和 Φ 不是线性关系，如果磁通按正弦规律变化时，那么电流就是非正弦的。

在磁路饱和、不计磁滞和涡流的影响时，铁芯材料的 $B-H$ 曲线就是基本磁化曲线。在 $B-H$ 曲线上，H 正比于 i，B 正比于 Φ。所以 $\Phi-i$ 曲线与 $B-H$ 曲线相似。

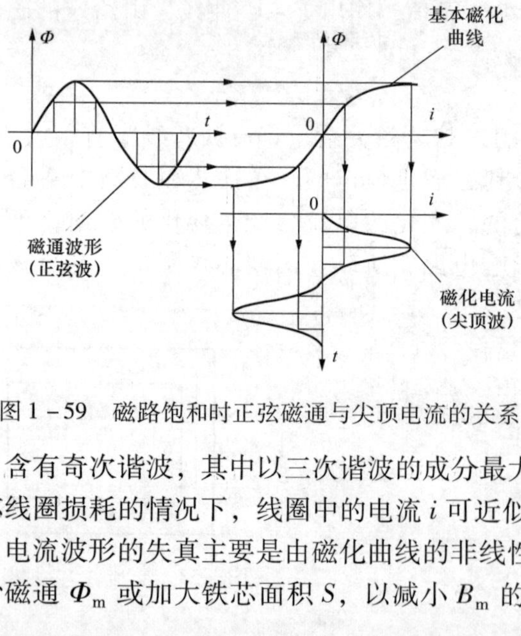

图 1－59 磁路饱和时正弦磁通与尖顶电流的关系

设 $\Phi(t) = \Phi_m \sin\omega t$，应用 $\Phi-i$ 曲线，经过逐点描绘得到 i 的波形为尖顶波，如图 1－59 所示。

在考虑交流铁芯线圈磁饱和的同时，加上磁滞与涡流的影响，线圈中的实际电流由两部分组成，即无功分量和有功分量。无功分量是只考虑磁饱和影响的磁化电流 i_μ，有功分量是由于磁滞和涡流的作用，使铁芯产生发热损耗的电流 i_{Fe}。

交流铁芯线圈中的电流 i 是非正弦波形，含有奇次谐波，其中以三次谐波的成分最大，其他的高次谐波成分可忽略不计。在忽略铁芯线圈损耗的情况下，线圈中的电流 i 可近似为磁化电流 i_μ，并与磁通 Φ 同相。

电流波形的失真主要是由磁化曲线的非线性造成的。要减少这种非线性失真，可以通过减少磁通 Φ_m 或加大铁芯面积 S，以减小 B_m 的值，使铁芯工作在非饱和区，但这样做会使

铁芯尺寸和重量加大，成本增加。电力工程上，在额定情况下运行的电气设备，通常使铁芯在接近饱和的区域 b 点（饱和点）工作见图 1－50。

（三）正弦电流作用下的磁通波形

现在讨论正弦电流通过铁芯线圈时的情况。若正弦电流 $i(t)=I_m\sin\omega t$ 通过铁芯线圈，同样应用 $\Phi-i$ 曲线，得到磁通 $\Phi(t)$ 的波形，如图 1－60 所示。

由图可见，在正弦电流 i 作用下由于磁饱和的影响，铁芯线圈的磁通 $\Phi(t)$ 为平顶波，$\Phi(t)$ 中含有明显的三次谐波分量。三次谐波磁通将在铁芯线圈中感应三次谐波电动势。

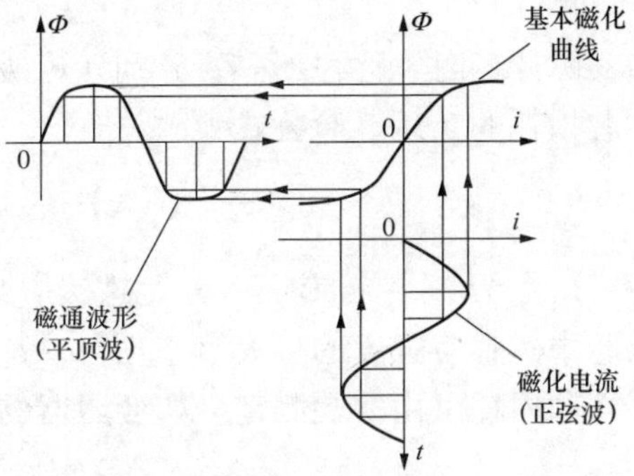

图 1－60 磁路饱和时正弦电流与平顶磁通的关系

（四）交流铁芯线圈的损耗

铁芯线圈的磁滞损耗与涡流损耗的总和称为铁芯损耗，简称铁损。

1. 磁滞损耗

产生磁滞损耗的原因是由于磁畴在交流磁场的作用下反复转向，引起铁磁物质内部的摩擦，这种摩擦使铁芯发热产生损耗。磁滞损耗正比于磁滞回线的面积，通常交流铁芯都采用软磁材料，所以磁滞损耗较小。工程上常用下列经验公式计算磁滞损耗 P_h：

$$P_h=k_h f B_m^n V \qquad (W) \tag{1-107}$$

式中 f——磁场每秒交变的次数（即频率），Hz；

B_m——磁感应强度的最大值，T；

n——指数，与磁感应强度、材料性质有关，其数值在 1.5～2.0 之间，做估算时可取 $n=2$；

V——铁磁物质的体积，单位为 m^3；

k_h——与铁磁物质性质结构有关的系数，由实验确定。

电力工程中，为降低磁滞损耗，常选用磁滞回线较狭长的软磁材料制造铁芯，如硅钢片就是制造变压器、电机铁芯的常用材料，其磁滞损耗较小。

2. 涡流损耗

当铁芯中磁通变化时，不但在线圈中会感应电动势，在铁芯中同样会感应电动势，而块状的铁芯可看作由许多回路构成，因而感应电动势会在铁芯中产生旋涡状的感应电流，称为涡流，涡流在垂直于磁力线的平面中流动，通过铁芯自身电阻时会消耗能量，使铁芯发热。这种能量损耗称为涡流损耗。工程上常用下列经验公式计算涡流损耗 P_w：

$$P_w=k_w f^2 B_m^2 V \qquad (W) \tag{1-108}$$

式中：k_w 是与铁芯材料的电阻率、厚度及磁通波形有关的系数。其余各量与式（1－107）的意义和单位相同。

在电机、变压器等电气设备中，涡流损耗使铁芯发热，降低设备的出力。常用两种方法来减小涡流损耗。一种是选用电阻率大的铁磁材料，如无线电设备中就选择电阻很大的铁氧体，而电机、变压器则选用导磁性好、电阻率较大的硅钢；另一种方法是设法提高涡流路径上的电阻值，用硅钢片叠成铁芯，片间涂以绝缘漆，使涡流不能沿大块铁芯截面流动，而只沿薄片的很小的截面流动，因而使涡流的路径大为加长。这两种方法都是为了增大涡流路径的电阻，以减小涡流损耗。

在有些场合，涡流可以被利用。例如利用涡流效应可以制成各种感应加热装置；在电工仪表中常利用涡流制成阻尼器等。

3. 铁芯损耗

交流铁芯线圈的铁芯损耗，即铁损 P_{Fe}（铁耗）为

$$P_{Fe}=P_h+P_w \tag{1-109}$$

实际计算时，往往不需要分别计算磁滞损耗和涡流损耗，而只需计算总的铁芯损耗。计算铁芯损耗的实用经验公式为

$$P_{Fe}=P_{1/50}B_m^2\left(\frac{f}{50}\right)^{1.3}G \tag{1-110}$$

式中：$P_{1/50}$为频率为50Hz、最大磁感应强度为1T时，每千克铁芯的铁芯损耗，W/kg；B_m为铁芯中磁感应强度的最大值，T；G为铁芯的质量，kg。

铁芯损耗可由实验测定。如变压器的空载试验测得的空载损耗近似变压器的铁芯损耗。

第六节 微机保护基础

一、简单逻辑元件介绍

在微机保护中，通常用逻辑元件、逻辑框图来描述、表达保护的动作过程和动作逻辑。常用的逻辑元件有下述几种：

（一）与逻辑

与逻辑符号如图1-61所示，以图（a）的两变量与逻辑为例，只有A、B两个量都有输入（A=1且B=1）时，才有F的输出（F=1）；A、B两个量中任意一个量没有输入（A=0或B=0）时，就没有F的输出（F=0）。与逻辑用表达式F=A＊B表示。

在微机保护中与逻辑的软件流程框图如图1-62所示。显见只有A=1而且B=1时才能F=1，否则F=0。

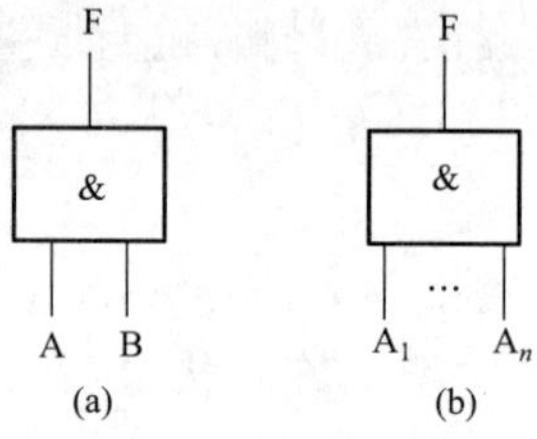

图1-61 与逻辑符号

（a）两变量与逻辑符号；（b）多变量与逻辑符号

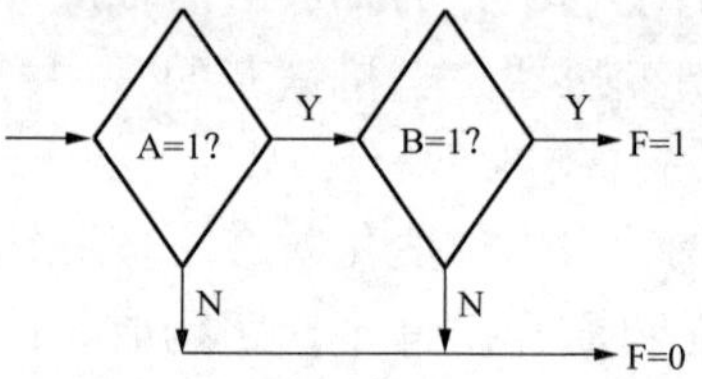

图1-62 与逻辑软件流程图

（二）或逻辑

或逻辑符号如图1-63所示，以图（a）的两变量或逻辑为例，A、B两个量中只要任何一个量有输入（A=1或B=1）时，就有F的输出（F=1）；A、B两个量中只有都没有输入（A=0且B=0）时，才没有F的输出（F=0）。或逻辑用表达式F=A+B表示。

在微机保护中或逻辑的软件流程框图如图1-64所示。显见只要A=1或者B=1时F=1，只有A=0而且B=0时F=0。

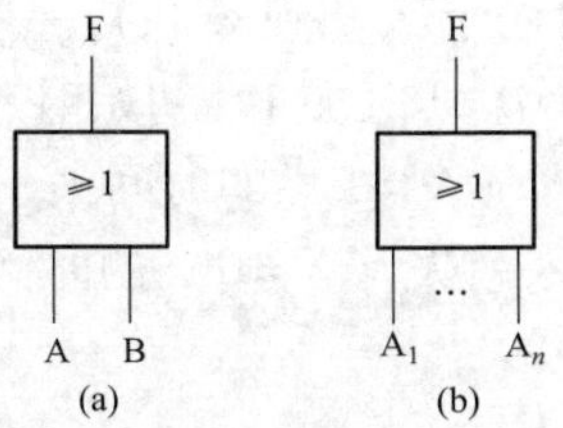

图 1-63 或逻辑符号
(a) 两变量或逻辑符号；(b) 多变量或逻辑符号

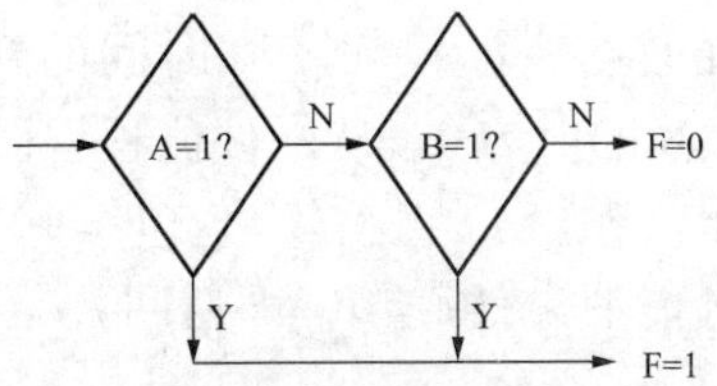

图 1-64 或逻辑软件流程图

(三) 非逻辑

非逻辑符号如图 1-65 所示。一个小圆圈相当一个反相器。该图表示 F 的输出与 A 的输入状况相反。即 A 有输入 (A=1) 时，F 没有输出 (F=0)；A 没有输入时 (A=0)，F 才有输出 (F=1)。非的逻辑表达式写为：$F=\overline{A}$。在微机保护中非逻辑的软件流程框图如图 1-66 所示。

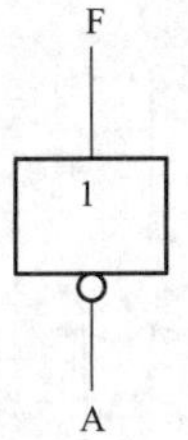

图 1-65 非逻辑符号

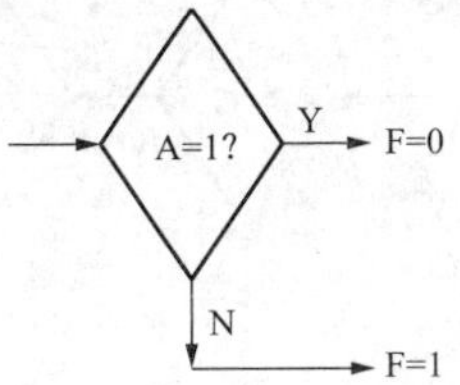

图 1-66 非逻辑软件流程图

(四) 禁止逻辑

禁止逻辑符号如图 1-67 所示，B 的输入经过一个反相器加在与逻辑上。该图表示只要有 B 的输入 (B=1)，肯定 F 没有输出 (F=0)，只有 B 没有输入 (B=0) 而且 A 有输入 (A=1) 时，F 才有输出 (F=1)。在继电保护中 B 的输入表示是一个闭锁条件，当 B 有输入时把与逻辑闭锁，F 没有输出 (F=0)。禁止逻辑的表达式写为：$F=A*\overline{B}$。在微机保护中禁止逻辑的软件流程框图如图 1-68 所示。

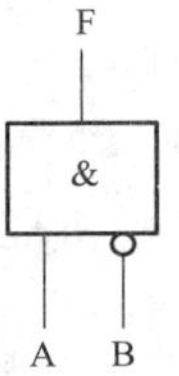

图 1-67 禁止逻辑符号

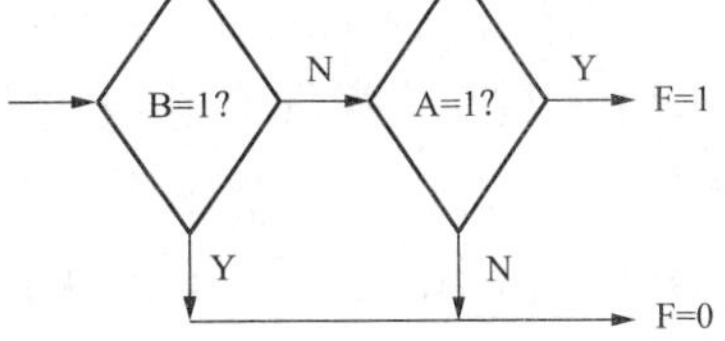

图 1-68 禁止逻辑软件流程图

(五) 延时逻辑

延时逻辑的符号如图 1-69 所示。该图中第一个时间 t_1 是延时动作的时间，它表示当 A 有输入 (A=1) 后经过 t_1 延时后 F 才有输出 (F=1)。该图中第二个时间 t_2 是延时返回的时间，它表示当 A 的输入返回 (A=0) 以后，经过 t_2 的延时后 F 才返回 (F=0)。工作情况的示意图如图 1-70 所示。t_1 是延时动作的时间，t_2 是延时返回的时间。在微机保护中延时逻辑的软件流程框图如图 1－71 所示。每过一个 T_S 时间程序从 P 到 Q 执行一遍，执行完了以后在 P 点等着下一个 T_S 时间的到来。计数器每经过一次其值加 1。初始时刻设计数器 N、M 及 R 的值为 0。从软件流程框图可见，只有 A 有输入（A＝1）的时间大于 t_1 后 F 才能有输出（F＝1）。F 有输出（F＝1）以后，只有 A 的输入消失（A＝0）的时间大于 t_2 后输出 F 才能消失（F＝0，即返回）。

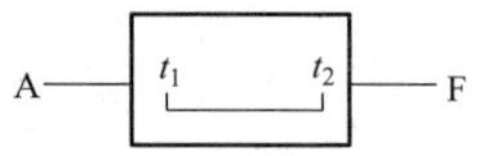

图 1－69 延时逻辑符号

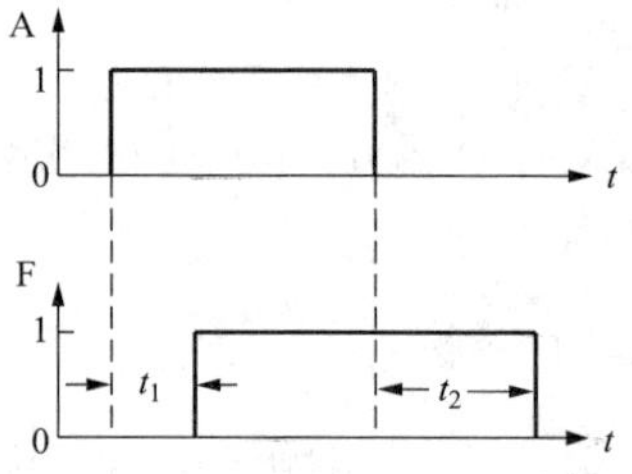

图 1－70 延时逻辑示意图

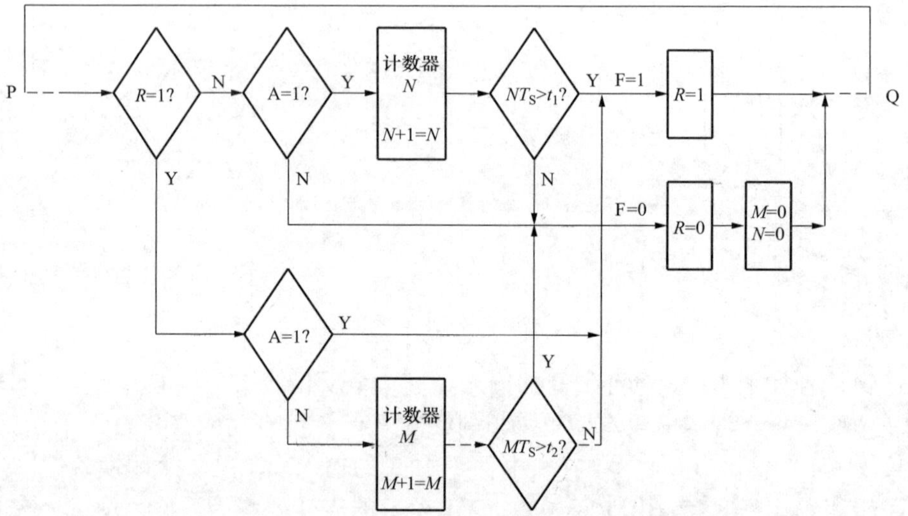

图 1－71 延时逻辑软件流程图

（六）脉冲展宽逻辑

脉冲展宽逻辑符号如图 1－72（a）所示。该图表示，当 A 有输入（A＝1）时，就有输出 F（F＝1），此后不管 A 什么时候消失（A＝0），F 固定输出（F＝1）t 时间，t 时间以后 F 没有输出（F＝0）。其工作状况示意图如图 1－72（b）所示。在微机保护中脉冲展宽逻辑的软件流程框图如图 1－72（c）所示。每过一个 T_S 时间程序从 P 到 Q 执行一遍，执行完了以后在 P 点等着下一个 T_S 时间的到来。计数器每经过一次其值加 1。初始时刻设计数器 N 及 R 的值为 0。从软件流程框图可见，A 有输入（A＝1）时就有输出 F（F＝1），此后不论 A 的输入状况如何，F 固定有输出（A＝1）的时间为 t。

二、微机保护装置硬件系统

（一）微机保护装置硬件系统的一般构成

从功能上来划分，微机保护装置可以分为六个部分：① 数据采集系统系统（或称模拟量输入系统）；② 数据处理系统（CPU 主系统）；③ 开关量输入/输出系统；④ 人机接口；⑤ 通信；⑥ 电源。见图 1－73。

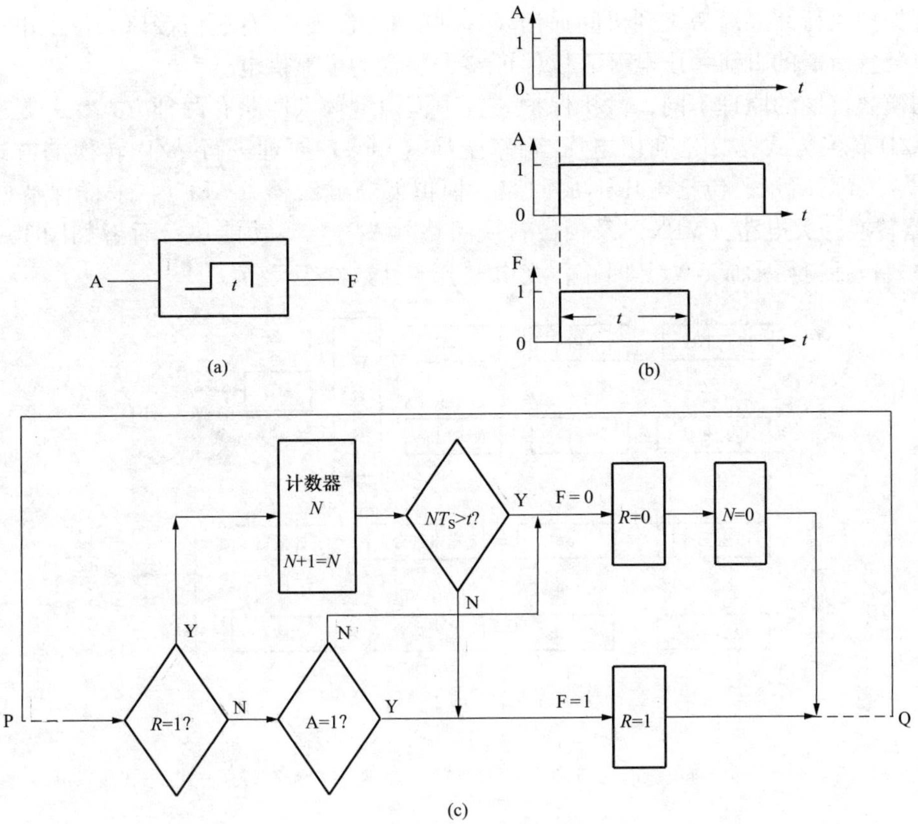

图 1-72 脉冲展宽逻辑

(a) 脉冲展宽逻辑符号；(b) 脉冲展宽逻辑示意图；(c) 脉冲展宽逻辑软件流程图

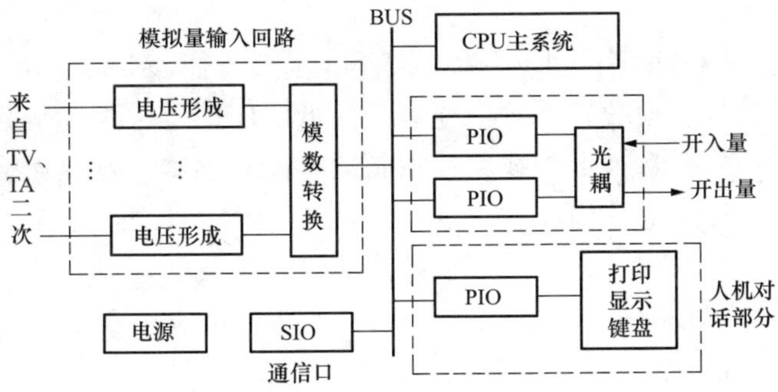

图 1-73 微机保护硬件系统构成示意图

数据采集系统的主要功能是采集由被保护设备的电流、电压互感器输入的模拟信号，并将此信号经过适当的预处理，然后转换为所需的数字量。数据处理系统包括微处理器 CPU（或 DSP），只读存储器（EPROM）、随机存取存储器（RAM）及定时器（TIMER）等。CPU 执行存放在 EPROM 中的程序，对由数据采集系统输入至 RAM 区的原始数据进行分析处理，以完成各种继电保护功能。开关量输入/输出系统由并行口、光电耦合电路及有接点的中间继电器等组成，以完成各种保护的出口跳闸、信号报警及外部接点输入等工作。人机接口部分主要包括打印、显示、键盘、各种面板开关等，其主要功能用于人机对话，如调试、定值调整、人对机器工作状态的干预等。人机接口应定时或在保护动作后打印或显示运行情况及保护执行结果。考虑到机间通信及远动的要求，还应有通信接口。供电电源回路提供了整个装置所需的直流稳压电源，以保证整个装置的可靠供电。

根据模数转换的原理不同，微机保护装置中模拟量输入回路有两种方式，一是基于逐次逼近式 A/D 转换方式，二是利用电压/频率变换（VFC）原理进行 A/D 转换的方式。前者如图 1－74（a）所示，包括电压形成回路、模拟低通滤波器（ALF）、采样保持回路（S/H）、多路转换开关电路（MPX）及模数转换回路（A/D）等功能块；后者如图 1－74（b）所示，主要包括电压形成、V/F 回路，光电耦合，计数器等环节。

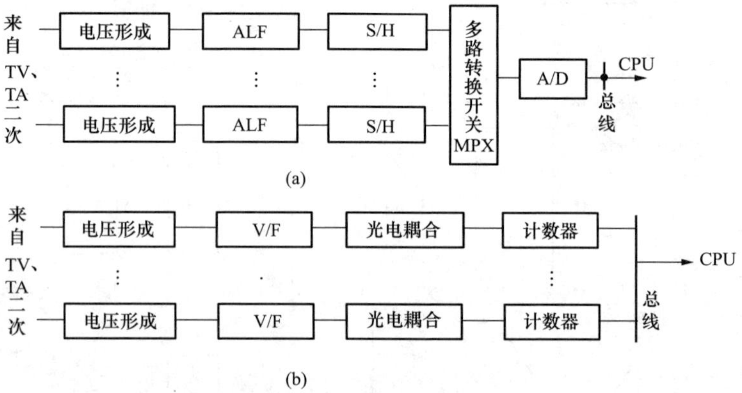

图 1－74　模拟量输入回路框图

（a）逐次逼近 A/D 转换方式；（b）V/F 原理的 A/D 转换方式

（二）基于逐次逼近式 A/D 转换的模拟量输入系统

基于逐次逼近式 A/D 转换的模拟量输入系统包括电压形成回路、ALF、S/H、多路转换开关 MPX 及 A/D 五部分，现在分别叙述这五部分的基本工作原理及作用。

1. 电压形成回路

电压形成回路的作用有两个，其一是将来自电流互感器（TA）、电压互感器（TV）的大电流、高电压信号转换成模数转换器所能承受的低电压信号；其二是起隔离、屏蔽作用。

微机保护的输入信号来自被保护线路或设备的电流互感器、电压互感器的二次侧。这些互感器的二次电流或电压一般数值较大，变化范围也较大，不适应模数转换器的工作要求，因此需要进行变换。一般采用各种中间变换器来实现这种变换，例如电流变换器（TA）、电压变换器（TV）和电抗变换器（TX）等。其实现方法见图 1－75。一般中间变换器要求输出信号为 ±5V 或 ±10V。

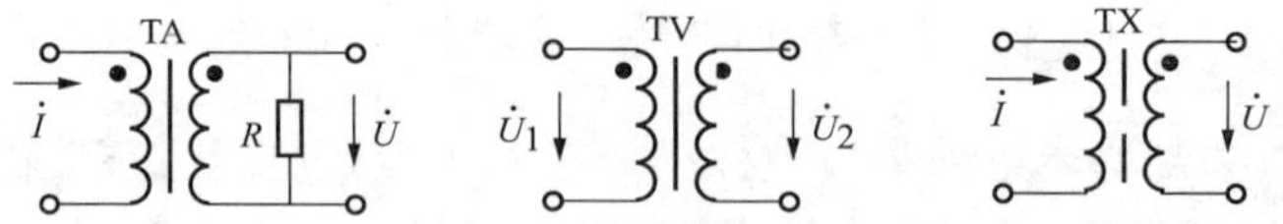

图 1－75　中间变换器原理图

对于电流的变换一般采用电流变换器，并在其二次侧并联电阻以取得所需电压，改变电阻值可以改变输出电压范围的大小。此外，也可以采用电抗变换器，二者各有优缺点。电抗变换器的优点是由于铁芯带气隙而不易饱和，线性范围大，同时有移相作用；其缺点是会放大高频分量。因此当一次流过非正弦电流时，其二次电压波形将发生畸变。不过，其抑制非周期分量作用在某些应用场合也可能成为优点。电流变换器最大优点是：只要铁芯不饱和，其二次电流及并联电阻上电压的波形基本保持与一次侧电流波形相同且同相，即它的变换可使原信息不失真。但是，电流变换器在非周期分量的作用下容易饱和，线性度较差，动态范围小。电压形成回路除了上面所述的电量变换作用外，还起着屏蔽和隔离的作用，使得微机保护在电气上与强电部分隔离，另外在一、二次绕组之间还设有屏蔽层，阻止来自强电系统的共模干扰。

2. 采样保持器（S/H）

采样保持器的作用有三个：① 对各个电气量实现同步采样；② 在模数变换过程中输入的模拟量保持不变；③ 实现阻抗变换。

（1）采样。

微机处理的都是数字信号，所以必须将输入的模拟信号变成数字信号。为此，首先要对模拟量进行采样。采样是将一个连续的时间信号 $x(t)$ 变成离散的时间信号 $x^*(t)$，是抽取模拟信号的瞬时值，抽取的时间间隔由采样控制脉冲 $S(t)$ 来控制，图 1－76 表明了理想采样过程。把 $x(t)$ 变成采样信号 $x^*(t)$ 的过程称为采样或离散化。采样信号仅对时间是离散的，其幅值依然连续，因此这里的采样信号 $x^*(t)$ 是时间上离散的模拟量，它在各个采样点上$(0, T_s, 2T_s, \cdots)$的幅值与输入的连续信号 $x(t)$ 的幅值是相同的。在微机保护中采样的间隔是均匀的，称为理想采样。我们把采样间隔 T_s 称为采样周期，并定义 $f_s=\dfrac{1}{T_s}$ 为采样频率。目前在微机保护中最常用的采样频率是 1200Hz，其采样周期是 0.833ms，一个 50Hz 的工频电气量每周波采样 24 次。

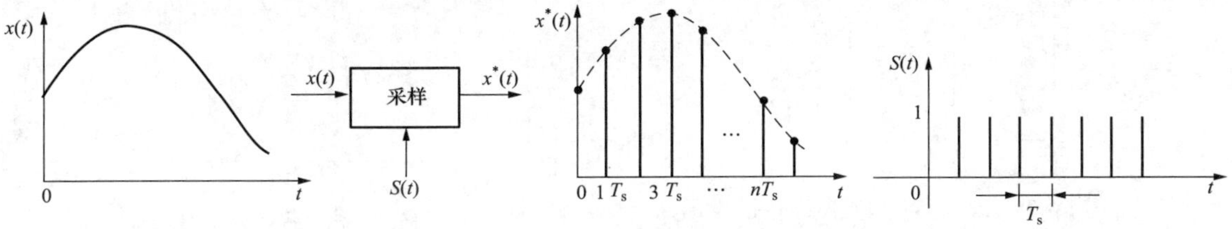

图 1－76 采样过程示意图

（2）保持。

保护装置往往要反映多个系统参数，例如距离保护必须同时输入各相电流和电压。一般都是多个模拟通道公用一个模数转换器。对各个通道采样是同步的，而各通道的采样信号是依次通过 A/D 回路进行转换的，每转换一路信号都需要一定的转换时间。这样就必须同时满足各通道采样的同时性和转换的分时性要求。因此，就任一通道而言，必须在等待进行模数转换的过程中，保持其采样值不变。理想保持器的采样保持信号如图 1－77 所示。

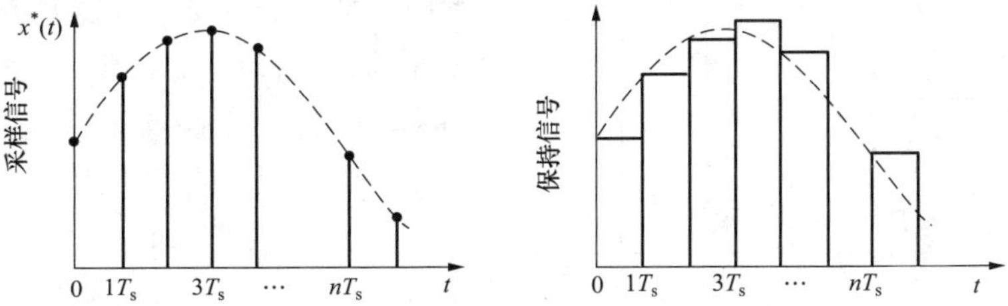

图 1－77 理想采样保持信号

（3）采样保持电路。

采样保持电路的原理如图1－78所示，它由一个电子模拟开关AS、保持电容C_H及两个阻抗变换器组成。阻抗变换器Ⅰ和阻抗变换器Ⅱ的输入阻抗为无限大，输出阻抗为零。开关AS受采样脉冲控制，在脉冲到来时（脉冲控制端为高电平）AS闭合，此时电路处于采样状态，由于充电路径上电阻为零，输入电压u_i对电容C_H快速充电，使C_H上的电压马上等于u_i在采样时刻的电压值。在AS断开时（脉冲控制端为低电平），由于放电路径上的电阻为无穷大，电容C_H上保持住原采样电压，电路处在保持状态。采样脉冲宽度T_C为0，则其为一理想采样保持器。但这种理想状态是不可能实现的，因为，在采样状态（S态）时，C_H上的电压不可能立即跟踪输入电压，而有一个过渡过程；在保持状态（H态），C_H上的电压也不可能毫无衰减地保持住AS断开前的电压，有衰减量ΔU。实际的跟踪采样和保持过程见图1－79。我们把跟踪输入电压的时间称为截获时间。显然，我们希望在采样状态下，C_H上的电压跟踪输入电压的过渡过程越短越好，即C_H希望阻抗变换器Ⅰ的输出阻抗越小越好，使充电的时间尽可能短。同时我们还可以看出，采样脉冲宽度T_C必须满足截获时间，且尽可能窄，这样才能准确的反映某一时刻u_i的值。在保持状态下，希望C_H上的电压保持的时间尽可能长。为了提高保持能力，电路中的阻抗变换器Ⅱ的输入阻抗应越大越好，使C_H放电时间尽可能慢。而阻抗变换器Ⅱ的输出阻抗应很低，以增加带负载的能力。

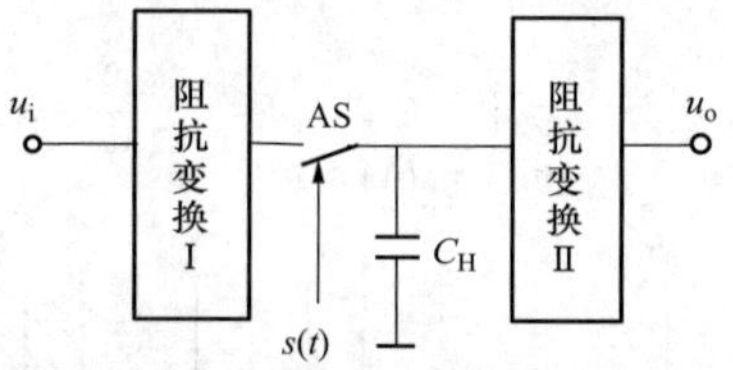

图1－78　采样保持电路原理图

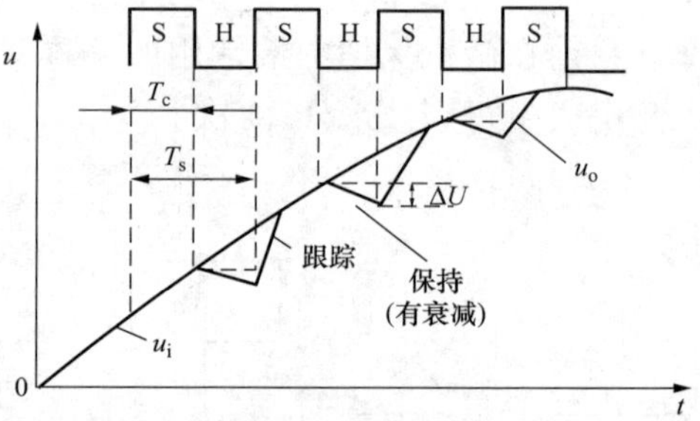

图1－79　实际的采样保持过程

3. 采样频率的选择和ALF的应用

微机保护所反映的电力系统参数是经过采样离散化之后的信号。那么，连续时间信号经采样离散化成为离散时间信号后是否会失真，也就是说这离散信号能否真实反映或代表被采样的连续信号，若要求不丢失信息，应满足什么条件？我们先观察图1－80所示的波形。设被采样信号$x(t)$的频率为f_0，其波形如图1－80（a）所示。对其进行采样，图1－80（b）是对$x(t)$每周采一点，即$f=f_0$，采样后所看到的除原信号外还增加了原信号中没有的一个直流信号（见虚线），出现频率混叠现象；在图1－80（c）中，当f_s略大于f_0时（这里$f=1.5f_0$），采样后所看到的除原信号外还增加了原信号中没有的一个低频信号（见虚线），也出现频率混叠现象；又由图1－80（d）可见，

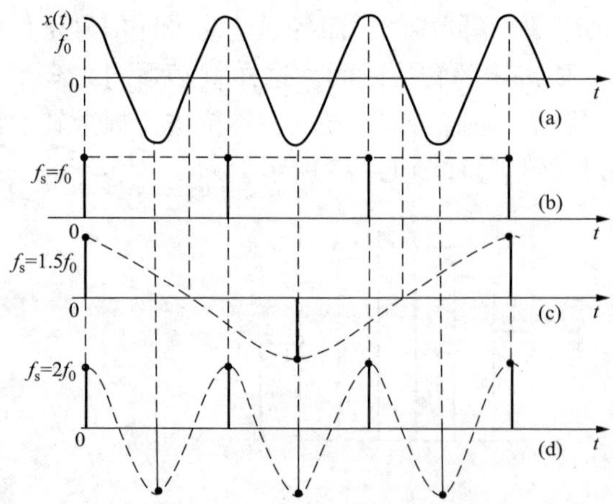

图1－80　频率混叠示意图

当$f_s = 2f_0$时，采样所看到的是频率为f_0的信号。不难想象，当$f_s > 2f_0$，采样后所看到的信号更加真实地代表了输入信号$x(t)$。由此可见，当$f_s < 2f_0$时，频率为f_0的输入信号被采样之后，将被错误地认为增加了一个低频信号，我们把这种现象称为“频率混叠”。显然，在$f_s \geqslant 2f_0$后，将不会出现频率混叠现象。因此，若要不失真地对输入信号进行采样，就必须满足$f_s \geqslant 2f_0$这一条件。若输入信号$x(t)$含有各种频率成分，其最高频率为f_{max}，若要对其不失真地采样，或者采样后不产生频率混叠现象，采样频率必须不小于$2f_{max}$，即$f_s \geqslant 2f_{max}$，也就是说：为了使信号被采样后能够不失真还原，采样频率必须不小于2倍的输入信号的最高频率，这就是奈奎斯特（Nyquist）采样定理的基本思想。

对微机保护系统来讲，在故障初瞬，电压、电流中可能含有很高的频率成分，为了防止频率混叠，采样频率f_s必然选得很高，从而要求硬件速度快，使成本增高，有时甚至难以做到。实际上大多数保护原理都是基于工频分量的，故可以在采样之前使输入信号限制在一定的频带之内，即降低输入信号的最高频率，从而可以降低对硬件的速度要求，而不至于产生频率混叠现象。要限制输入信号的最高频率，只需在采样前用一个模拟低通滤波器（ALF），滤除$f_s/2$以上的频率分量即可。

模拟低通滤波器通常可以做成无源的和有源的。无源滤波器通常是由LRC等元件组成，由于电感元件饱和程度随温度的变化，使滤波特性发生漂移，而且大电感会给保护带来延时等原因，在微机保护装置中很少应用。图1－81是常用的无源低通滤波器及其特性。它是RC型滤波网络，借以滤去$f_s/2$以上的频率成分。这种滤波器接线简单，但要想获得较好的滤波特性，电容就要选得较大，这会带来延时，对快速保护不利。但微机保护对前置低通滤波器提出的要求不高，只要求滤去$f_s/2$以上的频率成分，而低于$f_s/2$的谐波频率分量，可以通过数字滤波来滤除。因此这种无源滤波方案在很多微机保护装置中得到了应用。有源滤波器通常是由RC网络加上运算放大器构成，其特性较稳定，不受时间、温度变化的影响，可以避免采用大电容和大电感，对既要求有较好的特性又要求快速的场合十分有用。同时由于有电源及运算放大器的放大作用，可以补偿无源滤波器无法避免的插入损耗，其缺点是需要加电源。

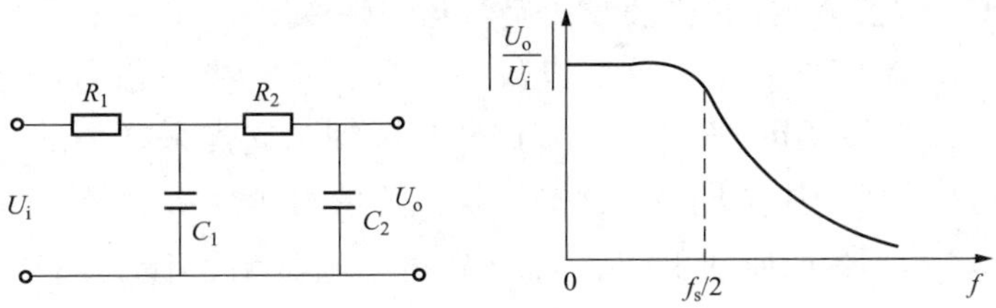

图1－81 常用无源滤波器及其特性

采用了ALF消除频率混叠现象后，采样频率的选择很大程度上取决于保护原理和算法的要求，同时还要考虑硬件速度。目前绝大多数微机保护的采样周期T_s为1ms或0.833ms，相应的采样频率为1000Hz或1200Hz。

4. 模拟多路转换开关（MPX）

如前所述，微机保护装置通常是几路模拟量输入通道公用一个A/D芯片，采用多路转换开关将各通道保持的模拟信号分时接通A/D变换器。多路转换开关是电子型的，通道切换受微机控制。多路转换开关包括选择接通路数的二进制译码电路和由它控制的各路电子开关，它们被集成在一片集成电路芯片中。

5. 模数转换器（A/D回路）

计算机只能对数字量进行运算，而电力系统中的电流、电压信号均为模拟量。因此，必须用模数转换器将采样保持回路输出的模拟信号变为离散的数字量。常用的模数转换器有逐次逼近型模数转换器和基于 V/F 转换的模数转换器。

（1）逐次逼近型模数转换的基本原理。

逐次逼近式 A/D 转换器的原理框图如图 1－82 所示。

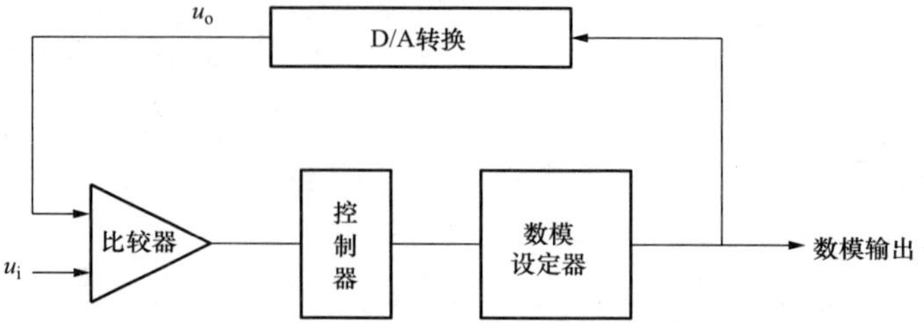

图 1－82　逐次逼近式 A/D 转换器的原理框图

一个二进制码的最大值是全 1，即 11…11。转换开始时由控制器将数码设定器设为最大值的一半，即最高位（MSB）为 1 其他各位均为 0，也就是 10…00。经数模转换（D/A）将 10…00 的数字量转换成对应的模拟量 u_o，在比较器中将输入电压 u_i 与该 u_o 作比较。若 $u_i > u_o$，说明输入电压 u_i 比 10…00 数字量对应的模拟量 u_o 大，所以控制器将数码设定器的最高位 1 保留。若 $u_i < u_o$，说明输入电压 u_i 比 10…00 数字量对应的模拟量 u_o 小，说明原设定的数 10…00 太大了，所以控制器将数码设定器的最高位改为 0。这样最高位就确定了。接着控制器将数码设定器的第二高位先设为 1，即数字量是 ×1…00。数模转换（D/A）再将 ×1…00 的数字量转换成对应的模拟量 u_o，再在比较器中将输入电压 u_i 与此时的 u_o 作比较，与上相同的过程确定第二高位是 1 还是 0。这样循环，从最高位（MSB）到最低位（LSB）一一确定是 1 还是 0，最后将确定的二进制值输出。

（2）A/D 转换的量化误差和分辨率。

为了把模拟信号变成数字信号，应将模拟信号的各采样值分别与 U_o 比较，看其属于 U_o 的哪一层，所属层的二进制代码即为此点采样值的数字量，这一过程称为量化。图 1－83（a）为模拟信号 $u(t)$ 的采样信号 $u^*(t)$，采样周期为 T_s。从图 1－83（b）看到 $u^*(t)$ 各值所属的层，对于两层之间的值，让其属于下层，各值的数字量示于图 1－83（c）中，$u(nT_s)$ 就是将 $u^*(t)$ 量化后的数字量 D 的输出。模拟量是个任意值，在对模拟量进行量化过程中只能用有限位二进制码来表示，因此必须进行近似处理，从而产生了误差，这一误差称为量化误差。显然这种量化误差的绝对值最大不会超过一个 LSB。因而模数转换器的位数越多，即分层越细，所引入的量化误差就越小，或称分辨率越高。

（3）A/D 转换的溢出和极性。

从 A/D 转换的工作原理可以看出，对于 4 位的 A/D 转换器而言，数字量 D 的最大输出值 1111，这个最大值经 D/A 后得到一个 u_{Dmax}，通常不超过标准电压 U_R（一般为 10V）。对于输入的模拟电压 $u^*(t)$，要求不超过最大值 u_{Dmax}，如果出现 $u^*(t) > u_{Dmax}$，则 A/D 转换的结果将保持为全 1，从而造成平顶波，这种现象叫溢出。这种逐次逼近原理原则上只适用于单极性输入电压。对图 1－82 的接法，输入电压必须是正的，这就是单极性。如果为负，因 $u^*(t)$ 总小于 u_o，则不论负值多大，比较器输出都是“0”，使数模转换的数字调小，直至输出数字为全 0。实际上，继电保护所反映的电流和电压都是双极性的，为实现对双极性模拟量的模数变换，需设置一个直流偏移量 U_ϕ，其值为最大允许输入量的一半。将此偏移直流量同交变的输入量相加变成单极性模拟量后再接至比较器，接法如图 1－84 所示。显

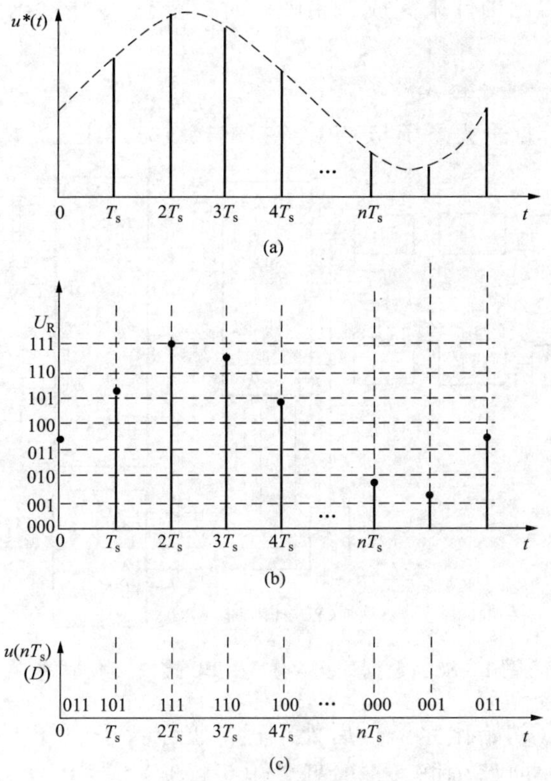

图 1－83 分层量化示意图

（a）采样信号；（b）把基准电压分层；（c）数字量 D

然，双极性接法允许的最大输入电压幅值将比单极性时缩小一半。如单极性时电压峰值范围为 0～+10V，接成双极性时偏置电压取 +5V，而输入双极性电压的最大允许范围峰值为 +5V，见图 1－85 所示的波形。必须指出的是，采用了偏置电压之后，相当于纵坐标平移最大值（满度电压）的一半，但不改变分辨率和基本量化单位 Q 或 LSB。

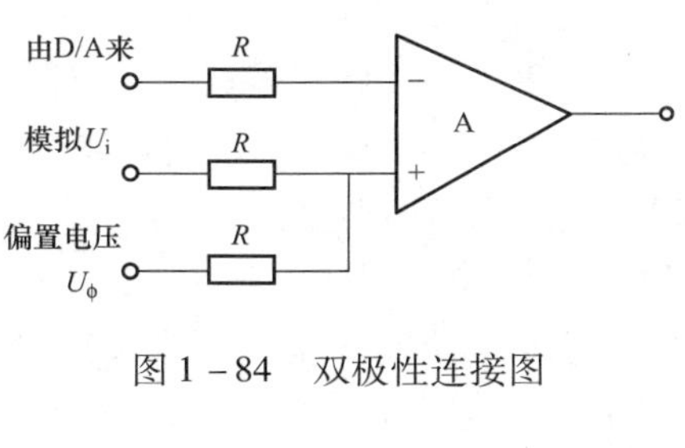

图 1－84 双极性连接图

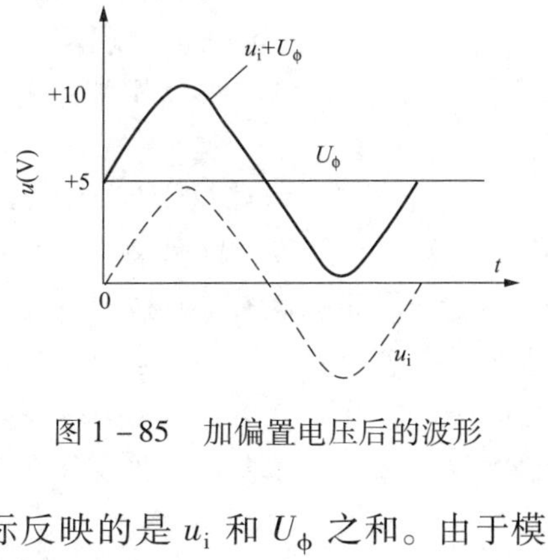

图 1－85 加偏置电压后的波形

加上偏置电压后，A/D 转换器的数字量输出实际反映的是 u_i 和 U_ϕ 之和。由于模拟量偏移了一半，所以这种输出的代码叫偏移二进制码。只要减去同 U_ϕ 相当的数字量就能还原成用补码形式表示的与双极性输入对应的数字量输出。以 8 位的转换器为例，如果 10V 相当于单极性最大输出 11111111，则 +5V 偏置相当于 10000000。任何 8 位二进制数减去 10000000，相当于把最高位求反（“1”变“0”或“0”变“1”）。上述的减法工作可以由

CPU 用软件进行，也可以由硬件来完成，用硬件时只要在 A/D 输出的最高位处加一反相器即可。

6. 数据采集系统与微机接口

图 1－86 是常见的数据采集系统与 CPU 连接的接线方式之一。

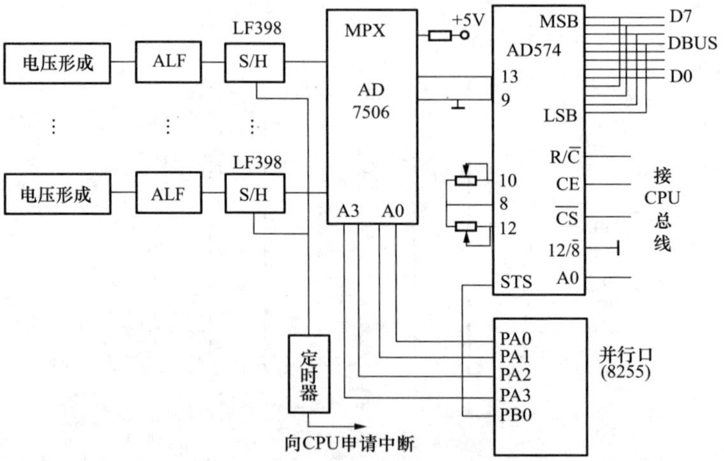

图 1－86　数据采集系统与 CPU 接口接线举例

系统一切准备就绪（初始化完毕）后处于正常工作状态，CPU 在进行自检、打印等工作，同时准备随时接受定时器中断。定时器发出采样脉冲，CPU 响应中断，暂停自检、打印等工作，来控制数据采集系统的工作。把各通道的数据都读到 RAM 中。将这些数据作必要的预处理后从中断返回，再去执行自检、打印或其他程序。上述响应中断所执行的程序是中断服务程序。CPU 响应中断前，必须使本系统初始化。初始化程序包括并行口初始化，采样数据寄存地址指针初始化，定时器初始化，开中断等环节。

CPU 执行完初始化程序之后，一般接着执行主程序（主要功能是自检），但在定时器发出采样脉冲请求中断后，CPU 应响应中断，执行中断服务程序，若数据预处理后未发现电力系统故障，则从中断返回，继续执行中断前的程序，同时准备再次响应中断。

中断服务程序中的数据预处理部分，一般是保护的启动元件的程序段等。应当注意的是整个中断服务程序必须在两个相邻采样点之间的时间（T_s）内完成，这就是微机保护对硬件速度的基本要求。

（三）基于 V/F 转换的数据采集系统

基于逐次逼近原理的数据采集系统在许多保护中得到了较广泛的应用。但目前有些线路保护装置采用电压—频率变换技术（压频变换器 V/F）来进行 A/D 转换。这种方法具有容易获得较高的分辨率、同 CPU 接口较简单等优点，同时还给保护装置的多 CPU 化带来了较大的方便。但是用 V/F 方法实现模数转换对直流电源的电压波动要求很高。下面将介绍电压频率变换（V/F）的基本原理及其在微机保护中的应用。

1. V/F 转换器的基本原理

典型的电荷平衡式 V/F 转换器的电路结构如图 1－87 所示。该原理是产生频率正比于输入电压的脉冲序列，然后在固定的时间内对脉冲进行计数。除计数器和定时器外，该电路实际上可视为一个振荡频率受输入电压 U_{in} 控制的多谐振荡器。A1 和 R_1C 组成一积分器，A2 为零电压比较器。当积分器的输出电压 $\dot{U}_a$ 下降到 0V 时，零电压比较器发生跳变，触发脉冲发生器，使之产生一个脉冲。在 T_0期间，模拟开关 S 打向负参考电压 $-U_R$。由于电路设计成 $U_R/R_2 > U_{in}/R_1$，因此在 T_0期间，积分器以反充电为主，使 U_a上升到某一电压（见图 1－88）。T_0结束后，开关 S 打向地，由于只有正的输入电压 U_{in}的作用，使积分器充电，输出电压 U_a沿负斜线下降。当 U_a下降到 0V 时，比较器翻转，再次触发脉冲发生器，产生一个 T_0脉冲，再次反充电。如此反复，振荡不止，其波形见图 1－88。

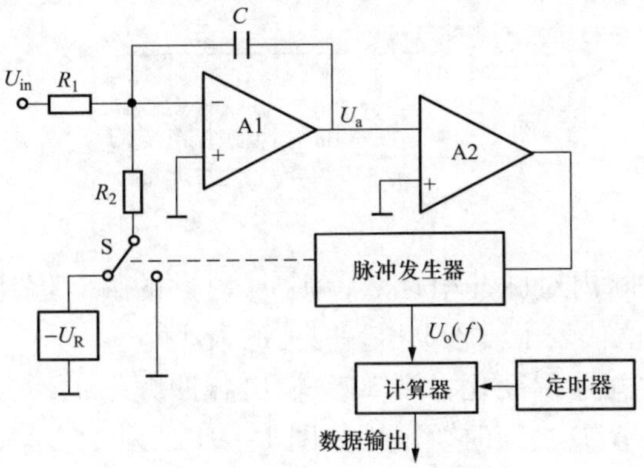

图 1－87 一种 VFC 原理图

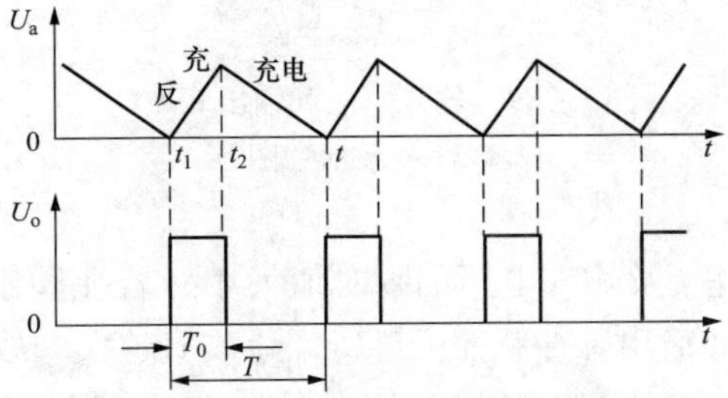

图 1－88 VFC 波形图

输出电压的振荡频率与输入电压的关系分析如下：

设 U_{in}为直流或缓慢变化的信号，在 T_0 期间积分器反充电，其输出电压 U_a为

$$U_a = -\frac{1}{C}\int_{t_1}^{t_2}\left(-\frac{U_R}{R_2}+\frac{U_{in}}{R_1}\right)dt = \frac{U_R}{CR_2}T_0 - \frac{U_{in}}{CR_1}T_0$$

T_0结束后的充电过程中 U_a为

$$U_a = -\frac{1}{C}\int_{t_2}^{t}\frac{U_{in}}{R_1}dt + \text{积分常数} = -\frac{1}{C}\int_{t_2}^{t}\frac{U_{in}}{R_1}dt + \frac{U_R}{CR_2}T_0 - \frac{U_{in}}{CR_1}T_0 = -\frac{U_{in}}{CR_1}T + \frac{U_R}{CR_2}T_0$$

式中：$T = t - t_1$为脉冲周期，t_1、t_2、t 的定义见图 1－88。

在 t 时刻 $U_a = 0$，得 $T = -\frac{R_1}{R_2}\frac{U_R}{U_{in}}T_0$，脉冲频率为 $f = \frac{1}{T} = \frac{R_2}{R_1 T_0 U_R} \cdot U_{in}$

由此可见，输出脉冲频率 f 正比于输入电压 U_{in}。比例系数 k 为

$$k = \frac{R_2}{R_1 T_0 U_R} \quad (1-111)$$

k 值只与电路参数有关，在 U_R、T_0一定的情况下，调节 R_1和 R_2可以方便地改变比例系数。可以证明，当输入信号为交流信号时，输出脉冲的频率 f 正比于输入信号 $u_{in}(t)$ 的瞬时值，比例系数仍由式（1－111）决定，而且与输入信号的频率无关。

经过上述分析可知，当电路各参数一定时，输出脉冲的频率 f 与输入电压的大小成比例，其二者之间的关系如图 1－89 所示，若输入电压 $u_{in}(t)$ 为一随时间变化的信号，则输出脉冲的频率 f 亦是随时间变化的，且 f 与 u_{in}（t）波形一致，图 1－90 示出了它们的波形。

2. 利用 V/F 进行 A/D 转换

对 V/F 转换器的输出进行计数，就可以得到转换的数字量。因为脉冲串的疏密正比于

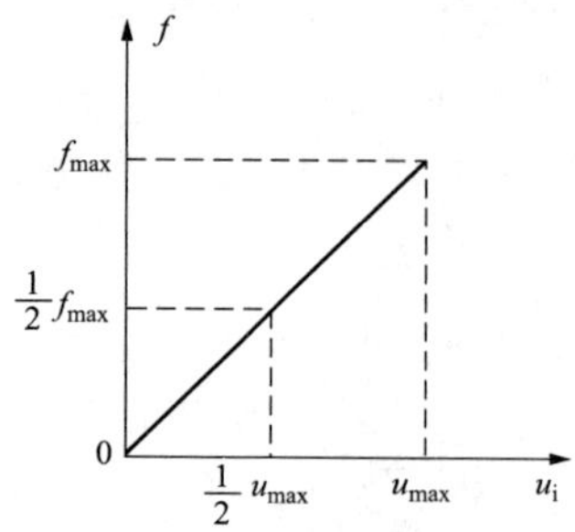

图 1-89 输入电压和输出频率的线性关系示意图

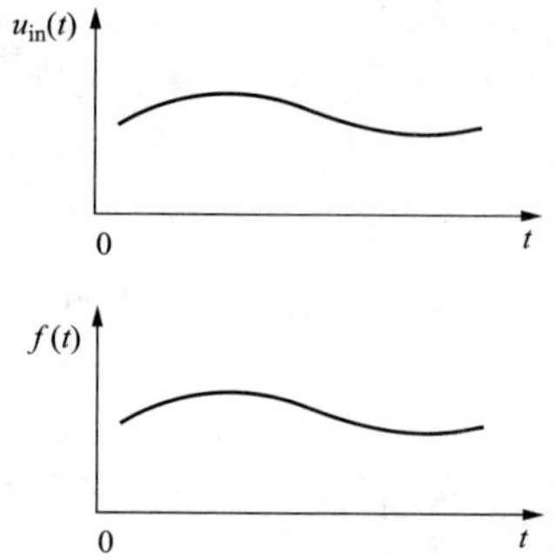

图 1-90 输入电压和输出频率的波形一致说明

频率 f 及输入电压的瞬时值大小，若在固定的时间内对脉冲串计数，则 $u_{in}(t)$ 的瞬时值越高，输出脉冲频率 f 越高，计数值越大。故计数值代表了输入电压瞬时值的大小。

对于交变的输入信号图 $u_{in}(t)$，其幅值随时间连续变化，则 VFC 输出脉冲频率也不为一常数，而是随时间变化。对这种输入信号进行 A/D 变换时，采用如图 1-91 所示的方案，这种方案不要采样保持器，直接将输入电压加于 VFC 输入端。VFC 回路不断输出脉冲，计数器不断计数，CPU 每隔 T_S 时间向计数器读取计数值，这就是采样。CPU 在 $1T_S$、$2T_S$、…、nT_S 时刻所读的数可分别用 R_1、R_2、…、R_n 表示。

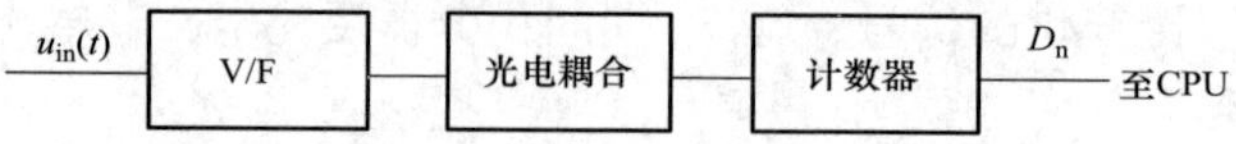

图 1-91 不经采样保持器方案

由图 1-91 可知，脉冲串频率 f 正比于输入电压 $u_{in}(t)$ 的瞬时值大小，对于变化的频率而言，对脉冲串计数就是对频率 f 的积分，在某段时间内对脉冲的计数值就是对 f 在此区间的积分值（取整数）。设计数区间为 $[(n-K)T_S, nT_S]$，在此区间的计数值就作为 nT_s 时刻进行模数转换的数字量 D_n，它实质上是频率在此区间的积分，即

$$D_n = \int_{(n-K)T_S}^{nT_S} f\mathrm{d}t = \int_{(n-K)T_S}^{nT_S} ku_{in}(t)\mathrm{d}t = R_n - R_{n-K} \qquad (1-112)$$

式中：T_S 为采样周期；K 为自然数；k 为比例系数；R_n、R_{n-K} 分别为 nT_S 时刻及 $(n-K)T_S$ 时刻的计数值（读数）。它的实现，是 CPU 定时（每隔 T_S）向计数器读数，只要用 nT_S 时刻的读数和 nT_S 前面的相隔 K 个采样点的读数值相减，就可以获得 nT_S 时刻模数转换的结果 D_n，D_n 就是要得到的数字量。我们把相减的两个数相隔的距离称为数据窗，它可以用时间表示为 $KT_S = nT_S - (n-K)T_S$，或用采样点数表示为 K。显然，T_S 为常数，当 K 值越大时，数据窗越长。

那么，这种电压频率变换实现 A/D 转换时，是怎样获得要求的分辨率呢？对于式 (1-112)，设右边的积分值为 S，S 代表了在 $(n-K)T_S \sim nT_S$ 区间，曲线 $u_{in}(t)$ 覆盖的面积。如图 1-92 所示的阴影面积。由于区间长度 KT_S 固定，在此区间内总可以找到一点 $t=\tau$，使以 $u_{in}(\tau)$ 与 KT_s 为两个边长的矩形面积代替原阴影面积，代入式（1-112），则

$$D_n = k \cdot KT_S u_{in}(\tau) = ku_{in}(\tau) \qquad (n-K)T_S < \tau < nT_S \qquad (1-113)$$

这说明 nT_S 时刻的采样值正比于输入信号 $u_{in}(t)$ 在 $t=\tau$ 时刻的瞬时值，这相当于 $u_{in}(\tau)$ 值保持 KT_S 时间不变，对与 $u_{in}(\tau)$ 对应频率的脉冲计数 KT_S 时间，显然计数时间 KT_S（数据窗）越长，计数值越大，分辨率越高，亦即增加数据窗长度可以提高分辨率。如图 1－92 所示。

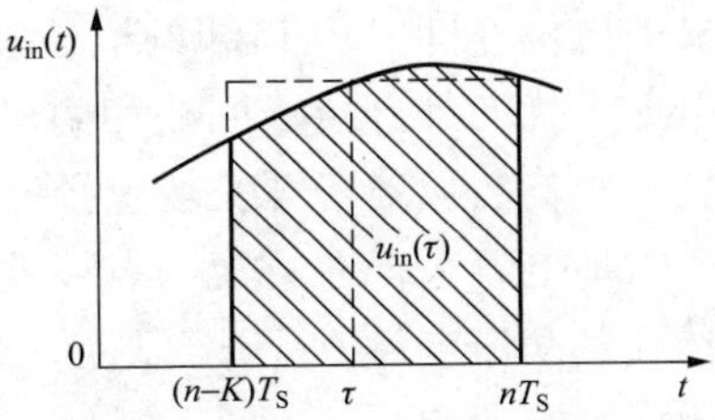

图 1－92 分辨率分析图

CPU 在 nT_S 时刻的采样值实质上反映的是在计数区间 $(n-K)\ T_S \sim nT_S$ 内某一时刻 $t=\tau$ 的输入电压值。同理，在区间 $(n-K+1)T_S \sim (n+1)T_S$ 的计数值，反映的是此区间某一点时刻 $t=\tau'$ 的瞬时值。由于输入波形的非线性和在此区间的非单调性，使得 τ 与 τ' 之间的间隔不正好为 T_S，而在数据处理时按均匀时间间隔 T_S 处理，故而带来误差或波形失真，使数字信号中含有一些高频噪声。显然数据窗越短，这种误差或波形失真程度越小。

从上面的分析可以看出，提高 K 值，增大数据窗可以提高分辨率，却增加了保护的延时。同时，从波形失真的角度来看也希望数据窗不要太长。不过，对于变换过程中产生的高频噪声可以通过数字滤波器来滤除，故数据窗长度的选择主要取决于分辨率、允许延时及算法本身。

利用 VFC 原理进行 A/D 转换，本身具有滤波作用。从前面分析可以看出，由于计数值实质上就是将输入电压在某一区间积分，积分的数学概念是波形在某一段时间里的面积。高次谐波占的面积不大，所以积分的结果将抑制高频分量。如果周期正好为 KT_s 或者 KT_s 周期整倍数的那些频率分量，其正、负半周的面积正好抵消，其积分的结果为 0，因此将完全不受这些频率分量的影响。因此，VFC 转换计数的结果实质上具有低通滤波的性质，因而无需前置低通滤波器，或只用简单的 RC 网络滤波即可。

在图 1－91 中没有低通滤波器，那么如何能满足采样定理呢？根据分析，只要用两个或两个以上采样周期（即前面的 $K\geqslant 2$）里的脉冲个数来进行保护算法计算，就可以满足采样定理。

必须说明的是，V/F 转换回路只能适用于输入电压为正的情况，当 $u_{in}(t)<0$ 时，无论 $u_{in}(t)$ 为多大的值，无论开关 S 打向哪方，电容 C 都是反充电，电路不会有脉冲输出，即 $f=0$。也就是该电路只能变换单极性信号，这里为正极性输入。若参考电压 U_R 为正，则为负极性输入。若要对双极性信号进行变换，需加上一偏置电压。

（四）开关量输入及输出回路

微机保护装置中，除了有模拟量输入外，还有大量开关量的输入和输出。所谓开关量，就是触点状态（接通或断开）或是逻辑电平的高低等。

1. 开关量输入回路

开关量输入大多数是触点状态的输入，可以分成两类：

（1）安装在装置面板上的触点，例如各种工作方式开关，调试装置或检查装置用的键盘触点，复位按钮及其他按钮等。这类触点，与外界电路无联系，可直接接至微机的并行接口，也可以直接与 CPU 口线相连。如图 1－93 所示。

（2）保护装置还需要引入各种其他开关量的触点，例如保护的投、退压板、其他保护装置的动作接点、TWJ 的动作触点等。这类触点有许多与外电路有联系，有的还经过很长的电缆接到保护装置。这些接点不能直接接入，而需经光耦器件进行隔离，以防接点输入回路引入的共模干扰影响微机系统的工作。其原理接线如图 1－94 所示。图中虚线框内是光耦元件。当外接点 S 接通时，有电流通过光耦器件的发光二极管，使光敏三极管受激发而导通，三极管集电极电位呈低电平。S 打开时，光敏三极管截止，集电极输出高电平。因此三极管集电极的电位亦即 PA0 口线的电位变化，就代表了外部接点的通断情况。这种电路使可能带有电磁干扰的外部接线回路和微机电路之间，只有光的耦合而无电的联系，因此可大大削弱干扰的影响。但对于开关场至控制室距离较远的开入量，例如变压器的重瓦斯触点，由于长电缆对地电容大，在直流一点接地时易造成误动。所以反措规定这种情况下应采用大功率继电器，其动作电压在 70% 以上，减少动作速度，并采用高电压的光耦元件，使用 220V（或 110V）直流电压。

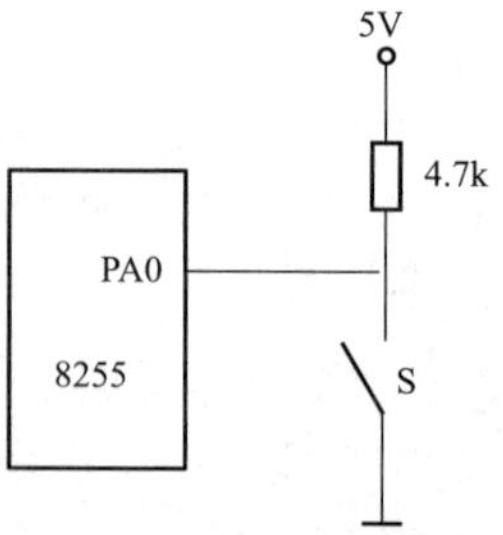

图 1－93　面板接点输入

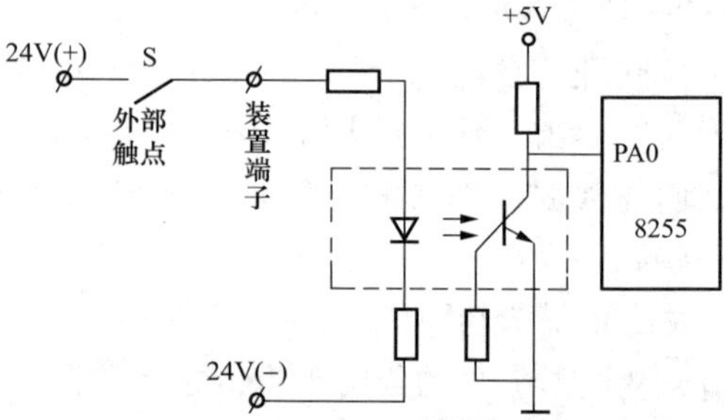

图 1－94　装置外部接点输入

2. 开关量输出回路

开关量输出主要包括保护的跳闸出口、合闸出口以及本地和中央信号等。一般都采用并行接口的输出口来控制有触点继电器（干簧或密封小中间继电器）的方法。为提高抗干扰能力，也要经过光电隔离，如图 1－95 所示。只要由软件使并行口的 PB0 输出“0”，PB1 输出“1”，便可使与非门 Y2 输出低电平，发光二极管导通，光敏三极管激发导通，使继电器 K 动作，其触点闭合，启动后级电路。在初始化和需要继电器返回时，应使 PB0 输出“1”，PB1 输出“0”。

这里经与非门 Y1（用作反相器）及与非门 Y2 输出，而不是将发光二极管直接同并行口相连，一方面是为了增强并行口的带负荷能力，另一方面是在采用了与非门后，要满足两个条件才能使 K 动作，从而增加了抗干扰能力。PB0 经一反相器，而 PB1 却不经反相器，这样接可防止在拉合直流电源的过程中继电器 K 的短时误动。因为在拉合直流电源过程中，当 5V 电源处在中间某一临界电压时，可能由于逻辑电路的工作紊乱而造成保护动作，特别是保护装置的电源往往接有大量的电容器，所以拉合直流电源时，无论是 5V 电源还是驱动继电器 K 用的正电源，都可能缓慢上升或下降，从而完全可能来得及使继电器 K 的触点短时闭合。采用图 1－95 接法后，由于两个相反条件的互相制约，可以可靠的防止误动作。

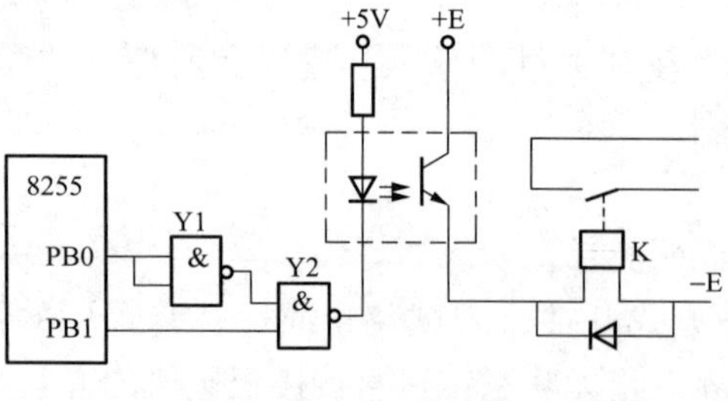

图 1－95　开关量输出

三、微机保护算法介绍

（一）十进制，二进制，十六进制及转换

1. 数制

数制就是按某种进位规则进行计数的计数体制。在我们日常生活中广泛使用十进制，在数字电路中使用的是二进制。微机保护的控制字使用的是十六进制。因此，我们既要熟悉十

进制、二进制，十六进制。还要熟悉三者之间的相互转换。

2. 十进制

十进制是以 10 为基数的计数体制，由 0、1、2、…、9 十个数码组成，相邻位的关系是逢十进一、借一当十。在十进制数中，位于不同数位上的数码所代表的数值是不同的。如十进制数 333，同样的数码 3，在百位上代表 300，在十位上代表 30，在个位上代表 3。我们把 10R 称作十进制数的“位权”，R = 0、1、2、…，个位的“位权”是 100，十位的“位权”是 101，百位的“位权”是 102…，依次类推。数码所处的数位越高，其“位权”越大。

十进制数有十个数码，在电路中要有十个不同的状态来实现。这显然是不现实的，因此在电路中一般都采用二进制。

3. 二进制

二进制是以 2 为基数的计数体制，每一位二进制数是由 0 和 1 两个数码组成，相邻位的关系是逢二进一、借一当二。其“位权”为 2R，R = 0、1、2、…。

4. 十六进制

十六进制是以 16 为基数的计数体制，每一位是由 0 ~ 9、A、B、C、D、E、F 十六个数码组成，低位到高位的进位关系是逢十六进一、借一当十六。其“位权”为 16R，R = 0、1、2、…。

5. 二进制与十六进制相互转换

二进制数转换为十六进制数。可以采用按“位权”相加的方法，即从左到右每四个二进制数转换为一个十六进制数。

例 1 - 13 (10110111001011)2 = (10,1101,1100,1011)2 = (1 × 21 + 0 × 20) + (1 × 23 + 1 × 22 + 0 × 21 + 1 × 20) + (1 × 23 + 1 × 22 + 0 × 21 + 0 × 20) + (1 × 23 + 0 × 22 + 1 × 21 + 1 × 20) = (2DCB)16

十六进制数转换为二进制数。可以采用每一位十六进制数转换为四个二进制数的方法。

例 1 - 14 (1E4AC)16 = (1,E,4,A,C)16 = (0 × 23 + 0 × 22 + 0 × 21 + 1 × 20)2 + (1 × 23 + 1 × 22 + 1 × 21 + 0 × 20)2 + (0 × 23 + 1 × 22 + 0 × 21 + 0 × 20)2 + (1 × 23 + 0 × 22 + 1 × 21 + 0 × 20)2 + (1 × 23 + 1 × 22 + 0 × 21 + 0 × 20)2 = (11110010010101100)2

（二）数字滤波的算法

微机保护装置中处理的是离散采样信号，为了满足采样定理的要求，都要使用前置低通滤波器，以滤除输入信号中的那些高于 $f_s/2$ 的频率成分。但这仅仅是为了防止频率混叠，前置低通滤波器的截止频率一般是很高的，难以接近工频，因此，直流分量及部分谐波需由数字滤波器来滤除。同时，采用数字滤波器还可以抑制数据采集系统引入的各种电子噪声。

数字滤波器是将采样得到的离散的数列作为输入，经过一定的数学运算后变成离散数列的输出，该输出的数列保留了输入信号中有用的频率成分，抑制了无用的频率成分，从而达到滤波的目的。

滤波器可以有多种分类的方法，就频率特性而言，通常可划分为高通、低通、带阻和带通滤波器。其理想幅频特性如图 1 - 96 所示。其中图（a）为低通滤波器的幅频特性，在 $0 \leqslant \omega \leqslant \omega_0$ 频带内的信号可以通过滤波器，$\omega > \omega_0$ 之后频带的信号迅速衰减，理想情况下衰减到 0。ω_0 为截止角频率。图（b）是高通滤波器特性，$0 \sim \omega_0$ 为阻带，$\omega > \omega_0$ 为通带。图（c）为带通滤波器特性，它通过的频段宽度叫频宽，用 $\Delta\omega$ 表示，频宽中点角频率为中心角频率 ω_0。图（d）是带阻滤波器，其特性正好与带通滤波器相反。下面介绍几种基本的数字

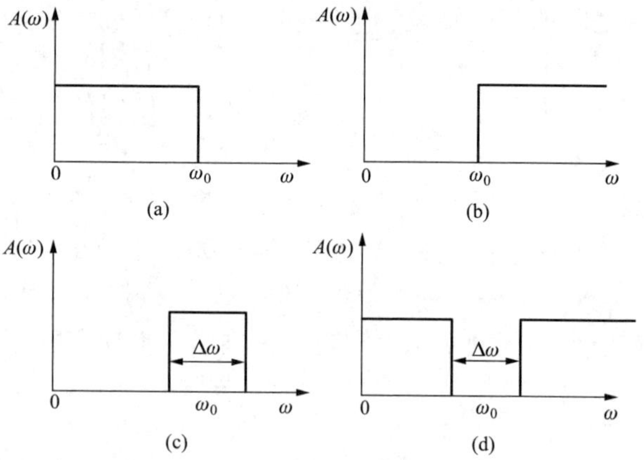

图 1－96　四种理想滤波器的幅频特性
（a）低通；（b）高通；（c）带通；（d）带阻

滤波器。

1. 差分滤波器（减法滤波器）

设 T_S 为采样周期，$x(nT_S)$ 为 $t=nT_S$ 时的输入数据（采样取得），$x(nT_S-KT_S)$ 为前 K 个 T_S 时刻[即 $t=(nT_S-KT_S$ 时)]的输入数据，$y(nT_S)$ 为 $t=nT_S$ 时的滤波器输出，则差分滤波器的差分方程为

$$y(nT_S)=x(nT_S)-x(nT_S-KT_S) \tag{1-114}$$

由于保护中采样间隔是均匀的（为 T_S），所以可以将 $x(nT_S)$、$y(nT_S)$ 直接写成 $x(n)$、$y(n)$，式（1－114）写成

$$y(n)=x(n)-x(n-K) \tag{1-115}$$

式（1－114）或式（1－115）就是差分滤波器的数学模式，它是一个 K 阶差分方程，其数据窗长度为 $K+1$ 或 $(K+1)T_S$。它表明了当前时刻的输出等于当前时刻的输入与 K 点以前的输入相减。其输出与该滤波器以前历史上的输出无关，所以这种滤波器是非递归型数字滤波器。差分滤波器的结构如图 1－97 所示，输入 $x(n)$ 经延时单位得到 $x(n-K)$，然后与输入 $x(n)$ 相减得到输出 $y(n)$。

那么上述滤波器是如何起到滤波作用的呢？我们可以用图 1－98 来说明滤波的原理。设输入信号中含有基波，其频率为 f_1，也含有 m 次谐波，其频率为 $f_S=mf_1$，如图 1－98 波形所示（图中 $m=3$ 为三次谐波）。输入信号为 $x(t)=A_1\sin2\pi f_1+A_m\sin2\pi mf_1t$。

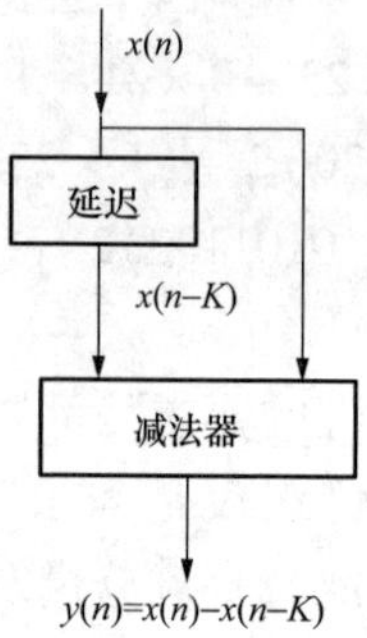

图 1－97　差分滤波器结构

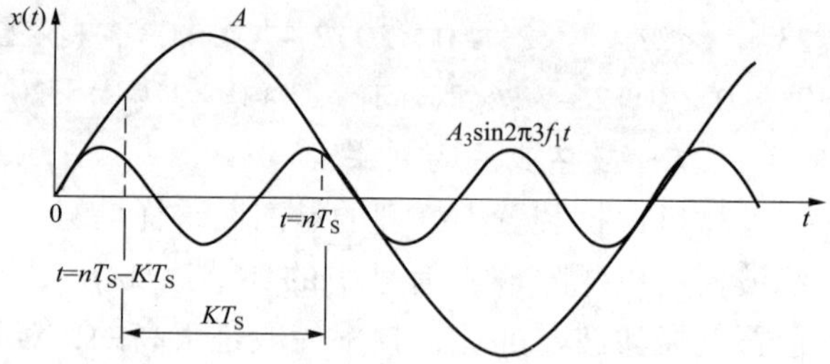

图 1－98　差分滤波器滤波原理说明

当 KT_S 刚好等于谐波的周期 $T_m=\dfrac{1}{mf_1}$，或者是 $\dfrac{1}{mf_1}$ 的整倍数（如 p 倍，$p=0,1,2,\cdots$）时，则在 $t=nT_S$ 及 $t=nT_S-KT_S$ 两点的采样值中所含该次谐波成分相等，故两点采样值相减后，恰好将该次谐波滤去，剩下基波分量。此时有 $KT_S=\dfrac{p}{mf_1}$。故滤去的谐波次数为

$$m=\frac{p}{KT_Sf_1}=\frac{N}{K}p \quad (p=0,1,2,\cdots) \tag{1-116}$$

式中：N 为基波每周采样的次数。一般 N 是确定的想要滤除 m 次谐波，可求出 K 值。由此可见，当 f_1 和 T_S 已确定时，能滤掉的谐波最低次数是在 $p=0$ 时计算的 m 值，除此之外，

还能滤掉 m 的整倍的谐波。由式（1－116）可见，如果每周采样 24 次，$N=24$。在 $K=8$ 时，$m=3p$（$p=0, 1, 2, \cdots$）。该滤波器可滤除直流以及三次谐波整数倍的谐波分量。此时它是一个八阶差分方程，滤波器的计算方法为 $y(n)=x(n)-x(n-8)$。从式（1－116）还可见，要滤除的谐波次数越低，K 值越大数据窗越大，算法的延时越长。

差分滤波器有如下特点：

（1）因任两点采样值中所含的直流成分相同（不考虑衰减），故差分后对应的直流输出为 0，因此，差分滤波器能消除不衰减的直流分量。这一特点使它在数字滤波中占有重要地位。

（2）当采用差分滤波器滤除短路电流中的谐波分量时，必须在短路发生后，经过 KT_S 的时间。这样，它才完全能用短路后的数据进行计算。因此，该滤波器有 KT_S 的延时，K 值越大（T_S 已定），延时越长，即数据窗越长延时越长。故在选择滤波器时，在保证滤波效果的同时，应尽量减小数据窗长度。

（3）当用差分滤波器消除谐波分量时，若 $KT_S \neq mf_1$，此时虽然不能滤去 m 次谐波及其整倍数次谐波，但会引起这些频率分量的幅值和相位的变化。

（4）差分滤波只需要做减法，因此算法简单，运算工作量较小。

2. 加法滤波器

加法滤波器原理示意图见图 1－99。加法滤波器的数学模型就是减法滤波器中的减运算变为加运算，其表达式为

$$y(nT_S)=x(nT_S)+x(nT_S-KT_S) \tag{1-117}$$

或

$$y(n)=x(n)+x(n-K) \tag{1-118}$$

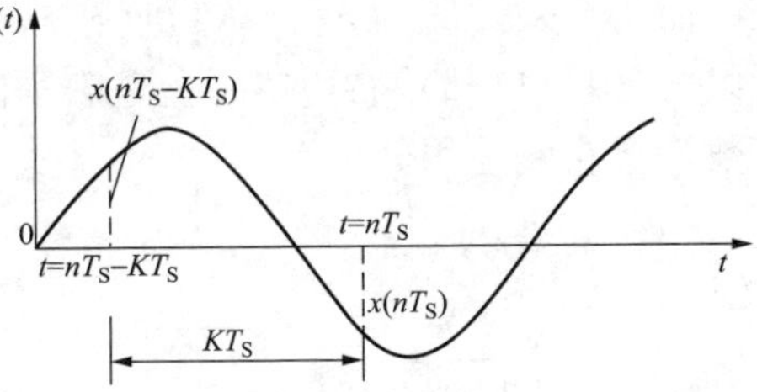

图 1－99　加法滤波器原理示意图

显然，加法滤波器的结构与减法滤波器结构相似，只是将图 1－97 中的减法器改成加法器即可。加法滤波器的物理意义也是很明显的。如图 1－98 所示的正弦波，设其频率为 f，在 $t=nT_S$ 和 $t=(nT_S-KT_S)$ 两点采样，若此两点相距为该正弦波的 1/2 周期，则此两点采样值正好大小相等，符号相反，相加后输出为 0，正好消除该次谐波。此时有 $KT_S=\frac{1}{2}\times\frac{1}{f}=\frac{1}{2mf_1}$。事实上，$KT_S$ 为 $\left(p-\frac{1}{2}\right)\frac{1}{mf_1}$（$p=1, 2, 3, \cdots$）时都可以消除 m 次谐波，其中 $p=1, 2, \cdots$，f_1 为基波频率。于是有

$$KT_S=\frac{p-\frac{1}{2}}{mf_1} \tag{1-119}$$

可滤除的谐波次数 m 为　$m=\frac{N}{2K}(2p-1)(p=1,2,3,\cdots)$，$N$ 为基波每周采样次数。

例如：要消除三次谐波时，设对于基波每周采样 12 点，$m=3$，如果取 $K=2$，即相隔两个采样点的两个采样值相加 $m=12(2p-1)/4=3(2p-1)(p=1,2,3,\cdots)$。就可以消除 3，9，15，…次谐波。

加法滤波器有如下特点：

（1）因是前后两个采样值相加，故增大了直流分量，这是它的一大缺点。

（2）加法滤波器只进行加法运算，故简单，工作量小。

3. 积分滤波器

积分滤波器的构成如图 1－100 所示。任意时刻 nT_S 的输出是由此时刻的采样值与前 K 个采样值相加而得，即

$$\begin{aligned} y(nT_S) &= x(nT_S) + x(nT_S - T_S) + x(nT_S - 2T_S) \\ &\quad + \cdots + x(nT_S - KT_S) \\ &= \sum_{m=0}^{K} x(nT_S - mT_S) \end{aligned} \tag{1-120}$$

式（1－120）就是积分滤波器的数学模型。为了直观地了解积分滤波器是如何滤波的，我们可对其两边同乘以 T_S 得

$$\begin{aligned} T_S y(nT_S) &= T_S \sum_{m=0}^{K} x(nT_S) = T_S x(nT_S) + T_S x(nT_S - T_S) \\ &\quad + T_S x(nT_S - 2T_S) + \cdots + T_S x(nT_S - KT_S) \end{aligned} \tag{1-120a}$$

对于上式的右边可以用图 1－101 来说明其物理意义。它相当于把区间 $KT_S = nT_S - (nT_S - KT_S)$ 等分成 K 段，而把由 $x(t)$ 覆盖的面积分成了 K 个小面积。而每块小面积就是式（1－120a）中的每一项，这就是用小的矩形面积来代替每段曲线下的面积，其中 T_S 就是矩形的宽，而每个采样值 $x(nT_S - KT_S)(K=0,1,\cdots)$ 就是矩形的长（高）。因两端点都作为计算值，所以式（1－115a）右边实际上是表示曲线 $x(t)$ 与横坐标在（$K+1$）T_S 区间所围的面积，在数学上它就是积分。

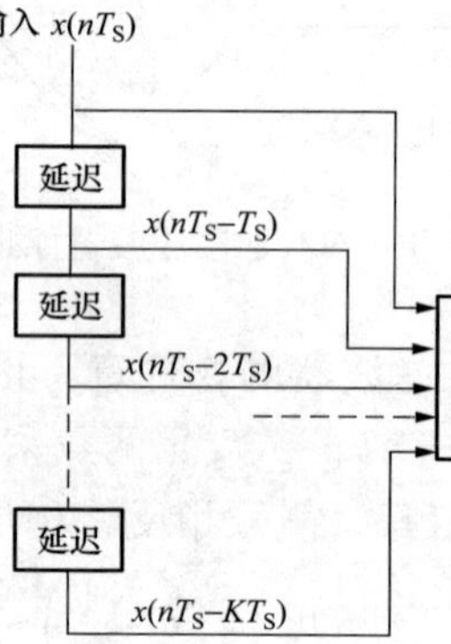

图 1－100　积分滤波器的结构

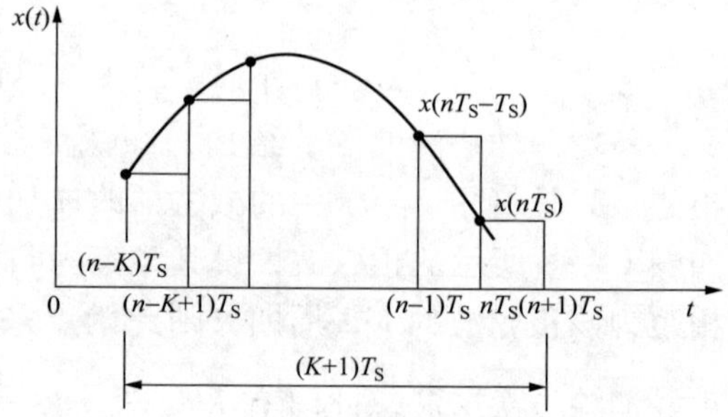

图 1－101　积分滤波器滤波原理说明

很显然，若积分区间长度正好为某次谐波的周期或周期的整倍数，则在此区间内，该次谐波积分的结果是正负半周所围成的面积正好相互抵消，因此，滤波器对应于该次谐波无输出，即将该次谐波滤去。欲消除 m 次谐波，数据窗长度应取

$$(K+1)T_S = \frac{p}{mf_1}(p=1,2,\cdots) \tag{1-121}$$

对于某些高频分量，尽管积分区间与其周期不成整倍数关系，但由于在积分区间外，高频分量的正负面积相互抵消了很多，不能被抵消的部分已经较小了，所以其输出就很小，因此，积分滤波器具有抑制高频分量的作用。

（三）傅氏算法

傅氏算法的基本思想来自傅里叶级数，它假定被采样信号是一个周期性时间函数，除基波外还含有不衰减的直流分量和各次谐波。设该周期信号为 $x(t)$，它可表示为各次谐波分

量的叠加

$$x(t)=x_0+x_1(t)+x_2(t)+\cdots+x_m(t)+\cdots \quad (1-122)$$

其中 $x_m(t)$ 为 m 次谐波，m 取自然数。对于 m 次谐波又可表示为

$$\begin{aligned}x_m(t)&=\sqrt{2}X_m\sin(\omega_m t+a_m)\\&=\sqrt{2}X_m(\sin\omega_m t\cos a_m+\sin a_m\cos\omega_m t)\\&=(\sqrt{2}X_m\cos a_m)\sin\omega_m t+(\sqrt{2}X_m\sin a_m)\cos\omega_m t\\&=(\sqrt{2}X_m\cos a_m)\sin m\omega t+(\sqrt{2}X_m\sin a_m)\cos m\omega t\\&=X_{ms}\sin m\omega t+X_{mc}\cos m\omega t\end{aligned} \quad (1-123)$$

式中：X_m 为 m 次谐波分量有效值；a_m 为 m 次谐波分量初相角；ω_m 为 m 次谐波分量角频率，$\omega_m=m\omega$（ω 为基波角频率）。

$$X_{ms}=\sqrt{2}X_m\cos a_m \quad (1-124)$$

$$X_{mc}=\sqrt{2}X_m\sin a_m \quad (1-125)$$

这表明一个周期函数 $x(t)$ 的各次谐波可以看成振幅分别为 X_{ms} 和 X_{mc} 的正弦项和余弦项之和。我们感兴趣的是 m 次谐波的正弦、余弦分量的系数 X_{ms} 和 X_{mc}，因为只要有了 X_{ms} 和 X_{mc} 后，就可求 m 次谐波的幅值 X_m 和相位 a_m

$$2X_m^2=X_{ms}^2+X_{mc}^2 \quad (1-126)$$

$$\tan a_m=\frac{X_{mc}}{X_{ms}} \quad (1-127)$$

下面的问题就是如何求取 X_{ms} 和 X_{mc}。求 X_{ms} 和 X_{mc} 的方法，根据数据窗的长度，可分为全周傅里叶算法和半周傅里叶算法。

1. 全周傅里叶算法

根据傅氏级数原理，当已知周期函数 $x(t)$ 时，可以求其 m 次谐波分量的正弦和余弦系数

$$X_{ms}=\frac{2}{T}\int_0^T x(t)\sin m\omega t\mathrm{d}t$$

$$X_{mc}=\frac{2}{T}\int_0^T x(t)\cos m\omega t\mathrm{d}t$$

式中：T 为 $x(t)$ 的周期，继电保护中感兴趣的是基波分量（$m=1$），因此基波分量的正弦和余弦分量的系数为

$$X_{1s}=\frac{2}{T}\int_0^T x(t)\sin\omega t\mathrm{d}t \quad (1-128)$$

$$X_{1c}=\frac{2}{T}\int_0^T x(t)\cos\omega t\mathrm{d}t \quad (1-129)$$

求上面的积分可以采用梯形和矩形法，设每周采样 N 点，则一周内各采样点分别为 n、$n-1$、$n-2$、…、$n-N+1$、$n-N$，对应的采样值就是在这些点上的 $x(t)$ 函数值 $x(n)$、$x(n-1)$、…、$x(n-N)$，将上面积分式中的 $\sin\omega t$ 及 $\cos\omega t$ 也进行离散化，于是有矩形法：

$$X_{1s}=\frac{2}{T}T_S[x(n)\sin n\omega T_S+x(n-1)\sin(n-1)\omega T_S$$

$$+\cdots+x(n-N+1)\sin(n-N+1)\omega T_S]$$

$$=\frac{2}{N}\sum_{k=0}^{N-1}x(n-k)\sin(n-k)\frac{2\pi}{N} \tag{1-130}$$

$$X_{1c}=\frac{2}{T}T_S[x(n)\cos n\omega T_S+x(n-1)\cos(n-1)\omega T_S$$

$$+\cdots+x(n-N+1)\cos(n-N+1)\omega T_S] \tag{1-131}$$

$$=\frac{2}{N}\sum_{k=0}^{N-1}x(n-k)\cos(n-k)\frac{2\pi}{N}$$

当 $N=12$ 时，$\omega T_S=\frac{2\pi}{N}=30°$，则上式中的 sin 项和 cos 项的值均为三角函数值，是常数，可分别记为 a_k 和 b_k。因积分区间是 0 ~ T，因此最后一个采样是 $t=T$ 时的函数值，即 $\omega nT_S=2\pi,(n-N+1)\omega T_S=30°$。则上式中各 sin 项和 cos 项分别对应的角度为 360°、330°、300°、…、60°、30°。事先计算出上述的 sin 项和 cos 项的各值，再将 $\frac{2}{N}$ 纳入 a_k 和 b_k 后，式（1－130）和式（1－131）两式可写成如下的形式

$$X_{1s}=\sum_{k=0}^{N-1}a_kx(n-k)$$

$$X_{1c}=\sum_{k=0}^{N-1}b_kx(n-k)$$

可见它们就是非递归离散系统的一般表达式，此式可用于编程。

梯形法：

$$X_{1s}=\frac{2}{T}T_S\Big[\frac{x(n)\sin(n\omega T_S)+x(n-1)\sin(n-1)\omega T_S}{2}$$

$$+\frac{x(n-1)\sin(n-1)\omega T_S+x(n-2)\sin(n-2)\omega T_S}{2}+\cdots$$

$$+\frac{x(n-N+1)\sin(n-N+1)\omega T_S+x(n-N)\sin(n-N)\omega T_S}{2}\Big]$$

$$=\frac{2}{N}\Big[\frac{1}{2}x(n)\sin(n\omega T_S)+\sum_{k=1}^{N-1}x(n-k)\sin(n-k)\omega T_S$$

$$+\frac{1}{2}x(n-N)\sin(n-N)\omega T_S$$

$$=\frac{2}{N}\sum_{k=1}^{N-1}x(n-k)\sin(n-k)\frac{2\pi}{N} \tag{1-132}$$

其中第一项和最末项因 t 分别为 0 和 T，其 sin 值为 0。

$$X_{1c}=\frac{2}{T}T_S\Big[\frac{x(n)\cos(n\omega T_S)+x(n-1)\cos(n-1)\omega T_S}{2}$$

$$+\frac{x(n-1)\cos(n-1)\omega T_S+x(n-2)\cos(n-2)\omega T_S}{2}+\cdots$$

$$+\frac{x(n-N+1)\cos(n-N+1)\omega T_S+x(n-N)\cos(n-N)\omega T_S}{2}\Big]$$

$$=\frac{2}{N}\Big[\frac{1}{2}x(n)\cos(n\omega T_S)+\sum_{k=1}^{N-1}x(n-k)\cos(n-k)\omega T_S$$

$$+\frac{1}{2}x(n-N)\cos(n-N)\omega T_S\Big]$$

$$=\frac{2}{N}\left[\frac{1}{2}x(n)+\sum_{k=1}^{N-1}x(n-k)\cos(n-k)\frac{2\pi}{N}+\frac{1}{2}x(n-N)\right] \tag{1-133}$$

利用上述方法求出基波的正弦和余弦系数后，则基波分量的复数形式为

$$\dot{X}_1=\frac{1}{\sqrt{2}}(X_{1s}+jX_{1c}) \tag{1-134}$$

$$X_1=\frac{1}{\sqrt{2}}\sqrt{X_{1s}^2+jX_{1c}^2} \tag{1-135}$$

由于这样求出的是基波分量的有效值，所以这种算法可以滤除直流分量和整数倍次的谐波分量。

电流电压均可用式（1－130）、式（1－131）或式（1－132）、式（1－133）计算各自基波分量的正弦和余弦系数 I_{1s}、I_{1c}、U_{1s}、U_{1c}后，再用下式求测量阻抗

$$Z=\frac{\dot{U}}{\dot{I}}=\frac{(U_{1c}I_{1c}+U_{1s}I_{1s})+j(U_{1c}I_{1s}-U_{1s}I_{1c})}{I_{1c}^2+I_{1s}^2}$$

$$R=\frac{U_{1c}I_{1c}+U_{1s}I_{1s}}{I_{1c}^2+I_{1s}^2} \tag{1-136}$$

$$X=\frac{U_{1c}I_{1s}+U_{1s}I_{1c}}{I_{1c}^2+I_{1s}^2} \tag{1-137}$$

全周傅氏算法有很好的滤波能力，但数据窗需要一个周波加一个采样周期，响应时间较长。为了加快响应速度，有时可将数据窗缩短到半个周期，这就是半周傅里叶算法。

2. 半周傅里叶算法

半周傅里叶算法的积分区间的 0 ~ $T/2$，利用半个周波的采样值来计算电流电压基波分量的正弦和余弦系数，其矩形法计算公式为

$$X_{1s}=\frac{4}{N}\sum_{k=0}^{\frac{N}{2}-1}x(n-k)\sin(n-k)\frac{2\pi}{N} \tag{1-138}$$

$$X_{1c}=\frac{4}{N}\sum_{k=0}^{\frac{N}{2}-1}x(n-k)\sin(n-k)\frac{2\pi}{N} \tag{1-139}$$

从滤波效果来看，全周傅立叶算法不仅能完全滤除各整数次的谐波分量和稳定的直流分量，而且能较好地抑制由线路分布电容引起的高频分量，对随机干扰信号的反应也较小，而对畸变波形中的基频分量可平稳和精确地作出响应。图 1－102 是全周傅氏算法和半周傅氏算法的幅频特性。半周傅氏算法的滤波效果不如全周傅氏算法，它不能滤去直流分量和偶次谐波分量。无论是全周傅氏算法还是半周傅氏算法都对指数衰减的非周期分量呈现了很宽的

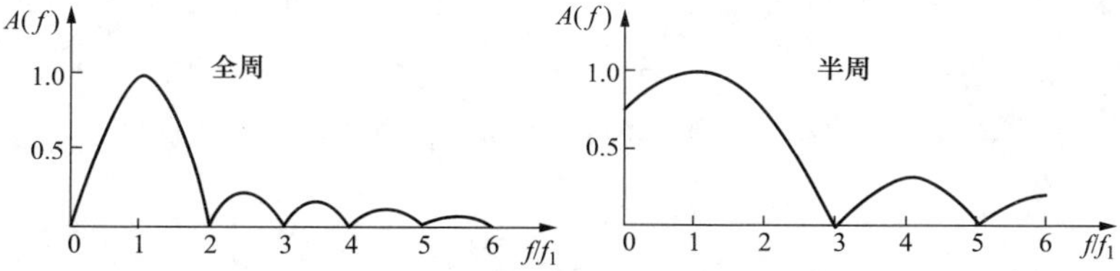

图 1－102 全周及半周傅氏算法的幅频特性

连续频谱，因此傅氏算法在衰减的非周期分量的影响下，计算误差较大。

从精度来看，由于半周傅氏算法的数据窗只有半周，其精度要比全周富氏算法差。当故障发生半周后，半周算法即可计算出真值，但精度差；全周算法在故障发生一周后才能计算出真值，精度较半周好。有的保护装置中采用变动数据窗的方法来协调响应速度和精度的关系。其做法是在启动元件启动之后，先调用半周傅氏算法程序，同时将保护范围减小10%。当故障达到一周时，调用全周傅氏算法程序，这时保护范围复原。这样，当故障在保护范围的0～90%以内时，用半周算法计算很快就趋于真值，精度虽然不高，但足以正确判断是区内故障；当故障在保护范围的90%以外时，仍以全周傅氏算法的计算结果为准，保证精度。

（四）积分算法

半周绝对值积分算法的原理是依据一个正弦量在任意半个周期内绝对值积分为一常数S，且积分值S与积分起始点即与初相角α无关，因为图1－103中两部分的阴影面积显然是相等的。

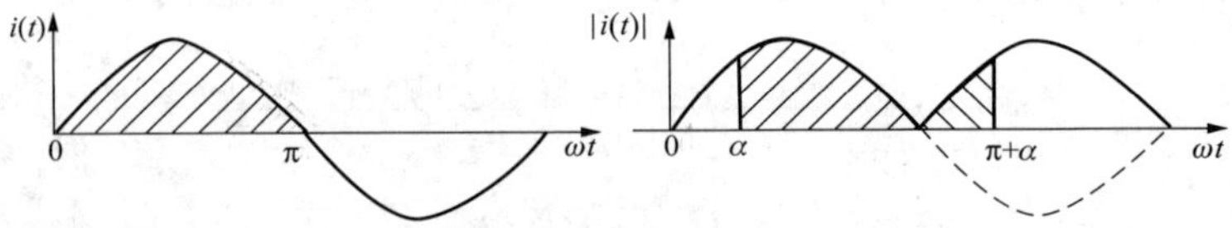

图1－103　半周积分算法原理示意图

半周绝对值积分的面积S为

$$S=\int_{0}^{T/2}\left|\sqrt{2}I\sin(\omega t+\alpha)\right|\mathrm{d}t=\int_{0}^{T/2}\left|\sqrt{2}I\sin\omega t\right|\mathrm{d}t=\frac{2\sqrt{2}}{\omega}I \tag{1－140}$$

由上式可知，只要知道了正弦波半周的面积S，则正弦波的幅值或有效值，可以用下面的公式计算

$$I=\frac{\omega}{2\sqrt{2}}S \tag{1－141}$$

下面的问题就是如何求取这个积分面积S。计算机求积分不是直接进行的，而是用求和来代替，故式（1－140）的积分可以用梯形法或矩形法近似求出。当用梯形法时，如图1－104所示。

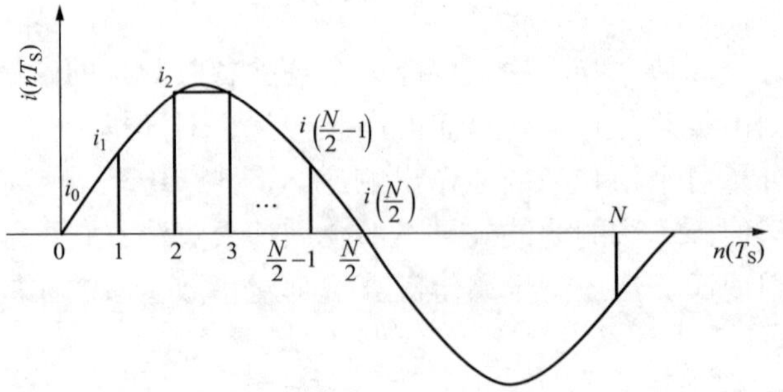

图1－104　用梯形法近似计算面积

设若干个小梯面积之和为S'，则有

$$S' = \left[\frac{|i_0| + |i_1|}{2} + \frac{|i_1| + |i_2|}{2} + \cdots + \frac{\left|i\left(\frac{N}{2}-1\right)\right| + \left|i\left(\frac{N}{2}\right)\right|}{2} \right] T_S \qquad (1-142)$$

$$= \left[\frac{1}{2}|i_0| + |i_1| + \cdots + \left|i\left(\frac{N}{2}-1\right)\right| + \frac{1}{2}\left|i\left(\frac{N}{2}\right)\right| \right] T_S$$

式中：i_0，i_1，$\cdots i\left(\frac{N}{2}\right)$为 $n=0$，1，$\cdots\frac{N}{2}$时的采样值；N 为每周采样点数；T_S 为采样周期。

用求矩形面积和方法：

$$S' = T_S \sum_{k=0}^{\frac{N}{2}-1} |i(n-k)| \qquad (1-143)$$

显然用绝对值求和来代替绝对值积分（即用 S'代替 S）必然会带来误差。但只要采样频率足够高，T_S 足够小，误差就可以做到足够小。矩形法比梯形法公式较简洁，便于编程，但在相同的 T_S 下，精度较梯形法差。必须说明的是，第一个采样数据对应的正弦量的相角 α 不同，误差也不同，也就是说积分的起始点对误差有影响。

半周积分法的特点：

1）数据窗长度为半周加一个采样周期，对 50Hz 的工频正弦量而言，延时为 $10\text{ms} + T_S$；但是当作为保护算法使用时，不一定在短路后 $10\text{ms} + T_S$ 时间后才开始计算。例如以电流速断保护为例，在短路以后就开始求半周面积。一开始用的是部分短路前的数据，随着时间的延续电流半周的面积越来越大。求出来的电流值也越来越大。只要超过定值就可跳闸，加快了保护动作的时间。所以用半周积分算法，保护动作时间较快。

2）由于进行的是积分运算，故具有滤波功能，对高频分量有抑制作用，但不能抑制直流分量。

3）本算法的精度与采样频率有关，采样频率越高，其精度越高，误差越小，误差还与初相角 α 有关。

4）由于只有加法运算，计算工作量小。

第二章

电力系统运行及故障分析

第一节　电力系统正常运行时的电压、电流及功率传输

图 2－1 示出了 MN 线路的等值系统图，线路正序阻抗为 Z_{MN1}，M、N 侧等值正序阻抗为 Z_{M1}、Z_{N1}；M、N 侧等值电动势为 $\dot{E}_M$、$\dot{E}_N$；M、N 母线电压为 $\dot{U}_M$、$\dot{U}_N$；从 M 侧流向 N 侧的线路电流为 $\dot{I}_{loa}$。

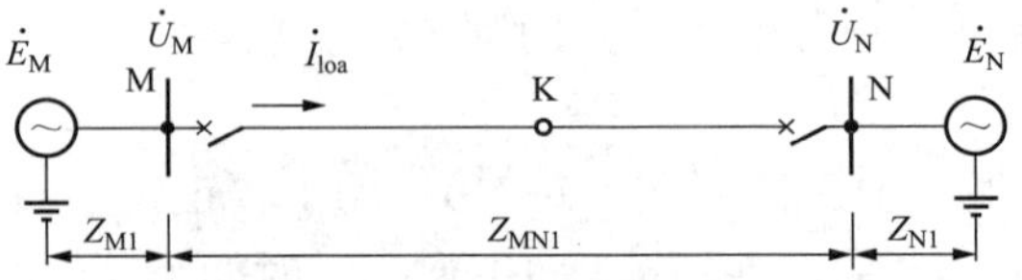

图 2－1　MN 线路等值系统图

一、正常运行时的电流、K 点电压

分析 M 侧流向 N 侧的电流、K 点电压。M 侧流向 N 侧的线路三相电流为

$$\dot{I}_{loa \cdot A}=\frac{\dot{E}_{MA}-\dot{E}_{NA}}{Z_{M1}+Z_{MN1}+Z_{N1}}=\frac{\dot{E}_{MA}-\dot{E}_{NA}}{Z_{11}} \tag{2-1a}$$

$$\dot{I}_{loa \cdot B}=\frac{\dot{E}_{MB}-\dot{E}_{NB}}{Z_{11}}=a^2\dot{I}_{loa \cdot A} \tag{2-1b}$$

$$\dot{I}_{loa \cdot C}=\frac{\dot{E}_{MC}-\dot{E}_{NC}}{Z_{11}}=a\dot{I}_{loa \cdot A} \tag{2-1c}$$

式中：Z_{11} 为系统总的综合正序阻抗，$Z_{11}=Z_{M1}+Z_{MN1}+Z_{N1}$；$a$、$a^2$ 为运算子，$a=e^{j120°}$、$a^2=e^{j240°}$。

如果 $|\dot{E}_M|=|\dot{E}_N|=|\dot{E}_\varphi|$、$\dot{E}_M$ 超前 $\dot{E}_N$ 的相角为 δ，计及 $|\dot{E}_M-\dot{E}_N|=2|\dot{E}_\varphi|\sin\frac{\delta}{2}$，则从式（2－1）可知

$$|\dot{I}_{loa}|=\frac{2|\dot{E}_\varphi|}{Z_{11}}\sin\frac{\delta}{2} \tag{2-2}$$

可以看出，当两侧电动势同相时，有 $I_{loa}=0$，即处于空载状态；当两侧电动势夹角 δ 逐渐增大时，相应的 I_{loa} 也逐渐增大。正常运行时 δ 角不会超过 60°。若系统发生振荡，即 δ 在 0°～360°作周期变化，则当 $\delta=180°$ 时 I_{loa} 达最大值，也就是最大振荡电流 $\left(\frac{2E_\varphi}{Z_{11}}\right)$；$\delta$ 过了 180°后，随着 δ 向 360°趋近，I_{loa} 逐渐减小。

图 2－1 中 K 点三相电压可表示为

$$\dot{U}_{KA[0]}=\dot{E}_{MA}-\dot{I}_{loa \cdot A}(Z_{M1}+Z_{MK1})$$

$$=\dot{E}_{MA}-\frac{\dot{E}_{MA}-\dot{E}_{NA}}{Z_{11}}(Z_{M1}+Z_{MK1})$$

$$=\frac{\dfrac{\dot{E}_{MA}}{Z_{M1}+Z_{MK1}}+\dfrac{\dot{E}_{NA}}{Z_{N1}+Z_{NK1}}}{\dfrac{1}{Z_{M1}+Z_{MK1}}+\dfrac{1}{Z_{N1}+Z_{NK1}}} \tag{2-3a}$$

$$\dot{U}_{KB[0]}=\dot{E}_{MB}-\dot{I}_{loa\cdot B}(Z_{M1}+Z_{MK1})=a^2\dot{U}_{KA[0]} \tag{2-3b}$$

$$\dot{U}_{KC[0]}=\dot{E}_{MC}-\dot{I}_{loa\cdot C}(Z_{M1}+Z_{MK1})=a\dot{U}_{KA[0]} \tag{2-3c}$$

式中：Z_{MK1}、Z_{NK1}为线路段 MK、NK 的正序阻抗。

若 $\dot{E}_N=E_\varphi$、$\dot{E}_M=E_\varphi e^{j\delta}$，计及 K 点的电气位置系数

$$\rho_K=\frac{Z_{M1}+Z_{MK1}}{Z_{11}} \tag{2-4}$$

则式（2-3）可化简为

$$U_{K\varphi[0]}=E_\varphi\sqrt{1-4\rho_K(1-\rho_K)\sin^2\frac{\delta}{2}} \tag{2-5}$$

可以看出，K 点三相电压不仅与 ρ_K 有关，而且与 δ 角有关。如 $\rho_K=0.2$、$\delta=30°$，则 $U_{K\varphi[0]}=0.978E_\varphi$，说明电力系统正常运行时，K 点三相电压在额定值附近。但是，若系统发生振荡，当 $\delta=180°$时，则 K 点三相电压由式（2-5）得

$$U_{K\varphi[0]}\Big|_{\delta=180°}=|1-2\rho_K|E_\varphi \tag{2-6}$$

这就是系统振荡过程中 K 点的最低电压。

二、功率传输

图 2-2 示出了线路 M 侧传输方向上电流滞后电压的相量关系，滞后的相角 $\varphi<90°$。传输的视在功率有两种表示方法，即

$$S=\dot{U}_M\overset{*}{I}_{loa}=P+jQ \tag{2-7a}$$

$$S=\overset{*}{U}_M\dot{I}_{loa}=P-jQ \tag{2-7b}$$

式中：$\overset{*}{U}_M$、$\overset{*}{I}_{loa}$为电压 $\dot{U}_M$、电流 $\dot{I}_{loa}$的共轭相量。

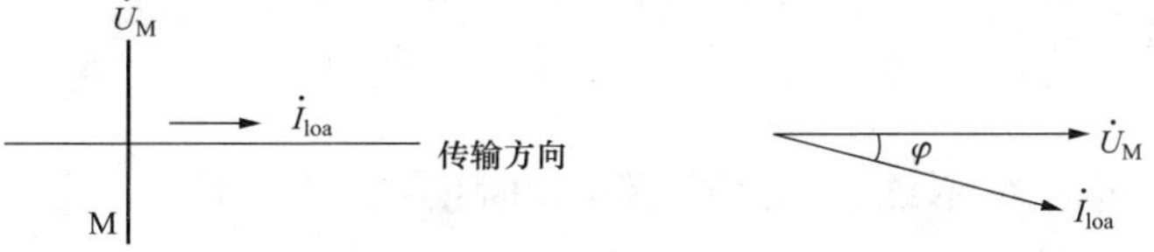

图 2-2 传输方向上电流滞后电压的相量关系

式（2-7a）中以电压为基准与共轭的电流相乘，$+jQ$ 表示在传输方向上送出感性无功功率；式（2-7b）中以电流为基准与共轭的电压相乘，$-jQ$ 表示在传输方向上送出感性无功功率。上述两种方法不影响有功功率符号。下面用式（2-7a）表示方法讨论功率传输。

讨论图 2-1 中线路 MN 中功率的传输。设 $\dot{U}_N$为参考相量，即 $\dot{U}_N=U_N\angle 0°$，若 M 母线电压超前 N 母线电压的相角为 δ_{MN}，则 $\dot{U}_M=U_N\angle\delta_{MN}$，计及线路阻抗角为 φ_{Line}，从 M

侧流向 N 侧的线路电流为

$$\dot{I}_{loa}=\frac{U_M\angle\delta_{MN}-U_N}{Z_{MN1}\angle\varphi_{Line}}=\frac{1}{Z_{MN1}}[U_M\angle(\delta_{MN}-\varphi_{Line})-U_N\angle-\varphi_{Line}]$$

于是 M 侧、N 侧的视在功率按式（2－7a）的表示方法得到为

$$\begin{aligned}P_M+jQ_M=\dot{U}_M\overset{*}{\dot{I}}_{loa}&=\frac{U_M}{Z_{MN1}}[U_M\angle\varphi_{Line}-U_N\angle(\delta_{MN}+\varphi_{Line})]\\&=\frac{U_M}{Z_{MN1}}[U_M\cos\varphi_{Line}-U_N\cos(\delta_{MN}+\varphi_{Line})]\\&\quad+j\frac{U_M}{Z_{MN1}}[U_M\sin\varphi_{Line}-U_N\sin(\delta_{MN}+\varphi_{Line})]\end{aligned}\tag{2-8}$$

$$\begin{aligned}P_N+jQ_N=\dot{U}_N\overset{*}{\dot{I}}_{loa}&=\frac{U_N}{Z_{MN1}}[U_M\angle(\varphi_{Line}-\delta_{MN})-U_N\angle\varphi_{Line}]\\&=\frac{U_N}{Z_{MN1}}[U_M\cos(\varphi_{Line}-\delta_{MN})-U_N\cos\varphi_{Line}]\\&\quad+j\frac{U_N}{Z_{MN1}}[U_M\sin(\varphi_{Line}-\delta_{MN})-U_N\sin\varphi_{Line}]\end{aligned}\tag{2-9}$$

其中 P_N+jQ_N 由线路流向 N 侧母线，对于线路分布电容以集中电容的形式置于两侧母线，故讨论功率传输时可不计分布电容的影响。

（一）不计线路电阻分量时的功率传输

令 $\varphi_{Line}=90°$，式（2－8）、式（2－9）改写为

$$P_M+jQ_M=\frac{U_MU_N}{Z_{MN1}}\sin\delta_{MN}+j\frac{U_M}{Z_{MN1}}(U_M-U_N\cos\delta_{MN})\tag{2-10}$$

$$P_N+jQ_N=\frac{U_MU_N}{Z_{MN1}}\sin\delta_{MN}+j\frac{U_N}{Z_{MN1}}(U_M\cos\delta_{MN}-U_N)\tag{2-11}$$

1. 有功功率

$P_M=P_N=\frac{U_MU_N}{Z_{MN1}}\sin\delta_{MN}$，说明线路 MN 中不产生有功功率损耗（线路为纯电抗），即 $\Delta P=P_M-P_N=0$。有功功率传输方向，与电压高低无关系，取决于电压相位关系。当 $\dot{U}_M$ 超前 $\dot{U}_N$ 时，$\delta_{MN}>0$，有功功率从 M 侧输向 N 侧；当 $\dot{U}_M$ 滞后 $\dot{U}_N$ 时，$\delta_{MN}<0$，有功功率从 N 侧输向 M 侧。

2. 无功功率

当 $\delta_{MN}=0°$ 时，线路中不传输有功功率，此时由式（2－10）、式（2－11）得到 M、N 侧的感性无功功率为

$$Q_M=\frac{U_M}{Z_{MN1}}(U_M-U_N)\tag{2-12a}$$

$$Q_N=\frac{U_N}{Z_{MN1}}(U_M-U_N)\tag{2-12b}$$

此式说明无功功率（感性）从电压高的一侧输到电压低的一侧，与有功功率的输送完全不同。当 $U_M>U_N$ 时，感性无功功率从 M 侧输向 N 侧；当 $U_M<U_N$ 时，感性无功功率从 N 侧输向 M 侧。

感性无功功率从 M 侧输送到 N 侧，产生的无功功率损耗 ΔQ。由式（2－10）、式

(2－11) 得到为

$$\Delta Q_0 = Q_M - Q_N = \frac{1}{Z_{MN1}}\left[(U_M - U_N)^2 + 4U_M U_N \sin^2\frac{\delta_{MN}}{2}\right] \tag{2-13}$$

可以看出，无功功率损耗有两部分：$\frac{(U_M - U_N)^2}{Z_{MN1}}$为传送无功功率（$U_M \neq U_N$）引起的损耗；$\frac{4U_M U_N}{Z_{MN1}}\sin^2\frac{\delta_{MN}}{2}$为传送有功功率（$\delta_{MN} \neq 0°$）引起的损耗。

由式（2－10）得到 M 侧送出的感性无功功率为

$$Q_M = \frac{U_M}{Z_{MN1}}\left(U_M - U_N + 2U_N\sin^2\frac{\delta_{MN}}{2}\right) \tag{2-14}$$

可见，当 Z_{MN1} 较大时，要输送较大的无功功率，必须加大 U_M、U_N 间的电压差。但 U_M 过高、U_N 过低受系统运行条件限制，故长距离输送无功功率是受限制的。另一方面，当以送出无功功率（$\delta_{MN} = 0°$）为基准时，由式（2－13）、式（2－12a）得到 $\delta_{MN} = 0°$ 时无功功率损耗占送出无功功率的比率为

$$\left.\frac{\Delta Q_0}{Q_M}\right|_{\delta_{MN}=0°} = \frac{U_M - U_N}{U_M} = Z_{MN1}\frac{Q_M}{U_M^2} \tag{2-15}$$

Z_{MN1} 愈大，传输无功功率愈大，无功功率的损失比率也愈大。因此，长距离输送无功功率是不合理的。

（二）计及线路电阻分量时的功率传输

由于计及线路电阻分量，故 $\varphi_{Line} = <90°$。由式（2－8）、式（2－9）得到有功功率损耗为

$$\begin{aligned}\Delta P &= P_M - P_N \\ &= \frac{1}{Z_{MN1}}\left[(U_M - U_N)^2 + 4U_M U_N \sin^2\frac{\delta_{MN}}{2}\right]\cos\varphi_{Line} \\ &= \Delta Q_0 \cos\varphi_{Line}\end{aligned} \tag{2-16}$$

此式说明，线路中产生的有功功率损耗与无功功率损耗成正比。这意味着长距离送无功功率，不仅有很大的无功功率损耗，而且同时也增大了有功功率损耗，再次说明长距离输送无功功率是不合理的。

计及线路电阻分量后，由式（2－8）、式（2－9）得到无功功率损耗为

$$\begin{aligned}\Delta Q &= Q_M - Q_N \\ &= \frac{1}{Z_{MN1}}\left[(U_M - U_N)^2 + 4U_M U_N \sin^2\frac{\delta_{MN}}{2}\right]\sin\varphi_{Line} \\ &= \Delta Q_0 \sin\varphi_{Line}\end{aligned} \tag{2-17}$$

计及线路电阻分量后，与不计电阻时相比，无功功率损耗有所减小。

三、电压降落与电压损失

在图 2－1 中，$\dot{U}_M$ 与 $\dot{U}_N$ 间有如下关系式

$$\dot{U}_M = \dot{U}_N + \dot{I}_{loa} Z_{MN1} \tag{2-18}$$

作出相量关系如图 2－3 所示。$\dot{U}_M$ 与 $\dot{U}_N$ 间的相量差称电压降落，或称电压降。计及式（2－2）得到相电压降落的表示式为（线电压降落要乘$\sqrt{3}$）

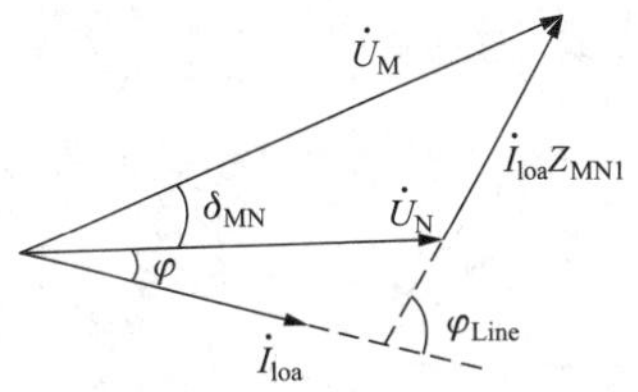

图 2－3　$\dot{U}_M$ 与 $\dot{U}_N$ 间的相量关系

$$|\dot{U}_M - \dot{U}_N| = |\dot{I}_{loa} Z_{MN1}| = \frac{Z_{MN1}}{Z_{11}} 2E_{\varphi} \sin\frac{\delta}{2} \tag{2-19}$$

显而易见，负荷电流愈大、线路愈长，电压降落也愈大。如$\frac{Z_{MN1}}{Z_{11}}=0.15$、$\delta=20°$，则电压降落值为5.21% E_{φ}。当δ发生变化时（相应的$\dot{I}_{loa}$发生变化），电压降落同样发生变化。

$\dot{U}_M$与$\dot{U}_N$间的绝对值之差，称电压损失，用ΔU表示，即ΔU为

$$\Delta U = U_M - U_N \tag{2-20}$$

令$\dot{U}_N$为参考相量，则$\dot{I}_{loa}=I_{loa}e^{-j\varphi}$、$Z_{MN1}\dot{I}_{loa}=|Z_{MN1}\dot{I}_{loa}|e^{j(\varphi_{Line}-\varphi)}$，于是式（2-18）可表示为

$$\begin{aligned}\dot{U}_M &= U_N + |\dot{I}_{loa}Z_{MN1}|e^{j(\varphi_{Line}-\varphi)}\\ &= U_N + |\dot{I}_{loa}Z_{MN1}|(\cos\varphi_{Line}\cos\varphi + \sin\varphi_{Line}\sin\varphi)\\ &\quad + j|\dot{I}_{loa}Z_{MN1}|(\sin\varphi_{Line}\cos\varphi - \cos\varphi_{Line}\sin\varphi)\end{aligned}$$

如果式中的U_M、U_N定义为线电压，计及$Z_{MN1}\cos\varphi_{Line}=R_{MN}$、$Z_{MN1}\sin\varphi_{Line}=X_{MN}$、$P_M=\sqrt{3}U_M I_{loa}\cos\varphi$，$Q_M=\sqrt{3}U_M I_{loa}\sin\varphi$，则上式变换为

$$U_M = U_N + \Delta U + j(\delta U) \tag{2-21}$$

式中　ΔU——纵向线电压损失，$\Delta U=\frac{P_M R_{MN}+Q_M X_{MN}}{U_M}$；

δU——横向线电压损失，$\delta U=\frac{P_M X_{MN}-Q_M R_{MN}}{U_M}$。

通常情况下，$\delta U \ll U_N+\Delta U$，故式（2-20）可表示为

$$\Delta U = \frac{P_M R_{MN}+Q_M X_{MN}}{U_M} \tag{2-22}$$

长距离输送较大无功功率时，$Q_M X_{MN}$较大，当然电压损失较大，故长距离输送无功功率是不合理的。

四、传输功率与电流、电压间的相量关系

在图2-1的线路M侧，设功率传输方向与电流$\dot{I}_{loa}$方向相同，由M母线流向该线路，感性无功功率以$+jQ$表示。

M侧母线电压与线路电流间关系为

$$\frac{\dot{U}_M}{\dot{I}_{loa}} = \frac{3\dot{U}_M\overset{*}{\dot{I}}_{loa}}{3I_{loa}^2} = \frac{3U_M^2}{S_M^2}(P_M + jQ_M) \tag{2-23}$$

式中：S_M为线路M侧视在功率，$S_M=3U_M I_{loa}$。

以$\dot{U}_M$为参考相量，若M侧送出有功功率、送出感性无功功率，则$\dot{I}_{loa}$在第Ⅳ象限，$\dot{I}_{loa}$滞后$\dot{U}_M$的相角为$\operatorname{arctg}\frac{Q_M}{P_M}$；若M侧送出有功功率，受进感性无功功率，则$\dot{I}_{loa}$在第Ⅰ象限，$\dot{I}_{loa}$超前$\dot{U}_M$的相角为$\operatorname{arctg}\frac{Q_M}{P_M}$；若M侧受进有功功率、送出感性无功功率，则$\dot{I}_{loa}$在第

Ⅲ象限，$\dot{I}_{loa}$滞后$\dot{U}_M$的相角为$180° - \mathrm{arctg}\dfrac{Q_M}{P_M}$；若M侧受进有功功率、受进无功功率，则$\dot{I}_{loa}$在Ⅱ象限，$\dot{I}_{loa}$超前$\dot{U}_M$的相角为$180° - \mathrm{arctg}\dfrac{Q_M}{P_M}$。不同传输功率下$\dot{I}_{loa}$与$\dot{U}_M$间的相量关系如图2－4所示。

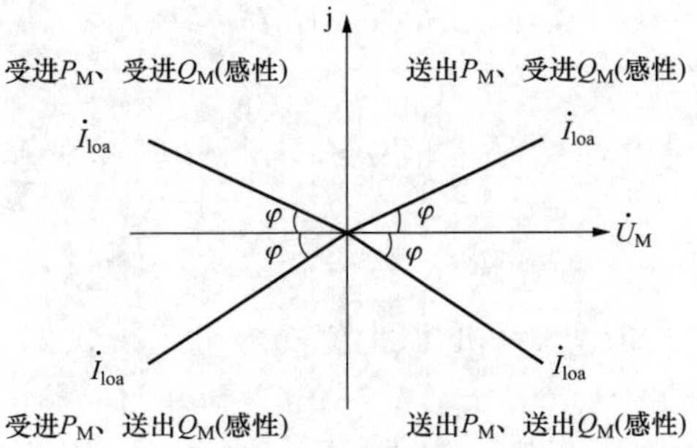

图2－4　不同传输功率下$\dot{I}_{loa}$与$\dot{U}_M$间的相量关系

五、测量阻抗

讨论图2－1中线路M侧的二次测量阻抗。

线路M侧的二次测量阻抗Z_m，计及$\dot{E}_N = E_\varphi$、$\dot{E}_M = E_\varphi e^{j\delta}$、$\dot{U}_M = \dot{E}_M - \dot{I}_{loa}Z_{M1}$、$\dot{I}_{loa} = \dfrac{E_\varphi}{Z_{11}}(e^{j\delta}-1)$可得到

$$Z_m = \frac{n_{TA}}{n_{TV}}\frac{\dot{U}_M}{\dot{I}_{loa}} = \frac{n_{TA}}{n_{TV}}\left(-Z_{M1} + Z_{11}\frac{e^{j\delta}}{e^{j\delta}-1}\right)$$

$$= \frac{n_{TA}}{n_{TV}}\left(-Z_{M1} + \frac{Z_{11}}{2} - j\frac{Z_{11}}{2}\mathrm{ctg}\frac{\delta}{2}\right) \quad (2-24)$$

式中：n_{TA}为电流互感器变比；n_{TV}为电压互感器变比。

图2－5示出了$\delta = \delta_0$时的Z_m值，其中φ_Σ为Z_{11}阻抗角。因正常运行时δ_0不大，故Z_m为负荷阻抗值。

图2－5　Z_m与δ间的关系

第二节　标　幺　制

在短路故障分析中，可以用有名值进行计算分析，如电压单位用kV、电流单位用kA、阻抗单位用Ω、功率单位用W等。实际工程计算中，常采用标幺值进行计算分析，使计算过程简化，这称为标幺制。

一、标幺值

标幺值就是各物理量对基准值的相对数值，是无单位的，其表示式为

$$标幺值 = \frac{有名值(任意单位)}{基准值(与有名值同单位)}$$

在短路故障分析中，常用到的电气物理量有U、I、Z、S，其基准值分别为U_B、I_B、

Z_B、S_B，于是标幺值为 $U_* = \frac{U}{U_B}$；$I_* = \frac{I}{I_B}$；$Z_* = \frac{Z}{Z_B}$；$S_* = \frac{S}{S_B}$。

二、三相系统基准值选取

（一）同一电压等级中的基准值

在标幺制中，基准值的选取是重要的。在三相系统中，U_B、I_B、Z_B、S_B有如下关系

$$S_B = \sqrt{3}U_B I_B \tag{2-25}$$

$$U_B = \sqrt{3}I_B Z_B \tag{2-26}$$

式中：U_B、I_B为线电压、线电流的基准值；Z_B为每相阻抗的基准值；S_B为三相容量的基准值。

在上述四个基准值中，由于存在式（2-25）、式（2-26）的关系，所以只要选取两个基准值，通常是S_B和U_B，其余两个基准值也就随之确定了，如下式所示

$$I_B = \frac{S_B}{\sqrt{3}U_B} \tag{2-27}$$

$$Z_B = \frac{U_B}{\sqrt{3}I_B} = \frac{U_B^2}{S_B} \tag{2-28}$$

S_B和U_B的选取，原则上可以是任意的，但为了计算的方便，一般S_B选取某一发电厂的总容量或系统总容量（较多选取100MVA或1000MVA）。对于U_B可以选取该电压等级的额定电压，但在故障分析中，通常选取的是该电压等级的平均额定电压U_{av}。各电压等级的平均额定电压如表2-1中所示（U_N为电网额定电压）。例如，110kV级，$U_B = 115$kV；220kV级，$U_B = 230$kV。对于发电机电压等级的基准电压取发电机的额定电压。

表2-1 各电压等级的平均额定电压

U_N（kV）	0.38	3	6	10	35	110	220	330	500
U_{av}（kV）	0.40	3.15	6.3	10.5	37	115	230	345	525

当基准值选定后，各电气量的标幺值可作如下计算

$$S_* = \frac{S}{S_B} \tag{2-29}$$

$$U_* = \frac{U}{U_{av}} \tag{2-30}$$

$$I_* = \frac{I}{I_B} = \frac{I}{\dfrac{S_B}{\sqrt{3}U_{av}}} = \frac{\sqrt{3}U_{av}I}{S_B} \tag{2-31}$$

$$Z_* = \frac{Z}{Z_B} = Z\frac{S_B}{U_{av}^2} \tag{2-32}$$

注意，式（2-29）中的S应为三相容量，如是单相容量，则S_B也应为单相容量基准值；式（2-30）中的U应为线电压，如是相电压，则U_{av}也应为相电压基准值。

（二）不同电压等级基准值间关系

电力系统中存在不同电压等级的线路段，由升压变压器或降压变压器相耦连，并且这些变压器的变比一般是不等的。在故障分析中，为了方便，可假设系统中所有变压器的变比等于两侧平均额定电压之比（这样假设，误差在工程允许误差范围内）。在图2-6中，变压

器变比为 U_{av1}/U_{av2}。不同电压级通过变压器耦联着，所以两侧的基准值有着一定的关系。

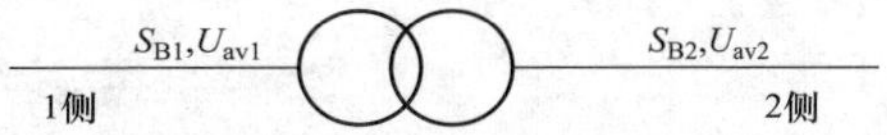

图 2-6　变压器两侧基准值间关系

由于功率通过变压器不会发生变化，所以电力系统中基准容量选定后，各电压等级的基准容量也随之确定下来并等于选定的基准容量。在图 2-6 中，基准容量 $S_{B1}=S_{B2}=S_B$；基准电压当然 1 侧是 U_{av1}，2 侧是 U_{av2}。由于 S_B、U_B 确定下来，1 侧和 2 侧的 I_{B1}、Z_{B1} 及 I_{B2}、Z_{B2} 根据式（2-27）、式（2-28）可确定

$$I_{B1}=\frac{S_B}{\sqrt{3}U_{av1}} \tag{2-33}$$

$$Z_{B1}=\frac{U_{av1}^2}{S_B} \tag{2-34}$$

$$I_{B2}=\frac{S_B}{\sqrt{3}U_{av2}} \tag{2-35}$$

$$Z_{B2}=\frac{U_{av2}^2}{S_B} \tag{2-36}$$

如有更多的电压等级，情况也是相同的，即基准容量仍为 S_B，各电压等级的电压基准值仍为该级的平均额定电压。

各电压级的 S_B、U_B 确定后，根据式（2-29）～式（2-32）可求得各电压等级电气量的标幺值，需注意的是电压基准值要采用元件所处电压等级的平均额定电压。

三、三相系统中标幺值计算特点

（1）有功功率 P、无功功率 Q 的基准值是 S_B，而不是 P_B、Q_B，所以在求得 P_*、Q_* 后，P、Q 的有名值为

$$P=P_*S_B,\qquad Q=Q_*S_B$$

阻抗 R、X 的基准值不是 R_B、X_B 而是 Z_B，在求得 R_*、X_* 后，R、X 值为

$$R=R_*Z_B,\qquad X=X_*Z_B$$

（2）若以注脚 1 表示单相，注脚 3 表示三相，则有

$$P_{1*}=P_{3*},\qquad S_{1*}=S_{3*}$$

即三相功率（包括视在功率）标幺值等于单相功率标幺值。注意 $P_{3*}\neq 3P_{1*}$、$S_{3*}\neq 3S_{1*}$。在求得 P_*、S_* 后，乘上三相基准容量 S_B 就得三相值 P_3、S_3；乘上单相基准容量 $\left(\frac{1}{3}S_B\right)$ 就得单相值 P_1、S_1。

与功率标幺值情况相似，线电压标幺值和相电压标幺值也相等。在求得电压标幺值后，乘上相电压基准值就得实际相电压；乘上线电压基准值就得实际线电压。

（3）在有名制中，$S_3=\sqrt{3}UI$、$P_3=\sqrt{3}UI\cos\varphi$（$U$ 为线电压，I 为线电流）。但在标幺制中，不难证明，$S_{3*}=U_*I_*$、$P_{3*}=U_*I_*\cos\varphi$，注意 $S_{3*}\neq\sqrt{3}U_*I_*$、$P_{3*}\neq\sqrt{3}U_*I_*\cos\varphi$。

（4）标幺值计算中，$I_{*B}=U_{*B}/Z_{*B}$ 仍成立。

（5）标幺值电气量经过变压器后不变化。如图 2-6 所示，1 侧的电流 I_1，其标幺值为 $I_{1*}=I_1/I_{B1}=\frac{\sqrt{3}U_{av1}I_1}{S_B}$。$I_1$ 经过变压器后变为 I_2，$I_2=I_1\frac{U_{av1}}{U_{av2}}$，所以

$$I_{2*}=\frac{I_2}{I_{B2}}=\frac{I_1U_{av1}/U_{av2}}{S_B/\sqrt{3}U_{av2}}=\frac{\sqrt{3}I_1U_{av1}}{S_B}$$

显然，$I_{1*}=I_{2*}$（但 $I_1\neq I_2$）。其他各电气量也有这一关系。

虽然标幺值电气量经过变压器后数值不发生变化，但求有名值时，应将求得的标幺值电气量乘以该电压级相应基准值。

第三节 对称分量法应用

由电工基本原理得到，一组不对称的三个电气量可分解为正序、负序和零序三组电气分量。假定 $\dot{F}_A$、$\dot{F}_B$、$\dot{F}_C$ 代表不对称的三个电气量（电流或电压），用 $\dot{F}_1$、$\dot{F}_2$、$\dot{F}_0$ 代表正序、负序和零序三个电气分量。令 A 相为基准相时，有关系式如下

$$\left.\begin{aligned}\dot{F}_A&=\dot{F}_{A1}+\dot{F}_{A2}+\dot{F}_{A0}\\ \dot{F}_B&=\dot{F}_{B1}+\dot{F}_{B2}+\dot{F}_{B0}=a^2\dot{F}_{A1}+a\dot{F}_{A2}+\dot{F}_{A0}\\ \dot{F}_C&=\dot{F}_{C1}+\dot{F}_{C2}+\dot{F}_{C0}=a\dot{F}_{A1}+a^2\dot{F}_{A2}+\dot{F}_{A0}\end{aligned}\right\}\tag{2-37}$$

$$\left.\begin{aligned}\dot{F}_{A0}&=\frac{1}{3}(\dot{F}_A+\dot{F}_B+\dot{F}_C)\\ \dot{F}_{A1}&=\frac{1}{3}(\dot{F}_A+a\dot{F}_B+a^2\dot{F}_C)\\ \dot{F}_{A2}&=\frac{1}{3}(\dot{F}_A+a^2\dot{F}_B+a\dot{F}_C)\end{aligned}\right\}\tag{2-38}$$

某输电线路上的 K 点，在正常运行情况下该点三相电压 $\dot{U}_{KA[0]}$、$\dot{U}_{KB[0]}$、$\dot{U}_{KC[0]}$ 对称（正序），K 点横向无电流，即无电流流入大地、相间也无电流流通。当 K 点发生不对称短路故障时，K 点三相电压 $\dot{U}_{KA}$、$\dot{U}_{KB}$、$\dot{U}_{KC}$ 不对称，横向三相电流 $\dot{I}_{KA}$、$\dot{I}_{KB}$、$\dot{I}_{KC}$ 不对称。应用对称分量法，可将 K 点三相电压、横向三相电流表示为

$$\begin{aligned}\dot{U}_{KA}&=\dot{U}_{KA1}+\dot{U}_{KA2}+\dot{U}_{KA0}\\ \dot{U}_{KB}&=\dot{U}_{KB1}+\dot{U}_{KB2}+\dot{U}_{KB0}\\ \dot{U}_{KC}&=\dot{U}_{KC1}+\dot{U}_{KC2}+\dot{U}_{KC0}\\ \dot{I}_{KA}&=\dot{I}_{KA1}+\dot{I}_{KA2}+\dot{I}_{KA0}\\ \dot{I}_{KB}&=\dot{I}_{KB1}+\dot{I}_{KB2}+\dot{I}_{KB0}\\ \dot{I}_{KC}&=\dot{I}_{KC1}+\dot{I}_{KC2}+\dot{I}_{KC0}\end{aligned}$$

其中下角注 1、2、0 表示正序、负序、零序分量。这样 K 点发生不对称短路故障时用序分量表示如图 2 -7 所示。

注意到电力系统各元件参数可认为是线性的，故可应用叠加原理，从而可形成正序网络、负序网络、零序网络。在正序网络中除故障点有 $\dot{U}_{KA1}$、$\dot{U}_{KB1}$、$\dot{U}_{KC1}$ 故障正序电动势作用外，还有发电机电动势 $\dot{E}_{MA}$、$\dot{E}_{MB}$、$\dot{E}_{MC}$（M 侧）和 $\dot{E}_{NA}$、$\dot{E}_{NB}$、$\dot{E}_{NC}$（N 侧），各元件用相应的正序参数代替；在正序网络中除原有的负荷分量电流、电压外，同时还有正序故障分量电流、电压；当然故障支路无负荷电流，仅有故障正序分量电流（$\dot{I}_{KA1}$、$\dot{I}_{KB1}$、$\dot{I}_{KC1}$）。

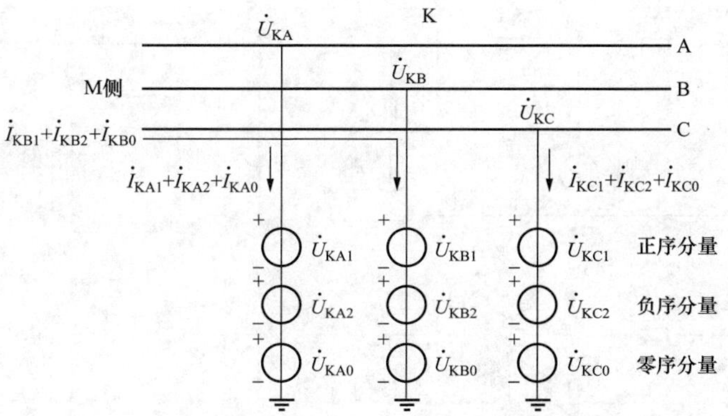

图2-7 故障点电气量分解为正序、负序、零序分量

在负序网络中仅有故障点的 $\dot{U}_{KA2}$、$\dot{U}_{KB2}$、$\dot{U}_{KC2}$ 作用（发电机无负序电动势），各元件用相应的负序参数代替；在负序网络中只存在负序分量电流、电压。在零序网络中仅有故障点的 $\dot{U}_{KA0}$、$\dot{U}_{KB0}$、$\dot{U}_{KC0}$ 作用（发电机无零序电动势），零序电流流通的元件用相应的零序等值电路代替；在零序网络中只存在零序分量电流、电压。

由于电力系统中三相参数是对称的，故正序网络、负序网络、零序网络可只画出一相，如图2-8（a）、（c）、（e）所示（取A相为基准相）。其中 $Z_{MK1}+Z_{M1}$ 和 $Z_{KN1}+Z_{N1}$、$Z_{MK2}+Z_{M2}$ 和 $Z_{KN2}+Z_{N2}$、$Z_{MK0}+Z_{M0}$ 和 $Z_{KN0}+Z_{N0}$ 分别是K故障点左侧和右侧的正序、负序、零序等值阻抗；N_1、N_2、N_0 分别是该系统电源的正序中性点、负序中性点和接地中性点。计及式（2-3a）可将图（a）简化成图（b），图（c）简化成图（d），图（e）简化成图（f）。其中 $Z_{\Sigma1}=(Z_{MK1}+Z_{M1})//(Z_{KN1}+Z_{N1})$ 为故障点的正序综合阻抗；$Z_{\Sigma2}=(Z_{MK2}+Z_{M2})//(Z_{KN2}+Z_{N2})$ 为故障点的负序综合阻抗，一般情况下可认为 $Z_{\Sigma2}=Z_{\Sigma1}$；$Z_{\Sigma0}=(Z_{MK0}+Z_{M0})//(Z_{KN0}+Z_{N0})$ 为故障点的零序综合阻抗。由图2-8（b）、（d）、（f）可写出序电压方程为

$$\left.\begin{aligned}\dot{U}_{KA1}&=\dot{U}_{KA[0]}-\dot{I}_{KA1}Z_{\Sigma1}\\\dot{U}_{KA2}&=-\dot{I}_{KA2}Z_{\Sigma2}\\\dot{U}_{KA0}&=-\dot{I}_{KA0}Z_{\Sigma0}\end{aligned}\right\}\qquad(2-39)$$

如果将式中的A换以B、C，则就可得到故障点的B相、C相序电压方程。应当指出：序电压方程不随故障点相别、故障类型而发生变化。

通过上述分析，可得到如下几点结论：

（1）序网络与短路故障点的相别、类型无关，与短路故障点的位置、系统运行方式有关。

（2）正序网络、负序网络、零序网络各自独立，即序分量仅存在于各自的序网络中。

（3）负序网络、零序网络是无源网络，仅在故障点作用相应的负序、零序电动势，因而负序电压故障点最高、零序电压故障点最高。

（4）正序网络中存在原有的负荷分量电流、电压，同时存在正序故障分量电流、电压、故障支路中无负荷电流分量。正序电压故障点最低。

（5）序网络中的电流、电压仅是特殊相的一个分量，不是电流、电压的全量。当全量

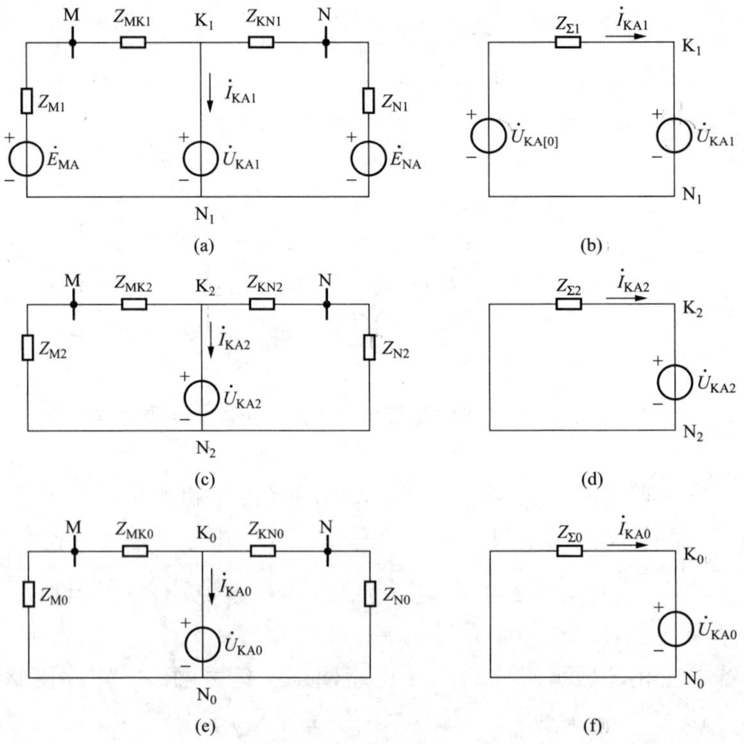

图2-8　正序、负序、零序网络

（a）正序网络；（b）等效正序网络；（c）负序网络；

（d）等效负序网络；（e）零序网络；（f）等效零序网络

电流或电压为零时，其中的分量（正序、负序、零序）电流或电压不为零。

（6）由图2-7可见，故障支路（横向）各序电流三相均流通，并不仅在短路故障的相别支路中流通。如K点A相接地，B相和C相完好，则K点的B相、C相横向支路中同样有各序电流流通。

以上讨论的是故障点的各序网络，关于故障点的故障分量网络，见横向短路故障分析有关部分。

第四节　电力系统各元件序阻抗及其相应等值电路

一、同步发电机

（一）正序等值电路

通常给出的发电机参数为额定容量 S_N（MVA）、额定电压 U_N（kV）和 X''_d、X''_q、X'_d、X_2、X_0、X_d。其中 X''_d、X''_q 是有阻尼绕组的同步发动机在突然短路瞬间对应的直轴、交轴同步电抗，称为次暂态直轴、交轴同步电抗。X'_d 是无阻尼绕组的同步发动机在突然短路瞬间的同步电抗，或有阻尼绕组的同步发动机在突然短路后阻尼绕组中的感应电流已衰减结束时对应的同步电抗，称为暂态直轴同步电抗。给出的 X''_d 是以本发电机额定阻抗为基准值的标幺值（其他电抗值相同），为此将 X''_d 写成 $X''_{d*(N)}$。在短路故障分析计算中，同步发电机的正序等值电路可用一个次暂态电动势 $E''_{[0]}$（注脚［0］表示短路故障前瞬间）和次暂态电抗

X''串联电路表示。在标幺制中，可取

$$\left.\begin{aligned} &E''_{[0]}=1 \\ &X''_{*(B)}=X''_{d*(B)}=X''_{d*(N)}\frac{S_B}{S_N} \end{aligned}\right\} \tag{2-40}$$

式中：$X''_{*(B)}$为折算到基准容量 S_B 的次暂态电抗标幺值。

(二) 负序等值电路

同步发电机的负序等值电路是一个负序电抗 X_2，用标幺值表示时为

$$X_{2*(B)}=X_{2*(N)}\frac{S_B}{S_N} \tag{2-41}$$

(三) 零序等值电路

同步发电机的零序等值电路是一个零序电抗 X_0，用标幺值表示时为

$$X_{0*(B)}=X_{0*(N)}\frac{S_B}{S_N} \tag{2-42}$$

因发电机中性点不接地，故零序电流不能流入发电机定子绕组，在零序网络中发电机处于开路状态。

二、变压器

(一) 正序等值电路

1. 双绕组变压器

在正序等值电路中，变压器的励磁阻抗可取无穷大（即不计空载电流），这样双绕组变压器的正序等值电路仅是一个电抗，该电抗值相应于一、二次绕组漏抗之和，其标幺值即是短路电压 $U_k\%$。当折算到基准容量 S_B 时，该电抗值 $X_{T*(B)}$为

$$X_{T*(B)}=U_k\%\frac{S_B}{S_N} \tag{2-43}$$

2. 三绕组变压器

对于三绕组变压器，设高、中、低三侧分别以 1、2、3 表示，如将各绕组两两看成一个双绕组变压器，令各绕组两两间的短路电压分别为 $U_{k(1-2)}\%$、$U_{k(1-3)}\%$、$U_{k(2-3)}\%$，则可求得各绕组的短路电压为

$$\left.\begin{aligned} &U_{k1}\%=\frac{1}{2}[U_{k(1-2)}\%+U_{k(1-3)}\%-U_{k(2-3)}\%] \\ &U_{k2}\%=\frac{1}{2}[U_{k(1-2)}\%+U_{k(2-3)}\%-U_{k(1-3)}\%] \\ &U_{k3}\%=\frac{1}{2}[U_{k(2-3)}\%+U_{k(1-3)}\%-U_{k(1-2)}\%] \end{aligned}\right\} \tag{2-44}$$

于是，由式（2－43）求得各绕组的等值阻抗标幺值为

$$\left.\begin{aligned} &X_{T1*(B)}=U_{k1}\%\frac{S_B}{S_N} \\ &X_{T2*(B)}=U_{k2}\%\frac{S_B}{S_N} \\ &X_{T3*(B)}=U_{k3}\%\frac{S_B}{S_N} \end{aligned}\right\} \tag{2-45}$$

升压结构和降压结构的三绕组变压器，虽然绕组的排列次序不同，但等值电路是完全相

同的。只是升压结构的三绕组变压器低压绕组在中间（高压绕组在外层，中压绕组在里层），故 $U_{k(1-2)}\%$ 较大；同样，降压结构的三绕组变压器中压绕组在中间（高压绕组在外层，低压绕组在里层），故 $U_{k(1-3)}\%$ 较大，排在中层的绕组，其等值电抗较小或具有不大的负值。

3. 三绕组自耦变压器

三绕组自耦变压器的等值电路完全和三绕组变压器相同，只是因为自耦变压器第三绕组的额定容量 S_{N3} 总是小于变压器的额定容量 S_N，所以短路电压要归算到额定容量（三绕组变压器的 $U_k\%$ 制造厂家已归算到额定容量），如下式所示

$$\left.\begin{aligned} U_{k(1-3)}\% &= U'_{k(1-3)}\%\frac{S_N}{S_{N3}} \\ U_{k(2-3)}\% &= U'_{k(2-3)}\%\frac{S_N}{S_{N3}} \end{aligned}\right\} \tag{2-46}$$

其中："U'_k" 表示未归算值。然后按三绕组变压器的公式求出其阻抗标幺值。

三绕组自耦变压器中性点的接地阻抗不反映在正序等值电路中。

4. 分裂绕组变压器

分裂绕组变压器，可有效限制发电机电压系统和厂用电系统的短路电流。一般分裂绕组变压器有一个高压绕组（标号为1）、两个相同的低压（分裂）绕组（标号为2、3），其短路电抗 $X_{k(1-2)}$、$X_{k(1-3)}$、$X_{k(2-3)}$［或短路电压 $U_{k(1-2)}\%$、$U_{k(1-3)}\%$、$U_{k(2-3)}\%$，可将短路电压换算为短路阻抗］有下列特征

$$X_{k(1-2)} = X_{k(1-3)} \text{（对称性）}$$
$$X_f = X_{k(2-3)} \text{（特别大）}$$

为使分裂电抗 X_f 特别大，要求两个分裂绕组间的磁耦合尽量弱；由于 $X_{k(1-2)} = X_{k(1-3)}$，所以分裂绕组也可以并联运行。定义两分裂绕组间的短路阻抗为分裂阻抗，两分裂绕组并联时高压与低压绕组间的短路阻抗为穿越阻抗，高压绕组与一个低压绕组（另一低压绕组开路）间的短路阻抗为半穿越阻抗，设实测值分别为 $U_f\%$、$U_c\%$、$U_{c(0.5)}\%$（用相应的短路电压代替相应短路阻抗，并已归算到变压器的额定容量），当高压绕组和两个分裂绕组的短路电压为 $U_{k1}\%$ 和 $U_{k2}\%$、$U_{k3}\%$ 时（半穿越阻抗设为高压绕组1和分裂绕组2间之值）则有

$$\left.\begin{aligned} &U_{k2}\% + U_{k3}\% = U_f\% \\ &U_{k1}\% + \frac{U_{k2}\%U_{k3}\%}{U_{k2}\% + U_{k3}\%} = U_c\% \\ &U_{k1}\% + U_{k2}\% = U_{c(0.5)}\% \end{aligned}\right\} \tag{2-47}$$

解得 $U_{k1}\%$、$U_{k2}\%$、$U_{k3}\%$ 分别为

$$\left.\begin{aligned} U_{k1}\% &= \{U_{c(0.5)} - \sqrt{U_f[U_{c(0.5)} - U_c]}\}\% \\ U_{k2}\% &= [U_{c(0.5)} - U_{k1}]\% \\ U_{k3}\% &= (U_f - U_{k2})\% \end{aligned}\right\} \tag{2-48}$$

当 $U_{k2}\% = U_{k3}\%$ 时，$U_{k1}\%$、$U_{k2}\%$、$U_{k3}\%$ 表示为

$$\left.\begin{aligned} U_{k1}\% &= U_{c(0.5)}\% - \frac{1}{2}U_f\% \\ U_{k2}\% &= U_{k3}\% = \frac{1}{2}U_f\% \end{aligned}\right\} \tag{2-49}$$

需要指出，分裂绕组变压器的分裂系数 K_f 定义为分裂阻抗与穿越阻抗之比，表示为

$$K_f = \frac{U_f\%}{U_c\%} \tag{2-50}$$

通常 K_f 为 4 左右。

$U_{k1}\%$、$U_{k2}\%$、$U_{k3}\%$ 求得后，按式（2-43）可求得分裂绕组变压器各绕组等值阻抗标幺值。

通过上述分析可得到：变压器的正序等值电路与变压器接线、铁芯结构没有关系。

（二）负序等值电路

变压器的负序等值电路完全与正序等值电路相同。

（三）零序等值电路

变压器的零序等值电路与变压器绕组接线方式、中性点接地与否及铁芯结构有关。

1）与绕组接线方式、中性点接地与否有关指的是：三角形绕组接线、中性点不接地的星形绕组接线，在该侧施加零序电压时零序电流不能流通，相当于开路；只有中性点接地的星形绕组接线，该侧施加零序电压，零序电流才可能流通，因此才有相应的零序等值电路。

2）与铁芯结构有关指的是：零序磁通磁路磁阻很小时，零序励磁阻抗 $Z_{\mu0}$ 有很大的数值；当零序磁通磁路磁阻较大时，零序励磁阻抗 $Z_{\mu0}$ 数值相对较小。由于 $Z_{\mu0}$ 反应在零序等值电路中，因此零序等值电路与铁芯结构有关。具体来说，当三相变压器为三个单相变压器组成、外铁型三相变压器铁芯结构或三相五柱式铁芯结构时，$Z_{\mu0}$ 很大，在短路故障分析中可认为 $Z_{\mu0}\to\infty$；当三相变压器为三柱式内铁型结构时，$Z_{\mu0}$ 较小，不能视为无穷大。

同一变压器的 $Z_{\mu0}$ 值与所加零序电压大小有关，一般情况下零序电压为 2%～5% 额定相电压（加压侧）时，$Z_{\mu0}$ 有最大值；当零序电压达到 20%～30% 额定相电压（加压侧）时，$Z_{\mu0}$ 趋于饱和，有稳定的数值。

1. 双绕组变压器的零序参数和等值电路

（1）YN，d 接线组别变压器。

如图 2-9（a）所示，当零序电压 $\dot{U}_0$ 加于 YN 侧（1 侧）时，零序电流 $\dot{I}_{01}$ 经 1 侧绕组中性点入地形成回路。在 2 侧，在联结成三角形的三个绕组中形成零序电流 $\dot{I}_{02}$，如图中箭头所示流向。

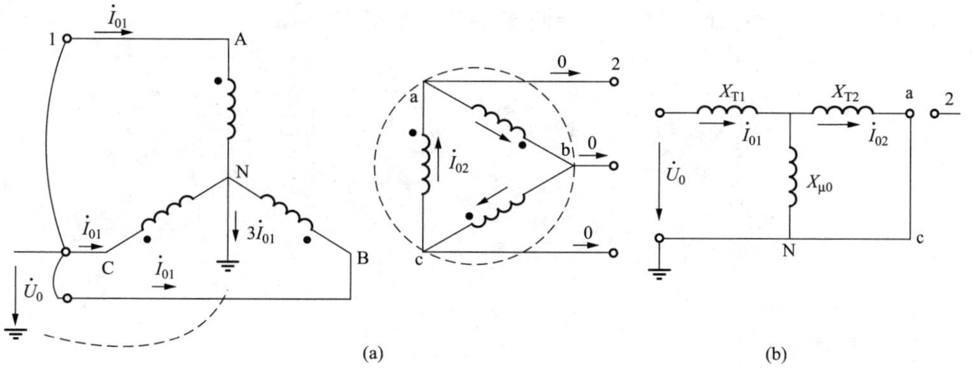

图 2-9　YN，d 接线组别变压器的零序等值电路

（a）零序电流回路；（b）零序等值电路（图中各量为标幺值）

零序电路特点如下：

第一，三角形绕组侧的零序电流 $\dot{I}_{02}$ 仅在三角形绕组内流通，形成环流不流出三角形绕组，三角形绕组外的零序电流为零。因此，对零序来说，三角形绕组外是开路的；同时也说明了星形侧的零序电压、电流不会传变到三角形绕组侧（即图 2－9 中的 2 侧）。

第二，三角形绕组内的零序环流 $\dot{I}_{02}$ 为

$$\dot{I}_{02}=\frac{3\dot{E}_0}{\mathrm{j}3X_{T2}}=\frac{\dot{E}_0}{\mathrm{j}X_{T2}} \tag{2-51}$$

式中：$\dot{E}_0$ 为三角形绕组中每相零序电动势；X_{T2} 为三角形绕组每相的漏抗值。

于是，图 2－9（a）中 a、b、c 三点间的零序电压为

$$\dot{U}_{ac\cdot 0}=\dot{U}_{cb\cdot 0}=\dot{U}_{ba\cdot 0}=\dot{E}_0-\mathrm{j}\dot{I}_{02}X_{T2}=0 \tag{2-52}$$

说明了 a、b、c 三点在零序电路中是等电位的，即 a、b、c 三点处短路状态。

根据上述两点，观察图 2－9（a）中的一相，就零序等值电路来说，二次绕组短路、对外开路。作出零序等值电路如图 2－9（b）所示。其中 X_{T1}、X_{T2} 分别是一、二次绕组漏抗标幺值，$X_{\mu0}$ 为零序励磁电抗（不计铁芯损耗时的 $Z_{\mu0}$）标幺值。

如果变压器由三个单相组成或是外铁型三相变压器、三相五柱式变压器，因 $X_{\mu0}=\infty$，则 YN 侧看到的变压器零序阻抗为

$$X_0=X_{T1}+X_{T2}=X_T \tag{2-53}$$

等于变压器的正序阻抗。如果为三柱式内铁型三相变压器，则 YN 侧看到的变压器零序阻抗为

$$X_0=X_{T1}+\frac{X_{T2}X_{\mu0}}{X_{\mu0}+X_{T2}} \tag{2-54}$$

一般比正序阻抗 X_T［见式（2－43）］小 10%～30%，在计算零序故障电流和零序分支系数时，必须采用零序阻抗的实测值。在一般短路故障计算中，当无实测值时可取 $X_0=0.8X_T$。

如果变压器 YN 侧中性点 N 经电抗 X_n（或电阻 R_n）接地，则 X_n（或 R_n）中将有 $3\dot{I}_{01}$ 电流通过，此时中性点的电位 $\dot{U}_N=\mathrm{j}3\dot{I}_{01}X_n$（或 $3\dot{I}_{01}R_n$），而不等于零。因此在零序等值电路中，在回路中应串入 $\mathrm{j}3X_n$（或 $3R_n$），如图 2－10 所示。其中图（a）是 $3X_n$ 串接在 N 与地间，图（b）是 $3X_n$ 与 X_{T1} 串联，显然两者是完全等效的。

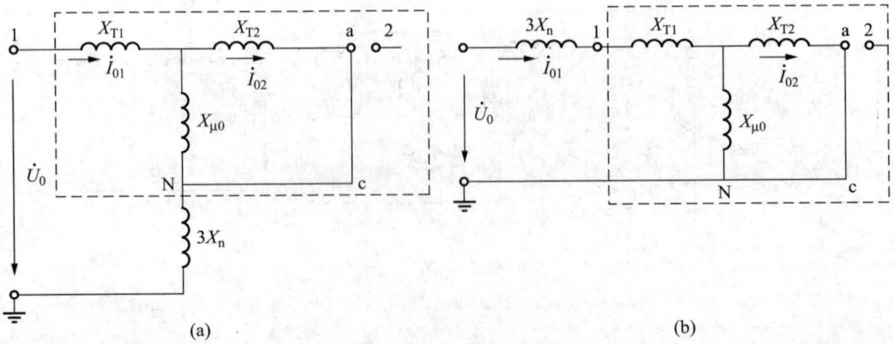

图 2－10　中性点经电抗接地的 YN，d 接线组别变压器的零序等值电路（图中各量为标幺值）

（a）$3X_n$ 串联在 N 与地之间；（b）$3X_n$ 与 X_{T1} 串联

从 YN 侧看到的零序阻抗为

$$X_0 = X_{T1} + \frac{X_{\mu 0} X_{T2}}{X_{\mu 0} + X_{T2}} + 3X_n \tag{2-55}$$

同样，不同铁芯结构的三相变压器，$X_{\mu 0}$有不同的数值。

（2）YN，yn 接线组别变压器。

如图 2－11 所示，当零序电压 $\dot{U}_0$ 加于 YN，yn 接线组别变压器的 1 侧时，在 2 侧各绕组中感应有零序电动势；若 2 侧外系统 S 中性点至少有一个接地，则在该变压器的 1 侧和 2 侧都有相应的零序电流通过，零序电流通路如图 2－11 所示。

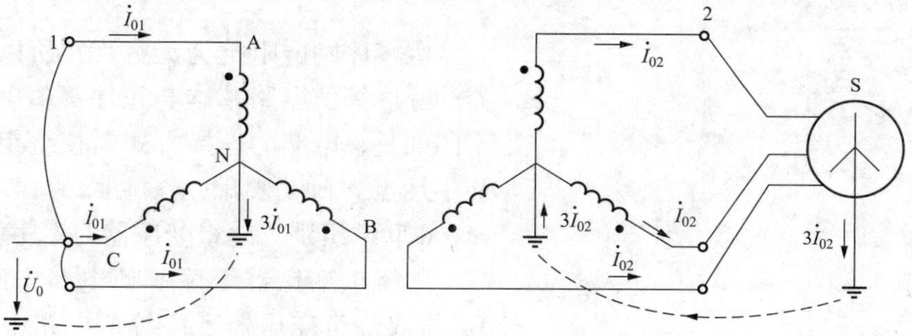

图 2－11 YN，yn 接线组别变压器的零序电流通路

作出零序等值电路如图 2－12 所示，其中 X_{S0} 是系统 S 的零序阻抗标幺值，零序等值电路伸到外系统 S 中。1 侧看到的零序阻抗为

$$X_0 = X_{T1} + \frac{X_{\mu 0}(X_{T2} + X_{S0})}{X_{\mu 0} + X_{T2} + X_{S0}}$$

式中：$X_{\mu 0}$值由变压器铁芯结构确定。

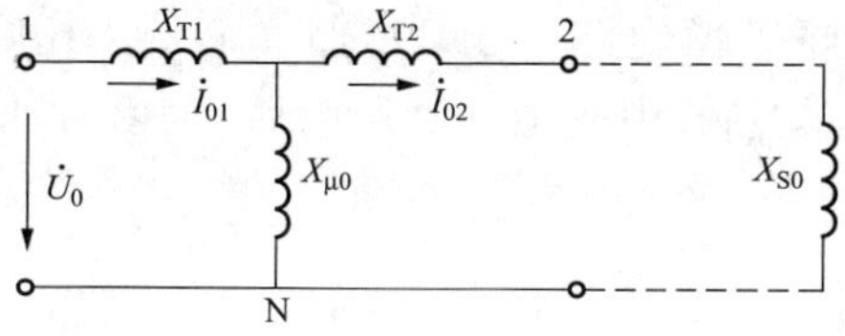

图 2－12 YN，yn 接线组别变压器的零序等值电路（图中各量为标幺值）

如果 YN，yn 接线组别变压器的中性点经阻抗接地，1 侧中性点经 X_{n1}、2 侧中性点经 X_{n2}接地，仿照图 2－10，作出零序等值电路如图 2－13 所示。显而易见，$3X_{n1}$流过 $\dot{I}_{01}$零序电流，$3X_{n2}$流过 $\dot{I}_{02}$零序电流。

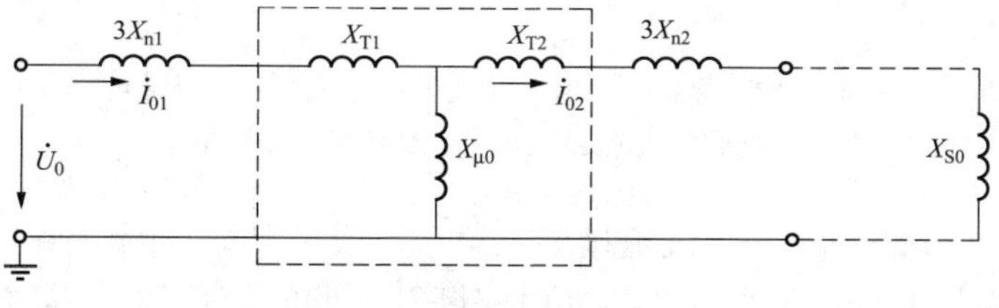

图 2－13 中性点经阻抗接地的 YN，yn 接线组别变压器的零序等值电路（图中各量均为标幺值）

（3）YN，y 接线组别变压器。

在这种情况下，当 YN 侧加零序电压 $\dot{U}_0$ 时，因 y 侧中性点不接地，不管 y 侧外系统中性点接地与否，y 侧不会有零序电流通过，所以零序等值电路只要将图 2－12 中的 X_{S0} 断开即得。此时 1 侧看到的零序阻抗为 $X_0=X_{T1}+X_{\mu0}$。

2. 三绕组变压器的零序参数和等值电路

（1）三个单相组成的三绕组变压器、外铁型三绕组变压器、三相五柱式三绕组变压器。

此时零序励磁阻抗 $X_{\mu0}$ 为无穷大。为使磁通有正弦波形，电动势有正弦波形，要求励磁电流有三次谐波电流分量。为此，通常设有三角形绕组，提供三次谐波励磁电流分量的通路。

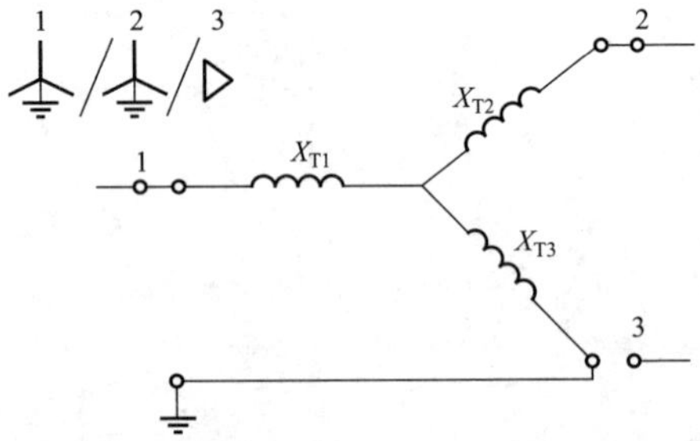

图 2－14　YN，yn，d 接线组别三绕组变压器的零序等值电路（$X_{\mu0}\to\infty$）

因零序励磁阻抗为无穷大，所以三绕组变压器的零序等值电路基本与正序等值电路相同。所不同的是，电路的连接方式需视绕组的连接方式和中性点接地方式而定。图 2－14 示出了 YN，yn，d 联结组别三绕组变压器的零序等值电路。

三绕组变压器零序等值电路中的 X_{T1}、X_{T2}、X_{T3} 与双绕组变压器零序等值电路中的漏抗 X_{T1}、X_{T2} 在性质上有所不同，它们是各绕组的自感抗和互感抗的组合电抗，即等值漏抗，而不是各绕组的实际漏抗，这些参数由式（2－44）和式（2－45）求得。

（2）三相三柱式内铁型三绕组变压器。

因零序励磁电流不可忽略，此时变压器的外壳可看作是假想的一个三角形绕组，所以该三角形绕组可作为零序励磁回路对待。这样，三相三柱式内铁型三绕组变压器的零序等值电路可看作四绕组变压器的正序等值电路，图 2－15（a）示出了四绕组变压器的等值电路，由电抗值 X''_{T1}、X''_{T2}、X''_{T3}、$X''_{\mu0}$ 和电抗值 e 、f 组成。对零序来说，假想的三角形绕组是短路的，故图中 4 端接地。

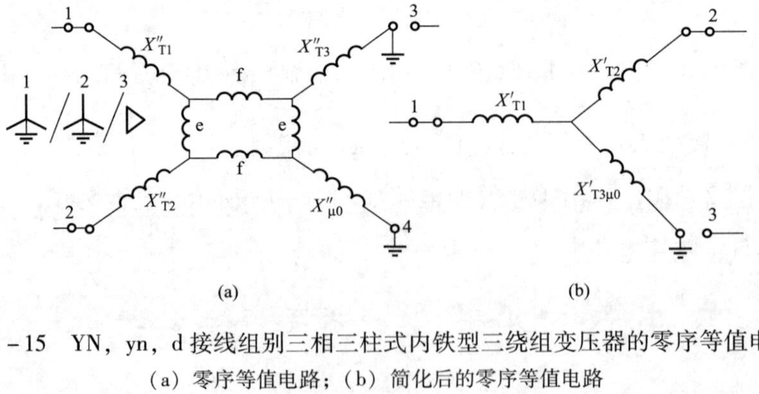

图 2－15　YN，yn，d 接线组别三相三柱式内铁型三绕组变压器的零序等值电路

（a）零序等值电路；（b）简化后的零序等值电路

如果变压器三个绕组中有一个绕组接成三角形，或星形有一侧中性点不接地，则相当于图 2－15（a）中端子 1、2、3 有一个与外电路断开，此时变压器的零序等值电路可简化为三端网络。

当三绕组变压器为 YN，yn，d 接线组别时，则 YN 侧端子 1 与外电路接通，yn 侧端子 2 与外电路接通，d 侧端子 3 与外电路断开，变压器的 X''_{T3} 接地，于是变压器的零序等值电路变为端子 1、2 和地的三端网络。将 X''_{T3}、e、$X''_{\mu0}$ 组成的三角形变换为星形，再将新组成的三角形电路变换为星形电路，从而得到图 2－15（b）所示的简化零序等值电路。

对于图 2－15（b）中的参数，应由试验确定。

当 YN，yn 中性点分别经电抗接地时，则将相应电抗值的 3 倍分别串接于 X''_{T1}、X''_{T2} 回路中。

3. 自耦变压器的零序参数和等值电路

自耦变压器的一、二次绕组有较大部分是共用的，流过共用绕组部分的一、二次电流很大部分将在绕组中抵消，只有较小一部分电流通过共用绕组。就传输的功率来说，除通过磁关系传输的外，还有通过电关系直接传输的功率。所以，自耦变压器较同容量的普通变压器省材料、造价低，特别是一、二次电压接近时，这个优点特别明显。但是，自耦变压器一、二次绕组电气上直接相连，一、二次之间的零序电流和过电压无法相互隔离，所以带来了零序保护配合和绝缘配合等问题。为防止一次（高压）侧发生单相接地时，引起二次（中压）侧过电压，通常将自耦变压器的中性点直接接地，也可经电抗接地。

一般情况下，自耦变压器除一、二次绕组外，还有一个绕组，称三次绕组，接成三角形（或星形）。三角形接线主要用以降低三次谐波电压（即构成三次谐波励磁电流通路）、向更低电压等级的电网供电以及连接无功补偿设备。

对于中性点直接接地的 YN，a，d 接线组别的自耦变压器，零序等值电路与 YN，yn，d 接线组别的三绕组变压器相同。

在零序等值电路中，共用绕组中的电流不能在图中表示出来，所以流过自耦变压器中性点的零序电流 $\dot{I}_N$（从中性点流向大地）为

$$\dot{I}_N = 3(\dot{I}_{01} - \dot{I}_{02})$$

式中：$\dot{I}_{01}$ 为流入自耦变压器 1 侧的零序电流有名值；$\dot{I}_{02}$ 为自耦变压器 2 侧流出的零序电流有名值。

4. 全星形三相三柱自耦变压器的零序参数和等值电路

全星形三相三柱自耦变压器称为“三 Y”自耦变压器，接线方式为 YN，a，y 无三角形绕组。对零序来说，“三 Y”自耦变压器的外壳可看成一个高阻抗的三角形绕组，所以零序等值电路与图 2－15（a）相似。因三次绕组是 Y 连接，所以与外电路断开，即 X''_{T3} 处断开状态；此时将 e＋f、e、f 组成的三角形电路变换为星形电路，于是图 2－15（a）可等效简化为图 2－16。

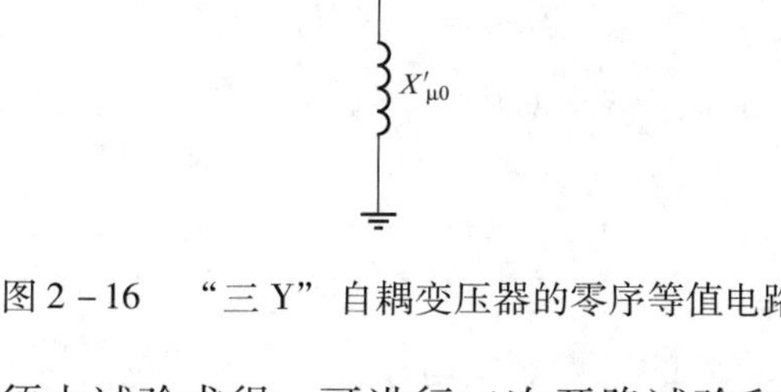

图 2－16　“三 Y”自耦变压器的零序等值电路

图 2－16 中的参数必须由试验求得。可进行二次开路试验和一次短路试验求取，步骤

如下：

1）高压侧加零序电压，中、低压侧开路测得

$$X'_{T1}+X'_{\mu0}=A$$

2）中压侧加零序电压，高、低压侧开路，测得

$$X'_{T2}+X'_{\mu0}=B$$

3）高压侧加零序电压，中压侧对中性点短路，低压侧开路，测得

$$X'_{T1}+\frac{X'_{T2}X'_{\mu0}}{X'_{T2}+X'_{\mu0}}=C$$

根据以上数据，可求得

$$\left.\begin{aligned}X'_{\mu0}&=\sqrt{B(A-C)}\\X'_{T1}&=A-\sqrt{B(A-C)}\\X'_{T2}&=B-\sqrt{B(A-C)}\end{aligned}\right\}$$

为使试验准确，在测试两个开路电抗值 A 和 B 时，应注意三点：

1）不是测定某一个零序电压下的两个开路电抗值 A 和 B，而是测定两组开路特性曲线 $A=f(U_0\%)$ 和 $B=f(U_0\%)$。绘出的是两条平滑曲线，可防止偶然性误差。

2）由 $A=f(U_0\%)$ 和 $B=f(U_0\%)$ 两条曲线取 A 和 B 值时，应保证在相同的 $U_0\%$ 下取值。

3）$U_0\%$ 的取值可为 20%～30%，因在这样的零序电压下，A 和 B 值已基本趋于稳定了。需要说明，如果“三 Y”自耦变压器与其他中性点接地的非“三 Y”变压器并联运行或中压侧采用了外补偿措施，则对于高压侧为 220kV 的“三 Y”自耦变压器，也可以用 220～380V 低电压进行零序开路试验，测试 A 值和 B 值，求得的零序阻抗值可作为继电保护整定计算的依据。

应当指出，由于“三 Y”自耦变压器没有三角形绕组，且零序励磁阻抗较绕组漏抗大得多，因此这种变压器的零序阻抗为同容量有三角形绕组变压器的十几倍到二十几倍，并呈非线性。

5. 自耦变压器中性点经电抗 X_n 接地时的零序参数和等值电路

采用有名值讨论自耦变压器中性点经电抗 X_n 接地时的零序等值电路，假设零序励磁阻抗 $X_{\mu0}\to\infty$。

图 2－17（a）示出中性点经电抗 X_n 接地的 YN，a，d 接线自耦变压器 1 侧加零序电压时的零序电流回路。设中性点电压为 $\dot{U}_N$，则 1、2 绕组端点对地的电压分别为

$$\dot{U}_1=\dot{U}_N+\dot{U}_{1N}$$

$$\dot{U}_2=\dot{U}_N+\dot{U}_{2N}$$

式中：$\dot{U}_{1N}$、$\dot{U}_{2N}$ 分别为 1、2 绕组端点对中性点 N 的电压，而 $\dot{U}_N=j3(\dot{I}_{01}-\dot{I}_{02})X_n$。将 $\dot{U}_2$ 归算到 1 侧，则有

$$\dot{U}'_2=(\dot{U}_N+\dot{U}_{2N})\frac{U_{av1}}{U_{av2}}$$

式中：U_{av1}、U_{av2} 分别为 1、2 侧的平均额定电压。

当图 2－17（a）中的三角形绕组开路时，就构成了中性点经电抗接地的 YN，a 接线自

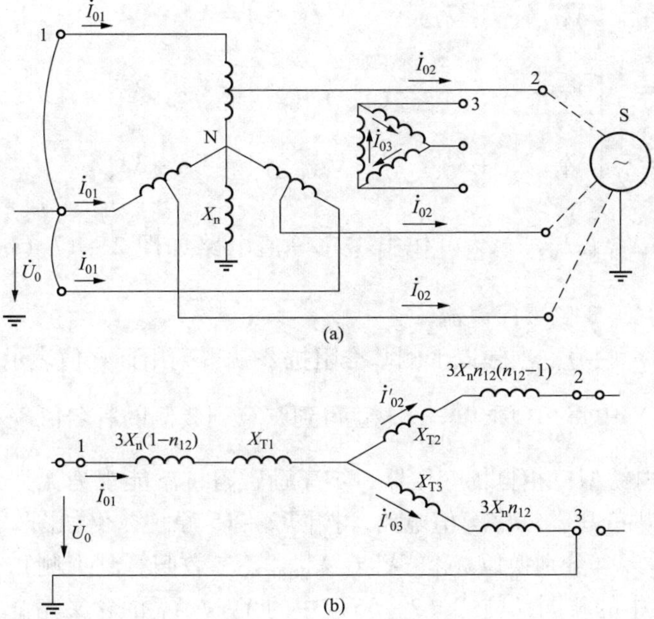

图 2－17 中性点经电抗接地的 YN，a，d 接线的自耦变压器的零序等值电路

（a）零序电流回路；（b）零序等值电路

耦变压器。归算到 1 侧的 1、2 侧间的等值零序电抗 $X'_{T(1-2)}$ 可表示为

$$
\begin{aligned}
jX'_{T(1-2)} &= \frac{\dot{U}_1-\dot{U}'_2}{\dot{I}_{01}} = \frac{(\dot{U}_N+\dot{U}_{1N})-(\dot{U}_N+\dot{U}_{2N})\dfrac{U_{av1}}{U_{av2}}}{\dot{I}_{01}} \\
&= \frac{\dot{U}_{1N}-\dot{U}_{2N}\dfrac{U_{av1}}{U_{av2}}}{\dot{I}_{01}} + j3X_n\frac{\dot{I}_{01}-\dot{I}_{02}}{\dot{I}_{01}}\left(1-\frac{U_{av1}}{U_{av2}}\right) \\
&= jX_{T(1-2)} + j3X_n\left(1-\frac{U_{av1}}{U_{av2}}\right)^2
\end{aligned}
$$

而

$$
jX_{T(1-2)} = \frac{\dot{U}_{1N}-\dot{U}_{2N}\dfrac{U_{av1}}{U_{av2}}}{\dot{I}_{01}}
$$

显然 $jX_{T(1-2)}$ 为中性点直接接地时归算到 1 侧的 YN，a 自耦变压器的零序等值电抗。

当图 2－17（a）中的 2 侧开路时，1 侧和 3 侧构成了中性点经电抗接地的 YN，d 接线的普通变压器，归算到 1 侧的 1、3 侧间的等值零序电抗 $X'_{T(1-3)}$ 由图 2－10（a）得到为

$$
jX'_{T(1-3)} = jX_{T(1-2)} + j3X_n
$$

图 2－17（a）中的 1 侧开路时，同理可得到归算到 1 侧的 2、3 侧间的等值零序电抗 $X'_{T(2-3)}$ 为

$$
jX'_{T(2-3)} = jX_{T(2-3)} + j3X_n\left(\frac{U_{av1}}{U_{av2}}\right)^2
$$

由 $X'_{T(1-2)}$、$X'_{T(1-3)}$、$X'_{T(2-3)}$ 表示式，可求出零序等值电路中归算到 1 侧的各支路等值电抗为

$$\left.\begin{aligned}X'_{T1}&=\frac{1}{2}[X'_{T(1-2)}+X'_{T(1-3)}-X'_{T(2-3)}]=X_{T1}+3X_n(1-n_{12})\\X'_{T2}&=\frac{1}{2}[X'_{T(1-2)}+X'_{T(2-3)}-X'_{T(1-3)}]=X_{T2}+3X_n n_{12}(n_{12}-1)\\X'_{T3}&=\frac{1}{2}[X'_{T(1-3)}+X'_{T(2-3)}-X'_{T(1-2)}]=X_{T3}+3X_n n_{12}\end{aligned}\right\}\tag{2-56}$$

其中 $n_{12}=\frac{U_{av1}}{U_{av2}}$。由 X'_{T1}、X'_{T2}、X'_{T3} 可作出零序等值电路如图 2－17（b）所示。图中 $\dot{I}'_{02}$、$\dot{I}'_{03}$ 是归算到 1 侧的 2、3 侧零序电流。

将图 2－17（b）中每一项除以 1 侧基准阻抗，就得到用标幺值表示的零序等值电路。

将图 2－17（b）中每一项乘以 $\frac{1}{n_{12}{}^2}$，就得到归算到 2 侧的有名值表示的零序等值电路。

如果是三柱式内铁型三相自耦变压器，零序励磁阻抗不能视为无穷大，此时如图 2－17（b）接线的三相自耦变压器零序等值电路，按图 2－15 原理，仍如图 2－17（b）所示，只是图中的 X_{T1}、X_{T2}、X_{T3} 分别换以 X'_{T1}、X'_{T2}、$X'_{T3\mu0}$（参数归算到 1 侧），其中 X'_{T1}、X'_{T2} 的含义与图 2－15（b）中的相同，与式（2－56）中的 X'_{T1}、X'_{T2} 的含义完全不同。

三、输电线路

（一）正序参数

在短路故障分析中，可将输电线路的分布电容忽略不计。

因输电线路的三相正序电流之和为零，故输电线路的接地避雷线不影响该线路的正序阻抗；在平行双回线路中，互不影响另一回线路的正序阻抗。

设输电线路单位长度的正序阻抗为 Z_1（Ω/km），则长度为 l（km）的输电线路正序阻抗标幺值为

$$Z_{l*}=Z_1 l\frac{S_B}{U_B^2}\tag{2-57}$$

式中：S_B 为选定的三相容量基准值；U_B 取为该线路所处电压级的平均额定电压。

当输电线路的 Z_1 值不能正确提供时，可取下列数值：

6～220kV 架空线路　　0.4Ω/km

35kV 三芯电缆　　0.12Ω/km

6～10kV 三芯电缆　　0.08Ω/km

双分裂超高压架空线路　　（0.3～0.35）Ω/km

三分裂或四分裂超高压架空线路　　（0.25～0.3）Ω/km

（二）负序参数

输电线路的负序参数与正序参数相同。

（三）零序参数和零序等值电路

1. 单回架空输电线路的零序阻抗

当输电线路通过正序电流时，有 $\dot{I}_{A1}+\dot{I}_{B1}+\dot{I}_{C1}=0$ 或 $\dot{I}_{A1}=-(\dot{I}_{B1}+\dot{I}_{C1})$，此式说明了一相电流经另两相构成回路。当将另两相合并为一相时，则正序阻抗的电阻即为该输电线路一相的电阻值；正序阻抗的电抗即为该输电线路一相的漏抗值。设输电线路单位长度的电阻为 R，漏抗值为 X_σ，则 $Z_1=R+jX_\sigma$（Ω/km）。

当输电线路通过零序电流时，有 $\dot{I}_{A0}=\dot{I}_{B0}=\dot{I}_{C0}$，各相零序电流经大地构成回路，形成三个“导线—大地”回路。就其中一个“导线—大地”回路的阻抗，就是输电线路的零序阻抗。单回长度输电线路零序阻抗的电阻等于 R 值加上大地回路的电阻（约为 0.05Ω/km）；电抗值等于一个“导线—大地”回路的自感抗再加上另两个“导线—大地”回路的互感抗，注意到自感抗值等于漏抗值 X_σ 与互感抗 X_M 之和，于是单位长度的零序阻抗 Z_0 为

$$\begin{aligned}Z_0&=R+0.05+j[(X_\sigma+X_M)+2X_M]\\&=R+0.05+j(X_\sigma+3X_M)\ (\Omega/\text{km})\end{aligned}$$

显然，输电线路的零序阻抗比正序阻抗要大得多。

注意到零序电流可通过输电线路的架空地线返回，对大地返回的零序电流起分流作用。因架空地线零序电流与输电线路中的零序电流流向相反，起去磁作用，故架空地线的存在使输电线路的零序阻抗减小。

输电线路的零序阻抗与正序阻抗一样由实测得到。当无实测值时，对无架空地线的单回输电线路，零序阻抗可取正序阻抗的 3.5 倍；当有架空地线时，零序阻抗可取正序阻抗的 2 倍。

2. 平行双回线路的零序等值电路

（1）平行双回线路间的零序互阻抗。

由前分析得，输电线路可以看成三个“导线—大地”回路，当通过零序电流时，就一个“导线—大地”回路来说，另两个“导线—大地”回路产生助磁作用，于是输电线路的零序阻抗比正序阻抗大得多。如果是平行双回线路，则其中一条线路的一个“导线—大地”回路的零序阻抗必须再计及另一条线路三个“导线—大地”回路互阻抗对其的影响，从而使输电线路的零序阻抗进一步增大。

设 $Z_{(\mathrm{I}-\mathrm{II})0}$ 为两平行双回线路单位长度间的零序互阻抗，$Z_{(\mathrm{I}-\mathrm{II})0}$ 就是另一回线路单位长度三个“导线—大地”回路与本线路单位长度一个“导线—大地”回路间的互阻抗，即 $Z_{(\mathrm{I}-\mathrm{II})0}$ 等于一回线路的一个“导线—大地”回路与另一回线路一个“导线—大地”回路单位长度间互阻抗的三倍。于是，计及平行双回线路间的零序互阻抗的影响后，一条平行双回线路单位长度的零序阻抗 $Z_{0(\mathrm{I})}$ 可表示为

$$Z_{0(\mathrm{I})}=Z_0+Z_{(\mathrm{I}-\mathrm{II})0}\tag{2-58}$$

当然，两平行双回线路愈靠近，$Z_{(\mathrm{I}-\mathrm{II})0}$ 愈大。

（2）平行双回线路外部接地时的零序等值电路。

如图 2-18（a）所示，设Ⅰ、Ⅱ回线路单独存在时的单位长度零序阻抗分别为 $Z_{\mathrm{I}0}$、$Z_{\mathrm{II}0}$，平行双回线路的长度为 l（km），则电压方程为

$$\left.\begin{aligned}\Delta\dot{U}_0&=\dot{I}_{\mathrm{I}0}Z_{\mathrm{I}0}l+\dot{I}_{\mathrm{II}0}Z_{(\mathrm{I}-\mathrm{II})0}l\\\Delta\dot{U}_0&=\dot{I}_{\mathrm{II}0}Z_{\mathrm{II}0}l+\dot{I}_{\mathrm{I}0}Z_{(\mathrm{I}-\mathrm{II})0}l\end{aligned}\right\}\tag{2-59}$$

改写式（2-59）为如下形式

$$\left.\begin{aligned}\Delta\dot{U}_0&=(\dot{I}_{\mathrm{I}0}+\dot{I}_{\mathrm{II}0})Z_{(\mathrm{I}-\mathrm{II})0}l+\dot{I}_{\mathrm{I}0}[Z_{\mathrm{I}0}-Z_{(\mathrm{I}-\mathrm{II})0}]l\\\Delta\dot{U}_0&=(\dot{I}_{\mathrm{I}0}+\dot{I}_{\mathrm{II}0})Z_{(\mathrm{I}-\mathrm{II})0}l+\dot{I}_{\mathrm{II}0}[Z_{\mathrm{II}0}-Z_{(\mathrm{I}-\mathrm{II})0}]l\end{aligned}\right\}\tag{2-60}$$

按式（2-60）可作出平行双回线路的零序等值电路，如图 2-18（b）所示。

由此可得到平行双回线路的零序等值阻抗为

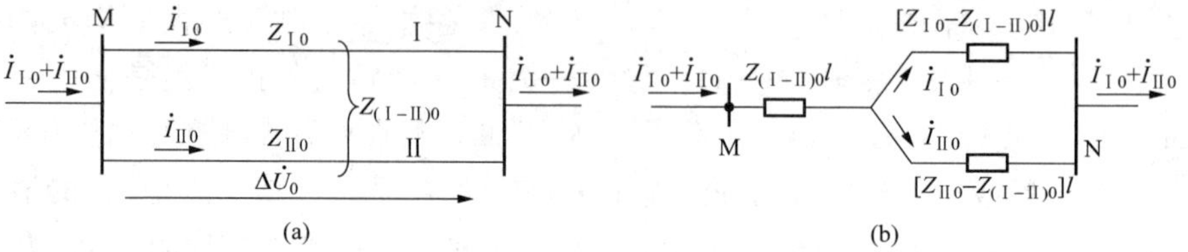

图 2-18 平行双回线路外部接地时的零序等值电路
（a）零序电流回路；（b）零序等值电路

$$Z_{0(2)}=Z_{(\mathrm{I}-\mathrm{II})0}l+\frac{[Z_{\mathrm{I}0}-Z_{(\mathrm{I}-\mathrm{II})0}][Z_{\mathrm{II}0}-Z_{(\mathrm{I}-\mathrm{II})0}]}{[Z_{\mathrm{I}0}-Z_{(\mathrm{I}-\mathrm{II})0}]+[Z_{\mathrm{II}0}-Z_{(\mathrm{I}-\mathrm{II})0}]}\times l$$

如果两回线路相同，$Z_{\mathrm{I}0}=Z_{\mathrm{II}0}=Z_0$，则上式可改写为

$$Z_{0(2)}=\frac{1}{2}[Z_0+Z_{(\mathrm{I}-\mathrm{II})0}]\times l \tag{2-61}$$

其中每一回线路的零序等值阻抗 $Z_{0(1)}$ 为

$$Z_{0(1)}=[Z_0+Z_{(\mathrm{I}-\mathrm{II})0}]\times l \tag{2-62}$$

可见，两回线路靠得愈近，线路的零序阻抗愈大。

（3）平行双回线路内部接地时的零序等值电路。

为讨论方便，假设平行双回线路内部接地故障发生在Ⅱ回线路上，如图 2-19（a）中的 K 点，M 母线左侧、N 母线右侧均为中性点接地的系统（相应的等值零序阻抗为 Z_{M0}、Z_{N0}）。可将 MN 母线间的平行双回线路分成两部分，l'为其中的一个平行双回线路，l''为另外的一个平行双回线路。按图 2-18（b）示出的零序等值电路，可作出平行双回线路内部接地故障时的零序等值电路如图 2-19（b）所示，其中 $Z_{\mathrm{I}\sigma0}=Z_{\mathrm{I}0}-Z_{(\mathrm{I}-\mathrm{II})0}$，$Z_{\mathrm{II}\sigma0}=Z_{\mathrm{II}0}-Z_{(\mathrm{I}-\mathrm{II})0}$。

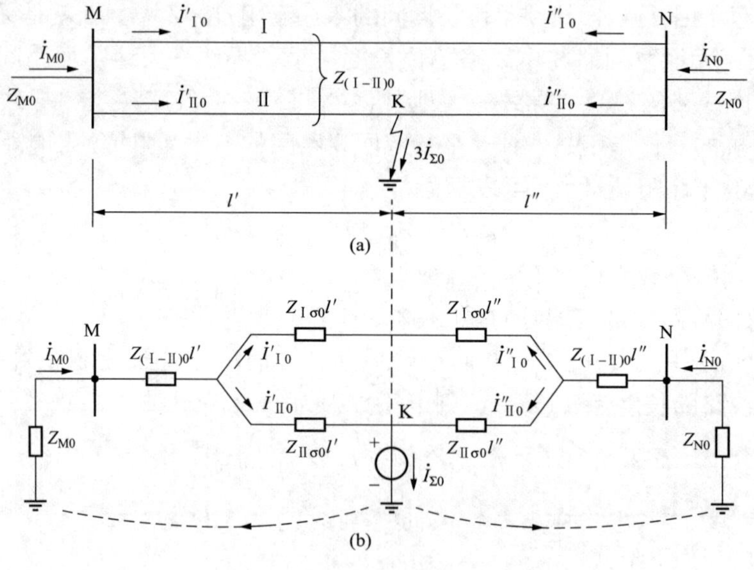

图 2-19 平行双回线路内部接地时的零序等值电路
（a）零序电流回路；（b）零序等值电路

（4）平行双回线路内部接地一侧三相跳闸后的零序等值电路。

当平行双回线路内部接地故障时，两侧继电保护可能出现不同时动作（纵续切除故障)，形成故障线一侧首先三相跳闸的情况，如图 2-20（a）所示。显然，K 点左侧只有Ⅰ回线路，K 点右侧仍为平行双回线路，作出零序等值电路如图 2-20（b）所示。

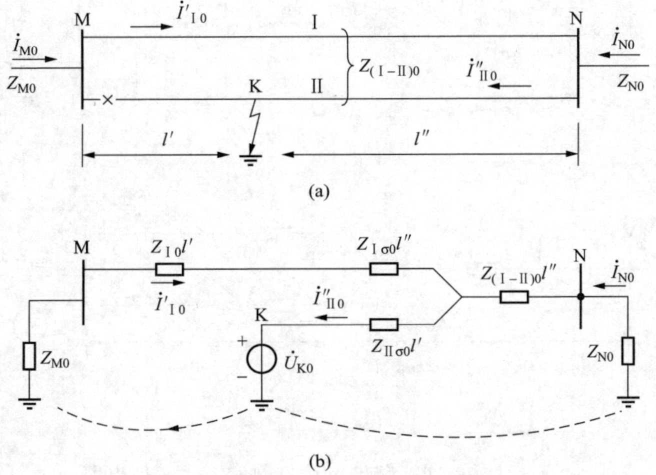

图 2-20　平行双回线路内部接地故障一侧三跳时的零序等值电路
（a）零序电流回路；（b）零序等值电路

（5）平行双回线路一回线停电检修时的零序等值电路。

当平行双回线路中的一回线停电检修时，平行双回线路就变成单回线路运行了。停电检修的线路两侧是可靠接地的，如图 2-21（a）所示，其中Ⅱ线路停电检修，Ⅰ线路运行。

令Ⅰ线路 M 母线到 N 母线间的零序电压降为 $\Delta\dot{U}_{\mathrm{I}0}$，当线路长度为 l（km）时，列出方程为

$$\left.\begin{aligned}\Delta\dot{U}_{\mathrm{I}0}&=\dot{I}_{\mathrm{I}0}Z_{\mathrm{I}0}l-\dot{I}_{\mathrm{II}0}Z_{(\mathrm{I}-\mathrm{II})0}l\\0&=\dot{I}_{\mathrm{II}0}Z_{\mathrm{II}0}l-\dot{I}_{\mathrm{I}0}Z_{(\mathrm{I}-\mathrm{II})0}l\end{aligned}\right\}\tag{2-63}$$

消去 $\dot{I}_{\mathrm{II}0}$ 得到

$$\Delta\dot{U}_{\mathrm{I}0}=\dot{I}_{\mathrm{I}0}\left[Z_{\mathrm{I}0}-\frac{Z^2_{(\mathrm{I}-\mathrm{II})0}}{Z_{\mathrm{II}0}}\right]\times l\tag{2-64}$$

于是，Ⅰ线路的零序阻抗 $Z'_{\mathrm{I}0}$ 为

$$Z'_{\mathrm{I}0}=\frac{\Delta\dot{U}_{\mathrm{I}0}}{\dot{I}_{\mathrm{I}0}}=\left[Z_{\mathrm{I}0}-\frac{Z^2_{(\mathrm{I}-\mathrm{II})0}}{Z_{\mathrm{II}0}}\right]\times l\tag{2-65}$$

可见，零序阻抗减小了。这是因为 $\dot{I}_{\mathrm{II}0}$ 与 $\dot{I}_{\mathrm{I}0}$ 方向相反［见图 2-21（a）］，产生去磁作用造成的。由于零序阻抗减小，接地故障时会使通过的零序电流增大，为保证继电保护的选择性，在进行接地保护整定计算时应考虑这种运行方式。

将式（2-64）改写成如下形式

$$\begin{aligned}\Delta\dot{U}_{\mathrm{I}0}&=\dot{I}_{\mathrm{I}0}\left[Z_{\mathrm{I}0}-Z_{(\mathrm{I}-\mathrm{II})0}+Z_{(\mathrm{I}-\mathrm{II})0}-\frac{Z^2_{(\mathrm{I}-\mathrm{II})0}}{Z_{\mathrm{II}0}}\right]\times l\\&=\dot{I}_{\mathrm{I}0}Z_{\mathrm{I}\sigma0}l+\dot{I}_{\mathrm{I}0}\times\frac{Z_{(\mathrm{I}-\mathrm{II})0}\left[Z_{\mathrm{II}0}-Z_{(\mathrm{I}-\mathrm{II})0}\right]}{Z_{\mathrm{II}0}-Z_{(\mathrm{I}-\mathrm{II})0}+Z_{(\mathrm{I}-\mathrm{II})0}}\times l\\&=\dot{I}_{\mathrm{I}0}Z_{\mathrm{I}\sigma0}l+\dot{I}_{\mathrm{I}0}\times\frac{Z_{(\mathrm{I}-\mathrm{II})0}Z_{\mathrm{II}\sigma0}}{Z_{\mathrm{II}\sigma0}+Z_{(\mathrm{I}-\mathrm{II})0}}\times l\end{aligned}$$

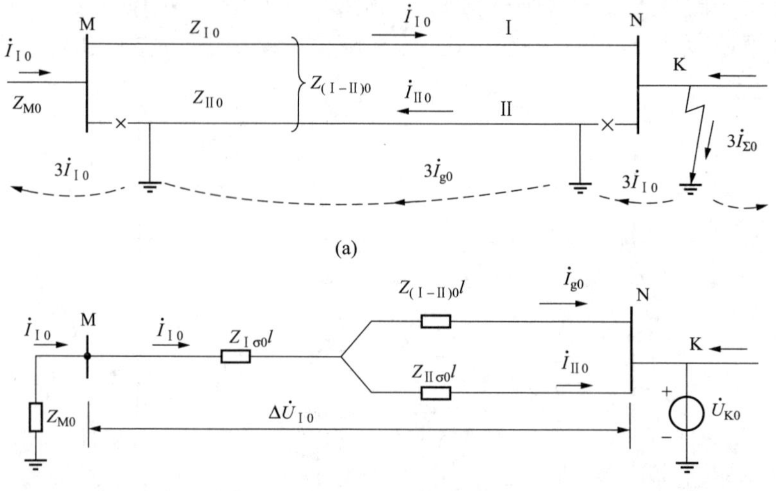

图 2-21 一回线路停电检修时的零序等值电路

（a）零序电流回路；（b）零序等值电路

作出相应零序等值电路如图 2-21（b）所示。由式（2-63）并计及 $\dot{I}_{\mathrm{I}0}=\dot{I}_{\mathrm{II}0}+\dot{I}_{g0}$，可以得到

$$\dot{I}_{\mathrm{II}0}Z_{\mathrm{II}\sigma0}l=\dot{I}_{g0}Z_{(\mathrm{I}-\mathrm{II})0}l$$

所以 $Z_{\mathrm{II}\sigma0}l$ 中流过电流为 $\dot{I}_{\mathrm{II}0}$，$Z_{(\mathrm{I}-\mathrm{II})0}l$ 中流过电流为 $\dot{I}_{g0}$。

应当指出，在进行零序电流保护整定计算时，应考虑平行双回线路一回线停电检修两侧挂接地线的运行方式。如果零序电流保护Ⅰ段按平行双回线路两回线运行方式整定，则出现上述方式线路末端发生接地故障时，线路零序电流增大有造成保护误动作可能，因此应考虑这种运行方式。

对接地距离保护，当出现上述运行方式时，因零序阻抗减小使实际的 $K=\dfrac{Z_0-Z_1}{3Z_1}$ 减小，导致接地故障时母线电压降低，同时保护装置仍设定原有 K 值，从而继电器的测量阻抗减小，同样有可能造成保护区伸长发生非选择性动作。

（6）平行双回线路分裂运行时的零序等值电路。按图 2-18、图 2-19 的工作原理，可作出分裂运行的平行双回线路在不同地点接地故障时的零序等值电路，如图 2-22、图 2-23 所示，其中 $Z_{\mathrm{I}\sigma0}=Z_{\mathrm{I}0}-Z_{(\mathrm{I}-\mathrm{II})0}$，$Z_{\mathrm{II}\sigma0}=Z_{\mathrm{II}0}-Z_{(\mathrm{I}-\mathrm{II})0}$、$Z_{A0}$、$Z_{B0}$、$Z_{C0}$、$Z_{D0}$ 分别为系统 A、B、C、D 的零序等值阻抗。

需要指出，图 2-22（a）示出的平行双回线路间虽没有电的直接连接，但当接地故障点 K 靠近线路的一端时，会在另一线路中感应出较大的零序电流并使该线路两侧的零序方向元件处在动作状态，对该线路零序构成的保护带来不利影响。

（四）输电线路的序电容及序容抗

架空输电线路存在对地电容和线间电容，如图 2-24（a）所示。线间电容 C_M 可变换成等效星形电容，如图 2-24（b）所示，等效星形电路的每相电容量为线间电容量的三倍。

在零序电路中，同一点的三相导线是等电位的，所以零序电容 C_0 等于每相对地电容。

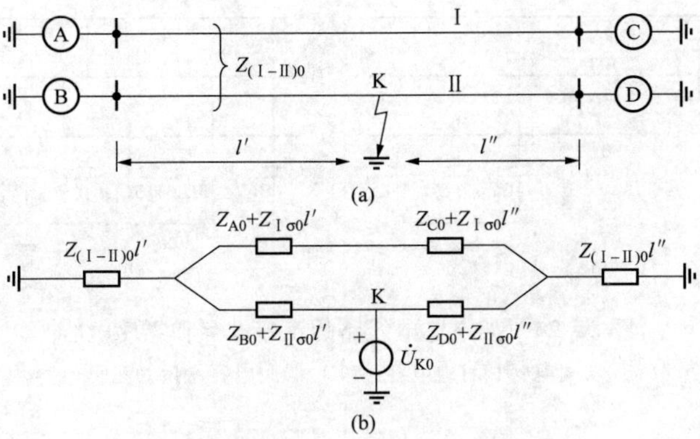

图 2－22　两侧分裂运行平行双回线路零序等值电路

（a）平行线路；（b）零序等值电路

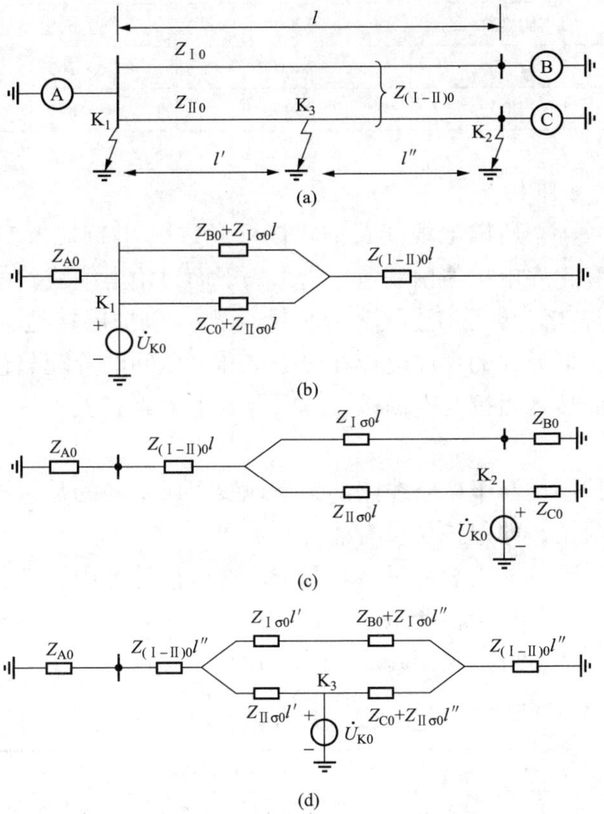

图 2－23　一侧分裂运行平行双回线路零序等值电路

（a）平行线路；（b）K_1点接地时零序等值电路；（c）K_2点接地时零序等值电路；（d）K_3点接地时零序等值电路

正、负序电容 C_1和 C_2相等。考虑到图 2－24（b）中的 N 点在正、负序电路中为零电位，所以 $C_1=C_2=3C_M+C_0$。可见，输电线路的正序电容大于零序电容。

有架空地线时，输电线路正序电容 C_1、零序电容 C_0略有增大，相应的正序容抗、零序容抗略有减小，但变化不大，不影响继电保护的应用。表 2－2 示出了超高压线路每 100km 的序电容及相应的序容抗。

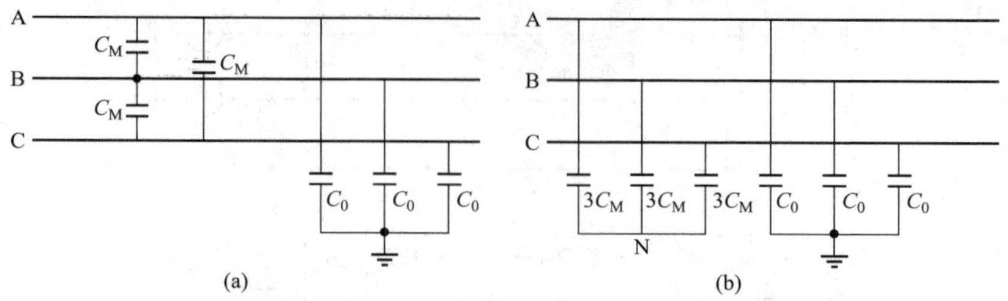

图 2－24　架空输电线路的正序电容和零序电容

（a）线间电容和对地电容；（b）线间电容变换为星形电容

表 2－2　　**超高压线路每百 km 序电容及序容抗**

线路电压（kV）	每百 km 正序电容和正序容抗		每百 km 零序电容和零序容抗	
	正序电容（μF）	正序容抗（Ω）	零序电容（μF）	零序容抗（Ω）
220	0.860 30	3700	0.605 15	5260
330	1.112 97	2860	0.763 33	4170
500	1.229 00	2590	0.839 87	3790

（五）电缆线路的序阻抗

电缆芯线间距离较小，所以电缆线路的正序（负序）电抗比架空线路的要小得多。通常，电缆的正序电阻和正序电抗值由制造厂给出。下面讨论电缆线路的零序阻抗。

敷设电缆时，通常在终端头和连接头处将铅（铝）包护层接地，故大地和包护层均是零序电流的返回通路，但返回的零序电流在包护层和大地间的分配与包护层阻抗、电缆包护层的接地阻抗有关。而接地阻抗与电缆敷设方式及其他因素有关，故要精确计算电缆的零序阻抗是困难的。

可见，电缆的包护层相当于架空线路的架空地线，所不同的是包护层的零序自阻抗就是它和芯线间的零序互阻抗，即包护层没有漏抗。

对电缆线路的零序阻抗，一般通过试验测定。在近似计算中，三芯电缆可采用下列值

$$R_0 \approx 10R_1;\ X_0 \approx (3.5 \sim 4.6)X_1$$

在实用计算时，电缆电抗可采用表 2－3 所列的平均值。

表 2－3　　**电缆电抗的平均值**

元件名称	$X_1=X_2$（Ω/km）	X_0（Ω/km）	元件名称	$X_1=X_2$（Ω/km）	X_0（Ω/km）
1kV 三芯电缆	0.06	0.21	6～10kV 三芯电缆	0.08	$X_0=3.5X_1=0.28$
1kV 四芯电缆	0.066	0.17	35kV 三芯电缆	0.12	$X_0=3.5X_1=0.42$

四、电抗器

电抗器在电力系统中的作用是：限制短路电流和提高母线残余电压。由于电抗器三相间没有互感存在，且是静止元件，所以电抗器的正序阻抗、负序阻抗、零序阻抗三者是相等的。

1. 普通电抗器

普通电抗器是一个电抗元件，其电抗值为

$$X_{re}=X_L\% \cdot \frac{U_N}{\sqrt{3}I_N}\ (\Omega) \tag{2-66}$$

式中：$X_L\%$ 为由制造厂给出的电抗百分值；U_N、I_N 为电抗器的额定线电压（kV）、额定电流（kA）。

当用标幺值表示时，标幺阻抗值为

$$X_{re*}=X_L\% \cdot \frac{U_N}{\sqrt{3}I_N}\cdot\frac{S_B}{U_B^2} \tag{2-67}$$

式中：S_B 为选定的三相容量基准值；U_B 为该电抗器所处电压级的平均额定电压。

2. 分裂电抗器

图 2-25（a）示出了分裂电抗器及其电路，分裂电抗器实质上在电抗绕组中间设一个抽头，将绕组分成匝数相等的两部分，通常中间抽头接在电源侧。设每支路的自感抗为 X_S，两支路间互感抗为 X_M，则在图中极性下，各端点间的电压降可写为

$$\left.\begin{aligned}\dot U_{0-1}&=j\dot I_1X_S-j\dot I_2X_M=j\dot I_1(X_S+X_M)-j\dot I X_M\\ \dot U_{0-2}&=j\dot I_2X_S-j\dot I_1X_M=j\dot I_2(X_S+X_M)-j\dot I X_M\\ \dot U_{1-2}&=-j\dot I_1(X_S+X_M)+j\dot I_2(X_S+X_M)\end{aligned}\right\} \tag{2-68}$$

根据式（2-68），作出等值电路如图 2-25（b）所示。当 X_S、X_M 以标幺值表示时，就构成了以标幺值表示的等值电路。

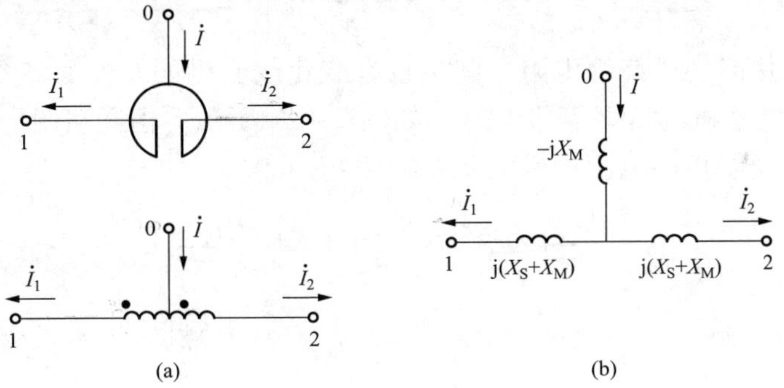

图 2-25 分裂电抗器及其等值电路

（a）分裂电抗器；（b）等值电路

有些场合，以两臂间的耦合系数 K_m 表示 X_M、X_S 间关系，$K_m=\frac{X_M}{X_S}$。一般 K_m 在 0.40 ~ 0.60 范围。

五、异步电动机

（一）正序参数和等值电路

图 2-26 示出了异步电动机稳态正序等值电路。其中 r_1、r_2' 为定子绕组、转子绕组折算到定子侧的电阻；$X_{1\sigma}$、$X_{2\sigma}'$ 为定子绕组、转子绕组折算到定子侧的漏抗；X_{ad} 为定子绕组、转子绕组相互之间的互感抗；$\frac{1-s}{s}r_2'$ 为机械负载相应的转子绕组的电阻（折算值），s 为转差率，$s=\frac{n_0-n}{n_0}$，而 n_0 与 n 分别为同步转速、异步电动机的实际转速。可以看出，异步电

动机的输入正序阻抗与转差率 s 密切相关，即与机械负载大小有关。

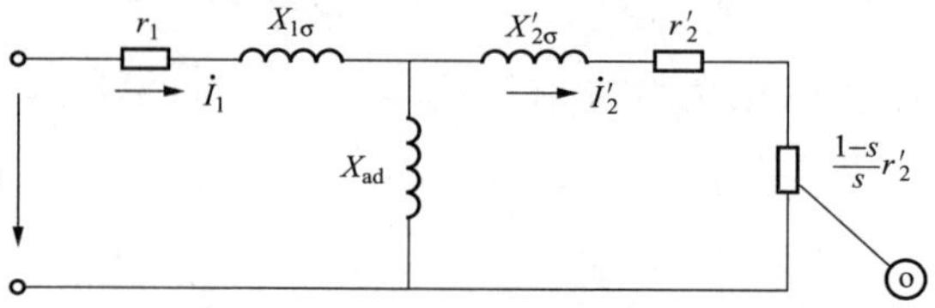

图 2－26　异步电动机稳态正序等值电路

电动机起动时，因 $s=1$，注意到 X_{ad} 远大于 $|r'_2+jX'_{2\sigma}|$，所以起动阻抗 Z_{st} 可表示为

$$Z_{st}=(r_1+r'_2)+j(X_{1\sigma}+X'_{2\sigma}) \tag{2-69}$$

相当于变压器的短路阻抗数值较小，故起动电流较大，通常可达 5～8 倍额定电流。

需要指出，电动机机端外部三相短路故障时，在 1～2 个周波时间内，因转子电流尚未衰减完，所以电动机变成临时电源向外供出短路电流（也称反馈电流），供出的三相短路电流可达 4.5 倍额定电流。外部短路故障切除，处于制动状态的电动机因电压突然恢复而自起动，自起动电流当然大于额定电流，但一般不会超过 5 倍额定电流。

（二）负序参数和等值电路

异步电动机机端存在负序电压时，电动机定子绕组通过相应负序电流建立负序磁场。因电动机转速为 n，所以负序转差率 s_2

$$s_2=\frac{n_0+n}{n_0}=\frac{2n_0-(n_0-n)}{n_0}=2-s \tag{2-70}$$

若负序电流作用时转子绕组电阻、漏抗没有变化或变化不大，则将图 2－26 中的 s 变为 s_2，就构成了异步电动机的负序等值电路，如图 2－27 所示。由图可见，对应于机械负载的等值电阻为负值，说明负序电压产生的是制动力矩。

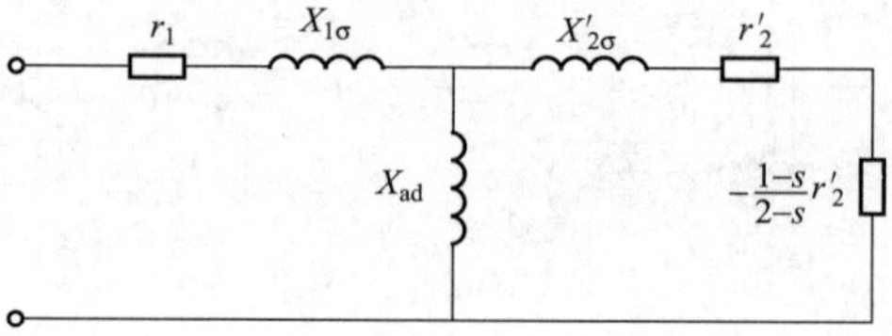

图 2－27　异步电动机的负序等值电路

因为
$$r'_2-\frac{1-s}{2-s}r'_2=\frac{1}{2-s}r'\approx\frac{1}{2}r'_2$$

计及
$$X_{ad}\gg\left|\frac{1}{2}r'_2+jX'_{2\sigma}\right|$$

所以异步电动机的负序阻抗 Z_2 可表示为

$$Z_2=\left(r_1+\frac{1}{2}r'_2\right)+j(X_{1\sigma}+X'_{2\sigma}) \tag{2-71}$$

与式（2－69）比较，可近似认为

$$Z_2\approx Z_{st} \tag{2-72}$$

此式说明，电动机的负序阻抗近似等于起动阻抗。

当电动机机端施加负序相电压 U_2 时，流入电动机的负序电流 I_2 为

$$I_2 = \frac{U_2}{Z_2} = \frac{U_2}{Z_{st}} = K_{st}\frac{U_2}{U_{N\varphi}}I_N \qquad (2-73)$$

式中：K_{st}为电动机起动电流倍数；$U_{N\varphi}$、I_N 为电动机额定相电压、额定电流。

计及$I_{2*} = \frac{I_2}{I_N}$、$U_{2*} = \frac{U_2}{U_{N\varphi}}$，则式（2－73）变为

$$I_{2*} = K_{st}U_{2*} \qquad (2-74)$$

此式说明，较小的负序电压就可产生较大的负序电流，当$K_{st}=7$、$U_{2*}=20\%$时，则I_2可达$1.4I_N$。

（三）零序参数

因异步电动机的定子绕组一般接成三角形或不接地星形，零序电流无法流通，所以异步电动机的零序阻抗为无穷大。

六、综合负荷

电力系统中的实际负荷由不同性质负荷组合而成，称为综合负荷。在正常情况下，综合负荷的正序阻抗可用$X=1.2$的支路阻抗代替；短路瞬间的正序等值电路可用$X''=0.35$、$E''_{[0]}=0.8$串联支路表示。当然，综合负荷供电电压等级三相短路时，与异步电动机相同，要供给短路电流，但供出的短路电流衰减更快。

综合负荷的负序阻抗即是次暂态电抗，即$X_2=0.35$。综合负荷的零序阻抗可认为无穷大。

第五节　电力系统横向短路故障分析

电力系统发生短路故障时，短路点的电流（又称故障支路电流）流向不在输电线路方向，所以有时也把短路故障称做横向短路故障。

一、三相短路故障分析

（一）边界条件与特殊相

图2－28示出了K点金属性三相短路的情况（可接地，也可不接地）在K点将系统分割成两个部分。写出K点金属性三相短路的边界条件为

$$\left.\begin{aligned} \dot{U}_{KA}^{(3)} &= 0 \\ \dot{U}_{KB}^{(3)} &= 0 \\ \dot{U}_{KC}^{(3)} &= 0 \end{aligned}\right\} \qquad (2-75)$$

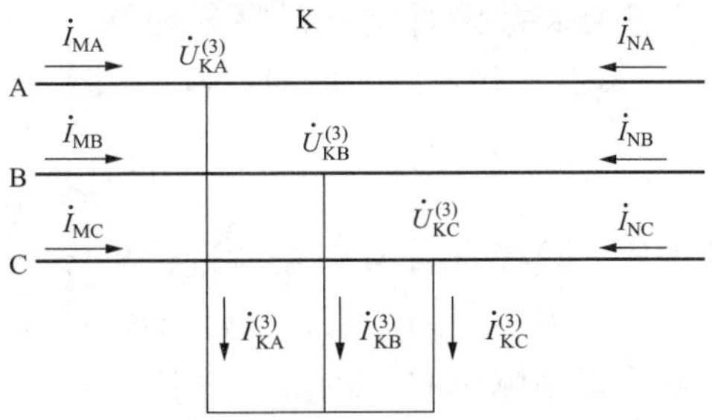

图2－28　K点金属性三相短路

因三相处在相同的情况，故任一相均可取特殊相（基准相），一般取A相。

（二）复合序网与故障分量网络

1. 复合序网

由式（2－75）可得故障点各序分量电压为

$$\dot{U}_{KA1}^{(3)} = \dot{U}_{KA2}^{(3)} = \dot{U}_{KA0}^{(3)} = 0$$

于是图2－8（b）、（d）、（f）中的K_1和N_1、K_2和N_2、K_0和N_0短接，即复合序网就

是正序网络。显然，$\dot{I}_{KA2}^{(3)}=0$、$\dot{I}_{KA0}^{(3)}=0$，即三相对称短路没有负序电流和零序电流，自然也没有负序电压和零序电压。

故障点的正序电流就是三相短路电流，即

$$\dot{I}_{KA}^{(3)}=\dot{I}_{KA1}^{(3)}=\frac{\dot{U}_{KA[0]}}{Z_{\Sigma 1}} \tag{2-76}$$

2. 故障分量网络

图 2-28 中 K 点三相短路故障，可看成图 2-1 电力系统正常运行情况 K 点反向接入正常运行三相电压 $\dot{U}_{KA[0]}$、$\dot{U}_{KB[0]}$、$\dot{U}_{KC[0]}$造成。于是，K 点三相短路故障由下列两种方式的叠加：第一种方式是电动势 $\dot{E}_M$、$\dot{E}_N$ 和 K 点正常运行三相电动势 $\dot{U}_{KA[0]}$、$\dot{U}_{KB[0]}$、$\dot{U}_{KC[0]}$作用下的负荷状态（即正常运行方式）；第二种方式是仅有 K 点反向接入的 $\dot{U}_{KA[0]}$、$\dot{U}_{KB[0]}$、$\dot{U}_{KC[0]}$故障电动势作用的故障分量网络（原有电动势 $\dot{E}_M=0$、$\dot{E}_N=0$）。在故障分量网络中，没有负荷分量电流、电压，仅有故障分量电流、电压。因三相短路故障时的故障分量网络三相对称，故只需画出一相，如图 2-29 所示。在图中用 $\Delta\dot{I}_{MA}$、$\Delta\dot{I}_{NA}$表示故障分量电流，$\Delta\dot{U}_{MA}$、$\Delta\dot{U}_{NA}$表示故障分量电压。

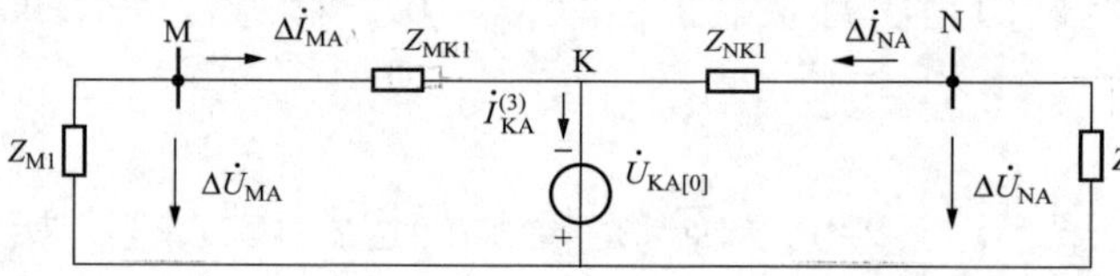

图 2-29 K 点三相短路时的故障分量网络

强调指出，故障分量网络是无源网络，仅在故障点作用着故障电动势。

（三）序电压分布、故障分量电压分布

1. 序电压分布

三相短路故障时仅有正序分量电压、电流，故序电压分布指的是正序电压的分布。图 2-1 中 K 点三相短路故障时，M 母线上的电压为

$$\dot{U}_{MA}=\frac{Z_{MK1}}{Z_{M1}+Z_{MK1}}\cdot\dot{E}_{MA} \tag{2-77}$$

此式说明，故障点离 M 母线愈近，M 母线上的电压（正序电压）愈低，当故障点在 M 母线处时，正序电压降到零值；故障点离 M 母线愈远，M 母线上的正序电压愈高。

对于正序电压的分布，故障点为零；逐渐向电源升高，到电源点就是电源电动势。正序电压分布如图 2-30（a）所示，当 N 侧无电源时，N 侧的正序电压为零值，如图中虚线所示。

2. 故障分量电压分布

故障分量电压又称突变量电压，故障分量电流又称突变量电流。因故障分量网络是无源网络，所以由图 2-29 可求得 K 点三相短路时线路两侧的突变量电流 $\Delta\dot{I}_{MA}$、$\Delta\dot{I}_{NA}$和母线上的突变量电压 $\Delta\dot{I}_{MA}$、$\Delta\dot{I}_{NA}$分别为

$$\Delta\dot{I}_{MA}=\frac{\dot{U}_{KA[0]}}{Z_{M1}+Z_{MK1}} \tag{2-78a}$$

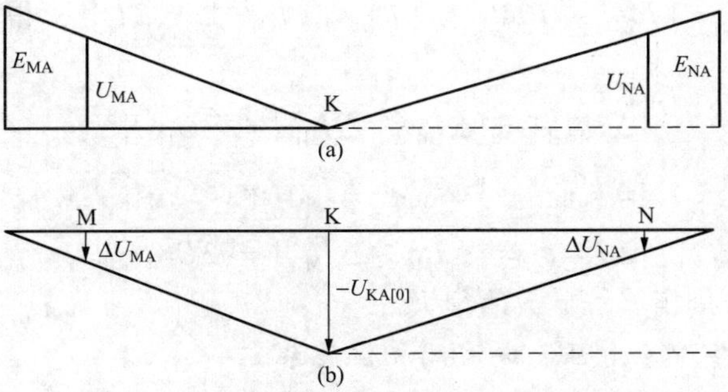

图 2－30　三相短路故障时正序电压分布

(a) 正序电压分布；(b) 故障分量电压分布

$$\Delta \dot{I}_{NA} = \frac{\dot{U}_{KA[0]}}{Z_{N1} + Z_{MK1}} \tag{2-78b}$$

$$\Delta \dot{U}_{MA} = -\Delta \dot{I}_{MA} Z_{M1} = -\frac{Z_{M1}}{Z_{M1} + Z_{MK1}} \cdot \dot{U}_{KA[0]} \tag{2-79a}$$

$$\Delta \dot{U}_{NA} = -\Delta \dot{I}_{NA} Z_{N1} = -\frac{Z_{N1}}{Z_{N1} + Z_{NK1}} \cdot \dot{U}_{KA[0]} \tag{2-79b}$$

可以看出，M、N 母线上的突变量电压是故障分量电动势 $\dot{U}_{KA[0]}$ 在母线上的分压值，当故障点靠近母线时，数值愈高。

图 2－30（b）示出了故障分量电压的分布，K 点的故障分量电压最高，逐渐向电源中性点降低到零；若 N 侧无电源，则 N 侧故障分量电压不降低，分布如图中虚线所示。

（四）序电流分布

因为三相短路故障仅有正序分量，所以序电流的分布即是正序电流的分布。图 2－1 中 K 点三相短路故障时，M 侧的正序电流（以 A 相为例）可表示为

$$\dot{I}_{MA} = \dot{I}_{loa \cdot A} + \Delta \dot{I}_{MA} = \dot{I}_{loa \cdot A} + C_{1M} \dot{I}_{KA}^{(3)} \tag{2-80}$$

其中

$$\dot{I}_{loa \cdot A} = \frac{\dot{E}_{MA} - \dot{E}_{NA}}{Z_{M1} + Z_{MN1} + Z_{N1}} = \frac{\dot{E}_{MA} - \dot{E}_{NA}}{Z_{11}}$$

$$Z_{11} = Z_{M1} + Z_{MN1} + Z_{N1}$$

$$C_{1M} = \frac{Z_{N1} + Z_{NK2}}{Z_{11}}$$

C_{1M}是 K 点短路故障时 M 侧正序电流分配系数。应当指出，$C_{1M} \dot{I}_{KA}^{(3)}$ 与 $\dot{I}_{loa \cdot A}$ 有几乎垂直的相位关系；在一般情况下，$|C_{1M} \dot{I}_{KA}^{(3)}|$ 远比 $|\dot{I}_{loa \cdot A}|$ 大，因此在短路计算中可将负荷电流不计。

（五）保护安装处的相电流差突变量

由式（2－80）可得到图 2－1 中 K 点三相短路线路 M 侧的突变量电流为

$$\Delta \dot{I}_{MA} = \dot{I}_{MA} - \dot{I}_{loa \cdot A} = C_{1M} \dot{I}_{KA}^{(3)}$$

$$\Delta \dot{I}_{MB} = \dot{I}_{MB} - \dot{I}_{loa \cdot B} = C_{1M} \dot{I}_{KB}^{(3)}$$

$$\Delta \dot{I}_{MC} = \dot{I}_{MC} - \dot{I}_{loa \cdot C} = C_{1M} \dot{I}_{KC}^{(3)}$$

计及$|\dot{I}_{KA}^{(3)}-\dot{I}_{KB}^{(3)}|=|\dot{I}_{KB}^{(3)}-\dot{I}_{KC}^{(3)}|=|\dot{I}_{KC}^{(3)}-\dot{I}_{KA}^{(3)}|=\sqrt{3}I_K^{(3)}$，得到三个相电流差突变量为

$$|\Delta\dot{I}_{MAB}|=|\Delta\dot{I}_{MA}-\Delta\dot{I}_{MB}|=\sqrt{3}C_{1M}I_K^{(3)} \tag{2-81a}$$

$$|\Delta\dot{I}_{MBC}|=|\Delta\dot{I}_{MB}-\Delta\dot{I}_{MC}|=\sqrt{3}C_{1M}I_K^{(3)} \tag{2-81b}$$

$$|\Delta\dot{I}_{MCA}|=|\Delta\dot{I}_{MC}-\Delta\dot{I}_{MA}|=\sqrt{3}C_{1M}I_K^{(3)} \tag{2-81c}$$

三个相电流差突变量相等，且数值很大。

（六）保护安装处突变量电压、电流间相位关系

因讨论的是三相短路故障，所以突变量电压、电流间的相位关系就是正序电压突变量、正序电流突变量间的相位关系。

1. 保护方向上三相短路故障

由式（2-79a）得到

$$\arg\frac{\Delta U_{\varphi1}}{\Delta\dot{I}_{\varphi1}}=\arg(-Z_{M1})=180^\circ+\arg Z_{M1} \tag{2-82}$$

当$\arg Z_{M1}=70^\circ\sim80^\circ$时，上式变为

$$\arg\frac{\Delta\dot{U}_{\varphi1}}{\Delta\dot{I}_{\varphi1}}=-(110^\circ\sim100^\circ) \tag{2-83}$$

即$\Delta\dot{U}_{\varphi1}$滞后$\Delta\dot{I}_{\varphi1}$的角度是110°~100°。其中$\Delta\dot{U}_{\varphi1}$是保护安装处正序相电压突变量，$\Delta\dot{I}_{\varphi1}$是母线流向被保护线路的正序相电流突变量。由式（2-82）可见，$\Delta\dot{U}_{\varphi1}$与$\Delta\dot{I}_{\varphi1}$间的相位关系仅决定于保护反方向上的正序阻抗角，与故障点的状况无关，即与故障点是否存在过渡电阻无关。

2. 保护反方向上三相短路故障

保护反方向上三相短路故障，对线路M侧保护来说，图2-29中故障电动势作用点移到M母线左侧，于是有关系式

$$\Delta\dot{U}_{MA}=\Delta\dot{I}_{MA}(Z_{MK1}+Z_{NK1}+Z_{N1})=\Delta\dot{I}_{MA}(Z_{MN1}+Z_{N1})$$

即

$$\arg\frac{\Delta\dot{U}_{\varphi1}}{\Delta\dot{I}_{\varphi1}}=\arg(Z_{MN1}+Z_{N1})=70^\circ\sim80^\circ \tag{2-84}$$

$\Delta\dot{U}_{\varphi1}$超前$\Delta\dot{I}_{\varphi1}$的角度是70°~80°，并且超前的角度决定于保护方向上的正序阻抗角，同样与故障点是否存在过渡电阻无关。

如果将$\Delta\dot{I}_{\varphi1}$向滞后方向移相15°，则可构成正序突变量方向元件的动作判据，即

$$0^\circ<\arg\left(\frac{\Delta\dot{U}_{\varphi1}}{\Delta\dot{I}_{\varphi1}e^{-j15^\circ}}\right)<180^\circ \quad \text{（反方向元件）} \tag{2-85a}$$

$$180^\circ<\arg\left(\frac{\Delta\dot{U}_{\varphi1}}{\Delta\dot{I}_{\varphi1}e^{-j15^\circ}}\right)<360^\circ \quad \text{（正方向元件）} \tag{2-85b}$$

由于故障点的正序突变量电压最高，故方向元件不存在电压死区问题；相反故障点愈靠近保护安装处，方向元件的灵敏度愈高。

（七）故障点电弧压降

三相短路的过渡电阻在大多数情况下是电弧电阻，当故障电流在相当大范围内变化时，

弧压降 U_{arc} 基本是稳定的，U_{arc} 小于5%额定电压。于是，正、反方向出口三相短路故障时，测量阻抗 Z_m 满足下式

$$Z_m < \frac{5\% U_N}{I_\varphi}$$

式中：I_φ 是通过保护的故障电流；U_N 为电网额定相电压。

二、两相短路故障分析

（一）边界条件与特殊相

图2-31示出了K点BC相金属性短路故障，边界条件如下

$$\left.\begin{aligned} \dot{I}_{KA}^{(2)} &= 0 \\ \dot{I}_{KB}^{(2)} + \dot{I}_{KC}^{(2)} &= 0 \\ \dot{U}_{KB}^{(2)} &= \dot{U}_{KC}^{(2)} \end{aligned}\right\} \qquad (2-86)$$

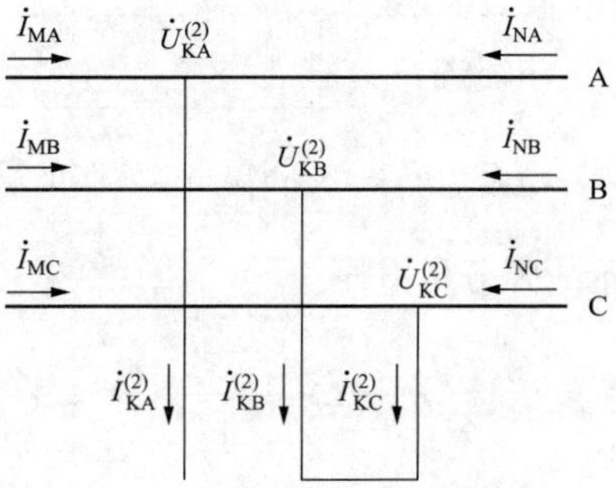

图2-31　K点BC相金属性短路故障

特殊相是A相。当然，CA相短路时特殊相是B相，AB相短路时特殊相是C相。特殊相是非故障相。

（二）复合序网与故障分量网络

1. 复合序网

将式（2-86）变换为特殊相序分量关系式，得到A相序分量电流为

$$\dot{I}_{KA0}^{(2)} = \frac{1}{3}[\dot{I}_{KA}^{(2)} + \dot{I}_{KB}^{(2)} + \dot{I}_{KC}^{(2)}] = 0$$

$$\dot{I}_{KA1}^{(2)} = \frac{1}{3}[\dot{I}_{KA}^{(2)} + a\dot{I}_{KB}^{(2)} + a^2\dot{I}_{KC}^{(2)}] = \mathrm{j}\frac{\dot{I}_{KB}^{(2)}}{\sqrt{3}}$$

$$\dot{I}_{KA2}^{(2)} = \frac{1}{3}[\dot{I}_{KA}^{(2)} + a^2\dot{I}_{KB}^{(2)} + a\dot{I}_{KC}^{(2)}] = -\mathrm{j}\frac{\dot{I}_{KB}^{(2)}}{\sqrt{3}}$$

由于 $Z_{\Sigma 0}$ 为有限值，所以由式（2-39）得到 $\dot{U}_{KA0}^{(2)} = -\dot{I}_{KA0}Z_{\Sigma 0} = 0$，因此两相短路故障时没有零序电流、电压，说明零序网络开路。另外，$\dot{I}_{KA1}^{(2)}$、$\dot{I}_{KA2}^{(2)}$ 间有如下关系式

$$\dot{I}_{KA1}^{(2)} + \dot{I}_{KA2}^{(2)} = 0 \qquad (2-87)$$

同样，由式（2-16）得到故障点电压的序分量为

$$\dot{U}_{KA1}^{(2)} = \frac{1}{3}[\dot{U}_{KA}^{(2)} + a\dot{U}_{KB}^{(2)} + a^2\dot{U}_{KC}^{(2)}] = \frac{1}{3}[\dot{U}_{KA}^{(2)} - \dot{U}_{KB}^{(2)}]$$

$$\dot{U}_{KA2}^{(2)} = \frac{1}{3}[\dot{U}_{KA}^{(2)} + a^2\dot{U}_{KB}^{(2)} + a\dot{U}_{KC}^{(2)}] = \frac{1}{3}[\dot{U}_{KA}^{(2)} - \dot{U}_{KB}^{(2)}]$$

所以

$$\dot{U}_{K1A}^{(2)} = \dot{U}_{KA2}^{(2)} \qquad (2-88)$$

由式（2-87）、式（2-88）作出BC两相短路故障时的复合序网如图2-32所示，故障点的正序网络和负序网络并联（特殊相），零序网络开路。需要指出，复合序网中的各序分量是特殊相的各序分量；正序网是有源网络，在该网络中除正序故障分量电流外，还有正常负荷电流分量。

2. 故障分量网络

图2-31中K点BC相短路故障，可看成图2-1电力系统正常运行情况K点BC相间反

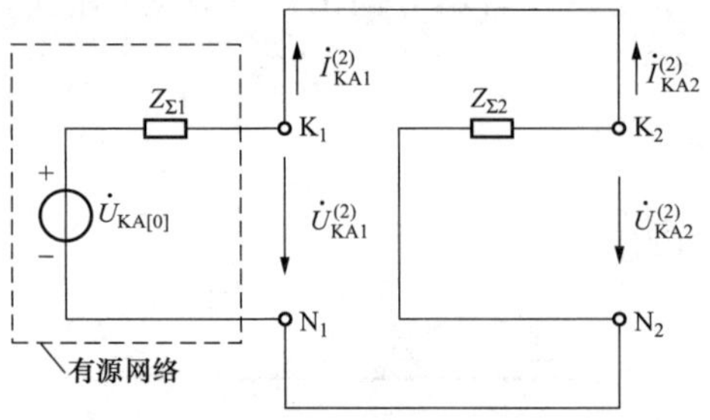

图 2－32　K 点 BC 相短路故障时的复合序网

向接入正常运行相间电压 $\dot{U}_{KBC[0]}$ 造成。于是，K 点 BC 相短路故障可看成电力系统正常运行方式和仅在 K 点反向接入的 $\dot{U}_{KBC[0]}$ 故障电动势作用的故障分量网络的叠加。图 2－33 示出了 K 点 BC 相短路故障的故障分量网络，该网络是一个无源网络，没有负荷分量电流、电压，仅有故障分量电流、电压。在图中 $\Delta\dot{I}_{MB}$、$\Delta\dot{I}_{MC}$、$\Delta\dot{I}_{NB}$、$\Delta\dot{I}_{NC}$ 表示故障分量电流、$\Delta\dot{U}_{MBC}$、$\Delta\dot{U}_{NBC}$ 表示故障分量电压。

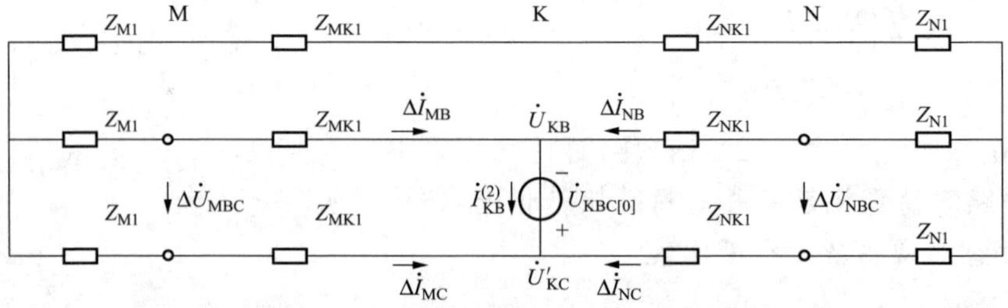

图 2－33　K 点 BC 相短路故障时的故障分量网络

（三）故障点电流、电压

1. 故障电流

由图 2－32 求得 $\dot{I}_{KA1}^{(2)}$ 为

$$\dot{I}_{KA1}^{(2)}=\frac{\dot{U}_{KA[0]}}{Z_{\Sigma1}+Z_{\Sigma2}} \tag{2-89}$$

计及式（2－87）得到故障电流为

$$\dot{I}_{KB}^{(2)}=-\dot{I}_{KC}^{(2)}=a^2\dot{I}_{KA1}^{(2)}+a\dot{I}_{KA2}^{(2)}=(a^2-a)\dot{I}_{KA1}^{(2)}=-j\sqrt{3}\frac{\dot{U}_{KA[0]}}{Z_{\Sigma1}+Z_{\Sigma2}} \tag{2-90}$$

当 $Z_{\Sigma1}=Z_{\Sigma2}$ 时，上式变为

$$\dot{I}_{KB}^{(2)}=-\dot{I}_{KC}^{(2)}=-j\frac{\sqrt{3}}{2}\cdot\frac{\dot{U}_{KA[0]}}{Z_{\Sigma1}} \tag{2-91}$$

与式（2－76）比较，可得到两相短路电流等于同一点三相短路电流的 $\frac{\sqrt{3}}{2}$ 倍。

2. 故障点电压

由图 2－32 求得 $\dot{U}_{KA1}^{(2)}$、$\dot{U}_{KA2}^{(2)}$ 为

$$U_{KA1}^{(2)}=\dot{U}_{KA2}^{(2)}=\frac{Z_{\Sigma2}}{Z_{\Sigma1}+Z_{\Sigma2}}\cdot\dot{U}_{KA[0]} \tag{2-92}$$

于是故障点的三相电压为

$$U_{KA}^{(2)}=2\dot{U}_{KA1}^{(2)}=\frac{2Z_{\Sigma2}}{Z_{\Sigma1}+Z_{\Sigma2}}\cdot\dot{U}_{KA[0]} \tag{2-93a}$$

$$U_{KB}^{(2)}=\dot{U}_{KC}^{(2)}=(a^2+a)\dot{U}_{KA1}^{(2)}=-\frac{Z_{\Sigma2}}{Z_{\Sigma1}+Z_{\Sigma2}}\cdot\dot{U}_{KA}[0] \tag{2-93b}$$

当$Z_{\Sigma1}=Z_{\Sigma2}$时，上式写为

$$U_{KA}^{(2)}=\dot{U}_{KA[0]} \tag{2-94a}$$

$$\dot{U}_{KB}^{(2)}=\dot{U}_{KC}^{(2)}=-\frac{1}{2}\dot{U}_{KA[0]} \tag{2-94b}$$

式（2－94）说明，两相短路故障时，故障点非故障相电压保持原有的幅值和相位，两故障相电压在非故障相电压的反方向上，其值等于非故障相电压之半。

3. 故障点电流、电压间相量关系

由式（2－91）可作出$\dot{I}_{KB}^{(2)}$、$\dot{I}_{KC}^{(2)}$相量；由式（2－94）可作出$\dot{U}_{KA}^{(2)}$、$\dot{U}_{KB}^{(2)}$、$\dot{U}_{KC}^{(2)}$相量，如图2－34所示。

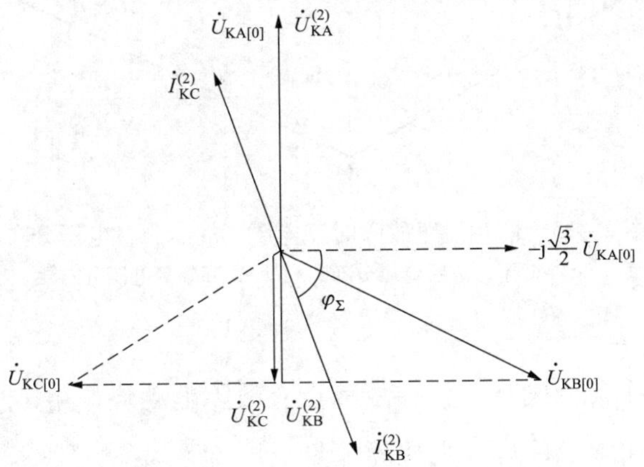

图2－34 K点BC相短路故障时故障点电流、电压相量关系

（四）序电压分布、故障分量电压分布

1. 正序电压分布

当$Z_{\Sigma1}=Z_{\Sigma2}$时，由式（2－92）得到故障点正序（负序）电压为

$$\dot{U}_{KA1}^{(2)}=\dot{U}_{KA2}^{(2)}=\frac{\dot{U}_{KA[0]}}{2} \tag{2-95}$$

图2－1中K点BC相短路故障时，计及式（2－89），M母线上正序电压为

$$\begin{aligned}\dot{U}_{MA1}&=\dot{U}_{KA1}^{(2)}+[\dot{I}_{loa\cdot A}+C_{1M}\dot{I}_{KA1}^{(2)}]Z_{MK1}\\&=\frac{1}{2}\dot{U}_{KA[0]}\left(1+\frac{Z_{MK1}}{Z_{M1}+Z_{MK1}}\right)+\dot{I}_{loa\cdot A}Z_{MK1}\end{aligned} \tag{2-96}$$

可以看出M母线上的正序电压不低于故障点正序电压，即不会低于50%$U_{KA[0]}$。

对于正序电压的分布，故障点的正序电压最低，逐渐向电源升高，到电源点就是电源电动势。正序电压分布如图2－35（a）中虚线所示。

2. 负序电压分布

负序网络是一个无源网络，故障点的负序电压最高，故当图2－1中K点两相短路故障时，M母线上的负序电压是故障点负序电压作用下的分压值。计及式（2－95），M母线上的负序电压可表示为

$$\dot{U}_{MA2}=\frac{\dot{U}_{KA[0]}}{2}\cdot\frac{Z_{M2}}{Z_{M2}+Z_{MK2}}=\frac{\dot{U}_{KA[0]}}{2}\cdot\frac{Z_{M1}}{Z_{M1}+Z_{MK1}} \tag{2-97}$$

此式说明，故障点的负序电压最高，逐渐向各电源中性点降落，中性点处为零。图2-35（a）示出了负序电压的分布。当然，如故障点一侧没有电源，则该侧负序电压不降落。

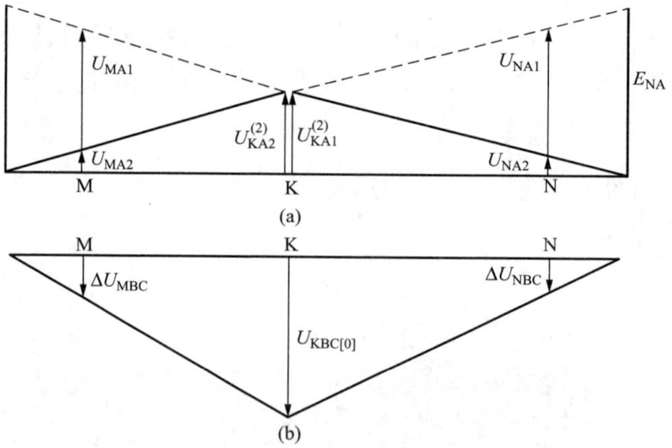

图2-35 两相短路故障时序电压、故障分量电压分布

（a）正序、负序电压分布；（b）故障分量电压分布

3. 故障分量电压分布

故障分量网络是一个无源网络，仅在故障点有故障电动势作用，当各元件正、负序阻抗相等时，由图2-33求得M、N母线上故障分量电压$\Delta\dot{U}_{MBC}$、$\Delta\dot{U}_{NBC}$分别为

$$\Delta\dot{U}_{MBC}=-\frac{Z_{M1}}{Z_{M1}+Z_{MK1}}\cdot\dot{U}_{KBC[0]} \tag{2-98a}$$

$$\Delta\dot{U}_{NBC}=-\frac{Z_{N1}}{Z_{N1}+Z_{NK1}}\cdot\dot{U}_{KBC[0]} \tag{2-98b}$$

此式说明，故障点的故障分量电压最高，逐渐向各电源中性点降落，中性点处为零。图2-35（b）示出了故障分量电压的分布。与负序电压分布一样，如故障点一侧没有电源，则该侧的故障分量电压不降落。

（五）保护安装处电流、电压间相量关系

设图2-1中K点BC相短路，讨论M母线处电流、电压间相量关系。

1. M侧三相电流

M侧由母线流向线路的三相电流为

$$\begin{aligned}\dot{I}_{MA}&=\dot{I}_{loa\cdot A}+C_{1M}\dot{I}_{KA1}^{(2)}+C_{2M}\dot{I}_{KA2}^{(2)}\\&=\dot{I}_{loa\cdot A}+C_{1M}\dot{I}_{KA}^{(2)}=\dot{I}_{loa\cdot A}\end{aligned} \tag{2-99a}$$

$$\dot{I}_{MB}=\dot{I}_{loa\cdot B}+C_{1M}\dot{I}_{KB1}^{(2)}+C_{2M}\dot{I}_{KB2}^{(2)}=\dot{I}_{loa\cdot B}+C_{1M}\dot{I}_{KB}^{(2)} \tag{2-99b}$$

$$\dot{I}_{MC}=\dot{I}_{loa\cdot C}+C_{1M}\dot{I}_{KC}^{(2)} \tag{2-99c}$$

此式说明，在$C_{1M}=C_{2M}$条件下，非故障相中没有故障分量电流，保持原有负荷电流；两故障相中除原有负荷电流外，还有故障分量电流。而C_{1M}、C_{2M}是K点短路故障时M侧正序电流、负序电流分配（或分布）系数。

当不计负荷电流时，式（2－99）变为

$$\dot{I}_{MA}=0 \quad (2-100a)$$

$$\dot{I}_{MA}=C_{1M}\dot{I}_{KB}^{(2)} \quad (2-100b)$$

$$\dot{I}_{MC}=C_{1M}\dot{I}_{KC}^{(2)} \quad (2-100c)$$

2. M 母线三相电压

M 母线上三相电压为

$$\begin{aligned}\dot{U}_{MA}&=\dot{U}_{KA}^{(2)}+(\dot{I}_{loa\cdot A}+C_{1M}\dot{I}_{KA1}^{(2)})Z_{MK1}+C_{2M}\dot{I}_{KA2}^{(2)}Z_{MK2}\\&=\dot{U}_{KA[0]}+\dot{I}_{loa\cdot A}Z_{MK1}=\dot{U}_{MA[0]}\end{aligned} \quad (2-101a)$$

$$\begin{aligned}\dot{U}_{MB}&=\dot{U}_{KB}^{(2)}+(\dot{I}_{loa\cdot B}+C_{1M}\dot{I}_{KB1}^{(2)})Z_{MK1}+C_{2M}\dot{I}_{KB2}^{(2)}Z_{MK2}\\&=\dot{U}_{KB[0]}+j\frac{\sqrt{3}}{2}\dot{U}_{KA[0]}+C_{1M}\dot{I}_{KB}^{(2)}Z_{MK1}\end{aligned} \quad (2-101b)$$

$$\begin{aligned}\dot{U}_{MC}&=\dot{U}_{KC}^{(2)}+(\dot{I}_{loa\cdot C}+C_{1M}\dot{I}_{KC1}^{(2)})Z_{MK1}+C_{2M}\dot{I}_{KC2}^{(2)}Z_{MK2}\\&=\dot{U}_{MC[0]}-j\frac{\sqrt{3}}{2}\dot{U}_{KA[0]}+C_{1M}\dot{I}_{KC}^{(2)}Z_{MK1}\end{aligned} \quad (2-101c)$$

当不计负荷电流时，式（2－101）变为

$$\dot{U}_{MA}=\dot{U}_{KA[0]}=\dot{U}_{MA[0]} \quad (2-102a)$$

$$\dot{U}_{MB}=-\frac{1}{2}\dot{U}_{KA[0]}+C_{1M}\dot{I}_{KB}^{(2)}Z_{MK1} \quad (2-102b)$$

$$\dot{U}_{MC}=-\frac{1}{2}\dot{U}_{KA[0]}+C_{1M}\dot{I}_{KC}^{(2)}Z_{MK1} \quad (2-102c)$$

3. 保护安装处相量关系

由式（2－100）、式（2－102）作出不计负荷电流时保护安装处电流、电压相量关系如图 2－36 所示。

由图可得到两故障相电压间的夹角 α 为

$$\alpha=2\mathrm{arctg}\left(\frac{2I_{MB}Z_{MK1}}{U_{KA[0]}}\right) \quad (2-103)$$

可以看出，Z_{MK1} 增大时 α 角也相应增大，即夹角 α 从故障点的 0°逐渐增大到电源点的 120°。

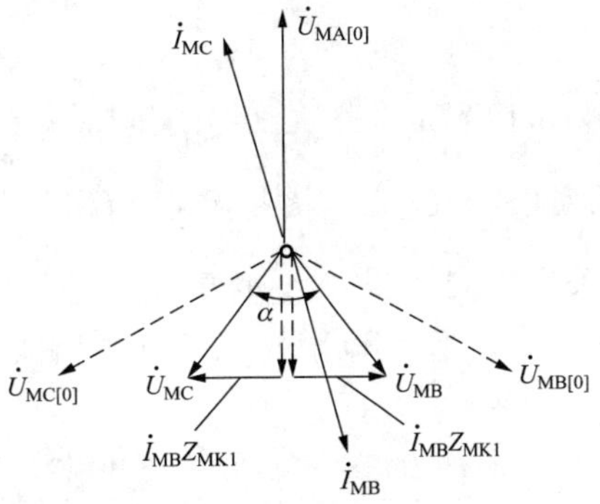

图 2－36 不计负荷电流两相短路时保护安装处电流、电压相量关系

（六）保护安装处的相电流差突变量

图 2－1 中 K 点 BC 相短路故障，由式（2－99）得到 M 侧三相电流的突变量为

$$\Delta\dot{I}_{MA}=\dot{I}_{MA}-\dot{I}_{loa\cdot A}=0$$

$$\Delta\dot{I}_{MB}=\dot{I}_{MB}-\dot{I}_{loa\cdot B}=C_{1M}I_{KB}^{(2)}$$

$$\Delta\dot{I}_{MC}=\dot{I}_{MC}-\dot{I}_{loa\cdot C}=C_{1M}I_{KC}^{(2)}$$

计及 $\dot{I}_{KB}^{(2)}=-\dot{I}_{KC}^{(2)}$、$|\dot{I}_{KB}|=I_{K}^{(2)}$，得到三个相电流差突变量为

$$|\Delta\dot{I}_{MAB}|=|\Delta\dot{I}_{MA}-\Delta\dot{I}_{MB}|=C_{1M}I_{K}^{(2)} \quad (2-104a)$$

$$|\Delta\dot{I}_{MBC}| = |\Delta\dot{I}_{MB} - \Delta\dot{I}_{MC}| = 2C_{1M}I_K^{(2)} \qquad (2-104b)$$

$$|\Delta\dot{I}_{MCA}| = |\Delta\dot{I}_{MC} - \Delta\dot{I}_{MA}| = C_{1M}I_K^{(2)} \qquad (2-104c)$$

可以看出，保护安装处（电源侧）三个相电流差突变量均具有较大的数值，其中两故障相的相电流差突变量最大。

（七）保护安装处负序电压、负序电流间的相位关系

负序电压、负序电流存在于负序网络中，图 2－37 示出了图 2－1 中 K 点 BC 相短路故障时的负序网络。对 M 侧来说，故障点 K 在保护 1 的正方向上，有关系式

$$\dot{U}_{MA2} = -\dot{I}_{MA2}Z_{M2} \qquad (2-105)$$

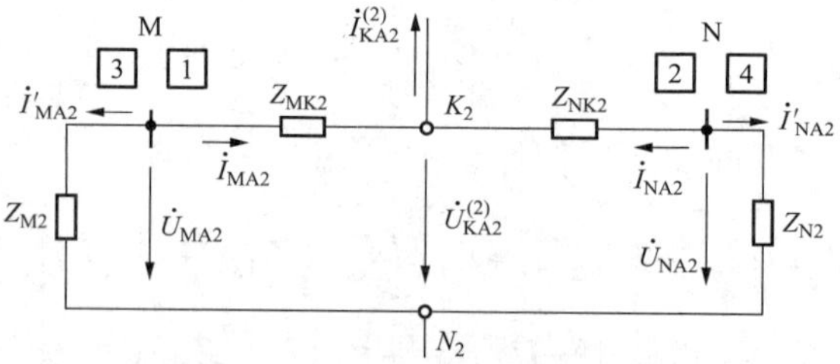

图 2－37　K 点 BC 相短路故障时的负序网络

可以看出，$\dot{U}_{MA2}$与$\dot{I}_{MA2}$间的相位关系取决于保护安装处反方向上的等值负序阻抗角，与故障点的状况无关。$\dot{U}_{MA2}$与$\dot{I}_{MA2}$的相位关系与式（2－83）中的$\Delta\dot{U}_{\varphi1}$与$\Delta\dot{I}_{\varphi1}$间相位关系相同，即$\dot{U}_{MA2}$滞后$\dot{I}_{MA2}$的角度是 100°～110°。

对保护 3 来说，故障点 K 在保护反方向上，有关系式

$$\dot{U}_{MA2} = \dot{I}'_{MA2}Z_{M2} \qquad (2-106)$$

可以看出，$\dot{U}_{MA2}$与I'_{MA2}间的相位关系取决于保护安装处保护 3 方向上的等值负序阻抗角，同样与故障点状况无关。$\dot{U}_{MA2}$与I'_{MA2}的相位关系与式（2－84）中的$\Delta\dot{U}_{\varphi1}$与$\Delta\dot{I}_{\varphi1}$向相位关系相同，即$\dot{U}_{MA2}$超前I'_{MA2}的角度是 70°～80°。

与式（2－85）相似，可写出负序方向元件的动作判据，即

$$0° < \arg\left(\frac{\dot{U}_2}{\dot{I}_2 e^{-j15}}\right) < 180° \quad （反方向元件） \qquad (2-107a)$$

$$180° < \arg\left(\frac{\dot{U}_2}{\dot{I}_2 e^{-j15}}\right) < 360° \quad （正方向元件） \qquad (2-107b)$$

由于故障点的负序电压最高，故负序方向元件不存在电压死区；相反故障点愈靠近保护安装处，方向元件的灵敏度愈高。

（八）保护安装处突变量电压、电流间相位关系

突变量电压、电流存在于图 2－33 的故障分量网络中，由于仅在 K 故障点 BC 相间作用故障电动势，按对称分量概念，网络中会出现正序故障分量电压、电流（也称正序突变量电压、电流，用符号$\Delta\dot{U}_{\varphi1}$、$\Delta\dot{I}_{\varphi1}$表示）和负序故障分量电压、电流（也称负序突变量电压、电流）。由于正常运行时电网中没有负序电压、电流，故负序变化量电压、电流

就是负序电压、电流，因此一般在负序电压、负序电流前不冠“突变量”一词。然而，负序滤过器存在不平衡输出，为提高灵敏度，克服不平衡输出的影响，可将负序滤过器的实时输出减去前一工频周期实时测得的不平衡输出。这样，就形成了负序突变量电压或负序突变量电流了。当然，负序突变量电压、电流间的相位关系与负序电压、电流间的相位关系相同。

需要指出，只要短路故障存在，负序电压和负序电流就一直存在，具有“稳态”性质；而负序突变量电压和负序突变量电流只能存在一定时间（如20ms），故具有“暂态”性质。

1. 保护安装处 $\Delta\dot{U}_{\varphi1}$、$\Delta\dot{I}_{\varphi1}$ 间的相位关系

正序故障分量电压、电流存在于正序故障分量网络中，而正序故障分量网络与短路故障的类型、相别无关，所以两相短路故障时保护安装处 $\Delta\dot{U}_{\varphi1}$ 与 $\Delta\dot{I}_{\varphi1}$ 的相位关系与三相短路故障时相同，见式（2－83）、式（2－84）和式（2－85）。

2. 保护安装处突变量电压、电流间相位关系

设在图2－1中K点BC相短路故障，作出故障分量网络如图2－33所示。对线路M侧保护来说，短路故障处在保护方向上，由图2－33可得

$$\Delta\dot{U}_{MBC} = -\Delta\dot{I}_{MB}Z_{M1} + \Delta\dot{I}_{MC}Z_{M1} = -\Delta\dot{I}_{MBC}Z_{M1}$$

$$\arg\frac{\Delta\dot{U}_{MBC}}{\Delta\dot{I}_{MBC}} = 180° + \arg Z_{M1} \qquad (2-108)$$

与式（2－82）完全相同。

当BC相短路故障在保护反方向上时，对线路M侧保护来说，图2－33中的故障电动势作用点移到M母线左侧，于是有关系式

$$\Delta\dot{U}_{MBC} = (\Delta\dot{I}_{MB} - \Delta\dot{I}_{MC})(Z_{MK1} + Z_{NK1} + Z_{N1})$$

$$= \Delta\dot{I}_{MBC}(Z_{MN1} + Z_{N1})$$

$$\arg\frac{\Delta\dot{U}_{MBC}}{\Delta\dot{I}_{MBC}} = \arg(Z_{MN1} + Z_{N1}) \qquad (2-109)$$

与式（2－84）完全相同。

归纳式（2－108）、式（2－109），得到相间短路故障突变量方向元件的动作判据为

$$0° < \arg\left(\frac{\Delta\dot{U}_{\varphi\varphi}}{\Delta\dot{I}_{\varphi\varphi}e^{-j15°}}\right) < 180° \qquad \text{（反方向元件）} \qquad (2-110a)$$

$$180° < \arg\left(\frac{\Delta\dot{U}_{\varphi\varphi}}{\Delta\dot{I}_{\varphi\varphi}e^{-j15°}}\right) < 360° \qquad \text{（正方向元件）} \qquad (2-110b)$$

式中：$\Delta\dot{U}_{\varphi\varphi}$与$\Delta\dot{I}_{\varphi\varphi}$分别是保护安装处相电压差突变量、相电流差突变量。因故障点愈靠近保护安装处，突变量电压愈高，故方向元件不存在电压死区问题。

应当指出，式（2－110）同样可以反应三相短路故障的方向，并不存在电压死区。

两相短路故障时，故障点一般存在电弧电阻，在短路故障分析中该电弧电阻通常可不计其影响。

三、单相接地故障分析

（一）边界条件与特殊相

图2－38示出了K点A相金属性接地，写出边界条件如下

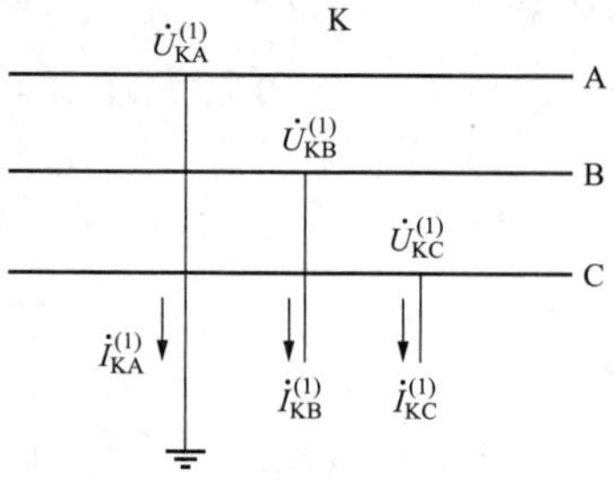

图 2－38　K 点 A 相金属性接地

$$\left.\begin{aligned}\dot{I}_{KB}^{(1)}=0\\ \dot{I}_{KC}^{(1)}=0\\ \dot{U}_{KA}^{(1)}=0\end{aligned}\right\}\qquad(2-111)$$

特殊相是 A 相，B 相接地时特殊相是 B 相，C 相接地时特殊相是 C 相。即特殊相是故障相。

（二）复合序网与故障分量网络

1. 复合序网

应用对称分量法，将式（2－111）边界条件用特殊相序分量表示时，可得到

$$\dot{I}_{KA1}^{(1)}+\dot{I}_{KA2}^{(1)}+\dot{I}_{KA0}^{(1)}=\frac{1}{3}\dot{I}_{KA}^{(1)}\qquad(2-112a)$$

$$\dot{U}_{KA1}^{(1)}+\dot{U}_{KA2}^{(1)}+\dot{U}_{KA0}^{(1)}=0\qquad(2-112b)$$

由于 $\dot{I}_{KA1}^{(1)}=\dot{I}_{KA2}^{(1)}=\dot{I}_{KA0}^{(1)}$，所以故障点特殊相的正序、负序、零序网络串联；又由于 $\dot{U}_{KA1}^{(1)}+\dot{U}_{KA2}^{(1)}+\dot{U}_{KA0}^{(1)}=0$，故三个序网络串联后应短接。作出 A 相 K 点接地时的复合序网如图 2－39 所示。再次指出，复合序网指的是特殊相的，非特殊相的各序网络不能这样连接，因为序分量间没有式（2－112）的关系。

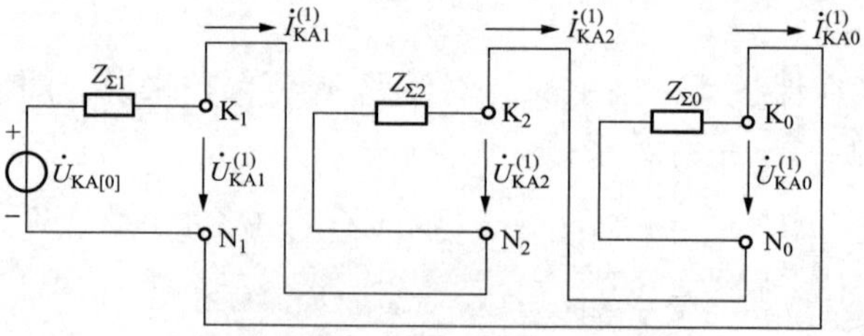

图 2－39　K 点 A 相接地时的复合序网

由复合序网可见，单相接地时会出现零序分量电流、电压。按我国规定，$\frac{Z_{\Sigma0}}{Z_{\Sigma1}}\leqslant 4\sim5$ 时属大接地电流系统；$\frac{Z_{\Sigma0}}{Z_{\Sigma1}}>4\sim5$ 时属小接地电流系统。

2. 故障分量网络

图 2－38 中 K 点 A 相接地，可看成图 2－1 电力系统正常运行情况 K 点 A 相与地间反向接入正常运行时 A 相电压 $\dot{U}_{KA[0]}$ 造成。于是，K 点 A 相接地可看成电力系统正常运行方式和仅在 K 点反向接入的 $\dot{U}_{KA[0]}$ 故障电动势作用的故障分量网络的叠加。

如果系统中各元件零序阻抗与正序阻抗具有相同比例，即各元件的 K 值相等，K 值为

$$K=\frac{Z_0-Z_1}{3Z_1}\qquad(2-113)$$

其中：Z_0、Z_1 为各元件的零序阻抗、正序阻抗。则 K 点 A 相接地时的故障分量网络如图 2－40 所示。当然，故障分量网络是一个无源网络。

应当指出，由于图 2－40 中各元件用正序阻抗表示，所以 M 侧的 $\Delta\dot{I}_M=\Delta(\dot{I}_{MA}+K3\dot{I}_0)$，

N 侧的 $\Delta\dot{I}_{N}=\Delta(\dot{I}_{NA}+K3\dot{I}_{0})$，$\Delta\dot{U}_{MA}$、$\Delta\dot{U}_{NA}$ 为 M、N 母线的相电压突变量。

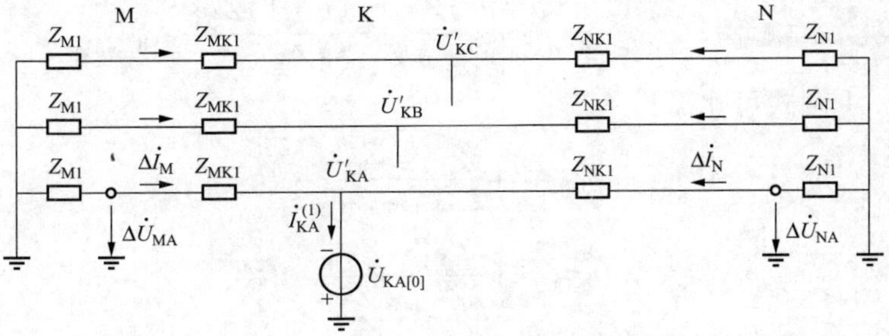

图 2－40　K 点 A 相接地时的故障分量网络

（三）故障点电流、电压

1. 故障电流

由图 2－39 求得

$$\dot{I}^{(1)}_{KA1}=\dot{I}^{(1)}_{KA2}=\dot{I}^{(1)}_{KA0}=\frac{\dot{U}_{KA[0]}}{Z_{\Sigma1}+Z_{\Sigma2}+Z_{\Sigma0}} \tag{2-114}$$

接地故障电流为

$$\dot{I}^{(1)}_{KA}=\frac{3\dot{U}_{KA[0]}}{Z_{\Sigma1}+Z_{\Sigma2}+Z_{\Sigma0}} \tag{2-115}$$

同一点三相短路电流由式（2－76）得到为 $I^{(3)}_{K}=\frac{U_{KA[0]}}{Z_{\Sigma1}}$，如果 $Z_{\Sigma1}=Z_{\Sigma2}$，则式（2－115）可表示为

$$I^{(1)}_{K}=\frac{3I^{(3)}_{K}}{2+\frac{Z_{\Sigma0}}{Z_{\Sigma1}}} \tag{2-116}$$

$I^{(1)}_{K}$ 与 $I^{(3)}_{K}$ 的比值为

$$\frac{I^{(1)}_{K}}{I^{(3)}_{K}}=\frac{3}{2+\frac{Z_{\Sigma0}}{Z_{\Sigma1}}} \tag{2-117}$$

可以看出，当 $Z_{\Sigma0}<Z_{\Sigma1}$时，有 $I^{(1)}_{K}>I^{(3)}_{K}$；当 $Z_{\Sigma0}=Z_{\Sigma1}$时，有 $I^{(1)}_{K}=I^{(3)}_{K}$；当 $Z_{\Sigma0}>Z_{\Sigma1}$时，有 $I^{(1)}_{K}<I^{(3)}_{K}$。

2. 故障点电压

因 $\dot{U}^{(1)}_{KA}=0$，所以只需分析两非故障相电压。由图 2－39 得

$$\dot{U}^{(1)}_{KA0}=-\dot{I}^{(1)}_{KA0}Z_{\Sigma0}=-\dot{I}^{(1)}_{KA1}Z_{\Sigma0}$$

$$\dot{U}^{(1)}_{KA2}=-\dot{I}^{(1)}_{KA2}Z_{\Sigma2}=-\dot{I}^{(2)}_{KA1}Z_{\Sigma2}$$

$$\dot{U}^{(1)}_{KA1}=-\dot{I}^{(1)}_{KA1}(Z_{\Sigma2}+Z_{\Sigma0})$$

于是 $\dot{U}^{(1)}_{KB}$ 与 $\dot{U}^{(1)}_{KC}$ 可表示为

$$\begin{aligned}\dot{U}^{(1)}_{KB}&=a^{2}\dot{U}^{(1)}_{KA1}+a\dot{U}^{(1)}_{KA2}+\dot{U}^{(1)}_{KA0}\\&=\frac{(a^{2}-a)Z_{\Sigma2}+(a^{2}-1)Z_{\Sigma0}}{Z_{\Sigma1}+Z_{\Sigma2}+Z_{\Sigma0}}\cdot\dot{U}_{KA[0]}\end{aligned} \tag{2-118a}$$

$$\dot{U}_{KC}^{(1)}=a\dot{U}_{KA1}^{(1)}+a^2\dot{U}_{KA2}^{(1)}+\dot{U}_{KA0}^{(1)}$$
$$=\frac{(a-a^2)Z_{\Sigma2}+(a-1)Z_{\Sigma0}}{Z_{\Sigma1}+Z_{\Sigma2}+Z_{\Sigma0}}\cdot\dot{U}_{KA[0]} \quad (2-118b)$$

当 $Z_{\Sigma1}=Z_{\Sigma2}$时，上两式可化简为

$$\dot{U}_{KB}^{(1)}=\dot{U}_{KB[0]}+\frac{Z_{\Sigma1}-Z_{\Sigma0}}{2Z_{\Sigma1}+Z_{\Sigma0}}\cdot\dot{U}_{KA[0]} \quad (2-119a)$$

$$\dot{U}_{KC}^{(1)}=\dot{U}_{KC[0]}+\frac{Z_{\Sigma1}-Z_{\Sigma0}}{2Z_{\Sigma1}+Z_{\Sigma0}}\cdot\dot{U}_{KA[0]} \quad (2-119b)$$

由式（2－118）可得到非故障电压为

$$\left|\frac{\dot{U}_{KB}^{(1)}}{\dot{U}_{KA[0]}}\right|=\left|\frac{\dot{U}_{KC}^{(1)}}{\dot{U}_{KA[0]}}\right|=\sqrt{1+\frac{(2Z_{\Sigma0}+Z_{\Sigma1})(Z_{\Sigma0}-Z_{\Sigma1})}{(2Z_{\Sigma1}+Z_{\Sigma0})^2}} \quad (2-120)$$

可以看出，$Z_{\Sigma0}>Z_{\Sigma1}$时，非故障相电压要升高［注意，此时一定是 $I_K^{(1)}<I_K^{(3)}$］，升高的程度随$\frac{Z_{\Sigma0}}{Z_{\Sigma1}}$比值增大而增大（如 $Z_{\Sigma0}=1.5Z_{\Sigma1}$时，则 $U_{KB}^{(1)}=U_{KC}^{(1)}=1.08U_{KA[0]}$）；$Z_{\Sigma0}=Z_{\Sigma1}$时，非故障相电压保持故障前数值；$Z_{\Sigma0}<Z_{\Sigma1}$时，非故障相电压降低。

对于两非故障相电压的夹角 α_U，由式（2－119）可以看出，当 $Z_{\Sigma0}=Z_{\Sigma1}$时，$\alpha_U=\arg\frac{\dot{U}_{KB[0]}}{\dot{U}_{KC[0]}}=120°$；当 $Z_{\Sigma0}>Z_{\Sigma1}$时，有 $\alpha_U<120°$（$Z_{\Sigma0}\to\infty$ 时，$\alpha_U<60°$）；当 $Z_{\Sigma0}<Z_{\Sigma1}$时，有 $\alpha_U<120°$（$Z_{\Sigma0}\to0$ 时，$\alpha_U<180°$）。

3. 故障点电流、电压间相量关系

先作出故障点故障前的三相电压 $\dot{U}_{KA[0]}$、$\dot{U}_{KB[0]}$、$\dot{U}_{KC[0]}$ 相量，再由式（2－115）可作出 $\dot{I}_{KA}^{(1)}$ 相量；由式（2－119）可作出 $\dot{U}_{KB}^{(1)}$、$\dot{U}_{KC}^{(1)}$ 相量，如图 2－41 所示。

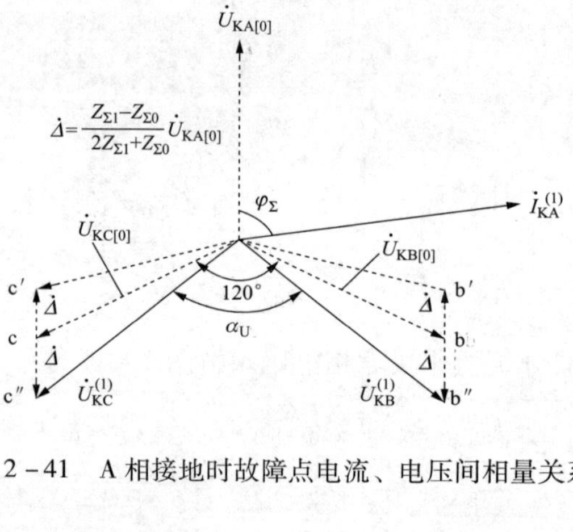

图 2－41 A 相接地时故障点电流、电压间相量关系

当 $Z_{\Sigma0}=Z_{\Sigma1}$时，有 $\dot{\Delta}=\frac{Z_{\Sigma1}-Z_{\Sigma0}}{2Z_{\Sigma1}+Z_{\Sigma0}}\cdot\dot{U}_{KA[0]}=0$，此时 $\dot{U}_{KB}^{(1)}$、$\dot{U}_{KC}^{(1)}$ 相量端点在 b、c 点，$\alpha_U=120°$；当 $Z_{\Sigma1}>Z_{\Sigma0}$时，有 $\dot{\Delta}>0$（表示 $\dot{\Delta}$ 与 $\dot{U}_{KA[0]}$ 同相位），此时 $\dot{U}_{KB}^{(1)}$、$\dot{U}_{KC}^{(1)}$ 相量端点在 b′、c′点，$\alpha_U>120°$；当 $Z_{\Sigma1}<Z_{\Sigma0}$时，有 $\dot{\Delta}<0$（表示 $\dot{\Delta}$ 与 $\dot{U}_{KA[0]}$ 反相位），此时

$\dot U_{KB}^{(1)}$、$\dot U_{KC}^{(1)}$相量端点在 b″、c″，$\alpha_U<120°$。

可以看出，当 $Z_{\Sigma 0}\to 0$ 时，$\dot\Delta\to\frac{1}{2}\dot U_{KA[0]}$，此时 $\dot U_{KB}^{(1)}$、$\dot U_{KC}^{(1)}$反相位，即 $\alpha_U\to 180°$ $\left[U_{KB}^{(1)}=U_{KC}^{(1)}=\frac{\sqrt3}{2}U_{KA[0]}\right]$；当 $Z_{\Sigma 0}\to\infty$ 时，$\dot\Delta\to-\dot U_{KA[0]}$，此时 $\dot U_{KB}^{(1)}$与 $\dot U_{KC}^{(1)}$夹角 60°，即 $\alpha_U\to 60°$ $[U_{KB}^{(1)}=U_{KC}^{(1)}=\sqrt3 U_{KA[0]}]$。因此，$Z_{\Sigma 0}$变化时，$\dot U_{KB}^{(1)}$、$\dot U_{KC}^{(1)}$相量端点变化轨迹沿 b′b″、c′c″方向确定的直线段变化。

不管 $\dot U_{KB}^{(1)}$、$\dot U_{KC}^{(1)}$相量端点位置如何变化，因零序电压 $\dot U_{KA0}^{(1)}$为

$$\dot U_{KA0}^{(1)}=\frac{1}{3}[\dot U_{KA}^{(1)}+\dot U_{KB}^{(1)}+\dot U_{KC}^{(1)}]=\frac{1}{3}[\dot U_{KB}^{(1)}+\dot U_{KC}^{(1)}]=-\rho_0\dot U_{KA[0]} \tag{2-121}$$

式中：ρ_0 为由 $Z_{\Sigma 0}$、$Z_{\Sigma 1}$大小确定的系数，当 $Z_{\Sigma 0}\to 0$ 时，$\rho_0\to 0$；当 $Z_{\Sigma 0}\to\infty$ 时，$\rho_0\to 1$；当 $Z_{\Sigma 0}=Z_{\Sigma 1}$时，$\rho_0=\frac{1}{3}$。

由式（2-121）可见，$U_{KA0}^{(1)}$相量总在 $\dot U_{KA[0]}$的反方向上。

（四）序电压分布、故障分量电压分布

1. 正序电压分布

当 $Z_{\Sigma 1}=Z_{\Sigma 2}$时，计及式（2-114），由图 2-39 得到故障点正序电压为

$$\dot U_{KA1}^{(1)}=\frac{Z_{\Sigma 1}+Z_{\Sigma 0}}{2Z_{\Sigma 1}+Z_{\Sigma 0}}\cdot\dot U_{KA[0]} \tag{2-122}$$

当 $Z_{\Sigma 0}=0\to\infty$ 时，$|\dot U_{KA1}^{(1)}|=(50\%\sim100\%)U_{KA[0]}$。

图 2-1 中 K 点 A 相接地时，M 母线上正序电压为

$$\begin{aligned}\dot U_{MA1}&=\dot U_{KA1}^{(1)}+(\dot I_{loa\cdot A}+C_{1M}\dot I_{KA1}^{(1)})Z_{MK1}\\&=\frac{Z_{\Sigma 1}+Z_{\Sigma 0}}{2Z_{\Sigma 1}+Z_{\Sigma 0}}\cdot\dot U_{KA[0]}\left(1+C_{1M}\frac{Z_{MK1}}{Z_{\Sigma 1}+Z_{\Sigma 0}}\right)+\dot I_{loa\cdot A}Z_{MK1}\end{aligned} \tag{2-123}$$

可以看出，M 母线上的正序电压不低于故障点正序电压。

正序电压分布与两相短路故障时相同，如图 2-42（a）所示。

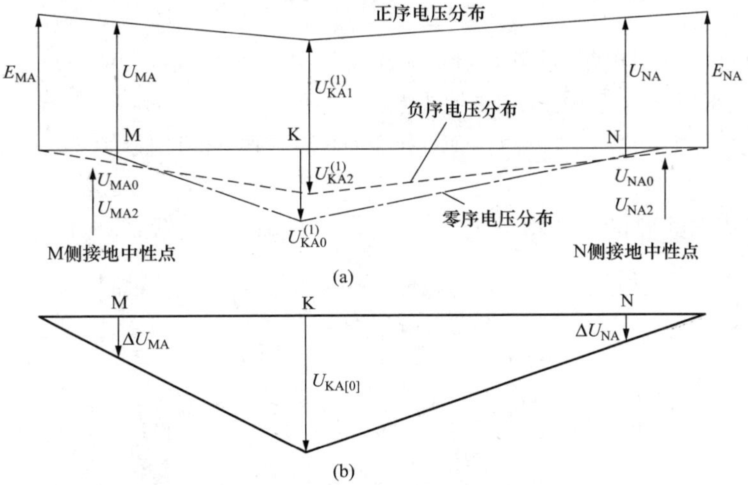

图 2-42 单相接地时序电压、故障分量电压分布（$Z_{\Sigma 0}>Z_{\Sigma 2}$）

（a）正序、负序、零序电压分布；（b）故障分量电压分布

2. 负序电压分布

负序电压仅存在负序网络中，而负序网络与短路故障类型无关，图 2－1 中 K 点 A 相接地时的负序网络如图 2－37 所示，只是故障点作用的负序电压是 $\dot{U}_{KA2}^{(1)}$，于是 M 母线上的负序电压为

$$\dot{U}_{MA2}=\frac{Z_{M2}}{Z_{M2}+Z_{MK2}}\cdot\dot{U}_{KA2}^{(1)} \tag{2-124}$$

而

$$\dot{U}_{KA2}^{(1)}=-\frac{Z_{\Sigma2}}{Z_{\Sigma1}+Z_{\Sigma2}+Z_{\Sigma0}}\cdot\dot{U}_{KA[0]} \tag{2-125}$$

负序电压分布与两相短路故障时相同，由故障点逐渐向电源中性点降落，中性点处为零，如图 2－42（a）所示。

3. 零序电压分布

零序电压仅存在于零序网络中，零序网络与负序网络相同，是一个无源网络，因此故障点的零序电压最高，逐渐向接地中性点降落。图 2－1 中 K 点 A 相接地时，因故障点作用的零序电压为 $\dot{U}_{KA0}^{(1)}$，于是 M 母线上零序电压 $\dot{U}_{MA0}$ 为

$$\dot{U}_{MA0}=\frac{Z_{M0}}{Z_{M0}+Z_{MK0}}\dot{U}_{KA0}^{(1)} \tag{2-126}$$

而

$$\dot{U}_{KA0}^{(1)}=-\frac{Z_{\Sigma0}}{Z_{\Sigma1}+Z_{\Sigma2}+Z_{\Sigma0}}\cdot\dot{U}_{KA[0]} \tag{2-127}$$

零序电压分布如图 2－42（a）中所示，应当指出，零序电压在接地中性点处为零，不能传变到三角形绕组外。

4. 故障分量电压分布

故障分量网络是一个无源网络，当各元件零序阻抗与正序阻抗的比例相同时，由图 2－40 求得 K 点 A 相接地 M、N 母线上故障分量电压 $\Delta\dot{U}_{MA}$、$\Delta\dot{U}_{NA}$ 分别为

$$\Delta\dot{U}_{MA}=-\frac{Z_{M1}}{Z_{M1}+Z_{MK1}}\cdot\dot{U}_{KA[0]} \tag{2-128a}$$

$$\Delta\dot{U}_{NA}=-\frac{Z_{N1}}{Z_{N1}+Z_{NK1}}\cdot\dot{U}_{KA[0]} \tag{2-128b}$$

故障分量电压分布与两相短路故障时相同，如图 2－42（b）所示。

（五）保护安装处电流、电压间相量关系

设图 2－1 中 K 点 A 相接地，讨论 M 母线处电流、电压间相量关系。

1. M 侧三相电流

M 侧由母线流向线路的三相电流为

$$\begin{aligned}\dot{I}_{MA}&=\dot{I}_{loa\cdot A}+C_{1M}\dot{I}_{KA1}^{(1)}+C_{2M}\dot{I}_{KA2}^{(1)}+C_{0M}\dot{I}_{KA0}^{(1)}\\&=\dot{I}_{loa\cdot A}+\frac{C_{1M}+C_{2M}+C_{0M}}{3}\dot{I}_{KA}^{(1)}\end{aligned} \tag{2-129a}$$

$$\begin{aligned}\dot{I}_{MB}&=\dot{I}_{loa\cdot B}+C_{1M}a^2\dot{I}_{KA1}^{(1)}+C_{2M}a\dot{I}_{KA2}^{(1)}+C_{0M}\dot{I}_{KA0}^{(1)}\\&=\dot{I}_{loa\cdot B}+\frac{a^2C_{1M}+aC_{2M}+C_{0M}}{3}\dot{I}_{KA}^{(1)}\end{aligned} \tag{2-129b}$$

$$\dot{I}_{MC}=\dot{I}_{loa\cdot C}+C_{1M}a\dot{I}_{KA1}^{(1)}+C_{2M}a^2\dot{I}_{KA2}^{(1)}+C_{0M}\dot{I}_{KA0}^{(1)}$$

$$= \dot{I}_{loa \cdot C} + \frac{aC_{1M} + a^2 C_{2M} + C_{0M}}{3} \dot{I}_{KA}^{(1)} \qquad (2-129c)$$

可以看出，两非故障相中除原有负荷电流外，还有故障分量电流，这是与两相短路故障所不同的，并且当 $C_{1M} \neq C_{2M}$ 时，两非故障相中的故障分量有所不同。当 $C_{1M} = C_{2M}$ 时，式（2－129）化简为

$$\dot{I}_{MA} = \dot{I}_{loa \cdot A} + \frac{2C_{1M} + C_{0M}}{3} \dot{I}_{KA}^{(1)} \qquad (2-130a)$$

$$\dot{I}_{MB} = \dot{I}_{loa \cdot B} + \frac{C_{0M} - C_{1M}}{3} \dot{I}_{KA}^{(1)} \qquad (2-130b)$$

$$\dot{I}_{MC} = \dot{I}_{loa \cdot C} + \frac{C_{0M} - C_{1M}}{3} \dot{I}_{KA}^{(1)} \qquad (2-130c)$$

在这种情况下，两非故障相中的故障分量电流不仅大小相等，而且相位相同，非故障相中的故障分量电流是由 $C_{0M} \neq C_{1M}$ 所产生的。

由式（2－130）容易看出，当 $C_{0M} > C_{1M}$ 时，两非故障相的故障分量电流与 A 相故障分量电流同相位；当 $C_{0M} < C_{1M}$ 时，两非故障相的故障分量电流与 A 相故障分量电流反相位。相量关系如图 2－43（a）、（b）所示。

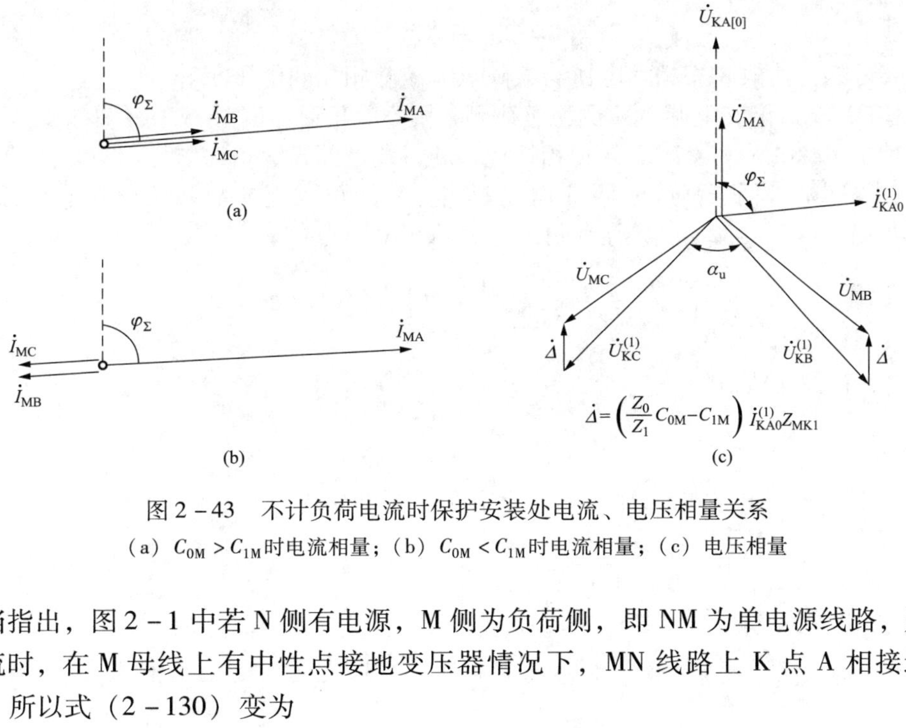

图 2－43 不计负荷电流时保护安装处电流、电压相量关系

（a）$C_{0M} > C_{1M}$ 时电流相量；（b）$C_{0M} < C_{1M}$ 时电流相量；（c）电压相量

应当指出，图 2－1 中若 N 侧有电源，M 侧为负荷侧，即 NM 为单电源线路，则当不计负荷电流时，在 M 母线上有中性点接地变压器情况下，MN 线路上 K 点 A 相接地时，因 $C_{1M} = 0$，所以式（2－130）变为

$$\dot{I}_{MA} = \frac{C_{0M}}{3} \dot{I}_{KA}^{(1)} \qquad (2-131a)$$

$$\dot{I}_{MB} = \frac{C_{0M}}{3} \dot{I}_{KA}^{(1)} \qquad (2-131b)$$

$$\dot{I}_{MC} = \frac{C_{0M}}{3} \dot{I}_{KA}^{(1)} \qquad (2-131c)$$

M 侧没有正序电流（负荷电流不计）、负序电流，只有零序电流，三相电流大小相等、

相位相同，如式（2－131）所示。

2. M 母线三相电压

图 2－1 中 K 点 A 相接地，在不计负荷电流情况下，M 母线（M 侧有电源）上三相电压为

$$\dot{U}_{MA}=\dot{U}_{KA}^{(1)}+C_{1M}\dot{I}_{KA1}^{(1)}Z_{MK1}+C_{2M}\dot{I}_{KA2}^{(1)}Z_{MK2}+C_{0M}\dot{I}_{KA0}^{(1)}Z_{MK0}$$
$$=\left(2C_{1M}+\frac{Z_0}{Z_1}C_{0M}\right)\dot{I}_{KA0}Z_{MK1} \tag{2-132a}$$

$$\dot{U}_{MB}=\dot{U}_{KB}^{(1)}+C_{1M}a^2\dot{I}_{KA1}^{(1)}Z_{MK1}+C_{2M}a\dot{I}_{KA2}^{(1)}Z_{MK2}+C_{0M}\dot{I}_{KA0}^{(1)}Z_{MK0}$$
$$=\dot{U}_{KB}^{(1)}+\left(\frac{Z_0}{Z_1}C_{0M}-C_{1M}\right)\dot{I}_{KA0}Z_{MK1} \tag{2-132b}$$

$$\dot{U}_{MC}=\dot{U}_{KC}^{(1)}+C_{1M}a\dot{I}_{KA1}^{(1)}Z_{MK1}+C_{2M}a^2\dot{I}_{KA2}^{(1)}Z_{MK2}+C_{0M}\dot{I}_{KA0}^{(1)}Z_{MK0}$$
$$=\dot{U}_{KC}^{(1)}+\left(\frac{Z_0}{Z_1}C_{0M}-C_{1M}\right)\dot{I}_{KA0}Z_{MK1} \tag{2-132c}$$

式中：Z_0、Z_1 为输电线路单位长度的零序、正序阻抗。

M 母线电压相量如图 2－43（c）所示，可以看出，$\dot{U}_{MB}$、$\dot{U}_{MC}$间夹角与 $\dot{U}_{KB}^{(1)}$、$\dot{U}_{KC}^{(1)}$间夹角不相等。

由式（2－132）得到

$$\dot{U}_{MB}-\dot{U}_{MC}=\dot{U}_{KB}^{(1)}-\dot{U}_{KC}^{(1)} \tag{2-133}$$

此式说明，母线上非故障相相间电压与故障点非故障相相间电压相等。

图 2－1 中若 N 侧有电源，M 侧为负荷侧，则不计负荷电流时，在 M 母线上有中性点接地变压器情况下，MN 线路上 K 点 A 相接地，M 母线上的正、负序电压与故障点的正、负序电压相等，零序电压低于故障点零序电压。当然，M 母线上非故障相电压有较高的数值，令$C_{1M}=0$，由式（2－132a）得到 M 母线上故障相电压为

$$\dot{U}_{MA}=\frac{Z_0}{Z_1}C_{0M}\dot{I}_{KA0}^{(1)}Z_{MK1} \tag{2-134}$$

如 $Z_0=3Z_1$，计及 $\dot{I}_{KA0}^{(1)}=\frac{\dot{I}_{KA}^{(1)}}{3}$，上式写成

$$\dot{U}_{MA}=C_{0M}\dot{I}_{KA}^{(1)}Z_{MK1} \tag{2-135}$$

当 $\dot{I}_{KA}^{(1)}$较大时，在故障点 K 并不十分靠近 M 母线情况下，$\dot{U}_{MA}$具有一定数值，有时仍有较高数值。

（六）保护安装处的相电流差突变量

图 2－1 中 K 点 A 相接地时，线路 M 侧相电流突变量由式（2－130）得到为

$$\Delta\dot{I}_{MA}=\dot{I}_{MA}-\dot{I}_{loa\cdot A}=\frac{2C_{1M}+C_{0M}}{3}\dot{I}_{KA}^{(1)} \tag{2-136a}$$

$$\Delta\dot{I}_{MB}=\dot{I}_{MB}-\dot{I}_{loa\cdot B}=\frac{C_{0M}-C_{1M}}{3}\dot{I}_{KA}^{(1)} \tag{2-136b}$$

$$\Delta\dot{I}_{MC}=\dot{I}_{MC}-\dot{I}_{loa\cdot C}=\frac{C_{0M}+C_{1M}}{3}\dot{I}_{KA}^{(1)} \tag{2-136c}$$

相电流差突变量为

$$\Delta\dot{I}_{MAB}=\Delta\dot{I}_{MA}-\Delta\dot{I}_{MB}=C_{1M}\dot{I}_{KA}^{(1)} \tag{2-137a}$$

$$\Delta\dot{I}_{MBC}=\Delta\dot{I}_{MB}-\Delta\dot{I}_{MC}=0 \tag{2-137b}$$

$$\Delta\dot{I}_{MCA}=\Delta\dot{I}_{MC}-\Delta\dot{I}_{MA}=-C_{1M}\dot{I}_{KA}^{(1)} \tag{2-137c}$$

两非故障相电流差突变量为零，计及 $C_{1M}\neq C_{2M}$时，两非故障相相电流差突变量由式（2－129）得到为

$$\Delta\dot{I}_{MBC}=\Delta\dot{I}_{MB}-\Delta\dot{I}_{MC}=\frac{(a^2-a)C_{1M}+(a-a^2)C_{2M}}{3}\dot{I}_{KA}^{(1)}$$

$$=\frac{j}{\sqrt{3}}(C_{2M}-C_{1M})\dot{I}_{KA}^{(1)} \tag{2-138}$$

此式说明，当 $C_{1M}\neq C_{2M}$时，两非故障相相电流差突变量并非零值，但因 C_{1M}与 C_{2M}差别不大，所以式（2－138）表示的值也并不大。应当注意，当 $\dot{I}_{KA}^{(1)}$ 甚大时，$|\Delta\dot{I}_{MBC}|$就有一定的数值了。

需要指出，当图 2－1 中 M 侧电源消失时，MN 线路变为单电源线路，M 母线上有中性点接地变压器情况下，K 点 A 相接地，线路 M 侧相电流突变量由式（2－136）得到为（令 $C_{1M}=0$）

$$\Delta\dot{I}_{MA}=\Delta\dot{I}_{MB}=\Delta\dot{I}_{MC}=\frac{1}{3}C_{0M}\dot{I}_{KA}^{(1)} \tag{2-139}$$

具有较大的数值。三个相电流差突变量为

$$\Delta\dot{I}_{MAB}=\Delta\dot{I}_{MBC}=\Delta\dot{I}_{MCA}=0 \tag{2-140}$$

说明负荷侧三个相电流差突变量均为零。

（七）保护安装处序电压、序电流间相位关系

1. 保护安装处负序电压、负序电流间相位关系

与两相短路故障时完全相同。

2. 保护安装处零序电压、零序电流间相位关系

在中性点直接接地的电网中，保护方向上单相接地且保护反方向有接地中性点、保护反方向上单相接地且保护方向有接地中性点，则保护安装处有零序电压和零序电流。因零序网络是一个无源网络，故零序电压和零序电流间的相位关系与负序电压和负序电流间的相位关系相同。正、反方向零序方向元件的动作判据为

$$0°<\arg\left(\frac{3\dot{U}_0}{3\dot{I}_0 e^{-j15°}}\right)<180° \quad \text{（反方向元件）} \tag{2-141a}$$

$$180°<\arg\left(\frac{3\dot{U}_0}{3\dot{I}_0 e^{-j15°}}\right)<360° \quad \text{（正方向元件）} \tag{2-141b}$$

应当指出的是，相位关系与故障点是否存在过渡电阻无关。

（八）保护安装处突变量电压、电流间相位关系

1. 保护安装处 $\Delta\dot{U}_{\varphi1}$、$\Delta\dot{I}_{\varphi1}$ 间的相位关系

与两相短路故障时相同。

2. 保护安装处突变量电压、电流间相位关系

设图 2－1 中 K 点 A 相接地，故障分量网络如图 2－40 所示。对线路 M 侧保护来说，接地故障在保护方向上，由图 2－40 可得

$$\Delta\dot{U}_{MA}=-\Delta\dot{I}_{MA}Z_{M1}$$

$$\arg\frac{\Delta\dot{U}_{MA}}{\Delta\dot{I}_{MA}}=180°+\arg Z_{M1} \tag{2-142}$$

与式（2-82）完全相同。

当A相接地在保护反方向上时，对线路M侧保护来说，图2-40中的故障电动势作用点移到M母线左侧，于是有关系式

$$\Delta\dot{U}_{MA}=\Delta\dot{I}_{MA}(Z_{MK1}+Z_{NK1}+Z_{N1})=\Delta\dot{I}_{MA}(Z_{MN1}+Z_{N1})$$

$$\arg\frac{\Delta\dot{U}_{MA}}{\Delta\dot{I}_{MA}}=\arg(Z_{MN1}+Z_{N1}) \tag{2-143}$$

归纳式（2-142）、式（2-143），得到接地故障突变量方向元件的动作判据为

$$0°<\arg\left\{\frac{\Delta\dot{U}_{\varphi}}{\Delta(\dot{I}_{\varphi}+K3\dot{I}_0)\cdot e^{-j15°}}\right\}<180° \quad（反方向元件） \tag{2-144a}$$

$$180°<\arg\left\{\frac{\Delta\dot{U}_{\varphi}}{\Delta(\dot{I}_{\varphi}+K3\dot{I}_0)\cdot e^{-j15°}}\right\}<360° \quad（正方向元件） \tag{2-144b}$$

（九）故障点过渡电阻的影响

相间短路故障在大多数情况下过渡电阻是电弧电阻，数值并不大。接地故障的过渡电阻除故障点电弧电阻外，还有过渡物电阻。如导线通过铁塔形成接地故障，则过渡物电阻是铁塔本身电阻与铁塔接地电阻之和。过渡物电阻因过渡物较为复杂，所以过渡物电阻也较复杂，随过渡物类型而变化。从继电保护角度出发，220kV线路考虑的过渡电阻是100Ω，330kV线路考虑的过渡电阻是150Ω，500kV线路考虑的过渡电阻是300Ω，即在这样大的过渡电阻下，不应影响继电保护的正确动作。

前已分析得到，过渡电阻不影响序电压和序电流间的相位关系，不影响正序突变量电压和正序突变量电流间的相位关系，不影响突变量电压和突变量电流间的相位关系。以下分析过渡电阻对故障点电压和电流间相量关系的影响，分析对测量阻抗的影响。

1. 对故障点电压和电流间相量关系的影响

图2-44（a）示出了K点A相经过渡电阻R_g接地，可以等效成图2-44（b）中K′点A相金属性接地，而K′点和K点之间具有一条阻抗为R_g的三相输电线，该输电线中不存在负荷电流。由于K′点A相金属性接地，作出复合序网如图2-45所示。可以看出，R_g在原有序网络之外。

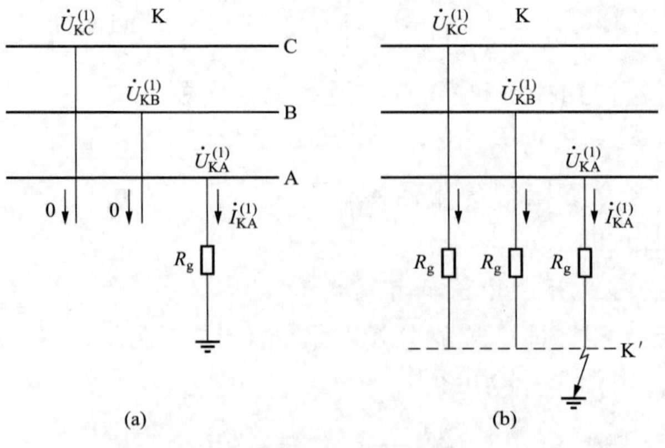

图2-44 A相经过渡电阻R_g接地

（a）K点A相经R_g接地；（b）K′点A相金属性接地

由图2－45求得故障支路故障相各序电流为

$$\dot{I}_{KA1}^{(1)}=\dot{I}_{KA2}^{(1)}=\dot{I}_{KA0}^{(1)}=\frac{\dot{U}_{KA[0]}}{3R_g+Z_{\Sigma1}+Z_{\Sigma2}+Z_{\Sigma0}} \tag{2-145}$$

当$Z_{\Sigma1}=Z_{\Sigma2}$时，故障电流$\dot{I}_{KA}^{(1)}$为

$$\dot{I}_{KA}^{(1)}=\frac{3\dot{U}_{KA[0]}}{3R_g+2Z_{\Sigma1}+Z_{\Sigma0}} \tag{2-146}$$

改写式（2－146）为如下形式

$$\dot{I}_{KA}^{(1)}=\frac{3\dot{U}_{KA[0]}}{j2(2X_{\Sigma1}+X_{\Sigma0})}+\frac{3\dot{U}_{KA[0]}}{j2(2X_{\Sigma1}+X_{\Sigma0})}\cdot e^{j2\theta} \tag{2-147}$$

式中：$\theta=\mathrm{arctg}\left(\frac{3R_g+2R_{\Sigma1}+R_{\Sigma0}}{2X_{\Sigma1}+X_{\Sigma0}}\right)$，而$R_{\Sigma1}$、$X_{\Sigma1}$是$Z_{\Sigma1}$的电阻、电抗部分；$R_{\Sigma0}$、$X_{\Sigma0}$是$Z_{\Sigma0}$的电阻、电抗部分。当$R_g=0$时，$\theta=\theta_0=\mathrm{argtg}\frac{2R_{\Sigma1}+R_{\Sigma0}}{2X_{\Sigma1}+X_{\Sigma0}}$；当$R_g\to\infty$时，$\theta\to90°$。

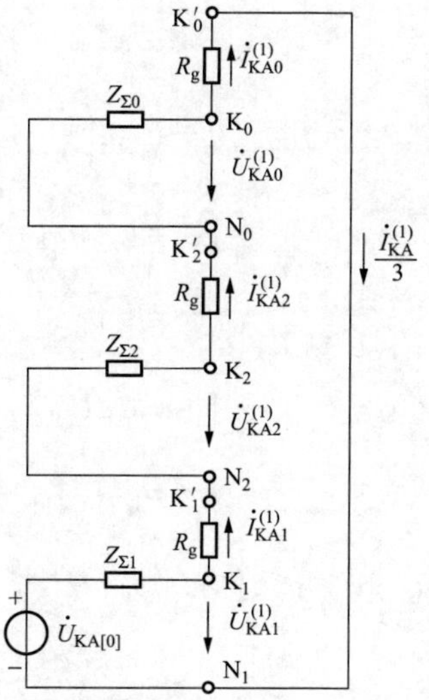

图2－45　A相经R_g接地时复合序网

当$R_g=0\sim\infty$时，由式（2－147）作出$\dot{I}_{KA}^{(1)}$相量端点变化轨迹如图2－46中圆弧所示，其中$\dot{I}_{KA\cdot max}^{(1)}=\frac{3\dot{U}_{KA[0]}}{2Z_{\Sigma1}+Z_{\Sigma0}}$，即$R_g=0$时的$\dot{I}_{KA}^{(1)}$。

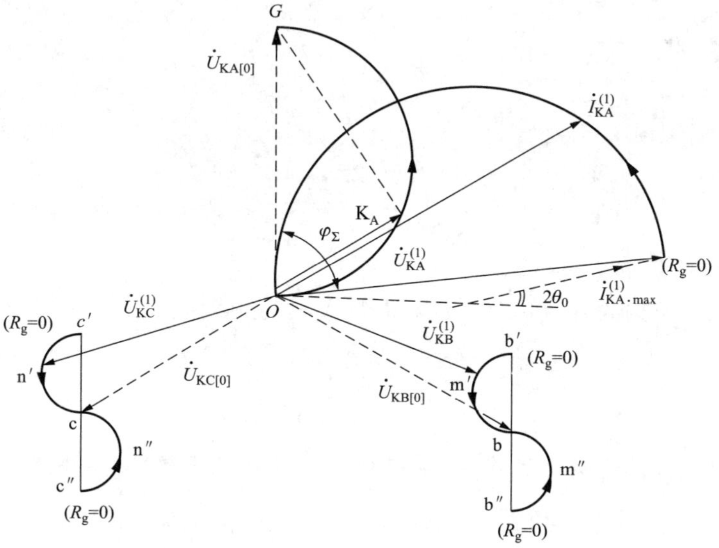

图2－46　A相经R_g接地时故障点电流、电压相量关系

对于故障点电压，注意此时$\dot{U}_{KA1}^{(1)}+\dot{U}_{KA2}^{(1)}+\dot{U}_{KA0}^{(1)}\neq0$，故障点三相电压可表示为

$$\dot{U}_{KA}^{(1)}=\dot{I}_{KA}^{(1)}R_g=\frac{3R_g}{3R_g+2Z_{\Sigma1}+Z_{\Sigma0}}\dot{U}_{KA[0]}$$

为简化计，不计各元件电阻，改写上式可得

$$\dot{U}_{KA}^{(1)}=\frac{1}{2}\dot{U}_{KA[0]}-\frac{1}{2}\dot{U}_{KA[0]}e^{j2\theta} \quad (2-148)$$

式中 θ 为角度，$\theta=\mathrm{arctg}\left(\frac{3R_g}{2X_{\Sigma1}+X_{\Sigma0}}\right)$；当 $R_g=0\sim\infty$ 时，$\theta=0°\sim90°$。

$$\begin{aligned}\dot{U}_{KB}^{(1)}&=a^2[\dot{U}_{KA[0]}-\dot{I}_{KA1}^{(1)}Z_{\Sigma1}]+a[-\dot{I}_{KA2}^{(1)}Z_{\Sigma2}]+[-\dot{I}_{KA0}^{(1)}Z_{\Sigma0}]\\&=\dot{U}_{KB[0]}+\frac{Z_{\Sigma1}-Z_{\Sigma0}}{3R_g+2Z_{\Sigma1}+Z_{\Sigma0}}\dot{U}_{KA[0]}\end{aligned} \quad (2-149)$$

$$\begin{aligned}\dot{U}_{KC}^{(1)}&=a(\dot{U}_{KA[0]}-\dot{I}_{KA1}^{(1)}Z_{\Sigma1})+a^2(-\dot{I}_{KA2}^{(1)}Z_{\Sigma2})+(-\dot{I}_{KA0}^{(1)}Z_{\Sigma0})\\&=\dot{U}_{KC[0]}+\frac{Z_{\Sigma1}-Z_{\Sigma0}}{3R_g+2Z_{\Sigma1}+Z_{\Sigma0}}\dot{U}_{KA[0]}\end{aligned} \quad (2-150)$$

当 $R_g=0\sim\infty$ 时，$\dot{U}_{KA}^{(1)}$、$\dot{U}_{KB}^{(1)}$、$\dot{U}_{KC}^{(1)}$ 端点变化轨迹如图 2－46 中圆弧所示。图中

$$\overline{bb'}=\overline{cc'}=\frac{Z_{\Sigma1}-Z_{\Sigma0}}{2Z_{\Sigma1}+Z_{\Sigma0}}\cdot\dot{U}_{KA[0]}(Z_{\Sigma1}>Z_{\Sigma0}\text{时})$$

$$\overline{bb''}=\overline{cc''}=\frac{Z_{\Sigma1}-Z_{\Sigma0}}{2Z_{\Sigma1}+Z_{\Sigma0}}\cdot\dot{U}_{KA[0]}(Z_{\Sigma1}>Z_{\Sigma0}\text{时})$$

所以 $Z_{\Sigma1}>Z_{\Sigma0}$时，$\dot{U}_{KB}^{(1)}$端点沿$\widehat{b'm'b}$变化，$\dot{U}_{KC}^{(1)}$端点沿$\widehat{c'n'c}$变化；$Z_{\Sigma1}<Z_{\Sigma0}$时 $\dot{U}_{KB}^{(1)}$端点沿$\widehat{b''m''b}$变化，$\dot{U}_{KC}^{(1)}$端点沿$\widehat{c''n''c}$变化。

在图 2－46 中，$\overrightarrow{OK_A}=\dot{I}_{KA}^{(1)}R_g$，由式（2－146）得 $\dot{U}_{KA[0]}-\dot{I}_{KA}^{(1)}R_g=\dot{I}_{KA}^{(1)}\cdot\frac{2Z_{\Sigma1}+Z_{\Sigma0}}{3}$于是图 2－45 中的 K_AG 可表示为

$$\overrightarrow{K_AG}=-\overrightarrow{O}K_A+\dot{U}_{KA[0]}=\dot{U}_{KA[0]}-\dot{I}_{KA}^{(1)}R_g=\dot{I}_{KA}^{(1)}\frac{2Z_{\Sigma1}+Z_{\Sigma0}}{3}$$

所以故障点的过渡电阻 R_g 为

$$R_g=\left|\frac{\overrightarrow{OK_A}}{\overrightarrow{K_AG}}\cdot\frac{2Z_{\Sigma1}+Z_{\Sigma0}}{3}\right|$$

2. 对测量阻抗的影响

图 2－1 中 K 点 A 相经 R_g 接地，线路 M 侧 A 相的测量抗 Z_m 为

$$Z_m=\frac{\dot{U}_{MA}}{\dot{I}_{MA}+K3\dot{I}_0} \quad (2-151)$$

式中：K 为零序电流补偿系数，见式（2－113）；$\dot{I}_0$ 为由 M 母线流向线路的零序电流。

因为
$$\begin{aligned}\dot{U}_{MA}&=\dot{U}_{KA}^{(1)}+\dot{I}_{MA1}Z_{MK1}+\dot{I}_{MA2}Z_{MK2}+\dot{I}_0Z_{MK0}\\&=I_{KA}^{(1)}R_g+(\dot{I}_{MA}+K3\dot{I}_0)Z_{MK1}\end{aligned}$$

所以
$$Z_m=Z_{MK1}+\Delta Z \quad (2-152a)$$

$$\Delta Z=\frac{\dot{I}_{KA}^{(1)}}{\dot{I}_{MA}+K3\dot{I}_0}\cdot R_g \quad (2-152b)$$

由于附加测量阻抗 ΔZ 的存在，破坏了测量阻抗与故障点到保护安装处线路阻抗的正比关系。因为接地故障 R_g 较大，所以在接地保护中影响较大。

改写 ΔZ 为如下形式

$$\Delta Z = \frac{3\dot{I}_{KA1}^{(1)}}{\dot{I}_{loa\cdot A} + C_{1M}\dot{I}_{KA1}^{(1)} + C_{2M}\dot{I}_{KA2}^{(1)} + C_{0M}\dot{I}_{KA0}^{(1)} + 3KC_{0M}\dot{I}_{KA0}^{(1)}} \cdot R_g$$
$$= \frac{3R_g}{[2C_{1M} + (1+3K)C_{0M}] + \dfrac{3\dot{I}_{loa\cdot A}}{\dot{I}_{KA}^{(1)}}} \qquad (2-153)$$

当 K 点金属性短路故障时，$R_g=0$，有 $\Delta Z=0$，此时 $Z_m=Z_{MK1}$。在 $R_g\neq0$ 情况下，若空载下发生单相接地，$\dot{I}_{loa\cdot A}=0$，则 $\Delta Z_1=\dfrac{3R_g}{2C_{1M}+(1+3K)C_{0M}}$为纯电阻，$Z_m=Z_{MK1}+\Delta Z_1$；当 M 侧为送电侧时，由式（2－1a）确定的负荷电流 $\dot{I}_{loa\cdot A}$超前图 2－46 中的故障电流 $\dot{I}_{KA}^{(1)}$，于是 ΔZ 中分母幅角为“＋”，故 ΔZ 呈阻容性（用 ΔZ_2 表示），$Z_{M2}=Z_{MK1}+\Delta Z_2$；当 M 侧为受电侧时，由式（2－1a）确定的 $\dot{I}_{loa\cdot A}$滞后图 2－46 中的 $\dot{I}_{KA}^{(1)}$，ΔZ 中分母幅角为“－”，故 ΔZ 呈阻感性（用 ΔZ_3 表示），$Z_{m3}=Z_{MK1}+\Delta Z_3$。$\Delta Z$、$Z_m$ 如图 2－47 所示。

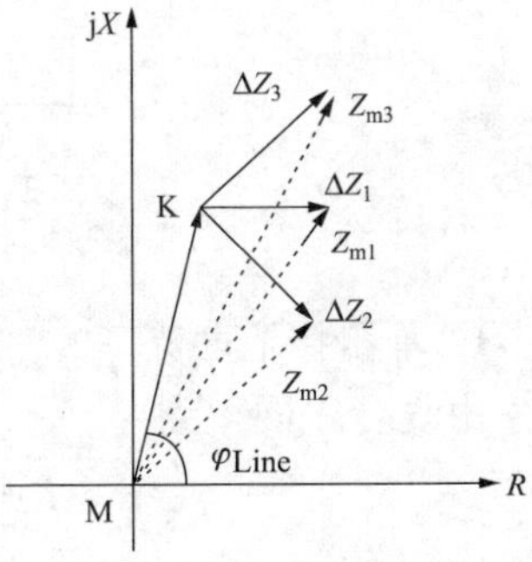

图 2－47　单相经 R_g 接地时的 Z_m

需要指出的是，接地故障过渡电阻大，因此过渡电阻对零序电流保护、接地距离保护等都有较大的影响，应采取相应措施或专门技术来改善或消除过渡电阻的影响。

（十）中性点不接地电网发生单相接地

图 2－48 示出了中性点不接地电网，其中 $\dot{E}_A$、$\dot{E}_B$、$\dot{E}_C$ 是发电机电动势或是变压器二次侧感应电动势，$C_1\sim C_4$ 分别是线路 1～4 每相对地电容。当线路 4 的 K 点 A 相接地时，其一是综合零序阻抗远大于综合正序、负序阻抗；其二是接地电流不大，正序电流、负序电流在综合正序、负序阻抗上的压降远小于零序电流在综合零序阻抗上的压降；其三，零序电流在线路零序阻抗上的压降远小于零序电流在线路对地电容上的压降。

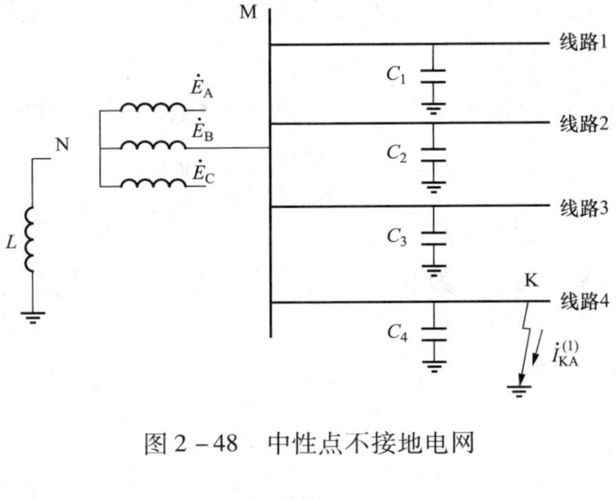

图 2－48　中性点不接地电网

因此，在单相接地的复合序网中，完全可令 $Z_{\Sigma1}=0$、$Z_{\Sigma2}=0$。并不计线路元件的零序阻抗，作出 K 点 A 相接地的复合序网如图 2－49 所示。

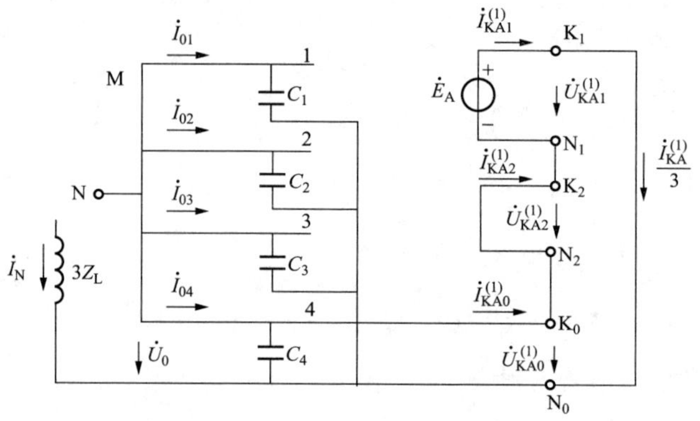

图 2－49　K 点 A 相接地时的复合序网

1. 单相接地电流

由复合序网得到

$$\dot{I}_{KA1}^{(1)}=\dot{I}_{KA2}^{(1)}=\dot{I}_{KA0}^{(1)}=j\omega(C_1+C_2+C_3+C_4)\dot{E}_A=j\omega C_{\Sigma}\dot{E}_A$$

所以接地电流 $\dot{I}_{KA}^{(1)}$ 为

$$\dot{I}_{KA}^{(1)}=j3\omega C_{\Sigma}\dot{E}_A \tag{2－154}$$

式（2－154）说明，接地电流为电容电流，超前接地相该相电动势 90°相角，接地电流为该电网所有设备对地电容电流之和。当该电网中具有较多电缆线路时，接地电流就增大。

2. 各序电压

由复合序网可得到各序电压为

$$\dot{U}_{KA1}^{(1)}=\dot{E}_A \tag{2－155a}$$

$$\dot{U}_{KA2}^{(1)}=0 \tag{2－155b}$$

$$\dot{U}_{KA0}^{(1)}=-\dot{E}_A \tag{2－155c}$$

可见，中性点不接地电网发生单相接地时，正序电压保持原有数值，因此可以继续供电给用户，但因非故障相电压升高$\sqrt{3}$倍，等于线电压值，为避免不同名相再次接地，不允许长期运行，一般最长时间不超过 2h。中性点不接地电网发生单相接地时不存在负序电压分量，零序电压等于 $-\dot{E}_A$。

检测零序电压可用来反应接地故障。此时电压互感器开口三角形绕组上电压 U 为

$$U=U_0\times\frac{100}{3E_{\varphi}}\times 3=100\text{V}$$

3. 故障线路、非故障线路的零序电流

在图 2－48 中，线路 1、2、3 为非故障线路，线路 4 为故障线路。由图 2－49 可得到非故障线路、故障线路的零序电流为

$$\dot{I}_{01}=j\omega C_1\dot{U}_0 \tag{2－156a}$$

$$\dot{I}_{02}=j\omega C_2\dot{U}_0 \tag{2－156b}$$

$$\dot{I}_{03}=j\omega C_3\dot{U}_0 \tag{2－156c}$$

$$\dot{I}_{04}=-(\dot{I}_{01}+\dot{I}_{02}+\dot{I}_{03})=-j\omega(C_1+C_2+C_3)\dot{U}_0 \tag{2－156d}$$

此式说明，非故障线路的零序电流由本线路对地电容产生，零序电流超前零序电压的相角是90°；故障线路的零序电流由其他非故障线路（包括其他设备）对地总电容产生，零序电流滞后零序电压的相角是90°。

归纳起来，式（2－156）可写成

$$(3\dot{I}_0)_i = j3\omega C_i \dot{U}_0 \quad （非故障线） \tag{2-157a}$$

$$(3\dot{I}_0)_m = -j3\omega(C_\Sigma - C_m)\dot{U}_0 \quad （故障线） \tag{2-157b}$$

线路 $i(i=1,2\cdots)$ 是非故障线路，线路m是故障线路；C_Σ 是全网一相对地总电容，等于所有设备一相对地电容之和。可以看出，线路出线愈多时，故障线路与非故障线路零序电流间差值愈多。

当各线路对本线路对地电容进行补偿时，即各线路零序电流减去本线路对地电容产生的零序电流（各线路对地电容可实测出或计算出），于是补偿后各线路零序电流为（带角注“′”表示区别）

$$\begin{aligned}(3\dot{I}_0)'_i &= j3\omega C_i \dot{U}_0 - j3\omega C_i \dot{U}_0 = 0\\ (3\dot{I}_0)'_m &= -j3\omega(C_\Sigma - C_m)\dot{U}_0 - j3\omega C_m \dot{U}_0 = -j3\omega C_\Sigma \dot{U}_0\end{aligned} \tag{2-158}$$

可见，故障线路与非故障线路零序电流间差值拉大了，容易检出故障线路。

（十一）中性点经消弧线圈接地电网发生单相接地

式（2－154）示出了中性点不接地电网发生单相接地时的接地电流，若 C_Σ 不大，则接地电流不大，接地点电弧可自行熄灭，接地点可自行消除。如接地电流超过表2－4规定值，则接地点电弧不会自行熄灭，并且会产生间歇性电弧，引起过电压，使非故障相电压大大升高，可能导致绝缘损坏，造成两点或多点接地，扩大事故。为此，当接地电容电流超过表2－4值时，中性点要装设消弧线圈，以减小接地电流。中性点装设消弧线圈 L（如图2－48中中性点经 L 接地），就形成了中性点经消弧线圈接地的电网，也可称补偿电网。

表2－4　中性点不接地电网允许的最大接地电流

额定电压（kV）	3～6	10	35
最大接地电流（A）	30	10	10

1. 接地电流

设在图2－48的补偿电网中K点A相接地，接地电流由两部分组成，一部分是全网 C_Σ 形成的电容电流 $\dot{I}_C$；另一部分是消弧线圈形成的电感电流 $\dot{I}_L$，当消弧线圈具有有功损耗时，还存在有功电流 $\dot{I}_R$。

由接地点流向电网的电容电流 $\dot{I}_C$ 为

$$\dot{I}_C = j3\omega C_\Sigma \dot{U}_0 \tag{2-159}$$

由接地点流向电网的消弧线圈电流为

$$\dot{I}_L = \frac{\dot{U}_0}{j\omega L} = -j\frac{\dot{U}_0}{\omega L} \tag{2-160a}$$

$$\dot{I}_R = \frac{\dot{U}_0}{R} \tag{2-160b}$$

其中 L 为消弧线圈的电感量，R 为对应消弧线圈有功损耗的电阻。

由电网流入接地点的接地电流 $\dot{I}_{KA}^{(1)}$ 为

$$\begin{aligned}\dot{I}_{KA}^{(1)} &= -(\dot{I}_C + \dot{I}_L + \dot{I}_R) \\ &= j\frac{\dot{U}_0}{\omega L} - j3\omega C_{\Sigma}\dot{U}_0 - \frac{\dot{U}_0}{R} = -\gamma\dot{I}_C - \frac{\dot{U}_0}{R}\end{aligned} \quad (2-161)$$

式中：γ 称为补偿电网的脱谐度，$\gamma = \dfrac{3\omega C_{\Sigma} - \dfrac{1}{\omega L}}{3\omega C_{\Sigma}}$。

当 $\gamma<0$ 时，有 $|\dot{I}_L|>|\dot{I}_C|$，称过补偿；当 $\gamma>0$ 时，有 $|\dot{I}_L|<|\dot{I}_C|$，称欠补偿；当 $\gamma=0$ 时，有 $|\dot{I}_L|=|\dot{I}_C|$，称全补偿。

由式（2－161）明显看出，接入消弧线圈后，由于 $\dot{I}_L$ 与 $\dot{I}_C$ 反相位，所以单相接地电流减小了。

2. 过补偿运行

在补偿电网中，总希望采用过补偿运行，一般不采用欠补偿方式运行，主要原因如下：

1）欠补偿电网正常运行因故切除部分线路时，因 C_{Σ} 减小，由于 $\gamma>0$，可能出现 ωL、$\dfrac{1}{3\omega C_{\Sigma}}$ 相等情况形成串联共振，从而引起很高的中性点位移电压和过电压；发生非全相断线时也会出现很高的中性点位移电压而危及绝缘。这种过电压情况，在欠补偿电网中是无法避免的。

2）由于正常运行时消弧线圈与 $3C_{\Sigma}$ 串联连接，所以若电网的不对称度较大，则因消弧线圈的伏安特性呈现非线性而发生铁磁共振，导致危险过电压，在欠补偿情况下，为避免铁磁共振过电压的发生，应该设法减小电网的不对称度以及有足够大的脱谐度。

当然，在过补偿方式下工作，可完全避免铁磁共振现象发生。

3）过补偿方式下工作时，单相接地接地点流过的是电感性电流，在故障点熄弧瞬间，故障相电压恢复慢，电弧不易重燃，接地点容易自行消除，而在欠补偿方式工作时就没有这一特点。

4）改写 γ 为如下形式

$$\gamma = 1 - \frac{1}{3\omega^2 LC_{\Sigma}} \quad (2-162)$$

可见，电网频率降低时，γ 值按电网频率的平方灵敏变化。欠补偿方式工作时，可能会使 γ 接近零值，引起过电压；过补偿方式下工作时，电网频率的降低只会使 γ 值向负值方向增大，使补偿度增大，对运行没有影响。

5）当电网在过补偿方式下工作时，如果电网发展消弧线圈还可暂时工作一段时间，而在欠补偿情况下就应立即增大消弧线圈容量。

由上分析可见，电网长期处在欠补偿方式下工作是不合理的。

3. 故障线路、非故障线路的零序电流

中性点经消弧线圈接地电网中发生单相接地时，复合序网如图 2－49 所示，只是在零序网络的中性点 N 经 $3Z_L$ 阻抗接地。其中 $Z_L = R // j\omega L$。

（1）非故障线路的零序电流。

由复合序网得到非故障线路的零序电流为

$$(3\dot{I}_0)_i = j3\omega C_i \dot{U}_0$$

与式（2－157a）完全相同，即非故障线路的零序电流由本线对地电容产生，超前零序电压的相角是90°。所以消弧线圈的接入不影响非故障线路零序电流的大小以及与零序电压间的相位关系。

（2）故障线路的零序电流。

由复合序网得到故障线路的零序电流为

$$\begin{aligned}(3\dot{I}_0)_m &= -3[(\dot{I}_{01}+\dot{I}_{02}+\cdots)+\dot{I}_N] \\ &= -j3\omega(C_\Sigma - C_m)\dot{U}_0 - 3\times\frac{\dot{U}_0}{3Z_L} \\ &= -j3\omega(C_\Sigma - C_m)\dot{U}_0 + j\frac{\dot{U}_0}{\omega L} - \frac{\dot{U}_0}{R} \\ &= -\gamma\dot{I}_C + j3\omega C_m\dot{U}_0 - \frac{\dot{U}_0}{R}\end{aligned} \tag{2-163}$$

式中：$\dot{I}_C$ 为全网电容电流，见式（2－159）。

此式说明了两点：第一，在通常情况下有 $|\gamma|<1$，所以故障线路的零序电流减小较大，与非故障线路零序电流间的差值缩小，并且在过补偿方式运行时，因 $\gamma<0$，所以故障线路与非故障线路的零序电流接近同相位。第二，流过消弧线圈的有功电流经故障线路构成回路，过补偿方式工作时，$(3\dot{I}_0)_m$ 超前 $3\dot{U}_0$ 的相角大于90°而小于180°；欠补偿方式工作时，$(3\dot{I}_0)_m$ 滞后 $3\dot{U}_m$ 的相角大于90°而小于180°。因此，检测线路的零序功率可检测出故障线路。

（十二）中性点经电阻接地电网发生单相接地

电网中性点经电阻接地时，一方面可限制单相接地电流，另一方面容易选出故障线，将故障设备从电网中切除，减少对电气设备损坏的程度。更为重要的是可降低电气设备的耐压水平，节省投资。在复杂电网中也避免采用消弧线圈带来的管理、运行上的麻烦。但是，中性点经电阻接地时，线路发生单相接地是要切除的。

电网中性点经电阻 R_N 接地时，即在图2－48中N点经 R_N 接地，单相接地（A相）的复合序网如图2－49所示，只是N点经 $3R_N$ 接地。因为 $3R_N \ll \frac{1}{\omega C_\Sigma}$，所以单相接地电流 $\dot{I}_{KA}^{(1)}$ 为

$$\dot{I}_{KA}^{(1)} \approx \frac{\dot{E}_A}{R_N} \tag{2-164}$$

该接地电流流经故障线路。

故障点与M母线处的零序电压为

$$\dot{U}_{KA0}^{(1)} = \dot{U}_{MA0} = -\dot{E}_A$$

与中性点不接地电网发生单相接地时相同。

四、两相接地短路故障分析

（一）边界条件与特殊相

图2－50示出了K点BC相金属性接地，写出边界条件为

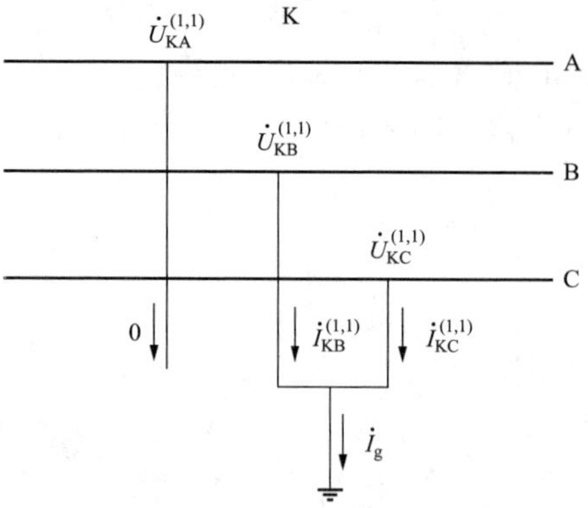

图 2－50 K 点 BC 相金属性接地

$$\left.\begin{aligned}\dot{I}_{KA}^{(1,1)}&=0\\ \dot{U}_{KB}^{(1,1)}&=0\\ \dot{U}_{KC}^{(1,1)}&=0\end{aligned}\right\}\qquad(2-165)$$

特殊相是 A 相，CA 相接地时特殊相是 B 相，AB 相接地时特殊相是 C 相。特殊相是非故障相。

（二）复合序网与故障分量网络

1. 复合序网

将式（2－165）用特殊相 A 相序分量表示为

$$\dot{I}_{KA1}^{(1,1)}+\dot{I}_{KA2}^{(1,1)}+\dot{I}_{KA0}^{(1,1)}=0\qquad(2-166a)$$

$$\dot{U}_{KA1}^{(1,1)}=\dot{U}_{KA2}^{(1,1)}=\dot{U}_{KA0}^{(1,1)}=\frac{\dot{U}_{KA}^{(1,1)}}{3}\qquad(2-166b)$$

由式（2－166）作出复合序网如图 2－51 所示，是特殊相正序、负序、零序网络并联。

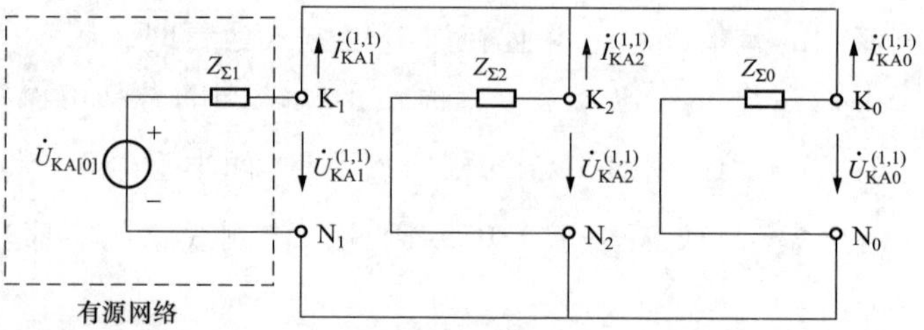

图 2－51 BC 相接地时的复合序网

2. 故障分量网络

图 2－1 中 K 点 BC 两相接地短路，可以看成 K 点同时 B、C 相单相接地，与图 2－40 类似，作出 BC 两相接地时的故障分量网络如图 2－52 所示。

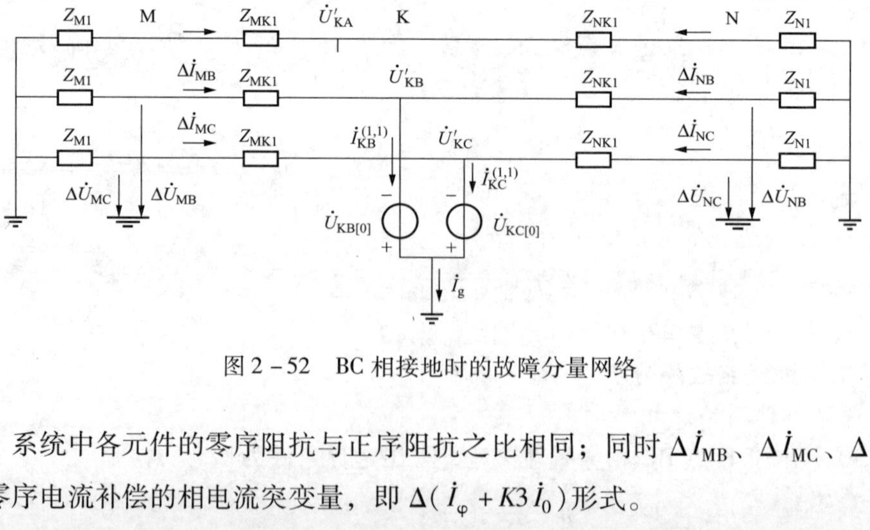

图 2－52 BC 相接地时的故障分量网络

当然，系统中各元件的零序阻抗与正序阻抗之比相同；同时 $\Delta\dot{I}_{MB}$、$\Delta\dot{I}_{MC}$、$\Delta\dot{I}_{NB}$、$\Delta\dot{I}_{NC}$ 均为带有零序电流补偿的相电流突变量，即 $\Delta(\dot{I}_{\varphi}+K3\dot{I}_0)$ 形式。

（三）故障点电流、电压

1. 故障电流

由图2－51求得

$$\dot{I}_{KA1}^{(1,1)}=\frac{\dot{U}_{KA[0]}}{Z_{\Sigma1}+\dfrac{Z_{\Sigma2}Z_{\Sigma0}}{Z_{\Sigma2}+Z_{\Sigma0}}} \tag{2-167a}$$

$$\dot{I}_{KA2}^{(1,1)}=-\frac{Z_{\Sigma0}}{Z_{\Sigma2}+Z_{\Sigma0}}\cdot\dot{I}_{KA1}^{(1,1)} \tag{2-167b}$$

$$\dot{I}_{KA0}^{(1,1)}=-\frac{Z_{\Sigma2}}{Z_{\Sigma2}+Z_{\Sigma0}}\cdot\dot{I}_{KA1}^{(1,1)} \tag{2-167c}$$

计及$Z_{\Sigma1}=Z_{\Sigma2}$、三相短路电流$\dot{I}_{KA}^{(3)}=\dfrac{\dot{U}_{KA[0]}}{Z_{\Sigma1}}$，故障支路电流$\dot{I}_{KB}^{(1,1)}$、$\dot{I}_{KC}^{(1,1)}$可表示为

$$\begin{aligned}\dot{I}_{KB}^{(1,1)}&=a^2\dot{I}_{KA1}^{(1,1)}+a\dot{I}_{KA2}^{(1,1)}+\dot{I}_{KA0}^{(1,1)}=\left(a^2-\frac{aZ_{\Sigma_0}+Z_{\Sigma_2}}{Z_{\Sigma_2}+Z_{\Sigma_0}}\right)\dot{I}_{KA1}^{(1,1)}\\&=\dot{I}_{KB}^{(3)}+\frac{Z_{\Sigma_0}-Z_{\Sigma_1}}{2Z_{\Sigma_0}+Z_{\Sigma_1}}\cdot\dot{I}_{KA}^{(3)}\end{aligned} \tag{2-168a}$$

$$\begin{aligned}\dot{I}_{KC}^{(1,1)}&=a\dot{I}_{KA1}^{(1,1)}+a^2\dot{I}_{KA2}^{(1,1)}+\dot{I}_{KA0}^{(1,1)}=\left(a-\frac{a^2Z_{\Sigma_0}+Z_{\Sigma_2}}{Z_{\Sigma_2}+Z_{\Sigma_0}}\right)\dot{I}_{KA1}^{(1,1)}\\&=\dot{I}_{KC}^{(3)}+\frac{Z_{\Sigma_0}-Z_{\Sigma_1}}{2Z_{\Sigma_0}+Z_{\Sigma_1}}\cdot\dot{I}_{KA}^{(3)}\end{aligned} \tag{2-168b}$$

流入地中的电流（零序电流的3倍）$\dot{I}_g$为

$$\dot{I}_g=\dot{I}_{KB}^{(1,1)}+\dot{I}_{KC}^{(1,1)}=\frac{3Z_{\Sigma1}}{2Z_{\Sigma0}+Z_{\Sigma1}}\cdot\dot{I}_{KA}^{(3)} \tag{2-169}$$

将式（2－168）表示的$|\dot{I}_{KB}^{(1,1)}|$、$|\dot{I}_{KC}^{(1,1)}|$取模值，经变换得

$$|\dot{I}_{KB}^{(1,1)}|=|\dot{I}_{KC}^{(1,1)}|=\sqrt{3}\sqrt{1-\frac{Z_{\Sigma2}Z_{\Sigma0}}{(Z_{\Sigma2}+Z_{\Sigma0})^2}}\cdot|\dot{I}_{KA1}^{(1,1)}| \tag{2-170}$$

或表示为

$$\begin{aligned}|\dot{I}_{KB}^{(1,1)}|=|\dot{I}_{KC}^{(1,1)}|&=\frac{\sqrt{3}\sqrt{Z_{\Sigma1}^2+Z_{\Sigma1}Z_{\Sigma0}+Z_{\Sigma0}^2}}{2Z_{\Sigma0}+Z_{\Sigma1}}\cdot|\dot{I}_{KA}^{(3)}|\\&=\sqrt{1+\frac{(2Z_{\Sigma1}+Z_{\Sigma0})(Z_{\Sigma1}-Z_{\Sigma0})}{(2Z_{\Sigma0}+Z_{\Sigma1})^2}}\cdot|\dot{I}_{KA}^{(3)}|\end{aligned} \tag{2-171}$$

当然，$Z_{\Sigma0}<Z_{\Sigma1}$时，有$|\dot{I}_{KB}^{(1,1)}|=|\dot{I}_{KC}^{(1,1)}|>|\dot{I}_{KA}^{(3)}|$。

2. 故障点电压

由式（2－166b）、式（2－167a）得到故障点非故障相电压为

$$\begin{aligned}\dot{U}_{KA}^{(1,1)}&=3\dot{U}_{KA1}^{(1,1)}=3[\dot{U}_{KA[0]}-\dot{I}_{KA1}^{(1,1)}Z_{\Sigma1}]\\&=\dot{U}_{KA0}+\frac{Z_{\Sigma0}-Z_{\Sigma1}}{2Z_{\Sigma0}+Z_{\Sigma1}}\cdot\dot{U}_{KA[0]}\end{aligned} \tag{2-172}$$

当$Z_{\Sigma0}>Z_{\Sigma1}$时，非故障相电压升高；当$Z_{\Sigma0}=Z_{\Sigma1}$时，非故障相电压不变，当$Z_{\Sigma0}<Z_{\Sigma1}$时，非故障相电压降低。当$Z_{\Sigma0}=0\sim\infty$时，故障点非故障相电压在$0\sim1.5U_{KA[0]}$范围

内变化。

需要指出，在 $Z_{\Sigma0}<Z_{\Sigma1}$情况下，有 $I_{K}^{(1)}>I_{K}^{(3)}$、$I_{K}^{(1,1)}>I_{K}^{(3)}$；在 $Z_{\Sigma0}>Z_{\Sigma1}$情况下，单相接地和两相接地时非故障相电压均要升高。在实际电力系统中，均以单相接地情况来校核单相短路电流是否大于三相短路电流，校核非故障相电压升高情况。

3. 故障点电流、电压间相量关系

先作出故障点故障前的 $\dot{U}_{KA[0]}$、$\dot{U}_{KB[0]}$、$\dot{U}_{KC[0]}$，再作出三相短路电流 $\dot{I}_{KA}^{(3)}$、$\dot{I}_{KB}^{(3)}$、$\dot{I}_{KC}^{(3)}$。由式（2-172）作出 $\dot{U}_{KA}^{(1,1)}$相量，当 $Z_{\Sigma0}=Z_{\Sigma1}$时，有 $\dot{\Delta}_{a}=\dfrac{Z_{\Sigma0}-Z_{\Sigma1}}{2Z_{\Sigma0}+Z_{\Sigma1}}\cdot\dot{U}_{KA[0]}=0$，$\dot{U}_{KA}^{(1,1)}$相量端点在 a 点；当 $Z_{\Sigma0}>Z_{\Sigma1}$时，有 $\dot{\Delta}_{a}>0$（表示与$\dot{U}_{KA[0]}$同相位），$\dot{U}_{KA}^{(1,1)}$相量端点在 a′点；

$$\dot{\Delta}_{a}=\frac{Z_{\Sigma0}-Z_{\Sigma1}}{2Z_{\Sigma0}+Z_{\Sigma1}}\cdot\dot{U}_{KA[0]}$$

$$\dot{\Delta}_{I}=\frac{Z_{\Sigma0}-Z_{\Sigma1}}{2Z_{\Sigma0}+Z_{\Sigma1}}\cdot\dot{I}_{KA}^{(3)}$$

当 $Z_{\Sigma0}<Z_{\Sigma1}$时，有 $\dot{\Delta}_{a}<0$（表示与 $\dot{U}_{KA[0]}$反相位），$\dot{U}_{KA}^{(1,1)}$相量端点在 a″点。由式（2-168a）、式（2-168b）可作出 $\dot{I}_{KB}^{(1,1)}$、$\dot{I}_{KC}^{(1,1)}$ 相量，当 $Z_{\Sigma0}=Z_{\Sigma1}$时，有 $\dot{\Delta}_{I}=\dfrac{Z_{\Sigma0}-Z_{\Sigma1}}{3Z_{\Sigma0}+Z_{\Sigma1}}\cdot\dot{I}_{KA}^{(3)}=0$，$\dot{I}_{KB}^{(1,1)}$、$\dot{I}_{KC}^{(1,1)}$相量端点在 b、c 点；当 $Z_{\Sigma0}>Z_{\Sigma1}$时，有 $\dot{\Delta}_{I}>0$（表示与 $\dot{I}_{KA}^{(3)}$同相位），$\dot{I}_{KB}^{(1,1)}$、$\dot{I}_{KC}^{(1,1)}$相量端点在 b′、c′点；当 $Z_{\Sigma0}<Z_{\Sigma1}$时，有 $\dot{\Delta}_{I}<0$（表示与 $\dot{I}_{KA}^{(3)}$反相位），$\dot{I}_{KB}^{(1,1)}$、$\dot{I}_{KC}^{(1,1)}$相量端点，在 b″、c″点，此时 $\dot{I}_{KB}^{(1,1)}$、$\dot{I}_{KC}^{(1,1)}$相量间夹角 $\alpha_{I}<120°$。由式（2-169）可作出 $\dot{I}_{g}$ 相量，在 $\dot{I}_{KA}^{(3)}$的反方向上。相量关系如图 2-53 所示。

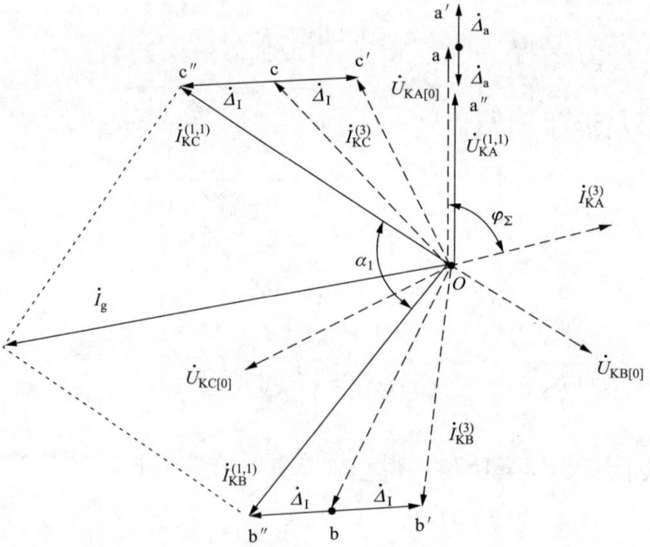

图 2-53 BC 相接地时故障点电压、电流相量关系

可以看出，当 $Z_{\Sigma0}\to0$ 时，$\dot{\Delta}_{I}\to-\dot{I}_{KA}^{(3)}$，此时 $\dot{I}_{KB}^{(1,1)}$ 与 $\dot{I}_{KC}^{(1,1)}$ 夹角为 60°，即 $\alpha_{I}\to60°$

$[I_{KB}^{(1,1)}=I_{KC}^{(1,1)}=\sqrt{3}I_{KA}^{(3)}$、$I_g=3I_{KA}^{(3)}]$；当 $Z_{\Sigma0}\to\infty$ 时，$\dot{\Delta}_1\to\frac{1}{2}\dot{I}_{KA}^{(3)}$，此时 $\dot{I}_{KB}^{(1,1)}$ 与 $\dot{I}_{KC}^{(1,1)}$ 反相位，即 $\alpha_1\to180°\left[I_{KB}^{(1,1)}=I_{KC}^{(1,1)}=\frac{\sqrt{3}}{2}I_{KA}^{(3)}\text{、}I_g=0\right]$。因此，$Z_{\Sigma0}$ 变化时，$\dot{I}_{KB}^{(1,1)}$、$\dot{I}_{KC}^{(1,1)}$ 相量端点变化轨迹沿 b′b″、c′c″方向确定的直线段变化，I_g 相量端点在 $\dot{I}_{KA}^{(3)}$ 反方向确定的直线段变化。此外，$Z_{\Sigma0}<Z_{\Sigma1}$ 时，有 $|\dot{I}_{KB}^{(1,1)}|=|\dot{I}_{KC}^{(1,1)}|>|\dot{I}_{KA}^{(3)}|$，但此时必有 $|\dot{U}_{KA}^{(1,1)}|<|\dot{U}_{KA[0]}|$；$Z_{\Sigma0}>Z_{\Sigma1}$ 时，有 $|\dot{I}_{KB}^{(1,1)}|=|\dot{I}_{KC}^{(1,1)}|<|\dot{I}_{KA}^{(3)}|$，此时必有 $|\dot{U}_{KA}^{(1,1)}|>|\dot{U}_{KA[0]}|$。说明故障电流大于（或小于）三相短路电流与非故障相电压升高（或降低）是不会同时存在的。

（四）序电压分布、故障分量电压分布

1. 正序电压分布

两相接地短路时，故障点的正序、负序、零序电压相等，如 BC 相接地，由图 2-51 求得

$$\dot{U}_{KA1}^{(1,1)}=\dot{U}_{KA2}^{(1,1)}=\dot{U}_{KA0}^{(1,1)}=\frac{\dot{U}_{KA[0]}}{Z_{\Sigma1}+\frac{Z_{\Sigma2}Z_{\Sigma0}}{Z_{\Sigma2}+Z_{\Sigma0}}}\cdot\frac{Z_{\Sigma2}Z_{\Sigma0}}{Z_{\Sigma2}+Z_{\Sigma0}}$$

$$=\frac{Z_{\Sigma0}}{2Z_{\Sigma0}+Z_{\Sigma1}}\cdot\dot{U}_{KA[0]}\tag{2-173}$$

当 $Z_{\Sigma0}=(0.25\sim3)Z_{\Sigma1}$ 时，由式（2-173）得 $\left|\frac{\dot{U}_{KA1}^{(1,1)}}{\dot{U}_{KA[0]}}\right|=16.7\%\sim42.8\%$。这说明，即使故障点靠近保护安装处，其正序电压不会低于这一数值。正序电压分布与单相接地相同，如图 2-54（a）所示。

2. 负序电压分布，零序电压分布

与单相接地时相同，如图 2-54（a）所示。

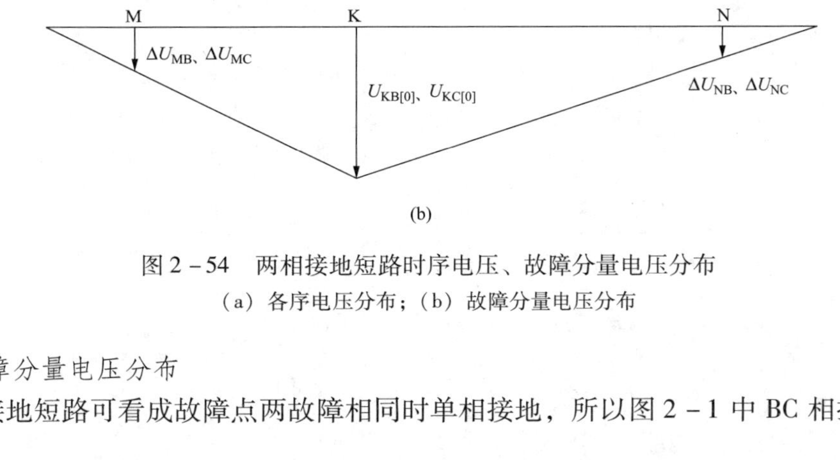

图 2-54 两相接地短路时序电压、故障分量电压分布

（a）各序电压分布；（b）故障分量电压分布

3. 故障分量电压分布

两相接地短路可看成故障点两故障相同时单相接地，所以图 2-1 中 BC 相接地短路时，

M、N 母线上故障分量电压如式（2－128）所示，只是将式中的相别换以故障相即可。故障分量电压分布见图 2－54（b）。

（五）保护安装处电流、电压间相量关系

设图 2－1 中 K 点 BC 相接地短路，讨论 M 母线处电流、电压相量关系。

1. M 侧三相电流

M 侧由母线流向线路的三相电流为

$$\begin{aligned}\dot{I}_{MA} &= \dot{I}_{loa\cdot A} + C_{1M}\dot{I}_{KA1}^{(1,1)} + C_{2M}\dot{I}_{KA2}^{(1,1)} + C_{0M}\dot{I}_{KA0}^{(1,1)} \\ &= \dot{I}_{loa\cdot A} + (C_{0M} - C_{1M})\dot{I}_{KA0}^{(1,1)} \end{aligned} \tag{2-174a}$$

$$\begin{aligned}\dot{I}_{MB} &= \dot{I}_{loa\cdot B} + C_{1M}\dot{I}_{KB1}^{(1,1)} + C_{2M}\dot{I}_{KB2}^{(1,1)} + C_{0M}\dot{I}_{KB0}^{(1,1)} \\ &= \dot{I}_{loa\cdot B} + C_{1M}\dot{I}_{KB}^{(1,1)} + (C_{0M} - C_{1M})\dot{I}_{KB0}^{(1,1)} \end{aligned} \tag{2-174b}$$

$$\begin{aligned}\dot{I}_{MC} &= \dot{I}_{loa\cdot C} + C_{1M}\dot{I}_{KC1}^{(1,1)} + C_{2M}\dot{I}_{KC2}^{(1,1)} + C_{0M}\dot{I}_{KC0}^{(1,1)} \\ &= \dot{I}_{loa\cdot C} + C_{1M}\dot{I}_{KC}^{(1,1)} + (C_{0M} - C_{1M})\dot{I}_{KC0}^{(1,1)} \end{aligned} \tag{2-174c}$$

可见，非故障相中除负荷电流外，还存在故障分量电流，该故障分量电流是 $C_{0M} \neq C_{1M}$ 引起的，不计负荷电流时的 $\dot{I}_{MA}$、$\dot{I}_{MB}$、$\dot{I}_{MC}$ 如图 2－55（a）、（b）所示。

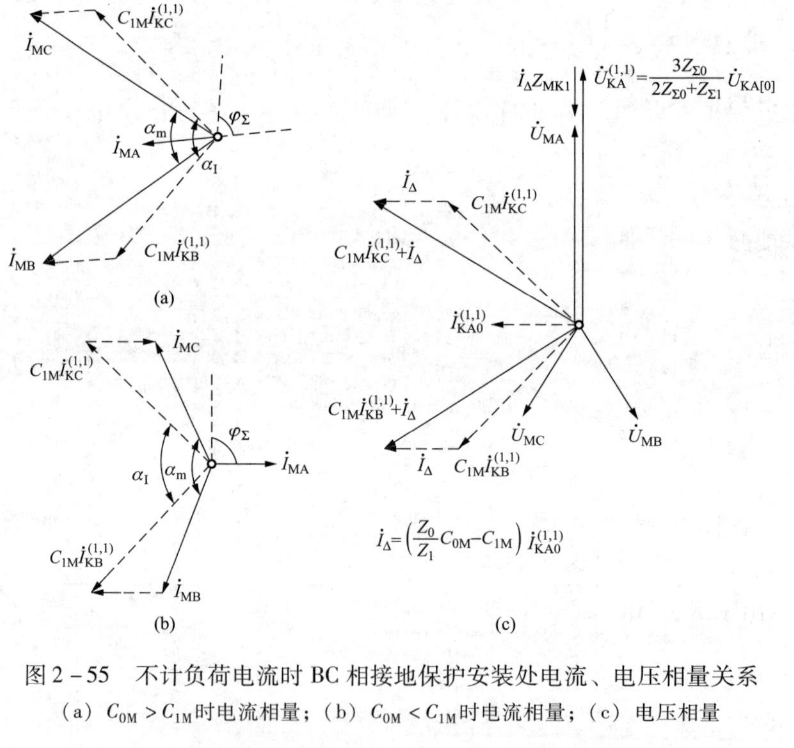

图 2－55 不计负荷电流时 BC 相接地保护安装处电流、电压相量关系

（a）$C_{0M} > C_{1M}$时电流相量；（b）$C_{0M} < C_{1M}$时电流相量；（c）电压相量

2. M 母线三相电压

对于 M 母线的三相电压，计及式（2－172）、式（2－174）得到

$$\begin{aligned}\dot{U}_{MA} &= \dot{U}_{KA}^{(1,1)} + [\dot{I}_{MA} + 3KC_{0M}\dot{I}_{KA0}^{(1,1)}]Z_{MK1} \\ &= \dot{U}_{MA[0]} + \frac{Z_{\Sigma0} - Z_{\Sigma1}}{2Z_{\Sigma0} + Z_{\Sigma1}}\dot{U}_{KA[0]} + \left(\frac{Z_0}{Z_1}C_{0M} - C_{1M}\right)\dot{I}_{KA0}^{(1,1)} Z_{MK1} \end{aligned} \tag{2-175a}$$

$$\dot{U}_{MB}=\left[\dot{I}_{loa\cdot B}+C_{1M}\dot{I}_{KB}^{(1,1)}+\left(\frac{Z_0}{Z_1}C_{0M}-C_{1M}\right)\dot{I}_{KB0}^{(1,1)}\right]Z_{MK1}\qquad(2-175b)$$

$$\dot{U}_{MC}=\left[\dot{I}_{loa\cdot C}+C_{1M}\dot{I}_{KC}^{(1,1)}+\left(\frac{Z_0}{Z_1}C_{0M}-C_{1M}\right)\dot{I}_{KC0}^{(1,1)}\right]Z_{MK1}\qquad(2-175c)$$

不计负荷电流时的电压相量如图2－55（c）所示。

由相量关系可以看出，保护安装处两故障相电流间的相角差不等于两故障电流间的相角差，当 $C_{0M}>C_{1M}$ 时，有 $\alpha_m<\alpha_1$；当 $C_{0M}=C_{1M}$ 时，有 $\alpha_m=\alpha_1$；当 $C_{0M}<C_{1M}$，有 $\alpha_m>\alpha_1$。同时非故障相电流相位随 C_{0M} 与 C_{1M} 大小不同有几乎180°的变化。

（六）保护安装处的相电流差突变量

图2－1中K点BC相接地短路，由式（2－174）得到线路M侧的相电流突变量为

$$\Delta\dot{I}_{MA}=\dot{I}_{MA}-\dot{I}_{loa\cdot A}=(C_{0M}-C_{1M})\dot{I}_{KA0}^{(1,1)}\qquad(2-176a)$$

$$\Delta\dot{I}_{MB}=\dot{I}_{MB}-\dot{I}_{loa\cdot B}=C_{1M}\dot{I}_{KB}^{(1,1)}+(C_{0M}-C_{1M})\dot{I}_{KB0}^{(1,1)}\qquad(2-176b)$$

$$\Delta\dot{I}_{MC}=\dot{I}_{MC}-\dot{I}_{loa\cdot C}=C_{1M}\dot{I}_{KC}^{(1,1)}+(C_{0M}-C_{1M})\dot{I}_{KC0}^{(1,1)}\qquad(2-176c)$$

可以看出，两相接地短路时，非故障相在 $C_{0M}\neq C_{1M}$ 条件下有突变量电流。

由式（2－176）可得到相电流差突变量为

$$\Delta\dot{I}_{MAB}=-C_{1M}\dot{I}_{KB}^{(1,1)}\qquad(2-177a)$$

$$\Delta\dot{I}_{MBC}=C_{1M}[\dot{I}_{KB}^{(1,1)}-\dot{I}_{KC}^{(1,1)}]\qquad(2-177b)$$

$$\Delta\dot{I}_{MCA}=C_{1M}\dot{I}_{KC}^{(1,1)}\qquad(2-177c)$$

三个相电流差突变量都具有很大的数值，与三相短路、两相短路有相同特点。

（七）保护安装处序电压、序电流间相位关系

保护安装处负序电压与负序电流间的相位关系、零序电压与零序电流间相位关系，与单相接地时相同，并不受过渡电阻的影响。

（八）保护安装处突变量电压、电流间相位关系

保护安装处 $\Delta\dot{U}_{\varphi1}$ 与 $\Delta\dot{I}_{\varphi1}$ 间的相位关系、$\Delta\dot{U}_{\varphi}$ 与 $\Delta(\dot{I}_{\varphi}+K3\dot{I}_0)$ 间的相位关系，与单相接地时相同，并不受过渡电阻的影响。

（九）故障点过渡电阻的影响

两相接地短路故障时，除两故障相间存在电弧电阻外，还存在接地过渡电阻。考虑到接地过渡电阻远比电弧电阻大，所以可只计接地过渡电阻的影响。

图2－56示出了K点BC相经过渡电阻 R_g 接地。很显然，当 $R_g=0$ 时就是两相金属性接地短路；当 $R_g=\infty$ 时，就是两相相间金属性短路故障。

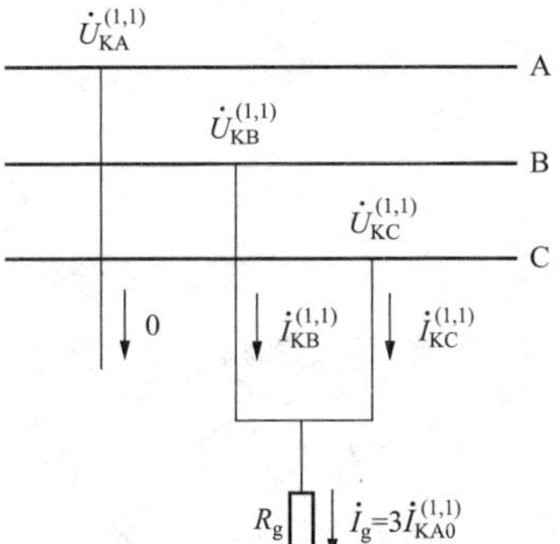

图2－56　K点BC相经过渡电阻 R_g 接地

1. 对故障点电压和电流间相量关系的影响

分析图2－46 A相经过渡电阻 R_g 接地时的相量关系，不论是故障电流 $\dot{I}_{KA}^{(1)}$，还是故障相电压 $\dot{U}_{KA}^{(1)}$ 和非故障相电压 $\dot{U}_{KB}^{(1)}$、$\dot{U}_{KC}^{(1)}$，当 $R_g=0\rightarrow\infty$ 变化时，相应相量端点变化轨迹是以 $R_g=0$、$R_g=\infty$ 时两相量端点连线为弦逆时针的容角弧不小于90°的圆弧（不计各元件电阻时为半圆）。

根据上述规律可作出电流相量。当 $R_g=0$ 时，就是两相金属性接地短路，在图 2-57（a）中，$\dot{I}_{KB}^{(1,1)}$、$\dot{I}_{KC}^{(1,1)}$ 如图中 OB′、OC′（其画法参见图 2-53）；当 $R_g=\infty$ 时，就是两相相间短路，$\dot{I}_{KB}^{(2)}$、$\dot{I}_{KC}^{(2)}$ 如图中 OB、OC（其画法参见图 2-34）。因此，$R_g=0\sim\infty$ 变化时，$\dot{I}_{KB}^{(1,1)}$、$\dot{I}_{KC}^{(1,1)}$ 相量端点变化轨迹如图 2-57（a）中圆弧所示，相应的 $\dot{I}_g$ 相量端点为以 OD 为弦的圆弧。

对于故障点非故障相电压 $\dot{U}_{KA}^{(1,1)}$，在图 2-53 基础上，当 $R_g=0\sim\infty$ 变化时，如图 2-57（b）中圆弧所示。对于故障相电压，$R_g=0$ 时，有 $\dot{U}_{KB}^{(1,1)}=0$、$\dot{U}_{KC}^{(1,1)}=0$，在图 2-57（b）中为 O 点；$R_g=\infty$ 时，相当于 BC 两相短路，$\dot{U}_{KB}^{(2)}=\dot{U}_{KC}^{(2)}=-\frac{1}{2}\dot{U}_{KA[0]}$（参见图 2-34），相量端点为图 2-57（b）中的 G 点。因此，$R_g=0\sim\infty$ 变化时，$\dot{U}_{KB}^{(1,1)}$、$\dot{U}_{KC}^{(1,1)}$ 相量端点变化轨迹如图 2-57（b）中 OG 左侧圆弧。

将图 2-57 与图 2-53 比较，计及 R_g 影响后，相量关系发生了较大的变化，但 $\dot{U}_{KB}^{(1,1)}$、$\dot{U}_{KC}^{(1,1)}$ 始终与 $\dot{I}_g$ 相量平行。

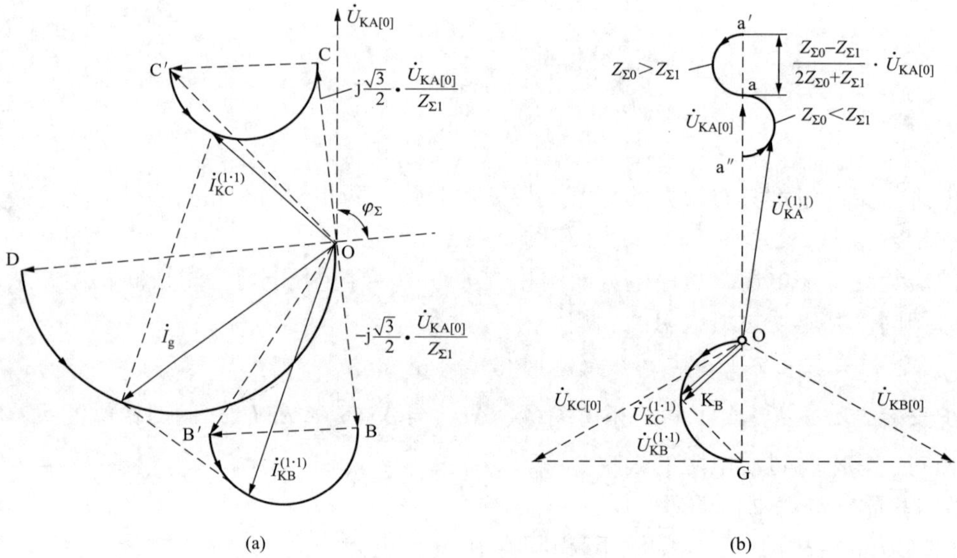

图 2-57　BC 相经 R_g 接地时故障点的电流、电压相量关系

（a）电流相量；（b）电压相量

2. 对非故障相各序电流相位关系的影响

K 点 BC 相金属性接地短路，即 $R_g=0$，由式（2-167）可见，$\dot{I}_{KA2}^{(1,1)}$、$\dot{I}_{KA0}^{(1,1)}$ 同相位并在 $\dot{I}_{KA1}^{(1,1)}$ 的反方向上［$\dot{I}_{KA2}^{(1,1)}$、$\dot{I}_{KA0}^{(1,1)}$、$\dot{I}_{KA1}^{(1,1)}$ 在一条直线上］。当 $Z_{\Sigma1}>Z_{\Sigma0}$ 时，有 $|\dot{I}_{KA0}^{(1,1)}|>|\dot{I}_{KA2}^{(1,1)}|$；当 $Z_{\Sigma1}<Z_{\Sigma0}$ 时，有 $|\dot{I}_{KA0}^{(1,1)}|<|\dot{I}_{KA2}^{(1,1)}|$。反映在图 2-58 中，OA、OC、OD 代表 $\dot{I}_{KA1}^{(1,1)}$、$\dot{I}_{KA2}^{(1,1)}$、$\dot{I}_{KA0}^{(1,1)}$ 相量，并且有 $|\dot{I}_{KA0}^{(1,1)}|>|\dot{I}_{KA2}^{(1,1)}|$（$Z_{\Sigma0}<Z_{\Sigma1}$ 时）。

当 $R_g=\infty$ 时，相当于 K 点 BC 相短路，$\dot{I}_{KA1}^{(2)}$ 与 $\dot{I}_{KA2}^{(2)}$ 反相位且 $|\dot{I}_{KA1}^{(2)}|=|\dot{I}_{KA2}^{(2)}|$。比较式（2-89）、式（2-167a）可见，$|\dot{I}_{KA1}^{(2)}|<|\dot{I}_{KA1}^{(1,1)}|$，反映在图 2-58 中，OB 代表 $|\dot{I}_{KA1}^{(2)}|$ 相

量（OB < OA）。

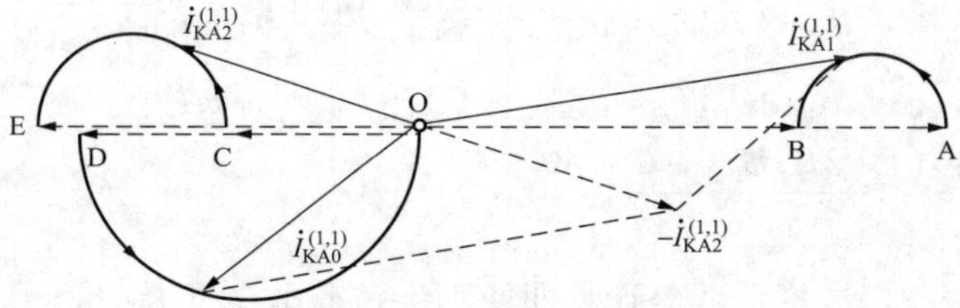

图2－58　计及 R_g 后故障点序电流相量变化（$Z_{\Sigma 0} < Z_{\Sigma 1}$）

计及 $Z_{\Sigma 1} = Z_{\Sigma 2}$，改写式（2－167b）为

$$\dot{I}_{KA2}^{(1,1)} = \frac{Z_{\Sigma 0}}{Z_{\Sigma 2} + Z_{\Sigma 0}} \cdot \dot{I}_{KA1}^{(1,1)} = -\frac{\dot{U}_{KA[0]}}{2Z_{\Sigma 1} + \frac{Z_{\Sigma 1}^2}{Z_{\Sigma 0}}} \tag{2-178}$$

由式（2－89）、式（2－87）得到

$$\dot{I}_{KA2}^{(2)} = -\dot{I}_{KA1}^{(2)} = \frac{\dot{U}_{KA[0]}}{-2Z_{\Sigma 1}} \tag{2-179}$$

比较式（2－178）、式（2－179）得到$|\dot{I}_{KA2}^{(2)}| > |\dot{I}_{KA2}^{(1,1)}|$，反映在图2－58中，OE代表$|\dot{I}_{KA2}^{(2)}|$相量（OE > OC）；注意到 $R_g = \infty$ 即为两相相间短路，自然$|\dot{I}_{KA0}^{(2)}| = 0$。

当 $R_g = 0 \sim \infty$ 变化时，$|\dot{I}_{KA1}^{(1,1)}|$、$|\dot{I}_{KA2}^{(1,1)}|$、$|\dot{I}_{KA0}^{(1,1)}|$相量端点的变化轨迹如图2－58中圆弧所示。显而易见，计及 R_g 影响后，$|\dot{I}_{KA1}^{(1,1)}|$、$|\dot{I}_{KA2}^{(1,1)}|$、$|\dot{I}_{KA0}^{(1,1)}|$不在一条直线上了，而是$|\dot{I}_{KA1}^{(1,1)}|$超前$|\dot{I}_{KA0}^{(1,1)}|$，$|\dot{I}_{KA0}^{(1,1)}|$超前$|\dot{I}_{KA2}^{(1,1)}|$，$|\dot{I}_{KA2}^{(1,1)}|$超前$|\dot{I}_{KA1}^{(1,1)}|$，但仍保持$\dot{I}_{KA1}^{(1,1)} + \dot{I}_{KA2}^{(1,1)} + \dot{I}_{KA0}^{(1,1)} = 0$的关系。

3. 对测量阻抗的影响

图2－1中K点BC相经 R_g 接地时，分析线路M侧的测量阻抗。

对M侧的BC相相间测量阻抗，因没有计及故障点电弧电阻，所以测量阻抗仍然与故障点到保护安装处的线路长度成正比，即 R_g 不影响相间阻抗继电器的测量阻抗。

对M侧B相、C相的测量阻抗 Z_{mB}、Z_{mC}，按式（2－152）其值为

$$Z_{mB} = \frac{\dot{U}_{MB}}{\dot{I}_{MB} + K3\dot{I}_0} = Z_{MK1} + \Delta Z_B \tag{2-180a}$$

$$Z_{mC} = \frac{\dot{U}_{MC}}{\dot{I}_{MC} + K3\dot{I}_0} = Z_{MK1} + \Delta Z_C \tag{2-180b}$$

而

$$\Delta Z_B = \frac{\dot{I}_g}{\dot{I}_{MB} + K3\dot{I}_0} \cdot R_g \tag{2-180c}$$

$$\Delta Z_C = \frac{\dot{I}_g}{\dot{I}_{MC} + K3\dot{I}_0} \cdot R_g \tag{2-180d}$$

由于附加测量阻抗 ΔZ_B、ΔZ_C 的存在，破坏了测量阻抗 Z_{mB}、Z_{mC} 与故障点到保护安装处线路阻抗的正比关系。

由式（2－174b）、式（2－174c）可得到

$$\dot{I}_{MB}+K3\dot{I}_0=\dot{I}_{loa\cdot B}+C_{1M}[\dot{I}_{KB}^{(1,1)}+m\dot{I}_g] \tag{2－181a}$$

$$\dot{I}_{MC}+K3\dot{I}_0=\dot{I}_{loa\cdot C}+C_{1M}[\dot{I}_{KC}^{(1,1)}+m\dot{I}_g] \tag{2－181b}$$

式中：m 为系数，$m=\dfrac{(1+3K)C_{0M}-C_{1M}}{3C_{1M}}$。

观察图2－57（a）相量关系可得到，即使不计负荷电流（$\dot{I}_{loa\cdot B}=0$、$\dot{I}_{loa\cdot C}=0$），由式（2－181a）确定的 $\dot{I}_{MC}+K3\dot{I}_0$ 超前 $\dot{I}_g$，因此式（2－180c）表示的 ΔZ_B 呈阻容性；由式（2－181b）确定的 $\dot{I}_{MC}+K3\dot{I}_0$ 滞后 $\dot{I}_g$，因此式（2－180d）表示 ΔZ_C 呈阻感性。

当计及负荷电流时，单相接地 R_g 引起的附加测量阻抗的性质为：送电侧的附加测量阻抗呈阻容性，受电侧的附加测量阻抗呈阻感性。因此，BC 相经 R_g 接地时，送电侧的 ΔZ_B 阻容性程度增加，ΔZ_C 阻感性程度减弱；受电侧的 ΔZ_B 阻容性程度减弱，ΔZ_C 阻感性程度增加。

因此，两相经过渡电阻接地时，相间测量阻抗无附加测量阻抗，两故障相测量阻抗存在附加测量阻抗。在空载情况下，其中的超前相附加测量阻抗呈现阻容性，滞后相附加测量阻抗呈阻感性；当处于送电侧时，超前相的附加测量抗容性程度增加；当处于受电侧时，滞后相的附加测量阻抗感性程度增加。这种增加的程度随负荷电流的增大而增大。

五、正序等效定则

由不同短路故障类型的复合序网可见，故障支路的特殊相 A 相的正序电流分量 $\dot{I}_{KA1}^{(n)}$ 可用如下通式表示

$$\dot{I}_{KA1}^{(n)}=\frac{\dot{U}_{K[0]}}{Z_{\Sigma1}+Z_{\Delta}^{(n)}} \tag{2－182}$$

式中 $\dot{U}_{K[0]}$——故障前故障点特殊相的运行相电压；

$Z_{\Delta}^{(n)}$——与短路故障类型有关的阻抗$\Big[$三相短路时 $Z_{\Delta}^{(3)}=0$；两相短路时，$Z_{\Delta}^{(2)}=Z_{\Sigma2}$；两相接地短路时，$Z_{\Delta}^{(1,1)}=\dfrac{Z_{\Sigma2}Z_{\Sigma0}}{Z_{\Sigma2}+Z_{\Sigma0}}$；单相接地短路时，$Z_{\Delta}^{(1)}=Z_{\Sigma2}+Z_{\Sigma0}\Big]$。

由式（2－182）可见，不对称短路故障时故障支路的正序分量电流 $\dot{I}_{KA1}^{(n)}$ 等于故障点每相加上一个附加阻抗 $Z_{\Delta}^{(n)}$ 后发生三相短路的电流，这就是正序等效定则。

故障点故障相电流的绝对值 $I_K^{(n)}$ 与故障支路的正序分量电流 $I_{K1}^{(n)}$ 成正比，可表示为

$$I_K^{(n)}=m^{(n)}I_{K1}^{(n)} \tag{2－183}$$

式中：$m^{(n)}$ 为与短路故障类型有关的比例系数，见表2－5。

表2－5　不同短路故障类型的 $m^{(n)}$

故障类型	三相短路	两相短路	两相接地短路	单相接地短路
$m^{(n)}$	1	$\sqrt{3}$	$\sqrt{3}\sqrt{1-\dfrac{Z_{\Sigma2}Z_{\Sigma0}}{(Z_{\Sigma2}+Z_{\Sigma0})^2}}$	3

第六节 三绕组自耦变压器接地中性点电流

本节讨论三绕组自耦变压器高压侧、中压侧分别发生接地故障时，流经自耦变压器高压侧、中压侧、公共绕组和接地中性点的电流（均指零序电流）。为便于得出结论，规定公共绕组的零序电流 $\dot{I}_{00}$ 的正方向为流向中性点，中性点电流 $\dot{I}_{N}$ 的正方向为流向地，如图 2－59 所示。其中 1 侧为高压侧，2 侧为中压侧，3 侧为低压侧，通常情况下 1 侧和 2 侧均是中性点直接接地系统，1 侧系统折算到容量 S_B 下等值零序电抗标幺值设为 X_{10}，2 侧系统折算到容量 S_B 等值零序电抗标幺值设为 X_{20}，自耦变压器各侧归算到容量 S_B 下的零序等值漏抗设为 X_{T1}、X_{T2}、X_{T3}。自耦变电器的零序励磁阻抗为无穷大。

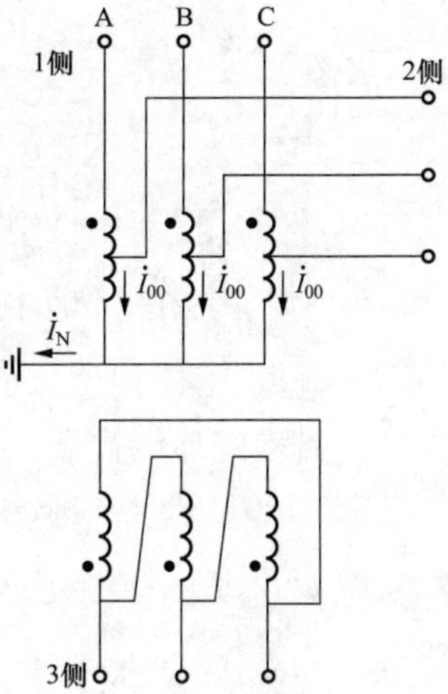

图 2－59 三绕组自耦变压器公共绕组、中性点零序电流正方向规定

一、自耦变压器中压侧接地故障

设自耦变压器中压侧发生接地故障，如图 2－60（a）所示。零序等值电路（零序网络）如图 2－60（b）所示。其中 $\dot{U}_{K0}$ 为 K_2 点接地故障时零序电压标幺值，$\dot{I}_{02}$、$\dot{I}_{s0}$ 分别为中压侧、2 侧系统流向 K_2 点的零序电流标幺值，$\dot{I}_{01}$ 是 1 侧系统流向自耦变压器的零序电流标幺值，$\dot{I}_{03}$ 是 3 侧 d 绕组内零序环流标幺值，$\dot{I}_{K0}$ 是故障支路零序电流标幺值。

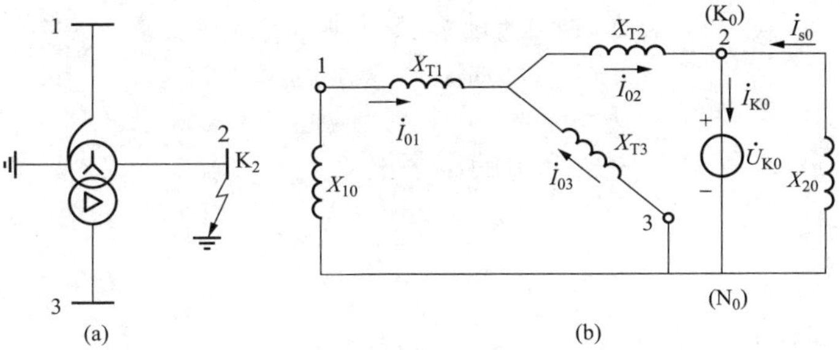

图 2－60 自耦变压器中压侧接地故障

（a）接线图；（b）零序等值电路

由图 2－60（b）求得流入高压绕组的零序电流为

$$\dot{I}_{01}=\frac{X_{T3}}{X_{T3}+X_{T1}+X_{10}}\cdot\dot{I}_{02} \tag{2-184}$$

将 $\dot{I}_{01}$、$\dot{I}_{02}$ 换算为有名值，得到

$$(\dot{I}_{01})_{有名值}=\dot{I}_{01}\cdot\frac{S_B}{\sqrt{3}U_{1B}}=\frac{X_{T3}}{X_{T3}+X_{T1}+X_{10}}\cdot\dot{I}_{02}\cdot\frac{S_B}{\sqrt{3}U_{1B}}$$

$$(\dot{I}_{02})_{有名值}=\dot{I}_{02}\cdot\frac{S_B}{\sqrt{3}U_{2B}}$$

其中 U_{1B}、U_{2B}分别是 1 侧、2 侧的基准电压，当然高、中压侧的变比 $K_{12}=\dfrac{U_{1B}}{U_{2B}}$。因此 $\dot{I}_{01}$是流入高压绕组、$\dot{I}_{02}$从中压绕组流向故障点，所以接地中性点电流 $\dot{I}_N$ 为

$$(\dot{I}_N)_{有名值}=3(\dot{I}_{00})_{有名值}=3[(\dot{I}_{01})_{有名值}-(\dot{I}_{02})_{有名值}]$$

$$=-3\dot{I}_{02}\cdot\frac{K_{12}(X_{T1}+X_{10})+(K_{12}-1)X_{T3}}{K_{12}(X_{T3}+X_{T1}+X_{10})}\cdot\frac{S_B}{\sqrt{3}U_{2B}} \quad (2-185)$$

可以看出，接地中性点电流的大小、流向与中压侧系统零序阻抗大小无关；高压侧系统零序阻抗大小只影响接地中性点电流大小而不影响流向。实际上，$\dot{I}_N$ 与中压绕组流向接地点的零序电流 $\dot{I}_{02}$反相位，而 $\dot{I}_{02}$总是流向接地故障点，故 $\dot{I}_N$ 流向与规定流向相反。

二、自耦变压器高压侧接地故障

设图 2-61（a）中自耦变压器高压侧发生接地故障，零序等值电路如图 2-61（b）所示。其中 $\dot{U}_{K0}$为 K_1点接地故障时零序电压标幺值，$\dot{I}_{H0}$为 1 侧系统流向 K_1点的零序电流标幺值，$\dot{I}_{01}$、$\dot{I}_{02}$、$\dot{I}_{03}$、$\dot{I}_{K0}$的意义与图 2-60（b）相同。

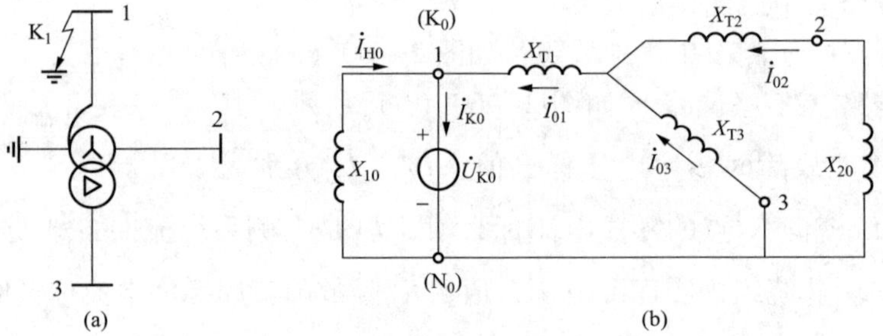

图 2-61 自耦变压器高压侧接地故障

（a）接线圈；（b）零序等值电路

由图 2-61（b）求得流入中压绕组的零序电流为

$$\dot{I}_{02}=\frac{X_{T3}}{X_{T3}+X_{T2}+X_{20}}\cdot\dot{I}_{01} \quad (2-186)$$

将 $\dot{I}_{01}$、$\dot{I}_{02}$换算为有名值，得到

$$(\dot{I}_{01})_{有名值}=\dot{I}_{01}\cdot\frac{S_B}{\sqrt{3}U_{1B}} \quad (2-187a)$$

$$(\dot{I}_{02})_{有名值}=\frac{X_{T3}}{X_{T3}+X_{T2}+X_{20}}\cdot\dot{I}_{01}\cdot\frac{S_B}{\sqrt{3}U_{2B}} \quad (2-187b)$$

因 $\dot{I}_{01}$从高压绕组流向故障点，$\dot{I}_{02}$是流入中压绕组，所以接地中性点电流 $\dot{I}_N$ 为

$$(\dot{I}_N)_{有名值}=3(\dot{I}_{00})_{有名值}=3[(\dot{I}_{02})_{有名值}-(\dot{I}_{01})_{有名值}]$$

$$=3\dot{I}_{01}\cdot\frac{(K_{12}-1)X_{T3}-(X_{T2}+X_{20})}{X_{T3}+X_{T2}+X_{20}}\cdot\frac{S_B}{\sqrt{3}U_{1B}} \quad (2-188)$$

由以上几式可得到：

（1）接地中性点电流 $\dot{I}_N$ 的大小、流向与中压侧系统的零序阻抗大小密切相关。由式

（2－188）可见，当$(K_{12}-1)X_{T3}>X_{T2}+X_{20}$时，$\dot{I}_N$与规定流向一致（由中性点流向地）；当$(K_{12}-1)X_{T3}=X_{T2}+X_{20}$时，$\dot{I}_N=0$；当$(K_{12}-1)X_{T3}<X_{T2}+X_{20}$时，$\dot{I}_N$与规定流向相反（由地流向中性点）。因此，三绕组自耦变压器接地中性点电流不能用来构成零序电流保护，也不能用来构成零序方向元件。当然，高压侧或中压侧断开时除外。事实上，三绕组自耦变压器的零序电流保护或零序方向元件均采用高压侧、中压侧的自产零序电流。

（2）自耦变压器高压侧发生接地故障时，高压侧的零序电流并不一定最大，很大程度上取决于中压侧系统零序阻抗的大小。由式（2－187）可得到

$$\frac{(\dot{I}_{02})_{有名值}}{(\dot{I}_{01})_{有名值}}=\frac{K_{12}X_{T3}}{X_{T3}+X_{T2}+X_{20}} \tag{2-189}$$

当$(K_{12}-1)X_{T3}>X_{T2}+X_{20}$时，有$(\dot{I}_{02})_{有名值}>(\dot{I}_{01})_{有名值}$；当$(K_{12}-1)X_{T3}=X_{T2}+X_{20}$时，有$(\dot{I}_{02})_{有名值}=(\dot{I}_{01})_{有名值}$；当$(K_{12}-1)X_{T3}<X_{T2}+X_{20}$时，有$(\dot{I}_{02})_{有名值}<(\dot{I}_{01})_{有名值}$。在零序电流保护整定计算时应注意这一情况，

（3）与中压侧接地故障时相同，高、中压侧间的零序电流可以流通。

第七节　电力系统纵向不对称故障分析

电力系统纵向不对称故障一般指的是一相断开或两相断开的非全相运行状态。输电线路一相或两相断线、分相检修线路或断路器设备一相或两相断路器误跳、断路器合闸过程中三相触头不同时接通、线路单相接地短路后故障相断路器跳闸等会造成非全相运行。

分析纵向不对称故障，通常采用对称分量法，为便于直接得到结论，不通过非全相运行时的序电压方程而直接应用复合序网分析。

一、单相断线分析

（一）按给定发电机电动势分析

1. 边界条件与特殊相

设在图2－62中X、Y处A相断线，得到边界条件为［单相断线就是两相接通，电气量右上角采用（1，1）角标］

$$\left.\begin{aligned}\dot{I}_A^{(1,1)}&=0\\ \Delta\dot{U}_B^{(1,1)}=\Delta\dot{U}_C^{(1,1)}&=0\end{aligned}\right\} \tag{2-190}$$

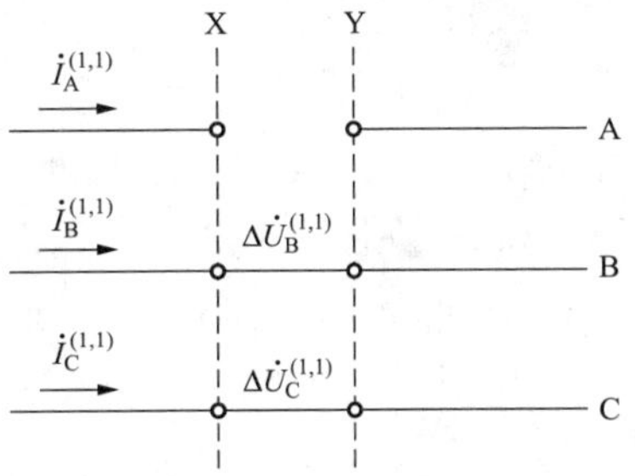

图2－62　X、Y处A相断线

与分析短路故障时相同，断线故障分析同样有特殊相。单相断线的特殊相是断线相。

应当指出，式（2－190）中$\Delta\dot{U}_B^{(1,1)}$、$\Delta\dot{U}_C^{(1,1)}$的“Δ”并不是“突变量”含义，而是断线处X、Y两点间B、C相电压。

2. 复合序网与断相处各序电流

将A相断线的边界条件用序分量表示（A相为特殊相）有如下关系

$$\dot{I}_{A1}^{(1,1)}+\dot{I}_{A2}^{(1,1)}+\dot{I}_{A0}^{(1,1)}=0 \tag{2-191a}$$

$$\Delta\dot{U}_{A1}^{(1,1)}=\Delta\dot{U}_{A2}^{(1,1)}=\Delta\dot{U}_{A0}^{(1,1)}=\frac{1}{3}\Delta\dot{U}_A^{(1,1)} \tag{2-191b}$$

由此，可将A相的各序网络接成如图2－63所示的复合序网，在断相处正序网络、负序网络、零序网络并联，图中示出的$\Delta\dot{U}_{A1}^{(1,1)}$、$\Delta\dot{U}_{A2}^{(1,1)}$、$\Delta\dot{U}_{A0}^{(1,1)}$是电压降。

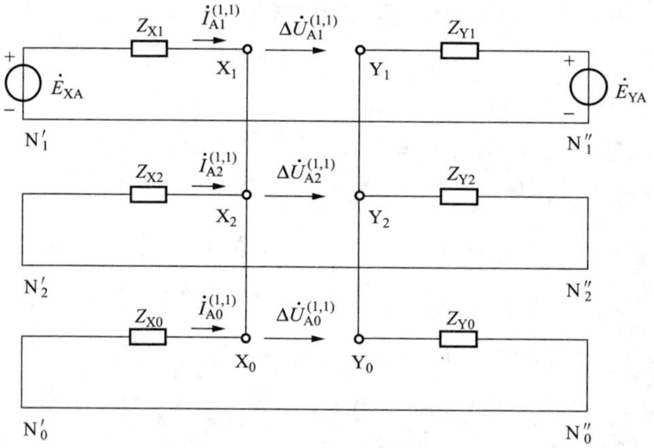

图2－63　A相断线时的复合序网

在正序网络中，$\dot{E}_{XA}$、$\dot{E}_{YA}$是断相处X侧、Y侧等值电动势；Z_{X1}、Z_{Y1}是断相处X侧、Y侧的等值正序阻抗；N_1'、N_1''是断相处X侧、Y侧的系统中性点，当然N_1'、N_1''是等电位的。负序网络是无源网络，Z_{X2}、Z_{Y2}是断相处X侧、Y侧的等值负序阻抗；N_1'、N_1''是断相处X侧、Y侧的系统中性点（N_2'与N_1'相同，N_2''、N_1''相同），N_2'、N_2''是等电位的。零序网络是无源网络，Z_{X0}、Z_{Y0}是断相处X侧、Y侧的等值零序阻抗；N_0'、N_0''是相断相处X侧、Y则的接地中性点。显然，当X侧或Y侧没有接地中性点时，零序网络不能通过接地中性点构成回路。

按图2－63示出的电流、电压正方向，可写出各序网络的方程（因是各序网络方程，与复合序网联接无关，故电气量右上角的角标可取消）如下

$$\Delta\dot{U}_{A1}=\Delta\dot{E}_A-\dot{I}_{A1}Z_{11} \tag{2-192a}$$

$$\Delta\dot{U}_{A2}=-\dot{I}_{A2}Z_{22} \tag{2-192b}$$

$$\Delta\dot{U}_{A0}=-\dot{I}_{A0}Z_{00} \tag{2-192c}$$

式中：Z_{11}、Z_{22}、Z_{00}为由断相处X、Y两点向系统看进去的综合正序、负序、零序阻抗，一般$Z_{11}=Z_{22}$；在图2－63中，$Z_{11}=Z_{X1}+Z_{Y1}$、$Z_{22}=Z_{X2}+Z_{Y2}$、$Z_{00}=Z_{X0}+Z_{Y0}$。

$\Delta\dot{E}_A$为断相处X、Y两点向系统看进去的综合电动势，在图2－63中，有$\Delta\dot{E}_A=\Delta\dot{E}_{XA}-\Delta\dot{E}_{YA}$。

由图2－63示出的复合序网可求得断相处各序电流为

$$\dot{I}_{A1}^{(1,1)}=\frac{\Delta\dot{E}_A}{Z_{11}+\dfrac{Z_{22}\cdot Z_{00}}{Z_{22}+Z_{00}}} \tag{2-193a}$$

$$\dot{I}_{A2}^{(1,1)}=-\dot{I}_{A1}^{(1,1)}\frac{Z_{00}}{Z_{22}+Z_{00}}=-\frac{Z_{00}\Delta\dot{E}_A}{Z_{11}Z_{22}+Z_{11}Z_{00}+Z_{22}Z_{00}} \tag{2-193b}$$

$$\dot{I}_{A0}^{(1,1)}=-\dot{I}_{A1}^{(1,1)}\frac{Z_{22}}{Z_{22}+Z_{00}}=-\frac{Z_{22}\Delta\dot{E}_A}{Z_{11}Z_{22}+Z_{11}Z_{00}+Z_{22}Z_{00}} \tag{2-193c}$$

可以看出，单相断线后在断线处会出现负序电流和零序电流（在断线处两侧均要有接地中性点才能有零序电流），其值与两侧等值电动势相量差 $\Delta\dot{E}_{A}$ 成正比。如果两侧等值电动势间的相角为 δ，两侧等值电动势的幅值均为 E_{φ}，则由图 2－64 求得 $|\Delta\dot{E}_{A}|$ 为

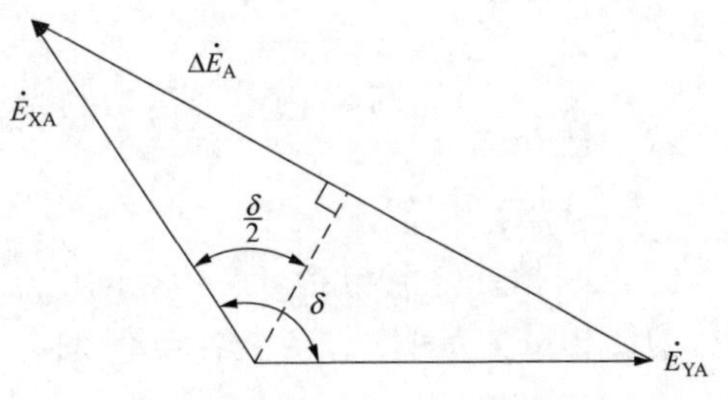

图 2－64　$\Delta\dot{E}_{A}$ 相量

$$|\Delta\dot{E}_{A}| = 2E_{\varphi}\sin\frac{\delta}{2} \tag{2-194}$$

于是断相处的负序电流、零序电流由上式可得为

$$I_{2}^{(1,1)} = \frac{2Z_{00}E_{\varphi}}{Z_{11}Z_{22}+Z_{11}Z_{00}+Z_{22}Z_{00}}\cdot\sin\frac{\delta}{2} \tag{2-195a}$$

$$I_{0}^{(1,1)} = \frac{2Z_{22}E_{\varphi}}{Z_{11}Z_{22}+Z_{11}Z_{00}+Z_{22}Z_{00}}\cdot\sin\frac{\delta}{2} \tag{2-195b}$$

当两侧等值电动势夹角 δ 变化时，断相处的负序电流、零序电流作相应变化。当 $\delta=0°$ 时，负序电流和零序电流为零，这就是空载情况下的单相断线；当 $\delta=180°$ 时，负序电流和零序电流同时有最大值。

断相处的负序电流是纵向流动的，即从非全相运行线路的一端流入，从另一端流出（注意，在负序网络中，断相处已被 $\Delta\dot{U}_{A2}^{(1,1)}$、$\Delta\dot{U}_{B2}^{(1,1)}$、$\Delta\dot{U}_{C2}^{(1,1)}$ 取代，可认为网络中的负序电流由 $\Delta\dot{U}_{A2}^{(1,1)}$、$\Delta\dot{U}_{B2}^{(1,1)}$、$\Delta\dot{U}_{C2}^{(1,1)}$ 作用产生）；与此同时，该负序电流也被分流到其他全相运行的线路中，当然全相运行线路中的负序电流小于非全相运行线路中的负序电流。断相处的零序电流同样是纵向流动的，即从非全相运行线路的一端流入，从另一端流出，由大地形成回路（注意，在零序网络中，断相处已被 $\Delta\dot{U}_{A0}^{(1,1)}$、$\Delta\dot{U}_{B0}^{(1,1)}$、$\Delta\dot{U}_{C0}^{(1,1)}$ 取代，可认为网络中的零序电流由 $\Delta\dot{U}_{A0}^{(1,1)}$、$\Delta\dot{U}_{B0}^{(1,1)}$、$\Delta\dot{U}_{C0}^{(1,1)}$ 作用产生）；与此同时，该零序电流也被分流到其他全相运行的线路中（假设该线路两侧都有接地中性点）以及中性点接地的变压器支路中，同样全相运行线路中的零序电流小于非全相运行线路中的零序电流。

3. 断相处电流、断口处两点间电压

（1）断口处两点间电压。因分析的是 X、Y 处 A 相断线，所以断口处两点间电压指的是 $\Delta\dot{U}_{A}^{(1,1)}$。计及式（2－191b），由图 2－63 可得到

$$\Delta\dot{U}_{A}^{(1,1)} = 3\Delta\dot{U}_{A1}^{(1,1)} = \frac{3Z_{22}Z_{00}}{Z_{11}Z_{22}+Z_{11}Z_{00}+Z_{22}Z_{00}}\cdot\Delta\dot{E}_{A} \tag{2-196}$$

当断相处两侧等值电动势夹角愈接近 180°时，$\Delta\dot{U}_{A}^{(1,1)}$ 有较大数值。如当 $Z_{11}=Z_{22}=Z_{00}$、$\dot{E}_{X}$ 与 $\dot{E}_{Y}$ 夹角为 180°时，有 $\Delta\dot{U}_{A}^{(1,1)}=\Delta\dot{E}_{A}\approx 2\dot{E}_{XA}$，达到一侧等值电动势的 2 倍。

（2）断相处电流。因是 X、Y 处 A 相断线，故断相处电流指的是 $\Delta\dot{I}_{B}^{(1,1)}$、$\Delta\dot{I}_{C}^{(1,1)}$。由式（2－193）可得到

$$\dot{I}_{B}^{(1,1)} = a^{2}\dot{I}_{A1}^{(1,1)} + a\dot{I}_{A2}^{(1,1)} + \dot{I}_{A0}^{(1,1)} = \left(a^{2} - \frac{aZ_{00}+Z_{22}}{Z_{22}+Z_{00}}\right)\dot{I}_{A1}^{(1,1)} \tag{2-197a}$$

$$\dot{I}_{C}^{(1,1)} = a\dot{I}_{A1}^{(1,1)} + a^{2}\dot{I}_{A2}^{(1,1)} + \dot{I}_{A0}^{(1,1)} = \left(a - \frac{a^{2}Z_{00}+Z_{22}}{Z_{22}+Z_{00}}\right)\dot{I}_{A1}^{(1,1)} \tag{2-197b}$$

电流的绝对值为

$$|\dot{I}_{B}^{(1,1)}|=|\dot{I}_{C}^{(1,1)}|=\sqrt{3}\sqrt{1-\frac{Z_{22}Z_{00}}{(Z_{22}+Z_{00})^{2}}}|\dot{I}_{A1}^{(1,1)}| \qquad (2-198)$$

与式（2－170）相似。

（3）断相处电流与断口处两点间电压的相量关系。

为使相量关系明了，当 $Z_{11}=Z_{22}$ 时，改写式（2－197）为如下形式

$$\dot{I}_{B}^{(1,1)}=a^{2}\dot{I}_{loa\cdot A}+\frac{Z_{00}-Z_{11}}{Z_{11}+2Z_{00}}\cdot\dot{I}_{loa\cdot A} \qquad (2-199a)$$

$$\dot{I}_{C}^{(1,1)}=a\dot{I}_{loa\cdot A}+\frac{Z_{00}-Z_{11}}{Z_{11}+2Z_{00}}\cdot\dot{I}_{loa\cdot A} \qquad (2-199b)$$

式中：$\dot{I}_{loa\cdot A}$ 可理解为负荷电流，$\dot{I}_{loa\cdot A}=\frac{\Delta\dot{E}_{A}}{Z_{11}}$。

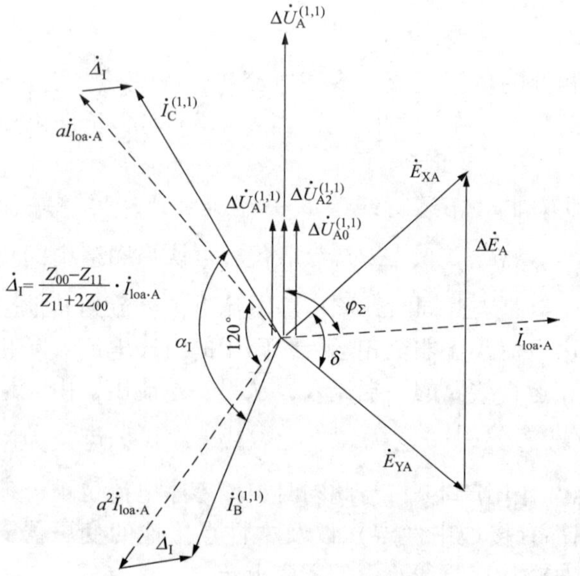

图 2－65 断相处电流与断口处两点间电压的相量关系（$Z_{00}>Z_{11}$）

先作 $\Delta\dot{E}_{A}$，由式（2－196）可作出 $\Delta\dot{U}_{A}^{(1,1)}$ 相量；再作出 $\dot{I}_{loa\cdot A}$、$a\dot{I}_{loa\cdot A}$、$a^{2}\dot{I}_{loa\cdot A}$，根据式（2－199）可作出 $\dot{I}_{B}^{(1,1)}$、$\dot{I}_{C}^{(1,1)}$ 电流相量。作出的断相处电流与断口处两点间电压的相量关系如图 2－65 所示。

由相量图明显可见，当 $Z_{00}>Z_{11}$ 时，$\dot{I}_{B}^{(1,1)}$ 与 $\dot{I}_{C}^{(1,1)}$ 间的夹角 $\alpha_{I}>120°$；当 $Z_{00}=Z_{11}$ 时，有 $\alpha_{I}=120°$；当 $Z_{00}<Z_{11}$ 时，有 $\alpha_{I}<120°$。

4. 序电压与序电流间的相位关系

在中性点直接接地电网中，在负荷状态下某一线路出现非全相运行，电网中会出现负序电压、负序电流和零序电压、零序电流。由于负序网络、零序网络均是无源网络，所以负序电压与负序电流间的相位关系、零序电压与零序电流间的相位关系两者是完全相同的。以下讨论零序电压与零序电流间的相位关系。

（1）一个断相口非全相运行。设在图 2－1 中 M 侧线路非全相运行，作出单相断线时的零序网络如图 2－66 所示，仅在断相口作用零序电动势 $\Delta\dot{U}_{0}$。

断相口在保护 1、2 的保护方向上，如规定零序电流的正方向由母线流向被保护线路，则零序电压与零序电流间的关系为

对保护 1：
$$\dot{U}_{M0}=-\dot{I}_{M0}Z_{M0} \qquad (2-200a)$$

对保护 2：
$$\dot{U}_{N0}=-\dot{I}_{N0}Z_{N0} \qquad (2-200b)$$

相当于保护方向上发生了接地故障，当然零序方向元件［动作判据见式（2－141b）］处动作状态。

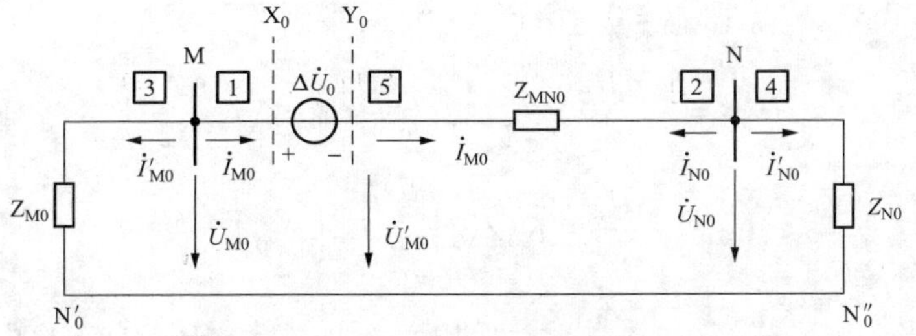

图 2-66　单相断线时的零序网络

对保护 3、4、5，断相口在保护反方向上，零序电压与零序电流间的关系为

对保护 3：
$$\dot U_{M0}=\dot I'_{M0}Z_{M0} \tag{2-201a}$$
对保护 4：
$$\dot U_{N0}=\dot I'_{N0}Z_{N0} \tag{2-201b}$$
对保护 5：
$$\dot U'_{M0}=\dot I_{M0}(Z_{MN0}+Z_{N0}) \tag{2-201c}$$
相当于保护反方向上发生了接地故障。

因此，保护安装处零序电压与零序电流间的相位关系，相当于在断相处发生了接地故障，即断相处在保护方向上时，零序电压滞后零序电流的相角为 100°～110°；断相处在保护反方向上时，零序电压超前零序电流的相角为 70°～80°。

（2）两个断相口非全相运行。图 2-1 中 MN 线路单相瞬时接地两侧故障相断路器跳闸后，就是两个断相口非全相运行。图 2-67 示出了单相两断相口非全相运行时的零序网络。

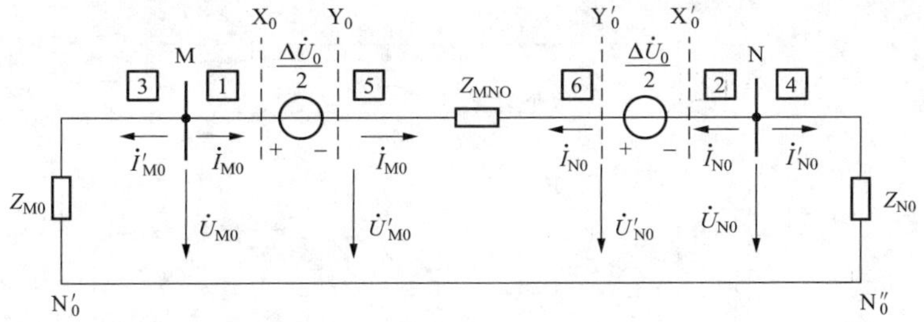

图 2-67　单相两断相口非全相运行时的零序网络

当不计输电线路分布电容时，两个断相口可合并为一个断相口，可求得该断相口上的零序电压为

$$\Delta\dot U_0=-\dot I_{M0}(Z_{M0}+Z_{N0}+Z_{MN0})=-\dot I_{M0}Z_{00} \tag{2-202}$$
看成两个断相口时，每个断相口上的零序电压为
$$\frac{\Delta\dot U_0}{2}=-\dot I_{M0}\frac{Z_{00}}{2} \tag{2-203}$$

从保护 1、2 看两个断相口均在保护方向上，故 $\dot U_{M0}$滞后 $\dot I_{M0}$的相角为 100°～110°（保护 1）、$\dot U_{N0}$滞后 $\dot I_{N0}$的相角为 100°～110°（保护 2）；从保护 3、4 看两个断相口均在保护反方向上，故 $\dot U_{M0}$超前 $\dot I'_{M0}$的相角为 70°～80°（保护 3）、$\dot U'_{N0}$超前 $\dot I'_{N0}$的相角为 70°～80°（保护 4）。对于保护 5、6（取用线路电压互感器二次电压），一个断相口在保护方向上，另一个断相口在保护反方向上，其零序电压与零序电流间的相位关系分析如下。

计及式（2－203）、$\dot{I}_{N0}+\dot{I}_{M0}=0$，由图2－67可得到

$$\dot{U}'_{M0}=-\frac{\Delta\dot{U}_0}{2}-\dot{I}_{M0}Z_{M0}=-\dot{I}_{M0}\left(Z_{M0}-\frac{Z_{00}}{2}\right) \quad (2-204a)$$

$$\dot{U}'_{N0}=\frac{\Delta\dot{U}_0}{2}-\dot{I}_{N0}Z_{N0}=-\dot{I}_{N0}\left(Z_{N0}-\frac{Z_{00}}{2}\right) \quad (2-204b)$$

可以看出，当$Z_{M0}<\frac{Z_{00}}{2}$、$Z_{N0}<\frac{Z_{00}}{2}$时，保护5、6的零序电压超前零序电流的相角为70°～80°，均相当于反方向上发生了接地故障；当$Z_{M0}<\frac{Z_{00}}{2}$、$Z_{N0}>\frac{Z_{00}}{2}$时，保护5判为反方向上接地故障，保护6判为正方向上接地故障；当$Z_{M0}>\frac{Z_{00}}{2}$、$Z_{N0}<\frac{Z_{00}}{2}$时，保护5判为正方向上接地故障，保护6判为反方向上接地故障。可以看出，对于两个断相口非全相运行线路，取用线路侧电压互感器时，两侧的零序方向元件最多一个方向元件判为正方向上短路故障。

计及线路分布电容后，虽然两个断相口的非全相运行属于复故障，但分析所得结果与上述结果相同。

（3）环并线路上两侧序电压与序电流相位关系。

电力系统单相断线时，对于环并的全相运行线路，两侧的负序电压（零序电压）和负序电流（零序电流）间的相位关系与上述所得结论不同。图2－68示出了在平行双回路“×”处单相断线时的零序网络，其中平行线路I是环形的全相运行线路。

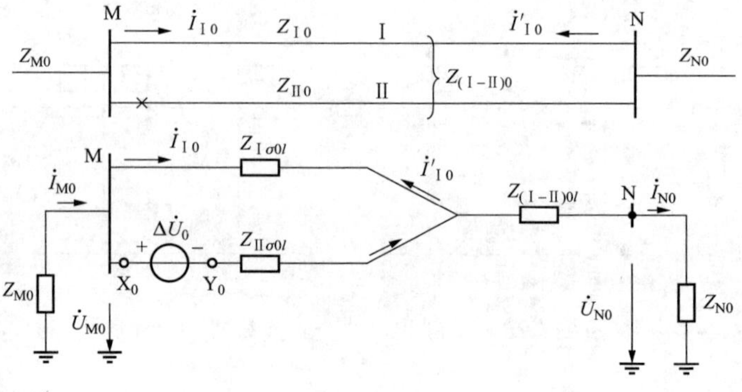

图2－68　单相断线平行双回线的零序网络

由零序网络中电流分布可见，$\dot{I}'_{I0}$与$\dot{I}_{N0}$同相，$\dot{I}'_{I0}$与$\dot{I}_{M0}$反相（$\dot{I}'_{I0}=K'_0\dot{I}_{N0}$、$\dot{I}'_{I0}=-K_0\dot{I}_{M0}$，$K'_0$、$K_0$是常数），写出M、N母线零序电压的表示式为

$$\dot{U}_{M0}=-\dot{I}_{M0}Z_{M0}=\frac{1}{K_0}\dot{I}'_{I0}Z_{M0} \quad (2-205a)$$

$$\dot{U}_{N0}=\dot{I}_{N0}Z_{N0}=\frac{1}{K'_0}\dot{I}'_{I0}Z_{N0} \quad (2-205b)$$

可见，两侧的零序电压均超前相应零序电流一个零序阻抗角（70°～80°），与反方向上发生接地故障时的相位关系相同（不同于区外发生接地故障时的相位关系）。

5. 序电压分布

（1）一个断相口非全相运行。图2－66示出了一个断相口非全相运行时的零序网络，

计及式（2-202），由图2-66容易写出零序电压表示式为

$$\dot{U}_{N0}=\dot{I}_{M0}Z_{N0}=-\frac{Z_{N0}}{Z_{00}}\cdot\Delta U_0$$

$$\dot{U}'_{M0}=\dot{I}_{M0}(Z_{N0}+Z_{MN0})=-\frac{Z_{N0}+Z_{MN0}}{Z_{00}}\cdot\Delta\dot{U}_0$$

$$\dot{U}_{M0}=-\dot{I}_{M0}Z_{M0}=\frac{Z_{M0}}{Z_{00}}\cdot\Delta\dot{U}_0$$

根据以上几式作出零序电压分布如图2-69所示。

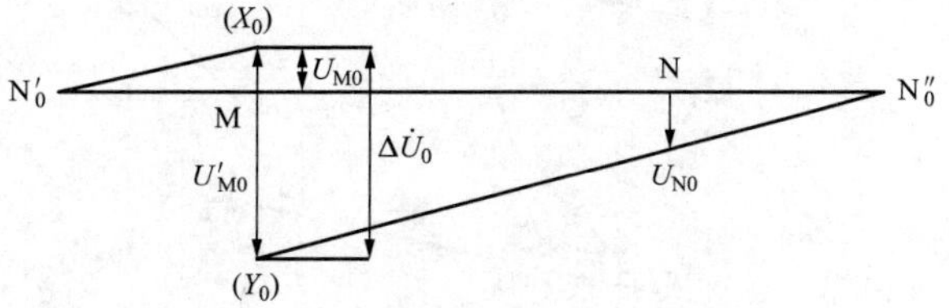

图2-69 一个断相口非全相运行时零序电压分布

负序电压分布与图2-69相似，只是 N'_0、N''_0 是X侧、Y侧的系统中性点，并非是X侧、Y侧的接地中性点。

（2）两个断相口非全相运行。两个断相口非全相运行时的零序网络如图2-67所示，计及式（2-203），由图2-67容易写出零序电压表示式为

$$\dot{U}_{N0}=\dot{I}_{M0}Z_{N0}=-\frac{Z_{N0}}{Z_{00}}\cdot\Delta U_0 \tag{2-206a}$$

$$\dot{U}'_{N0}=\frac{\Delta\dot{U}_0}{2}+\dot{I}_{M0}Z_{N0}=-\frac{Z_{N0}-\frac{Z_{00}}{2}}{Z_{00}}\cdot\Delta\dot{U}_0 \tag{2-206b}$$

$$\dot{U}'_{M0}=-\frac{\Delta\dot{U}_0}{2}-\dot{I}_{M0}Z_{M0}=-\frac{\frac{Z_{00}}{2}-Z_{M0}}{Z_{00}}\cdot\Delta\dot{U}_0 \tag{2-206c}$$

$$\dot{U}_{M0}=-\dot{I}_{M0}Z_{M0}=\frac{Z_{M0}}{Z_{00}}\cdot\Delta\dot{U}_0 \tag{2-206d}$$

作出不同 Z_{M0}、Z_{N0} 情况下零序电压分布如图2-70所示。由图可以看出，M、N母线上的零序电压不可能为零值（当 $\Delta U_0\neq0$ 时），但线路侧的零序电压可能为零。如当 $Z_{N0}=\frac{Z_{00}}{2}$ 时，则有 $\dot{U}'_{N0}=0$（此时 $\dot{U}'_{M0}\neq0$）；当 $Z_{M0}=\frac{Z_{00}}{2}$ 时，有 $\dot{U}'_{M0}=0$（$\dot{U}'_{N0}\neq0$）。当然 $\dot{U}'_{M0}$、$\dot{U}'_{N0}$ 不可能同时为零值。

负序电压分布与图2-70相似。

（二）按给定负荷电流以分析

按给定发电机电动势分析纵向不对称故障，概念清晰，容易得到纵向不对称故障电气量的特点。但是，在复杂多电源网络中，要得到断相处两侧等值电动势间的相角差是十分困难的，并且断相后两侧等值电动势间的相角差还要发生变化。正因为如此，按给定电动势分析纵向不对称故障的方法，难以得到断相处的各序电流、断口处两点间电压以及断相处电流。

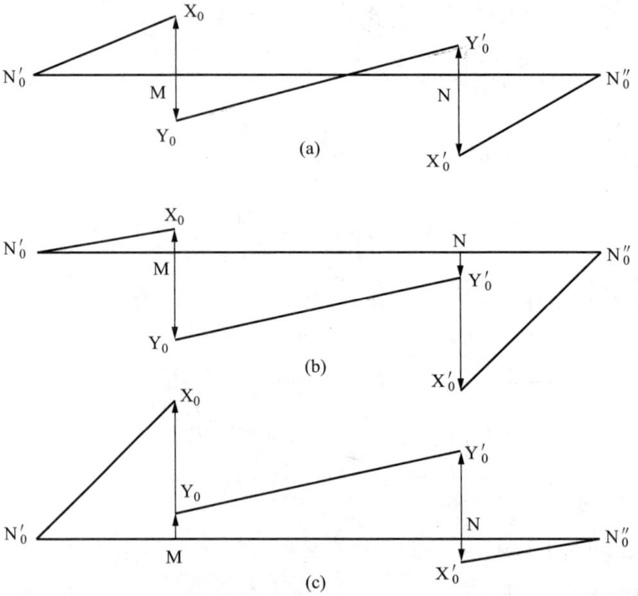

图 2－70　两个断相口非全相运行时零序电压分布

(a) $Z_{M0}<\frac{Z_{00}}{2}$、$Z_{N0}<\frac{Z_{00}}{2}$；(b) $Z_{M0}<\frac{Z_{00}}{2}$、$Z_{N0}>\frac{Z_{00}}{2}$；(c) $Z_{M0}>\frac{Z_{00}}{2}$、$Z_{N0}<\frac{Z_{00}}{2}$

按给定负荷电流分析纵向不对称故障，是不计断相后两侧等值电动势的大小及相位的变化，即假设 $\dot{I}_{loa\cdot A}=\frac{\Delta\dot{E}_A}{Z_{11}}=\frac{\dot{E}_{XA}-\dot{E}_{YA}}{Z_{11}}$断相前、后保持不变，从而容易求得断相后的有关电气量，适合多电源网络中非全相运行的分析计算。

1. 断相处各序电流、断口处两点间电压

设图 2－1 中的 MN 线路 M 侧 A 相断线，计及 $\dot{I}_{loa\cdot A}=\frac{\Delta\dot{E}_A}{Z_{11}}$，由式（2－193）得到断相处各序电流为

$$\dot{I}_{A1}^{(1,1)}=\frac{\frac{1}{Z_{22}}+\frac{1}{Z_{00}}}{\frac{1}{Z_{11}}+\frac{1}{Z_{22}}+\frac{1}{Z_{00}}}\cdot\dot{I}_{loa\cdot A}\tag{2-207a}$$

$$\dot{I}_{A2}^{(1,1)}=-\frac{\frac{1}{Z_{22}}}{\frac{1}{Z_{11}}+\frac{1}{Z_{22}}+\frac{1}{Z_{00}}}\cdot\dot{I}_{loa\cdot A}\tag{2-207b}$$

$$\dot{I}_{A0}^{(1,1)}=-\frac{\frac{1}{Z_{00}}}{\frac{1}{Z_{11}}+\frac{1}{Z_{22}}+\frac{1}{Z_{00}}}\cdot\dot{I}_{loa\cdot A}\tag{2-207c}$$

十分明显，只要知道断相前该线路的负荷电流大小，就很容易计算出单相断线后的各序电流了。网络中其他各支路的各序电流通过序电流分布系数可方便求出。

应当指出，式（2－207a）中的正序电流包含负荷电流，因此由 A 相断线产生的正序电

流 $\dot{I}'^{(1,1)}_{A1}$ 为

$$\dot{I}'^{(1,1)}_{A1}=\dot{I}^{(1,1)}_{A1}-\dot{I}_{loa\cdot A}=-\frac{\dfrac{1}{Z_{11}}}{\dfrac{1}{Z_{11}}+\dfrac{1}{Z_{22}}+\dfrac{1}{Z_{00}}}\cdot\dot{I}_{loa\cdot A} \tag{2-208}$$

由式（2－196）可得到断口处两点间电压为

$$\Delta\dot{U}^{(1,1)}_{A}=3\Delta\dot{U}^{(1,1)}_{A1}=\frac{3}{\dfrac{1}{Z_{11}}+\dfrac{1}{Z_{22}}+\dfrac{1}{Z_{00}}}\cdot\dot{I}_{loa\cdot A} \tag{2-209}$$

可以看出，断口处电压 $\Delta\dot{U}^{(1,1)}_{A}$ 与断相前的负荷电流成正比，负荷电流愈大，断相后 $\Delta\dot{U}^{(1,1)}_{A}$ 也愈大。空载情况下断相，有 $\Delta\dot{U}^{(1,1)}_{A}=0$。

2. 断相处各相电流

断相处的各序电流求得后，就可求得断相处各相电流。由式（2－207）可得各相电流为

$$\dot{I}^{(1,1)}_{A}=\dot{I}^{(1,1)}_{A1}+\dot{I}^{(1,1)}_{A2}+\dot{I}^{(1,1)}_{A0}=0$$

$$\dot{I}^{(1,1)}_{B}=a^2\dot{I}^{(1,1)}_{A1}+a\dot{I}^{(1,1)}_{A2}+\dot{I}^{(1,1)}_{A0}=-\sqrt{3}\frac{\dfrac{\sqrt{3}}{2}\cdot\dfrac{1}{Z_{00}}+j\left(\dfrac{1}{Z_{22}}+\dfrac{1}{Z_{00}}\right)}{\dfrac{1}{Z_{11}}+\dfrac{1}{Z_{22}}+\dfrac{1}{Z_{00}}}\cdot\dot{I}_{loa\cdot A}$$

$$\dot{I}^{(1,1)}_{C}=a\dot{I}^{(1,1)}_{A1}+a^2\dot{I}^{(1,1)}_{A2}+\dot{I}^{(1,1)}_{A0}=-\sqrt{3}\frac{\dfrac{\sqrt{3}}{2}\cdot\dfrac{1}{Z_{00}}-j\left(\dfrac{1}{Z_{22}}+\dfrac{1}{Z_{00}}\right)}{\dfrac{1}{Z_{11}}+\dfrac{1}{Z_{22}}+\dfrac{1}{Z_{00}}}\cdot\dot{I}_{loa\cdot A}$$

如果各序阻抗具有相同的阻抗角，则可得到单相断线时非断线相电流的绝对值为

$$|\dot{I}^{(1,1)}_{B}|=|\dot{I}^{(1,1)}_{C}|=\sqrt{3}\frac{\sqrt{1+\dfrac{Z_{00}}{Z_{22}}+\left(\dfrac{Z_{00}}{Z_{22}}\right)^2}}{1+\dfrac{Z_{00}}{Z_{11}}+\dfrac{Z_{00}}{Z_{22}}}\cdot|\dot{I}_{loa\cdot A}| \tag{2-210}$$

如 $Z_{11}=Z_{22}$，上式可简化为

$$|\dot{I}^{(1,1)}_{B}|=|\dot{I}^{(1,1)}_{C}|=\sqrt{1-\frac{(Z_{00}-Z_{11})(Z_{00}+2Z_{11})}{(Z_{11}+2Z_{00})^2}}\cdot|\dot{I}_{loa\cdot A}| \tag{2-211}$$

明显看出，当 $Z_{00}>Z_{11}$ 时，非故障相电流减小；当 $Z_{00}=Z_{11}$ 时，非故障相电流不变；当 $Z_{00}<Z_{11}$ 时，非故障相电流增大，且 Z_{00} 愈小增得愈大，要注意非故障相电气设备在这种情况下是否过负荷。

二、两相断线分析

（一）按给定发电机电动势分析

1. 边界条件与特殊相

图 2－71 中 X、Y 处 B、C 相断线时，由图 2－71 得到边界条件为［两相断线就是单相接通，电气量右上角采用（1）角标］

$$\left.\begin{aligned}&\Delta\dot{U}^{(1)}_{A}=0\\&\dot{I}^{(1)}_{B}=\dot{I}^{(1)}_{C}=0\end{aligned}\right\} \tag{2-212}$$

两相断线的特殊相是非断线相，所以 B、C 相断线时的特殊相是 A 相。同样“Δ”不是“突变量”含义。

2. 复合序网与断相处各序电流

将式（2－212）边界条件用特殊相序分量表示为

$$\Delta\dot{U}_{A1}^{(1)}+\Delta\dot{U}_{A2}^{(1)}+\Delta\dot{U}_{A0}^{(1)}=0 \tag{2-213a}$$

$$\dot{I}_{A1}^{(1)}=\dot{I}_{A2}^{(1)}=\dot{I}_{A0}^{(1)}=\frac{1}{3}\dot{I}_{A}^{(1)} \tag{2-213b}$$

由式（2－213）可作出特殊相的复合序网如图 2－72 所示，是由正序网络、负序网络、零序网络串联组合而成。

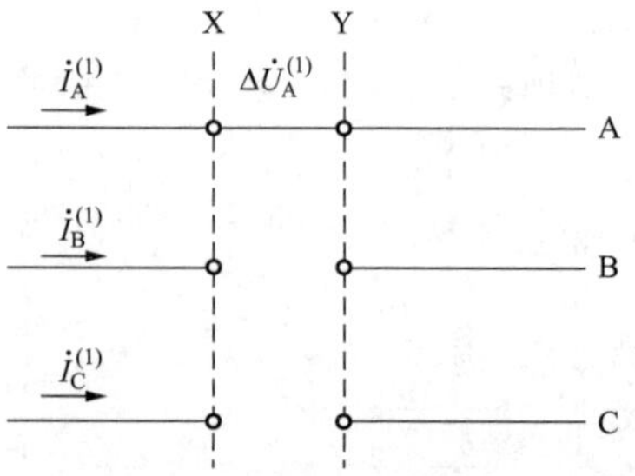

图 2－71　X、Y 处 BC 相断线

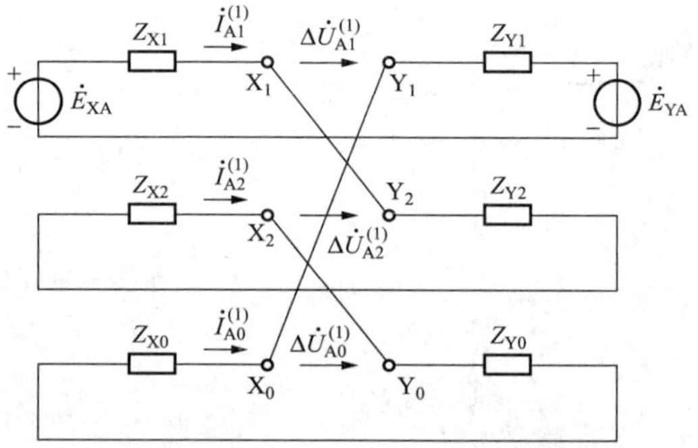

图 2－72　B、C 相断线的复合序网

由复合序网可求得断相处各序电流为

$$\dot{I}_{A1}^{(1)}=\dot{I}_{A2}^{(1)}=\dot{I}_{A0}^{(1)}=\frac{\Delta\dot{E}_{A}}{Z_{11}+Z_{22}+Z_{00}} \tag{2-214}$$

计及$|\Delta\dot{E}_{A}|=2E_{\varphi}\sin\frac{\delta}{2}$，则上式变化为

$$I_1^{(1)}=I_2^{(1)}=I_0^{(1)}=\frac{2E_{\varphi}}{Z_{11}+Z_{22}+Z_{00}}\sin\frac{\delta}{2} \tag{2-215}$$

可见，两相断线后，在断相处会出现负序电流和零序电流，两侧等值电动势夹角愈接近 180°时，其值也愈大。不过，当断相处的任一侧没有接地的中性点时，各序电流均为零。

3. 断相处电流、断口处两点间电压

断相处电流由式（2－214）求得为

$$\dot{I}_{A}^{(1)}=\dot{I}_{A1}^{(1)}+\dot{I}_{A2}^{(1)}+\dot{I}_{A0}^{(1)}=\frac{3\Delta\dot{E}_{A}}{Z_{11}+Z_{22}+Z_{00}} \tag{2-216}$$

由图 2－72 复合序网，求得断相处各序电压为

$$\Delta\dot{U}_{A0}^{(1)}=-\dot{I}_{A0}^{(1)}Z_{00}$$

$$\Delta\dot{U}_{A2}^{(1)}=-\dot{I}_{A2}^{(1)}Z_{22}$$

$$\Delta\dot{U}_{A1}^{(1)}=\dot{I}_{A1}^{(1)}(Z_{22}+Z_{00})$$

计及式（2－214），B、C 相断口处两点间电压为

$$\Delta\dot{U}_{B}^{(1)}=a^2\Delta\dot{U}_{A1}^{(1)}+a\Delta\dot{U}_{A2}^{(1)}+\Delta\dot{U}_{A0}^{(1)}=\frac{(a^2-a)Z_{22}+(a^2-1)Z_{00}}{Z_{11}+Z_{22}+Z_{00}}\cdot\Delta\dot{E}_{A} \tag{2-217a}$$

$$\Delta\dot{U}_{\mathrm{C}}^{(1)} = a\Delta\dot{U}_{\mathrm{A1}}^{(1)} + a^2\Delta\dot{U}_{\mathrm{A2}}^{(1)} + \Delta\dot{U}_{\mathrm{A0}}^{(1)} = \frac{(a-a^2)Z_{22}+(a-1)Z_{00}}{Z_{11}+Z_{22}+Z_{00}} \cdot \Delta\dot{E}_{\mathrm{A}} \quad (2-217\mathrm{b})$$

取绝对值，有

$$|\Delta\dot{U}_{\mathrm{B}}^{(1)}| = |\Delta\dot{U}_{\mathrm{C}}^{(1)}| = \frac{\sqrt{3}\sqrt{Z_{22}^2+Z_{22}Z_{00}+Z_{00}^2}}{Z_{11}+Z_{22}+Z_{00}} \cdot |\Delta\dot{E}_{\mathrm{A}}| \quad (2-218)$$

当 $Z_{11}=Z_{22}$ 时，改写式（2-217）为如下形式

$$\Delta\dot{U}_{\mathrm{B}}^{(1)} = a^2\Delta\dot{E}_{\mathrm{A}} + \frac{Z_{11}-Z_{00}}{2Z_{11}+Z_{00}} \cdot \Delta\dot{E}_{\mathrm{A}} \quad (2-219\mathrm{a})$$

$$\Delta\dot{U}_{\mathrm{C}}^{(1)} = a\Delta\dot{E}_{\mathrm{A}} + \frac{Z_{11}-Z_{00}}{2Z_{11}+Z_{00}} \cdot \Delta\dot{E}_{\mathrm{A}} \quad (2-219\mathrm{b})$$

由式（2-216）、式（2-219）作出断相处电流以与 B、C 相断口处两点间电压的相量关系如图 2-73 所示。由相量图可见，当 $Z_{11}>Z_{00}$ 时，$\Delta\dot{U}_{\mathrm{B}}^{(1)}$ 与 $\Delta\dot{U}_{\mathrm{C}}^{(1)}$ 间夹角 $\alpha_{\mathrm{U}}>120°$；当 $Z_{11}=Z_{00}$ 时，有 $\alpha_{\mathrm{U}}=120°$；当 $Z_{11}<Z_{00}$ 时，有 $\alpha_{\mathrm{U}}<120°$。在相量图中，同时也表示出了特殊相各序分量电压、电流相量关系。

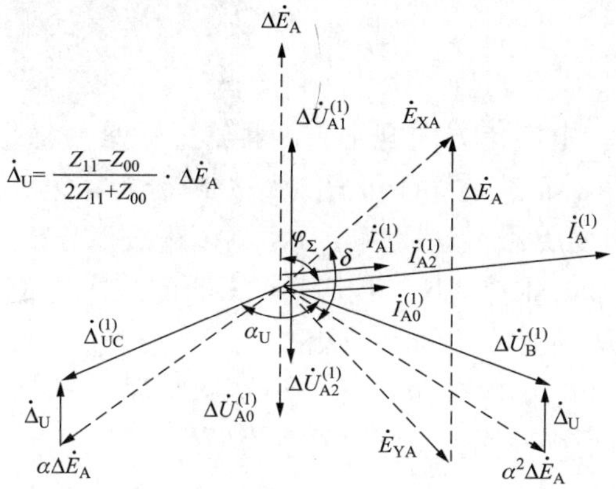

图 2-73 断相处电流与 B、C 相断口处两点电压间的相量关系（$Z_{00}<Z_{11}$）

4. 序电压与序电流间的相量关系

与单相断线时相同。

5. 序电压分布

与单相断线时相同。

（二）按给定负荷电流分析

1. 断相处各序电流、断相处电流

将 $\Delta\dot{E}_{\mathrm{A}}=\dot{I}_{\mathrm{loa\cdot A}}Z_{11}$ 代入式（2-214）、式（2-216）得到断相处各序电流、断相处电流为

$$\dot{I}_{\mathrm{A1}}^{(1)} = \dot{I}_{\mathrm{A2}}^{(1)} = \dot{I}_{\mathrm{A0}}^{(1)} = \frac{Z_{11}}{Z_{11}+Z_{22}+Z_{00}} \cdot \dot{I}_{\mathrm{loa\cdot A}} \quad (2-220)$$

$$\dot{I}_{\mathrm{A}}^{(1)} = \frac{3Z_{11}}{Z_{11}+Z_{22}+Z_{00}} \cdot \dot{I}_{\mathrm{loa\cdot A}} \quad (2-221)$$

2. 断口处两点间电压

将 $\Delta\dot{E}_{\mathrm{A}}=\dot{I}_{\mathrm{loa\cdot A}}Z_{11}$ 代入式（2-217）得到 B、C 相断口处两点电压为

$$\Delta\dot{U}_{B}^{(1)}=a^{2}\Delta\dot{U}_{A1}^{(1)}+a\Delta\dot{U}_{A2}^{(1)}+\Delta\dot{U}_{A0}^{(1)}=\frac{(a^{2}-a)Z_{22}+(a^{2}-1)Z_{00}}{1+\dfrac{Z_{22}}{Z_{11}}+\dfrac{Z_{00}}{Z_{11}}}\cdot\dot{I}_{loa\cdot A}\quad(2-222a)$$

$$\Delta\dot{U}_{C}^{(1)}=a\Delta\dot{U}_{A1}^{(1)}+a^{2}\Delta\dot{U}_{A2}^{(1)}+\Delta\dot{U}_{A0}^{(1)}=\frac{(a-a^{2})Z_{22}+(a-1)Z_{00}}{1+\dfrac{Z_{22}}{Z_{11}}+\dfrac{Z_{00}}{Z_{11}}}\cdot\dot{I}_{loa\cdot A}\quad(2-222b)$$

取绝对值，有 $|\Delta\dot{U}_{B}^{(1)}|=|\Delta\dot{U}_{C}^{(1)}|=\dfrac{\sqrt{3}\sqrt{Z_{22}^{2}+Z_{22}Z_{00}+Z_{00}^{2}}}{1+\dfrac{Z_{22}}{Z_{11}}+\dfrac{Z_{00}}{Z_{11}}}\cdot|\dot{I}_{loa\cdot A}|$ (2-223)

第八节　不对称短路故障时 YN，d 接线变压器两侧电流、电压关系

分析 YN，d11 接线组别变压器不对称故障时两侧电流、电压间的关系。分析采用标幺值，并省去标幺符号“*”。

一、基本概念

(1) 关于电流正方向。电流正方向规定有两种形式：第一种是 YN 侧三相电流流入变压器，d 侧三相电流流出变压器，这适用于 d 侧短路故障分析；第二种是 d 侧三相电流流入变压器，YN 侧三相电流流出变压器，这适用于 YN 侧短路故障分析。

(2) 关于零序分量传变。根据 YN，d 接线变压器的零序等值电路，两侧的零序分量电流、电压相互独立，不能从一侧传变到另一侧。

(3) 关于正序分量传变。正序分量电流、电压可以从变压器的一侧传变到另一侧。在上述电流正方向规定下，两侧正序电流间的关系为

$$\dot{I}_{A1}=\dot{I}_{a1}e^{-j30^{\circ}}、\dot{I}_{a1}=\dot{I}_{A1}e^{j30^{\circ}}\quad(2-224)$$

式中：$\dot{I}_{A1}$ 为 YN 侧流入（流出）变压器的正序电流标幺值；$\dot{I}_{a1}$ 为 d 侧流出（流入）变压器的正序电流标幺值。

对于两侧正序电压间的关系，应计及变压器阻抗上压降的影响，当 d 侧短路故障时，关系式为

$$\dot{U}_{A1}=(\dot{U}_{a1}+j\dot{I}_{a1}X_{T1})e^{-j30^{\circ}}\quad(2-225)$$

式中：$\dot{U}_{A1}$、$\dot{U}_{a1}$ 为变压器 YN 侧、d 侧正序电压标幺值；$\dot{I}_{a1}^{(1)}$ 为 d 侧流出变压器的正序电流标幺值；X_{T1} 为变压器正序阻抗标幺值。

当 YN 侧短路故障时，关系式

$$\dot{U}_{a1}=(\dot{U}_{A1}+j\dot{I}_{A1}X_{T1})e^{j30^{\circ}}\quad(2-226)$$

式中：$\dot{I}_{A1}$ 为 YN 侧流出变压器正序电流标幺值。

(4) 关于负序分量传变。负序分量电流、电压可以从变压器的一侧传变到另一侧。两侧负序电流的关系类似式 (2-224)，关系式为

$$\dot{I}_{A2}=\dot{I}_{a2}e^{j30^{\circ}}、\dot{I}_{a2}=\dot{I}_{A2}e^{-j30^{\circ}}\quad(2-227)$$

对于两侧负序电压间的关系，当 d 侧短路故障时，类似式 (2-225)，关系式为

$$\dot{U}_{A2}=(\dot{U}_{a2}+j\dot{I}_{a2}X_{T2})e^{j30^{\circ}} \tag{2-228}$$

式中：X_{T2}为变压器负序电抗标幺值，有 $X_{T2}=X_{T1}$。当 YN 侧短路故障时，类似式（2-226），关系式为

$$\dot{U}_{a2}=(\dot{U}_{A2}+j\dot{I}_{A2}X_{T2})e^{-j30^{\circ}} \tag{2-229}$$

根据上述正、负、零序分量传变规律，在不对称短路时，分析变压器两侧电流分布及其电压、电流的相量关系的具体方法是：

1）先求出短路故障处的各序分量电压、电流，并根据短路故障类型、短路相别求出相互间关系，而后作出短路侧的电压、电流相量图。

2）根据变压器的接线组别，确定变压器另一侧（非短路侧）的各序分量电压、电流的表示式。

3）应用计算公式或相量图，将变换后的各序分量电压、电流进行叠加，最后求得变压器另一侧的各相电压和电流。

4）对于变压器两侧电流的分布，各相电流应以故障相的电流表示，以便进行各相电流大小的比较。在画电压、电流相量关系时，认为电路参数是纯电感，不计电阻；对于变压器内部电抗上的压降，在通过的电流较小时，为简单明了，可以不考虑，而当通过的电流较大特别是通过短路电流时，应计及其影响。

二、YN，d11 接线变压器 d 侧 ab 相短路

图 2-74 所示为 YN，d11 接线变压器在 d 侧 ab 相短路，短路点边界条件为

$$\left.\begin{aligned}\dot{I}_{c0}&=0\\ \dot{I}_{c1}+\dot{I}_{c2}&=0\end{aligned}\right\} \tag{2-230}$$

$$\dot{U}_{c1}=\dot{U}_{c2} \tag{2-231}$$

以 c 相为特殊相，d 侧各相的电流为

$$\dot{I}_a=a^2\dot{I}_{c1}+a\dot{I}_{c2}=-j\sqrt{3}\dot{I}_{c1}=\dot{I}_K^{(2)}$$
$$\dot{I}_b=a\dot{I}_{c1}+a^2\dot{I}_{c2}=j\sqrt{3}\dot{I}_{c1}=-\dot{I}_K^{(2)}$$
$$\dot{I}_c=\dot{I}_{c1}+\dot{I}_{c2}=0$$

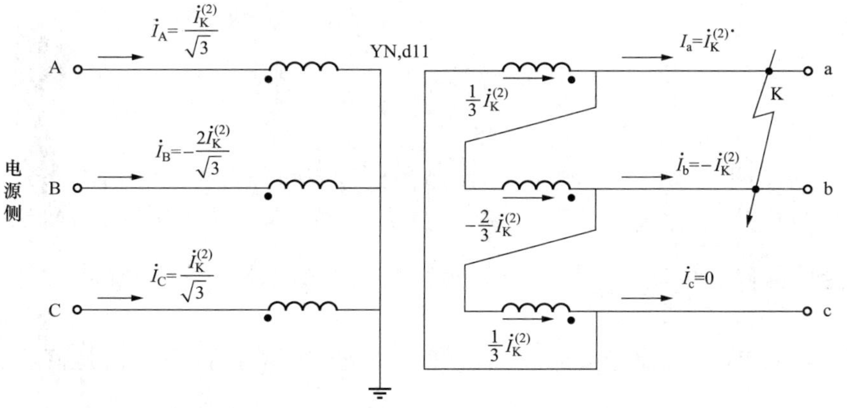

图 2-74 YN，d11 接线变压器在 d 侧 ab 相短路及其电流分布

YN 侧电流可表示如下

$$\begin{aligned}\dot{I}_{\mathrm{A}} &= \dot{I}_{\mathrm{A1}} + \dot{I}_{\mathrm{A2}} = \dot{I}_{\mathrm{a1}}\mathrm{e}^{-\mathrm{j}30^\circ} + \dot{I}_{\mathrm{a2}}\mathrm{e}^{\mathrm{j}30^\circ} \\ &= a^2\dot{I}_{\mathrm{c1}}\mathrm{e}^{-\mathrm{j}30^\circ} + a\dot{I}_{\mathrm{c2}}\mathrm{e}^{\mathrm{j}30^\circ} = -\mathrm{j}\dot{I}_{\mathrm{c1}} = \frac{\dot{I}_{\mathrm{K}}^{(2)}}{\sqrt{3}} \end{aligned} \quad (2-232\mathrm{a})$$

$$\dot{I}_{\mathrm{B}} = \dot{I}_{\mathrm{b1}}\mathrm{e}^{-\mathrm{j}30^\circ} + \dot{I}_{\mathrm{b2}}\mathrm{e}^{\mathrm{j}30^\circ} = a\dot{I}_{\mathrm{b2}}\mathrm{e}^{-\mathrm{j}30^\circ} + a^2\dot{I}_{\mathrm{c2}}\mathrm{e}^{\mathrm{j}30^\circ} = -\frac{2}{\sqrt{3}}\dot{I}_{\mathrm{K}}^{(2)} \quad (2-232\mathrm{b})$$

$$\dot{I}_{\mathrm{c}} = \dot{I}_{\mathrm{c1}}\mathrm{e}^{-\mathrm{j}30^\circ} + \dot{I}_{\mathrm{c2}}\mathrm{e}^{\mathrm{j}30^\circ} = \frac{\dot{I}_{\mathrm{K}}^{(2)}}{\sqrt{3}} \quad (2-232\mathrm{c})$$

YN 侧、d 侧电流相量关系如图 2－75 所示，电流分布如图 2－74 所示。

d 侧 ab 相短路时，d 侧三相电压为

$$\dot{U}_{\mathrm{a}} = \dot{U}_{\mathrm{a1}} + \dot{U}_{\mathrm{a2}} = a^2\dot{U}_{\mathrm{c1}} + a\dot{U}_{\mathrm{c2}} = -\dot{U}_{\mathrm{c1}} = -\frac{\dot{U}_{\mathrm{c}}}{2}$$

$$\dot{U}_{\mathrm{b}} = \dot{U}_{\mathrm{b1}} + \dot{U}_{\mathrm{b2}} = a\dot{U}_{\mathrm{c1}} + a^2\dot{U}_{\mathrm{c2}} = -\dot{U}_{\mathrm{c1}} = -\frac{\dot{U}_{\mathrm{c}}}{2}$$

$$\dot{U}_{\mathrm{c}} = \dot{U}_{\mathrm{c1}} + \dot{U}_{\mathrm{c2}} = 2\dot{U}_{\mathrm{c1}}$$

YN 侧 A 相电压可表示为

$$\begin{aligned}\dot{U}_{\mathrm{A}} &= (\dot{U}_{\mathrm{a1}} + \mathrm{j}\dot{I}_{\mathrm{a1}}X_{\mathrm{T1}})\mathrm{e}^{-\mathrm{j}30^\circ} + (\dot{U}_{\mathrm{a2}} + \mathrm{j}\dot{I}_{\mathrm{a2}}X_{\mathrm{T2}})\mathrm{e}^{\mathrm{j}30^\circ} \\ &= a^2(\dot{U}_{\mathrm{c1}} + \mathrm{j}\dot{I}_{\mathrm{c1}}X_{\mathrm{T1}})\mathrm{e}^{-\mathrm{j}30^\circ} + a(\dot{U}_{\mathrm{c2}} + \mathrm{j}\dot{I}_{\mathrm{c2}}X_{\mathrm{T2}})\mathrm{e}^{\mathrm{j}30^\circ} \\ &= -\sqrt{3}\dot{U}_{\mathrm{c1}} + (a^2\mathrm{e}^{-\mathrm{j}30^\circ} - a\mathrm{e}^{\mathrm{j}30^\circ})\dot{I}_{\mathrm{c1}}\mathrm{j}X_{\mathrm{T1}} \\ &= -\sqrt{3}\dot{U}_{\mathrm{c1}} + \mathrm{j}\frac{\dot{I}_{\mathrm{K}}^{(2)}}{\sqrt{3}}X_{\mathrm{T1}}\end{aligned}$$

同理可得到 YN 侧的 B、C 相电压。于是 YN 侧三相电压为

$$\dot{U}_{\mathrm{A}} = -\sqrt{3}\dot{U}_{\mathrm{c1}} + \mathrm{j}\frac{\dot{I}_{\mathrm{K}}^{(2)}}{\sqrt{3}}X_{\mathrm{T1}} \quad (2-233\mathrm{a})$$

$$\dot{U}_{\mathrm{B}} = -\mathrm{j}\frac{2}{\sqrt{3}}\dot{I}_{\mathrm{K}}^{(2)}X_{\mathrm{T1}} \quad (2-233\mathrm{b})$$

$$\dot{U}_{\mathrm{C}} = \sqrt{3}\dot{U}_{\mathrm{c1}} + \mathrm{j}\frac{\dot{I}_{\mathrm{K}}^{(2)}}{\sqrt{3}}X_{\mathrm{T1}} \quad (2-233\mathrm{c})$$

YN 侧、d 侧电压相量关系如图 2－75 所示。

由图 2－74、图 2－75 可以看出，YN 侧各相电流的分布与故障相别有关，其规律是：与 d 侧故障相对应的两相中滞后相的电流最大（如 d 侧 ab 相短路，YN 侧 B 相电流最大），数值上为故障相电流的$\frac{2}{\sqrt{3}}$倍，其他两相电流大小相等、方向相同，在数值上为故障相电流的$\frac{1}{\sqrt{3}}$倍，方向与电流最大的一相相反；计及变压器内部电抗的压降后，YN 侧与 d 侧两故障相对应的两相中的滞后相电压最低，等于一个较小的数值（不计内部电抗的压降，该相电压为零，计及后等于图中的 $-2\dot{\Delta}$），其他两相电压较高，相角差接近 180°（不计内部电抗压降为 180°）。当然，相间电压一般比较高，特别是 YN 侧电流相等的两相

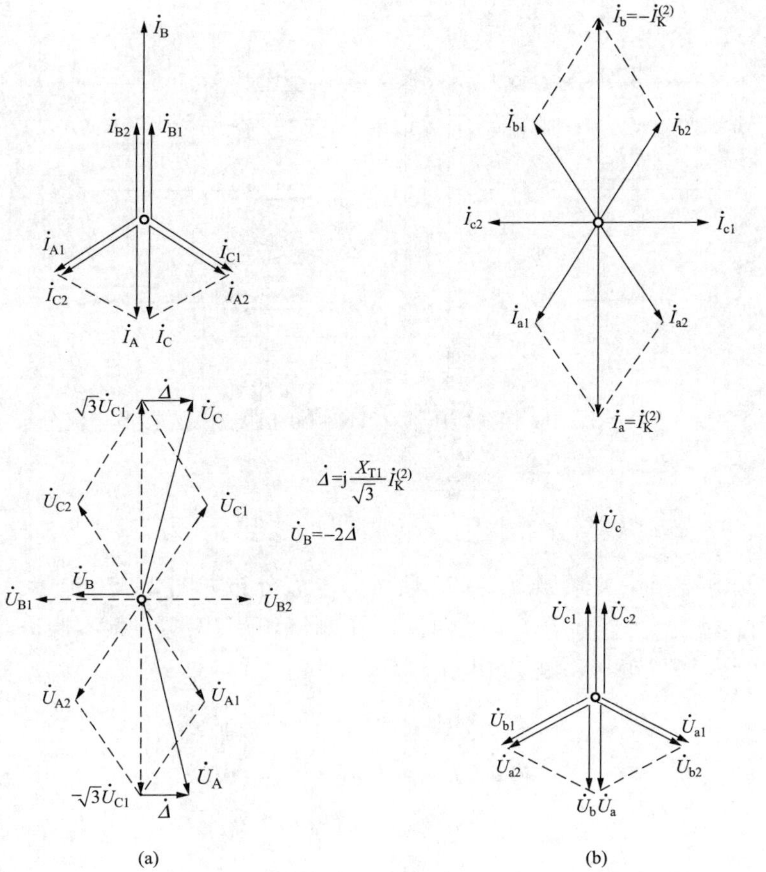

图 2－75　YN，d11 接线变压器在 d 侧 ab 相短路时两侧电压、电流相量关系
（a）YN 侧相量关系；（b）d 侧相量关系

间电压最高。

三、YN 侧 B 相接地短路

图 2－76 所示为 YN，d11 接线组别变压器在 YN 侧 B 相接地短路，短路点边界条件为

$$\left.\begin{aligned}\dot I_{B1}=\dot I_{B2}=\dot I_{B0}=\frac{1}{3}\dot I_K^{(1)}\\ \dot U_B=\dot U_{B1}+\dot U_{B2}+\dot I_{B0}=0\end{aligned}\right\}\tag{2-234}$$

以 B 相为特殊相，YN 侧、d 侧各相的电流为

$$\dot I_A=a\dot I_{B1}+a^2\dot I_{B2}+\dot I_{B0}=0$$

$$\dot I_B=\dot I_{B1}+\dot I_{B2}+\dot I_{B0}=3\dot I_{B1}=\dot I_K^{(1)}$$

$$\dot I_C=a^2\dot I_{B1}+a\dot I_{B2}+\dot I_{B0}=0$$

$$\begin{aligned}\dot I_a&=\dot I_{A1}e^{j30^\circ}+\dot I_{A2}e^{-j30^\circ}\\&=a\dot I_{B1}e^{j30^\circ}+a^2\dot I_{B1}e^{-j30^\circ}=-\frac{\dot I_K^{(1)}}{\sqrt3}\end{aligned}\tag{2-235a}$$

$$\dot I_b=\dot I_{B1}e^{j30^\circ}+\dot I_{B2}e^{-j30^\circ}=\frac{\dot I_K^{(1)}}{\sqrt3}\tag{2-235b}$$

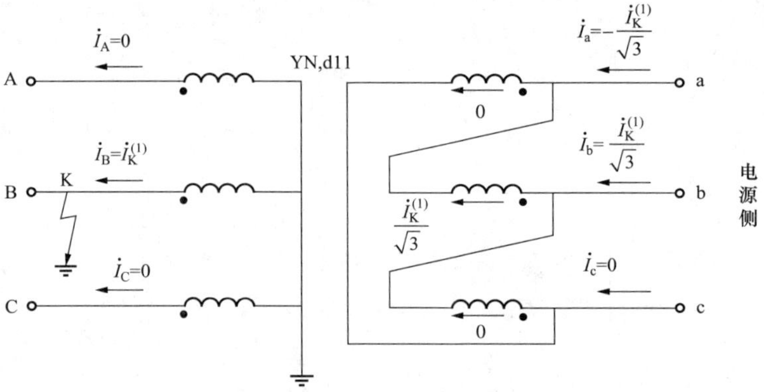

图 2-76　YN，d11 接线变压器在 YN 侧 B 相接地短路及其电流分布

$$\dot{I}_c=\dot{I}_{C1}e^{j30°}+\dot{I}_{C2}e^{-j30°}=(a^2e^{j30°}+ae^{-j30°})\frac{\dot{I}_K^{(2)}}{\sqrt{3}}=0 \qquad (2-235c)$$

YN 侧、d 侧电流相量关系如图 2-77 所示，电流分布如图 2-76 所示。

YN 侧 B 相接地时，与电流分布相同，在 d 侧绕组引出线上无零序分量电压，仅有正序、负序分量电压。YN 侧、d 侧三相电压为

$$\dot{U}_A=a\dot{U}_{B1}+a^2\dot{U}_{B2}+\dot{U}_{B0}$$

$$\dot{U}_B=\dot{U}_{B1}+\dot{U}_{B2}+\dot{U}_{B0}=0$$

$$\dot{U}_C=a^2\dot{U}_{B1}+a\dot{U}_{B2}+\dot{U}_{B0}$$

$$\dot{U}_a=a(\dot{U}_{B1}+j\dot{I}_{B1}X_{T1})e^{j30°}+a^2(\dot{U}_{B2}+j\dot{I}_{B2}X_{T2})e^{-j30°}$$

$$=\dot{U}_{a1}+\dot{U}_{a2}-j\frac{\dot{I}_K^{(1)}}{\sqrt{3}}X_{T1} \qquad (2-236a)$$

$$\dot{U}_b=(\dot{U}_{B1}+j\dot{I}_{B1}X_{T1})e^{j30°}+(\dot{U}_{B2}+j\dot{I}_{B2}X_{T2})e^{-j30°}$$

$$=\dot{U}_{b1}+\dot{U}_{b2}+j\frac{\dot{I}_K^{(1)}}{\sqrt{3}}X_{T1} \qquad (2-236b)$$

$$\dot{U}_c=a^2(\dot{U}_{B1}+j\dot{I}_{B1}X_{T1})e^{j30°}+a(\dot{U}_{B2}+j\dot{I}_{B2}X_{T2})e^{-j30°}$$

$$=\dot{U}_{c1}+\dot{U}_{c2} \qquad (2-236c)$$

式中　$\dot{U}_{a1}$、$\dot{U}_{b1}$、$\dot{U}_{c1}$——变压器空载情况下，d 侧的相应于 YN 侧的 $\dot{U}_{A1}$、$\dot{U}_{B1}$、$\dot{U}_{C1}$ 的正序分量电压；

$\dot{U}_{a2}$、$\dot{U}_{b2}$、$\dot{U}_{c2}$——变压器空载情况下，d 侧的相应于 YN 侧的 $\dot{U}_{A2}$、$\dot{U}_{B2}$、$\dot{U}_{C2}$ 的负序分量电压。

YN 侧、d 侧的电压相量关系如图 2-77 所示。

由图 2-76、图 2-77 可以看出，d 侧各相电流的分布与 YN 侧接地短路相别有关，对应于故障相的滞后相电流为零（B 相接地短路，d 侧滞后相为 c 相），其余两相电流相等、方向相反，数值等于故障相电流的$\frac{1}{\sqrt{3}}$倍，d 侧电流为零的一相电压最高，其余两相电压相等，相间电压一般较高。

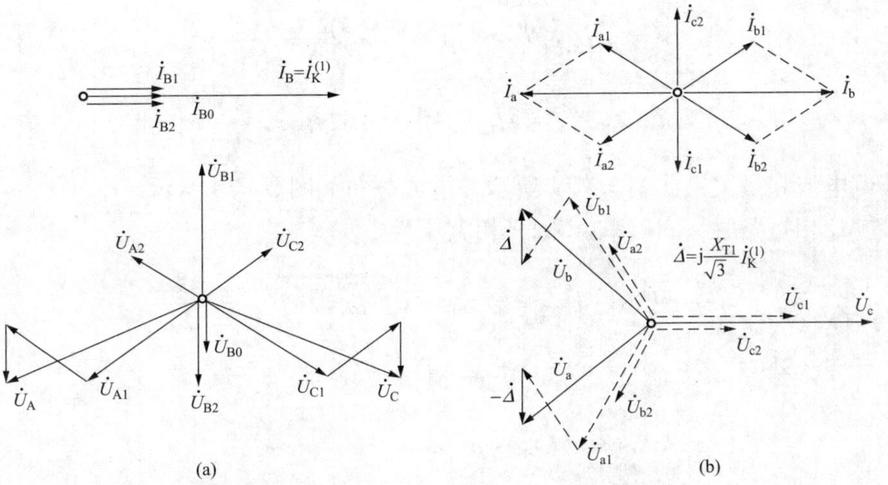

图 2－77 YN，d11 接线变压器在 YN 侧 B 相接地短路时两侧电压、电流相量关系
（a）YN 侧相量关系；（b）d 侧相量关系

四、YN 侧 AC 相短路

图 2－78 所示为 YN，d11 接线变压器在 YN 侧 AC 相短路，短路点边界条件为

$$\left.\begin{aligned}\dot{I}_{B0}&=0\\ \dot{I}_{B1}+\dot{I}_{B2}&=0\end{aligned}\right\} \tag{2－237}$$

$$\dot{U}_{B1}=\dot{U}_{B2} \tag{2－238}$$

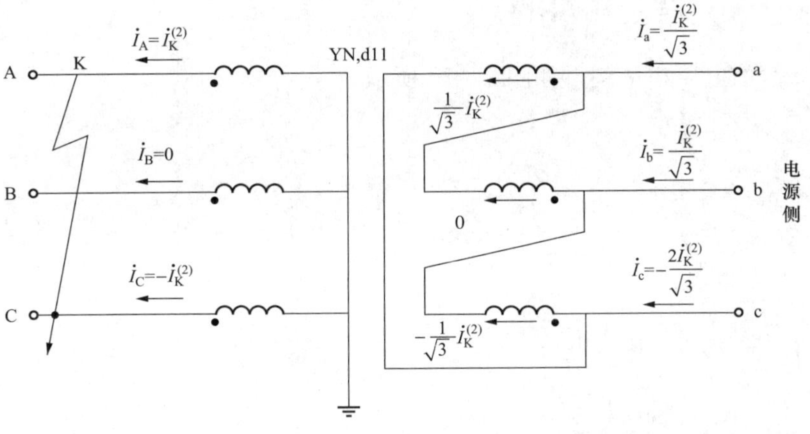

图 2－78 YN，d11 接线变压器在 YN 侧 AC 相短路及其电流分布

以 B 相为特殊相，YN 侧、d 侧各相电流为

$$\dot{I}_A=a\dot{I}_{B1}+a^2\dot{I}_{B2}=\mathrm{j}\sqrt{3}\dot{I}_{B1}=\dot{I}_K^{(2)}$$

$$\dot{I}_B=\dot{I}_{B1}+\dot{I}_{B2}=0$$

$$\dot{I}_C=a^2\dot{I}_{B1}+a\dot{I}_{B2}=-\mathrm{j}\sqrt{3}\dot{I}_{B1}=-\dot{I}_K^{(2)}$$

$$\dot{I}_a=a\dot{I}_{B1}e^{\mathrm{j}30°}+a^2\dot{I}_{B2}e^{-\mathrm{j}30°}=\mathrm{j}\dot{I}_{B1}=\frac{\dot{I}_K^{(2)}}{\sqrt{3}} \tag{2－239a}$$

$$\dot I_{b}=\dot I_{B1}e^{j30^\circ}+\dot I_{B2}e^{-j30^\circ}=j\dot I_{B1}=\frac{\dot I_{K}^{(2)}}{\sqrt3}\tag{2-239b}$$

$$\dot I_{c}=a^2\dot I_{B1}e^{j30^\circ}+a\dot I_{B2}e^{-j30^\circ}=-j2\dot I_{B1}=-\frac{2}{\sqrt3}\dot I_{K}^{(2)}\tag{2-239c}$$

YN 侧、d 侧电流相量关系如图 2－79 所示，电流分布如图 2－78 所示。

YN 侧 AC 相短路时，YN 侧、d 侧三相电压为

$$\dot U_{A}=\dot U_{A1}+\dot U_{A2}=a\dot U_{B1}+a^2\dot U_{B2}=-\dot U_{B1}=-\frac{\dot U_{B}}{2}$$

$$\dot U_{B}=\dot U_{B1}+\dot U_{B2}=2\dot U_{B1}$$

$$\dot U_{C}=a^2\dot U_{B1}+a\dot U_{B2}=-\dot U_{B1}=-\frac{\dot U_{B}}{2}$$

$$\begin{aligned}\dot U_{a}&=a(\dot U_{B1}+j\dot I_{B1}X_{T1})e^{j30^\circ}+a^2(\dot U_{B2}+j\dot I_{B2}X_{T2})e^{-j30^\circ}\\&=-\sqrt3\dot U_{B1}-\dot I_{B1}X_{T1}=-\sqrt3\dot U_{B1}+j\frac{\dot I_{K}^{(2)}}{\sqrt3}X_{T1}\end{aligned}\tag{2-240a}$$

$$\begin{aligned}\dot U_{b}&=(\dot U_{B1}+j\dot I_{B1}X_{T1})e^{j30^\circ}+(\dot U_{B2}+j\dot I_{B2}X_{T2})e^{-j30^\circ}\\&=\sqrt3\dot U_{B1}+j\frac{\dot I_{K}^{(2)}}{\sqrt3}X_{T1}\end{aligned}\tag{2-240b}$$

$$\begin{aligned}\dot U_{c}&=a^2(\dot U_{B1}+j\dot I_{B1}X_{T1})e^{j30^\circ}+a(\dot U_{B2}+j\dot I_{B2}X_{T2})e^{-j30^\circ}\\&=-j\frac{2}{\sqrt3}\dot I_{K}^{(2)}X_{T1}\end{aligned}\tag{2-240c}$$

YN 侧、d 侧的电压相量关系如图 2－79 所示。

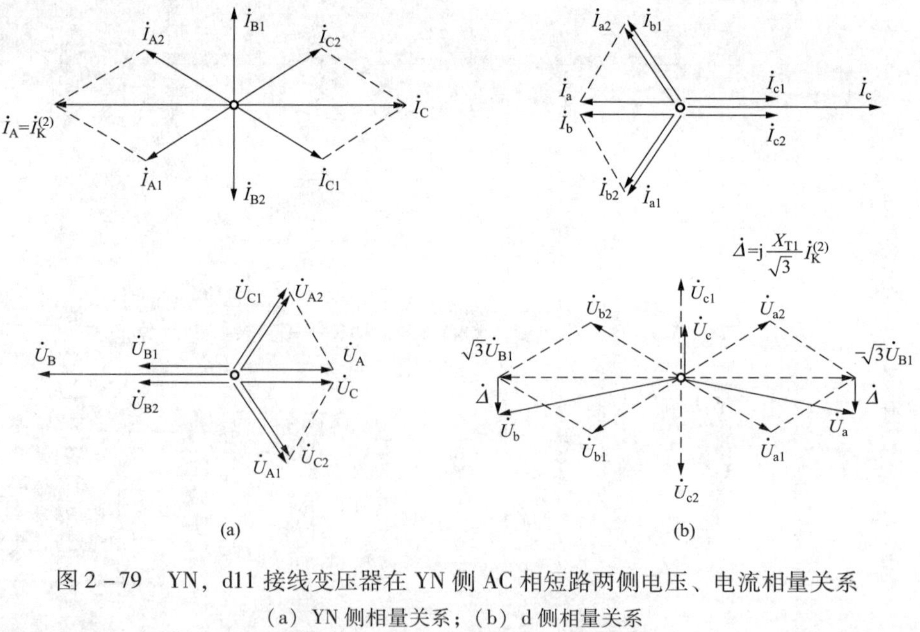

图 2－79　YN，d11 接线变压器在 YN 侧 AC 相短路两侧电压、电流相量关系

（a）YN 侧相量关系；（b）d 侧相量关系

由图2-78，图2-79可以看出，YN侧发生相间短路时，d侧三相均有电流通过，对应于故障相的两相中的超前相电流最大（YN侧AC相短路时，d侧对应于故障相的两相中的超前相为c相），数值等于故障相电流的$\frac{2}{\sqrt{3}}$倍，其余两相电流大小相等，方向相同，数值等于故障相电流的$\frac{1}{\sqrt{3}}$倍，方向与最大一相的电流相反；d侧的电压情况是，电流最大一相的电压最低（不计内部电抗压降时，该相电压为零），其余两相电压大小相等、相角差接近180°（不计内部电抗压降时为180°），相间电压一般较高。

第九节 电力系统稳定和电力系统振荡

一、电力系统稳定概念

电力系统正常运行最基本的条件是安全和稳定。所谓安全，是指运行中的所有电力设备必须在不超过它们允许的电流、电压和频率的幅值和时间限额内运行，不安全的后果可能导致电力设备的损坏；所谓稳定，是指电力系统可以连续向负荷正常供电的状态。

电力系统在运行中，三种稳定必须同时满足，即同步运行稳定、频率稳定和电压稳定。

失去同步运行稳定，后果是系统发生失步，引起系统中枢点电压、输电设备中的电流和电压大幅度周期性波动，电力系统因不能继续向负荷正常供电而不能继续运行，当处理不好时，其后果是电力系统大面积停电；失去频率稳定，后果是系统发生频率崩溃，引起系统全停电；失去电压稳定，后果是系统的电压崩溃，使受影响的地区停电。

为保证电力系统安全稳定运行，基本条件是：

（1）有一个合理的电网结构。这是电力系统安全稳定运行的物质基础。基本要求是执行电网分层分区的原则。一定容量的电厂应该直接接入相应一级的电压网络，以充分发挥各级电压网络的传输能力，简化电网结构并加强对高压电网枢纽点的电压支持；为了取得经济技术综合效益，宜对受端系统、远方电源及其输电回路以及系统间联络线分别提出不同的适应性要求，不断加强和扩大受端系统，适当地分散外接大容量电源。

（2）全面分析电力系统可能发生的各种故障，采取一切可行的合理措施，包括继电保护和断路器正确动作，保证在这些故障实际发生后，电力系统仍然能够继续安全稳定运行。

（3）一旦系统失去稳定，按暂态稳定导则第三道防线要求，设置必要的预定措施防止出现连锁反应，尽可能缩小故障损失，尽快恢复系统正常运行。

按照我国现行规程，电力系统同步运行稳定分为三类，即静态稳定、暂态稳定和动态稳定。

（一）电力系统静态稳定

为使系统正常运行，按静态稳定要求，系统中任一输电回路在正常情况和规定的事故后传输的有功功率，必须低于稳定运行所允许的最大传输极限，并保留合理裕度，不因传输功率或系统电压等的正常波动而使所连接的两端电源系统间的电动势角差非周期性地增大，导致同步运行稳定性的破坏。

图2-80示出了单机对无穷大系统S送电的方式，发电机向无穷大系统送出的有功功率P为

$$P=\frac{E_{q}U_{S}}{X_{d\Sigma}}\sin\delta \tag{2-241}$$

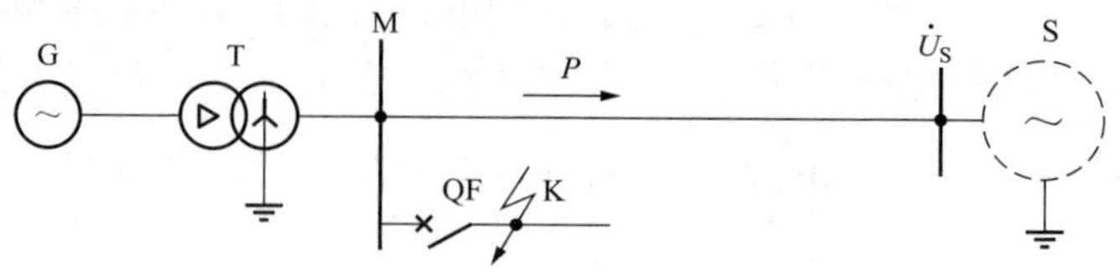

图 2－80　单机对无穷大系统的送电方式

式中：U_S 为无穷大系统母线电压；E_q 为发电机 G 的空载电动势；δ 为 E_q 超前 U_S 的相角；$X_{d\Sigma}$ 为发电机与系统母线间的总阻抗（不计电阻）（$X_{d\Sigma}=X_L+X_T+X_d$，其中 X_L 是线路正序电抗，X_T 为变压器电抗，X_d 为发电机的同步电抗）。

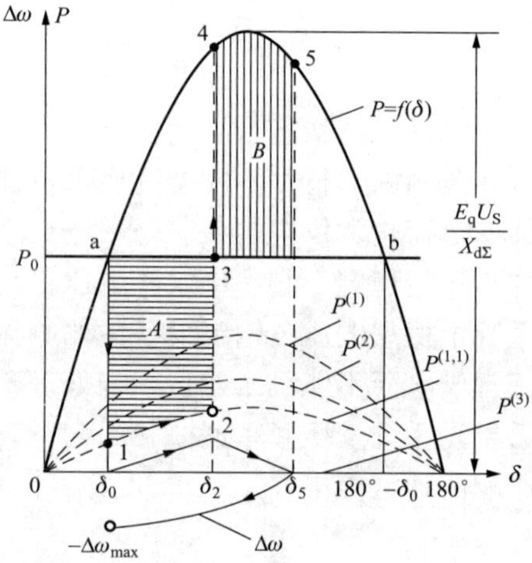

图 2－81　功角特性 $P=f(\delta)$

式（2－241）表示的 $P=f(\delta)$ 通常称功角特性。图 2－81 示出了功角特性，当 $\delta=90°$ 时，P 有最大值 P_{max}，即

$$P_{max}=\frac{E_qU_S}{X_{d\Sigma}} \tag{2-242}$$

当送出的功率为 P_0 时，与 $P=f(\delta)$ 有两个交点 a 和 b，对应的功率角为 δ_0 和 $180°-\delta_0$。设发电机在 a 点上运行，当系统状态发生微量扰动引起发电机的输出功率变化时，δ 角作相应的微量变化。若 $P>P_0$，则发电机减速，导致适量增大的 δ 角减小，仍然回到 a 点运行；若 $P<P_0$，则发电机加速，导致适量减小的 δ 角增大，还是回到 a 点运行。所以发电机在 a 点上运行是稳定的，这称静态稳定。设发电机在 b 点上运行，当系统状态微量扰动引起发电机的输出功率减小时，因 $P_0>P$，所以 δ 角增大，而 δ 角增大又引起发电机输出功率减小，于是 δ 角进一步增大，……。如此循环，δ 角非周期性增大，最终导致发电机失去稳定，因此发电机在 b 点运行是不能保证静态稳定的。

可见，发电机静态稳定运行的极限功率角是 $\delta=90°$，$\delta<90°$ 运行是静态稳定的。实际上，在运行中有静态稳定储备系数，储备系数 K_R 定义为

$$K_R=\frac{P_{max}-P_0}{P_{max}}=1-\sin\delta_0 \tag{2-243}$$

K_R 表明系统静态稳定的"牢固性"。当然，增大 K_R 值则系统的"牢固性"提高。

由上分析可见，提高静态稳定的措施是增大运行中发电机的同步力矩储备，主要是减小发电机到系统的联系总阻抗值和提高送受端的运行电压，或者降低发电机的有功功率；发电机的自动调节励磁对提高发电机的静态稳定有着良好的重要作用。

应当指出，上述讨论并未计及发电机的自动调节励磁作用，所以对隐极发电机，δ 角的极限值是 90°。当发电机装设自动调节励磁装置（AER）后，一般情况下 AER 作用可以维持发电机的暂态电动势 E_q' 恒定，从而使 $\frac{dP}{d\delta}>0$ 的极限角提高，可达 110°～120°。这种使发电机能在 $\delta>90°$ 保持稳态运行的区域，称"人工稳定区"。

（二）电力系统暂态稳定

暂态稳定是电力系统发生故障或断开线路等引起大扰动的操作时，保持事件后系统的同

步运行稳定性，即过渡到新的或恢复到原来的稳定运行状态。暂态稳定定义为要求在事件后的第一个或第二个摆动周期内，受影响发电机组（或部分系统）不对系统其余部分失去同步。

设在正常运行时，图 2-80 中发电机（隐极机）向无穷大系统送出有功功率 P_0，此时的功率角为 δ_0。当高压母线出口处 K 点发生短路故障时，发电机与系统间的联系阻抗为

$$X^{(1)} = X_{d\Sigma} + \frac{X_L(X_d + X_T)}{X_{\Sigma 2} + X_{\Sigma 0}} \qquad \text{（单相接地）}$$

$$X^{(2)} = X_{d\Sigma} + \frac{X_L(X_d + X_T)}{X_{\Sigma 2}} \qquad \text{（两相短路）}$$

$$X^{(1,1)} = X_{d\Sigma} + \frac{X_L(X_d + X_T)}{X_{\Sigma 2} /\!/ X_{\Sigma 0}} \qquad \text{（两相短路接地）}$$

$$X^{(3)} = X_{d\Sigma} + \frac{X_L(X_d + X_T)}{0} = \infty \qquad \text{（三相短路）}$$

其中 $X_{\Sigma 2}$、$X_{\Sigma 0}$是故障点系统的综合负序、零序电抗，针对图 2-80 系统有

$$X_{\Sigma 2} = X_L /\!/ (X_2 + X_T) = \frac{X_L(X_2 + X_T)}{X_2 + X_T + X_L}$$

$$X_{\Sigma 0} = X_{L0} /\!/ X_T = \frac{X_{L0} X_T}{X_{L0} + X_L}$$

式中 X_2、X_{L0}是发电机负序电抗和线路零序电抗。显然 $X_{d\Sigma} < X^{(1)} < X^{(2)} < X^{(1,1)} < X^{(3)}$。若发电机无 AER，则 K 点短路故障时的功角特性分别为

$$P^{(1)} = \frac{E_q U_S}{X^{(1)}} \sin\delta \qquad \text{（单相接地）}$$

$$P^{(2)} = \frac{E_q U_S}{X^{(2)}} \sin\delta \qquad \text{（两相短路）}$$

$$P^{(1,1)} = \frac{E_q U_S}{X^{(1,1)}} \sin\delta \qquad \text{（两相短路接地）}$$

$$P^{(3)} = 0 \qquad \text{（三相短路）}$$

不同短路故障时的功角特性如图 2-81 所示。

当 K 点发生的是两相短路接地时，$P^{(1,1)}$降低，发电机输出功率降低，而发电机组输入的机械功率来不及变化，于是发电机转子加速，发电机电动势与 $\dot{U}_S$ 间的夹角不断增大，发电机输出功率的变化为 $a \to 1 \to 2$；到故障切除时，功率角已增到 δ_2，送电恢复，但此时的送电功率大于机械输入功率 P_0，于是转子开始减速；到 δ_5 时，面积 B 正好等于面积 A，面积 A 代表了发电机转轴系统获得的加速能量，面积 B 则表示了制动能量，因而到 δ_5 时发电机组转速恢复到额定转速 ω_0，但对应 δ_5 时的 P 值仍然大于 P_0，发电机组转子继续制动减速，δ 角回摆。若故障切除时间增大，则 δ_2 与 δ_5 将随之增大，至 δ_5 到达 $180° - \delta_0$ 时是暂态稳定的极限情况，对应于此时的 δ_2 角为临界切除角。如果切除时间延迟，δ_5 角跨过 $180° - \delta_0$ 角后，发电机组在没有得到恢复平衡所需要的足够面积时，又滑入加速过程，于是 δ 角继续增大超过 180°，迅速对无穷大系统失去同步。

在图 2-81 中，同时画出了 $\Delta\omega = \omega - \omega_0$（$\omega_0$ 为同步角速度）的变化情况。故障前，$\Delta\omega = 0$，短路后，发电机不断加速，到 δ_2 角时 $\Delta\omega$ 为正的最大值；故障切除后发电机减速，

到 δ_5 角时 $\Delta\omega=0$。因为图中示出的发电机是暂态稳定的，所以 δ_5 角后转子回摆，因制动而减速，$\Delta\omega$ 变为负，到对应 δ_0 处时 $\Delta\omega$ 为负的最大值，而后逐渐恢复。

从图 2-81 中可见，因 $P^{(1)}>P^{(2)}>P^{(1,1)}P^{(3)}$，所以在同样情况下 K 点发生三相短路时暂态稳定最严重，单相接地短路时暂态稳定要好得多。

（三）电力系统动态稳定

动态稳定是不因系统运行状态的正常波动或在系统发生短路故障等的大扰动后，引起系统电源间电动势角差的周期性振荡发散，导致同步运行稳定性的破坏。电力系统的动态稳定性，是包括系统调节设备（发电机组的调速器和调压器）与电力系统本身（包括电源及负荷）在内的整个电力系统的综合调节稳定性，保证动态稳定的基本条件是运行中的发电机都具有正的阻尼力矩。

在电力系统调节设备中，发电机的快速励磁装置有害于系统的动态稳定。由于励磁回路的时滞，所以快速励磁将使发电机对系统产生很大负阻尼作用，造成机组对系统、系统与系统间“低频振荡”的发生。在励磁调节器的控制量中引入附加的经过正确相位补偿的转速增量，能成功解决这一问题。

前已提及，动态稳定涉及到发电机的阻尼力矩，阻尼力矩是指发电机转速变化时，发电机本身所具有的反应于这种转速变化的力矩。正阻尼力矩指的是这种力矩的方向正好制止（阻尼）转速的变化，即转速大于额定转速时，这个力矩起制动作用；转速低于额定转速时，则起加速作用。而负阻尼力矩的情况与此相反，当发电机具有负阻尼力矩时，转速的微小变化，负阻尼力矩可进一步推动转速变化，使之不断加大。在发电机的结构上，水轮发电机的阻尼绕组、汽轮发电机整体转子均有正阻尼作用。

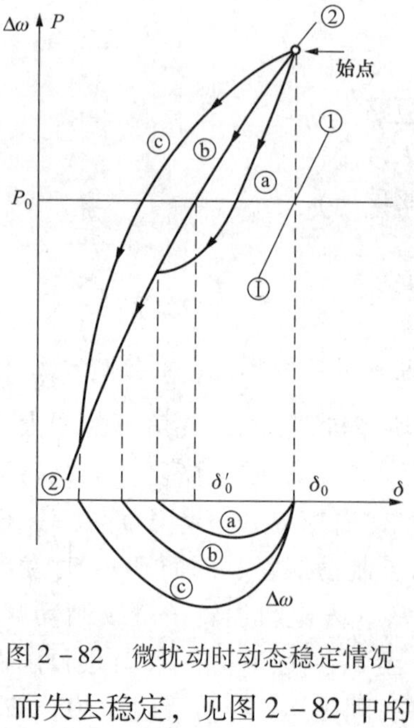

图 2-82 微扰动时动态稳定情况

动态稳定问题必然发生在发电机转子转速有变化的情况下。以图 2-80 为例，假设系统 S 有微小的状态变化，母线电压 U_S 微有增大，发电机的功角特性在图 2-82 中由曲线①跳变到曲线②并且应当稳定到新的角度 δ_0'。在电压变化的开始，发电机的输出功率大于机械输入功率 P_0，转子制动，转速开始降低，$\Delta\omega$ 为负值，δ 也开始回摆。当发电机具有正阻尼力矩时，在整个转速下降过程中，这个阻尼力矩是加速力矩，因而由始点开始的功角特性斜度相对增大，在 $\delta>\delta_0'$ 时就达到 P_0 值，然后向最后平衡点靠拢，经过 1~2 个周期摇摆后，就可达到新的平衡，见图 2-82 中曲线ⓐ；当发电机具有负阻尼力矩时，由始点开始的功角特性变得较为平坦，因为这个阻尼力矩是制运力矩，使得 $\delta<\delta_0'$ 时才能达到 P_0 值，然后进一步离开最终平衡点，经过这样的角度摇摆，δ 角愈摆愈大，直到超过（$180°-\delta_0'$）而失去稳定，见图 2-82 中的曲线ⓒ；当发电机没有阻尼时，由始点开始沿功角特性②以 δ_0' 为中心进行摆动，见图 2-82 中曲线ⓑ。为清楚起见，图 2-82 中画出了第一个摇摆周期不同阻尼情况下 $P=f(\delta)$ 和 $\Delta\omega=f(\delta)$ 曲线。在大扰动情况下出现的动态稳定问题机理与此相同。

可见，发电机的负阻尼力矩是失去动态稳定的基本原因，而近代快速励磁装置不加正确相位补偿的转速增量的控制量是导致发电机出现负阻尼力矩的重要原因。

以上讨论了单机对无穷大电网运行的稳定概念，对多机系统同样有指导意义，但不能将有些数据简单地推广到多机系统中，如静态稳定送电极限角 $\delta=90°$，不能认为在多机系统中任意两个电厂间的电动势相角差在正常情况下也不能超过 90°；又如在大扰动后，两个电厂间的电动势相角差超过 180°就一定失去稳定了。

二、提高电力系统暂态稳定水平的主要措施

由电力系统暂态稳定基本概念出发，所有减小加速面积、增大减速面积的措施，均可提高电力系统暂态稳定水平。提高暂态稳定水平的措施有一次系统的措施，也有二次系统的自动措施。

1. 串联电容补偿

串联电容补偿可减少系统的综合阻抗，提高功角特性，因而可提高暂态稳定水平，以取得提高送电容量的经济效益。

串联电容补偿只适用于送端和受端两端系统都比较强大的情况。但采用串联电容补偿后，使距离保护正确动作发生困难，需采取特殊措施；串联电容间隙非对称击穿，将影响零序方向电流保护等的正确动作；串联补偿站本身和串联补偿电容的保护也是一个较为特殊的问题。

2. 中间并联补偿

图 2－83 示出了长距离输电系统，如母线 P 不装设并联补偿，则两端系统联系总阻抗为各元件阻抗之和，具有较大的数值。若在系统中间点 P 保持 $\dot{U}_P$ 为恒定值，则相当于中间点 P 为一个无穷大系统。这样，原来的送电端向无穷大系统输电，再由无穷大系统向原来的受电端送电。显而易见，中间点 P 采用并联补偿后，系统联系阻抗只有原来的一半，输电容量可提高一倍。如果中间并联补偿不只一处，显然暂态稳定水平提高，输电水平将还要提高。

事实上，母线 P 上电压不可能保持恒定，所以实际提高的送电水平要低于理想值。

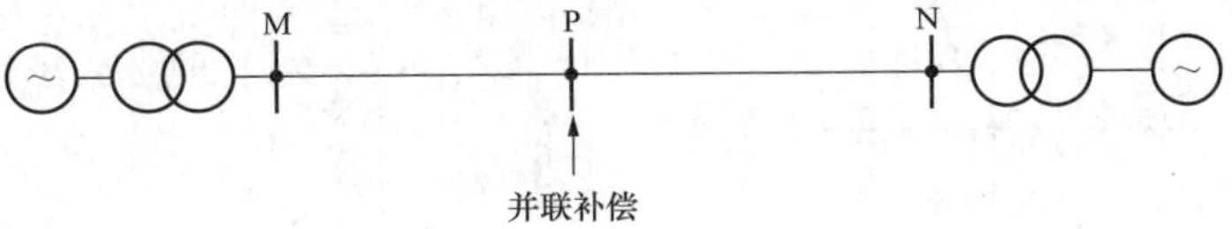

图 2－83　有中间电压支持的传输系统

3. 增设线路

增设线路会减小联系阻抗，可提高暂态稳定水平，提高输电水平。

4. 快速切除短路故障

系统的暂态稳定问题主要出现在电厂或枢纽变电站的配出线上。快速切除短路故障，是提高系统暂态稳定最有效的措施，也是其他安全自动措施得以发挥的前提条件。

提高系统的暂态稳定性，首先应当致力于快速切除短路故障，尤其应加速切除近端的短路故障。例如，图 2－80 中 K 点三相短路故障时，发电机因功率过剩而加速，功率角 $\delta=\delta_0+\frac{1}{2}\cdot\frac{d\omega}{dt}\cdot t^2$，即 $\delta-\delta_0=\frac{1}{2}\cdot\frac{d\omega}{dt}\cdot t^2$，所以加快切除短路故障，加速面积 A 随时间成平方减小，同时又相应增大了制动面积 B，提高暂态稳定的效果是双重的，效果十分明显。

应当指出，除加快切除短路故障外，其他任何措施均不能减小面积 A，即使快速减机组出力或者投入电气制动等，终因有时滞不能瞬时起作用，只能起到增大制动面积 B 的作用。

采用零序电流保护、相电流速断保护、快速相间距离保护可快速切除近端的短路故障，切除短路故障的时间小于0.1s；采用纵联保护可快速切除全线的短路故障，切除短路故障的时间也应不超过0.1s。

5. 自动重合闸

自动重合闸可以恢复因瞬时故障断开的线路，而且在连续故障情况下保持系统完整性，避免扩大事故。自动重合闸可增大减速面积，因而可提高系统暂态稳定水平，但有一些问题值得引起重视和注意。

（1）合理确定重合闸时间。合理确定重合闸时间，可显著提高重合于故障未消失线路上时的系统暂态稳定性。设在图2－80中K点发生三相永久性故障，如果不进行重合闸，则在图2－84（a）中，减速面积B等于加速面积A时，δ角达到δ_{max}（即图2－81中的δ_5）开始回摆，系统是稳定的；如果采用三相快速重合闸（重合时间为0.5s左右），则重合时相当于在图2－84（a）中面积$B\approx$面积A，即重合的δ角在δ_{max}附近，由于重合于故障获得加速面积C，因制动面积D小于面积C，所以δ角达到$180°-\delta_0$时，机组没有降低到额定转速，即$\Delta\omega>0$，于是在经过$180°-\delta_0$点后$\Delta\omega$不断增加，机组对系统失去稳定。可见，采用三相快速重合闸，当重合于故障未消失的线路时，机组对系统容易失去稳定，而不重合反而机组是稳定的。如果不是三相快速重合闸，在图2－84（b）中不在δ_{max}附近重合，而是在δ角回摆过程中，到出现$-\Delta\omega_{max}$时（即δ_0角）进行重合（最佳重合），此时制动面积为图中$B+C$，机组转轴系统的动能低于额定值；即使重合于故障，机组获得的加速能量首先用来恢复到机组额定转速，当第二次获得的加速面积仍为A时，同样在δ_2角时切除故障，此时的机组转速仍低于额定值，δ角将在δ_2时开始回摆。显而易见，机组对系统不会失去稳定。

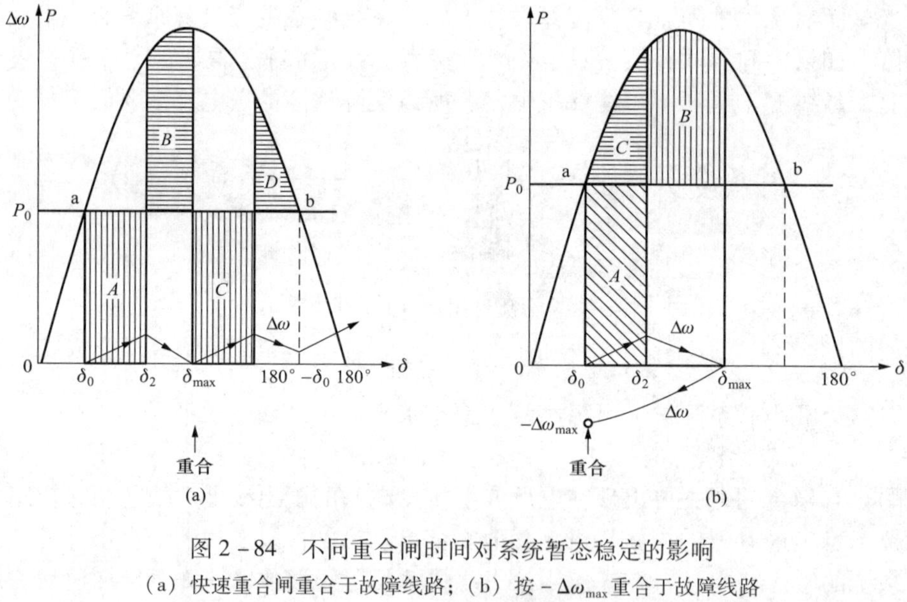

图2－84 不同重合闸时间对系统暂态稳定的影响

（a）快速重合闸重合于故障线路；（b）按$-\Delta\omega_{max}$重合于故障线路

当然，图2－84中示出的是理想情况，但不改变重合时间对系统稳定的影响。如果考虑重合到故障未消失的线路上的系统稳定，采用快速重合闸（包括单相或三相重合闸），当重合到故障未消失的线路上时，将显著降低系统的稳定水平，甚至失去稳定；而采用最佳重合闸时间（$\Delta\omega$出现$-\Delta\omega_{max}$重合），重合到故障未消失的线路上（单相或三相重合）时，不会对系统稳定带来不利的影响，可保持第一次故障不重合的稳定水平。

实际最佳重合闸时间可按最大送电方式在 δ 角回摆到 $-\Delta\omega_{max}$ 出现时重合。

（2）220kV 线路重合方式。对于 220kV 电网，一般情况下联系比较紧密，最好采用三相重合方式。一方面三相重合比较简单，另一方面继电保护整定配合方便。此外，发生接地故障时，一侧三相跳闸后另一侧零序电流增大发生相继动作，可快速切除故障。为了避免重合于故障未消失线路时系统受多次冲击，可选择对系统影响较小的一侧经无压检定先重合，成功后对侧检同步合闸。

只有在单回线路或弱联系的双回线路上，才宜选用单相重合闸或综合重合闸。

对于快速重合闸，只有在依靠成功重合闸才能保持系统稳定的情况下应用才有意义，因为在这种情况下不重合时系统就会失去稳定。属于这种情况的有大环网或重负荷单回线路，在这些线路上采用单相或三相快速重合闸是合理的，重合成功可保持系统稳定。但是，重合到故障未消失的线路上，必然使系统失去稳定。

（3）500kV 线路重合方式。500kV 线路传输的功率占系统容量的比重大，运行实践也证实 500kV 线路以单相瞬时故障占大多数，因此保持这些线路安全运行的有效措施是采用单相重合闸。

采用单相重合闸考虑的一个重要问题是潜供电流影响消弧问题。采用线路高压电抗器加中性点小电抗是消除潜供电流影响的行之有效的办法，也可采用单相快速接地开关来消除潜供电流影响，加快故障点的消弧。

（4）大型机组高压出线端重合于故障问题。研究结果表明，重合于高压出口线路三相永久性故障，对发电机轴的寿命影响甚大；重合于出口线路单相永久性故障，对发电机轴寿命影响甚小。因此，对大型机组高压配出线，宜采用单相重合闸。

如果在大型机组高压出线上采用三相重合闸，则宜在系统侧检无压先重合，电厂侧再检同步重合，即使是正常操作也宜如此。如果认为大型机组高压出线上不可能发生三相永久性故障，当然可采用三相重合闸。

6. 发电机的快速励磁

发电机的快速励磁不仅可以提高输电系统的静态稳定水平，而且也是提高系统暂态稳定的常用措施。

虽然快速励磁装置的输出电压可瞬时响应输入控制信号，但发电机的转子回路具有很大的时滞，所以转子最大磁通只能在这一时滞后出现（约 0.3～0.5s）。因此快速励磁装置是通过增大减速面积来提高暂态稳定水平的，其提高暂态稳定水平的效果并不十分理想，实际效果不能与快速切除短路相比较。

快速励磁不采取特别措施，还会使发电机出现负阻尼效应，可能引发系统的“低频振荡”事故。

7. 电气制动

电气制动是故障切除后在电厂母线上短时投入一个电阻器，以吸收发电机组因故障获得的加速能量，使发电机组在故障切除后快速减速，减小最大摇摆角，达到提高暂态稳定水平的目的。事实上，投入制动电阻可使发电机组输入到系统有的功功率减小，增大减速面积，提高暂态稳定水平。在变压器中性点接入电阻器，在发生接地故障的过程中，可部分吸收发电机组的加速能量。

电气制动作为提高暂态稳定的措施，主要用于远方水电厂。

为使电气制动充分发挥作用，制动电阻必经尽快投入，按时退出。注意到故障切除时间约为0.1s，所以投放制动电阻也在故障切除之后，当发电机组的$\Delta\omega=0$时应退出制动电阻。应当看到，制动电阻投入愈早，发挥的稳定效果愈好；退出过晚，容易产生过制动，也是不利的。

8. 联锁切机与火电机组压出力

线路故障会失去电网的部分传输能力，有时要减去相应电源，以减低那部分电网通过的功率，保证线路的传输能力总是大于系统通过它传输的最大功率，只有这样才有可能保持系统的继续稳定运行。如果失去线路后一味保持电源的完整，则会由于失去线路后的大负荷转移，使得与它并联的其他线路严重过负荷和受端电压的严重下降而失去稳定，酿成大祸。所以在这种情况下进行联锁切机和火电机组压出力，可保持系统的稳定运行。

在送端电厂切机，无疑可降低输电线的传输功率，从而可保持故障后系统的暂态稳定。当然，故障发生后切机愈快，效果愈好；切得愈慢、效果愈差，甚至起不到作用。

在电厂配出的高压线路上，如果选择了线路故障单相重合不成功跳三相联锁切机的方式，则应该保证电厂侧先重合。否则，系统侧单相重合不成功连跳三相，而电厂侧可能单相重合成功，不能达到联锁切机的要求，使保证稳定的措施失效。

为了快速降低火电机组的功率，可以快关汽门。快关汽门有短暂快关和持续快关两种方式，快关汽门相当于切去部分机组。

9. 切集中负荷

切集中负荷可提高系统运行频率，减轻某些电源线路过负荷，提高受端电压水平，因而有利于系统的安全稳定运行，但对用户的影响太大。

10. 终端系统解列重合闸

图2-85示出了由主系统供主要电力的地区系统，当主系统供电线路故障时，采用解列重合闸方式，可取得良好的安全供电效果。在地区变电站，将地区负荷一分为二，较重要负荷只接在地区系统供电的母线上，其余负荷只接在主系统供电的母线上，尽量使母联断路器通过的功率为零。这样，当主网的供电线路故障时，同时联跳母联断路器QF，以保证地区重要负荷由地区电源供电，同时地区系统也不会被地区全部负荷拖垮。主网供电线路重合成功后，再经母联断路器恢复并列。当地区电源故障时，不影响负荷供电，重要负荷的供电安全性得到了很好的保证。

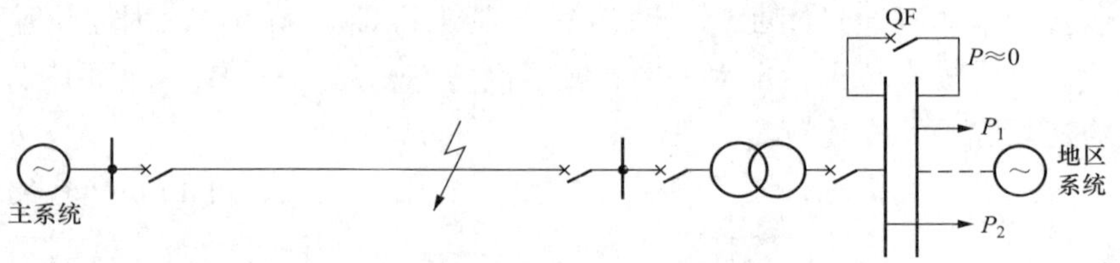

图2-85 终端系统解列重合闸

母联断路器QF也是地区电源与主系统失去稳定时的解列点。

11. 合理调整系统运行接线

提高受端系统电压水平特别是在故障后功率摇摆过程中受端系统电压，可作为运行系统的一个稳定措施，特别适用于弱受端，由远方电源送来主要电力的系统。

在这种弱受端系统中，受端母线电压在故障后功率摇摆过程中不能保持较高水平，导致受端电源与远方电源间失步。为此，应设法对受端母线电压提供支持。一种措施是将停用机组改为调相运行；此外，尽可能设法将远方电源分开，让这些电源支路直接到受端系统母线处并列运行。

三、电力系统振荡时电气量特点

电力系统失去稳定，就引发电力系统振荡，电力系统振荡时，图2－1示出的两侧电源系统等值电动势$\dot{E}_M$、$\dot{E}_N$间的夹角δ在0°～360°范围内周期性变化。当全相振荡时，系统三相参数是对称的，可按单相系统讨论。

电力系统振荡是系统最严重的事故之一。当然，电力系统振荡时继电保护不能发生误动作，但在振荡过程中发生对称或不对称短路故障时，继电保护应有选择性的动作，快速切除短路故障。为此，继电保护应能正确识别振荡和短路故障，所以分析振荡时电气量特点尤为重要。

（一）振荡过程中的电流、母线电压

图2－1电力系统振荡时，$\dot{E}_M$与$\dot{E}_N$的频率不等，所以角速度ω_M与ω_N也不等，当振荡周期为T时，有

$$|\omega_M-\omega_N|T=2\pi$$

得

$$T=\frac{1}{|f_M-f_N|} \tag{2-244}$$

频差愈大，振荡周期愈短，振荡愈严重；频差愈小，振荡周期愈长，振荡容易平息。

通常情况下，在继电保护中振荡周期可认为是1s，最长振荡周期可认为是3s，当然特殊情况例外。电力系统振荡过程中，振荡周期是变化的，并且前半振荡周期与后半振荡周期往往也不等。

1. 振荡电流

在振荡过程中，若偏离额定频率不多，可不计频率变化引起系统阻抗的变化，于是，图2－1示出的系统振荡时，振荡电流为

$$\dot{I}=\frac{\dot{E}_M-\dot{E}_N}{Z_{11}} \tag{2-245}$$

如果$|\dot{E}_M|=|\dot{E}_N|=E_\varphi$，以$\dot{E}_N$作参考时，有$\dot{E}_M-\dot{E}_N=E_\varphi(e^{j\delta}-1)$，则上式可写成

$$\dot{I}=\frac{\dot{E}_\varphi}{Z_{11}}(e^{j\delta}-1) \tag{2-246}$$

可见，振荡电流随δ角发生变化，振荡电流幅值可表示为

$$|\dot{I}|=\frac{\dot{E}_\varphi}{Z_{11}}|e^{j\delta}-1|=\frac{2E_\varphi}{Z_{11}}\sin\frac{\delta}{2} \tag{2-247}$$

振荡电流幅值随δ的变化曲线如图2－86（a）所示，当$\delta=0°$时，振荡电流有最小值，当$\delta=180°$时，振荡电流有最大值，$I_{max}=\frac{2E_\varphi}{Z_{11}}$。$\delta$变化360°完成一个周期的变化，所以系统振荡时，振荡电流以振荡周期作大幅度变化。

2. M母线电压

令式（2－4）中的$Z_{MK1}=0$，则$\rho_M=\frac{Z_{M1}}{Z_{11}}$，考虑到振荡过程中$\delta$发生变化，于是图2－1系统振荡时，M母线电压由式（2－5）得到为

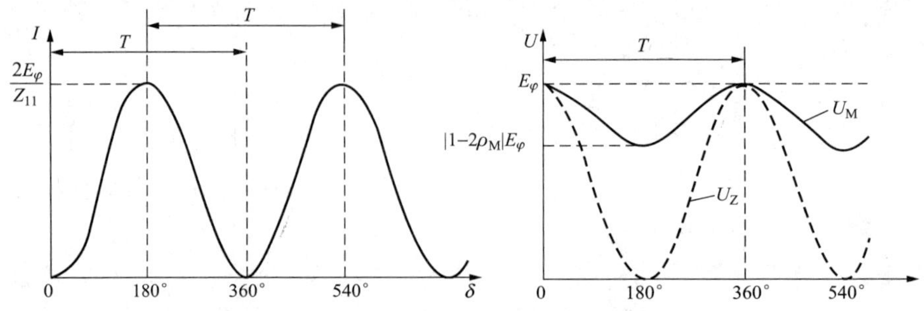

(a) (b)

图 2-86 振荡电流、各点电压幅值变化情况

（a）振荡电流；（b）各点电压

$$U_{\mathrm{M}}=E_{\varphi}\sqrt{1-4\rho_{\mathrm{M}}(1-\rho_{\mathrm{M}})\sin^{2}\frac{\delta}{2}} \tag{2-248}$$

当 $\delta=0°$ 时，U_{M} 有最高值，$U_{\mathrm{M\cdot max}}=E_{\varphi}$；当 $\delta=180°$ 时，U_{M} 有最低值，最低值为

$$U_{\mathrm{M\cdot max}}=|1-2\rho_{\mathrm{M}}|E_{\varphi} \tag{2-249}$$

当 δ 在 $0°\sim360°$ 间变化时，U_{M} 在最高值与最低值间作周期变化，如图 2-86（b）中所示。当 ρ_{M} 越接近 $\frac{1}{2}$ 时，$U_{\mathrm{M\cdot min}}$ 越低，U_{M} 变化越剧烈，对母线上的负荷影响愈严重。

（二）振荡过程中电气量变化特点

1. 振荡中心电压变化

系统振荡过程中电压最低的一点称振荡中心，用 Z 点表示。当系统各元件阻抗角相等、两侧等值电动势相等时，由式（2-5）可见，$\delta=180°$、$\rho_{\mathrm{K}}=\frac{1}{2}$，有 $U_{\mathrm{K}}=0$，即 K 点就是 Z 点，Z 点位于 $\frac{Z_{11}}{2}$ 处。令 $\rho_{\mathrm{K}}=\frac{1}{2}$，由式（2-5）得到振荡中心电压为

$$U_{\mathrm{Z}}=E_{\varphi}\left|\cos\frac{\delta}{2}\right| \tag{2-250}$$

当 δ 在 $0°\sim360°$ 间变化时，U_{Z} 变化如图 2-86（b）中虚线曲线所示，随 δ 角变化十分剧烈。$\delta=180°$ 时，因有 $U_{\mathrm{Z}}=0$，相当于在该点上发生了三相短路。

应当指出，当系统各元件阻抗角不相等，振荡中心位置并不固定。随 δ 角变化而有所移动。

（1）保护安装处测量振荡中心电压。图 2-87 示出了图 2-1 振荡过程中的电流、电压相量关系。其中 φ_{Line} 为线路阻抗角（可认为与 Z_{11} 的阻抗角相等），由相量图可得到 M 侧测量到的振荡中心电压为

$$U_{\mathrm{Z}}=U_{\mathrm{M}}\cos(\varphi+90°-\varphi_{\mathrm{Line}}) \tag{2-251}$$

式中：φ 为相角，$\varphi=\arg\left(\frac{\dot{U}_{\mathrm{M}}}{\dot{I}}\right)$。

当然，振荡过程中 U_{Z} 随 δ 角变化在 $0\sim E_{\varphi}$ 间变化。

（2）线路三相短路时 $U_{\mathrm{M}}\cos$（$\varphi+90°-\varphi_{\mathrm{Line}}$）表示式的含义。

图 2-1 中 K 点三相短路时，M 母线上的电压 $\dot{U}_{\mathrm{M}}$ 可用下式表示

$$\dot{U}_{M}=\dot{U}_{arc}+\dot{I}Z_{MK1} \tag{2-252}$$

式中：$\dot{I}$ 为 K 点三相短路时 M 母线流向故障点的电流；$\dot{U}_{arc}$ 为故障点电弧压降。

由式（2－252）作出相量关系如图 2－88 所示，由图得到

$$U_{M}\cos(\varphi+90°-\varphi_{Line})=OA<U_{arc}$$

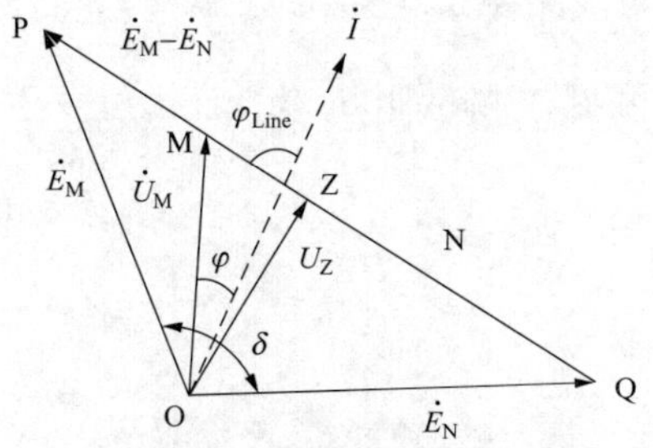

图 2－87　振荡过程中的电流、电压相量关系

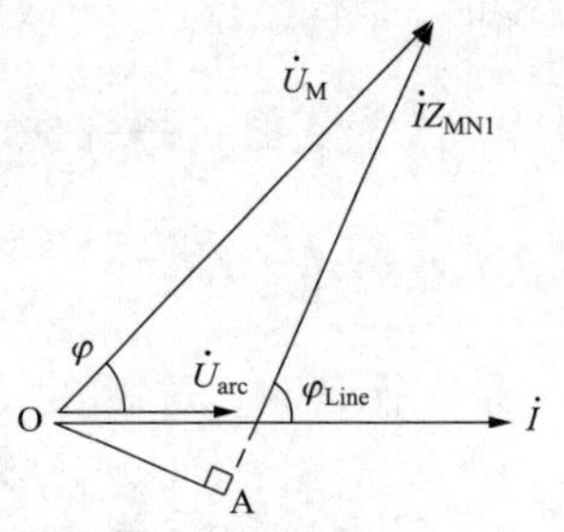

图 2－88　三相短路相量关系

计及 $U_{arc}<5\%U_N$（U_N 为电网额定电压），上式改写为

$$U_{M}\cos(\varphi+90°-\varphi_{Line})<5\%U_N \tag{2-253}$$

由上分析可见，若在 $\delta=180°$ 附近设定一个 $U_{M}\cos(\varphi+90°-\varphi_{Line})$ 区间（该区间包含 $5\%U_N$），在最长振荡周期（如取 3s）下 U_Z 在该区间内的变化时间为 t_X，则当测得的 $U_{M}\cos(\varphi+90°-\varphi_{Line})$ 值在 t_X+t_Δ（t_Δ 为时间裕度）内一直处在上述区间内，可判定线路上发生了三相短路故障；越出上述区间，可判定为系统振荡。

2. 电气量变化速度

系统振荡时保护安装处电压、电流随 δ 而周期变化；输电线路发生短路故障时，保护安装处的电压降低、电流增大是突变的。因此，就图 2－1 中 M 侧的测量阻抗 $Z_m=\dfrac{\dot{U}_M}{\dot{I}}\left(二次值为\dfrac{n_{TA}}{n_{TV}}\cdot\dfrac{\dot{U}_M}{\dot{I}}\right)$来说，短路故障时 Z_m 由负荷阻抗突变为线路阻抗；系统振荡时 Z_m 是缓慢变化的，两者完全不同。

在图 2－89 中，设有两个四边形阻抗特性，Z_2 比 Z_1 大 25%，系统振荡时 Z_m 沿 mn 变化（当两侧等值电动势相等时，mn 变为直线），Z_2、Z_1 先后动作；短路故障时，Z_m 沿 OK 突变，Z_2、Z_1 同时动作。因此，Z_2 与 Z_1 动作时间差大于 Δt（Δt 可取 40～50ms）时，判系统振荡；动作时间差小于 Δt 时，判线路发生短路故障。

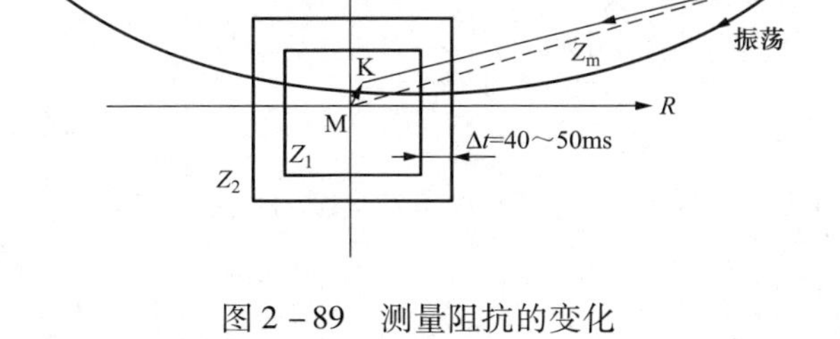

图 2－89　测量阻抗的变化

顺便指出，Z_m 的阻抗角 $\varphi=\arg\left(\dfrac{\dot{U}_M}{\dot{I}}\right)$，即 φ_m 就是保护安装处电压与电流间的相角差。系统振荡时，φ_m 随 Z_m 的变化在大范围内变化，而短路故障时 $\varphi_m=\varphi_{Line}$ 不发生变化。

3. 测量阻抗变化率

短路故障时，测量阻抗等于故障点到保护安装处的线路阻抗（金属性短路），自然有测量阻抗变化率 $\dfrac{dZ_m}{dt}$ 为零值。系统振荡时，由图 2－89 可见，测量阻抗 Z_m 随 δ 角发生变化，因此 $\dfrac{dZ_m}{dt}$ 也随 δ 角发生变化。

图 2－1 系统振荡时，M 侧的测量阻抗 Z_m 为

$$Z_m=\frac{\dot{U}_M}{\dot{I}}=\frac{\dot{E}_N+\dot{I}Z_{N1}+\dot{I}Z_{MN1}}{\dot{I}}=Z_{N1}+Z_{MN1}+\frac{\dot{E}_N}{E_N e^{j\delta}-E_N}\cdot Z_{11}$$

于是 $\dfrac{dZ_m}{dt}$ 为

$$\frac{dZ_m}{dt}=-j\frac{e^{j\delta}}{(e^{j\delta}-1)^2}\cdot Z_{11}\cdot\frac{d\delta}{dt}$$

计及 $|e^{j\delta}-1|=2\sin\dfrac{\delta}{2}$、$\dfrac{d\delta}{dt}=\omega_s(\omega_s=\omega_M-\omega_N)$，上式可化简为

$$\left|\frac{dZ_m}{dt}\right|=\frac{Z_{11}}{4\sin^2\dfrac{\delta}{2}}\cdot|\omega_s| \tag{2-254}$$

在一定的 $|\omega_s|$ 下，由式（2－254）作出 $\left|\dfrac{dZ_m}{dt}\right|$ 与 δ 的关系曲线如图 2－90 所示。可以看出，在 $\delta=180°$ 附近 $\left|\dfrac{dZ_m}{dt}\right|$ 变化平缓，且有较小值；随着 δ 偏离 180°，$\left|\dfrac{dZ_m}{dt}\right|$ 随着增大，偏离 180°愈大，增大程度愈大。

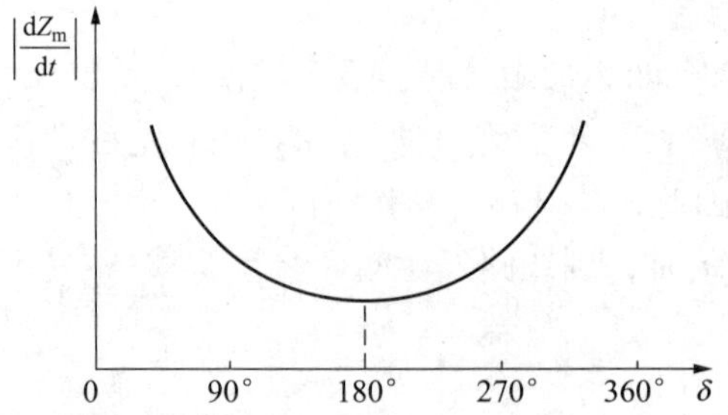

图 2－90 $\left|\dfrac{dZ_m}{dt}\right|$ 与 δ 的关系曲线

当 $\delta=180°$、$|\omega_s|$ 有最小值时，$\left|\dfrac{dZ_m}{dt}\right|$ 有最小值。计及 $|\omega_s|=\dfrac{2\pi}{T}$，取 $T=3s$（最长振荡周期），得到 $\left|\dfrac{dZ_m}{dt}\right|$ 最小值为

$$\left|\frac{\mathrm{d}Z_{\mathrm{m}}}{\mathrm{d}t}\right|_{\min}=\frac{\pi}{6}Z_{11}\ (\Omega/\mathrm{s}) \tag{2-255}$$

因此，当满足关系式

$$\left|\frac{\mathrm{d}Z_{\mathrm{m}}}{\mathrm{d}t}\right|>\frac{\pi}{6}Z_{11}\ (\Omega/\mathrm{s}) \tag{2-256}$$

判为系统振荡。当然，Z_{11}应取各种运行方式下的最大值。

4. $|\dot{I}_2|+|\dot{I}_0|$与$|\dot{I}_1|$的比较

分析图2-1中线路M侧的$|\dot{I}_2|+|\dot{I}_0|$与$|\dot{I}_1|$在系统振荡、振荡过程中发生不对称短路故障的大小关系。为便于比较，令

$$m=\frac{|\dot{I}_2|+|\dot{I}_0|}{|\dot{I}_1|} \tag{2-257}$$

所以只需分析在上述情况下的m值。

（1）系统振荡时。系统振荡时无负序电流、零序电流，仅有正序电流，故$m_{\mathrm{sw}}\approx 0$。

（2）振荡过程中发生不对称短路故障。由于振荡时δ在0°~360°间变化，所以分析两个极端情况$\delta=0°$、$\delta=180°$下的m值。

先分析$\delta=0°$情况下的不对称短路故障，图2-1中MN线路单相接地时，线路M侧的$\dot{I}_1=C_{1\mathrm{M}}\dot{I}_{\mathrm{K1}}^{(1)}$、$\dot{I}_2=C_{2\mathrm{M}}\dot{I}_{\mathrm{K2}}^{(1)}$、$\dot{I}_0=C_{0\mathrm{M}}\dot{I}_{\mathrm{K0}}^{(1)}$，计及$C_{1\mathrm{M}}=C_{2\mathrm{M}}$、$\dot{I}_{\mathrm{K1}}^{(1)}=\dot{I}_{\mathrm{K2}}^{(1)}=\dot{I}_{\mathrm{K0}}^{(1)}$，得到$m$值为

$$m_{\delta=0°}^{(1)}=1+\frac{C_{0\mathrm{M}}}{C_{1\mathrm{M}}} \tag{2-258}$$

当图2-1中MN线路两相短路时，线路M侧的$\dot{I}_1=C_{1\mathrm{M}}\dot{I}_{\mathrm{K1}}^{(2)}$、$\dot{I}_2=C_{2\mathrm{M}}\dot{I}_{\mathrm{K2}}^{(2)}$、$\dot{I}_0=0$计及$C_{1\mathrm{M}}=C_{2\mathrm{M}}$、$\dot{I}_{\mathrm{K1}}^{(2)}=-\dot{I}_{\mathrm{K2}}^{(2)}$，得到$m$值为

$$m_{\delta=0°}^{(2)}=1 \tag{2-259}$$

当图2-1中MN线路两相接地短路时，线路M侧的

$$\dot{I}_1=C_{1\mathrm{M}}\dot{I}_{\mathrm{K1}}^{(1,1)}、\dot{I}_2=C_{2\mathrm{M}}\dot{I}_{\mathrm{K2}}^{(1,1)}=-C_{2\mathrm{M}}\cdot\frac{Z_{\Sigma0}}{Z_{\Sigma2}+Z_{\Sigma0}}\cdot\dot{I}_{\mathrm{K1}}^{(1,1)}$$

$$\dot{I}_0=C_{0\mathrm{M}}\dot{I}_{\mathrm{K0}}^{(1,1)}=-C_{0\mathrm{M}}\dot{I}_{\mathrm{K0}}^{(1,1)}=-C_{0\mathrm{M}}\cdot\frac{Z_{\Sigma2}}{Z_{\Sigma2}+Z_{\Sigma0}}\cdot\dot{I}_{\mathrm{K1}}^{(1,1)}$$

计及$C_{1\mathrm{M}}=C_{2\mathrm{M}}$，得到$m$值为

$$m_{\delta=0°}^{(1,1)}=\frac{Z_{\Sigma0}+\dfrac{C_{0\mathrm{M}}}{C_{1\mathrm{M}}}\cdot Z_{\Sigma2}}{Z_{\Sigma0}+Z_{\Sigma2}} \tag{2-260}$$

当故障点靠近线路M侧时，$C_{0\mathrm{M}}$增大，有$C_{0\mathrm{M}}>C_{1\mathrm{M}}$，所以$m_{\delta=0°}^{(1,1)}>1$；当故障点靠近线路N侧时，$C_{0\mathrm{M}}$减小，这是最不利情况，出现$m_{\delta=0°}^{(1,1)}<1$的情况。但是，当N侧三相跳闸后，有$C_{0\mathrm{M}}=1$、$C_{1\mathrm{M}}=1$，于是$m_{\delta=0°}^{(1,1)}=1$。

由式（2-258）、式（2-259）和式（2-260）可见，在$\delta=0°$情况下线路发生不对称短路故障时，可认为$m_{\delta=0°}^{(n)}$值不会小于1。

再讨论$\delta=180°$情况下的不对称短路故障。由于此时故障前的负荷电流$\dot{I}_{\mathrm{loa}}=\dfrac{\dot{E}_{\mathrm{M}}-\dot{E}_{\mathrm{N}}}{Z_{11}}=$

$\frac{2\dot{E}_M}{Z_{11}}$有最大值，再计及不对称短路故障产生的正序电流 $C_{1M}\dot{I}_{K1}^{(n)}$，使 M 侧的正序电流有较大值，从而导致 $m_{\delta=180°}^{(n)}$值较小。分析表明，$m_{\delta=180°}^{(n)}<0.5$。但随着 δ 角偏离 180°向 360°趋近过程中，因 $\dot{I}_0$、$\dot{I}_2$ 增大，$\dot{I}_1$ 减小，所以 m 值也随着增大。

（3）不对称短路故障的判据。由上分析可见，根据具体的电力系统，选取合适的 m_{set}值（大于 0.5，如取 0.66），当 $m>m_{set}$或

$$|\dot{I}_2|+|\dot{I}_0|>m_{set}|\dot{I}_1| \tag{2-261}$$

成立时，就可判为振荡过程中发生了不对称短路故障。

应当指出，对于 $\delta=180°$情况下发生的不对称短路故障（含短路故障发生在振荡中心），因式（2－261）不满足，所以保护（指距离保护）不开放，这是十分必要的（因为此时阻抗继电器的保护区失去控制，可防止外部不对称短路故障的误动作）。δ 角偏 180°向 360°趋近过程中，m 值逐渐增大，当式（2－261）满足时，保护开放，此时阻抗继电器的保护区已恢复控制，可选择性切除不对称短路故障。可见，$\delta=180°$附近发生的不对称短路故障，保护动作带有小量延时。

5. 突变量电流

突变量电流指的是保护安装处的相电流突变量或相电流差突变量。

电力系统振荡时，由于频率偏离额定值，所以突变量电流元件有一定的不平衡输出，随着振荡电流的增大、频率偏离额定值程度的增大，不平衡输出相应增大。为不影响短路故障时突变量电流元件的灵敏度、克服不平衡输出的影响，在继电保护技术中广泛采用浮动门槛技术。如对相电流差突变量 $\Delta I_{\varphi\varphi}$元件，动作判据可描述为

$$\Delta I_{\varphi\varphi}(k)\geqslant 1.25\Delta I_{\varphi\varphi T}(k-N)+0.2I_N \tag{2-262}$$

式中 $\Delta I_{\varphi\varphi}(k)$——$t_k$ 时刻测得的相电流差突变量；

$\Delta I_{\varphi\varphi}(k-N)$——构成浮动门槛，$\Delta I_{\varphi\varphi T}(k-N)=\Delta I_{\varphi\varphi}(k-N)-\Delta I_{\varphi\varphi}(k-2N)$，其中 $\Delta I_{\varphi\varphi}(k-N)$、$\Delta I_{\varphi\varphi}(k-2N)$ 为 t_k-NT_S、t_k-2NT_S 测得的相电流差突变量，而 T_S 为采样间隔时间，N 为每工频周期采样的点数；

I_N——额定电流；

0.2、1.25——系数。

可以看出，短路故障时 $\Delta I_{\varphi\varphi}$元件灵敏动作，系统振荡时 $\Delta I_{\varphi\varphi}$元件不动作。

事实上，判别振荡和短路故障是采用 $\Delta I_{\varphi\varphi}$元件和相电流 I_φ元件（人为增加 10ms 延时）动作的先后来判别的。系统振荡时，I_φ元件先于 $\Delta I_{\varphi\varphi}$元件动作（实际上 $\Delta I_{\varphi\varphi}$元件并不动作）；短路故障时，$\Delta I_{\varphi\varphi}$元件先于 I_φ元件动作。当然，I_φ元件的动作电流应躲过该线路的最大负荷电流，并在线路末端短路故障时有足够的灵敏度。

应当指出，这种区分短路故障和振荡的原理不受短路故障类型、相别的影响，但这是建立在短路故障存在突变量电流这一基础上的。然而，在振荡过程中 $\delta=180°$时振荡中心处发生各种类型短路故障，因故障前该点电压为零，所以不存在故障分量电流，当然也没有突变量电流，即使 δ 角偏离 180°，也提取不到电流突变量。此时，式（2－261）处动作状态（不对称短路故障）、$U_M\cos(\varphi+90°-\varphi_{Line})$元件处动作状态（对称短路故障）和式（2－256）处不动作状态（对称短路故障），保护处开放状态。

输电线路保护及重合闸

第一节　零序电流方向保护

一、零序电流方向保护的基本原理

（一）基本原理

输电线路零序电流保护是反应输电线路一端零序电流的保护。反应输电线路一端电气量变化的保护由于无法区分本线路末端短路和相邻线路始端的短路，为了在相邻线路始端短路不越级跳闸，其瞬时动作的Ⅰ段只能保护本线路的一部分，本线路末端短路只能靠其他段带延时切除故障。所以反应输电线路一端电气量变化的保护都要做成多段式的保护。这种多段式的保护又称作具有相对选择性的保护，即它既能保护本线路的故障又能保护相邻线路的故障。要构成多段式的保护必需要具备下述两个条件，首先，它要能区分正常运行和短路故障两种运行状态。在正常运行时保护不能动作，在短路时保护能够动作。其次，它要能区分短路点的远近，以便在近处短路时以较短的延时切除故障而在远处短路时以较长的延时切除故障以满足选择性的要求。零序电流保护能满足这两个条件。正常运行时没有零序电流，只有在接地短路时才有零序电流。因此零序电流保护能满足上述第一个要求。此外在图3－1的零序序网图中，设短路点（故障支路）的零序电流为 $\dot{I}_{F0}$，则流过安装在MN线路M端保护的零序电流为：

$$\dot{I}_0 = C_0 \dot{I}_{F0} \tag{3－1}$$

式中：C_0 为零序电流分配系数，$C_0 = \dfrac{Z'_{K0} + Z_{R0}}{Z_{S0} + Z_{K0} + Z'_{K0} + Z_{R0}}$。

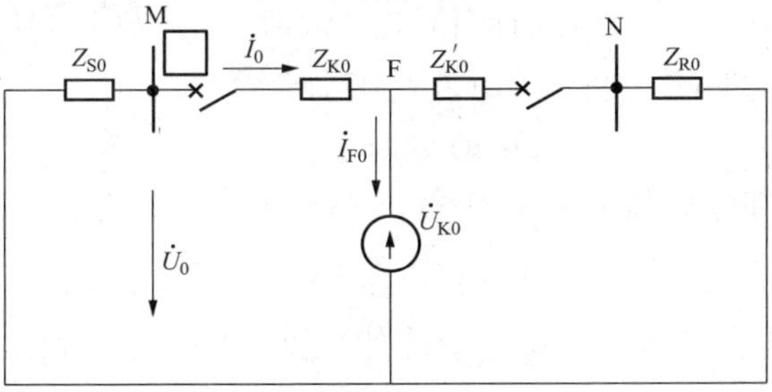

图3－1　零序序网图

显然如果短路点越靠近保护安装处，Z_{K0}越小、Z'_{K0}越大，则 C_0 越大，流过保护的零序电流越大，反之短路点越远，流过保护的零序电流越小。所以流过保护的零序电流大小反应了短路点的远近，这就满足了上述第二个要求。由于保护可以根据零序电流的大小判断短路点的远近，所以就可以使它具备这样的功能：当短路点越近保护动作得越快，短路点越远保护动作得越慢。

快速动作的零序电流第Ⅰ段按躲过本线路末端（实质是躲过相邻线路始端）接地短路

时流过保护的最大零序电流整定（其他整定条件姑且不论），对于不加方向的零序电流第Ⅰ段还要躲过背后母线接地短路时流过保护的最大零序电流整定。所以第Ⅰ段只能保护本线路的一部分。对于四段式零序电流保护中的带有短延时的零序电流第Ⅱ段的任务是：能以较短的延时尽可能地切除本线路范围内的故障。对于四段式零序电流保护中的带有较长延时的零序电流第Ⅲ段的任务是：应可靠保护本线路的全长，在本线路末端金属性接地短路时有一定的灵敏系数。对于四段式零序电流保护中的带有长延时的第Ⅳ段（也是三段式零序电流保护中的第Ⅲ段）的任务是：起可靠的后备作用。它要作为本保护Ⅰ、Ⅱ、Ⅲ段的后备，第Ⅳ段的定值应不大于300A，用它保护本线路的高阻接地短路。在110kV的线路上，零序电流保护中的第Ⅳ段还应作为相邻线路保护的后备。

零序电流保护只能用来保护接地短路故障，所以对于两相不接地的短路和三相短路不能起到保护作用。另外零序Ⅰ段保护范围受运行方式的影响也较大，有时可能保护范围缩得很小，这一点比同样保护接地故障的接地距离Ⅰ段要逊色得多。但是零序电流保护的最后一段——零序过电流保护，由于很灵敏，保护过渡电阻的能力很强，这一点又比接地距离第Ⅲ段强。现在有些厂家考虑到在高压电网中有线路纵联保护，又配有保护接地短路的三段式的接地距离保护，并有双重化的保护配置，所以生产一种保护装置的型号，把零序电流保护的第Ⅰ段省略而只配零序电流保护Ⅱ、Ⅲ段。

2007年10月31日实施的国家电网公司企业标准《线路保护及辅助装置标准化设计规范》（Q/GDW 161—2007）[12]中要求零序电流方向保护除设置Ⅰ、Ⅱ二段式的定时限保护外再另设一段反时限的保护。所谓定时限保护是零序电流大于定值后以固定时限发跳闸脉冲，所谓反时限保护是零序电流越大保护动作时限越短。零序电流第Ⅰ段带方向，零序电流第Ⅱ段不宜带方向。零序反时限保护兼作后备保护。

定时限的零序电流保护的动作逻辑是：零序电流元件与零序方向元件（如果该段需带方向的话）构成“与”逻辑，该“与”门有输出后经时间元件延时后（如果该段带延时的话）发跳闸命令。反时限的零序电流保护的动作逻辑是：根据零序电流元件计算得到的零序电流值，从IEC标准反时限特性曲线 $t(I_0)=\dfrac{0.14}{(I_0/I_P)^{0.02}-1}T_P$（$I_0$ 为计算得到的零序电流值；I_P 为电流基准值，对应“零序反时限电流”定值；T_P 为时间常数，对应“零序反时限时间”定值）上查得延时时间，经该延时发跳闸命令。

（二）影响流过保护的零序电流大小的诸因素

1. 零序电流大小与接地故障的类型有关

式（3-1）表示了流过保护的零序电流 $\dot{I}_0$ 与流过短路点的零序电流 $\dot{I}_{F0}$ 之间的关系。但是流过短路点的零序电流的大小与接地故障的类型有关。单相接地短路和两相接地短路时流过短路点的零序电流 $\dot{I}_{F0}^{(1)}$ 和 $\dot{I}_{F0}^{(1.1)}$ 分别为：

$$\left.\begin{aligned}\dot{I}_{F0}^{(1)}&=\frac{\dot{U}_{F|0|}}{2Z_{1\Sigma}+Z_{0\Sigma}}\\ \dot{I}_{F0}^{(1.1)}&=\frac{\dot{U}_{F|0|}}{Z_{1\Sigma}+2Z_{0\Sigma}}\end{aligned}\right\}\qquad(3-2)$$

式中：$\dot{U}_{F|0|}$ 为短路点在短路前的电压；$Z_{1\Sigma}$、$Z_{0\Sigma}$ 为系统对短路点的综合正序、零序阻抗；系统内各元件的正序阻抗等于负序阻抗。

所以把式（3－2）代入式（3－1）求得的流过保护的零序电流大小也与接地故障的类型有关。

$$\left.\begin{aligned}\dot{I}_0^{(1)} &= C_0\frac{\dot{U}_{F|0|}}{2Z_{1\Sigma}+Z_{0\Sigma}}\\ \dot{I}_0^{(1.1)} &= C_0\frac{\dot{U}_{F|0|}}{Z_{1\Sigma}+2Z_{0\Sigma}}\end{aligned}\right\}\tag{3-3}$$

由式（3－3）可知：

$$\left.\begin{aligned}\dot{I}_0^{(1)} &> \dot{I}_0^{(1.1)} \qquad \text{当 } Z_{1\Sigma} < Z_{0\Sigma}\\ \dot{I}_0^{(1)} &< \dot{I}_0^{(1.1)} \qquad \text{当 } Z_{1\Sigma} > Z_{0\Sigma}\end{aligned}\right\}\tag{3-4}$$

知道了流过保护的零序电流与故障类型有关后，在整定零序电流保护第Ⅰ段的定值时就要选择在线路末端接地短路时流过保护的零序电流比较大的一种故障类型来进行整定计算。而在校验零序电流保护的灵敏度时，就要选择在校验灵敏度的短路点上短路时流过保护的零序电流比较小的一种故障类型来进行计算。

2. 零序电流大小非但与零序阻抗有关而且与正、负序阻抗都有关

往往容易犯的一个概念上的错误是认为流过保护的零序电流的大小只与零序阻抗有关而与正、负序的阻抗无关。需要指出，如式（3－2）所示的流过短路点的零序电流的大小，是既与零序阻抗有关也与正、负序阻抗有关的。所以流过保护的零序电流的大小如式(3－3)所示，也是与正、负、零序阻抗都有关的。因此在整定保护定值与校验灵敏度时，既要考虑零序阻抗的关系也要考虑机组开的多少。因为发电机虽然接在小接地电流系统中，它的零序阻抗并不出现在复合序网图中，但是由于它的正、负序阻抗是出现在复合序网图中的，因此发电机开的多少也会影响流过保护的零序电流的大小。此外虽然从式（3－2）看来对端系统发电机组（包括发电机、变压器）开得越多，$Z_{1\Sigma}$、$Z_{0\Sigma}$ 越小，短路点的零序电流越大，似乎流过保护的零序电流也会越大。但是情况复杂的是对端机组开得越多还会影响零序电流的分配系数，使 C_0 减少，从而流过保护的零序电流又可能会减少。所以流过保护的零序电流大小应综合考虑这些因素的影响。

3. 零序电流大小与保护背后系统和对端系统的中性点接地的变压器多少密切相关

由图3－1和式（3－1）可知，零序电流分配系数与保护背后系统的零序阻抗 Z_{S0} 和对端系统的零序阻抗 Z_{R0} 都有关的。如果保护背后系统中中性点接地的变压器越多，Z_{S0} 越小，零序电流分配系数越大。如果保护对端系统中中性点接地的变压器越少，Z_{R0} 越大，零序电流分配系数也越大。这两种情况都会使流过保护的零序电流增大。所以零序电流的大小与中性点接地的变压器的多少有很大关系。

4. 零序电流大小与短路点的远近有关

这一点在叙述基本原理时已提及，短路点越近，零序电流分配系数越大，流过保护的零序电流也越大。反之短路点越远流过保护的零序电流也越小。

5. 在双回线路或环网中计算零序电流时要注意的一些问题

在双回线路或环网中，在求零序电流的分配系数时要考虑另一回线路或环网中的其他线路的分流作用，在求短路电流和分支系数时还要考虑双回线路或环网中别的线路的线间互感造成的影响。尤其是同杆并架的线路或环网中相邻线路有部分架在同一杆塔上的情况。

所以零序电流保护虽然原理很简单，但由于影响零序电流大小的因素很多，所以它的整

定计算比较繁杂。

二、零序方向继电器的原理、实现方法、性能评述

（一）零序方向继电器的设置

由于零序电流都要经过中性点接地的变压器构成回路，当然该变压器是 Y_0/Δ 或 Y_0/Y_0 接线的变压器。所以从某种意义上说这样的变压器是零序电源（从概念上讲零序电源在短路点，这里只是从零序电流的流向意义上说）。电力系统中基本上在每一母线处都有中性点接地的变压器，所以对零序电流保护来说基本上每条线路都是双侧电源线路。而双侧电源线路上的电流保护有时必须加方向继电器才能保证它的选择性或提高它的灵敏性。因而零序电流保护有时也必须加零序方向继电器才能保证它的选择性、灵敏性。例如零序电流第Ⅰ段加了方向后可以不必躲过保护背后母线发生接地短路时流过保护的最大零序电流，从而可能降低零序电流的定值。零序电流第Ⅱ、Ⅲ段加了方向后，可以不必考虑与反方向的保护的配合问题。

（二）零序方向继电器的基本原理与实现方法

如上所述，零序电流保护加了零序方向继电器后可构成零序电流方向保护。另外也可以零序方向继电器作为核心元件构成纵联零序方向保护。所以零序方向继电器是保护装置经常用到的一种继电器。零序方向继电器的最基本思想是比较零序电压和零序电流的相位来区分正、反方向的接地短路。

1. 正、反方向接地短路时，零序电压和零序电流的夹角

设零序方向继电器 F_0 装在 MN 线路的 M 端。在图 3-2 所示的零序序网图中，加在继电器上的零序电压、电流按传统方式规定它的正方向。零序电压的正方向是母线电位为正、中性点电位为负，图中电压箭头表示电位降方向。零序电流以母线流向被保护线路的方向为其正方向。

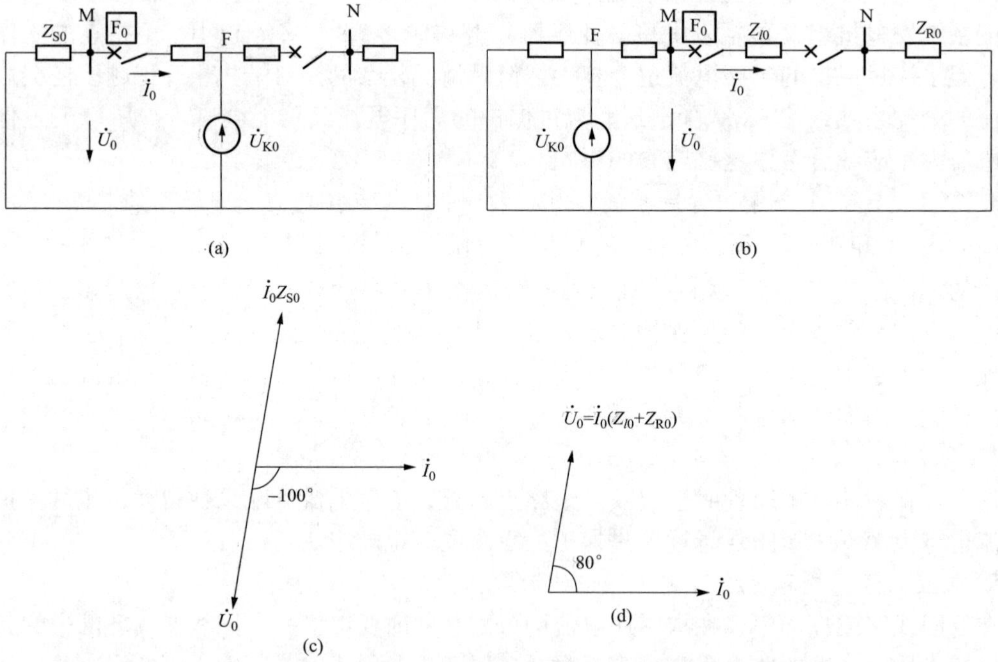

图 3-2 正、反方向接地短路时的零序序网图和相量图

（a）正方向短路；（b）反方向短路；（c）正方向短路相量图；（d）反方向短路相量图

根据图3－2（a）所示的正方向短路的零序序网图，按上述规定的电压、电流正方向可得：

$$\dot{U}_0 = -\dot{I}_0 Z_{S0} \tag{3-5}$$

根据图3－2（b）所示的反方向短路的零序序网图，按上述规定的电压、电流正方向可得：

$$\dot{U}_0 = \dot{I}_0 (Z_{l0} + Z_{R0}) \tag{3-6}$$

如果系统中各元件零序阻抗的阻抗角都为80°。正方向短路时根据式（3－5），零序电压超前零序电流的角度为：

$$\varphi = \arg(\dot{U}_0 / \dot{I}_0) = \arg(-Z_{S0}) = \arg Z_{S0} - 180° = -100° \tag{3-7}$$

反方向短路时根据式（3－6），零序电压超前零序电流的角度为：

$$\varphi = \arg(\dot{U}_0 / \dot{I}_0) = \arg(Z_{l0} + Z_{R0}) = 80° \tag{3-8}$$

上述两式中的arg表示角度的意思。表达的是后面相量的幅角，是后面分子相量超前分母相量的角度。正方向短路和反方向短路时的相量图示于图3－2（c）、（d）中。式（3－7）、式（3－8）两式表明，在正、反方向接地短路时零序电压超前零序电流的角度都只与保护安装处与短路方向相反一侧零序阻抗的阻抗角有关。在正方向短路时，零序电压超前零序电流的角度是保护安装处反方向零序阻抗的阻抗角再反一个180°，角度是一个负角，零序电流超前于零序电压。在反方向短路时，零序电压超前零序电流的角度是保护安装处正方向零序阻抗的阻抗角，角度是正角，零序电流滞后于零序电压。正、反方向短路时零序电压超前于零序电流的角度截然相反，因此可用以区分正、反方向短路。式（3－7）和式（3－8）两式是构成零序方向继电器的基础。

2. 零序方向继电器的实现方法

根据上述分析，零序方向继电器的实现有如下两种方法：

（1）按零序电压、零序电流的相位比较方式实现。

测量零序电压和零序电流的夹角，满足下述动作方程继电器动作，反之继电器不动作。

$$-190° < \arg \frac{\dot{U}_0}{\dot{I}_0} < -10° \tag{3-9}$$

在模拟型保护中就是按相位比较方式构成继电器的，采用一个相位比较器或者用相敏比较电路实现相位比较。在微机保护中由于算法上的原因可用如式（3－10）所示的动作方程作相位比较：

$$90° < \arg \frac{\dot{U}_0}{\dot{I}_0 e^{j80°}} < 270° \tag{3-10}$$

仔细比较不难发现式（3－9）与式（3－10）是完全相同的。

正方向短路时，据式（3－7）零序电压超前零序电流－100°，按式（3－9），该角度满足动作方程且距两个边界最远，所以继电器最灵敏地动作。反方向短路时，据式（3－8）零序电压超前零序电流80°，按式（3－9），该角度不满足动作方程且距两个边界最远，所以继电器最可靠地不动作。在纵联零序方向保护中零序方向元件用正、反两个方向的方向元件。那么式（3－9）就是正方向方向元件的动作方程。而反方向方向元件的动作区是正方向方向元件的不动作区。

（2）按零序功率的幅值比较方式实现。

零序方向继电器也可以按零序功率的幅值比较方式实现。如果各相量都用极坐标表达，$3\dot{U}_0$ 的表达式是 $3\dot{U}_0=3U_0e^{j\varphi_u}$，式中 φ_u 是 $\dot{U}_0$ 的幅角。$3\dot{I}_0$ 的表达式是 $3\dot{I}_0=3I_0e^{j\varphi_i}$，式中 φ_i 是 $\dot{I}_0$ 的幅角。将 $3\dot{I}_0$ 电流往超前方向旋转一个 φ_l 角，得到 $3\dot{I}'_0$，$3\dot{I}'_0=3I_0e^{j\varphi_i}e^{j\varphi_l}=3I_0e^{j(\varphi_i+\varphi_l)}$。式中 φ_l 为系统零序阻抗的阻抗角，例如为80°。设 $3\dot{I}'_0$ 电流的共轭值为 $3\hat{\dot{I}}'_0$，$3\hat{\dot{I}}'_0=3I_0e^{-j(\varphi_i+\varphi_l)}$。$3\dot{U}_0$ 电压与 $3\hat{\dot{I}}'_0$ 电流产生的功率 S_0 是它们的乘积：

$$S_0=3\dot{U}_0\times3\hat{\dot{I}}^1_0=3U_0e^{j\varphi_u}\times3I_0e^{-j(\varphi_i+\varphi_l)}=3U_0\times3I_0e^{j(\varphi_u-\varphi_i-\varphi_l)}=3U_0\times3I_0e^{j(\varphi-\varphi_l)}$$
$$=3U_0\times3I_0[\cos(\varphi-\varphi_l)+j\sin(\varphi-\varphi_l)]=P_0+jQ_0$$

式中：P_0、Q_0 分别为零序有功功率和零序无功功率。有功功率 P_0 是 $3\dot{U}_0$ 与 $3\hat{\dot{I}}'_0$ 乘积的实数部分：

$$P_0=\mathrm{Re}|3\dot{U}_0\times3\hat{\dot{I}}'_0|=3U_0\times3I_0\cos(\varphi-\varphi_l) \tag{3-11}$$

式中：φ 为 $3\dot{U}_0$ 超前于 $3\dot{I}_0$ 的夹角，$\varphi=\varphi_u-\varphi_i=\arg\dot{U}_0/\dot{I}_0$。当正方向短路时，据式(3-7)，$\varphi=-100°$，因此得 $P_0=-3U_0\times3I_0$，P_0 为负的最大值。故而正方向的零序方向继电器的动作方程可定为：

$$\begin{cases}P_0=3U_0\times3I_0\cos(\varphi-\varphi_l)<-1\text{VA} & \text{当}I_N=5\text{A时}\\P_0=3U_0\times3I_0\cos(\varphi-\varphi_l)<-0.2\text{VA} & \text{当}I_N=1\text{A时}\end{cases} \tag{3-12}$$

式中：I_N 为电流互感器二次侧的额定电流。在正方向短路时正方向的零序方向继电器可以灵敏动作。当反方向短路时据式（3-8），$\varphi=80°$，因此得 $P_0=3U_0\times3I_0$，P_0 为正的最大值。故而反方向的零序方向继电器的动作方程定为：

$$P_0=3U_0\times3I_0\cos(\varphi-\varphi_l)>0 \tag{3-13}$$

在反方向短路时，反方向的零序方向继电器可以灵敏动作。反方向的零序方向继电器的动作边界为0VA，而正方向的零序方向继电器的动作边界定为-1VA（当电流互感器二次额定电流是5A时），这是为了让反方向方向元件的灵敏度高于正方向的方向元件灵敏度。

在零序电流方向保护中使用的零序方向继电器无正、反方向两个方向继电器。只需要正方向的零序方向继电器。

（三）零序方向继电器的性能评述

（1）正方向短路和反方向短路时零序电压和零序电流的夹角截然相反，动作边界十分清晰，因此性能良好，有良好的方向性。

（2）继电器的动作行为与负荷电流无关，与过渡电阻大小无关。

负荷电流是正序电流，因此负荷电流的大小不会影响零序方向继电器的动作行为。此外，由式（3-7）和式（3-8）两式可知继电器测得的零序电压超前零序电流的角度只与保护安装处与短路方向相反一侧的零序阻抗的阻抗角有关。而与短路方向相反的一侧的阻抗中是没有过渡电阻的，所以零序方向继电器不受过渡电阻的影响。由于上述原因零序方向继电器的动作行为不是最灵敏地动作就是最可靠地不动作。

（3）系统振荡时不会误动。

系统振荡时没有零序分量，因此零序方向继电器不会误动。另外零序方向继电器还要和零序电流继电器构成逻辑“与”的关系，振荡时零序电流继电器也不动作，所以更加不会误动。

(4) 零序方向继电器在非全相运行期间的动作行为分析。请见下面论述。

(5) 在有串联补偿电容的线路上零序方向继电器的动作行为分析。请见下面论述。

(6) 零序方向继电器只能保护接地故障，对两相不接地短路和三相短路无能为力，这是它的一个缺陷。但两相不接地短路和三相短路的几率比较小。

(7) 在同杆并架的两条线路上由于线路之间互感较大，如果两条线路之间电气联系又较弱（所谓强磁弱电），在一条线路上发生接地短路时，该线路的零序电流经线间互感在另一条非故障线路上产生的纵向电动势有可能使非故障线路两端的零序方向继电器都判为正方向短路（分析请参见本章第三节的六），并造成非故障线路的纵联零序方向保护误动。

三、零序方向继电器在非全相运行期间和在有串联补偿电容线路上的动作行为分析

（一）零序方向继电器在非全相运行期间的动作行为分析

如果在输电线路的 M 端断路器处发生一相断线或两相断线，分析装在 MN 线路 M 端的零序方向继电器的动作行为。此时的零序序网图如图 3－3 所示，在断线处有一个零序电压 $\Delta\dot{U}_0$。加在继电器上的零序电压 $\dot{U}_0$ 和零序电流 $\dot{I}_0$ 按传统方式规定它的正方向。

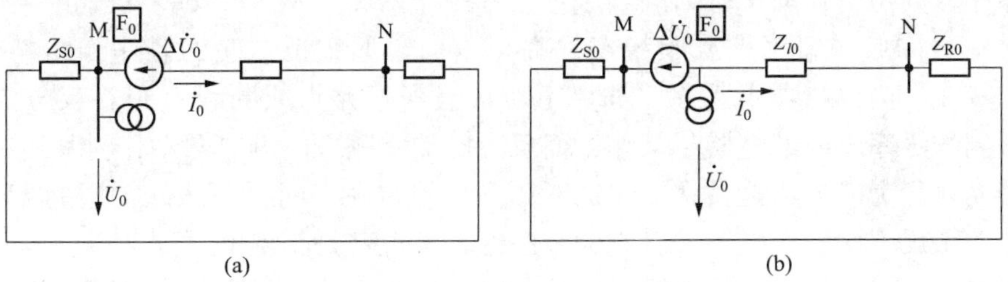

图 3－3 输电线路一侧断线时的零序序网图

（a）用母线 TV；（b）用线路 TV

如果继电器用母线 TV，如图 3－3（a）所示，零序电压 $\dot{U}_0$ 和零序电流 $\dot{I}_0$ 有如下关系式：

$$\dot{U}_0 = -\dot{I}_0 Z_{S0}$$

该式与正方向短路时的式（3－5）完全一样。如果所有电气元件的零序阻抗的阻抗角都为 80°，由此可得零序电压超前零序电流的夹角为：

$$\varphi = \arg(\dot{U}_0/\dot{I}_0) = \arg(-Z_{S0}) = \arg Z_{S0} - 180° = -100°$$

该式满足式（3－9）、式（3－10）和式（3－12），零序正方向的方向继电器动作。所以当零序方向继电器采用母线 TV 时，在上述断线情况下它的动作行为与正方向短路时的动作行为完全相同。因此当用母线 TV 时，在本线路非全相运行时（例如在单相重合闸周期内），纵联零序方向保护应该退出。否则的话将会发跳闸命令将运行相误切除。

如果继电器用线路 TV，如图 3－3（b）所示，零序电压 $\dot{U}_0$ 和零序电流 $\dot{I}_0$ 有如下关系式：

$$\dot{U}_0 = \dot{I}(Z_{l0} + Z_{R0})$$

该式与反方向短路时的式（3－6）完全一样。如果所有电气元件的零序阻抗的阻抗角

都为 80°，由此可得零序电压超前零序电流的夹角为：

$$\varphi = \arg(\dot{U}_0/\dot{I}_0) = \arg(Z_{l0} + Z_{R0}) = 80°$$

该式不再满足式（3－9）和式（3－10），但恰满足式（3－13）。零序正方向的方向继电器不动作，而反方向的方向继电器动作。所以当零序方向继电器采用线路 TV 时，在上述断线情况下它的动作行为与反方向短路时的动作行为完全相同。

在本线路两端断路器都单相跳闸的两端非全相运行的情况下，零序序网图中在两端断线处都有零序电压源。采用母线 TV 时，零序电压 $\dot{U}_0$ 和零序电流 $\dot{I}_0$ 仍然有如同正方向短路时一样的关系式（3－5），所以零序正方向的方向继电器动作，而反方向的方向继电器不动作。采用线路 TV 时，在列出的零序电压 $\dot{U}_0$ 和零序电流 $\dot{I}_0$ 的关系式中将包含有断线处的零序电压源。所以无法直接判断零序电压和零序电流的相角差，需要用双端口网络理论来进行分析。分析表明，零序方向继电器的动作行为与系统参数有关，零序正方向的方向继电器可能动作也可能不动作。由于上述原因，在本线路非全相运行的情况下纵联零序方向保护应该退出。

总结上述分析的在短路和非全相运行两种状况下零序方向继电器的动作行为，可以得到一个判别零序方向继电器动作行为的方法：在零序序网图中从 TV 安装处往正、反两个方向观察，如果不对称点（短路点或断线点）在正方向，那么正方向的零序方向继电器动作，而反方向的零序方向继电器不动作。如果不对称点（短路点或断线点）在反方向，那么正好相反正方向的零序方向继电器不动作，而反方向的零序方向继电器动作。其实更为准确的判别继电器动作行为的方法是：在简化成双侧系统的零序序网图中从保护用的 TV 安装处向两端观察，如果反方向没有电源，且它的零序综合阻抗又是感性的，那么零序方向继电器判为正方向短路；如果正方向没有电源，且它的零序综合阻抗又是感性的，那么零序方向继电器判为反方向短路。如果零序综合阻抗是容性的，那么判别的短路方向相反。如果从 TV 安装处向两端观察，两端都有电源，那么要根据具体系统的参数分析零序方向继电器的动作行为。用这一种方法还可分析在有串补电容线路上继电器的动作行为。

（二）在有串联补偿电容线路上发生短路时零序方向继电器的动作行为分析

有关串联补偿电容的基本知识请参阅本章第二节十三。

如果串补电容安装在线路中间，在一般的补偿度不大于 50% 时，按上述介绍的判别方法，在发生短路的零序序网图中从 TV 安装处无论往正方向还是反方向观察，没有电源的一侧其综合零序阻抗总是感性的。所以零序方向继电器的动作行为与没有串补电容的情况一样，动作行为是正确的。

如果串补电容安装在线路的一端，对 MN 线路 M 端的零序方向继电器来说，串补电容有可能在正向出口也可能在反方向出口。考虑到 TV 在母线上或在线路上以及正、反方向短路的不同情况其零序序网图有如图 3－4 所示的七种情况。仔细观察这七种情况，除图（b）、图（g）外的其他五种情况中，从 TV 安装处向两端观察，没有电源侧的综合零序阻抗总是感性的。所以无论是正向短路还是反向短路，继电器的动作行为也都是正确的。唯独图（b）、（g）情况不一样。在图（b）中的 M 母线上、图（g）中的 P 母线上如果接有大容量的中性点接地的变压器，使 X_{S0} 值很小。如果 $|X_{S0}| < |X_{C0}|$，那么在该两图中从 TV 安装处向反方向一侧望去，该侧没有电源且其综合零序阻抗是容性的，因此零序方向继电器判为反方向短路。零序方向继电器的动作行为是不正确的，即正方向的零序方向继电器不动作而反

方向的零序方向继电器动作。

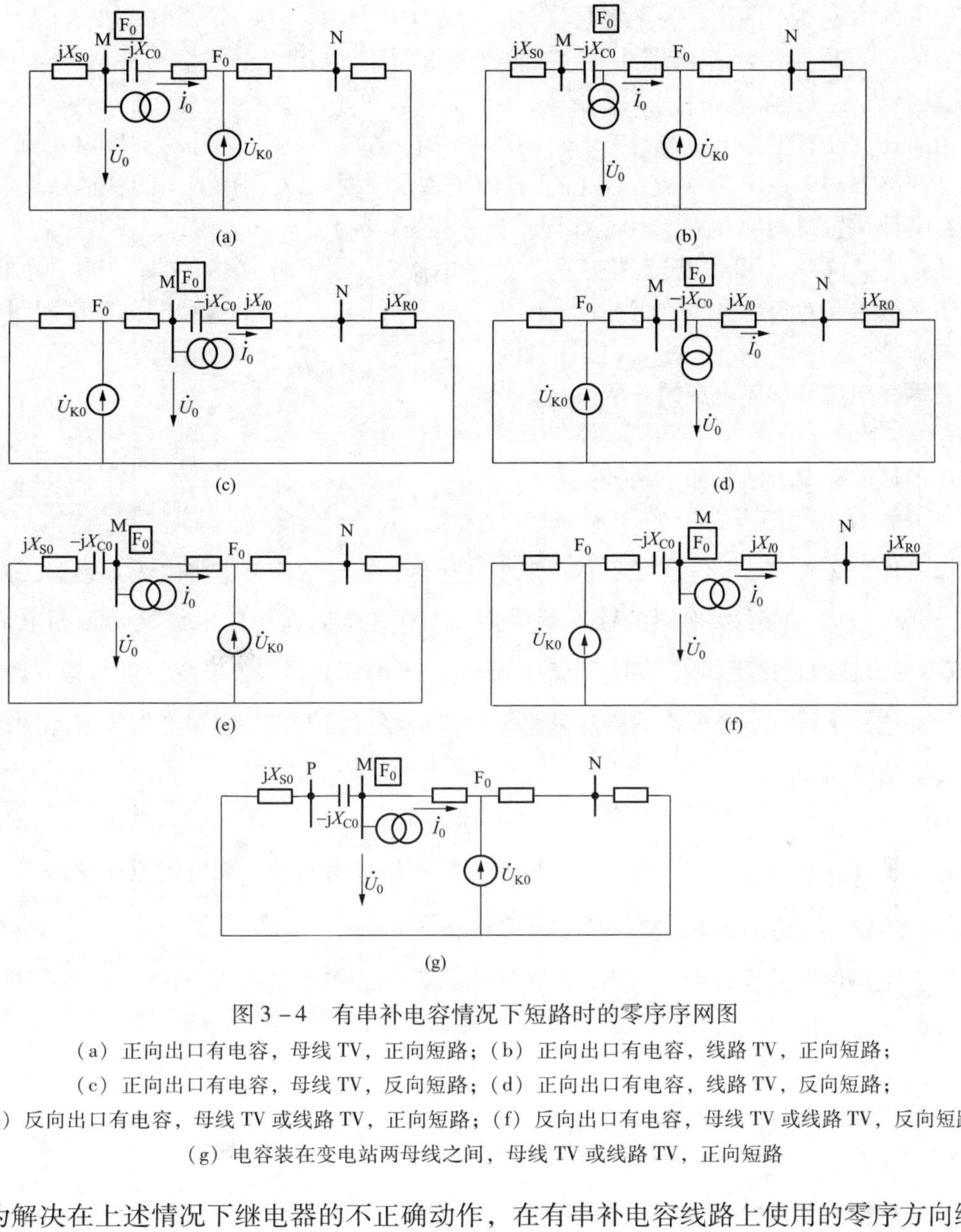

图 3－4 有串补电容情况下短路时的零序序网图

（a）正向出口有电容，母线 TV，正向短路；（b）正向出口有电容，线路 TV，正向短路；
（c）正向出口有电容，母线 TV，反向短路；（d）正向出口有电容，线路 TV，反向短路；
（e）反向出口有电容，母线 TV 或线路 TV，正向短路；（f）反向出口有电容，母线 TV 或线路 TV，反向短路；
（g）电容装在变电站两母线之间，母线 TV 或线路 TV，正向短路

为解决在上述情况下继电器的不正确动作，在有串补电容线路上使用的零序方向继电器中要对零序电压进行补偿。设从 TV 取得的零序电压为 $\dot{U}_0$，补偿后的零序电压为 $\dot{U}'_0$。取

$$\dot{U}'_0 = \dot{U}_0 - \mathrm{j}\dot{I}_0 X_{0.\mathrm{com}} \tag{3-14}$$

式中：$X_{0.\mathrm{com}}$为软件中的补偿阻抗。将 $\dot{U}'_0$ 代替原来的 $\dot{U}_0$ 与零序电流 $\dot{I}_0$ 作相位比较。这样按传统的电压、电流的正方向规定，根据图 3－4（b）、（g）可得：

$$\dot{U}'_0 = \dot{U}_0 - \mathrm{j}\dot{I}_0 X_{0.\mathrm{com}} = -\mathrm{j}\dot{I}_0(X_{S0} - X_{C0}) - \mathrm{j}\dot{I}_0 X_{0.\mathrm{com}} = -\mathrm{j}\dot{I}_0(X_{S0} - X_{C0} + X_{0.\mathrm{com}}) \tag{3-15}$$

显然只要（$X_{S0} - X_{C0} + X_{0.\mathrm{com}}$）$>0$，补偿后的零序电压 $\dot{U}'_0$ 超前零序电流 $\dot{I}_0$ 的角度为

$\varphi=\arg\dot{U}_0'/\dot{I}_0=-90°$。继电器的动作行为就是正确的，正方向的零序方向继电器动作，反方向的零序方向继电器不动作。为了满足（$X_{S0}-X_{C0}+X_{0.com}$）>0，只要取 $X_{0.com}=X_{C0}$ 即可。这种做法的实质是在零序序网图中把 TV 安装处的没有电源一侧的综合零序阻抗叠加上 $X_{0.com}$ 后使其成为感性阻抗。

综上所述，在有串补电容的线路上只要对零序电压进行补偿，零序方向继电器就可以正确的判断短路方向。在图 3－4（b）、（g）情况下取 $X_{0.com}=X_{C0}$；在图示的其他情况和串补电容装在其他位置时均取 $X_{0.com}=0$，亦即不作补偿。

顺便指出，同样是用相序分量构成的方向继电器——负序方向继电器，在串补电容线路上使用时一般不必对负序电压进行补偿。因为类似于（b）、（g）图接线的负序序网图中 X_{S2} 的值不会太小。

四、零序电流和零序电压的获取

（一）零序电流的获取

零序电流的获取方法有如下两种：

1. 零序电流滤过器方式

在微机保护装置内 $3\dot{I}_0$ 电流专门有一个小变换器，在二次回路上将电流互感器二次侧各相连在一起后再加到该小变换器的输入端子上。加在此输入端中的电流就是三相电流之和 $3\dot{I}_0$。该小变换器的正比于输入端 $3\dot{I}_0$ 电流的输出，再加到数据采集系统中进行模－数转换。这种在硬件电路上得到 $3\dot{I}_0$ 电流的方法就是零序电流滤过器方式。模拟型保护就是用这种方法得到 $3\dot{I}_0$ 值的。

2. 自产 $3\dot{I}_0$ 方式

这是一种在软件中获取 $3\dot{I}_0$ 的方法。微机保护将采样得到的三相电流值在软件中相加得到 $3\dot{I}_0$ 值，这种 $3\dot{I}_0$ 值的获取方法称作自产 $3\dot{I}_0$ 方式。

目前在微机保护的运算中一般用自产 $3\dot{I}_0$ 方式得到的零序电流值进行运算，而在自检中利用两种方式得到的 $3\dot{I}_0$ 值作比较来检测数据采集系统是否正常。

（二）零序电压的获取

零序电压的获取方法也有如下两种：

1. 自产 $3\dot{U}_0$ 方式

这也是一种在软件中获取 $3\dot{U}_0$ 的方法。微机保护将采样得到的三相电压值在软件中相加得到 $3\dot{U}_0$ 值，这种 $3\dot{U}_0$ 值的获取方法称作自产 $3\dot{U}_0$ 方式。

2. 从 TV 开口三角处获取

TV 开口三角处输出的电压就是 $3\dot{U}_0$ 电压。因为在开口三角处将 TV 的第三个线圈的三相绕组首尾相连后开口处输出的电压就是三相电压之和，这就是 $3\dot{U}_0$ 电压。

在线路保护中 $3\dot{U}_0$ 电压主要用在零序方向继电器中。在高压（220kV 及以上）系统里，各元件的阻抗角都在 80°左右。因此正方向短路时，$3\dot{U}_0$ 电压滞后 $3\dot{I}_0$ 电流的角度如式（3－7）表达的为－100°。在中压（110kV）系统中各元件的阻抗角大约在 70°左右。因此正方向短路时，$3\dot{U}_0$ 电压滞后 $3\dot{I}_0$ 电流的角度约为 $-110°$。在感应型、整流型和晶体管型保护中，零序方向继电器的最大灵敏角都做成 70°的。也就是加在继电器中的电压超前于电流 70°时继电器动作最灵敏。为了在正方向短路时让这种零序方向继电器动作最灵敏，所以从 TV 开口三角处来的 $3\dot{U}_0$ 电压要反相接入继电器。因为正方向短路时 $-3\dot{U}_0$ 电压超前 $3\dot{I}_0$ 电流的角度约为 70°。但是将 $3\dot{U}_0$ 电压反相接入继电器往往造成由于接线的错误，在发生短路时零序方向继电器的拒动或误动。而这种错误的接线在正常运行时由于零序电压很小还不易发现，另外 $3\dot{U}_0$ 回路的断线在正常运行时也不易发现。基于上述原因，目前在微机零序方向继电器的计算中已舍弃了从 TV 开口三角处获取零序电压的方法而只用自产 $3\dot{U}_0$ 方法获取零序电压。

第二节　距　离　保　护

一、距离保护的作用原理和时限特性

距离保护和电流保护一样是反应输电线路一端电气量变化的保护。在图 3－5 所示的电网中，将输电线路一端的电压 $\dot{U}_m$、电流 $\dot{I}_m$ 加到阻抗继电器中，阻抗继电器反应的是它们的比值，称之为阻抗继电器的测量阻抗 Z_m，$Z_m=\dot{U}_m/\dot{I}_m$。

在前面零序电流保护中已说过，反应输电线路一端电气量变化的保护一定要满足两个条件。首先，它必须区分正常运行和短路故障。其次，它应该能反应短路点的远近。正常运行时，加在阻抗继电器上的电压是额定电压 $\dot{U}_N$，电流是负荷电流 $\dot{I}_l$。阻抗继电器的测量阻抗是负荷阻抗 $Z_m=Z_l=\dot{U}_N/\dot{I}_l$。短路时，加在阻抗继电器上的电压是母线处的残压 $\dot{U}_{mK}$，电流是短路电流 $\dot{I}_K$。阻抗继电器的测量阻抗是短路阻抗 Z_K，$Z_m=Z_K=\dot{U}_{mK}/\dot{I}_K$。由于 $|\dot{U}_{mK}|\ll|\dot{U}_N|$，$|\dot{I}_K|\gg|\dot{I}_l|$，因而 $|Z_K|\ll|Z_l|$。所以，阻抗继电器的测量阻抗可以区分正常运行和短路故障。如果在 K 点发生的是金属性短路，短路点到保护安装处的线路阻抗为 Z_K，流过保护的电流为 $\dot{I}_K$，则保护安装处的电压为 $\dot{U}_{mK}=\dot{I}_K Z_K$。阻抗继电器的测量阻抗是 $Z_m=\dot{U}_{mK}/\dot{I}_K=Z_K$。这说明阻抗继电器的测量阻抗反应了短路点到保护安装处的阻抗，也就是反应了短路点的远近。所以可以用它来构成反应一端电气量的保护。

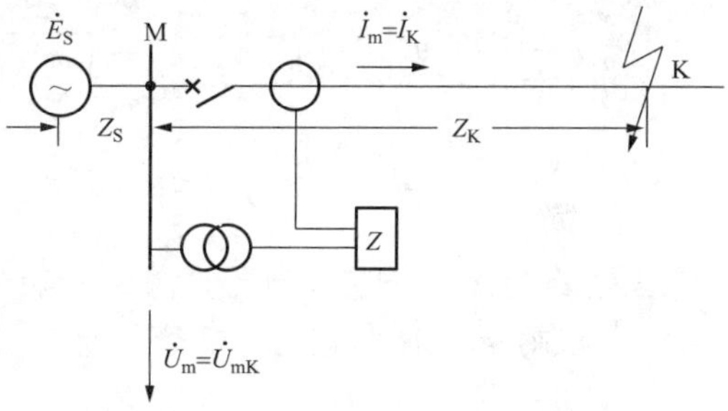

图 3－5　阻抗继电器接线示意图

由于阻抗继电器的测量阻抗反应了短路点的远近，也就是反应了短路点到保护安装处的距离，所以把以阻抗继电器为核心构成的反应输电线路一端电气量变化的保护称作距离保护。

距离保护相对于电流保护来说，其突出的优点是受运行方式变化的影响小。距离保护第Ⅰ段只保护本线路的一部分，在保护范围内金属性短路时，一般在短路点到保护安装处之间没有其他分支电流，所以它的测量阻抗完全不受运行方式变化的影响。当保护背后电源运行

方式越大（小），流过保护的短路电流 $\dot{I}_K$ 越大（小），但保护安装处的电压 $\dot{U}_{mK}$ 也越大（小），仍然满足 $\dot{U}_{mK}=\dot{I}_K Z_K$ 关系。电压与电流的比值即测量阻抗仍然是 Z_K，所以它不受运行方式变化的影响。距离保护第Ⅱ、Ⅲ段其保护范围伸到相邻线路上，在相邻线路上发生短路时，由于在短路点和保护安装处之间可能存在分支电流，所以它们在一定程度上将受运行方式变化的影响。

由于阻抗继电器的测量阻抗可以反应短路点的远近，所以可以做成阶梯形的时限特性，如图3－6所示。短路点越近，保护动作得越快；短路点越远，保护动作得越慢。第Ⅰ段按躲过本线路末端短路（本质上是躲过相邻元件出口短路）时继电器的测量阻抗（也就是本线路阻抗）整定。它只能保护本线路的一部分，其动作时间是保护的固有动作时间（软件算法时间），一般不带专门的延时。第Ⅱ段应该可靠保护本线路的全长，它的保护范围将伸到相邻线路上，其定值一般按与相邻元件的瞬动段例如相邻线路的第Ⅰ段定值相配合整定。以 $t_{Ⅱ}$ 延时发跳闸命令。第Ⅲ段作为本线路Ⅰ、Ⅱ段的后备，在本线路末端短路要有足够的灵敏度。在110kV系统中，第Ⅲ段还作为相邻线路保护的后备，在相邻线路末端短路要有足够的灵敏度。第Ⅲ段的定值一般按与相邻线路Ⅱ、Ⅲ段定值相配合并躲最小负荷阻抗整定。以 $t_{Ⅲ}$ 延时发跳闸命令。在220kV及以上系统中，在装设了双重化配置的两套功能完整的纵联保护的情况下，为了简化后备保护的整定，第Ⅱ、Ⅲ段允许与相邻线路的主保护（纵联保护、线路Ⅰ段）和变压器的主保护（差动保护、瓦斯保护）配合整定。

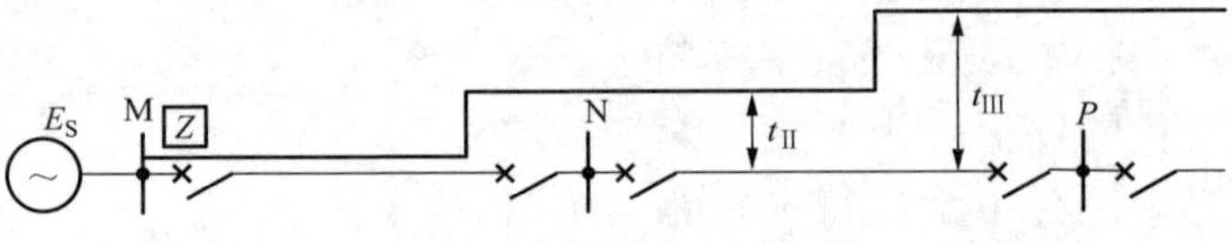

图3－6 距离保护的阶梯形时限特性

二、短路时保护安装处电压计算的一般公式及阻抗继电器的接线方式

（一）短路时保护安装处电压计算的一般公式

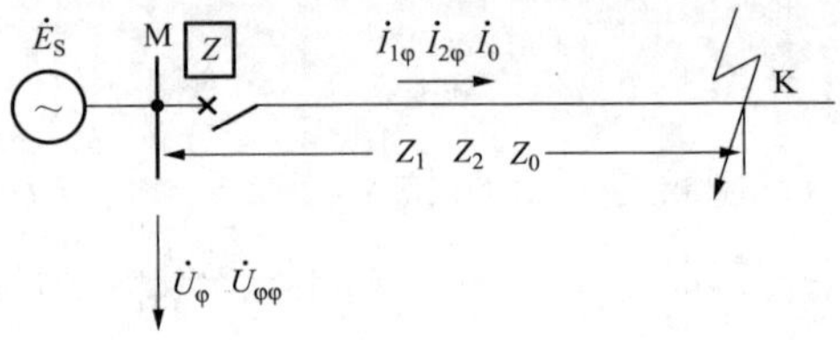

图3－7 短路故障示意图

在图3－7所示的系统中，线路上K点发生短路。保护安装处的某相的相电压应该是短路点的该相电压与输电线路上该相的压降之和。而输电线路上该相的压降是该相上的正序、负序和零序压降之和。如果考虑到输电线路的正序阻抗等于负序阻抗，则保护安装处相电压的计算公式为：

$$\begin{aligned}\dot{U}_\varphi &= \dot{U}_{K\varphi}+\dot{I}_{1\varphi}Z_1+\dot{I}_{2\varphi}Z_2+\dot{I}_0Z_0+\dot{I}_0Z_1-\dot{I}_0Z_1\\&=\dot{U}_{K\varphi}+(\dot{I}_{1\varphi}+\dot{I}_{2\varphi}+\dot{I}_0)Z_1+3\dot{I}_0\frac{Z_0-Z_1}{3Z_1}Z_1\\&=\dot{U}_{K\varphi}+(\dot{I}_\varphi+K3\dot{I}_0)Z_1\end{aligned}\tag{3-16}$$

式中 φ——相，φ＝A、B、C；

$\dot{I}_{1\varphi}$、$\dot{I}_{2\varphi}$、$\dot{I}_0$——流过保护的该相的正序、负序、零序电流；

Z_1、Z_2、Z_0——短路点到保护安装处的正、负、零序阻抗；

K——零序电流补偿系数。$K=(Z_0-Z_1)/3Z_1=Z_M/Z_1$。Z_M 为输电线路相

间的互感阻抗；

$\dot{U}_{K\varphi}$——短路点的该相电压；

$(\dot{I}_{\varphi}+K3\dot{I}_0)Z_1$——输电线路上，该相从短路点到保护安装处的电压降。

保护安装处的相间电压可以认为是保护安装处的两个相电压之差。考虑到如式(3－16)所示的相电压的计算公式后，保护安装处相间电压的计算公式为：

$$\dot{U}_{\varphi\varphi}=\dot{U}_{K\varphi\varphi}+\dot{I}_{\varphi\varphi}Z_1 \tag{3-17}$$

式中：φφ 表示两相相间，φφ＝AB、BC、CA；$\dot{U}_{K\varphi\varphi}$为短路点的相间电压；$\dot{I}_{\varphi\varphi}$为两相电流差；$\dot{I}_{\varphi\varphi}Z_1$ 为输电线路上从短路点到保护安装处的两相压降之差。两相上的 $K3\dot{I}_0Z_1$ 项相抵消。

式（3－16）和式（3－17）是短路时保护安装处电压计算的一般公式。由于阻抗继电器要用到这些电压，所以这两个公式十分重要。这里再重申几个重要概念以引起读者重视。

（1）输电线路某相上的压降是该相的相电流加上 $K3\dot{I}_0$ 以后的电流乘以该段线路的正序阻抗。只要该正序阻抗所在的线路上没有其他的分支电流（助增电流、外汲电流），例如线路内部没有短路故障（短路故障可以理解为在短路点有一个流出的分支电流——短路电流），也不管其他两相上是否发生了断线，也不管系统是否发生了振荡，这个结论总是正确的。把输电线路上的某相上的压降仅认为是该相相电流乘以线路的正序阻抗这个概念是错误的。只有在正常运行、系统振荡、两相短路、三相短路时由于零序电流是零，输电线路上的某相上的压降才是该相相电流乘以线路的正序阻抗。作为一般的计算公式，千万不要把 $K3\dot{I}_0Z_1$ 这一项漏掉。$K3\dot{I}_0Z_1$ 的物理概念是三相零序电流在输电线路的相间互感阻抗上的压降。

（2）式（3－16）和式（3－17）之所以称作短路时保护安装处电压计算的一般公式，是由于下述一些原因：

1）在任何短路故障类型下，对故障相或非故障相的相电压的计算、对故障相间或非故障相间电压的计算，这两个公式都是适用的。例如，当线路上 K 点发生 A 相单相接地短路时，保护安装处的 B 相电压为 $\dot{U}_B=\dot{U}_{KB}+(\dot{I}_B+K3\dot{I}_0)Z_1$。

2）在非全相运行时运行相上发生短路，计算保护安装处的运行相或两个运行相相间的电压，这两个公式也是适用的。例如在图 3－8 中，本线路 B、C 两相运行时 B 相又发生单相接地短路。保护安装处的 B 相电压为 $\dot{U}_B=\dot{U}_{KB}+(\dot{I}_B+K3\dot{I}_0)Z_1$。保护安装处的 B、C 相间电压为 $\dot{U}_{BC}=\dot{U}_{KBC}+(\dot{I}_B-\dot{I}_C)Z_1$。

3）在系统振荡过程中发生短路时计算保护安装处的电压，这两个公式也是适用的。例如在振荡中发生 A 相单相接地短路，保护安装处的 B 相电压为：$\dot{U}_B=\dot{U}_{KB}+(\dot{I}_B+K3\dot{I}_0)Z_1$。式中的 $\dot{I}_B$ 电流是此时（系统振荡加短路情况下）的 B 相电流，是系统纯振荡状态下的 B 相电流和短路附加状态下 B 相的电流之和。

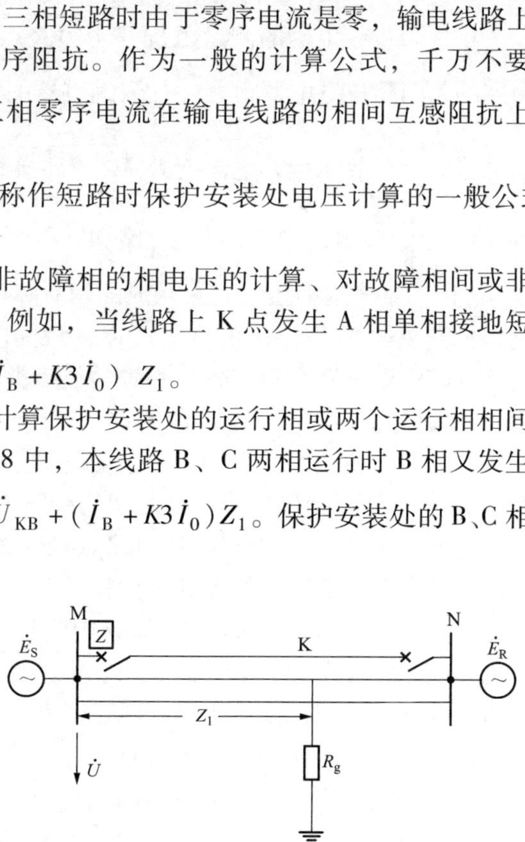

图 3－8　非全相运行中运行相发生短路

基于上述原因，所以这两个公式是一般的计算公式。

（二）阻抗继电器的接线方式

在本节一中曾提到，我们希望阻抗继电器的测量阻抗就等于从短路点到保护安装处的正序阻抗 Z_1，这样继电器的测量阻抗就可以反应短路点的远近。如果式（3－16）、式(3－17)表达的是保护安装处的故障相或故障相间的电压计算公式，在金属性短路时，短路点的电压这一项就是零。例如，单相金属性短路时，短路点的故障相电压为零，$\dot{U}_{K\varphi}=0$。此时保护安装处的故障相电压为 $\dot{U}_{\varphi}=\dot{U}_{K\varphi}+(\dot{I}_{\varphi}+K3\dot{I}_0)Z_1=(\dot{I}_{\varphi}+K3\dot{I}_0)Z_1$。为了使阻抗继电器的测量阻抗等于短路点到保护安装处的正序阻抗 Z_1，显然对保护接地短路的接地阻抗继电器而言，加入继电器的电压应为故障相的相电压 $\dot{U}_{\varphi}$，加入继电器的电流应为故障相的相电流与 $K3\dot{I}_0$ 电流之和 $\dot{I}_{\varphi}+K3\dot{I}_0$，即接线方式为$\dfrac{\dot{U}_{\varphi}}{\dot{I}_{\varphi}+K3\dot{I}_0}$。这种接线方式通常称作带零序电流补偿的接线方式。在发生两相金属性接地短路和三相金属性短路时，由于短路点的故障相电压也为零，$\dot{U}_{K\varphi}=0$。按这种接线方式构成的故障相上的阻抗继电器的测量阻抗也等于从短路点到保护安装处的正序阻抗 Z_1，所以接地阻抗继电器可以保护各种接地短路和三相短路。在两相金属性短路时，短路点的故障相电压虽不为零，但短路点的两故障相的相间电压为零，$\dot{U}_{K\varphi\varphi}=0$。此时保护安装处的两故障相的相间电压为 $\dot{U}_{\varphi\varphi}=\dot{U}_{K\varphi\varphi}+\dot{I}_{\varphi\varphi}Z_1=\dot{I}_{\varphi\varphi}Z_1$。为了使阻抗继电器的测量阻抗等于短路点到保护安装处的正序阻抗 Z_1，显然对保护相间短路的相间阻抗继电器而言，加入继电器的电压应为两故障相的相间电压 $\dot{U}_{\varphi\varphi}$，加入继电器的电流应为两故障相相电流之差 $\dot{I}_{\varphi\varphi}$，即接线方式为$\dfrac{\dot{U}_{\varphi\varphi}}{\dot{I}_{\varphi\varphi}}$。这种接线方式通常称作零度接线方式。在发生两相金属性接地短路和三相金属性短路时短路点的两故障相的相间电压也为零，$\dot{U}_{K\varphi\varphi}=0$。按这种接线方式构成的两故障相间上的阻抗继电器其测量阻抗也等于从短路点到保护安装处的正序阻抗 Z_1。所以，相间阻抗继电器可以保护所有的相间故障。这样，上述这些阻抗继电器在它们各自保护的故障类型下，只要发生的是金属性短路，其测量阻抗都为 Z_1，满足了对阻抗继电器的要求。

总结上述分析，可以得到一个重要的结论：只要满足下述四个条件 ① 发生的是金属性短路；② 从短路点到保护安装处之间的线路上没有其他的分支电流；③ 阻抗继电器接线方式中的电流不为零；④ 没有与从短路点到保护安装处之间的线路平行的其他线路互感的影响。那么接在接地故障中故障相上的接地阻抗继电器，其测量阻抗都是从短路点到保护安装处的正序阻抗 Z_1。如果是反方向短路则测量阻抗是 $-Z_1$。对于接在相间故障中两个故障相间上的相间阻抗继电器，只要满足前三个条件其测量阻抗都是从短路点到保护安装处的正序阻抗 Z_1。如果是反方向短路则测量阻抗是 $-Z_1$。无论是正常运行下发生的各种短路，还是非全相运行或系统振荡中发生的各种短路，该结论都是正确的。所以，这样的阻抗继电器在非全相运行和振荡中发生的各种短路它仍能正确地测量阻抗而起到保护作用。

最后需要说明，所谓阻抗继电器的接线方式是沿用模拟型保护的说法。在模拟型保护中，每个阻抗继电器都有相应的硬件。往这个继电器上接入的电压、电流就称作该继电器的接线方式。在微机保护中，阻抗继电器是由软件的算法实现的，它的所谓接线方式实际上指的是在计算阻抗继电器工作电压（又称补偿电压、距离测量电压，见本节四）时所用到的电压和电流，与计算极化电压时用到的电气量无关。

上述的接线方式在发生金属性短路时故障相上和故障相间上的阻抗继电器其测量阻抗才等于从短路点到保护安装处的正序阻抗 Z_1。当经过渡电阻短路时由于短路点的电压是过渡电阻上的压降，其值不再是零。由式（3－16）、式（3－17）两个公式可见，按上述接线方式工作的阻抗继电器测量阻抗将等于从短路点到保护安装处的正序阻抗 Z_1 和由短路点的电压产生的附加阻抗之和。该附加阻抗为短路点的相电压或相间电压与接入保护的电流（对接地阻抗继电器是 $\dot{I}_{\varphi}+K3\dot{I}_0$，对相间阻抗继电器是 $\dot{I}_{\varphi\varphi}$）的比值。同理在发生短路时，接于非故障相和非故障相间的阻抗继电器，由于短路点的非故障相和非故障相间的电压也不再是零，其测量阻抗也将等于从短路点到保护安装处的正序阻抗 Z_1 和由短路点的电压产生的附加阻抗之和。该附加阻抗同样为短路点的非故障相或非故障相间电压与接入保护的电流（对接地阻抗继电器是 $\dot{I}_{\varphi}+K3\dot{I}_0$，对相间阻抗继电器是 $\dot{I}_{\varphi\varphi}$）的比值。上述这些附加阻抗的存在可能会影响阻抗继电器的动作行为。

三、过渡电阻产生的附加阻抗及对阻抗继电器工作的影响

前面曾提到在金属性短路的前提下，只要从保护安装处到短路点之间没有分支电流（助增电流或外汲电流）而且阻抗继电器接线方式中的电流不为零，那么接在故障相上的或故障相间上的阻抗继电器的测量阻抗 Z_m 都等于从短路点到保护安装处的正序阻抗 Z_K。但是，电力系统中的短路往往都是经过过渡电阻的，过渡电阻的存在使短路点的故障相或故障相间上的电压不再是零。因此继电器的测量阻抗就不再等于 Z_K，测量阻抗在幅值和相位上都发生了变化，从而对阻抗继电器的动作行为产生影响。

相间短路时，过渡电阻就是电弧电阻，其数值不是很大。接地短路时过渡电阻除电弧电阻外还有杆塔电阻和大地电阻，如果是经异物（例如树木）放电的话则还有异物电阻，因此接地短路时过渡电阻就大得多。在继电保护中考察保护的动作行为时，各个电压等级的输电线路在接地短路时需考虑的最大过渡电阻的数值为：220kV，100Ω；330kV，150Ω；500kV，300Ω；750kV，400Ω；1000kV，600Ω。

下面，以正方向短路和反方向短路两种情况分别分析过渡电阻对阻抗继电器动作行为产生的影响。

（一）正方向短路

图3－9（a）是正方向经过渡电阻 R_g 短路的系统图。从短路点 F 到保护安装处的正序阻抗为 Z_K。加在阻抗继电器上的电压 $\dot{U}_m$、电流 $\dot{I}_m$ 直接理解成阻抗继电器接线方式中规定的电压、电流，因此下述分析既适用于接地阻抗继电器也适用于相间阻抗继电器。电压 $\dot{U}_m$ 规定的正方向为母线电位为正，中性点电位为负。图中 $\dot{U}_m$ 的箭头表示电位降方向。电流 $\dot{I}_m$ 规定的正方向为从母线流向被保护线路的方向为正方向，如图中 $\dot{I}_m$ 的箭头方向所示。流过过渡电阻里的电流 $\dot{I}_F$ 的正方向与电流 $\dot{I}_m$ 的正方向一致，即从上到下是它的正方向，如图中箭头方向所示。

故障相或故障相间的阻抗继电器的测量阻抗是：

$$Z_m=\frac{\dot{U}_m}{\dot{I}_m}=\frac{\dot{I}_mZ_K+\dot{I}_FR_g}{\dot{I}_m}=Z_K+\frac{\dot{I}_F}{\dot{I}_m}R_g=Z_K+Z_a \qquad (3-18)$$

式中：Z_a 为由过渡电阻产生的附加阻抗。

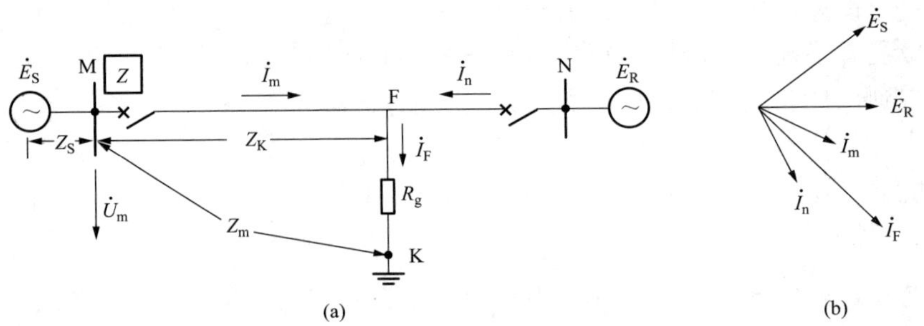

图 3－9　正向短路示意图

（a）系统图；（b）电流相量图

其中

$$Z_a=\frac{\dot{I}_F}{\dot{I}_m}R_g=\left|\frac{I_F}{I_m}\right|e^{j\theta}R_g$$

$$\theta=\arg\frac{\dot{I}_F}{\dot{I}_m}$$

$$\frac{\dot{I}_F}{\dot{I}_m}=\frac{1}{\dot{C}}$$

式中：$\dot{C}$ 为保护安装侧电流分配系数。

下面作几点讨论：

（1）装在 M 侧的阻抗继电器的测量阻抗是从保护安装处 M 往短路方向看过去一直看到过渡电阻 R_g 下方 K 点的阻抗。所以，从 M 点到 K 点的阻抗是 Z_m。如图 3－9（a）所示。其中过渡电阻 R_g 这一部分由阻抗继电器看过去是过渡电阻的附加阻抗 Z_a。过渡电阻的附加阻抗是由过渡电阻上的压降产生的。

（2）因为 $\dot{I}_F=\dot{I}_m+\dot{I}_n$，在一般的供电角下 $|\dot{I}_F|>|\dot{I}_m|$，故 $|Z_a|>R_g$。也就是由阻抗继电器看过去，过渡电阻产生的附加阻抗比过渡电阻本身大。这是由于对端电流 $\dot{I}_n$ 的助增作用造成的。在单侧电源系统中（没有 $\dot{E}_R$ 电源）因为 $\dot{I}_F=\dot{I}_m$，所以 $Z_a=R_g$。过渡电阻附加阻抗就是过渡电阻本身。

（3）由于 $\dot{I}_F$ 与 $\dot{I}_m$ 相位不一定相同，所以 Z_a 与 R_g 不一定同相位。设 $\dot{I}_F$ 超前 $\dot{I}_m$ 的角度为 θ。当 $\theta>0°$时，过渡电阻的附加阻抗 Z_a 是阻感性的。当 $\theta<0°$时，过渡电阻的附加阻抗 Z_a 是阻容性的。当 $\theta=0°$时，过渡电阻的附加阻抗 Z_a 是纯阻性的。

（4）产生相位差 θ 的原因是短路点两端的电流 $\dot{I}_m$ 和 $\dot{I}_n$ 可能有不同的相位。而造成 $\dot{I}_m$ 和 $\dot{I}_n$ 有不同相位的原因有两个：

1）短路点两侧电动势相位不同。两侧电动势相位差越大（也就是短路前负荷电流越大），θ 角越大。这是产生 θ 角的主要原因。

2）短路点两侧阻抗的阻抗角不同。一般发电机和变压器的阻抗角较大，输电线路的阻抗角略小些。但在 220kV 及以上的系统中，各电气设备的阻抗角大概都在 80°左右，它们的差别已不是很大了。所以该原因并不是主要原因。

（5）过渡电阻产生的附加阻抗对阻抗继电器工作的影响。

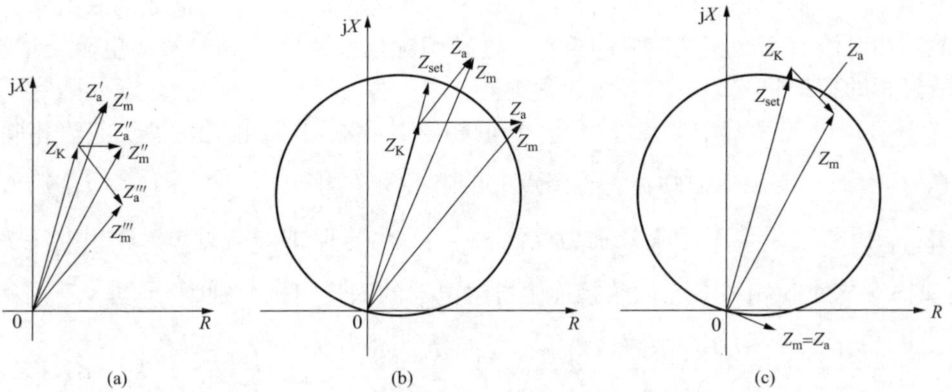

图 3-10　正向短路 Z_a 对阻抗继电器工作的影响

(a) 继电器测量阻抗的变化；(b) Z_a 呈现阻感性和纯组性情况；(c) Z_a 呈现阻容性情况

正向经过渡电阻短路时，继电器的测量阻抗为 $Z_m = Z_K + Z_a$。当 Z_a 是阻感性 Z'_a、纯阻性 Z''_a 和阻容性 Z'''_a 时继电器的测量阻抗分别是 Z'_m、Z''_m 和 Z'''_m。相量图如图 3-10（a）所示。其测量阻抗的幅值和相位都发生了变化。如果阻抗继电器是方向阻抗继电器，其动作特性是图 3-10（b）所示的圆。从该图中可见，当 Z_a 是阻感性和纯阻性时，可能会造成区内短路时阻抗继电器的拒动。当 Z_a 是阻容性时，从图 3-10（c）可见，区外短路时阻抗继电器可能会误动，这种区外短路的误动一般称作超越。而在正向近处（例如出口）短路时继电器可能会拒动，一般把正向出口短路继电器拒动称作出口短路有死区。附带说明一下，在继电保护中区外短路时误动产生的超越分暂态超越和稳态超越两种。所谓暂态超越，是由于短路电流中的非周期分量电流和谐波分量电流造成的超越。随着非周期分量电流和谐波分量电流的衰减，这种超越也就不存在了，所以这种超越只发生在短路初期的暂态过程中，故称作暂态超越。而由于过渡电阻的影响产生的超越是稳态超越，在短路稳态时也会引起区外短路的误动。

（6）装在输电线路送电端和受电端的阻抗继电器在正方向短路时，其过渡电阻的附加阻抗呈现不同的性质。如果 $\dot{E}_S$ 超前 $\dot{E}_R$，则 M 端是送电端；N 端是受电端。由图 3-9（b）的相量图可见，装于送电端的阻抗继电器由于 $\dot{I}_F$ 落后于 $\dot{I}_m$，θ 角是负角，所以过渡电阻产生的附加阻抗 Z_a 呈现阻容性。故而区外短路时阻抗继电器容易产生超越，而在正向出口短路时可能有死区。相反，装于受电端的阻抗继电器，由于 $\dot{I}_F$ 超前 $\dot{I}_n$，θ 角是正角，所以过渡电阻产生的附加阻抗 Z_a 呈现阻感性。故而区内短路时阻抗继电器容易拒动。

（7）在短线路上过渡电阻对阻抗继电器的影响更大。所谓短线路实际上是本线路的阻抗 Z_L 与保护背后电源的等值阻抗 Z_S 之比，Z_L/Z_S 值很小。由图 3-9 可见随着 Z_S 加大流过保护的电流 $\dot{I}_m$ 与 $\dot{I}_F$ 的比值将减少，根据式（3-18）过渡电阻的附加阻抗 Z_a 值将加大。所以安装在受电侧的阻抗继电器更易在区内短路时拒动，安装在送电侧的阻抗继电器也更易在区外短路时误动。此外由于在短线路上阻抗继电器的动作特性圆很小，还有可能安装在送电侧的阻抗继电器虽然 Z_a 是阻容性的，但由于 Z_a 值很大使区内短路时测量阻抗还是落在圆外而拒动。

由于相同的理由，保护背后在最小运行方式（Z_S 大）与最大运行方式两种情况比较，在最小运行方式下过渡电阻对阻抗继电器的影响更大。

（8）导致 Z_a 有不同性质的原因除了有短路点两侧电流相位不同造成的因素外，还有由于两个故障相电流有不同相位造成的因素。这种情况仅发生在两相经过渡电阻接地短路时，对两个故障相的接地阻抗继电器工作的影响上。

在图 3－11（a）系统中 F 点发生 B、C 两相经过渡电阻 R_g 接地短路，忽略相间的电弧电阻。在 R_g 上的电流是 $\dot{I}_{FB}+\dot{I}_{FC}$。短路点 F 的 B 相和 C 相电压均为（$\dot{I}_{FB}+\dot{I}_{FC}$）$R_g$。流过保护的 B、C 相电流和零序电流分别为 $\dot{I}_B$、$\dot{I}_C$ 和 $\dot{I}_0$。保护安装处 B、C 相电压为 $\dot{U}_B$ 和 $\dot{U}_C$。则保护安装处 B 相和 C 相两个接地阻抗继电器的测量阻抗分别为：

$$Z_{mB}=\frac{\dot{U}_B}{\dot{I}_B+K3\dot{I}_0}=\frac{(\dot{I}_B+K3\dot{I}_0)Z_K+(\dot{I}_{FB}+\dot{I}_{FC})R_g}{\dot{I}_B+K3\dot{I}_0}=Z_K+\frac{\dot{I}_{FB}+\dot{I}_{FC}}{\dot{I}_B+K3\dot{I}_0}R_g=Z_K+Z_{aB} \tag{3-19}$$

$$Z_{mC}=\frac{\dot{U}_C}{\dot{I}_C+K3\dot{I}_0}=\frac{(\dot{I}_C+K3\dot{I}_0)Z_K+(\dot{I}_{FB}+\dot{I}_{FC})R_g}{\dot{I}_C+K3\dot{I}_0}=Z_K+\frac{\dot{I}_{FB}+\dot{I}_{FC}}{\dot{I}_C+K3\dot{I}_0}R_g=Z_K+Z_{aC} \tag{3-20}$$

式中：Z_{aB}为 B 相阻抗继电器的过渡电阻附加阻抗；Z_{aC}为 C 相阻抗继电器的过渡电阻附加阻抗。

其中

$$Z_{aB}=\frac{\dot{I}_{FB}+\dot{I}_{FC}}{\dot{I}_B+K3\dot{I}_0}R_g$$

$$Z_{aC}=\frac{\dot{I}_{FB}+\dot{I}_{FC}}{\dot{I}_C+K3\dot{I}_0}R_g$$

由图 3－11（b）的相量图可见，$(\dot{I}_{FB}+\dot{I}_{FC})$落后于$(\dot{I}_B+K3\dot{I}_0)$，所以 Z_{aB}是阻容性的。而$(\dot{I}_{FB}+\dot{I}_{FC})$超前于$(\dot{I}_C+K3\dot{I}_0)$，所以 Z_{aC}是阻感性的。因此，当发生两相经过渡电阻接地短路时，由于过渡电阻 R_g 中流的是两个故障相的电流之和，所以接在两故障相中超前相（这里是 B 相）上的接地阻抗继电器其过渡电阻的附加阻抗是阻容性的，它带来的问题是区外短路可能引起超越；而正方向近处短路可能引起拒动，正向出口短路有死区。接在两故障相中落后相（这里是 C 相）上的接地阻抗继电器其过渡电阻的附加阻抗是阻感性的，它带来的问题是区内短路可能引起拒动。最后再次指出，这种结论只是针对两相接地短路时对两个故障相上的接地阻抗继电器而言的。

（二）反方向短路

图 3－12 是反方向经过渡电阻 R_g 短路的系统图。从短路点 F 到保护安装处的正序阻抗为 Z_K。加在阻抗继电器上的电压 $\dot{U}_m$、电流 $\dot{I}_m$ 直接理解成阻抗继电器接线方式中规定的电压、电流。因此下述分析既适用于接地阻抗继电器也适用于相间阻抗继电器。电压 $\dot{U}_m$ 规定的正方向为母线电位为正，中性点电位为负。图中 $\dot{U}_m$ 的箭头表示电位降方向。电流 $\dot{I}_m$ 规定的正方向为从母线流向被保护线路的方向为正方向，如图中 $\dot{I}_m$ 的箭头方向所示。流过过渡电阻里的电流 $\dot{I}_F$ 的正方向与电流 $\dot{I}_m$ 的正方向一致，所以是从下到上是它的正方向。这样 $\dot{I}_F$ 是短路点两侧电流之和，$\dot{I}_F=\dot{I}_m+\dot{I}_P$。阻抗继电器测量阻抗为：

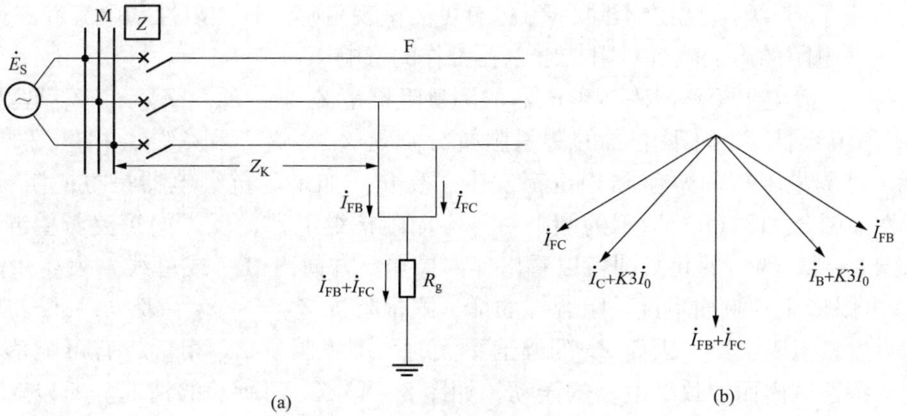

图 3－11　两相经过过渡电阻 R_g 接地短路

（a）系统图；（b）相量图

$$Z_m = \frac{\dot{U}_m}{\dot{I}_m} = \frac{-\dot{I}_m Z_K - \dot{I}_F R_g}{\dot{I}_m} = -Z_K - \frac{\dot{I}_F}{\dot{I}_m} R_g = -Z_K - Z_a \tag{3-21}$$

式中：Z_a 为由过渡电阻产生的附加阻抗，其定义与正向短路完全相同。

其中

$$Z_a = \frac{\dot{I}_F}{\dot{I}_m} R_g = \left|\frac{I_F}{I_m}\right| e^{j\theta} R_g$$

$$\theta = \arg(\dot{I}_F / \dot{I}_m)$$

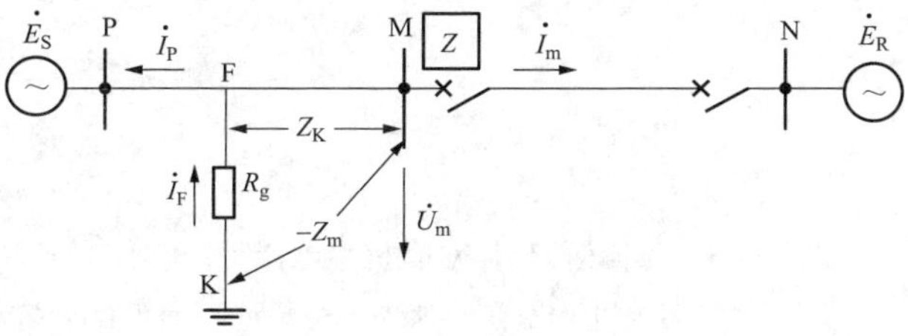

图 3－12　反向短路示意图

下面作几点讨论：

（1）从保护安装处 M 往短路方向看过去一直看到过渡电阻 R_g 下方 K 点的阻抗是 $Z_K + Z_a$。其中过渡电阻 R_g 这一部分对阻抗继电器来说是过渡电阻的附加阻抗 Z_a。从式（3－21）可见 $Z_K + Z_a$ 的值是装在 MN 线路 M 端的阻抗继电器的测量阻抗的负值 $-Z_m$。所以从 M 点到 K 点的阻抗是 $-Z_m$，如图 3－12 所示，阻抗继电器的测量阻抗为 $Z_m = -Z_K - Z_a$。我们也可以这样来理解，如果在该继电器的背后，即 MP 线路的 M 端装一个阻抗继电器。对它来说，短路在它的正方向。从 M 到 K 点的阻抗是那个阻抗继电器的测量阻抗，其值为 $Z_K + Z_a$。但那个阻抗继电器与我们讨论的阻抗继电器其规定的电流正方向正好相反，它们的测量阻抗正好差一个负号，所以对我们讨论的阻抗继电器而言是 $-Z_m = Z_K + Z_a$。

（2）一般来说，由于 $|\dot{I}_F| > |\dot{I}_m|$，故 $|Z_a| > R_g$。所以过渡电阻产生的附加阻抗比过渡电阻本身大。这也是由于短路点另一侧的助增电流 $\dot{I}_P$ 造成的。在单侧电源线路上（无 $\dot{E}_S$ 电源），则 $\dot{I}_F = \dot{I}_m$，所以 $Z_a = R_g$。过渡电阻附加阻抗就是过渡电阻本身。

（3）由于 $\dot{I}_F$ 与 $\dot{I}_m$ 的相位不同，Z_a 也有可能呈现阻感性、纯阻性和阻容性三种情况。

（4）过渡电阻的附加阻抗对阻抗继电器工作的影响。

反方向经过渡电阻短路时阻抗继电器的测量阻抗是 $Z_m = -Z_K - Z_a$。当 Z_a 是阻感性 Z'_a、纯阻性 Z''_a 和阻容性 Z'''_a 时继电器的测量阻抗分别是 Z'_m、Z''_m 和 Z'''_m，相量图如图 3－13（a）所示。其测量阻抗的幅值和相位都发生了变化。如果阻抗继电器是方向阻抗继电器，其动作特性如图 3－13（b）所示的圆。对于方向阻抗继电器，反方向短路希望继电器不要误动。从图 3－13（a）的相量图可以看出，如果在反方向出口（或母线）发生短路，$Z_K = 0$。而过渡电阻产生的附加阻抗是阻容性的话，测量阻抗 $Z_m = -Z_K - Z_a = -Z_a$ 将落在第Ⅱ象限。如果过渡电阻很小，因而 Z_a 的幅值不大时，测量阻抗 Z_m 相量将有可能落入阻抗继电器的动作特性圆内而导致继电器的误动，如图 3－13（b）所示的情况。所以对方向阻抗继电器来讲，最严重的情况是反向出口（母线）发生经小电阻短路，过渡电阻的附加阻抗又是阻容性时，此时方向阻抗继电器最易误动。如果反方向出口短路时过渡电阻的附加阻抗是阻感性的话，继电器的测量阻抗 $Z_m = -Z_K - Z_a = -Z_a$ 将落在第Ⅲ象限，因而方向阻抗继电器不会误动。

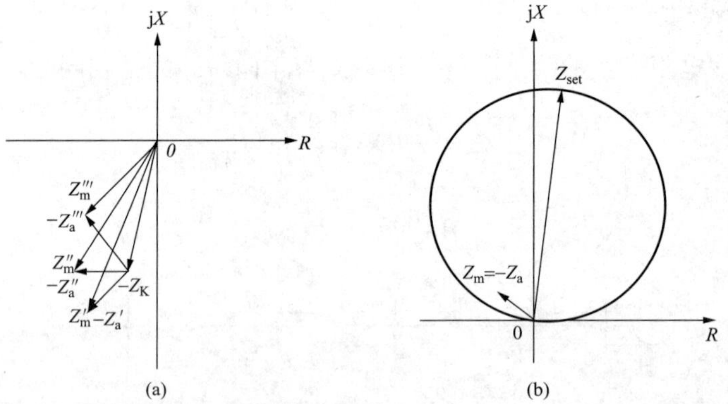

图 3－13　反向短路 Z_a 对阻抗继电器工作的影响

（a）继电器测量阻抗的变化；（b）反向出口短路 Z_a 是阻容性情况

（5）装在输电线路送电端和受电端的阻抗继电器在反方向短路时，过渡电阻的附加阻抗呈现有不同的性质。

在图 3－14（a）的系统图中，如果 $\dot{E}_S$ 超前于 $\dot{E}_R$。因而 MN 线路的 M 端是送电端，N 端是受电端。当在 F_1 点发生经过渡电阻 R_g 的短路时，从装于送电端 M 端的阻抗继电器来看是反方向短路。由图 3－14（b）的相量图可见，$\dot{I}_{F_1}$ 超前于 $\dot{I}_{mM}$，因而过渡电阻产生的附加阻抗是阻感性的。当在 F_2 点发生经过渡电阻 R_g 的短路时，从装于受电端 N 端的阻抗继电器来看是反方向短路。由图 3－14（c）的相量图可见，$\dot{I}_{F_2}$ 落后于 $\dot{I}_{mN}$，因而过渡电阻产生的附加阻抗是阻容性的。所以，都从发生反方向短路的角度来看，装于送电端和装于受电端的阻抗继电器所看到的过渡电阻附加阻抗分别是阻感性的和阻容性的。结合（4）中的分析，安装在输电线路受电端的阻抗继电器，由于反向短路时过渡电阻附加阻抗 Z_a 是阻容性的，所以反向出口（母线）发生经小电阻短路时，方向阻抗继电器最易误动。而安装在送电端的阻抗继电器，反向短路时过渡电阻附加阻抗 Z_a 是阻感性的，故而反向出口（母线）短路时，方向阻抗继电器不会误动。

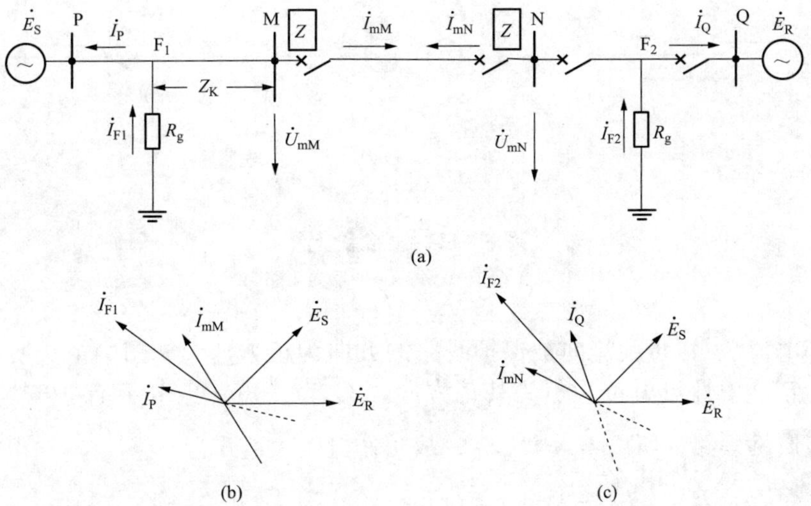

图 3－14　安装在送电端和受电端的阻抗继电器在反向短路时 Z_a 的分析

（a）系统图；（b）F_1 点短路相量图；（c）F_2 点短路相量图

四、阻抗继电器的工作电压

阻抗继电器的工作电压 $\dot{U}_{OP}$（或称作补偿电压，记为 U'）可按下式计算获得：

$$\dot{U}_{OP}=\dot{U}_m-\dot{I}_m Z_{set} \tag{3-22}$$

式中：$\dot{U}_m$、$\dot{I}_m$ 为加到阻抗继电器上的由接线方式决定的测量电压、测量电流；Z_{set} 为阻抗继电器的整定阻抗（定值）。

$\dot{U}_m$、$\dot{I}_m$ 值可根据采样的数据经运算后获得，Z_{set} 是定值单中给定的。所以微机保护可算出 $\dot{U}_{OP}$ 的值。由式（3－22）确定的阻抗继电器的工作电压有时也称作补偿电压，有些书上把它记为 $\dot{U}'$，或称作距离测量电压。

从式（3－22）可见，$\dot{U}_m$ 是保护安装处的电压。如果从保护安装处到保护范围末端没有其他分支电流而流的是同一个 $\dot{I}_m$ 电流时（例如正常运行、区外故障、系统振荡），则 $\dot{I}_m Z_{set}$ 是从保护安装处到保护范围末端这一段线路上的压降。此时阻抗继电器的工作电压其物理概念是保护范围末端的电压，即由保护安装处求得的补偿到保护范围末端的电压，所以很多人把它称作补偿电压。但在区内短路时，由于从保护安装处到短路点和从短路点到保护范围末端流的不是同一个电流，此时由式（3－22）计算出的工作电压并不是真正的保护范围末端的电压，而是假想的如果从保护安装处到保护范围末端都流有与加入到保护装置中的电流相同的电流时的保护范围末端的电压。

下面分别分析正向短路和反向短路时工作电压的特点，短路时的系统图如图 3－15 所示。

（一）正向短路情况

在图 3－15（a）所示的系统中，保护正方向 K 点发生金属性短路。加在保护上的电压 $\dot{U}_m$ 和电流 $\dot{I}_m$ 直接理解成阻抗继电器接线方式里的电压和电流。其正方向按传统规定的正

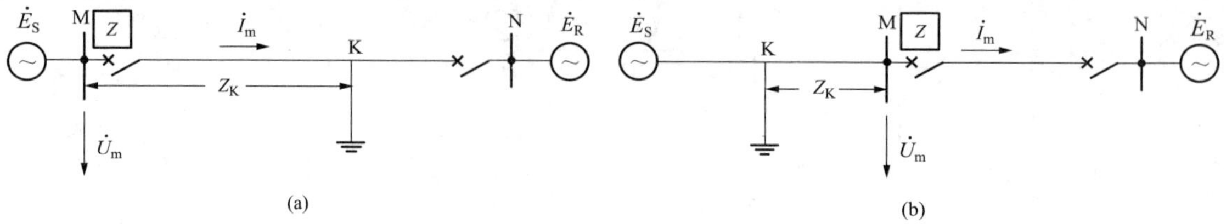

图 3-15 短路系统图

（a）正向短路；（b）反向短路

方向确定，即电流 $\dot{I}_m$ 以母线流向被保护线路的方向为正方向，如图中箭头所示。电压 $\dot{U}_m$ 以母线电位为正，中性点电位为负为其正方向。Z_K 为从短路点 K 到保护安装处的正序阻抗。由于是金属性短路，所以 $\dot{U}_m=\dot{I}_m Z_K$，故工作电压表达式为：

$$\dot{U}_{OP}=\dot{U}_m-\dot{I}_m Z_{set}=\dot{I}_m Z_K-\dot{I}_m Z_{set}=\dot{I}_m(Z_K-Z_{set}) \quad (3-23)$$

令 $Z_{set}=nZ_K$。一般整定阻抗 Z_{set} 的阻抗角与线路阻抗角相同，故 n 是正的实数。将上述关系式代入式（3-23）得：

$$\dot{U}_{OP}=(1-n)Z_K\dot{I}_m=(1-n)\dot{U}_m \quad (3-24)$$

正向区内短路时，$Z_K<Z_{set}$，所以 $n>1$。式（3-24）中（$1-n$）为负值，因而 $\dot{U}_{OP}$ 与 $\dot{U}_m$ 相位相反。正向区外短路时，$Z_K>Z_{set}$，所以 $n<1$，式（3-24）中（$1-n$）为正值，因而 $\dot{U}_{OP}$ 与 $\dot{U}_m$ 相位相同。

（二）反向短路情况

在图 3-15（b）所示的系统中，保护反向 K 点发生金属性短路。加在保护上的电压 $\dot{U}_m$ 和电流 $\dot{I}_m$ 同样直接理解成阻抗继电器接线方式里的电压和电流。其正方向也按传统规定的正方向确定，即电流 $\dot{I}_m$ 以母线流向被保护线路的方向为正方向，如图中箭头所示。电压 $\dot{U}_m$ 以母线电位为正，中性点电位为负为其正方向。Z_K 为从短路点 K 到保护安装处的正序阻抗。由于是金属性短路，并考虑到电压、电流规定的正方向，所以 $\dot{U}_m=-\dot{I}_m Z_K$，故工作电压表达式为：

$$\dot{U}_{OP}=\dot{U}_m-\dot{I}_m Z_{set}=-\dot{I}_m Z_K-\dot{I}_m Z_{set}=-\dot{I}_m(Z_K+Z_{set}) \quad (3-25)$$

同样令 $Z_{set}=nZ_K$，并代入式（3-25）得：

$$\dot{U}_{OP}=-\dot{I}_m(1+n)Z_K=(1+n)\dot{U}_m \quad (3-26)$$

考虑到 n 是正的实数，所以 $\dot{U}_{OP}$ 与 $\dot{U}_m$ 相位相同。

从上分析可见，在区内和区外金属性短路时 $\dot{U}_{OP}$ 相位截然相反。在正向区内金属性短路时，$\dot{U}_{OP}$ 与 $\dot{U}_m$ 相位相差 180°，继电器此时应最灵敏地动作。正向区外和反方向金属性短路时，$\dot{U}_{OP}$ 与 $\dot{U}_m$ 相位相同，继电器此时应最可靠不动作。因此，阻抗继电器的动作方程应为：

$$(180°-90°)<\arg\frac{\dot{U}_{OP}}{\dot{U}_m}<(180°+90°)$$

即 $$90° < \arg \frac{\dot{U}_{m} - \dot{I}_{m} Z_{set}}{\dot{U}_{m}} < 270° \tag{3-27}$$

式中 arg 表示角度，是后面相量的幅角，表示分子相量超前分母相量的角度。式(3－27)称作相位比较动作方程。继电器是否动作，要看是否满足动作方程。区内金属性短路时，$\arg(\dot{U}_{OP}/\dot{U}_{m})=180°$，满足式（3－27），继电器能动作，且距两个边界最远，所以它动作最灵敏。区外或反方向金属性短路时，$\arg(\dot{U}_{OP}/\dot{U}_{m})=0°$，不满足式（3－27）的动作方程，继电器不动作，由于距两个边界最远，所以它最可靠地不动作。按式（3－27）动作方程构成的阻抗继电器可以满足我们的要求。

在发生区内、区外和反方向金属性短路时，阻抗继电器的工作电压 $\dot{U}_{OP}$与 $\dot{U}_{m}$ 的相位关系也可从图 3－16 的电压分布图中清晰地看出。设阻抗继电器装于 MN 线路的 M 端，E_S 和 E_R 是两侧的电动势，该电动势在短路前后不变。Y 点是保护范围末端。在各个短路点 F 发生金属性短路时 F 点的电压为零，图中各斜线表达了各 F 点处发生金属性短路时系统中各点的电压分布，斜线的斜率反应的是相应点发生金属性短路时的电流 I_m 值。图中 $\dot{U}_{OP}$、$\dot{U}_{m}$ 是各处发生短路情况下保护范围末端 Y 点和保护安装处 M 点的电压。区内 F_1 点金属性短路时工作电压和保护安装处的电压分别为 $\dot{U}_{OP1}$ 和 $\dot{U}_{m1}$；区外 F_2 点金属性短路时工作电压和保护安装处的电压分别为 $\dot{U}_{OP2}$ 和 $\dot{U}_{m2}$；反方向 F_3 点金属性短路时工作电压和保护安装处的电压分别为 $\dot{U}_{OP3}$ 和 $\dot{U}_{m3}$。显见，区内金属性短路时 $\dot{U}_{OP}$ 与 $\dot{U}_{m}$ 反向，区外和反方向金属性短路时 $\dot{U}_{OP}$与 $\dot{U}_{m}$ 同向。保护范围末端短路时 $\dot{U}_{OP}$值为零。如果以 $\dot{U}_{m}$ 为参考相量，在区内和区外金属性短路时以及在区内和反方向金属性短路时 $\dot{U}_{OP}$相位都有一个跃变。

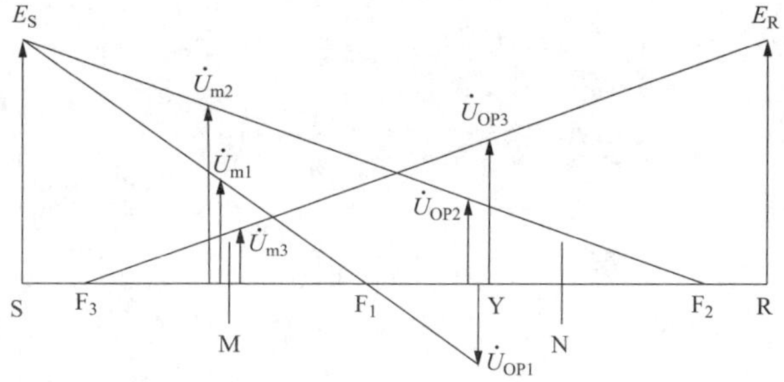

图 3－16 电压分布图

工作电压 $\dot{U}_{OP}$之所以是阻抗继电器的一个重要参数是因为：① 工作电压决定了继电器的保护范围（Z_{set}），而所有阻抗继电器都是有一定的保护范围的。② 在保护范围内、外发生金属性短路时，求得的工作电压相位截然相反有一个跃变，这一点是构成阻抗继电器时可以利用的一个重要特征。正因为这样，所以所有的阻抗继电器其相位比较动作方程中都有工作电压这一项。③ 从工作电压中可以知道该阻抗继电器的接线方式，所谓阻抗继电器的接线方式就是在工作电压计算中所用到的电压和电流。

在相位比较动作方程中，如果相位比较动作方程的两个边界角是 90°和 270°，与工作电压比较相位的另一个电压，并用其作为相位比较的基准相量，这个电压就称作极化电压。由于工作电压是所有阻抗继电器都有的，不同动作特性的阻抗继电器其实质是由于采用了不同的极化电压。许多专家学者致力于阻抗继电器原理的研究与分析，实质上是研究阻抗继电器应该采用什么样的极化电压最好，而在式（3－27）表达的动作方程中采用的极化电压是 $\dot{U}_{\mathrm{m}}$。（注：上述以及以下几节的论述是针对第Ⅰ类阻抗继电器而言的。对于第Ⅱ类阻抗继电器即多相补偿阻抗继电器，其相位比较动作方程中的两个电压是相互极化的，不在此列。）

五、阻抗继电器的动作方程和动作特性

（一）阻抗继电器的实现方法

在微机保护出现以前的模拟型保护时代，所有的阻抗继电器都有其动作方程，继电器是否动作就看是否满足动作方程。而一定的动作方程在阻抗复数平面上对应一定的动作特性。微机保护出现后，阻抗继电器的实现方法有两大类。一类也是按动作方程来实现的。另一类是在阻抗复数平面上先固定一个动作特性（例如多边形特性），短路后利用微机的计算功能（例如微分方程算法）求出继电器的测量电抗 X_{m} 和测量电阻 R_{m}，从而得到测量阻抗 Z_{m}，$Z_{\mathrm{m}}=R_{\mathrm{m}}+\mathrm{j}X_{\mathrm{m}}$。进而判断测量阻抗相量在阻抗复数平面上是否落在规定的动作特性内，以决定它是否动作。下面介绍按动作方程实现的阻抗继电器的动作方程和动作特性。

阻抗继电器的动作方程分两大类。一类是幅值比较动作方程，$|\dot{A}|>|\dot{B}|$。另一类是相位比较动作方程，$\Phi_1<\arg(\dot{C}/\dot{D})<\Phi_2$。式中 $\dot{A}$、$\dot{B}$、$\dot{C}$、$\dot{D}$ 是某些电气量的组合。无论哪一类动作方程，一定的动作方程在阻抗复数平面上都对应一定的动作特性（这里暂且不讨论多相补偿阻抗继电器）。需要指出：阻抗继电器本身是按动作方程实现的，它只认动作方程。在阻抗复数平面上对应的动作特性是人们根据动作方程分析出来的，这个动作特性可帮助我们分析阻抗继电器的动作行为，并可以就其动作特性对阻抗继电器的性能做出评述。

（二）阻抗继电器的动作方程及其动作特性

1. 动作方程一

设相位比较动作方程为：

$$90^\circ<\arg\frac{Z_{\mathrm{m}}-Z_{\mathrm{set}}}{Z_{\mathrm{m}}}<270^\circ \tag{3-28}$$

式中：Z_{m}、Z_{set}是继电器测量阻抗和整定阻抗。式（3－28）表达的动作方程在阻抗复数平面上对应的以测量阻抗 Z_{m} 为自变量的动作特性如图 3－17 所示，它是以（$+Z_{\mathrm{set}}$）和坐标原点（0）两点连线为直径的圆。圆内是动作区。若测量阻抗 Z_{m} 落在直径左边的圆周上时，从动作特性上看，继电器处在动作边界。从动作方程来看，（$Z_{\mathrm{m}}-Z_{\mathrm{set}}$）相量恰好超前 Z_{m} 相量的角度为90°，式（3－28）也恰好处于动作边界。若测量阻抗 Z_{m} 落在直径左边的半个圆内时，从动作特性看继电器应该动作，而（$Z_{\mathrm{m}}-Z_{\mathrm{set}}$）相量超前 Z_{m} 相量的角度大于 90°小于 180°，也满足式（3－28）的动作方程，继电器动作。所以直径左边的半个圆对应于式（3－28）左边的半个动作方程即 $90^\circ<\arg\dfrac{Z_{\mathrm{m}}-Z_{\mathrm{set}}}{Z_{\mathrm{m}}}<180^\circ$。同理可证明直径右边的半个圆正好对应于式（3－28）右边的半个动作方程即 $180^\circ<\arg\dfrac{Z_{\mathrm{m}}-Z_{\mathrm{set}}}{Z_{\mathrm{m}}}<270^\circ$。所以图 3－17 的整个圆与式（3－28）的整个动作方程相对应，自变量测量阻抗 Z_{m} 落在圆内时继电器动作。具有图 3－17 所示动作特性圆的阻抗继电器称作方向阻抗继电器（或称作姆欧继电器），因为反方向短路时测量阻抗在第Ⅲ象限，继电器是不动作的。整定阻抗 Z_{set}是该动作特性圆的

直径，在 Z_{set} 的方向上，继电器有最大的保护范围。因此 Z_{set} 的阻抗角（Z_{set} 与 R 轴的夹角）称作最大灵敏角。通常最大灵敏角取成等于线路阻抗角，这样线路上发生金属性短路时，继电器的保护范围最大。

只根据式（3-28），还不知道阻抗继电器是怎样构成的。为了得到阻抗继电器可用以实现的动作方程，需对式（3-28）加以改造。将式(3-28)中的分子、分母同乘以加在继电器上的电流 $\dot{I}_m$，根据相量的基本知识可知，分子与分母乘以同一个相量后它们的夹角不变。再考虑到 $\dot{U}_m=\dot{I}_m Z_m$ 的关系，则式（3-28）演变成：

$$90°<\arg\frac{\dot{U}_m-\dot{I}_m Z_{set}}{\dot{U}_m}<270° \qquad (3-29)$$

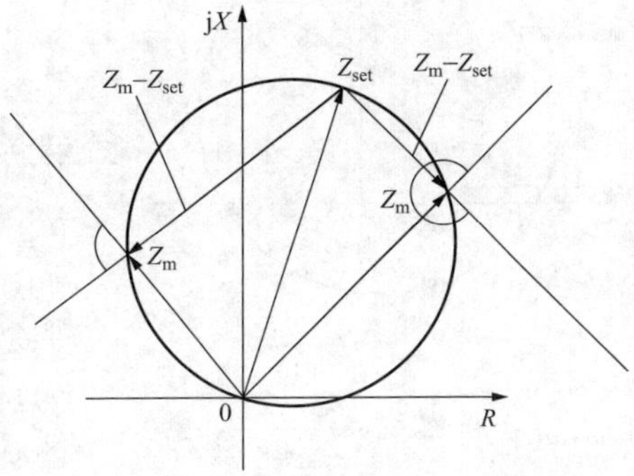

图 3-17　$90°<\arg\frac{Z_m-Z_{set}}{Z_m}<270°$ 的动作特性

式（3-29）中的 $\dot{U}_m$、$\dot{I}_m$ 是根据阻抗继电器的接线方式决定的加在继电器上的电压与电流，保护装置经过采样和计算，它们是已知的。Z_{set} 是整定值，也是已知的，所以式（3-29）是可用以实现的阻抗继电器的动作方程。由于式（3-29）是从式（3-28）推导出来的，所以式（3-29）动作方程在阻抗复数平面上对应的动作特性也如图 3-17 所示的动作特性圆。

式（3-28）称作以阻抗形式表达的动作方程，式（3-29）称作以电压形式表达的动作方程。对比式（3-29）和式（3-27）可见它们是完全一样的。所以在阻抗继电器的工作电压一节中所述的阻抗继电器实际上就是方向阻抗继电器。式（3-29）中的分子（$\dot{U}_m-\dot{I}_m Z_{set}$）即是阻抗继电器的工作电压 $\dot{U}_{OP}$，极化电压为 $\dot{U}_m$。

2. 动作方程二

设相位比较动作方程为：

$$90°<\arg\frac{Z_m-Z_{set}}{Z_m+Z_A}<270° \qquad (3-30)$$

式中：Z_m、Z_{set} 是继电器测量阻抗和整定阻抗，Z_A 是一个已知阻抗。式（3-30）表达的动作方程在阻抗复数平面上对应的以测量阻抗 Z_m 为自变量的动作特性如图 3-18 所示。它是以（$+Z_{set}$）和（$-Z_A$）两点连线为直径的圆。仿照前面的方法不难证明式（3-30）的左边半个动作方程 $90°<\arg\frac{Z_m-Z_{set}}{Z_m+Z_A}<180°$，对应于直径的左边半个圆，右边的半个动作方程 $180°<\arg\frac{Z_m-Z_{set}}{Z_m+Z_A}<270°$ 对应于直径的右边半个圆。整个动作方程对应整个圆，测量阻抗 Z_m 落在圆内继电器动作。图 3-18 所示的动作特性圆称作偏移特性圆。

将阻抗形式表达的动作方程式（3-30）中的分子、分母同乘以电流 $\dot{I}_m$ 可得到以电压形式表达的动作方程式（3-31）。

$$90°<\arg\frac{\dot{U}_m-\dot{I}_m Z_{set}}{\dot{U}_m+\dot{I}_m Z_A}<270° \qquad (3-31)$$

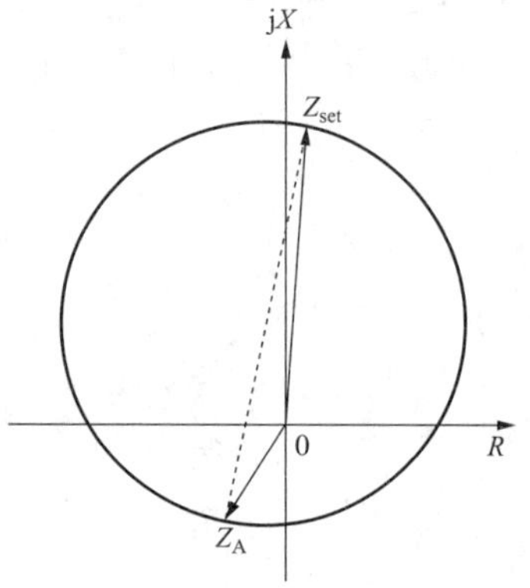

图 3－18　$90° < \arg\dfrac{Z_m - Z_{set}}{Z_m + Z_A} < 270°$ 的动作特性

分子（$\dot{U}_m - \dot{I}_m Z_{set}$）是阻抗继电器的工作电压 $\dot{U}_{OP}$，分母（$\dot{U}_m + \dot{I}_m Z_A$）是极化电压。式（3－31）是可用以实现的动作方程。

归纳式（3－28）和式（3－30）两个以阻抗形式表达的动作方程所对应的图 3－17 和图 3－18 两个动作特性，可总结出在阻抗复数平面上画出动作特性的方法：假如以阻抗形式表达的相位比较动作方程中，分子、分母都有测量阻抗 Z_m 这一项。如果两个边界角分别是 90°和 270°的话，则该阻抗继电器以测量阻抗 Z_m 为自变量的动作特性，就是以某两个端点的连线为直径的圆。这两个端点由分子、分母各决定一个点，其值为除测量阻抗 Z_m 这一项外的其他阻抗表达式的负值。当这两个相量的端点确定后，直径就确定了，该继电器的动作特性圆就唯一确定了。如果分子或分母中只有 Z_m 一项，如式（3－28）所示，那么除 Z_m 外，其他阻抗及它的负值都是零。它在阻抗复数平面上对应的端点就是坐标原点。同时还应指出，假如以阻抗形式表达的相位比较动作方程中分子、分母都有测量阻抗 Z_m 这一项，只要两个边界角之差是 180°，则该阻抗继电器以测量阻抗 Z_m 为自变量的动作特性就是一个圆。

3. 动作方程三

设相位比较动作方程为：

$$90° + \theta < \arg\frac{Z_m - Z_{set}}{Z_m} < 270° + \theta \qquad (3-32)$$

该动作方程中分子、分母都有测量阻抗 Z_m 这一项，两个边界虽然不是 90°和 270°，但两个边界角之差还是 180°，则该阻抗继电器的以测量阻抗 Z_m 为自变量的动作特性是以某两个端点的连线为弦的圆。这两点找的方法与前所述相同。所以式（3－32）对应的动作特性是以（$+Z_{set}$）和坐标原点（0）两点连线为弦的圆，圆内是动作区。整定阻抗 Z_{set} 的阻抗角一般取成与线路阻抗角相同，在高压电网中大约在 80°左右。当 $\theta > 0°$时，该圆向 $+R$ 方向偏移，如图 3－19 中的圆 1 所示，圆的直径位于弦的右侧，直径与弦的夹角即为 θ 角。当 $\theta < 0°$时该圆向 $-R$ 方向偏移，如图 3－19 中的圆 2 所示，圆的直径位于弦的左侧，直径与弦的夹角也为 θ 角。所以 θ 角越大，圆偏移得越大，θ 角越小，圆偏移得越小，$\theta = 0°$，弦就变成直径。现以 $\theta > 0°$的圆 1 为例，若测量阻抗 Z_m 落在弦左边的小半个圆的圆周上时，从动作特性上看继电器处在动作边界，用几何知识可以证明（$Z_m - Z_{set}$）相量超前 Z_m 相量的角度为 $90° + \theta$，从式（3－32）看，继电器也恰好处于动作边界。若测量阻抗 Z_m 落在弦左边的小半个圆内时，继电器应该动作，而此时（$Z_m - Z_{set}$）相量超前 Z_m 相量的角度大于 $90° + \theta$ 小于 180°，满足式（3－32）的动作方程，继电器也应动作。从上分析也可知道弦左边的小半个圆对应于式（3－32）左边的半个动作方程即 $90° + \theta < \arg\dfrac{Z_m - Z_{set}}{Z_m} < 180°$。同理可证明弦右边的大半个圆正好对应于式（3－32）右边的半个动作方程即 $180° < \arg\dfrac{Z_m - Z_{set}}{Z_m} < 270° + \theta$。所以图 3－19 圆 1 的整个圆与式（3－32）的整个动作方程相对应，自变量测量

阻抗 Z_m 落在圆内时继电器动作。图 3－19 所示的圆 1，由于动作特性圆向 $+R$ 方向偏移，在 R 方向有更多的保护范围，因此有更强的保护过渡电阻的能力（即区内经过渡电阻短路不容易拒动）。θ 角度越大，保护过渡电阻的能力就越大。该动作特性的阻抗继电器在微机线路保护中得到了应用，在短线路上使用以提高保护过渡电阻的能力。

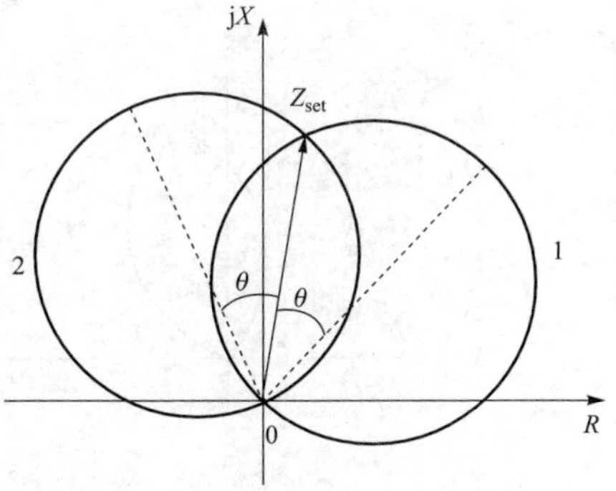

图 3－19 $90°+\theta<\arg\dfrac{Z_m-Z_{set}}{Z_m}<270°+\theta$ 的动作特性

圆 1—$\theta>0°$；圆 2—$\theta<0°$

将阻抗形式表达的动作方程式（3－32）的分子、分母同乘以 $\dot{I}_m$，可得到电压形式的动作方程，如式（3－33）所示。

$$90°+\theta<\arg\frac{\dot{U}_m-\dot{I}_mZ_{set}}{\dot{U}_m}<270°+\theta \quad (3-33)$$

按照相量的基本关系，可将式（3－33）中的 θ 角移到不等式的中间放在分母上。也就是将 $\dot{U}_m$ 相量旋转 θ 角，极化电压变成 $\dot{U}_m e^{j\theta}$ 再与工作电压比较相位。于是电压形式的动作方程成为：

$$90°<\arg\frac{\dot{U}_m-\dot{I}_mZ_{set}}{\dot{U}_m e^{j\theta}}<270° \quad (3-34)$$

式（3－33）和式（3－34）是可用于实现的电压形式的动作方程。与工作电压 $\dot{U}_m-\dot{I}_mZ_{set}$ 比较相位的极化电压为 $\dot{U}_m e^{j\theta}$。当 $\theta>0°$时，它的动作特性是如图 3－19 所示的向 $+R$ 方向偏移的圆 1。当 $\theta<0°$时，它的动作特性是如图 3－19 所示的向 $-R$ 方向偏移的圆 2。

4. *动作方程四*

设相位比较动作方程为：

$$90°+\theta<\arg\frac{Z_m-Z_{set}}{Z_m}<270°-\theta \quad (3-35)$$

该动作方程的两个边界角不是 90°和 270°，两边界角之差也不是 180°。所以该动作方程对应的以测量阻抗 Z_m 为自变量的动作特性不是一个圆。将该式与式（3－32）相比较，左边的半个动作方程完全相同。右边的半个动作方程只是 θ 角的符号相反。所以，式(3－35)动作方程中当 $\theta>0°$时，其动作特性是图 3－19 圆 1 中的弦的左边的小半个圆和圆 2 中的弦的右边的小半个圆的合成，如图 3－20（a）所示，它是以（$+Z_{set}$）和坐标原点（0）的连线为长轴的透镜形特性，长轴左边和右边的小半个圆分别对应式（3－35）的左边和右边的半个动作方程。当 $\theta<0°$时，其动作特性是图 3－19 圆 1 中的弦的右边的大半个圆和圆 2 中的弦的左边的大半个圆的合成，如图 3－20（b）所示，它是以（$+Z_{set}$）和坐标原点（0）的连线为中心轴的苹果形特性。中心轴的左边和右边的大半个圆分别对应式（3－35）的左边和右边的半个动作方程。上述的长轴或中心轴在阻抗复平面上的两个端点决定的方法与前述相同，分别由动作方程中的分子、分母决定。测量阻抗 Z_m 落在动作特性内继电器动作。

透镜形特性的阻抗继电器在大型发电机的失步保护中得到了应用。苹果形特性的阻抗继电器在某些发电机的失磁保护中得到了应用。

由于图 3－20（a）所示的透镜形特性的动作区是图 3－19 所示的圆 1 和圆 2 两个动作

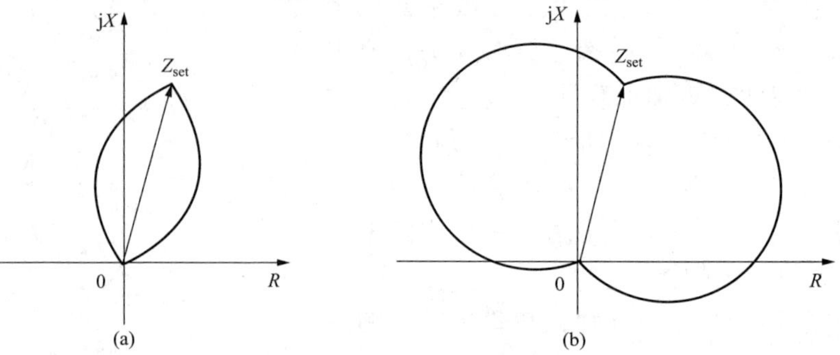

图 3-20 $90°+\theta<\arg\dfrac{Z_m-Z_{set}}{Z_m}<270°-\theta$ 的动作特性

(a) $\theta>0°$；(b) $\theta<0°$

特性的动作区的公共部分（交集），所以其实现的方法也可以用式（3-33）或式（3-34）表示的电压形式的动作方程中，θ 角分别取正、负两个值时构成的两个阻抗继电器的逻辑"与"来完成。同样，图 3-20（b）所示的苹果形特性的动作区是图 3-19 所示的圆 1 和圆 2 两个动作特性的动作区之和，所以其实现的方法也可以用式（3-33）或式（3-34）表示的电压形式的动作方程中，θ 角分别取正、负两个值构成的两个阻抗继电器的逻辑"或"来完成。

5. 动作方程五

设相位比较动作方程为：

$$180°<\arg\frac{Z_m-Z_{set}}{R}<360° \tag{3-36}$$

当阻抗形式动作方程中被比较相位的两个电气量中的一个（分子或分母）与测量阻抗 Z_m 无关，是一个具有不变相位并提供相位比较基准的相量（通常是 R 或 X），此时该动作方程所对应的以测量阻抗 Z_m 为自变量的动作特性就既不是由圆也不是由圆弧构成的了。如果此时两个边界角相差 180°时，其动作特性是经过某端点的一条直线。当两个边界相差不是 180°时，其动作特性是相交于某端点的两条折线。而该端点由比较相位的两电气量中（分子或分母）与测量阻抗 Z_m 有关的一个电气量决定，决定的方法与前述相同。式(3-36)动作方程的两个边界相差 180°，且两个边界是 180°和 360°，该动作方程所对应的以测量阻抗 Z_m 为自变量的动作特性是经整定阻抗 Z_{set} 端点（由分子决定）平行于 R 轴的一条直线，如图 3-21 所示。测量阻抗 Z_m 落在直线的下方继电器动作。如果测量阻抗 Z_m 落在 Z_{set} 端点左边的线段上，从动作特性上看继电器处在动作边界，而此时 Z_m-Z_{set} 相量超前于 R 轴 180°，按式（3-36），继电器也处于动作边界。如果测量阻抗 Z_m 落在 Z_{set} 相量左边线段的下方，从动作特性上看继电器应动作，而此时 Z_m-Z_{set} 相量超前于 R 轴的角度大于 180°，按式（3-36），继电器也动作。所以式（3-36）左边的半个动作方程对应于 Z_{set} 相量左边的线段的下方区域。同理，式（3-36）右边的半个动作方程对应于 Z_{set} 相量右边的线段的下方区域。式（3-36）整个动作方程对应于经 Z_{set} 端点的整个一条直线的下方区域，如图中阴影区所示。从该动作特性可见，只要过渡电阻产生的附加阻抗是阻容性的或是纯电阻性的，它保护过渡电阻的能力是无穷大。即在区内短路，过渡电阻很大继电器都能动作。但是该继电器没有方向性，在反方向短路它将误动。这种动作特性称作电抗型特性，具有这种动作特性的阻抗继电器称作电抗继电器。

将式（3－36）的分子、分母同乘以 $\dot{I}_m$，得到：

$$180° < \arg \frac{\dot{U}_m - \dot{I}_m Z_{set}}{\dot{I}_m R} < 360° \quad (3-37)$$

考虑到 $\dot{I}_m R$ 与 $\dot{I}_m$ 同相位，式（3－37）可改写成：

$$180° < \arg \frac{\dot{U}_m - \dot{I}_m Z_{set}}{\dot{I}_m} < 360° \quad (3-38)$$

该动作方程与 $90° < \arg \frac{\dot{U}_m - \dot{I}_m Z_{set}}{\dot{I}_m e^{j90°}} < 270°$ 动作方程等效，与工作电压（$\dot{U}_m - \dot{I}_m Z_{set}$）比较相位的极化量是 $\dot{I}_m e^{j90°}$，用电流作极化量。这三个动作方程都是可用以实现的电压形式动作方程。

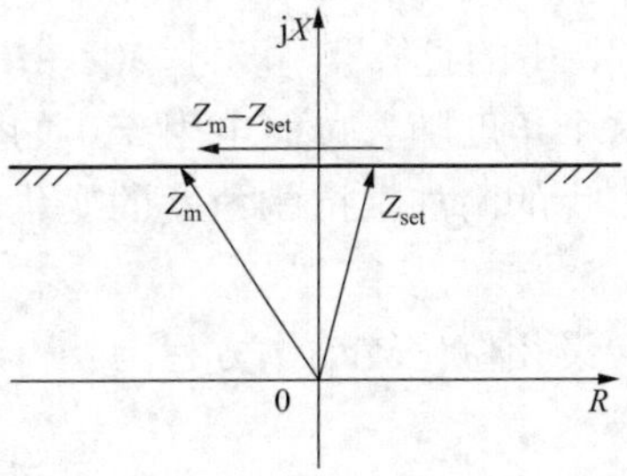

图 3－21 $180° < \arg \frac{Z_m - Z_{set}}{R} < 360°$ 的动作特性

6. 动作方程六

设相位比较动作方程为：

$$180° + \theta < \arg \frac{Z_m - Z_{set}}{R} < 360° + \theta \quad (3-39)$$

与式（3－36）动作方程相比较，式（3－39）的动作方程中两边界角多了一个 θ 角，但两边界角之差仍为180°，所以它对应的动作特性仍然是一条直线。式（3－39）对应的以测量阻抗 Z_m 为自变量的动作特性是经过 Z_{set} 端点（由分子决定）的一条直线，该直线与 $+R$轴的夹角为 θ 角。当 $\theta > 0°$时，该直线沿 $+R$ 方向向上倾斜 θ 角。如图 3－22 中的直线 1。当 $\theta < 0°$时，该直线沿 $+R$ 方向向下倾斜 θ 角。如图 3－22 中的直线 2。直线下方是动作区。由于实际使用时 θ 角不是很大，故该特性也称作电抗形特性，具有该特性的阻抗继电器也称作电抗型继电器。

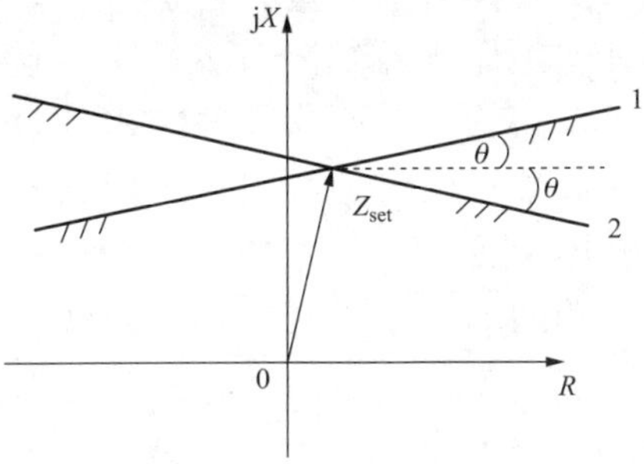

图 3－22 $180° + \theta < \arg \frac{Z_m - Z_{set}}{R} < 360° + \theta$ 的动作特性

1—$\theta > 0°$；2—$\theta < 0°$

同样，式（3－39）可演变成用于实现电抗继电器的电压形式的动作方程式（3－40）或式(3－41)。究竟用哪一个式子来实现，决定于采用什么比相算法。

$$180° < \arg \frac{\dot{U}_m - \dot{I}_m Z_{set}}{\dot{I}_m e^{j\theta}} < 360° \quad (3-40)$$

$$90° < \arg \frac{\dot{U}_m - \dot{I}_m Z_{set}}{\dot{I}_m e^{j(90° + \theta)}} < 270° \quad (3-41)$$

它的极化量（分母）是电流 $\dot{I}_m e^{j(90° + \theta)}$。具有图 3－22 中直线 2 动作特性的电抗继电器在很多微机线路保护中得到了应用。由于直线 2 所示的特性沿 $+R$ 方向向下倾斜，可用来减少区外经过渡电阻短路而过渡电阻产生的附加阻抗是阻容性时导致的阻抗继电器超越的影响。但是该继电器在反方向短路时会误动，所以一般与其他继电器例如圆特性的阻抗继电器配合使用。另外尚需指出，保护接地短路的电抗继电器经常用零序电

流 $\dot{I}_0 e^{j(90°+\theta)}$ 作为极化量，这种电抗继电器称作零序电抗继电器。它的动作特性类似于图 3-22 中的直线 2，该直线沿 +R 方向除向下倾斜 θ 角外还叠加一个 $\arg(\dot{I}_0/\dot{I}_m)$ 的角度。后者这个角度随着过渡电阻产生的附加阻抗的角度的变化而变化，从而使动作特性随着过渡电阻产生的附加阻抗的角度的变化而有一定的自适应功能。

7. 动作方程七

设相位比较动作方程为：

$$0° + \theta < \arg \frac{Z_m - R_{set}}{jX} < 180° + \theta \tag{3-42}$$

$$90° + \theta < \arg \frac{Z_m - R_{set}}{R} < 270° + \theta \tag{3-43}$$

上两个动作方程中进行相位比较的两电气量有一个电气量中没有测量阻抗 Z_m，两个边界角相差 180°，所以该动作方程对应的以测量阻抗 Z_m 为自变量的动作特性是经过整定电阻 R_{set}（由 $Z_m - R_{set}$ 这项决定）的一条直线，该直线与 +jX 轴的夹角为 θ 角。当 $\theta = 0°$ 时，该直线是平行于 X 轴的一条直线，如图 3-23 中的直线 1。当 $\theta > 0°$ 时，该直线是沿 +jX 方向向左倾斜 θ 角的一条直线，如图 3-23 中的直线 2。当 $\theta < 0°$ 时，该直线是沿 +jX 方向向右倾斜 θ 角的一条直线，如图 3-23 中的直线 3。1、2、3 三条直线的左侧阴影区是动作区。这种动作特性称作电阻形特性，具有该特性的阻抗继电器称作电阻型继电器。

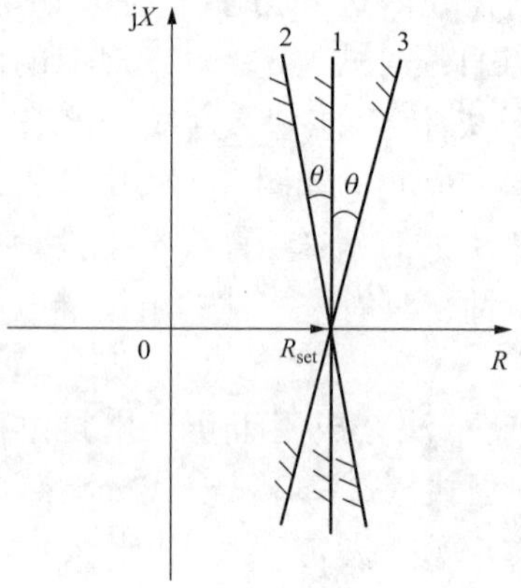

图 3-23 $0° + \theta < \arg \frac{Z_m - R_{set}}{jX} < 180° + \theta$ 的动作特性

1—$\theta = 0°$；2—$\theta > 0°$；3—$\theta < 0°$

具有直线 3 特性的电阻型继电器通常用作躲负荷阻抗的负荷限制继电器或用于反应振荡的特殊继电器中。在应用四边形或者多边形动作特性的距离保护中，也一般都有一条如直线 3 所示的电阻形特性用以躲在事故过负荷情况下的最小负荷阻抗。在距离保护中有时需要解决灵敏度与躲最小负荷阻抗的矛盾，譬如应用圆特性的距离保护第Ⅲ段继电器，有时希望在相邻元件末端短路有灵敏度，例如在相邻变压器另一侧母线上短路有灵敏度；再譬如长线路的距离保护第Ⅱ段要保证本线路末端短路有灵敏度。这样继电器的动作特性圆要整定得很大。而这往往在事故过负荷情况下继电器将误动。如果把圆特性的阻抗继电器与具有直线 3 特性的阻抗继电器组成“与”逻辑，作为该段的复合继电器，该复合继电器的动作区是圆特性和直线特性动作区的交集。测量阻抗在灵敏角左右时动作边界是圆特性的边界，可以保证需要的灵敏度。测量阻抗在功率因数角左右时动作边界是直线特性的边界，用以躲最小负荷阻抗，因为负荷阻抗的阻抗角是功率因数角。

将式（3-42）和式（3-43）的分子、分母同乘以电流 $\dot{I}_m$，得到下两式的电压形式动作方程：

$$0° + \theta < \arg \frac{\dot{U}_m - \dot{I}_m R_{set}}{j\dot{I}_m X} < 180° + \theta \tag{3-44}$$

$$90° + \theta < \arg \frac{\dot{U}_m - \dot{I}_m R_{set}}{\dot{I}_m R} < 270° + \theta \tag{3-45}$$

考虑到 $\mathrm{j}\dot{I}_{\mathrm{m}}X$ 超前于 $\dot{I}_{\mathrm{m}}90°$，$\dot{I}_{\mathrm{m}}R$ 与 $\dot{I}_{\mathrm{m}}$ 同相。所以这两式也可演变成式（3－46）的两个动作方程。究竟用哪个动作方程决定于比相的算法。

$$\begin{cases} 0° < \arg \dfrac{\dot{U}_{\mathrm{m}} - \dot{I}_{\mathrm{m}}R_{\mathrm{set}}}{\dot{I}_{\mathrm{m}}\mathrm{e}^{\mathrm{j}(90°+\theta)}} < 180° \\ 90° < \arg \dfrac{\dot{U}_{\mathrm{m}} - \dot{I}_{\mathrm{m}}R_{\mathrm{set}}}{\dot{I}_{\mathrm{m}}\mathrm{e}^{\mathrm{j}\theta}} < 270° \end{cases} \tag{3-46}$$

与工作电压比较相位的极化量是电流 $\dot{I}_{\mathrm{m}}\mathrm{e}^{\mathrm{j}\theta}$。上述七种动作方程对应的动作特性都是经过整定阻抗 Z_{set} 的端点或整定电阻 R_{set} 的端点的。所以它们的阻抗形式的相位比较动作方程中进行相位比较的两个电气量中一定有一个电气量是（$Z_{\mathrm{m}}-Z_{\mathrm{set}}$）或（$Z_{\mathrm{m}}-R_{\mathrm{set}}$）。当演变成电压形式的相位比较动作方程时再乘以电流 $\dot{I}_{\mathrm{m}}$ 后这个电气量就变成（$\dot{U}_{\mathrm{m}}-\dot{I}_{\mathrm{m}}Z_{\mathrm{set}}$）或（$\dot{U}_{\mathrm{m}}-\dot{I}_{\mathrm{m}}R_{\mathrm{set}}$），这个电气量就是工作电压。因为所有的阻抗继电器都有一定的保护范围，有整定阻抗或整定电阻，它的动作特性都要经过 Z_{set} 端点或 R_{set} 的端点。所以所有的阻抗继电器其电压形式的相位比较动作方程中都有工作电压这一项。工作电压中的整定值可以是某一个阻抗、电抗或电阻。不同的动作方程之所以有不同的动作特性，是由于采用了不同的极化电压的缘故。

上面我们列出了七种动作方程，并分析了根据动作方程如何画出它们的动作特性的方法。利用上述七种动作方程的某些组合，可以构成多种动作特性的阻抗继电器。掌握了这种画动作特性的方法后，对于各种阻抗继电器，只要把它们的动作方程转化成以阻抗形式表达的相位比较动作方程后，就可以马上画出它的动作特性。并根据动作特性来分析继电器的性能。

在我国的距离保护中还曾用过如图 3－24 所示的四边形特性，它是由四条直线动作特性组合而成的。上面的一条直线是电抗线，沿 R 方向向下倾斜，是为了经过渡电阻短路时如果过渡电阻的附加阻抗是阻容性时避免超越。右面的一条电阻线用来躲事故过负荷时的最小负荷阻抗。下面的一条线一般叫方向线，防止反方向短路误动。该直线略为在坐标原点下移并且沿 X 方向向下倾斜，是为了在正方向出口短路即使过渡电阻的附加阻抗是阻容性时也没有死区。左面的一条直线与 X 轴一般有一个 20°左右的角度，保证测量阻抗在灵敏角上时可靠动作。它与 X 轴的夹角也不能太大，使系统振荡时阻抗继电器动作的时间不致太大。为了避免在反方向出口短路时保护的误动，应再采取其他措施。

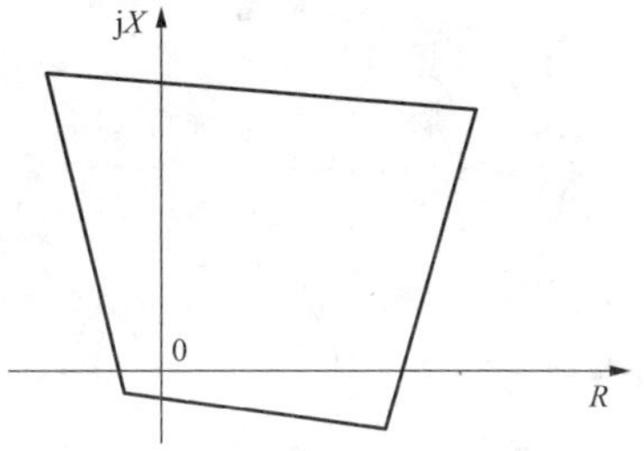

图 3－24　四边形特性的复合阻抗继电器

（三）幅值比较动作方程和相位比较动作方程的互换性

上面阐述了根据相位比较动作方程在阻抗复平面上画它的动作特性的方法。但构成阻抗继电器的方法还有一种幅值比较动作方程。如果知道了幅值比较动作方程如何画出它的动作特性呢？一种方法是根据幅值比较动作方程求出圆心位置和半径，从而画出它的动作特性。另一种方法是先把它转换成相位比较动作方程，然后利用前面介绍的方法画出它的动作特性。后一种方法更加简便易学。

将幅值比较动作方程转换成相位比较动作方程，这种转换必须是等效的。这样它们在阻抗复平面上对应的才是同一个动作特性。这种转换的依据是平行四边形法则。

设幅值比较动作方程是 $|\dot{A}| > |\dot{B}|$，$\dot{A}$ 和 $\dot{B}$ 是某些电气量的组合。欲将它转换成等效的相位比较动作方程 $90° < \arg(\dot{C}/\dot{D}) < 270°$，其中的 $\dot{C}$ 和 $\dot{D}$ 可按式(3-47)求出：

$$\begin{cases}\dot{C} = \dot{B} - \dot{A} \\ \dot{D} = \dot{B} + \dot{A}\end{cases} \tag{3-47}$$

从图 3-25 可见，相量 $\dot{C}$ 和 $\dot{D}$ 是以相量 $\dot{A}$ 和 $\dot{B}$ 为边的平行四边形的两条对角线。根据平行四边形法则，只要 $|\dot{A}| > |\dot{B}|$，相量 $\dot{C}$ 超前相量 $\dot{D}$ 的角度一定大于 90° [图 3-25 (a)] 小于 270° [图 3-25 (b)]，即 $90° < \arg(\dot{C}/\dot{D}) < 270°$，继电器处于动作状态。从图 3-26 可见，如果 $|\dot{A}| = |\dot{B}|$，则相量 $\dot{C}$ 和 $\dot{D}$ 是以 $\dot{A}$ 和 $\dot{B}$ 为边的菱形的两条对角线。$\dot{C}$ 超前于 $\dot{D}$ 的角度一定等于 90° [图 3-26 (a)] 或 270° [图 3-26 (b)]。继电器处于动作边界。因此只要按式 (3-47) 转换，幅值比较动作方程 $|\dot{A}| > |\dot{B}|$ 与相位比较动作方程 $90° < \arg(\dot{C}/\dot{D}) < 270°$ 是等效的。

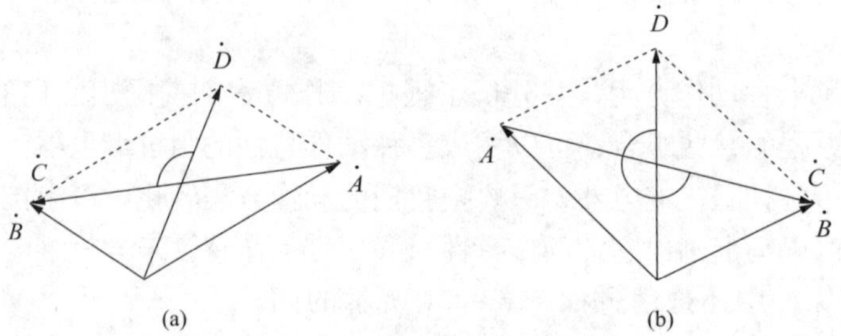

图 3-25　$|\dot{A}| > |\dot{B}|$ 相量图

(a) $90° < \arg\dfrac{\dot{C}}{\dot{D}}$；(b) $\arg\dfrac{\dot{C}}{\dot{D}} < 270°$

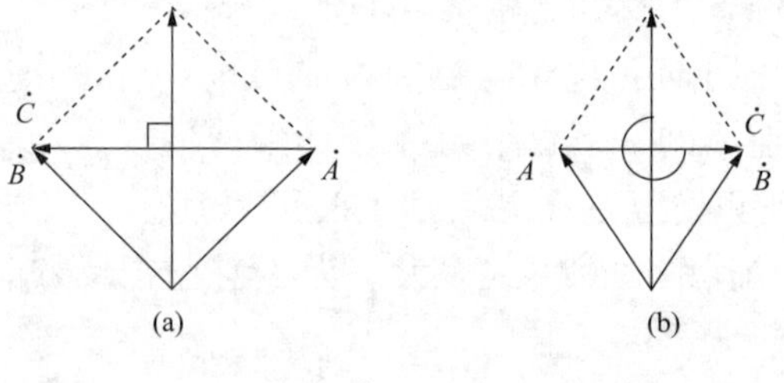

图 3-26　$|\dot{A}| = |\dot{B}|$ 相量图

(a) $\arg\dfrac{\dot{C}}{\dot{D}} = 90°$；(b) $\arg\dfrac{\dot{C}}{\dot{D}} = 270°$

当然，相位比较动作方程 $90° < \arg(\dot{C}/\dot{D}) < 270°$ 也可以转换成等效的幅值比较动作方程 $|\dot{A}| > |\dot{B}|$，其转换的关系为：

$$\begin{cases}\dot{A}=\dot{D}-\dot{C}\\ \dot{B}=\dot{D}+\dot{C}\end{cases} \tag{3-48}$$

六、以正序电压为极化电压的阻抗继电器

动作方程为式（3－28）和式（3－29）的方向阻抗继电器其动作特性如图3－27所示。

动作特性经过坐标原点的继电器并不是一个理想的继电器，问题出在出口短路上。以金属性短路为例，无论是正方向出口还是反方向出口金属性短路，继电器的测量阻抗是零。测量阻抗位于动作特性圆的圆周上，故继电器处在动作边界。究其原因这是因为动作方程式（3－29）中的极化电压 $\dot{U}_m$ 为零的缘故。比较相位的两个电气量，有一个电气量为零，相位比较是不准确的。如果极化电压 $\dot{U}_m$ 有一些杂散电压的话，其相位是不确定的，继电器可能不正确动作。也就是说此时式（3－29）有可能能满足，也有可能不能满足，继电器处于动作边界。于是正方向出口短路时，继电器有可能拒动——出口短路有死区；反方向出口短路时，继电器可能误动。

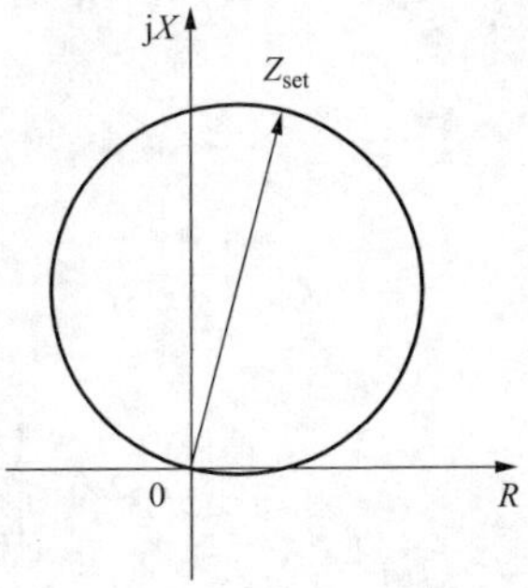

图3－27 方向阻抗继电器的动作特性

为解决出口短路的问题，就应该在出口短路时让极化电压不为零并且还能够正确比相。这里介绍两种方法。第一种方法是用正序电压极化，即用正序电压 U_{1m} 作为极化电压，这在此处作介绍。第二种方法是让极化电压带记忆，这在下面七、中再作介绍。

以正序电压为极化电压的阻抗继电器在微机线路保护中得到很多应用。例如用它来构成三段式的相间和接地距离保护，以及作为纵联距离保护中的阻抗继电器。用正序电压作为极化电压是基于这样的考虑，正序电压在系统中的分布是电源处的正序电压最高，短路点的正序电压最低。但只要发生的是不对称短路，即使是短路点，其正序电压也是比较高的。例如发生A相金属性短路接地，短路点的A相电压为零，但是短路点A相的正序电压不为零，而且其值还很大。因此在发生不对称短路时，无论短路点远近，保护安装处的正序电压都很大，并且还能够正确比相。所以用正序电压作为极化电压时在出口（无论是正方向还是反方向）发生不对称短路时继电器的动作行为依然是正确的。但是在出口发生三相金属性短路时，保护安装处（也是短路点）的正序电压还是零，所以在出口发生三相短路时该继电器还处在动作边界，继电器仍然可能不正确动作。

下面分析以正序电压为极化电压的相间和接地阻抗继电器的动作特性，它的正方向和反方向短路的系统图如图3－28的（a）和（b）所示。图中加在阻抗继电器上的测量电压 $\dot{U}_m$ 和测量电流 $\dot{I}_m$ 请直接理解成阻抗继电器接线方式中的电压、电流。对相间阻抗继电器来说，$\dot{U}_m=\dot{U}_{\varphi\varphi}$、$\dot{I}_m=\dot{I}_{\varphi\varphi}$。对接地阻抗继电器来说，$\dot{U}_m=\dot{U}_{\varphi}$、$\dot{I}_m=\dot{I}_{\varphi}+K3\dot{I}_0$。$\dot{U}_m$ 和 $\dot{I}_m$ 的正方向按传统规定的正方向。电压是母线电位为正，中性点电位为负。图中电压画的是电位降的方向。电流以母线流向被保护线路的方向为正方向。流过过渡电阻里的电流 $\dot{I}_F$ 以与流过保护的电流 $\dot{I}_m$ 的正方向一致来定义它的正方向。所以在正方向短路时，$\dot{I}_F$ 电流以从上向下的方向作为正方向。在反方向短路时 $\dot{I}_F$ 电流以从下向上方向作为正方向。按本节三、的论述，正方向短路时，从保护安装处M母线到过渡电阻 R_g 的下面K点的阻抗是该阻抗继

电器的测量阻抗 Z_m。反方向短路时，从保护安装处 M 母线到过渡电阻 R_g 的下面 K 点的阻抗是该阻抗继电器的测量阻抗的负值 $-Z_m$。

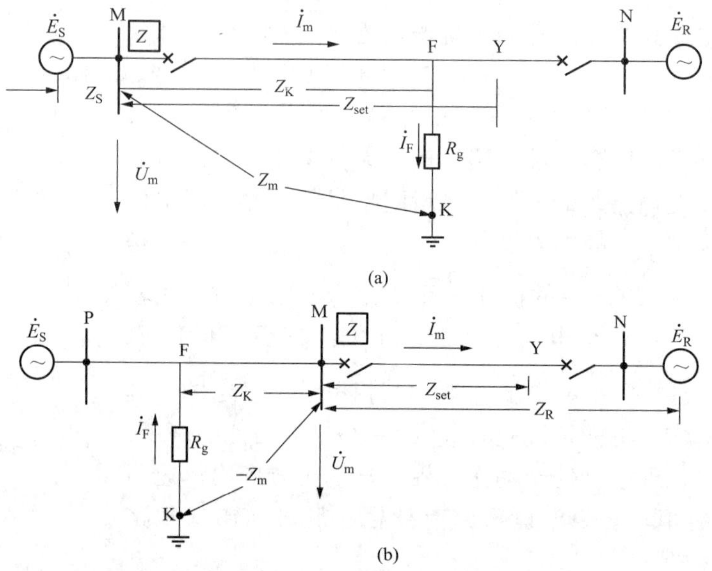

图 3－28 正方向、反方向短路的系统图

（a）正方向短路系统图；（b）反方向短路系统图

（一）相间阻抗继电器的动作特性分析和性能评述

相间阻抗继电器用来保护各种相间短路，它的工作电压、极化电压以及动作方程分别为：

工作电压 $$\dot{U}_{OP\varphi\varphi}=\dot{U}_{\varphi\varphi}-\dot{I}_{\varphi\varphi}Z_{set} \tag{3-49}$$

极化电压 $$\dot{U}_{P\varphi\varphi}=\dot{U}_{1\varphi\varphi} \tag{3-50}$$

动作方程 $$90°<\arg\frac{U_{OP\varphi\varphi}}{U_{P\varphi\varphi}}<270° \tag{3-51}$$

上列各式中 $\varphi\varphi$ 表示 AB、BC、CA。

1. 正向短路的动作特性分析及性能评述

（1）正向两相短路。

以 $K_{BC}^{(2)}$ 为例分析 BC 相间阻抗继电器。假设短路前空载，下面各式中的电流都是故障分量电流。用正方向短路系统图图 3－28（a）里的参数来表达工作电压和极化电压：

$$\begin{aligned}\dot{U}_{OPBC}&=\dot{U}_{BC}-(\dot{I}_B-\dot{I}_C)Z_{set}=(\dot{I}_B-\dot{I}_C)Z_m-(\dot{I}_B-\dot{I}_C)Z_{set}\\&=(\dot{I}_B-\dot{I}_C)(Z_m-Z_{set})=2\dot{I}_B(Z_m-Z_{set})\end{aligned} \tag{3-52}$$

从基本概念上讲，正向短路后保护安装处正序电压发生变化是由于正序的故障分量电流 $\dot{I}_1$ 在保护背后正序阻抗上的压降造成的。因此短路后保护安装处的正序电压是短路前（正常运行时）保护安装处的电压——正序电压的记忆值 $\dot{U}_{1.M}$ 与正序电压的变化量 $\Delta\dot{U}_1$ 之和。考虑到短路以前空载，短路前保护安装处的电压 $\dot{U}_{1.M}$ 等于保护背后电源电动势 $\dot{E}_S$。因此：

$$\begin{aligned}\dot{U}_{PBC}&=\dot{U}_{1BC}=\dot{U}_{1B}-\dot{U}_{1C}\\&=(\dot{U}_{1B.M}+\Delta\dot{U}_{1B})-(\dot{U}_{1C.M}+\Delta\dot{U}_{1C})\end{aligned}$$

$$
\begin{aligned}
&=(\dot{E}_{SB}-\dot{I}_{1B}Z_S)-(\dot{E}_{SC}-\dot{I}_{1C}Z_S)\\
&=(\dot{E}_{SB}-\dot{E}_{SC})-(\dot{I}_{1B}-\dot{I}_{1C})Z_S\\
&=(\dot{I}_B-\dot{I}_C)(Z_S+Z_m)-(\dot{I}_{1B}-\dot{I}_{1C})Z_S\\
&=2\dot{I}_B(Z_S+Z_m)-\dot{I}_BZ_S\\
&=2\dot{I}_B\left(Z_m+\frac{1}{2}Z_S\right)
\end{aligned}
\tag{3-53}
$$

上面推导中用到了 BC 两相短路时的一些基本关系式 $\dot{I}_B=-\dot{I}_C$；$\dot{I}_{1B}-\dot{I}_{1C}=\dot{I}_B$。将式（3－52）和式（3－53）代入动作方程式（3－51），并消去分子分母中的 $2\dot{I}_B$ 得：

$$90°<\arg\frac{Z_m-Z_{set}}{Z_m+\frac{1}{2}Z_S}<270° \tag{3-54}$$

式中：Z_S 为保护背后电源的等值正序阻抗。

由本节五、的知识可知，式（3－54）动作方程对应的动作特性是以 $(+Z_{set})$ 和 $[-(1/2)Z_S]$ 两点的连线为直径的圆，如图 3－29 中的圆所示。该圆向第Ⅲ象限带有偏移。

从正向两相短路的动作特性可对该继电器的动作性能作如下评述：

1）由于坐标原点位于动作特性之内，所以正向出口两相短路没有死区，不必再采取其他措施。其物理概念也很明确，当正向出口两相金属性短路时，加入继电器的故障相间电压虽为零，但是作为如式（3－50）所示的故障相间电压中的正序极化电压并不为零。且该极化电压的相位与短路前的故障相间电压同相，也与式（3－49）表达的工作电压相位相反，因此能满足式（3－51）的动作方程使继电器可靠动作。

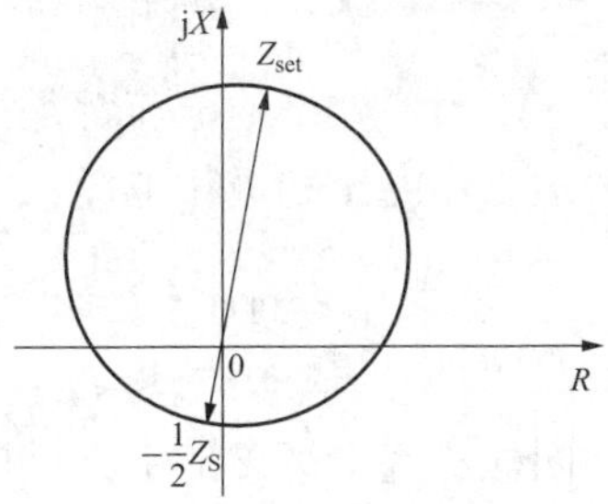

图 3－29 以正序电压作为极化电压，正向两相短路时相间阻抗继电器的动作特性

2）与传统的以 Z_{set} 为直径，动作特性经过坐标原点的方向阻抗继电器相比，由于在 R 方向有较多的保护范围，所以保护过渡电阻的能力比传统的方向阻抗继电器强。而且现在的动作特性的下面一点是 $[-(1/2)Z_S]$，Z_S 是保护背后电源的等值阻抗。所以随着运行方式的变化，动作特性的下面一点是变化的。当保护背后电源运行方式越小（Z_S 越大），保护安装侧的电流分配系数越小，因而同样的过渡电阻，产生的附加阻抗值越大，区内短路时继电器越易拒动。但由于动作特性的下面一点随 Z_S 加大而越往下移，因而圆也越大，保护过渡电阻的能力又得到增强，所以有一定的自适应能力。

需要指出，正向两相短路时的动作特性虽然在第Ⅲ象限有保护范围，但并不意味着在反方向两相短路时该继电器要误动。因为前面在推导式（3－54）的动作方程时用的是图 3－28（a）的正方向短路系统图里的参数。所以该动作特性只能用来分析正向两相短路时的动作性能。

（2）正向三相短路。

由于三相对称，三个相间阻抗继电器的动作行为是一样的。下面用正方向短路系统图图 3－28（a）里的参数来表达工作电压和极化电压。

$$\dot{U}_{OP\varphi\varphi}=\dot{U}_{\varphi\varphi}-\dot{I}_{\varphi\varphi}Z_{set}=\dot{I}_{\varphi\varphi}Z_m-\dot{I}_{\varphi\varphi}Z_{set}=\dot{I}_{\varphi\varphi}(Z_m-Z_{set}) \tag{3-55}$$

三相短路时只有正序分量。所以保护安装处的电压就是正序电压。所以极化电压为：

$$\dot{U}_{P\varphi\varphi}=\dot{U}_{1\varphi\varphi}=\dot{U}_{\varphi\varphi}=\dot{I}_{\varphi\varphi}Z_{m} \tag{3-56}$$

将式（3-55）和式（3-56）代入动作方程式（3-51），并消去分子分母中的 $\dot{I}_{\varphi\varphi}$ 得：

$$90°<\arg\frac{Z_{m}-Z_{set}}{Z_{m}}<270° \tag{3-57}$$

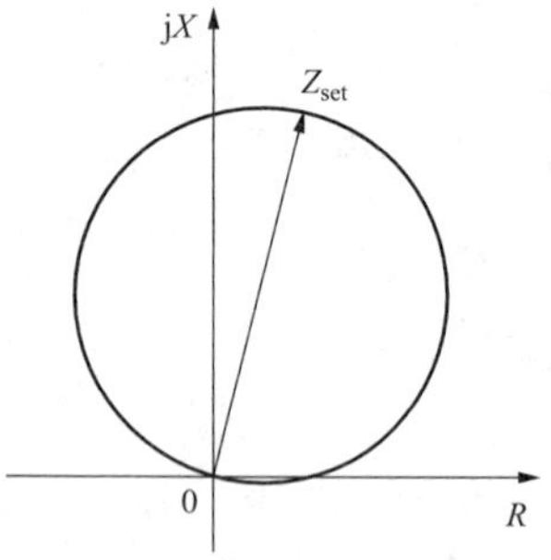

图 3-30　正向三相短路、反向三相短路时相间阻抗继电器和接地阻抗继电器的动作特性

该动作方程对应的动作特性是以（$+Z_{set}$）和坐标原点（0）两点连线为直径的圆，如图 3-30 所示。由于动作特性经过坐标原点所以在正向出口三相短路有死区，近处三相短路有可能拒动（尤其是安装在送电端的阻抗继电器，过渡电阻的附加阻抗是阻容性时），因而应采取措施消除出口短路的死区。其物理概念也很明确，当正向出口三相金属性短路时，加入继电器的正序电压仍然为零，继电器无法正确比相，所以继电器有可能拒动。

2. 反向短路动作特性分析及其性能评述

（1）反向两相短路。

以 $K_{BC}^{(2)}$ 为例，分析 BC 相间阻抗继电器。假设短路前空载，下面各式中的电流都是故障分量电流。用反方向短路系统图图 3-28（b）里的参数来表达工作电压和极化电压：

$$\begin{aligned}\dot{U}_{OPBC}&=\dot{U}_{BC}-(\dot{I}_{B}-\dot{I}_{C})Z_{set}=-(\dot{I}_{B}-\dot{I}_{C})(-Z_{m})-(\dot{I}_{B}-\dot{I}_{C})Z_{set}\\&=(\dot{I}_{B}-\dot{I}_{C})(Z_{m}-Z_{set})=2\dot{I}_{B}(Z_{m}-Z_{set})\end{aligned} \tag{3-58}$$

同样从基本概念上讲，反向短路后保护安装处正序电压发生变化是由于正序电流的故障分量 $\dot{I}_1$ 在保护正方向所有正序阻抗上的压降造成的。因此短路后保护安装处的正序电压是短路前（正常运行时）保护安装处的电压——正序电压的记忆值 $\dot{U}_{1.M}$ 与正序电压的变化量 $\Delta\dot{U}_1$ 之和。考虑到短路以前空载，短路前保护安装处的电压 $\dot{U}_{1.M}$ 等于对端电源的电动势 $\dot{E}_{R}$。因此：

$$\begin{aligned}\dot{U}_{PBC}&=\dot{U}_{1BC}=\dot{U}_{1B}-\dot{U}_{1C}=(\dot{E}_{RB}+\dot{I}_{1B}Z_{R})-(\dot{E}_{RC}+\dot{I}_{1C}Z_{R})\\&=(\dot{E}_{RB}-\dot{E}_{RC})+(\dot{I}_{1B}-\dot{I}_{1C})Z_{R}\\&=-(\dot{I}_{B}-\dot{I}_{C})(Z_{R}-Z_{m})+(\dot{I}_{1B}-\dot{I}_{1C})Z_{R}\\&=2\dot{I}_{B}(Z_{m}-Z_{R})+\dot{I}_{B}Z_{R}=2\dot{I}_{B}\left(Z_{m}-\frac{1}{2}Z_{R}\right)\end{aligned} \tag{3-59}$$

上面推导中用到了 BC 两相短路时的一些基本关系式 $\dot{I}_{B}=-\dot{I}_{C}$；$\dot{I}_{1B}-\dot{I}_{1C}=\dot{I}_{B}$。将式（3-58）和式（3-59）代入动作方程式（3-51），并消去分子分母中的 $2\dot{I}_{B}$ 得：

$$90°<\arg\frac{Z_{m}-Z_{set}}{Z_{m}-\frac{1}{2}Z_{R}}<270° \tag{3-60}$$

式中：Z_{R} 是保护正方向的等值正序阻抗。

式（3-60）动作方程对应的动作特性是以（$+Z_{set}$）和（1/2）Z_{R} 两点的连线为直径的圆，

如图 3－31 所示。该圆向第Ⅰ象限上抛，远离了坐标原点。

当反方向发生两相短路时，继电器的测量阻抗落在第Ⅲ象限。即使在反方向出口或母线发生短路，过渡电阻的附加阻抗是阻容性的话，测量阻抗进入第Ⅱ象限也进入不了圆内。所以在反向两相短路时该继电器有良好的方向性。

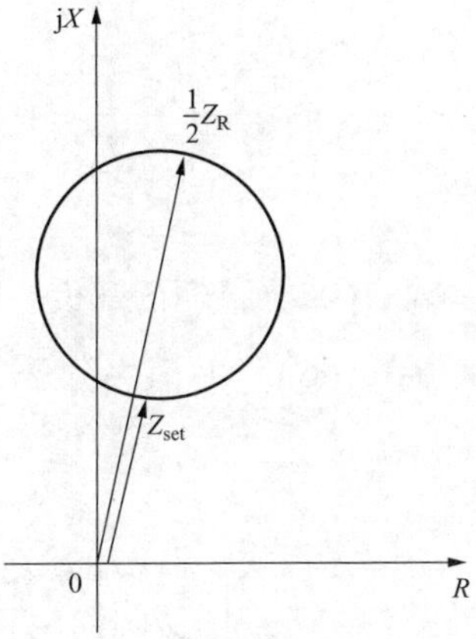

图 3－31 以正序电压作为极化电压，反向两相短路时相间阻抗继电器的动作特性

（2）反向三相短路。

三相短路时三相是对称的，三个相间阻抗继电器的动作行为是一样的。下面用反方向短路系统图图 3－28（b）里的参数来表达工作电压和极化电压。

$$\dot{U}_{OP\varphi\varphi}=\dot{U}_{\varphi\varphi}-\dot{I}_{\varphi\varphi}Z_{set}=-\dot{I}_{\varphi\varphi}(-Z_m)-\dot{I}_{\varphi\varphi}Z_{set}=\dot{I}_{\varphi\varphi}(Z_m-Z_{set}) \quad (3-61)$$

三相短路时只有正序分量，所以保护安装处的电压就是正序电压，因此极化电压为：

$$\dot{U}_{P\varphi\varphi}=\dot{U}_{1\varphi\varphi}=\dot{U}_{\varphi\varphi}=-\dot{I}_{\varphi\varphi}(-Z_m)=\dot{I}_{\varphi\varphi}Z_m \quad (3-62)$$

将式（3－61）和式（3－62）代入动作方程式（3－51），并消去分子分母中的 $\dot{I}_{\varphi\varphi}$ 得：

$$90^\circ<\arg\frac{Z_m-Z_{set}}{Z_m}<270^\circ \quad (3-63)$$

该动作方程对应的动作特性是以（$+Z_{set}$）和坐标原点（0）两点连线为直径的圆。该特性与正向三相短路时的稳态动作特性一样，如图 3－30 所示。在反向出口或母线上发生三相短路时，尤其是安装在受电端的阻抗继电器在反向出口或母线上发生三相短路时，由于过渡电阻附加阻抗是阻容性的，继电器可能会误动，所以应采取措施防止这种误动。

（二）接地阻抗继电器的动作特性分析和性能评述

接地阻抗继电器用来保护各种接地短路，它的工作电压、极化电压以及动作方程分别为：

工作电压 $$\dot{U}_{OP\varphi}=\dot{U}_{\varphi}-(\dot{I}_{\varphi}+K3\dot{I}_0)Z_{set} \quad (3-64)$$

极化电压 $$\dot{U}_{P\varphi}=\dot{U}_{1\varphi} \quad (3-65)$$

动作方程 $$90^\circ<\arg\frac{\dot{U}_{OP\varphi}}{\dot{U}_{P\varphi}}<270^\circ \quad (3-66)$$

上列各式中，φ 表示 A、B、C。

1. 正向短路动作特性分析及性能评述

（1）正向单相接地短路。

以 $K_A^{(1)}$ 为例，分析 A 相接地阻抗继电器。假设短路前空载，下面各式中的电流都是故障分量电流。用正方向短路系统图图 3－28（a）里的参数来表达工作电压和极化电压：

$$\dot{U}_{OPA}=\dot{U}_A-(\dot{I}_A+K3\dot{I}_0)Z_{set}=(\dot{I}_A+K3\dot{I}_0)Z_m-(\dot{I}_A+K3\dot{I}_0)Z_{set}=(\dot{I}_A+K3\dot{I}_0)(Z_m-Z_{set}) \quad (3-67)$$

$$\dot{U}_{PA}=\dot{U}_{1A}=\dot{E}_{SA}-\dot{I}_{1A}Z_S=(\dot{I}_A+K3\dot{I}_0)(Z_S+Z_m)-\dot{I}_{1A}Z_S=(\dot{I}_A+K3\dot{I}_0)(Z_m+k'Z_S) \quad (3-68)$$

式中：

$$k' = 1 - \frac{\dot{I}_{1A}}{\dot{I}_A + K3\dot{I}_0} = 1 - \frac{C_1 \dot{I}_{FA1}}{C_1 \dot{I}_{FA1} + C_2 \dot{I}_{FA2} + C_0 \dot{I}_{FA0} + K3C_0 \dot{I}_{FA0}} = \frac{(1+3K)C_0 + C_1}{(1+3K)C_0 + 2C_1} \tag{3-69}$$

C_1、C_2、C_0 是正、负、零序电流分配系数。将式（3-67）和式（3-68）代入动作方程式（3-66），并消去分子分母中的（$\dot{I}_A + K3\dot{I}_0$）得：

$$90° < \arg \frac{Z_m - Z_{set}}{Z_m + k'Z_S} < 270° \tag{3-70}$$

动作方程式（3-70）对应的动作特性是以（$+Z_{set}$）和（$-k'Z_S$）两点的连线为直径的圆，如图 3-32 所示。该圆向第Ⅲ象限带有偏移。

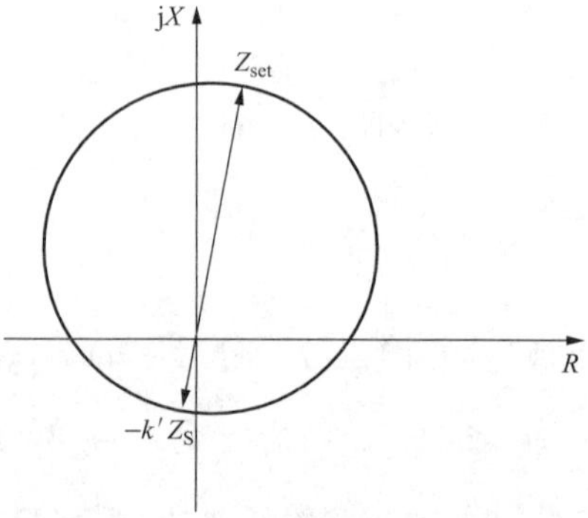

图 3-32　以正序电压作为极化电压，正向单相接地短路时接地阻抗继电器的动作特性

下面对如式（3-69）所示的系数 k' 值作一些讨论。作为一种近似的考虑，如果流过保护安装侧的正、负、零序电流分配系数都相等时，因此：

$$k' = \frac{2+3K}{3+3K} \tag{3-71}$$

输电线路零序阻抗和正序阻抗的关系决定于输电线路是单回线还是双回线路，有无架空地线以及架空地线材料的性质。单回输电线路大约 $Z_0 = (2 \sim 3.5)Z_1$，一般 $Z_0 \leqslant 3Z_1$。双回线路由于线间互感的影响，Z_0 比较大。大约 $Z_0 = (3 \sim 5.5)Z_1$。总的讲 Z_0 的范围是 $Z_0 = (2 \sim 5.5)Z_1$。这样零序电流补偿系数的变化范围是 $K = (Z_0 - Z_1)/3Z_1 = (0.33 \sim 1.5)$。因而 k' 的变化范围是 $k' = (0.75 \sim 0.87)$。

从正向单相接地短路的动作特性可对该继电器的动作性能作如下评述：

1）由于坐标原点位于动作特性之内，所以正向出口单相接地短路没有死区，不必采取其他措施。其物理概念也很明确，当正向出口单相金属性短路时，加入继电器的故障相电压虽为零，但是作为如式（3-65）所示的故障相电压中的正序极化电压并不为零。且该极化电压的相位与短路前的故障相电压同相，也与式（3-64）表达的工作电压相位相反，因此能满足式（3-66）的动作方程使继电器可靠动作。

2）与传统的以 Z_{set} 为直径，动作特性经过坐标原点的方向阻抗继电器相比，由于在 R 方向有更多的保护范围，所以保护过渡电阻的能力比传统的方向阻抗继电器强。而且现在的动作特性的下面一点是（$-k'Z_S$），Z_S 是保护背后电源的等值阻抗。所以随着运行方式的变化，动作特性的下面一点是变化的。当保护背后电源运行方式越小（Z_S 越大），保护安装侧的电流分配系数越小，因而相同的过渡电阻，产生的附加阻抗值越大，区内短路时继电器越易拒动。但由于动作特性的下面一点随 Z_S 加大而越往下移，因而圆也越大。保护过渡电阻的能力又得到增强，所以有一定的自适应能力。

需要指出，正向单相接地短路时的动作特性虽然在第Ⅲ象限有保护范围，但并不意味在反方向单相短路时该继电器要误动。因为前面在推导式（3-70）的动作方程时用的是图 3-28（a）的正方向短路系统图里的参数。所以该动作特性只能用来分析正向单相接地短路时的动作性能。

（2）正向三相短路。

接地阻抗继电器也可以用来保护三相短路。三相短路时由于三相对称，三个接地阻抗继电器的动作行为是一样的。下面用正方向短路系统图图3－28（a）里的参数来表达它的工作电压和极化电压。

$$\dot{U}_{OP\varphi}=\dot{U}_{\varphi}-(\dot{I}_{\varphi}+K3\dot{I}_0)Z_{set}=\dot{I}_{\varphi}Z_m-\dot{I}_{\varphi}Z_{set}=\dot{I}_{\varphi}(Z_m-Z_{set}) \quad (3-72)$$

三相短路时只有正序分量。所以保护安装处的电压就是正序电压。所以极化电压为：

$$\dot{U}_{P\varphi}=\dot{U}_{1\varphi}=\dot{U}_{\varphi}=\dot{I}_{\varphi}Z_m \quad (3-73)$$

将式（3－72）和式（3－73）代入动作方程式（3－66），并消去分子分母中的 $\dot{I}_{\varphi}$ 得：

$$90°<\arg\frac{Z_m-Z_{set}}{Z_m}<270° \quad (3-74)$$

该动作方程对应的动作特性是以（$+Z_{set}$）和坐标原点（0）两点连线为直径的圆，也如图3－30所示。由于动作特性经过坐标原点所以正向出口三相短路有死区，近处三相短路有可能拒动（尤其是安装在送电端的阻抗继电器，过渡电阻的附加阻抗是阻容性的）。因而应采取措施消除出口短路的死区。

2. 反向短路动作特性分析及其性能评述

（1）反向单相接地短路。

以 $K_A^{(1)}$ 为例分析A相接地阻抗继电器。假设短路前空载，下面各式中的电流都是故障分量电流。用反方向短路系统图图3－28（b）里的参数来表达工作电压和极化电压：

$$\begin{aligned}\dot{U}_{OPA}&=\dot{U}_A-(\dot{I}_A+K3\dot{I}_0)Z_{set}\\&=-(\dot{I}_A+K3\dot{I}_0)(-Z_m)-(\dot{I}_A+K3\dot{I}_0)Z_{set}\\&=(\dot{I}_A+K3\dot{I}_0)(Z_m-Z_{set})\end{aligned} \quad (3-75)$$

$$\begin{aligned}\dot{U}_{PA}&=\dot{U}_{1A}=\dot{E}_{RA}+\dot{I}_{1A}Z_R\\&=-(\dot{I}_A+K3\dot{I}_0)(Z_R-Z_m)+\dot{I}_{1A}Z_R\\&=(\dot{I}_A+K3\dot{I}_0)(Z_m-Z_R)+\dot{I}_{1A}Z_R\\&=(\dot{I}_A+K3\dot{I}_0)(Z_m-k'Z_R)\end{aligned} \quad (3-76)$$

式中 k' 的表达式仍然如式（3－71）所示。其值在0.75～0.87之间。Z_R 是保护正方向的等值阻抗。

将式（3－75）和式（3－76）代入动作方程式（3－66），并消去分子分母中的（$\dot{I}_A+K3\dot{I}_0$）得：

$$90°<\arg\frac{Z_m-Z_{set}}{Z_m-k'Z_R}<270° \quad (3-77)$$

动作方程式（3－77）对应的动作特性是以（$+Z_{set}$）和（$+k'Z_R$）两点的连线为直径的圆，如图3－33所示。该圆向第Ⅰ象限上抛，远离了坐标原点。当反方向发生单相接地短路时，继电器的测量阻抗落在第Ⅲ象限。即使在反方向出口或母线发生短路，过渡电阻的附加阻抗是阻容性的话，测量阻抗进入第Ⅱ象限也进入不了圆内。所以在反向发生单相接地短路时该继电器有良好的方向性。

（2）反向三相短路。

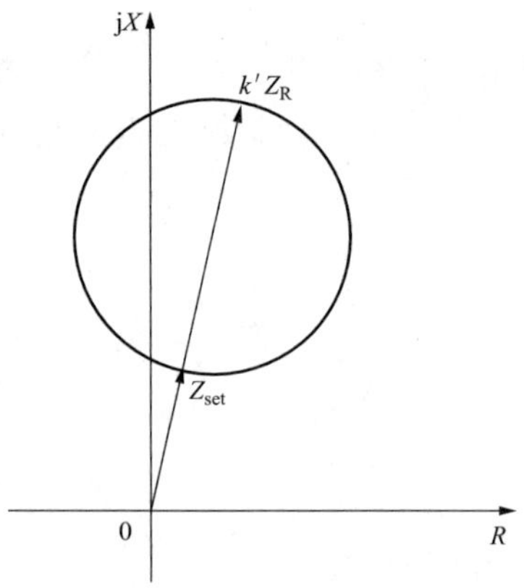

图 3-33 以正序电压作为极化电压，反向单相接地短路时接地阻抗继电器的动作特性

三相短路时三相是对称的，三个接地阻抗继电器的动作行为是一样的。下面用反方向短路系统图图 3-28（b）里的参数来表达工作电压和极化电压。

$$\dot{U}_{OP\varphi}=\dot{U}_{\varphi}-(\dot{I}_{\varphi}+K3\dot{I}_0)Z_{set}$$
$$=-\dot{I}_{\varphi}(-Z_m)-\dot{I}_{\varphi}Z_{set}=\dot{I}_{\varphi}(Z_m-Z_{set}) \tag{3-78}$$

三相短路时只有正序分量。所以保护安装处的电压就是正序电压。所以极化电压为：

$$\dot{U}_{P\varphi}=\dot{U}_{1\varphi}=\dot{U}_{\varphi}=-\dot{I}_{\varphi}(-Z_m)=\dot{I}_{\varphi}Z_m \tag{3-79}$$

将式（3-78）和式（3-79）代入动作方程式（3-66），并消去分子分母中的 $\dot{I}_{\varphi}$ 得：

$$90°<\arg\frac{Z_m-Z_{set}}{Z_m}<270° \tag{3-80}$$

该动作方程对应的动作特性是以（$+Z_{set}$）和坐标原点（0）两点连线为直径的圆。该特性与正向三相短路时的动作特性一样，如图 3-30 所示。由于动作特性经过坐标原点，所以在反向出口或母线上发生三相短路时，尤其是安装在受电端的阻抗继电器在反向出口或母线上发生三相短路时，由于过渡电阻附加阻抗是阻容性的，继电器可能会误动，所以应采取措施防止这种误动。

七、方向阻抗继电器的暂态动作特性

动作方程为式（3-28）和式（3-29）的方向阻抗继电器其动作特性是经过坐标原点的圆。前已述及动作特性经过坐标原点的阻抗继电器并不是一个理想的继电器，因为在出口短路（正向或反向）时继电器有可能不正确动作。究其原因是因为出口金属性短路时极化电压 $\dot{U}_m=0$，当比较相位的两个电气量有一个为零时，其相位比较是不准确的。如果极化电压 $\dot{U}_m$ 有一些杂散电压且其相位与工作电压相位恰好在某一些角度下的话，继电器可能不正确动作。为了消除上述缺点，在上面六、中介绍了一个方法即采用正序电压 $\dot{U}_{1m}$ 作为极化电压。用正序电压作为极化电压保证了在出口（正向或反向）发生不对称短路时继电器的正确动作，但仍不能解决出口三相短路的问题。这里介绍另一个方法，即是对方向阻抗继电器的极化电压 $\dot{U}_m$ 或正序极化电压 $\dot{U}_{1m}$ 进行“记忆”，记为 $\dot{U}_{mM}$ 或 $\dot{U}_{1mM}$。下标 M 表示记忆。即用当前时刻前 1~3 个周波的 $\dot{U}_m$ 电压或 $\dot{U}_{1m}$ 电压作为极化电压。这样，在短路初始一段时间内，前一个周波或两个周波是短路前的正常运行时刻，所以该电压是正常运行时的相电压（接地阻抗继电器）或相间电压（相间阻抗继电器），其值不为零。用这个方法使极化电压不是零，而且能进行正确的比相保证出口短路时继电器的正确动作。

用 $\dot{U}_{mM}$ 或 $\dot{U}_{1mM}$ 为极化电压，动作方程就成了式（3-81）或式（3-82）。

$$90°<\arg\frac{\dot{U}_m-\dot{I}_mZ_{set}}{\dot{U}_{mM}}<270° \tag{3-81}$$

$$90°<\arg\frac{\dot{U}_m-\dot{I}_mZ_{set}}{\dot{U}_{1mM}}<270° \tag{3-82}$$

式（3－81）、式（3－82）在微机保护上实现时实际上是用在当前时刻计算得到的工作电压与1～3个周波前计算得到的极化电压作相位比较。用短路后的电压、电流值求得的工作电压（上式中的分子）与短路前的电压、电流值求得的极化电压（上式中的分母）作相位比较，这样的动作方程对应的动作特性称作暂态动作特性。如果工作电压与极化电压都是用短路后的电压、电流值计算得到的，这时动作方程对应的动作特性称作稳态动作特性。所以在短路初始的一段时间内，由于式（3－81）、式（3－82）中的工作电压是用短路后的电压、电流求得的，而极化电压是用短路前的电压值求得的，所以这段时间内它对应的动作特性是暂态动作特性。当短路持续一段时间后，前1～3个周波的电压、电流也是短路后的电压、电流，这样，工作电压和极化电压都是用短路后的采样数据计算得到的，这时对应的动作特性就是稳态动作特性了。前面分析的那些动作特性实际上都是稳态动作特性。所以，暂态动作特性只出现在短路初始的一段时间内，这就是暂态动作特性名称的由来。在短路的整个过程中，式（3－81）、式（3－82）对应的动作特性是从短路初始的暂态动作特性逐渐过渡到稳态动作特性的全过程。

在分析暂态动作特性时，由于短路前正常运行时的电压就只有正序电压，即 $\dot{U}_{mM}=\dot{U}_{1mM}$。所以在分析暂态动作特性时，两个动作方程式（3－81）、式（3－82）完全相同。也就是这两个方程对应的暂态动作特性是相同的。下面按式（3－81）分析正、反两个方向发生短路时的暂态动作特性。

（一）正方向短路的暂态动作特性分析

在图3－34（a）所示的系统图中正方向F点发生经过渡电阻 R_g 的短路。阻抗继电器装在MN线路的M端，其背后电源的阻抗为 Z_S。加在阻抗继电器上的电压 $\dot{U}_m$、电流 $\dot{I}_m$ 是阻抗继电器接线方式中的电压、电流，其正方向为传统规定的正方向。设短路前空载，$\dot{E}_S=\dot{E}_R$，系统中各点电压都等于电动势。所以保护安装处短路前的电压也等于电动势，即 $\dot{U}_{mM}=\dot{E}_S$。将 $\dot{U}_{mM}$的值代入式（3－81），并用图3－34（a）系统图中的参数来表述式（3－81）的中间部分的角度可得到：

$$\arg\frac{\dot{U}_m-\dot{I}_mZ_{est}}{\dot{U}_{mM}}=\arg\frac{\dot{U}_m-\dot{I}_mZ_{set}}{\dot{E}_S}=\arg\frac{\dot{I}_m(Z_m-Z_{set})}{\dot{I}_m(Z_S+Z_m)}=\arg\frac{Z_m-Z_{set}}{Z_m+Z_S} \tag{3-83}$$

将式（3－83）代入动作方程式（3－81），得到：

$$90°<\arg\frac{Z_m-Z_{est}}{Z_m+Z_S}<270° \tag{3-84}$$

该动作方程对应的动作特性是以（$+Z_{set}$）和（$-Z_S$）两点连线为直径的圆，如图3－34（b）所示。该动作特性是用极化电压为短路前的电压推导出来的，所以它是正方向短路的暂态动作特性。

正方向短路的暂态动作特性把坐标原点包含在圆内了，所以正向近处短路阻抗继电器不会拒动，也消除了出口短路的死区，在正向近处发生短路时在暂态动作特性期间可马上发出跳闸命令。另外该动作特性与方向阻抗继电器的稳态动作特性相比较，它在 R 方向有更多的保护范围，所以有更好的保护过渡电阻的能力。且保护过渡电阻的能力有一定的自适应功能。需要指出，该暂态动作特性只能用来分析正方向短路，因为式（3－84）的动作方程是用正方向短路的系统图中的参数推导出来的，不能用该动作特性来分析反方向短路。

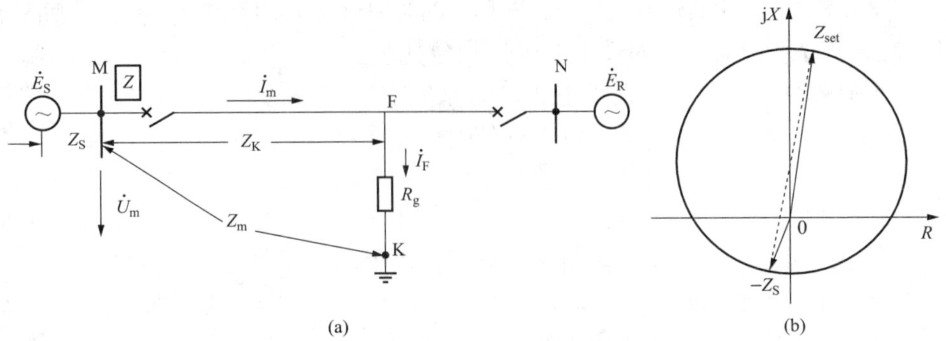

图 3-34　正方向短路的系统图和方向阻抗继电器的暂态动作特性

（a）系统图；（b）正向短路方向阻抗继电器的暂态动作特性

（二）反方向短路的暂态动作特性分析

在图 3-35（a）所示的系统图中，反方向 F 点发生经过渡电阻 R_g 的短路。阻抗继电器装在 MN 线路的 M 端，其正方向的所有阻抗为 Z_R。加在阻抗继电器上的电压 $\dot{U}_m$、电流 $\dot{I}_m$ 是阻抗继电器接线方式中的电压、电流，其正方向为传统规定的正方向。式（3-81）中的极化电压 $\dot{U}_{mM}$ 是正常运行时的 M 母线电压。设短路前空载，$\dot{E}_S=\dot{E}_R$，系统中各点电压都等于电动势。所以保护安装处短路前的电压也等于电动势，即 $\dot{U}_{mM}=\dot{E}_R$。将 $\dot{U}_{mM}$ 值代入动作方程式（3-81），并用图 3-35（a）系统图中的参数来表述式（3-81）中间部分的角度可得到：

$$\arg\frac{\dot{U}_m-\dot{I}_mZ_{set}}{\dot{U}_{mM}}=\arg\frac{\dot{U}_m-\dot{I}_mZ_{set}}{\dot{E}_R}=\arg\frac{-\dot{I}_m(-Z_m)-\dot{I}_mZ_{set}}{\dot{E}_R}$$

$$=\arg\frac{\dot{I}_m(Z_m-Z_{set})}{-\dot{I}_m(Z_R-Z_m)}=\arg\frac{Z_m-Z_{set}}{Z_m-Z_R}\tag{3-85}$$

图 3-35　反方向短路的系统图和方向阻抗继电器的暂态动作特性

（a）系统图；（b）反向短路时方向阻抗继电器的暂态动作特性

将式（3-85）代入动作方程式（3-81）得到：

$$90° < \arg \frac{Z_m - Z_{set}}{Z_m - Z_R} < 270° \tag{3-86}$$

该动作方程对应的动作特性是以（$+Z_{set}$）和（$+Z_R$）两点连线为直径的圆。如图 3-35（b）所示。这动作特性是用极化电压为短路前的电压推导出来的，所以它是反方向短路时的暂态动作特性。

反方向短路的暂态动作特性是一个向第Ⅰ象限上抛的圆，远离了坐标原点。所以即使在反方向出口短路，过渡电阻附加阻抗是阻容性的，导致测量阻抗进入第Ⅱ象限，继电器也不会误动。所以，反向短路的暂态动作特性有良好的方向性。但是短路持续一段时间以后继电器进入稳态动作特性，此时防止反方向出口短路的误动问题需要另想方法解决。

八、工频变化量的阻抗继电器

对继电保护从原理上划分有反应稳态量的保护和反应暂态量的保护两大类。最早研究并使用的都是反应稳态量的保护，例如通常的电流、电压保护，零序电流保护，用上面分析的阻抗继电器为核心构成的距离保护，以及原先应用的纵联保护等都是反应稳态量的保护。反应暂态量的保护有：反应工频变化量的保护，反应行波初始特征的行波保护，反应电气量中的暂态分量保护等。

反应工频变化量的保护是由我国科学家首先提出并付诸实现的。20 世纪 80 年代初，首先提出工频变化量的阻抗继电器[2]和工频变化量的方向继电器[1]的理论，同时立即将它们应用在集成电路保护中并取得了良好的业绩。随后工频变化量的保护又应用在微机线路保护、微机母线保护和主设备保护中。使工频变化量继电器的理论更加成熟，应用更加广泛，分析更加完善。下面以工频变化量阻抗继电器为例，分析工频变化量继电器的原理。

（一）重叠原理的应用

工频变化量继电器等凡是反应暂态分量的继电器的理论基础都是重叠原理。图 3-36（a）是发生短路后的系统图。在 F 点发生经过渡电阻 R_g 的短路，可以理解成在过渡电阻 R_g 的下方 K 点发生金属性短路，K 点对中心点的电压为零。现在在 K 点与中性点之间串入幅值相等相位相反的两个电压源 $\Delta\dot{U}_F$ 后，依然保持 K 点的电位是零，没有改变短路后的状态，所以图（a）是短路后的系统图。根据重叠原理，图（a）的系统图可以分解成由 $\dot{E}_S$、$\dot{E}_R$ 和上面一个 $\Delta\dot{U}_F$ 三个电压源作用的图（b）和由下面一个 $\Delta\dot{U}_F$ 电压源单独发挥作用的图（c）的叠加。由重叠原理可知，图（a）中某点对中性点的电压，例如 M 母线处的电压 $\dot{U}$，是图（b）和图（c）中相应点的电压 $\dot{U}_l$ 和 $\Delta\dot{U}$ 之和。图（a）中某支路中的电流，例如 MF 支路中的电流 $\dot{I}$，是图（b）和图（c）中相应支路中的电流 $\dot{I}_l$ 和 $\Delta\dot{I}$ 之和。由重叠原理本身来说，图中 $\Delta\dot{U}_F$ 的幅值可取任意值，图（a）始终是图（b）和图（c）的叠加。但是在继电保护中，通常 $\Delta\dot{U}_F$ 取成短路点 F 在短路前的电压 $\dot{U}_{F|0|}$。由于两侧电动势 $\dot{E}_S$ 和 $\dot{E}_R$ 在短路前后是不变的。这样图（b）中的 $\dot{E}_S$ 和 $\dot{E}_R$ 也是短路前的电动势，K 点的电压是短路前 F 点的电压 $\dot{U}_{F|0|}$。如果短路前系统是正常运行方式，则图（b）就是短路前的正常负荷状态。在该状态里，流过过渡电阻 R_g 里的电流为零。M 点的电压和 MF 支路中的电流是负荷电压 $\dot{U}_l$ 和负荷电流 $\dot{I}_l$。图（c）称作短路附加状态。在短路附加状态里的电气量都加一个“Δ”。在该图中的 $\Delta\dot{U}$ 和 $\Delta\dot{I}$ 可由下式求出：

$$\begin{cases} \Delta\dot{U} = \dot{U} - \dot{U}_l \\ \Delta\dot{I} = \dot{I} - \dot{I}_l \end{cases} \tag{3-87}$$

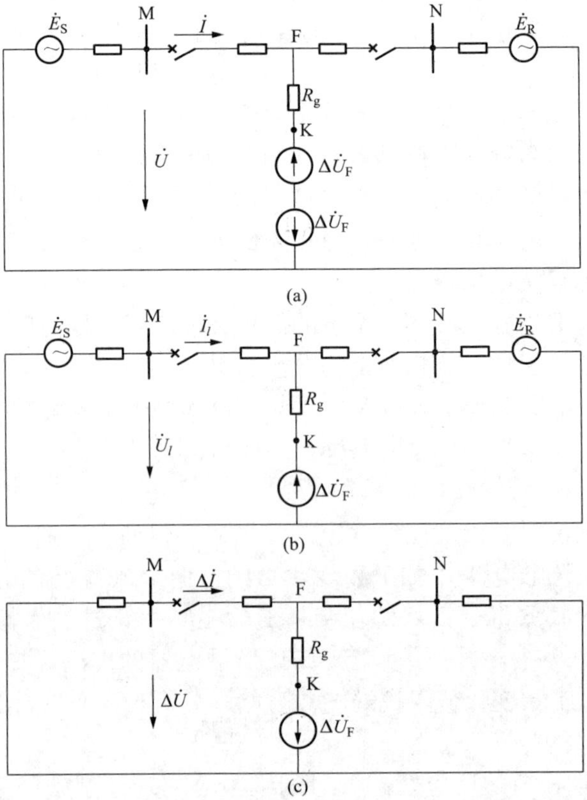

图 3－36　重叠原理示意图

（a）短路后状态；（b）正常负荷状态；（c）短路附加状态

式（3－87）中的 $\dot{U}$ 和 $\dot{I}$ 是短路后的电压、电流，是微机保护目前正在采样得到的数据。而 $\dot{U}_l$ 和 $\dot{I}_l$ 是短路前的电压、电流，是微机保护在以前历史上采样得到的数据。于是，微机保护将它们作个减法运算，就可得到短路附加状态里的电压和电流 $\Delta\dot{U}$、$\Delta\dot{I}$。它们反应的是电压和电流的变化量。用这个 $\Delta\dot{U}$ 和 $\Delta\dot{I}$ 构成的保护就是变化量的保护，这种反应变化量的保护也是一种暂态分量的保护。如果我们用滤波方法只取它们的工频量，那么这种保护就称作工频变化量的保护。所以工频变化量的保护就是用短路附加状态里的电气量构成的保护。在分析工频变化量的保护时，就应该用图 3－36（c）的短路附加状态来进行分析。

最后需要说明的是，在把当前采样得到的电气量减去历史上采样得到的电气量来获取工频变化量时，一定是要减去一个周波或两个周波前的相应时刻的电气量。也就是同一个电气角度下的两个电气量相减才是真正意义上的变化量。由于计算机的采样周期是有误差的，所以为了不带来更多的累计误差，一般只把当前的采样点的值减去 1～3 个周波以前的采样点的值来获取工频变化量。这样在短路稳态时得到的工频变化量就是零，只有在短路初瞬才能有工频变化量。所以工频变化量的保护只能用来构成快速的保护，无法用它来构成带时限的保护。

（二）工作原理与动作方程

工频变化量阻抗继电器的工作电压 $\Delta\dot{U}_{OP}$ 定义为：

$$\Delta\dot{U}_{OP}=\Delta(\dot{U}_{m}-\dot{I}_{m}Z_{set})=\Delta\dot{U}_{m}-\Delta\dot{I}_{m}Z_{set} \tag{3-88}$$

式中：$(\dot{U}_{m}-\dot{I}_{m}Z_{set})$ 是由式（3－22）表达的一般的阻抗继电器的工作电压，该工作电压的变化量就是工频变化量阻抗继电器的工作电压。Z_{set} 为工频变化量阻抗继电器的整定阻抗。$\dot{U}_{m}$、$\dot{I}_{m}$ 是由阻抗继电器接线方式决定的电压、电流。对于接地阻抗继电器来说，$\Delta\dot{U}_{OP\varphi}=\Delta[\dot{U}_{\varphi}-(\dot{I}_{\varphi}+K3\dot{I}_{0})Z_{set}]$。对于相间阻抗继电器来说，$\Delta\dot{U}_{OP\varphi\varphi}=\Delta(\dot{U}_{\varphi\varphi}-\dot{I}_{\varphi\varphi}Z_{set})$。其中 φ 表示 A、B、C；$\varphi\varphi$ 表示 AB、BC、CA。

由于一般阻抗继电器的工作电压 $(\dot{U}_{m}-\dot{I}_{m}Z_{set})$ 的物理概念是：如果从保护安装处到保护范围末端流的是同一个电流 $\dot{I}_{m}$ 时的保护范围末端电压，所以工频变化量阻抗继电器的工作电压 $\Delta\dot{U}_{OP}$ 的物理概念是此时的保护范围末端电压的变化量。

在保护正方向发生金属性短路时，其短路附加状态如图 3－37（a）所示。$\Delta\dot{U}_{m}$ 是短路附加状态中保护安装处的电压，其规定的正方向是母线电位为正，中性点电位为负，图中 $\Delta\dot{U}_{m}$ 的箭头方向是电位降的方向。$\Delta\dot{I}_{m}$ 是短路附加状态中流过保护的电流，其规定的正方向是由保护安装处的母线流向被保护线路的方向为正方向，如图中箭头所示的方向。于是可得到正方向短路的基本关系式：

$$\Delta\dot{U}_{m}=-\Delta\dot{I}_{m}Z_{S} \tag{3-89}$$

式中：Z_{S} 是保护背后电源的等值正序阻抗。在分析工频变化量阻抗继电器和工频变化量方向继电器时都要用到该基本关系式。将式（3－89）代入式（3－88）得到：

$$\Delta\dot{U}_{OP}=-\Delta\dot{I}_{m}Z_{S}-\Delta\dot{I}_{m}Z_{set}=-\Delta\dot{I}_{m}(Z_{S}+Z_{set}) \tag{3-90}$$

在图 3－37（a）中根据 $\Delta\dot{U}_{F}$ 的箭头方向可得到：

$$\Delta\dot{U}_{F}=\Delta\dot{I}_{m}(Z_{S}+Z_{K}) \tag{3-91}$$

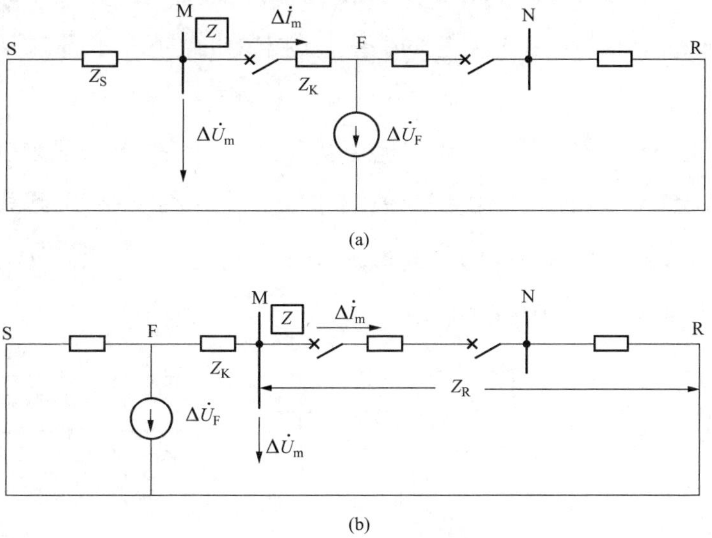

图 3－37 金属性短路时的短路附加状态

（a）正方向短路；（b）反方向短路

式中：Z_K 是从短路点 F 到保护安装处的正序阻抗。如果在保护范围内发生短路，$Z_K < Z_{set}$。由式（3－90）和式（3－91）可见，$|\Delta U_{OP}| > |\Delta U_F|$。如果在保护范围外发生短路，$Z_K > Z_{set}$。由式（3－90）和式（3－91）可见 $|\Delta U_{OP}| < |\Delta U_F|$。所以比较 $\Delta\dot{U}_{OP}$ 和 $\Delta\dot{U}_F$ 的幅值大小就可以区分区内外的故障。

根据上述关系也可以画出图 3－38 的正方向短路的电位图。该电位图反应的是短路时各点电压的变化量，也就是短路附加状态中的各点电压值。从电位图上可以更直观地观察到 $\Delta\dot{U}_{OP}$ 和 $\Delta\dot{U}_F$ 的幅值大小。区内发生金属性短路时的电位图如图 3－38（a）所示。Y 点是保护范围末端，Y 点到保护安装处 M 点的正序阻抗是整定阻抗 Z_{set}，短路点 F 的电压是从短路前的 $\Delta\dot{U}_F$ 变到零，所以电压变化的幅值是 $\Delta\dot{U}_F$，保护安装处背后电动势 S 点的电压是不变的。将 S 点与 $\Delta\dot{U}_F$ 的端点相连并延长与 Y 点的垂线相交，就可得到短路附加状态中的保护范围末端的电压——工作电压 $\Delta\dot{U}_{OP}$。这个电压并不是真正的保护范围末端的电压的变化量，而是假设从保护安装处到保护范围末端都流的是与流过保护的电流相同的同一个电流时的保护范围末端的电压变化量。从图 3－38（a）可见，区内短路时 $|\Delta\dot{U}_{OP}| > |\Delta\dot{U}_F|$。其实该电位图是与式（3－90）和式（3－91）对应的。式（3－90）中的（$Z_S + Z_{set}$）是 SY 线段的长度。该阻抗乘以 $-\Delta\dot{I}_m$，就是 SY 线段乘以斜线的斜率得到 $\Delta\dot{U}_{OP}$，该斜线的斜率就是 $-\Delta\dot{I}_m$。式（3－91）中的（$Z_S + Z_K$）是 SF 线段的长度。该阻抗同样乘以 $-\Delta\dot{I}_m$，就是 SF 乘以斜线的斜率得到 $\Delta\dot{U}_F$。因为斜率是相同的，区内短路时由于 SY 比 SF 长，所以 $|\Delta\dot{U}_{OP}| > |\Delta\dot{U}_F|$。区外发生金属性短路时的电位图如图 3－38（b）所示。Y 点是保护范围末端，Y 点到保护安装处 M 点的阻抗是整定阻抗 Z_{set}，短路点 F 的电压从短路前的 $\Delta\dot{U}_F$ 变到零，电压变化的幅值仍然是 $\Delta\dot{U}_F$，保护安装处背后电动势 S 点的电压是不变的。将 S 点与 $\Delta\dot{U}_F$ 的端点相连，与 Y 点的垂线相交就可得到短路附加状态中的保护范围末端的电压——工作电压 $\Delta\dot{U}_{OP}$。这个电压是真正的保护范围末端的电压变化量。从图中可见，区外短路时 $|\Delta\dot{U}_{OP}| < |\Delta\dot{U}_F|$。该电位图也是与式（3－90）和式（3－91）对应的。式（3－90）中的（$Z_S + Z_{set}$）是 SY 线段的长度。该阻抗乘以 $-\Delta\dot{I}_m$，就是 SY 线段乘以斜线的斜率得到 $\Delta\dot{U}_{OP}$，该斜线的斜率就是 $-\Delta\dot{I}_m$。式（3－91）中的（$Z_S + Z_K$）是 SF 线段的长度。该阻抗同样乘以 $-\Delta\dot{I}_m$，就是 SF 乘以斜线的斜率得到 $\Delta\dot{U}_F$。因为斜率是相同的，区外短路时由于 SY 比 SF 短，所以 $|\Delta\dot{U}_{OP}| < |\Delta U_F|$。

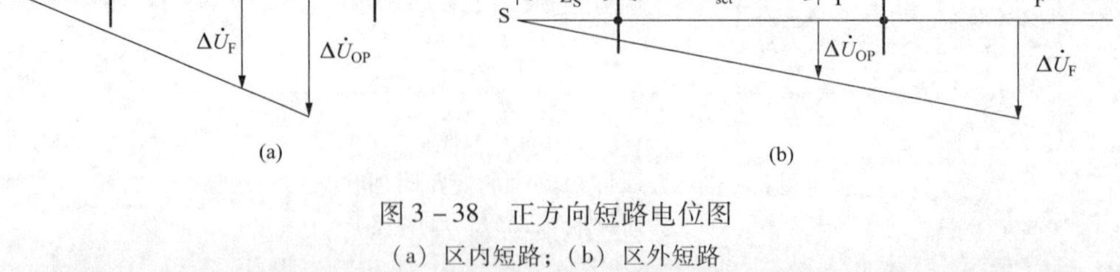

图 3－38　正方向短路电位图
（a）区内短路；（b）区外短路

在保护反方向发生金属性短路时，其短路附加状态如图 3－37（b）所示。按 $\Delta\dot{U}_m$、$\Delta\dot{I}_m$ 规定的正方向可得到反方向短路的基本关系式：

$$\Delta\dot{U}_m=\Delta\dot{I}_m Z_R \tag{3-92}$$

式中：Z_R 是保护正方向的等值正序阻抗。同样在分析工频变化量阻抗继电器和工频变化量方向继电器时都要用到该基本关系式。将式（3－92）代入式（3－88）可得到：

$$\Delta\dot{U}_{OP}=\Delta\dot{I}_m Z_R-\Delta\dot{I}_m Z_{set}=\Delta\dot{I}_m(Z_R-Z_{set}) \tag{3-93}$$

在图 3－37（b）中根据 $\Delta\dot{U}_F$ 的箭头方向可得到：

$$\Delta\dot{U}_F=-\Delta\dot{I}_m(Z_R+Z_K) \tag{3-94}$$

比较式（3－93）和式（3－94），由于 $Z_{set}\leqslant Z_R$，因而 $|\Delta U_{OP}|<|\Delta U_F|$。这个关系也可以直接由电位图上直观地看出。图 3－39 是反方向金属性短路时各点的电位图。Y 点是保护范围末端，Y 点到保护安装处 M 点的正序阻抗是整定阻抗 Z_{set}。短路点 F 在保护安装处的反方向，它到 M 点的正序阻抗为 Z_K。短路点 F 的电压从短路前的 $\Delta\dot{U}_F$ 变到零，电压变化的幅值还是 ΔU_F。保护安装处对端电动势 R 点的电压是不变的。将 R 点与 ΔU_F 的端点相连，与 Y 点的垂线相交就可得到短路附加状态中的保护范围末端的电压——工作电压 ΔU_{OP}。该电压也是真正的保护范围末端的电压变化量。从图中可见，区外短路时 $|\Delta U_{OP}|<|\Delta U_F|$。该电位图与式（3－93）和式（3－94）是对应的。由于保护安装处正方向的等值阻抗是 Z_R，式（3－93）中的（Z_R-Z_{set}）是 RY 线段的长度。该阻抗乘以 ΔI_m，就是 RY 线段乘以斜线的斜率得到 ΔU_{OP}，该斜线的斜率就是 ΔI_m。式（3－94）中的（Z_R+Z_K）是 RF 线段的长度。该阻抗同样乘以 ΔI_m，就是 RF 线段乘以斜线的斜率得到 ΔU_F。因为斜率是相同的，反方向短路时由于 RY 比 RF 短，所以 $|\Delta U_{OP}|<|\Delta U_F|$。

从上面正方向的区内、区外和反方向短路的分析可见，只有正方向区内短路时 $|\Delta U_{OP}|>|\Delta U_F|$。而在正方向区外短路和反方向短路时 $|\Delta U_{OP}|<|\Delta U_F|$。因而按下面式（3－95）表达的动作方程构成的阻抗继电器可以满足只有区内短路时继电器才动作的要求。

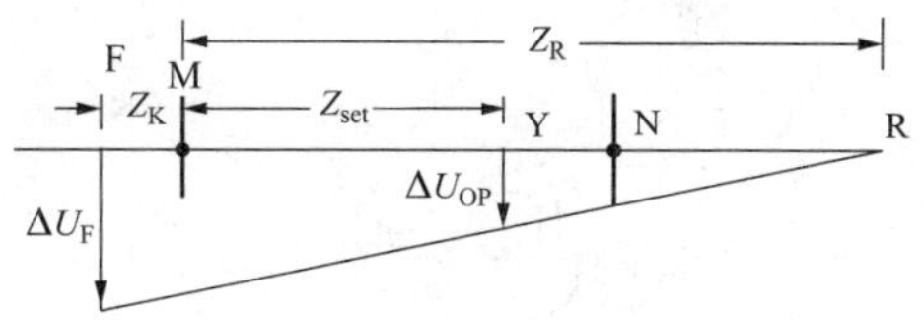

图 3－39　反方向短路电位图

$$|\Delta U_{OP}|>|\Delta U_F| \tag{3-95}$$

式（3－95）中的动作量 ΔU_{OP} 微机保护可按式（3－88）算出。但式（3－95）中的制动量 $\Delta\dot{U}_F$ 微机保护无法算出。因为 $\Delta\dot{U}_F$ 是短路点 F 在短路前的电压 $\dot{U}_{F|0|}$，从某种意义上讲保护装置目前正在寻找短路点的位置，所以短路点在短路前的电压是未知的。因此式（3－95）是一个无法真正实现的动作方程。为了构成一个可以实现的动作方程，我们用保护范围末端在短路前的电压来代替短路点在短路前的电压。由于整定阻抗 Z_{set} 是已知的，也就是保护范围末端是已知的，因而保护范围末端在短路前的电压是可以根据短路前的参数求得的。现在的问题是用保护范围末端在短路前的电压来代替短路点在短路前的电压后还能不能保证在区内短路时继电器动作，区外和反方向短路时继电器不动作？如果短路恰好发生在保护范围的末端，那么用保护范围末端在短路前的电压来代替短路点在短路前的电压，是完全准确一点误差也没有的，这时继电器处于动作边界。这就说明保护范围末端这一点是准确的，换句话说保护范围是准确的。那么区内短路时继电器肯定能动作，这么代替的结果只是

灵敏度高低的差别而已。同理区外短路和反方向短路继电器肯定不动作，这么代替的结果只是不动作的可靠性高低的差别而已。由于短路前在正常运行时各点的电压差别不大，都在额定电压左右，所以上述的差别并不是很大的。

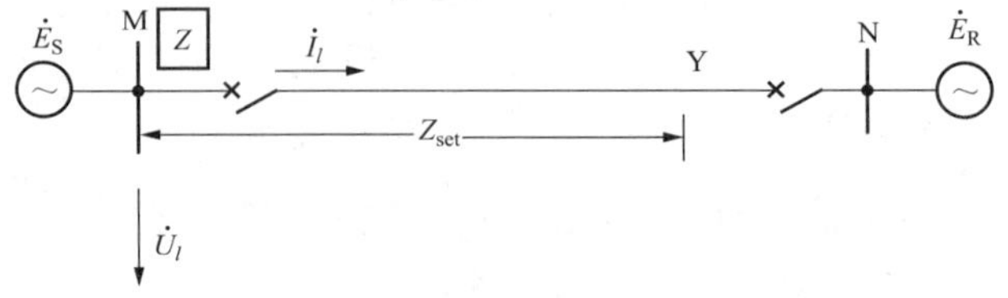

图 3-40　正常运行系统图

那么保护范围末端在短路前的电压怎么计算呢？图 3-40 是短路前正常运行时的系统图。保护安装处的电压 $\dot{U}_l$ 是负荷电压，流过保护的电流 $\dot{I}_l$ 是负荷电流。它们都是在正常运行时微机保护采样得到的值。$\dot{U}_l$、$\dot{I}_l$ 规定的正方向为传统规定的正方向，如图中箭头所示。所以短路前保护范围末端 Y 点的电压可按 $\dot{U}_l - \dot{I}_l Z_{set}$ 计算得到。该计算式的结构与阻抗继电器的工作电压的结构形式完全一样，是阻抗继电器在正常运行时的工作电压，称作工作电压的记忆值，记为 $\dot{U}_{OP.M}$。下标 M 表示“记忆”值。于是 $\dot{U}_{OP.M}$ 可按下式求得：

$$\dot{U}_{OP.M} = \dot{U}_l - \dot{I}_l Z_{set} \tag{3-96}$$

这样，工频变化量阻抗继电器真正用以实现的动作方程为：

$$|\Delta U_{OP}| > |U_{OP.M}| \tag{3-97}$$

动作量与制动量分别由式（3-88）和式（3-96）求得。

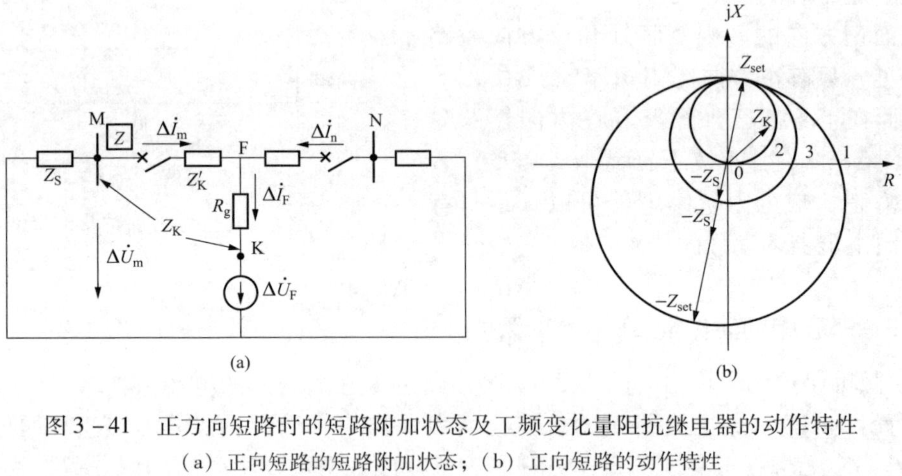

图 3-41　正方向短路时的短路附加状态及工频变化量阻抗继电器的动作特性

（a）正向短路的短路附加状态；（b）正向短路的动作特性

（三）正方向短路的动作特性分析及性能评述

正方向短路时的短路附加状态如图 3-41（a）所示。加在工频变化量阻抗继电器上的电压 $\Delta\dot{U}_m$ 和电流 $\Delta\dot{I}_m$ 是阻抗继电器接线方式中规定的电压、电流的变化量，其正方向为传统规定的方向。流过过渡电阻 R_g 的电流 $\Delta\dot{I}_F$ 按与 $\Delta\dot{I}_m$ 的正方向相一致来规定它的正方向，其电流是由上向下为正方向，故 $\Delta\dot{I}_F = \Delta\dot{I}_m + \Delta\dot{I}_n$。从保护安装处 M 到过渡电阻下面 K 点的阻抗 Z_K 是短路点 F 到保护安装处的阻抗 Z'_K 和过渡电阻的附加阻抗 Z_a 之和，$Z_K = Z'_K +$

Z_a。Z_K 反应了短路点的位置和过渡电阻附加阻抗的状况。保护背后电源的等值阻抗为 Z_S。在分析工频变化量阻抗继电器的动作特性时还是按动作方程为 $|\Delta U_{OP}| > |\Delta U_F|$ 来分析。用图 3－41（a）中的参数来表达 $\Delta\dot{U}_{OP}$ 和 $\Delta\dot{U}_F$ 可得到：

$$\Delta\dot{U}_{OP} = \Delta\dot{U}_m - \Delta\dot{I}_m Z_{set} = -\Delta\dot{I}_m Z_S - \Delta\dot{I}_m Z_{set} = -\Delta\dot{I}_m (Z_S + Z_{set}) \quad (3-98)$$

$$\Delta\dot{U}_F = \Delta\dot{I}_m (Z_S + Z_K) \quad (3-99)$$

将式（3－98）、式（3－99）代入动作方程，消去动作量和制动量中的 $\Delta\dot{I}_m$ 得到：

$$|Z_S + Z_{set}| > |Z_S + Z_K| \quad (3-100)$$

这是一个幅值比较动作方程。为了在阻抗复数平面上画出它的动作特性，先按本节五、所述方法把它转换成等效的相位比较动作方程。$\dot{A} = Z_S + Z_{set}$，$\dot{B} = Z_S + Z_K$，则 $\dot{C} = \dot{B} - \dot{A} = Z_K - Z_{set}$，$\dot{D} = \dot{B} + \dot{A} = Z_K + 2Z_S + Z_{set}$。所以相位比较动作方程为：

$$90° < \arg \frac{Z_K - Z_{set}}{Z_K + 2Z_S + Z_{set}} < 270° \quad (3-101)$$

如果以 Z_K 为自变量，根据本节五、的知识可知：该动作方程对应的动作特性是以 $(+Z_{set})$、$(-2Z_S - Z_{set})$ 两相量的端点的连线为直径的圆，如图 3－41（b）中的圆 1 所示，Z_K 相量位于圆内继电器动作。该圆向第Ⅲ象限有很大的偏移。

对工频变化量阻抗继电器的动作性能作如下评述。

（1）继电器有很强的保护过渡电阻的能力，而且该能力有很强的自适应功能。

与一般的动作特性为图 3－41（b）中圆 2 所示的方向阻抗继电器相比，工频变化量阻抗继电器在 R 方向上有更多的保护范围。就是与方向阻抗继电器的正方向短路暂态动作特性圆（见本节七、）的圆 3 相比，在 R 方向上也有更多的保护范围。所以在区内经过渡电阻短路更不易拒动，保护过渡电阻的能力很强。对工频变化量阻抗继电器来讲，与一般的阻抗继电器一样其过渡电阻的附加阻抗是流过过渡电阻上的电流与流过保护的电流的比值再乘以过渡电阻值。所不同的是其电流是图 3－41（a）所示的短路附加状态里的电流。所以过渡电阻附加阻抗的值为 $Z_a = (\Delta\dot{I}_F/\Delta\dot{I}_m)R_g$。如果保护背后电源的运行方式越小，即 Z_S 越大，则 $\Delta\dot{I}_F$ 中分到流过保护的电流 $\Delta\dot{I}_m$ 就越小，因此，相同的 R_g 值，过渡电阻附加阻抗 Z_a 值就越大，继电器在区内短路就越易拒动。但是如图 3－41（b）中的圆 1 所示的工频变化量阻抗继电器的动作特性中的直径的下面一点，即 $(-2Z_S - Z_{set})$ 的那一点，是随运行方式的变化而变化的。当 Z_S 越大，该点就越往下移，圆也就越大，在 R 方向上就有更多的保护范围，区内短路就越不易拒动，所以保护过渡电阻的能力有自适应功能。由于圆的下面这一点与两倍的（$-Z_S$）有关，所以该自适应功能是很强的。

（2）区外短路不会超越。

对工频变化量阻抗继电器来说，过渡电阻的附加阻抗 $Z_a = (\Delta\dot{I}_F/\Delta I_m)R_g$ 是纯电阻性的。在图 3－41（a）的短路附加状态中，因为 $\Delta\dot{I}_F = \Delta\dot{I}_m + \Delta\dot{I}_n$，所以如果 $\Delta\dot{I}_F$ 和 $\Delta\dot{I}_m$ 有相角差的话，此相角差也是由于 $\Delta\dot{I}_m$ 和 $\Delta\dot{I}_n$ 有相角差造成的。由于短路附加状态中系统两侧没有电动势，所以两侧电流 $\Delta\dot{I}_m$ 和 $\Delta\dot{I}_n$ 间的相角差只决定于短路点两侧阻抗的阻抗角的差别，而该阻抗角的差别是很小的。所以 $\Delta\dot{I}_F$ 和 $\Delta\dot{I}_m$ 接近同相，Z_a 是纯电阻性的。从图 3－41（b）圆 1 的动作特性看，如果区外发生短路，在圆外的 Z'_K 相量上再叠加一个与 R 轴平行的过渡电阻附加阻抗 Z_a，其 Z_K 相量是进入不了圆内的。所以区外短路不会误动。

（3）正方向出口短路没有死区，近处故障不会拒动。

因为正方向短路的动作特性是向第Ⅲ象限有很大偏移的圆，坐标原点在动作特性内。因而正方向出口短路无死区，近处故障也不会拒动。不必采取任何其他措施。

（4）正向出口短路时动作速度很快。

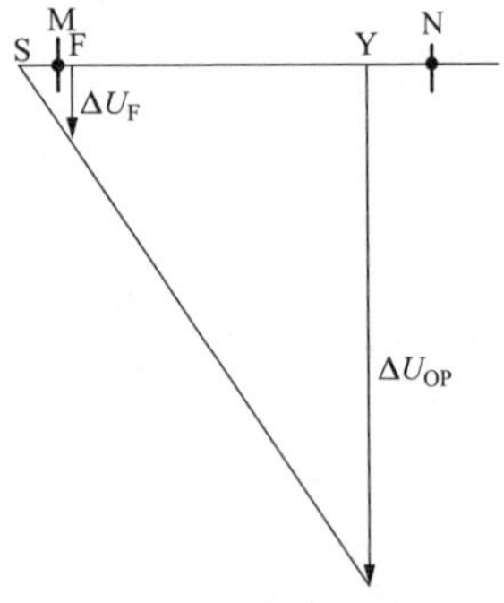

图 3－42　正方向出口短路时的电位图

在正向出口短路时工频变化量阻抗继电器的动作速度很快，这是工频变化量阻抗继电器的一个突出优点。当保护背后电源的运行方式越大（即 Z_S 越小），而本线路越长时（此时保护整定阻抗越大，保护范围末端 Y 点离保护安装处越远），出口短路动作速度越快。现以图 3－42 的电位图来作解释。在该图中短路点 F 在保护出口，F 点发生金属性短路时，电压变化了 ΔU_F。Z_S 很小，所以 S 点离保护安装处很近。S 点与 ΔU_F 端点相连，这条斜线的斜率很大，也就是说 $\Delta \dot{I}_m$ 值很大。该斜线与经 Y 点的垂线相交得到 ΔU_{OP}。由于本线路很长，Y 点离保护安装处很远，所以得到的 ΔU_{OP}很大，$\Delta U_{OP} \gg \Delta U_F$。由于动作量比制动量大得多，再加之使用积分算法，所以继电器动作速度很快。出口短路最快可达到 4ms 发跳闸命令，现场曾经有 3ms 发跳闸命令的记录。短路点越近，保护动作速度越快，这符合系统稳定对保护的要求。现在一般纵联保护都要 20～25ms 才能发跳令，工频变化量距离保护是目前最快的一种线路保护。该保护可构成快速距离保护的第Ⅰ段。

（5）系统振荡时或者系统运行中电流、电压有波动时工频变化量阻抗继电器不会误动。

从式（3－97）表达的动作方程来看，工频变化量阻抗继电器是一个门槛电压近似为额定电压的过电压继电器，制动量很大。而在系统振荡时由于电压和电流的变化比较缓慢，在式（3－88）决定的动作量 $\Delta \dot{U}_{OP}$中，由于 $\Delta \dot{U}_m$ 和 $\Delta \dot{I}_m$ 比较小，因而动作量比较小，所以继电器不会误动（或者直接从物理概念上理解：系统振荡时保护范围末端电压的变化量——相隔一个周波的两个电压差很小，其值总是小于额定电压的，所以继电器不动作）。系统振荡时工频变化量阻抗继电器不会误动这又是比稳态量阻抗继电器优越的地方。正因为如此，工频变化量阻抗继电器不必经振荡闭锁控制。

（6）在单侧电源线路上发生短路时，受电侧的工频变化量阻抗继电器的动作行为也是正确的。

单侧电源线路只要有电动机负荷，由于在短路暂态过程中电动机呈现的是暂态电抗，在短路附加状态中与有电源的情况完全一样。所以在线路上发生短路时只要短路前有负荷电流，在短路暂态过程中受电侧有电流的变化量，那么安装在受电侧的工频变化量阻抗继电器的动作行为也是正确的。

（7）工频变化量阻抗继电器在本线路以及正、反方向相邻线路有串联补偿电容时的动作行为分析及相应的对策请参阅本节十三、。分析表明工频变化量阻抗继电器很适用于在上述有串补电容的情况下使用。

（8）用工频变化量阻抗继电器计算出的工作电压的数值可用以构成选相元件，详见本章第五节。

工频变化量阻抗继电器正方向短路时的动作特性虽然在第Ⅲ象限有保护范围，但并不表示反方向短路时它会误动。因为该动作特性是用图 3－41（a）所示的正方向短路时的短路附加状态和正方向短路基本关系式推导出来的，所以只能用它来分析正方向短路。这一点提请读者注意。

（四）反方向短路的动作特性分析及性能评述

反方向短路时的短路附加状态如图 3－43（a）所示。加在工频变化量阻抗继电器上的电压 $\Delta\dot{U}_m$ 和电流 $\Delta\dot{I}_m$ 是阻抗继电器接线方式中规定的电压、电流的变化量，其正方向为传统规定的方向。流过过渡电阻 R_g 的电流 $\Delta\dot{I}_F$，按与 $\Delta\dot{I}_m$ 的正方向相一致来规定它的正方向，其电流是由下向上为正方向，故 $\Delta\dot{I}_F=\Delta\dot{I}_m+\Delta\dot{I}_n$。从保护安装处 M 到过渡电阻下面 K 点的阻抗 Z_K 是短路点 F 到保护安装处的阻抗 Z'_K 和过渡电阻的附加阻抗 Z_a 之和，$Z_K=Z'_K+Z_a$。Z_K 反应了短路点的位置和过渡电阻附加阻抗的状况。保护安装处正方向的所有阻抗为 Z_R。在分析工频变化量阻抗继电器的动作特性时也还是按动作方程为 $|\Delta U_{OP}|>|\Delta U_F|$ 来分析。用图 3－43（a）中的参数来表达 $\Delta\dot{U}_{OP}$ 中的 $\Delta\dot{U}_m$ 和 $\Delta\dot{U}_F$ 可得到：

$$\Delta\dot{U}_{OP}=\Delta\dot{U}_m-\Delta\dot{I}_mZ_{set}=\Delta\dot{I}_mZ_R-\Delta\dot{I}_mZ_{set}=\Delta\dot{I}_m(Z_R-Z_{set}) \tag{3-102}$$

$$\Delta\dot{U}_F=-\Delta\dot{I}_m(Z_R+Z_K)=\Delta\dot{I}_m(-Z_R-Z_K) \tag{3-103}$$

将式（3－102）和式（3－103）代入动作方程，消去动作量和制动量中的 $\Delta\dot{I}_m$ 得到：

$$|Z_R-Z_{set}|>|-Z_R-Z_K| \tag{3-104}$$

这是一个幅值比较动作方程。为了在阻抗复数平面上画出它的动作特性，先按本节五、所述方法把它转换成等效的相位比较动作方程。$\dot{A}=Z_R-Z_{set}$；$\dot{B}=-Z_R-Z_K$，则 $\dot{C}=\dot{B}-\dot{A}=-Z_K-2Z_R+Z_{set}$；$\dot{D}=\dot{B}+\dot{A}=-Z_K-Z_{set}$。所以相位比较动作方程为：

$$90^\circ<\arg\frac{(-Z_K)-2Z_R+Z_{set}}{(-Z_K)-Z_{set}}<270^\circ \tag{3-105}$$

如果以 $-Z_K$ 为自变量，根据本节五的知识可知：该动作方程对应的动作特性是以 $(+2Z_R-Z_{set})$、$(+Z_{set})$ 两相量端点的连线为直径的圆，如图 3－43（b）中的圆所示，该圆向第Ⅰ象限上抛，$-Z_K$ 相量位于圆内继电器动作。

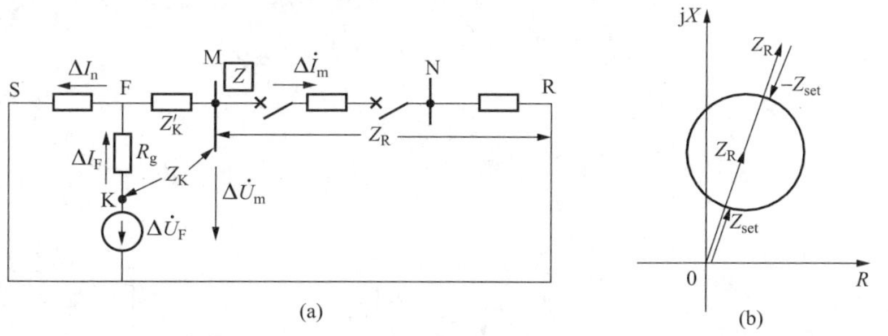

图 3－43　反方向短路时的短路附加状态及工频变化量阻抗继电器的动作特性
（a）反方向短路的短路附加状态；（b）反方向短路的动作特性

从 M 母线到过渡电阻下面 K 点的阻抗是 Z_K，但对安装在 MN 线路 M 端的继电器来说短路点在反方向，其感觉到的阻抗是 $-Z_K$，$-Z_K=-Z'_K-Z_a$。$-Z_K$ 相量一般在第Ⅲ象限，所以继电器不会误动。即使按最容易发生误动的反方向出口（或母线）短路为例，$-Z_K=-Z_a$。考虑到过渡电阻附加阻抗是纯电阻性的，所以 $-Z_K$ 相量在 $-R$ 方向上，肯定不会进入圆内。所以工频变化量阻抗继电器有非常良好的方向性。

从上可见，工频变化量阻抗继电器在正、反方向短路时具有非常良好的性能。同时，所有反应工频变化量的继电器都不反应负荷分量，负荷分量不会影响保护的性能。因为在它的实现过程中把负荷分量消除了。

但是反应工频变化量的继电器也有一些缺陷。主要有：① 由于工频变化量的电气量只存在于短路初始的一段时间内，所以它只能用于构成快速保护，因而还需要与反应稳态量的保护配合使用；② 在超高压远距离输电线路上，线路末端断路器因故跳开时，由于“电容效应”的影响（分析请参阅本章第六节），线路末端电压将升高。由于工频变化量阻抗继电器的动作量$|\Delta \dot{U}_{OP}|$反应的是保护范围末端的电压，所以保护范围末端电压的升高将造成工频变化量阻抗继电器的误动。虽然对端断路器已经跳开了，本保护跳闸并不造成严重后果，但可以把工频变化量阻抗继电器与一个动作方程为$|\dot{U}|<|\dot{I}Z_{set}|$的全阻抗继电器构成逻辑“与”的方法避免工频变化量距离保护误动。该全阻抗继电器整定阻抗Z_{set}很大，所以它很灵敏，电压、电流都采用半周积分算法动作速度又很快，因此不会影响工频变化量距离保护的动作速度和较强的保护过渡电阻的能力。而在上述对端断路器跳开的情况下，流过保护的电流只是本线路的电容电流和泄漏电流，电流很小全阻抗继电器不动作，工频变化量距离保护就不会误动。③ 由于暂态电气量的影响，工频变化量阻抗继电器的离散性相对稍大一些。

九、分支电流（助增电流和外汲电流）对阻抗继电器工作的影响

（一）助增电流的影响

在图3-44（a）所示的系统图中，阻抗继电器装在MN线路的M端。加在保护上的电压$\dot{U}_m$和电流$\dot{I}_m$是阻抗继电器接线方式中规定的电压和电流，其正方向为传统规定的正方向。设在NP线路上K点发生金属性短路。在短路点和继电器安装处之间的变电站母线上接有助增电源E_P，并提供助增电流$\dot{I}_P$。在$\dot{I}_P$电流作用下流过故障线路上的电流$\dot{I}_K$不再等于流过保护的电流$\dot{I}_m$，并存在$\dot{I}_K=\dot{I}_m+\dot{I}_P$的关系式。由于是金属性短路，保护安装处的电压等于MN线路上的压降和NK线路上的压降之和，即$\dot{U}_m=\dot{I}_mZ_l+\dot{I}_KZ_K$。于是继电器的测量阻抗为：

$$Z_m=\frac{\dot{U}_m}{\dot{I}_m}=\frac{\dot{I}_mZ_l+\dot{I}_KZ_K}{\dot{I}_m}=Z_l+\frac{\dot{I}_K}{\dot{I}_m}Z_K=Z_l+K_bZ_K \tag{3-106}$$

式中：K_b为助增系数，$K_b=\frac{\dot{I}_K}{\dot{I}_m}=1+\frac{\dot{I}_P}{\dot{I}_m}$，在助增电流的作用下，助增系数$K_b>1$。

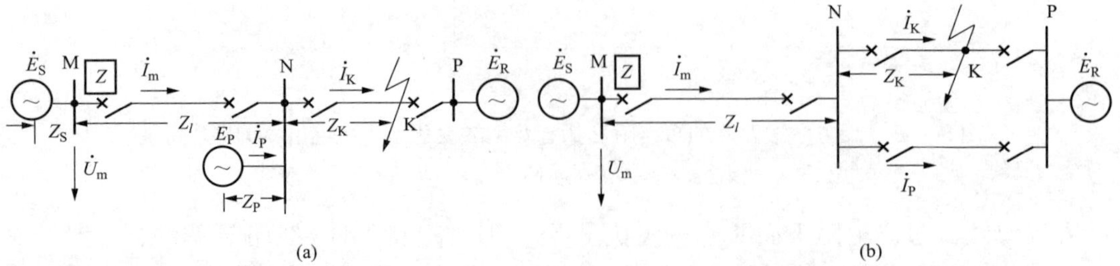

图3-44　分支电流对阻抗继电器工作的影响

（a）助增电流示意图；（b）外汲电流示意图

这样，阻抗继电器的测量阻抗不再等于从短路点K到保护安装处的阻抗Z_l+Z_K，在助

增电流作用下继电器的测量阻抗加大了。在整定阻抗不变的情况下阻抗继电器测量阻抗的加大意味着保护范围的缩小，如果助增电流越大，保护范围缩小得越多。助增系数的大小与助增电源 E_P 和保护背后电源 E_S 的运行方式大小有关，所以它与系统的运行方式有关。由于距离保护第Ⅰ段只保护本线路的一部分，在本线路故障只要不是T接线路，从短路点到保护安装处之间不会再有其他分支，因此不会出现分支电流，所以距离保护第Ⅰ段在区内金属性短路时的测量阻抗固定的反应从短路点到保护安装处的线路阻抗，它不受运行方式变化的影响，这是距离保护第Ⅰ段的突出优点。但距离保护第Ⅱ、Ⅲ段由于保护范围伸到相邻线路上去了，在本线路末端的母线上可能存在分支电流，因此距离保护第Ⅱ、Ⅲ段的保护范围将受运行方式变化的影响，该影响主要体现在助增系数上。所以，在距离保护Ⅱ、Ⅲ段的整定计算中要考虑运行方式（助增系数）变化的影响。

在辐射状电网中计算助增系数不一定要先求出流过故障线路的电流 $\dot{I}_K$ 和流过保护的电流 $\dot{I}_m$，然后再求出它们的比值——助增系数 K_b，而可以用阻抗的关系直接求出。例如在图3－44（a）所示的辐射状电网中，助增系数为：

$$K_b=\frac{\dot{I}_K}{\dot{I}_m}=\frac{\dot{I}_K}{\dot{I}_K\dfrac{Z_P}{Z_P+Z_S+Z_l}}=1+\frac{Z_S+Z_l}{Z_P} \tag{3-107}$$

用阻抗值即可求出助增系数。式（3－107）还告诉我们一些有用的结论：

（1）在辐射状电网中，助增系数的大小与短路点在相邻线路上的位置（Z_K）无关。如果距离Ⅱ段的定值是按与相邻线路距离Ⅰ段定值相配合整定的话，理论上讲在计算此时的助增系数时短路点应选在相邻线路距离Ⅰ段保护范围的末端。但由于助增系数与短路点在相邻线路上的位置无关，所以短路点可选在相邻线路上的任意点，通常都选在相邻线路的末端。

（2）在整定距离Ⅱ、Ⅲ段定值时要将助增系数的影响考虑进去。为了在有助增电流时保护范围不要缩小得太多，保护的定值可以适当增大。但保护定值也不能增大得太多，应保证在助增电流最小时与相邻线路的保护仍有配合关系，所以在整定计算中应考虑最小的助增系数。为求得最小助增系数，其运行方式应考虑保护背后电源为最大运行方式（Z_S 最小），助增电源为最小运行方式（Z_P 最大）。此时助增电流 $\dot{I}_P$ 最小，助增系数最小。

（二）外汲电流的影响

如果阻抗继电器安装处的相邻线路是平行线路或者是环网，则在相邻线路上短路时，在短路点和保护安装处之间就有一个分支电流。例如图3－44（b）所示的就是相邻线路是平行线的情况。当短路点发生在平行线路的平衡点后面时，流过平行线路的另一条线路的分支电流是一个外汲电流 $\dot{I}_P$。由于外汲电流 $\dot{I}_P$ 的存在，流过故障线路上的电流 $\dot{I}_K$ 不再等于流过保护的电流 $\dot{I}_m$，并存在 $\dot{I}_m=\dot{I}_K+\dot{I}_P$ 关系式。在金属性短路时，保护安装处的电压等于MN线路上的压降和NK线路上的压降之和，即 $\dot{U}_m=\dot{I}_mZ_l+\dot{I}_KZ_K$，于是继电器的测量阻抗为：

$$Z_m=\frac{\dot{U}_m}{\dot{I}_m}=\frac{\dot{I}_mZ_l+\dot{I}_KZ_K}{\dot{I}_m}=Z_l+\frac{\dot{I}_K}{\dot{I}_m}Z_K=Z_l+K_bZ_K \tag{3-108}$$

式中：K_b 为助增系数，$K_b=\dfrac{\dot{I}_K}{\dot{I}_m}=1-\dfrac{\dot{I}_P}{\dot{I}_m}$，在外汲电流的作用下助增系数 $K_b<1$。

这样，阻抗继电器的测量阻抗不再等于从短路点K到保护安装处的阻抗 Z_1+Z_K，在外汲电流作用下继电器的测量阻抗减少了。在整定阻抗不变的情况下阻抗继电器测量阻抗的减少意味着保护范围的伸长，如果外汲电流越大，保护范围伸长得越多。由于距离保护Ⅱ、Ⅲ段的保护范围是伸到相邻线路中去的，为使在有外汲电流时保护范围伸长仍能与相邻线路保护有配合关系，继电器的定值应适当缩短，所以在整定距离Ⅱ、Ⅲ段的定值时应考虑外汲电流的影响。为使距离保护Ⅱ、Ⅲ段不会越级跳闸，在计算它们的定值时应考虑有最大外汲电流的运行方式，也就是要考虑最小助增系数的运行方式下继电器不会误动。在相邻线路是平行线路的情况下，外汲电流的大小或者说助增系数的大小与短路点在相邻线路的位置有关。短路点越接近平行线路末端（接近P母线），外汲电流 $\dot{I}_P$ 越大，助增系数越小。如果距离Ⅱ段的定值是按与相邻线路距离Ⅰ段定值相配合整定的话，理论上讲在计算此时的助增系数时短路点应选在相邻线路距离Ⅰ段保护范围的末端。但这样的做法，短路电流的计算会十分复杂，加大了整定计算的工作量。所以作为一种工程计算上的近似，通常短路点取在相邻的平行线路末端（P母线）。如果两条平行线路的参数完全一致，那么此时助增系数 $K_b=0.5$。需要指出，这时的助增系数值比短路点选在相邻线路距离Ⅰ段保护范围的末端计算出的助增系数值要小，按此助增系数得出的保护定值更小，更不会越级跳闸，所以这样的近似更趋于保守。

如果在相邻线路上发生短路时，既有助增电流又有外汲电流，在计算距离Ⅱ、Ⅲ段的定值时助增系数应取最小的助增系数，也就是应取助增电流最小、外汲电流最大的运行方式来计算助增系数。具体的讲，保护背后的电源应取最大运行方式，助增电源应取最小运行方式，外汲电流应取最大的运行方式。

十、交流失压对距离保护工作的影响以及断线闭锁原理

（一）交流失压对距离保护工作的影响

由于电压互感器（TV）二次回路异常，导致加在保护装置上的电压下降，甚至降为零。通常把这种情况称作交流失压。电压互感器二次回路异常主要是指电压互感器二次回路断线。电压互感器二次回路接的负载很多，连在母线上的各个连接元件的保护装置，例如线路保护、变压器或发—变组保护、母线保护，各种测量仪表等均是该母线上的TV的二次负载，因此TV二次回路断线是很容易发生的。引起电压互感器二次回路断线大致有两种情况。一种情况是由于TV二次回路的快速小开关跳开或熔断器熔断，例如在图3-45（a）中C相的快速小开关断开。这时由于二次回路接的负载很多，A相和B相上的电压经过负载的分压使C相上的电压 $\dot{U}_C$ 并不为零，而是如图3-45（b）中相量 $\dot{U}_C$ 的电压。该电压与断线前的电压相位相反，数值上为断线前电压的一半。分析表明，当发生这种断线时，以送电端的方向阻抗继电器为例，AB相上的相间阻抗继电器由于电压、电流与断线前完全相同，所以该继电器不会误动。BC相上的相间阻抗继电器由于电流 $\dot{I}_B-\dot{I}_C$ 超前于电压 $\dot{U}_{BC}$，测量阻抗落在第Ⅳ象限，因而也不会误动。但是CA相上的相间阻抗继电器，由于电压 U_{CA} 超前于电流 $\dot{I}_C-\dot{I}_A$，测量阻抗位于最大灵敏角附近，再加上电压幅值小了一半，因而在重负荷时继电器将可能误动。电压互感器二次回路断线的第二种情况是在装置后端子上或屏上端子由于接触不良造成的断线。这时加在保护装置上的断线相上的电压为零。以A相断线为例，A相上的接地阻抗继电器由于测量阻抗为零，继电器有可能误动。B相和C相上的接地阻抗继电器由于电压、电流都没有变化，因而不会误动。接于送电端的AB相上的相间阻抗继电器，由于电压与电流的夹角比断线前加大了30°，测量阻抗落在第Ⅰ象限且更趋向于最大灵

敏角，而电压的幅值只是断线前电压的 $1/\sqrt{3}$，因此在重负荷时继电器可能误动。接于送电端 CA 相上的相间阻抗继电器，由于电压与电流的夹角比断线前减少了 30°，电压将略落后于电流。因此测量阻抗位于第Ⅳ象限，阻抗继电器不会误动。接于 BC 相上的相间阻抗继电器，由于电压和电流都没有变化而不会误动。

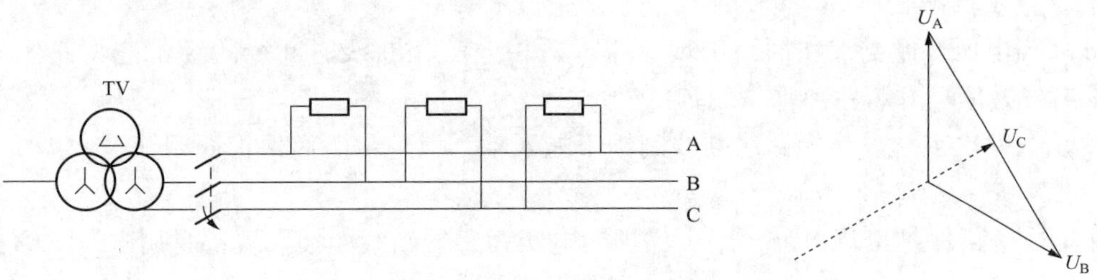

(a)　　(b)

图 3－45　TV 二次快速小开并或熔断器单相断开

（a）C 相快速小开关断开；（b）电压相量图

但是，由于我国输电线路的保护装置都采用电流起动元件，例如现在微机线路保护都是用两相电流差的变化量（即突变量）和零序电流作起动元件。当电压互感器二次回路断线时，电流没有变化，因而起动元件没有起动。微机保护的程序框图如图 3－46 所示。起动元件没有起动时，故障计算程序是不进行工作的。而检查保护继电器例如阻抗继电器的动作行为和跳闸的逻辑都是安排在故障计算程序中进行的，因此电压互感器二次回路断线时，距离保护不会误动。当然如果在系统波动或发生区外故障造成电流起动元件起动情况下立即又发生电压互感器二次回路断线时保护是会误动的，不过这种情况是十分稀少的。

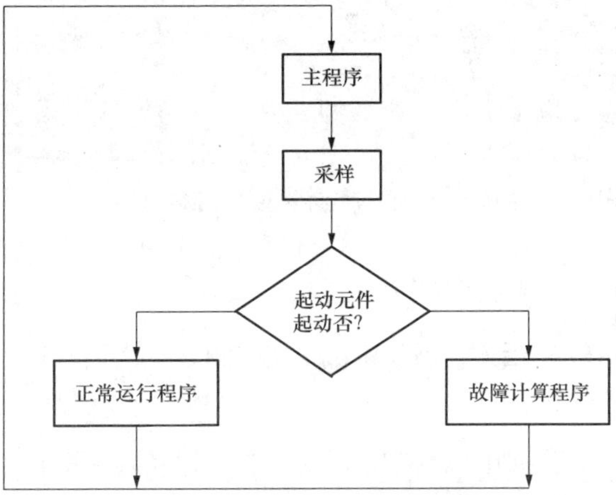

图 3－46　微机保护程序框图

虽然电压互感器二次回路断线时距离保护不会误动，但是这种电压二次回路的异常应该设法检测出来。当检测出二次回路异常后一方面应发出电压互感器断线信号，以便运行人员及时检查尽快消除这种异常。另一方面应将距离保护闭锁，以避免在电压二次回路断线期间再发生区外短路或由于系统扰动等原因使起动元件起动时引起距离保护的误动。因为假如不将距离保护闭锁的话，在上述电压二次回路断线期间再发生区外短路或系统扰动时，随着电流有突变或者出现了零序电流，起动元件一起动，程序进入故障计算程序。由于这时电压已是 TV 断线时的电压，电流是区外短路时的短路电流，电流升高了，阻抗继电器也可能动作并导致距离保护误动。这种检测电压二次回路断线并将距离保护闭锁的方法通常称作电压断线闭锁。附带说明，在电压二次回路断线期间再发生区外短路时由于阻抗继电器可能会发生误动，所以此时纵联距离保护也要闭锁。此外零序电压采用自产 $3\dot{U}_0$ 的零序方向继电器在电压二次回路断线期间再发生区外短路时也可能不正确动作，因此纵联零序方向保护也需要闭锁。零序电流方向保护也要作些处理，例如零序电流方向保护第Ⅰ、Ⅱ段退出运行，零序电流方向保护第Ⅲ段取消方向等。

所以防止TV断线时保护误动依靠两个措施，一个靠电流起动元件把关，另一个靠电压断线闭锁来闭锁保护。

（二）电压互感器断线闭锁原理

1. 对电压互感器断线闭锁的要求

（1）当电压互感器二次回路出现一相、两相或三相断线时断线闭锁都应将它们检测出来，发出告警信号并将距离保护闭锁。

（2）当一次系统发生短路时断线闭锁不能误动，以免将距离保护误闭锁。

2. 断线闭锁的原理

在集成电路保护出现以前，距离保护的电压互感器断线闭锁装置都是用电压互感器二次侧出现$3\dot{U}_0$电压来起动断线闭锁装置。所以当电压互感器二次侧发生一相或两相断线时断线闭锁可以起动。为了在三相断线时也能起动断线闭锁装置，在TV二次三相熔断器的其中一相熔断器两端并联一个电容器。当三相熔断器都熔断时，有一相电压将通过电容器加到断线闭锁装置上，使断线闭锁起动并闭锁距离保护。当一次系统发生接地短路时，电压互感器二次侧也将出现零序电压并将起动断线闭锁。为了此时不将距离保护闭锁，以便距离保护能切除系统的接地短路，另外再引入反闭锁措施。通常利用TV开口三角处此时也出现$3\dot{U}_0$电压或利用出现$3\dot{I}_0$电流来实现反闭锁。这时即使TV二次侧出现$3\dot{U}_0$电压也不能起动断线闭锁，解除了对距离保护的误闭锁。而当真正出现TV二次回路断线时，TV开口三角处是不会出现$3\dot{U}_0$电压的，电流回路也不会出现$3\dot{I}_0$电流，不具备反闭锁条件，所以断线闭锁可以起动，实现对距离保护的闭锁。传统的这种断线闭锁方法存在一些缺陷，假如TV开口三角出现断线时，由于正常运行时开口三角输出电压就是零，所以这种断线不易被发现。当系统此时再发生接地短路时，开口三角由于断线不能输出$3\dot{U}_0$电压，不能起到反闭锁作用，因此距离保护将被误闭锁，不能切除系统故障。此外传统的这种断线闭锁方法在熔断器两端并联电容的选择上有时也将遇到困难。

目前各个厂家的微机线路保护中电压互感器断线闭锁原理大致相同，下面以某厂家的电压互感器断线闭锁为例说明其原理。它由以下几个判据“或”逻辑构成：

（1）当$\dot{U}_a+\dot{U}_b+\dot{U}_c>8V$，且起动元件不起动，延时1.25s发TV二次回路异常信号并闭锁保护。

本判据用以判别TV二次的一相和两相断线。用TV二次侧三相电压的相量和（即$3\dot{U}_0$电压）大于8V来检测电压互感器二次回路发生不对称断线。因为TV二次发生一相和两相断线时将出现$3\dot{U}_0$电压，而此时电流起动元件是不起动的，因此1.25s后即可发告警信号并闭锁距离保护。

在上述判据中加入起动元件不起动的条件是为了在一次系统中发生接地短路时防止断线闭锁误将距离保护闭锁而采取的反闭锁措施。在系统中发生接地短路时虽然也会出现零序电压，但由于此时起动元件动作，这样就不满足本判据，距离保护不会被误闭锁。

本判据不能反应电压互感器二次的三相断线。因为三相断线时，三相电压的相量和为零，不能满足上述条件。

（2）当使用母线电压互感器时，满足 $\dot{U}_a+\dot{U}_b+\dot{U}_c<8V$，$U_1<30V$，且起动元件不动作，延时1.25s发TV二次回路异常信号并闭锁保护。

上述判据中 U_1 为正序电压。本判据可在使用母线电压互感器时，检测出电压互感器的三相断线。当TV三相断线时，三个相电压都为零。所以三相电压的相量和以及正序电压都为零。此时电流起动元件并未动作。经延时后即可发断线信号并闭锁距离保护。

引入正序电压低的条件使保护装置在正常运行时不会误发断线信号。加起动元件不动作的条件可防止近处三相短路时误发断线信号，靠起动元件动作实现反闭锁。

（3）当使用线路电压互感器时，除满足 $\dot{U}_a+\dot{U}_b+\dot{U}_c<8V$，$U_1<30V$，且起动元件不动作几个条件外，再加上满足任意一相有电流（$I_\varphi>0.08I_N$，I_N 为电流互感器二次的额定电流）或者跳闸位置继电器（TWJ）不动作的条件，延时1.25s发TV二次回路异常信号并闭锁距离保护。

本判据可在使用线路电压互感器时用来检测电压互感器的三相断线。与上一个判据相比，当使用线路TV时增加了判任意一相有电流或判TWJ不动作的条件。这是为了避免在使用线路TV时，当本线路停运，两端断路器都处于断开状态时，断线闭锁误发断线信号。当两端断路器都断开时，线路TV二次的三个相电压都是零，此时起动元件也不动作，如果不增加该条件的话，断线闭锁就会一直发断线信号。为了解决这种弊端，引入这两个条件。引入的这两个条件都是为了证明本端断路器处于合闸状态。当本端断路器处于跳闸状态时，线路中不会有电流，TWJ也处于动作状态。这样本判据不再会发断线信号。当本端断路器处于合闸状态时，线路中就会有负荷电流。即使对端断路器处于跳闸状态，线路中没有负荷电流，电容电流如果也很小，仍然检测不到任意一相有电流，但起码可检测到TWJ不动作的条件。本端断路器处于合闸状态时，TV三相都应该有电压，若此时再出现三相电压为零，起动元件又不起动，说明发生TV三相断线，就可以发出断线信号。

上述三个判据是判别电压二次回路断线的方法。断线闭锁动作后发TV断线信号，并闭锁相应的保护。当电压二次回路恢复正常经10s延时后，装置自动恢复正常运行，解除对保护的闭锁。

上述断线闭锁的三个判据中都有起动元件不动作的条件。所以断线闭锁的程序安排在如图3－46所示的程序框图中的正常运行程序中。

十一、系统振荡对距离保护的影响及振荡闭锁原理

正常运行时电力系统中各发电机都以同步转速运行，各发电机的电动势都以同样的工频角频率旋转，各电动势之间的相位差维持不变，电力系统处于同步稳定运行状态。如果电力系统受到某种干扰，各发电机的电动势以不同的角频率旋转，各电动势之间的相位差一直不断变化，这时称作电力系统失去稳定，或称作电力系统振荡。

电力系统的稳定分静态稳定、暂态稳定和动态稳定三种。所谓静态稳定是指电力系统受到小干扰时能自动恢复稳定运行的能力。当电力系统受到小干扰时，不能恢复同步稳定运行并造成系统振荡时，就称为失去静态稳定。这种小干扰指的是电力系统中并没有发生短路或断线这类故障，一般是指负荷进行调节，发生波动、电压发生变化或者发电机励磁回路的故障引起失磁等。在这些小干扰下，如果两侧电动势的夹角 δ 大于90°时，就将失去静态稳定而造成振荡。$\delta=90°$ 是保持静态稳定的极限角。所谓暂态稳定是指电力系统受到大干扰时能自动恢复稳定运行的能力。当电力系统受到大干扰时，不能恢复同步稳定运行并造成系统振荡时，就称为失去暂态稳定。这种大干扰指的是电力系统中发生短路或断线这类故障。所谓动态稳定是指电力系统受到小的或大的干扰后在安全稳定控制装置和自动调节装置的作用下保持长过程的运行稳定性的能力。

当电力系统发生振荡时，两侧电动势之间的夹角 δ 将在 0°～360°间不断变化。δ 在两个 180°间变化一周（总共 360°）所需要的时间称作振荡周期。工程中最长的振荡周期常按 1.5s 考虑。而对于两大系统间的振荡一般是低频振荡，振荡周期可能达到 3s 或更长一些，但这是一种特殊情况。火电机组对系统振荡时最短的振荡周期可以选择为不低于 0.15s。火电机组允许的最大转速不超过额定转速的 10%，当超过该值时危急保安器就会立即动作而跳闸停机，所以最短的振荡周期不会更低。而水轮发电机组由于调速系统不太灵敏，加之水锤效应的原因，其转速在全甩负荷时将可能达到额定转速的 140%，折合到频率关系为由 50Hz 升高到 70Hz。如果考虑到水轮发电机组还能提供一定的异步平均功率，转速的升高还到不了全甩负荷时的转速，因此最短的振荡周期大约为 0.1s。

当电力系统失去稳定造成振荡时，各点的电压和线路中的电流将随电动势夹角的变化作周期性的摆动，装在系统中的某些保护将不同程度的受到影响。下面主要分析对以正序电压为极化量的阻抗继电器工作的影响。

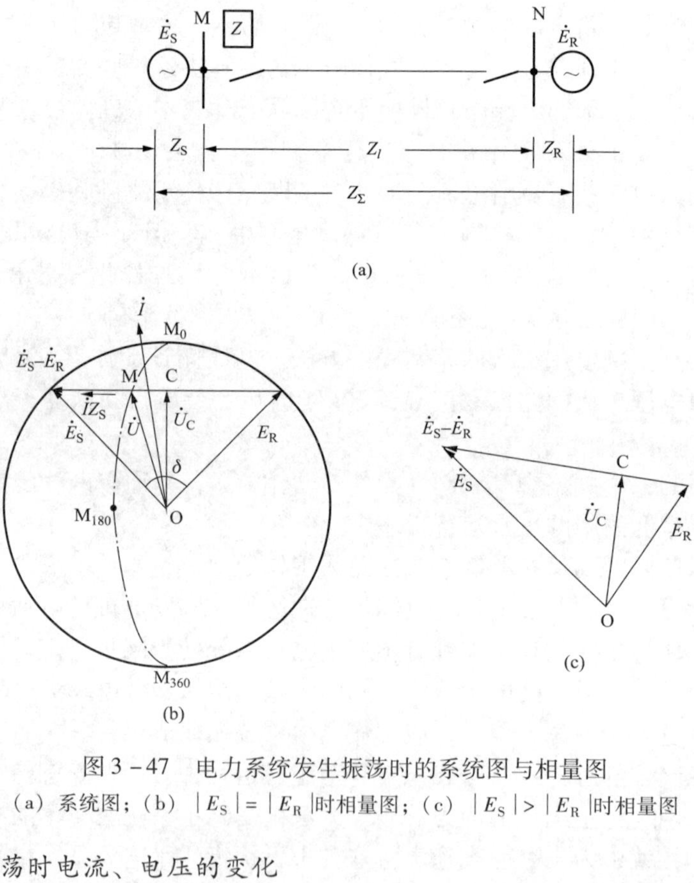

图 3－47 电力系统发生振荡时的系统图与相量图

（a）系统图；（b）$|E_S|=|E_R|$时相量图；（c）$|E_S|>|E_R|$时相量图

（一）系统振荡时电流、电压的变化

在图 3－47（a）所示的系统中保护安装在 MN 线路的 M 端。系统发生振荡前保护安装处是送电端，$\dot{E}_S$ 超前于 $\dot{E}_R$，$\dot{E}_R=\dot{E}_S e^{-j\delta}$。它们的夹角 δ（称作功角）由输送的有功功率 P 决定。$P=(\dot{E}_S\dot{E}_R/Z_\Sigma)\sin\delta$。假设两侧电动势的幅值相等 $|\dot{E}_S|=|\dot{E}_R|=|E|$，系统中各元件的阻抗角相同。由欧姆定理可知，在两侧电动势差 $\dot{E}_S-\dot{E}_R$ 的作用下将产生电流 $\dot{I}$。其幅值为：

$$I=\left|\frac{\dot{E}_S-\dot{E}_R}{Z_\Sigma}\right|=\left|\frac{\dot{E}_S(1-e^{-j\delta})}{Z_\Sigma}\right|=\frac{2E}{Z_\Sigma}\sin\frac{\delta}{2} \tag{3-109}$$

在振荡前，该电流就是负荷电流。在发生振荡以后，假设两侧电动势的幅值依然相等，但它们的夹角 δ 将在 0°～360°间不断变化，此时式（3－109）表达的电流就是振荡电流。该电流 $\dot{I}$ 的幅值将随两侧电动势夹角 δ 的变化而变化，其变化规律如图 3－48（a）所示。当两侧电动势同相位时（$\delta=0°$或 $\delta=360°$），由于 $\dot{E}_S-\dot{E}_R=0$，因而电流为零。当两侧电动势相位相反时（$\delta=180°$），由于$|\dot{E}_S-\dot{E}_R|=2|E|$达到最大值，因而电流也达最大值。所以装在线路上的反应电流有效值的电流继电器，如果其定值没有躲过最大的振荡电流的话，在系统振荡时它将在每一个振荡周期中动作返还一次。

在图 3－47（a）所示的系统图中，保护安装处 M 母线处的电压 $\dot{U}$ 将是电动势 $\dot{E}_S$ 减去上述电流在保护背后等值阻抗 Z_S 上的压降。

$$\dot{U}=\dot{E}_S-\dot{I}Z_S \tag{3-110}$$

其在相量图上的位置如图 3－47（b）中相量$\overrightarrow{OM}$所示。其实，如果系统中各元件的阻抗角都相同的话，系统中各点的电压相量的端点都落在图 3－47（b）中的 $\dot{E}_S-\dot{E}_R$ 的相量上。而相量的起点是 O 点。例如，如果 Z_S 是 Z_Σ 的 1/3，那么电压 $\dot{U}$ 相量的端点 M 就在 $\dot{E}_S-\dot{E}_R$ 相量靠近 $\dot{E}_S$ 侧的 1/3 处。而起点是 O 点。即 $\dot{U}=\overrightarrow{OM}$。实际上两侧电动势之间的夹角发生变化，在相量图上表达，是由于两侧电动势相量向同一方向以不同角频率旋转造成的。为了分析方便起见，现假设图 3－47（b）中两侧电动势夹角变化时，$\dot{E}_S$、$\dot{E}_R$ 相量是同时向两侧以同一角频率旋转。当两侧电动势的夹角 δ 为 0°或 360°时，$\dot{E}_S$ 与 $\dot{E}_R$ 相位相同，则 $\dot{E}_S-\dot{E}_R=0$。$\dot{E}_S-\dot{E}_R$ 相量实际缩成一个点，M 点也在这个点上，这个点就是 M_0 或 M_{360} 点。因此 M 点的电压等于电动势，$\dot{U}=\dot{E}_S=\dot{E}_R$，电压达最大值。其物理概念也很清楚，由于两侧电动势同相，所以电流是零，电流在各个元件阻抗上的压降也为零，因而系统中各点电压都等于电动势。当两侧电动势的夹角 δ 为 180°时，$\dot{E}_S$ 与 $\dot{E}_R$ 相位相反。M 点还是位于 $\dot{E}_S-\dot{E}_R$ 相量靠近 $\dot{E}_S$ 侧的 1/3 处，即 M_{180}点。此时电压$\dot{U}=\overrightarrow{OM}_{180}$，其幅值达最小值。其物理概念同样很清楚。当 $\delta=180°$时，$|\dot{E}_S-\dot{E}_R|=2|E|$达到最大值。因此产生的电流最大，电流在阻抗 Z_S 上的压降也最大，所以 M 点的电压幅值达最小值。振荡时随 δ 从 0°到 360°变化时，M 点位置的变化轨迹在图 3－47（b）中是如 M_0—M_{180}—M_{360}的点划线所示。保护安装处电压 $\dot{U}$ 的绝对值随 δ 变化的规律如图 3－48（b）中曲线 1 所示，该电压值随着 δ 的变化在不断变化。如果在 MN 线路 M 端装有低电压继电器，且它的定值没有躲过振荡时 M 点的最小电压值，那么该继电器在振荡时的动作行为也是在每一个振荡周期中动作返还一次。

在系统发生振荡时，系统中电压最低的那一点 C，称之为振荡中心。由于当各元件的阻抗角相同时，系统中各点电压相量的端点都落在 $\dot{E}_S-\dot{E}_R$ 的相量上，所以 C 点也在 $\dot{E}_S-\dot{E}_R$ 的相量上。由于垂线的距离最短，故而在某一个 δ 角下振荡中心 C 点的电压相量，是在图 3－47（b）中从 O 点向 $\dot{E}_S-\dot{E}_R$ 相量作的垂线，$\dot{U}_C=\overrightarrow{OC}$。C 点即是振荡中心。由于 $\dot{E}_S$ 与

$\dot{E}_R$ 幅值相等，$|\dot{E}_S|=|\dot{E}_R|=|E|$，所以从 O 向 $\dot{E}_S-\dot{E}_R$ 相量作的垂线得到的 C 点一定平分对边。因而当两侧电动势幅值相等时，振荡中心位于整个电气的中点，即位于 $Z_\Sigma/2$ 处。考虑到 OC 线也同时平分 δ 角，所以振荡中心电压的幅值为：

$$U_C=|E|\cos\frac{\delta}{2} \tag{3-111}$$

式（3－111）表述了振荡中心电压的幅值 U_C 随两侧电动势夹角 δ 的变化规律。δ 在 0°～180°间变化时 U_C 是正值，δ 在 180°～360°间变化时 U_C 是负值。δ 为 0°和 360°时振荡中心电压的绝对值等于电动势，达到最大值，$\delta=180°$时振荡中心的电压为零。振荡中心电压的绝对值随两侧电动势夹角 δ 的变化而变化的规律如图 3－48（b）中曲线 2 所示。系统振荡时，振荡中心电压的变化比系统中其他各点的电压的变化都要更加剧烈。

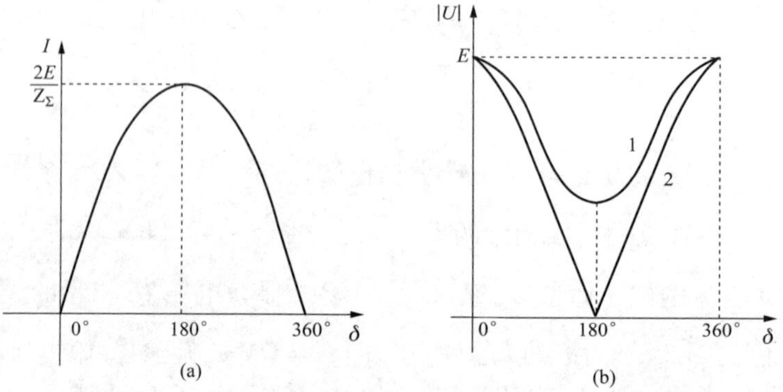

图 3－48　系统振荡时电流与电压随 δ 角的变化关系

（a）电流幅值随 δ 角的变化关系；（b）电压绝对值随 δ 角的变化关系

当两侧电动势幅值不相等时，例如在图 3－47（c）中所示的当 $|\dot{E}_S|>|\dot{E}_R|$ 时，由 O 点向 $\dot{E}_S-\dot{E}_R$ 相量作的垂线偏向于 $\dot{E}_R$ 侧。所以振荡中心 C 点的位置将向电动势幅值小的一侧偏移。

（二）系统振荡时阻抗继电器测量阻抗相量端点的变化轨迹以及系统振荡对阻抗继电器工作的影响

当电力系统发生振荡时，保护安装处的电压与电流其幅值和相位都将随着两侧电动势夹角 δ 的变化而变化，如式（3－110）和式（3－109）所示。因此，反应电压和电流比值的阻抗继电器的测量阻抗其幅值和相位也将随着两侧电动势夹角 δ 的变化而变化。如果两侧电动势幅值相等，即 $|\dot{E}_S|=|\dot{E}_R|=|E|$，对于接线方式为 $U_\varphi/(I_\varphi+K3I_0)$ 的接地阻抗继电器（实际上在系统振荡时式中的 $I_0=0$）和接线方式为 $U_{\varphi\varphi}/I_{\varphi\varphi}$ 的相间阻抗继电器，在系统振荡时其测量阻抗为：

$$Z_m=\frac{\dot{U}}{\dot{I}}=\frac{\dot{E}_S-\dot{I}Z_S}{\dot{I}}=\frac{\dot{E}_S}{\dot{I}}-Z_S=\frac{\dot{E}_S}{\dfrac{\dot{E}_S(1-e^{-j\delta})}{Z_\Sigma}}-Z_S=\frac{Z_\Sigma}{1-e^{-j\delta}}-Z_S \tag{3-112}$$

根据三角函数关系存在：

$$1-e^{-j\delta}=\frac{2}{1-j\mathrm{ctg}\dfrac{\delta}{2}} \tag{3-113}$$

将式（3－113）代入式（3－112），继电器的测量阻抗为：

$$Z_m=\frac{1-\mathrm{j}\mathrm{ctg}\frac{\delta}{2}}{2}Z_\Sigma-Z_S=\left(\frac{1}{2}Z_\Sigma-Z_S\right)-\mathrm{j}\frac{1}{2}Z_\Sigma\mathrm{ctg}\frac{\delta}{2} \tag{3-114}$$

随着两侧电动势夹角 δ 的变化，继电器测量阻抗相量端点的变化轨迹画在阻抗复数平面上如图3－49中直线1（mn线）所示，而测量阻抗相量的起点为保护安装处——坐标原点。图中 $\overrightarrow{SR}$ 相量是两侧电动势间的总的阻抗 Z_Σ。当 $|\dot{E}_S|=|\dot{E}_R|$ 时，振荡中心C点位于系统电气的中点处，所以 $\overrightarrow{SC}=Z_\Sigma/2$。从式（3－114）可见，继电器的测量阻抗由实数部分和虚数部分两部分构成。考虑到保护背后电源的等值阻抗为 Z_S，所以测量阻抗中的实数部分 $[(Z_\Sigma/2)-Z_S]$ 与图3－49中的相量 $\overrightarrow{OC}$ 对应。其物理概念是从保护安装处到振荡中心的阻抗。这部分阻抗与 δ 角无关。测量阻抗中的虚数部分其相位和幅值与 δ 角有关。当 $0°<\delta<180°$ 时，ctg（$\delta/2$）>0，因而虚数部分的相位落后于 Z_Σ 相量90°。在图中对应于 $\overrightarrow{CQ}$ 相量，$\overrightarrow{CQ}$ 相量的长度决定于（$Z_\Sigma/2$）ctg（$\delta/2$）的值的大小。这样相量 $\overrightarrow{OQ}$ 即是此时继电器的测量阻抗。相反当 $360°>\delta>180°$ 时，ctg（$\delta/2$）<0，因而虚数部分的相位超前于 Z_Σ 相量90°。在图中对应于 $\overrightarrow{CP}$ 相量，同样 $\overrightarrow{CP}$ 相量的长度决定于（$Z_\Sigma/2$）ctg（$\delta/2$）的值的大小。这样相量 $\overrightarrow{OP}$ 即是此时继电器的测量阻抗。因而随着 δ 角的变化，继电器测量阻抗相量端点的变化轨迹将在相量 $\overrightarrow{PQ}$ 所在的直线mn（即直线1）上变化。而测量阻抗相量的起点则是在保护安装处——坐标原点M点。该测量阻抗相量端点的变化轨迹线——mn线是SR线的中垂线。只要知道两侧电动势间各元件的阻抗和其阻抗角，S、R两点就可以确定，于是该轨迹线就可以唯一确定。该直线上的任意一点到S、R点的距离之比等于两侧电动势幅值之比，其值为1。当系统发生振荡时随着 δ 角从0°变到360°（δ 角的定义为 $\dot{E}_S$ 超前于 $\dot{E}_R$ 的角度），装在送电端M端的阻抗继电器测量阻抗相量的端点将从直线1的最右端无穷远处沿着直线1向左移动一直到直线1的最左端的无穷远处。

那么，当测量阻抗相量的端点落在Q点上，测量阻抗相量是 $\overrightarrow{OQ}$ 时，对应的两侧电动势的夹角 δ_Q 到底是多少呢？只要连接SQ线和RQ线，则两线之间的夹角就是此时的两侧电动势之间的夹角 δ_Q。这用几何的方法很容易证明。由于在直角三角形SCQ中 $\overrightarrow{SC}=Z_\Sigma/2$，$\overrightarrow{CQ}=(Z_\Sigma/2)$ ctg（$\delta_Q/2$），所以 $\angle SQC=\delta_Q/2$，故而 $\angle SQR=\delta_Q$。同理，当测量阻抗相量的端点落在P点上，测量阻抗相量是 $\overrightarrow{OP}$ 时，对应的两侧电动势的夹角是RP和SP两条直线的外夹角 δ_P。

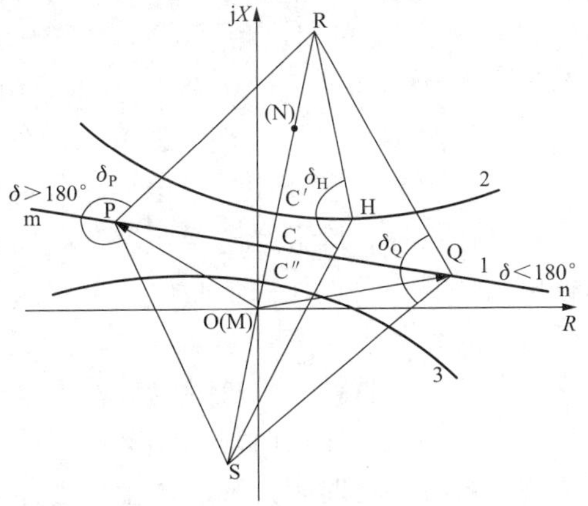

图3－49 系统振荡时阻抗继电器测量阻抗相量端点的变化轨迹

如果正常运行时测量阻抗相量的端点落在Q点上，相量 $\overrightarrow{OQ}$ 就是正常运行时的测量阻抗（称作负荷阻抗）。δ_Q 角就是正常运行时的送电角。发生振荡以后，M端阻抗继电器测量阻抗相量的端点在mn线上从右往左移动，$\dot{E}_S$ 侧电源系统加速，δ 角度加大，$\dot{E}_S$ 侧的频率高于 $\dot{E}_R$ 侧的频率。对于安装在受电端N端的保护来说坐标原点应位于N母线，应将图3－49旋转180°来看。δ_Q 就是正常运行时的受电角。在发生振荡时，N 端阻抗继电器测量阻抗相量的端点对 N 端的继电器来讲是在 mn 线上从左往右移动。受电端 $\dot{E}_R$ 电源系统由于不能再从 $\dot{E}_S$ 电源侧得到需要的功率，$\dot{E}_R$ 侧电源减速，运行频率下降，$\dot{E}_R$ 侧频率低于 $\dot{E}_S$ 侧电源频率。而继电器测量阻抗的起点仍然应是保护的安装点——N 点。所以从测量阻抗端点轨迹的变化方向，可以知道本端是加速侧还是减速侧。在振荡时进行调节的方法应该是加速侧的电源减少发电功率，减速侧的电源增加发电功率或者切除部分负荷，这样才能有助于平息振荡。

当两侧电动势的幅值不相等时，例如 $|\dot{E}_S|>|\dot{E}_R|$ 时，振荡中心将向电动势小的一侧偏移，即向 R 侧偏移。例如振荡中心落在 C′点。此时随着两侧电动势夹角 δ 的变化，继电器测量阻抗相量端点的变化轨迹将如图 3－49 中的圆弧线 2 所示。测量阻抗相量的起点依然是在保护安装处坐标原点 O。例如在圆弧线 2 上的 H 点，测量阻抗相量是 $\overrightarrow{OH}$。此时两侧电动势的夹角是 SH 和 RH 的夹角 δ_H。而 $|\dot{E}_S/\dot{E}_R|=SH/RH$。在圆弧线 2 上的任意一点到 S 点和到 R 点的距离之比都等于 $\dot{E}_S$ 与 $\dot{E}_R$ 的幅值之比。随着 $\dot{E}_S$ 大于 $\dot{E}_R$ 的数值不同，实际上圆弧线 2 是一组圆族。同理，当 $|\dot{E}_S|<|\dot{E}_R|$ 时，振荡中心将向 S 侧偏移。例如振荡中心落在 C″点。此时随着两侧电动势夹角 δ 的变化，继电器测量阻抗相量端点的变化轨迹将如图 3－49 中的圆弧线 3 所示。测量阻抗相量的起点还依然是在保护安装处坐标原点 O。圆弧线 3 实际上也是一组圆族。在圆弧线 3 上的任意一点到 S 点和到 R 点的距离之比都等于 $\dot{E}_S$ 与 $\dot{E}_R$ 的幅值之比。

知道了在系统振荡时继电器测量阻抗相量端点的变化轨迹后判断继电器在振荡时是否会误动，只要把阻抗继电器的动作特性与阻抗继电器测量阻抗相量端点的变化轨迹画在同一张阻抗复数平面上。如图 3－50 所示。一般的方向阻抗继电器和以正序电压为极化量的阻抗继电器在系统发生振荡时的动作特性是如图中经过坐标原点的一个圆（关于以正序电压为极化量的阻抗继电器在系统发生振荡时的动作特性为什么是经过坐标原点的一个圆请见后面分析）。当继电器测量阻抗相量端点的变化轨迹线 mn 穿过阻抗继电器的动作特性时，阻抗继电器将会误动。如图 3－50（a）所示。由于继电器测量阻抗相量端点的变化轨迹线是经过振荡中心且两侧对称的，所以也可以简便地用振荡中心的位置来判断阻抗继电器的动作行为。当振荡中心 C 位于阻抗继电器动作特性内部时，测量阻抗相量端点的变化轨迹线 mn 必定穿过动作特性，因而继电器在振荡时将会误动。而当振荡中心 C 不位于阻抗继电器的动作特性内部时，例如振荡中心位于正方向的区外时，如图 3－50（b）所示；或振荡中心位于反方向时，如图 3－50（c）所示，继电器测量阻抗相量端点的变化轨迹线 mn 就不穿过阻抗继电器的动作特性，阻抗继电器就不会误动。所以不要认为系统振荡时阻抗继电器一定会误动，只能说系统振荡时阻抗继电器有可能会误动。

假如系统振荡时阻抗继电器会误动，继电器也并不是在振荡期间一直处于动作状态的。继电器只有在两侧电动势的夹角在 180°左右时才会误动。如图 3－50（a）所示，系统振荡时测量阻抗相量端点只有落在 P、Q 两点之间时，阻抗继电器的测量阻抗才落在动作特性内，继电器才会误动。如果测量阻抗相量的端点落在 Q 点上时对应的两侧电动势的夹角为 δ_1，当测量阻抗相量的端点落在 P 点上时对应的两侧电动势的夹角为 δ_2。则只有当 $\delta_1<\delta<\delta_2$ 时，继电器才会误动。而在两侧电动势的夹角比较小或比较大时（δ 在 0°或在 360°左右），继电器是不会误动的。因此如果阻抗继电器在振荡时会误动的话，其动作行为也是在

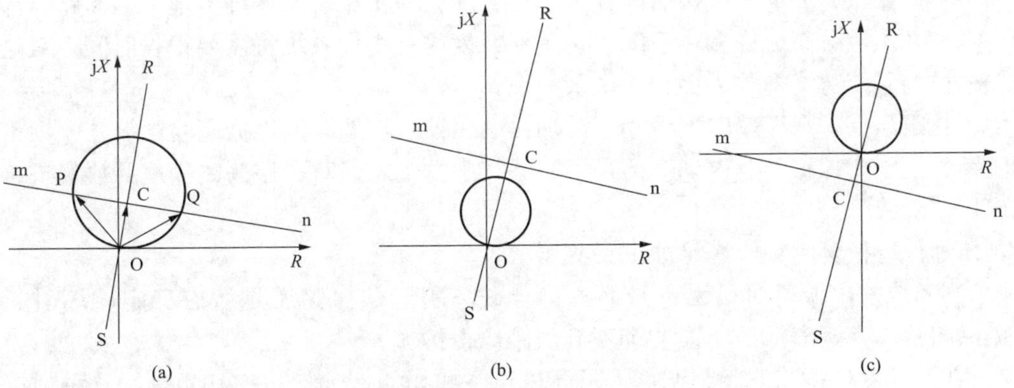

图 3-50　系统振荡时阻抗继电器动作行为的分析

(a) 振荡中心位于阻抗继电器动作特性内；(b) 振荡中心位于阻抗继电器动作特性外；
(c) 振荡中心位于阻抗继电器的反方向，在动作特性外

每一个振荡周期中动作返还一次。其误动的时间为：

$$t=\frac{\delta_2-\delta_1}{360°}T \tag{3-115}$$

式中：T 为振荡周期。

最后需要指出，对于工频变化量的阻抗继电器在系统发生振荡时是不会误动的。详情请见本节八中的分析。

下面来证明以正序电压为极化量的阻抗继电器在系统发生振荡时的动作特性是经过坐标原点的一个圆。

工作电压　$\dot{U}_{OP}=\dot{U}_m-\dot{I}_mZ_{set}=\dot{I}_m(Z_m-Z_{set})$

极化电压　$\dot{U}_P=\dot{U}_{1m}=\dot{U}_m=\dot{I}_mZ_m$

上两式中的 $\dot{U}_m$、$\dot{I}_m$ 为阻抗继电器的测量电压和测量电流。具体的相别由阻抗继电器的接线方式决定。在系统发生振荡时只有正序分量，所以极化电压是测量电压的正序分量也就是测量电压本身。将工作电压和极化电压代入动作方程式（3-51）或式（3-66），并经整理后得到：

$$90°<\arg\frac{Z_m-Z_{set}}{Z_m}<270°$$

该动作方程对应的动作特性是经过（$+Z_{set}$）和坐标原点两点连线为直径的圆。证毕。

（三）对振荡闭锁的要求

在系统发生振荡时阻抗继电器有可能误动，但是距离保护是不允许误动的。关于系统发生振荡时到底是否允许保护动作，我国和西方一些国家有着不同的观点。我们国家要求在系统发生振荡时应尽量保持系统的完整性，各地的保护不应该动作于跳闸（除预先设置的振荡解列点外）。因为在系统振荡时，若能由自动装置进行调节加之调度人员的一些操作，系统很快又能重新恢复同步稳定运行。我国运行经验证明，若能在振荡时快速减少送端系统侧的水电机组的出力，减少受端系统的负荷可以快速的平息系统振荡，是系统快速恢复同步运行的有效手段。若经过 3~4min 调整仍无效，再在某些预先设定的解列点解列。这样系统受到的影响最小对系统最为有利。我国电力系统长期的运行实践证明这种做法收到了良好的效

果。如果不这么做，允许系统振荡时保护动作，那么一次振荡下来许多地方的断路器都跳了闸，一个大系统被分裂成许多小系统，再重新恢复成一个大系统将需要很长时间。对电网结构比较松散的系统势必造成大面积停电事故。

为了让距离保护在振荡时不误动，需加振荡闭锁。当系统发生振荡时由振荡闭锁将距离保护闭锁，使距离保护不会误动。但是，当系统中发生短路时，振荡闭锁应开放保护，允许距离保护切除故障。

具体地说，振荡闭锁应满足如下一些要求：

1）当系统发生振荡时，无论是静态稳定破坏引起的振荡还是暂态稳定破坏引起的振荡，振荡闭锁应将距离保护闭锁（即不开放距离保护）。

2）在系统发生振荡期间，调度人员要进行一些操作例如切机、切负荷。这种情况一般称作“先振荡后操作”。在“先振荡后操作”期间，振荡闭锁应继续将距离保护闭锁。

3）在非全相运行以及非全相运行系统发生振荡时，振荡闭锁应继续将距离保护闭锁。

4）在正常运行下的第一次短路，振荡闭锁应开放保护，以允许距离保护切除区内故障。

5）区外故障后紧接着又发生区内故障时，振荡闭锁应开放保护，以允许距离保护切除区内故障。

6）在振荡中发生短路时，振荡闭锁应在两侧电动势夹角较小时开放保护，以允许距离保护切除区内故障。在两侧电动势夹角较大时应闭锁保护，以防止振荡中发生区外短路时距离保护误动。

7）在非全相运行期间如果运行相上发生短路，振荡闭锁应开放保护，以允许距离保护切除区内故障。

从上述的几点要求中可以看出，振荡闭锁应该能区别振荡和短路。只要能找到区分振荡和短路的方法，就能够用来构成振荡闭锁。在模拟型保护中，振荡闭锁是由硬件电路来实现的。所以当时称作振荡闭锁装置。在微机型的距离保护中，振荡闭锁是一段程序。但为了叙述方便，本书依然把它称作振荡闭锁装置。

（四）对振荡闭锁装置的总体考虑

（1）振荡闭锁只控制距离保护的第Ⅰ段和第Ⅱ段。距离保护的第Ⅲ段独立，不受振荡闭锁的控制。

距离保护的第Ⅰ段和第Ⅱ段在发跳闸命令之前，要检查一下振荡闭锁允不允许它跳闸。如果振荡闭锁发现目前是振荡，不允许它跳闸，那么距离保护第Ⅰ段和第Ⅱ段也跳不了闸。但距离保护第Ⅲ段是独立的，它在发跳闸命令之前不必检查振荡闭锁的状态。这样做的原因是，如果距离保护的Ⅰ、Ⅱ、Ⅲ段都受振荡闭锁的控制，那么在系统中发生短路时，万一振荡闭锁没有开放保护，距离保护将全军覆没。因此保留一个起后备作用的独立的第Ⅲ段，它与振荡闭锁装置无关。当系统中发生短路时如果振荡闭锁万一没有开放保护，还有一个独立的距离保护第Ⅲ段可以切除故障，起到了后备作用。

距离保护第Ⅲ段不经振荡闭锁的控制后怎么保证它在振荡时不误动呢？式（3－115）表述了阻抗继电器在系统振荡时动作时间的计算公式。如果系统中最长的振荡周期按 1.5s 考虑，阻抗继电器在振荡时误动的时间就不会大于 1.5s。所以距离保护第Ⅲ段的延时只要大于 1.5s，就可以躲过振荡的影响。

当然对于没有振荡问题的线路，例如单侧电源线路，距离保护第Ⅰ、Ⅱ段可以不经振荡闭锁控制。此外最长的振荡周期按1.5s考虑时如果距离保护第Ⅰ段动作时间大于0.5s、距离保护第Ⅱ段动作时间大于1s，也可以不经振荡闭锁控制，靠延时躲过振荡的影响。

（2）对于正常运行时发生的第一次短路，振荡闭锁实行短时开放保护的方法。

在正常运行情况下发生短路时振荡闭锁应开放保护，允许距离保护去切除区内故障。但是如果振荡闭锁在短路后长期开放保护，那么假如系统由于区外短路后失去暂态稳定引起振荡的时候，距离保护又将会误动。所以在短路后振荡闭锁既要开放保护，但又不能长期开放。由于阻抗继电器在振荡时是在两侧电动势的夹角拉开得比较大时才会误动的。例如保护线路80%的距离保护第Ⅰ段，其阻抗继电器一般在两侧电动势的夹角大于120°~130°后才开始动作。而振荡时第一个振荡周期是较长的，据统计，实际记录到的在第一个振荡周期中两侧电动势的夹角到达180°前的前半个振荡周期最短的时间也有0.4s，而到达120°前的时间也在0.2s以上。所以由于短路引起系统振荡，并导致阻抗继电器在第一个振荡周期误动，发生在短路后的200ms以后。所以如果在200ms前振荡闭锁又重新将保护闭锁，就可以避免在随后的振荡中距离保护的误动。所以短时开放保护的时间不能大于200ms。但是，开放保护的时间也不能太短，应保证在距离保护第Ⅰ段范围内发生短路时距离保护第Ⅰ段能可靠切除故障。考虑到足够的裕度后，这时间应大于100ms。所以短时开放保护的时间应控制在120~200ms内，例如短时开放160ms。

（3）对于区外短路在上述短时开放保护时间（例如160ms）以后又紧接着发生区内短路、在振荡中又发生区内短路以及在非全相运行中运行相上又发生短路这三种情况下，振荡闭锁都应该开放保护，允许距离保护Ⅰ、Ⅱ段切除区内故障。

在正常运行时发生区外短路，振荡闭锁短时开放保护，例如开放160ms。在160ms期间由于是区外短路，阻抗继电器不动作。假如在160ms后又发生了Ⅰ、Ⅱ段的区内短路，如果振荡闭锁不能再次开放保护，距离保护Ⅰ、Ⅱ段将一直被闭锁，无法切除这种区内短路。只能靠长延时的第Ⅲ段切除短路。而第Ⅲ段的延时一般大于1.5s。这么长的延时，既不利于系统的稳定又可能造成相邻线路保护的越级跳闸。所以希望振荡闭锁在区外短路后又紧接着发生区内短路时，振荡闭锁能再次开放保护。

如果系统中先发生振荡，振荡闭锁是将保护闭锁的，以防止振荡时距离保护误动。但如果在振荡时又发生了短路，振荡闭锁也应该开放保护，允许距离保护Ⅰ、Ⅱ段切除区内的短路故障。否则同样只能靠动作时限大于1.5s的第Ⅲ段去切除故障。

在非全相运行期间，振荡闭锁是将距离保护闭锁的，以防止在非全相振荡时距离保护误动。这种非全相运行往往发生在单相重合闸或综合重合闸周期中。也就是单相短路，保护跳开单相断路器后，在重合闸之前线路处于非全相运行状态。这段时间大约在1s左右。在非全相运行期间如果运行相上又发生了短路，振荡闭锁应再次开放保护，以允许距离保护Ⅰ、Ⅱ段快速切除短路故障。

在模拟型距离保护装置中，例如在感应型、整流型和晶体管型的距离保护中，振荡闭锁只能保证系统发生振荡时闭锁距离保护，以及在正常运行中发生的第一次短路时振荡闭锁短时开放保护。过了短时开放的时间后，振荡闭锁就一直将保护闭锁，直至整组复归。这样区外故障过了短时开放时间后又紧接着发生区内故障时，以及振荡中再发生区内短路故障时振荡闭锁并不再次开放保护，依然将保护闭锁。在保护跳开单相进入非全相运行期间振荡闭锁就将保护闭锁，非全相运行中再发生短路振荡闭锁也不再次开放保护，也依然将保护闭锁。使距离保护在这几种情况下丧失了快速动作的Ⅰ、Ⅱ段保护。而只能依靠不受振荡闭锁控制的距离保护第Ⅲ段带长延时切除故障。这是以前模拟型距离保护装置的缺陷。

上述这些缺陷在当时并不带来严重的问题。因为当时距离保护只用来保护相间短路。在距离保护中只有相间阻抗继电器，没有接地阻抗继电器。作为主保护的纵联保护，当时用的是相差高频保护。作为接地短路的后备保护，当时用的是零序电流保护。这两种保护在原理上就不怕振荡，振荡时不会误动。所以这两种保护是始终投入不退出的。因此仅作为相间短路的后备保护的距离保护在第一次短路短时开放保护以后，以及在振荡中和非全相运行中仅保留第Ⅲ段并不造成很大问题。因为在这么短的时间内又发生不接地的相间故障机率是极低的，何况此时还有相差高频保护。

但是随着电力系统的发展，人们越来越喜欢用距离保护来保护接地短路，因为接地距离的第Ⅰ段保护范围比零序电流保护第Ⅰ段保护范围长而且保护范围稳定。接地距离第Ⅱ段的延时也一般比零序电流保护第Ⅱ段的延时短。使用了接地距离来保护接地短路后，可相应的简化零序电流保护的快速段，例如零序电流保护只保留第Ⅱ段和起后备作用的第Ⅲ段。而作为主保护的纵联保护，应用纵联距离保护也越来越多。目前我国微机型的纵联保护没有相差高频保护的产品。因此，如果纵联距离保护和三段式的距离保护（含相间距离和接地距离）这两种以阻抗继电器为核心元件构成的保护，在第一次区外故障短时开放保护以后一直被闭锁的话，那么在再发生区内短路、在振荡中和在非全相运行中又发生区内短路时就失去了快速动作的保护，这对系统安全稳定运行是很不利的。从20世纪80年代起，我国曾多次发生过大面积的雾闪事故。所以在短时间内，不同地点多次发生短路的情形是有可能发生的。虽然到目前为止尚未见到在振荡闭锁闭锁保护期间又发生区内短路的报道，但这种在振荡闭锁闭锁保护期间再发生区内短路时没有快速保护的局面终究是一个缺陷。尤其是现在振荡闭锁都用相电流差的突变量来起动，起动元件十分灵敏，在较远的地方产生的较大的干扰、系统的波动等都可能起动振荡闭锁。每次起动后又都有一段闭锁时间，在此期间没有快速保护也终究是一块心病。

我国从集成电路保护开始一直到目前的微机型保护，继电保护工作者在距离保护振荡闭锁的原理上做了大量工作，采用了一些创新的原理，研究的方向都集中在振荡闭锁闭锁保护期间（具体地说是在上述的三种情况下）如果又发生了Ⅰ、Ⅱ段的区内短路时使振荡闭锁依然能开放保护，这样在各种情况下都有快速动作的距离保护Ⅰ、Ⅱ段存在，提高了距离保护的性能。

前已述及，振荡闭锁的原理应能区分振荡和短路。但由于振荡时在两侧电动势相角差为180°时振荡中心的电压为零，与该点发生三相短路时情况相同，振荡时的电流又很大，所以真正能完全做到区分振荡和短路是不可能的。由于现代电力系统中电网的结构比较紧密，发生振荡的可能性已减少。在振荡中再发生短路的几率更小。在短时间内不同地点连续多次发生短路，以及在非全相运行期间再发生短路的几率也不大。因此在解决振荡闭锁在闭锁保护期间再发生短路时能重新开放保护问题时，允许适当降低一些要求。例如允许考虑再次开放保护时带有一个小延时；允许考虑线路末端发生短路时，待对端断路器先跳开后，本端振荡闭锁才开放保护；允许在振荡中发生短路时当两侧电动势夹角较小时才开放保护，而在两侧电动势夹角较大时不开放保护；以及在前述的几种情况下发生经很大的高电阻接地短路时可允许振荡闭锁不再开放保护。这种高阻接地短路可由零序电流保护的后备段或由距离保护第Ⅲ段（如果Ⅲ段阻抗继电器能动作的话）带延时切除故障。

（4）振荡闭锁的复归。

振荡闭锁在正常运行发生第一次短路时短时开放保护后，以及在振荡中、在非全相运行中，如果没有发生新的故障，距离保护Ⅰ、Ⅱ段就一直被闭锁着，直到振荡闭锁复归以后才能重新迎接下一次新的短路。振荡闭锁一定要等故障已消失、振荡已停息后才能复归。也就是一定要等系统已“风平浪静”以后才能复归。在整流型和晶体管型的距离保护中，振荡闭锁复归的具体条件是：BC 相上的第Ⅲ段阻抗继电器和 A 相上的过电流继电器如果连续一段时间（例如3.5s）不动作。振荡闭锁认为系统已“风平浪静”，于是整组复归。目前微机线路保护振荡闭锁的整组复归也就是整套保护装置的整组复归。有些制造厂家仍以六种第Ⅲ段阻抗继电器（三种相间阻抗继电器、三种接地阻抗继电器）和相电流继电器连续一段时间不动作作为整组复归的条件。有些制造厂家是以起动元件连续 7s 不动作作为整套装置的复归条件。

（五）振荡闭锁原理

在感应型距离保护中，振荡闭锁采用负序电压起动。当有负序电压时短时开放距离保护Ⅰ、Ⅱ段。这种振荡闭锁在运行中暴露了不少问题。例如当电压互感器二次回路断线时因为出现负序电压，振荡闭锁也将开放保护，有可能造成距离保护误动。在静稳破坏造成振荡过程中由安全稳定控制装置或手动跳某些断路器时即所谓的“先振荡后操作”时，由于断路器三相不同时出现负序电压时也将开放保护。而此时系统正处于振荡状态，只要阻抗继电器一动作将造成距离保护误动。在后来的整流型以及晶体管型的距离保护中，振荡闭锁原理按“四统一”[5]的要求作了改进。振荡闭锁不再用负序电压起动、而改用负序、零序电流和负序、零序电流的增量起动。这样当电压互感器二次回路断线时振荡闭锁不会再开放保护。另外用负序、零序电流（和负序、零序电流增量）元件与按躲最大负荷电流整定的相电流元件动作的时间差来区别系统中发生短路和系统中的“先振荡后操作”。在发生短路时负序、零序电流元件先于相电流元件动作或至少是同时动作，振荡闭锁就开放保护。在振荡时随着 δ 角度的增大，相电流元件先动作，此时负序、零序电流元件还没动作，振荡闭锁就从此不再开放保护。因此在振荡的第一个振荡周期的前半个周期中就把距离保护长期闭锁直至整组复归。这样在“先振荡后操作”时距离保护就不再会误动。此外在整流型和晶体管型距离保护中的负序电流（和负序电流增量）滤序器是用铁芯元件构成的，当振荡时 δ 角度增大到180°左右时由于电流很大导致铁芯饱和、另外在振荡时由于频率的差异等原因都会引起负序电流滤序器的不平衡输出增大，负序电流元件可能动作而开放距离保护。而 δ 在180°左右时阻抗继电器又是最容易误动的。这样将造成距离保护的误动。采用相电流元件先于负序、零序电流元件动作就长期闭锁距离保护的方法后就可以避免这种误动。当振荡时 δ 角度稍一增大按躲负荷电流整定的相电流元件就先动作，而负序电流元件是在 δ 接近180°左右，由于负序电流滤序器的不平衡输出才动作的，它动作时间在后。所以就可以长期闭锁距离保护而避免这种误动。所以整流型和晶体管型的距离保护按“四统一”的要求作了改进后，振荡闭锁的原理比感应型的距离保护有了很大的改善。应该说当时“四统一”对高压输电线路保护的原理作了一些具体的规定要求后，对改善和规范我国输电线路保护起了积极的作用，它提出的许多原理、要求至今仍有积极的指导作用。但是整流型和晶体管型距离保护的振荡闭锁限于当时保护使用的元器件的限制它们并未解决区外故障短时开放保护后又紧接着发生区内故障，在振荡中又发生区内短路以及非全相运行期间又发生运行相上的短路时振荡闭锁又重新开放保护的问题，致使在这几种情况下距离保护只能用长延时的第Ⅲ段切除故障。在研制集成电路保护和微机保护时，我国继电保护科研人员对振荡闭锁的原理作了发展，使距离保护振荡闭锁的原理更加完善。在这方面的改进包括两个方面，一方面在振荡闭锁的判据方面从原理上作了创新，重点解决在振荡闭锁起动后又重新闭锁保护期间再发生区内故障时，如何再次开放保护问题。这些原理下面再作详细分析。另一方面是在灵敏的起动元件中引入浮动门槛的方法，使系统中发生各种干扰波动时（并非短路故障）振荡闭锁不会频繁起动。真正系统发生短路故障后，起动元件马上灵敏地起动，振荡闭锁再短时开放保护。避免振荡闭锁不必要地经常处于闭锁状态。

下面介绍两种在微机线路保护中使用的振荡闭锁原理，看它是如何解决上述这些问题的。

1. 振荡闭锁原理一

这种振荡闭锁由下面四部分判据构成。在非全相运行期间只投入第（3）、（4）两个判据，在其他时间只投入第（1）、（2）、（3）三个判据。

（1）在两相电流差突变量起动元件 $\Delta I_{\varphi\varphi}$ 或零序电流 $\dot{I}_0$ 起动元件动作时如果按躲负荷电流整定的正序电流元件 I_1 尚未动作，或者虽然正序电流元件动作了但是动作时间尚不满10ms，则开放保护160ms。这就是正常运行第一次故障的短时开放保护的判据。

在正常运行第一次发生短路时，起动元件灵敏地马上动作。此时 I_1 元件可能尚未动作，也有可能与起动元件同时动作，但绝不可能 I_1 元件比起动元件早动作10ms。因此振荡闭锁短时开放160ms。允许距离保护Ⅰ、Ⅱ段切除区内短路。

本判据引入正序电流元件（原理上也可以是相电流元件）的目的是为了防止由于静稳破坏引起系统振荡时，振荡闭锁不要误开放保护而造成距离保护误动。如果不引入正序电流元件，在静稳破坏引起系统振荡时，$\Delta I_{\varphi\varphi}$、$\dot{I}_0$ 两个起动元件是不起动的，振荡期间在操作断路器时（即“先振荡后操作”时），$\Delta I_{\varphi\varphi}$、$\dot{I}_0$ 两个起动元件可能能起动。而在操作断路器时可能两侧电动势夹角正好处在180°左右，阻抗继电器可能也正好处于动作状态，假如起动元件起动后就开放保护的话，将造成距离保护误动。

引入正序电流元件后，当系统静稳破坏引起振荡时，两侧电动势的夹角稍一张开，正序电流元件 I_1 就可以动作。由于系统振荡时两相电流差突变量元件 $\Delta I_{\varphi\varphi}$ 是不动作的。零序电流起动元件也是不动作的。所以正序电流元件 I_1 先于起动元件动作至少10ms以上。正序电流元件动作后记忆（展宽）3s（大于最长的振荡周期），这样只要系统处于振荡状态，本短时开放保护的判据就不再满足。所以在振荡的第一个振荡周期在两侧电动势夹角到达180°之前，实际上短时开放保护的判据就已被闭锁了。这样在振荡期间再进行操作时，虽然可能造成 $\Delta I_{\varphi\varphi}$、$\dot{I}_0$ 起动元件起动，本判据也不会再去开放保护。防止了“先振荡后操作”时距离保护的误动。

距离保护Ⅱ段的延时一般至少为500ms，为了使在距离保护Ⅱ段范围内发生短路时，距离Ⅱ段能可靠的切除故障，显然对上述只短时开放保护160ms的做法应采取一些附加措施：如果在160ms内Ⅱ段阻抗继电器已经动作了，则振荡闭锁就一直开放下去以保证距离保护Ⅱ段可靠切除故障。在160ms内Ⅱ段阻抗继电器已经动作了，它的动作肯定不是振荡造成的，而是短路造成的。因为振荡造成阻抗继电器动作要在200ms之后。如果Ⅱ段阻抗继电器一直处在动作状态，说明Ⅱ段内的短路一直存在着，振荡闭锁理所当然应该一直开放下去。此外在距离保护Ⅱ段范围内发生短路下面第2、3两个判据也可开放保护。

（2）不对称短路开放元件。

此判据可以在区外发生短路后又紧接着发生区内不对称短路和在振荡中发生不对称短路时用以开放保护，让距离保护Ⅰ、Ⅱ段快速切除区内短路。其开放保护的判据是：

$$|\dot{I}_2| + |\dot{I}_0| > m|\dot{I}_1| \tag{3-116}$$

式中，$m<1$。满足式（3-116）就立即开放距离保护。

在整流型和晶体管型距离保护的振荡闭锁中也曾用到过负序电流和零序电流。当出现负序、零序电流时短时开放保护。本判据虽然也是用负序和零序电流当作动作量，但引入了正序电流作为制动量。因为振荡时振荡电流是正序电流，所以用正序电流作为制动量，有利于系统在振荡中、在振荡中发生区外短路以及“先振荡后操作”时，本判据的振荡闭锁不开放保护。

当系统处于纯振荡期间，由于没有负序电流和零序电流，振荡电流又是正序电流是制动量。不能满足式（3-116）判据，故不开放距离保护。

在区外发生短路后又紧接着发生区内不对称短路和在振荡中发生不对称短路时都将出现负序电流。而在大接地电流系统中在上述情况下发生区内的接地短路时将出现零序电流。由本节八中阐述的重叠原理可知，图3-36（a）所示的短路后状态是同一图中（b）所示的短路前状态图（c）所示的短路附加状态的叠加。图中 ΔU_F 是短路点 F 在短路前的电压 $U_{F|0|}$。如果短路前系统是正常运行状态，则图（b）是正常负荷状态。$U_{F|0|}$ 基本上是额定电压，这时由图（c）求得的短路电流的故障分量值最大。在短路电流的实用计算中往往把 $U_{F|0|}$ 近似看作电动势 E，即认为短路前系统是空载状态。由短路电流计算的基本知识可知，在发生单相接地短路、两相短路和两相接地短路时，如果不考虑过渡电阻，流过故障支路的各序故障分量电流（或称作短路点的各序故障分量电流）分别如下列各式所示：

$$\dot{I}_{F1}^{(1)} = \dot{I}_{F2}^{(1)} = \dot{I}_{F0}^{(1)} = \frac{\dot{U}_{F|0|}}{Z_{1\Sigma}+Z_{2\Sigma}+Z_{0\Sigma}} = \frac{\dot{U}_{F|0|}}{2Z_{1\Sigma}+Z_{0\Sigma}} \tag{3-117}$$

$$\begin{cases} \dot{I}_{F1}^{(2)} = -\dot{I}_{F2}^{(2)} = \dfrac{\dot{U}_{F|0|}}{Z_{1\Sigma}+Z_{2\Sigma}} = \dfrac{\dot{U}_{F|0|}}{2Z_{1\Sigma}} \\ \dot{I}_{F_0}^{(2)} = 0 \end{cases} \tag{3-118}$$

$$\begin{cases} \dot{I}_{F1}^{(1.1)} = \dfrac{\dot{U}_{F|0|}}{Z_{1\Sigma}+\dfrac{Z_{2\Sigma}Z_{0\Sigma}}{Z_{2\Sigma}+Z_{0\Sigma}}} = \dfrac{\dot{U}_{F|0|}(Z_{2\Sigma}+Z_{0\Sigma})}{Z_{1\Sigma}Z_{2\Sigma}+Z_{1\Sigma}Z_{0\Sigma}+Z_{2\Sigma}Z_{0\Sigma}} \\ \dot{I}_{F2}^{(1.1)} = -\dot{I}_{F1}^{(1.1)}\dfrac{Z_{0\Sigma}}{Z_{2\Sigma}+Z_{0\Sigma}} \\ \dot{I}_{F0}^{(1.1)} = -\dot{I}_{F1}^{(1.1)}\dfrac{Z_{2\Sigma}}{Z_{2\Sigma}+Z_{0\Sigma}} \\ \dot{I}_{F1}^{(1.1)} = -[\dot{I}_{F2}^{(1.1)}+\dot{I}_{F0}^{(1.1)}] \end{cases} \tag{3-119}$$

上列各式中 $Z_{1\Sigma}$、$Z_{2\Sigma}$、$Z_{0\Sigma}$ 为对短路点 F 的正序、负序、零序综合阻抗。它等于短路点 F 两侧各序阻抗的并联值。

当经过过渡电阻发生短路时，在故障支路中串入了过渡电阻，上述各 $\dot{I}_{F1}$、$\dot{I}_{F2}$ 和 $\dot{I}_{F0}$ 的数值将减少。但单相接地短路时仍有 $\dot{I}_{F1}^{(1)} = \dot{I}_{F2}^{(1)} = \dot{I}_{F0}^{(1)}$ 关系；两相短路时仍有 $\dot{I}_{F1}^{(2)} = -\dot{I}_{F2}^{(2)}$ 关系；两相接地短路时虽然仍有 $\dot{I}_{F1}^{(1.1)} = -[\dot{I}_{F2}^{(1.1)}+\dot{I}_{F0}^{(1.1)}]$ 关系，但由于 $\dot{I}_{F2}^{(1.1)}$ 和 $\dot{I}_{F0}^{(1.1)}$ 相位

不同，因而$|\dot{I}_{F2}^{(1.1)}|+|\dot{I}_{F0}^{(1.1)}|>|\dot{I}_{F1}^{(1.1)}|$。

流过保护的各序故障分量电流为故障支路中各序分量电流乘以各序电流的分配系数：

$$\begin{cases}\dot{I}_1=C_1\dot{I}_{F1}\\ \dot{I}_2=C_2\dot{I}_{F2}\\ \dot{I}_0=C_0\dot{I}_{F0}\end{cases} \tag{3-120}$$

式中：C_1、C_2、C_0为正序、负序、零序电流分配系数。其值为各序序网图中短路点对端的序阻抗与短路点两侧序阻抗之和的比值。在电力系统的分析计算中都认为各元件的正序阻抗与负序阻抗相等，因此正、负序电流分配系数相等，$C_1=C_2$。但各元件的零序阻抗与正、负序阻抗不一定相等，因此零序电流分配系数C_0与正、负序电流分配系数C_1、C_2不一定相等。

作者经过详细分析（分析从略）表明：在单相接地短路、两相短路情况下，无论是金属性短路还是经过渡电阻短路，也无论零序电流分配系数C_0与正、负序电流分配系数C_1、C_2在幅值比较上存在什么关系，流过保护的电流，都存在$|\dot{I}_2|+|\dot{I}_0|\geqslant|\dot{I}_1|$关系，可以满足式（3－116），振荡闭锁可以开放保护。但在两相金属性接地短路情况下，有关系式(3－121)：

$$|\dot{I}_2|+|\dot{I}_0|=|\dot{I}_1|+(C_0-C_2)|\dot{I}_{F0}^{(1.1)}| \tag{3-121}$$

当$C_1=C_2=C_0$或$C_1=C_2<C_0$时，无论是金属性短路还是经过渡电阻短路，都存在$|\dot{I}_2|+|\dot{I}_0|\geqslant|\dot{I}_1|$关系，可以满足式（3－116），振荡闭锁可以开放保护。但是当$C_1=C_2>C_0$时，$|\dot{I}_2|+|\dot{I}_0|<|\dot{I}_1|$。严重的情况出现在长线路末端短路，如果对端变电站母线上由于有大容量的中性点接地的变压器，此时C_0很小，而C_2可能较大。同时$Z_{0\Sigma}<Z_{2\Sigma}$，而导致故障支路有较大的零序电流$\dot{I}_{F0}^{(1.1)}$。这时可能会出现$|\dot{I}_2|+|\dot{I}_0|<m|\dot{I}_1|$的情况，使保护不能开放。在这种情况下也可以在对端距离保护Ⅰ段先将开关三相跳开后，由于$C_0=C_2=1$，本判据再开放保护，并不影响本端距离保护跳闸。

如果是在振荡中发生金属性短路，由本节二的分析可知，按$U_\varphi/(I_\varphi+K3I_0)$接线的接地阻抗继电器和按$U_{\varphi\varphi}/I_{\varphi\varphi}$接线的相间阻抗继电器，其接地短路时故障相阻抗继电器的测量阻抗以及相间短路时两故障相间的阻抗继电器仍然可以正确测量短路点到保护安装处的阻抗（之间没有分支电流），能够区分区内外的故障。所以只要是区内短路，阻抗继电器就能动作。因此要求振荡闭锁此时能够开放保护，让距离保护切除故障。但是在振荡中如果发生经过渡电阻短路时，由于过渡电阻上的压降在振荡过程中其相位是变化的，因此会影响故障相（相间）上的阻抗继电器的动作行为。同理短路点的非故障相（相间）电压在振荡过程中其相位也是变化的，因此也将影响非故障相（相间）上的阻抗继电器的动作行为。在不同的送电角下（振荡可以认为送电角在不断地变化）经不同的过渡电阻短路，分析故障相和非故障相阻抗继电器的动作行为时用一种称作电压相量图法[3]进行分析是非常适用的。由于篇幅原因，这里无法介绍电压相量图法的分析方法。作者用电压相量图法作了详细分析（分析从略），分析表明：在区外经过渡电阻短路时，若振荡中心在区内，故障相（相间）上的或非故障相（相间）上的阻抗继电器在两侧电动势相角差δ摆开得较大时（180°左右）都是有可能会误动的，因而要求振荡中发生区外短路时振荡闭锁应将保护闭锁。

在振荡中发生短路时，由重叠原理得到的图3－36中的（b）图是纯振荡状态，（c）图

是短路附加状态。图中的 $\Delta\dot{U}_F$ 是振荡状态下的短路点电压 $\dot{U}_{F|0|}$，其值与两侧电动势间的夹角 δ 和短路点的位置有关。在振荡中发生短路后，随着两侧电动势间夹角 δ 的变化，$\Delta\dot{U}_F$（$\dot{U}_{F|0|}$）也在不断的变化。但是（b）、（c）两图中的 $\Delta\dot{U}_F$（$\dot{U}_{F|0|}$）是同一个值。所以两图中的电压、电流随着两侧电动势间夹角 δ 的变化，也同时在不断变化。在各种不对称短路情况下，短路附加状态中流过故障支路的各序分量电流仍如式（3－117）～式（3－119）所示。由于图3－36中（b）图对应的纯振荡状态中的电流只有正序电流，因而此时流过保护的各序分量电流为：

$$\begin{cases}\dot{I}_1 = C_1\dot{I}_{F1} + \dot{I}_{sw} \\ \dot{I}_2 = C_2\dot{I}_{F2} \\ \dot{I}_0 = C_0\dot{I}_{F0}\end{cases} \tag{3-122}$$

式中：$\dot{I}_{sw}$是流过保护的振荡电流。它的表达式如式（3－109）所示，其值是 δ 角度的函数；$\dot{I}_{F1}$、$\dot{I}_{F2}$、$\dot{I}_{F0}$和 $\dot{I}_{sw}$几个电流都是对应同一个 δ 角度下的值。$\dot{I}_{F1}$、$\dot{I}_{F2}$、$\dot{I}_{F0}$三个电流还和短路点位置有关，但 $\dot{I}_{sw}$值与短路点位置无关。

当短路中两侧电动势间夹角变化到 $\delta=0°$时，振荡电流 $\dot{I}_{sw}=0$。流过保护的各序分量电流只有故障分量电流。此时振荡闭锁动作行为和空载状态下发生短路时相同，如上所述，振荡闭锁可以开放保护。当短路中两侧电动势间夹角变化到 $\delta=180°$时，振荡电流 $\dot{I}_{sw}$达最大值，但由于式（3－117）～式（3－119）中的 $U_{F|0|}$ 的值最小，因而各序故障分量电流最小。这样流过保护的负序和零序电流最小，而正序电流较大，振荡闭锁最不容易开放。整个振荡期间，δ 角在不断变化，可以认为整个振荡的过程是 δ 角在0°和180°两种状态间不断变化的过程。

在振荡中发生短路时，随着振荡中心C和短路点F相对于保护安装处的位置不同对振荡闭锁的要求也是不同的。在区内发生短路时振荡闭锁应该开放保护，但是并不是一定要求在一个振荡周期的所有时间内振荡闭锁都应该开放保护。对振荡闭锁的要求可降低为至少 δ 在0°左右一段范围内能可靠开放保护，并且开放保护的时间足以保证距离保护第Ⅰ、Ⅱ段可靠跳闸。这样在振荡中 δ 角较小时发生区内短路，距离保护第Ⅰ、Ⅱ段能可靠跳闸。在 δ 角较大时发生区内短路，振荡闭锁可能一开始不开放，等到 δ 角转到比较小时再开放保护，这时故障的切除将略带延时。而在区外短路时振荡闭锁应不开放保护，但是并不是一定要求在一个振荡周期的所有时间内振荡闭锁都不开放保护。因为即使振荡中心在区内，振荡中故障相（或相间）和非故障相（或相间）的阻抗继电器也是在 δ 角在180°左右一段范围内才可能会误动。因此振荡闭锁只要保证在 δ 角在180°左右这一段范围内不开放保护，就可以避免距离保护的误动。

下面针对振荡中心C和短路点F相对于保护安装处的不同位置，分四种情况分析振荡中发生不对称短路时，由式（3－116）表达的不对称短路开放元件的动作行为。这四种情况下，在振荡中发生不对称的经过渡电阻短路时，故障相（相间）阻抗继电器的动作行为以及非故障相（相间）阻抗继电器的动作行为，是作者用电压相量图法分析得出的，分析过程从略，这里只写出分析的结论。

1）如果振荡中心C在区内，在区内F点发生短路，如图3－51（a）所示。此时要求振

荡闭锁开放保护。分析表明，这时故障相或故障相间的阻抗继电器在振荡期间一直处于动作状态。由于短路点F离振荡中心C很近，当δ在180°左右时，短路点的电压$\dot{U}_{F|0|}$很小。因此故障分量电流很小，流过保护的负序电流、零序电流可能仍然很小，所以式（3－116）中的动作量很小。但是此时振荡电流$\dot{I}_{sw}$的值很大，所以正序电流制动量很大。这样振荡闭锁可能不开放保护。但是即使δ在180°左右时振荡闭锁不开放保护，可是当δ角转到0°左右时，振荡闭锁仍然可以开放保护，距离保护就可以发跳闸命令。例如如果距离保护第Ⅰ段的跳闸时间为20ms。按最短的振荡周期100ms计算，只要在$\delta=\pm36°$期间内式（3－116）的判据成立，就可保证距离保护第Ⅰ段可靠跳闸。而在$\delta=\pm36°$时，振荡电流$\dot{I}_{sw}$值很小，只有最大振荡电流的0.31倍。但此时$U_{F|0|}$很大，故障分量的电流很大。所以可以满足式（3－116）而开放保护。在振荡闭锁开放保护期间，故障相或故障相间的阻抗继电器动作能跳开三相切除区内短路。当然切除故障可能略带延时。

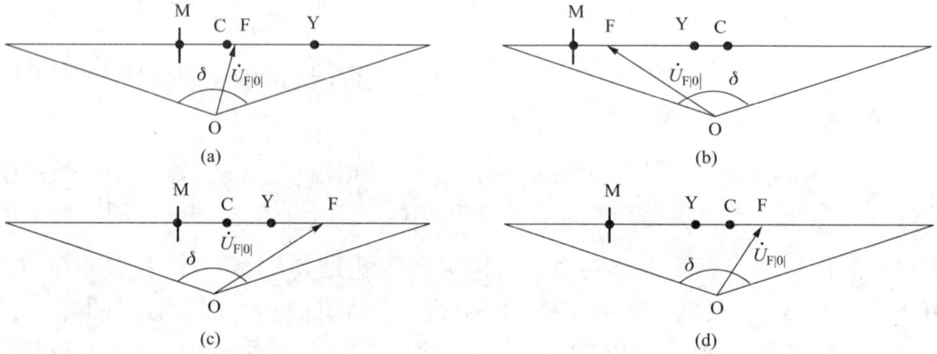

图3－51 振荡中心C和短路点F在不同位置时，短路点在短路前的电压$\dot{U}_{F|0|}$和δ角的关系

（保护安装在M母线，Y为保护范围末端）

（a）C和F都在区内；（b）C在区外F在区内；（c）C在区内F在区外；（d）C和F都在区外

2）如果振荡中心C在区外，而在区内F点发生短路，如图3－51（b）所示。这时也要求振荡闭锁开放保护。此时阻抗继电器的动作行为是：对于金属性短路，故障相或故障相间的阻抗继电器是一直动作的；对于经过渡电阻短路，分析表明，在振荡期间当δ角在180°左右时可能不动作，其余角度情况下一直处于动作状态。而非故障相或非故障相间的阻抗继电器在振荡期间由于振荡中心在区外一直不动作。再来看式（3－116）的振荡闭锁判据。振荡中即使δ角在180°左右时由于振荡电流$\dot{I}_{sw}$很大，振荡闭锁有可能不开放保护，但是当δ角转到0°左右时振荡闭锁可以开放保护，距离保护可以切除故障。需要指出，当δ角在180°左右时振荡闭锁在这种情况下也可能能开放保护。因为虽然此时振荡电流$\dot{I}_{sw}$很大，式（3－116）中制动电流很大。但由于短路点离振荡中心较远，$\dot{U}_{F|0|}$的值虽然比δ角在0°左右时较小，但小得不是很多，因此故障分量的电流仍然较大。如果在第Ⅰ段范围内短路，短路点较近，电流分配系数较大。所以流过保护的负序电流和零序电流较大，还可能满足式（3－116）而开放保护。δ角在180°左右时如果也能开放保护更加有利于在这种情况下快速切除故障。

3）如果振荡中心C在区内，而在区外F点发生短路，如图3－51（c）所示。此时阻抗继电器的动作行为是：对于金属性短路，故障相或故障相间的阻抗继电器是不动作的；对于

经过渡电阻短路，分析表明，故障相或故障相间的阻抗继电器在振荡期间当δ角在180°左右时可能会误动，其余角度可靠不动。而非故障相或非故障相间的阻抗继电器在振荡期间由于振荡中心在区内，当δ角在180°左右时也可能会误动，其余角度可靠不动作。据分析在一般的系统参数和Ⅰ段的整定值下，阻抗继电器此时误动的角度大约在$\delta = 105° \sim 255°$的范围内，当δ角在其他角度时继电器一般不会动作。因此对振荡闭锁的要求可以是这样：当$\delta = 105° \sim 255°$范围内时不能开放保护，以免距离保护误动。在δ角为其他角度时是否开放保护可以不提要求。现在再来看本判据的振荡闭锁的开放情况。此时短路点离振荡中心较远，$\dot{U}_{F|0|}$值相对较大，因此故障分量的电流相对也较大。但由于是区外短路，短路点较远，电流分配系数较小，所以流过保护的负序电流、零序电流仍然较小，式（3－116）中的动作量较小。再加上当δ角在180°左右时由于$\dot{I}_{sw}$很大，流过保护的正序电流较大，式（3－116）中的制动量较大。因此不能满足式（3－116）的振荡闭锁开放条件，振荡闭锁将保护闭锁。至于δ角在其他角度下振荡闭锁开放保护也无关紧要，因为在这样的角度下所有的阻抗继电器都不动作，并不会导致距离保护误动。

4）如果振荡中心C在区外，而在区外F点发生短路，如图3－51（d）所示。此时阻抗继电器的动作行为是：无论是金属性短路还是经过渡电阻短路，分析表明故障相或故障相间的阻抗继电器在振荡期间是一直不动作的。而非故障相或非故障相间的阻抗继电器在振荡期间由于振荡中心也在区外，继电器也一直不动作。此时振荡闭锁无论是否开放保护都不会造成距离保护的误动。该时由于短路点离振荡中心较近，δ角较大时$\dot{U}_{F|0|}$的值就较小，所以故障分量电流较小。再加上短路点很远，电流分配系数很小，因此流过保护的负序电流和零序电流很小。而δ角摆开后振荡电流$\dot{I}_{sw}$增大了。所以不能满足式（3－116）的振荡闭锁开放条件。振荡闭锁只能在δ角很小时，由于振荡电流$\dot{I}_{sw}$接近零才可能动作。但是如上所述，振荡闭锁此时开不开放保护都不会造成距离保护的误动。

上面分析了振荡中心C和短路点F所有可能的四种不同位置的情况。按式（3－116）的振荡闭锁开放条件，结合阻抗继电器的动作情况，能满足前述的对振荡闭锁的要求。

最后再分析一下，在“先振荡后操作”时本判据的动作行为。如果在振荡过程中，自动装置或调度人员操作了断路器。由于断路器三相不同时跳闸，在不同时期间出现了非全相运行状态。如果断路器两侧电动势有相位差就会出现负序和零序电流，δ在180°左右时该电流最大。而操作断路器的时间是随机的，有可能正好在本保护两侧电动势间夹角δ在180°左右时操作断路器。此时阻抗继电器有可能正处于误动状态。为了保证距离保护不误动，要求本判据在δ为180°左右操作断路器时不能开放保护。

自动装置或调度人员操作的断路器如果是本断路器的话，断路器跳闸时阻抗继电器是不动作的，分析本判据开不开放保护没有意义，这里分析是操作其他某一个支路上的断路器。当断路器三相不同时的时候，断路器支路中的负序电流和零序电流之和其数值是小于该断路器跳闸前瞬间流过该断路器的负荷电流值的。而断路器中的负序电流、零序电流在相应的序网图中再分配到保护安装处的支路中，所以流过保护的负序电流和零序电流之和其数值更小于该断路器跳闸前瞬间流过该断路器的负荷电流值的。所以本判据中的动作量其实不大。而在本保护两侧电动势夹角δ在180°左右时流过本保护的振荡电流很大，该电流大于流过操作断路器的负荷电流，而且该电流在式（3－116）的判据中是制动电流。所以本判据不会开放保护。

综上所述，本判据在系统发生振荡时不开放保护。在“先振荡后操作”时以及在振荡中发生区外短路时在阻抗继电器可能会误动的角度范围内不开放保护。在区外短路过了短时开放时间后又紧接着发生区内不对称短路以及在振荡中又发生区内不对称短路时，可以可靠开放保护，这种开放保护有时可能会带一个小延时，但这是允许的。

（3）对称短路开放元件。

此判据在区外发生短路后又紧接着发生区内三相短路和在振荡中发生三相短路时用以开放保护，让距离保护Ⅰ、Ⅱ段快速切除区内短路。该元件的实现方法是 $\dot{U}_1\cos(\varphi_1+\theta)$ 的值在某一范围内停留的时间超过一定值时开放保护。为叙述方便令：

$$\dot{U}_{OS}=\dot{U}_1\cos(\varphi_1+\theta) \tag{3-123}$$

式中：$\dot{U}_1$ 是正序电压；φ_1 是正序电压 $\dot{U}_1$ 和正序电流 $\dot{I}_1$ 间的夹角；θ 角是线路阻抗角 φ_l 的余角。$\theta=90°-\varphi_l$。

按式（3－123）计算的 $\dot{U}_{OS}$ 电压有一些很有趣的特点：在三相短路时 $\dot{U}_{OS}$ 的值小于或等于电弧电阻上的电压 $\dot{U}_{arc}$，在系统振荡时 $\dot{U}_{OS}$ 的值等于振荡中心的电压 $\dot{U}_C$。

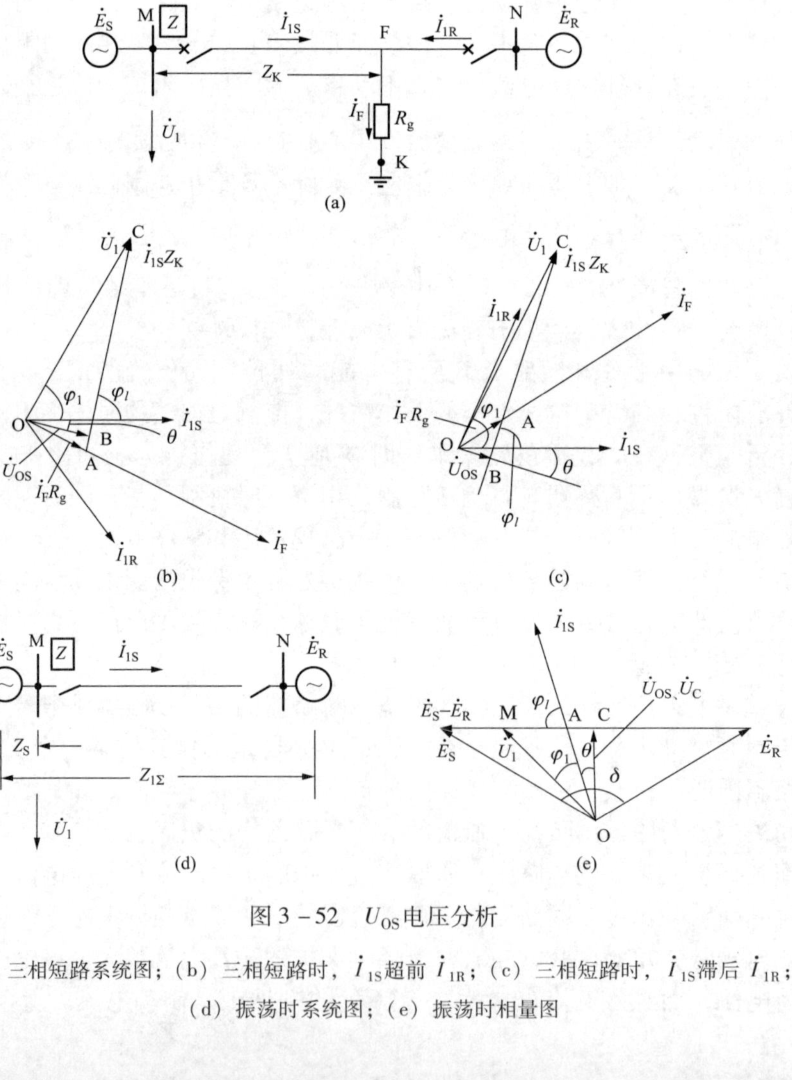

图 3－52　U_{OS} 电压分析

（a）三相短路系统图；（b）三相短路时，$\dot{I}_{1S}$ 超前 $\dot{I}_{1R}$；（c）三相短路时，$\dot{I}_{1S}$ 滞后 $\dot{I}_{1R}$；

（d）振荡时系统图；（e）振荡时相量图

下面先来证明在三相短路时，$\dot{U}_{OS}$的值小于或等于电弧电阻上的电压$\dot{U}_{arc}$。

图3－52（a）是三相短路系统图。因为三相短路时只有正序分量的电气量，所以加在保护上的电压、电流就是正序电压$\dot{U}_1$和正序电流$\dot{I}_{1S}$。电压、电流按传统规定其正方向。短路点对端提供的电流为$\dot{I}_{1R}$，流过过渡电阻R_g上的电流为$\dot{I}_F$，那么$\dot{I}_F=\dot{I}_{1S}+\dot{I}_{1R}$。由于三相短路时过渡电阻只是电弧电阻，所以电弧电阻上的电压为$\dot{U}_{arc}=\dot{I}_F R_g$。由图（a）列出保护安装处的电压方程为：

$$\dot{U}_1=\dot{I}_F R_g+\dot{I}_{1S}Z_K \tag{3-124}$$

假如是在振荡中发生三相短路，短路点两侧电流$\dot{I}_{1S}$和$\dot{I}_{1R}$有各种相位关系。在$\dot{I}_{1S}$超前于$\dot{I}_{1R}$和$\dot{I}_{1S}$落后于$\dot{I}_{1R}$两种情况下，根据式（3－124）可画出相量图如图3－52（b）和（c）所示。在画相量图时为清晰起见，假设系统各元件的阻抗角都等于线路阻抗角φ_l。这样的假设与实际情况相差不大，并不影响下面的分析结论。(b)、(c）两图中，电弧电阻上的电压$\dot{I}_F R_g$是相量$\overrightarrow{OA}$。相量$\overrightarrow{AC}$是$\dot{I}_{1S}Z_K$，它超前于$\dot{I}_{1S}$相量φ_l角。相量$\overrightarrow{OC}$就是加在保护上的正序电压$\dot{U}_1$，$\dot{U}_1=\dot{I}_F R_g+\dot{I}_{1S}Z_K$。$\dot{U}_1$与$\dot{I}_{1S}$间的夹角就是$\varphi_1$。过O点作相量$\overrightarrow{OB}$垂直于$\dot{I}_{1S}Z_K$，$\overrightarrow{OB}$与$\dot{I}_{1S}$间的夹角是$\theta$，$\theta=90°-\varphi_l$。所以相量$\overrightarrow{OB}$就是$\dot{U}_{OS}$电压，$\dot{U}_{OS}=\dot{U}_1\cos(\varphi_l+\theta)$。从图（b）中可见，只有在$\dot{I}_F$相量与$\dot{I}_{1S}Z_K$相量垂直时$\dot{U}_{OS}=\dot{I}_F R_g$，在其他情况下$\dot{U}_{OS}<\dot{I}_F R_g$。从图（c）中可见，由于$\varphi_l$角不可能大于90°，所以$\dot{I}_F$相量不可能与$\dot{I}_{1S}Z_K$相量垂直，故肯定$\dot{U}_{OS}<\dot{I}_F R_g$。综合（b）、（c）两图可知，在系统振荡中发生三相短路，无论两侧电动势夹角为多少，$\dot{U}_{OS}$的值总是小于或等于电弧电阻上的电压$\dot{I}_F R_g$的。

下面再来证明当系统发生振荡时，$\dot{U}_{OS}$的值等于振荡中心的电压$\dot{U}_C$。

图3－52（d）是振荡时的系统图。因为振荡时只有正序分量的电气量，所以加在保护上的电压、电流就是正序电压$\dot{U}_1$和正序电流$\dot{I}_{1S}$。电压、电流按传统规定其正方向。假设振荡时两侧电动势幅值相等，所有各元件的阻抗角都等于线路阻抗角。当两侧电动势夹角为δ时可画出其相量图如图3－52（e）所示。根据保护背后电源的等值阻抗Z_{1S}占两侧电动势间的总的阻抗$Z_{1\Sigma}$的百分比，可在$\dot{E}_S-\dot{E}_R$的相量上找出保护安装处M点的位置。则$\overrightarrow{OM}$相量就是保护安装处的正序电压$\dot{U}_1$。流过保护的电流$\dot{I}_{1S}$落后于$\dot{E}_S-\dot{E}_R$相量φ_l角，如图所示。$\dot{U}_1$与$\dot{I}_{1S}$间的夹角就是φ_1。由O点向$\dot{E}_S-\dot{E}_R$相量作垂线，C点就是振荡中心。相量$\overrightarrow{OC}$就是此时的振荡中心的电压$\dot{U}_C$。相量$\overrightarrow{OC}$落后于$\dot{I}_{1S}$相量θ角，$\theta=90°-\varphi_l$。由图可见$\dot{U}_{OS}=\dot{U}_1\cos(\varphi_1+\theta)$就是相量$\overrightarrow{OC}$。所以当系统发生振荡时$\dot{U}_{OS}$的值就等于振荡中心的电压$\dot{U}_C$。

在系统振荡时振荡中心的电压$\dot{U}_C$是随着两侧电动势间夹角δ的变化而变化的。其幅值变化规律如式（3－111）所示，即$U_C=|\dot{E}|\cos(\delta/2)$。所以$\dot{U}_{OS}$电压幅值也是按此规律，随两侧电动势间夹角$\delta$的变化而不断变化的。而在振荡中发生三相短路时，$\dot{U}_{OS}$电压始终是

小于、等于电弧电阻上的电压 $\dot{I}_F R_g$ 的。而电弧电阻上的电压是不太大的。所以只要能确定一个电压的阈值范围，在三相短路时 $\dot{U}_{OS}$的电压值始终在该阈值范围内，而在振荡时 $\dot{U}_{OS}$的电压值在该阈值范围内停留的时间是有限的。利用这种方法就可以区分系统振荡和在振荡中的三相短路。

要确定该阀值范围就需要知道电弧电阻上的压降是多大值。国际上曾有许多人对电弧的特性做过研究。Van Warrington 是最早在这方面进行研究的人之一。通过试验，他得出的电弧上的电压 $\dot{U}_{arc}$（V）、电流 $\dot{I}_{arc}$（A）和电弧长度 L_{arc}（m）之间的关系是：

$$\dot{U}_{arc} = 28\ 700 \frac{L_{arc}}{\dot{I}_{arc}^{0.4}} \tag{3-125}$$

随后，在这方面最有成效的研究是 A. P. Strom 在 Westinghouse 高压实验室中完成的。大量的试验表明电弧的电位梯度的平均值为 12.2 ~ 14.96V/cm。当峰值电流小于 5kA 时接近低值，峰值电流在 10kA 至 20kA 时接近高值。有 35% 的几率，电弧的电位梯度为 13.39V/cm。众多学者研究的结果都说明电弧的电位梯度变化不大，与电流的大小关系不大。电弧上的电压主要决定于电弧的长度。所以按 A. P. Strom 的研究结果，电弧上的电压为：

$$U_{arc} = 1339 L_{arc} \tag{3-126}$$

对 220kV 输电系统，如果考虑导线间距离为 7m。则电弧电压为：

$$U_{arc} = 1339 \times 7 = 9373\text{V} \tag{3-127}$$

在图 3-52（a）中的电弧电阻上的电压 $I_F R_g$ 应是每相上的电压，考虑到电弧电阻是跨接在两相导线之间的，所以每相的电弧电阻上的电压应是式（3-127）表示的电弧电压的一半，所以每相的电弧电阻上的电压为：

$$I_F R_g = 9373\text{V}/2 = 0.036\ 9 U_N \tag{3-128}$$

对 500kV 输电系统，如果考虑导线间距离为 12.5m。则电弧电压为：

$$U_{arc} = 1339 \times 12.5 = 16\ 737.5\text{V} = 0.033\ 5 U_N \tag{3-129}$$

相对于图 3-52（a）中的每相上的电弧电阻上的电压 $I_F R_g$ 为

$$I_F R_g = 16\ 737\text{V}/2 = 0.029 U_N \tag{3-130}$$

上两式中的 U_N 为额定电压（相）。如果再考虑到三相短路后由于风吹、电动力以及空气受热对流导致电弧伸长的影响，电弧电阻上的电压最大不会超过 $0.05U_N$。

根据上述分析，本对称短路开放元件的判据为：

1）在 150ms 内一直满足下式开放保护：

$$-0.03 U_N < \dot{U}_{OS} < 0.08 U_N \tag{3-131}$$

在三相短路时，$\dot{U}_{OS}$的值总是小于等于电弧电阻上的电压 $I_F R_g$（相）的。而电弧电阻上的电压 $I_F R_g$（相）最大不会超过 $0.05U_N$，所以 $\dot{U}_{OS}$的值总是小于等于 $0.05U_N$。因此一直可以满足式（3-131）。过 150ms 延时即可开放保护。

在系统振荡期间，$\dot{U}_{OS}$的值等于振荡中心的电压 $\dot{U}_C$。而振荡中心的电压随 δ 角的变化是不断变化的，其规律为 $U_C = |E|\cos(\delta/2) \approx \cos(\delta/2) U_N$。当振荡中心电压 $\dot{U}_C$ 为 $-0.03U_N$ 和 $0.08U_N$ 值时，对应的 δ 角分别为 183.44°和 170.82°。如果最长的振荡周期按 1.5s 计算，那么振荡时，δ 角度在 170.82°到 183.44°间停留的时间为：

$$t=\frac{183.44°-170.82°}{360°}\times 1500=52.58\text{ms}$$

这说明系统振荡时，满足式（3-131）的时间仅为52.58ms。即使振荡周期按3s考虑，满足式（3-131）的时间也仅为105.16ms，小于150ms，所以不开放保护。

本判据就是利用$\dot{U}_{OS}$在电压阈值范围内的时间长短来区分振荡和短路的。

2）在500ms内一直满足下式开放保护：

$$-0.1U_N<\dot{U}_{OS}<0.25U_N \tag{3-132}$$

本判据的原理同上，只是作为上面1）判据的后备。

在三相短路时，如上所述$\dot{U}_{OS}$的值总是小于等于$0.05U_N$的。因此一直可以满足式（3-132）。过500ms延时即可开放保护。

在系统振荡期间，$\dot{U}_{OS}$的值等于振荡中心的电压$\dot{U}_C$。当振荡中心电压为$-0.1U_N$和$0.25U_N$值时，对应的δ角分别为191.48°和151.04°。如果最长的振荡周期按1.5s计算，那么振荡时，δ角度在191.48°到151.04°间停留的时间为：

$$t=\frac{191.48°-151.04°}{360°}\times 1500=168.5\text{ms}$$

这说明系统振荡时满足式（3-132）的时间仅为168.5ms，即使振荡周期按3s考虑，满足（3-132）的时间也仅为337ms，小于500ms，所以不开放保护。

式（3-131）和式（3-132）在保证纯振荡时不开放保护的同时又保证了在区外发生短路后又紧接着发生区内三相短路和在振荡中发生三相短路时可靠开放保护。分析表明，在振荡中发生三相经过渡电阻短路时阻抗继电器的动作行为是：如果振荡中心和短路点都在区内，阻抗继电器一直处于动作状态；如果振荡中心和短路点都在区外，阻抗继电器一直处于不动作状态；如果振荡中心在区内、短路点在区外，在两侧电动势夹角很大而短路点又在区外不远处时阻抗继电器可能会超越；如果振荡中心在区外、短路点在区内，在两侧电动势夹角很大而短路点又在区内靠近保护范围末端时阻抗继电器可能会拒动。如果振荡中发生三相金属性的短路，振荡对阻抗继电器就不产生影响，阻抗继电器可以正确区分区内、外的短路。

（4）非全相运行期间运行相上发生短路的开放元件。

在线路上发生单相接地短路保护跳开单相后，振荡闭锁马上将保护重新闭锁。此时前面所列的三个振荡闭锁开放元件都被撤销，投入本开放元件。从断路器跳开单相后直到重合闸前的大约1~1.5s左右的非全相运行期间，在运行相上可能会发生单相接地短路、两相短路和两相接地短路。由本节二的分析可知，当非全相运行中运行相上发生金属性短路时，接在故障相（相间）上的阻抗继电器是能进行正确测量的，其测量阻抗还是反应短路点到保护安装处的正序阻抗（之间没有分支电流）。所以其动作行为还是正确的。显然，为了让距离保护切除此时发生的区内短路，振荡闭锁应由本开放元件重新开放保护。

但是在非全相振荡时接在运行相或两运行相间的阻抗继电器如果振荡中心在保护范围内部，是有可能误动的。为了避免距离保护此时的误动，本开放元件应在非全相振荡时不开放保护。所以本开放元件应区分非全相运行（含非全相振荡）和非全相运行中的短路两种状态。

本开放元件只是在判断本端断路器已跳开一相，进入非全相运行期间才投入。判断是哪一相断开的方法是：如果已跳开的断路器是由本保护装置发的跳闸命令而跳开的，则只要再检查发跳闸命令的这一相又无电流（即该相跳闸固定继电器动作）即可判断出断开相。如果已跳开的断路器并不是由本保护装置跳的，而是由双重化的另一套保护装置跳的，则只要检查到跳闸位置继电器（TWJ）动作的那一相又无电流即是断开相。判断出断开相以后由下述两个判据作为非全相运行时，运行相上又发生短路时的振荡闭锁开放元件。

1）比较零序电流 $\dot{I}_0$ 和 A 相负序电流 $\dot{I}_{A2}$ 相位的选相元件，选相结果不在断开相的区上，判断在运行相上又发生了短路，于是开放保护。

关于比较 $\dot{I}_0$ 和 $\dot{I}_{A2}$ 相位的选相元件的原理，请参见本章第五节选相元件部分的分析。在非全相运行中，该选相元件选择的区是断开相区。例如在 A 相断线的 BC 两相运行期间，该选相元件选出的是 A 区。在非全相运行中如果又发生了 B、C 或 BC 相上的短路，该选相元件就不再选出 A 区了，于是开放保护。

2）在非全相运行期间如果两运行相上的电流差突变量元件动作，开放保护。

在非全相运行期间，一直判断两运行相的电流差的突变量元件是否动作。例如在 B、C 两相运行期间，一直在判断 $\Delta(\dot{I}_B-\dot{I}_C)$ 元件是否动作。如果 $\dot{I}_B-\dot{I}_C$ 的电流有突变，则说明在 B 相上、C 相上或 BC 相间上又发生了短路，于是就开放保护。

从上分析可知，由上述四部分判据构成的微机线路保护的振荡闭锁，圆满地完成了对振荡闭锁提出的各种要求，使振荡闭锁功能更加完善。

2. 振荡闭锁原理二

下面再介绍另一种振荡闭锁的原理。这种振荡闭锁是这样来实现的：

（1）如果起动元件起动时按躲最大负荷电流整定的相电流元件未动作，立即开放距离保护Ⅰ、Ⅱ段。这就是正常运行下的第一次故障短时开放保护的判据。此时只要Ⅰ、Ⅱ、Ⅲ段阻抗继电器一直动作，应保证可靠跳闸。如果上述阻抗继电器没有动作（说明区外故障），或者动作后未到跳闸时间就返回了（说明相邻线路保护切除故障），程序进入振荡闭锁模块。在振荡闭锁模块中距离保护Ⅰ、Ⅱ段先暂时被闭锁。

（2）如果起动元件未起动，而按躲最大负荷电流整定的相电流元件动作后又返回，说明可能是静稳破坏引起了系统振荡。也有可能是过负荷以后又恢复了正常运行。程序进入振荡闭锁模块，距离保护Ⅰ、Ⅱ段先暂时被闭锁。

（3）在振荡闭锁模块中进行如下一些工作：

1）用$\frac{dR}{dt}$原理判断在振荡闭锁闭锁距离保护Ⅰ、Ⅱ段期间是否发生了短路故障，如果判断是发生了短路故障，再次开放距离保护Ⅰ、Ⅱ段。如果$\frac{dR}{dt}$原理未判断发生了短路故障，继续闭锁距离保护Ⅰ、Ⅱ段。

2）进行受$\frac{dR}{dt}$原理开放的距离保护Ⅰ、Ⅱ段的计算和不受$\frac{dR}{dt}$原理控制的距离保护第Ⅲ段的计算。如保护动作发跳闸命令。

3）出现下述任意一种情况，进行振荡闭锁复归（也是整套保护的复归）的判断。①距离Ⅲ段不动作时；②如果$\frac{dR}{dt}$原理不开放保护；③$\frac{dR}{dt}$原理开放了保护，但是距离保护Ⅰ、Ⅱ段没有动作。振荡闭锁复归的条件是第Ⅲ段的阻抗继电器和相电流继电器连续 4s 不动作，整组复归。

（4）$\frac{dR}{dt}$振荡闭锁原理简介。

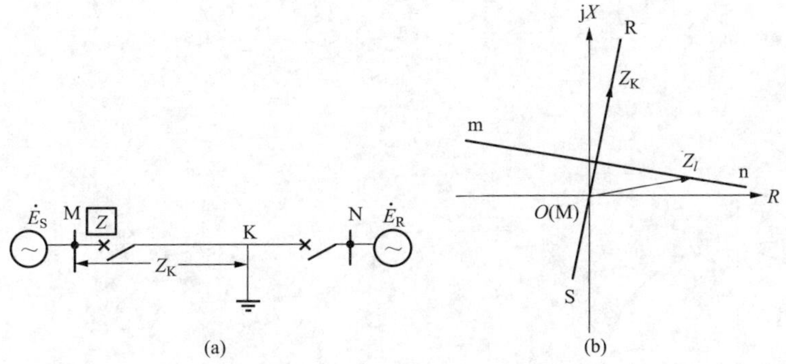

图 3－53 $\frac{dR}{dt}$原理说明

（a）系统图；（b）测量阻抗示意图

$\frac{dR}{dt}$振荡闭锁原理用以区分短路与振荡。当系统发生金属性短路时，装在图 3－53 中 M 端的阻抗继电器的测量阻抗将从 Z_l 跃变到 Z_K，测量阻抗中的电阻分量也有一个很大的跃变，$\frac{dR}{dt}$值很大。随后在短路过程中，无论系统是否发生振荡，其测量阻抗一直是 Z_K，其电阻分量也不变，$\frac{dR}{dt}$值为零。如果是经过渡电阻短路，短路以后的测量阻抗中还有由过渡电阻产生的附加阻抗。如果短路以后并未造成系统振荡，由过渡电阻产生的附加阻抗的相位不变，其测量阻抗的电阻分量也不变，$\frac{dR}{dt}$值仍然是零。即使短路以后造成系统振荡，由过渡电阻产生的附加阻抗的相位随两侧电动势夹角的变化也会发生变化，但它的变化比较缓慢，所以测量阻抗中的电阻分量也缓慢变化，$\frac{dR}{dt}$值较小。所以短路的特征是：一开始$\frac{dR}{dt}$值很大，随后$\frac{dR}{dt}$值很小。当系统没有发生短路而有振荡时，阻抗继电器测量阻抗相量端点的变化轨迹是图 3－53（b）中的 mn 线（设两侧电动势幅值相等），测量阻抗相量的起点在保护安装处 M 点。两侧电动势的夹角从 0°变化到 360°时，测量阻抗相量端点在 mn 线上循环一次，因此其测量阻抗无论是幅值还是相位都在不断变化的。在高压电网中各电气设备的阻抗角基本上在 80°左右，作为 SR 线的中垂线 mn 线比较接近水平线，因而在系统振荡时测量阻抗的电阻分量变化很大，$\frac{dR}{dt}$值一直很大。所以振荡的特征是：$\frac{dR}{dt}$一直很大。于是可以根据$\frac{dR}{dt}$值来区分短路与振荡。

$\frac{dR}{dt}$原理在实现时，装置先自行设定一个$\frac{dR}{dt}$的定值。如果$\frac{dR}{dt}$值超过该定值，随后$\frac{dR}{dt}$值在一段时间内都小于该定值的 1/8，则判断发生了短路故障，开放距离保护。如果不满足上述判据，则认为没有发生短路故障，或认为是系统发生了振荡，距离保护被闭锁。这种用$\frac{dR}{dt}$

原理来解决在振荡闭锁闭锁保护期间又发生短路时，再重新开放保护的问题，显然从其原理上讲，再次开放保护是带有一个短延时（200ms）的。

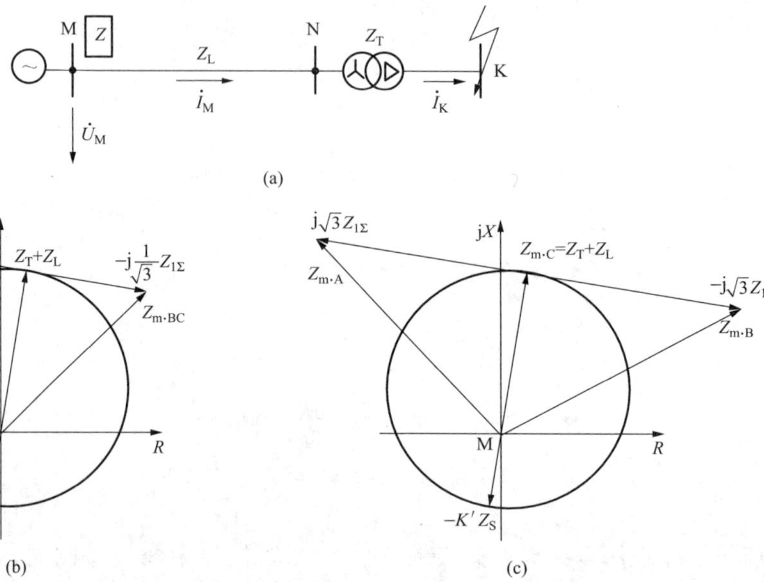

图 3－54　YN，d11 接线变压器△侧短路对 Y 侧阻抗继电器工作的影响

（a）系统图；（b）△侧 B、C 两相短路，Y 侧相间阻抗继电器的测量阻抗；

（c）△侧 B、C 两相短路，Y 侧接地阻抗继电器的测量阻抗

十二、YN，d11 接线变压器三角侧短路，星侧阻抗继电器的测量阻抗

图 3－54（a）中装在 M 处的距离保护第Ⅲ段，有时希望在变压器另一侧母线短路有灵敏度，因此需要知道阻抗继电器的测量阻抗。设本线路的正序阻抗为 Z_L，变压器归算到保护安装侧的正序阻抗为 Z_T。如果变压器是星—星接线，则故障相（相间）阻抗继电器的测量阻抗为 Z_L+Z_T。下面分析变压器是 YN，d11 接线时，在三角侧发生短路，星侧阻抗继电器的测量阻抗。三角侧发生单相接地短路时如果忽略分布电容并不产生短路电流，M 端的距离Ⅲ段不会动作。所以现在分析在变压器的三角侧母线发生三相和两相金属性短路时，装在 M 处的相间、接地阻抗继电器的测量阻抗。分析时变压器各侧电压、电流的幅值都已归算到保护安装侧（星侧）。并注意到三相和两相短路时，没有零序分量的电流、电压。根据对称分量法的知识，在 M 处 AB 相上的相间阻抗继电器的测量阻抗可表达为：

$$Z_{m.AB}=\frac{\dot{U}_{MAB}}{\dot{I}_{MAB}}=\frac{\dot{U}_{MA}-\dot{U}_{MB}}{\dot{I}_{MA}-\dot{I}_{MB}}=\frac{(\dot{U}_{MA1}-\dot{U}_{MB1})+(\dot{U}_{MA2}-\dot{U}_{MB2})}{(\dot{I}_{MA1}-\dot{I}_{MB1})+(\dot{I}_{MA2}-\dot{I}_{MB2})}$$

$$=\frac{\dot{U}_{MA1}(1-a^2)+\dot{U}_{MA2}(1-a)}{\dot{I}_{MA1}(1-a^2)+\dot{I}_{MA2}(1-a)}=\frac{\dot{U}_{MA1}+\dot{U}_{MA2}[(1-a)/(1-a^2)]}{\dot{I}_{MA1}+\dot{I}_{MA2}[(1-a)/(1-a^2)]}$$

$$=\frac{\dot{U}_{MA1}-a\dot{U}_{MA2}}{\dot{I}_{MA1}-a\dot{I}_{MA2}} \quad (3-133)$$

同样分析，可推导得到在 M 处 BC、CA 相上的相间阻抗继电器的测量阻抗表达式为：

$$Z_{m.BC}=\frac{\dot{U}_{MBC}}{\dot{I}_{MBC}}=\frac{\dot{U}_{MB}-\dot{U}_{MC}}{\dot{I}_{MB}-\dot{I}_{MC}}=\frac{\dot{U}_{MA1}-\dot{U}_{MA2}}{\dot{I}_{MA1}-\dot{I}_{MA2}} \quad (3-134)$$

$$Z_{m.CA}=\frac{\dot{U}_{MCA}}{\dot{I}_{MCA}}=\frac{\dot{U}_{MC}-\dot{U}_{MA}}{\dot{I}_{MC}-\dot{I}_{MA}}=\frac{\dot{U}_{MA1}-a^2\dot{U}_{MA2}}{\dot{I}_{MA1}-a^2\dot{I}_{MA2}} \tag{3-135}$$

同理可推导得到在M处A、B、C相上的接地阻抗继电器的测量阻抗为（零序电流为零）：

$$Z_{m.A}=\frac{\dot{U}_{MA}}{\dot{I}_{MA}}=\frac{\dot{U}_{MA1}+\dot{U}_{MA2}}{\dot{I}_{MA1}+\dot{I}_{MA2}} \tag{3-136}$$

$$Z_{m.B}=\frac{\dot{U}_{MB}}{\dot{I}_{MB}}=\frac{a^2\dot{U}_{MA1}+a\dot{U}_{MA2}}{a^2\dot{I}_{MA1}+a\dot{I}_{MA2}} \tag{3-137}$$

$$Z_{m.C}=\frac{\dot{U}_{MC}}{\dot{I}_{MC}}=\frac{a\dot{U}_{MA1}+a^2\dot{U}_{MA2}}{a\dot{I}_{MA1}+a^2\dot{I}_{MA2}} \tag{3-138}$$

（一）三相金属性短路

发生三相短路时只有正序分量没有负序分量，且两侧电压、电流都是对称的。考虑到三相金属性短路时短路点的正序电压为零，因而 $\dot{U}_{MA1}=\dot{I}_{MA1}(Z_L+Z_T)$。这样由式（3-133）~式（3-138）可见：

$$Z_{m.AB}=Z_{m.BC}=Z_{m.CA}=Z_{m.A}=Z_{m.B}=Z_{m.C}=\frac{\dot{U}_{MA1}}{\dot{I}_{MA1}}=Z_L+Z_T \tag{3-139}$$

所以在变压器△侧发生三相短路时，Y侧装在M处的三个相间阻抗继电器、三个接地阻抗继电器的测量阻抗增加了一个变压器归算到保护安装侧的正序阻抗，且测量阻抗与变压器的连接组别无关。安装在M端的阻抗继电器如果整定阻抗为 Z_T+Z_L 时，则三相短路时六个阻抗继电器的灵敏度都为1。

（二）两相金属性短路

在变压器另一侧母线发生两相金属性短路（例如B、C两相短路）时，根据复合序网图，变压器△侧的相序电流、相序电压有如下关系：

$$\begin{cases}\dot{I}_{KA1}=-\dot{I}_{KA2}\\ \dot{U}_{KA1}=\dot{U}_{KA2}=-\dot{I}_{KA2}Z_{2\Sigma}=\dot{I}_{KA1}Z_{1\Sigma}\end{cases} \tag{3-140}$$

由于△侧的正序分量转换到Y侧时，相位滞后30°，△侧的负序分量转换到Y侧时，相位越前30°，因此Y侧的正、负序电流 $\dot{I}_{MA1}$、$\dot{I}_{MA2}$，N母线处的正、负序电压 $\dot{U}_{NA1}$、$\dot{U}_{NA2}$，M母线处的正、负序电压 $\dot{U}_{MA1}$、$\dot{U}_{MA2}$ 分别如下列各式所示：

$$\begin{cases}\dot{I}_{MA1}=\dot{I}_{KA1}e^{-j30^\circ}\\ \dot{I}_{MA2}=\dot{I}_{KA2}e^{j30^\circ}=-\dot{I}_{KA1}e^{j30^\circ}\end{cases} \tag{3-141}$$

$$\begin{cases}\dot{U}_{NA1}=\dot{U}_{KA1}e^{-j30^\circ}+\dot{I}_{MA1}Z_T=\dot{U}_{KA1}e^{-j30^\circ}+\dot{I}_{KA1}e^{-j30^\circ}Z_T\\ \dot{U}_{NA2}=\dot{U}_{KA2}e^{j30^\circ}+\dot{I}_{MA2}Z_T=\dot{U}_{KA1}e^{j30^\circ}-\dot{I}_{KA1}e^{j30^\circ}Z_T\end{cases} \tag{3-142}$$

$$\begin{cases}\dot{U}_{MA1}=\dot{U}_{NA1}+\dot{I}_{MA1}Z_L=\dot{U}_{KA1}e^{-j30^\circ}+\dot{I}_{KA1}e^{-j30^\circ}(Z_T+Z_L)\\ \dot{U}_{MA2}=\dot{U}_{NA2}+\dot{I}_{MA2}Z_L=\dot{U}_{KA1}e^{j30^\circ}-\dot{I}_{KA1}e^{j30^\circ}(Z_T+Z_L)\end{cases} \tag{3-143}$$

将式（3－141）、式（3－143）代入式（3－133）～式（3－135）并考虑式（3－140）的关系可得到在 M 处三个相间阻抗继电器的测量阻抗：

$$Z_{m.AB}=\frac{\dot{U}_{MA1}-a\dot{U}_{MA2}}{\dot{I}_{MA1}-a\dot{I}_{MA2}}=\frac{2\dot{U}_{KA1}e^{-j30^\circ}}{0}=\frac{2I_{KA1}Z_{1\Sigma}e^{-j30^\circ}}{0}=\infty \tag{3-144}$$

$$\begin{aligned}Z_{m.BC}&=\frac{\dot{U}_{MA1}-\dot{U}_{MA2}}{\dot{I}_{MA1}-\dot{I}_{MA2}}\\&=\frac{\dot{U}_{KA1}(e^{-j30^\circ}-e^{j30^\circ})+\dot{I}_{KA1}(Z_T+Z_L)(e^{-j30^\circ}+e^{j30^\circ})}{\dot{I}_{KA1}(e^{-j30^\circ}+e^{j30^\circ})}\\&=(Z_T+Z_L)-j\frac{Z_{1\Sigma}}{\sqrt{3}}\end{aligned} \tag{3-145}$$

$$\begin{aligned}Z_{m.CA}&=\frac{\dot{U}_{MA1}-a^2\dot{U}_{MA2}}{\dot{I}_{MA1}-a^2\dot{I}_{MA2}}\\&=\frac{\dot{U}_{KA1}(e^{-j30^\circ}-e^{-j90^\circ})+\dot{I}_{KA1}(Z_T+Z_L)(e^{-j30^\circ}+e^{-j90^\circ})}{\dot{I}_{KA1}(e^{-j30^\circ}+e^{-j90^\circ})}\\&=(Z_T+Z_L)+j\frac{Z_{1\Sigma}}{\sqrt{3}}\end{aligned} \tag{3-146}$$

将式（3－141）、式（3－143）代入式（3－136）～式（3－138）并考虑式（3－140）的关系可得到在 M 处三个接地阻抗继电器的测量阻抗：

$$\begin{aligned}Z_{m.A}&=\frac{\dot{U}_{MA1}+\dot{U}_{MA2}}{\dot{I}_{MA1}+\dot{I}_{MA2}}\\&=\frac{\dot{U}_{KA1}(e^{-j30^\circ}+e^{j30^\circ})+\dot{I}_{KA1}(Z_T+Z_L)(e^{-j30^\circ}-e^{j30^\circ})}{\dot{I}_{KA1}(e^{-j30^\circ}-e^{j30^\circ})}\\&=(Z_T+Z_L)+j\sqrt{3}Z_{1\Sigma}\end{aligned} \tag{3-147}$$

$$\begin{aligned}Z_{m.B}&=\frac{a^2\dot{U}_{MA1}+a\dot{U}_{MA2}}{a^2\dot{I}_{MA1}+a\dot{I}_{MA2}}\\&=\frac{\dot{U}_{KA1}(e^{-j150^\circ}+e^{j150^\circ})+\dot{I}_{KA1}(Z_T+Z_L)(e^{-j150^\circ}-e^{j150^\circ})}{\dot{I}_{KA1}(e^{-j150^\circ}-e^{j150^\circ})}\\&=(Z_T+Z_L)-j\sqrt{3}Z_{1\Sigma}\end{aligned} \tag{3-148}$$

$$Z_{m.C}=\frac{a\dot{U}_{MA1}+a^2\dot{U}_{MA2}}{a\dot{I}_{MA1}+a^2\dot{I}_{MA2}}=\frac{\dot{U}_{KA1}(e^{j90^\circ}+e^{-j90^\circ})+\dot{I}_{KA1}(Z_T+Z_L)(e^{j90^\circ}-e^{-j90^\circ})}{\dot{I}_{KA1}(e^{j90^\circ}-e^{-j90^\circ})}=(Z_T+Z_L) \tag{3-149}$$

所以 YN，d11 接线变压器△侧发生 B、C 两相短路时，Y 侧 M 处相间及接地阻抗继电器的测量阻抗分别如图 3－54（b）、（c）所示。六个阻抗继电器中涉及两个故障相（B、C）中的落后相（C）上的接地阻抗继电器其测量阻抗是准确的，等于短路点到保护安装处的正序阻抗 Z_T+Z_L。而 AB 相间阻抗继电器测量阻抗是无穷大，它肯定不会动作。其他四个阻抗继电器的测量阻抗其幅值比 Z_T+Z_L 值大，相位也不在 Z_T+Z_L 方向上，而且其测量阻抗与变压器的接线组别有关。如果阻抗继电器的整定值为 Z_T+Z_L 时，则以正序电压为极化电压的相间阻抗继电器在正方向两相短路的动作特性如图中的圆所示，C 相接地阻抗继电器处在动作边界，其他几个阻抗继电器都不能动作，相对而言，不动作的几个继电器中 BC 与 CA 的相间阻抗继电器最接近于动作。

综上所述，在三角侧发生三相短路时，星侧的六个阻抗继电器以及三角侧发生两相短路时，星侧落后相（注：对 YN，d1 接线变压器则是超前相）上的接地阻抗继电器都能准确测量到短路点到保护安装处的正序阻抗。由于距离Ⅲ段任何一个阻抗继电器动作都是三跳的，所以按变压器后短路有足够灵敏度整定的距离Ⅲ段可作为变压器保护的后备。

十三、阻抗继电器在有串联补偿电容线路上发生短路时的动作行为分析及其对策

（一）串联补偿电容的基本知识

串联补偿电容历来是提高系统稳定运行的重要措施之一。在超高压远距离输电线路上，为了提高系统运行的稳定性和输电线路的输送容量，有时采用在输电线路上加装串联补偿电容的办法。用串联补偿电容的容抗部分地补偿输电线路的感抗，使两侧电源间的总电抗减少，联系更加紧密，从而提高系统运行的稳定性。

近年来随着电力电子技术的发展，对灵活交流输电系统（Flexible AC Transmission System，FACTS）的研究正方兴未艾，可以用调节串联补偿电容的大小的方法作为调节系统电气量的一种手段。所以可以预见，固定串联补偿电容和可控串联补偿电容的使用会越来越多。下面先对串联补偿电容作一个简单介绍。

串联补偿电容的容抗占输电线路感抗的百分数称作串联补偿电容的补偿度。一般补偿度在 30% ~50% 范围内，也有的甚至更大。串联补偿电容的安装位置大致有如下三种情况：① 串联补偿电容安装于输电线路一端，如图 3－55（a）所示。② 串联补偿电容安装于输电线路中间，如图 3－55（b）所示。③ 串联补偿电容安装于变电站内两条母线之间，如图 3－55（c）所示。

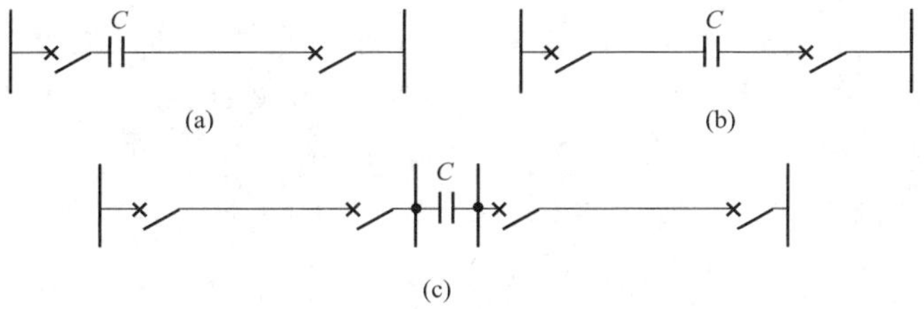

图 3－55　串联补偿电容的安装位置

（a）装于输电线路一侧；（b）装于输电线路中点；（c）装于两母线之间

串联补偿电容（简称串补电容）是一个集中的负电抗。它的存在使电压、电流的相位关系发生变化，从而对继电保护的工作产生影响，尤其是对距离保护影响更大。所以补偿度越大，对保护的影响也就越大。此外，串补电容的安装位置不同，对保护也会产生不同的影响。一般说来串补电容装在线路中间，对保护的工作较为有利，但显然运行维护很不方便。尤其对用可控串补电容来讲更不现实。串补电容装在线路的一端对保护的影响较大，但运行维护方便。所以一般都将串补电容装在线路的一端。

在带有串联补偿电容的系统中发生短路时，短路回路是一个 R、L、C 的串联电路。在高压电网中电阻 R 较小，一般均能满足 $R<2\sqrt{L/C}$ 的条件，所以短路电流中会出现一个频率低于工频的周期性分量电流，通常将它称作低频分量电流。从物理概念来讲，这是电感和电容两个储能元件能量交换的结果。当补偿度越大（电容量 C 小）、短路点越近（L 越小）时其频率越接近于工频。当短路发生在电动势过零瞬间时，在短路初瞬该低频分量电流的幅值最大，与稳态短路电流的幅值相等。随后该低频分量电流逐渐衰减。低频分量电流在高压电网中衰减时间常数很大，是基本非周期分量电流衰减时间常数的两倍，所以低频分量电流衰减很慢。这种低频分量电流对保护的工作也将产生不利的影响。而且它的频率比较接近工频，给滤波带来困难。

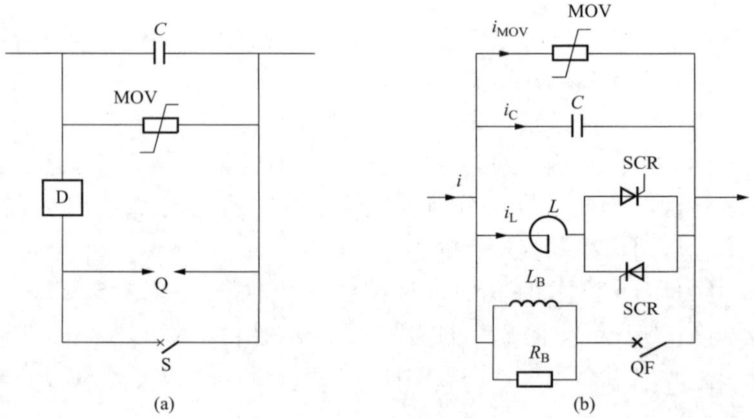

图 3－56　串联补偿电容装置的原理接线图

（a）固定串补；（b）可控串补

固定串补装置的原理接线图如图 3－56（a）所示。与串补电容并联的 MOV 是一个金属氧化物的非线性电阻。当电容器两端电压很低时（低于导通级电压），MOV 电阻很大。MOV 中基本不流过电流，串补装置是一个线性电容器。当电容器两端的电压超过导通级电压时，MOV 中开始流过电流，分流了串补电容中的电流，限制了电容器两端的电压，对电容器开始起保护作用。此时整个串补装置是一个非线性元件。如果电容器两端电压升高到保护级电压 U_{pr} 时，或者 MOV 达到其热容量值时，放电间隙 Q 击穿，电容器被短接。使电容器不致损坏，对电容器起到了保护作用。所以加在串补电容上的最高的电压为 U_{pr}。D 是一个阻尼电路，当放电间隙 Q 击穿或旁路开关 S 接通瞬间将产生一个高频分量的电流。阻尼电路 D 的作用是使高频电流在半个周波内衰减掉。

可控串补（Thyristor Controlled Series Compensation，TCSC）装置的原理接线图如图 3－56（b）所示。它主要由串补电容 C、起保护作用的金属氧化物 MOV、旁路电感 L、双向并联晶闸管 SCR 组成。此外还有旁路断路器 QF 及阻尼电路 L_B 和 R_B。与串补电容 C 并联的 MOV 的作用与上述固定串补装置中的 MOV 相同。当 MOV 两端电压低于导通级电压时 i_{MOV} 电流很小，当 MOV 两端电压高于导通级电压时 MOV 中开始流过电流，分流了串补电容中的电流，限制了电容器两端的电压，对电容器开始起保护作用。如果电容器两端电压升高到保护级电压 U_{pr} 时，或者 MOV 达到其热容量值时，旁路断路器 QF 接通。旁路电感 L 中的电流 i_L 的大小决定于晶闸管 SCR 的触发角 α。当 MOV 中电流很小时，线路中的电流 $i=i_C+i_L$。TCSC 通过控制晶闸管的触发角 α 来改变旁路电感中的电流 i_L 的大小，达到控制 TCSC 的等效工频阻抗的目的。TCSC 的等效工频阻抗与触发角的关系如下式所示。

$$X_{\mathrm{TCSC}}(\alpha)=\frac{1}{\omega C}-\frac{A}{\pi\omega C}[2(\pi-\alpha)+\sin2(\pi-\alpha)]+\frac{4A\cos^2(\pi-\alpha)}{\pi\omega C(K^2-1)}[K\tan k(\pi-\alpha)-\tan(\pi-\alpha)] \tag{3-150}$$

其中：

$$A=\frac{\omega_o^2}{\omega_o^2-\omega^2}$$

$$\omega_o^2=\frac{1}{LC}$$

$$K=\frac{\omega_o}{\omega}$$

TCSC 等效稳态工频阻抗与触发角 α 的关系如图 3－57 所示。当 $\alpha=\alpha_{\mathrm{crt}}$ 时，电感电流与电容电流相等，TCSC 处在谐振状态，这是应该避免的。所以触发角不能处于 $\alpha_{\mathrm{L\,max}}$ 和 $\alpha_{\mathrm{C\,min}}$ 之间。当 $\alpha=90°$ 时，SCR 全导通。电感电流最大。此时相当于旁路电感 L 与电容 C 并联。这种工作状态称作 TCSC 的旁路模式。此时 TCSC 的工频等效阻抗非但不是容性阻抗，反而呈现的是感性阻抗，但感抗值最小。在系统发生短路时，让 TCSC 运行在该模式下，以降低短路电流并减轻 MOV 的能耗负担。当触发角大于 90°小于 180°时，随着触发角的增大，电感电流逐渐减少。在 90°到 α_{crt} 之间，TCSC 的等效工频阻抗呈现感性。在 α_{crt} 到 180°之间，TCSC 的等效工频阻抗呈现容性。在 $\alpha_{\mathrm{Cmin}}<\alpha<180°$ 期间的这种容性工作状态称之为 TCSC 的容性调节模式。在该模式下 TCSC 的等效工频容抗可通过改变触发角的方法加以调节，从而达到改变线路的补偿度的目的。当 $\alpha=180°$ 时，SCR 全阻断，电感电流 $i_{\mathrm{L}}=0$。这时相当于没有旁路电感 L。这种工作状态称作 TCSC 的闭锁模式。此时线路上的补偿度是 TCSC 的基本补偿度。$X_{\mathrm{TCSC}}=X_{\mathrm{C}}=\frac{1}{\mathrm{j}\,\omega C}$。正常运行时 TCSC 运行在容性调节模式和闭锁模式下，当系统发生短路时运行在旁路模式下。短路切除后，TCSC 马上从旁路模式恢复成容性调节模式和闭锁模式。线路上立即恢复有串补电容，以提高系统运行的稳定性。

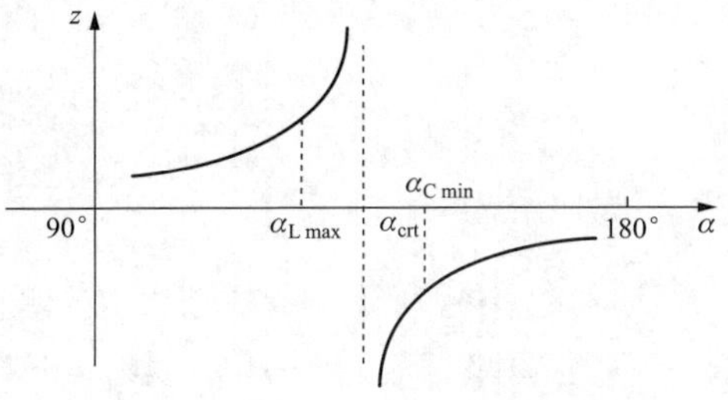

图 3－57　TCSC 稳态工频阻抗与触发角 α 的关系

下面分析安装了串补电容以后对阻抗继电器工作的影响。由于在输电线路上发生故障时，保护动作发跳闸命令的同时也将串补电容的旁路开关接通，相当于串补电容被短接。因此实际上串补电容的存在只对快速动作的距离保护的第Ⅰ段产生影响，对带延时的距离保护第Ⅱ、Ⅲ段不产生实质的影响。

（二）以正序电压为极化量的阻抗继电器在有串联补偿电容线路上发生短路时的动作行为分析及采取的对策

下面以串补电容位于保护安装处正方向和反方向两种情况来分析以正序电压为极化量的阻抗继电器的动作性能及采取的对策。

1. 串补电容在保护安装处的正方向

串补电容在保护安装处的正方向有如图 3－58 所示的几种情况：

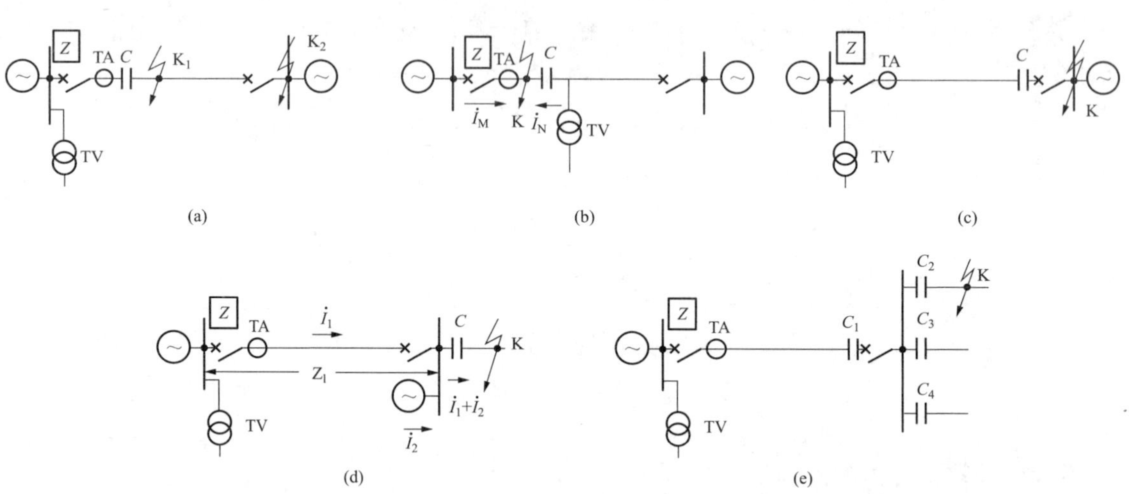

图 3－58 串补电容在保护安装处的正方向

（a）串补电容在保护正方向出口，TV 在母线上；（b）串补电容在保护正方向出口，TV 在线路上；（c）串补电容在本线路末端；（d）串补电容在相邻线路出口；（e）本线路末端和相邻线路始端都有串补电容

图 3－58（a）所示的是在保护安装处正方向出口有串补电容的情况。在图中电容器后面 K_1 点发生短路，流过保护的电流是正方向的电流，而加在保护上的电压由于电容负电抗的影响，相位反了一个方向，故而阻抗继电器的测量阻抗为 $Z_m=-jX_C$。所以对动作特性经过坐标原点的方向阻抗继电器来说，继电器将拒动。也就是对方向阻抗继电器而言，在电容器后面存在一段拒动区。拒动区的范围是线路电抗值为 jX_C 的一段线路。以正序电压为极化量的阻抗继电器的分析方法请参见本节六、。其在正向不对称短路时的动作特性是向第Ⅲ象限偏移的圆，所以该继电器还是可能能动作的。但是正向三相短路时该继电器的动作特性是经过坐标原点的圆，如图 3－59 中圆 1 所示。所以在正方向出口电容器后三相短路时继电器将拒动。为解决此问题可采用带记忆的正序电压作极化量。这样在短路初始阶段，它对应的动作特性是如图 3－59 中圆 2 所示的暂态动作特性。图中 Z_S 是保护背后电源的等值阻抗。如果串补电容补偿度很大，万一出现 $|X_C|>|X_S|$ 情况时，此时电流将很大，串补电容两端压降很大，达到保护级电压后串补电容将被短接。考虑到该因素后一般都能满足 $|X_C|<|X_S|$ 的情况。所以在暂态动作特性中，继电器能可靠动作。

当串补电容在本线路出口但短路点在本线路末端 K_2，如图 3－58（a）所示；或串补电容在本线路末端或相邻线路出口但短路点在电容器后面 K 点，如图 3－58（c）和（d）所示时，如果不采取措施，距离保护第一段将会误动。我们以如图（d）所示的串补电容在相邻线路出口为例来说明。在电容器 C 后面的 K 点发生短路时，考虑到 I_2 电流的助增作用，继电器的测量阻抗为 $Z_m=Z_l+(-jX_C)(\dot{I}_1+\dot{I}_2)/\dot{I}_1$，测量阻抗下降了。如果阻抗继电器第Ⅰ段的整定值仍然按本线路阻抗 Z_l 的 0.8～0.85 倍来整定的话，以正序电压为极化量的阻抗继电器将可能误动，产生超越问题。继电器测量阻抗的下降值为 $(-jX_C)(\dot{I}_1+\dot{I}_2)/\dot{I}_1$，该值是由电容上的压降 $(\dot{I}_1+\dot{I}_2)(-jX_C)$ 产生的。而电容上的最大压降是该电容 MOV 的保护级电压 U_{pr}，所以继电器测量阻抗下降的最大值是 $U_{pr}/\sqrt{2}I_1$。为解决该超越问题可以另外再增加一个电抗型继电器，该电抗继电器的真正的整定阻抗是在原第Ⅰ段的整定阻抗基础上再缩小 $U_{pr}/\sqrt{2}I_1$。该电抗继电器的动作特性如图 3－60 中的直线 1 所示，直线下方为动作

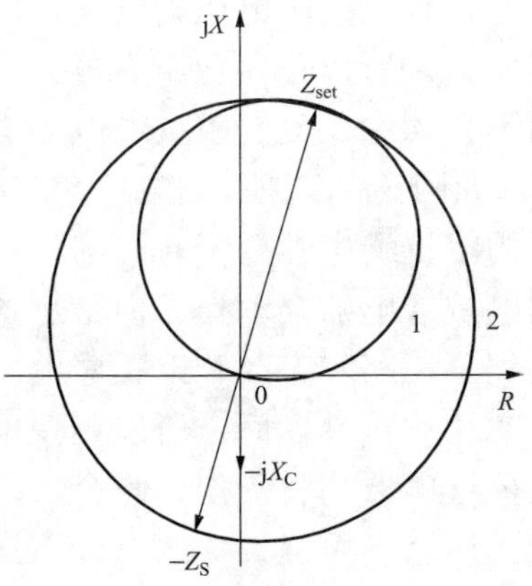

图 3－59　以正序电压为极化量的阻抗继电器的动作特性
1—正方向三相短路的稳态动作特性；
2—正方向短路的暂态动作特性

区。U_{pr}为串补电容保护级电压的峰值。对于图 3－58（a）、（c）、（d）几种串补电容安装情况，U_{pr}为串补电容C的保护级电压的峰值。对于图3－58（e）的串补电容安装情况，U_{pr}为本线路末端串补电容C_1的保护级电压峰值和相邻线路出口串补电容C_2、C_3、C_4中的最大的一个保护级电压的峰值之和。该电抗继电器再与暂态动作特性如图 3－60 中圆 2 所示的用正序电压的记忆值为极化量的阻抗继电器构成逻辑"与"的关系，组成复合阻抗继电器。利用该电抗继电器来避免保护的误动。经过这样处理以后，距离保护第Ⅰ段的整定计算可以按照没有串补电容时相同的方法整定。在此还需要指出，这样处理以后，距离保护第Ⅰ段的保护范围将因设置了电抗继电器而缩小，但是正方向保护范围的缩小值$U_{pr}/\sqrt{2}I_1$是随运行方式的变化而变化的，有一定的自适应功能。在图 3－58（c）和（d）中当本线路Ⅰ段范围内故障时，随着电流的增加，$U_{pr}/\sqrt{2}I_1$的值是减小的，所以本线路区内故障时保护范围的缩小又被减少了。这有利于切除本线路Ⅰ段范围内的故障。

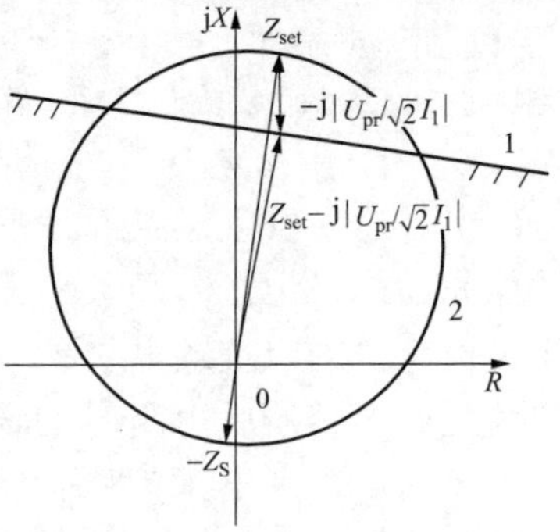

图 3－60　构成逻辑"与"的复合阻抗继电器的正向短路动作特性
1—电抗继电器的动作特性；
2—以正序电压为极化量的阻抗继电器的暂态动作特性

2. 串补电容在保护的反方向

图 3－61 是串补电容在阻抗继电器的反方向的情况。在图中 K 点发生短路，由于电压、电流均反相，阻抗继电器的测量阻抗为$Z_m = jX_C$。对于方向阻抗继电器，只要$|X_C| < |X_{set}|$，继电器就要误动。对于上述构成逻辑"与"的复合阻抗继电器来说，其在反方向短路时的动作特性如图 3－62 所示。电抗型继电器的动作特性是直线 1，直线下方是动作区。由于串补电容不在本线路或正向相邻线路出口，所以没有前面说的超越问题，因此此时电抗型继电器的保护范围不必要缩小，该电抗继电器的动作特性经过Z_{set}点。以正序电压的记忆值当极化量的阻抗继电器的反向短路暂态动作特性如图中圆 2 所示，在三相短路记忆作用消失后的稳态动作特性如图中圆 3 所示。

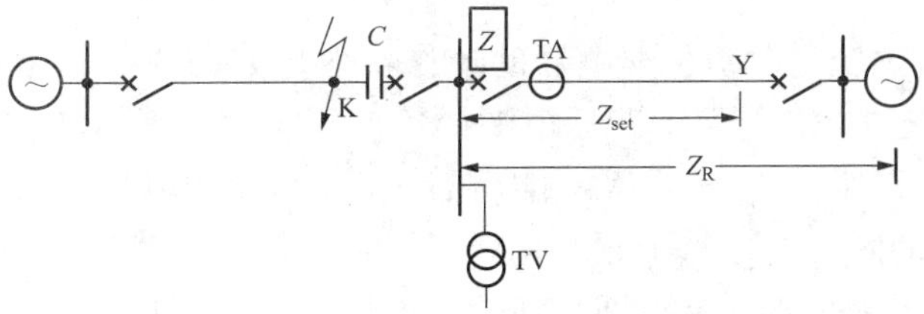

图 3－61　保护安装处反方向出口电容器后短路系统图

如果短路是三相短路。假如$|X_C| > |X_{set}|$，在短路初始阶段，以正序电压为极化量的阻抗继电器处于暂态动作特性期间，继电器将动作。但是电抗继电器不会动作。所以复合阻抗

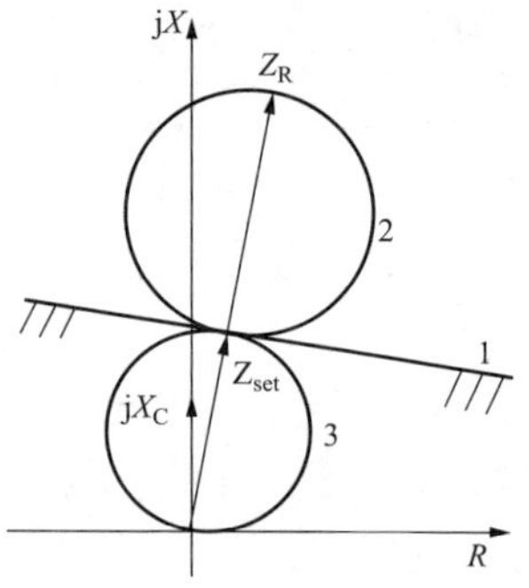

图 3-62 构成逻辑“与”的复合阻抗继电器的反向短路动作特性
1—电抗继电器的动作特性；
2—以正序电压为极化量的阻抗继电器的暂态动作特性；
3—以正序电压为极化量的阻抗继电器在三相短路时的稳态动作特性

继电器不会误动。到了短路稳态时，正序电压为极化量的阻抗继电器处于稳态动作特性期间，所以正序电压为极化量的阻抗继电器和电抗继电器均不会动作，复合阻抗继电器更不会动作。假如 $|X_C|<|X_{set}|$，如图 3-62 所示。在短路初始阶段，以正序电压为极化量的阻抗继电器处于暂态动作特性期间，继电器不动作。虽然电抗继电器会动作，但是总的复合阻抗继电器不动作。可是到了短路稳态时，以正序电压为极化量的阻抗继电器处于稳态动作特性期间，所以正序电压为极化量的阻抗继电器和电抗继电器均将动作，复合阻抗继电器将会误动。为了解决这种误动，可以设立两个以正序电压为极化量的阻抗继电器。这两个阻抗继电器的整定值相同，但是其极化电压采用有不同记忆时间的正序电压。例如一个记忆三个周波，即用三周以前的正序电压作为极化电压。另一个只记忆一个周波，即用一周以前的正序电压作为极化电压。这两个以正序电压为极化量的阻抗继电器再与电抗继电器总共三个继电器构成一个复合阻抗继电器。这样当反方向电容器后发生短路而且 $|X_C|<|X_{set}|$ 时，记忆时间短的阻抗继电器先进入稳态动作特性而先动作，记忆时间长的阻抗继电器后进入稳态动作特性而后动作，当这两个正序电压为极化量的阻抗继电器的动作时间差超过一定时间就闭锁复合阻抗继电器。这样就可避免反向电容器后短路时的误动。这样构成的复合阻抗继电器在正方向发生区内短路时，由于两个正序电压为极化量的阻抗继电器是同时动作的，因而上述复合阻抗继电器可以可靠动作。

（三）工频变化量阻抗继电器在有串联补偿电容线路上发生短路时的动作行为分析及采取的对策

下面以串补电容位于保护安装处正方向和反方向两种情况分析工频变化量阻抗继电器的动作性能及采取的对策。

1. 串补电容在保护安装处的正方向

串补电容在保护安装处的正方向有如图 3-58 所示的几种情况。图 3-58（a）、(b）所示的是在保护安装处正方向出口有串补电容的情况，图（a）TV 在母线上，图（b）TV 在线路上。在图中 K 点发生短路，由于电流是正方向而电压反相，阻抗继电器的测量阻抗为负值，对图 3-58（a），测量阻抗为 $Z_m=-jX_C$，对图 3-58（b），测量阻抗为 $Z_m=-j(\dot{I}_N/\dot{I}_M)X_C$。工频变化量阻抗继电器的动作特性是如图 3-63 中的圆所示的向第Ⅲ象限有很大偏移的圆，图中 Z_S 是保护背后电源的等值阻抗（参见本节八、的分析）。由于一般情况下 $|X_C|<|X_S|$，所以 $Z_K=-jX_C$ 相量依然落在圆内继电器不会拒动，不必采取其他措施，也不会存在拒动区。这一点工频变化量阻抗继电器比一般的方向阻抗继电器强得多。

当串补电容在图 3-58（c）和（d）所示的位置时，我们以如图（d）所示的串补电容在相邻线路出口为例来说明。在电容器 C 后面 K 点发生短路时，考虑到 I_2 电流的助增作用，短路点到保护安装处的阻抗为 $Z_K=Z_l+(-jX_C)(\dot{I}_1+\dot{I}_2)/\dot{I}_1$，该阻抗值小于本线路阻抗 Z_l。如果工频变化量阻抗继电器第Ⅰ段的整定值仍然按本线路阻抗 Z_l 的 0.8～0.85 倍来整定的话，继电器将可能误动。

需要指出在有串补电容的情况下发生短路时将产生的低频分量的电流和电压。它也可能会造成继电器的超越。尤其是在电动势过零时发生短路低频分量电流最大，影响也最大。理论分析和数字仿真表明，在短路初始低频分量电流与工频电流相位相反，不会引起超越。但短路略持续一段时间当其相位相同时将会引起继电器的超越。

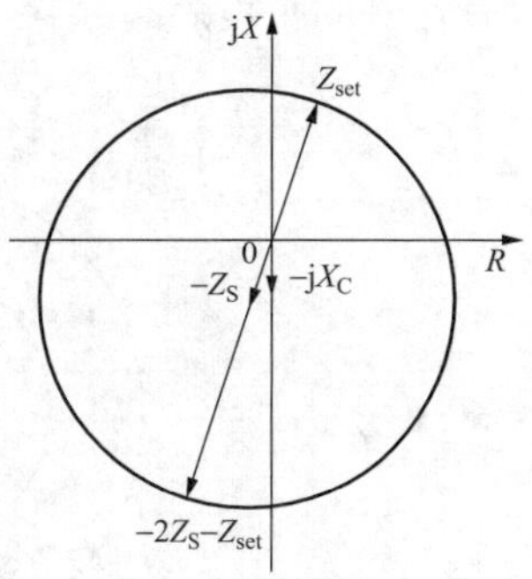

图 3－63　工频变化量阻抗继电器在正向出口电容器后短路时动作行为分析

为了避免工频变化量阻抗继电器在上述情况下的误动，对于本线路有串补电容或者相邻线路出口有串补电容情况下采取加大工频变化量阻抗继电器动作方程中的制动量的措施。考虑到串补电容两端最大的电压是其保护级电压 U_{pr}，所以将制动电压增加一个串补电容装置的保护级电压 U_{pr}，即动作方程改为：

$$|\Delta U_{OP}| > |U_{OP.M}| + |U_{pr}| \tag{3-151}$$

采取上述措施后，继电器的整定值仍可按本线路阻抗 Z_l 的 0.8～0.85 倍来整定。在图 3－58（d）所示的情况下即使有很大的助增电流，继电器也不会误动。在有低频分量电流时也不会超越。

2. 串补电容在保护的反方向

图 3－61 是串补电容在工频变化量阻抗继电器的反方向的情况。在图中 K 点发生短路，由于电压、电流均反相，阻抗继电器的测量阻抗为 $Z_m = jX_C$。对于动作特性如图 3－64 中圆 1 所示的方向阻抗继电器来说，只要 $|X_C| < |X_{set}|$，方向阻抗继电器将误动。对于反方向短路动作特性如图 3－64 中圆 2 所示的工频变化量阻抗继电器来说，$-Z_K = -(-jX_C) = jX_C$，当 $|X_C| > |X_{set}|$ 时继电器也将可能误动。

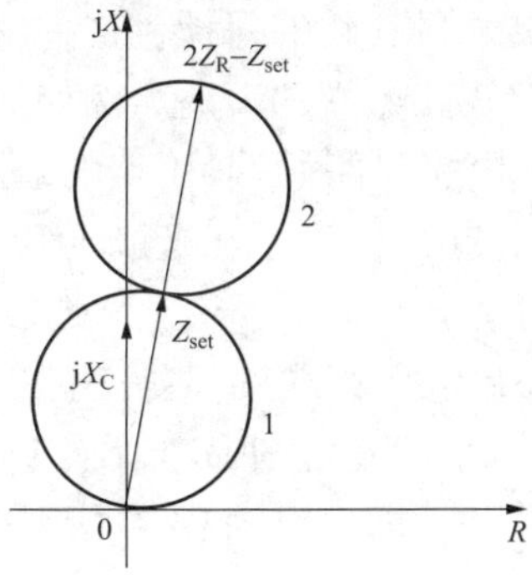

图 3－64　方向阻抗继电器和工频变化量阻抗继电器的动作行为

为了解决工频变化量阻抗继电器的上述误动问题，采取的措施是设置两个工频变化量阻抗继电器。其中一个，其定值按整定计算的要求即继电器所在线路阻抗的 0.8 倍整定。其正方向和反方向短路的动作特性分别如图 3－65（a）、（b）中的圆 1 所示。另外一个其定值整定得比较大，例如按正方向的等值阻抗 Z_R 整定，即 $Z_{set} = Z_R$。其正方向短路动作特性如图 3－65（a）中的圆 2 所示。其反方向短路的动作特性是经 $2Z_R - Z_{set}$ 和 $Z_{set} = Z_R$ 两点连线为直径的圆，如图 3－65（b）中的圆 2，该圆实际上是在 Z_R 处的一个点。

这两个继电器构成逻辑“与”的关系。这样，正方向短路时构成逻辑“与”的两个工频变化量阻抗继电器的公共动作区是图 3－65（a）中两个动作特性圆的交集，也就是圆 1。所以正方向短路时与原先只设一个工频变化量阻抗继电器的情况完全一样。反方向短路时构成逻辑“与”的两个工频变化量阻抗继电器的公共动作区是图 3－65（b）中两个动作特性圆的交集，也就是在 Z_R 处的一个点。所以逻辑“与”的工频变化量阻抗继电器肯定不会动作。这实际上是用整定阻抗很大的那个工频变化量阻抗继电器在反向出口电容器后短路不动作来避免上述误动作的。该继电器的整定阻抗也不一定非要按 Z_R 整定，只要其值大于 X_C

并留有足够的裕度就可避免上述误动。

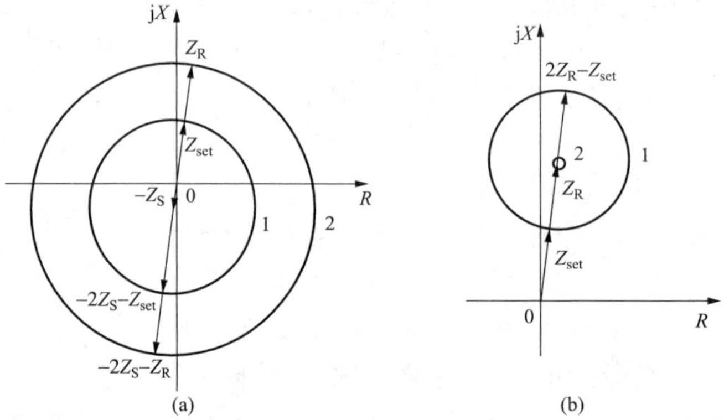

图 3-65 两个构成逻辑“与”的工频变化量阻抗继电器的动作特性
（a）正方向短路动作特性；（b）反方向短路动作特性

第三节 纵联保护

一、概述

（一）反应输电线路一端电气量变化的保护的缺陷

电流、电压、零序电流和距离保护都是反应输电线路一端电气量变化的保护，这种反应一端电气量变化的保护从原理上讲都区分不开本线路末端和相邻线路始端的短路。例如对于安装在图 3-66 M 端的这类保护它区分不开本线路末端 F_1 点和相邻线路始端 F_2 点的短路。因为 F_1 和 F_2 点在同一母线两个连接元件的出口，其电气距离很近，相隔才几米或十几米。这两点之间的阻抗相对本输电线路阻抗来说微乎其微。因此在这两点短路时流过 M 端保护的电流以及 M 端保护安装处的电压相差无几，利用 M 端的电流和电压构成的保护必然区分不开这两点短路。理想状态下我们希望 F_1 点短路时，1 号保护能立即发跳闸命令。而 F_2 点短路时，希望 1 号保护千万不能立即发跳闸命令，而应让 3 号保护立即发跳闸命令。因为如果 1 号保护也立即跳闸的话，将造成 1、3 号断路器同时跳闸的局面，1 号保护的动作属于误动。这种理想的要求在实际上无法实现，于是只能舍去其一。F_2 点短路时 1 号保护不要误动是首先要保证的，这样才能满足选择性的要求。所以只能舍去 F_1 点短路时快速动作的愿望。正因为这些原因凡是反应一端电气量变化的保护都做成多段式的保护，其中瞬时动作的第Ⅰ段保护，其定值都要按躲本线路末端短路（其实质是躲相邻线路始端短路）来整定。这类反应输电线路一端电气量变化的保护，它的缺陷是不能瞬时切除本线路全长范围内的短路。它的优点是它的带延时的第Ⅲ段（或第Ⅳ段）可以作为相邻线路上短路的后备。这类保护有时称作具有相对选择性的保护。

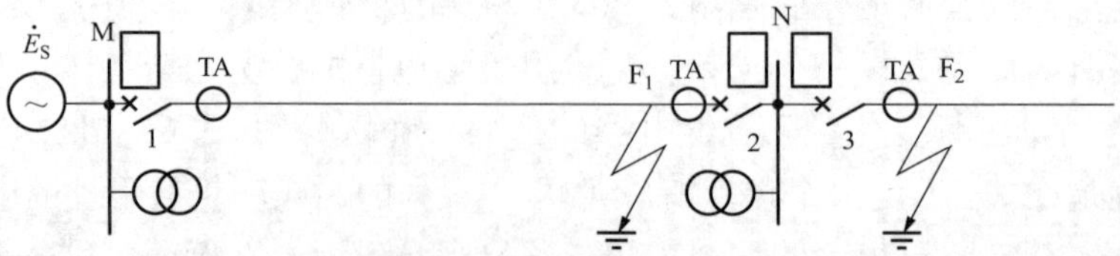

图 3-66 短路示意图

既然反应 M 端电气量变化的保护无法区别 F_1 和 F_2 点的短路，可是反应 N 端电气量变化的保护确是很容易区分这两点短路的。例如用一个方向继电器就可以区分：F_1 点是正方向短路，F_2 点是反方向短路。所以如果有一种保护它可以综合反应两端电气量的变化，这样的保护一定可以区分 F_1 和 F_2 点的短路。那么它的一个最大的优点就是可以瞬时切除本线路全长范围内的短路。这种综合反应两端电气量变化的保护就称作纵联保护。纵联保护的优点是明显的，但它的缺点是不能保护在相邻线路上的短路，不能作相邻线路上的短路的后备。所以这种保护有时称作具有绝对选择性的保护。

（二）通道类型

纵联保护既然是反应两端电气量变化的保护，那就一定要把对端电气量变化的信息告诉本端，同样也应把本端电气量变化的信息告诉对端，以便每侧都能综合比较两端电气量变化的信息做出是否要发跳闸命令的决定。这必然涉及到通信的问题，而通信需要通道。目前使用的通道类型有下列几种。

1. 电力线载波通道

这是目前使用较多的一种通道类型，其使用的信号频率是 50～400kHz。这种频率在通信上属于高频频段范围，所以把这种通道也称作高频通道，把利用这种通道的纵联保护称作高频保护。高频频率的信号只能有线传输，所以输电线路也作为高频通道的一部分。这样输电线路里除了传送 50Hz 的工频电流外还传送高频电流，用高频电流输送两端电气量变化的信息。由于输电线路是高压设备，收发高频电流的继电保护专用收发信机或载波机是低压设备，所以在输电线路和收发信机之间还有耦合电容器、连接滤波器、高频电缆这样一些连接设备。在输电线路和断路器之间还装有阻波器。上述这些设备统称为高频加工设备。高频加工设备一方面实现高低压的隔离以确保人身与设备安全，另一方面实现阻抗匹配并防止输电线路上的高频电流外泄到母线，以减少传输衰耗。由于在 50～400kHz 内频道的数量有限，通信、保护、远动等都要用到高频通道，因此高频通道拥挤的矛盾比较突出。现在在同杆并架双回线中为解决跨线故障时选相的困难要做成分相式的纵联保护需要的通道更多。这种分相式的纵联保护一般用光纤通道，如果用电力线载波通道也要复用载波机。高频通道有相—相耦合和相—地耦合两种类型。所谓相—相耦合是指收发信机（载波机）经两套高频加工设备耦合在两相输电线路上。用相—相耦合通道时高频电流衰耗较小，目前一般用在允许信号中（当然也可用于闭锁信号）。所谓相—地耦合是指收发信机经高频加工设备耦合在一相输电线路上，收发信机另一端接地。用相—地耦合通道的高频电流衰耗较大，受到的干扰也较大，目前一般用在闭锁信号中。高频信号的调制方法有调幅制和移频键控两种。一般在闭锁信号中用调幅制，即用高频电流幅值的有、无来传达电气量的信息。在允许信号中用移频键控制。正常运行下收发信机发功率较小的监频频率 f_G 信号以监视通道的完好性，当系统故障时需要发保护信号时收发信机停发监频频率 f_G 信号而改发增大了发信功率的跳频频率 f_T 信号。

2. 微波通道

使用的信号频率是 300MHz～300GHz。这种频率在通信上属于微波频段范围，所以把这种通道称作微波通道，把这种纵联保护称作微波保护。微波通道有较宽的频带可以传送多路信号，采用脉冲编码调制（PCM）方式可以进一步提高通信容量，所以可利用来构成分相式的纵联保护。微波通道与输电线路没有联系，受到的干扰小，可用于传送各种信号（闭锁、允许、跳闸）。微波频率的信号可以无线传输也可以有线传输。无线传输要在可视距离内传输，所以要建高的微波铁塔。当传输距离超过40～60km时还需加设微波中继站。有时微波站在变电站外，增加了维护困难。虽然微波通道容量很大，不存在通道拥挤问题，但由于上述原因目前利用微波通道传送继电保护信息并没有得到实际应用。

3. 光纤通道

随着光纤通信技术的快速发展，用光纤作为继电保护通道使用得越来越多，这是目前发展速度最快的一种通道类型。用光纤通道做成的纵联保护有时也称作光纤保护。光纤通道通信容量大又不受电磁干扰，且通道与输电线路有无故障无关。近年来发展的复合地线式光缆（OPGW）将绞制的若干根光纤与架空地线结合在一起，在架空线路建设的同时光缆的铺设也一起完成，使用前景十分诱人。由于光纤通信技术日趋完善，因此它在传送继电保护信号方面虽然起步比用微波通道晚，但其发展势头早已盖过微波通道。在原国家电力公司有关的文件中就曾明确提出应积极推广使用光纤通道作为纵联保护的通道方式。由于光纤通信容量大，因此可以利用它构成输电线路的分相纵联保护，例如分相纵联电流差动保护、分相纵联距离等。目前如果采用专用光纤传输通道，传输距离已可以达到120km。

4. 导引线通道

在两个变电站之间铺设电缆，用电缆作为通道传送保护信息这就是导引线通道。用导引线为通道构成的纵联保护称作导引线保护。导引线保护一般做成纵联电流差动保护，在电缆中传送的是两端的电流信息。考虑到雷击以及在大接地电流系统中发生接地故障时地中电流引起的地电位升高的影响，作为导引线的电缆也应有足够的绝缘水平，从而增大了投资。上述的影响也可能会引起保护的不正确动作。此外导引线的参数，例如电阻和分布电容也会影响电缆中传送的电流信号，从而影响保护的性能。显然从技术经济角度来看用导引线通道只适用于小于十公里的短线路上。目前导引线通道已经用得越来越少了。

上述四种通道应该说光纤通道是最有发展前途的。目前继电保护制造厂家生产光纤保护的产量已大于高频保护的产量。但由于历史的原因，高频通道还有一定的数量。下面先介绍使用高频通道的纵联保护，随后再介绍光纤纵联电流差动保护。

（三）高频信号的性质

在纵联方向、纵联距离保护中，通道中传送的是反应方向继电器和阻抗继电器动作行为的逻辑信号。使用高频信号时高频信号的性质有下述几种。

1. 闭锁信号

收不到高频信号是保护动作于跳闸的必要条件，这样的高频信号是闭锁信号，其逻辑框图如图3－67（a）所示。闭锁信号主要是在非故障线路上传输的（并不表示在故障线路上从来没有传送过闭锁信号），在非故障线路上一直存在闭锁信号，保护收到闭锁信号把保护闭锁。在故障线路上最后应该没有闭锁信号，保护才能跳闸。由于输电线路本身是高频通道的一部分，自然就担心输电线路上的故障会不会影响高频信号的传输。对于相—地耦合的高频通道，在线路两端发生加工相上的接地短路时，高频信号的衰耗是比较大的。但由于使用闭锁信号，故障线路上即使收不到对端的闭锁信号，也不会影响保护的动作。而在非故障线路上相当于通道是完好的，所以非故障线路上传送高频信号应该是可靠的。也正因为如此，一开始高频保护都使用闭锁信号。并在使用闭锁信号时，一般都采用相—地耦合的高频通道（当然也可采用相—相耦合高频通道）。需要指出的是虽然收发信机接在一相输电线路与大地之间，但由于相与相之间和相与地之间是有分布电容的，所以实际上三相输电线路和部分大地都是参与高频电流的传输的。

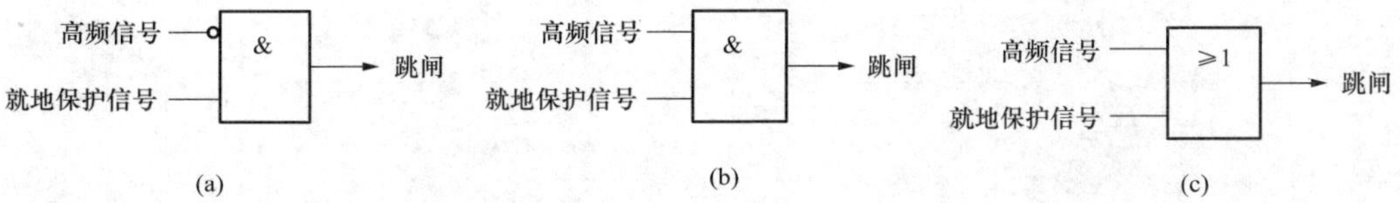

图3－67　高频信号的逻辑框图

（a）闭锁信号；（b）允许信号；（c）跳闸信号

2. 允许信号

收到高频信号是保护动作于跳闸的必要条件，这样的高频信号是允许信号，其逻辑框图如图3－67（b）所示。允许信号主要是在故障线路上传输的（并不表示非故障线路上一定不存在允许信号），在故障线路上传送允许信号，保护收到对端的允许信号才有可能去跳闸。由于输电线路本身是高频通道的一部分，线路上有故障在某种意义上相当于通道上有故障，我们很担心高频电流能不能经过短路点往对端传送。考虑到输电线路上的故障有80%以上是单相接地短路，对于相—相耦合的高频通道，即使线路上有单相接地短路，高频电流也还是能够经过短路点传送的，所以在使用允许信号时一般采用相—相耦合的高频通道。严重的情况是发生三相的金属性短路，此时高频信号将不能通过短路点传送到对端，出现通道阻塞现象。所以还应有相应的措施防止故障线路纵联保护的拒动，详细情况在本节四中的超范围允许式纵联保护中再作介绍。目前在500kV线路上的高频保护一般都采用允许信号。

3. 跳闸信号

收到高频信号是保护动作于跳闸的充分条件，这样的高频信号是跳闸信号。其逻辑框图如图3－67（c）所示。跳闸信号是在故障线路上传输的，在故障线路上传送跳闸信号，保护收到跳闸信号就可以去跳闸。显然在使用跳闸信号时特别要注意别把干扰信号误认为是跳闸信号而造成保护误动。所以用跳闸信号时对抗干扰的要求比用闭锁信号和允许信号时高得多。输电线路尤其是500kV及以上的输电线路，电晕现象很严重，电晕时将产生很多干扰信号。因而一定要采用非常好的抗干扰措施，收发信机要有很窄的窄带滤波器。但即使这样，要把干扰信号全部滤除也是十分困难的。因为有些干扰例如电晕时产生的干扰信号，其频谱很宽是一种白噪声。所以一般都不敢在用高频通道的保护装置里采用跳闸信号。现在有一些采用高频信号的远方跳闸装置，收到对端发来的高频信号就可以跳闸的，但都采取了一定措施。例如在远方跳闸装置中把收到跳闸信号后再加上就地保护的一些判据组成“与”门，实际上这种跳闸信号已转变成允许信号了。利用就地保护的判据来“抗干扰”。顺便指出，当采用光纤通道等数字化通道情况下，因为发送侧对每帧信息都要经过专门的互补校验，接收侧对每帧信息都要进行CRC校验并单独对开关量进行互补校验，通道的抗干扰水平已得到了很大的提高。

二、闭锁式纵联方向保护

（一）基本原理

如果在输电线路每一端都装有两个方向元件：一个是正方向方向元件F_+，其保护方向是正方向，反方向短路时不动作。另一个是反方向方向元件F_-，其保护方向是反方向，正方向短路时不动作。如果在图3－68（a）的NP线路上发生短路，NP线路是故障线路，MN线路是非故障线路。故障线路NP两端的方向元件都判定是正方向短路，所以两端的F_+均

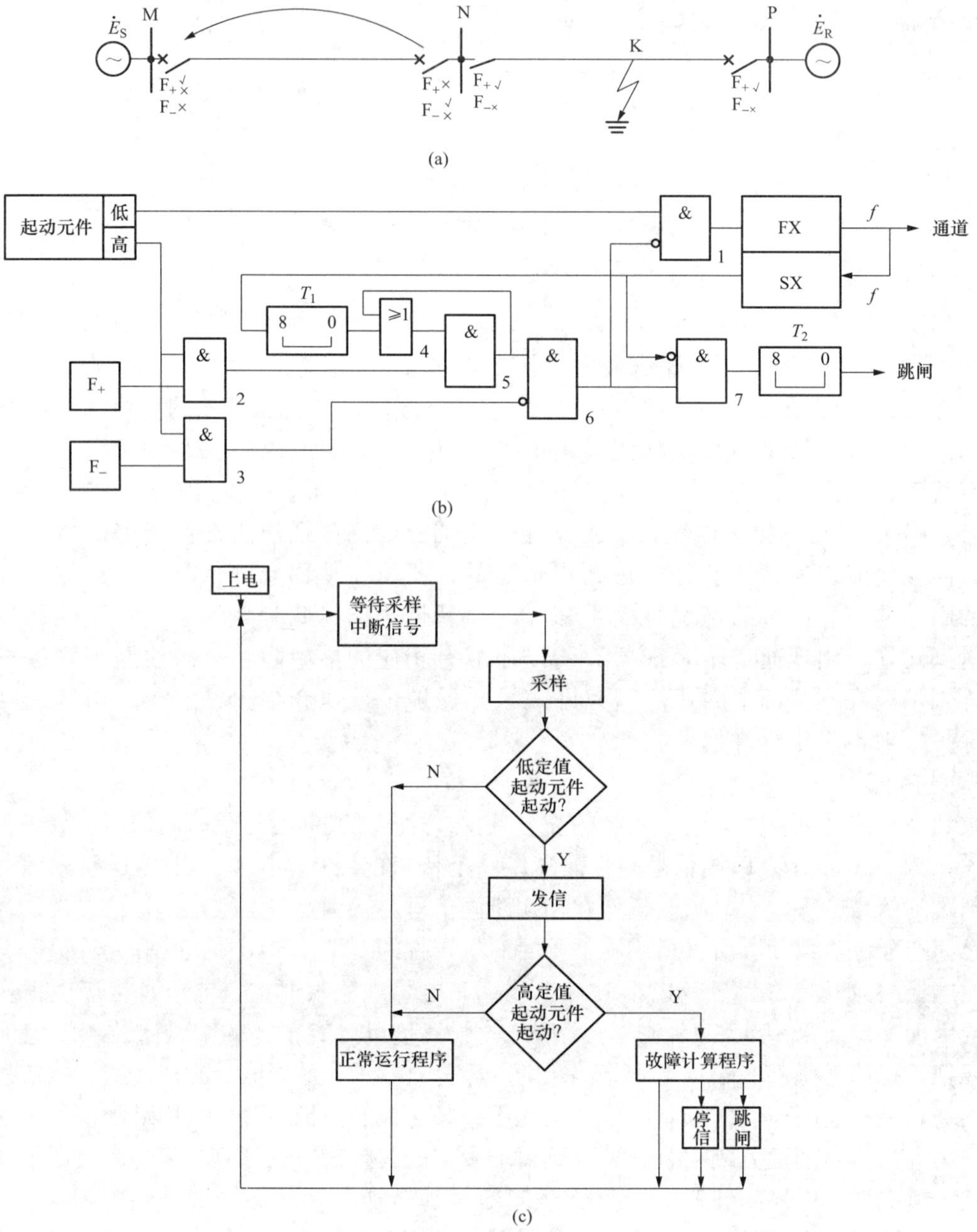

图 3－68　闭锁式纵联方向保护原理及简略原理框图和基本程序流程图

（a）保护原理图；（b）简略原理框图；（c）闭锁式纵联保护基本程序流程图

√—继电器动作；×—继电器不动作

动作，两端的 F_- 均不动作。非故障线路中近故障点的 N 端，其方向元件判定是反方向短路，所以 F_+ 不动作。F_- 元件在反方向近处短路时肯定动作，但在反方向远处短路时，可能灵敏度不够而不动作，所以 F_- 元件可能动作可能不动作。非故障线路中远离故障点的 M 端，其方向元件判定是正方向短路。如果故障点比较近，F_+ 元件动作，但在正方向远处短路时，可能灵敏度不够而不动作，所以 F_+ 元件可能动作可能不动作。但 M 端的 F_- 元件是肯定不动作的。两条线路总共四侧的方向元件的动作行为也已标在图上，√表示继电器动作；× 表示继电器不动作。仔细比较两端的方向元件的动作行为可以区分故障线路与非故障线路。故障线路的特征是：两端的 F_+ 均动作，两端的 F_- 均不动作，这在非故障线路中是不存在的。而非故障线路的特征是：两端中有一端（近故障点的一端）F_+ 不动作、而 F_- 可能动作，这在故障线路中也是不存在的。既然找出了故障线路和非故障线路的差别，就可以做出一种保护装置来。这种保护的原理是比较输电线路两端四个方向元件的动作行为，满足故障线路特征时保护就发跳闸命令，否则就把保护闭锁。这种核心元件是方向元件的纵联保护就称作纵联方向保护。上述就是纵联方向保护的原理。

假如采用闭锁信号，纵联方向保护的做法是：在 F_+ 不动作或者 F_- 动作的这一端一直发高频信号，这样在非故障线路上起码近故障点的一端能一直发闭锁信号，两端保护收到闭锁信号将保护闭锁。在故障线路上由于没有一端是 F_+ 不动作或 F_- 动作的，所以最后故障线路上没有闭锁信号，两端保护就都能发跳闸命令。

（二）简略原理框图

根据上述基本原理可以画出闭锁式纵联方向保护的简略原理框图如图 3－68（b）所示。现在微机保护的保护功能都是用软件实现的，这原理框图只用以说明基本原理、各个元件的作用及相互的关系，实际的装置当然要比此简略原理框图复杂多了。微机保护的基本程序框图示于图 3－68（c）。原理框图中除了高、低定值的起动元件和收发信机 FX、SX 外，其他元件都在程序框图中的“故障计算程序中”，包括 F_+、F_- 元件的计算及各个逻辑、延时功能。读者可将这两个图结合起来阅读。起动元件现在一般都采用两相电流差的突变量起动元件和零序电流起动元件。收发信机的发信频率和收信频率都是 f，这叫做单频制。线路两端的发信频率相同，所以收信机既能收对端信号，也能收本端信号。下面结合图 3－68（a）的故障分别说明各侧保护的动作情况。

1. 各侧保护动作情况分析

故障线路 NP 两端保护动作情况。NP 线路两端方向元件的动作行为是一样的，所以两端保护动作行为相同。下面以分析 N 端保护为例叙述动作情况。NP 线路 N 端保护在发生短路后，低定值起动元件起动，与门 1 有输出立即发信。同时高定值起动元件也起动，程序进入故障计算程序开始进行 F_+、F_- 元件的计算。由于 F_+ 元件动作，与门 2 有输出，给与门 5 一个动作条件。在此期间发信机一直在发信，收信机也一直收到信号。一方面将与门 7 闭锁，闭锁跳闸回路，另一方面延时元件 T_1 一直在计延时。当 T_1 元件计满 8ms 后，T_1 元件有输出，或门 4 有输出给与门 5 另一个动作条件，所以与门 5 有输出给与门 6 一个动作条件。由于 F_- 元件不动作，与门 3 没有输出，所以与门 6 没有被闭锁。与门 6 有输出后一方面闭锁与门 1，使与门 1 没有输出于是发信机停信，另一方面给与门 7 一个动作条件。本端信号停了以后收信机能否收到信号要看对端的发信情况。由于对端保护的动作情况与本端一样，所以对端在收信机收到 8ms 信号以后也停信。因此在两端都停信以后，收信机收不到信号，解除了对与门 7 的闭锁。于是与门 7 有输出，经 T_2 的 8ms 延时发跳闸命令。同理 NP 线路的 P 侧也可以发跳闸命令。

非故障线路 MN 两端保护动作情况。先分析近故障点的 N 端保护动作情况。在发生短路后低定值起动元件起动并立即发信，高定值起动元件起动后程序进入故障计算程序，开始进行 F_+、F_- 元件的计算。由于 F_+ 元件不动作，与门 2 没有输出，所以与门 5 肯定没有输出，与门 6 没有动作条件。加之此时 F_- 元件如果也动作的话，与门 3 有输出，闭锁与门 6，所以与门 6 肯定不会有输出。与门 6 没有输出，就不去闭锁与门 1，与门 1 一直有输出，所以

N端保护一直发信、不停信。与门6没有输出，与门7就没有动作条件，加之收信机又一直收到本端信号，闭锁了与门7。所以与门7肯定不会有输出，N端保护不发跳闸命令。下面再来看MN线路中远离故障点的M端保护的动作行为。M端如果F_+元件动作的话，其方向元件的动作行为与故障线路两端的方向元件动作行为完全一样，因此前面的动作过程与故障线路的保护动作过程也完全相同。与门6有输出后一方面闭锁与门1停信。另一方面给与门7一个动作条件，但与门7能否有输出要看收信机的收信情况。M端保护自己这一端已停信了，但由于对端——近故障点的N端一直发信，所以收信机一直能收到对端信号，将与门7闭锁。所以M端也不会跳闸。

从上看出，最后故障线路上由于两端都停信，没有闭锁信号，所以两端保护都能跳闸。而非故障线路上由于至少近故障点的一端一直发信，所以非故障线路上一直有闭锁信号，两端保护都不会跳闸。

总结上述分析，保护能发出跳闸命令一定要满足下述一些条件，这些条件的顺序也是微机保护程序中检查的顺序。

（1）高定值起动元件动作。只有高定值起动元件动作后程序才进入故障计算程序，方向元件及各个逻辑功能才进行计算判断，保护才可能跳闸。因此可以说只有高定值起动元件动作后纵联保护才真正开放。否则保护是不开放的，程序执行的是正常运行程序。在正常运行程序中安排的工作只是开入量状态的检查、通道试验等工作。在正常运行程序中是不可能去跳闸的。

（2）F_-元件不动作。

（3）曾经连续收到过8ms的高频信号。

（4）F_+元件动作。同时满足上述四个条件时去停信。

（5）收信机收不到信号。同时满足上述五个条件8ms后即可起动出口继电器，发跳闸命令。

需要指出在故障线路上如果通道异常使收信机收不到对端的高频信号，但两端的高频保护仍然能满足上述五个条件正确切除故障。但在非故障线路上由于通道异常使远离故障点的M端保护收不到近故障点的N端发的高频信号时将可能会造成M端保护的误动，所以使用闭锁信号的高频保护比使用允许信号的高频保护误动的几率高。

2. 对方向元件的要求

对方向元件有下述一些要求：

（1）要有明确的方向性。也就是F_+元件在反方向短路不能误动、F_-元件在正方向短路不能误动。从基本原理分析中可以看出，纵联方向保护是综合比较两端方向元件的动作行为的保护。所以如果方向元件没有明确的方向性的话，保护肯定不会正确动作。读者可自行分析如果F_+元件在反方向短路误动或者F_-元件在正方向短路误动对故障线路和非故障线路各自会产生什么后果。

（2）F_+元件要确保在本线路全长范围内的短路都能可靠动作，只有这样才能满足故障线路的特征，本线路短路才能跳闸。

（3）在保护实现的时候，F_-元件比F_+元件动作得更快、更加灵敏。更加灵敏这一点是靠不同的电流门槛值来完成的。方向元件只有在其所用的电流值大于门槛值后才进行计算，F_-元件的电流门槛低于F_+元件的电流门槛。此外在保护实现中还有一个原则：反方向方向元件闭锁保护优先的原则。任何时候（除母线保护动作以外）只要F_-元件动作，说明是反方向短路，立即发信闭锁保护。只要能满足上述几个要求的方向元件都可用以构成纵联方向保护。例如可以用工频变化量方向继电器 ΔF、基于故障分量的能量积分方向继电器、零序方向继电器 F_0 和负序方向继电器 F_2 几种原理的方向元件。工频变化量方向继电器和基于暂态分量的能量积分方向继电器的原理分析将在本节的六、和七、中分析。零序方向继电器的原理、实现方法和分析方法已在本章第一节中作过介绍，本节八中再对平行线或多回线路线间零序互感对纵联零序方向保护的影响作些分析。我国历史上也曾用过用负序方向继电器构成纵联保护，目前也已有纵联负序方向保护的产品。负序方向继电器的原理、实现方法和动作行为的分析方法可以参照零序方向继电器的相应的分析方法。

3. 为什么用 F_+、F_- 两个方向元件

在模拟型保护时代纵联方向保护中只用一个正方向动作的方向元件。这种纵联方向保护也已用了许多年。为什么现在微机型的纵联方向保护要用 F_+、F_- 两个方向元件呢？用了两个方向元件，而且这两个方向元件在灵敏度和动作速度上满足上述要求，体现反方向方向元件闭锁保护优先的原则后，在区外故障切除或功率倒向或在重负荷线路上发生单相接地时保护在跳开单相同时有时为了系统稳定的需要还要联锁切机、切负荷等情况时，由于在这些情况下变化源在区外，本线路的近变化源一端的 F_- 元件将比对端的 F_+ 元件先动作。F_- 元件动作后马上发信闭锁两端保护，有利于保护不会误动。有关在功率倒向情况下的作用参见下面分析。

（三）闭锁式纵联保护若干原则规定的说明

在长期的高压输电线路保护运行经验总结的基础上，20 世纪 80 年代，原水利电力部和原机械工业部组织了部分专家讨论并制定了高压线路继电保护的“四统一”设计[5]。在其中的统一设计技术原则中，对纵联保护有些原则规定。这些原则规定至今还对实现纵联方向保护有着指导作用。下面对这些原则规定并结合微机保护的特点作些介绍说明。这些原则规定既适用于纵联方向保护，也适用于后面介绍的纵联距离保护。纵联保护用闭锁信号为例作解释。

1. 为什么要用灵敏度不同的两个起动元件

由于保护起动元件用的是两相电流差突变量起动元件和零序电流起动元件。这些都是电流起动元件，所以定值低的灵敏度高、定值高的灵敏度低。在图 3－68 中已表示出了这两个起动元件的作用：低定值起动元件起动后起动发信，高定值起动元件起动后程序执行故障计算程序从而开放保护。下面用反证法说明如果只用一个起动元件的话，可能会出现什么问题？如果只用一个起动元件的话，上述起动元件的两个作用都由这一个起动元件承担。假设我们现在分析的是图 3－69 中 MN 线路上的两端保护，设两端起动元件的定值都为 1A。从理论上说总能在全系统找到某一个点，在这点短路时流过 MN 线路的电流恰好是 1A。由于各种误差的影响，可能 MN 线路两端有一端起动元件起动另一端不起动。严重的情况出现在近故障点的 N 端起动元件不起动，而远离故障点的 M 端起动元件起动。于是 M 端起动发信并开放保护。M 端方向元件判别结果是 F_- 元件不动，F_+ 元件动作。所以 M 端保护在收到自发自收的 8ms 高频信号后停信。此时 N 端保护由于起动元件未起动一直没有发信，于是 M 端收信机再也收不到信号。M 端保护同时满足上述跳闸的五个条件而发出跳闸命令，造成保护误动。为了消除这种误动可设置两个起动元件，这两个起动元件的定值相差（1.6～2）倍。如果按两倍来说，现在 M、N 两端都有一个 1A 的起动元件，还有一个 2A 的起动元件。当 MN 线路上流过 1A 的电流造成 M 端的 1A 起动元件起动而 N 端的 1A 起动元件不起

动时，那么两端的2A起动元件都不会起动。因为电流互感器的误差、装置内数据采集系统的误差等不会相差那么大。M端的2A起动元件不起动就不会开放保护，避免了M端保护的误动。

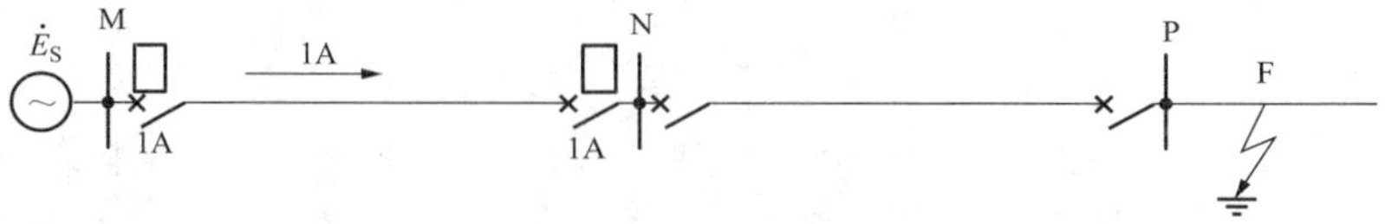

图3－69　系统图

2. 远方起信功能的设置

设在图3－68中K点发生短路。流过MN线路的电流足以使M端的灵敏度不同的两个起动元件都起动。可是由于某种原因N端的两个起动元件都未起动（譬如两个起动元件定值输错等原因）。M端方向元件的动作行为是F_-元件不动，F_+元件如果动作，所以8ms后停信。N端由于起动元件未起动而根本未发过信。于是M端收信机收不到信号而造成保护误动。为避免这种误动可设置远方起信功能。远方起信的条件是：① 低定值起动元件未起动；② 收信机收到对端的高频信号。满足这两个条件后发信10s。这种起动发信不是自己低定值起动元件起动发信的，而是收到了对端信号后起动发信的，所以叫做远方起信。有了远方起信功能后，再发生上述区外短路故障时，M端起动元件起动立即发信。N端由于起动元件未起动，又收到了M端发来的信号所以远方起信，发信10s。这样M端保护就被N端的10s的信号所闭锁不会误动。至于区外短路10s后若故障还未被切除，系统早已被拖垮。何况此时按时间配合关系也应该轮到M端跳闸了，所以10s以后的问题可不再考虑。

远方起信除了有上述作用外在通道检查中还要用到此功能，有关通道检查的工作情况在下面再加以叙述。

需要指出的是，目前继电保护装置和继电保护专用收发信机都有远方起信功能，为了避免工作紊乱应将收发信机中的远方起信功能退出。

3. 为什么要先收到8ms高频信号后才允许停信

在上述保护动作情况分析中已叙述过，对于判断为正方向短路的一端，例如图3－68中的MN线路的M端保护一定要先收信8ms以后才允许停信。为什么呢？还用反证法说明，假如没有这一项规定会出现什么问题？在图3－68中发生短路后，M端高定值起动元件起动。M端判断F_-元件不动，F_+元件动作以后如果就立即停信，此时对端N端发的闭锁信号还可能未到达M端。尤其是在N端是远方起信的情况下。所以M端保护匆忙停信后由于收信机收不到信号将造成保护误动。因此M端保护只有确保近故障点的N端保护的闭锁信号到达M端以后才允许停信，这样M端保护才不会误动。显然这等待的延时应考虑N端闭锁信号来得最慢、最严重的情况。这种情况出现在N端是远方起信的情况。发生短路后N端起动元件因故没有起动，所以一开始不发信。要等M端高频信号先送过来后，N端由远方起信才起动发信。等N端的信号再送到M端后，M端再去停信保护就不会误动了。所以M端停信等待的延时应包括高频信号往返一次的延时，加上对端发信机起动发信的延时再加上足够的裕度时间。这时间一般为5～8ms就足够了。至于按收信机收到高频信号的方式来等这延时，这样做法把收发信机的工作情况也作了一次检查。

4. 功率倒向时出现的问题及对策

在环网或平行线路上发生短路后会出现功率倒向问题。下面以平行线路上发生短路后可能出现的功率倒向为例来说明。在图3－70的双回线中第Ⅱ回线路4号保护出口发生短路，分析第Ⅰ回线两端1、2号保护的动作行为。在发生短路时第Ⅰ回线的短路功率从M流向N。1号保护判断为正方向短路，F_+动作、F_-不动；2号保护判断为反方向短路，F_+不动、F_-动作。综合比较两端方向继电器动作行为满足非故障线路特征，所以两端保护都不误动。故障应由第Ⅱ回线路的保护切除，但是3、4号断路器切除故障的时间不可能完全一致。例如第Ⅱ回线由于某种原因没有纵联保护在运行，由于短路点F位于4号保护第Ⅰ段，3号保护第Ⅱ段的范围内，所以4号保护先跳闸。在4号断路器跳开后，3号断路器尚未跳开期间，第Ⅰ回线中的短路功率是从N流向M，与4号断路器跳开前功率流向相反产生功率倒向。功率倒向以后1号保护判断为反方向短路，2号保护判断为正方向短路，两端的F_+、F_-元件的动作行为全部需要翻转。功率倒向前、后两端方向元件的动作行为如表3－1所示。在功率倒向以后，两端方向继电器动作行为依然满足非故障线路特征，所以两端保护也都不会误动。问题发生在功率倒向瞬间，此时两端方向元件翻转速度可能有快慢，存在一个“竞赛”问题。严重情况出现在2号保护的方向元件翻转速度快，F_+元件已动作、F_-元件已返还，而1号保护方向元件翻转速度慢一些，F_+元件仍停留在动作状态、F_-元件仍停留在不动作状态。这样两端保护方向元件的动作行为满足故障线路的特征，两端都停信引起保护误动。这种纵联保护的误动出现在功率倒向时，由于两端方向元件动作速度不一样，出现竞赛的短时间内。解决误动的方法，一是前面已提及的，在微机纵联方向保护中方向元件用了F_+、F_-两个方向元件。其中F_-元件比F_+元件更加灵敏、动作速度也更快，只要F_-元件一动作立即发信闭锁保护。在功率倒向瞬间由于线路两端1、2号保护终究流的是同一个电流，两端保护装置的程序是完全相同的，当2号保护的F_+元件已从不动作状态转变成动作状态时，1号保护的F_-元件已经先从不动作状态转变成动作状态了。1号保护的F_-元件动作后立即发信闭锁两端保护。所以用两个方向元件后对防止功率倒向时的误动已起了一定作用。但是完全依靠这两个方向元件在灵敏度和动作速度快慢上的配合关系来解决此问题还不是很放心。所以还采用第二个更加可靠的方法：用延时措施来解决功率倒向的误动问题。

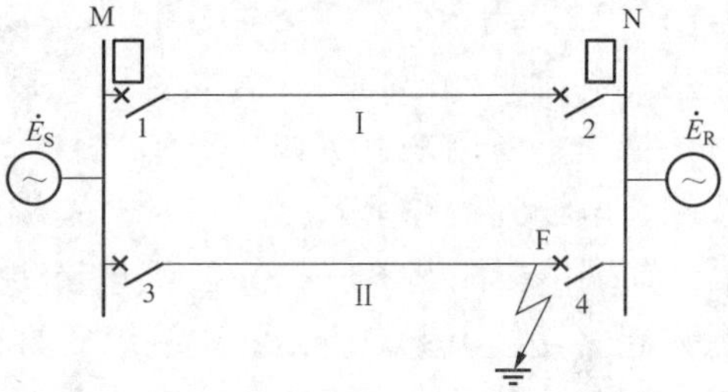

图3－70 功率倒向示意图

表3－1 功率倒向前后两端继电器动作情况（√动作，×不动作）

	1号保护		2号保护	
	F_+动作情况	F_-动作情况	F_+动作情况	F_-动作情况
功率倒向前	√	×	×	√
功率倒向后	×	√	√	×

用延时来解决功率倒向时保护误动问题的方法是：如果纵联方向保护在35ms内一直不动作（收信时间满35ms），那么纵联方向保护再要动作要另加25ms的延时。前一个35ms的延时用来判断发生了区外故障。在图3－70中从发生短路到功率倒向之前1、2号保护是不会误动的，收信机一直收到2号保护发出的高频信号。从发生短路到功率倒向这段时间包括4号保护的第Ⅰ段保护动作时间（10ms）加上4号断路器分闸时间（包含熄弧时间在内，30ms）。在这总计40ms时间内，1、2号保护是不会误动的。所以用前一个35ms一直收到信

号判断是区外故障。用后一个 25ms 延时来躲过两端方向元件动作竞赛带来的影响。在这段延时内 1 号保护的方向元件肯定已处于 F_+ 元件不动作、F_- 元件动作的工作状态了。这样 1 号保护已处于发信状态，避免了两端保护的误动。采用了该措施后可确保功率倒向时保护不会误动，但也带来一个不良后果：在区外故障 35ms 后又发生区内故障时保护动作时间将增加 25ms，所以后面这个延时不能太长。前一个 35ms 延时也不能太长，因为现在 500kV 及以上系统中的断路器分闸时间较快，

5. 收到三相断路器跳闸位置继电器（TWJ）动作信号以后高频保护做些什么

在保护装置的后端子上有三个相上的跳闸位置继电器 TWJ 的开关量输入端子。当保护装置发现跳闸位置继电器动作后（TWJ = 1），闭锁式纵联保护要做些什么工作呢？

（1）如果高定值起动元件未起动，又收到了三相跳闸位置继电器都动作的信号并确认三相均无电流时，把起动发信（含远方起信）往后推迟 100ms。

该措施主要用来解决如图 3 - 71 中所示的 N 端断路器处于三相断开状态，系统从 M 端向线路充电期间线路上发生短路时，M 端纵联方向保护拒动问题。因为此时线路上发生短路后，N 端由于断路器三相都已断开起动元件不起动，但却收到 M 端发来的高频信号，立即远方起信发信 10s，闭锁了 M 端纵联方向保护，造成 M 端保护拒动。如果此时故障发生在 N 端出口，M 端保护只能由Ⅱ段的距离保护或零序电流保护带延时切除故障，对系统安全稳定运行显然是很不利的。为了解决此问题，引入本措施。这时 N 端保护由于起动元件不起动，三相跳闸位置继电器又一直处于动作状态，故把远方起信推迟 100ms。这样发生短路时在这远方起信被推迟的 100ms 内，M 端纵联方向保护由于收不到闭锁信号可以动作跳闸。

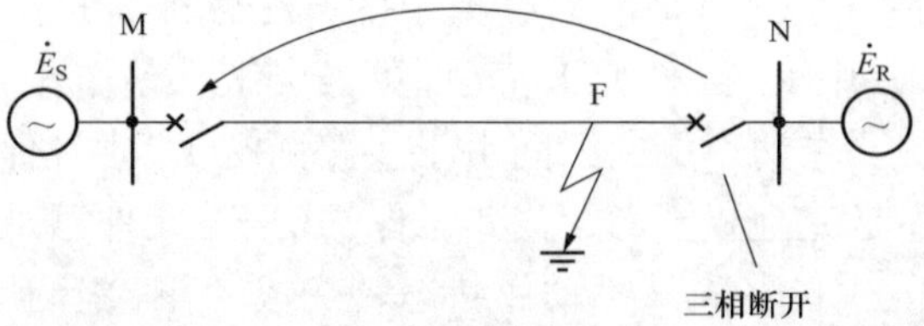

图 3 - 71 系统由 M 侧向线路充电，线路内部发生短路时系统图

当然从原理上讲如果采用当起动元件未起动又收到跳闸位置继电器动作信号时索性撤销远方起信功能也能避免上述的当线路上发生短路时 M 端纵联方向保护的拒动问题。但是撤销了远方起信功能后，在系统从一端对线路充电情况下通道检查工作无法进行了。因为通道检查要用到远方起信。

（2）如果高定值起动元件起动后，又收到了任一相相跳闸位置继电器动作的信号并确认该相无电流时立即停信。这停信通常称作“位置停信”。

在起动元件起动后本断路器又单相或三相跳闸了，这说明本线路上发生了短路，本端保护动作跳闸了，所以采取马上停信措施后有利于对端纵联方向保护跳闸。

在“四统一”中采用这种“位置停信”还有一种目的：如果线路出口短路，零序Ⅰ段等快速保护先发跳闸命令并将断路器跳开时若高频保护还未跳闸（当时系统用的相差高频保护由于两次比相，动作时间将到 40 ~ 60ms），断路器跳闸后高频保护立即恢复发信，闭锁了对端的高频保护。采取了“位置停信”后使该端一直处于停信状态可确保对端高频保护可靠跳闸。目前微机型的纵联保护没有相差高频保护，纵联方向、纵联距离保护在 20 ~

30ms 内已可发出跳闸命令。所以线路出口短路时，即使快速距离保护或零序Ⅰ段先发跳闸命令，在断路器跳闸时间内，对端纵联保护已可发出跳闸命令，所以这个问题已不再存在。

在纵联距离保护中采用一相跳闸位置继电器动作的信号并确认该相无电流时立即停信还能解决在靠近线路一端发生单相高阻接地时由于另一端阻抗继电器不动使纵联距离拒动问题。此时近故障点一端的其他保护动作跳开故障相后停信，远离故障点一端的阻抗继电器随后纵续动作，纵联距离保护就能跳闸。

单相 TWJ 动作停信只停 80ms，避免本线路非全相运行期间两端一直停信在外部发生运行相上的故障时纵联方向（距离）保护误动而误切三相。三相 TWJ 动作停信一直停到装置整组复归。

“位置停信”在手动合闸和自动重合闸时自动退出，避免对端合闸后本端再合闸时由于三相触头不同期对端某些原理的正方向的方向继电器可能动作造成纵联方向保护误动。

6. 关于保护动作停信问题

（1）母线保护、失灵保护动作停信。

在保护装置的后端子上有“其他保护动作”的开关量输入端子。该开关量接点来自于母线保护和失灵保护动作的接点，在母线保护或失灵保护动作后该接点闭合。纵联方向保护得知母线保护动作后立即停信是为了在图 3－72 的断路器与电流互感器之间发生短路时让对端的纵联保护能立即动作切除故障。

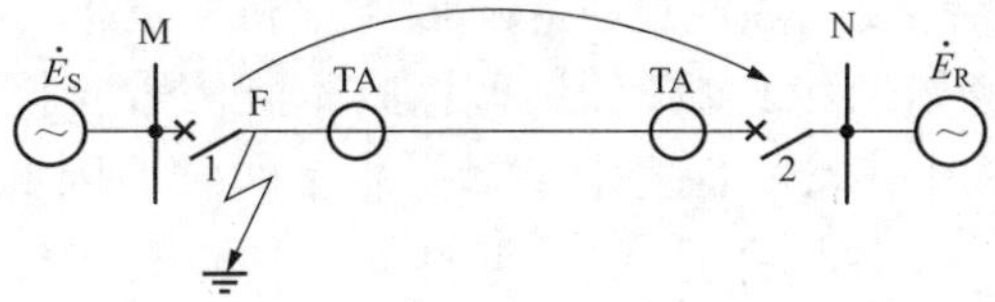

图 3－72 故障发生在断路器与 TA 之间

如果故障发生在断路器与 TA 之间，此时短路功率由 N 端流向短路点。M 端的保护由于电流与规定的正方向相反所以判为反方向短路，与反方向母线短路情况一样。所以该端 F_+ 元件不动、F_- 元件动作，从而一直发信闭锁了两端纵联方向保护。但该故障点落在 M 端的母线保护的保护范围内，所以 M 端母线保护动作跳开母线上的所有断路器。可是 1 号断路器跳开后，N 端还继续提供短路电流，该短路功率使 M 端保护继续判为反方向短路。所以 M 端保护继续发信，仍然闭锁 N 端的纵联方向保护。如果不采取措施，N 端只能由Ⅱ段的距离保护或零序电流保护带延时切除故障，这显然对系统安全稳定运行是很不利的。为此，如果 M 端纵联方向保护在得知母线保护动作的信息后采取立即停信的措施，就可以使 N 端纵联方向保护马上动作切除故障。为了让 N 端纵联方向保护可靠跳闸，在 M 端母线保护动作的开关量返还后继续停信 150ms。

如果真的在 M 母线上发生短路，M 端母线保护动作跳开 1 号断路器的同时采取停信措施使 N 端纵联方向保护动作跳 2 号断路器也并未带来不良后果。可是如果 M 端是 3/2 接线，母线保护动作后不能采取停信措施。因为本线路连了两个断路器——边断路器和中断路器。当母线上发生短路，母线保护动作跳边断路器时，中断路器还在合闸位置，本线路还可以继续运行，所以对端断路器不应该跳闸。为避免对端纵联保护动作跳对端断路器，本端母线保护动作后不应停信。所以对 3/2 接线方式，母线保护动作的接点不应接到“其他保护动作”的开关量输入端子上。此时如果在断路器与电流互感器之间发生短路，母线保护动作跳开边断路器后起动失灵保护，由于电流互感器依然有电流，所以失灵保护动作。依靠失灵保护动作停信使对端纵联保护动作跳闸。

（2）本装置保护动作停信。

现在输电线路保护都做成成套的保护装置。一条线路的主保护、后备保护都做在一套保护装置内。本装置内任意一种保护发跳闸命令同时立即停信有利于对端纵联保护跳闸。保护装置发三相跳闸命令停信直至跳闸命令返还后还继续停信 150ms，保护装置发单相跳闸命令时只停信 150ms，这段时间保证让对端可靠跳闸。这些工作都由装置在软件中自动完成。

7. 通道检查

纵联保护是综合比较两端电气量变化的保护，两端电气量变化的信息完全依靠通道进行交换，因此通道的完好是纵联保护能正确工作的基础。为此纵联保护都有检查通道完好的措施。对于应用高频通道的高频保护来说需要对高频通道进行检查。在应用闭锁式的高频保护屏上都有一个通道试验按钮，当需要进行通道检查时按下这个按钮。如果把按下按钮的这一端称作主动检查侧，对端称作被动检查侧。对端并不要求一定要有人守在屏前（最早感应型的高频保护要求两端都要有人守在屏前进行通道检查）。主动检查侧在按下按钮后的发信逻辑是先发信 200ms，然后停信 5s，再发信 10s，整个发信的高频信号的包络线如图 3－73（a）所示。被动检查侧由于起动元件没有起动所以在收到对端的高频信号后立即远方起信发信 10s，其发信逻辑如图 3－73（b）所示。整个两端发信情况的组合无非是三种情况：第一种情况是主动检查侧不发信、被动检查侧发信，这种情况发生在前 5s 时间内。第二种情况是主动检查侧、被动检查侧都发信，这种情况发生在中间的 5s 时间内。第三种情况是主动检查侧发信、被动检查侧不发信这种情况发生在最后 5s 时间内。由于收发信机是单频制的，只要高频通道（包括收发信机）正常，那么两端收信机在整个 15s 时间内都应收到信号。如果发现在某段时间内收不到信号或收信电平降低很多说明通道异常，可发告警信号。

由于微机保护本身都有一个时钟，因此在装置上可以通过整定实现自动通道检查的功能。采用自动通道检查功能时，还需设定自动通道检查的时、分时间，到达时间后进行一次自动通道检查。如果小时按 12 进制设置，这样可实现一天上、下午自动检查两次。如果两端都使用这个功能，则一天可自动进行通道检查四次。

最后需要说明，通道检查的程序安排在正常运行程序模块中。所以如果在通道检查期间系统发生了故障，保护装置只要起动元件一起动就离开正常运行程序转而进入故障计算程序模块。这样通道检查工作就可以立即停止转而去处理故障，这是我们希望的。

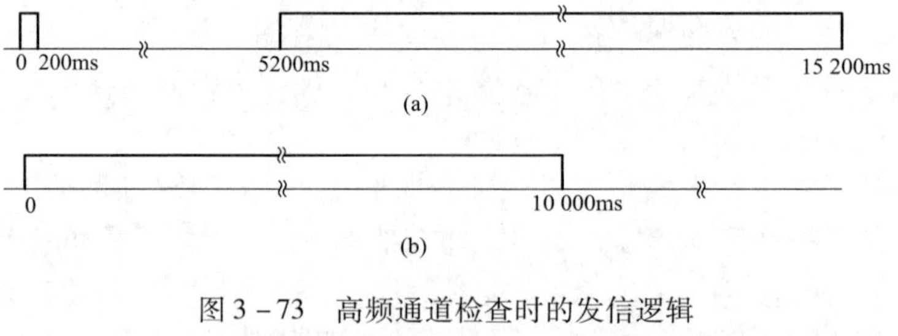

图 3－73 高频通道检查时的发信逻辑

（a）主动检查侧发信逻辑；（b）被动检查侧发信逻辑

（四）单侧电源线路上纵联方向保护存在的问题以及解决措施

当输电线路两端有一端的背后没有电源或者是一个小电源时把这一端称作弱电端。现在以这一端背后没有电源为例叙述线路上发生短路时，该线路纵联方向保护会出现的问题。

如果保护背后没有电源，短路前线路又是空载（说明保护背后正序、负序阻抗为无穷大）、又没有中性点接地的变压器（零序阻抗为无穷大），这样的线路上发生短路。流过保护的电流在短路前后都为零。所以两相电流差突变量起动元件不起动。由于受电侧没有中性点接地的变压器，流过保护的零序电流为零，所以零序电流起动元件也不起动。

如果保护背后没有电源，但短路前有较大的负载，或者有中性点接地的变压器，这样的线路上发生短路。前者使流过保护的电流有突变，所以两相电流差突变量起动元件可以起动。后者有零序电流流过保护，所以零序电流起动元件可以起动。

因此单端电源线路的受电端在本线路上发生短路时起动元件可能起动也可能不起动。

（1）如果受电端高定值起动元件不起动，低定值起动元件也不起动。该端收到电源端的高频信号后将立即远方起信发信10s。电源端即使在发生短路8ms后自己停信了，但由于一直收到受电端的闭锁信号而不能跳闸，造成电源端纵联保护拒动。如果受电端的高定值起动元件不起动，而低定值起动元件起动了。则受电端可以起动发信，但由于高定值起动元件不起动而无法停信，这同样使得电源端的纵联保护由于一直收到闭锁信号而拒动。

在模拟型保护时代由于上述原因在单端电源线路上是不用高频保护的。但在研制微机保护时可以设法解决。在保护整定为弱电端时可以采取如下措施：如果高定值起动元件没有起动，当检查到任意一个相电压或相间电压低于0.6倍额定电压时，将起动发信（含远方起信）推迟100～120ms。由于高定值起动元件没有起动说明线路上的电流很小，从短路点到保护安装处之间线路上的压降很小，所以保护安装处的电压基本上就是短路点的电压。因此接地短路时故障相的电压是很低的；相间短路时，两个故障相的相间电压也是很低的。这时将起动发信或远方起信推迟一段时间，对端的纵联方向保护在这段时间里由于收不到闭锁信号而可靠跳闸。

（2）如果受电端高定值起动元件起动了，此时低定值起动元件也一定起动。低定值起动元件起动发信，高定值起动元件起动开放保护，在故障计算程序中判别方向元件的动作行为。此时如果在短路后零序电流是零的情况下或者在突变量电流不太大的情况下有些原理的方向元件可能动作不了而不能停信，造成两端纵联方向保护拒动。为此在保护整定为弱电端时可以采取如下措施：如果高定值起动元件起动了，当保护检测到①所有的正、反方向的方向继电器均不动作（如果正方向的方向继电器能动作就可以停信了，就不存在这个问题了）；②检查到任意一个相电压或相间电压低于0.6倍额定电压；③整定为弱电端时新增加的一个保护范围超过本线路全长的超范围的工频变化量阻抗继电器ΔZ元件动作（有的厂家应用）；④收到闭锁信号5～8ms。满足上面几个条件则立即停信，对端的纵联方向保护就可以动作跳闸了。而弱电端本身只要再检查到有一段时间收不到信号也可跳闸。

三、闭锁式纵联距离保护

（一）基本原理

了解了纵联方向保护的基本原理后就很容易理解纵联距离保护的原理了。纵联方向保护是一种综合比较两端方向元件动作行为的保护，主要是利用方向元件具有方向性的特点构成保护。我们自然就想到不仅仅方向元件是具有方向性的继电器，还有一种具有方向性的阻抗继电器它也可以保证在反方向短路时可靠不动作。那么可否利用具有方向性的阻抗继电器来代替纵联方向保护中的方向元件构成纵联保护呢？答案自然是肯定的。

设在图3－74的系统中，故障线路和非故障线路两端都装有具有方向性的阻抗继电器。显然对于故障线路NP两端的阻抗继电器来说，由于短路在正方向，所以只要短路点位于它的保护范围内两端的阻抗继电器都能动作。而对于非故障线路MN两端的阻抗继电器来说，近故障点的N端判断为反方向短路故而阻抗继电器不动作。远离故障点的M端判断为正方向短路，如果短路点位于继电器的保护范围内时阻抗继电器动作，如果短路点位于继电器的保护范围外时阻抗继电器不动作。所以 M 端阻抗继电器可能动作可能不动作。故障线路和非故障线路两端的阻抗继电器的动作情况也已标在图 3－74 中，√表示动作、×表示不动作。综合上述分析可知，故障线路的特征是：两端的阻抗继电器均动作，这在非故障线路中是不存在的；而非故障线路的特征是：两端中至少有一端（近故障点侧）的阻抗继电器不动作，这在故障线路中也是不存在的。所以综合比较两端阻抗继电器的动作行为可以区别故障线路与非故障线路。由于这种保护的核心元件是阻抗继电器，故而把这种纵联保护称作纵联距离保护。

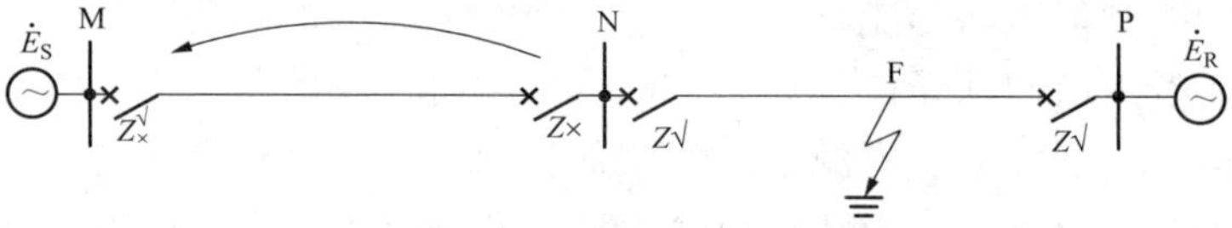

图 3－74 纵联距离保护原理图
√—动作；×—不动作

当用闭锁信号实现纵联距离保护时，可让阻抗继电器不动作的一端一直发闭锁信号。这样在非故障线路 MN 上至少近故障点的 N 端可一直发闭锁信号，所以两端保护被闭锁不会误动。而在故障线路 NP 上由于两端阻抗继电器均动作，所以最后两端都不发闭锁信号故而两端都能跳闸。

既然纵联距离保护与纵联方向保护原理上是如此相似，所以纵联距离保护的简略原理框图也与图 3－68（b）的纵联方向保护的简略原理框图相似。只要把其中的正方向方向元件 F_+ 换成阻抗继电器 Z，把 F_- 元件和与门 3、6 取消，与门 5 的输出直接加到与门 7 去并去闭锁与门 1 停信。

从上面区分故障线路和非故障线路的基本原理可知对纵联距离保护的核心元件——阻抗继电器应提出如下要求：① 该阻抗继电器应有良好的方向性。从本质上讲该保护的原理就是利用它的方向性来实现的。② 为了确保故障线路两端的阻抗继电器都能可靠动作，该阻抗继电器应在本线路全长范围内故障都有足够的灵敏度（灵敏系数大于 1.3～1.5）。所以该阻抗继电器的定值应该用距离保护第Ⅱ、Ⅲ段的整定值。凡是满足上述要求的阻抗继电器原则上都可用来构成纵联距离保护。

（二）系统振荡对纵联距离保护的影响

既然纵联距离保护的核心元件是阻抗继电器，而阻抗继电器在系统振荡时是有可能误动的，于是自然就担心纵联距离保护在系统振荡时会不会误动。现在来分析图 3－75（a）中 MN 线路上的纵联距离保护在系统振荡时的动作行为。设两端电动势幅值相等，系统中各阻抗的阻抗角相等，在图（b）中 SR 线表示了两端电动势间的总阻抗。两端保护所用的阻抗继电器 Z_M、Z_N 在系统振荡时的动作特性也已画在图中。无论是以正序电压为极化量的阻抗继电器还是方向阻抗继电器（姆欧继电器）其系统振荡时的动作特性都是以保护范围末端和保护安装处两点连线为直径的圆，与三相短路时的动作特性相同，在图 3－75（b）中如圆 1、圆 2 所示。图中 SR 线的中垂线 mn 线是系统振荡时阻抗继电器测量阻抗相量端点的变化轨迹线。安装在各处的阻抗继电器，其测量阻抗相量的端点都在该轨迹线上，而测量阻抗相量的起点在各个保护安装处。显然当此轨迹线穿过两个动作特性的公共部分时，即当两端电动势夹角在 $\delta_1<\delta<\delta_2$ 期间两端阻抗继电器都动作，符合故障线路的特征。纵联距离保护

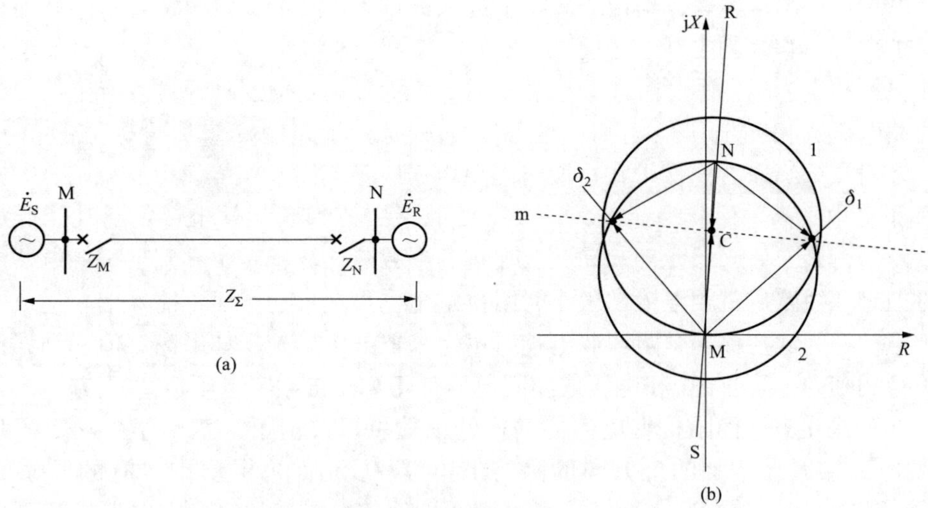

图 3-75 系统振荡时纵联距离保护动作行为分析
（a）系统图；（b）系统振荡时阻抗继电器动作行为分析

误认为本线路内部发生短路，纵联距离保护将误动。所以判断系统振荡时纵联距离保护会不会误动只要看振荡中心 C 在不在两个阻抗继电器动作特性的公共部分内。如果振荡中心 C 在两个阻抗继电器动作特性的公共部分内，那么系统振荡时阻抗继电器测量阻抗相量端点的变化轨迹线 mn 线必然穿越两个动作特性的公共部分，纵联距离保护就会误动。反之如果振荡中心 C 不在两个阻抗继电器动作特性的公共部分内，上述的轨迹线就不会穿越两个动作特性的公共部分，纵联距离保护就不会误动。所以系统振荡时纵联距离保护有可能会误动的。为了避免系统振荡时纵联距离保护误动曾经采用过的做法是在短路后纵联距离保护只短时投入一段时间，例如 150ms，以保证可靠切除本线路内部的短路，过了这一时间后把纵联距离保护退出。这实际上就是距离保护中振荡闭锁短时开放保护的思路，基于发生振荡以后阻抗继电器的误动发生在短路后的 200ms 以后。但是这种短时投入纵联距离保护的做法将使得在起动元件起动后的 150ms 以后直到整组复归前的这一段时间内发生本线路的故障时丧失纵联距离保护。其实最好的办法是让纵联距离保护也受距离保护的振荡闭锁控制。目前距离保护中的振荡闭锁装置考虑得是很完善的，用它控制纵联距离保护既能保证系统振荡时（无论是静稳定破坏还是暂态稳定破坏造成的振荡）纵联距离保护不误动，又能在区外短路后又紧接着发生本线路故障、非全相运行中发生本线路故障和振荡中发生本线路故障时纵联距离保护还能发挥作用。现在纵联保护与距离保护都在一套装置内，所以纵联距离保护受振荡闭锁控制很容易实现并不增加软件的开销。

（三）单侧电源线路上纵联距离保护存在的问题以及解决措施

与纵联方向保护相似，在单侧电源线路上发生短路时受电端的纵联距离保护也要采取相应措施来确保电源端的纵联距离保护动作。在论述纵联方向保护时分析过单端电源线路的受电端在本线路上发生短路时起动元件可能起动也可能不起动。下面以高定值起动元件不起动和起动两种情况说明纵联距离保护存在的问题以及解决措施。

（1）如果受电端高定值起动元件不起动，低定值起动元件也不起动。该端收到电源端的高频信号后将立即远方起信发信 10s。电源端由于一直收到受电端的闭锁信号而不能跳闸，造成电源端纵联保护拒动。如果受电端的高定值起动元件不起动，而低定值起动元件起动了。则受电端可以起动发信，但由于高定值起动元件不起动而无法停信，这同样使得电源端的纵联保护由于一直收到闭锁信号而拒动。

为此在保护整定为弱电端时可以采取如下措施：如果高定值起动元件没有起动，当检查到任意一个相电压或相间电压低于0.6倍额定电压时，将起动发信（含远方起信）推迟100～120ms。对端的纵联方向保护在这段时间里由于收不到闭锁信号而可靠跳闸。

（2）如果受电端高定值起动元件起动了，此时低定值起动元件也一定起动。低定值起动元件起动发信，高定值起动元件起动开放保护，在故障计算程序中判别阻抗继电器的动作行为。此时如果在短路后三相电流都很小时阻抗继电器可能不动作而不能停信。造成两端纵联距离保护拒动。为此在保护整定为弱电端时可以采取如下措施：如果高定值起动元件起动了，当保护检测到①任意一个相电压或相间电压低于0.6倍额定电压；②正方向的阻抗继电器不动作（如果正方向的阻抗继电器能动作的话就可以停信了，就不存在这个问题了）；③整定为弱电源端时新增加的反方向的阻抗继电器 Z_- 元件也不动作（有的厂家使用）；④收到闭锁信号5～8ms。满足上面几个条件则立即停信，对端的纵联方向保护就可以动作跳闸了。而弱电端本身只要再检查到有一段时间收不到信号也可跳闸。

在前面纵联方向保护中介绍的诸如用灵敏度不同的两个起动元件等“四统一”中的一些原则规定也同样适用于纵联距离保护。规定这些原则规定的理由解释也基本相同，这里不再赘述。

四、超范围与欠范围允许式的纵联保护

本节介绍用允许信号的纵联保护。允许信号的纵联保护在500kV线路中应用较多。目前国产的在500kV线路中应用的允许信号的纵联保护是超范围允许式的纵联保护。

（一）超范围允许式纵联方向、距离保护（POTT式）

1. 基本原理与简略原理框图

超范围允许信号的纵联方向保护区分故障线路和非故障线路的方法与闭锁式纵联方向保护完全相同。如图3-76（a）所示，故障线路的特征是：两端的正方向方向元件 F_+ 均动作、两端的反方向方向元件 F_- 均不动，这种情况在非故障线路中是不存在的。而非故障线路的特征是有一端（近故障点的一端）的 F_+ 元件不动，而 F_- 元件可能动作，这种情况在故障线路中也是不存在的。所以综合比较两端方向元件的动作行为可以区别故障线路与非故障线路。与闭锁式纵联方向保护不同的仅是信号使用的方法不同。在超范围允许信号的纵联方向保护中由 F_+ 动作而且 F_- 不动作的一端向对端发允许信号，这样在故障线路NP上两端都向对端发允许信号。对每一端来说从收到对端信号知晓对端的 F_+ 动作而且 F_- 不动作，再判断本端也是 F_+ 动作而且 F_- 不动作，两个构成“与”逻辑发跳闸命令，所以故障线路两端都能跳闸。在非故障线路MN上，近故障点的N端虽然可能能收到对端的允许信号，但是由于本端 F_+ 不动作 F_- 可能动作，“与”逻辑没有输出不会跳闸。非故障线路远离故障点的M端虽然本端的 F_+ 可能动作 F_- 不动作，但由于从来没有收到对端的允许信号知晓对端 F_+ 不动作 F_- 可能动作，“与”逻辑也没有输出也不会跳闸。所以非故障线路两端保护都不发跳闸命令。从上可以看出允许信号主要是在故障线路上传送的（并不是说非故障线路一定不存在允许信号）。

简略原理框图如图3-76（b）所示。上述的“与”逻辑由与门2来完成，收到对端信号是与门2的动作条件之一，所以该信号是允许信号。该原理框图比闭锁式的简单，各侧保护的动作情况读者可自行分析。

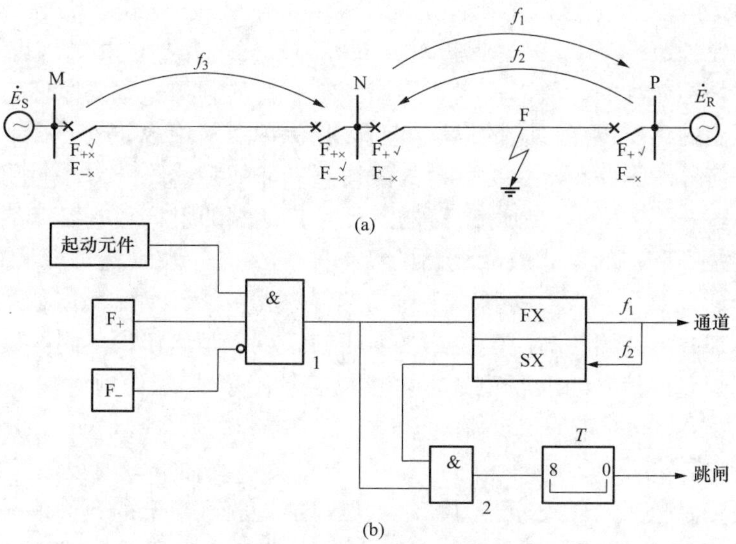

图 3-76　超范围允许式纵联方向保护原理及简略原理框图

（a）保护原理图；（b）简略原理框图

√—动作；×—不动作

在故障线路上如果通道异常使收信机收不到对端的高频信号将造成高频保护的拒动，所以使用允许信号的高频保护比使用闭锁信号的高频保护拒动的几率高。在非故障线路上，远离故障点的一端也有可能向对端发允许信号，如果通道异常使近故障点的一端保护收不到允许信号更加不会造成保护误动。

这里还需要说明两点：

（1）对方向元件的要求。

因为保护区分故障线路和非故障线路的方法与闭锁式纵联方向保护完全相同，所以对方向元件的要求与闭锁式的也完全一样，即：① 要有明确的方向性，这是由原理决定的。② F_+元件一定要在本线路全长范围内故障时保证可靠动作。这样才能确保故障线路 NP 两端 F_+均动作。由于 F_+元件保护范围超出本线路全长，所以把这种保护称作超范围允许式纵联方向保护。③ F_-元件应比 F_+元件动作更灵敏、更快速，这样在非故障线路 MN 上 M 端的 F_+元件动作的话 N 端的 F_-元件一定已灵敏地先动作了。此外还采取一个措施：只要 F_-元件一动作（除母线保护动作外）立即闭锁发信，实行反方向方向元件动作闭锁保护优先的原则。采取了这些措施后有利于防止非故障线路保护的误动。正因为无论是允许式还是闭锁式的纵联方向保护区分故障线路和非故障线路的方法是相同的，对方向元件的要求也是相同的，所以现在厂家生产的微机纵联方向保护装置都既可用于允许式也可用于闭锁式。在软件程序中方向元件这一块也是相同的。

（2）要用双频制。

从图 3-76（b）图中可看出发信机的发信频率和收信频率是不同的两个频率，这称作双频制。这样线路两端发信频率不一样，每一端都只能收对端的信号不能收本端信号。可以设想一下如果是用单频制的话，收信机既能收对端信号也能收本端信号会出现什么问题？观察图 3-76（a）M 端的保护。在相邻线路上故障，M 端的 F_+如果动作 F_-不动作就可以发信。收信机自发自收收到自己的信号，图（b）中与门 2 两个条件都满足能发跳闸命令，将造成 M 端保护误动。实际上这两个条件是同一个条件，即是本端的 F_+ 动作 F_- 不动作。这时该保护是一个保护范围为 F_+ 元件保护范围的瞬时动作的保护，相邻线路故障保护可能瞬时跳闸。显然这是不允许的，所以一定要用双频制。目前利用外差式原理的继电保护专用收发信机都是单频制的，所以允许式的纵联方向高频保护要复用载波机。

超范围允许信号的纵联距离保护区分故障线路和非故障线路的方法与闭锁式纵联距离保护完全相同。如图 3－77 所示，故障线路的特征是：两端的阻抗继电器 Z 均动作，而这种情况在故障线路中是不存在的。非故障线路的特征是至少有一端（近故障点的一端）的阻抗继电器 Z 不动作，而这种情况在故障线路中是不存在的。所以综合比较两端阻抗继电器的动作行为可以区别故障线路与非故障线路。与闭锁式纵联距离保护不同的仅是信号使用的方法不同。在超范围允许信号的纵联距离保护中由 Z 动作的一端向对端发允许信号。这样在故障线路 NP 上两端都向对端发允许信号，对每一端来说从收到对端信号知晓对端的 Z 动作，再判断本端也是 Z 动作，两个构成“与”逻辑发跳闸命令。所以故障线路两端都能跳闸。在非故障线路 MN 上，近故障点的 N 端虽然可能能收到对端的允许信号，但是由于本端 Z 不动作，“与”逻辑没有输出不会跳闸。远离故障点的 M 端虽然本端的 Z 可能动作，但由于从来没有收到对端的允许信号知晓对端的 Z 不动作，“与”逻辑也没有输出也不会跳闸。所以非故障线路两端保护都不发跳闸命令。从上也可以看出允许信号主要是在故障线路上传送的。

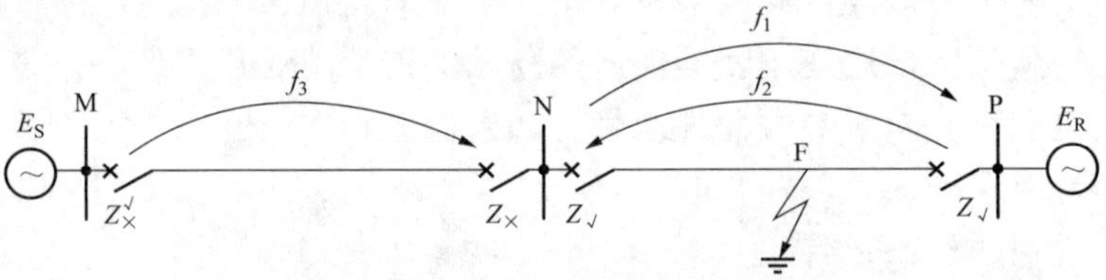

图 3－77 超范围允许式纵联距离保护原理图

√—动作；×—不动作

简略原理框图与图 3－76（b）相似。用 Z 元件取代 F_+ 元件，取消 F_- 元件。上述的“与”逻辑仍由与门 2 来完成，收到对端信号是与门 2 的动作条件之一，所以该信号是允许信号。该原理框图比闭锁式的简单，各侧保护的动作情况读者也可自行分析。这里也需要说明三点：

（1）对阻抗继电器的要求。因为保护区分故障线路和非故障线路的方法与闭锁式纵联距离保护完全相同，所以对阻抗继电器的要求与闭锁式的也完全一样，即：

1）要有明确的方向性，因为从原理上讲主要是用它的方向性。

2）阻抗继电器一定要保证在本线路全长范围内故障时有足够的灵敏度。这样才能确保故障线路两端阻抗继电器均动作。所以阻抗继电器的定值可用距离保护第Ⅱ段或第Ⅲ段的定值，要保证整定阻抗大于 1.3 倍的本线路阻抗。因为构成这样的纵联距离保护的核心元件——阻抗继电器的保护范围超过本线路全长，所以把这种保护称作超范围允许式纵联距离保护。正因为无论是允许式还是闭锁式的纵联距离保护区分故障线路和非故障线路的方法是相同的，对阻抗继电器的要求也是相同的，所以现在厂家生产的微机纵联距离保护装置都既可用于允许式也可用于闭锁式。在软件程序中阻抗继电器这一块也是相同的。

（2）要用双频制。要用双频制的原因与允许式纵联方向保护相同。如果不用双频制，则该保护是瞬时动作的距离保护第Ⅱ段或第Ⅲ段保护，显然这是不允许的。另外允许式的纵联距离高频保护也要复用载波机。

（3）为防止在系统振荡时保护误动，允许式纵联距离保护也要经过振荡闭锁控制。

2. 允许式纵联方向、纵联距离保护若干原则规定的说明

在前面介绍闭锁式纵联保护时曾结合闭锁式纵联方向保护说明了“四统一”中的一些原则规定的原理，相似的这里要说明一下允许式纵联保护中一些原则规定的原理。介绍时也以纵联方向保护为例，这些规定也适用于纵联距离保护。在学习这里的一些原则规定时可以对照闭锁式纵联保护中相应的一些解释，这里的解释可叙述得简单一些。

在图3-76（b）的简略原理框图中已可看出，在允许式纵联保护中从原理上讲并不一定要用灵敏度不同的两个起动元件。因为在区外短路时即使一端起动元件起动一端起动元件不起动，由于起动元件不起动的一端不会向对端发允许信号，所以并不会造成起动元件起动的一端保护误动。同样由于起动元件不起动的一端不会发允许信号所以也不需要远方停信功能。在超范围允许式纵联高频保护中通道检查不需要像闭锁式那样有一套发信逻辑，因为超范围允许式纵联高频保护要复用载波机，正常运行时载波机一直在发一个功率较小的频率为 f_G 的导频信号，另一端收到导频信号表明通道是正常的，所以正常运行时通道检查工作是一直在进行着的。根据方向元件或阻抗元件的动作情况由保护控制发的功率较大的频率为 f_T 的允许信号称作跳频信号。另外在允许式的纵联保护中也不必考虑由通道传输延时等带来的需要加8ms的延时问题等，在发跳闸命令前加有一定延时，如图3-76（b）中的 T 的延时，是为了抗干扰目的。下面叙述在允许式纵联保护中也需要的与闭锁式纵联保护相似的一些原则规定。

（1）收到三相断路器跳闸位置继电器（TWJ）动作信号以后该做些什么？

1）起动元件未起动、又收到了三相跳闸位置继电器都动作的信号并确认三相均无电流，如果收到对端的信号立即发信100ms，向对端提供允许信号。

这是为了解决在图3-71中所示的N端断路器三相断开，系统由M端给线路充电时，线路上发生短路M端纵联保护拒动问题。因为此时N端断路器三相断开，三相电流是零。起动元件不起动，方向元件也不动作，不能向M端发允许信号。采取本措施后只要M端先把信号发过来，N端收到信号后马上回发允许信号，于是M端纵联方向保护就能动作跳闸了。有些人把这功能称作“三跳回授”功能。

2）在起动元件起动以后又收到任一相跳闸位置继电器动作的信号并确认该相均无电流时马上发信，给对端提供允许信号。

此措施的目的是让对端可靠跳闸。因为这种情况说明本线路上发生了故障，本端断路器已经跳闸了，当然也应该让对端跳闸了。

（2）关于保护动作发信问题。

1）母线保护、失灵保护动作发信。

保护装置上有“其他保护动作”的开入量端子。该开关量接点来自于母线保护和失灵保护动作的接点。采用允许式时保护装置检查到此接点闭合后立即发信。采取此措施是为了解决图3-72所示的短路发生在M端的断路器与TA之间时，N端纵联方向保护拒动问题。因为在该处短路时无论该端断路器是否跳闸M端保护都判为反方向短路，F_+ 不动作 F_- 动作。所以M端纵联方向保护既不发跳闸命令也不向N端发允许信号，这导致了N端纵联方向保护也不能发跳闸命令。两端纵联方向保护都不动作。该处短路M端母线保护能够动作，它动作后一方面立即跳闸，另一方面用开关量把母线保护动作的信息通知线路保护。纵联方

向保护得此信息后立即发信给 N 端提供允许信号，于是 N 端纵联方向保护可以跳闸。M 端保护在母线保护动作的开关量返还后继续发信 150ms，确保 N 端可靠跳闸。

对 3/2 接线方式，母线保护动作不发信。母线保护动作的接点不应接到“其他保护动作”的开关量输入端子上。此时如果在断路器与电流互感器之间发生短路，依靠失灵保护动作发信让对端纵联保护动作跳闸。

2）本装置保护动作发信。

本装置任一种保护发三相跳闸命令后立即发信，并在跳闸命令返还后继续发信 150ms。本装置任一种保护发单相跳闸命令时只发信 150ms，这段时间保证让对端可靠跳闸。因为既然本装置已发跳闸命令了说明是本线路故障，立即向对端提供允许信号有利于对端可靠跳闸。这些工作都由装置在软件中自动完成。

（3）功率倒向时出现的问题及对策。

在介绍闭锁式纵联方向保护时曾提及在平行线路上某回线发生短路时，由于两端断路器跳闸时间不一样在一端断路器先跳开而另一端断路器还未跳开时，另一回非故障线路上将出现功率倒向。类似的情况在环网中也会出现。功率倒向时非故障线路两端的方向元件动作行为全都要翻转，有一个竞赛问题。致使非故障线路的纵联方向保护有可能误动。在允许式的纵联方向保护中这种竞赛带来的可能的误动问题同样存在。除采用 F_+、F_- 两个方向元件有利于防止这种误动外，在允许式纵联保护中也采用了与闭锁式纵联保护中相似的措施：如果纵联保护在连续 35ms 内一直未收到信号或不满足正方向方向元件动作、反方向方向元件不动作的条件（对纵联距离保护是不满足阻抗继电器动作的条件），那么纵联保护再要动作的话要另加 25ms 的延时。用前一个 35ms 的延时用来判断发生了区外故障。用后一个 25ms 延时来躲过两端方向元件的竞赛带来的影响。后一个延时太长的话将加长区外故障后又发生区内故障时保护的动作时间，所以这个延时在保证功率倒向后，两端方向元件都可靠完成翻转并考虑足够的裕度时间的前提下应尽量短一些。

3. 出现通道阻塞现象时防止允许式纵联保护拒动的措施

在故障线路上一定要保证允许信号通畅的传送，纵联保护才不会拒动。线路上发生金属性短路时信号的传送将受到阻塞，正因为这样，用允许信号时最好采用相—相耦合的高频通道。但即使使用相—相耦合的高频通道，万一线路上发生三相金属性短路时，也会出现通道阻塞现象，高频信号无法通过短路点传送，保护装置将因收不到对端的允许信号而拒动。超范围允许信号纵联高频保护要复用载波机，载波机在正常运行情况下一直向对端发一导频信号，如果载波机在正常运行情况下一直能收到对端的导频信号说明通道正常。当线路上发生短路，保护装置要向对端发允许信号时载波机停发导频信号改发跳频信号，该跳频信号就是向对端发的允许信号。如果出现通道阻塞时，载波机根据原来一直收到过导频信号（说明通道是正常的），而现在导频、跳频信号都收不到了判断为通道阻塞。因为如果在相邻线路上发生短路，对端不发允许信号时本端应该收到对端的导频信号。现在导频、跳频信号都没有了表明是本线路故障而通道阻塞，载波机里的“UNBLOCKING”接点闭合。在允许式分相纵联保护中将该接点作为开入量接到保护装置。保护装置检测到“UNBLOCKING”接点闭合以后，如果是相—相耦合通道保护再确认是相间故障时就把该接点输入当作允许信号（跳频信号）使用，并展宽 100ms，避免纵联保护拒动。

4. 单侧电源线路上允许式纵联方向（距离）保护存在的问题以及解决措施

当输电线路有一端背后无电源或只是小电源时该端称作弱电端。在前面论述单侧电源线路上闭锁式纵联方向保护存在的问题时曾经分析过在线路上故障时负荷端的起动元件有可能能起动，也有可能不能起动。在允许式纵联方向保护中，如果起动元件不起动的话就不会向对端发允许信号；如果起动元件起动的话，方向元件或阻抗元件也有可能不能动作，也将导致不能往对端发允许信号。从而造成电源侧的纵联方向或纵联距离保护拒动。为解决这种拒动问题，在保护整定为弱电端时应采取下述一些措施。

如果起动元件没有起动，当检查到任意一个相电压或相间电压低于0.6倍额定电压、且收到对端的允许信号时，立即发100ms的允许信号。此时保护安装处的电压很接近短路点的电压，接地故障时的故障相或相间短路时的两个故障相间的电压会降低。在发生短路时对端电源端可以发出允许信号，故而弱电端可以收到对端的允许信号。这样弱电端发100ms的允许信号，电源侧的纵联保护就可在这段时间里可靠跳闸。

如果起动元件起动了，当保护检测到：① 所有的正、反方向的方向继电器均不动作（对纵联距离保护来说是阻抗继电器不动作）。② 检查到任意一个相电压或相间电压低于0.6倍额定电压。③ 新增加的一个保护范围超过本线路全长的超范围的工频变化量阻抗继电器ΔZ元件动作（在纵联方向保护中应用），或者新增加的反方向的阻抗继电器Z_-元件也不动作（在纵联距离中使用）；④ 收到对端允许信号5~8ms。满足上面几个条件则立即发信，给对端提供允许信号，对端的纵联保护就可以动作跳闸了。而弱电端本身满足上述条件也可跳闸。

（二）欠范围允许式纵联保护（PUTT式）

1. 基本原理与简略原理框图

设在图3-78（a）所示的MN线路两端各装有保护继电器P_M和P_N（文字符号KP此处为方便讲解用P表示）。该继电器具有方向性，保护范围不超过本线路全长，但两端继电器的保护范围有重叠区。从图中可见两端继电器P_M和P_N的保护范围之和是本线路的全长，从逻辑关系来说是“或”逻辑。所以只要是本线路内的故障，不论是F_1、F_2还是F_3点故障，两端P继电器至少有一个动作。而在本线路以外的故障，例如F_4点故障，两端P继电器都不动作。所以比较两端保护继电器P的动作行为即可区分故障线路还是非故障线路。

根据上述原理可画出图3-78（b）的简略原理框图。图中P_I是第Ⅰ段的具有方向性的保护继电器，保护范围不超过本线路全长。P_{II}是第Ⅱ段的保护继电器，保护范围超过本线路全长。只要在本线路上发生短路，就只能有下面两种情况：① 如果是近处短路，本端起动元件起动且保护继电器P_I、P_{II}动作，立即去跳闸同时向对端发允许信号；② 如果是远处短路，本端起动元件起动，保护继电器P_{II}动作。本端的保护继电器P_I不动作，那么对端的保护继电器P_I一定会动作，对端可向本端发允许信号。本端收到信号以后知道对端继电器P_I动作了，本端P_{II}动作也可立即发跳闸命令。在本线路外短路时，两端保护继电器P_I都不动作，本线路也没有允许信号，两端都不跳闸。从图中还可看出，收到信号是保护动作于跳闸的条件之一，所以该信号是允许信号。另外收发信机可以用单频制，因为只有本线路故障才会有允许信号。

2. 对保护继电器P的要求

从上述基本原理要求可见，保护继电器P_I必须满足如下条件：① 要有明确的方向性。否则会造成反方向短路时保护误动。② 保护范围不能超过本线路的全长。否则将造成相邻线路短路保护误动。正因为这样，这个保护称作欠范围允许式纵联保护。③ 两端保护继电器P_I的保护范围一定要有重叠区。否则在线路中间一段非重叠区范围内短路时，两端保护

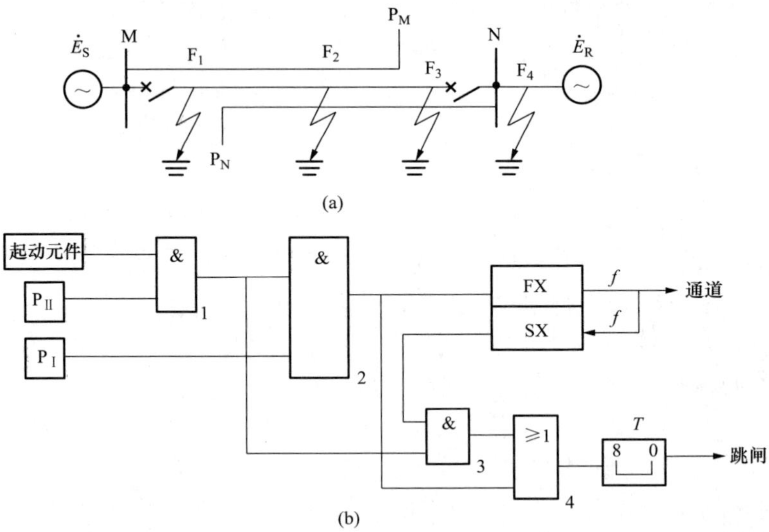

图 3-78 欠范围允许式纵联保护原理及简略原理框图

（a）保护原理图；（b）简略原理框图

继电器 P_I 都不动作而导致保护有死区。

使用具有方向性的定值为距离保护第Ⅰ段定值的阻抗继电器作为上述的保护继电器 P_I，可以满足上述要求。因为阻抗继电器第Ⅰ段的保护范围稳定，不受运行方式变化的影响。它能固定保护本线路的80%～85%，两端继电器的保护范围肯定有重叠区。如果用零序电流方向保护的第Ⅰ段作为上述的保护继电器 P_I，由于零序电流方向保护第Ⅰ段的保护范围受运行方式变化的影响较大，不一定能满足两端零序电流方向保护的第Ⅰ段有重叠区。

五、光纤纵联电流差动保护

输电线路纵联保护采用光纤通道后由于通信容量很大所以往往做成分相式的电流纵差保护。输电线路分相电流纵差保护本身有天然的选相功能，哪一相纵差保护动作那一相就是故障相。这一点在同杆并架线路上发生跨线故障时能准确切除故障相上显示出突出的优点。输电线路两端的电流信号通过编码成码流形式然后转换成光的信号经光纤传送到对端。传送的电流信号可以是该端采样以后的瞬时值，该瞬时值包含了幅值和相位的信息，当然也可以传送电流相量的实部和虚部。保护装置收到对端传来的光信号先转换成电信号再与本端的电流信号构成纵差保护。当然通过光纤传送的也可以不是反应该端电流的信号，而是反应该端阻抗继电器、方向继电器动作行为的逻辑信号，这样可构成光纤纵联距离保护、光纤纵联方向保护。采用光纤纵联距离保护、光纤纵联方向保护时由于光纤通道中传送的是逻辑信号，因此对光纤通道的要求比较低，可能以后会得到更多的应用。这里讨论光纤纵联电流差动保护。

（一）纵联电流差动继电器的原理

在图3-79（a）的系统图中，设流过两端保护的电流 $\dot{I}_M$、$\dot{I}_N$ 以母线流向被保护线路的方向规定为其正方向，如图中箭头方向所示。以两端电流的相量和作为继电器的动作电流 I_d，如式（3-152）的上面一个公式，该电流有时也称作差动电流、差电流。另以两端电流的相量差作为继电器的制动电流 I_r，如式（3-152）的下面一个公式。

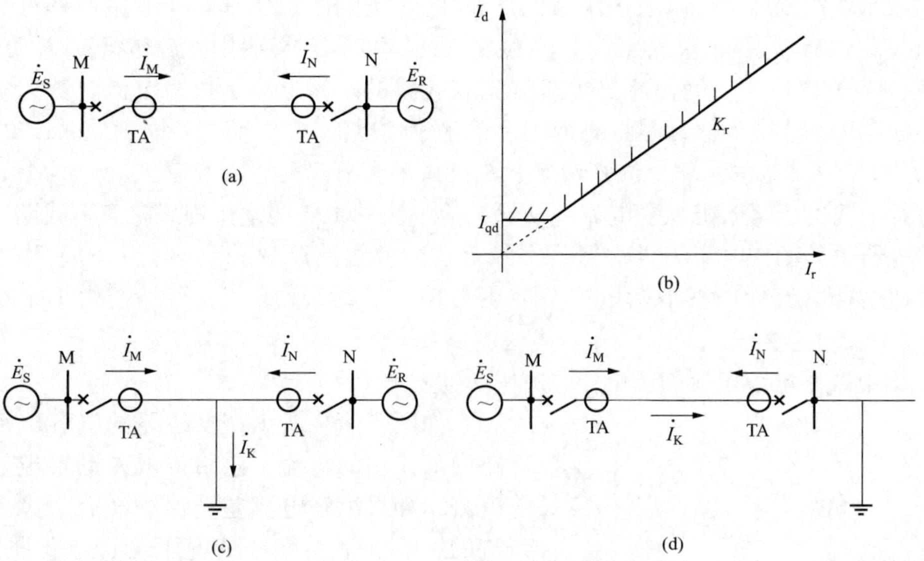

图 3－79 纵联电流差动保护原理

（a）系统图；（b）比率制动特性；（c）内部短路；（d）外部短路

$$\left.\begin{aligned}I_d &= |\dot{I}_M + \dot{I}_N| \\ I_r &= |\dot{I}_M - \dot{I}_N|\end{aligned}\right\} \quad (3-152)$$

纵联电流差动继电器的动作特性一般如图 3－79（b）所示，阴影区为动作区，非阴影区为不动作区。这种动作特性称作比率制动特性，是差动继电器（线路、变压器、发电机、母线差动保护中用的差动继电器）常用的动作特性。图中 I_{qd} 为差动继电器的起动电流，K_r 是该斜线的斜率。当斜线的延长线通过坐标原点时，该斜线的斜率也等于制动系数。制动系数定义为动作电流与制动电流的比值，$K_r = I_d/I_r$。图 3－79（b）所示的两折线的动作特性以数学形式表述为式（3－153）中的两个关系式的“与”逻辑。

$$\left.\begin{aligned}I_d &> I_{qd} \\ I_d &> K_r I_r\end{aligned}\right\} \quad (3-153)$$

当线路内部短路时，如图 3－79（c）所示，两端电流的方向与规定的正方向相同。根据接点电流定理 $\dot{I}_M + \dot{I}_N = \dot{I}_K$，故 $I_d = |\dot{I}_M + \dot{I}_N| = I_K$，此时动作电流等于短路点的电流 I_K，动作电流很大。$I_r = |\dot{I}_M - \dot{I}_N| = |\dot{I}_M + \dot{I}_N - 2\dot{I}_N| = |\dot{I}_K - 2\dot{I}_N|$，制动电流较小，小于短路点的电流 I_K。如果两端电流幅值、相位相同的话，制动电流甚至就为零，$I_r = |\dot{I}_M - \dot{I}_N| = 0$。因此工作点落在动作特性的动作区，差动继电器动作。当线路外部短路时，$\dot{I}_M$、$\dot{I}_N$ 中有一个电流反相。例如在图 3－79（d）中，流过本线路的电流是穿越性的短路电流 $\dot{I}_K$，如果忽略线路上的电容电流则 $\dot{I}_M = \dot{I}_K$、$\dot{I}_N = -\dot{I}_K$。因而动作电流 $I_d = |\dot{I}_M + \dot{I}_N| = |\dot{I}_K - \dot{I}_K| = 0$，制动电流 $I_r = |\dot{I}_M - \dot{I}_N| = |\dot{I}_K + \dot{I}_K| = 2I_K$。此时动作电流是零，制动电流是二倍的穿越性的短路电流，制动电流很大，因此工作点落在动作特性的不动作区，差动继电器不动作。所以这样的差动继电器可以区分线路外部短路（含正常运行）和线路内部短路。继电器的保护范围是两端 TA 之间的范围。

从上述原理的叙述中可以进一步得到两个重要的推论：① 只要在线路内部有流出的电流，例如线路内部短路的短路电流、本线路的电容电流，这些电流都将成为动作电流。② 只要是穿越性的电流，例如外部短路时流过线路的短路电流、负荷电流，都只形成制动电流而不会产生动作电流。穿越性电流的两倍是制动电流。

（二）输电线路微机纵联电流差动保护应解决的主要问题

下面讨论输电线路微机纵联电流差动保护应解决的主要问题。理想状态下线路外部短路时差动继电器里的动作电流为零，但是实际上在外部短路（含正常运行）时动作电流不为零，一般把这种电流称作不平衡电流。下述（1）、（2）、（5）三点是产生不平衡电流的因素。

（1）输电线路电容电流的影响。

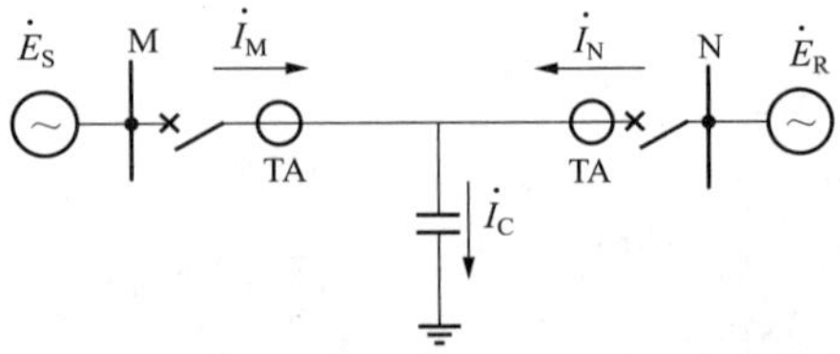

图 3－80　本线路电容电流的影响

如图 3－80 所示，本线路的电容电流是从线路内部流出的电流，它将构成差动继电器的动作电流，如果纵联电流差动保护没有考虑到电容电流的影响的话在某些情况下会造成保护的误动。所以解决电容电流的影响是线路纵联电流差动保护要解决的最重要的课题。电压等级越高，输电线路越长，而且多采用分裂导线，因此线路的电容电流也就越大，它对纵联电流差动保护的影响也就越大。表 3－2 列出了各个电压等级输电线路每百公里的分布电容参数及额定电压下的正序电容电流值。

表 3－2　不同电压等级输电线路每百千米的分布电容参数及额定电压下的正序电容电流值

线路电压 U（kV）	220	330	500	750	1000
正序电容 C_1（μF）	0.86	1.113（1.04）	1.23	1.367（1.41）	1.397
正序容抗 X_1（Ω）	3700	2860（3061）	2590	2340（2258）	2279
零序电容 C_0（μF）	0.61	0.763（0.787）	0.84	0.93（0.79）	0.929 6
零序容抗 X_0（Ω）	5220	4172（4045）	3790	3420（4021）	3424
电容电流 I_C（A）	34	66（62.25）	111	185（192）	253

注　1. 750kV 括号内的值是西北官东 1 线参数；
2. 330kV 括号内的值是西北罗东 1 线参数。

表 3－2 列出的电容电流只是正常运行情况额定电压下的电容电流。但由于分布电容的存在，在区外短路、区外短路切除以及对线路空充时本线路的电容电流中除有工频分量电容电流外还有大于 50Hz 的高频分量电容电流。例如在图 3－81 的区外短路系统图中，如果本线路用一个 T 型网络等效，即本线路的分布电容用一个集中电容代替，区外短路时高频分量电容电流从电容器经两侧线路和系统构成回路，该电流的路径是两侧线路与系统阻抗并联后再与电容 C 相串联构成的一个 R、L、C 串联电路。在这个电路中电容、电感两个储能元件储存的能量来回转换产生了这个高频电流。该高频电流的频率就是该串联电路的自由振荡频率 f_z，由于电阻很小，该频率接近于回路的谐振频率 f_0。

$$f_z \approx f_0 = \frac{1}{2\pi}\sqrt{\frac{1}{\frac{L_1 L_2}{L_1 + L_2}C}}$$

式中：L_1、L_2 是电容两侧线路和系统的电感。从上式可见电网运行方式越大，短路点越近，

亦即 L_1、L_2 越小时，该电流的频率越高。

在上述 R、L、C 串联电路中，由于电容 C 很小，在工频数率下，容抗比感抗大。设 $\frac{1}{\omega C}=k\omega L$（$k>1$，$\omega$ 为工频角频率），故可得谐振角频率 $\omega_0=\sqrt{\frac{1}{LC}}=\sqrt{k}\omega$，即谐振频率高于工频频率。所以把这个电容电流通常称作高频分量电容电流。

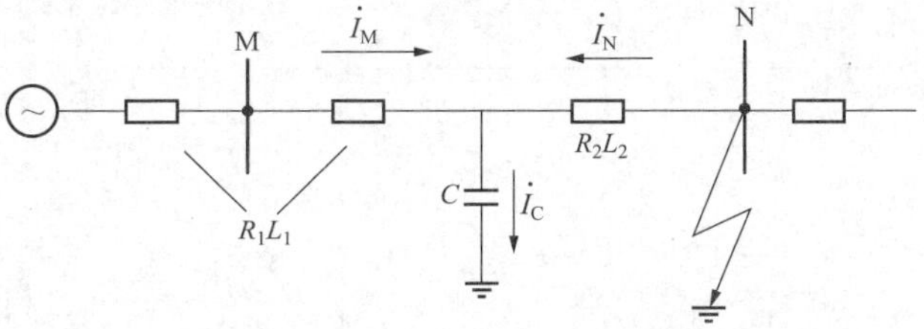

图 3－81　高频分量电容电流分布

由于系统中电阻很小，该频率又较高，所以该电流在电容器两侧基本上按两侧电感的反比分配。如果短路发生在电动势最大值瞬间，由于电容上的电压最高，储存的能量最大，发生短路后电容放电形成的高频分量电流的幅值最大；如果短路发生在电动势过零瞬间，虽然电容上的电压是零，但是电感中此时储存有能量，短路后该能量释放出来向电容充电形成高频分量电流，所以高频分量电流也不为零。分析表明，如果线路用一个 T 型网络等效，那么高频分量的电容电流只有一个频率。如果线路用多个 T 型网络等效，即本线路的分布电容用多个集中电容代替，就有多个频率的高频分量电容电流，但其中最接近工频分量的那个电容电流其幅值和频率与用一个 T 型网络得到的高频分量电容电流很接近。所以在工程计算中用 1～2 个 T 型网络等效就可满足要求。由于该 R、L、C 串联电路中有电阻 R，所以两个储能元件在能量交换过程中能量有衰耗，因而这个高频分量电容电流最后将衰减到零。其衰减时间常数为：$T=(L_1/\!/L_2)/(R_1/\!/R_2)C$。

在发生线路外部短路、外部短路切除和线路空充的初瞬阶段上述高频分量的电容电流和工频分量的电容电流叠加，其最大的电容电流幅值可能能达到很大的值，为与稳态分量电容电流（只有 50Hz 的工频分量）区别，这个电流称作暂态分量电容电流。当短路发生在电动势达最大值瞬间时，这暂态分量电容电流能达到正常运行下的电容电流的若干倍。这么大的本线路电容电流都成为动作电流，将可能造成保护误动。

（2）外部短路或外部短路切除时，由于两端电流互感器的变比误差不一致、短路暂态过程中由于两端电流互感器的暂态特性不一致、二次回路的时间常数的不一致产生的不平衡电流。

输电线路两端 TA 的变比应该是相同的，但由于变比误差的差异在短路稳态后也会造成不平衡电流。如果再考虑到短路暂态过程中由于短路电流中的非周期分量和谐波分量等暂态分量电流造成两端 TA 饱和程度的差异，以及这些暂态分量电流在各自的二次回路中的衰减时间常数的差异，在暂态过程中将产生新的不平衡电流。差动继电器应该从继电器的构成原理上，从整定值上从动作特性的制动系数取值上考虑这些影响。

（3）解决重负荷线路区内经高电阻接地时灵敏度不足的问题。

图 3－82 中流过保护安装处的电流以母线流向被保护线路的方向为正方向，不考虑电容电流的影响。图（a）是短路后的状态。在 F 点发生经高电阻 R_g 的短路相当于在 K 点的金

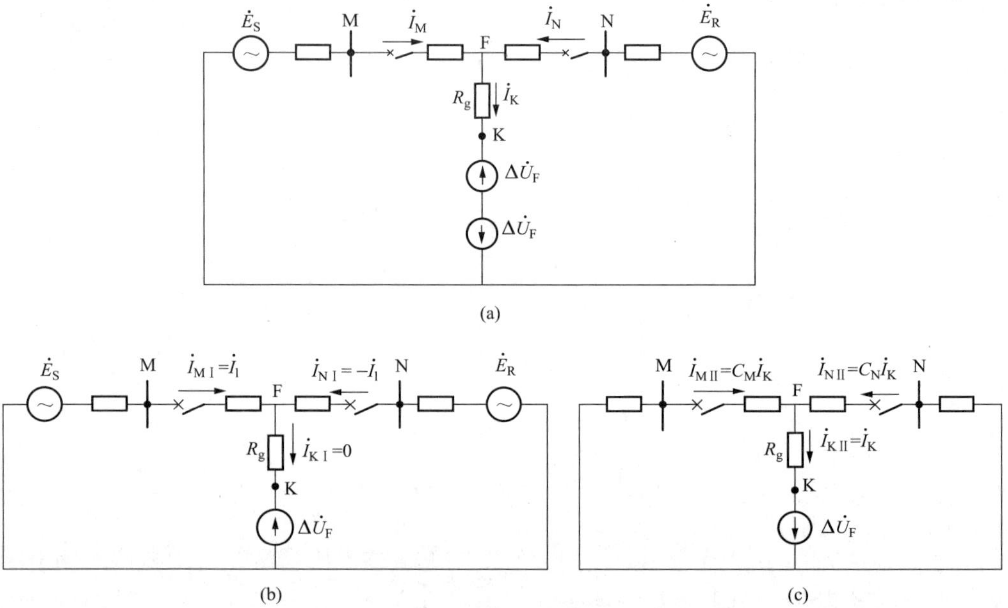

图 3－82　线路内部经高阻接地时的重叠原理图

（a）短路后状态；（b）正常运行状态；（c）短路附加状态

属性短路。在 K 点到中性点间串入大小相等相位相反的两个电压源 $\Delta\dot{U}_F$，依然保持 K 点对中性点的电压为零。接地电阻 R_g 中流过短路点的短路电流 $\dot{I}_K$。根据重叠原理，图（a）可分解成图（b）和图（c）的叠加。图（a）中各支路的电流等于图（b）和图（c）中相应的各支路中的电流之和。如果 $\Delta\dot{U}_F$ 取为短路点 F 在短路前的电压，那么图（b）就是短路前的正常运行状态。接地电阻 R_g 中流过的电流是零，线路中流过的是负荷电流 $\dot{I}_l$。该状态下的电流下标注以Ⅰ。所以 $\dot{I}_{M\,I}=\dot{I}_l$，$\dot{I}_{N\,I}=-\dot{I}_l$。图（c）是短路附加状态，在短路附加状态里只有 K 点有一个电压源。该状态里的电流下标注以Ⅱ。流过接地电阻 R_g 中的电流就等于短路后状态里的短路点的短路电流 $\dot{I}_K$，流过两端保护的电流是 $\dot{I}_K$ 电流乘以各侧的电流分配系数 C_M、C_N。所以 $\dot{I}_{M\,II}=C_M\dot{I}_K$，$\dot{I}_{N\,II}=C_N\dot{I}_K$。因此图（a）中的短路后流过两端保护的电流为：

$$\left.\begin{aligned}\dot{I}_M&=\dot{I}_{M\,I}+\dot{I}_{M\,II}=\dot{I}_l+C_M\dot{I}_K\\ \dot{I}_N&=\dot{I}_{N\,I}+\dot{I}_{N\,II}=-\dot{I}_l+C_N\dot{I}_K\end{aligned}\right\}\qquad(3-154)$$

所以动作电流和制动电流分别为：

$$\left.\begin{aligned}I_d&=|\dot{I}_M+\dot{I}_N|=|(C_M+C_N)\dot{I}_K|=I_K\\ I_r&=|\dot{I}_M-\dot{I}_N|=|2\dot{I}_l+(C_M-C_N)\dot{I}_K|\end{aligned}\right\}\qquad(3-155)$$

式（3－155）说明，线路内部短路时纵联差动继电器的动作电流等于短路点的短路电流 I_K，因为该电流是在线路内部的流出电流。制动电流有两项，一项与短路电流有关。制动电流最小的情况发生在短路点两侧电流分配系数相等时（例如在系统对称情况下线路中点短路）。此时 $C_M-C_N=0$，制动电流与短路电流无关。另一项与负荷电流有关，因为负荷电流是穿越性的电流，总是产生制动电流的。所以从式（3－155）可看出，在重负荷线路内部发生经高阻接地时，差动继电器的灵敏度可能不足。由于是高阻接地，短路点的短路电流 I_K 并不大，动作电流不大，又是重负荷的线路负荷电流比较大，所以制动电流较大，这样继电器的灵敏度可能不够。如果短路点两侧系统不对称更会加剧这种缺陷。

（4）防止正常运行时电流互感器（TA）断线造成的纵联电流差动保护误动。

在单侧电源空载线路上发生短路，如果负荷侧的变压器中心点不接地，短路后负荷侧的电流为零。此时由式（3－152）决定的动作电流和制动电流都是电源侧一端的短路电流，动作电流与制动电流相等。为了使差动继电器动作，显然图3－79（b）所示的比率制动特性曲线中斜线的斜率 K_r 应小于1。当正常运行发生TA断线时，动作电流与制动电流都是TA未断线一端的负荷电流，动作电流与制动电流也是相等的，而差动继电器的起动电流 I_{qd} 又是躲不过最大负荷电流的，于是将造成差动继电器的误动。如果要求正常运行电流互感器（TA）断线时不允许纵联电流差动保护误动，就应该有相应的防止TA断线时保护误动的措施。

（5）由于输电线路两端保护采样时间不一致所产生的不平衡电流。

输电线路的纵联电流差动保护与发电机、变压器、母线的纵差保护不同，发电机、变压器、母线的纵差保护对各侧的电流是由同一套装置同步采样的，各侧电流都在同一时刻测量，它们的幅值和相位关系是正确的。所以正常运行或者区外短路在忽略其他产生不平衡电流因素的情况下，动作电流是零。可是输电线路的纵差保护情况不同，两端电流的采样是由两套装置分别完成的，它们的采样时间如果不加调整一般情况下是不相同的。区外短路时，忽略其他误差的因素，如果两端装置是同步采样的，得到的两端电流幅值相等而相位相差180°，其相量和为零；如果两端装置不是同一时刻采样的话，得到的两端电流瞬时值不相等而相位也不是相差180°，其相量和不可能为零，产生不平衡电流。

（三）防止电容电流造成保护误动的措施

1. 提高定值

提高图3－79（b）所示的差动继电器比率制动特性曲线中的起动电流 I_{qd} 的定值来躲电容电流的影响。考虑到由于高频分量电容电流使暂态电容电流增大的影响，I_{qd} 值可取为正常运行情况下本线路电容电流值的4～6倍。需要指出：正常运行情况下差动继电器的动作电流就是正常运行下本线路的电容电流。当然提高定值的方法是以牺牲内部短路的灵敏度作为代价的。

2. 加短延时

如果保护动作能加一个例如40ms的短延时，经过这个延时高频分量的电容电流已经得到很大的衰减，这样比率制动特性曲线中的起动电流 I_{qd} 的定值就可以降低，例如降低到1.5倍的正常运行情况下的本线路电容电流。因为区外短路切除和线路空充时本线路稳态分量电容电流是额定电压下的电容电流，区外短路时本线路稳态分量电容电流由于电压降低，是小于额定电压下的电容电流的。用1.5倍的电容电流作为起动电流的定值再加延时来躲电容电流的影响。当然这种方法是以牺牲快速性作为代价的。

3. 进行电容电流的补偿

如果能用某种方法计算出本线路的电容电流 $\dot{I}_C$，然后在求动作电流时将该电流减去，实现电容电流的补偿。也就是将式（3－152）中的动作电流计算改成：$I_d=|\dot{I}_M+\dot{I}_N-\dot{I}_C|$。

下面介绍两种本线路需要补偿的电容电流的计算方法。

在超高压远距离输电线路上分布电容很大，为了避免“电容效应”产生过电压（见本章第六节分析）造成电气设备的损坏，往往在线路上安装并联电抗器，以补偿部分电容电流。所以如果线路上没有安装并联电抗器的话，需要补偿的电容电流就是本线路的电容电流。但是如果线路上安装有并联电抗器的话，需要补偿的电容电流应该是并联电抗器补偿了部分本线路的电容电流以后剩余的电容电流。此外在超高压输电线路上，单相故障是跳单相的，另外两相将通过相间电容与相间互感向故障相提供短路电流，该电流称作潜供电流。具体情况请参阅本章第四节自动重合闸部分。潜供电流的存在使短路点电弧熄灭时间加长，于是重合闸的延时也需要加长。为了减少潜供电流，加快短路点电弧的熄灭，在并联电抗器的中心点另加一个小电抗。

（1）方法一——稳态电容电流的补偿。

在补偿稳态电容电流时，只考虑工频电气量，可以用相序分量方法求得各相上需要补偿的电容电流。图 3－83（a）是输电线路上没有安装并联电抗器时的的三相 Π 型等值电路，图中 $C_{\varphi\varphi}$ 是本线路的相间电容，各分一半在线路两端；C_g 是本线路的相对地电容，也各分一半在两端。图（b）是并联电抗器的等值电路。L_{φ} 是并联电抗器每相上的电感，L_f 是中心点小电抗的电感。图（c）是利用相序分量时的单相 Π 型等值电路，并设线路两端都安装有并联电抗器。图（c）中的本线路电容 C、本线路容抗 X_C、本线路阻抗 Z_L，并联电抗器的电感 L 及并联电抗器的感抗 X_L 在分析各个序分量时是各序分量的参数。由于本线路的电容 C 分成均匀的两半各接于线路两端，故其容抗为 $-j2X_C$。

本线路的正序电容 C_1，负序电容 C_2，零序电容 C_0 与本线路的相间电容 $C_{\varphi\varphi}$，相对地电容 C_g 之间的关系为：

$$\left.\begin{aligned} &C_1 = C_2 = 3C_{\varphi\varphi} + C_g \\ &C_0 = C_g \\ &C_{\varphi\varphi} = \frac{1}{3}(C_1 - C_0) \end{aligned}\right\} \tag{3-156}$$

并联电抗器的各序分量电感 L_1、L_2、L_0 与并联电抗器每相上的电感 L_{φ}、中心点小电抗的电感 L_f 的关系为：

$$\left.\begin{aligned} &L_1 = L_2 = L_{\varphi} \\ &L_0 = L_{\varphi} + 3L_f \end{aligned}\right\} \tag{3-157}$$

考虑到某相上的电容电流是该相正、负、零序电容电流的之和，以及输电线路的正序容抗 X_{C1} 与负序容抗 X_{C2} 相等的关系，在图 3－83（c）中 M 端 $C/2$ 中流过的某相上的电容电流 $\dot{I}_{MC\varphi}$ 是该相的正序、负序、零序电容电流之和。其值为：

$$\begin{aligned} \dot{I}_{MC\varphi} &= \dot{I}_{MC1\varphi} + \dot{I}_{MC2\varphi} + \dot{I}_{MC0} = \left(\frac{\dot{U}_{M\varphi1}}{-j2X_{C1}} + \frac{\dot{U}_{M\varphi2}}{-j2X_{C2}} + \frac{\dot{U}_{M0}}{-j2X_{C0}}\right) \\ &= \left(\frac{\dot{U}_{M\varphi1}}{-j2X_{C1}} + \frac{\dot{U}_{M\varphi2}}{-j2X_{C2}} + \frac{\dot{U}_{M0}}{-j2X_{C0}} + \frac{\dot{U}_{M0}}{-j2X_{C1}} - \frac{\dot{U}_{M0}}{-j2X_{C1}}\right) \\ &= \left(\frac{\dot{U}_{M\varphi}}{-j2X_{C1}} + \frac{\dot{U}_{M0}}{-j2X_{C0}} - \frac{\dot{U}_{M0}}{-j2X_{C1}}\right) \end{aligned}$$

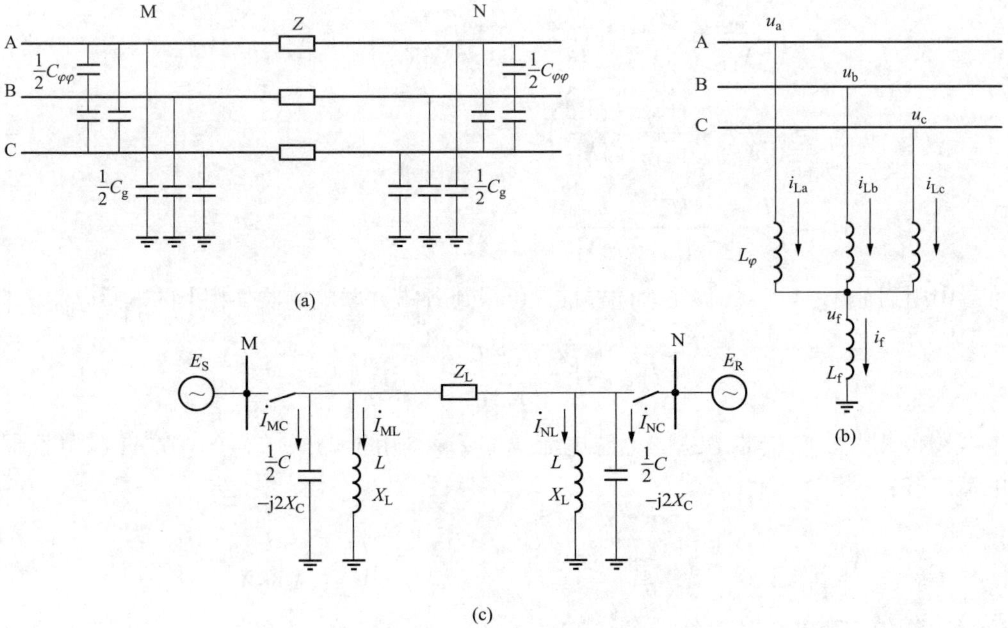

图 3－83　输电线路的 Π 型等值电路

（a）没有并联电抗器时三相输电线路的 Π 型等值电路；（b）并联电抗器电路；（c）利用相序分量时的单相 Π 型等值电路

$$=\left(\frac{\dot{U}_{M\varphi}-\dot{U}_{M0}}{-j2X_{C1}}+\frac{\dot{U}_{M0}}{-j2X_{C0}}\right) \tag{3-158}$$

式中：φ 为 A、B、C。同理求得 N 端 $C/2$ 中流过的某相上的电容电流 $\dot{I}_{NC\varphi}$ 为：

$$\dot{I}_{NC\varphi}=\left(\frac{\dot{U}_{N\varphi}-\dot{U}_{N0}}{-j2X_{C1}}+\frac{\dot{U}_{N0}}{-j2X_{C0}}\right) \tag{3-159}$$

输电线路总的电容电流为两端电容电流之和，所以输电线路某相上总的电容电流 $\dot{I}_{C\varphi}$ 为：

$$\dot{I}_{C\varphi}=\dot{I}_{MC\varphi}+\dot{I}_{NC\varphi}=\left(\frac{\dot{U}_{M\varphi}-\dot{U}_{M0}}{-j2X_{C1}}+\frac{\dot{U}_{M0}}{-j2X_{C0}}\right)+\left(\frac{\dot{U}_{N\varphi}-\dot{U}_{N0}}{-j2X_{C1}}+\frac{\dot{U}_{N0}}{-j2X_{C0}}\right) \tag{3-160}$$

输电线路的本端电压和本线路的正序容抗、零序容抗是已知的。对端电压或者用通信的方法取得（考虑到对端断路器可能在跳闸位置，应该用线路电压），或者用本端的电压、电流和本线路的正序阻抗、零序阻抗用计算的方法求得。于是各端都可按式（3－160）求出输电线路的各相电容电流值。

由式（3－160）求得的就是线路上不带并联电抗器时需要补偿的本线路的稳态电容电流。当输电线路上两端都有并联电抗器时，还需要求出图 3－83（c）中电感 L 中流过的电流。

在图 3－83（c）中 M 端并联电抗器某相上的电感电流 $\dot{I}_{ML\varphi}$ 是 M 端电感 L 上流过的该相各序分量电流之和：

$$\dot{I}_{ML\varphi}=\dot{I}_{ML\varphi1}+\dot{I}_{ML\varphi2}+\dot{I}_{ML0}=\left(\frac{\dot{U}_{M\varphi1}}{jX_{L1}}+\frac{\dot{U}_{M\varphi2}}{jX_{L2}}+\frac{\dot{U}_{M0}}{jX_{L0}}\right)$$

$$
\begin{aligned}
&=\left(\frac{\dot{U}_{\mathrm{M}\varphi 1}}{\mathrm{j}X_{\mathrm{L1}}}+\frac{\dot{U}_{\mathrm{M}\varphi 2}}{\mathrm{j}X_{\mathrm{L2}}}+\frac{\dot{U}_{\mathrm{M0}}}{\mathrm{j}X_{\mathrm{L1}}}-\frac{\dot{U}_{\mathrm{M0}}}{\mathrm{j}X_{\mathrm{L1}}}+\frac{\dot{U}_{\mathrm{M0}}}{\mathrm{j}X_{\mathrm{L0}}}\right)\\
&=\left(\frac{\dot{U}_{\mathrm{M}\varphi}}{\mathrm{j}X_{\mathrm{L1}}}+\frac{\dot{U}_{\mathrm{M0}}}{\mathrm{j}X_{\mathrm{L0}}}-\frac{\dot{U}_{\mathrm{M0}}}{\mathrm{j}X_{\mathrm{L1}}}\right)\\
&=\left(\frac{\dot{U}_{\mathrm{M}\varphi}-\dot{U}_{\mathrm{M0}}}{\mathrm{j}X_{\mathrm{L1}}}+\frac{\dot{U}_{\mathrm{M0}}}{\mathrm{j}X_{\mathrm{L0}}}\right)
\end{aligned}
\tag{3-161}
$$

推导中用到了 $X_{\mathrm{L1}}=X_{\mathrm{L2}}$的关系。同样推导可得到 N 端并联电抗器某相上的电感电流 $\dot{I}_{\mathrm{NL}\varphi}$是：

$$
\dot{I}_{\mathrm{NL}\varphi}=\left(\frac{\dot{U}_{\mathrm{N}\varphi}-\dot{U}_{\mathrm{N0}}}{\mathrm{j}X_{\mathrm{L1}}}+\frac{\dot{U}_{\mathrm{N0}}}{\mathrm{j}X_{\mathrm{L0}}}\right)
\tag{3-162}
$$

本线路该相并联电抗器上总的电感电流 $\dot{I}_{\mathrm{L}\varphi}$应该是由上两式求得的两端并联电抗器该相电感电流之和：

$$
\dot{I}_{\mathrm{L}\varphi}=\dot{I}_{\mathrm{ML}\varphi}+\dot{I}_{\mathrm{NL}\varphi}=\left(\frac{\dot{U}_{\mathrm{M}\varphi}-\dot{U}_{\mathrm{M0}}}{\mathrm{j}X_{\mathrm{L1}}}+\frac{\dot{U}_{\mathrm{M0}}}{\mathrm{j}X_{\mathrm{L0}}}\right)+\left(\frac{\dot{U}_{\mathrm{N}\varphi}-\dot{U}_{\mathrm{N0}}}{\mathrm{j}X_{\mathrm{L1}}}+\frac{\dot{U}_{\mathrm{N0}}}{\mathrm{j}X_{\mathrm{L0}}}\right)
\tag{3-163}
$$

这样，该相需要补偿的本线路的电容电流 $\dot{I}_{\mathrm{BC}\varphi}$是由式（3－160）计算得到的电容电流 $\dot{I}_{\mathrm{C}\varphi}$与由式（3－163）计算得到的电感电流 $\dot{I}_{\mathrm{L}\varphi}$之和：

$$
\dot{I}_{\mathrm{BC}\varphi}=\dot{I}_{\mathrm{C}\varphi}+\dot{I}_{\mathrm{L}\varphi}
\tag{3-164}
$$

上述方法可以求得区外短路、区外短路切除和本线路空充时需要补偿的本线路稳态电容电流。由于没有求得高频分量的电容电流，所以本方法没有补偿高频分量的电容电流。

（2）方法二——基于时域的电容电流补偿。

由于分布电容的存在，在短路初始阶段电容电流中除有工频分量的电容电流外还有大于工频频率的高频分量电容电流。所以暂态电容电流比稳态电容电流大得多。因此在超高压、特高压输电线路的电流差动保护中往往需要补偿暂态电容电流。在计算暂态分量电容电流时因为要涉及若干个频率，不能用相序分量方法计算电容电流。

图 3－84 画出了考虑了分布电容和并联电抗器后 M 端的三相等值电路。已知了本线路的正序电容 C_1、零序电容 C_0 后，本线路的相间电容 $C_{\varphi\varphi}$，相对地电容 C_{g} 可由式（3－156）求得。在 M 端的电容是本线路电容的一半，如图 3－84 所示。已知了图 3－83（b）所示的并联电抗器每相上的电感 L_{φ}、中心点小电抗的电感 L_{f} 值后，将星形连接的并联电抗器经网络变换后可等效于如图 3－84 所示的接在相间的三个电感 $L_{\varphi\varphi}$ 和接在相—地间的三个电感 L_{g}。它们的关系是：

$$
\left.
\begin{aligned}
L_{\varphi\varphi}&=\frac{L_{\varphi}}{L_{\mathrm{f}}}(L_{\varphi}+3L_{\mathrm{f}})\\
L_{\mathrm{g}}&=L_{\varphi}+3L_{\mathrm{f}}
\end{aligned}
\right\}
$$

接在相间的电感 $L_{\varphi\varphi}$ 补偿了本线路的相间电容（需注意 $L_{\varphi\varphi}$ 与 L_{φ}、L_{f} 都有关系），所以可以达到减少潜供电流的目的。

由电路的基本知识可知，电容上流过的电流与加在电容上的电压关系为：

$$
i_{\mathrm{c}}(t)=C\frac{\mathrm{d}u(t)}{\mathrm{d}t}
\tag{3-165}
$$

式（3－165）对各种频率的信号都是适用的，因此用这公式计算出的电容电流包含了

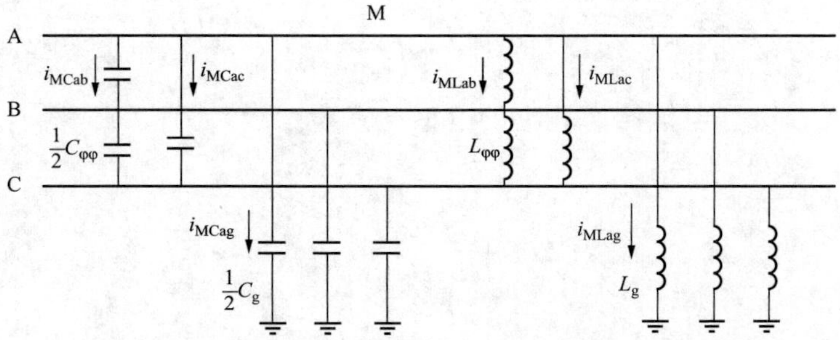

图 3－84　考虑了分布电容和并联电抗器后的三相等值电路

各种频率分量的电容电流，是暂态分量的电容电流。以求 A 相的电容电流为例，在图 3－84 中 M 端 A 相上的电容电流 $i_{MCa}(t)$ 是 AB 相间电容上的电容电流 i_{MCab} 与 AC 相间电容上的电容电流 i_{MCac}、A 相对地电容上的电容电流 i_{MCag} 之和，其值为：

$$i_{MCa}(t)=i_{MCab}(t)+i_{MCac}(t)+i_{MCag}(t)=\frac{C_{\varphi\varphi}}{2}\frac{du_{Mab}(t)}{dt}+\frac{C_{\varphi\varphi}}{2}\frac{du_{Mac}(t)}{dt}+\frac{C_g}{2}\frac{du_{Ma}(t)}{dt} \tag{3-166}$$

同理求得 N 端 A 相上的电容电流 $i_{NCa}(t)$ 为：

$$i_{NCa}(t)=\frac{C_{\varphi\varphi}}{2}\frac{du_{Nab}(t)}{dt}+\frac{C_{\varphi\varphi}}{2}\frac{du_{Nac}(t)}{dt}+\frac{C_g}{2}\frac{du_{Na}(t)}{dt} \tag{3-167}$$

将由式（3－166）、式（3－167）求得的 $i_{MCa}(t)$、$i_{NCa}(t)$ 电流相加得到本线路 A 相上的电容电流 $i_{C\varphi}(t)$，这就是当线路上没有安装并联电抗器时 A 相需要补偿的电容电流：

$$i_{Ca}(t)=i_{MCa}(t)+i_{NCa}(t) \tag{3-168}$$

同理可以求得 B 相、C 相上需要补偿的电容电流。

如果线路上两端安装有并联电抗器，电感中流过的电流与加在电感上的电压有如下关系：

$$u(t)=L\frac{di_L(t)}{dt} \tag{3-169}$$

式（3－169）也是对各种频率的信号都是适用的。于是得到：

$$\frac{di_L(t)}{dt}=\frac{1}{L}u(t) \tag{3-170}$$

将式（3－170）从过去时刻 $(t-\Delta t)$ 到当前时刻 t 积分，得到：

$$i_L(t)=i_L(t-\Delta t)+\frac{1}{L}\int_{t-\Delta t}^{t}u(t)dt \tag{3-171}$$

$i_L(t-\Delta t)$ 是过去时刻 $(t-\Delta t)$ 时的电感电流值，它是根据式（3－171）从 $(t-2\Delta t)$ 到 $(t-\Delta t)$ 积分求得的值。

所以在图 3－84 中以 A 相为例，M 端并联电抗器 A 相上的电感电流 $i_{MLa}(t)$ 是 AB 相间电感上的电感电流 $i_{MLab}(t)$ 与 AC 相间电感上的电感电流 $i_{MLac}(t)$、A 相对地电感上的电感电流 $i_{MLag}(t)$ 之和，其值为：

$$\begin{aligned}i_{MLa}(t)&=i_{MLab}(t)+i_{MLac}(t)+i_{MLag}(t)\\&=i_{MLab}(t-\Delta t)+\frac{1}{L_{\varphi\varphi}}\int_{t-\Delta t}^{t}u_{Mab}(t)dt+i_{MLac}(t-\Delta t)\end{aligned}$$

$$+\frac{1}{L_{\varphi\varphi}}\int_{t-\Delta t}^{t}u_{\mathrm{Mac}}(t)\mathrm{d}t+i_{\mathrm{Mag}}(t-\Delta t)+\frac{1}{L_{\mathrm{g}}}\int_{t-\Delta t}^{t}u_{\mathrm{Ma}}(t)\mathrm{d}t \tag{3-172}$$

同理可求得 N 端并联电抗器 A 相上的电感电流 $i_{\mathrm{NLa}}(t)$ 为：

$$\begin{aligned}i_{\mathrm{NLa}}(t)&=i_{\mathrm{NLab}}(t)+i_{\mathrm{NLac}}(t)+i_{\mathrm{NLag}}(t)\\&=i_{\mathrm{NLab}}(t-\Delta t)+\frac{1}{L_{\varphi\varphi}}\int_{t-\Delta t}^{t}u_{\mathrm{Nab}}(t)\mathrm{d}t+i_{\mathrm{NLac}}(t-\Delta t)\\&\quad+\frac{1}{L_{\varphi\varphi}}\int_{t-\Delta t}^{t}u_{\mathrm{Nac}}(t)\mathrm{d}t+i_{\mathrm{Nag}}(t-\Delta t)+\frac{1}{L_{\mathrm{g}}}\int_{t-\Delta t}^{t}u_{\mathrm{Na}}(t)\mathrm{d}t\end{aligned} \tag{3-173}$$

将由式（3－172）和式（3－173）求得的 $i_{\mathrm{MLa}}(t)$ 与 $i_{\mathrm{NLa}}(t)$ 的电流相加，可以得到本线路两端并联电抗器 A 相总的电感电流 $i_{\mathrm{La}}(t)$：

$$i_{\mathrm{La}}(t)=i_{\mathrm{MLa}}(t)+i_{\mathrm{NLa}}(t) \tag{3-174}$$

将由式（3－168）求得的本线路 A 相上的电容电流 $i_{\mathrm{Ca}}(t)$ 与由式（3－174）求得的本线路两端并联电抗器 A 相上的总的电感电流 $i_{\mathrm{La}}(t)$ 相加就是该相需要进行补偿的电容电流。

$$i_{\mathrm{BCa}}(t)=i_{\mathrm{Ca}}(t)+i_{\mathrm{La}}(t) \tag{3-175}$$

相似的方法可以求得 B 相、C 相需要进行补偿的电容电流。这种方法可以补偿暂态电容电流。

（3）利用贝瑞隆模型构成的线路差动保护。

贝瑞隆模型本身是建立在分布参数理论上的，由此构成的差动保护从原理上不受电容电流的影响。目前一些制造厂家、高等院校和科研机构都对此原理进行了研究，是非常有前途的一种差动保护原理，读者可参阅有关文献资料。

（四）输电线路纵联电流差动保护中所用的差动继电器的种类

输电线路纵联电流差动保护中所用的差动继电器的动作特性一般是如图 3－79（b）所示的比率制动特性。构成的差动继电器有如下几种类型：

1. 稳态量的分相差动继电器

用输电线路两端的相电流构成，其动作电流 $I_{\mathrm{d}\varphi}$ 和制动电流 $I_{\mathrm{r}\varphi}$ 分别为：

$$\left.\begin{aligned}I_{\mathrm{d}\varphi}&=|\dot{I}_{\mathrm{M}\varphi}+\dot{I}_{\mathrm{N}\varphi}|\\I_{\mathrm{r}\varphi}&=|\dot{I}_{\mathrm{M}\varphi}-\dot{I}_{\mathrm{N}\varphi}|\end{aligned}\right\} \tag{3-176}$$

式中：φ 为 A、B、C。由于是分相差动，本身有选相功能。稳态量的差动继电器可做成二段式，瞬时动作的第Ⅰ段和略带延时的第Ⅱ段。在该继电器没有进行电容电流补偿的情况下，瞬时动作的第Ⅰ段依靠定值躲电容电流的影响，其起动电流 I_{qd} 值取为正常运行情况下本线路电容电流的 4～6 倍。第Ⅱ段差动继电器其起动电流 I_{qd} 值取为正常运行情况下本线路电容电流的 1.5 倍，并带 40ms 延时出口。依靠定值加延时躲电容电流的影响。

2. 工频变化量的分相差动继电器

现在有的厂家用输电线路两端的工频变化量的相电流来构成差动继电器，将工频变化量的概念非但用于构成阻抗继电器和方向继电器，还用于构成差动继电器。工频变化量的分相差动继电器的动作电流 $\Delta I_{\mathrm{d}\varphi}$ 和制动电流 $\Delta I_{\mathrm{r}\varphi}$ 分别为：

$$\left.\begin{aligned}\Delta I_{\mathrm{d}\varphi}&=|\Delta\dot{I}_{\mathrm{M}\varphi}+\Delta\dot{I}_{\mathrm{N}\varphi}|=|\Delta(\dot{I}_{\mathrm{M}\varphi}+\dot{I}_{\mathrm{N}\varphi})|\\\Delta I_{\mathrm{r}\varphi}&=|\Delta\dot{I}_{\mathrm{M}\varphi}|+|\Delta\dot{I}_{\mathrm{N}\varphi}|\end{aligned}\right\} \tag{3-177}$$

式中：φ 为 A、B、C。由于是分相差动，所以有选相功能。工频变化量差动继电器也做成比率制动特性。由于工频变化量继电器是工作在暂态过程中的，在该继电器没有进行电容电流补偿的情况下，其起动电流 I_{qd} 值与上述稳态 I 段取值相同，可取为正常运行情况下本线路电容电流的 4 ~6 倍。

前已述及在重负荷的输电线路内部发生经高阻接地时差动继电器的灵敏度可能不够。因为正如式（3 －155）所示的，此时由于短路电流不很大而动作电流较小，但由于负荷电流很大而制动电流较大。对付这些问题恰好是工频变化量继电器的长处。

工频变化量差动继电器的特点是：

（1）不反应负荷电流，负荷电流已不再成为制动电流了，原因是在求电流变化量时已把负荷分量减掉了。所以凡是工频变化量的继电器都不反应负荷分量，它只反应故障分量，反应的是短路附加状态里的电气量。所以穿越性的负荷电流总是差动继电器的制动电流这一点对于工频变化量差动继电器来说是不成立的。

（2）受过渡电阻的影响小。所以工频变化量差动继电器很灵敏，用它来解决重负荷输电线路内部发生经高阻接地时差动继电器的灵敏度问题是十分理想的。

3. 零序差动继电器

用输电线路两端的零序电流构成差动继电器。其动作电流和制动电流分别为：

$$\left.\begin{aligned} I_{d0} &= |\dot{I}_{M0} + \dot{I}_{N0}| \\ I_{r0} &= |\dot{I}_{M0} - \dot{I}_{N0}| \end{aligned}\right\} \tag{3-178}$$

由于该继电器反应的是两端零序电流的关系，没有选相功能，所以应再用稳态量的分相差动继电器选相。零序差动继电器与稳态量的分相差动继电器构成“与”逻辑延时 100ms 选跳故障相。零序差动继电器也做成比率制动特性，它有如下特点：

1）该继电器比率制动特性中的起动电流 I_{qd} 只需躲过外部接地短路时本线路的稳态零序电容电流以及外部相间短路（不接地）时的稳态零序不平衡电流。该值比较小，一般可取为与整套保护的零序起动元件的起动电流定值一致。

2）由于负荷电流是正序分量的电流，因而负荷电流也不成为该继电器的制动电流。

3）零序电流受过渡电阻的影响也较小。由于上述原因，零序差动继电器很灵敏，可用以解决重负荷线路内部经高阻短路时的灵敏度问题。作为选相用的稳态量分相差动继电器也要做成高灵敏度的，以不影响零序差动继电器的灵敏度。

（五）电流互感器断线时防止纵联电流差动保护误动的措施及“长期有差流”的告警信号

正常运行时当输电线路一端的 TA 断线时差动继电器的动作电流和制动电流都等于未断线一端的负荷电流。由于差动继电器的制动系数 K_r 小于 1，起动电流 I_{qd} 值又较小，因此工作点将落在比率制动特性的动作区内造成差动继电器动作。为避免这时差动保护的误动，需要找出一端 TA 断线与本线路内部短路两种情况下两端差动保护动作行为的区别。当本线路内部短路时两端的起动元件都是动作的，但一端 TA 断线时 TA 未断线侧的起动元件是不起动的，只有 TA 断线一端的起动元件可能起动。因此采用只有两端起动元件都起动，两端差动继电器都动作的情况下纵联电流差动保护才能发跳闸命令的措施，就可以避免正常运行下 TA 断线的误动。为此，每一端纵联电流差动保护跳闸出口必须满足下述几个条件（与）：① 本端起动元件起动。② 本端差动继电器动作。同时满足上两个条件，向对端发“差动动作”的允许信号。③ 收到对端“差动动作”的允许信号。表明对端起动元件、差动继电器也已动作。

采取上述措施后，当本端TA断线时本端电流可能有突变，或可能出现零序电流，故而起动元件可能起动。在故障计算程序中检测到差动继电器也动作。可是由于对端TA没有断线，对端三相电流是正常的，所以对端起动元件不起动。于是对端不能给本端发“差动动作”的允许信号，所以本端差动保护不会误动。TA没有断线的一端由于起动元件不起动，当然保护不会出口跳闸。

在TA断线时除了差动保护不能误动外还应发出告警信号，为此可增加一个“高压差流元件”。该差流元件应该很灵敏，以便有效地检测出TA断线时出现的差电流的情况。“高压差流元件”满足下述条件发“长期有差流”信号（与）：① 差流元件动作；②差流元件的动作相（只有一个差流元件动作时，用它涉及的那一相）或动作相间（有两个差流元件动作时，用它们涉及的两相）的电压大于0.6倍的额定电压；③ 满足上两条件10s。第一个条件证明出现差动电流（动作电流），第二个条件证明系统没有短路，于是经延时发告警信号。需要指出，在TA断线或装置内部某相电流数据采样通道故障以及两侧装置采样不同步时都可满足上述条件。故发的是“长期有差流”信号。

当TA断线时无论是断线侧还是未断线侧，如果“有压差流元件”动作，10s后都可发出“长期有差流”的告警信号。

当装置发出“长期有差流”信号后根据定值单中的“TA断线闭锁差动”控制字的情况进行不同处理：当该控制字为“1”时，闭锁差动保护。TA断线时闭锁差动保护可防止在TA断线期间由于系统波动或又发生区外故障时，TA未断线侧起动元件起动造成的保护误动。当该控制字为“0”时，不闭锁差动保护，但将差动继电器的起动电流抬高到“TA断线差流定值”。该定值可按大于最大负荷电流整定，避免TA断线期间由于系统波动使TA未断线侧起动元件起动造成差动保护的误动。但是在TA断线期间又发生区外短路时差动保护将误动作，但有关规定是允许这种情况下保护动作出口的。

（六）在有一端为弱电源的线路内部故障，防止纵联电流差动保护拒动的措施

当输电线路有一端背后为小电源或无电源时该端称为弱电端。现以该端背后既无电源又无中性点接地的变压器的单侧电源线路上在空载（轻载）情况下发生内部短路为例，叙述纵联电流差动保护拒动的原因和应采取的措施。在发生短路以后，弱电端由于三相电流都为零、又无电流的突变，故起动元件不起动。于是无法向对端发“差动动作”的允许信号，因此造成电源侧的纵差保护因收不到允许信号而无法跳闸。为解决此问题，在纵联电流差动保护中除了有两相电流差突变量起动元件、零序电流起动元件和不对应起动元件以外，再增加一个“低压差流起动元件”。该起动元件的起动条件为：① 差流元件动作。该差流元件就是上面发“长期有差流”告警信号的差流元件。② 差流元件的动作相或动作相间的电压小于0.6倍的额定电压。③ 收到对端的“差动动作”的允许信号。同时满足上述三个条件该起动元件起动。

增加了低压差流起动元件以后再发生上述短路时，弱电端尽管三相电流均是零，但电源侧有短路电流，所以弱电端的差流元件可以动作，满足第一个条件。因为差流元件的动作相或动作相间是故障相或是两个故障相间，而弱电端三相电流都是零，弱电端保护安装处到短路点之间线路上的压降为零，所以弱电端测量到的故障相或者故障相间的电压就是短路点的相应电压，这个电压是较低的，所以第二个条件满足。这第二个条件实际上说明线路上发生了短路。电源侧由于起动元件和差动继电器是动作的，所以可向弱电端发“差动动作”的允许信号，故而弱电端第三个条件也能满足。于是弱电端的“低压差流起动元件”起动。

因为输电线路一端有电流，一端无电流所以弱电端可检测到差动继电器动作，于是弱电端可向对端发“差动动作”的允许信号。这样电源侧的纵联电流差动保护可以发跳闸命令。

正常运行一端TA断线时，TA未断线侧的“低压差流起动元件”会不会也起动呢？虽然此时差流元件动作了，但是由于系统并未短路，电压降低的第二个条件不满足，所以TA未断线侧的“低压差流起动元件”是不会起动的。与未设置该起动元件时情况一样，不会向对端发允许信号，所以TA断线侧的保护仍然保证不会误动。

（七）收到三相跳闸位置继电器（TWJ）动作信号后应做的工作

（1）如果起动元件未起动又收到三相的TWJ都动作的信号，并且任一相差流元件动作立即发“差动动作”的允许信号。

这可以解决如图3－71所示的，在输电线路一端断路器处于三相都断开状态，系统由另一端对线路充电时在线路上发生短路，断路器合闸的这一端纵联差动保护拒动的问题。因为断路器三相都断开的一端突变量电流起动元件和零序电流起动元件均未起动，“低压差流起动元件”由于母线电压未降低（用母线TV）也不起动。由于起动元件均未起动，所以该端不能向对端发允许信号，造成另一端纵联差动保护拒动。加了本措施后断路器三相都断开的一端由于三相的TWJ都已动作，线路上有故障差流元件也动作，所以可以一直向对端提供允许信号，对端的纵联差动保护可以跳闸。

（2）如果起动元件起动后又收到三相的TWJ都动作的信号，并且任一相差流元件动作或起动元件启动后又收到任一相TWJ动作的信号，而且该相差流元件动作时立即发“差动动作”的允许信号。

这时说明线路上发生了故障而且本端的断路器已跳闸了。这时一直发允许信号有利于对端纵联差动保护跳闸。

（八）保护动作发“远跳”信号的作用

1. 母线保护动作、失灵保护动作起动“远跳”

这是为了解决在如图3－72所示的在断路器与电流互感器之间发生故障时电流差动保护存在的问题。该处故障对电流差动保护来说是外部短路，差动保护是不动作的。该处故障M端母线保护可动作跳M端断路器，但M端断路器跳闸后，N端电流差动保护仍然不能动作。为了让N端保护能快速切除故障，可将M端母线保护动作的接点接在电流差动保护装置的“远跳”端子上，保护装置发现该端子的输入接点闭合后立即向N端发“远跳”信号。N端接收到该信号后再经（或不经）起动元件动作作为就地判据发三相跳闸命令并闭锁重合闸。需要指出，在3/2接线方式中母线保护动作是不允许发“远跳”信号的，因为在母线上故障，母线保护动作跳开边断路器后中断路器还可以继续带线路运行。此时在断路器与电流互感器之间发生故障时由母线保护起动失灵保护，失灵保护动作后起动“远跳”跳对端断路器。

2. 保护动作发分相“远跳”信号

本装置任何保护在发跳闸命令的同时向对端发分相跳闸信号，对端接收到该信号后再经高灵敏度的分相差流元件动作确认后分相跳闸，这样有利于对端发跳闸命令。

（九）同步采样

输电线路的纵联差动保护是由两端的两套装置共同完成的。但是两套装置是独立采样的，它们的采样时刻如果不加调整一般情况下是不相同的。由此在区外短路时，将产生不平衡电流。为消除这不平衡电流应该做到同步采样。同步采样的方法有：基于数据通道的同步方法、基于参考相量的同步方法和基于GPS的同步方法几种。基于数据通道的同步方法中又有采样时刻调整法、采样数据修正法和时钟校正法几种。我国各制造厂家一般都采用采样时刻调整法。下面简要介绍一下这种方法。

装置刚上电时，或测得的两端采样时间差 ΔT_S 超过规定值时，启动一次同步过程。在同步过程中先要测定通道传输延时 T_d。在图 3－85（a）中小虚线处是主机端（参考端）和从机端（调整端）的采样时刻。从机以本端装置的相对时钟为基准在 t_{ss} 时刻向主机发送一帧测定通道延时的报文，主机按自己装置的相对时钟为基准记录到该报文的接收时刻 t_{mr}。随后在下一个采样时刻 t_{ms} 向从机回应一帧通道延时测试报文，同时将时间差 $t_{ms}-t_{mr}$ 作为报文内容传送给从机。从机再记录下收到主机回应报文的时刻 t_{sr}，在认为通道往返传输延时相等的前提下从机侧可按下式求得通道传输延时：

$$T_d=\frac{(t_{sr}-t_{ss})-(t_{ms}-t_{mr})}{2} \tag{3-179}$$

测得通道传输延时 T_d 后，从机端可根据收到主机报文时刻 t_{sr} 求得两端采样时间差 ΔT_S，如图 3－85（b）所示。随后从机端从下一采样时刻起对采样时刻作多次小步幅的调整，而主机侧采样时刻保持不变。经过一段时间调整直到采样时间差 ΔT_S 至零，两端同步采样。

由于在启动同步过程时两端采样时间差比较大，所以在同步过程中两端纵联电流差动保护自动退出。但由于从机端每次仅作小步幅调整，对从机端装置内的其他保护（反应一端电气量的保护）影响甚微，所以其他保护仍旧能正常工作，不必退出。

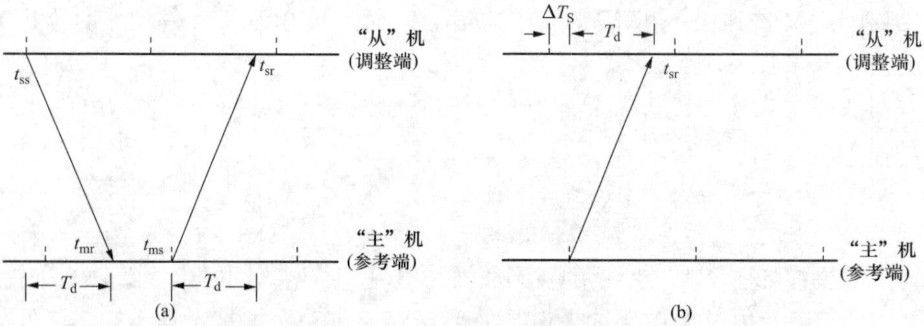

图 3－85 采样时刻调整法
（a）T_d；（b）采样时刻调整

在正常运行过程中从机端一直在测量两端采样时间差 ΔT_S。当测得的 ΔT_S 大于调整的步幅时，从机端立即将采样时刻作小步幅调整，这个工作平时一直在做。由于此时 ΔT_S 的值很小，对保护没有影响，故作这种调整时纵联电流差动保护仍然是投入的。

从上述采样时刻调整方法看主机与从机之间收发的通道传输延时应该相等，这要求通道收发的路由应相同。如果路由不同，采样时刻调整法无法调整到同步采样。

六、工频变化量方向继电器

在纵联工频变化量方向保护中，方向继电器用的是工频变化量的方向继电器。该保护在使用中取得了很好的业绩。

（一）基本原理

工频变化量方向继电器是 20 世纪 80 年代初提出来的[1]，当时用该原理构成快速的集成电路型的纵联方向保护（CKF）。随后该原理又应用在微机型的纵联方向保护中。在本章第二节中分析工频变化量阻抗继电器时曾叙述到在分析工频变化量继电器时应该用短路附加状态来进行分析。在短路附加状态里只有短路点有一个电压源，保护安装处的电压 $\Delta\dot{U}_m$、

电流 $\Delta\dot{I}_{m}$ 的瞬时值都是用当前的电压、电流的瞬时值减去 1 ~ 2 个周波以前的电压、电流的瞬时值得到的电压、电流的变化量。工频变化量方向继电器就是用短路附加状态里的 $\Delta\dot{U}_{m}$、$\Delta\dot{I}_{m}$ 构成的方向继电器。对于一个方向继电器来讲，最主要的要求是能区分正、反方向的短路。下面分别分析正、反方向短路时 $\Delta\dot{U}_{m}$、$\Delta\dot{I}_{m}$ 间相位变化的特征。

1. 正向短路

设继电器安装在 MN 线路的 M 端。其正方向短路时的短路附加状态如图 3 – 86 所示。加在继电器里的电压、电流按传统方向规定其正方向。即电流 $\Delta\dot{I}_{m}$ 的正方向以母线流向被保护线路的方向为其正方向，如图中箭头方向。电压 $\Delta\dot{U}_{m}$ 的正方向以母线电压为正、中性点电压为负为其正方向。在图 3 – 86 中画出的是电位降的方向。显然从图 3 – 86 可得到关系式：

$$\Delta\dot{U}_{m} = -\Delta\dot{I}_{m}Z_{S} \qquad (3-180)$$

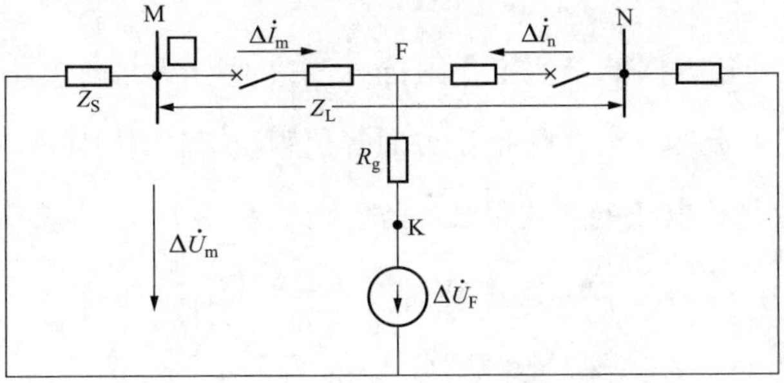

图 3 – 86　正向短路时的短路附加状态

式中：Z_S 是保护背后电源的等值正序阻抗。该式说明正方向短路时保护安装处电压的变化量 $\Delta\dot{U}_{m}$ 实际上是电流变化量在保护背后等值正序阻抗 Z_S 上的压降的负值。当 $\Delta\dot{U}_{m}$ 是相间电压的变化量 $\Delta\dot{U}_{\varphi\varphi}$，或者是相电压的变化量 $\Delta\dot{U}_{\varphi}$ 时，式（3 – 180）演变成：

$$\left.\begin{aligned}\Delta\dot{U}_{\varphi\varphi} &= -\Delta\dot{I}_{\varphi\varphi}Z_{S}\\ \Delta\dot{U}_{\varphi} &= -(\Delta\dot{I}_{\varphi}+K_{S}3\dot{I}_{0})Z_{S}\end{aligned}\right\} \qquad (3-181)$$

式中：K_S 是保护背后等值电源系统里的零序电流补偿系数。φ 代表相 A、B、C；$\varphi\varphi$ 代表相间 AB、BC、CA。式（3 – 180）和式（3 – 181）是工频变化量继电器在正方向短路的基本关系式。假如 Z_S 的阻抗角是 90°，那么根据上两式可得到：

$$\left.\begin{aligned}\arg\frac{\Delta\dot{U}_{m}}{\Delta\dot{I}_{m}} &= \arg(-Z_{S}) \approx -90^{\circ}\\ \arg\frac{\Delta\dot{U}_{\varphi\varphi}}{\Delta\dot{I}_{\varphi\varphi}} &= \arg(-Z_{S}) \approx -90^{\circ}\\ \arg\frac{\Delta\dot{U}_{\varphi}}{\Delta\dot{I}_{\varphi}+K_{S}3I_{0}} &= \arg(-Z_{S}) \approx -90^{\circ}\end{aligned}\right\} \qquad (3-182)$$

该式说明，正向短路时，加在工频变化量继电器里的电压和电流的夹角只与保护反方向电源的等值正序阻抗的阻抗角有关，是该阻抗角减去 180°。而与过渡电阻 R_g 的大小无关。

2. 反向短路

反方向短路时的短路附加状态如图 3－87 所示。加在继电器里的电压 $\Delta\dot{U}_{m}$、电流 $\Delta\dot{I}_{m}$ 的正方向的规定与正向短路时相同。从图可看出有如下关系式

$$\Delta\dot{U}_{m}=\Delta\dot{I}_{m}Z_{R} \tag{3-183}$$

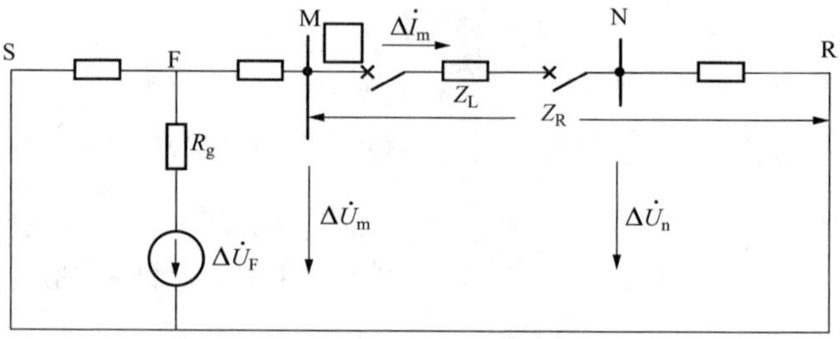

图 3－87　反向短路时的短路附加状态

式中：Z_R 是保护安装处正方向的等值正序阻抗。该式说明反方向短路时保护安装处电压的变化量 $\Delta\dot{U}_{m}$ 实际上是电流变化量在保护正方向等值阻抗 Z_R 上的压降。当 $\Delta\dot{U}_{m}$ 是相间电压的变化量 $\Delta\dot{U}_{\varphi\varphi}$，或者是相电压的变化量 $\Delta\dot{U}_{\varphi}$ 时，式（3－183）演变成：

$$\left.\begin{aligned}\Delta\dot{U}_{\varphi\varphi}&=\Delta\dot{I}_{\varphi\varphi}Z_{R}\\ \Delta\dot{U}_{\varphi}&=(\Delta\dot{I}_{\varphi}+K_{R}3\dot{I}_{0})Z_{R}\end{aligned}\right\} \tag{3-184}$$

式中：K_R 是保护正方向等值系统里的零序电流补偿系数。φ 代表相 A、B、C；$\varphi\varphi$ 代表相间 AB、BC、CA。式（3－183）和式（3－184）是工频变化量继电器在反方向短路的基本关系式。假如 Z_R 的阻抗角是 90°，那么根据上两式可得到：

$$\left.\begin{aligned}&\arg\frac{\Delta\dot{U}_{m}}{\Delta\dot{I}_{m}}=\arg Z_{R}\approx 90^{\circ}\\ &\arg\frac{\Delta\dot{U}_{\varphi\varphi}}{\Delta\dot{I}_{\varphi\varphi}}=\arg Z_{R}\approx 90^{\circ}\\ &\arg\frac{\Delta\dot{U}_{\varphi}}{\Delta\dot{I}_{\varphi}+K_{R}3\dot{I}_{0}}=\arg Z_{R}\approx 90^{\circ}\end{aligned}\right\} \tag{3-185}$$

该式说明，反向短路时加在工频变化量继电器里的电压和电流的夹角只与保护正方向的等值正序阻抗的阻抗角有关，其值等于该阻抗的阻抗角。而与过渡电阻 R_g 的大小无关。

比较式（3－182）和式（3－185）可知：正方向短路和反方向短路时，加在保护上的电压变化量和电流变化量之间的夹角截然相反。因此利用这个原理比较电压和电流变化量之间的相位就可以构成方向继电器。

（二）工频变化量方向继电器的实现方法

式（3－182）和式（3－185）表明用比较电压和电流变化量之间的相位就可以构成工频变化量方向继电器。那么具体构成继电器时到底是比较相间电压变化量 $\Delta\dot{U}_{\varphi\varphi}$ 和两相电流之差变化量 $\Delta\dot{I}_{\varphi\varphi}$ 之间的相位呢？还是比较相电压变化量 $\Delta\dot{U}_{\varphi}$ 和相电流加带补偿的零序电流

的变化量$\Delta\dot{I}_{\varphi}+K3I_0$之间的相位呢？这两种做法都要用到三个继电器，用了三个继电器后都可以保护各种短路类型。比较之下在两相短路时，故障相间的$\Delta\dot{U}_{\varphi\varphi}$和$\Delta\dot{I}_{\varphi\varphi}$值比$\Delta\dot{U}_{\varphi}$和$\Delta\dot{I}_{\varphi}+K3I_0$值大得多，继电器动作更灵敏一些。但是在单相接地短路时，在某些特定情况下，例如单侧电源空载线路上发生单相接地短路，如果受电侧有中性点接地的变压器时，流过受电侧的三相电流都是零序电流。用$\Delta\dot{U}_{\varphi\varphi}$和$\Delta\dot{I}_{\varphi\varphi}$值构成继电器时，由于$\Delta\dot{I}_{\varphi\varphi}$的值是零而无法判别。此时用$\Delta\dot{U}_{\varphi}$和$\Delta\dot{I}_{\varphi}+K3\dot{I}_0$值构成继电器时由于$\Delta\dot{I}_{\varphi}+K3\dot{I}_0$不为零，还能正确工作。如果在装置中已有了用零序方向继电器构成的纵联方向保护的情况下，再用$\Delta\dot{U}_{\varphi\varphi}$和$\Delta\dot{I}_{\varphi\varphi}$值构成纵联工频变化量方向保护以相互补充似乎更加好一些。另外用$\Delta\dot{U}_{\varphi\varphi}$和$\Delta\dot{I}_{\varphi\varphi}$值构成方向继电器也比较简单一些，因为它不反映零序分量，无需整定零序电流补偿系数K（这个K并不是输电线路上的K值，在正向短路时是保护背后等值电源系统里的K值，在反向短路时是保护正方向等值系统里的K值）。正因为上述这些原因，在微机线路保护中都采用$\Delta\dot{U}_{\varphi\varphi}$和$\Delta\dot{I}_{\varphi\varphi}$值构成工频变化量方向继电器。而在上述单侧电源空载线路负荷侧又有中性点接地的变压器的情况下，线路内部短路纵联零序方向保护可以正确工作。用$\Delta\dot{U}_{\varphi\varphi}$和$\Delta\dot{I}_{\varphi\varphi}$值构成纵联工频变化量方向保护时在发生短路以后采用最大的一个$\Delta\dot{I}_{\varphi\varphi}$值所涉及的相别上的方向继电器进行计算，因为该相别上肯定有故障相。

在方向继电器的构成中，一种方法是直接根据式（3－182）和式（3－185）来实现。根据式（3－182），如果考虑阻抗角为80°的话，那么正方向的方向元件的动作方程为：

$$-190°\leqslant\arg\frac{\Delta\dot{U}_{\varphi\varphi}}{\Delta\dot{I}_{\varphi\varphi}}\leqslant-10° \tag{3-186}$$

正方向短路时，正方向的方向元件根据式（3－186），可以最灵敏地动作。同理，根据式（3－185），如果考虑阻抗角为80°的话，那么反方向的方向元件的动作方程应为：

$$-10°\leqslant\arg\frac{\Delta\dot{U}_{\varphi\varphi}}{\Delta\dot{I}_{\varphi\varphi}}\leqslant170° \tag{3-187}$$

反方向短路时，反方向的方向元件根据式（3－187），可以最灵敏地动作。

如果考虑更加周到一些，正方向方向元件和反方向方向元件也可按如下方法实现：

正方向方向元件的测量角度为：

$$\varphi_{\varphi\varphi+}=\arg\frac{\Delta\dot{U}_{\varphi\varphi}-\Delta\dot{I}_{\varphi\varphi}Z_{\mathrm{com}}}{\Delta\dot{I}_{\varphi\varphi}Z_{\mathrm{d}}} \tag{3-188}$$

反方向方向元件的测量角度为：

$$\varphi_{\varphi\varphi-}=\arg\frac{\Delta\dot{U}_{\varphi\varphi}}{-\Delta\dot{I}_{\varphi\varphi}Z_{\mathrm{d}}} \tag{3-189}$$

正、反方向的方向元件动作方程为：

$$90°<\varphi_{\varphi\varphi}<270° \tag{3-190}$$

式（3－188）和式（3－189）中Z_{d}为装置内部的模拟阻抗（软阻抗）。Z_{com}为补偿阻抗（软阻抗）。若本线路正序阻抗为Z_{L}、保护背后电源最大运行方式下的等值正序阻抗为

$Z_{S.min}$、工频变化量距离保护Ⅰ段定值为 ΔZ_{set}，那么 Z_{com} 的取值为：

$$\begin{aligned} Z_{com} &= 0 && \text{当}\frac{Z_{S.min}}{Z_L}>0.5\text{ 时} \\ Z_{com} &= \frac{\Delta Z_{set}}{2}\approx 0.4Z_L && \text{当}\frac{Z_{S.min}}{Z_L}\leqslant 0.5\text{ 时} \end{aligned} \quad (3-191)$$

Z_{com} 补偿阻抗是否投入需整定计算人员通过计算，由定值单中的控制字决定投退。当 Z_{com} 投入时，装置自动按工频变化量距离保护定值 ΔZ_{set} 的一半取作 Z_{com}。

下面按 Z_{com} 投入时分别分析发生正、反向短路时两个方向元件的动作行为。

1. 正方向短路

将正方向短路时的基本关系式（3－181）分别代入式（3－188）和式（3－189），并假设各个阻抗的阻抗角都相等，可得到：

$$\left.\begin{aligned} \varphi_{\varphi\varphi+} &= \arg\frac{\Delta\dot{U}_{\varphi\varphi}-\Delta\dot{I}_{\varphi\varphi}Z_{com}}{\Delta\dot{I}_{\varphi\varphi}Z_d} = \arg\frac{-\Delta\dot{I}_{\varphi\varphi}(Z_S+Z_{com})}{\Delta\dot{I}_{\varphi\varphi}Z_d}\approx 180^\circ \\ \varphi_{\varphi\varphi-} &= \arg\frac{\Delta\dot{U}_{\varphi\varphi}}{-\Delta\dot{I}_{\varphi\varphi}Z_d} = \arg\frac{-\Delta\dot{I}_{\varphi\varphi}Z_S}{-\Delta\dot{I}_{\varphi\varphi}Z_d}\approx 0^\circ \end{aligned}\right\} \quad (3-192)$$

按式（3－190）的动作方程来衡量可知，正方向的方向元件可灵敏地动作，反方向的方向元件最可靠地不动作。

2. 反方向短路

将反方向短路时的基本关系式（3－184）分别代入式（3－188）和式（3－189）。考虑到 Z_R 是正方向的等值正序阻抗，其值一定大于 Z_{com}。再假设各个阻抗的阻抗角都相等，可得到：

$$\left.\begin{aligned} \varphi_{\varphi\varphi+} &= \arg\frac{\Delta\dot{U}_{\varphi\varphi}-\Delta\dot{I}_{\varphi\varphi}Z_{com}}{\Delta\dot{I}_{\varphi\varphi}Z_d} = \arg\frac{\Delta\dot{I}_{\varphi\varphi}(Z_R-Z_{com})}{\Delta\dot{I}_{\varphi\varphi}Z_d}\approx 0^\circ \\ \varphi_{\varphi\varphi-} &= \arg\frac{\Delta\dot{U}_{\varphi\varphi}}{-\Delta\dot{I}_{\varphi\varphi}Z_d} = \arg\frac{\Delta\dot{I}_{\varphi\varphi}Z_R}{-\Delta\dot{I}_{\varphi\varphi}Z_d}\approx 180^\circ \end{aligned}\right\} \quad (3-193)$$

按式（3－190）的动作方程来衡量，可知正方向的方向元件最可靠地不动作，反方向的方向元件最灵敏地动作。

综上所述，按式（3－188）、式（3－189）和式（3－190）实现的两个方向元件，在正、反向短路时动作行为都是正确的。

（三）工频变化量方向继电器的性能评述

（1）在正、反方向短路时方向继电器的判别十分准确、清晰，因而有良好的方向性。

从式（3－192）和式（3－193）可知，如果忽略各阻抗的阻抗角的差异，方向元件测量到的角度不是180°就是0°。正、反方向短路时，方向元件测量到的角度截然相反。这是基于式（3－182）和式（3－185）表达的在正、反方向短路时，加在保护上的电压变化量和电流变化量之间的夹角截然相反的缘故。正、反方向短路时，方向元件测量到的角度差别越大，方向元件的方向性就越好。顺便提一下，零序方向继电器也有同样的优点。

（2）工频变化量方向继电器测量的角度与过渡电阻大小、与负荷电流大小无关。因此继电器十分灵敏。

有些方向继电器，例如低压电网中采用的90°接线的方向继电器，其测量的角度与过渡电阻大小、与负荷电流大小都有关系，因而它的动作行为与这些因素也都有关。但是工频变化量方向继电器从式（3－182）和式（3－185）可看出，加在保护上的电压变化量和电流变化量之间的夹角都只与短路方向相反一侧阻抗的阻抗角有关。由于过渡电阻总是在短路的方向上的，在短路方向相反的一侧并没有过渡电阻，所以方向继电器测量的角度与过渡电阻大小无关。另外与负荷电流大小也无关。其物理概念也很明确，工频变化量继电器是反映短路附加状态里的电气量的继电器，在 $\Delta\dot{U}_{m}$、$\Delta\dot{I}_{m}$ 的计算中已把负荷分量减掉了，所以负荷分量不会影响工频变化量继电器的工作。正因为这些原因，工频变化量方向继电器的工作不受过渡电阻和负荷电流的影响。同时顺便提一下，零序方向继电器的工作也不受过渡电阻大小、负荷电流的影响。

（3）利用接在三个相间的工频变化量方向继电器，并且用 $\Delta\dot{I}_{\varphi\varphi}$ 值为最大的一个所涉及的相间方向继电器来作短路方向的判别可适应任何故障类型。不像零序方向继电器只适应接地故障。

（4）在系统振荡时由于电流、电压变化缓慢，$\Delta\dot{I}_{\varphi\varphi}$、$\Delta\dot{U}_{\varphi\varphi}$ 值很小。工频变化量方向继电器算法中超不过相应的门槛值（门槛中还有浮动门槛），所以正、反方向两个方向元件都没有动作。因此纵联方向保护在振荡中不会误动。正因为这样，用它构成的纵联方向保护短路后可一直投入，不像纵联距离保护还要受振荡闭锁控制。因而在振荡中再发生短路时该纵联方向保护仍有保护功能。

（5）在有串联补偿电容的系统中工频变化量方向继电器的动作行为也是正确的。

因为工频变化量方向继电器中电压变化量和电流变化量之间的夹角都只与短路方向相反一侧阻抗的阻抗角有关，所以判断该继电器动作行为时有一个简单的方法：只要 TV 安装处反方向的等值阻抗是感性的，那么正方向短路时正方向的方向继电器就能正确动作，反方向的方向继电器就能正确不动。只要 TV 安装处正方向的等值阻抗是感性的，那么反方向短路时正方向的方向继电器就能正确地不动，反方向的方向继电器就能正确动作。考虑到串补电容上的压降如果较大时串补电容将被短接的因素以后，TV 两侧的等值阻抗都将是感性的。也就是保护安装处反方向的综合等值阻抗 Z_{S} 和正方向的综合等值阻抗 Z_{R} 即使有了串补电容也仍然是感性的。因此有了串补电容后并不会影响工频变化量方向继电器的动作行为。这一点性能要比零序方向继电器好。

（6）在单侧电源线路上，只要正常运行有负荷电流，而且负荷侧有电动机负荷，受电侧的工频变化量方向继电器的动作行为也是正确的。

由于电动机在短路瞬间是一个暂态电抗，所以在短路附加状态里负荷处是一个感性的负荷阻抗。因而从受电侧的继电器来看，其正、反方向的等值阻抗都是感性的。所以该处的方向继电器动作行为也是正确的。只要加在继电器上的电流 $\Delta\dot{I}_{\varphi\varphi}$ 有一定的数值，受电侧的方向继电器就能正确动作。

（7）在非全相运行期间和在非全相运行期间运行相上再发生短路时，工作在两运行相间的工频变化量方向继电器的动作行为也是正确的。即非全相运行中工频变化量方向继电器不会误动，而非全相运行中运行相上发生的各种故障类型，工作在两运行相间的工频变化量方向继电器仍然能判别故障的方向。因而由工频变化量方向继电器构成的纵联方向保护在非全相运行期间依然投入运行，而且能发挥保护功能。这是由零序方向继电器构成的纵联方向保护做不到的。零序方向继电器如果用母线 TV 的话在非全相运行中是要误动的，所以纵联零序方向保护在非全相运行期间将退出。

（8）用 $\Delta U_{\varphi\varphi}$、$\Delta I_{\varphi\varphi}$ 构成的工频变化量方向继电器不反应零序分量。因此由该继电器构成的纵联方向保护不像纵联零序方向保护那样在同杆平行线路上，受线间零序互感的影响可能会误动。

（9）假如使用母线 TV，在断路器合闸或跳闸时如果有电流突变量，工频变化量方向继电器会误认为“正方向短路”而动作。

下面以断路器合闸为例分析工频变化量方向继电器的动作行为。在图 3－88 中电压和电流的正方向按传统规定的方向，图中电压的箭头方向是电位降的方向。图 3－88（a）为合闸后状态，现分析 MN 线路 M 端的继电器。$\Delta\dot{I}$ 电流可认为是两个电流源的叠加，一个是 $\Delta\dot{I}$，另一个是 $\dot{I}=0$。根据重叠原理（a）图可分解成（b）、（c）两图的叠加。其中（b）图线路中的电流为零，这是合闸前的空载状态。（c）图是合闸附加状态。工频变化量方向继电器用的是（c）图的合闸附加状态里的电气量。从（c）图可见 $\Delta\dot{U}=-\Delta\dot{I}Z_S$。该式与式（3－180）所示的正方向短路的基本关系式完全相同，所以工频变化量方向继电器误认为“正方向短路”。同样装在 N 端的工频变化量方向继电器也认为“正方向短路”，这将造成纵联工频变化量方向保护误动。这表明，在“合闸后”的保护中，无论是手动合闸后还是自动重合闸后的保护中都不能使用由工频变化量方向继电器构成的纵联方向保护，否则断路器始终是合不上的。

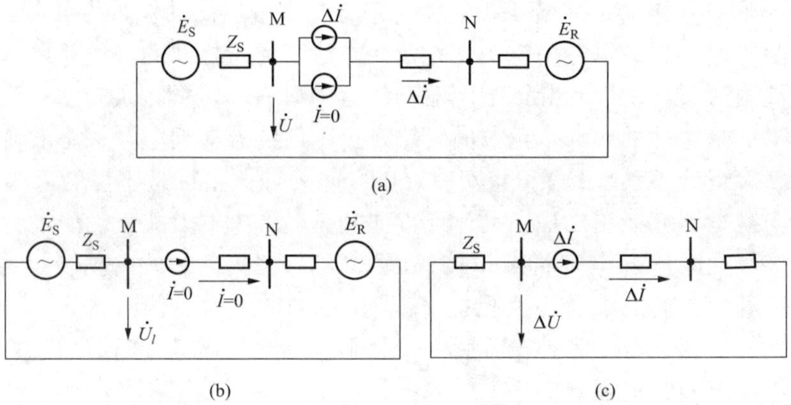

图 3－88 断路器合闸时的重叠原理图

（a）合闸后状态；（b）合闸前空载状态；（c）合闸附加状态

（10）Z_{com} 的作用。在正方向方向元件测量角度时用到的式（3－188）中引入了补偿阻抗 Z_{com}。引入补偿阻抗 Z_{com} 的目的是使当保护背后运行方式很大时（Z_S 很小），在长线路（Z_L 很大）末端短路时正方向的方向元件能可靠动作。在正方向短路时保护安装处的电压变化量 $\Delta\dot{U}_{\varphi\varphi}$ 是电流的变化量 $\Delta\dot{I}_{\varphi\varphi}$ 在保护背后等值阻抗 Z_S 上的压降。由于此时 Z_S 很小，再加上在长线路末端短路时 $\Delta\dot{I}_{\varphi\varphi}$ 也很小，所以保护安装处的电压变化量 $\Delta\dot{U}_{\varphi\varphi}=-\Delta\dot{I}_{\varphi\varphi}Z_S$ 的值很小。如果在式（3－188）中不引入 Z_{com}，$\varphi_{\varphi\varphi+}$ 角度计算中比较相位的两个量中有一个量将因为接近于零而不能正确比相。此时在正方向的方向元件的算法中因其没有超过门槛值，正方向的方向元件一直没有动作。而从纵联方向保护的原理上讲，正方向的方向元件是一定要保证在本线路全长范围内的故障都能可靠动作的。为此需引入 Z_{com}。由式（3－188）中可见，在正方向短路时引入 Z_{com}后，由于线路很长，Z_{com}值很大，所以 $\Delta\dot{I}_{\varphi\varphi}Z_{com}$的值并不很小。此时即使 $\Delta\dot{U}_{\varphi\varphi}$为零，但 $\Delta\dot{U}_{\varphi\varphi}-\Delta\dot{I}_{\varphi\varphi}Z_{com}$的值仍然很大。$\varphi_{\varphi\varphi+}$的测量角度也还是180°，保证了正方向方向元件可靠动作。在式（3－189）所示的计算反方向方向元件的测量角度时没有引入 Z_{com}，这时在比较相位的两个量中有一个量 $\Delta\dot{U}_{\varphi\varphi}$接近于零，没有超过门槛值，所以反方向方向元件也不会动作。保证了该端能可靠停信（闭锁式）或可靠发信（允许式）。而在发生反方向短路时，虽然引入 Z_{com}，$\varphi_{\varphi\varphi+}$的测量角度也还是0°，正方向方向元件仍然不会动作。

七、基于暂态分量的能量积分方向元件

用能量积分方向继电器也可以构成纵联方向保护。在该继电器中用到的电气量也是短路附加状态里的电气量。在式（3－180）和式（3－183）中表达的正、反向短路的基本关系式既是相量也是瞬时值的基本关系式。按瞬时值表达，其正、反向短路瞬时值的基本关系式分别如式（3－194）和式（3－195）所示。

$$\Delta u_m(t)=-\Delta i_m(t)Z_S \tag{3-194}$$

$$\Delta u_m(t)=\Delta i_m(t)Z_R \tag{3-195}$$

取电压、电流的乘积——功率函数 $p(t)$ 为：

$$p(t)=\Delta u_{ab}(t)\Delta i_{ab}(t)+\Delta u_{bc}(t)\Delta i_{bc}(t)+\Delta u_{ca}(t)\Delta i_{ca}(t) \tag{3-196}$$

在正方向短路时，将式（3－194）的正方向短路基本关系式代入式（3－196）得到：

$$p(t)=-\Delta i_{ab}^2(t)Z_S-\Delta i_{bc}^2(t)Z_S-\Delta i_{ca}^2(t)Z_S \tag{3-197}$$

在反方向短路时，将式（3－195）的反方向短路基本关系式代入式（3－196）得到：

$$p(t)=\Delta i_{ab}^2(t)Z_R+\Delta i_{bc}^2(t)Z_R+\Delta i_{ca}^2(t)Z_R \tag{3-198}$$

考虑到电流瞬时值的平方其值总是大于等于0的，因此在正方向短路时，$p(t)\leqslant 0$；反方向短路时，$p(t)\geqslant 0$。如果设 $\Delta i(t)=\Delta I\sin\omega t$，则根据三角函数关系式有$\Delta i^2(t)=\Delta I^2(1-\cos2\omega t)/2$存在，也就是电流的平方值按两倍额定频率变化。当 $\Delta i(t)$瞬时值过零时，其平方值 $\Delta i^2(t)$的瞬时值也过零。所以如果直接用 $p(t)$值的正、负来判断短路的方向的话，当$\Delta i^2(t)$瞬时值过零点时该方向元件动作的灵敏度和不动作的信噪比都将下降。为此取式(3－198)的功率函数的积分值——能量函数 $s(t)$。功率函数的积分值的物理概念是求功率函数随时间变化波形的面积，该面积可用梯形法则，用功率函数的采样值乘以采样周期后的一块块矩形面积之和来近似获得 $s(j)$。

$$s(t)=\int_0^t p(t)\mathrm{d}(t)=\int_0^t[\Delta u_{ab}(t)\Delta i_{ab}(t)+\Delta u_{bc}(t)\Delta i_{bc}(t)+\Delta u_{ca}(t)\Delta i_{ca}(t)]\mathrm{d}t \tag{3-199}$$

$$\begin{aligned}s(j)&=T_S\sum_{k=0}^{j}[\Delta u_{ab}(k)\Delta i_{ab}(k)+\Delta u_{bc}(k)\Delta i_{bc}(k)+\Delta u_{ca}(k)\Delta i_{ca}(k)]\\&=\frac{T}{N}\sum_{k=0}^{j}[\Delta u_{ab}(k)\Delta i_{ab}(k)+\Delta u_{bc}(k)\Delta i_{bc}(k)+\Delta u_{ca}(k)\Delta i_{ca}(k)]\end{aligned} \tag{3-200}$$

式中：T_S 为采样周期；T 为工频周期；N 为一个工频周期的采样次数，0 时刻为故障发生时刻；j 为当前时刻。根据式（3－200）求得的 $s(j)$ 是功率与时间的乘积，其量纲是能量。随着当前时刻 j 的推移，可求得一系列的 $s(j)$ 值。$s(j)$ 值在正方向短路时是一系列单调下降的负值；而反方向短路时是一系列单调上升的正值。如果再对 $s(t)$ 求积分，得到能量

积分函数 $ss(t)$。同样用梯形法则，再用能量函数的采样值乘以采样周期后的一块块矩形面积之和来近似获得 $ss(j)$，它们的表达式和计算方法为：

$$ss(t)=\int_0^t s(t)\mathrm{d}t=\int_0^t\int_0^t p(t)\mathrm{d}^2(t) \tag{3-201}$$

$$\begin{aligned}ss(j)&=T_S^2\sum_{k=0}^{j}\sum_{k=0}^{j}[\Delta u_{ab}(k)\Delta i_{ab}(k)+\Delta u_{bc}(k)\Delta i_{bc}(k)+\Delta u_{ca}(k)\Delta i_{ca}(k)]\\&=\frac{T^2}{N^2}\sum_{k=0}^{j}[\Delta u_{ab}(k)\Delta i_{ab}(k)+\Delta u_{bc}(k)\Delta i_{bc}(k)+\Delta u_{ca}(k)\Delta i_{ca}(k)]\end{aligned} \tag{3-202}$$

能量积分函数 $ss(t)$ 的物理概念是从短路发生开始到当前时刻为止，在短路附加状态中保护安装处得到的能量的累加值。随着当前时刻 j 的推移，能量积分函数 $ss(j)$ 在正方向短路时也是一系列单调下降的负值；而反方向短路时也是一系列单调上升的正值。如果在某一积分时间内，据式（3-202）求得的 $ss(j)$ 值，一直满足下面式（3-203）或式（3-204），判断此时发生了正方向或反方向的短路。

$$ss(j)<0 \tag{3-203}$$

$$ss(j)>0 \tag{3-204}$$

设在上述积分期间再取从短路发生开始到当前时刻之前一个采样点为止，得到的一系列 $ss(j)$ 值中绝对值最大的一个值为 $m(j)$。即：

$$m(j)=\max\{|ss(0)|,|ss(1)|,\cdots,|ss(j-1)|\} \tag{3-205}$$

由于 $|ss(j)|$ 是一个单调函数，因此正确的情况下应有 $|ss(j)|>m(j)$ 的关系，为此可以设一个噪声检测元件。当出现 $|ss(j)|<m(j)$ 关系时，说明噪声很大，破坏了能量积分函数 $ss(j)$ 的单调性。此时将作为控制积分时间的计数器停止计数；甚至计一负数，等 $ss(j)$ 的单调性恢复后再继续计数。

在继电器实现时只有式（3-202）中的 Δu、Δi 均大于一定的门槛值（含浮动门槛），且满足式（3-203）后，正方向的方向继电器的计数器才计数；同理式（3-202）中的 Δu、Δj 均大于一定的门槛值，且满足式（3-204）后，反方向的方向继电器的计数器才计数。正、反方向继电器的 Δu、Δi 的门槛值可取得不同，使反方向的方向继电器比正方向的方向继电器更灵敏。上述积分时间既影响方向判别的冗余度，也影响保护的动作速度。积分时间越长，方向的判别越可靠，但保护动作得越慢。应用闭锁式信号时由于要先收信 5～8ms 才允许停信，因此该积分时间也可用相同时间，这样不再额外增加保护的动作时间。应用允许式信号时，该积分时间可略微取短一些，例如 2～3ms。

需要指出，在图 3-87 的反方向短路的短路附加状态中，对于非故障线路 MN 来讲，两端方向继电器流的是同一个电流（一端是正方向、一端是反方向），但两端方向继电器加的电压数值不相同，且 $\Delta U_m>\Delta U_n$。因此 M 端的反方向方向继电器测得的 $ss(j)$ 的幅值比 N 端的正方向方向继电器测得的 $ss(j)$ 的幅值大，自然地也满足了反方向方向继电器比正方向方向继电器灵敏的要求。

这种方向继电器在作方向判别时不需滤波。因为无论是工频电气量还是其他频率分量，在短路附加状态中都是由短路点的电源激励的，其能量的方向相同。不需滤波节省了滤波的延时。

这种方向继电器其实质与上述的工频变化量方向继电器采用功率算法（见本章第一节零序方向继电器中的阐述）相同，因此上述工频变化量方向继电器的一些优点本继电器同样也存在。

八、平行线路线间互感对纵联零序方向保护的影响

用零序方向继电器构成纵联方向保护在系统中用得很多。关于零序方向继电器的工作原理、实现方法以及在某些运行状态下发生故障时的分析方法在本章第一节中已作了介绍。这里分析平行线路线间互感对零序方向继电器的影响。

随着土地资源的紧缺，国家对耕地保护政策的严格执行，输电走廊越来越紧张，同杆并架的线路越来越多。非但同一电压等级的若干条线路可能架在同一杆塔上，而且不同电压等级的输电线路也有可能架在同一杆塔上。

在平行线路间存在有线间互感，如果这些线路架设在同一杆塔上时线间互感更大。当某一线路发生故障时，故障线路的电流通过线间互感在非故障线路上将产生感应电动势。用相序分量概念来看，故障线路的三相正序电流幅值相等相位相差120°，如果故障线路的三相对非故障线路某一相的三个线间互感阻抗 Z_m（每相值）相同，那么故障线路的三相正序电流在非故障线路的某一相上产生的三个感应电动势也是幅值相等相位相差120°，这三个感应电动势相加为零。同理故障线路的三相负序电流在非故障线路的某一相上产生的三个感应电动势之和也是零。实际上由于输电线路三相空间位置不同，因此三个互感不可能完全相同，所以故障线路的三相正序（负序）电流在非故障线路上产生的感应电动势之和也不是完全为零，但其值较小。当线路有良好的换位时该值更小。但是故障线路的三相零序电流幅值相等相位相同，如果故障线路（设为第Ⅰ回线）的三相对非故障线路（设为第Ⅱ回线）某一相的三个线间互感阻抗 Z_m 相同，那么故障线路三相的零序电流 $\dot{I}_{0\,\mathrm{I}}$ 在非故障线路的某一相上产生的三个感应电动势（每个为 $\dot{I}_{0\,\mathrm{I}}Z_m$）也是幅值相等相位相同，这三个感应电动势相加其值 $3\dot{I}_{0\,\mathrm{I}}Z_m$ 将很大。这 $3\dot{I}_{0\,\mathrm{I}}Z_m$ 感应电动势在某些参数条件下可能使非故障线路保护安装处的零序电压相位发生翻转，使非故障线路两端零序方向继电器都判为正方向短路，进而造成纵联零序方向保护的误动。上述这种误动系统中已经发生多次了。如果设 $3\dot{I}_{0\mathrm{I}}Z_m=\dot{I}_{0\,\mathrm{I}}Z_{0m}$，显然 $Z_{0m}=3Z_m$，Z_{0m}称之为线间零序互感阻抗。在理想换位情况下，三个每相的线间互感阻抗 Z_m 相同，线间零序互感阻抗 Z_{0m}为每相的线间互感阻抗 Z_m 的三倍。同样的推导，如果三个每相的线间互感阻抗 Z_m 相同，那么线间正（负）序互感阻抗 Z_{1m}（Z_{2m}）为零。下面推导一下同杆并架线路中造成非故障线路纵联零序方向保护误动时的参数关系。

设在图3－89中，MN与QP有一段线路是同杆并架的，因此线间互感较大，设其零序互感阻抗为 Z_{0m}。该两线路有一端（左端）没有电气联系，另一端经NP线路相连。在QP线路的Q侧出口发生接地短路，零序序网图如图3－89（a）所示。在QP线路上零序电流 $I_{0\,\mathrm{II}}$和MN线路上零序电流 $I_{0\,\mathrm{I}}$ 的方向如图所示。QP线路上零序电流 $I_{0\,\mathrm{II}}$通过线间互感在MN线路上产生的感应电动势 $I_{0\,\mathrm{II}}Z_{0m}$及MN线路上零序电流 $I_{0\,\mathrm{I}}$ 通过线间零序互感在QP线路上产生的感应电动势 $I_{0\,\mathrm{I}}Z_{0m}$的方向如图中的＋、－所示。

按本章第一节零序方向继电器的动作行为分析方法来检查非故障线路MN两端继电器的动作行为。在图3－89（a）的零序序网图中，M端由于反方向没有电源，且其反方向的综合零序阻抗 Z_{0M}是感性的，因此该端零序方向继电器判为正方向短路。N端由于两侧都有零序电源，所以无法立即判断它继电器的动作行为，应该根据具体参数进行判断。

对 Z_{0L3}、Z_{0P}、Z_{0N}三个阻抗进行△→Y变换，成为图3－89（b），图中：

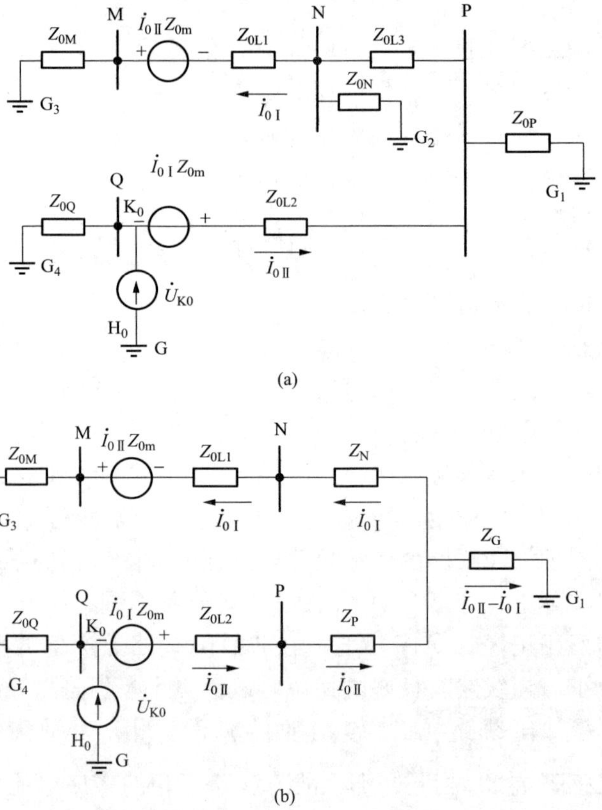

图 3-89　同杆并架线路线间零序互感对零序方向继电器的影响

（a）零序序网图；（b）经过Δ→Y 变换后的零序序网图

$$\left.\begin{aligned} Z_N &= \frac{Z_{0L3}Z_{0N}}{Z_{0L3}+Z_{0N}+Z_{0P}} \\ Z_G &= \frac{Z_{0P}Z_{0N}}{Z_{0L3}+Z_{0N}+Z_{0P}} \\ Z_P &= \frac{Z_{0L3}Z_{0P}}{Z_{0L3}+Z_{0N}+Z_{0P}} \end{aligned}\right\} \tag{3-206}$$

列 G_1NG_3 的 KVL（回路电压）方程：

$$-\dot{I}_{0Ⅱ}Z_G+\dot{I}_{0Ⅰ}Z_G+\dot{I}_{0Ⅰ}Z_N+\dot{I}_{0Ⅰ}Z_{0L1}-\dot{I}_{0Ⅱ}Z_{0m}+\dot{I}_{0Ⅰ}Z_{0M}=0 \tag{3-207}$$

由此得到：

$$\dot{I}_{0Ⅱ}=\dot{I}_{0Ⅰ}\frac{Z_G+Z_N+Z_{0L1}+Z_{0M}}{Z_G+Z_{0m}} \tag{3-208}$$

MN 线路 N 端的零序方向继电器加的电流 $\dot{I}_{0Ⅰ}$ 与它规定的正方向一致，加的电压是 N 母线的零序电压 $\dot{U}_{0N}$，按规定的电压正方向，其值为：

$$\dot{U}_{0N}=-\dot{I}_{0Ⅰ}Z_N+\dot{I}_{0Ⅱ}Z_G-\dot{I}_{0Ⅰ}Z_G \tag{3-209}$$

将式（3-208）代入式（3-209）并加以整理后得到：

$$\dot{U}_{0N}=\dot{I}_{0Ⅰ}\frac{Z_G(Z_{0L1}+Z_{0M})-Z_{0m}(Z_G+Z_N)}{Z_G+Z_{0m}} \tag{3-210}$$

在式（3－210）中，Z_G、Z_N、Z_{0L1}、Z_{0M}、Z_{0m}各值都是正值，设它们的阻抗角都相同，例如是80°。由于$Z_G+Z_{0m}>0$，那么只要：

$$Z_G(Z_{0L1}+Z_{0M})-Z_{0m}(Z_G+Z_N)<0 \tag{3-211}$$

则式（3－210）就可以写成：

$$\dot{U}_{0N}=-\dot{I}_{01}Z_{\alpha} \tag{3-212}$$

式中：Z_{α}的阻抗角也应是80°。所以$\dot{U}_{0N}$将滞后于$\dot{I}_{0\,\mathrm{I}}$ 100°，N端的零序方向继电器将判为正方向短路。因此式（3－211）是N端的零序方向继电器判正方向短路的条件。

将式（3－206）代入式（3－211）并加以整理，可得到下面的式（3－213）和式（3－214）。满足式（3－213）或式（3－214）是N端判正方向短路的条件。这样将造成图3－89中非故障线路MN的纵联零序方向保护误动。

$$Z_{0L3}>\frac{Z_{0P}(Z_{0L1}+Z_{0M}-Z_{0m})}{Z_{0m}} \tag{3-213}$$

$$Z_{0m}>\frac{Z_{0P}(Z_{0L1}+Z_{0M})}{Z_{0L3}+Z_{0P}} \tag{3-214}$$

讨论：

第一：式（3－213）表明：如果Z_{0L3}较大，即两条线路是弱电联系时，非故障线路的纵联零序方向保护容易误动。下面是两种极端情况：

（1）如果$Z_{0L3}=\infty$，那么只要$Z_{0m}>0$，就可以满足式（3－213）。此时MN线路两端零序方向继电器都判正方向短路，因而纵联零序方向保护将误动。

这也可从图3－89中直接看出，当$Z_{0L3}=\infty$时，MN、PQ两条线路没有任何电气联系。在零序序网图上面一个支路中只有在线路MN内部存在零序电源。MN线路的N端由于反方向没有电源，且反方向综合零序阻抗Z_{0N}是感性的，因此该端零序方向继电器判为正方向短路。所以两条没有任何电气联系的平行线路，只要存在零序互感，当一条线路有零序电流时另一套线路的纵联零序方向保护如果不采取其他措施将会误动。

（2）如果$Z_{0L3}=0$，考虑到输电线路的零序互感阻抗总是小于本线路的零序阻抗的，即$Z_{0m}<Z_{0L1}$，所以不会满足式（3－213），N端零序方向继电器判为反方向短路，因而纵联零序方向保护将不会误动。

在图3－89中相当于N母线与P母线是同一母线。所以在同杆并架线路上只要有一端是直接相连的（强电联系），非故障线路的纵联零序方向保护就不会误动。所以在同杆并架双回线上，只要两回线有一端是直接相连的，一回线接地故障时，另一回线的纵联零序方向保护不会误动。

第二：式（3－214）表明：如果线间互感阻抗Z_{0m}越大，即两条线路是强磁联系时，例如有相当长度的线路是架在同一杆塔上的，非故障线路的纵联零序方向保护容易误动。

综合（1）、（2）两点可见，在弱电强磁联系的两条线路上，当一条线路上流有零序电流时，将可能造成另一条线路的纵联零序方向保护误动。

第三：由式（3－213）可见：Z_{0P}、Z_{0M}越小，尤其是Z_{0P}越小，N端越容易判为正方向短路。当$Z_{0P}=0$时（P母线上的综合零序阻抗为零），只要$Z_{0L3}>0$，N端零序方向继电器就可判为正方向短路。

为解决同杆并架线路是强磁弱电联系时，非故障线路的纵联零序方向保护的误动。一个方法是不采用纵联零序方向保护而采用纵联负序方向保护。如果线路有良好的换位的话，同杆并架线路理想情况下线间负序互感阻抗是零。因此故障线路的负序电流并不会在非故障线路中产生负序的感应电动势，就不会造成负序方向元件的动作，纵联负序方向保护就不会误动。当然实际上即使有良好的换位，线路的几何位置不同也不可能完全被补偿，所以线间负序互感阻抗也不是绝对是零。但是故障线路的负序电流在非故障线路上产生的负序感应电动势其数值也很小，可以靠负序电压、负序电流的门槛防止负序方向元件误动。采用负序方向元件构成纵联负序方向保护也有一定的缺陷，例如由于算法需要的数据窗较长，因此短路时频率变化的影响，暂态电气量的影响也相对大一些。另外在单侧电源空载线路上发生短路时，负荷侧由于没有负序电流，所以负序方向元件动作不了。而如果负荷侧变压器中心点接地的话，此时纵联零序方向保护是可以正确动作的。所以如果用纵联负序方向保护与纵联零序方向保护联合起来，在不同的情况下选择不同的保护可能是一个明智的做法。

第四节 自动重合闸

一、自动重合闸的作用及应用

据统计，架空输电线路上有90%的故障是瞬时性的故障，如雷击、鸟害等引起的故障。短路以后如果线路两端的断路器没有跳闸，虽然引起故障的原因已消失，例如雷击已过去、电击以后的鸟也已掉下，但由于有电源往短路点提供短路电流，所以电弧不会自动熄灭，故障不会自动消失。等继电保护动作将输电线路两端的断路器跳开后，由于没有电源提供短路电流，电弧将熄灭。原先由电弧使空气电离造成的空气中大量的正、负离子开始中和，此过程称为去游离。等到足够的去游离时间后，空气可以恢复绝缘水平。这时如果有一个自动装置能将断路器重新合闸就可以立即恢复正常运行，显然这对保证系统安全稳定运行是十分有利的。将因故跳开的断路器按需要重新合闸的自动装置就称作自动重合闸装置。自动重合闸装置将断路器重新合闸以后，如果线路上没有故障，继电保护没有再动作跳闸，系统可马上恢复正常运行状态，这样重合闸就成功了。如果线路上是永久性的故障，例如杆塔倒地、带地线合闸，或者是去游离时间不够等原因，断路器合闸以后故障依然存在，继电保护再次将断路器跳开，这样重合闸就没有成功。据统计，重合闸的成功率在80%以上。

自动重合闸的作用有如下几点：

（1）对瞬时性的故障可迅速恢复正常运行，提高了供电可靠性，减少了停电损失。

（2）对由于继电保护误动、工作人员误碰断路器的操作机构、断路器操作机构失灵等原因导致的断路器的误跳闸可用自动重合闸补救。

（3）提高了系统并列运行的稳定性。重合闸成功以后系统恢复成原先的网络结构，加大了功角特性中的减速面积有利于系统恢复稳定运行。也可以说在保证稳定运行的前提下，采用了重合闸后允许提高输电线路的输送容量。

当然应该看到，如果重合到永久性故障的线路上，系统将再一次受到故障的冲击，对系统的稳定运行是很不利的。但是由于输电线路上瞬时性故障的机率很大，所以在中、高压的架空输电线路上除某些特殊情况外普遍都使用自动重合闸装置。

对发电机、变压器来说，因为它都有金属护壳，不会受动物等外界因素侵害，在发电厂、变电站内防雷设施以及维护、管理也较好，所以它发生的故障绝大多数是永久性故障。如果也采用自动重合闸装置，绝大多数情况将是重合在永久性故障上。非但系统又受到一次冲击，而且电气设备内部将会再一次受到电弧灼伤和电动力的损伤。这对价格比较昂贵、检修比较复杂的发电机和变压器来说是很不利的。所以在发电机和变压器上不装自动重合闸装置。

母线是一个重要的电气设备，相对在野外运行的输电线路而言安装在变电站内部的母线在防雷、维护等运行环境上要好得多。但大多数母线不是封闭式的母线，所以母线上的永久性故障的几率比输电线路要多，但少于发电机、变压器。由于母线上连接的电气设备众多，如果重合在永久性故障的母线上将给系统带来巨大影响，所以目前大多数系统母线上不用自动重合闸。

输电线路的重合闸根据重合闸的次数又可分为一次重合闸和二次重合闸。所谓二次重合闸是当重合闸一次以后如果保护又将断路器跳开，自动重合闸可再发第二次合闸命令。考虑到对于真正的永久性短路，这样做的后果是系统将在短时间内连续受到三次短路的冲击，对系统稳定很不利，断路器也需要在短时间内连续切除三次短路电流，所以二次重合闸使用得很少。只有在单侧电源终端线路上且当断路器的断流容量允许的情况下才可以采用二次重合闸。为了实现一次重合闸，往往采用“重合闸是否充满电”的原理。当手动合闸或者自动重合闸后，如果一切正常重合闸开始“充电”。只有充电时间大于 10～15s 后方才“充满电”。当重合闸发合闸命令前先要检查一下是否充电时间大于 10～15s，只有充电时间大于 10～15s 方才允许发合闸命令。重合闸发出合闸命令时马上把“电放掉”。当断路器重合以后又重新开始充电，如果重合于永久性故障线路上，保护马上再次将断路器跳开。等重合闸再次发合闸命令前，检查充电时间大大低于 10～15s，所以不允许再发合闸命令，实现了一次重合闸的要求。为了在手动跳闸时不再重合，在手动跳闸时也应把“电放掉”。在模拟型保护中确实是用电阻、电容来实现充、放电的，重合闸发合闸命令时利用电容器上的电压对出口继电器放电。只有电容器充电时间大于 15s 后，电容器上电压才足够大，对出口继电器放电才足以使继电器动作。在微机保护中的重合闸程序中有一个计数器，用计数器的不断计数和清零来模拟电容器的充、放电。当手动合闸或者自动重合闸后，如果一切正常，计数器开始计数，模拟“充电”。重合闸发合闸命令前需检查计数器的计数是否达到 15s，得到肯定答复后才发合闸命令。需要“放电”时就把计数器清零。此外凡是需要闭锁重合闸时，就只要一直对计数器清零就可以了。显然用微机来实现“充、放电”要方便且准确多了。

二、自动重合闸方式及动作过程

输电线路自动重合闸在使用中有如下几种方式可供选择：三相重合闸方式；单相重合闸方式；综合重合闸方式和重合闸停用方式。在 110kV 及以下电压等级的输电线路上由于绝大多数的断路器都是三相操作机构的断路器。三相断路器的传动机构在机械上是连在一起的，无法分相跳、合闸。所以这些电压等级中的自动重合闸采用三相重合闸方式。为简化软件，在这些电压等级中的线路保护装置中可只做三相一次重合闸。在 220kV 及以上电压等级的输电线路上，断路器都是分相操动机构的断路器。三相断路器是独立的，因而可以进行分相跳、合闸。所以这些电压等级中的自动重合闸可以由用户选择重合闸的方式，以适应各种需要。在这些电压等级中的线路保护装置中的重合闸可由屏上转换开关或定值单中的控制字选择使用三重方式、单重方式、综重方式和重合闸停用方式。

当使用三相重合闸方式（三重方式）时，连保护和重合闸一起的动作过程是：对线路上发生的任何故障跳三相（保护功能），重合三相（重合闸功能），如果重合成功继续运行，如果重合于永久性故障再跳三相（保护功能），不再重合。

当使用单相重合闸方式（单重方式）时，连保护和重合闸一起的动作过程是：对线路上发生的单相接地短路跳单相（保护功能），重合（重合闸功能），如果重合成功继续运行，如果重合于永久性故障再跳三相（保护功能），不再重合。以前还曾经附加过这样的功能，即如果系统允许长期非全相运行也可以再次跳单相。但目前的情况是系统都不允许长期非全相运行，所以重合于永久性故障时都要求跳三相。对线路上发生的相间短路跳三相（保护功能），不再重合。使用单相重合闸方式可避免重合在永久性的相间故障线路上对系统造成的严重冲击。

当使用综合重合闸方式（综重方式）时，顾名思义是将三相重合闸与单相重合闸综合起来。此时连保护和重合闸一起的动作过程是：对线路上发生的单相接地短路按单相重合闸方式工作，即由保护跳单相（保护功能），重合（重合闸功能），如果重合成功继续运行，如果重合于永久性故障再跳三相（保护功能），不再重合。对线路上发生的相间短路按三相重合闸方式工作，即由保护跳三相（保护功能），重合三相（重合闸功能），如果重合成功继续运行，如果重合于永久性故障再跳三相（保护功能），不再重合。使用综合重合闸方式与使用三相重合闸方式一样，有可能重合在永久性的相间故障线路上，会对系统造成较严重的冲击。

这里再说一些历史上的情况。在整流型保护时代220kV及以上电压等级的线路保护中专门有一块综合自动重合闸屏。切换屏上的转换开关的位置可以根据需要采用三重、单重、综重和重合闸停用几种方式。当使用单重和综重方式时一定要选相，选相元件也装在综合重合闸屏内。这样做的目的一方面是为了在110kV和220kV线路上使用的保护屏完全一致，因为在保护屏上都没有选相元件。另一方面如果选相元件装在保护屏上，那么高频保护屏、距离保护屏和零序电流保护屏都各自要装选相元件，而选相元件是用硬件继电器实现的，这就显得十分累赘。把选相元件装在综合重合闸屏上后，当在110kV线路上应用时再在零序电流屏上增加一块三相重合闸继电器加上距离保护屏总共两块屏组成一套保护，这套保护无选相功能。在220kV线路上应用时是三块屏组成一套保护：高频保护屏、距离保护屏、零序电流保护和综合自动重合闸屏。选相元件装在综合重合闸屏上后，其他保护屏中没有选相元件，其跳闸线都要接到综合重合闸屏上，经由该屏上的选相元件选相后再去跳闸。在微机保护中选相元件只是一段程序，把选相功能安排在各自的保护内逻辑关系更加合理。而重合闸完全只是根据需要完成相应的重合功能。

三、自动重合闸的起动方式

自动重合闸的起动方式有下述两种：

（一）位置不对应起动方式

跳闸位置继电器动作了（TWJ=1），证明断路器现处于断开状态。但同时控制开关在合闸后状态，说明原先断路器是处于合闸状态的。这两个位置不对应，起动重合闸的方式称作位置不对应起动方式。用不对应方式起动重合闸后既可在线路上发生短路，保护将断路器跳开后起动重合闸，也可以在断路器“偷跳”以后起动重合闸。所谓断路器“偷跳”是指系统中没有发生过短路，也不是手动跳闸而由于某种原因例如工作人员不小心误碰了断路器的操动机构、保护装置的出口继电器接点由于撞击震动而闭合、断路器的操作机构失灵等原因造成的断路器的跳闸。发生这种“偷跳”时保护没有发出跳闸命令，如果不加不对应起动方式就无法用重合闸来进行补救。

上述不对应起动方式具体实现起来可以有多种形式，例如“控制开关在合闸后状态”既可以用合闸后的KK接点来判断，也可以用重合闸是否已充满电的条件来衡量。前者很容易理解，后者判别的原理是，只有原先在正常运行状态且三相断路器都在合闸位置时重合闸才能充满电，所以重合闸能充满电，表示控制开关在合闸后状态。在“跳闸位置继电器动作 TWJ = 1”的条件中还可加入检查线路无电流的条件以进一步确认断路器现处于断开状态，提高可靠性，防止由于 TWJ 继电器异常、接点粘连等使重合闸一直处于起动状态。

（二）保护起动方式

绝大多数的情况都是先由保护动作发出过跳闸命令后才需要重合闸发合闸命令的，因此重合闸可由保护来起动。当本保护装置发出单相跳闸命令且检查到该相线路无电流（一般称作单跳固定继电器 TG_{φ} 动作），或本保护装置发出三相跳闸命令且三相线路均无电流（一般称作三跳固定继电器 TG_{ABC} 动作）时起动重合闸。这是本保护的起动重合闸，是通过内部软件实现的，运行部门不必操心。此外还提供由其他保护装置动作后来起动本保护的重合闸功能。其他保护三相跳闸时 TJ_{ABC} 继电器动作，用 TJ_{ABC} 的接点作为本保护的“三跳起动重合闸”的输入，其他保护单相或三相跳闸时 TJ 继电器动作，用 TJ 的接点作为本保护的“单跳起动重合闸”的输入，本保护接收到“三跳起动重合闸”和“单跳起动重合闸”的开入量接点闭合的信息后再经本装置检查线路无电流后分别称作“外部三跳固定”和“外部单跳固定”，起动本装置的重合闸。由其他保护动作起动重合闸方式在已使用位置不对应起动方式的情况下可以不用。因为位置不对应起动方式的功能已可代替其他保护动作起动方式的功能。

用保护起动重合闸方式在断路器偷跳时无法起动重合闸。

四、自动重合闸动作时间整定中应考虑的问题

微机保护的重合闸是在断路器主触头断开，并且判别线路无电流后才开始计重合闸的延时的，因为这才真正意味着本端断路器已跳开了。所以重合闸的时间是从此时开始到重合闸装置发出合闸脉冲之间的时间。那么线路上发生故障保护将断路器跳开以后，什么时间才允许断路器重新合闸？只有在两端断路器都已跳闸后电弧才开始熄灭，所以首先要考虑电弧熄灭的时间。电弧熄灭以后短路点才开始去游离，所以再要考虑去游离时间，至此空气才恢复绝缘水平。上述两个时间之和称作断电时间。考虑了断电时间以后再加上足够的裕度时间才允许断路器合闸，这样才能提高重合闸的成功率。

（一）单侧电源线路上三相重合闸时间的考虑

单侧电源线路上电源侧断路器跳开以后短路点电弧开始熄灭。所以三相重合闸的时间应为断电时间加上裕度时间减去断路器的固有合闸时间。之所以要减去断路器的固有合闸时间是因为当断路器收到合闸脉冲到断路器主触头闭合的这段断路器的合闸时间是与故障点的去游离同时进行的。此外重合闸的时间还应校核一下是否大于断路器及操作机构复归原状准备好再次动作的时间与裕度时间之和。因为只有断路器及操作机构复归原状准备好再次动作以后接到合闸脉冲才能执行合闸操作。

（二）双侧电源线路上重合闸时间的考虑

双侧电源线路与单侧电源线路上重合闸时间考虑的区别在于下述两点：

（1）如果对端保护动作的时间大于本端保护的动作时间，那么在重合闸时间中应把对端保护动作的延时考虑进去。因为重合闸时间是在本端断路器跳开以后就开始计时了，这时短路点可能还没有开始熄弧。而只有在对端断路器也跳开以后短路点才开始熄弧和去游离的，所以应把对端保护的动作时间考虑进去。如果线路上有纵联保护，由于纵联保护可以瞬时切除本线路全长范围内的故障，所以线路上发生短路时两端保护几乎是同时发出跳闸命令的，因而这个因素可以不考虑。如果线路上没有纵联保护，只有反应一端电气量变化的距离、零序电流保护。由于这些保护都是多段式的保护，那么线路上短路时本端用第Ⅰ段保护切除故障，对端可能是用第Ⅱ段保护延时切除故障。所以在重合闸的时间中应将对端保护中对全线有足够灵敏度的延时段的延时考虑进去。因此线路上没有纵联保护时，重合闸时间要长一些。

（2）在使用单相重合闸方式和综合重合闸方式时要考虑潜供电流的影响。在单相重合闸方式和综合重合闸方式中，线路上发生单相接地短路时两端保护都只跳单相。在图3－90中在两端单相跳闸后由于线路上另外两相还有电压。另外两相的电压通过相间电容与另外两相电流通过相间互感向短路点提供短路电流。该电流是分布性的并没有明显的电路通道，所以称为潜供电流。另外两相电压通过相间电容提供的潜供电流称作潜供电流的横向分量。这部分电流比较大，与短路点的位置无关。另外两相电流通过相间互感在故障相上产生感应电动势向短路点提供的潜供电流称作潜供电流的纵向分量。这部分电流比较小，且与短路点位置有关。由于潜供电流的影响使短路点的电弧熄灭时间加长，因而重合闸的时间也应长一些。在三相重合闸方式中，线路上发生单相短路时也是三相跳闸的。两端都三相跳闸后三相都无电压、电流，因而不存在潜供电流，重合闸的时间可以短一些。目前，在超高压、特高压线路上，有些地方使用了中性点带小电抗的并联电抗器来补偿潜供电流中的横向分量。这样可减少潜供电流，缩短短路点电弧的熄灭时间。

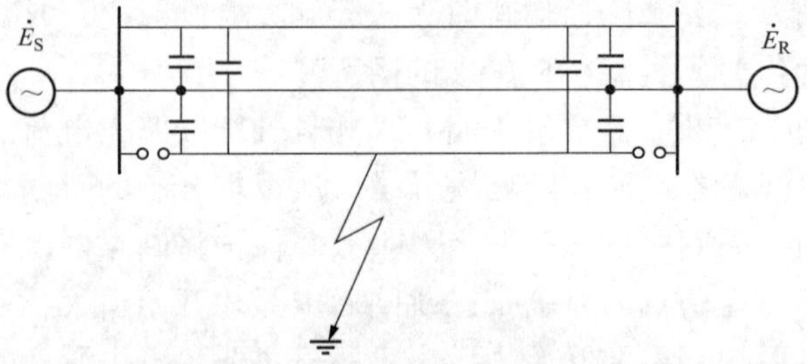

图3－90 潜供电流示意图

综合上述，在双侧电源线路上重合闸时间的计算公式为：

$$t_{set.min} = t_n + t_d + \Delta t - t_k \tag{3-215}$$

式中 $t_{set.min}$——最小重合闸整定时间；

t_n——对端保护对全线故障有足够灵敏度的延时段的动作时间。对有纵联保护的线路该值可取为零。对没有纵联保护的线路该值可取对端对全线故障有足够灵敏度的保护的最长的整定时间；

t_d——断电时间。是短路点熄弧时间和短路点的去游离时间之和。在≤220kV线路中的三相重合闸，取值不小于0.3s。220kV线路中的单相重合闸，考虑潜供电流的影响后取值不小于0.5s。330～550kV线路单相重合闸，根据线路长短及有无辅助消弧措施（如有没有中性点带小电抗的并联电抗器）而定；

Δt——裕度时间；

t_k——断路器的固有合闸时间。

需要指出，规程规定在220～500kV电网中的发电厂出线或密集型电网的线路上的检查无电压的重合闸时间一般整定10s。在3～110kV电网中，大型发电厂出线三相自动重合闸的时间也一般整定 10s。这么长的重合闸时间是为了减少发电机的疲劳损耗，确保机组的安全。过去一般都认为，在发电机出口发生三相短路时发电机轴上承受的机械应力最大。但后来许多国家对大机组轴应力的研究表明次同步谐振是损坏大轴的原因，而且发现在高压线路出口发生三相短路以及其他特殊运行操作方式下，例如短路切除后又重合于永久性的三相短路情况下发电机轴上承受的机械应力远大于发电机出口三相短路时承受的机械应力。当高压线路出口发生三相短路时，故障开始瞬间就产生突然的扭矩传到轴机械系统，该扭矩的幅值随时间变化以该机组轴系的自然扭振频率振荡并以（2.5～10）s 的时间常数衰减。由于时间常数很长，衰减很慢。当故障切除时将再次产生一个扭矩，这第二次扭矩再叠加到正在扭振中的轴系上有可能使扭振的幅度进一步加大（当然也可能减小）。故障切除后如果经不长的时间又重合，且重合到永久性的三相短路上，随后保护再次切除，这中间又先后产生二次扭矩。这种多次扭振的叠加，如果恰好扭振幅度也是同向叠加，将使发电机的疲劳损耗增大，给发电机造成致命的损伤。研究还表明，如果发生的是单相接地短路或是两相短路、如果故障在高压线路较远处，发电机承受的轴扭矩将减小很多。但是由于发电机的重要性必需考虑可能发生的最严重的情况，因而 1982 年美国 IEEE 专门组织工作组对重合闸问题进行研究并提出报告，对发电机高压出线上的重合闸建议：① 三相跳闸后重合闸用检查同期方式，确保重合在完好线路上。② 将三相重合闸的时间取 10s 或更长时间，使第一次故障及切除产生的扭矩衰减以后再重合。③ 使用单相重合闸，相间故障三跳后不重合。④ 不用重合闸。我国大多数电网规定发电厂出线三相重合闸的时间整定为 10s。我国有的电网还采用另外的方法，在发电厂出线三相跳闸后再判断一下故障类型，如果是单相接地短路，采用检查线路有电压重合闸；如果是相间故障，采用检查同期重合闸。经过这样检查以后证明对端已重合成功，线路上已没有故障。发电厂端再重合，发电机不会再次叠加扭振，保证了发电机的安全。

五、双侧电源线路三相跳闸后的重合闸检查条件

在单侧电源线路上电源侧保护中的重合闸只要等够重合闸的延时就可以发合闸命令，因为不存在同期问题。在双侧电源线路中使用单相重合闸方式或综合重合闸方式时，如果是单相跳闸，重合闸也只要等够重合闸的延时就可以发合闸命令，因为两侧系统的三相中有两相原本就一直联系着的，第三相也无必要再去检查同期。可是在双侧电源线路上发生三相跳闸后，两侧系统可能无任何联系，重合闸在合闸时就需要考虑同期问题。否则的话，当两侧电动势相位相差较大时合闸将会产生很大的冲击电流（在相差 180°时冲击电流最大）影响电气设备的寿命，此外还可能会引起系统振荡。在 20 世纪 50 年代我国电力系统中曾使用过非同步重合闸和快速三相一次重合闸。重合时不作同期检查，经过一定时间就发合闸脉冲。但使用前要作冲击电流的校验，只有计算得到的最大的流过发电机、变压器的冲击电流小于一定的值才允许使用。使用非同步重合闸时只要短路前线路输送功率小于一定值时，即使在两侧电动势相位相差 180°时合闸也可以实现再同步。后来非同步重合闸逐渐转为快速三相一次重合闸。快速三相一次重合闸是在线路上装设有纵联保护和能快速动作、消弧的断路器的前提下使用的。这样发生短路后可以快速切除故障并再快速合闸，两侧电动势夹角尚不致拉开得很大，容易再同步。这种重合闸在当时单相重合闸和综合重合闸尚未采用或采用得还不太多的情况下，发挥了很大作用。1961 年我国研究并使用单相重合闸获得成功，从 20 世纪 60 年代起单相重合闸得到广泛的使用，三相重合闸就不再使用快速的三相重合闸，而使用满足某些检查条件的慢速的三相重合闸。

目前在系统中使用的在三相跳闸后重合闸的检查条件有下述几种：

（一）检查线路无压和检查同期重合闸

这是目前应用最多的一种检查条件的重合闸。设图3－91中MN线路的M端装有检查线路无压重合闸，N端装有检查同期重合闸。当MN线路上发生短路，两端三相跳闸后，线路上三相电压为零。所以M端检查到线路无电压满足了检查条件，经三相重合闸动作时间后发合闸命令。随后N端检查到母线、线路均有电压，且母线与线路的同名相电压的相角差在整定值中规定的允许范围内，经三相重合闸动作时间后即可发出合闸命令，这时N端合闸是满足同期条件的。使用这种检查条件的重合闸一定要给装置既提供母线电压，也要提供线路电压。

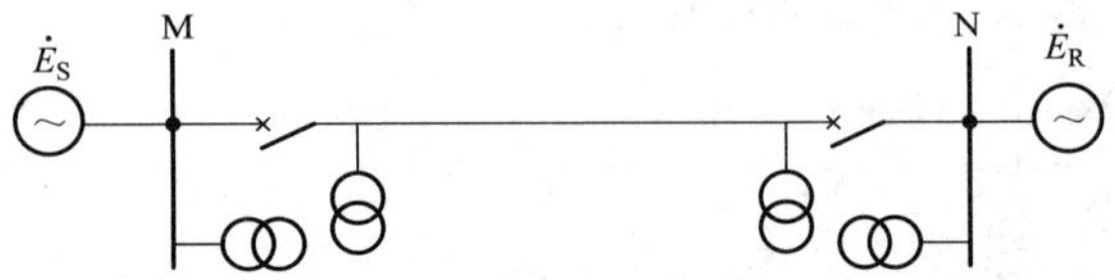

图3－91　检查线路无压和检查同期重合闸

从上述动作过程可以看出，检查线路无电压端总是先重合的。因此该端有可能重合在故障线路上再次跳闸。所以该端断路器有可能在短时间内需切除两次短路电流，工作条件相对恶劣。检查同期端是在线路有压且满足同期条件后才重合的，所以肯定重合在完好的线路上，断路器的工作条件相对好一些。为了均衡负担，检查线路无压端和检查同期端可定期倒换。但是如果是发电厂的出线，该端一般都定为检查同期端。

为了在断路器“偷跳”后能用重合闸补救，一般在检查线路无压端将检查同期的功能也投入。因为否则在断路器“偷跳”后由于线路一直有电压，重合闸无法发合闸命令。投入检同期的功能后就可用检查同期的方法重合。需要特别指出，在检查同期端检查线路无电压的功能千万不能投入。否则两端均有检线路无电压的功能，在两端断路器跳闸后两端可能同时合闸造成非同期合闸。

目前在线路保护中，均提供了上述两种检查条件的重合闸。检查线路无电压的条件是：线路电压小于30V，同时线路TV没有断线。检查同期的条件是：首先线路、母线电压都大于40V，再满足线路和母线同名相电压的相位差在定值整定的范围内。目前要求检查同期重合闸中提供给保护的线路电压可以是任一相电压或任一相间电压，保护应有自适应功能。如果定值单中的同期合闸角为φ_{set}，正常运行时保护测量到的线路电压与母线A相电压的夹角为φ。在检同期时只要测量到线路电压与母线A相电压的夹角在（$\varphi-\varphi_{set}$）至（$\varphi+\varphi_{set}$）的范围内即认为满足同期的条件。

（二）重合闸不检方式

对于不存在同期问题的线路上的重合闸在三相跳闸后可采用重合闸不检方式。例如在单侧电源线路上的重合闸，就可采用此种方式。这种方式的重合闸，只要起动以后经过延时就可发合闸命令。

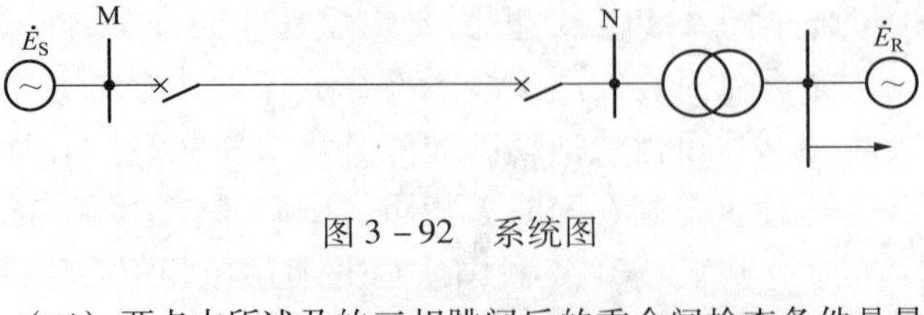

图3－92　系统图

注　在上述（一）、（二）两点中所述及的三相跳闸后的重合闸检查条件是最常用的几种，给使用也会带来很多方便。例如在图3－92系统中，如果$\dot{E}_S$电源是一直有的，$\dot{E}_R$电源有时存在有时不存在。在

MN线路上用上述的重合闸时，N端的重合闸投入“重合闸不检方式”。M端的重合闸在 $\dot{E}_R$ 电源存在时投入“检同期方式”，这样线路上短路三相跳闸后N端按重合闸不检方式先合，然后M端再检同期合闸。M端的重合闸在 $\dot{E}_R$ 电源不存在时投入“重合闸不检方式”，这样线路上短路三相跳闸后如果N端重合闸时间短，N端按重合闸不检方式先合，M端按重合闸不检方式后合。如果M端重合闸时间短，M端按重合闸不检方式先合，N端按重合闸不检方式后合。

在这里还要说明一些情况。在220kV及以上电压等级的线路保护，在软件编写中一般都把保护使用电压的TV认为是“母线TV”，重合闸中使用的另一侧TV认为是“线路TV”。如果在220kV及以上电压等级线路上的保护使用线路TV，而重合闸还要用上述保护装置中的重合闸时，上述保护将把线路TV认为是“母线TV”。这样在三相跳闸后检查线路无电压时，对保护来说是检查“母线TV”无电压。因此在这些保护定值单中选择投“检无压方式”时，保护的做法是检查“母线TV”电压小于30V。所以为了既满足保护使用母线TV，又满足保护使用线路TV的情况，在这些保护装置中的重合闸实际按检查线路电压或母线电压小于30V时认为检无压条件满足。

（三）“检线无压母有压”方式、“检母无压线有压”方式、“检线无压母无压”方式

有些厂家在110kV线路和110kV以下小接地电流系统线路上使用的微机保护中除“检同期方式”、“重合闸不检方式”外还提供了“检线无压母有压”方式、“检母无压线有压”方式、“检线无压母无压”方式这样一些重合闸检查条件的方式。所谓有压就是电压大于40V；所谓无压就是电压小于30V，且无相应的TV断线。在110kV线路和110kV以下线路上保护都使用母线TV 。“检线无压母有压”方式可用在双侧电源线路要求先重合的一侧。“检母无压线有压”方式可用于单侧电源的受电侧，在电源侧先重合成功后再重合。“检线无压母无压”方式是检查线路、母线均无压时才能重合，可用于单侧电源的受电侧希望先重合的情况。此外上述三种方式还可加以组合。当同时投入“检线无压母有压”、“检线无压母无压”方式，就是检线路无压方式。此时母线有无电压都可以，但一定要线路无压才满足检查条件。当同时投入“检母无压线有压”、“检线无压母无压”方式，就是检母线无压方式。此时线路有无电压都可以，但一定要母线无压才满足检查条件。同时投入“检线无压母有压”、“检母无压线有压”和“检线无压母无压”就是检线路或母线任一无压方式。线路和母线无论是哪一个无压或者两者都无压都满足检查条件。这时的情况就相当于220kV及以上线路保护中的“检无压方式”。

（四）检相邻线有电流方式

这种重合闸检查条件用在双回线路上。当双回线路中某一回线发生短路并两端三相跳开时，两侧系统还经过另一回线联系在一起。此时断开的线路上的重合闸只要检查另一回线有电流，从而确认另一回线处于运行状态，就可认为满足检查条件。此时两侧系统并没有失去联系，所以经延时可发出合闸命令。

六、重合闸的前加速和后加速

（一）重合闸前加速

在图3－93的低压电网单侧电源线路上，如果只装有简单的电流速断和过电流二段式的电流保护。电流速断保护只能保护本线路的一部分。而过电流保护的保护范围虽然很长，但动作时间按阶梯形时限特性配合。如果串接的线路很多，将造成电源侧的1号过电流保护的动作时间十分长。这样即使在本线路末端短路时，1号断路器切除故障的时间也将很长，对供电可靠性十分不利。这时可在1号保护处加一套重合闸装置，其他保护处不配置重合闸装置。1号的过电流保护在重合闸前是瞬时动作的，重合于故障线路后它的动作时限才是按阶梯时限特性配合的时限。这样无论是本线路的 K_1 点短路还是其他线路的 K_2 点短路，1号的

过电流保护动作都可以瞬时切除故障。尽管这可能会造 K_2 点短路时非选择性跳闸，但故障切除很快。K_2 点短路的非选择性跳闸再用重合闸来补救。1 号断路器跳闸后由重合闸使它重合，对于绝大多数的瞬时性故障可立即恢复正常运行。如果重合于永久性故障上，1 号的过电流保护再按配合的整定时间动作，可保证选择性。由于带延时的保护在重合闸前动作是瞬时的，所以这种加速方式称作重合闸前加速。这种加速方式第一次跳闸虽然快但有可能是非选择性跳闸，例如在远处的 K_2 点短路，1 号断路器非选择性跳闸后，将造成 N、P、Q 几个变电站全部停电。所以这种加速方式只在不重要用户的直配线路上使用。

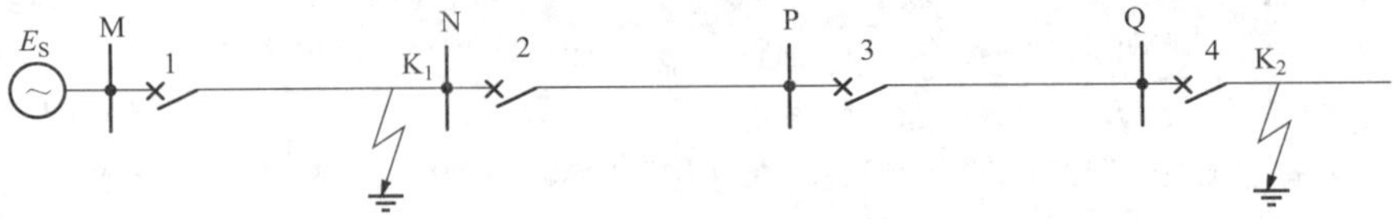

图 3－93　低压电网单侧电源线路的重合闸前加速示意图

（二）重合闸后加速

在图 3－94 中各处的多段式的保护均按其整定配合的时限动作，所以线路上故障时，第一次跳闸是有选择性的。对图中的 K 点短路，如果 3 号保护或 3 号断路器因故拒动，故障再由 1 号的Ⅱ段或Ⅲ段保护经延时切除。随后 1 号断路器重合。如果重合于永久性故障上，此时 3 号保护或 3 号断路器很可能还是继续拒动，这样故障还是应该由 1 号的Ⅱ段或Ⅲ段保护来切除。既然如此，1 号的Ⅱ段或Ⅲ段保护就不必再等延时而应该瞬时跳闸，加速切除故障。由于延时段的保护是在重合闸以后才加速跳闸的，所以把它称作重合闸后加速。重合闸后加速方式在逻辑上讲也是完全合理的，因此得到了广泛的应用。重合闸后加速主要有加速零序电流保护和加速距离保护两种。加速零序电流保护可以加速零序电流保护的后备段，也可以加速定值单独整定的零序电流加速段。加速距离保护可以加速距离保护第Ⅱ段，也可以加速距离保护第Ⅲ段。但加速距离保护时要考虑是否要经振荡闭锁控制。在单相跳闸重合时或虽然是三相跳闸重合但重合后不会发生振荡时，可以加速不经振荡闭锁控制的Ⅱ段或Ⅲ段。在三相跳闸重合但重合后有可能发生振荡的情况下只能加速经振荡闭锁控制的Ⅱ段或Ⅲ段，以防止重合后系统振荡时被加速的距离Ⅱ段或Ⅲ段误动。

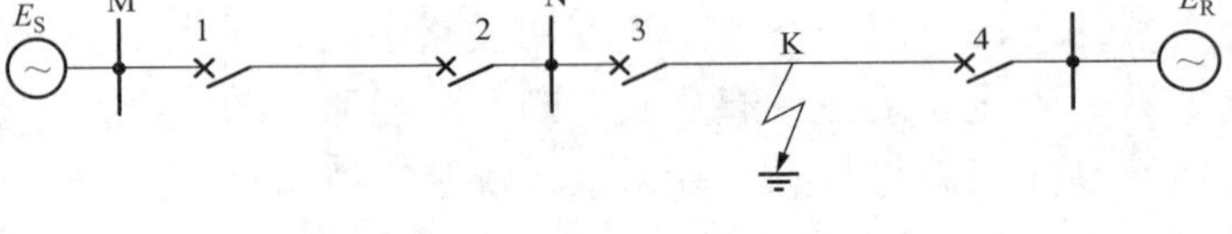

图 3－94　重合闸后加速示意图

七、重合闸的充电与闭锁

（一）重合闸的充电

在本节一中已述及，为了保证重合闸只重合一次，在微机重合闸中有一个计数器。利用计数器的计数与清零来模仿模拟型重合闸中的电容的充、放电。在手动合闸或自动重合闸后如果一切正常，重合闸开始充电，计数器开始计数。保护装置只有同时满足下列条件重合闸才允许充电：① 重合闸的压板在投入状态。② 三相断路器的跳闸位置继电器都未动作，$TWJ_{A.B.C}=0$。三相断路器都在合闸状态。③ 没有断路器压力低闭锁重合闸的开关量输入。只有断路器正常状态下油压或气压高于允许值时，断路器才允许重合闸，才允许充电。

④ 没有外部的闭锁重合闸的输入。例如没有手动跳闸、没有母线保护动作输入、没有其他保护装置的闭锁重合闸继电器（BCJ）动作的输入等。⑤ 当本装置重合闸采用综合重合闸或三相重合闸方式时，没有线路 TV 断线的信号。这是由保护装置自已判别的。因为当本装置重合闸采用综合重合闸或三相重合闸方式时，在三相跳闸以后使用检线路无压或检同期重合闸时要用到线路 TV。此时只有判断线路 TV 没有断线时才允许进行重合闸，也才允许重合闸充电。重合闸在满足上述充电条件 10 ~ 15s 后充电完成，才允许重合。

（二）重合闸的闭锁

在正常运行和短路故障运行状态下出现不允许重合闸的情况时，应立即放电，将计数器清零，闭锁重合闸。在保护装置中当出现下述情况之一时应闭锁重合闸：

（1）有外部闭锁重合闸的输入。例如在手动跳闸时、在母线保护动作时、在其他保护装置的闭锁重合闸继电器（BCJ）动作时等作为闭重沟三的开入量闭锁本重合闸。当双重化的另一套保护装置中出现下述（2）、（3）两种情况时，闭锁重合闸继电器 BCJ 起动，它的接点作为本装置的闭重沟三的开入量。

（2）由软压板控制的某些闭锁重合闸条件出现时。例如相间距离第Ⅱ段、接地距离第Ⅱ段、零序电流第Ⅱ段三跳、选相无效、非全相运行期间的故障、多相故障、三相故障这些情况都有软压板由用户选择是否闭锁重合闸。如果这些软压板置“1”时，出现上述情况都三跳同时闭锁重合闸。

（3）出现一些不经过软压板控制的严重故障时，三相跳闸同时闭锁重合闸。例如零序电流保护第Ⅲ段和距离保护第Ⅲ段动作后，由于故障时间很长故障地点也有可能在相邻变压器内，所以不用重合闸。手动合闸或重合闸于故障线路上时闭锁重合闸，因为在手动合闸或重合闸瞬间同时又发生瞬时性的故障的几率是十分小的，此时的故障往往是原先就存在的永久性故障，所以应该闭锁重合闸。单相跳闸失败持续 200ms 有电流引起的三跳、单相运行持续 200ms 引起的三跳也都闭锁重合闸，因为此时可能断路器本身有故障。在 TV 断线期间发生的三跳，不再重合。因为 TV 断线后发生的三相跳闸若需要重合无法实现检查条件。

（4）收到线路 TV 断线信号时。

（5）当重合闸发合闸命令时。此举可以保证只重合一次。

（6）使用单重方式而保护三跳时。

（7）本装置重合闸退出时。屏上的重合闸方式切换开关置于停用位置或定值单中重合闸投入控制字置“0”时表明本重合闸退出，立即放电。

（8）闭重沟三压板合上时。当需停用本线路的重合闸时该压板合上。此时本装置重合闸也放电，闭锁重合闸。同时任何故障保护都三跳。

（9）当闭重三跳软压板置“1”时，闭锁重合闸。此功能与闭重沟三硬压板功能相同。

（10）在起动元件未起动的正常运行程序中发现三相跳闸位置继电器处于动作状态，$TWJ_{A.B.C}=1$ 时。这种情况说明手动跳闸后本线路尚未投入运行。

（11）在起动元件起动后的故障计算程序中发现跳闸位置继电器处于动作状态，TWJ = 1 且无流，随后又出现有电流时。有些厂家在设计重合闸时允许双重化的两套保护装置中的重合闸同时都投入运行，以使重合闸也实现双重化。此时为了避免两套装置的重合闸出现不允许的两次重合情况，每套装置的重合闸在发现另一套重合闸已将断路器合上后，马上放电闭锁本装置的重合闸。为此增加上面的一个闭锁重合闸的条件。满足上述条件时说明双重化的另外一套保护已发出合闸命令且断路器已合闸了。此时马上放电，闭锁本套重合闸可防止二次重合。如果双重化的两套保护装置用了一套已采用上述措施的重合闸，又用了一套未采用上述措施的重合闸，仍应考虑防止二次重合的问题。这时一种方法是停用未采用上述措施的重合闸（但不能任何故障都三跳）或停用已采用上述措施的重合闸，但这将失去重合闸双重化的功能。另一种方法是将已采用上述措施的重合闸动作时间整定得长一些，两套重合闸可同时都投入使用。另一套重合闸重合后已采用上述措施的重合闸不会再发合闸命令。

八、3/2 接线方式对重合闸和断路器失灵保护的要求

一般的输电线路保护要发跳闸命令时只跳本线路的一个断路器，重合闸自然也只重合这个断路器，所以重合闸按保护配置。对微机型重合闸来说就与微机保护做在一起。可是有些输电线路保护要发跳闸命令时要跳两个断路器，例如在图 3－95 所示的 3/2 接线方式中。图中线路 L_1 一端的保护要发跳令时，要跳 1 号、2 号两个断路器，重合闸自然也要合这两个断路器。

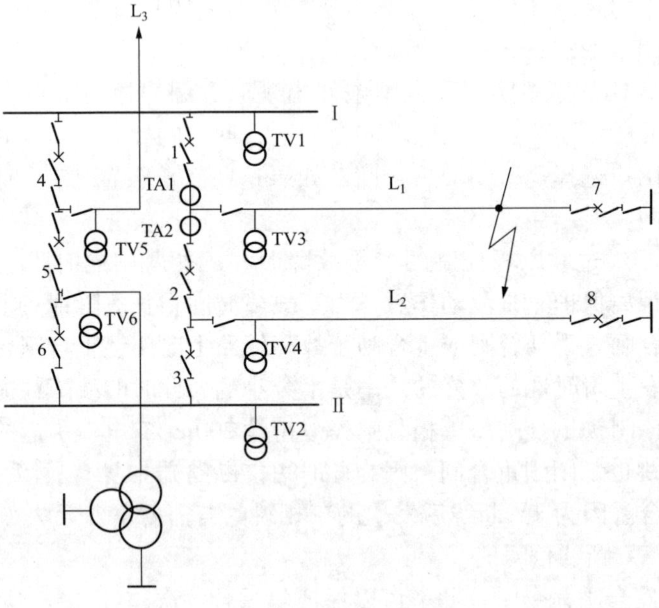

图 3－95　3/2 接线方式

再来看断路器失灵保护。如果在 L_1 线路上发生短路，线路保护跳 1、2 两个断路器。假如 1 号断路器失灵，为了短路点的熄弧，1 号断路器的失灵保护应将 Ⅰ 母上所有断路器（如图中 4 号断路器）都跳开。如果 Ⅰ 母上发生短路，母线保护动作跳母线上所有断路器。假如此时 1 号断路器失灵，为了短路点的熄弧，1 号断路器的失灵保护应将 2 号断路器跳开，并远跳 7 号断路器。所以边断路器的失灵保护动作后应该跳开边断路器所在母线上的所有断路器和中断路器，并远跳边断路器所连线路的对端断路器（如果边断路器所连的是变压器，则跳变压器各侧断路器）。再来看 2 号断路器失灵，如果在 L_1 线路上发生短路，线路保护跳 1、2 两个断路器。假如此时 2 号断路器失灵，为了短路点的熄弧，2 号断路器的失灵保护应将 3 号断路器跳开，并远跳 8 断路器。所以中断路器的失灵保护动作后应该跳开它两侧的两个边断路器，并远跳与它相连的线路对端断路器（如与它相连的是变压器，则跳变压器各侧断路器）。

现在回过头来再来看重合闸。如果在 L_1 线路上发生短路，线路保护跳 1、2 两个断路器后，到底是先合边断路器 1 还是先合中断路器 2？还是两个一起合？如果先合中断路器 2，而又是重合于永久性故障上，保护再去跳2号断路器，如果万一此时2号断路器失灵，2号断路器的失灵保护再将3、8号断路器跳开，这将影响L_2连接元件的工作。所以不能先合中断路器2。如果先合边断路器1，也是重合于永久性故障上，保护再去跳1号断路器，如果万一此时1号断路器失灵，1号断路器的失灵保护再将Ⅰ母上所有断路器（如图中4号断路器）都跳开，L_2连接元件与其他各连接元件的工作都不受影响。所以当线路保护跳开两个断路器后应先合边断路器，后合中断路器。如果边断路器重合不成功，合于故障线路，保护再次将边断路器跳开，此时中断路器就不再重合而且发三跳命令。

由于图3－95中与L_1线路相连的有1号、2号两个断路器，两个断路器都要进行重合，且两个断路器的重合有一个先后顺序问题，因此重合闸不应设置在线路保护装置内，而应按断路器单独设置。此外这两个断路器的失灵保护跳闸对象也不一样，所以失灵保护也应按断路器单独设置。因此一般在3/2接线方式中，把重合闸和断路器失灵保护做在单独的一个装置内，称作断路器保护装置，在每一个断路器处配置一套该装置。有关断路器保护的内容请参阅本书第四章。

九、220kV及以上电压等级同杆并架双回线路的按相自动重合闸方式

（一）同杆并架双回线路上按常规原理构成的保护和重合闸会产生的问题

（1）在发生跨线故障时可能会同时切除两回线。在同杆并架线路上出现跨线故障时，反应一端电气量的选相元件有时无法实现正确的选相。例如在图3－96中N端出口发生ⅠBⅡCG（指Ⅰ回线的B相和Ⅱ回线的C相短路接地）的跨线故障与在N端出口发生Ⅰ回线的BC两相接地短路相比较，M端Ⅰ回线中B、C相流过的电流I_{1MB}、I_{1MC}是完全相同的，M端母线上的电压也是完全相同的。因此M端Ⅰ回线中的反应一端电气量变化的选相元件无法区别是本线路末端的B、C两相接地短路还是线路末端的B、C跨线接地短路。按原来的保护配置，在发生这种跨线故障时两条线路都将三跳且不再重合（采用单相重合闸方式）。其实在发生上述跨线故障时，如果Ⅰ回线两端跳B相，Ⅱ回线两端跳C相，故障就可被切除。两侧母线间还有四根导线相连，还包括一个完整的三相，这对安全稳定运行是很有利的。

（2）重合闸可能合闸于永久性的相间故障上。在220kV及以上电压等级线路上，很多系统为了避免重合于永久性的相间短路给系统带来的严重冲击，往往采用相间故障不重合的措施（使用单相重合闸方式）。可是在同杆并架线路上发生跨线故障时，即使保护装置可以选跳故障相（例如采用分相电流差动保护），例如在图3－96中Ⅰ回线跳B相，Ⅱ回线跳C相，两条线路都同时重合还是可能合于永久性的B、C两相跨线故障线路上。

（3）同杆并架线路上线间互感较大，另一回线路的零序电流通过线间互感在本线路上产生的感应电压将改变线路上的压降，从而影响接地阻抗继电器的测量阻抗。例如在图3－96中，如果发生的是跨线的金属性两相接地短路，则M母线的B相电压为：

$$\dot{U}_{MB}=(\dot{I}_{\text{I}MB}+K3\dot{I}_{0\text{I}}+K'3\dot{I}_{0\text{II}})Z_{\text{I}K} \tag{3-216}$$

式中　$\dot{I}_{0\text{I}}$、$\dot{I}_{0\text{II}}$——Ⅰ回线、Ⅱ回线的零序电流；

K——Ⅰ回线的零序电流补偿系数。

$K'=\dfrac{Z_m}{Z_{\text{I}K}}$，其中$Z_m$是在$Z_{\text{I}K}$范围内两回线的线间互感阻抗（每相值）。

因此第Ⅰ回线M端B相接地阻抗继电器，由于没有采用另一回线的零序电流进行补偿，其测量阻抗为：

$$Z_{\mathrm{m\,I\,MB}}=\frac{\dot U_{\mathrm{MB}}}{\dot I_{\mathrm{I\,MB}}+K3\dot I_{0\,\mathrm{I}}}=\frac{(\dot I_{\mathrm{I\,MB}}+K3\dot I_{0\,\mathrm{I}}+K'3\dot I_{0\,\mathrm{II}})}{\dot I_{\mathrm{I\,MB}}+K3\dot I_{0\,\mathrm{I}}}Z_{\mathrm{I\,K}}$$

$$=Z_{\mathrm{I\,K}}+\frac{K'3\dot I_{0\,\mathrm{II}}}{\dot I_{\mathrm{I\,MB}}+K3\dot I_{0\,\mathrm{I}}}Z_{\mathrm{I\,K}} \qquad (3-217)$$

从式（3－217）中可见，第Ⅱ回线路的零序电流通过线间互感会影响第Ⅰ回线路接地阻抗继电器的测量阻抗。如果 $\dot I_{0\,\mathrm{II}}$ 与 $\dot I_{0\,\mathrm{I}}$ 相位相同，例如对 M 端保护来说，远处的本线路的接地故障或是线路末端的跨线接地故障（后者如图 3－96 所示情况），则测量阻抗将增大。物理概念是另一回线的零序电流起了助磁作用，使线路上的压降增大。如果 $\dot I_{0\,\mathrm{II}}$ 与 $\dot I_{0\,\mathrm{I}}$ 相位相反，例如对 M 端保护来说，本线路近处的接地短路，则测量阻抗将减少。物理概念是另一回线的零序电流起了去磁作用，使线路上的压降减少。另外在本线路近处的跨线接地故障时，分析表明，两回线的零序电流相位虽然不是完全相反，但是零序电流的相位差也较大，另一回线的零序电流也起了去磁作用，使测量阻抗的值减少。

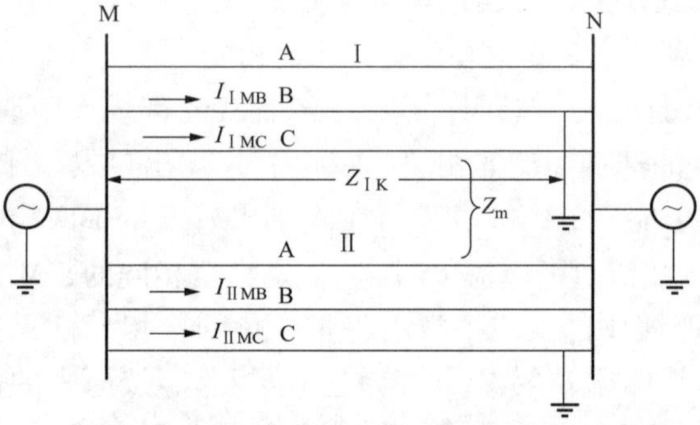

图 3－96 同杆并架双回线的跨线故障

此外如果线路上发生的是跨线的不接地的两相短路，例如ⅠBⅡC 故障。装于Ⅰ回线 M 端的 BC 相的相间阻抗继电器，电压用的是母线 M 处的 $\dot U_{\mathrm{BC}}$ 电压，电流用的是本线路的 $\dot I_{\mathrm{I\,MB}}-\dot I_{\mathrm{I\,MC}}$ 电流，其测量阻抗就不是短路点到保护安装处的正序阻抗。因为只有电流用 $\dot I_{\mathrm{I\,MB}}-\dot I_{\mathrm{II\,MC}}$ 电流时，其测量阻抗才是短路点到保护安装处的正序阻抗。

（二）同杆并架双回线的纵联保护

对于对电网稳定影响较大的同杆并架双回线路保护在跨线故障时希望能选跳故障相。所以对线路全长范围内故障能瞬时动作的纵联保护应该在跨线故障时也有选相能力。分相电流差动保护从原理上讲有天然的选相功能。在系统振荡、非全相运行下保护又不会误动，在上述情况下发生线路内部故障仍有保护功能。在有串联补偿电容的情况下保护仍能正确工作。所以分相电流差动保护应该作为首选的纵联保护种类。此外具有分相式允许信号的纵联距离保护也可作为它的保护，在跨线故障情况下它也可仅切除故障相。例如在图 3－96 的跨线故障情况下，Ⅰ回线的 M 端的纵联距离保护由于 B、C 相的接地阻抗继电器和 BC 相间阻抗继电器判为正方向短路，所以在 B 相和 C 相上发允许信号。而Ⅰ回线的 N 端只有 B 相阻抗继电器判为正方向短路，所以只在 B 相上发允许信号。每侧根据收到的对端允许信号的情况，通过分相比较逻辑选定 B 相是故障相，两端都跳 B 相。

曾经有人建议对同杆并架双回线每侧合用一套装置，装置对两回线六相电流同时采样，装置对两条线路的断路器发跳闸、合闸命令。它的好处是接地阻抗继电器接线方式中的电流还可以采用另一回线的零序电流补偿使测量阻抗比较正确。例如根据式（3－216），如果Ⅰ回线的 B 相阻抗继电器接线方式中电压用 $\dot U_{\mathrm{MB}}$，电流采用 $\dot I_{\mathrm{I\,MB}}+K3\dot I_{0\,\mathrm{I}}+K'3\dot I_{0\,\mathrm{II}}$，那么其测量阻抗就是 $Z_{\mathrm{I\,K}}$。但是考虑到运行管理、调试、维护的方便，还是保护按线路配置比较好，每一套保护只采样本线路的电气量，也只对本线路的断路器发跳闸、合闸命令。同样也为了运行维护的方便，不给调试带来麻烦，接地阻抗继电器接线方式中的电流也不采用另一回线的零序电流进行补偿。由于不采用另一回线的零序电流进行补偿将在如下情况下使接地阻抗继电器的测量阻抗减少：① 本线路近处发生本线路的接地短路。此时另一回线的零序电流与本线路的零序电流相位相反。② 本线路近处发生跨线的两相接地短路，此时两回线零序电流的相位差较大。③ 另一回线挂地检修时本线路发生接地短路。此时另一回线的零序电流与本线路的零序电流相位相反。此时测量阻抗减少而造成的保护范围的伸长应从定值的整定上加以考虑。

上述的纵联保护只要两回线六根导线中至少存在两根异名相导线无故障时，要求每回线都能选跳故障相。这样在选跳故障相后的重合闸周期内两端系统之间能有更多的联系，有利于系统稳定。例如在ⅠAⅡBCG的三相三导线故障时如果每回线都能选跳故障相，Ⅰ回线跳A，Ⅱ回线跳B、C，在重合闸周期内还有Ⅰ回线的B、C和Ⅱ回线的A构成“准三相”运行，对系统更有利。至于两回线六根导线中只有一根导线或两根同名相导线无故障时，如果仍然选跳故障相，那么在重合闸周期内两端系统实际只有一相联系。与两回线都三跳相比，并没有带来更多的好处，因此此时不再要求选跳故障相而两回线都三跳。

（三）同杆并架双回线路的按相自动重合闸方式[10]

对电网稳定影响较大的220kV及以上电压等级的同杆并架双回线路，为了提高电力系统安全稳定运行的水平，可采用按相自动重合闸方式。

为了便于运行维护，按相自动重合闸也是重合闸按线路配置，两回线的二次回路不交叉。

在上述保护选跳故障相的前提下，采用按相自动重合闸的目的是避免重合于永久性的多相故障线路上给系统造成的严重冲击。按相自动重合闸是将两回线的重合闸看作一个整体，两回线同时只有一相在重合，重合成功后再合另一相。如果重合不成功则三跳该线路，三跳该线路后再检查另一回线，如具备单重条件则继续重合否则三跳。为了保证两回线同时只有一相在重合，重合成功后再合另一相的目的应制定一些重合规则：① 一回线三相故障三跳后该线路不重合。② 同名相的跨线故障跳闸后两回线的该相可以优先同时重合。这样可以减少整个重合的时间以尽快恢复缺相相的运行，而且即使重合于永久故障对整个系统而言是重合于单相故障上。③ 超前相优先重合。重合相别的顺序为A→B→C→A。例如ⅠCⅡA故障跳闸后，Ⅰ回线先合C相然后Ⅱ回线再合A相。ⅠABⅡBC故障跳闸后，根据同名相的跨线故障跳闸后优先同时重合的规则两回线同时先合B相，然后按超前相优先重合规则Ⅱ回线合C相，最后Ⅰ回线合A相。按超前相优先重合的原则后各相优先重合的几率相同。④ 两相故障的线路跳闸后超前相优先重合。例如ⅠBCⅡAG故障。根据两相故障的线路跳闸后超前相优先重合规则Ⅰ回线先重合B相，随后根据超前相优先重合规则Ⅰ回线再重合C相，最后Ⅱ回线重合A相。如果不按这些规则，Ⅱ回线先合A相，万一合于故障线路上Ⅱ回线三跳。此时Ⅰ回线按单重条件不再重合而三跳，Ⅰ回线失去重合机会。

在上述按相自动重合闸过程中每次只重合一相，如果重合于故障线路就三跳该线路，为什么不再次跳开这一相呢？如果重合于故障线路继续只跳该相，有可能进入长期的“准三相”运行状态。短期的“准三相”运行状态（例如在重合闸周期中）对系统来说是有好处的，因为两端系统还有一个完整的三相相联系。但长期的“准三相”运行也带来很多问题。“准三相”运行时每回线都长期流有零序电流，按每回线配置的并联电抗器中心点的小电抗上将长期流过电流；按每回线配置的保护由于长期有零序电流将恶化保护的性能。断路器也将长期三相不一致运行。所以除了在重合闸周期中短时间允许“准三相”运行外，不允许长期的“准三相”运行，所以重合于故障线路时应三跳。

从上分析可知，在跳闸时，当两回线六根导线中至少存在两根异名相导线无故障时，要求每回线都能选跳故障相。在重合闸时，为了保证两回线同时只有一相在重合，重合成功后再合另一相的目的相应的制定了一些重合规则。这些都要求同一端的两回线路的两套保护都应该把自己这套保护所选择的故障相的情况以及保护跳开断路器的相别告诉另一套保护，因此两套保护装置之间应有通信联系。

为了避免重合于严重的永久性故障对系统的冲击，也为了提高重合闸的成功率，可以实现无严重故障重合的方法。所谓无严重故障是指是瞬时性的故障或者是远处的永久性故障。所谓严重故障是指近处的永久性故障。重合于近处的永久性故障对系统的冲击很大，应尽量避免。当发生近处的永久性故障时，故障相断路器跳开以后线路侧的故障相电压接近于零，而当是瞬时性的故障或者是远处的永久性故障时，故障相断路器跳开以后线路侧的故障相电压由于非故障相的电流经过相间互感、非故障相的电压经过相间电容的影响其值不为零。根据这样的区别确定是无严重故障才允许重合。

第五节 选 相 元 件

一、概述

选相元件是随着单相重合闸和综合重合闸方式的出现才出现的。因为在使用这两种重合闸方式时要求在发生单相故障时仅跳开故障相，这就必需先把故障相别选择出来。此外有一些厂家的距离保护仅对故障相或故障相间的阻抗继电器进行计算也要求先把故障相别选择出来。正确选择故障相别是选相元件的任务。对微机线路保护来说选相的目的是：① 在使用单相重合闸和综合重合闸方式下在发生单相接地短路时根据选相结果跳开故障相，在其他故障类型下跳开三相。② 按选相结果用故障相或故障相间的电压、电流作测距计算。微机保护选相元件的功能安排在保护装置内部不安排在重合闸内。

对选相元件的要求是：① 在发生单相接地短路时，选相元件既能正确选出故障相，也不能将非故障相误选作故障相。这样在本线路内的单相接地短路，保护能正确切除故障相。② 在发生相间短路时，选相元件应正确选出两个故障相。虽然这时保护都是三跳的，但正确选出两个故障相是进行测距计算需要的。③ 选相元件要比较灵敏。在负荷电流比较大和过渡电阻比较大时也能正确选相。不能因选相元件的灵敏度不够而影响保护的功能。

虽然发生短路时故障相上的电流上升、电压下降，利用电流、电压作为选相元件按理顺章。但按躲最大负荷电流整定的电流选相元件在保护背后是一个小电源的情况下在长线路末端短路时由于电流很小，可能灵敏度不够，尤其是经高阻接地时。按躲最低工作电压整定的电压选相元件，在保护背后是一个大电源的情况下，在长线路末端短路时由于电压很高也可能灵敏度不够，尤其是经高阻接地时。但相电压选相元件再配合零序电压元件在小电源和无电源侧作为选相元件性能是很好的。所以目前电流、电压选相元件只能作为辅助选相元件使用。

阻抗选相元件曾经使用相当长的一段时间。在整流型和晶体管型的保护中曾长期使用接地阻抗继电器作选相元件，尤其是用方向阻抗动作特性的阻抗继电器，选相功能优良，在系统中使用曾经发挥过很大作用。但是阻抗继电器受过渡电阻的影响较大，经高阻接地时灵敏度可能不够。在两相经电阻接地短路时超前相的阻抗继电器容易动作落后相的阻抗继电器不易动作，有可能两端都只选单相接地短路。这时两端都只能先跳开超前相，随后落后相的阻抗选相元件才能纵续动作。在设计逻辑回路时要考虑在这种情况下能再将另外两相跳开，并重新开始计重合闸的延时。此外在使用偏移动作特性的阻抗继电器作为选相元件时当保护背后是大电源时在长线路（因而阻抗继电器的定值很大）出口发生单相接地短路（例如A相）时，超前相（C相）的阻抗继电器可能也会动作。造成单相故障三相跳闸的后果。

随着继电保护技术的发展，又出现了一些新型的选相元件，例如两相电流差突变量选相元件；相序分量比相的选相元件等。下面介绍这些新型选相元件的选相原理，这些选相元件在微机线路保护中得到了大量的应用。

二、两相电流差突变量选相元件

本选相元件在模拟型的线路保护中就已开始应用，在微机线路保护中也用得很多。它是比较下述三个两相电流差突变量元件的动作行为实现选相的。

$$\left.\begin{aligned}\Delta I_{AB}&=|\Delta\dot{I}_A-\Delta\dot{I}_B|\\ \Delta I_{BC}&=|\Delta\dot{I}_B-\Delta\dot{I}_C|\\ \Delta I_{CA}&=|\Delta\dot{I}_C-\Delta\dot{I}_A|\end{aligned}\right\}\tag{3-218}$$

（一）各种短路类型下两相电流差突变量的值

电流突变量（变化量）的值是短路附加状态里的电流值。图3－97是短路附加状态图。保护装于MN线路的M端。流过短路点（故障支路的）的电流为$\Delta\dot{I}_F$，流过保护的电流为$\Delta\dot{I}$。由于正常运行时短路点（故障支路的）的电流为零，所以$\Delta\dot{I}_F$就是短路后短路点的短路电流。设正、负、零序电流的分配系数分别为C_1、C_2、C_0。且假设$C_1=C_2$。各序电流分配系数只与故障点F两侧的各序阻抗有关，与过渡电阻大小无关。

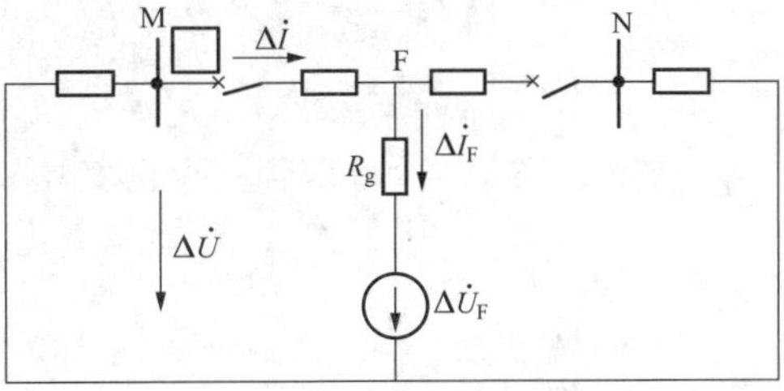

图3－97　短路附加状态图

1. A相单相接地短路$K_A^{(1)}$

流过保护A相的各序电流的变化量分别为：$\Delta\dot{I}_{A1}=C_1\Delta\dot{I}_{FA1}$、$\Delta\dot{I}_{A2}=C_2\Delta\dot{I}_{FA2}$、$\Delta\dot{I}_{A0}=C_0\Delta\dot{I}_{FA0}$。考虑到A相单相接地短路时有$\Delta\dot{I}_{FA1}=\Delta\dot{I}_{FA2}=\Delta\dot{I}_{FA0}$的关系后，流过保护的各相电流的变化量分别为：

$$\left.\begin{aligned}\Delta\dot{I}_A&=\Delta\dot{I}_{A1}+\Delta\dot{I}_{A2}+\Delta\dot{I}_{A0}=(2C_1+C_0)\Delta\dot{I}_{FA1}\\ \Delta\dot{I}_B&=a^2\Delta\dot{I}_{A1}+a\Delta\dot{I}_{A2}+\Delta\dot{I}_{A0}=(C_0-C_1)\Delta\dot{I}_{FA1}\\ \Delta\dot{I}_C&=a\Delta\dot{I}_{A1}+a^2\Delta\dot{I}_{A2}+\Delta\dot{I}_{A0}=(C_0-C_1)\Delta\dot{I}_{FA1}\end{aligned}\right\}\tag{3-219}$$

从式（3－219）可得到三个两相电流差的变化量为：

$$\left.\begin{aligned}\Delta I_{AB}&=|\Delta\dot{I}_A-\Delta\dot{I}_B|=|3C_1\Delta\dot{I}_{FA1}|\\ \Delta I_{BC}&=|\Delta\dot{I}_B-\Delta\dot{I}_C|=0\\ \Delta I_{CA}&=|\Delta\dot{I}_C-\Delta\dot{I}_A|=|3C_1\Delta\dot{I}_{FA1}|\end{aligned}\right\}\tag{3-220}$$

从式（3-219）、式（3-220）可见，单相（A 相）接地短路时故障相电流的变化量（$\Delta\dot{I}_{A}$）很大，牵涉到故障相的两个两相电流差的变化量（$\Delta\dot{I}_{AB}$、$\Delta\dot{I}_{CA}$）数值相等其值也很大。它们有可能比故障相电流的变化量（$\Delta\dot{I}_{A}$）数值大（当 $C_0<C_1$ 时），也可能比故障相电流的变化量数值小（当 $C_0>C_1$ 时）。两个非故障相电流的变化量（$\Delta\dot{I}_{B}$、$\Delta\dot{I}_{C}$）相等其值较小。如各序电流分配系数相等时，即 $C_1=C_2=C_0$ 时，非故障相电流的变化量为零。另外还有一个重要特征：两非故障相电流差的变化量（$\Delta\dot{I}_{BC}$）总是为零。这是由于两个非故障相因相间互感引起的电流的变化完全相同的缘故。此外两相电流差的变化量与零序电流大小无关。物理概念也很清楚，两相电流差把零序分量减掉了。A 相单相接地短路时电流变化量的相量图如图 3-98（a）所示。

2. B、C 两相短路 $K_{BC}^{(2)}$

流过保护 A 相的正、负序电流的变化量分别为：$\Delta\dot{I}_{A1}=C_1\Delta\dot{I}_{FA1}$、$\Delta\dot{I}_{A2}=C_2\Delta\dot{I}_{FA2}$。考虑到 B、C 两相短路时有 $\Delta\dot{I}_{FA1}=-\Delta\dot{I}_{FA2}$，和 $\Delta\dot{I}_{FA0}=0$ 的关系后，流过保护的各相电流的变化量分别为：

$$\left.\begin{aligned}&\Delta\dot{I}_{A}=\Delta\dot{I}_{A1}+\Delta\dot{I}_{A2}=0\\&\Delta\dot{I}_{B}=a^2\Delta\dot{I}_{A1}+a\Delta\dot{I}_{A2}=(a^2-a)C_1\Delta\dot{I}_{FA1}=-j\sqrt{3}C_1\Delta\dot{I}_{FA1}\\&\Delta\dot{I}_{C}=a\Delta\dot{I}_{A1}+a^2\Delta\dot{I}_{A2}=(a-a^2)C_1\Delta\dot{I}_{FA1}=j\sqrt{3}C_1\Delta\dot{I}_{FA1}\end{aligned}\right\}\qquad(3-221)$$

从式（3-221），可得到三个两相电流差的变化量为：

$$\left.\begin{aligned}&\Delta I_{AB}=|\Delta\dot{I}_{A}-\Delta\dot{I}_{B}|=|\sqrt{3}C_1\Delta\dot{I}_{FA1}|\\&\Delta I_{BC}=|\Delta\dot{I}_{B}-\Delta\dot{I}_{C}|=|2\sqrt{3}C_1\Delta\dot{I}_{FA1}|\\&\Delta I_{CA}=|\Delta\dot{I}_{C}-\Delta\dot{I}_{A}|=|\sqrt{3}C_1\Delta\dot{I}_{FA1}|\end{aligned}\right\}\qquad(3-222)$$

从式（3-221）、式（3-222）可见，两相短路（BC 相）时三个两相电流差的变化量的幅值都较大，其中尤以两个故障相电流差的变化量（$\Delta\dot{I}_{BC}$）其值最大。两个故障相相电流的变化量（$\Delta\dot{I}_{B}$、$\Delta\dot{I}_{C}$）和两个牵涉到故障相的两相电流差的变化量（$\Delta\dot{I}_{AB}$、$\Delta\dot{I}_{CA}$）数值相等，是两个故障相电流差的变化量（$\Delta\dot{I}_{BC}$）值的一半。而非故障相电流的变化量（$\Delta\dot{I}_{A}$）为零。B、C 两相短路时电流变化量的相量图如图 3-98（b）所示。

3. B、C 两相短路接地 $K_{BC}^{(1.1)}$

流过保护 A 相的各序电流的变化量分别为：$\Delta\dot{I}_{A1}=C_1\Delta\dot{I}_{FA1}$、$\Delta\dot{I}_{A2}=C_2\Delta\dot{I}_{FA2}$、$\Delta\dot{I}_{A0}=C_0\Delta\dot{I}_{FA0}$。考虑到 B、C 两相短路接地时有 $\Delta\dot{I}_{FA1}=-(\Delta\dot{I}_{FA2}+\Delta\dot{I}_{FA0})$ 的关系后，流过保护的各相电流的变化量分别为：

$$\left.\begin{aligned}&\Delta\dot{I}_{A}=\Delta\dot{I}_{A1}+\Delta\dot{I}_{A2}+\Delta\dot{I}_{A0}=(C_0-C_1)\Delta\dot{I}_{FA0}\\&\Delta\dot{I}_{B}=a^2\Delta\dot{I}_{A1}+a\Delta\dot{I}_{A2}+\Delta\dot{I}_{A0}=(a-a^2)C_1\Delta\dot{I}_{FA2}+(C_0-a^2C_1)\Delta\dot{I}_{FA0}\\&\Delta\dot{I}_{C}=a\Delta\dot{I}_{A1}+a^2\Delta\dot{I}_{A2}+\Delta\dot{I}_{A0}=(a^2-a)C_1\Delta\dot{I}_{FA2}+(C_0-aC_1)\Delta\dot{I}_{FA0}\end{aligned}\right\}\qquad(3-223)$$

从式（3-223）经过推导化简后，可得到三个两相电流差的变化量为：

$$
\left.\begin{aligned}
\Delta I_{AB} &= |\Delta \dot{I}_A - \Delta \dot{I}_B| = |(a^2-a)C_1\Delta \dot{I}_{FA2} + (a^2-1)C_1\Delta \dot{I}_{FA0}| \\
&= |(1-a)C_1\Delta \dot{I}_{FA2} + (1-a^2)C_1\Delta \dot{I}_{FA1}| \\
\Delta I_{BC} &= |\Delta \dot{I}_B - \Delta \dot{I}_C| = |2(a-a^2)C_1\Delta \dot{I}_{FA2} + (a-a^2)C_1\Delta \dot{I}_{FA0}| \\
&= |(a-a^2)C_1\Delta \dot{I}_{FA2} + (a^2-a)C_1\Delta \dot{I}_{FA1}| \\
\Delta I_{CA} &= |\Delta \dot{I}_C - \Delta \dot{I}_A| = |(a^2-a)C_1\Delta \dot{I}_{FA2} + (1-a)C_1\Delta \dot{I}_{FA0}| \\
&= |(a^2-1)C_1\Delta \dot{I}_{FA2} + (a-1)C_1\Delta \dot{I}_{FA1}|
\end{aligned}\right\} \quad (3-224)
$$

从式（3－223）、式（3－224）可见，两相接地短路（BC）时三个两相电流差的变化量幅值都较大。考虑到 $\Delta \dot{I}_{FA1}$ 与 $\Delta \dot{I}_{FA2}$ 相位相反的关系后可知两个故障相的两相电流差的变化量（$\Delta \dot{I}_{BC}$）其值最大。非故障相相电流的变化量（$\Delta \dot{I}_A$）较小，如果各序电流分配系数相等时非故障相电流的变化量为零。两个接地相相电流的变化量（$\Delta \dot{I}_B$、$\Delta \dot{I}_C$）也较大。B、C 两相短路接地时电流变化量的相量图如图 3－98（c）所示。

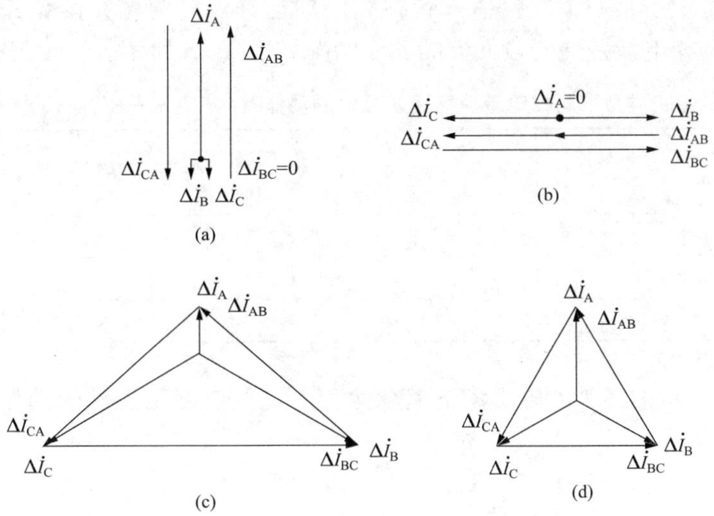

图 3－98 各种短路类型下电流变化量的相量图

（a）$K_A^{(1)}$（$C_0 < C_1$）；（b）$K_{BC}^{(2)}$；（c）$K_{BC}^{(1.1)}$；（d）$K^{(3)}$

4. 三相短路 $K^{(3)}$

流过保护 A 相的正序电流的变化量为：$\Delta \dot{I}_{A1} = C_1\Delta \dot{I}_{FA1}$。考虑到三相短路时有 $\Delta \dot{I}_{FA2} = \Delta \dot{I}_{FA0} = 0$ 的关系后，流过保护的各相电流的变化量分别为：

$$
\left.\begin{aligned}
\Delta \dot{I}_A &= \Delta \dot{I}_{A1} = C_1\Delta \dot{I}_{FA1} \\
\Delta \dot{I}_B &= a^2\Delta \dot{I}_{A1} = a^2C_1\Delta \dot{I}_{FA1} \\
\Delta \dot{I}_C &= a\Delta \dot{I}_{A1} = aC_1\Delta \dot{I}_{FA1}
\end{aligned}\right\} \quad (3-225)
$$

从式（3－225）可得到三个两相电流差的变化量为：

$$\left.\begin{aligned}\Delta I_{AB}=|\Delta\dot{I}_A-\Delta\dot{I}_B|=|\sqrt{3}C_1\Delta\dot{I}_{FA1}|\\\Delta I_{BC}=|\Delta\dot{I}_B-\Delta\dot{I}_C|=|\sqrt{3}C_1\Delta\dot{I}_{FA1}|\\\Delta I_{CA}=|\Delta\dot{I}_C-\Delta\dot{I}_A|=|\sqrt{3}C_1\Delta\dot{I}_{FA1}|\end{aligned}\right\}\qquad(3-226)$$

从式（3－225）、式（3－226）可见，三相短路时三个两相电流差的变化量都很大，其幅值相等。三个相电流的变化量其值也很大。三相短路时电流变化量的相量图如图3－98（d）所示。

（二）两相电流差突变量选相元件的选相原理

根据式（3－220）、式（3－222）、式（3－224）、式（3－226）分析的各种短路类型下，三个两相电流差变化量的值，参考图3－98，可以看到一个非常有意义的现象：凡是牵涉到故障相的两相电流差的突变量都很大，而在单相接地短路情况下由于两个非故障相感受到相同的相间互感的影响其电流的变化量相等，因此该两相电流差的变化量为零。从理论上说，如果线路不换位情况下的单相接地短路和在分段换位情况下在换位点附近的单相接地短路，两非故障相电流差的突变量不为零，但其值不会很大。

所以在实现选相时，先构成三个两相电流差突变量元件 ΔI_{AB}、ΔI_{BC}、ΔI_{CA}。当两相电流差突变量的幅值大于某一个门槛值（包括固定门槛和浮动门槛）时该元件动作。在各种短路类型下三个两相电流差突变量元件的动作情况如表3－3所示。

表3－3　各种短路类型下两相电流差突变量元件的动作行为（√——动作；×——不动作）

元件 \ 故障类型	$K_A^{(1)}$	$K_B^{(1)}$	$K_C^{(1)}$	$K^{(2)}K^{(1.1)}K^{(3)}$
ΔI_{AB}	√	√	×	√
ΔI_{BC}	×	√	√	√
ΔI_{CA}	√	×	√	√

根据表3－3所示的各种故障类型下三个两相电流差突变量元件的动作行为可以总结出下述方法进行选相：

（1）如果三个两相电流差突变量元件中仅有两个元件动作，这是单相接地短路。两个动作元件下标中相关的相是故障相，另一个不动作元件下标所示的两相是非故障相。

（2）如果三个两相电流差突变量元件都动作，这是相间短路。其中两相电流差的变化量最大的一个下标所示的两相是故障相。在两相短路和两相接地短路时两个故障相的确定是正确的。在三相短路时三个两相电流差的变化量理论上相等，所以选的最大的一个是随机的。虽然三相短路时它只确定了两个故障相，并没有确定是三相短路，但是这并不会造成不良后果。因为此时要跳闸的话也是三跳，与三相短路一样。根据这两个故障相进行测距计算时对三相短路也是准确的。

（三）两相电流差突变量选相元件的性能评述

两相电流差突变量选相元件工作灵敏，选相正确。在构成两相电流差突变量元件时采用浮动门槛技术可有效地防止在有不平衡电流输出时突变量元件的误动。在构成两相电流差突变量元件时如果采用最大的两相电流差突变量制动的方法更可有效防止在单相接地短路时的错误选相。该选相元件在系统中运用曾有过良好的业绩。但是由于它运用的是电流的变化量，所以在短路稳态时无法选相。在转换性故障时可能不能指出最终的故障类型。在无电源侧如果短路前空载或轻载，短路后由于电流变化量小导致无法正确选相。

三、工作电压突变量选相元件

由本章第二节式（3－22）可知，阻抗继电器的工作电压（补偿电压）$\dot{U}_{OP}$为$\dot{U}_{OP}=\dot{U}_m-\dot{I}_mZ_{set}$。其物理概念是：如果从保护安装处到保护范围末端流过的是同一个电流时，工作电压是保护范围末端的电压。在实现工作电压变化量选相时先求出三个相上的工作电压的变化量和三个相间的工作电压的变化量，它们的计算公式分别为：

$$\left.\begin{aligned}\Delta\dot{U}_{OP\varphi}&=\Delta\dot{U}_{\varphi}-(\Delta\dot{I}_{\varphi}+K3\dot{I}_0)Z_{set}\\ \Delta\dot{U}_{OP\varphi\varphi}&=\Delta\dot{U}_{\varphi\varphi}-\Delta\dot{I}_{\varphi\varphi}Z_{set}\end{aligned}\right\}\qquad(3-227)$$

式中：φ为A、B、C；$\varphi\varphi$为AB、BC、CA。

工作电压变化量的物理概念是：如果从保护安装处到保护范围末端流过的是同一个电流时，工作电压的变化量是保护范围末端电压的变化量。

（一）在几种短路类型下六个工作电压变化量的数值关系

1. A相单相接地短路$K_A^{(1)}$

在A相单相接地短路时，根据复合序网图得到的短路点F点的相电压的变化量如式（3－228）所示：

$$\left.\begin{aligned}\Delta\dot{U}_{FA}&=\dot{U}_{F|0|A}-\dot{U}_{FA}=\frac{2Z_{1\Sigma}+Z_{0\Sigma}}{2Z_{1\Sigma}+Z_{0\Sigma}+3R_g}\dot{U}_{F|0|A}\\ \Delta\dot{U}_{FB}&=\dot{U}_{F|0|B}-\dot{U}_{FB}=\frac{Z_{0\Sigma}-Z_{1\Sigma}}{2Z_{1\Sigma}+Z_{0\Sigma}+3R_g}\dot{U}_{F|0|A}\\ &=\frac{Z_{0\Sigma}-Z_{1\Sigma}}{2Z_{1\Sigma}+Z_{0\Sigma}+3R_g}a\dot{U}_{F|0|B}\\ \Delta\dot{U}_{FC}&=\dot{U}_{F|0|C}-\dot{U}_{FC}=\frac{Z_{0\Sigma}-Z_{1\Sigma}}{2Z_{1\Sigma}+Z_{0\Sigma}+3R_g}\dot{U}_{F|0|A}\\ &=\frac{Z_{0\Sigma}-Z_{1\Sigma}}{2Z_{1\Sigma}+Z_{0\Sigma}+3R_g}a^2\dot{U}_{F|0|C}\end{aligned}\right\}\qquad(3-228)$$

式中：$\dot{U}_{F|0|A}$、$\dot{U}_{F|0|B}$、$\dot{U}_{F|0|C}$分别为短路前短路点F的A、B、C相电压。$\dot{U}_{FA}$、$\dot{U}_{FB}$、$\dot{U}_{FC}$分别为短路后短路点F的A、B、C相电压。R_g为短路点的过渡电阻。由式（3－228）可得到短路点F点的相间电压的变化量的计算公式为式（3－229）：

$$\left.\begin{aligned}\Delta\dot{U}_{FBC}&=\dot{U}_{F|0|BC}-U_{FBC}=\Delta\dot{U}_{FB}-\Delta\dot{U}_{FC}=0\\ \Delta\dot{U}_{FCA}&=\dot{U}_{F|0|CA}-U_{FCA}=\Delta\dot{U}_{FC}-\Delta\dot{U}_{FA}=\frac{3Z_{1\Sigma}}{2Z_{1\Sigma}+Z_{0\Sigma}+3R_g}\dot{U}_{F|0|A}\\ &=\frac{\sqrt{3}Z_{1\Sigma}}{2Z_{1\Sigma}+Z_{0\Sigma}+3R_g}e^{-j150^\circ}\dot{U}_{F|0|CA}\\ \Delta\dot{U}_{FAB}&=\dot{U}_{F|0|AB}-U_{FAB}=\Delta\dot{U}_{FA}-\Delta\dot{U}_{FB}=\frac{3Z_{1\Sigma}}{2Z_{1\Sigma}+Z_{0\Sigma}+3R_g}\dot{U}_{F|0|A}\\ &=\frac{\sqrt{3}Z_{1\Sigma}}{2Z_{1\Sigma}+Z_{0\Sigma}+3R_g}e^{-j30^\circ}\dot{U}_{F|0|AB}\end{aligned}\right\}\qquad(3-229)$$

式中：$\dot{U}_{F|0|AB}$、$\dot{U}_{F|0|BC}$、$\dot{U}_{F|0|CA}$分别为短路前短路点的 AB、BC、CA 相间电压；$\dot{U}_{FAB}$、$\dot{U}_{FBC}$、$\dot{U}_{FCA}$分别为短路后短路点的 AB、BC、CA 相间电压。

如果从保护安装处到保护范围末端流有与保护安装处相同的电流时这六个量的相对比值关系与此时保护范围末端电压变化量的比值关系应该完全相同。而保护范围末端电压的变化量此时就是工作电压变化量。所以在 A 相单相接地短路时有下述关系：

$$\begin{aligned}&|\Delta U_{OP.A}^{(1)}|:|\Delta U_{OP.B}^{(1)}|:|\Delta U_{OP.C}^{(1)}|:|\Delta U_{OP.AB}^{(1)}|:|\Delta U_{OP.BC}^{(1)}|:|\Delta U_{OP.CA}^{(1)}|\\&=|\Delta U_{FA}|:|\Delta U_{FB}|:|\Delta U_{FC}|:|\Delta U_{FAB}|:|\Delta U_{FBC}|:|\Delta U_{FCA}|\\&=|(2Z_{1\Sigma}+Z_{0\Sigma})|:|(Z_{0\Sigma}-Z_{1\Sigma})|:|(Z_{0\Sigma}-Z_{1\Sigma})|:|3Z_{1\Sigma}|:0:|3Z_{1\Sigma}|\end{aligned} \tag{3-230}$$

从式（3－230）中可见，在 A 相单相接地短路时故障相的工作电压和牵涉到故障相的两个相间的工作电压的变化量，$\Delta U_{OP.A}^{(1)}$、$\Delta U_{OP.AB}^{(1)}$、$\Delta U_{OP.CA}^{(1)}$三个值最大。两个非故障相上的工作电压变化量的幅值$\Delta U_{OP.B}^{(1)}$、$\Delta U_{OP.C}^{(1)}$很小。而两个非故障相的相间工作电压的变化量$\Delta U_{OP.BC}^{(1)}$最小，当各电气设备正、负序阻抗都相等时，$\Delta U_{OP.BC}^{(1)}$的值为零。物理概念是两个非故障相在相同的相间互感的影响下其相电压的变化量相等，因此其相间电压的变化量为零。

2. B、C 两相短路 $K_{BC}^{(2)}$

在 B、C 两相短路时，根据复合序网图得到的短路点 F 的相电压的变化量和相间电压的变化量的计算公式如式（3－231）、式（3－232）所示：

$$\left.\begin{aligned}\Delta\dot{U}_{FA}&=\dot{U}_{F|0|A}-\dot{U}_{FA}=0\\\Delta\dot{U}_{FB}&=\dot{U}_{F|0|B}-\dot{U}_{FB}=\frac{\sqrt{3}Z_{1\Sigma}}{2(Z_{1\Sigma}+R_g)}e^{j30°}\dot{U}_{F|0|B}\\\Delta\dot{U}_{FC}&=\dot{U}_{F|0|C}-\dot{U}_{FC}=\frac{\sqrt{3}Z_{1\Sigma}}{2(Z_{1\Sigma}+R_g)}e^{-j30°}\dot{U}_{F|0|C}\end{aligned}\right\} \tag{3-231}$$

$$\left.\begin{aligned}\Delta\dot{U}_{FBC}&=\dot{U}_{F|0|BC}-U_{FBC}=\frac{Z_{1\Sigma}}{Z_{1\Sigma}+R_g}\dot{U}_{F|0|BC}\\\Delta\dot{U}_{FCA}&=\dot{U}_{F|0|CA}-U_{FCA}=-\frac{1}{2}\frac{Z_{1\Sigma}}{Z_{1\Sigma}+R_g}\dot{U}_{F|0|BC}=-\frac{1}{2}\frac{Z_{1\Sigma}}{Z_{1\Sigma}+R_g}a\dot{U}_{F|0|CA}\\\Delta\dot{U}_{FAB}&=\dot{U}_{F|0|AB}-U_{FAB}=-\frac{1}{2}\frac{Z_{1\Sigma}}{Z_{1\Sigma}+R_g}\dot{U}_{F|0|BC}=-\frac{1}{2}\frac{Z_{1\Sigma}}{Z_{1\Sigma}+R_g}a^2\dot{U}_{F|0|AB}\end{aligned}\right\} \tag{3-232}$$

这六个量的相对比值关系与工作电压的六个变化量的相对比值关系完全相同。所以有下述关系：

$$\begin{aligned}&|\Delta U_{OP.A}^{(2)}|:|\Delta U_{OP.B}^{(2)}|:|\Delta U_{OP.C}^{(2)}|:|\Delta U_{OP.AB}^{(2)}|:|\Delta U_{OP.BC}^{(2)}|:|\Delta U_{OP.CA}^{(2)}|\\&=0:|Z_{1\Sigma}|:|Z_{1\Sigma}|:|Z_{1\Sigma}|:|2Z_{1\Sigma}|:|Z_{1\Sigma}|\end{aligned} \tag{3-233}$$

从式（3－233）中可见，在 B、C 两相短路时，两故障相间（BC 相）工作电压变化量的幅值$\Delta U_{OP.BC}^{(2)}$最大。两个故障相上的工作电压变化量$\Delta U_{OP.B}^{(2)}$、$\Delta U_{OP.C}^{(2)}$和两个故障相与非故障相的相间工作电压变化量$\Delta U_{OP.AB}^{(2)}$、$\Delta U_{OP.CA}^{(2)}$的值相等，且是$\Delta U_{OP.BC}^{(2)}$值的一半。而非故障相的工作电压变化量$\Delta U_{OP.A}^{(2)}$的值最小，当各电气设备正、负序阻抗都相等时$\Delta U_{OP.A}^{(1)}$的值为零。

3. 三相短路 $K^{(3)}$

三相短路时，三相完全对称。工作电压的六个变化量的比值为：

$$|\Delta U_{OP.A}^{(3)}|:|\Delta U_{OP.B}^{(3)}|:|\Delta U_{OP.C}^{(3)}|:|\Delta U_{OP.AB}^{(3)}|:|\Delta U_{OP.BC}^{(3)}|:|\Delta U_{OP.CA}^{(3)}|$$
$$=1:1:1:\sqrt{3}:\sqrt{3}:\sqrt{3} \qquad (3-234)$$

从式（3－234）可见，三相短路时三个相上的工作电压变化量的值相等。三个相间工作电压变化量的值也相等，是相上的工作电压变化量的幅值的$\sqrt{3}$倍。这六个电压变化量相对额定电压的标幺值相等。

4. B、C 两相接地短路 $K_{BC}^{(1.1)}$

两相接地短路公式推导较复杂。下面直接写出短路点 F 点的三个相电压和相间电压变化量的计算公式，推导过程从略。推导中认为相间的电弧电阻 R_f 为零，只考虑接地电阻 R_g。

$$\left.\begin{aligned}\Delta\dot{U}_{FA}^{(1.1)} &= \frac{Z_{1\Sigma}-Z_{0\Sigma}}{Z_{1\Sigma}+2Z_{0\Sigma}+6R_g}\dot{U}_{F|0|A}\\ \Delta\dot{U}_{FB}^{(1.1)} &= \left(a^2+\frac{3R_g}{Z_{1\Sigma}+2Z_{0\Sigma}+6R_g}\right)\dot{U}_{F|0|A}\\ \Delta\dot{U}_{FC}^{(1.1)} &= \left(a+\frac{3R_g}{Z_{1\Sigma}+2Z_{0\Sigma}+6R_g}\right)\dot{U}_{F|0|A}\end{aligned}\right\} \qquad (3-235)$$

$$\left.\begin{aligned}\Delta\dot{U}_{FAB}^{(1.1)} &= \left(\frac{Z_{1\Sigma}-Z_{0\Sigma}-3R_g}{Z_{1\Sigma}+2Z_{0\Sigma}+6R_g}-a^2\right)\dot{U}_{F|0|A}\\ \Delta\dot{U}_{FBC}^{(1.1)} &= \sqrt{3}e^{-j90^\circ}\dot{U}_{F|0|A}\\ \Delta\dot{U}_{FCA}^{(1.1)} &= \left(a-\frac{Z_{1\Sigma}-Z_{0\Sigma}-3R_g}{Z_{1\Sigma}+2Z_{0\Sigma}+6R_g}\right)\dot{U}_{F|0|A}\end{aligned}\right\} \qquad (3-236)$$

上面六个量的相对比值关系与工作电压的六个变化量的相对比值关系完全相同。所以有下述关系：

$$|\Delta U_{OP.A}^{(1.1)}|:|\Delta U_{OP.B}^{(1.1)}|:|\Delta U_{OP.C}^{(1.1)}|:|\Delta U_{OP.AB}^{(1.1)}|:|\Delta U_{OP.BC}^{(1.1)}|:|\Delta U_{OP.CA}^{(1.1)}|$$
$$=\left|\left(\frac{Z_{1\Sigma}-Z_{0\Sigma}}{Z_{1\Sigma}+2Z_{0\Sigma}+6R_g}\right)\right|:\left|\left(a^2+\frac{3R_g}{Z_{1\Sigma}+2Z_{0\Sigma}+6R_g}\right)\right|:\left|\left(a+\frac{3R_g}{Z_{1\Sigma}+2Z_{0\Sigma}+6R_g}\right)\right|:$$
$$\left|\left(\frac{Z_{1\Sigma}-Z_{0\Sigma}-3R_g}{Z_{1\Sigma}+2Z_{0\Sigma}+6R_g}-a^2\right)\right|:\sqrt{3}:\left|\left(a-\frac{Z_{1\Sigma}-Z_{0\Sigma}-3R_g}{Z_{1\Sigma}+2Z_{0\Sigma}+6R_g}\right)\right| \qquad (3-237)$$

仔细分析式（3－237）的相量关系可发现在 BC 两相接地短路时，故障相间（BC 相）工作电压的变化量 $\Delta U_{OP.BC}^{(1.1)}$ 幅值最大。两个故障相上的工作电压变化量 $\Delta U_{OP.B}^{(1.1)}$、$\Delta U_{OP.C}^{(1.1)}$ 和两个故障相和非故障相相间的工作电压变化量 $\Delta U_{OP.AB}^{(1.1)}$、$\Delta U_{OP.CA}^{(1.1)}$ 也较大。而非故障相（A 相）的工作电压的变化量 $\Delta U_{OP.A}^{(1.1)}$ 幅值最小。

（二）工作电压变化量的选相原理

前面推导中认为短路点六个电压的变化量之比与保护范围末端六个电压的变化量之比相等。但是它的前提条件是：从保护安装处到保护范围末端流有与保护安装处相同的电流。因此只有在本线路故障，用工作电压的变化量来选相才是准确的。有的厂家把它作为工频变化量距离保护（它只保护本线路的近处故障）的选相元件。

根据式（3－230）、式（3－233）、式（3－234）和式（3－237）的关系可定下如下的选相原则：

(1) 如果六个工频变化量阻抗继电器都不动作，不进行选相。因为工频变化量距离保护此时不会跳闸，无需选相。只有至少有一个工频变化量阻抗继电器动作后才进行选相工作。

(2) 当某相工作电压的变化量大于另两相的相间电压的变化量一定倍数 m 时，选为该相上的单相接地短路。即若 $\Delta U_{OP.A} > m\Delta U_{OP.BC}$ 时选为 A 相单相接地短路，$\Delta U_{OP.B} > m\Delta U_{OP.CA}$时选为 B 相单相接地短路，$\Delta U_{OP.C} > m\Delta U_{OP.AB}$时选为 C 相单相接地短路。

(3) 当不满足 (2) 中的条件时判为相间故障，其中相间工作电压变化量为最大的一个所涉及的两相是故障相。这样在三相短路时也只选出两个故障相，但这并不带来不良后果。因为选出两个故障相也是需要三跳的。

(三) 工作电压突变量选相元件性能评述

工作电压突变量选相元件工作灵敏，选相正确。在单侧电源的负荷侧也能进行选相。但是由于它运用的是电压、电流的变化量，所以在短路稳态时无法选相。在转换性故障时可能不能指出最终的故障类型。

四、比较零序电流与 A 相负序电流的相位结合阻抗元件动作行为的选相元件

有很多微机线路保护用本选相原理作为距离保护、零序电流保护、纵联距离保护的选相元件，并用本选相元件选相的结果进行测距计算。

(一) 各种故障类型下各序电流的相量关系

1. 单相接地短路

在 A、B、C 相单相接地短路时，各序电流的相量图如图 3－99 所示。画图时固定 A 相负序电流 $\dot{I}_{A2}$的位置向上不变。

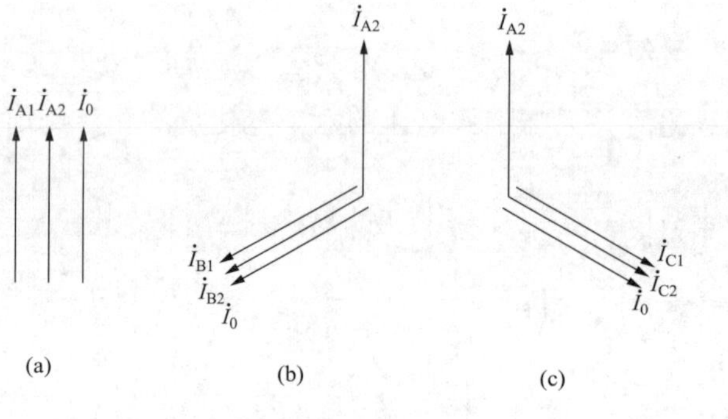

图 3－99 单相接地短路或单相运行时各序电流相量图（固定 $\dot{I}_{A2}$方向）

(a) A 相短路或 A 相单相运行；(b) B 相短路或 B 相单相运行；(c) C 相短路或 C 相单相运行

2. 两相接地短路

在 AB、BC、CA 两相金属性接地短路时，各序电流的相量图如图 3－100 所示。画图时固定 A 相负序电流 $\dot{I}_{A2}$的位置向上不变。

3. 两相运行

在单相断线两相运行时，各序电流的相量图如图 3－100 所示。

4. 单相运行

在两相断线单相运行时，各序电流的相量图如图 3－99 所示。

5. 两相短路和三相短路

在两相短路和三相短路时没有零序电流，无法进行零序电流与 A 相负序电流的相位

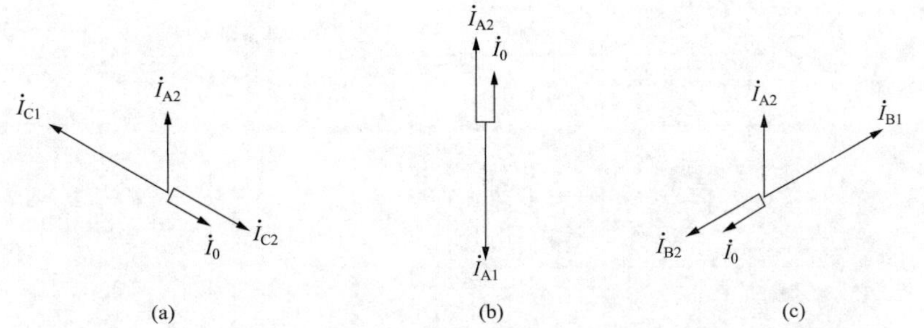

图 3－100　两相接地短路或两相运行时各序电流相量图（固定 $\dot I_{A2}$ 方向）

（a）AB 两相接地短路或 AB 两相运行；（b）BC 两相接地短路或 BC 两相运行；

（c）CA 两相接地短路或 CA 两相运行

比较。

（二）零序电流与 A 相负序电流的相位比较的选区

从图 3－99 和图 3－100 可见，在 A 相接地短路、BC 两相接地短路和 A 相断线（BC 两相运行）时 $\arg(\dot I_0/\dot I_{A2})=0°$，在 B 相接地短路、CA 两相接地短路和 B 相断线（CA 两相运行）时 $\arg(\dot I_0/\dot I_{A2})=120°$，在 C 相接地短路、AB 两相接地短路和 C 相断线（AB 两相运行）时 $\arg(\dot I_0/\dot I_{A2})=240°$。如果以 $\dot I_{A2}$ 相量为基准把整个 360°分成三个区，如图 3－101 所示。当 $\dot I_0$ 的电流相量位置：

落在 A 区时，$-60°<\arg(\dot I_0/\dot I_{A2})<60°$。

落在 B 区时，$60°<\arg(\dot I_0/\dot I_{A2})<180°$。

落在 C 区时，$180°<\arg(\dot I_0/\dot I_{A2})<300°$。

需要指出，在 AB 两相经较大电阻 R_g 接地短路时，零序电流与 A 相负序电流相位比较的结果零序电流也可能落在 A 区。AB 两相经大电阻接地短路时的复合序网图及相量图如图 3－102（a）、（b）所示。画相量图时以 $\dot U_{FC2}$ 为基准，并注意下述关系：$\dot I_{FC2}=-(\dot U_{FC2}/Z_{2\Sigma})$，并考虑到 $\dot I_{F0}=-[\dot U_{FC2}/(Z_{0\Sigma}+3R_g)]$ 在较大的 $3R_g$ 下，$-\dot I_{F0}$ 相量滞后于 $\dot U_{FC2}$ 相量的角度不太大。从图 3－102（b）的相量图可见 $\arg(\dot I_{F0}/\dot I_{FA2})>-60°$，即 $\dot I_{F0}$ 相量滞后 $\dot I_{FA2}$ 相量的角度不太大，零序电流位置落在 A 区。

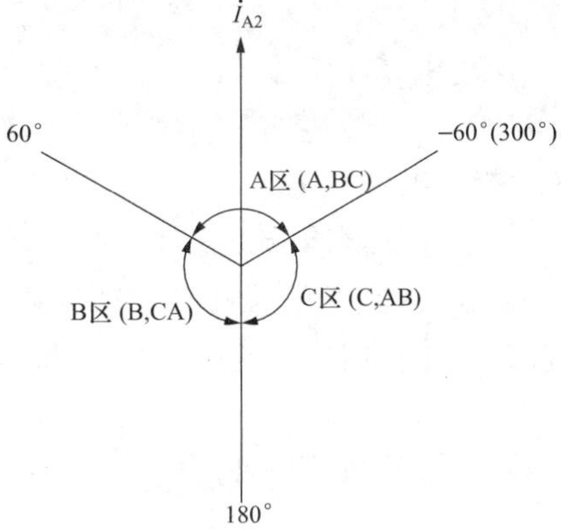

图 3－101　零序电流和 A 相负序电流比相选区图

因此如果发生短路时零序电流落在 A 区，有可能是 A 相接地短路、BC 两相接地短路和 AB 两相经较大电阻短路。所以仅根据零序电流与 A 相负序电流的相位比较还不能判出故障相，还需要结合阻抗继电器的动作行为综合判别。

（三）选相原理

（1）如果用零序电流与 A 相负序电流相位比较的结果零序电流落在 A 区时，再作如下检查：如果 Z_A 动作，Z_{AB}、Z_{BC} 均不动作判 $K_A^{(1)}$；如果 Z_{BC} 动作，Z_{AB}、Z_{cA} 均不动作判

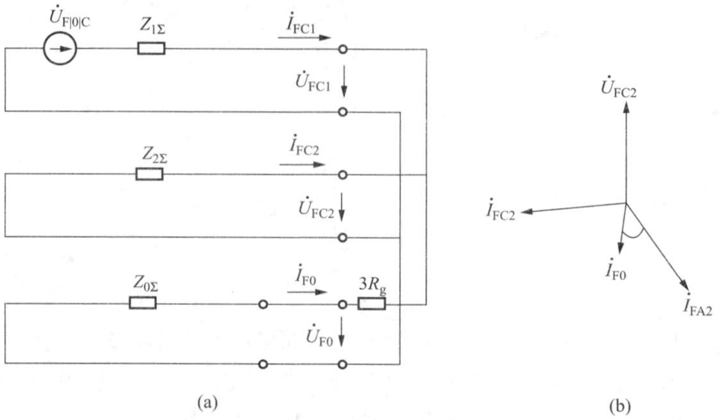

图 3－102　AB 两相经高阻接地短路的复合序网图与相量图

（a）复合序网图；（b）相量图

$K_{BC}^{(1,1)}$；如果 Z_{AB} 动作，Z_{BC}、Z_{cA} 均不动作判 $K_{AB}^{(1,1)}$。

（2）如果零序电流小于一定值，直接用阻抗元件动作行为选相。因为当零序电流小于一定值时，零、负序电流比相不会准确，这时可能是 $K^{(2)}$、$K^{(3)}$。由相间阻抗继电器的动作行为决定哪几相是故障相。

顺便指出，在发生单相短路保护跳开单相到重合闸前的两相运行期间，按零序电流与 A 相负序电流相位比较的结果，零序电流落在断开相的区上。例如在 A 相断线、BC 两相运行时，电流比相的结果选在 A 区。如果此时在运行相上再发生短路时，选相区就不再在 A 区上了。利用选相区不在跳闸相区这个方法可判别出非全相运行中运行相上又发生了短路，用这个原理可作为振荡闭锁在非全相运行故障时的开放元件。读者可以再参阅本章第二节的十一有关振荡闭锁部分的叙述。

（四）比较零序电流与 A 相负序电流的相位结合阻抗元件动作行为的选相元件性能评述

利用零序电流和 A 相负序电流比相原理再结合阻抗继电器的动作行为选相，选相正确。在经过高电阻接地短路时还能工作。在短路稳态情况下也能正确选相。在转换性故障时能指出最终的故障类型。

五、低电压选相元件

在有些微机线路保护中在弱电端保护动作后用低电压选相元件选相跳闸。选相原理是当仅有一个相电压低于某一门槛电压且有零序电压时选该相为故障相。当有两个或两个以上相电压，或者一个或一个以上相间电压低于某一门槛电压时选为多相故障。低电压选相元件在单侧电源的负荷侧使用时简单、选相正确。

第六节　过电压保护及远方跳闸保护装置

一、概述

在 330kV 及以上的远距离输电线路上，由于线路很长，又采用分裂导线所以分布电容很大。在“电容效应”的影响下，线路的电压会升高到很大值，严重危害电气设备的安全。为此，一方面可在线路上装设并联电抗器（高抗），通过对电容的补偿以降低电压。另一方面配置过电压保护，在发现线路过电压时跳本端断路器，同时通过光纤通道或者高频通道向对端发远方跳闸信号。对端的远方跳闸保护装置接收到远跳信号以后为了提高安全性，再经就地判据判别以后发跳闸命令。

二、超高压远距离输电线路产生过电压的机理

在超高压远距离输电线路上，由于分布电容很大，在分析其电压、电流时要采用以分布参数为基础的均匀传输线理论来分析。电压、电流既是时间 t 的函数也是距离（离始端的距离）x 的函数。在分析中要用到均匀长线方程和行波的概念以及复杂的公式推导。对于大多数继电保护工作者来说，没有必要完全去学懂这些公式的推导，建议可以跳过下面的公式推导直接学习在公式推导后面所写的“几点结论”。对于想学习均匀传输线理论的继电保护工作者，建议按照下面叙述的思路进行学习。由于篇幅不准备搞得太长，除保留了必要的大部分的公式推导外有一部分的推导略去，如果读者感觉还有必要学习的话，可以找电网络理论的书籍学习。但是这些书籍中的公式推导十分繁杂，建议结合本书一起学习。本小节最后还将总结一些有用的结论并指出一些物理概念，相信对所有的继电保护工作者都是有益的。

（一）长线方程

按照均匀传输线理论，一条传输线可以认为有如图 3－103 所示的许多 Π 型网络串联而成。图中 R_0、L_0、G_0、C_0 为输电线路单位长度的电阻、电感、电导、电容。

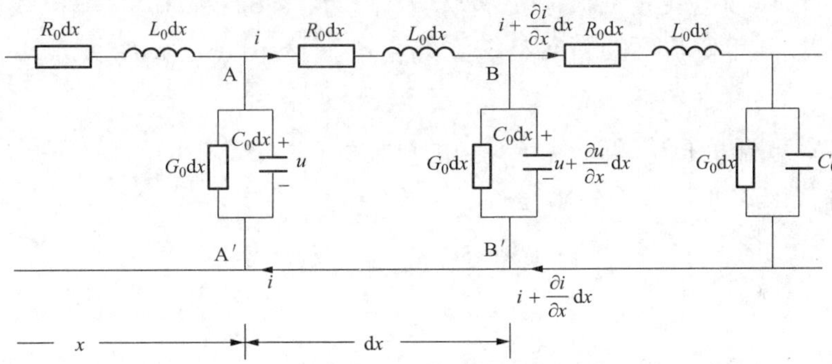

图 3－103　考虑了分布参数以后的线路模型

在 $AA'B'B$ 回路中用回路电压定律（考虑电感上压降公式为 $L\,\frac{\partial i}{\partial t}$）并演算后可得到式（3－238）中的上面的一个式子。在 B 点用接点电流定律（考虑电容上的电流公式为 $C\,\frac{\partial u}{\partial t}$）并略去二阶无穷小量（d$x$）^{2} 后可得到式（3－238）中的下面的一个式子。

$$\left.\begin{aligned}-\frac{\partial u}{\partial x}&=R_0 i+L_0\,\frac{\partial i}{\partial t}\\-\frac{\partial i}{\partial x}&=G_0 u+C_0\,\frac{\partial u}{\partial t}\end{aligned}\right\}\qquad(3-238)$$

式（3－238）称作均匀长线方程或传输线方程。由于电压 u、电流 i 是距离 x 和时间 t 的函数，所以这是一个偏微分方程。在式（3－238）中如果用旋转相量来表示电压、电流，即 $u=\dot{U}_{\rm m}{\rm e}^{{\rm j}\omega t}$、$i=\dot{I}_{\rm m}{\rm e}^{{\rm j}\omega t}$，这里 $\dot{U}_{\rm m}$、$\dot{I}_{\rm m}$ 仅是距离 x 的函数而与时间 t 无关。因此可以把式（3－238）的偏微分方程化为常微分方程。对该常微分方程再用有效值相量表示，于是可以得到：

$$\left.\begin{aligned}-\frac{\mathrm{d}\dot{U}}{\mathrm{d}x}&=(R_0+\mathrm{j}\omega L_0)\dot{I}\\-\frac{\mathrm{d}\dot{I}}{\mathrm{d}x}&=(G_0+\mathrm{j}\omega C_0)\dot{U}\end{aligned}\right\}\tag{3-239}$$

将式（3－239）经演算并求微分方程的解，可得到电压、电流的相量值如式(3－240)所示。

$$\left.\begin{aligned}\dot{U}&=\dot{U}_1'\mathrm{e}^{-\gamma x}+\dot{U}_1''\mathrm{e}^{\gamma x}=\dot{U}'+\dot{U}''\\\dot{I}&=\frac{\dot{U}_1'}{Z_C}\mathrm{e}^{-\gamma x}-\frac{\dot{U}_1''}{Z_C}\mathrm{e}^{\gamma x}=\dot{I}'-\dot{I}''\end{aligned}\right\}\tag{3-240}$$

式中：

$$\gamma=\sqrt{Z_0Y_0}=\sqrt{(R_0+\mathrm{j}\omega L_0)(G_0+\mathrm{j}\omega C_0)}=\beta+\mathrm{j}\alpha\tag{3-241}$$

$$Z_C=\sqrt{\frac{Z_0}{Y_0}}=\sqrt{\frac{R_0+\mathrm{j}X_0}{G_0+\mathrm{j}B_0}}=\sqrt{\frac{R_0+\mathrm{j}\omega L_0}{G_0+\mathrm{j}\omega C_0}}\tag{3-242}$$

γ 称作输电线路的传输系数，它与线路的参数和频率有关。β 称之为衰减系数，α 称之为相位系数。Z_C 称作输电线路的波阻抗。$Y_0=G_0+\mathrm{j}B_0=G_0+\mathrm{j}\omega C_0$ 是输电线路单位长度的横向导纳，其中 B_0 是单位长度的横向电纳。$Z_0=R_0+\mathrm{j}X_0=R_0+\mathrm{j}\omega L_0$ 是输电线路单位长度的纵向阻抗。

如果长线路的始端电压 $\dot{U}_1$ 和电流 $\dot{I}_1$ 已知，则式（3－240）中的积分常数 $\dot{U}_1'$、$\dot{U}_1''$ 可用 $x=0$ 的边界条件代入式（3－240）求得：

$$\left.\begin{aligned}\dot{U}(0)&=\dot{U}_1'+\dot{U}_1''=\dot{U}_1\\\dot{I}(0)&=\frac{\dot{U}_1'}{Z_C}-\frac{\dot{U}_1''}{Z_C}=\dot{I}_1\end{aligned}\right\}\tag{3-243}$$

联立求解得：

$$\left.\begin{aligned}\dot{U}_1'&=\frac{1}{2}(\dot{U}_1+Z_C\dot{I}_1)\\\dot{U}_1''&=\frac{1}{2}(\dot{U}_1-Z_C\dot{I}_1)\end{aligned}\right\}\tag{3-244}$$

将式（3－244）的积分常数代入式（3－240），可得到用始端电压 $\dot{U}_1$ 和电流 $\dot{I}_1$ 表达的，距始端 x 处的电压、电流为：

$$\left.\begin{aligned}\dot{U}(x)&=\frac{1}{2}(\dot{U}_1+Z_C\dot{I}_1)\mathrm{e}^{-\gamma x}+\frac{1}{2}(\dot{U}_1-Z_C\dot{I}_1)\mathrm{e}^{\gamma x}\\\dot{I}(x)&=\frac{1}{2}\left(\frac{\dot{U}_1}{Z_C}+\dot{I}_1\right)\mathrm{e}^{-\gamma x}+\frac{1}{2}\left(-\frac{\dot{U}_1}{Z_C}+\dot{I}_1\right)\mathrm{e}^{\gamma x}\end{aligned}\right\}\tag{3-245}$$

考虑到式（3－246）的关系

$$\left.\begin{aligned}\mathrm{ch}\gamma x&=\frac{1}{2}(\mathrm{e}^{\gamma x}+\mathrm{e}^{-\gamma x})\\\mathrm{sh}\gamma x&=\frac{1}{2}(\mathrm{e}^{\gamma x}-\mathrm{e}^{-\gamma x})\end{aligned}\right\}\tag{3-246}$$

式（3－245）可写成双曲线函数的表达式：

$$\left.\begin{aligned}\dot{U}(x)&=\dot{U}_1\mathrm{ch}\gamma x-\dot{I}_1Z_C\mathrm{sh}\gamma x\\ \dot{I}(x)&=\dot{I}_1\mathrm{ch}\gamma x-\frac{\dot{U}_1}{Z_C}\mathrm{sh}\gamma x\end{aligned}\right\}\tag{3-247}$$

如果长线路终端电压 $\dot{U}_2$ 和电流 $\dot{I}_2$ 已知，设线路长度为 l，如果距始端 x 处其到终端的距离为 x'，即 $x=l-x'$。将此关系代入式（3－240）并考虑到 $\dot{U}_2'=\dot{U}_1'\mathrm{e}^{-\gamma l}$，$\dot{U}_2''=\dot{U}_1''\mathrm{e}^{\gamma l}$ 的关系可得到：

$$\begin{aligned}\dot{U}(x)&=\dot{U}_1'\mathrm{e}^{-\gamma(l-x')}+\dot{U}_1''\mathrm{e}^{\gamma(l-x')}=\dot{U}_2'\mathrm{e}^{\gamma x'}+\dot{U}_2''\mathrm{e}^{-\gamma x'}\\ \dot{I}(x)&=\frac{\dot{U}_2'}{Z_C}\mathrm{e}^{\gamma x'}-\frac{\dot{U}_2''}{Z_C}\mathrm{e}^{-\gamma x'}\end{aligned}\tag{3-248}$$

积分常数 $\dot{U}_2'$、$\dot{U}_2''$ 可用边界条件 $x'=0$，$x=l$ 代入式（3－248）：

$$\begin{aligned}\dot{U}(l)&=\dot{U}_2'+\dot{U}_2''=\dot{U}_2\\ \dot{I}(l)&=\frac{\dot{U}_2'}{Z_C}-\frac{\dot{U}_2''}{Z_C}=\dot{I}_2\end{aligned}\tag{3-249}$$

联立求解得到：

$$\begin{aligned}\dot{U}_2'&=\frac{1}{2}(\dot{U}_2+Z_C\dot{I}_2)\\ \dot{U}_2''&=\frac{1}{2}(\dot{U}_2-Z_C\dot{I}_2)\end{aligned}\tag{3-250}$$

将式（3－250）的积分常数代入式（3－248），可得到用终端电压 $\dot{U}_2$ 和电流 $\dot{I}_2$ 表达的，距始端 x 处的电压、电流为：

$$\begin{aligned}\dot{U}(x)&=\frac{1}{2}(\dot{U}_2+Z_C\dot{I}_2)\mathrm{e}^{\gamma x'}+\frac{1}{2}(\dot{U}_2-Z_C\dot{I}_2)\mathrm{e}^{-\gamma x'}\\ \dot{I}(x)&=\frac{1}{2}\left(\frac{\dot{U}_2}{Z_C}+\dot{I}_2\right)\mathrm{e}^{\gamma x'}-\frac{1}{2}\left(\frac{\dot{U}_2}{Z_C}-\dot{I}_2\right)\mathrm{e}^{-\gamma x'}\end{aligned}\tag{3-251}$$

考虑到式（3－246）的关系，式（3－251）可写成双曲线函数的表达式：

$$\begin{aligned}\dot{U}(x)&=\dot{U}_2\mathrm{ch}\gamma x'+\dot{I}_2Z_C\mathrm{sh}\gamma x'\\ \dot{I}(x)&=\dot{I}_2\mathrm{ch}\gamma x'+\frac{\dot{U}_2}{Z_C}\mathrm{sh}\gamma x'\end{aligned}\tag{3-252}$$

需要指出，式（3－245）、式（3－247）、式（3－251）、式（3－252）都是在某一时刻 t，距始端 x 处（距终端 x' 处）电压、电流的表达式，式（3－245）与式（3－247）是用始端电压、电流 $\dot{U}_1$ 和 $\dot{I}_1$ 表达的，而式（3－251）、式（3－252）是用终端电压、电流 $\dot{U}_2$ 和 $\dot{I}_2$ 表达的。$\dot{I}_1$、$\dot{I}_2$ 的方向都是从左往右（从始端指向终端）。

在式（3－252）中如果令 $x'=l$，即 $x=0$，就可以求得以终端电压、电流 $\dot{U}_2$ 和 $\dot{I}_2$ 表达的始端的电压、电流的表达式，如果终端电流 $\dot{I}_2$ 的方向设为从右往左（从终端指向始端），即电流反相变换符号，可得到：

$$\dot{U}(0)=\dot{U}_2\text{ch}\gamma l-\dot{I}_2Z_C\text{sh}\gamma l$$

$$\dot{I}(0)=-\dot{I}_2\text{ch}\gamma l+\frac{\dot{U}_2}{Z_C}\text{sh}\gamma l \tag{3-253}$$

以通常继电保护的画法，始端为M，终端为N。两端电压、电流的正方向按传统方法规定，如图3－104所示。按式（3－253）以N端电气量表达的M端电气量为：

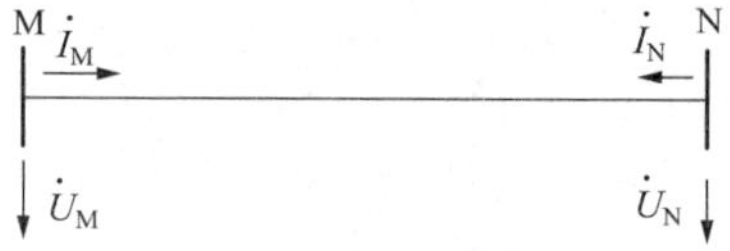

图3－104　线路保护规定的两端电压、电流的正方向

$$\dot{U}_M=\dot{U}_N\text{ch}\gamma l-\dot{I}_NZ_C\text{sh}\gamma l$$

$$\dot{I}_M=\frac{\dot{U}_N}{Z_C}\text{sh}\gamma l-\dot{I}_N\text{ch}\gamma \tag{3-254}$$

这就是在一般的继电保护书上出现的公式，并且将式（3－254）也称为长线方程。

（二）正向行波（入射波）和反向行波（反射波）与反射系数

1. 正向行波（入射波）和反向行波（反射波）

为阅读方便，将前面的式（3－240）抄录如下。

$$\dot{U}=\dot{U}_1'\text{e}^{-\gamma x}+\dot{U}_1''\text{e}^{\gamma x}=\dot{U}'+\dot{U}''$$

$$\dot{I}=\frac{\dot{U}_1'}{Z_C}\text{e}^{-\gamma x}-\frac{\dot{U}_1''}{Z_C}\text{e}^{\gamma x}=\dot{I}'-\dot{I}''$$

式（3－240）中的上面一个电压方程，式中积分常数$\dot{U}_1'$、$\dot{U}_1''$一般为复数，它们为：$\dot{U}_1'=U_1'\text{e}^{\text{j}\psi'}$、$\dot{U}_1''=\dot{U}_1''\text{e}^{\text{j}\psi''}$。$\psi'$、$\psi''$分别为其幅角。因而$\dot{U}'=\dot{U}_1'\text{e}^{-\gamma x}=U_1'\text{e}^{-\beta x}\text{e}^{\text{j}(\psi'-\alpha x)}$、$\dot{U}''=\dot{U}_1''\text{e}^{\text{j}\gamma x}=U_1''\text{e}^{\beta x}\text{e}^{\text{j}(\psi''+\alpha x)}$。所以该方程又可写为：

$$\dot{U}=\dot{U}'+\dot{U}''=\dot{U}_1'\text{e}^{-\gamma x}+\dot{U}_1''\text{e}^{\gamma x}=U_1'\text{e}^{-\beta x}\text{e}^{\text{j}(\psi'-\alpha x)}+U_1''\text{e}^{\beta x}\text{e}^{\text{j}(\psi''+\alpha x)} \tag{3-255}$$

式（3－240）中的下面一个电流方程又可写为：

$$\dot{I}=\dot{I}'-\dot{I}''=\frac{\dot{U}_1'}{Z_C}\text{e}^{-\gamma x}-\frac{\dot{U}_1''}{Z_C}\text{e}^{\gamma x}=\frac{U'_1}{Z_C}\text{e}^{-\beta x}\text{e}^{\text{j}(\psi'-\alpha x)}-\frac{U_1''}{Z_C}\text{e}^{\beta x}\text{e}^{\text{j}(\psi''+\alpha x)} \tag{3-256}$$

由式（3－255）、式（3－256）可得到距始端x处，电压、电流稳态解的瞬时值表达式为：

$$\begin{aligned}u(x,t)&=u'(x,t)+u''(x,t)=\text{Im}[\sqrt{2}(\dot{U}'+\dot{U}'')\text{e}^{\text{j}\omega t}]\\&=\sqrt{2}U_1'\text{e}^{-\beta x}\sin(\omega t-\alpha x+\psi')+\sqrt{2}U_1''\text{e}^{\beta x}\sin(\omega t+\alpha x+\psi'')\\i(x,t)&=i'(x,t)-i''(x,t)=\text{Im}[\sqrt{2}(\dot{I}'-\dot{I}'')\text{e}^{\text{j}\omega t}]\\&=\sqrt{2}\frac{U_1'}{Z_C}\text{e}^{-\beta x}\sin(\omega t-\alpha x+\psi'-\varphi_C)-\sqrt{2}\frac{U_1''}{Z_C}\text{e}^{\beta x}\sin(\omega t+\alpha x+\psi''-\varphi_C)\end{aligned} \tag{3-257}$$

式中Im表示取虚数部分，φ_C为波阻抗Z_C的幅角。

式（3－257）的上面电压公式中的第一部分，即$u'(x,t)=\sqrt{2}U_1'\text{e}^{-\beta x}\sin(\omega t+\psi'-\alpha x)$，既是距离$x$的函数也是时间$t$的函数。可以证明，只要满足$\Delta x=\omega\Delta t/\alpha$的关系，就能得到$u'(x_1+\Delta x,\ t_1+\Delta t)=u'(x_1,\ t_1)$。也就是$t=t_1+\Delta t$时刻在$x=x_1+\Delta x$处电压$u'$的瞬时值等于$t=t_1$时刻在$x=x_1$处的电压瞬时值。这说明随着时间$t$的不断增长整个波形也不断从左向右（从始端向终端）移动。由于幅值还乘以$\text{e}^{-\beta x}$，所以随x增大幅值在减少，因此

u'（x，t）是一个由始端向终端移动的波速为 ν_p 的减幅正弦波，如图 3－105（a）所示。这种沿线向一个方向移动的波称为行波。因为它是从始端向终端传播的行波，故称之为正向行波或入射波。式（3－257）的上面的电压公式中的第二部分，即 $u''(x, t) = \sqrt{2}U''_1 e^{\beta x} \sin \times (\omega t + \psi'' + \alpha x)$ 也是距离 x 和时间 t 的函数。可以证明，它是一个由终端向始端沿线路传播，波速也为 v_p 的正弦波。由于幅值乘以 $e^{\beta x}$，随 x 增大幅值在增大，也就是振幅随波的行进而逐步衰减，如图 3－105（b）所示。因为它是从终端向始端传播的行波，故称之为反向行波或反射波。正向行波和反向行波的波速 v_p 为：

$$v_p = \frac{\Delta x}{\Delta t} = \frac{\omega}{\alpha} \tag{3-258}$$

所以线路中各处电压都可看作是两个相反方向行进的入射波 $u'(x,t)$ 与反射波 $u''(x, t)$ 的叠加（之和），$u = u' + u''$。

对于式（3－257）中的下面一个电流方程，进行同样的分析，线路中各处电流可看成正向行波电流 $i'(x, t)$ 和反向行波电流 $i''(x, t)$ 的叠加（之差），$i = i' - i''$。

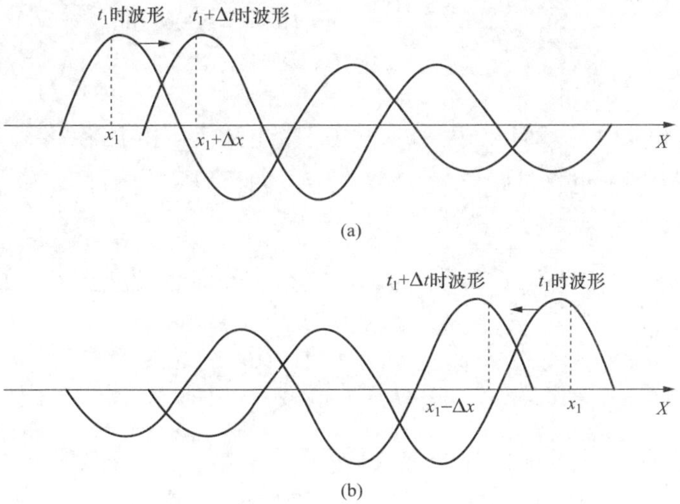

图 3－105 正向行波和反向行波
（a）正向行波；（b）反向行波

需要指出，图 3－105 中的每一个波形都是在某一时刻电压、电流沿线分布的波形，对于线路上的某一个点，电压、电流随时间按正弦函数规律变化。

回到式（3－240），该式中的 $\dot{U}'$、$\dot{I}'$为电压与电流的入射波；$\dot{U}''$、$\dot{I}''$为电压与电流的反射波。从该式可见，$\dot{U}'/\dot{I}' = Z_C$；$\dot{U}''/\dot{I}'' = Z_C$，所以正向行波的电压与电流之比，反向行波的电压与电流之比都等于波阻抗 Z_C。

一个周期时间内，行波行进的距离称为行波的波长，以 λ 表示。于是

$$\lambda = \nu_p T = \frac{\nu_p}{f} = \frac{\omega}{f\alpha} = \frac{2\pi}{\alpha} \tag{3-259}$$

对于 $R_0 = G_0 = 0$ 的无损耗线路，传输系数是：

$$\gamma = \sqrt{(R_0 + j\omega L_0)(G_0 + j\,\omega C_0)} = \sqrt{(j\omega L_0)(j\,\omega C_0)} = j\omega\sqrt{L_0 C_0} = j\alpha \tag{3-260}$$

即对于无损线路而言，衰减系数$\beta=0$，而且相位系数α为：

$$\alpha=\omega\sqrt{L_0C_0} \tag{3-261}$$

其波速、波长分别为：

$$\nu_p=\frac{\omega}{\alpha}=\frac{1}{\sqrt{L_0C_0}} \tag{3-262}$$

$$\lambda=\frac{\omega}{f\alpha}=\frac{1}{f\sqrt{L_0C_0}} \tag{3-263}$$

对架空输电线路，$L_0C_0=\varepsilon_0\mu_0$，其中真空的介电系数$\varepsilon_0=\frac{1}{36\pi}\times10^{-9}\mathrm{F/m}$，真空的导磁系数$\mu_0=4\pi\times10^{-7}H/A$，如果把架空线路当作无损线路，则线路上的波速为：

$$\nu_p=\frac{1}{\sqrt{L_0C_0}}=\frac{1}{\sqrt{\varepsilon_0\mu_0}}\approx3\times10^8\mathrm{m/s}$$

即波速近似为光速。

对于50Hz工频频率的架空线路，其波长为：

$$\lambda=\frac{\nu_p}{f}\approx\frac{3\times10^8}{50}=6\times10^3\mathrm{m}=6000\mathrm{km}$$

2. 反射系数

式（3-248）和式（3-251）表达的是用终端电压$\dot U_2$和电流$\dot I_2$表达的，距始端x处的电压、电流。距始端x也就是距终端x'处。所以如果以x'作为自变量，式（3-248）和式（3-251）也可写成：

$$\dot U(x')=\dot U_2'e^{\gamma x'}+\dot U_2''e^{-\gamma x'}=\frac{1}{2}(\dot U_2+Z_C\dot I_2)e^{\gamma x'}+\frac{1}{2}(\dot U_2-Z_C\dot I_2)e^{-\gamma x'}=\dot U'(x')+\dot U''(x')$$

$$\dot I(x')=\frac{\dot U_2'}{Z_C}e^{\gamma x'}-\frac{\dot U_2''}{Z_C}e^{-\gamma x'}=\frac{1}{2}\left(\frac{\dot U_2}{Z_C}+\dot I_2\right)e^{\gamma x'}-\frac{1}{2}\left(\frac{\dot U_2}{Z_C}-\dot I_2\right)e^{-\gamma x'}=\dot I'(x')-\dot I''(x')$$

$$\tag{3-264}$$

上式中的$\dot U(x')$、$\dot I(x')$都有两项构成，第一项为入射波，随x'的增大（x的减少）而增大，即从始端向终端衰减；第二项为反射波，由终端向始端衰减。

根据终端边界条件$x'=0$，则终端处的电压入射波和反射波为：

$$\begin{aligned}\dot U'(0)&=\dot U_2'\\ \dot U''(0)&=\dot U_2''\end{aligned} \tag{3-265}$$

终端电压反向行波与正向行波的比值称作电压反射系数N_U，如果终端的负载阻抗为Z_2，有$\dot U_2=\dot I_2Z_2$关系。则反射系数N_U为：

$$N_U=\frac{\dot U''(0)}{\dot U'(0)}=\frac{\dot U_2''}{\dot U_2'}=\frac{\frac{1}{2}(\dot U_2-\dot I_2Z_C)}{\frac{1}{2}(\dot U_2+\dot I_2Z_C)}=\frac{\dot I_2Z_2-\dot I_2Z_C}{\dot I_2Z_2+\dot I_2Z_C}=\frac{Z_2-Z_C}{Z_2+Z_C} \tag{3-266}$$

N_U一般为复数。同样对于电流有电流反射系数N_I，它为：

$$N_I=\frac{\dot I''(0)}{\dot I'(0)}=\frac{\frac{\dot U_2}{Z_C}-\dot I_2}{\frac{\dot U_2}{Z_C}+\dot I_2}=\frac{Z_2-Z_C}{Z_2+Z_C}=N_U=N \tag{3-267}$$

可见电压反射系数 N_U 等于电流反射系数 N_I，可记为 N。

有了反射系数后，式（3－264）可写为：

$$\begin{aligned}\dot U(x')&=\dot U'_2e^{\gamma x'}+N\dot U'_2e^{-\gamma x'}=\frac{1}{2}(\dot U_2+Z_c\dot I_2)(e^{\gamma x'}+Ne^{-\gamma x'})\\ \dot I(x')&=\frac{\dot U'_2}{Z_C}e^{\gamma x'}-\frac{N\dot U'_2}{Z_C}e^{-\gamma x'}=\frac{1}{2Z_C}(\dot U_2+\dot I_2Z_C)(e^{\gamma x'}-Ne^{-\gamma x'})\end{aligned} \tag{3-268}$$

（1）终端开路（输电线路终端断路器跳开）时的反射系数。

此时 $Z_2=\infty$，$I_2=0$，反射系数 N 为：

$$N=\frac{Z_2-Z_C}{Z_2+Z_C}=1 \tag{3-269}$$

说明终端发生全反射，符号不变，在终端处入射波等于反射波。这时距终端 x' 处的电压和电流根据式（3－268）（式中 $I_2=0$，$N=1$）可写为：

$$\begin{aligned}\dot U(x')&=\frac{1}{2}\dot U_2(e^{\gamma x'}+e^{-\gamma x'})=\dot U_2\mathrm{ch}\gamma x'\\ \dot I(x')&=\frac{\dot U_2}{2Z_C}=(e^{\gamma x'}-e^{-\gamma x'})=\frac{\dot U_2}{Z_C}\mathrm{sh}\gamma x'\end{aligned} \tag{3-270}$$

此时在终端处的电压是终端处电压的入射波与反射波之和，是入射波的两倍，其值很大，产生过电压。终端处的电流是终端处电流的入射波与反射波之差，其值为零，与终端开路吻合。

（2）终端短路（输电线路上的短路点认为是终端）时的反射系数。

此时 $Z_2=0$，$U_2=0$；反射系数 N 为：

$$N=\frac{Z_2-Z_C}{Z_2+Z_C}=-1 \tag{3-271}$$

终端发生全反射，但符号相反。说明反射波与入射波的数值相等，但相位相反。这时距终端 x' 处的电压和电流根据式（3－268）（式中 $U_2=0$，$N=-1$）可写为：

$$\begin{aligned}\dot U(x')&=\frac{1}{2}\dot I_2Z_C(e^{\gamma x'}-e^{-\gamma x'})=\dot I_2Z_C\mathrm{sh}\gamma x'\\ \dot I(x')&=\frac{1}{2}\dot I_2(e^{\gamma x'}+e^{-\gamma x'})=\dot I_2\mathrm{ch}\gamma x'\end{aligned} \tag{3-272}$$

此时终端处的电压是终端处电压的入射波与反射波之和，由于相位相反，其值为零，与终端短路吻合。终端处的电流是终端处电流的入射波与反射波之差，由于相位相反，其值很大。

（3）负载匹配时的反射系数。

如果长线终端所接负载阻抗 Z_2 等于特性阻抗 Z_C 时，则终端反射系数为：

$$N=\frac{Z_2-Z_C}{Z_2+Z_C}=0 \tag{3-273}$$

这说明不存在反射波。长线上任一处的电压、电流只有入射波。这时距终端 x'处的电压和电流根据式（3-268）（式中 $N=0$）可写为：

$$\dot U(x')=\dot U_2'e^{\gamma x'}=\frac{1}{2}(\dot U_2+\dot I_2Z_C)e^{\gamma x'}=\dot U'(x')$$
$$\dot I(x')=\frac{\dot U_2'}{Z_C}e^{\gamma x'}=\frac{1}{2Z_C}(\dot U_2+\dot I_2Z_C)e^{\gamma x'}=\dot I'(x') \tag{3-274}$$

这种长线与无限长传输线一样，是无反射线。这种负载叫匹配负载。将式（3-274）的电压与电流相除，其商等于特性阻抗 Z_C。这表明当负载匹配时，从线路上任何一处（x'为任何值）向负载看去，入端阻抗都等于特性阻抗 Z_C。即此时恒有：

$$Z_C=\frac{\dot U}{\dot I}=\frac{\dot U_1}{\dot I_1}=\frac{\dot U_2}{\dot I_2} \tag{3-275}$$

式（3-274）还表明此时线路上任一处电压、电流的有效值按指数规律从始端向终端衰减。始端处电压、电流的有效值大于终端处电压、电流的有效值。

这时，终端的功率为：

$$P_2=\mathrm{Re}(\dot U_2\hat{I}_2)=U_2I_2\cos\varphi_2=\frac{U_2^2}{Z_C}\cos\varphi_c \tag{3-276}$$

式中：Z_C、φ_c 分别为特性阻抗的幅模和幅角，Re 表示取实数。该功率称为自然功率。

当 $x'=l$ 时由式（3-274）考虑式（3-275）关系可得到始端的电压、电流分别为：

$$\dot U_1=\dot U_2e^{\gamma l}=\dot U_2e^{\beta l}e^{j\alpha l}$$
$$\dot I_1=\dot I_2e^{\gamma l}=\dot I_2e^{\beta l}e^{j\alpha l} \tag{3-277}$$

由于 $\hat{I}_1=\hat{I}_2e^{\beta l}e^{-j\alpha l}$，故这时始端的功率为：

$$P_1=\mathrm{Re}(\dot U_1\hat{I}_1)=\mathrm{Re}(\dot U_2e^{\beta l}e^{j\alpha l}\hat{I}_2e^{\beta l}e^{-j\alpha l})=\mathrm{Re}(\dot U_2\hat{I}_2e^{2\beta l})=P_2e^{2\beta l} \tag{3-278}$$

所以输电效率为：

$$\eta=\frac{P_2}{P_1}=\frac{\mathrm{Re}(\dot U_2\hat{I}_2)}{\mathrm{Re}(\dot U_1\hat{I}_1)}=e^{-2\beta l} \tag{3-279}$$

这表明，衰减系数 β 越大，输电效率越低。

（三）用均匀传输线理论分析无损线路上终端开路、终端短路时的电压与电流

如果输电线路近似认为是一条无损线路，$R_0=G_0=0$。衰减系数 $\beta=0$，因此传输系数 $\gamma=ja$。波阻抗 $Z_C=z_c=\sqrt{\dfrac{L_0}{C_0}}$是一个纯电阻。

式（3-251）表达的是用终端电压 $\dot U_2$ 和电流 $\dot I_2$ 表达的，距始端 x 处（距终端 x'处）的电压、电流。考虑到无损线路参数关系后式（3-251）成为：

$$\dot U(x)=\frac{1}{2}(\dot U_2+z_c\dot I_2)e^{j\alpha x'}+\frac{1}{2}(\dot U_2-z_c\dot I_2)e^{-j\alpha x'}$$
$$\dot I(x)=\frac{1}{2}\left(\frac{\dot U_2}{z_c}+\dot I_2\right)e^{j\alpha x'}-\frac{1}{2}\left(\frac{\dot U_2}{z_c}-\dot I_2\right)e^{-j\alpha x'} \tag{3-280}$$

1. 终端开路时的电压与电流

在输电线路上这种情况发生在终端母线故障，母线保护将本线路的终端断路器跳开，造

成终端开路。

终端开路时，$\dot{I}_2=0$，$Z_2=\infty$，式（3－280）可写为：

$$\begin{aligned}\dot{U}_{oc}&=\frac{1}{2}\dot{U}_2(e^{j\alpha x'}+e^{-j\alpha x'})=\dot{U}_2\cos\alpha x'\\ \dot{I}_{oc}&=\frac{1}{2}\frac{\dot{U}_2}{z_c}(e^{j\alpha x'}-e^{-j\alpha x'})=j\frac{\dot{U}_2}{z_c}\sin\alpha x'\end{aligned}\qquad(3-281)$$

由式（3－281）的上一个方程再考虑到（3－259）式所示的 $\lambda=\frac{2\pi}{\alpha}$ 关系可得到：

$$\dot{U}_{oc}=\dot{U}_2\cos\alpha x'=\dot{U}_2\cos\frac{2\pi}{\lambda}x'\qquad(3-282)$$

式中：λ 为波长。式（3－282）表明了在终端开路时，沿线不同地点电压的有效值 $\dot{U}_{oc}$ 与终端处的电压有效值 $\dot{U}_2$ 之间的关系。当 $0<x'<\frac{\lambda}{4}$ 时，$0<\cos\frac{2\pi}{\lambda}x'<1$，$\cos\frac{2\pi}{\lambda}x'$ 的值是正值且随着 x' 的增大而减少，也就是在 x' 处的电压有效值比终端处的电压有效值小，且离终端处越远电压越低。当 $\frac{\lambda}{4}<x'<\frac{\lambda}{2}$ 时，$-1<\cos\frac{2\pi}{\lambda}x'<0$，$\cos\frac{2\pi}{\lambda}x'$ 的值是负值且随着 x' 的增大而减少，但其绝对值在增大，所以电压的有效值的绝对值也在增大。但 $\cos\frac{2\pi}{\lambda}x'$ 值的绝对值仍然小于1，所以在 x' 处的电压有效值仍然比终端处的电压有效值低。电压、电流有效值的绝对值的沿线分布如图3－106所示。具体地说，在线路长度等于0、$\frac{\lambda}{2}$、λ，…时，始端电压等于终端电压，其他情况下始端电压总是小于终端电压的。对工频频率为50Hz的架空线路来说，$\lambda=6000$km，$\frac{\lambda}{4}=1500$km。在线路长度小于1500km时，从始端向终端，电压的有效值是单调上升的。如果线路长度大于1500km时（当然不可能有如此长的架空线路），始端电压仍然小于终端电压，但在线路上距终端1500km处的电压将是零（当终端电压为 $\dot{U}_2$ 时）。也就是说如果线路长度恰好为1500km，此时当终端开路时始端电压为零；如果此时始端电压强迫为 $\dot{U}_1$ 时，则终端电压 $\dot{U}_2$ 将为无穷大：

$$\dot{U}_2=\frac{\dot{U}_1}{\cos\left(\frac{2\pi}{\lambda}\cdot\frac{\lambda}{4}\right)}=\frac{\dot{U}_1}{\cos\frac{\pi}{2}}=\infty$$

上述分析说明，在小于1500km的架空线路上，线路终端断路器跳开以后，线路终端的电压将高于线路始端的电压，于是产生过电压，这就是产生过电压的机理。

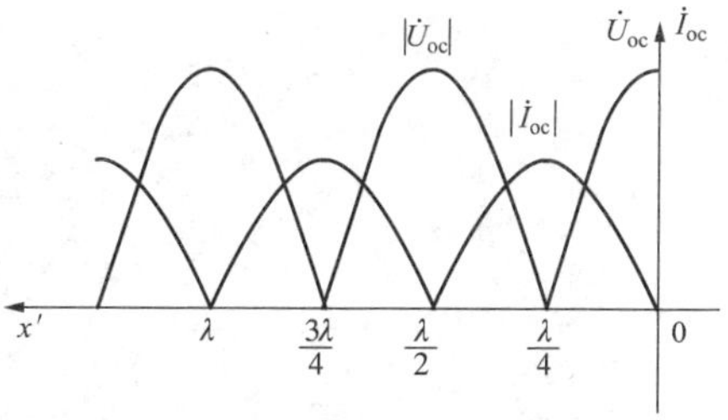

图3－106 终端开路时，电压、电流有效值绝对值的沿线分布

对工频频率为50Hz的架空线路来说，如果始端电压为 $\dot{U}_1$ 时，则距始端长度为 l（km）处的电压 $\dot{U}_2$ 将为：

$$\dot{U}_2 = \frac{\dot{U}_1}{\cos\left(\frac{2\pi}{6000} \cdot l\right)}$$

如果设终端电压 $\dot{U}_2 = U_2 \angle 0°$，则与式（3－281）对应的电压、电流瞬时值的表达式为：

$$u_{oc} = \mathrm{Im}[\sqrt{2}\dot{U}_{oc}e^{j\omega t}] = U_{2m}\cos\alpha x'\sin\omega t = \dot{U}_{2m}\cos\frac{2\pi}{\lambda}x'\sin\omega t$$

$$i_{oc} = \mathrm{Im}[\sqrt{2}\dot{I}_{oc}e^{j\omega t}] = \mathrm{Im}\left[\sqrt{2}\frac{\dot{U}_2}{z_c}e^{j\frac{\pi}{2}}\sin\alpha x' e^{j\omega t}\right] = \frac{U_{2m}}{z_c}\sin\alpha x'\sin\left(\omega t + \frac{\pi}{2}\right) \quad (3-283)$$

$$= \frac{U_{2m}}{z_c}\sin\frac{2\pi}{\lambda}x'\cos\omega t$$

式（3－283）表明，线路上各点的电压和电流均随时间 t 作正弦或余弦变化，而其电压的振幅 $U_{2m}\cos\frac{2\pi}{\lambda}x'$ 随 x' 作余弦变化，电流振幅 $\frac{U_{2m}}{z_c}\sin\frac{2\pi}{\lambda}x'$ 随 x' 作正弦变化，如图 3－107 所示。在距终端 $x'=2n\left(\frac{\lambda}{4}\right)$（$n=0$，1，2，3，…），即 $x'=0$，$\frac{\lambda}{2}$，λ，…各处，$\cos\frac{2\pi}{\lambda}x'$ 的值为 ±1。因此在这些位置上电压振幅出现最大值，即其最大瞬时值大于其他各处同一时间的最大瞬时值（该瞬时值的大小在随时间 t 作正弦变化），它们称之为电压的波腹。而在 $x'=(2n+1)\left(\frac{\lambda}{4}\right)$（$n=0$，1，2，3，…），即 $x'=\frac{\lambda}{4}$，$\frac{3\lambda}{4}$，$\frac{5\lambda}{4}$，…各处，$\cos\frac{2\pi}{\lambda}x'$ 的值为零，因而这些地方的电压振幅恒为零，其瞬时值的大小随时间 t 一直是零，它们称之为电压的波节。在 $x'=0$，$\frac{\lambda}{2}$，λ，…各处，$\sin\frac{2\pi}{\lambda}x'$ 的值为零，出现电流的波节，而在 $x'=\frac{\lambda}{4}$，$\frac{3\lambda}{4}$，$\frac{5\lambda}{4}$，…各处，出现电流的波腹。即电压的波腹处是电流的波节，电压的波节处是电流的波腹。只要频率确定（波长确定），上述波腹、波节处的位置不变，电压波、电流波是驻立不动的波。与行波相对照，将它称之为驻波。驻波在空间位置（x'）上不移动，但其幅值随时间 t 作正弦变化。显然线上各处电压和电流在时间相位上相差 $\pi/2$。

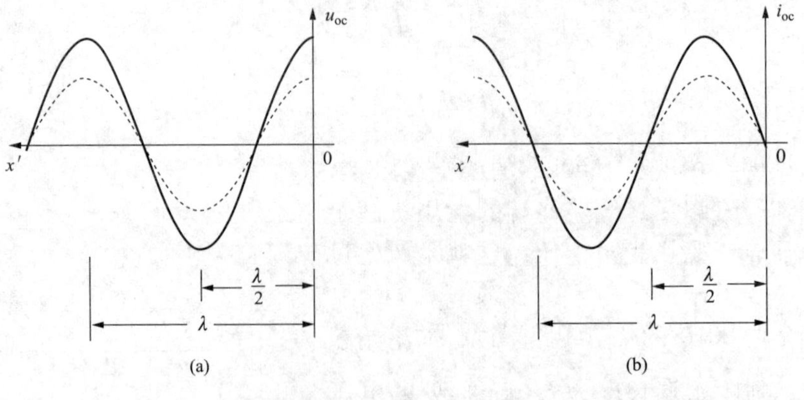

图 3－107 终端开路时，不同时刻电压、电流的沿线分布

（a）电压沿线分布；（b）电流沿线分布

2. 终端短路时的电压与电流

线路上的短路点认为是终端。

当终端短路时，$Z_2=0$，$\dot{U}_2=0$，式（3－280）可写为：

$$\begin{aligned}\dot{U}_{sc}&=\frac{1}{2}\dot{I}_2z_c(e^{j\alpha x'}-e^{-j\alpha x'})=j\dot{I}_2z_c\sin\alpha x'\\ \dot{I}_{sc}&=\frac{1}{2}\dot{I}_2(e^{j\alpha x'}+e^{-j\alpha x'})=\dot{I}_2\cos\alpha x'\end{aligned}\tag{3-284}$$

由式（3－284）的上一个方程再考虑到式（3－259）所示的$\lambda=\dfrac{2\pi}{\alpha}$关系可得到：

$$\dot{U}_{sc}=j\dot{I}_2z_c\sin\alpha x'=j\dot{I}_2z_c\sin\frac{2\pi}{\lambda}x'\tag{3-285}$$

式（3－285）表明了在终端短路时，沿线不同地点电压的有效值$\dot{U}_{sc}$与终端处的电流有效值$\dot{I}_2$之间的关系。在终端处$x'=0$，$\sin\dfrac{2\pi}{\lambda}x'=0$，所以$\dot{U}_{sc}=0$，终端处电压为零与终端处短路相吻合。当$0<x'<\dfrac{\lambda}{4}$时，$\sin\dfrac{2\pi}{\lambda}x'$的值是正值，该值随着$x'$的增大而增大，也就是在$x'$处的电压有效值比终端处的电压有效值大，且离终端处越远电压越高。当$\dfrac{\lambda}{4}<x'<\dfrac{\lambda}{2}$时，随着$x'$的增大$\sin\dfrac{2\pi}{\lambda}x'$减少，所以电压有效值也在减少。但$\sin\dfrac{2\pi}{\lambda}x'$的值仍然是正值，所以在$x'$处的电压有效值仍然比终端处的电压有效值高。当$\dfrac{\lambda}{2}<x'<\lambda$时，$\sin\dfrac{2\pi}{\lambda}x'$的值是负值，但是在$x'$处的电压有效值的绝对值仍然比终端处的电压高。电压、电流有效值的绝对值沿线分布如图3－108所示。具体地说，在线路长度等于$\dfrac{\lambda}{2}$、λ、$\dfrac{3}{2}\lambda$、…时，始端电压等于终端电压，其值为零，其他情况下始端电压总是大于终端电压的。对工频频率为50Hz的架空线路来说，$\dfrac{\lambda}{2}=3000$km。在线路长度为3000km、6000km、…时，当终端短路时始端电压也为零。在线路长度为其他值时，当终端短路时始端电压总是大于终端电压的。对于电流来说，在终端短路时，距终端距离为$\dfrac{\lambda}{4}$、$\dfrac{3\lambda}{4}$、$\dfrac{5\lambda}{4}$、…处，也就是距终端距离为1500km、4500km、…处，电流将为零。距终端距离为$\dfrac{\lambda}{2}$、λ、$\dfrac{3}{2}\lambda$、…处，也就是距终端距离为3000km、6000km、…处电流与终端电流相等。在其他各处电流不为零，但小于终端处的电流。

如果设$\dot{I}_2=I_2\angle 0°$，则与式（3－284）对应的电压、电流瞬时值的表达式为：

$$\begin{aligned}u_{sc}&=\mathrm{Im}\left[\sqrt{2}\dot{U}_{oc}e^{j\omega t}\right]=\mathrm{Im}\left[\sqrt{2}\dot{I}_2z_c\sin\alpha x'e^{j\frac{\pi}{2}}e^{j\omega t}\right]\\ &=I_{2m}z_c\sin\alpha x'\sin\left(\omega t+\frac{\pi}{2}\right)=I_{2m}z_c\sin\frac{2\pi}{\lambda}x'\cos\omega t\\ i_{sc}&=\mathrm{Im}[\sqrt{2}\dot{I}_{oc}e^{j\omega t}]=\mathrm{Im}[\sqrt{2}\dot{I}_2\cos\alpha x'e^{j\omega t}]=I_{2m}\cos\alpha x'\sin\omega t\\ &=I_{2m}\cos\frac{2\pi}{\lambda}x'\sin\omega t\end{aligned}\tag{3-286}$$

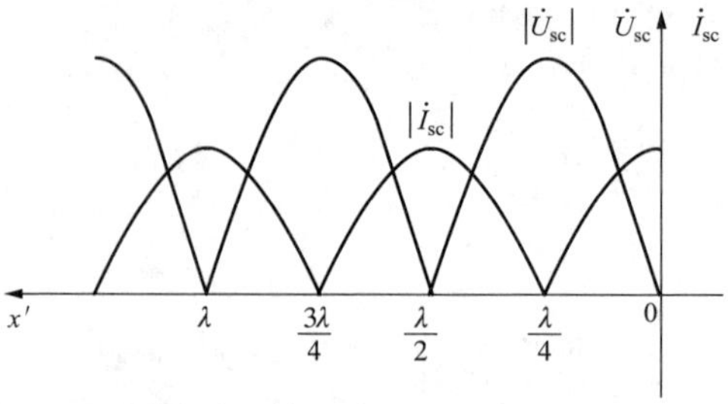

图 3－108　终端短路时，电压、电流有效值绝对值的沿线分布

式（3－286）说明，终端短路时，线路上也将产生驻波，但与终端开路情况互为对偶。即终端短路时电压沿线按正弦分布，电流沿线按余弦分布，在终端处有电压波节和电流波腹，其他各处的波腹和波节也与终端开路时的波腹、波节互为对偶。如图 3－109 所示。

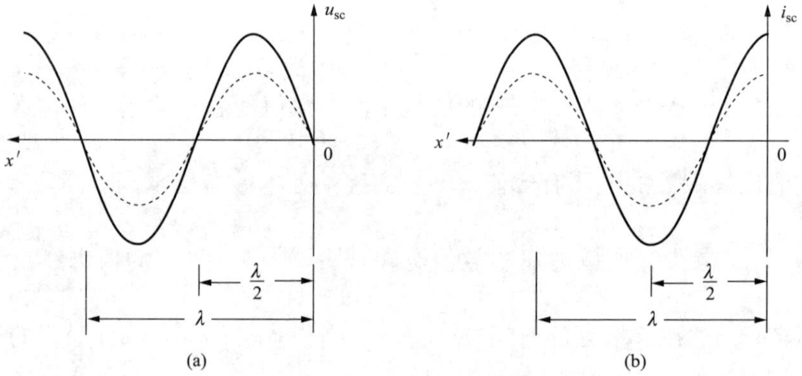

图 3－109　终端短路时，不同时刻电压、电流的沿线分布

（a）电压沿线分布；（b）电流沿线分布

3. 负载匹配时的电压、电流

如果长线终端所接负载阻抗 Z_2 等于特性阻抗 Z_C，再考虑到 $\dot{U}_2=\dot{I}_2Z_2=\dot{I}_2Z_C$ 的关系，式（3－280）成为：

$$\begin{aligned}\dot{U}(x)&=\dot{U}_2e^{j\alpha x'}\\ \dot{I}(x)&=\dot{I}_2e^{j\alpha x'}\end{aligned}\qquad(3-287)$$

这说明距离终端任意距离 x' 处电压、电流的有效值与终端处电压、电流的有效值相等。

（四）几点结论

（1）超高压远距离输电线路，由于分布电容比较大，所以分析电压、电流时应该使用均匀传输线理论。输电线路的参数应使用分布参数，在求始端电压（电流）与终端电压（电流）时应该使用长线方程。

（2）超高压远距离输电线路上，电压、电流既是时间 t 的函数，也是距离 x 的函数。在输电线路某一固定点上电压、电流随时间按正弦函数变化；在某一固定的时刻，电压、电流沿线按幅值逐渐变化的正弦函数分布。

（3）超高压远距离输电线路上，电压、电流以波的形式传输。从始端往终端传输的波称作正向行波（入射波），从终端往始端传输的波称作反向行波（反射波）。正向行波和反向行波传输的波速相同。正向行波和反向行波沿着波的传输方向幅值逐渐衰减。即正向行波从始端向终端幅值逐渐衰减而反向行波从终端向始端逐渐衰减。线路上任意一点的电压是电压的正向行波与反向行波之和，而电流是电流的正向行波与反向行波之差。

（4）电压的正向行波与电流的正向行波之比等于电压的反向行波与电流的反向行波之比，其值等于波阻抗（特性阻抗）。

（5）反向行波与正向行波的比值称作反射系数，电压的反射系数等于电流的反射系数。正向行波在行进的过程中感受到的阻抗如果一直等于波阻抗，波就没有反射，反射系数为零。所以如果终端的负载阻抗等于波阻抗，则输电线路可以看作无限长线路，此时电压、电流都只有正向行波而没有反向行波。正向行波在行进的过程中，如果感受到的阻抗不等于波阻抗，波在阻抗发生变化的点上将发生反射，产生反向行波，反射系数不为零。

（6）如果终端开路，即输电线路终端断路器跳开，正向行波行进到终端后发生全反射，反射系数等于1，产生反向行波。终端处电压的反向行波与正向行波幅值相等相位相同，终端处的电压是电压的正向行波与电压的反向行波之和，是终端处的正向行波电压的两倍，产生过电压。从均匀传输线理论得到的公式来看，在无损线路上，此时距终端 x' 处的电压 $\dot{U}_{oc}$ 根据（3－282）式为：

$$\dot{U}_{oc}=\dot{U}_2\cos\alpha x'=\dot{U}_2\cos\frac{2\pi}{\lambda}x'$$

式中 λ 为波长，$\dot{U}_2$ 为终端处电压的有效值。该式表明当 $0<x'<\frac{\lambda}{4}$ 时（对于50Hz的输电线路来说相当线路长度在1500km以内），由于 $0<\cos\frac{2\pi}{\lambda}x'<1$，所以 $\dot{U}_{oc}$ 随着 x' 的增大而减少，也就是当终端开路时在距终端 x' 处的电压有效值比终端处的电压有效值小，且离终端处越远电压越低，终端处的电压最高。由于从本质上说，终端处此时产生过电压是由于输电线路的分布电容很大造成的，所以有些书上把产生这种过电压的现象称作电容效应。

终端处开路时输电线路终端处的电流是电流的正向行波与电流的反向行波之差，由于是全反射，反射系数等于1，所以终端处电流的反向行波与正向行波幅值相等相位相同，其差值为零，所以终端处的电流为零。这与终端处开路相吻合。而始端的电流最大（输电线路长度小于1500km）。

（7）终端短路时，实际上可以把短路点看作终端。正向行波行进到终端后发生全反射，反射系数等于－1，产生反向行波。终端处电压的反向行波与正向行波幅值相等相位相反，终端处的电压是电压的正向行波与电压的反向行波之和，其值为零，与终端短路吻合。所以在小于1500km的线路上终端短路时，始端电压有效值总是大于终端电压的。终端处电流的反向行波与正向行波幅值相等相位相反，终端处的电流是电流的正向行波与电压的反向行波之差，其值很大。所以在小于1500km的线路上终端短路时，始端电流有效值总是小于终端电流的有效值的。

（8）均匀传输线的参数。

R_0、X_0——输电线路单位长度纵向电阻、电抗，单位 Ω/m。

G_0、B_0——输电线路单位长度横向电导、电纳，单位 S/m。

$Z_0=R_0+jX_0=R_0+j\omega L_0$——输电线路单位长度的纵向阻抗，单位 Ω/m。

$Y_0=G_0+jB_0=G_0+j\omega C_0$——输电线路单位长度的横向导纳，单位 S/m。

$Z_C=\sqrt{\frac{Z_0}{Y_0}}=\sqrt{\frac{R_0+jX_0}{G_0+jB_0}}=\sqrt{\frac{R_0+j\omega L_0}{G_0+j\omega C_0}}$——输电线路的波阻抗，单位 Ω。

$\gamma=\sqrt{Z_0Y_0}=\sqrt{(R_0+j\,\omega L_0)\,(G_0+j\omega C_0)}=\beta+j\alpha$——输电线路的传输系数。

β 称为衰减系数，α 称为相位系数。

ν_p——波速，行波行进的速度。$\nu_p=\frac{\omega}{\alpha}$，单位 m/s。

λ——波长，一个周期时间内，行波行进的距离。$\lambda=\nu_pT=\frac{\nu_p}{f}=\frac{\omega}{f\alpha}=\frac{2\pi}{\alpha}$，单位 km。

（9）传输系数 γ 和波阻抗 Z_C 的物理概念。

传输系数 $\gamma=\sqrt{Z_0Y_0}=\sqrt{(R_0+j\,\omega L_0)\,(G_0+j\omega C_0)}=\beta+j\alpha$。

其中衰减系数 β 是输电线路上任一单位长度起点和终点处电压有效值之比的自然对数，$\beta=\ln\frac{U_x}{U_{x+1}}$。行波每传播一单位长度电压幅值要衰减到原值的 e^{β} 分之一。β 与线路参数的关系为：$\beta=\sqrt{\frac{1}{2}\sqrt{(R_0^2+\omega^2L_0^2)\,(G_0^2+\omega^2C_0^2)}+\frac{1}{2}\,(R_0G_0-\omega^2L_0C_0)}$。如果 β 表达为 $\beta=\ln\frac{U_x}{U_{x+1}}$时，$\beta$ 的单位为 N；如果 β 表达为 $\beta=20\log\frac{U_x}{U_{x+1}}$时，$\beta$ 的单位为（dB/km）。

相位系数 α 表示线路上任一单位长度终点电压在相位上滞后于起点电压的弧度数，$\alpha=\psi_x-\psi_{x+1}$。α 与线路参数的关系为：$\alpha=\sqrt{\frac{1}{2}\sqrt{(R_0^2+\omega^2L_0^2)\,(G_0^2+\omega^2C_0^2)}+\frac{1}{2}\,(\omega^2L_0C_0-R_0G_0)}$。相位系数的单位为 rad/km。

波阻抗 Z_C 为 $Z_C=\sqrt{\frac{Z_0}{Y_0}}=\sqrt{\frac{R_0+jX_0}{G_0+jB_0}}=\sqrt{\frac{R_0+j\omega L_0}{G_0+j\omega C_0}}=\sqrt{\frac{R_0^2+\,(\omega L_0)^2}{G_0^2+\,(\omega C_0)^2}}e^{j\varphi_c}=z_ce^{j\varphi_c}$。其模 z_c 是同方向传播的电压行波和电流行波的有效值之比或振幅之比。其幅角 φ_c 表示同一处同方向传播的电压行波在相位上超前于电流行波的相位角。z_c 和 φ_c 与线路参数的关系为：

$$z_c=\sqrt[4]{\frac{R_0^2+(\omega L_0)^2}{G_0^2+(\omega C_0)^2}}$$

$$\varphi_c=\frac{1}{2}\mathrm{tg}^{-1}\frac{\omega(G_0L_0-R_0C_0)}{R_0G_0+\omega^2L_0C_0}$$

显然，上述 β、α、z_c、φ_c 这些参数都与线路的参数和频率有关。

（10）无畸变线路和无损线路。

$\frac{R_0}{L_0}=\frac{G_0}{C_0}$的线路称作无畸变线路，在无畸变线路上，$\beta=R_0\sqrt{C_0/L_0}=\sqrt{R_0G_0}$、$\alpha=\omega\sqrt{L_0C_0}$、$Z_C=z_c=\sqrt{L_0/C_0}=\sqrt{R_0/G_0}$、$\varphi_c=0$、$\nu_p=1/\sqrt{L_0C_0}$。这些参数都与频率无关。因此线路上传播不同频率的信号时，这些频率信号将以同一波速，同一衰减系数传播，所以信号不会发生畸变失真，故称为无畸变线。波阻抗 Z_C 是一个纯电阻，说明线路上任何一处的同向电压行波和电流行波同相位。

$R_0=G_0=0$ 的线路称作无损线路。在无损线路上，$\beta=0$、$\alpha=\omega\sqrt{L_0C_0}$、$Z_C=z_c=\sqrt{L_0/C_0}$、$\varphi_c=0$、$\nu_p=1/\sqrt{L_0C_0}$。这些参数也都与频率无关。因此系统发生短路时，如果电

流、电压中有各次谐波（各种频率）分量，这些谐波分量将以同一波速，同一衰减系数($\beta=0$)传播，所以信号不会发生畸变失真，故而无损线路也是无畸变线路。波阻抗 Z_C 是一个纯电阻，线路上任何一处的同向电压行波和电流行波同相位。

三、工频过电压保护和过电压起动远跳

上面已经叙述了超高压远距离输电线路上当终端处断路器因故跳开后，在“电容效应”的影响下终端处产生过电压的机理，为此在长距离的架空线路上要采取相应的措施防止过电压对电气设备的损伤。一方面可以在输电线路的两侧各装设并联电抗器（高抗），用并联电抗器的电感来补偿输电线路的电容，防止工频过电压。用“补偿度”来表达补偿的程度，两侧并联电抗器的总补偿度一般为40%～80%，也就是两侧并联电抗器的总电感电流为本线路电容电流的40%～80%，每一侧补偿20%～40%。另一方面要装设过电压保护。过电压保护一般装设在“远方跳闸保护装置”内。过电压保护可反应一相过电压，也可反应三相过电压。过电压保护动作后经一短延时跳本端断路器（该功能可选择）同时向对端发远方跳闸信号。发远方跳闸信号时可选择是否经本端断路器的分相跳闸位置闭锁，如果经跳闸位置闭锁，只有三相跳闸位置继电器都动作且检查三相均无流后即一定要本端断路器三相跳闸后才能向对端发远方跳闸信号。目前，有些远方跳闸保护装置过电压保护动作发远跳信号用接点输出，借助于其他通道传送远跳信号；有些远方跳闸保护装置中除输出远跳接点借助其他通道传送远跳信号外，装置本身也连接光纤通道直接传送远跳信号。

四、远方跳闸保护装置

当对端的过电压保护、电抗器保护（电抗器没有专用的断路器）、母线保护（非3/2接线方式）、失灵保护（3/2接线方式）、变压器保护（线路—变压器组接线）、线路串联补偿电容器的保护动作且电容器旁路断路器拒动或电容器平台故障，上述这些保护动作发跳闸命令的同时都将向对端发远跳信号。远方跳闸保护装置负责在收到对端发来的远方跳闸信号以后跳本端断路器。收信通道采用一取一方式（Q/GDW 161—2007《线路保护及辅助装置标准化设计规范》规定），即只要一个通道收到了信号，就认为收到了远方跳闸信号。

为了提高远方跳闸保护的安全性，尤其在使用非数字通道时，为避免保护装置收到错误的远方跳闸信号以后误跳闸，一般还加就地判据。也就是说保护装置只有收到远方跳闸信号并且就地判据也动作时，才能发跳闸命令。所以严格地讲这个“跳闸”信号应该是允许信号。

远方跳闸保护的就地判据应能反映一次系统的故障、异常运行状态，应简单可靠、便于整定。由于过电压保护、电抗器保护、母线保护（非3/2接线方式）、失灵保护、变压器保护（线路—变压器组接线）等动作以后都是要发远方跳闸信号的，所以远方跳闸保护装置的就地判据应该考虑对端上述这些保护动作以后本端的就地判据能够动作。

远方跳闸保护装置一般采用如下一些就地判据：① 零序、负序电流；② 零序、负序电压；③ 电流变化量；④ 低电流；⑤ 分相低功率因数；⑥ 分相低有功。在装置定值单中有相应的控制字选择这些判据的投退。

在图3－110（a）中，对端（N端）的过电压保护动作将对端2号断路器三相跳闸；或者对端母线故障，母线保护动作将对端2号断路器三相跳闸。这时过电压保护和母线保护动作都将向本端（M端）发远方跳闸命令。此时相当于M端对线路充电，M端流过的电流只是本线路的电容电流，也不输送有功功率。因此M端就地判据中的三相低有功、三相低电流和电流变化量判据可以动作，使远方跳闸保护装置可靠跳闸。如果在对端TA与断路器之

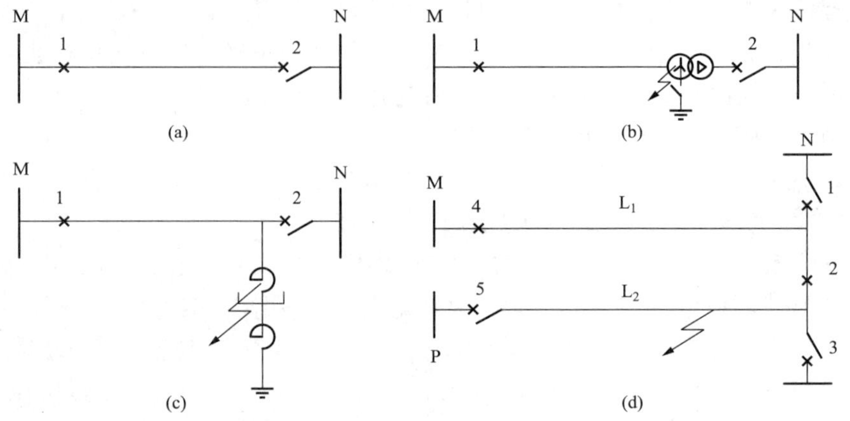

图 3－110　远方跳闸保护就地判据说明

—×— — 断路器在三相合闸状态；—×╱— — 断路器在三相分闸状态

间故障，对端母线保护动作将对端 2 号断路器三相跳闸的同时也将向本端（M 端）发远方跳闸命令。如果故障是三相短路，则 M 端就地判据中的三相低功率因数、三相低有功和电流变化量判据可以动作。如果故障是单相接地短路，M 端就地判据中的负序电流、负序电压、零序电流、零序电压、两个非故障相的低电流、两个非故障相的低有功以及电流变化量判据可以动作。另外根据相量图的分析，故障相的低功率因数、故障相的低有功判据也可以动作。如果故障是两相接地短路，M 端就地判据中的负序电流、负序电压、零序电流、零序电压、非故障相的低电流、非故障相的低有功以及电流变化量判据可以动作。另外根据相量图的分析，两个故障相的低功率因数和两个故障相的低有功判据可能动作（流过 M 端的零序电流较小时）也可能不能动作（流过 M 端的零序电流较大时）。如果故障是两相不接地短路，则 M 端的负序电流、负序电压、非故障相的低电流、非故障相的低有功以及电流变化量判据可以动作。

在图 3－110（b）所示的线路—变压器组接线方式中，为了节省一个高压断路器在线路与变压器之间不安装断路器。此时变压器内部故障，变压器保护（瓦斯保护、差动保护等）动作将 2 号断路器三相跳闸的同时还应向 M 端发远方跳闸命令切除故障。如果变压器是三相短路，M 端就地判据中的三相低功率因数、三相低有功、电流变化量判据可以动作。如果变压器的内部短路是星侧的两相不接地短路，M 端就地判据中的负序电流、负序电压、非故障相的低电流、非故障相的低有功以及电流变化量判据可以动作。如果变压器的内部短路是星侧的单相接地短路，M 端就地判据中的负序电流、负序电压、零序电流、零序电压、两个非故障相的低电流、两个非故障相的低有功以及电流变化量判据可以动作。另外根据相量图的分析，故障相的低功率因数、故障相的低有功判据可以动作。如果变压器的内部短路是星侧的两相接地短路，M 端就地判据中的负序电流、负序电压、零序电流、零序电压、非故障相的低电流、非故障相的低有功以及电流变化量判据可以动作。另外根据相量图的分析，两个故障相的低功率因数和两个故障相的低有功判据可能动作（流过 M 端的零序电流较小时）也可能不能动作（流过 M 端的零序电流较大时）。如果变压器的内部短路是三角侧的两相短路，M 端就地判据中的负序电流、负序电压、电流变化量判据可以动作。另外根据相量图的分析，两个故障相中的落后相（例如三角侧 B、C 两相短路，M 端的 C 相）上的低功率因数、低有功判据可以动作。如果变压器的内部短路是匝间短路，M 端就地判据中的三相低有功、三相低电流以及电流变化量判据可以动作。

在图 3－110（c）所示的 N 端并联电抗器保护动作将 2 号断路器三相跳闸并向 M 端发远方跳闸命令。如果并联电抗器是三相短路，M 端就地判据中的三相低功率因数、三相低有功、电流变化量判据可以动作。如果并联电抗器是两相不接地短路，M 端就地判据中的负序电流、负序电压、非故障相的低电流、非故障相的低功率因数、非故障相的低有功以及电流变化量判据可以动作。如果并联电抗器是单相接地短路，M 端就地判据中的负序电流、负序电压、零序电流、零序电压、两个非故障相的低电流、两个非故障相的低功率因数、两个非故障相的低有功以及电流变化量判据可以动作。另外根据相量图的分析，故障相的低功率因数、故障相的低有功判据可以动作。如果并联电抗器是两相接地短路，M 端就地判据中的负序电流、负序电压、零序电流、零序电压、非故障相的低电流、非故障相的低功率因数、非故障相的低有功以及电流变化量判据可以动作。另外根据相量图的分析，两个故障相的低功率因数和两个故障相的低有功判据可能动作（流过 M 端的零序电流较小时）也可能不能动作（流过 M 端的零序电流较大时）。如果并联电抗器是匝间短路，M 端就地判据中的三相低功率因数、三相低有功、三相低电流、电流变化量判据可以动作。

在图 3－110（d）所示的 N 端 3/2 接线方式中 L_2 线路发生短路，L_2 两端线路保护动作跳 2、3、5 号断路器。如果 2 号断路器失灵，则由 2 号断路器的失灵保护动作将 1、3 号断路器三相跳闸并向 4 号断路器发远跳命令以切除故障。M 端 4 号处的远方跳闸保护装置中的就地判据应该动作，以保证 4 号断路器可靠跳闸。在这里考虑了 2 号断路器的故障相失灵就不再考虑 1、3 号断路器失灵，1、3 号断路器都已三相跳闸。如果此时是 L_2 线路发生单相接地短路，M 端就地判据中的负序电流、负序电压、零序电流、零序电压、两个非故障相的低电流、两个非故障相的低有功以及电流变化量判据可以动作。另外根据相量图的分析，故障相的低功率因数、故障相的低有功判据可以动作。如果 L_2 线路发生的是两相接地短路，如果考虑 2 号断路器不会两个故障相都失灵而只有一个故障相失灵，此时 M 端感受到的是单相接地短路。这样 M 端就地判据中的上述判据可以动作。如果 L_2 线路发生的是三相接地短路，如果考虑 2 号断路器只有一个故障相失灵，此时 M 端感受到的也是单相接地短路。这样 M 端就地判据中的上述判据也可以动作。如果 L_2 线路发生的是三相不接地短路或两相不接地短路，考虑 2 号断路器只有一个故障相失灵，此时 M 端三相电流都是零。所以 M 端就地判据中的三相低有功、三相低电流和电流变化量判据可以动作。

上面这些就地判据在远方跳闸保护装置内可以在定值单中用控制字选择投退。有些厂家的远方跳闸保护装置中将就地判据进行“与”、“或”逻辑的组合供用户选择。在就地判据中，有许多判据在区外短路时就地判据也可能动作，例如：零序电流、负序电流、零序电压、负序电压、电流变化量、分相低功率因数、分相低有功判据。为避免在区外故障的初瞬由于通道的干扰同时误收一个“远跳”信号而造成的保护误跳，因此应在这些判据动作 20～40ms 以后通道收到远跳信号时方才能向断路器发跳闸命令。电流变化量判据动作以后应展宽一段时间以保证远方跳闸保护装置可靠跳闸。零序电流判据很灵敏在经高阻接地短路时仍有灵敏度，有利于提高保护装置的动作可靠性。

在图 3－110（b）的所示的线路—变压器组接线中，变压器内短路时如果变压器的电气量保护动作发出的远跳信号，M 端 1 号保护处的远方跳闸保护装置动作发跳闸命令时还应起动失灵保护；如果变压器的非电量保护动作发出的远跳信号，M 端 1 号保护处的远方跳闸保护装置动作发跳闸命令时不应起动失灵保护。所以在这种接线方式中使用的远方跳闸保护装置除有起动失灵保护的跳闸接点输出外还应有不起动失灵保护的跳闸接点输出。

第七节 继电保护通道

在第三节中已说明目前继电保护的通道有载波通道、微波通道、光纤通道和导引线通道四种。现在用得最多的是载波通道和光纤通道两种。本节介绍这两种通道并简单介绍一下继电保护的专用收发信机。

一、纵联保护的载波通道及高频通道衰耗简介

（一）载波通道

目前我国电力系统中载波通道（又称高频通道）是用得很普遍的一种通道类型。在继电保护中使用时有专用和复用通道两种，其基本结构如图 3－111 所示。专用通道用相－地耦合通道，一般用在闭锁式中，收发信机用继电保护专用收发信机。复用通道采用相－相耦合通道，一般用在允许式中（当然也可用在闭锁式中），收发信机用载波机。相－相耦合通道中的高频电流衰耗较小但投资大，相－地耦合通道的高频电流衰耗较大受到的干扰也较大但投资小。由于输电线路是高压设备，继电保护专用收发信机或载波机是低压设备，为确保人身与设备安全，并实现阻抗匹配以减少衰耗，所以在输电线路和收发信机或载波机之间还有耦合电容器、结合滤波器、高频电缆这样一些连接设备。此外还有阻止高频电流向母线分流而设的阻波器。这些设备统称为高频加工设备。所以载波通道是由输电线路和高频加工设备两部分构成的。下面对图 3－111 中的高频加工设备的构成及其作用作一简介。

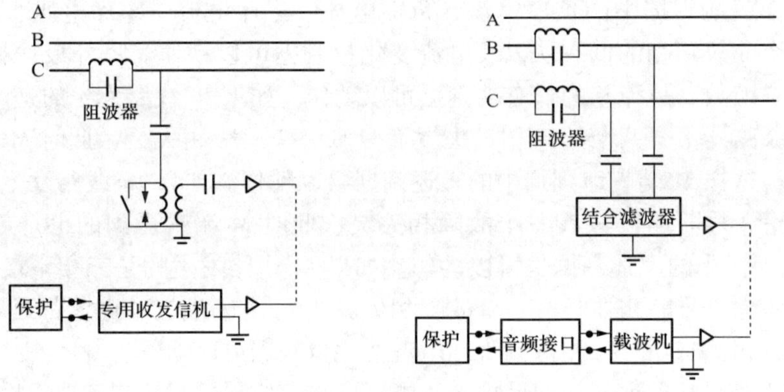

图 3－111 高频通道结构
（a）专用通道；（b）复用通道

1. 阻波器

它的作用是阻止高频电流向母线分流而增加衰耗。以一个单频阻波器为例，它是一个调谐于发信机工作频率的 LC 并联谐振电路。对高频频率来说其阻抗很大（大于 800～1000Ω），以防止高频电流的外泄。尤其是当母线或其他线路出口发生故障时，如果不加阻波器的话，高频电流向母线分流将造成信号短路。阻波器对工频频率来说其阻抗很小（仅为 0.04Ω 左右），不影响工频电流的流通。阻波器根据它的构造不同有下述几种：① 单频阻波器。其阻抗频率特性曲线是有一个尖峰的陡峭曲线，品质因数 Q 值很高，适用于单频率的继电保护专用通道。在发信频率上阻塞阻抗很高，但阻塞频带窄。② 双频阻波器。其

阻抗频率特性曲线是有二个尖峰的陡峭曲线。它可以阻塞两个频率信号，适用于双频率的高频保护，也可满足阻塞电力线载波电话中收信和发信两个频带的需要。③ 宽带阻波器。其阻抗频率特性曲线在阻带范围内较平坦，品质因数 Q 值较低，阻塞频带宽。适用于多台载波机并联运行。

2. 耦合电容器

它的作用是：① 由于其电容量很小，对工频频率呈现很大的容抗，因而很高的工频电压都降在电容器两端，保证了电容器后设备及人身的安全。② 它与结合滤波器一起构成以高频频率为中心频率的带通滤波器，使高频电流能顺利流通。

3. 结合滤波器

它由有电磁耦合的两个电感线圈组成。它的作用是：① 进行阻抗匹配。220kV 输电线路的波阻抗约 400Ω，330kV 和 500kV 输电线路的波阻抗约 300Ω，而高频电缆的波阻抗为 75Ω（早期为 100Ω）。为了防止高频电流的反射减少衰耗，应有阻抗转换环节以实现阻抗匹配。结合滤波器用改变两个线圈的匝数比来完成这种阻抗转换工作。结合滤波器对输电线路来说波阻抗为输电线路的波阻抗，对高频电缆的波阻抗为 75Ω，因而可使高频电流通畅地经由高频加工设备流入收发信机（载波机）。② 与耦合电容器一起构成带通滤波器，使高频电流能顺利流通。在结合滤波器线路侧的线圈两端还并接避雷器和接地刀闸。当有高电压从输电线路侵入时，可通过避雷器入地，保护了高频电缆和高频收发信机设备以及人身安全。当工作人员在结合滤波器上工作时或结合滤波器退出工作时将接地刀闸合上，以保障人身安全。

4. 高频电缆

它将户外的结合滤波器与户内的收发信机（载波机）联系起来。高频电缆有对称电缆和不对称电缆两种。对称电缆常用于相－相耦合方式，其波阻抗为 150Ω。不对称电缆（即单芯同轴电缆）常用于相－地耦合方式，其波阻抗为 75Ω，早年为 100Ω。使用单芯同轴电缆传输衰耗较小，抗干扰能力强。

（二）高频电流的传输路径

高频电流在传输路径上的分布是与该路径中的阻抗成反比的。而高频电流的传输路径由于下述原因变得十分复杂：

1）如果三相上都装有宽带阻波器或本线路断路器和隔离开关在三相分闸状态，从而阻断了高频电流的流通。此时本线路的高频电流无法流入母线，对本线路的高频电流来说，可认为母线对地的容抗是无穷大。如果在非加工相上装的是窄带阻波器而且本线路的断路器和隔离开关在三相合闸状态，此时母线与本线路非加工相之间高频电流可以流通。母线对地的电容，包括母线对金属架的电容、母线上的电气设备（TA、TV、隔离开关）的对地电容，一般每相可以达到 2000pF～15 000pF。该电容对于高频电流来说其容抗很小，近乎短路状态。所以此时母线对地电容是高频电流的通路。

2）输电线路各相的对地电容和相间电容对高频电流来说是高频电流的通路。

3）输电线路的电容是分布性的，因此高频电流的传输路径也具有分布性。

（1）相－地耦合通道，如果在两个非加工相上装有宽带阻波器或本线路断路器和隔离开关在三相分闸状态时高频电流的传输路径。

目前输电线路上一般三相都装宽带阻波器，这种情况下本线路的高频电流不能流入母线，此时从 M 端发信机发出的高频电流其传输路径可以人为的分成三个部分，如图 3－112

(a) 所示。① 如图中实线部分所示。M 端发信机发出的高频电流经高频加工设备送到加工相上并沿加工相线路向 N 端流动。到达 N 端后经高频加工设备和 N 端的收信机入地。在沿大地返回时，由于大地电导率很小，所以在返回途中经两个非加工相对地电容流到两个非加工相，沿两个非加工相往回流动。到了 M 端后，再经两个非加工相对地电容入地，经一小段大地回到 M 端收发信机的地端。这部分的高频电流，N 端收信机是能够接收到的。② 如图中虚线所示。M 端发信机发出的高频电流经高频加工设备送到加工相上并沿加工相线路向 N 端流动。在这过程中不断地经过加工相和非加工相之间的相间电容流到两个非加工相上，再沿两个非加工相往回流动。到了 M 端后，再经两个非加工相对地电容入地，经一小段大地回到 M 端收发信机的地端。这部分高频电流 N 端的收信机是收不到的。③ 如图中点划线所示。M 端发信机发出的高频电流经高频加工设备送到加工相上并沿加工相线路向 N 端流动。在这过程中高频电流不断经过加工相对地电容入地，在返回途中由于大地电导率很小，所以经两个非加工相对地电容流到两个非加工相，沿两个非加工相往回流动。到靠近 M 端后再经两个非加工相对地电容入地，经一小段大地回到 M 端收发信机的地端。这部分高频电流 N 端的收信机也是收不到的。需要指出，实际上在各处的高频电流是一个总的电流，上述路径是人为把总的电流分成三部分分析出来的。

(2) 相-地耦合通道，如果在两个非加工相上装的是窄带阻波器而且本线路的断路器和隔离开关在三相合闸状态时高频电流的传输路径。

这种情况下母线与本线路非加工相之间高频电流可以流通。此时从 M 端发信机发出的高频电流其传输路径可以人为地分成三个部分，如图 3-112 (b) 所示。① 如图中实线部分所示。M 端发信机发出的高频电流经高频加工设备送到加工相上并沿加工相线路向 N 端流动。到达 N 端后经高频加工设备和 N 端的收信机入地。在返回时，由于大地电导率很小，所以其返回路径是经 N 端母线对地电容流到两个非加工相上，再沿两个非加工相往回流动。到了 M 端后，再经 M 端母线对地电容入地，回到 M 端收发信机的地端。这部分的高频电流，N 端收信机是能够接收到的。② 如图中虚线所示。M 端发信机发出的高频电流经高频加工设备送到加工相上并沿加工相线路向 N 端流动。在这过程中不断地经过加工相和非加工相之间的相间电容流到两个非加工相上，再沿两个非加工相往回流动。到了 M 端后，再经 M 端母线对地电容入地，回到 M 端收发信机的地端。这部分高频电流 N 端的收信机是收不到的。③ 如图中点划线所示。M 端发信机发出的高频电流经高频加工设备送到加工相上并沿加工相线路向 N 端流动。在这过程中一部分电流在 M 端近处经过加工相对地电容入地，再经一小段大地回到 M 端收发信机。另一部分电流在 N 端近处经过加工相对地电容入地，经 N 端母线对地电容流到两个非加工相上，再沿两个非加工相往回流动。到了 M 端后，再经 M 端母线对地电容入地，回到 M 端收发信机的地端。这部分高频电流 N 端的收信机也是收不到的。

(3) 相-相耦合通道，如果三相上都装有宽带阻波器或本线路断路器和隔离开关在三相分闸状态时高频电流的传输路径。

这种情况下本线路的高频电流不能流入母线。由于输电线路相—地之间的距离大于相—相之间的距离，所以在相—相耦合通道下，流入大地的高频电流很少。此时从 M 端发信机发出的高频电流其传输路径可以人为分成三个部分，如图 3-112 (c) 所示。① 如图中实线部分所示。M 端发出的高频电流经一个加工相上的线路向 N 端流动，到达 N 端后经另一个加工相上的线路返回到 M 端。这部分的高频电流，N 端收信机是能够接收到的。② 如图

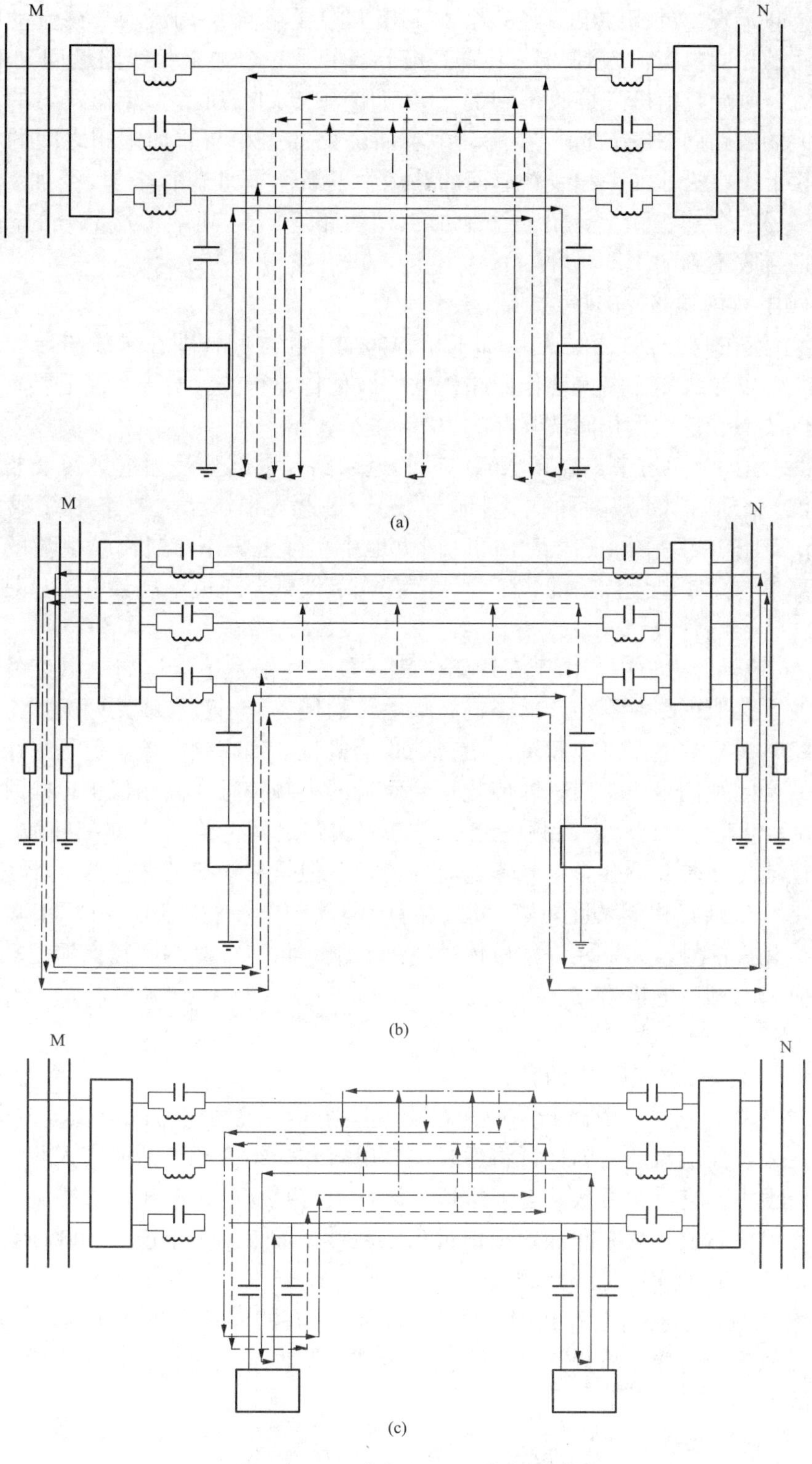

图 3 – 112　高频电流的传输路径

（a）相 – 地耦合通道，高频电流不能注入母线时高频电流的传输路径；
（b）相 – 地耦合通道，高频电流能流入母线时高频电流的传输路径；
（c）相 – 相耦合通道，高频电流不能流入母线时高频电流的传输路径

中虚线所示。M 端发出的高频电流经一个加工相上的线路向 N 端流动，在流动中不断经两个加工相之间的相间电容流入到另一个加工相上，沿另一个加工相线路返回到 M 端。这部分的高频电流，N 端收信机是接收不到的。③ 如图中点划线所示。M 端发出的高频电流经一个加工相上的线路向 N 端流动，在流动中不断经该加工相与非加工相之间的相间电容流入到非加工相上，在沿非加工相线路返回的路途中不断经非加工相与另一个加工相之间的相间电容流入到另一个加工相上，沿另一个加工相线路返回到 M 端。这部分的高频电流，N 端收信机也是接收不到的。

（4）高频电流传输路径的特点。

1）高频电流在两个加工相之间或加工相和非加工相之间，即在导线与导线之间传输的波称作相间波，以导线作去路大地作回路传输的波称作地行波。由于大地电导率小，因而单位长度内地行波的衰耗约为相间波衰耗的 10 倍左右。

2）在相－地耦合通道中，高频电流传输的返回路径大部分是通过另两个非加工相进行的（即相间波），通过大地返回的（即地行波）仅是小部分且主要集中在线路两端。在 (20～30)km 以上的线路中，在线路中间一段大地中实际上是不流过高频电流的。所以三相输电线路是都参与高频电流传输的，不要认为在相－地耦合通道中高频电流只是经加工相和大地传输的。

3）在相－地耦合通道中，由于在线路中间一段大地中是不流过高频电流的，所以在线路中间部分发生接地短路并不会严重影响高频电流的传送。不过在线路两端加工相上发生金属性接地短路时，高频电流将被短接，使对端收信机收不到高频电流。但是采用相－地耦合通道时使用的是闭锁信号，收信机即使收不到对端的高频信号，高频保护也能跳闸。

4）在相－相耦合通道中，高频电流是在三相线路之间传输的（即相间波）。因此线路上发生单相接地短路时并不会影响高频电流的传输。但是在线路上发生两个加工相之间的金属性相间短路（包括三相金属性短路）时，将影响高频电流的传输。由于相－相耦合通道一般传送的是允许信号，如果允许信号传送不到对端，将造成对端高频保护拒动，因此为避免保护拒动应采取相应的措施。

（三）高频通道的干扰。

高频通道的干扰主要有以下两种：

（1）脉冲干扰。它是由隔离开关和断路器的操作、系统短路时的电弧、雷击等引起的。此时产生幅度大、前沿很陡的脉冲群将通过耦合电容器、结合滤波器而窜入收发信机。这种脉冲干扰幅值很大，它有数百伏甚至上千伏，因此应有相应的过电压防护措施。这种脉冲持续时间很短，单个脉冲持续时间一般不超过几十微秒。如果是多个连续的脉冲会影响收信输出，因此保护装设起动元件是必要的。

（2）分布干扰。它是由电晕和绝缘子内部放电引起的。它产生的干扰电压分布在很宽的频谱上，类似于白噪声，故称为分布干扰。为减少这种干扰的影响，在收信机上都要有窄通带的收信滤波器。

（四）高频通道衰耗。

1. 电平的基本概念

电平是高频信号传输中使用很广泛的一种计量单位。早先常采用奈贝（Np）作为电平单位，在现在法定的计量单位中已不再使用奈贝而使用分贝（dB）作为电平单位。电平分绝对电平和相对电平两种，分述如下：

（1）绝对电平。

1）功率绝对电平。电路中某测试点的功率 P 和基准功率 P_0（$P_0=1\text{mW}$）之比值取常用对数（以10为底）的10倍，定义为该点的功率绝对电平（dBm）。如果以奈贝（Np）表达，则某测试点的功率 P 和基准功率 P_0（$P=1\text{mW}$）之比值取自然对数（以e为底）的一半，定义为该点的功率绝对电平（Npm）。功率绝对电平记为 p_w。

$$p_w=10\lg\frac{P}{P_0}\ (\text{dBm}) \tag{3-288}$$

$$p_w=\frac{1}{2}\ln\frac{P}{P_0}\ (\text{Npm}) \tag{3-289}$$

2）电压（电流）绝对电平。电路中某测试点的电压（电流）$U(I)$ 和基准电压（电流）U_0（I_0）之比值取常用对数（以10为底）的20倍，定义为该点的电压（电流）绝对电平（dBu、dBi）。如果以奈贝（Np）表达，则某测试点的电压（电流）$U(I)$ 和基准电压（电流）$U_0(I_0)$ 之比值取自然对数（以e为底），定义为该点的电压（电流）绝对电平（Npu、Npi）。电压（电流）绝对电平记为 $p_u(p_i)$。

$$p_u=20\lg\frac{U}{U_0}\ (\text{dBu}) \tag{3-290}$$

$$p_i=20\lg\frac{I}{I_0}\ (\text{dBi}) \tag{3-291}$$

$$p_u=\ln\frac{U}{U_0}\ (\text{Npu}) \tag{3-292}$$

$$p_i=\ln\frac{I}{I_0}\ (\text{Npi}) \tag{3-293}$$

式（3-290）~式（3-293）中的基准电压 U_0 和基准电流 I_0 定义为1mW的基准功率 p_0 加在某一特性阻抗 Z（Ω）上得到的电压和电流。如果以600Ω作为基准特性阻抗 Z_0，那么根据 $p_0=U_0^2/Z_0$ 和 $p_0=I_0^2Z_0$ 关系可得到基准电压 $U_0=0.775\text{V}$，基准电流 $I_0=0.001\,29\text{A}$。在各个不同的特性阻抗 Z 上，p_0、U_0、I_0 的关系如表3-4所示。所以对电路中某测试点，如果其负载阻抗 R 就等于基准特性阻抗 Z_0 的话，根据 $P=U^2/R$ 和 $P=I^2R$ 关系可知功率绝对电平、电压绝对电平、电流绝对电平相等，即 $p_m=p_u=p_i$。在测试中使用的电平表，一般是按1mW为0电平刻度的功率电平表，也可以是以0.775V为0电平刻度的电压电平表。如果测试点的负载阻抗是600Ω，这两种刻度表计得到的读数是相同的。如果测试点的负载阻抗 Z 不是600Ω，这两种刻度表计测得的读数有下式关系：

表3-4　P_0 与 U_0 和 I_0 的关系

功率 P_0（mW）	1	1	1	1	1
阻抗 Z（Ω）	600	400	150	100	75
电压 U_0（V）	0.775	0.632	0.387	0.316	0.274
电流 I_0（A）	0.001 29	0.001 58	0.002 58	0.003 16	0.003 63
功率电平表读数（dBm）	0	0	0	0	0
电压电平表读数（dBu）	0	-1.76	-6	-7.78	-9

$$p'_w=p'_u+10\lg\frac{600}{Z}\ (\text{dBm}) \tag{3-294}$$

式中 p'_{m}、p'_{u} 分别是功率电平表读数值（dBm）和电压电平表读数值（dBu）。电平表实质上是电压表，它输入的是电压量。所不同的是它不是以电压单位伏特（V）刻度的，而是以 $p_u=20\lg(U/0.775)$ 规律刻度。当输入电压为 0.775V 时对应的读数是 0dBu。反之，如果某测试点的电压电平表读数为 p_u，则该点的电压为 $U=0.775\times10^{p_u/20}$。所以无论被测点的负载阻抗为多少，只要电压相等，测得的电压电平值是相同的。

（2）相对电平。如果式（3－288）～式（3－293）中，被测试点的功率 P_1、电压 U_1、电流 I_1 不是与基准功率 P_0、基准电压 U_0、基准电流 I_0 相比，而是与电路中的另一点功率 P_2、电压 U_2、电流 I_2 相比得到的电平值为这两点的相对电平值。

$$p_{rw}=10\lg\frac{P_1}{P_2}=10\lg\left(\frac{P_1}{P_0}\cdot\frac{P_0}{P_2}\right)=10\lg\frac{P_1}{P_0}-10\lg\frac{P_2}{P_0}=p_{a1w}-p_{a2w}\ (\text{dB}) \tag{3-295}$$

$$p_{ru}=20\lg\frac{U_1}{U_2}=20\lg\frac{U_1}{U_0}-20\lg\frac{U_2}{U_0}=p_{a1u}-p_{a2u}\ (\text{dB}) \tag{3-296}$$

$$p_{ri}=20\lg\frac{I_1}{I_2}=20\lg\frac{I_1}{I_0}-20\lg\frac{I_2}{I_0}=p_{a1i}-p_{a2i}\ (\text{dB}) \tag{3-297}$$

式中：p_r 为相对电平，p_a 为绝对电平。

式（3－295）～式（3－297）三个式子表明，电路中任意两点的相对电平等于该两点绝对电平之差。在一般电路中 P_1 为发送端功率，P_2 为接收端功率。如果 $P_1>P_2$，则相对电平为正值，表示功率衰耗。反之如果 $P_1<P_2$，则相对电平为负值，表示功率增益。

（3）分贝（dB）和奈贝（Np）的转换关系为：1dB＝0.115Np，1Np＝8.686dB。

（4）采用电平计量单位的优点。

1）在原先单位中相差若干个数量级的电气量如果用电平单位来表示其数值就很接近，便于运算。例如对 1mW 的功率对应的是 0dBm，对 1W 的功率对应的是 30dBm，对 10W 的功率对应的是 40dBm。

2）如果各个环节以电平表示的衰耗（或增益）已知，那么总的衰耗是各环节电平衰耗（或增益）之和。用加、减法代替乘、除法计算方便。例如在图 3－113 的电路中，各环节的输入、输出功率分别为 P_1、P_2、P_3、P_4。各环节的衰耗（或增益）是 b_1、b_2、b_3，其值分别为：

$$\left.\begin{aligned} b_1&=10\lg\frac{P_1}{P_2}\\ b_2&=10\lg\frac{P_2}{P_3}\\ b_3&=10\lg\frac{P_3}{P_4}\end{aligned}\right\} \tag{3-298}$$

这三个环节的总衰耗 b_Σ 为：

$$b_\Sigma=10\lg\frac{P_1}{P_4}=10\lg\left(\frac{P_1}{P_2}\cdot\frac{P_2}{P_3}\cdot\frac{P_3}{P_4}\right)=10\lg\frac{P_1}{P_2}+10\lg\frac{P_2}{P_3}+10\lg\frac{P_3}{P_4}=b_1+b_2+b_3 \tag{3-299}$$

式（3－299）表明，使用电平作为计量单位以后，电路中的总衰耗（或增益）是该电路中各环节衰耗（或增益）之和，计算十分方便。由此可以推论，载波通道的总衰耗 b 等于输电线路的衰耗 b_l、结合滤波器的衰耗 b_{CF}、高频电缆的衰耗 b_C、阻波器的分流衰耗 b_{LT}、

线路的终端衰耗 b_T 之和：

$$b = b_l + b_{CF} + b_C + b_{LT} + b_T \tag{3-300}$$

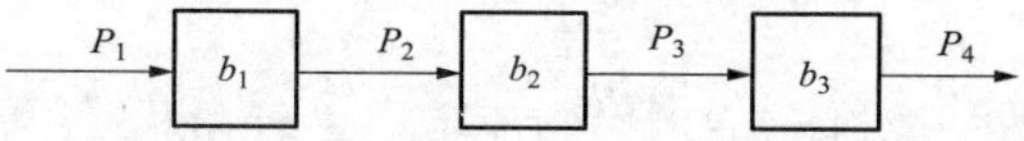

图 3-113 电路的衰耗（或增益）

3）对输电线路和高频电缆这样的分布参数电路，在阻抗完全匹配的情况下其输入端和输出端的功率比值为：

$$\frac{P_1}{P_2} = e^{2\beta l} \tag{3-301}$$

因此以奈贝表示的衰耗为：

$$b = \frac{1}{2}\ln\frac{P_1}{P_2} = \beta l \quad (\text{Npm}) \tag{3-302}$$

折合成分贝为：

$$b = 8.686\beta l \quad (\text{dBm}) \tag{3-303}$$

式中：β 为波传输中的衰减常数（奈贝/km）；l 为分布参数电路的长度（km）。用式(3-303)后运算方便。

2. 四端网络的各种衰耗及测试方法

（1）固有衰耗 b_0。

它表示当四端网络匹配连接（负载阻抗与四端网络的特性阻抗相等）时，输入端与输出端的相对功率电平。但是在载波通道中，在整个工作频带内负载阻抗与四端网络的特性阻抗都完全相等是不可能的，所以在载波通道中不测固有衰耗。

（2）介入衰耗 b_j。

介入衰耗以当电源与负载直接连接时负载得到的功率 P'_2 与经四端网络连接时负载得到的功率 P_2 之比值取常用对数的 10 倍表示。

$$b_j = 10\lg\frac{P'_2}{P_2} \quad (\text{dB}) \tag{3-304}$$

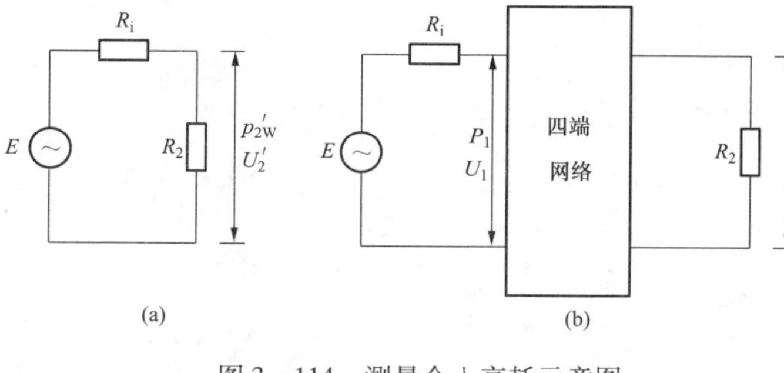

图 3-114 测量介入衰耗示意图

（a）不接四端网络；（b）接入四端网络

测量介入衰耗示意图如图 3-114 所示，测量时保持电源电压不变。用电平表或电压表分别测量不接四端网络时负载 R_2 上的功率绝对电平 p'_{2w}、电压 U'_2 和接入四端网络后负载 R_2 上的功率绝对电平 p_{2w}、电压 U_2。则用电平表法或电压表法计算介入衰耗的公式分别如式（3－305）、式（3－306）所示：

$$b_j = 10\lg\frac{P'_2}{P_2} = p'_{2w} - p_{2w} \quad (dB) \tag{3-305}$$

$$b_j = 10\lg\frac{P'_2}{P_2} = 10\lg\frac{U'^2_2/R_2}{U_2^2/R_2} = 10\lg\frac{U'^2_2}{U_2^2} = 20\lg\frac{U'_2}{U_2} \quad (dB) \tag{3-306}$$

（3）工作衰耗 b_p。

当负载阻抗 R_2 与电源阻抗 R_i 相等并直接相连时，负载 R_2 上所接收的最大功率 P_0 与接入四端网络后负载 R_2 上所接收的功率 P_2 之比值取常用对数的10倍称作工作衰耗。

$$b_P = 10\lg\frac{P_0}{P_2} \tag{3-307}$$

测量工作衰耗的示意图如图3－115所示，负载阻抗为 R_L 且与电源阻抗 R_i 相等。用电平表和电压表测得接入四端网络后的（b）图中的电压绝对电平 p_{1v}，负载 R_L 上的电压绝对电平 p_{4v} 和电压 U_4。

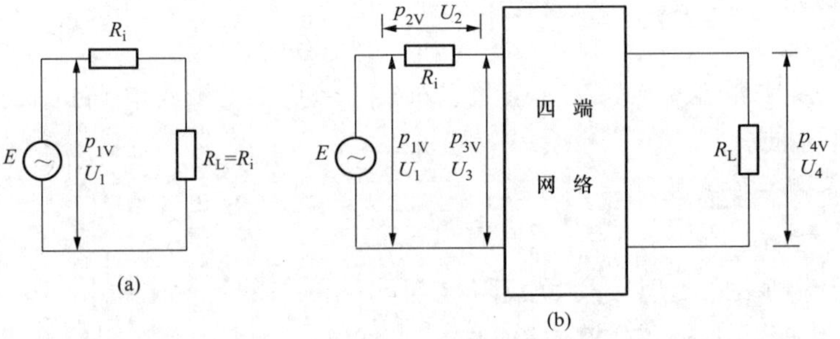

图3－115 测量工作衰耗示意图

（a）负载与电源之间无四端网络；（b）负载与电源之间接入四端网络

在图3－115（a）中由于负载阻抗 R_L 与电源阻抗 R_i 相等，因此负载 R_L 上的电压为 $E/2$，考虑到式中的 E 就是图中的 U_1，此电压即为 $U_1/2$。该串联电路中的电流为 $U_1/2R_i$。负载 R_L 上得到的功率为 $P_0 = U_1^2/4R_i$。在图3－115（b）中根据电压表测得的负载 R_L 上的电压 U_4 可得知负载 R_L 上得到的功率为 $P_2 = U_4^2/R_L$。于是根据式（3－307）得到当用电压表法时工作衰耗的计算公式为：

$$b_p = 10\lg\frac{P_0}{P_2} = 10\lg\left(\frac{U_1^2}{U_4^2}\cdot\frac{R_L}{4R_i}\right) = 20\lg\frac{U_1}{U_4} + 10\lg\frac{R_L}{4R_i} \quad (dB) \tag{3-308}$$

当 $R_L = R_i$ 时，上式成为：

$$b_p = 20\lg\frac{U_1}{U_4} - 10\lg4 = 20\lg\frac{U_1}{U_4} - 20\lg2 \quad (dB) \tag{3-309}$$

当用电平表法时，在图3－115（b）中测得电压绝对电平 p_{1v} 和负载 R_L 上的电压绝对电平 p_{4v}，再在式（3－308）中考虑到式（3－296）的关系后，工作衰耗的计算公式为：

$$b_p = 20\lg\frac{U_1}{U_4} + 10\lg\frac{R_L}{4R_i} = p_{1v} - p_{4v} + 10\lg\frac{R_L}{4R_i} \quad (dB) \tag{3-310}$$

当 $R_L = R_i$ 时，上式成为：

$$b_p = p_{1v} - p_{4v} - 10\lg4 = p_{1v} - p_{4v} - 20\lg2 \quad (dB) \tag{3-311}$$

高频电缆、输电线路、结合滤波器需要测试工作衰耗。结合滤波器测试时，把结合滤波器与一个模拟的耦合电容器一起测试。

（4）传输衰耗 b_c。

四端网络输入端与输出端之间的相对电平称作传输衰耗。测试的电路图也如图 3－115（b）所示。考虑到四端网络输入端的功率为 $U_3 \cdot U_2/R_i$，四端网络输出端的功率为 U_4^2/R_L，因此用电压表法时传输衰耗的计算公式为：

$$b_c = 10\lg\frac{U_3U_2R_L}{U_4^2R_i} = 10\lg\frac{U_3U_2}{U_4^2} + 10\lg\frac{R_L}{R_i} \quad (\text{dB}) \qquad (3-312)$$

当用电平表法测试时测得图 3－115（b）中电压电平 p_{2v}、p_{3v} 和 p_{4v} 值后，在式(3－312) 中考虑到式（3－296）的关系后，传输衰耗的计算公式为：

$$b_c = 10\lg\frac{U_3U_2}{U_4^2} + 10\lg\frac{R_L}{R_i} = \frac{1}{2}(p_{2v}+p_{3v}) - p_{4v} + 10\lg\frac{R_L}{R_i} \quad (\text{dB}) \qquad (3-313)$$

输电线路需要测试传输衰耗。

（5）反射衰耗 b_r。

当负载阻抗 R_L 不等于电源内阻 R_i 时将造成波的反射，波的反射造成能量损失由此造成的衰耗称作反射衰耗。在图 3－116 中如果 $R_L = R_i$，负载 R_L 上得到的功率为：$(E/2R_i)^2 R_i = E^2/4R_i$。如果 $R_L \neq R_i$，负载 R_L 上得到的功率为：$[E/(R_L+R_i)]^2R_L$。故反射衰耗 b_r 为：

$$b_r = 10\lg\frac{E^2/4R_i}{[E^2R_L/(R_L+R_i)^2]} = 10\lg\frac{(R_L+R_i)^2}{4R_iR_L} = 20\lg\frac{R_L+R_i}{2\sqrt{R_iR_L}} \quad (\text{dB}) \qquad (3-314)$$

从式（3－314）可知当 $R_L = R_i$ 时，反射衰耗 $b_r = 0$。反射衰耗 b_r 是 Z_L/Z_i 的函数，当 R_L 和 R_i 有不同比值时由式（3－314）可求得不同的 b_r 值。

（6）分流衰耗 b_f。

某电路在无分支回路和有分支回路（分支回路电阻为 R_f）两种情况下在负载 R_2 上所得功率比值的常用对数的十倍称作分流衰耗。如果无分支回路时负载 R_2 上的功率和电压为 P'_2、U'_2；有分支回路时负载 R_2 上的功率和电压为 P_2、U_2，则分流衰耗 b_f 为：

$$b_f = 10\lg\frac{P'_2}{P_2} = 20\lg\frac{U'_2}{U_2} \qquad (3-315)$$

测量电路如图 3－117。无分支回路时负载 R_2 上测得的功率电平和电压为 P'_{2w}、U'_2；有分支回路时负载 R_2 上测得的功率电平和电压为 P_{2w}、U_2；则用电压表法和电平表法得到的分流衰耗 b_f 分别如式（3－316）、式（3－317）所示：

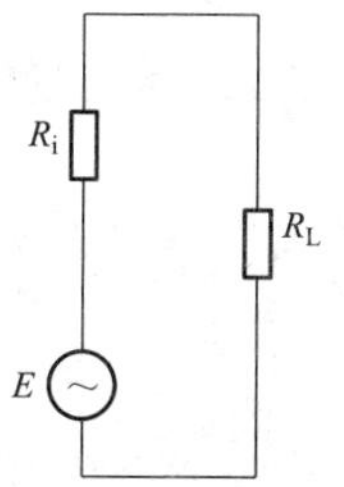

图 3－116 反射衰耗示意图

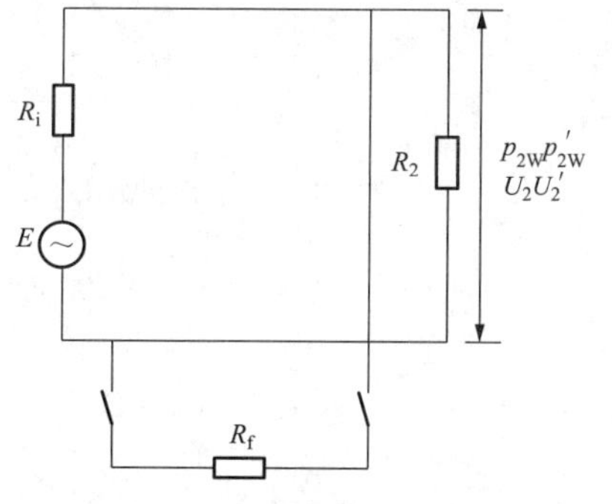

图 3－117 分流衰耗示意图

$$b_f = 20\lg \frac{U'_2}{U_2} \quad (\text{dB}) \tag{3-316}$$

$$b_f = p'_{2w} - p_{2w} \quad (\text{dB}) \tag{3-317}$$

（7）回波衰耗 b_w。

一个内阻为 Z_i 的电源与一个阻抗为 Z_L（$Z_i \neq Z_L$）的负载相连，如图 3－118 所示。电压和电流在阻抗变化点将产生反射，其反射系数 $\rho = (Z_i - Z_L)/(Z_i + Z_L)$。反射系数倒数的绝对值取常用对数的 20 倍称作回波衰耗 b_w。即：

$$b_w = 20\lg \left|\frac{1}{\rho}\right| = 20\lg \left|\frac{Z_i + Z_L}{Z_i - Z_L}\right| \quad (\text{dB}) \tag{3-318}$$

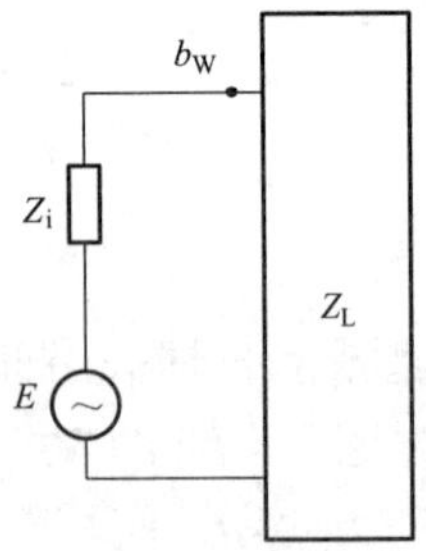

图 3－118　回波衰耗示意图

所以回波衰耗 b_w 也可以表示由于波的反射造成的衰耗，它是 Z_i/Z_L 的函数。当 $Z_i = Z_L$ 时回波衰耗 b_w 为无穷大，此时表示波没有反射，能量没有损耗。结合滤波器需要测试回波衰耗。

（8）跨越衰耗 b_k。

高频电流在输电线路上传输时，由于本通道和相邻通道间的耦合作用，本通道的信号将流入相邻通道，造成能量损失。跨越衰耗就来衡量相邻通道之间的衰耗。其数值为相邻通道测试点间的相对电平值。相邻通道有可能是同一线路的其他相别，也有可能是其他的线路。例如图 3－119 所示的相间跨越衰耗示意图中，本通道为 A 相，相邻通道为 B 相，测得图中功率电平值 p_{1w}、p'_{1w}、p_{2w}、p'_{2w} 后，近端（电源端）及远端（负载端）的 AB 相间跨越衰耗分别如式（3－319）、式（3－320）所示：

$$b_{kAB} = p_{1w} - p'_{1w} \tag{3-319}$$

$$b_{kAB} = p_{2w} - p'_{2w} \tag{3-320}$$

不仅同向相邻通道之间有跨越衰耗，在反向相邻通道的同相和不同相间也有跨越衰耗。如图 3－120 中测得 m 和 n 点的功率电平 p_{Aw} 和 p'_{Aw} 后反向相邻通道的同相跨越衰耗为：

$$b_{kAA'} = p_{Aw} - p'_{Aw} \tag{3-321}$$

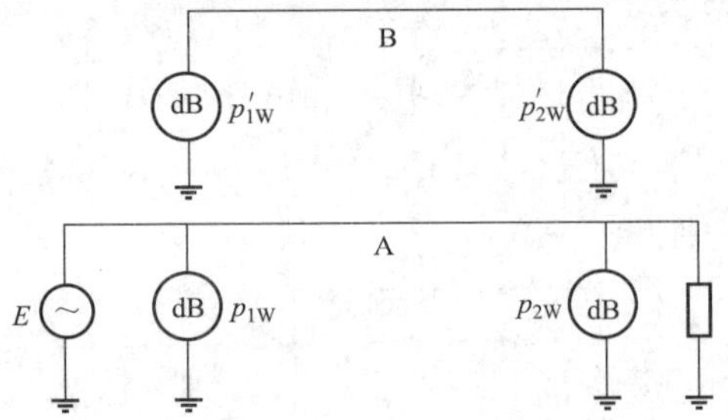

图 3－119　同向相间跨越衰耗示意图

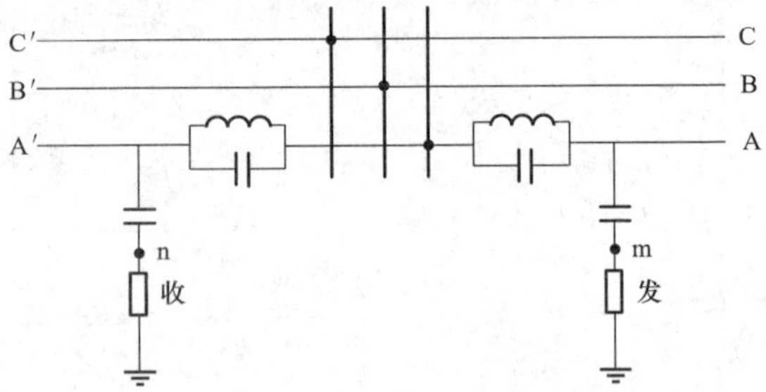

图 3－120　反向同相跨越衰耗示意图

显见，跨越衰耗越小表示本通道信号的衰耗越大。一般输电线路上都需要测试跨越衰耗。

3. 载波通道的整组试验

（1）单侧通道的测试。

1）工作衰耗 b_p 和输入阻抗 Z_{in} 测试。

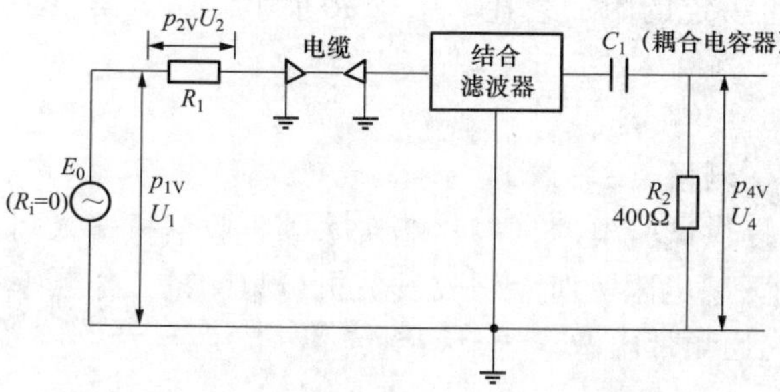

图 3－121 单侧通道总的工作衰耗试验接线图

单侧通道试验用以测试高频电缆、结合滤波器、耦合电容器总的工作衰耗 b_p 和输入阻抗 Z_{in}，试验接线如图 3－121 所示，由振荡器提供试验电源，R_1 取与发信机内阻相同的无感电阻。p_{1v}、p_{4v} 分别为相应点的电压电平。在振荡器 E_0 发出 f_0 的工作频率下测得的工作衰耗应不大于 2.17dB，输入阻抗在额定特性阻抗的 ±20% 范围内。如果衰耗太大则可能是高频电缆和结合滤波器阻抗不匹配所致。

a）当用电压表法时，根据式（3－308），工作衰耗 b_p 和输入阻抗 Z_{in} 分别为：

$$b_p = 20\lg\frac{U_1}{U_4} + 10\lg\frac{R_2}{4R_1} \quad (\text{dB}) \tag{3-322}$$

$$Z_{in} = \frac{U_3}{U_2/R_1} = \frac{U_3}{U_2}R \quad (\Omega) \tag{3-323}$$

b）当用电平表法时，根据式（3－310），工作衰耗 b_p 为：

$$b_p = p_{1v} - p_{4v} + 10\lg\frac{R_2}{4R_1} \quad (\text{dB}) \tag{3-324}$$

输入阻抗 Z_{in} 的计算推导过程如下：$U_2 = IR_1$，$U_3 = IZ_{in}$，故 $U_3/U_2 = Z_{in}/R_1$。由此可得：$20\lg(U_3/U_2) = 20\lg(Z_{in}/R_1)$。该式就是：$p_{3v} - p_{2v} = 20\lg(Z_{in}/R_1)$。因而：

$$Z_{in} = R_1\lg^{-1}\frac{1}{20}(p_{3v} - p_{2v}) \quad (\Omega) \tag{3-325}$$

2）传输衰耗 b_c 测试。

试验接线如图 3－122 所示。起动发信机发出工作频率 f_0，测得图中 U_1、U_2，电压电平 p_{1v}、p_{2v}，并用高频电流表测得 I_1 后则输入阻抗 Z_{in} 和传输衰耗 b_c 分别为：

$$Z_{in} = \frac{U_1}{I_1} \quad (\Omega) \tag{3-326}$$

$$b_c = p_{1v} - p_{2v} \quad (\text{dB}) \tag{3-327}$$

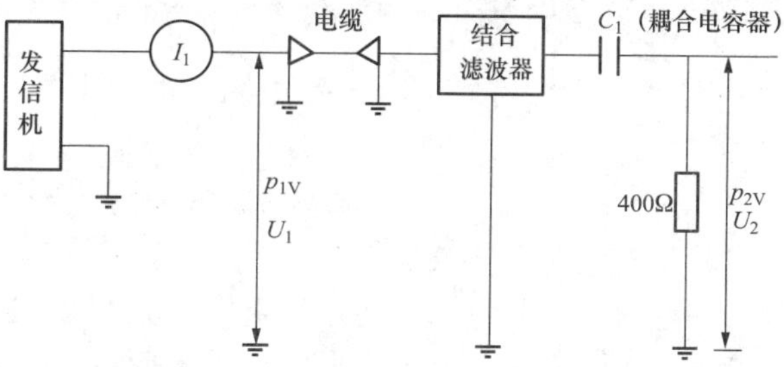

图 3－122 单侧通道传输衰耗试验接线图

如果没有高频电流表可在出口处串一只 $R = 5\Omega/5\text{W}$ 左右无感小电阻。起动发信机用选频表的平衡端测得 R 两端的相对电压电平 p_{Rv}，换算成电流值为 $I_1 = 0.775\times10^{\frac{p_{Rv}}{20}}/R$（A）。这样输入阻抗 Z_{in} 和传输衰耗 b_c 分别为：

$$Z_{in} = \frac{U_1}{I_1} = \frac{U_1}{0.775\times10^{\frac{p_{Rv}}{20}}}R \quad (\Omega) \tag{3-328}$$

$$b_c = 10\lg\frac{P_1}{P_2} = 10\lg\frac{U_1I_1}{U_2^2/400} = 10\lg\left(\frac{U_1I_1}{U_2^2}\times400\right) = 10\lg\left(\frac{U_1\times0.775\times10^{\frac{p_{Rv}}{20}}}{RU_2^2}\times400\right) \quad (\text{dB}) \tag{3-329}$$

由于测量中串入了一只电阻 R，将产生一定的附加衰耗。由于 R 很小，这个误差是允许的。

（2）高频通道两端联合试验。

1）通道总的工作衰耗 b_p 和输入阻抗 Z_{in} 测量。

试验接线如图 3－123 所示，由振荡器提供试验电源，接收端接入等于收信机输入阻抗的无感电阻 R_2，R_1 取与发信机内阻相同的无感电阻。对专用收发信机可只测量工作频率一个点的工作衰耗和输入阻抗，对复用机可在通频带内做若干个频率点。

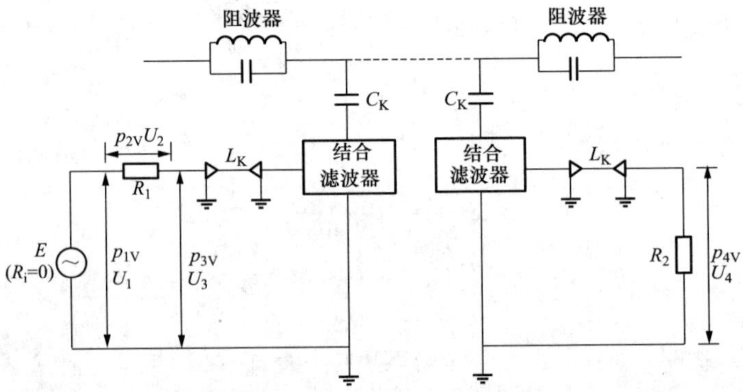

图 3－123 高频通道总的工作衰耗 b_p 和输入阻抗 Z_{in} 试验接线图

a）当用电压表法时，与式（3－322）、式（3－323）相似，工作衰耗 b_p 和输入阻抗 Z_{in} 为：

$$b_p = 20\lg\frac{U_1}{U_4} + 10\lg\frac{R_2}{4R_1} \quad (\text{dB}) \tag{3-330}$$

$$Z_{in} = \frac{U_3}{U_2}R \quad (\Omega) \tag{3-331}$$

b）当用电平表法时，与式（3－324）、式（3－325）相似，工作衰耗 b_p 和输入阻抗 Z_{in} 为：

$$b_p = p_{1v} - p_{4v} + 10\lg\frac{R_2}{4R_1} \quad (\text{dB}) \tag{3-332}$$

$$Z_{in} = R_1\lg^{-1}\frac{1}{20}(p_{3v} - p_{2v}) \quad (\Omega) \tag{3-333}$$

2）通道总的传输衰耗 b_c 测量。

试验接线如图 3－124 所示。起动发信机发出工作频率 f_0，测得图中 U_1、U_2，电压电平 p_{1v}、p_{2v}，并用高频电流表测得 I_1 后则输入阻抗 Z_{in} 和传输衰耗 b_c 分别为：

$$Z_{in} = \frac{U_1}{I_1} \quad (\Omega) \tag{3-334}$$

$$b_c = p_{1v} - p_{2v} \quad (\text{dB}) \tag{3-335}$$

如果没有高频电流表可在该位置上串一只 $R = 5\Omega/5\text{W}$ 左右无感小电阻。起动发信机用选频表的平衡端测得 R 两端的相对电压电平 p_{Rv}，换算成电流值为 $I_1 = 0.775\times10^{\frac{p_{Rv}}{20}}/\text{R}$（A）。这样输入阻抗 Z_{in} 和传输衰耗 b_c 分别为：

$$Z_{in} = \frac{U_1}{I_1} = \frac{U_1}{0.775\times10^{\frac{p_{Rv}}{20}}}R \quad (\Omega) \tag{3-336}$$

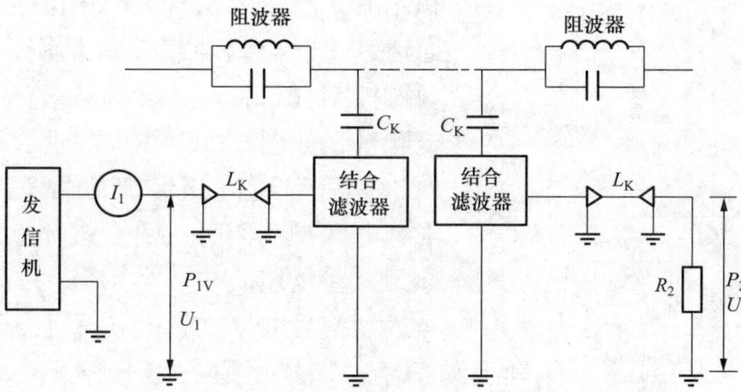

图 3－124 高频通道传输总衰耗试验接线图

$$b_c = 10\lg\frac{P_1}{P_2} = 10\lg\frac{U_1 I_1}{U_2^2/R_2} = 10\lg\left(\frac{U_1 I_1}{U_2^2}\cdot R_2\right) = 10\lg\left(\frac{U_1 \times 0.775 \times 10^{\frac{P_{Rv}}{20}}}{RU_2^2}\cdot R_2\right) \quad (\text{dB}) \tag{3-337}$$

测试必需在两端分别进行，两测得的差别不应大于 2.17dB。且两端测得的数值与计算值相比不得大于 2.6dB。通道传输总衰耗的计算公式为：

$$b_c = k\sqrt{f}l + 2(b_{CF} + b_{LT} + b_T) + b_C = k\sqrt{f}l + T + a(L_m + L_n) \quad (\text{dB}) \tag{3-338}$$

式中 f——工作频率，kHz；

l——线路长度，km；

k——系数。35kV 线路，$k=12.2\times10^{-3}$；110kV 线路，$k=8.7\times10^{-3}$；220kV 线路，$k=6.5\times10^{-3}$；500kV 线路，$k=7.2\times10^{-3}$；

$k\sqrt{f}l$——输电线路的衰耗；

b_{CF}——结合滤波器衰耗，取 0.87dB；

b_{LT}——线路阻波器的分流衰耗，取 1.3dB；

b_T——线路两端的终端衰耗。110～220kV 系统，每一端取 1.3dB；500kV 系统，每一端取 1.74dB；

b_C——两端高频电缆的衰耗；

T——通道两个终端衰耗和发送端高频加工设备衰耗之和。每一端终端衰耗取 1.3dB（110～220kV），一端高频加工设备衰耗取 2.2dB，总计 4.8dB；

a——在工作频率下高频电缆的衰耗常数。dB/km。见表 3－5；

L_m、L_n——M 端、N 端高频电缆的长度，km。

表 3－5　　高频电缆在载波频率范围内的衰耗常数 a

衰耗常数 a（dB/km）　频率 型　号	50kHz	100kHz	150kHz	200kHz	300kHz	400kHz	500kHz
SYV－100－7（PK－2）	2.17	2.43	2.78	3.30	3.73	4.34	5.21
SYV－75－9（PK－3）	1.56	1.82	2.35	2.61	2.95	3.47	4.34

（五）音频接口

当采用允许式的纵联保护时，要用双频制的收发信机。而继电保护专用收发信机都是单

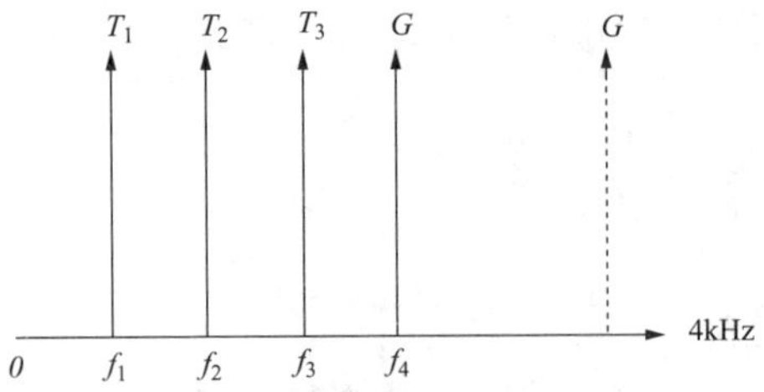

图 3－125　音频通道上的频率分配

频制的，所以无法使用专用收发信机。为了节约通道，一般与调度载波机复用，收发信机采用移频键控制（FSK）。保护通过音频接口装置与载波机联系，如图 3－111（b）所示。在同一音频通道内，有话音通道和保护信号。正常作话音通道，当继电保护动作时，话音被闭锁而传送保护信号，称为交替复用。在一个 4kHz 的音频通道上，也可与远动信号共享，远动占用上音频（3kHz 以上），继电保护动作时，可以（或不）闭锁远动信号。保护通道占用下音频（2.5kHz 以下），一般采用多命令（3～4 个）式，但同一时间只传送一个命令，其音频通道上的频率分配如图 3－125 所示。图 3－111（b）中的音频接口功能示意图如图 3－126 所示。

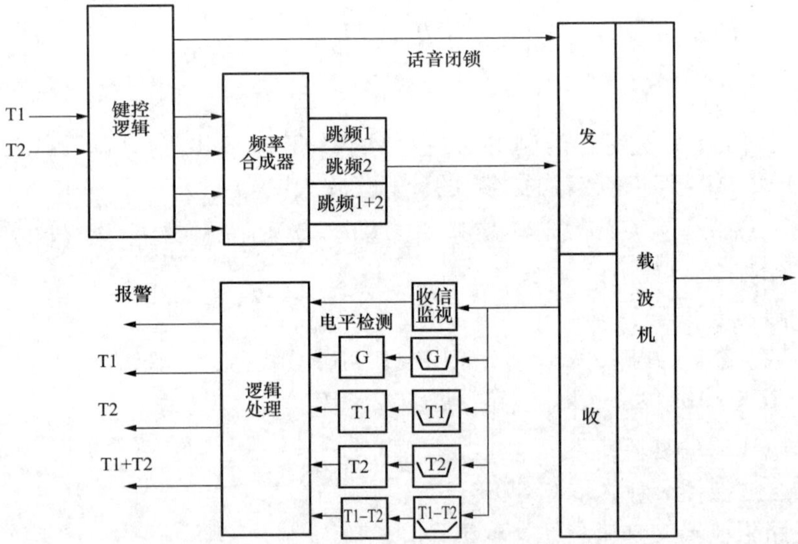

图 3－126　音频接口功能示意图

正常运行保护不动作时，通道发送监视频率 f_G（导频），当通道为保护专用时，监视频率由音频接口装置产生；当通道交替复用时，监视频率由载波机产生。此时音频接口装置收到对端载波机发出的 f_G 信号，表示通道正常；如收不到该信号，表示通道不正常，发报警信号。所以正常运行时通道情况一直受到监视。

当保护判断是正方向故障（纵联方向）、或是区内故障（纵联距离）时，保护送出键控信号（T1、T2 或 T1＋T2）。键控逻辑使频率合成器从监视频率 f_G 变为跳闸频率（跳频）f_T（f_{T1}、f_{T2}或 f_{T3}），同时切断载波机的话音回路。这样载波机立即停发 f_G、专发 f_T，并提升发信功率。此时对端的载波机收到的监视频率 f_G 立即消失，而改为收到跳闸频率 f_T，则向继电保护装置传送允许跳闸信号 T1（或 T2，或 T1＋T2）。当本线路发生三相短路接地故障时，如果通道衰耗过大，跳频信号也可能传送不到对端。则音频接口在检查到原先一直有监频信号，而现在监频信号和跳频信号都消失了，可送出一个“UNBLOCKING”的闭合接点给保护，开放保护 100ms。保护装置检测到“UNBLOCKING”接点闭合以后，再确认是相间故障时就把该接点输入当作允许信号（跳频信号）使用，避免了纵联保护拒动。这种情况称作允许式中的解除闭锁方式。

二、继电保护专用收发信机

继电保护专用收发信机都是单频制的，其发信频率与收信频率相同，所以只能与使用闭锁信号的纵联保护装置配合使用。

（一）继电保护专用收发信机的原理框图

继电保护专用收发信机的原理框图如图 3－127 所示。下面对各部分框图功能作一介绍。

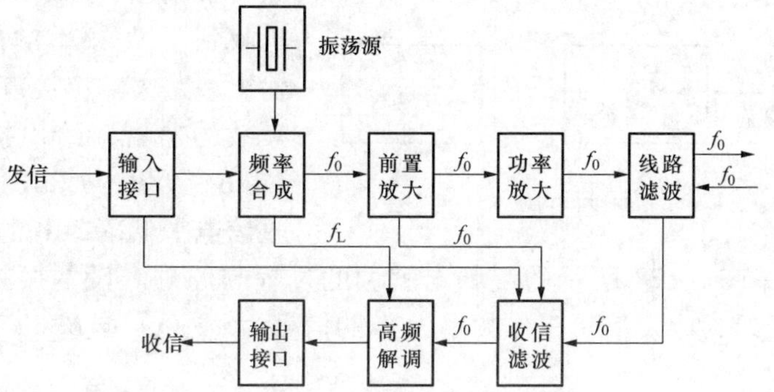

图 3－127　高频收发信机原理框图

1. 输入接口

将保护装置起动发信的接点作为本装置的开入量，经过输入接口变成电位信号。输入接口的输出一路去频率合成使收发信机发信，另一路去收信滤波的门控电路使收发信机不接受对端信号，仅接受本端从前置放大输出的 f_0 信号。当保护装置起动发信的接点闭合就起动本端收发信机发信，如果保护装置起动发信的接点断开，就不发信——也就是停信。

2. 振荡源

振荡源是一个用石英稳频的振荡器。该振荡器一直输出频率恒定的信号给频率合成器。利用石英晶体的压电效应使输出的振荡频率非常稳定。

3. 频率合成器

将振荡源输入的某一频率信号经过分频、频率合成，得到两个频率信号。一个是发信机的工作频率 f_0，另一个是本振频率 f_L。工作频率 f_0 按（42＋4n）kHz，（n＝0，1，…114）分级组合成 40～500kHz 中的某一个频率。本振频率 $f_L=f_M-f_0$。如果频率合成器收到输入接口来的高电平时，控制门开放将 f_0 信号输出到前置放大器；将 f_L 信号输出到高频解调器。

4. 前置放大器

前置放大器是一个电压放大电路，将 f_0 信号放大，以推动功放电路。经放大以后的 f_0 信号输出到功放电路，未经放大的 f_0 信号输出到收信滤波器。

5. 功放电路

将 f_0 信号功率放大到额定值，例如 10W/40dBm。一般采用 AB 类功率放大。

6. 线路滤波器

线路滤波器主要提供发信谐波抑制，线路阻抗匹配和同相并机的隔离能力。

7. 收信滤波器

由收信门控和高频带通滤波器构成。当本机发信时，通过收信门控电路使收信滤波器只接收来自本机前置放大的 f_0 信号，实现自发自收。当本机停信时通过收信门控电路使收信滤波器只接收来自对端的f_0信号。这样可避免本机和对端的f_0信号混叠，防止产生差拍。高频带通滤波器是一个中心频率为f_0，带宽为2kHz的滤波器，其通频带为$f_0 \pm 1$kHz。同时带外衰耗满足35dB。提供一定的邻相紧邻并机的防卫度。

8. 高频解调

将工作频率f_0与本振f_L混频后再使用窄带滤波器解调出f_M频率信号。使用窄带滤波器提供了装置所需要的收信防卫度。这样只要解调出f_M频率的信号就表示收信机收到了f_0频率的信号。高频解调的输出一路去输出接口，另一路进行通道衰减的监视，给出接收电平裕度指示（6dB、9dB、12dB、15dB、18dB）和收信电平低落3dB的告警信号。

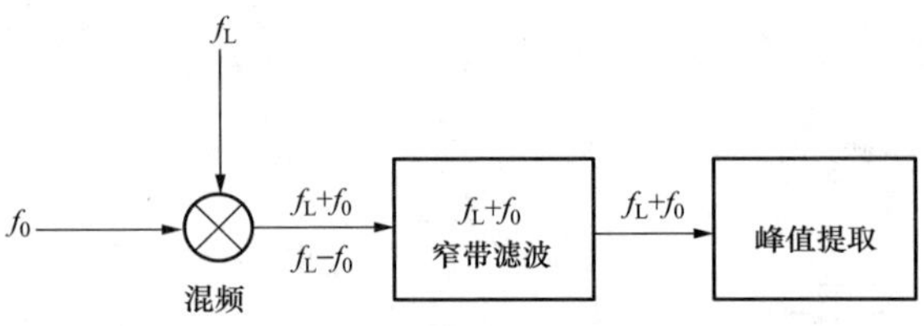

图3－128　混频与解调

下面介绍一下图3－128所示的混频与解调的过程与原理。设本振频率为f_L的信号为$u_L(t)=A\sin(\omega_L t+\theta)$，收发信机工作频率为$f_0$的信号为$u_0(t)=B\sin(\omega_0 t+\gamma)$。则混频后的信号为：

$$
\begin{aligned}
u(t) &= u_L(t)\times u_0(t) = A\sin(\omega_L t+\theta)\times B\sin(\omega_0 t+\gamma)\\
&= \frac{AB}{2}\{\cos[(\omega_L-\omega_0)t+(\theta-\gamma)]-\cos[(\omega_L+\omega_0)t+(\theta+\gamma)]\}\\
&= \frac{AB}{2}\{\cos[2\pi(f_L-f_0)t+(\theta-\gamma)]-\cos[2\pi(f_L+f_0)t+(\theta+\gamma)]\} \quad (3-339)
\end{aligned}
$$

所以混频后的信号中有（f_L+f_0）和（f_L-f_0）两个频率的信号。如果$f_L=f_M-f_0$，则混频后的信号中有（f_L+f_0）$=f_M$和（f_L-f_0）＝（f_M-2f_0）两个频率的信号。用一个窄带滤波器滤除（f_M-2f_0）频率的信号后就很容易得到f_M频率的信号。这样可以使用一个中心频率为f_M的窄带滤波器（带宽为500Hz）来完成不同频率信号的解调工作，简化了滤波器的设计。窄带滤波器输出以后再进行峰值提取得到f_M频率信号的峰值V_P，亦即$V_P=AB/2$。故收发信机工作频率f_0信号的峰值为：

$$B = 2\frac{V_P}{A} \quad (3-340)$$

9. 输出接口

将电的信号转变为接点的通断，作为开出量输给保护装置。

（二）频率合成器的技术发展

以前模拟型的收发信机依赖大量分立的模拟电路，其电路构成比较复杂。加上晶体管元器件和阻容器件的参数受温度以及制造工艺的影响离散性较大，所以装置在生产和维护过程中需要进行大量的调试，加重了生产、运行和维护人员的工作量。此外采用模拟电路的设计模式也导致了装置成本昂贵，升级困难等问题。所以采用数字式收发信机来代替传统的模拟式收发信机是技术发展的必然趋势。

最早的收发信机，不同的工作频率是采用不同的石英晶体来实现的，这给制造与使用试验带来很大的不便。随着半导体技术和数字电路的不断发展，出现了使用锁相环频率合成和加权式正弦信号合成的方法产生所需频率的正弦信号。而最近随着高精度高频率低价格的直接数字频率合成（DDS）技术的出现，可以产生从很低频率到很高频率的高精度的正弦波信号，使技术与价格优势发挥到极致。

1. 锁相环频率合成和加权式正弦信号合成技术

锁相环频率合成的原理框图如图 3－129 所示。

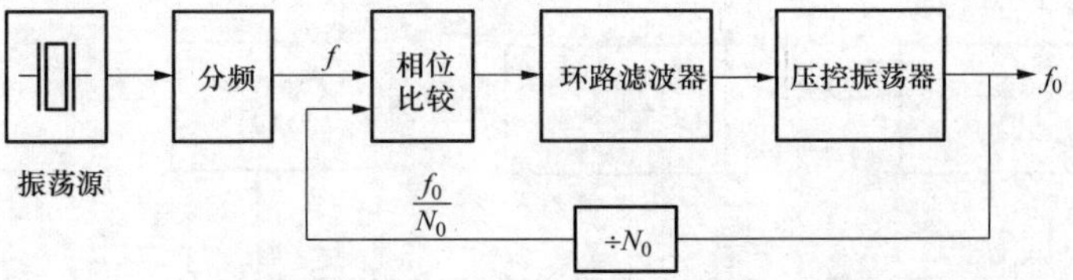

图 3－129　锁相环频率合成的原理框图

振荡源的振荡频率经过分频后得到 f 频率信号。f 频率信号与 f_0/N_0 频率信号进行相位比较，不同的相位输出不同的电压值。经过压控振荡器将不同的电压再转换成不同的频率信号输出。通过二进制计数器 N_0 的整定可得到需要的输出频率。锁相环频率合成器输出的信号是方波信号，所以还需要滤波，而频率可变的滤波器制造调试都比较麻烦。

加权式正弦信号合成方法是将锁相环频率合成器的输出方波，经过移位寄存器移位加权后，最后经过简单的滤波就可得到需要的正弦波。其原理如图 3－130 所示。

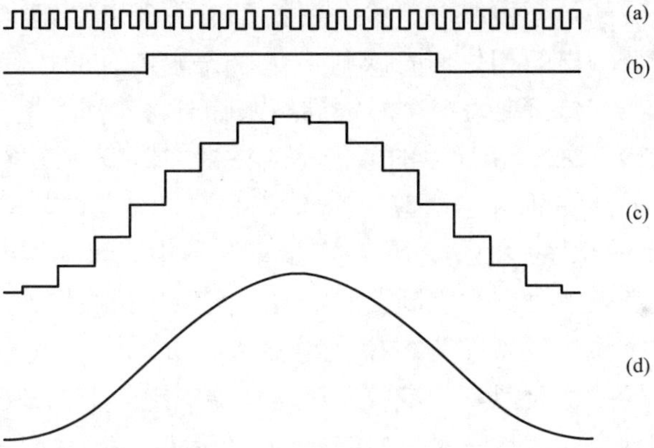

图 3－130　加权式正弦信号合成技术

两个锁相环频率合成器分别输出 $32f_0$ 和 f_0 两个频率的方波信号，如图 3－130（a）、（b）所示。$32f_0$ 的信号作为时钟信号。将 f_0 方波分成 16 段，每段通过不同的移位进行加权，得到图（c）所示的波形。这样经过简单的小电容滤波即可得到图（d）的正弦波形。

使用锁相环频率合成和加权式正弦信号合成的方法产生频率可调的正弦信号，与以前采用不同的石英晶体来改变不同的工作频率相比较前进了一大步。制造厂家可以批量生产，使用部门可以按照自己的需要改变频率。但这种方法与下面的直接数字频率合成技术（DDS）比较，电路还是较复杂、成本也较高。另外锁相环的稳定性不易保证，频率调整也不算十分方便。

2. 直接数字频率合成技术（DDS）

随着高频率的直接数字频率合成器（DDS）的出现，从一个芯片中就可以输出从很低的频率到几百兆赫兹的高精度正弦波信号。而这种直接数字频率合成器价格便宜，例如最高输出频率为 25MHz 的 AD9833 芯片制造厂家的售价仅为 3.95 美元（2007 年价）。

直接数字频率合成器（DDS）频率合成原理是近年来迅速发展起来的一种新的频率合成方法，其原理框图如图 3－131 所示。

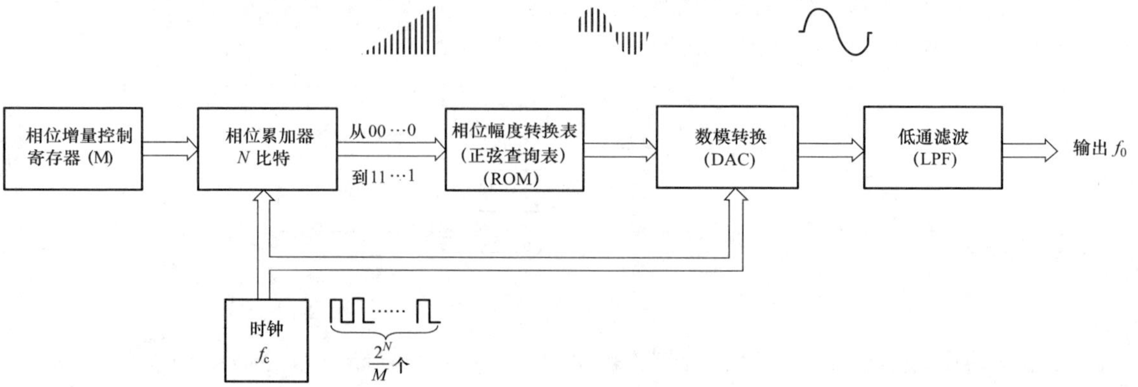

图 3-131　DDS 原理框图

直接数字频率合成器（DDS）应用了正弦信号相位连续的特点。它首先将一个周期的正弦信号在每一个相位点（对应每一个地址）的幅值所对应的数字量存放在正弦函数查询表 ROM 中。所以正弦查询表 ROM 中存储了一个周期的正弦波幅度的量化数据，表中的每个地址代表一个周期的正弦波的一个相位点，这个表相当于一个相位/振幅变换器。查找表的过程就相当于将相位累加器输出的相位信息映射成数字振幅信息的过程。相位累加器是 N 比特的模 2 加法器，相位累加器可在每一个时钟周期来临时将累加器里的数与相位增量控制寄存器中整定的相位增量 M 相加，相加后的值仍然放在累加器中。该累加器从最小的数00…0（对应数值为 0）到最大的数 11…1（对应数值为 2^N-1），总共的数值是 2^N。如果记数大于 2^N-1，则自动溢出，而只保留后面的 N 位数字于累加器中。累加器的输出值就作为正弦查询表的查找地址，从查询表中找到对应该点的幅值。实现从相位累加器输出的相位值到正弦幅度值的转换。这个数字振幅值就作为数模变换器 D/A 的输入，在数模转换器（D/A）中将正弦幅度值的数字量转变为模拟量，最后通过滤波器输出一个很纯净的正弦波信号 f_0。

如果相位增量控制寄存器中整定的相位增量 M 取为最小值 1 时，每 2^N 个时钟周期，相位累加器中的数从 00…0 变到 11…1，从正弦查询表中查得的是一个周期的幅度变化值，这样就输出一个周期的正弦波。于是可得到：

$$f_0=\frac{f_C}{2^N} \tag{3-341}$$

式中：f_0 为输出信号的频率，f_C 为时钟频率，N 为累加器的位数。如果相位增量控制寄存器中整定的相位增量 M 整定为 2 时，每来一个时钟周期，相位累加器就加 2。所以每 $2^N/2$ 个时钟周期，相位累加器中的数从 00…0 变到 11…1，从正弦查询表中查得的是一个周期的幅度变化值，就输出一个周期的正弦波。这样输出信号的频率 f_0 为：

$$f_0=\frac{f_C}{2^N/2}=\frac{2f_C}{2^N} \tag{3-342}$$

作为一般的情况，如果相位增量控制寄存器中整定的相位增量为 M 时，则每 $2^N/M$ 个时钟周期输出一个周期的正弦波。所以输出信号的频率 f_0 为：

$$f_0=\frac{f_C}{2^N/\mathrm{M}}=\frac{\mathrm{M}f_C}{2^N} \tag{3-343}$$

式（3-343）是 DDS 系统最基本的公式之一。累加器的位数 N 和时钟频率 f_C 确定后，只要整定相位增量 M 的值就可调整输出信号的频率 f_0。当 $M=1$ 时输出的频率 f_0 为最小值（即分辨率）：

$$f_{0.\min}=\frac{f_C}{2^N} \tag{3-344}$$

当 $M=M_{max}$ 时输出的频率 f_0 为最大值：

$$f_0=\frac{M_{max}f_C}{2^N} \tag{3-345}$$

此时从正弦查询表输出的每信号周期的最少点数为：

$$k=\frac{2^N}{M_{max}} \tag{3-346}$$

当 N 比较大时，即使对于很大范围内的 M 值，DDS 系统都可以在一个周期内输出足够的点数，保证输出的波形是一个精确的正弦波，失真很小。

（三）新型收发信机还应该加强的一些功能

1. 抗干扰性能和抗雷电浪涌电流破坏的性能需要进一步加强

收发信机由于直接和一次通道相连，工作条件相对恶劣，比较容易受到雷击和干扰的影响。各个厂家每年都有由于雷击造成的收发信机损坏从而造成保护误动的事故发生。因此，提高收发信机抗雷击和抗干扰能力的需求非常迫切。

2. 提高事故分析能力

当保护发生误动或拒动时，用户往往需要分析造成事故的原因：是保护装置的问题还是通道或收发信机的问题。因此如果收发信机能提供更加详细的信息，有利于事故的分析。新型收发信机都用微机技术来实现，理应满足这些要求，这也是收发信机的发展趋势。收发信机应具有通道的详细录波和开关变位的详细录波功能，并应具有详细的事件报文记录的功能。

3. 操作应该更加方便

随着变电站综合自动化的发展，追求人性化、操作方便快捷已成为变电站二次设备发展的必然趋势。能够方便地看到装置内部的各个参数和状态信息将能给用户的运行和维护带来很大方便。

三、光纤通道与接口

随着光纤通信技术的快速发展，光纤通道作为继电保护通道得到了大量的应用。和其他通信方式相比，光纤通信有以下明显的优点：通信容量大；中继距离长；不受电磁干扰；资源丰富；重量轻；体积小等。所以在原国家电力公司制定的有关文件中就已明确提出应积极推广使用光纤通道作为纵联保护的通道方式。由于光纤通道的通信容量大，因此可以利用它构成输电线路的分相纵联保护，例如分相纵联电流差动保护、分相的纵联距离、方向保护等。目前如果采用专用光纤传输通道，传输距离已达到 120km。

光纤保护包括光纤电流差动保护、光纤距离保护、光纤方向保护、光纤命令传输等装置，它们对传输通道的要求是不同的。光纤距离保护、光纤方向保护和光纤命令传输装置由于传输的是逻辑命令信号，对传输通道的对称性没有要求。可以工作在任何传输通道，也完全可以工作在任何形式的光纤自愈环网中。

光纤电流差动保护传输的是电流的瞬时值以及电流相量的实部和虚部，在求动作电流和制动电流时应该是同一时间的两端电流的相量和和相量差，因此要求两端同步采样。这就要求必须工作在收发路由一致（对称）的传输通道中。通道正常运行或通道切换后，双向路由必须一致。所以光纤电流差动保护的传输通道大多为固定路由通道，不具有自愈功能，也就是不进行自动的通道切换。如果采用二纤双向复用段倒换环自愈环网时，光纤电流差动保护的传输通道可具备自愈功能。

总之，当光纤电流差动保护装置经自愈环或其他通道切换装置传输时，必须保证保护装置的收、发路由在切换前、后都要保持一致；且切换时收、发路由必需同时切换，切换时间应<50ms，切换时保护装置可能会发通道告警信号。

（一）光纤简介

光是一种电磁波，其中可见光的波长为350nm~750nm，而光纤通信所用的波长为800~1600nm，光具有反射、折射特性，光纤通信是利用光在纤芯中的全反射原理进行传输的。

光纤的尺寸如图3-132所示，其外径一般为125μm（一根头发的直径平均为100μm），其内径对单模光纤为9μm，多模光纤为50μm或62.5μm。

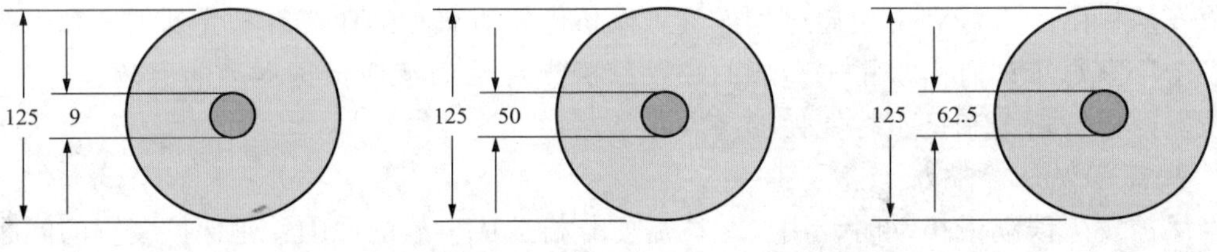

图3-132 光纤截面图

作为通信用光纤，其结构的立体图与截面图如图3-133（a）、（b）所示，它由纤芯、包层、涂覆层和套塑四部分组成。纤芯在中心，它由高折射率的高纯度的二氧化硅材料组成，用于传送光的信号。包层由掺有杂质的二氧化硅组成，其光的折射率比纤芯的折射率低，使光信号能在纤芯中以全反射方式传输。涂覆层及套塑构成的保护套能承受较大的冲击，用以加强光纤的机械强度，起保护光纤的作用。

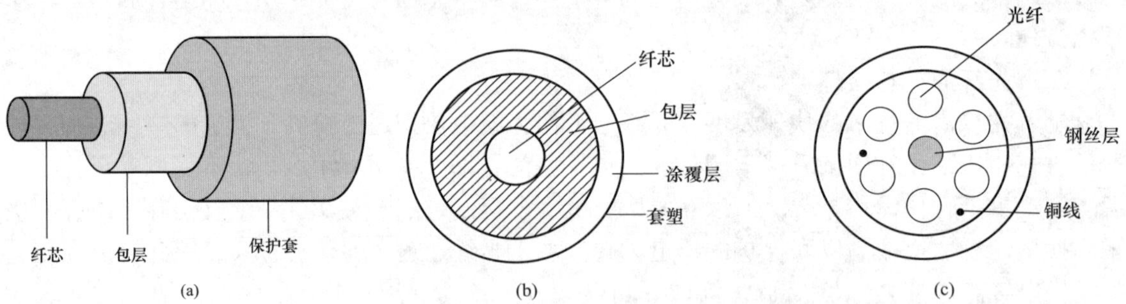

图3-133 光纤与光缆结构图

（a）光纤结构立体图；（b）光纤结构截面图；（c）光缆结构截面图

光纤在实际工程应用中都要制成光缆，一般的光缆由多根光纤绞制而成，其截面图如图3-133（c）所示。光纤成缆时，要求有足够的机械强度，所以在缆中用多股钢丝来充任加固件。有时还在光缆中绞制一对或多对铜线，用作电信号的传送或作为电源线之用。光缆内光纤的数量可根据实际工程要求而绞制。

在电力系统中光缆的敷设有下述几种方式：地埋式——将光缆埋入地下；缠绕式——将光缆缠绕在高压输电线路导线上；悬挂式——将光缆并行悬挂在高压输电线路导线上；复合地线式光缆（Optical Fiber Composite Overhead Ground Wires - OPGW）——外层的金属保护层作为输电线路的架空地线，内层是绞制的光纤。

根据光纤中光信号传输基模的多少，光纤可分为单模光纤（SM）和多模光纤（MM）两类。按构成纤芯的材料不同，可分为：二氧化硅（SiO_2）石英光纤、塑料光纤、多组分纤维、液芯纤维等。

单模光纤中只传输一个基模，没有模间色散，传输带宽很宽，是高速长距离光纤通信系统的理想传输媒质。

多模光纤中传输多个基模，有模间色散，传输带宽窄，是近距离光纤通信的传输媒质。

单模通信带宽大、衰耗小、传输距离远、传输特性好、一般采用激光管（LD）器件，发光功率大（mW 级），寿命长，多用于长距离光纤通信，如光纤差动保护装置等。

多模通信带宽小、衰耗大、传输距离近、传输特性差、一般采用发光二极管（LED），发光功率小（μW 级），寿命相对较短，多用于短距离通信系统，如电力测控、综自的通信等。

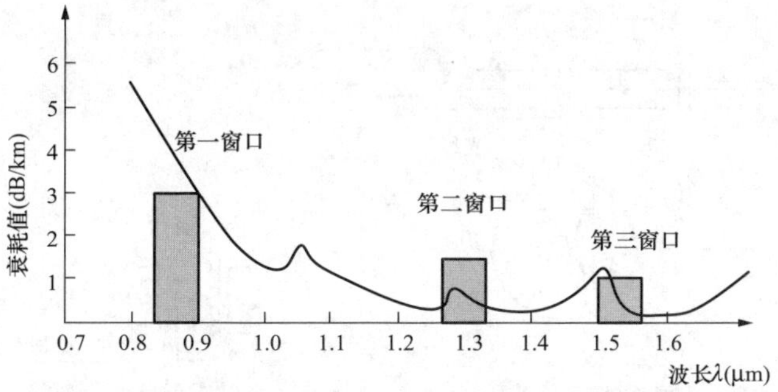

图 3-134 光纤的衰耗—波长特性曲线

光纤的传输特性主要有衰减特性、光纤的色散特性等。光纤的频谱特性曲线如图 3-134 所示。对于继电保护所用的光纤，所要考虑的最重要的特性是光纤的衰耗，而光纤的衰耗值不但与光纤的类型有关，而且还与通过的光信号的波长有关。一般的光纤在波长为 0.7～1.6μm 之间有三个低衰耗区域，这三个低衰耗区，也是光纤通信最常用的三个传输窗口。这三个波长段分别为 0.85μm、1.31μm 和 1.55μm。其中多模通信一般采用 0.85μm、1.31μm，衰耗约 1～4dB/km；单模通信采用 1.31μm、1.55μm，衰耗约 0.2～0.4dB/km。在各种波长下的光纤的传输特性如表 3-6 所示。正因为多模光纤衰耗大，所以只作为近距离光纤通信的传输媒质。

表 3-6 各种波长下的光纤传输特性

光纤类型	波长（μm）	衰耗（dB/km）	带宽（GH·km）
多模光纤	0.85	2～3	0.2～1
	1.31	0.5～1.2	0.2～1
单模光纤	1.31	0.4～0.8	20
	1.55	0.2～0.6	20

光缆盘长的标称值为2km，所以根据需敷设的光缆总长度，中间有若干个接头需要熔接。光纤的连接不同于电线的连接，光纤的连接要考虑两根纤芯的几何位置。通常光纤有两种连接方式：熔接与机械连接。

熔接是用电弧同时熔化光纤的两个端面。用人工熔接仪熔接的叫人工熔接方式，仅用于多模光纤。而用自动熔接仪熔接的叫自动熔接方式，接头的衰耗可降到0.05～0.1dB。

机械连接就是用具有专门定位光纤机械连接器来连接光纤，一般继电保护用的光纤接口端机与外界敷设的光缆连接就采用这种方式．目前，我国较通用的连接器为FC型，其他类型的还有SC型、SMA型、ST型等，一般连接器的损耗为0.2～1dB左右。光纤连接器的特性见表3－7，光纤连接器的结构及安装如图3－135所示。

表3－7　　光纤连接器的性能

	多模连接器	单模连接器
插入损耗	≤0.3dB	≤0.5dB
重复性	≤±0.1dB	≤±0.2dB
光纤尺寸	50/125μm	（8～10）/125μm
使用寿命	>2000次插拔	>2000次插拔

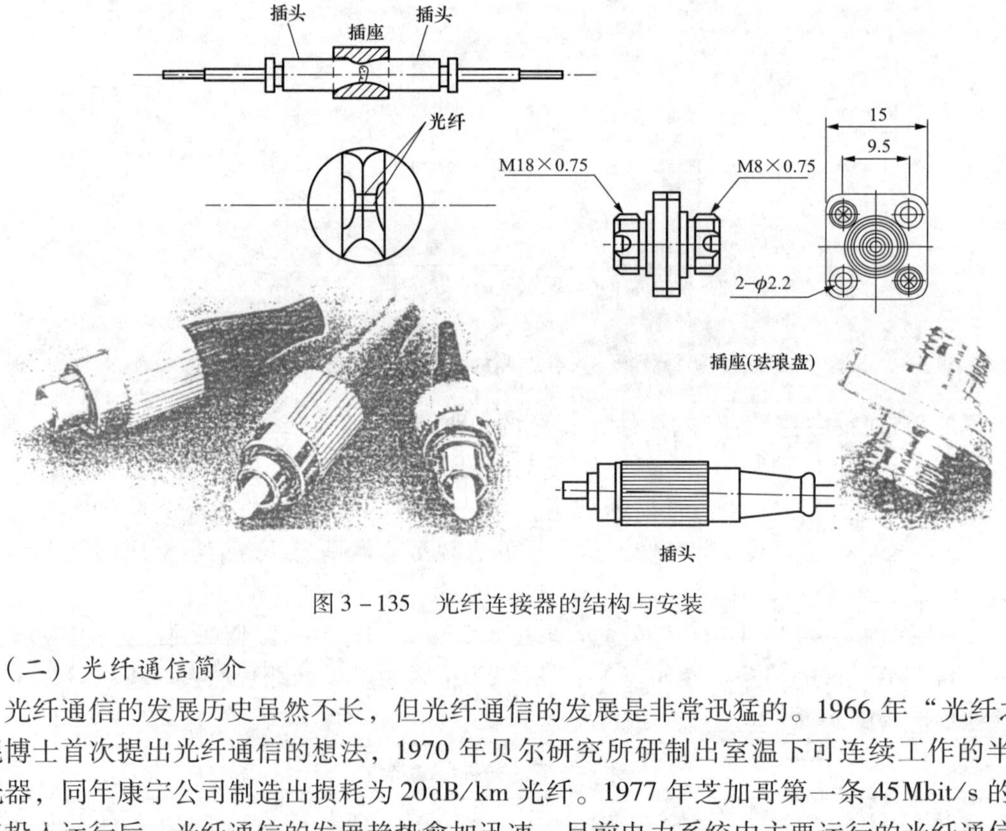

图3－135　光纤连接器的结构与安装

（二）光纤通信简介

光纤通信的发展历史虽然不长，但光纤通信的发展是非常迅猛的。1966年"光纤之父"高锟博士首次提出光纤通信的想法，1970年贝尔研究所研制出室温下可连续工作的半导体激光器，同年康宁公司制造出损耗为20dB/km光纤。1977年芝加哥第一条45Mbit/s的商用线路投入运行后，光纤通信的发展趋势愈加迅速。目前电力系统中主要运行的光纤通信设备的速率有622Mbit/s和2.5Gbit/s两种，而现在商用系统中速率已达到10Gbit/s。大容量、超高速是光纤通信的发展方向。

1. 光纤通信器件

在光纤通信系统中，必须要有光/电、电/光的能量转换器件。在发送端需将电信号变成光信号，然后在光纤中传输。在接收端将光纤中的光信号再还原成电信号。通常将电信号变成光信号的器件称为光纤发射器件或光源，将光信号转换为电信号的器件称为光纤接收器件。

（1）光纤发送器件/光源。

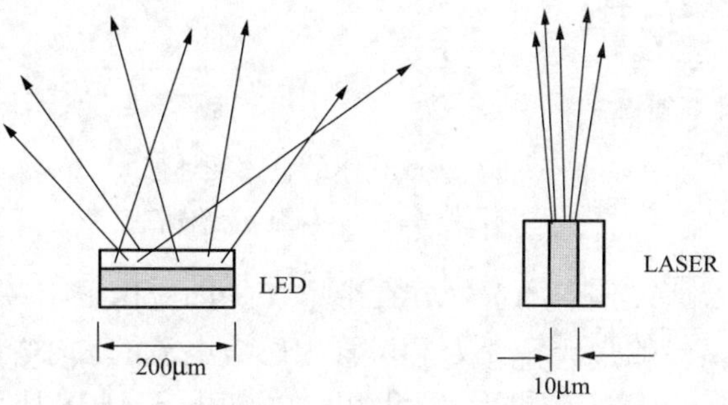

图 3－136 光源发光方式

光纤发送器件的作用是将电信号转换成为光信号，并耦合入光纤中传输。光纤发送器件包含发送、调制和光源两部分。在光纤通信中，用作光源的器件有两种：发光二极管（LED）和激光二极管（LD）。它们可做成 0.85μm、1.3μm 或 1.55μm 波长的器件。若所耦合的光纤是多模光纤，则为多模光源器件；若耦合的光纤是单模光纤，则为单模光源器件。

当有电流流过光源器件时，光源器件受激发射出特定波长的光束。LED 的光发射呈球面辐射状，发射角度大，光信号耦合入光纤中的效率低。此外其频响范围小，输出功率小，价格便宜。LD 的光发射呈直线状，发射角度小，其光信号耦合入光纤中的效率高。此外其频响范围大，输出功率大，价格很贵。两种光源的发光方式如图 3－136 所示。

LED 与 LD 各种性能的比较见表 3－8。

表 3－8　　LED 与 LD 性能比较表

器　件	输出功率	驱动电源	频响范围	驱动电路	热稳定性	调制噪声	价格
LED	10～100μW	20～200mA	50MHz	简单	稳定	小	便宜
LD	2mW～20mW	≤100mA	1GHz	复杂	不稳定	大	很贵

LED 的驱动电路及外形如图 3－137 所示。驱动电路将脉冲的电信号通过调制光源的工作电流调制到光波上。输给光纤的光信号的强弱蕴涵了电信号的信息。

（2）光纤接收器件。

光纤接收器件是将光纤中传输的光信号转换为电信号。常用的光纤接收器件有两种，一是 PIN 二极管，另一是雪崩二极管（APD）。两者的性能比较如表 3－9 所示。

表 3－9　　PIN 与 APD 的性能比较

光接收器件	收光面积（mm^2）	灵敏度（dBm）	响应度（A/W）	外加偏压（V）	动态范围（dB）	带宽	杂音	价格
PIN	0.3～3	－58	0.4～0.7	10～30	60	1～10GHz	小	便宜
APD	0.8～8	－70	10～70	250～350	20	0.1～5GHz	大	贵

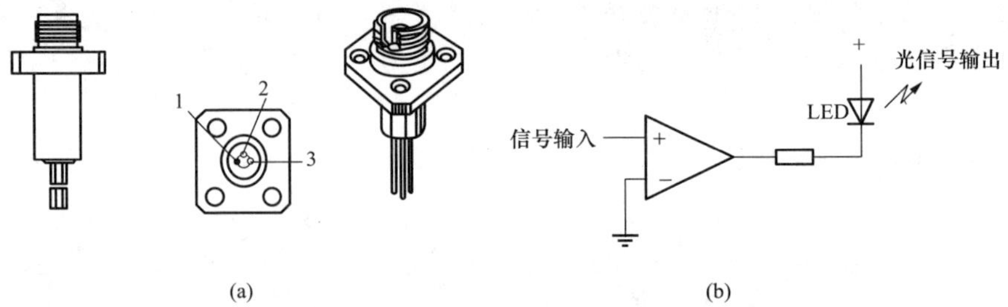

图 3 - 137 LED 驱动电路及外形

（a）LED 外形；（b）LED 驱动电路

由于价格的因素以及所加偏压的选择，在继电保护的应用中，一般选用 PIN 二极管。光纤接收器将所收到的光信号的强弱转变为 PIN 管中感应电流的大小。有的光纤接收器将 PIN 管与前置电流放大器集在一起组成 PIN - FET 组件，如图 3 - 138 所示，将接收到的光信号的强弱直接转换成输出的电压信号的大小。

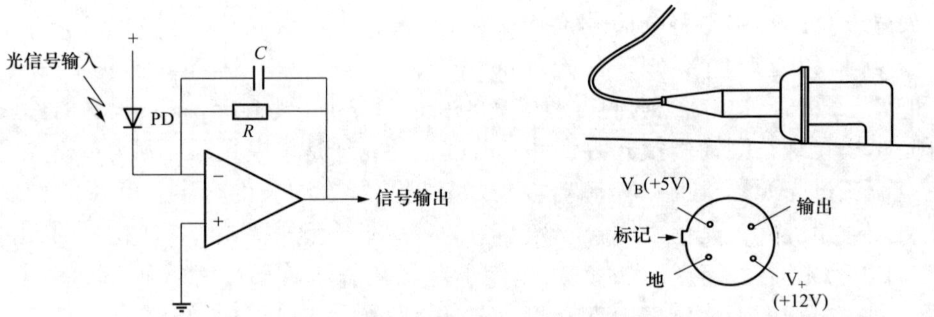

图 3 - 138 PIN-FET 组件

2. 光纤通信系统

一个基本的光纤通信系统如图 3 - 139 所示，它由发送调制、光源、光纤连接器、光纤通道、光纤接收器、接收解调几部分构成。在前面光纤通信器件中已介绍了光源与光纤接收器，下面把其余几部分作简单介绍。

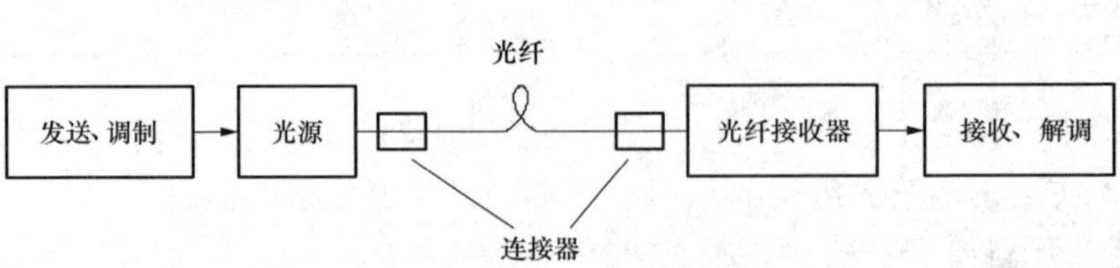

图 3 - 139 基本光纤通信系统

（1）发送、调制。

它将所需传送的保护信号（模拟电流信号或逻辑命令信号）变换成能够采用光纤通道传输的脉冲信号。常用的调制方式有脉冲编码调制（PCM）、脉宽调制（PWM）等。

（2）接收、解调。

它的作用是将光纤接收器输出的脉冲方式的电信号还原成相应的保护信号（模拟电流信号或逻辑命令信号）。

（3）光纤通道。

利用光纤作为传输媒质，实现光的远距离传送。如果采用继电保护专用光纤通道，由于一般用于短线路上，光纤通道距离短，信号的衰耗小，因此在实际工程中无需再增设中继设备。在长距离的光纤通信系统中，每隔一段距离需增设一个中继器。该中继器把经过长距离传输衰减后变得很微弱而且发生了畸变的光信号先进行光检测变成电信号，然后经放大、整形再生后驱动光源，再产生光信号送入光纤中传输，这就是传统的光—电—光中继器。当前，光放大器已经成熟，其增益高、输出功率大、噪声低、带宽大、码速透明，已完全可以替代光—电—光的中继器，正推动着光纤通信向全光通信技术发展。

对于一条光纤通道，整个通路的衰耗及接收裕度计算如下。如果 LED 的输出功率为 -20dBm（1.3μm，单模）。PIN - FET 的灵敏度为 - 40dBm。单模通信的衰耗为 0.4dB/km，熔接点衰耗为 0.2dB/个，连接器衰耗为 0.5dB/个。假定一条光纤系统的长度是 5km，一般光纤拉丝成缆的长度为 2km，因此 5km 的光纤就要有 2 个熔接点。两端的连接器还有两个熔接点。所以光纤通路的衰耗及接收裕度计算如表 3 - 10 所示。

表 3 - 10　　光纤通路的衰耗计算举例

光纤衰耗（0.4dB/km ×5）	2dB	LED 输出功率	-20dBm
熔接点衰耗（0.2dB/个 ×4）	0.8dB	实际接收电平	-23.8dBm
连接器衰耗（0.5dB/个 ×2）	1dB	接收灵敏度（PIN - FET）	-40dBm
通道总衰耗	3.8dB	接收裕度	16.2dB

由计算可知，该光纤通道的衰耗为 3.8dB，接收裕度为 16.2dB。一般为了工作可靠，要求收信裕度大于 5dB，即接收电平应大于 -35dB。如果不能满足要求，只能在线路中间加中继设备。

3. 同步数字系列（SDH）传输体系和自愈环网

（1）SDH（Synchronous Digital Hierarchy）同步数字系列传输体系。

如果继电保护光纤通道不采用专用光纤（纤芯）传输通道而采用复用通信设备传输通道（这两种传输通道的连接方式见后面叙述），就要涉及传输体系，在这些传输体系中要传输多种信号，所以要考虑它们的复用。

早期使用 PDH（Plesiochronous Digital Hierarchy）准同步数字传输体系。PDH 采用异步复用方式，导致低速信号分/插到高速信号要通过层层的复用和解复用过程。例如 140Mbit/s 信号分/插出 2Mbit/s 信号的复用和解复用过程如图 3 - 140 所示。由于 PDH 网络没有世界标准的电接口和光接口规范，造成国际互通困难。上述层层的复用和解复用过程，又不能保证大容量的信息可靠传输，再加上在运行维护方面没有足够的开销字节。特别在宽带业务出现以后，原有的 PDH 系统已不能满足要求，而被 SDH 网络取代。

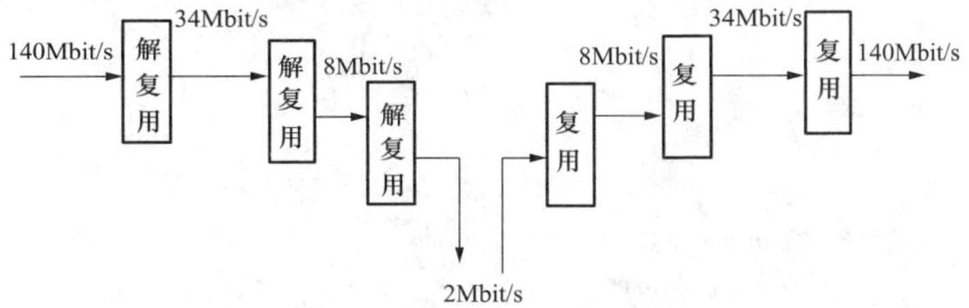

图 3 - 140　PDH 网络的复用和解复用过程

目前和光纤通信密切相关的是 SDH（Synchronous Digital Hierarchy）同步数字系列传输

体系。SDH 传输网具有智能化的路由配置能力，上下电路方便，维护、监控、管理功能强，光接口标准统一等优点，SDH 传输技术体系的出现是光纤通信传输网技术的一次革命，是现阶段信息高速公路的主干道。

SDH 传输系统的特点是采用了世界上统一的标准传输速率等级。最基本的模块称为 STM－1，传输速率为 155. 520Mbit/s。SDH 各网元的光接口有严格的标准规范，有利于建立统一的通信网络。在帧结构中安排了丰富的开销比特，便于网络的运行、维护和管理。采用数字同步复用技术，简化了复接分接的实现设备，十分简便。采用数字交叉连接设备 DXC 可以对各端口速率进行可控的连接配置，对网络资源进行自动化的调度和管理，提高了网络的灵活性及对各种业务变化的适应能力。

由于目前大多数 SDH 设备只提供 E1（2048kb/s）速率的业务接口，继电保护及其他电力系统的业务也只能通过该接口连接到通信网中。对于速率更低的业务，通过在 E1 接口上外挂 PCM 设备，可以提供 64kb/s 的业务和其他低速业务，相应的通信系统更显复杂。

1）SDH 传输系统的通信复接。

图 3－141 表示出了用 SDH 传输系统时的通信复接图。图中 C 为容器，完成适配功能，目前规定了五种标准：C－11、C－12、C－2、C－3、C－4，其中 C－12 为 2. 048Mbit/s，提供了 E1（2. 048Mbit/s）速率的业务接口。VC 为虚容器，由标准容器出来的数字流加上通道开销后就构成了所谓的虚容器，由信息净负荷和通道开销（POH）组成，每 125μS 重复一次。其包封速率与网络同步，因而不同包封是互相同步的，VC 是 SDH 中最重要的一种信息结构，VC 在 SDH 网络中传输时总是保持完整不变，因而可以作为一个独立的实体从通道任一点取出或插入，进行同步复用和交叉连接处理。TU 是支路单元，是在低阶通道层和高阶通道的适配的信息结构。TU－N 由 VC－N 与 TU 指针组成。TUG 是支路单元组，由规定的数个 TU 组成 TUG。AU 为管理单元，是在高阶通道和复用层之间提供适配的信息结构，由高阶 VC 和 AU 指针构成。指针用来指明 VC 在 STM－N 帧结构中的位置。AUG 为管理单元组，由多个 AU 组成。

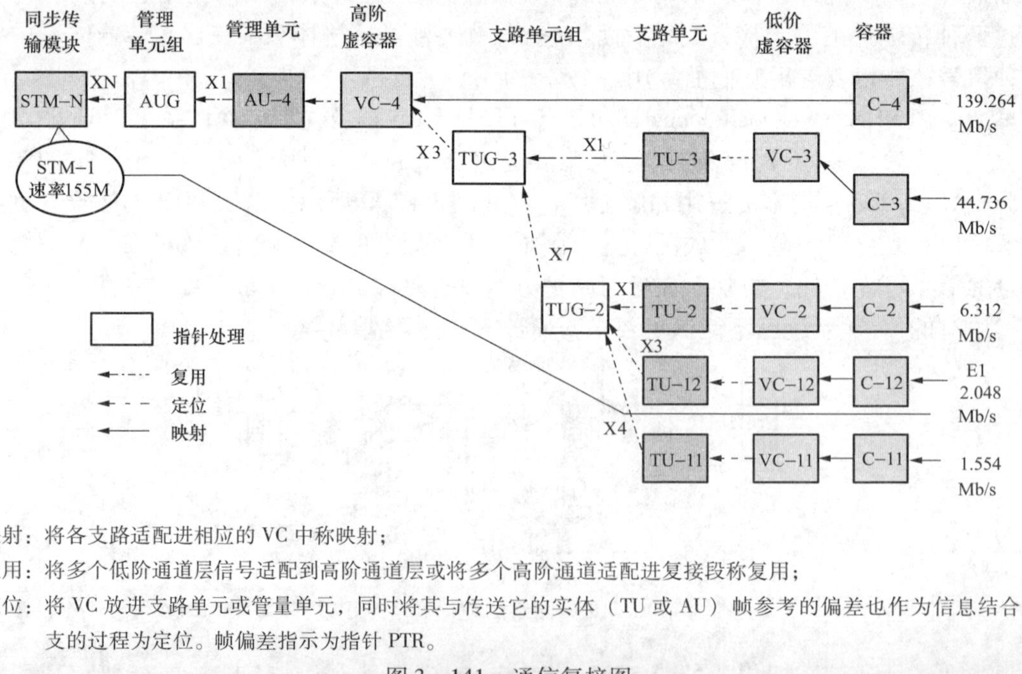

映射：将各支路适配进相应的 VC 中称映射；

复用：将多个低阶通道层信号适配到高阶通道层或将多个高阶通道适配进复接段称复用；

定位：将 VC 放进支路单元或管量单元，同时将其与传送它的实体（TU 或 AU）帧参考的偏差也作为信息结合进支的过程为定位。帧偏差指示为指针 PTR。

图 3－141 通信复接图

例如将 2.048Mbit/s 信号至 STM－1 的复用过程是：标称速率为 2.048Mbit/s 的信号，先进入 C－12 作适配处理。再加上 VC－12 的通道开销，便构成了 VC－12（2.240Mbit/s）。TU－12 由 VC－12 加上 TU－12PTR 组成。TU－12PTR 用来指明低阶 VC－12 相对 TU－12 的相位，经速率调整和相位对准后的 TU－12 的速率为 2.304Mbit/s。三个 TU－12 再经均匀的字节间插组成 TUG－2（速率为 3×2.304Mbit/s）；七个 TUG－2 经同样的单字节间插组成 TUG－3（加上塞入字节速率为 49.566Mbit/s）；然后三个 TUG－3 再经单字节间插，并加上高阶 POH 构成 VC－4 净负荷，速率为 150.336Mbit/s。再加上 576kbit/s 的 AU－4PTR 组成 AU－4，速率为 150.912Mbit/s 。单个 AU－4 直接置入 AUG，AUG 加上段开销 4.086Mbit/s，即为 STM－1，标称速率为 155.520Mbit/s。由此可见，SDH 的复接是按字节复接，而 PDH 复接是按比特复接。

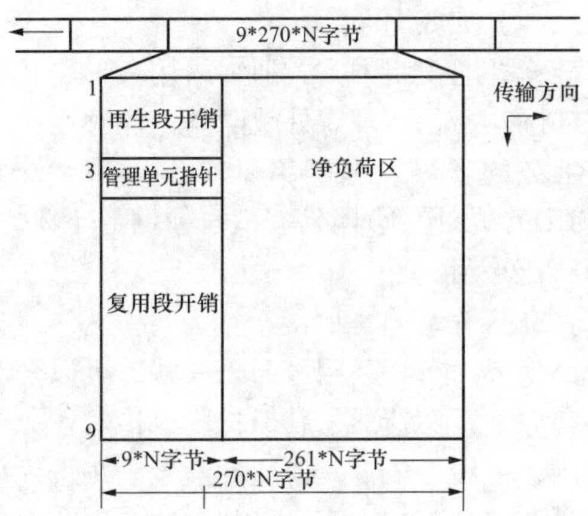

图 3－142　STM-N 帧结构图

2）SDH 系统的帧（STM－1）结构。

图 3－142 所示的是 SDH 系统中 STM－N 的帧结构图。它是一种矩形块状结构，由 270×N列和 9 行字节组成，每个字节有 8bit。对于 STM－1 而言，N＝1，其帧的长度为 270×9 个字节＝2430×8＝19 440 比特，时间长度为 125μs。帧字节从左往右，从上往下按行传输，传完一帧再传一帧，每 s 传输 8000 帧。因此传输码速是 F＝8000×270×9×8＝155.52Mbit/s。

30/32PCM 基群的帧结构示意图如图 3－143 所示。

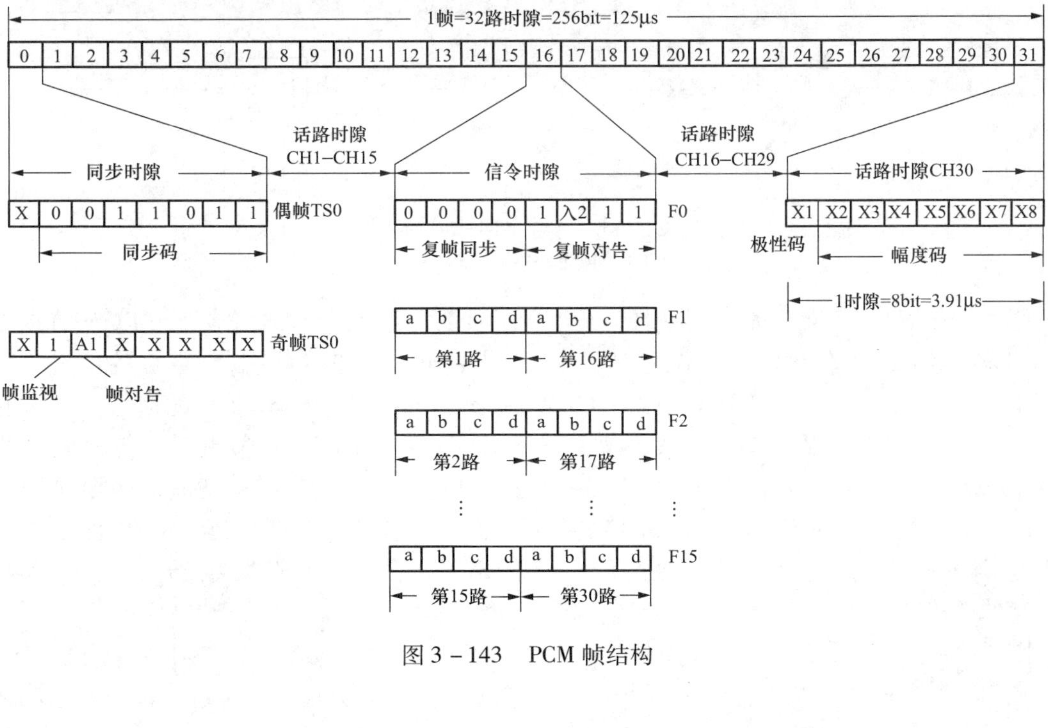

图 3－143　PCM 帧结构

（2）自愈环网

光纤通信组网方式通常采用环形网。环形网是一种有很强自愈能力的网络拓扑结构。自愈环网是指在出现意外故障时，能够在极短时间内且无需人为干涉的情况下，自动恢复所携带业务的环网。即网络具有发现替代传输路由并重新确立通信的能力。同步数字系列（SDH）光纤自愈网是实现自愈网的主要方法之一，具有很强的自愈能力。正在被电力通信网广泛采用。

SDH 光纤自愈网的结构，可分为二纤环和四纤环。二纤环又可分为通道倒换环和复用段倒换环。每种环网按照工作状态可以分为两段，即业务段和保护段（备用段）。通道倒换环在正常工作情况下其保护段也传输业务信号；而复用段倒换环在正常工作情况下其保护段空闲，可用于传输其他业务信号。按进入环的支路信号与由该支路信号分路节点返回的支路信号方向是否相同，又可分为单向环和双向环。

图 3－144 是二纤单向通道倒换环。S 为业务光纤，P 为保护光纤。下面以 A 节点与 C 节点间发、收信号为例说明其工作情况。图（a）是倒换前正常状态，A→C 的信号，从 A 节点出发，经光纤 S_1、P_1 传送至 C 节点。C 节点根据传输质量选择 S_1 传送的信号为接收的主信号。C→A 的信号，从 C 节点经光纤 S_2、P_2 传送到 A 节点。A 节点根据传输质量选择 S_2 传送的信号为接收的主信号。图（b）表达了当 BC 节点间的光缆被切断，两根光纤同时中断时的倒换情况。在节点 C 处由 S_1 传送的信号丢失，C 节点的倒换开关由 S_1 倒换至 P_1，而接收光纤 P_1 传送的信号，这样传输信号不会丢失。而 S_2 传送的信号路径不变，A 节点依然接收传送的 S_2 信号。

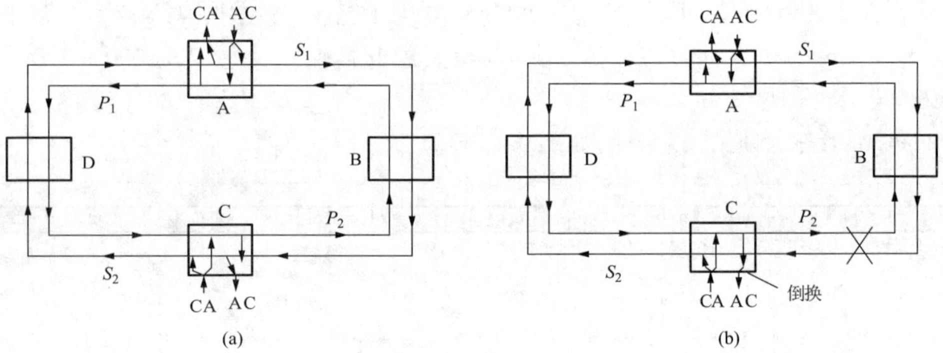

图 3－144　二纤单向通道倒换环
（a）倒换前；（b）倒换后

图 3－145 是二纤双向通道倒换环。S 为业务光纤，P 为保护光纤。下面以 A 节点与 C 节点间发、收信号为例说明其工作情况。图（a）是倒换前正常状态，A→C 的信号，从 A 节点出发，经光纤 S_1、P_1 传至 C 节点。C 节点根据传输质量选择 S_1 传送的信号为接收的主信号。C→A 的信号，从 C 节点出发经光纤 S_2、P_2 传到 A 节点。A 节点根据传输质量选择 S_2 传送的信号为接收的主信号。图（b）表达了当 BC 节点间的光缆被切断，两根光纤同时中断时的倒换情况。在节点 C 处由 S_1 传送的信号丢失，C 节点倒换开关由 S_1 倒换至 P_1，接收光纤 P_1 传送的信号；在节点 A 处由 S_2 传送的信号也丢失，A 节点倒换开关由 S_2 倒换至 P_2，接收光纤 P_2 传送的信号，这样传输信号不会丢失。

图 3－146 是二纤单向复用段倒换环。S 为业务光纤，保护光纤 P 空闲（可用于传输其他业务信号）。下面以 A 节点与 C 节点间发、收信号为例说明其工作情况。图（a）是倒换

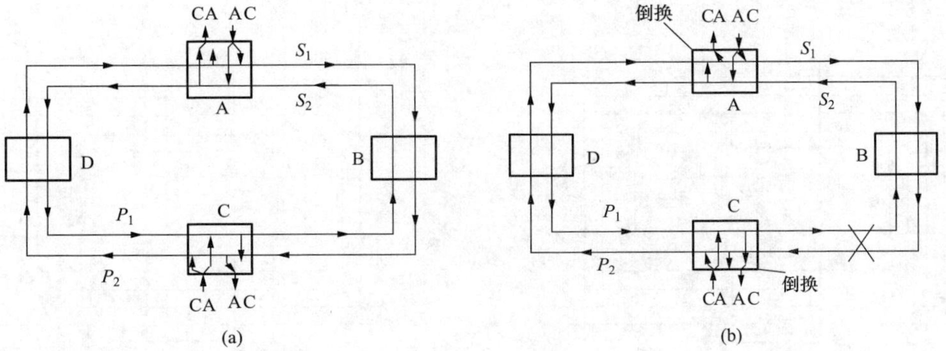

图 3-145 二纤双向通道倒换环

（a）倒换前；（b）倒换后

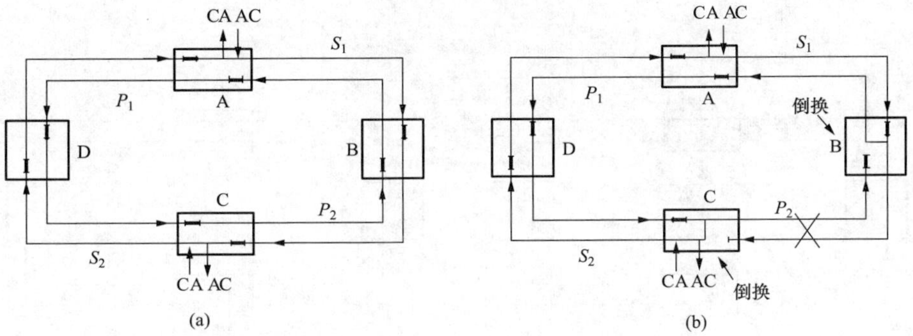

图 3-146 二纤单向复用段倒换环

（a）倒换前；（b）倒换后

前正常状态，A→C 的信号，从 A 节点出发经光纤 S_1 传至 C 节点，C 节点接收 S_1 传送的信号。C→A 的信号，从 C 节点经光纤 S_2 传到 A 节点。A 节点接收 S_2 传送的信号。（b）图表达了当 BC 节点间的光缆被切断，两根光纤同时中断时的倒换情况。B、C 节点的保护开关将利用 APS 协议执行环回功能。在 B 节点，AC 信号经倒换开关以逆时针方向由 P 光纤返回，经 A、D 节点传到 C 节点。C 节点倒换开关切换接收从光纤 P_1 传送的信号。CA 信号传输路径不变，A 接点接收 S_2 传送的信号。

图 3-147 是四纤双向复用段倒换环。它有两根业务光纤 S_1、S_2（一发一收）和两根保护光纤 P_1、P_2（一发一收）。S_1 组成顺时针业务信号环，S_2 组成逆时针业务信号环，P_1 组成逆时针保护信号环，P_2 组成顺时针保护信号环。每根光纤上都有一个倒换开关起保护倒换使用。下面以 A 节点与 C 节点间发、收信号为例说明其工作情况。（a）图是倒换前正常状态，A→C 的信号，从 A 节点出发由光纤 S_1 传送经 B 节点到达 C 节点，C 节点接收 S_1 传送的信号。C→A 的信号，从 C 节点出发由光纤 S_2 传送经 B 节点到达 A 节点。A 节点接收 S_2 传送的信号。图（b）表达了当 BC 节点间的四条光纤被全部切断时的倒换情况，利用 APS 协议，B 和 C 两个执行环回功能。在 B、C 节点处都是光纤 S1 与 P1 接通，光纤 S2 与 P2 接通，这样传输信号不会丢失。

图 3-148 是二纤双向复用段倒换环。S_1 的业务信号与 P_2 的保护信号用时分方法，一半时隙传输业务信号，另一半时隙传输保护信号，从而可将业务光纤 S_1 与保护光纤 P_2 合并

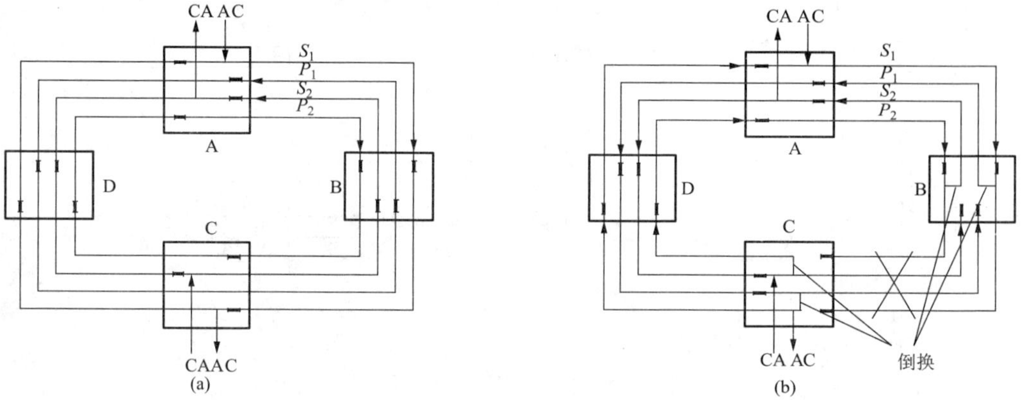

图 3－147　四纤双向复用段倒换环

（a）倒换前；（b）倒换后

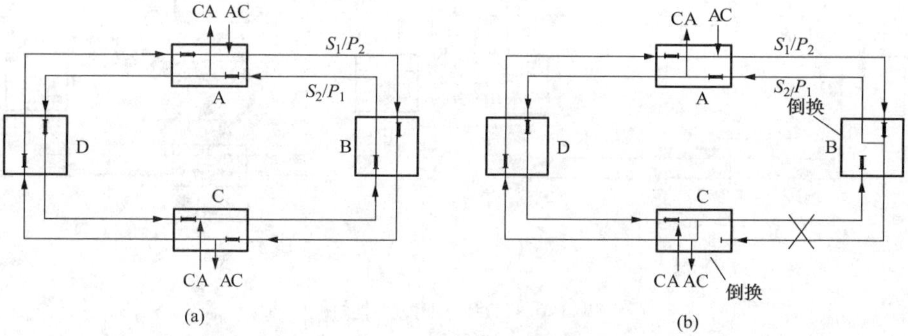

图 3－148　二纤双向复用段倒换环

（a）倒换前；（b）倒换后

共用一根光纤。同理 S_2 与 P_1 公用一根光纤。S_1/P_2 光纤中的保护信号必要时可传输 S_2/P_1 中的业务信号，S_2/P_1 光纤中的保护信号必要时也可传输 S_1/P_2 中的业务信号。这样四根光纤可以简化为两根光纤。下面以 A 节点与 C 节点间发、收信号为例说明其工作情况。图（a）是倒换前正常状态，A→C 的信号，从 A 节点出发，由 S_1/P_2 光纤经 B 节点到达 C 节点；C→A 的信号从 C 节点出发，由 S_2/P_1 光纤经 B 节点到达 A 节点。图（b）表达了当 BC 节点间的光缆被切断，两根光纤同时中断时 B、C 两站倒换开关的切换情况，B、C 节点中的倒换开关将 S_1/P_2 光纤与 S_2/P_1 光纤沟通。这样 A→C 的信号，从 A 节点出发由 S_1/P_2 光纤经 B 节点的倒换开关再由 S_2/P_1 光纤逆时针传输，经 A、D 节点到达 C 节点。C→A 的信号，从 C 节点出发经 C 节点的倒换开关由 S_1/P_2 光纤经 D、A 节点到达 B 节点，再经 B 节点的倒换开关由 S_2/P_1 光纤传送到 A 节点。

在本章第三节的光纤电流差动保护原理中曾经谈到同步采样问题。目前各厂家普遍采用采样时刻调整法。该方法要求主机与从机之间收发的通道传输延时应该相等，这要求通道收发的路由应相同。表 3－11 列出了上述几种自愈环网结构在正常运行和通道故障倒换后的收发路由的变化情况。从表中可见在二纤单向通道倒换环、二纤双向通道倒换环和二纤单向复用段倒换环的结构中都会出现收发路由不一致的情况。而二纤双向复用段倒换环的结构，虽然通信路由会发生变化，但切换前和切换后，收发路由仍然能保持一致，理论上可以在继电保护中使用。但要注意在切换过程中可能会存在 30～50ms 的不对称通道，因此也不建议采用。通常对继电保护的通道采用固定路由方式，不进行路由的自动切换。

表 3－11　自愈环网收发路由的变化情况

自愈环网结构	正常状态	光纤全中断	内环光纤中断	外环光纤中断
二纤单向通道倒换环	不一致	一致	不一致	一致
二纤双向通道倒换环	一致	一致	不一致	不一致
二纤单向复用段倒换环	不一致	不一致	不一致	不一致
四纤双向复用段倒换环	一致	一致	/	/
二纤双向复用段倒换环	一致	一致	一致	一致

（三）继电保护装置的通信接口及其与光纤通道的连接方式

1. 继电保护装置内部的通信接口

光纤保护装置（光纤差动、光纤距离、光纤方向、光纤命令、光纤稳控等）内部光纤通信接口的原理框图如图 3－149 所示。

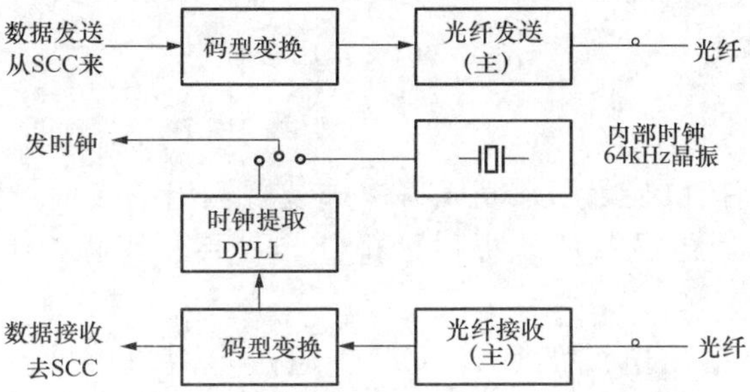

图 3－149　保护装置的光纤通信接口原理图

由于继电保护装置内部原理是用电信号实现的，而保护装置输出的是光信号，所以需要用通信接口进行光与电的转换。在发送时将从串行通信控制器（SCC）来的二进制的电信号数据经过光纤发送码型变换后，去调制光发射器（LD），将连续变化的数据码流转换成连续变化的光脉冲。在接收时，对弱的光信号，进行放大、整形、再生成电信号的数据码流，送给串行通信控制器，供 CPU 读取。

2. 继电保护装置与光纤通道的连接方式

（1）继电保护专用光纤通道。

图 3－150 是采用继电保护专用光纤通道的连接方式，两地之间给保护装置配置了专用的纤芯。这种专用纤芯方式相对比较简单，运行的可靠性也比较高，保护动作性能能够得到保障，日常的运行维护工作量也很少，已经得到了广泛的使用。有条件的地区，220kV 及以下线路光纤保护多采用专用纤芯方式，目前专用纤芯工作方式完全可以运行在 120km 及以下的光缆长度上。

（2）复用通信设备传输通道。

图 3－151 是采用复用通信设备传输通道的连接方式，两地之间通过通信网（例如 SDH 传输网）通信。由于通信网是复用的，所以需要用通信设备进行信号的复接。通信设备是在电信号中进行复接的，而保护装置输出的是光信号，所以中间还有通信接口装置实现光电转换。这种复用通道连接方式涉及的中间设备较多，通信时延也较长，运行的可靠性较低，

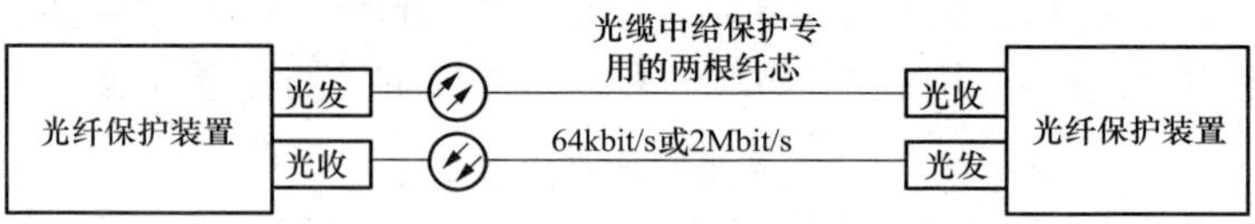

图 3-150 专用光纤通道

保护的动作性能得不到保障，日常的运行维护工作量也比较大，问题查找不易。所以复用通道是以牺牲保护装置的性能，来换取通信资源的利用率的。

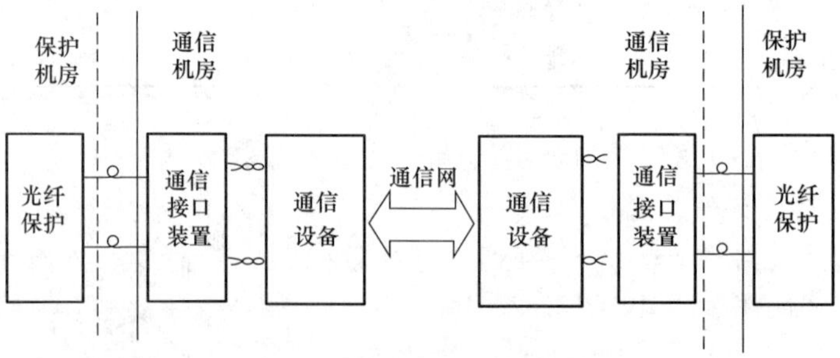

图 3-151 复用通道

3. 通信接口装置

图 3-151 中的通信接口装置用来完成将保护装置输出的光信号转换成通信设备所能接收的标准电信号。根据通信设备所能提供的电接口速率，可以分为 64kbit/s 和 2048kbit/s 两类。

接口装置通常安装在变电站的通信机房，通过电缆（64kbit/s 时使用屏蔽双绞线，2048kbit/s 时使用同轴电缆）和通信设备相连，通过光缆和保护设备相连。

通信设备一般只提供电接口的业务，在 G. 703 中对业务端接口的物理电平有严格的定义，无论是 64kbit/s 还是 2048kbit/s 速率都是三电平信号，这样才能保证各个厂家的通信设备都能够和业务端互连、互通。而光通道中传输的是二电平码流，这就需要将光纤中的二电平码流转换成三电平码流。二电平码流含有直流分量，信号在通信设备内部传输时，不能含有直流分量，且低频分量应尽量少，这是因为在终端机和再生中继器的靠外侧，加有脉冲变压器，对直流分量起阻碍作用，并且对低频成分衰减也较大。经通信设备将各路信号复用后，再转换成二电平的光信号传送至远方。这就要求继电保护传输的数据线路码流频谱中应消除长“0”和长“1”，并包含定时时钟信息。接收端经过变换得到时钟信息，使得接收端时钟和发送端时钟保持同步。通信设备数字复接接口的功能是：把收到的光信号变成电信号，把收到的电信号变成光信号。即将接收到的光的单极性（二电平）码转换成通信的电的双极性（三电平）码，将通信的电的双极性（三电平）码转换成光的单极性（二电平）码。

（四）通道联调与常见问题

和通道联调相关的几个控制字：

“专用光纤”或“发送时钟”，这两个控制字都是描述保护装置光纤通信口的发送码流所用的时钟是用保护装置内部时钟还是从接收码流提取的时钟。

“本侧纵联码”，“对侧纵联码”，这两个控制字是用来识别光纤通信所连接的两端的两台保护装置，确实为同一种保护的两端装置。

1. 发送时钟和接收时钟

光纤差动保护的关键是线路两端装置之间的数据交换，保护装置一般都采用同步通信方式。保护装置发送和接收数据采用各自的时钟，分别为发送时钟和接收时钟。保护装置的接收时钟固定为从接收码流中提取，保证接收过程中没有误码和滑码产生。发送时钟可以有两种方式，① 采用内部晶振时钟；② 采用接收时钟作为发送时钟（请参见图 3－149）。采用内部晶振时钟作为发送时钟常称为内时钟方式，采用接收时钟作为发送时钟常称为外时钟方式。

两端装置采用时钟的运行方式可以有以下三种方式：

（1）两端装置均采用外时钟方式，如图 3－152 所示。从接收码流中提取时钟（收时钟）实现位同步，同时将接收时钟作为信息的发送时钟实现系统同步。两端装置通信的收、发时钟均采用外部时钟，即外时钟方式，这种方式通常称为“从—从”方式。

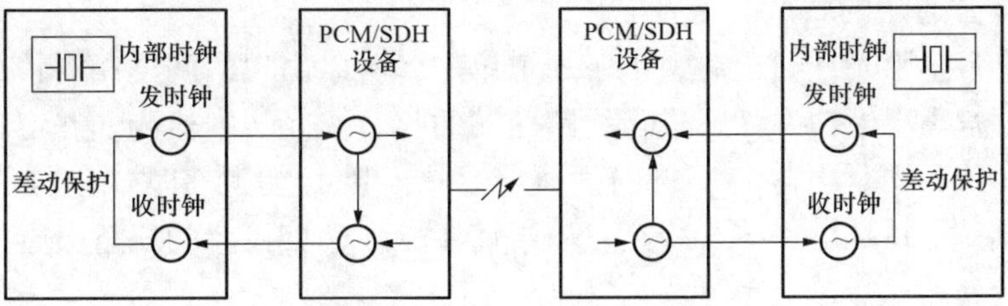

图 3－152 从—从时钟方式

（2）两端装置均采用内时钟方式，如图 3－153 所示。两端装置通信的发送时钟均采用内部独立的晶振，即内时钟方式，这种方式通常称为“主—主”方式。

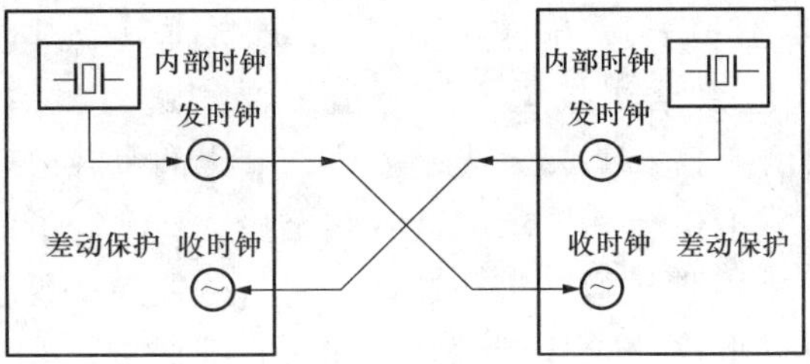

图 3－153 内时钟（主—主）方式

（3）一端装置采用内时钟，另一端装置采用外时钟方式。这种方式会使整定定值更复杂，故不推荐采用。

保护装置通过整定控制字“专用光纤”或“发送时钟”来决定通信时钟方式。控制字置为 1，装置自动采用内时钟方式；反之，自动采用外时钟方式。

对于 64kbit/s 速率的装置，其“专用光纤”或“发送时钟”控制字整定如下：

1）保护装置通过专用纤芯通信时，两端保护装置的“专用光纤”或“发送时钟”控制字都整定成：“1”；

2）保护装置通过 PCM 复用通信时，两端保护装置的“专用光纤”或“发送时钟”控制字都整定成：“0”；

对于 2048kbit/s 速率的装置，其“专用光纤”或“发送时钟”控制字整定如下：

1）保护装置通过专用纤芯通信时，两端保护装置的“专用光纤”或“发送时钟”控制制字都整定成："1"；

2）保护装置通过复用通道传输时，两端保护装置的"专用光纤"或"发送时钟"控制字按如下整定：

a. 当保护信息直接通过同轴电缆接入 SDH 设备的 2048kbit/s 板卡，同时 SDH 设备中 2048kbit/s 通道的"重定时"功能关闭或没有"重定时"功能时，"专用光纤"或"发送时钟"控制字置 1（推荐采用此方式）；

b. 当保护信息直接通过同轴电缆接入 SDH 设备的 2048kbit/s 板卡，同时 SDH 设备中 2048kbit/s 通道的"重定时"功能打开时，"专用光纤"或"发送时钟"控制字置 0；

c. 当保护信息通过通道切换等装置接入 SDH 设备的 2048kbit/s 板卡，"专用光纤"或"发送时钟"控制字的整定需与其他厂家的设备配合。

2. 通道的联调

（1）专用纤芯通道的联调。

光纤保护使用专用光纤通道时，由于通道单一，所以出现的问题相对较少，解决起来也较为方便。一般需要用光功率计，进行线路两端的收、发光功率检测，并记录测试值。最好能在不同天气（晴、雨、雪等）不同时间（早、中、晚）检测多次，这样能检测出光纤熔接点存在的问题。尤其是对一些长线路，由于熔接点多，熔接点的质量会直接影响线路的总衰耗。

（2）复用通信设备传输通道的联调。

对于复用传输通道来讲，由于传输中间环节多，时延长，出现问题的概率也大得多。大量的通道联调问题均为此类问题。由于保护人员不熟悉通信设备，遇到此类问题时，缺乏手段和经验，很难迅速地解决问题。因此我们建议通信人员在光纤保护通道联调之前，必须先进行通道测试，以确定通道的信号传输质量。尽量减少通道联调中可能出现的问题。

在进行通道联调时，应根据实际运行的通道工况来进行测试，即若保护设备工作在 64kbit/s 速率上时，则测试应在 64kbit/s 速率上进行；若保护工作在 2048kbit/s 速率上时，则测试应在 2048kbit/s 速率上进行。要求测试时间至少为 24h，并且尽可能长。只有在线路两端测试均无误码后，才能将保护设备接入通道，进行跨通道的保护调试。

在没有误码仪时，通道联调将会比较困难。如果光纤保护具有自环测试功能，可借助此功能进行多次测试，逐步逼近实际运行通道。

3. 通道联调中遇到的常见问题

（1）通信时钟的设置，在复用通信设备传输通道时，就 64kbit/s 和 2048kbit/s 两种传输速率时，保护设备的通信时钟设置是不一致的，必须参考保护厂家的说明书。

（2）光纤连接时，光纤接头多为 FC 型，在连接时请注意尾纤接头、法兰盘、光器件的表面清洁，如有需要可用棉球、丝绸沾无水酒精清洁。连接时注意一定要将尾纤 FC 接头的凸台对准 FC 连接器的缺口，然后将接头插到连接器里，使凸台完全卡入缺口中，用手旋紧 FC 接头的外壳。

（3）光纤、尾纤的盘绕与保护。尽量避免光纤弯曲、折叠，过大的曲折会使光纤的纤芯折断。在必须弯曲时，必须保证弯曲半径大于 3cm（直径大于 6cm），否则会增加光纤的衰减。光缆、光纤、尾纤铺放、盘绕时只能采用圆弧形弯曲，绝对不能弯折，不能使光缆、光纤、尾纤呈锐角、直角、钝角弯折。对光缆、光纤、尾纤进行固定时，必须用软质材料进行。如果用扎线扣固定时，千万不能将扎线扣拉紧。

参考文献

［1］沈国荣．工频变化量方向继电器原理的研究．电力系统自动化，1983，第一期.

［2］沈国荣．工频变化量距离继电器研究．中国电机工程学会第四次继电保护及安全自动装置学术会议论文．1986

［3］王梅义．电网继电保护应用．北京：中国电力出版社，1999.

［4］高中德．超高压电网继电保护专题分析．北京：水利电力出版社，1990.

［5］王梅义主编．四统一高压线路继电保护装置原理设计．北京：水利电力出版社，1990.

［6］朱声石．高压电网继电保护原理与技术．北京：电力工业出版社，1981.

［7］贺家李，葛耀中．超高压输电线路故障分析与继电保护．北京：科学出版社，1987.

［8］沈国荣，郑玉平．高压电网超高速继电保护技术的最新成就．中国电力，1996，第 11 期.

［9］王梅义等．高压电网继电保护运行技术．北京：电力工业出版社，1981.

［10］郑玉平，黄震，张哲等．同杆并架双回线自适应重合闸的研究．电力系统自动化，第 28 卷第 22 期.

［11］高中德．新型继电器的原理与分析．南瑞继保电气有限公司培训教材.

［12］国家电网公司发布．线路保护及辅助装置标准化设计规范（Q/GDW 161—2007）北京：中国电力出版社，2007.

［13］韦乐平．光同步数字传送网．北京：人民邮电出版社，1998.

［14］各厂家说明书.

国家电网公司
STATE GRID
CORPORATION OF CHINA

国家电网公司
继电保护培训教材

国家电力调度通信中心　编著

（下册）

中国电力出版社
CHINA ELECTRIC POWER PRESS

内 容 提 要

本书是国家电网继电保护培训教材，共分八章，内容包括：专业基础理论、电力系统运行及故障分析、输电线路保护及重合闸、元件保护、电力系统安全自动装置、二次回路、继电保护整定计算基础、继电保护相关知识，另外还有事故分析案例作为附录。

本书可作为从事电力系统继电保护工作的运行、维护、管理、设计、研发和教学人员的专业参考书和培训教材，也可供相关专业技术人员和高校电力专业师生参考。

图书在版编目（CIP）数据

国家电网公司继电保护培训教材/国家电力调度通信中心编著．北京：中国电力出版社，2009.4（2021.12重印）

ISBN 978－7－5083－8389－7

Ⅰ．国…　Ⅱ．国…　Ⅲ．电力系统－继电保护－技术培训－教材　Ⅳ．TM77

中国版本图书馆CIP数据核字（2009）第009758号

中国电力出版社出版、发行

（北京市东城区北京站西街19号　100005　http://www.cepp.sgcc.com.cn）

北京雁林吉兆印刷有限公司印刷

各地新华书店经售

*

2009年4月第一版　2021年12月北京第二十五次印刷

787毫米×1092毫米　16开本　51.25印张　1276千字

印数68501—70500册　定价**150.00**元（上、下册）

目 录

下　册

第四章

元　件　保　护

第一节　变压器保护

一、变压器的故障和保护配置

（一）变压器的故障和不正常运行工况

1. 变压器的故障

变压器故障可分内部故障和外部故障。

变压器内部故障指的是箱壳内部发生的故障，有绕组的相间短路故障、绕组的匝间短路故障、绕组与铁芯间的短路故障、变压器绕组引线与外壳发生的单相接地短路。此外，还有绕组的断线故障。

变压器外部故障指的是箱壳外部引出线间的各种相间短路故障和引出线因绝缘套管闪络或破碎通过箱壳发生的单相接地短路。

2. 变压器的异常运行方式

大型超高压变压器的不正常运行工况主要有过负荷、油箱漏油造成的油面降低、外部短路故障（接地故障和相间故障）引起的过电流。

对于大容量变压器，因铁芯额定工作磁密与饱和磁密比较接近，所以当电压过高或频率降低时，容易发生过励磁。

此外，对于中性点不直接接地运行的变压器，可能出现中性点电压过高的现象；运行中的变压器油温过高（包括有载调压部分）以及压力过高的现象。

（二）变压器保护的配置

1. 瓦斯保护

容量在0.8MVA及以上的油浸式变压器和户内0.4MVA及以上的变压器应装设瓦斯保护。不仅变压器本体有瓦斯保护，有载调压部分同样设有瓦斯保护。

瓦斯保护用来反映变压器的内部故障和漏油造成的油面降低，同时也能反映绕组的开焊故障。即使是匝数很少的短路故障，瓦斯保护同样能可靠反应。

瓦斯保护有重瓦斯、轻瓦斯之分。一般重瓦斯动作于跳闸，轻瓦斯动作于信号。当变压器的内部发生短路故障时，电弧分解油产生的气体在流向油枕的途中冲击气体继电器，使重瓦斯动作于跳闸。当变压器由于漏油等造成油面降低时，轻瓦斯动作于信号。由于瓦斯保护反应于油箱内部故障所产生的气流（或油流）或漏油而动作，所以应注意出口继电器的触点抖动，动作后应有自保持措施。

2. 纵差动保护和电流速断保护

用来反映变压器绕组的相间短路故障、绕组的匝间短路故障、中性点接地侧绕组的接地故障以及引出线的接地故障。应当看到，对于变压器内部的短路故障，如星形接线中绕组尾部的相间短路故障、绕组很少匝间的短路故障，纵差动保护和电流速断保护是反映不了的，即存在保护死区；此外，也不能反映绕组的开焊故障。注意到瓦斯保护不能反映油箱外部的短路故障，故纵差动保护和瓦斯保护均是变压器的主保护。

10MVA 及以上容量的单独运行变压器、6.3MVA 及以上容量的并联运行变压器或工业企业中的重要变压器，应装设纵差动保护。

对于2MVA 及以上容量的变压器，当电流速断保护灵敏度不满足要求时，应装设纵差动保护。

3. 反映相间短路故障的后备保护

用作变压器外部相间短路故障和作为变压器内部绕组、引出线相间短路故障的后备保护。根据变压器的容量和在系统中的作用，可分别采用过电流保护、复合电压起动的过电流（方向）保护、阻抗保护。

4. 反映接地故障的后备保护

变压器中性点直接接地时，用零序电流（方向）保护作为变压器外部接地故障和中性点直接接地侧绕组、引出线接地故障的后备保护。

变压器中性点不接地时，可用零序电压保护、中性点的间隙零序电流保护作为变压器接地故障的后备保护。

5. 过负荷保护

用来反映容量在0.4MVA 及以上变压器的对称过负荷。过负荷保护只需要用一相电流，延时作用于信号。

6. 过励磁保护

在超高压变压器上才装设过励磁保护，过励磁保护具有反时限特性以充分发挥变压器的过励磁能力。过励磁保护动作后可发信号或动作于跳闸。

7. 非电量保护

变压器本体和有载调压部分的油温保护；变压器的压力释放保护。

此外，还有变压器带负荷后起动风冷的保护；过载闭锁带负荷调压的保护。

二、纵差动保护

（一）变压器纵差保护的作用及保护范围

变压器纵差保护作为变压器绕组故障时变压器的主保护，差动保护的保护区是构成差动保护的各侧电流互感器之间所包围的部分。包括变压器本身、电流互感器与变压器之间的引出线。

内部电气故障的危害是非常严重的，立即会造成严重的损坏。绕组和绕组端部的短路和接地故障通常可被差动保护检测出。对于在同一相绕组内导线间击穿的匝间故障，若短路的匝数较多，也可被检测出来。匝间故障是变压器电气保护中最难检测出来的绕组故障。

仅有几匝击穿的匝间小故障所引起的电流不能被检测出，一直要到其发展成接地故障为止。由于这个原因，重要的是差动保护要具有高灵敏度，这就要求有对外部故障时不会引起误动作的灵敏整定值。

故障的变压器快速切除也是重要的。由于差动保护为单元保护，因此可被用作快速跳闸，必须保证故障变压器有选择性的断开。差动保护绝不应在保护区外的故障下误动作。

（二）变压器纵差动保护的构成原理及接线

变压器纵差动保护涉及有电磁感应关系的各侧电流，它的构成原理是磁势平衡原理。

以双绕组变压器为例，如果两侧电流 $\dot{I}_1$、$\dot{I}_2$ 都以流入变压器为正方向，则正常运行或外部故障时根据磁势平衡原理有

$$\dot{I}_1W_1+\dot{I}_2W_2=\dot{I}_eW_1 \tag{4-1}$$

式中：W_1、W_2 是1侧和2侧绕组的匝数。

如果忽略励磁电流 $\dot{I}_e$，则 $\dot{I}_1W_1+\dot{I}_2W_2=0$。 (4-2)

如果变压器的变比和变压器星－角接线带来的相位差异都被正确补偿的话，则变压器在正常运行或外部故障时，流过变压器各侧电流的相量和为零。即：

$$\sum \dot{I}=0 \tag{4-3}$$

亦即变压器正常运行或外部故障时，流入变压器的电流等于流出变压器的电流。两侧电流的相量和为零，此时，纵差动保护不应动作。

当变压器内部故障时，两侧电流的相量和等于短路点的短路电流。其纵差动保护动作，切除故障变压器。

图4－1画出了模拟型的变压器纵联差动保护的单相原理接线图。在微机型变压器保护中，已经不是这样的原理接线图了，各相电流分别进入保护装置，由软件算法实现纵联差动保护。但仍然可以用该图来分析纵联差动保护的原理。下面分正常运行或外部短路和内部短路两种情况说明变压器纵联差动保护的基本原理：

1. 正常运行与外部短路

如果变压器各侧以流入变压器的电流为正方向，如图4－1（a）所示，差动继电器中的电流为 $\dot{I}_2+\dot{I}'_2$。在正常运行如果负荷电流是从上往下流的或者如图4－1（b）所示的发生外部短路时流过变压器的短路电流也是从上往下流的，此时图中的 $\dot{I}_1'$、$\dot{I}_2'$电流的方向将与规定的电流正方向相反，流入差动继电器中的电流为 $\dot{I}_2-\dot{I}'_2$。只要合理选择电流互感器的变比和接线方式，就可以使流入差动继电器中的电流为零，即 $\dot{I}_2-\dot{I}'_2=0$，此时差动继电器不动作。

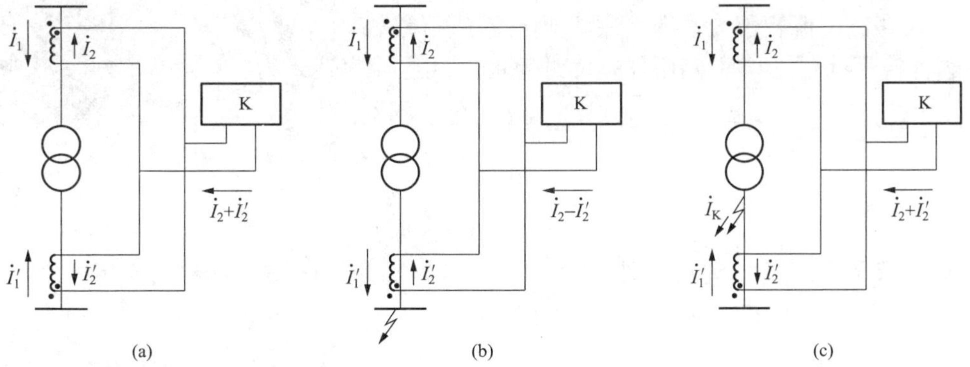

图4－1 变压器纵差动保护的原理接线图
（a）电流正方向的规定；（b）正常运行与外部短路；（c）内部短路

从上可以看出，如果变压器里只流过穿越性的电流（负荷电流或外部短路时流过变压器的短路电流）时差动继电器是不动作的。

2. 内部短路

当变压器内部发生短路时，如图4－1（c）所示。由于两侧电源向故障点提供短路电流，这时电流的实际方向与规定的正方向一致，且幅值均较大。如果把短路电流 $\dot{I}_K$ 也归算到TA二次侧的话，流入差动继电器的电流就等于短路电流，即 $\dot{I}_2+\dot{I}'_2=\dot{I}_K\gg 0$，差动继电器可以动作切除故障。

从上可以看出，变压器纵联差动保护的保护范围是构成差动保护的 TA 所包含的范围，只要在保护范围内部有流出的电流，例如内部短路的短路电流，该电流将流入差动继电器成为差电流（动作电流）。

（三）数字式纵差动保护的构成

为了在正常运行或外部故障时流入差动继电器的电流为零，应有相位校正和幅值校正（幅值校正通常称电流平衡调整），同时还应扣除进入差动回路的零序电流分量。在微机变压器保护中考虑到微机保护软件计算的灵活性，由软件来进行相位校正和电流平衡调整是很方便的，在这种情况下无论变压器是什么接线，两侧电流互感器均可接成星形。这样电流平衡的调整更加简单，电流互感器的二次负载又可得到下降。

1. 相位校正

图 4－2 示出了微机纵差动保护在正常情况下 Y，d 侧电流的相位情况。其中变压器 T 为 YN，d11 接线，两侧电流互感器均为星形接线。

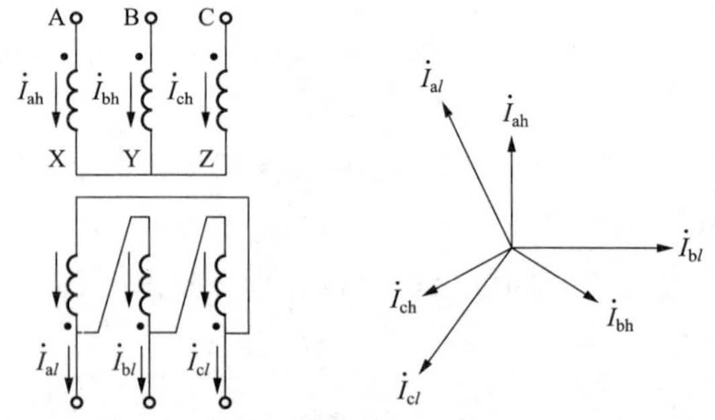

图 4－2　YN，d11 接线变压器正常情况下 Y，d 侧电流相位关系

从图 4－2 可以看出，在正常情况下 Y，d 侧同名相电流的相位相差 30°。例如 $\dot{I}_{aL}$超前于 $\dot{I}_{ah}$30°。如果直接用这两个电流构成变压器纵差动保护，即使它们的幅值相同也会产生很大的不平衡电流，所以需要用软件进行校正。校正方法有两种，一种是以 Y 侧为基准，将 d 侧电流进行移相，使 d 侧电流相位与 Y 侧电流相位一致；另一种是以 d 侧为基准，使 Y 侧电流相位与 d 侧一致。

（1）以 d 侧电流相位为基准，用 Y 侧电流进行移相。

由软件按下式可求得 Y 侧用作差动计算的三相电流表达式为：

$$\dot{I}_{AH} = (\dot{I}_{ah} - \dot{I}_{bh}) \tag{4-4}$$

$$\dot{I}_{BH} = (\dot{I}_{bh} - \dot{I}_{ch}) \tag{4-5}$$

$$\dot{I}_{CH} = (\dot{I}_{ch} - \dot{I}_{ah}) \tag{4-6}$$

由图 4－3 可见，正常运行和外部短路时 $\dot{I}_{al}$ 与 $\dot{I}_{AH}$相位相同，只要幅值相同用这两个电流构成的纵联差动保护其不平衡电流就为零。

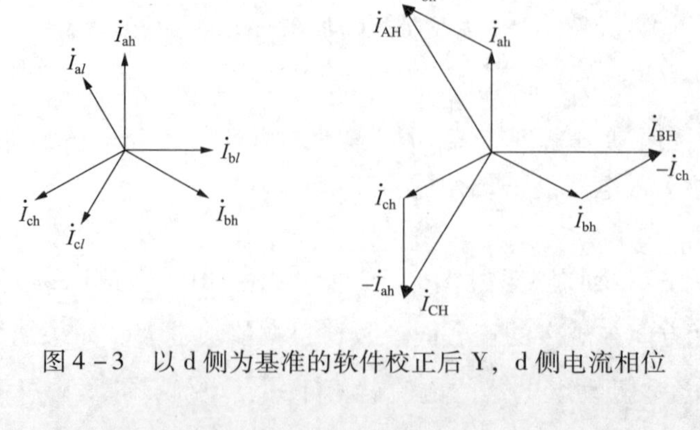

图 4－3　以 d 侧为基准的软件校正后 Y，d 侧电流相位

在模拟型变压器保护中，两相电流之差是靠变压器Y侧的差动TA接成三角接线来实现的，用三角接线的输出实现如式（4-4）~式（4-6）所示的两相电流之差。在微机型的变压器保护中，一般式（4-4）~式（4-6）所示的相位校正都在软件中实现，两侧的差动TA都是Y接线。当然也可以将相位校正用的两相电流之差靠变压器Y侧的差动TA接成三角接线来完成，在软件中只实现幅值校正。

（2）以变压器Y侧电流相位为基准，用d侧电流进行移相。

由软件按下式可求得d侧用作差动计算的三相电流表达式为：

$$\dot{I}_{AL} = (\dot{I}_{al} - \dot{I}_{cl})/\sqrt{3} \tag{4-7}$$

$$\dot{I}_{BL} = (\dot{I}_{bl} - \dot{I}_{al})/\sqrt{3} \tag{4-8}$$

$$\dot{I}_{CL} = (\dot{I}_{cl} - \dot{I}_{bl})/\sqrt{3} \tag{4-9}$$

由图4-4可见，正常运行和外部短路时$\dot{I}_{ah}$与$\dot{I}_{AL}$相位相同，只要幅值相同用这两个电流构成的纵联差动保护其不平衡电流就为零。

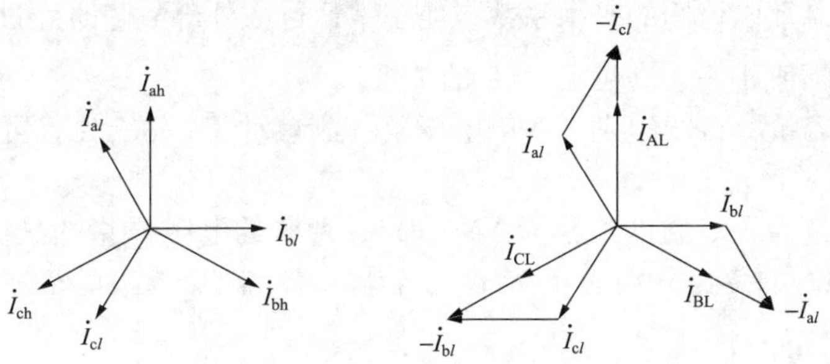

图4-4 以Y侧为基准的软件校正后Y，d侧电流相位

2. 消除零序电流进入差动元件的措施

对于YN，d接线而且高压侧Y侧中性点接地的变压器，当高压侧线路上发生接地故障时，（对纵差保护而言是区外故障），高压侧Y侧有零序电流流过，而由于变压器低压侧绕组为d联结，在变压器的低压侧d接线外无零序电流输出，两侧零序电流不能平衡。这样，若不采取相应的措施，在变压器高压侧系统中发生接地故障时，纵差保护将会误动。为使变压器纵差保护不误动，应对装置采取措施使零序电流不进入差动元件。

对于在变压器Y侧移相的变压器纵差保护无论是用软件实现还是用差动TA的三角接线实现，由于从Y侧通入各相差动元件的电流已经是相应的两相电流之差了，故已将零序电流滤去，所以没必要再采取其他措施。

对于用软件在变压器d侧进行移相的变压器纵差保护，应对Y侧的零序电流进行补偿，为此Y侧流入各相差动元件的电流应分别为：

$$\dot{I}_{AH} = \dot{I}_{ah} - \frac{1}{3}(\dot{I}_{ah} + \dot{I}_{bh} + \dot{I}_{ch})$$

$$\dot{I}_{BH} = \dot{I}_{bh} - \frac{1}{3}(\dot{I}_{ah} + \dot{I}_{bh} + \dot{I}_{ch})$$

$$\dot{I}_{CH} = \dot{I}_{ch} - \frac{1}{3}(\dot{I}_{ah} + \dot{I}_{bh} + \dot{I}_{ch})$$

因为$\frac{1}{3}(\dot{I}_{ah} + \dot{I}_{bh} + \dot{I}_{ch})$为零序电流，故在Y侧系统中发生接地故障时，就不会有零序电

流进入各相差动元件。

3. 幅值校正

由于变压器的变比、各侧实际使用的TA变比之间不能完全满足一定的关系，在正常运行和外部故障时变压器两侧差动TA的二次电流幅值不完全相同，即使经过相位校正，从两侧流入各相差动元件的电流幅值也不相同，在正常运行或外部故障时无法满足$\sum \dot{I}=0$的关系。

在实现变压器纵差保护时，采用“作用等效”的概念。即使两个不相等的电流产生的作用（对差动元件）相同。

在电磁型变压器纵差保护装置中（BCH型继电器），采用“安匝数”相同原理；而在晶体管保护及集成电路保护中，将差动两侧大小不同的两个电流通过变换器（例如电抗变换器）变换成两个完全相等的电压。

在微机型变压器保护装置中，采用在软件上进行幅值校正。引入了一个将两个大小不等的电流折算成作用完全相同的电流的折算系数，将该系数称作为平衡系数。将一侧电流作为基准，将另一侧电流乘以该侧的平衡系数，使正常运行或外部故障时经过相位校正和幅值校正以后两侧的电流幅值相等，满足$\sum \dot{I}=0$的关系。

根据变压器的容量，接线组别、各侧电压及各侧差动TA的变比，可以计算出差动两侧之间的平衡系数。

设变压器的容量为S_e，接线组别为YN，d11，两侧的电压（指的是线电压）分别为U_Y及$U_\triangle$，两侧差动TA的变比分别为n_y及$n_\triangle$，若以变压器的d侧为基准侧，计算出变压器Y侧的平衡系数K。

（1）差动TA的接线为△/Y（用变压器绕组Y侧的差动TA为△接线进行移相）。

变压器绕组Y接线和d接线两侧流入差动元件的二次电流I_Y及$I_\triangle$分别为

$$I_Y=\frac{\sqrt{3}S_e}{\sqrt{3}U_Y n_y}=\frac{S_e}{U_Y n_y} \tag{4-10}$$

$$I_\triangle=\frac{S_e}{\sqrt{3}U_\triangle n_\triangle} \tag{4-11}$$

如果以变压器d侧的电流$I_\triangle$为基准，要使$KI_Y=I_\triangle$，则变压器Y侧的平衡系数K为：

$$K=\frac{I_\triangle}{I_Y}=\frac{U_Y n_y}{\sqrt{3}U_\triangle n_\triangle} \tag{4-12}$$

（2）差动TA接线为Y/Y，由软件在变压器高压侧（Y侧）移相。

变压器两侧流入差动元件的二次电流分别为

$$I_Y=\frac{S_e}{\sqrt{3}U_Y n_y} \qquad I_\triangle=\frac{S_e}{\sqrt{3}U_\triangle n_\triangle}$$

每相差动元件两侧的计算电流分别为：

高压侧：由式（4-4）~式（4-6）软件移相，得到的是两相电流之差$I'_Y=\frac{S_e}{\sqrt{3}U_Y n_y}\times\sqrt{3}=\frac{S_e}{U_Y n_y}$

低压侧：$I'_\triangle=\frac{S_e}{\sqrt{3}U_\triangle n_\triangle}$

如果以变压器 d 侧的电流 $I'_{\triangle}$ 为基准，要使 $KI'_{Y}=I'_{\triangle}$，则变压器 Y 侧的平衡系数 K 为：

$$K=\frac{I'_{\triangle}}{I'_{Y}}=\frac{U_{Y}n_{y}}{\sqrt{3}U_{\triangle}n_{\triangle}} \tag{4-13}$$

可以看出：式（4-12）与式（4-13）完全相同。

由上所述，对于 YN，d 接线的变压器，用改变变压器 Y 侧 TA 的接线方式移相或根据式（4-4）~式（4-6）用软件在高压侧移相，差动元件两侧之间的平衡系数完全相同。该平衡系数只与变压器两侧的电压（或者说变比）及差动 TA 的变比有关，而与变压器的容量无关。

（3）差动 TA 接线为 Y/Y、由软件在变压器低压侧（d 侧）移相。计算变压器 d 侧的平衡系数。

变压器两侧流入差动元件的二次电流分别为

$$I_{Y}=\frac{S_{e}}{\sqrt{3}U_{Y}n_{y}}、I_{\triangle}=\frac{S_{e}}{\sqrt{3}U_{\triangle}n_{\triangle}}$$

每相差动元件两侧的计算电流分别为：

高压侧：$I'_{Y}=I_{Y}=\dfrac{S_{e}}{\sqrt{3}U_{Y}n_{y}}$

低压侧：由式（4-7）~式（4-9）软件移相，得到 $I'_{\triangle}=\dfrac{S_{e}}{\sqrt{3}U_{\triangle}n_{\triangle}}\times\dfrac{\sqrt{3}}{\sqrt{3}}=\dfrac{S_{e}}{\sqrt{3}U_{\triangle}n_{\triangle}}$

如果以变压器 Y 侧的电流 I'_{Y} 为基准，要使 $KI'_{\triangle}=I'_{Y}$，则变压器 d 侧的平衡系数 K 为：

$$K=\frac{I'_{Y}}{I'_{\triangle}}=\frac{U_{\triangle}n_{\triangle}}{U_{Y}n_{y}} \tag{4-14}$$

Y/Y/△变压器纵差保护各侧之间的平衡系数见表 4-1。

表 4-1　Y/Y/△变压器纵差保护各侧之间的平衡系数（以低压侧为基准值）

项目名称	各侧系数		
	高压侧（H）	中压侧（M）	低压侧（L）
TA 接线	Y	Y	Y
TA 二次电流	$\frac{S_{e}}{\sqrt{3}U_{h}n_{h}}$	$\frac{S_{e}}{\sqrt{3}U_{m}n_{m}}$	$\frac{S_{e}}{\sqrt{3}U_{L}n_{L}}$
各相差动元件的计算电流	$\frac{S_{e}}{U_{h}n_{h}}$	$\frac{S_{e}}{U_{m}n_{m}}$	$\frac{S_{e}}{\sqrt{3}U_{L}n_{L}}$
对低压侧的平衡系数	$\frac{U_{h}n_{h}}{\sqrt{3}U_{L}n_{L}}$	$\frac{U_{m}n_{m}}{\sqrt{3}U_{L}n_{L}}$	1

说明：表中列出的平衡系数是用软件在高压侧、中压侧移相或用改变高压侧、中压侧 TA 接线方式移相的条件下计算出来的。S_{e}—变压器的额定容量；U_{h}、n_{h}—分别为高压侧额定电压及 TA 的变比；U_{m}、n_{m}—分别为变压器中压侧额定电压及 TA 的变比；U_{L}、n_{L}—分别为变压器低压侧额定电压及 TA 变比。表中没有列出用软件在低压侧（d 侧）移相时的平衡系数。

4. 差动元件的比率制动特性曲线

目前，在变压器纵差保护装置中，为提高内部故障时的动作灵敏度及可靠躲过外部故障的不平衡电流，均采用具有比率制动特性曲线的差动元件。

不同型号的纵差保护装置，其差动元件的动作特性不相同。差动元件的比率制动特性曲线有一段折线式，两段折线式及三段折线式。

（1）动作特性与动作方程。

1）一段折线式差动元件。

国外生产的变压器纵差保护中，有采用一段折线式比率制动特性的差动元件。其比率制动特性如图4－5所示，当计算得到的差电流I_{dz}和制动电流I_{zd}所对应的工作点位于该折线的上方，差动元件动作。故其动作方程如式（4－15）所示。

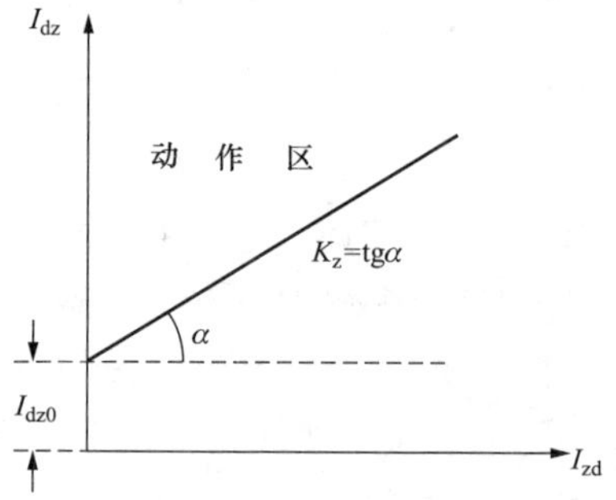

图4－5 一段折线式的比率制动特性曲线

$$I_{dz} \geqslant I_{dz0} + K_z I_{zd} \quad (4-15)$$

式中 I_{dz}——差电流，也称作动作电流。$I_{dz} = \left|\sum_{i=1}^{m} \dot{I}_i\right|$，即各侧电流的相量和。对于双绕组变压器而言，$I_{dz} = |\dot{I}_1 + \dot{I}_2|$（$\dot{I}_1$、$\dot{I}_2$分别为差动元件两侧的电流）；

I_{dz0}——差动元件的启动电流，也叫最小动作电流，或初始动作电流；

K_z——折线的斜率，也叫比率制动系数；

I_{zd}——制动电流，一般取差动元件各侧电流中的最大者，即$I_{zd} = \max\{|\dot{I}_1|, |\dot{I}_2| \cdots |\dot{I}_m|\}$，也有采用$I_{zd} = \frac{1}{2}\sum_{i=1}^{m}|I_i|$，即各侧电流标量和（绝对值和）的一半。

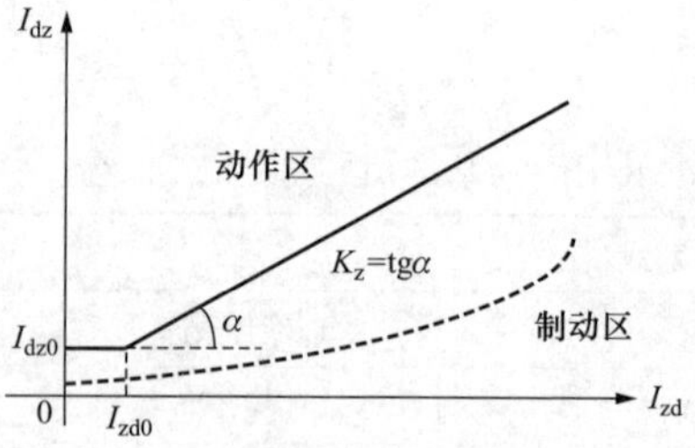

图4－6 两段折线式的比率制动特性曲线

2）两段折线式差动元件。

在国内，广泛采用的变压器纵差保护，多采用具有两段折线式比率制动特性的差动元件。其特性如图4－6所示，当计算得到的差电流I_{dz}和制动电流I_{zd}所对应的工作点位于两折线的上方时，差动元件动作。故其动作方程是式（4－16）两个方程的逻辑“与”。

$$\begin{cases} I_{dz} \geqslant I_{dz0} & I_{zd} \leqslant I_{zd0} \\ I_{dz} \geqslant K_z(I_{zd} - I_{zd0}) + I_{dz0} & I_{zd} > I_{zd0} \end{cases} \quad (4-16)$$

式中：I_{zd0}为拐点电流，即开始出现制动作用的最小制动电流；其他符号的物理意义同式（4－15）。

3）三段折线式差动元件。

三段折线式比率制动特性曲线如图4－7所示，当计算得到的差电流I_{dz}和制动电流I_{zd}所对应的工作点位于三折线的上方，差动元件动作。故其动作方程是式（4－17）三个方程的逻辑“与”。

$$\begin{cases} I_{dz} \geqslant I_{dz0} & I_{zd} \leqslant I_{zd0} \\ I_{dz} \geqslant K_{z1}(I_{zd} - I_{zd0}) + I_{dz0} & I_{zd1} \geqslant I_{zd} > I_{zd0} \\ I_{dz} \geqslant I_{dz0} + K_{z1}(I_{zd1} - I_{zd0}) + K_{z2}(I_{zd} - I_{zd1}) & I_{zd} > I_{zd1} \end{cases} \quad (4-17)$$

式中：K_{z1}为第二段折线的斜率；K_{z2}为第三段折线的斜率；I_{zd1}为第二个拐点电流；其他符号的物理意义同式（4－15）。

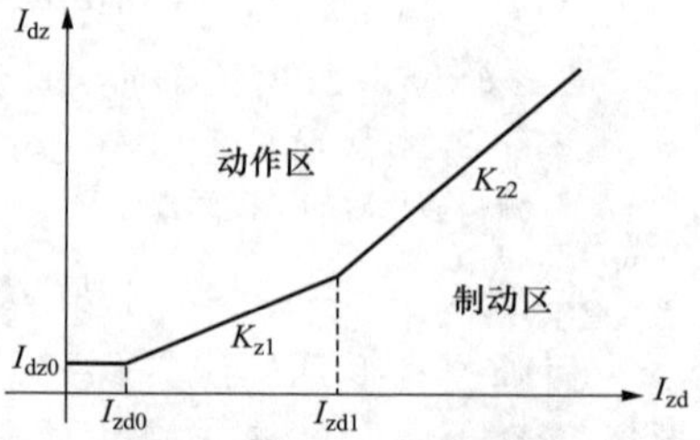

图4－7 三段折线式的比率制动特性曲线

（2）比率制动特性曲线的参数。

图4－5所示的一段折线式的比率制动特性由于在制动电流较小时其动作区小，在匝间短路的情况下灵敏度很差，所以在变压器差动保护中应用是不合适的。目前采用较多的是如图4－6所示的二段折线式的比率制动特性。该特性曲线由三个参数来决定：即启动电流I_{dz0}，拐点电流I_{zd0}及比率制动系数K_{z1}（特性曲线的斜率）。由于差动元件的动作灵敏度及躲区外故障的能力与其动作特性有关，因此也与这三个参数有关。

在评价差动元件灵敏度时应该在两个参数不变的情况下，看随第三个参数变化时动作区的变化。例如在图4－6中，在比率制动系数K_z、拐点电流I_{zd0}不变情况下，启动电流I_{dz0}越小，其动作区越大，差动元件的灵敏度越高；在比率制动系数K_z、启动电流I_{dz0}不变情况下，拐点电流I_{zd0}越大，其动作区越大，差动元件的灵敏度越高；在启动电流I_{dz0}、拐点电流I_{zd0}不变情况下，比率制动系数K_z越小，其动作区越大，差动元件的灵敏度越高。

在发生外部短路时，流经变压器的是一个穿越性的短路电流。理想情况下，差动元件的差电流应该是零。可是由于变压器的励磁电流影响、各侧TA变比误差的不同、各侧TA暂态特性的不同、各侧电流回路的时间常数不同、以及变压器有载调压的影响等原因，实际上差电流不是零，这种在外部短路时（包括正常运行时）出现的差电流称作不平衡电流。流经变压器的穿越性的短路电流越大，不平衡电流也越大，但它们不完全是线性关系。当制动电流为$I_{zd}=\frac{1}{2}\sum_{i=1}^{m}|I_i|$时，外部短路时的制动电流就是流经变压器的穿越性的短路电流，因此可以画出不平衡电流随着制动电流变化而变化的关系曲线，如图4－6中的虚线所示。

变压器比率制动特性的三个参数的选择应该在保证外部短路不误动的前提下，尽量提高内部短路的灵敏度。所以图4－6中两折线的比率制动特性曲线应该位于不平衡电流曲线的上方并留有足够的裕度。在此前提下，尽量提高内部短路的灵敏度。关于变压器纵联差动保护的整定计算，请参阅第七章。

5. 差动电流速断元件

在空投变压器和变压器区外短路切除时会产生很大的励磁涌流，而且该励磁涌流都成为差电流从而使变压器纵联差动保护误动。为此变压器纵差保护都设置了涌流闭锁元件，根据励磁涌流特征例如用“波形畸变”或“谐波分量”判断出现了励磁涌流时将差动保护闭锁，来避免差动保护误动。详细情况请参阅后面的叙述。

但是判断“波形畸变”或“谐波分量”是需要时间的，这将造成变压器内部严重故障时差动保护不能迅速切除故障的不良后果，此外变压器内部严重故障时如果TA饱和，TA二次电流的波形将发生严重畸变，并含有大量的谐波分量，从而使涌流判别元件误判断成励磁涌流，致使差动保护拒动，造成变压器严重损坏。

为克服纵差保护的上述缺点，设置了差动速断元件。它的动作电流整定值很大，比最大的励磁涌流值还大，依靠定值来躲励磁涌流。这样差动速断元件可以不经励磁涌流判据闭锁，也不经过过励磁判据、TA饱和判据的闭锁。所以对于变压器内部的严重故障，只要差电流大于电流定值就可以快速跳闸。

6. 差动保护的TA断线闭锁

为确保差动保护的动作灵敏度，具有比率制动特性的差动元件的启动电流I_{dz0}很小。这样，当差动元件某侧 TA 二次的一相或两相断线时，差动电流就是断线相上的负荷电流，差动保护可能误动。

目前，国内生产的微机型变压器差动保护中，均设置有 TA 断线闭锁元件。在变压器运行时，一旦出现差动 TA 二次回路断线，立即发出信号并根据需要将差动保护闭锁。

（1）TA 断线闭锁元件的作用原理。

在正常运行时，理想情况下，TA 二次三相电流之和应等于零，即

$$\dot{I}_a+\dot{I}_b+\dot{I}_c=0$$

若正常运行 TA 二次回路中一相、两相断线时，则

$$\dot{I}_a+\dot{I}_b+\dot{I}_c\neq 0$$

根据以上原理提出以下 TA 二次回路断线闭锁判据：

$$\begin{cases}|\dot{I}_a+\dot{I}_b+\dot{I}_c+3\dot{I}_0|>\varepsilon_1\\|3\dot{I}_0|\leqslant\varepsilon_2\end{cases}\tag{4-18}$$

同时满足上述两个式子说明是 TA 断线，发报警信号或者同时将差动保护闭锁。

式中 ε_1、ε_2——门槛值，可根据不平衡差流的大小确定；

$3\dot{I}_0$——另一个 TA 的三倍零序电流值，TA 二次值；

$\dot{I}_a$、$\dot{I}_b$、$\dot{I}_c$——分别为变压器保护装置 TA 二次 a、b、c 三相电流。

显然当保护用的 TA 发生一相、两相 TA 断线时，可以同时满足式（4－18）的两个式子，如果 TA 不发生断线而在变压器内部或外部发生短路故障时不可能同时满足这两个式子。这种判别 TA 断线的方法装置还要引入另一个 TA 的 $3\dot{I}_0$电流，是其一大缺点。

目前，在微机型保护装置中，还有采用根据电流变化情况、变化趋势及电流量值大小来判断 TA 断线的。当测量出只有变压器一侧的电流发生了变化，且变化趋势是电流由大向小变化、而电流值又小于额定电流时，被判为电流变化侧的 TA 断线。当变压器各侧电流均发生变化，电流变化趋势是由小向大变化、而变化后电流的幅值又大于额定电流，则说明电流的变化是由故障引起的。

也有的微机变压器保护采取如果起动元件未起动，当任一相差流大于 TA 报警差流定值经长延时发出差流异常报警信号，但此时不闭锁差动保护。如果起动元件已经起动了又发现任一侧的任一相间电压有变化量；或者发现任一侧出现负序电压；或者任一侧任一相电流比起动前增加了说明系统中有故障就开放保护；如果起动元件已起动又没有出现后面的那些情况经延时发报警信号并根据需要闭锁差动保护，因为 TA 断线时起动元件也可能起动，说明此时是 TA 断线。

（2）关于 TA 断线闭锁元件的作用。

众所周知，TA 二次回路不能开路。如果 TA 二次回路开路，将在开路点的两侧产生很高的电压，危及人身及二次设备的安全。另外，在开路点可能产生电弧，进而引起火灾。

变压器的容量越大及 TA 变比越大，TA 二次回路开路的危害越严重。因此，当差动保护 TA 二次开路时，TA 断线闭锁元件不去闭锁差动保护，让差动保护动作切除变压器，是防止人身伤害及损坏设备的有效办法。

三、变压器纵差动保护需要解决的问题

（一）空投变压器的励磁涌流及和应涌流

从变压器的等值电路可以看出，变压器的励磁电流如同在变压器内部发生短路一样是

从变压器纵联差动保护范围内部往外流出的电流，因此励磁电流将成为差电流（动作电流）。而励磁涌流是在空投变压器和变压器区外短路切除这两种特殊情况下的励磁电流，所以此时的励磁涌流也将成为差电流。由于励磁涌流的幅值很大，不采取措施将造成差动保护误动。

1. 励磁涌流产生的机理

以单相变压器为例，说明其空投时励磁涌流产生的机理。

设电源电压为正弦函数 $U=U_{m}\sin(\omega t+\alpha)$，如果忽略合闸回路电阻、变压器绕组的电阻以及变压器绕组漏电抗的影响，则空投瞬间变压器铁芯中的磁通与外加电压的关系为

$$W\frac{d\Phi}{dt}=U_{m}\sin(\omega t+\alpha) \tag{4-19}$$

式中 W——变压器空投侧绕组的匝数；

Φ——铁芯中的磁通；

U_m——电源电压的幅值；

α——合闸角；

ω——角频率，当频率为50Hz，$\omega=314$。

式（4-19）是一阶微分方程，求解得

$$\Phi=-\frac{U_{m}}{W\omega}\cos(\omega t+\alpha)+C \tag{4-20}$$

式中：C 为积分常数，由初始条件确定。当 $t=0$ 时，为保持合闸瞬间磁链守恒，即铁芯中的磁通不能突变，故而可得到

$$C=\frac{U_{m}}{W\omega}\cos\alpha+\Phi_{s} \tag{4-21}$$

式中：Φ_s 为合闸前铁芯中的剩磁通。

将式（4-21）代入式（4-20）得到：

$$\Phi=-\frac{U_{m}}{W\omega}\cos(\omega t+\alpha)+\frac{U_{m}}{W\omega}\cos\alpha+\Phi_{s} \tag{4-22}$$

如果考虑到电源回路的电阻、变压器绕组的电阻和漏电感带来的时间常数影响，则磁通 Φ 为：

$$\Phi=-\frac{U_{m}}{W\omega}\cos(\omega t+\alpha)+\left(\frac{U_{m}}{W\omega}\cos\alpha\right)e^{-\frac{t}{T}}+\Phi_{s}=-\Phi_{m}\cos(\omega t+\alpha)+\Phi_{m}\cos\alpha e^{-\frac{t}{T}}+\Phi_{s} \tag{4-23}$$

式中：$\Phi_{m}=\frac{U_{m}}{W\omega}$；$T$ 为时间常数，与电源回路的电阻、变压器绕组的电阻和漏电感有关。

式（4-23）中的第一项为磁通的强迫分量，而第二项为磁通的自由分量，它随时间而衰减。

由式（4-23）可以看出，在空投变压器的瞬间，铁芯中的磁通由三部分组成：强迫分量磁通 $\Phi_{m}\cos(\omega t+\alpha)$，决定于合闸角 α 的自由分量磁通 $\Phi_{m}\cos\alpha$ 以及剩磁通 Φ_s。如果在电压瞬时值为零时空投变压器，合闸角 $\alpha=0$，在忽略变压器及合闸回路的电阻时，式（4-23）中的时间常数 T 为无穷大，磁通中的自由分量不衰减，假如剩磁 Φ_s 的方向又与合闸之后 $\Phi_{m}\cos\alpha=\Phi_{m}$ 的方向相同时，变压器铁芯中的综合磁通将如图4-8所示的曲线 Φ。可以看出铁芯中的最大磁通可以达到 $2\Phi_{m}+\Phi_{s}$。如果剩磁通 $\Phi_{s}=0.9\Phi_{m}$，铁芯中的最大磁

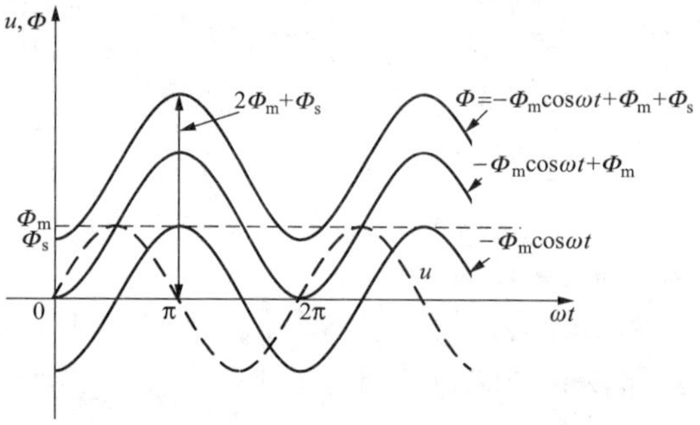

图 4-8 在电压为零瞬间空投变压器且设磁通中的自由分量不衰减时变压器铁芯中的磁通变化波形

通可以接近正常运行时稳态磁通幅值的三倍，使变压器铁芯严重饱和，励磁电流猛增，产生励磁涌流。

2. 励磁涌流的特点

在某台变压器空投时变压器三相励磁涌流的波形如图 4-9 所示。

由图 4-9 可以看出励磁涌流有以下几个特点：

（1）偏于时间轴的一侧，即涌流中含有很大的直流分量；

（2）波形是间断的，且间断角很大，一般大于 60°；

（3）在一个周期内正半波与负半波不对称；

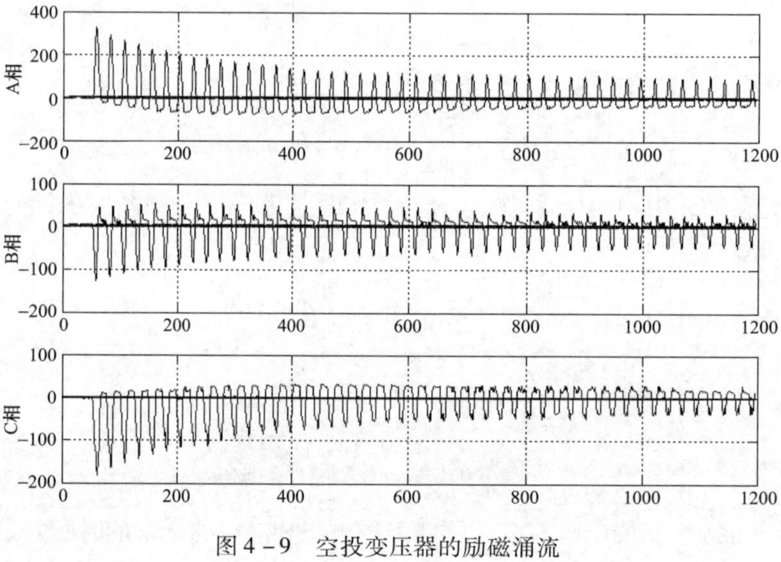

图 4-9 空投变压器的励磁涌流

（4）含有很大的二次谐波分量，若将涌流波形用傅里叶级数展开或用谐波分析仪进行测量分析，绝大多数涌流中二次谐波分量与基波分量的百分比大于 15%，有的甚至达 50% 以上；

（5）在同一时刻三相涌流之和近似等于零；

（6）励磁涌流是衰减的，衰减的速度与合闸回路及变压器绕组中的时间常数 T 有关。T 为电感 L 与电阻 R 的比值。当合闸回路及变压器绕组中的有效电阻及其他有效损耗越小，时间常数 T 越大，励磁涌流衰减得越慢。

3. 影响励磁涌流大小的因素

由式（4-23）可以看出，空投变压器的铁芯中的磁通的大小与 Φ_m、$\cos\alpha$、Φ_s 以及合闸角 α 有关。而励磁涌流的大小与铁芯中磁通的大小有关。磁通越大，铁芯越饱和，励磁涌流就越大。因此，影响励磁涌流大小的因素主要有：

（1）电源电压。

变压器合闸后，铁芯中强迫磁通的幅值为 $\Phi_m=\dfrac{U_m}{W\omega}$。因此，合闸前电源电压越高，$\Phi_m$

越大，励磁涌流越大。

（2）合闸角 α。

当合闸角 $\alpha=0$ 时，也就是在电压瞬时值为零时合闸，铁芯中的磁通如图 4－8 中的 Φ 所示。合闸瞬间（$t=0$）磁通的强迫分量 $-\Phi_m\cos(\omega t+\alpha)$ 达最大值 $-\Phi_m$，为了保持合闸瞬间磁链守恒，磁通的自由分量 $\Phi_m\cos\alpha$ 也达到最大值 Φ_m，使铁芯中的总磁通 Φ 与空投前的磁通一样为剩磁 Φ_s。这样半周以后铁芯中的最大磁通可以达到 $2\Phi_m+\Phi_s$，所以在电源电压的瞬时值过零瞬间空投变压器时，励磁涌流的数值最大；而当合闸角 $\alpha=90°$时，也就是在电压瞬时值为峰值时合闸，合闸瞬间（$t=0$）磁通的强迫分量 $-\Phi_m\cos(\omega t+\alpha)$ 为零，磁通的自由分量 $\Phi_m\cos\alpha$ 也是零，只有剩磁 Φ_s，铁芯中的最大磁通也只是 $\Phi_m+\Phi_s$。所以在电源电压的瞬时值过零瞬间空投变压器时，励磁涌流最大，在电源电压的瞬时值为最大值瞬间空投变压器时，励磁涌流的数值最小。

（3）剩磁 Φ_s。

合闸之前，变压器铁芯中的剩磁越大，励磁涌流就越大。另外，当剩磁 Φ_s 的方向与合闸之后 $\Phi_m\cos\alpha$ 的方向相同时，励磁涌流就大。反之亦相反。

此外，励磁涌流的大小，尚与变压器的结构、铁芯材料及设计的工作磁密有关。变压器的容量越小，空投时励磁涌流与其额定电流之比值——励磁涌流的倍数越大。

测量表明：空投变压器时，变压器与电源之间的联系阻抗越大，励磁涌流越小。在末端变电站，空投变压器时的励磁涌流可能小于其额定电流的 2 倍。

4. 躲励磁涌流的措施

在变压器纵差保护中，对差电流进行励磁涌流特征的判别。在工程中曾得到应用的有：二次谐波含量高；波形不对称和波形间断角比较大三种原理，尤其是前两种应用最为普遍。当识别出是励磁涌流时，将差动保护闭锁来防止纵差保护误动。

5. 数字式变压器微机保护躲励磁涌流的实现

（1）二次谐波制动原理。

二次谐波制动原理是利用流过差动元件差电流中的二次谐波电流作为制动量，区分出差流是内部故障的短路电流还是励磁涌流，实现励磁涌流闭锁的。

具有二次谐波制动的差动保护中，采用一个重要的物理量，即二次谐波制动比来衡量二次谐波电流的制动能力。

所谓二次谐波制动比 $K_{2\omega z}$是指：在通入差动元件的电流（差流）中，含有基波分量电流和二次谐波分量电流，差电流中二次谐波分量电流与基波分量电流比值的百分比，称作二次谐波制动比 $K_{2\omega z}$。当二次谐波制动比 $K_{2\omega z}$ 大于二次谐波制动比的定值 K_2 时闭锁差动保护，反之当小于二次谐波制动比的定值 K_2 时开放差动保护。即满足下式所示的动作方程时将差动保护闭锁。

$$K_{2\omega z}=\frac{I_{2\omega}}{I_{1\omega}}\times 100\% > K_2 \tag{4-24}$$

式中 $K_{2\omega z}$——二次谐波制动比；

$I_{1\omega}$——基波电流；

$I_{2\omega}$——二次谐波电流；

K_2——二次谐波制动比的整定值，一般取 15%。

在对具有二次谐波制动的差动保护进行定值整定时，二次谐波制动比的整定值越大，该差动保护躲过励磁涌流的能力越弱，越容易误动；反之，二次谐波制动比的整定值越小，差动保护躲励磁涌流的能力越强。

（2）间断角原理。

变压器内部故障时，故障电流波形无间断，间断角很小；而变压器空投时，励磁涌流的波形是间断的，具有很大的间断角（一般大于60°）。按间断角原理构成的差动保护，是根据差电流波形是否有间断及间断角的大小来区分故障电流与励磁涌流的。

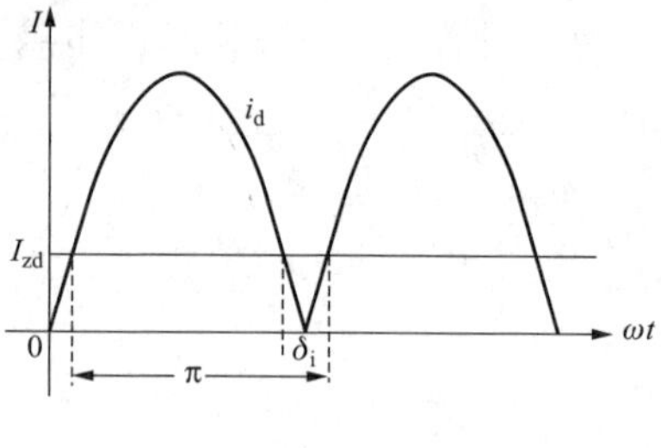

图4－10 间断角原理图

1）关于间断角。

说明间断角原理的波形图如图4－10所示。

在图4－10中：I_{zd}为制动电流（直流），其中包括直流门坎值折算成的制动电流量；i_d是流过差动元件的差流（将负半波反向之后）；δ_i是间断角。

由图可以看出，间断角的物理意义是：在差流的半个周期内，差动量小于制动量对应的角度。

2）差动元件的闭锁角。

闭锁角δ_B，是按间断角原理构成的变压器纵差保护的一个重要物理量，用它来判断差动元件中的差流是故障电流还是励磁涌流引起的。

当测量出的间断角δ_i满足

$$\delta_i > \delta_B$$

时，则判断差流为励磁涌流，将保护闭锁。

当测量出的间断角满足

$$\delta_i < \delta_B$$

时，则认为差动元件中的差流为故障电流，开放差动保护。

3）保护工况分析。

变压器正常运行时差流很小，图4－10中的i_d很小，而I_{zd}较大，I_{zd}直线将在i_d顶点的上方。此时，间断角$\delta_i \approx 360°$，且$I_{dz} < I_{dz0}$，保护可靠不动作。

变压器空投时，产生很大的励磁涌流。设励磁涌流的波形如图4－11中的i_d所示。

由图4－11可以看出：尽管差流i_d波型幅值很大（能满足$I_{dz} > I_{dz0}$），但由于间断角δ_i很大（大于闭锁角δ_B），差动保护将被可靠闭锁。

当变压器内部故障时，流入差动元件的差流很大。设故障电流波形如图4－12中的i_d所示。

由图4－12可以看出，δ_i很小（$\delta_i < \delta_B$）。又由于差流幅值很大，能满足$I_{dz} > I_{dz0}$，故差动保护动作，切除变压器。

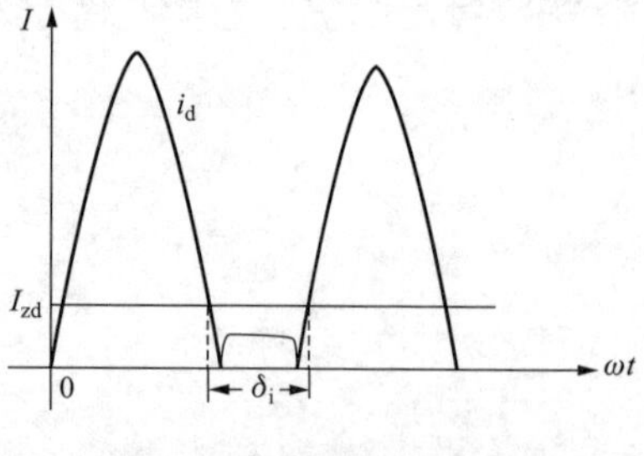

图4－11 空投变压器时的差流和制动电流波形

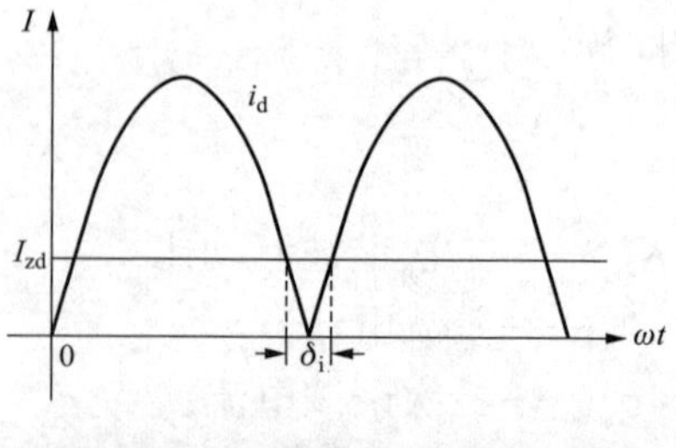

图4－12 变压器内部故障时差流和制动电流波形

4）δ_B 定值的影响。

当差动元件的启动电流 I_{dz0} 一定时，整定的闭锁角 δ_B 越小，则闭锁保护时要求的间断角越小，空投变压器时，差动元件越不容易误动，躲励磁涌流的能力越强。反之，闭锁角 δ_B 整定值越大，躲励磁涌流的能力越弱。

（3）波形对称原理。

在微机型变压器纵差保护中，采用波形对称算法，将励磁涌流同变压器故障电流区分开来。

其计算方法如下：首先将流入差动元件的差流进行微分（差分算法），滤去电流中的直流分量，使电流波形不偏移横坐标轴（即时间轴）的一侧，然后比较每个周期内差电流的前半波与后半波的量值。

设 I'_j 表示差流微分后波形上前半周某一点的值，$I'_{j+180°}$ 表示差流波形微分后波形上与 I'_j 点相差 180°点的值，K 为比率常数，则当若满足

$$\left|\frac{I'_j + I'_{j+180°}}{I'_j - I'_{j+180°}}\right| \leqslant K \tag{4-25}$$

则认为波形是对称的，开放差动保护。否则认为波形不对称，不开放（即闭锁）差动保护。

在式（4－25）中，K 又称不对称系数，通常等于1/2。

变压器内部故障时，I'_j 值与 $I'_{j+180°}$ 值大小基本相等、相位基本相反，则 I'_j 与 $I'_{j+180°}$ 大小相等符号相反，$I'_j + I'_{j+180°} \approx 0$，$I'_j - I'_{j+180°} \approx 2I'_j$。此时，$\left|\frac{I'_j + I_{j+180°}}{I'_j - I_{j+180°}}\right| \approx 0 < K$。开放差动保护。

励磁涌流的波形很不对称，I'_j 值与 $I'_{j+180°}$ 值相差很大，相位也不会相差 180°，因此，$I'_j + I'_{j+180°}$ 可能较 $I'_j - I'_{j+180°}$ 还大，$\left|\frac{I'_j + I_{j+180°}}{I'_j - I_{j+180°}}\right| > K$。差动保护被闭锁。

判别波形不对称的方法还有很多，这里不再一一叙述，但是它们有一个共同的特点：都是在相差 180°两个点的电流上做文章。

6. 和应涌流

和应涌流是当电网中空投一台变压器时，在相邻的并联或级联运行变压器中产生的。和应涌流在合闸变压器涌流持续一段时间后产生，该涌流波形特征不明显且持续时间很长，容易导致变压器的涌流闭锁环节失效，造成运行变压器保护误动作。由于运行变压器本身没有故障，并且误动是发生在相邻变压器空投完成较长的一段时间之后，所以很难查明误动原因，误动原因更具有隐蔽性。

（1）和应涌流产生的原理。

以 2 台单相变压器并联运行为例说明和应涌流的产生过程，等效电路如图 4－13 所示。

在图 4－13 所示等值电路中，设系统电源电压为 u_s，系统电阻为 R_s，系统电感为 L_s；变压器 T1 的一次侧等效电阻为 R_1，等效电感为 L_1；变压器 T2 的一次侧等效电阻为 R_2，等效电感为 L_2；i_s 为系统电流，i_1 为流过变压器 T1 的电流，i_2 为流过变压器 T2 的电流。

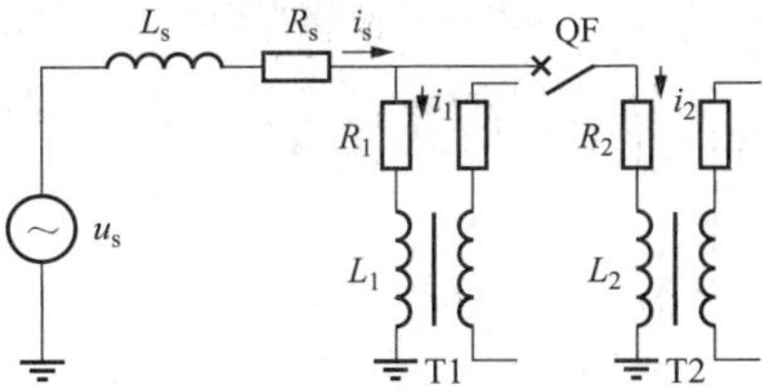

图 4－13 并联运行变压器和应涌流等效电路

根据以上对单台变压器励磁涌流的分析，可以得到变压器 T1、T2 每周期磁链变化量为

$$\Delta\psi_1 = -\int_t^{t+T} R_s i_s \mathrm{d}t - \int_t^{t+T} R_1 i_1 \mathrm{d}t = -\int_t^{t+T} (R_s + R_1) i_1 \mathrm{d}t - \int_t^{t+T} R_s i_2 \mathrm{d}t \tag{4-26}$$

$$\Delta\psi_2 = -\int_t^{t+T} R_S i_s \mathrm{d}t - \int_t^{t+T} R_2 i_2 \mathrm{d}t = -\int_t^{t+T} (R_S + R_2) i_2 \mathrm{d}t - \int_t^{t+T} R_S i_1 \mathrm{d}t \qquad (4-27)$$

亦即

$$\begin{bmatrix} \Delta\psi_1 \\ \Delta\psi_2 \end{bmatrix} = -\int_t^{t+T} \begin{bmatrix} R_S + R_1 & R_S \\ R_S & R_S + R_2 \end{bmatrix} \begin{bmatrix} i_1 \\ i_2 \end{bmatrix} \mathrm{d}t \qquad (4-28)$$

图4－13中设变压器T1已处于稳态运行，此时变压器T2空载投入。当断路器QF合闸时，变压器T2中会产生励磁涌流 i_2，i_2 完全偏于时间轴一侧，含有很大的非周期分量，而此时变压器T1中电流 i_1 所含的非周期分量很小，因此 i_1 在1个周期的积分值约为零，假设 i_2 中的非周期分量值为正，则由式（4－28）可见，此时 $\Delta\psi_1$ 和 $\Delta\psi_2$ 均为负值，即每个周期磁链都在向负方向偏移。其结果是使得T1中的磁链 ψ_1 中的非周期分量反方向增加，并逐渐达到饱和点。同时，在 $\Delta\psi_2$ 的作用下，变压器T2中的磁链 ψ_2 在逐渐减小，从而使得 i_2 的幅值逐渐减小。经过一段时间之后，T1进入饱和区，产生涌流，即和应涌流。

由于变压器T1磁链是在负方向进入饱和，所以T1中产生的和应涌流与T2中的励磁涌流 i_2 方向相反，是负向的。变压器T1中产生和应涌流之后，由于 i_1 和应涌流的逐渐增大，i_1 在1个周期的积分值也在逐渐增大，因为 i_1 与 i_2 方向相反，由式（4－28）可知，随着 i_1 和应涌流的增大，最终将导致 $\Delta\psi_1$ 为零，此时 i_1 和应涌流达到最大值，之后，T1、T2中的磁链开始衰减。由于在和应涌流产生之后，随着 i_1 幅值的增大和 i_2 幅值的减小，系统电流 $i_s = i_1 + i_2$ 中的非周期分量将迅速减小到0附近，由式（4－26）、式（4－27）可知，系统电阻 R_s 对T1、T2磁链的衰减作用几乎消失，使得两台变压器只能靠各自的原边等效电阻衰减偏磁，因此，涌流的衰减速度要比单个变压器发生涌流时缓慢得多。以上从磁链变化的角度分析了运行变压器中和应涌流产生的机理，从中可以看出，正是由于系统电阻的存在，使得两台变压器的磁链相互耦合，空投变压器的励磁涌流使公共母线上电压产生非周期波动，从而使得运行变压器中产生和应涌流。根据和应涌流的产生机理，利用Matlab软件按图4－13建立仿真模型，得到和应涌流的仿真波形如图4－14所示。

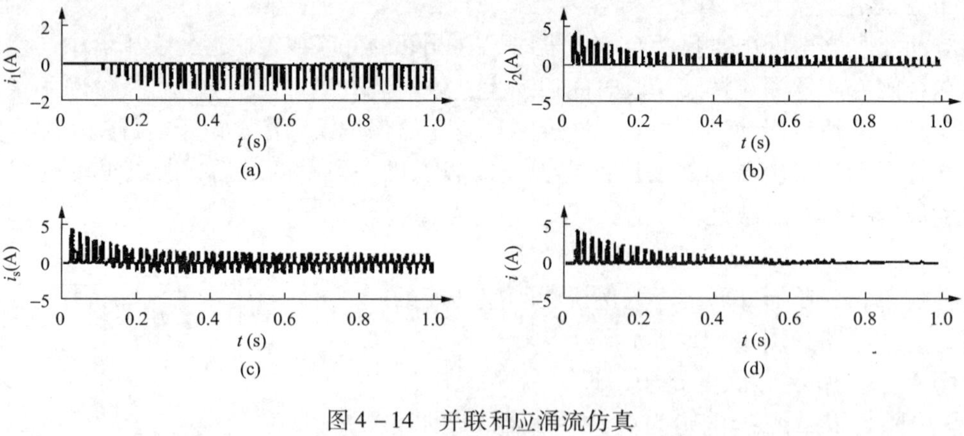

图4－14 并联和应涌流仿真

（a）T1和应涌流；（b）T2励磁涌流；（c）系统侧电流；（d）单台变压器空载合闸励磁涌流

从图4－14中可以看出，和应涌流有4个主要特点。

1）T1中的和应涌流在合闸变压器T2励磁涌流持续一段时间后才产生，两台变压器的涌流交替出现，方向相反，且不会重叠。

2）励磁涌流的最大值发生在合闸后的很短时间内，而和应涌流的幅值是随时间逐步增大到最大值，随后又不断衰减。

3）出现和应涌流时，两台变压器的相互作用使得涌流的衰减过程较单个变压器合闸时要慢得多。

4）当空载合闸变压器 T2 励磁涌流处于峰值附近时，母线电压的瞬时值较低，此时不产生和应涌流；当励磁涌流处于间断期间，母线电压瞬时值较高。运行变压器在母线电压的直流分量和高电压的共同作用下，将产生和应涌流。

以上分析了并联变压器和应涌流的产生机理及特点，串联变压器和应涌流的机理与并联变压器相同。事实上，变压器的和应涌流不仅发生在两台变压器之间，只要变压器附近有其他铁芯元件充电时，就有可能引起该变压器产生和应涌流现象。通过分析可知，和应涌流与合闸励磁涌流特征不完全相同，且持续时间长，这将影响到系统中保护的正确动作。

（二）变压器过励磁

在运行中，由于电源电压的升高或频率的降低，可能使变压器过励磁。变压器过励磁后，其励磁电流大大增加，使变压器纵差保护中的不平衡电流大大增加，可能导致纵差保护误动。

对于超高压大型变压器，为防止过励磁运行时纵差保护误动，设置过励磁闭锁元件。当变压器过励磁时，将纵差保护闭锁。

变压器过励磁时，励磁电流中的五次谐波分量大大增加，所以可以采用五次谐波电流制动元件作为变压器纵差保护的过励磁闭锁元件，即当差流中的五次谐波分量大于某一值时，将差动保护闭锁。

在变压器纵差保护中，采用五次谐波制动比 $K_{5\omega z}$ 这个物理量，来衡量五次谐波电流的制动能力。

所谓五次谐波制动比 $K_{5\omega z}$，是指差流中五次谐波电流与基波电流比值的百分比。当五次谐波制动比 $K_{5\omega z}$ 大于五次谐波制动比的定值 K_5 时将差动保护闭锁，故动作方程为：

$$K_{5\omega z}=\frac{I_{5\omega}}{I_{1\omega}}\times 100\% > K_5 \tag{4-29}$$

式中：$I_{5\omega}$ 为五次谐波电流；$I_{1\omega}$ 为基波电流。

与二次谐波制动比类似，五次谐波制动比的定值 K_5 越大，差动保护躲变压器过励磁的能力越差；反之，五次谐波制动比的定值 K_5 越小，差动保护躲变压器过励磁的能力越强。

（三）提高可靠性措施

运行实践及统计表明，在变压器纵差保护不正确动作的类型中，因整定值不妥及 TA 二次回路不良占的比率很大。因此，为提高保护的可靠性，除了必须保证保护装置高质量之外，还必须对其各元件整定值进行合理的整定及确保其二次回路的正确性、良好性。

1. 多发生的不正确动作的类型

统计表明，经常发生的差动保护不正确动作的类型有：正常运行时（系统无故障及无冲击）的误动，区外故障时误动、系统短路故障被切除时误动。

2. 不正确动作原因分析

（1）变压器正常运行时差动保护误动。

分析及统计表明，正常运行时差动保护误动的主要原因有：

1）由于TA二次回路中接线端子螺丝松动，而使回路连线接触不良或短时开路；

2）TA二次回路中一相接触不良，在接触不良点产生电弧进而造成单相接地或两相之间短路（指TA二次回路短路）；

3）TA二次电缆芯线（相线）外层绝缘破坏或损伤，在运行中由于振动等原因造成接地短路；

4）差动TA二次回路多点接地，其中一个接地点在保护装置盘上，其他接地点在变电站端子箱内，两个接地点之间的地电位相差太大，或由于试验等原因，在差动元件中产生差流使其误动。

（2）区外故障切除时的误动。

区外故障被切除时，流过变压器的电流突然减小到额定负荷电流之下。在此暂态过程中，由于电流中非周期分量和谐波分量的存在，在两侧TA暂态特性有差别时两侧差动TA二次电流之间的相位与幅值差短时（40～60ms）发生了变化，在差动元件中产生差流。两侧差动TA的暂态特性相差越大，差流值越大，且持续时间越长。又由于流过变压器的电流较小，差动元件的制动电流较小；当差动元件拐点电流整定得过大时，差动元件处于无制动状态。此时，若初始动作电流定值偏小，保护容易误动。

（3）区外故障时的误动。

区外故障差动保护误动的情况有两种，一种是近区故障（故障点距变压器近）而故障电流很大；另一种是远区故障而故障电流很小（比变压器额定电流大得不多）。

前一种故障时保护误动的原因，多因一侧的TA饱和，在差动元件中产生的差流特别大；后一种故障时保护误动的原因，多是两侧差动TA暂态特性相差大及差动元件定值整定有误（拐点电流过大、启动电流过小等）所致。

3. 提高可靠性措施

为提高纵差保护的动作可靠性，应作好以下工作：

（1）严防TA二次回路接触不良或开路。

在保护装置安装并调试之后，或变压器大修后投运之前，应仔细检查TA二次回路，拧紧二次回路中各接线端子的螺丝，且螺丝上应有弹簧垫或防震片。

（2）严格执行反措要求。

所有差动TA二次回路只能有一个公共接地点，且该接地点应在保护盘上。

（3）确保差动TA二次电缆各芯线之间及各芯线对地的绝缘。

应结合主设备检修，定期检查差动TA二次电缆各芯线对地及各芯线之间的绝缘；用1000V绝缘电阻表测量时，各绝缘电阻应不小于5MΩ。

另外，在配线过程中，不要损坏电缆芯线外层的绝缘，接端子线的裸体外露部分尽量要短，以免因振动等原因而造成接地或相间短路。

（4）纵差保护用TA的选择。

在选择变压器纵差保护TA时，一定要保证各组TA的容量及精度等级。优先采用暂态特性好的TP级TA。

另外，选择二次电缆时，差动TA二次回路电缆芯线的截面应足够。对于长电缆，其芯线截面应不小于4mm^2（铜线）。

（5）合理的整定值。

在对变压器纵差保护各元件的定值进行整定时，应根据变压器的容量、结构、在系统中的位置及系统的特点，合理而灵活地选择定值，以确保保护的动作灵敏度及可靠性。

运行实践表明：过分追求差动保护的动作灵敏度及动作的快速性，是一种误区。

四、其他差动保护

（一）分侧差动保护

1. 构成原理及特点

分侧差动保护是将变压器的 Y 侧绕组作为被保护对象，在每相 Y 侧绕组的两端（自耦变压器用三端）均设置电流互感器而实现分相的分侧差动保护。其原理接线如图 4－15 所示。显然这种差动保护要求每相绕组的中性点处也应引出到油箱外，以便装设 TA。目前大容量的自耦变压器都是做成单相式的，高压侧、中压侧和公共绕组侧都是引出到箱体外的，所以可以构成这种保护。

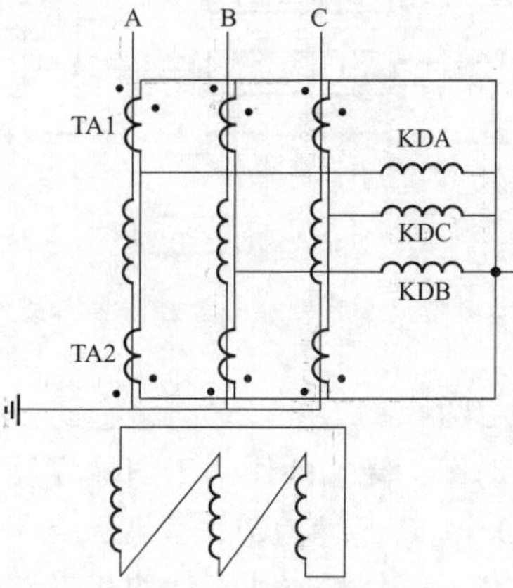

图 4－15　变压器高压侧分侧差动原理接线图

在图 4－15 中：TA1、TA2 为差动两侧 TA；KDA、KDB、KDC 是差动继电器。

由图 4－15 可以看出：分侧差动保护的原理接线图与发电机纵差保护的原理接线图完全相同。

该保护两端或三端所用的电流是同一电路里的电流，它们之间没有电磁耦合关系。因此这种保护的一个重大优点是：它不受变压器励磁电流、励磁涌流、带负荷调压及过励磁的影响。与变压器纵差保护相比，其构成简单，不需要涌流闭锁元件、差动速断元件和过励磁闭锁元件，保护动作可靠。

此外，另一个优点是：由于带负荷调压不产生不平衡电流，又可以采用同型号的 TA，因此不平衡电流较小，所以动作电流的定值较低，因此对于 Y 侧的各种故障（除匝间短路外）比纵差保护灵敏度高。对于接地故障灵敏度高，一是由于电流定值低，二是由于没有滤去零序电流。

对变压器发生匝间的不接地短路时，无论是在 Y 侧还是在 d 侧发生匝间短路，Y 侧电源也会提供短路电流。如果 Y 侧中性点接地，还会出现零序电流。但是对于在同一个电路中只差接变压器一侧的同相绕组的分侧差动保护来说，上述电流是一个穿越性的电流，所以分侧差动保护不能保护匝间短路，这是它的一个缺点。正如发电机的纵差保护不能保护定子绕组的匝间短路一样。但对发生匝间短路并接地的故障，分侧差动保护仍有保护作用。

在三绕组自耦变压器上，分别在高压输出端、中压输出端及公共绕组侧设置 TA 构成分侧差动保护，作为 Y 侧除匝间短路外的各种短路故障的保护。此时，以一相差动为例，其原理接线如图 4－16 所示。

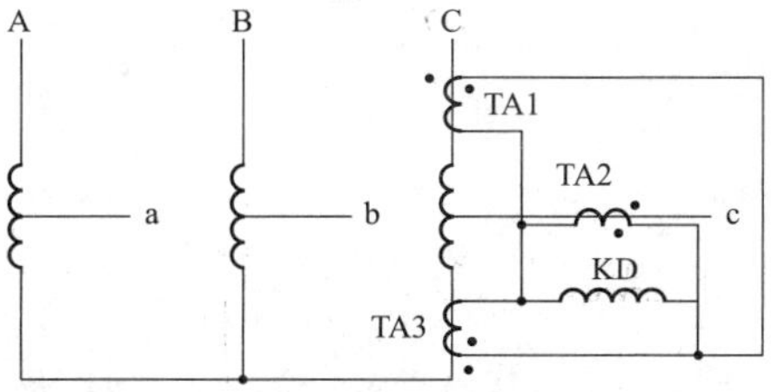

图 4－16　三绕组自耦变压器分侧差动保护单相原理接线图

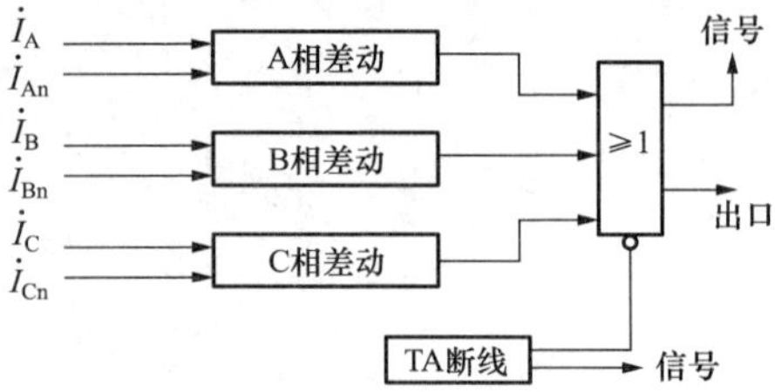

图 4－17　变压器分侧差动保护逻辑框图

2. 逻辑框图

以图 4－15 所示变压器分侧差动保护为例，其构成逻辑框图如图 4－17 所示。

在图 4－17 中，$\dot{I}_A$、$\dot{I}_B$、$\dot{I}_C$ 分别为变压器输出端差动 TA 二次 A、B、C 三相电流；$\dot{I}_{An}$、$\dot{I}_{Bn}$、$\dot{I}_{Cn}$分别为变压器中性点差动 TA 二次 A、B、C 三相电流。

由图 4－17 可以看出，它与发电机纵差保护的逻辑框图相似。三相差动元件中，只要有一相动作，便立即作用于切除变压器。

3. 差动元件的动作方程及动作特性

变压器分侧差动元件按相设置，其动作特性与纵差元件的动作特性相似。不同的是整定值。以动作特性为二段折线式的差动元件为例，其动作方程为

$$\begin{cases} I_{dz\varphi} \geqslant I_{dz0} & I_{zd\varphi} \leqslant I_{zd0} \\ I_{dz\varphi} \geqslant I_{dz0} + K_z(I_{zd\varphi} - I_{zd0}) & I_{zd\varphi} > I_{zd0} \end{cases} \quad (4-30)$$

式中：$I_{dz\varphi}$为差电流，$I_{dz\varphi} = |\dot{I}_{\varphi} + \dot{I}_{\varphi n}|$；$I_{zd\varphi}$为制动电流，$I_{zd\varphi} = |\dot{I}_{\varphi} - \dot{I}_{\varphi n}|$，或 $I_{zd\varphi} = \max\{|\dot{I}_{\varphi}|, |\dot{I}_{\varphi n}|\}$；$I_{dz0}$为启动电流；$I_{zd0}$为拐点电流；$K_z$ 为斜线斜率，又称制动系数；φ 指 A、B、C。

根据式（4－30）绘制出的差动元件的动作特性如图 4－18 所示。

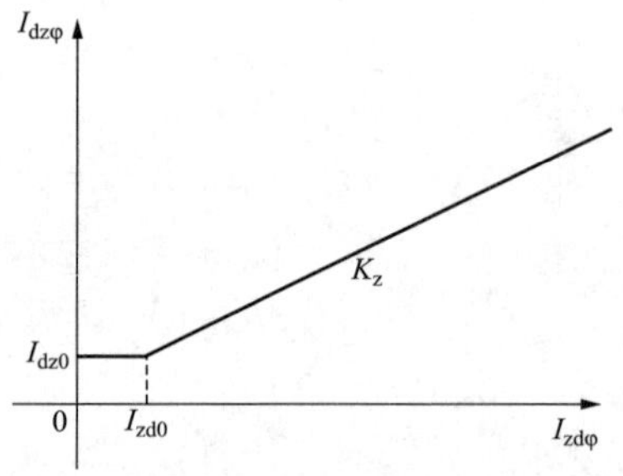

图 4－18　分侧差动元件的动作特性曲线

（二）零序比率差动保护

1. 工作原理

分侧差动保护是用 Y 侧绕组两端（自耦变压器用三端）的相电流构成差动保护的，如果用 Y 侧绕组两端（自耦变压器用三端）的零序电流构成的差动保护就是零序比率纵差动保护。图 4－19 示出了变压器（YN，d 接线）的零序纵差动保护接线。保护区外发生接地故障时，如图 4－19（a）中的 K_1点接地故障，对零序电流来说，有 $3\dot{I}_{0Ⅱ} + 3\dot{I}_{0Ⅲ} = 0$（取流入变压器的零序电流为正方向，且中性点电流以

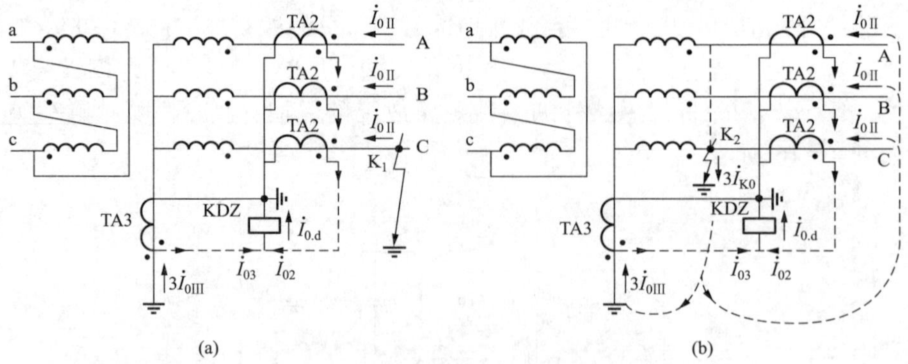

图 4－19　YN，d11 变压器零序纵差动保护接线及工作原理

（a）保护区外 K_1点接地；（b）保护区内 K_2点接地

$3\dot{I}_{0Ⅲ}$表示），于是零序差动继电器 KDZ 中电流 $\dot{I}_{0.d}=\dot{I}_{02}+\dot{I}_{03}=\dfrac{\dot{I}_{0Ⅱ}}{n_{TA2}}+\dfrac{\dot{I}_{0Ⅲ}}{n_{TA3}}$，当电流互感器 TA2 的变比 n_{TA2} 与电流互感器 TA3 的变比 n_{TA3} 相等时，有 $\dot{I}_{0.d}=0$，KDZ 不动作。事实上，$n_{TA2}\neq n_{TA3}$，故应进行电流平衡的调整，令电流平衡调整系数 K_{bal} 为

$$K_{bal}=\frac{n_{TA3}}{n_{TA2}} \tag{4-31}$$

于是进入差动继电器（即差动回路）的电流为

$$\dot{I}_{0.d}=\dot{I}_{03}K_{bal}+\dot{I}_{02}=\frac{1}{n_{TA2}}(\dot{I}_{0Ⅲ}+\dot{I}_{0Ⅱ})=0 \tag{4-32}$$

这样，区外发生接地故障时，$\dot{I}_{0.d}$仍保持零值。需要指出，中性点端的零序电流一般用自产方法获得，如图 4-20 所示。

图 4-19（b）示出了保护区内 K_2 点接地短路时的零序电流分布（绕组星形连接侧的系统有接地中性点，提供了零序电流 $\dot{I}_{0Ⅱ}$ 的通路），因为此时 $\dot{I}_{K0}=\dot{I}_{0Ⅱ}+\dot{I}_{0Ⅲ}$，$\dot{I}_{K0}$为接地点的零序电流，所以由此得到

$$\dot{I}_{0.d}=\frac{1}{n_{TA2}}\dot{I}_{K0} \tag{4-33}$$

零序差动继电器 KDZ 可靠动作。

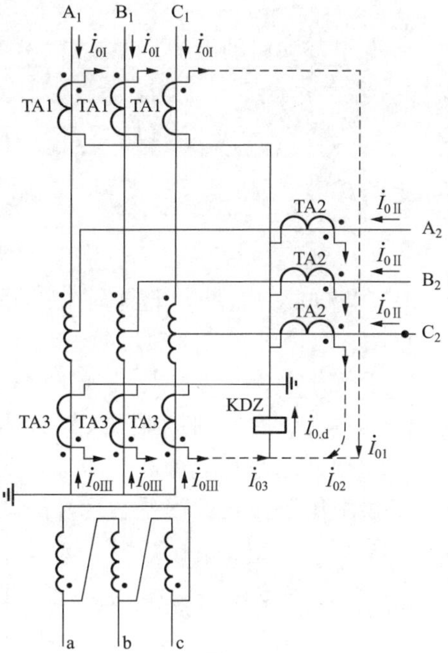

图 4-20 自耦变压器零序差动保护接线

图 4-20 示出了自耦变压器零序差动保护原理接线，各侧零序电流都由自产得到。公共绕组侧零序电流采用三相绕组 TA 的电流自产得到而不是采用接地中性线上的零序 TA 的电流，可以避免该零序 TA 极性不易校验问题。若中压侧、公共绕组侧的电流平衡调整系数分别为

$$K_{bal.2}=\frac{n_{TA2}}{n_{TA1}};K_{bal.3}=\frac{n_{TA3}}{n_{TA1}} \tag{4-34}$$

其中 n_{TA1}、n_{TA2}、n_{TA3} 分别是电流互感器 TA1、TA2、TA3 的变比，则零序差动继电器中的电流可表示为

$$\dot{I}_{0.d}=\dot{I}_{01}+\dot{I}_{02}K_{bal.2}+\dot{I}_{03}K_{bal.3}=\frac{1}{n_{TA1}}(\dot{I}_{0Ⅰ}+\dot{I}_{0Ⅱ}+\dot{I}_{0Ⅲ}) \tag{4-35}$$

显而易见，保护区外接地短路时，$\dot{I}_{0Ⅰ}+\dot{I}_{0Ⅱ}+\dot{I}_{0Ⅲ}=0$，有 $\dot{I}_{0.d}=0$，KDZ 不动作；保护区内接地时，$\dot{I}_{0Ⅰ}+\dot{I}_{0Ⅱ}+\dot{I}_{0Ⅲ}=\dot{I}_{K0}$，$\dot{I}_{K0}$为接地点的零序电流，因此 $\dot{I}_{0.d}=\dfrac{\dot{I}_{K0}}{n_{TA1}}$，KDZ 可靠动作。

由以上分析可见，零序差动保护可用来保护变压器星形绕组侧的区内的接地短路故障。同样，与分侧差动保护一样，由于零序差动保护使用的各端零序电流是同一个电路中的电流，它们之间没有电磁耦合关系，不受变压器励磁电流、励磁涌流、带负荷调压及过励磁的影响，不需要经励磁涌流闭锁元件和过励磁闭锁元件闭锁。同时它也不能保护匝间的不接地短路，尽管此时会产生零序电流，但该零序电流对零序差动保护来说是穿越性的，所以零序

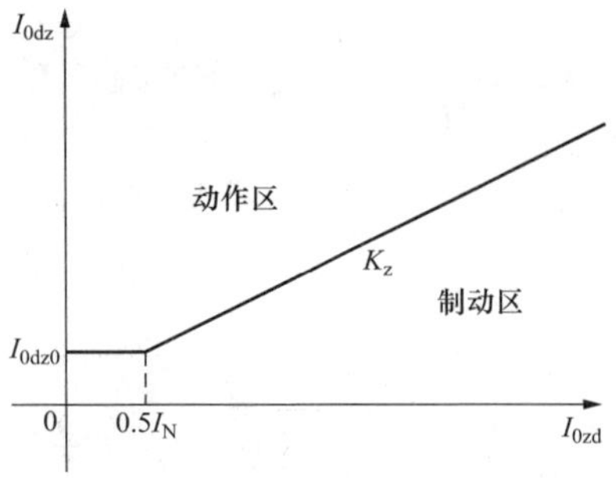

图4－21 零序比率制动特性

差动保护不能保护匝间短路，这是它的一个缺点。但是对匝间短路并接地的故障仍有保护作用。

2. 动作方程及动作特性

图4－21为零序比率制动特性曲线，其中 I_{0dz} 为零序差动元件的动作电流，I_{0zd} 为零序差动继电器的制动电流，I_{0dz0} 为零序差动元件的启动电流定值，K_z 为比率制动特性的斜率，一般可取0.5。

若零序差动启动电流定值 $I_{0dz0} \leqslant 0.5I_n$（$I_n$ 为TA二次额定电流值）时，比率制动特性的拐点电流设为 $0.5I_N$，此时零序比率差动元件的动作方程为：

$$\begin{cases} I_{0dz} > I_{0dz0} & \text{当 } I_{0zd} \leqslant 0.5I_n \text{ 时} \\ I_{0dz} > I_{0dz0} + K_z[I_{0zd} - 0.5I_n] & \text{当 } I_{0zd} > 0.5I_n \text{ 时} \end{cases} \tag{4-36}$$

若零序差动启动电流定值 $I_{0dz0} > 0.5I_n$，则其拐点电流自动设定为 I_n，此时动作方程为：

$$\begin{cases} I_{0dz} > I_{0dz0} & \text{当 } I_{0zd} \leqslant I_n \text{ 时} \\ I_{0dz} > I_{0dz0} + K_z[I_{0zd} - I_n] & \text{当 } I_{0zd} > I_n \text{ 时} \end{cases} \tag{4-37}$$

上两式中：

$$I_{0dz} = |\dot{I}_{01} + \dot{I}_{02} + \dot{I}_{03}| \tag{4-38}$$

$$I_{0zd} = \max\{|\dot{I}_{01}|, |\dot{I}_{02}|, |\dot{I}_{03}|\} \tag{4-39}$$

式中的 $\dot{I}_{02}$、$\dot{I}_{03}$ 是经平衡调整后流入零序差动回路的零序电流。

（三）工频变化量差动保护

由于负荷电流总是穿越性质的，因此变压器内部短路故障时负荷电流总是起制动作用的。为提高灵敏度特别是匝间短路故障时的灵敏度，应将负荷电流扣除，因此纵差动保护可采用故障分量比率制动特性，即工频变化量比率制动特性。

工频变化量分相比率差动元件的动作方程为下述三个动作方程的“与”逻辑。

$$\Delta I_{dz\varphi} > 1.25\Delta I_{dt} + 0.2I_e \tag{4-40}$$

$$\Delta I_{dz\varphi} > 0.6\Delta I_{zd\varphi} \quad \text{当 } \Delta I_{zd\varphi} < 2I_e \text{ 时} \tag{4-41}$$

$$\Delta I_{dz\varphi} > 0.75\Delta I_{zd\varphi} - 0.3I_e \quad \text{当 } \Delta I_{zd\varphi} > 2I_e \text{ 时} \tag{4-42}$$

其中

$$\Delta I_{dz\varphi} = |\Delta\dot{I}_{1\varphi} + \Delta\dot{I}_{2\varphi} + \cdots + \Delta\dot{I}_{m\varphi}| \tag{4-43}$$

$$\Delta I_{zd\varphi} = \max\{|\Delta\dot{I}_{1\varphi}| + |\Delta\dot{I}_{2\varphi}| + \cdots + |\Delta\dot{I}_{m\varphi}|\} \tag{4-44}$$

式中：I_e 为变压器的额定电流；$\Delta I_{dz\varphi}$ 是工频变化量的动作电流，是各侧相电流故障分量的相量和；$\Delta I_{zd\varphi}$ 是工频变化量的制动电流，是三相中各侧相电流故障分量的标量和（绝对值和）的最大值，取最大相的电流制动有利于防止非故障相继电器的误动。

ΔI_{dt} 为浮动门槛，随着工频变化量动作电流的增大而逐步自动抬高，取1.25倍可保证门槛电压始终略高于不平衡输出，保证在系统振荡或频率偏移情况下，保护不误动。

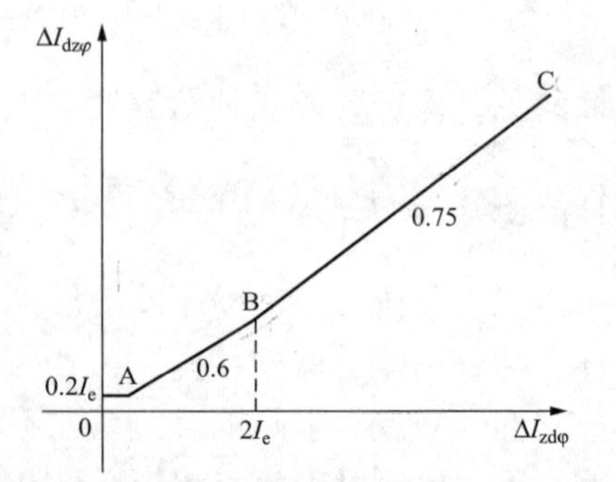

图4－22 工频变化量比率制动特性曲线

图4－22示出了对应的动作特性。AB线段的斜

率固定为0.6，且其延长线经过坐标原点。BC线段的斜率固定为0.75。

工频变化量比率差动保护按相设置，保护动作后需经励磁涌流判据闭锁和五次谐波过励磁判据闭锁后才能出口。

五、复合电压闭锁的（方向）过电流保护

为确保动作的选择性要求，在两侧或三侧有电源的三绕组变压器上配置复压闭锁的方向过流保护，作为变压器和相邻元件（包括母线）相间短路故障的后备保护。

（一）功率方向元件基本原理

功率方向元件的电压、电流取自于本侧的电压、电流。下面介绍两种功率方向元件的原理。

1. 90°接线的功率方向元件的基本原理

功率方向元件的90°接线，接线方式如表4－2所示。因为当功率因数为1（即设同名相的电压与电流相位相同）时，接入继电器的电流 $\dot{I}_g$ 与接入继电器的电压 $\dot{U}_g$ 间有90°相角差，故称为90°接线，但它绝不表示发生短路时加入功率方向元件的电压与电流相位相差90°。

表4－2　90°接线的功率方向元件接线

接线方式	接入继电器电流 $\dot{I}_g$	接入继电器电压 $\dot{U}_g$
A相功率方向元件	$\dot{I}_A$	$\dot{U}_{BC}$
B相功率方向元件	$\dot{I}_B$	$\dot{U}_{CA}$
C相功率方向元件	$\dot{I}_C$	$\dot{U}_{AB}$

在分析功率方向元件的行为前，先分析它的构成原理。在图4－23中，作出 $\dot{U}_g$ 相量，再向超前方向作 $\dot{U}_g e^{j\alpha}$ 相量，垂直 $\dot{U}_g e^{j\alpha}$ 相量的直线ab的阴影线侧即为正方向短路时 $\dot{I}_g$ 的动作区，$\dot{I}_g$ 落在这一侧功率方向元件动作。$\dot{I}_g$ 落在 $\dot{U}_g e^{j\alpha}$ 方向上，功率方向元件动作最灵敏，在 $\dot{U}_g e^{j\alpha}$ 方向左右90°是方向元件的动作区。因此正方向功率方向元件的动作方程可写为：

$$-90° < \arg \frac{\dot{I}_g}{\dot{U}_g e^{j\alpha}} < 90°（正向元件）\qquad (4-45a)$$

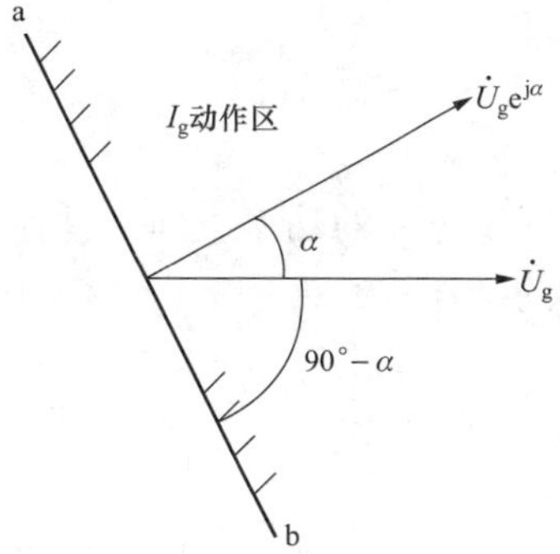

图4－23　90°接线的功率方向元件工作原理

一般称 α 为90°接线的功率方向元件的内角（30°或45°），显而易见，当 $\dot{I}_g$ 超前 $\dot{U}_g$ 的相角正好为 α 时，正向元件动作最灵敏。如果以 $\dot{I}_g$ 滞后 $\dot{U}_g$ 的角度为正角度，那么 $\dot{I}_g$ 超前 $\dot{U}_g$ 的角度就是负角度。则最大灵敏角为－30°或－45°，即最大灵敏角为 $\varphi_{sen} = -\alpha$。$\dot{I}_g$ 超前 $\dot{U}_g$ 的相角为30°或45°时，正向元件动作最灵敏。

在分析短路以后功率方向元件的动作行为时，只要根据故障分析的有关知识画出加在功率方向元件上的电压、电流的相量图，如果最大灵敏角为－30°，那么在 $\dot{U}_g$ 相量向滞后60°（即90°－30°）的方向上画一条直线如图4－23中的ab线就是电流的动作边界线。该线向着 $\dot{U}_g$ 的一侧就是电流的动作区（阴影区）。

图 4－24 画出了正方向相间短路时分析 B 相方向元件动作行为的相量图。其中，图（a）为正向 BC 相短路；图（b）为正向三相短路时 B 相功率方向元件的 $\dot{I}_g$ 与 $\dot{U}_g$ 的相量关系。绘图时设短路回路的阻抗角为 φ_K。短路前空载，$\dot{E}_A$、$\dot{E}_B$、$\dot{E}_C$ 为三相电动势，$\dot{U}_A$、$\dot{U}_B$、$\dot{U}_C$ 为保护安装处在短路后的 A、B、C 相电压。设功率方向元件的最大灵敏角为 －30°。滞后于 $\dot{U}_{CA}$ 相量 60°（即 90°－30°＝60°）的直线为 B 相方向元件的电流动作边界线，直线的下侧（向着 $\dot{U}_{CA}$ 的一侧）是电流动作区（阴影区）。由图明显可见，当最大灵敏角取 －30°时 $\dot{I}_B$ 电流相量落在动作区，方向元件可以正确动作。如果最大灵敏角取 －45°，方向元件也可以正确动作。

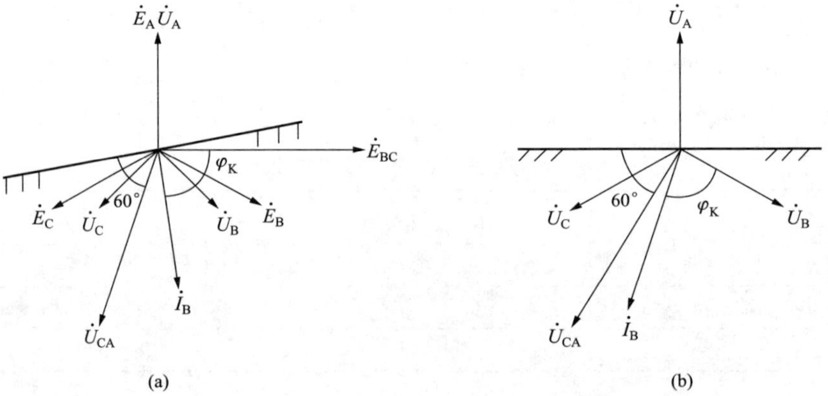

图 4－24　B 相正向功率方向元件的动作行为

（a）正向 BC 相短路；（b）正向三相短路

反方向的功率方向元件往反方向保护，因此它 $\dot{I}_g$ 的动作区与正方向方向元件正好相反。它的动作方程为：

$$90° < \arg \frac{\dot{I}_g}{\dot{U}_g e^{j\alpha}} < 270° \qquad （反向元件） \qquad (4-45b)$$

反方向方向元件的最大灵敏角为 150°或 135°，即电流 $\dot{I}_g$ 滞后电压 $\dot{U}_g$150°或 135°时反方向方向元件动作最灵敏。

需要指出的是，正、反向出口三相短路故障时，因电压为零，方向元件将无法判别故障方向，造成在正向出口三相短路时可能拒动——出现“死区”；反方向出口三相短路时可能误动。为此对电压应有“记忆”作用，从而保证方向元件正确判别故障方向消除功率方向元件的死区。

在保护装置定值单中设有控制字来控制过流保护的方向指向。接入装置的 TA 极性，都设定正极性端应在母线侧。当控制字为“1”时，表示方向指向系统（母线），最大灵敏角为 150°或 135°；当控制字为“0”时，表示方向指向变压器，最大灵敏角为 －30°或 －45°。

2. 以正序电压为极化量方向元件的基本原理

现在在微机型的复合电压闭锁的方向过流保护中，方向元件一般采用以正序电压为极化量的方向元件。该方向元件用 0°接线方式，同名相的正序电压与相电流作相位比较。用于保护正方向短路的正方向方向元件，其最大灵敏角取为 45°。它的动作方程为：

$$-135° < \arg \frac{\dot{I}_{\varphi}}{\dot{U}_{\varphi 1}} < 45° \quad （正向元件） \tag{4-46}$$

该动作方程等效于式（4－47）。

$$-90° < \arg \frac{\dot{I}_{\varphi} e^{j45°}}{\dot{U}_{\varphi 1}} < 90° \tag{4-47}$$

式中：φ 为 A、B、C。式（4－47）说明：当 $\dot{U}_{\varphi 1}$ 超前于 $\dot{I}_{\varphi}$45°时，分子与分母同相，方向元件动作最灵敏。所以最大灵敏角为45°。

如果假设系统内各元件的正、负序阻抗的阻抗角都为75°，不计负荷电流，正方向BC两相金属性短路的相量图如图4－25（a）所示。图中 $\dot{E}_A$、$\dot{E}_B$、$\dot{E}_C$ 为三相电动势。超前于 $\dot{U}_{B1}$ 相量45°（即90°－45°＝45°）的直线1为B相方向元件的电流动作边界线，直线的下侧（向着 $\dot{U}_{B1}$ 的一侧）是电流动作区（阴影区）。从图中可见保护安装处的 $\dot{U}_{B1}$ 超前于 $\dot{I}_B$45°，所以B相方向元件动作最灵敏。超前于 $\dot{U}_{C1}$ 相量45°（即90°－45°＝45°）的直线2为C相方向元件的电流动作边界线，直线的左侧（向着 $\dot{U}_{C1}$ 的一侧）是电流动作区（阴影区）。从图中可见保护安装处的 $\dot{U}_{C1}$ 超前于 $\dot{I}_C$105°，所以C相方向元件也能动作，但不处在最大灵敏角的方向上。如果是经电阻短路，$\dot{U}_{B1}$ 超前于 $\dot{I}_B$ 的角度虽略有减少 $\dot{I}_B$ 电流不在最大灵敏角方向上，但B相方向元件仍能较灵敏动作。$\dot{U}_{C1}$ 超前于 $\dot{I}_C$ 的角度也略有减少向最大灵敏角靠拢，所以C相方向元件趋向于更能动作。正方向三相短路时三相对称，三个方向元件动作行为相同。以A相方向元件为例其正方向三相金属性短路的相量图如图4－25（b）所示。超前于 $\dot{U}_{A1}$ 相量45°（即90°－45°＝45°）的直线1为A相方向元件的电流动作边界线，直线右上方（向着 $\dot{U}_{A1}$ 的一侧）是A相方向元件的电流动作区（阴影区）。从图中可见保护安装处的 $\dot{U}_{A1}$ 超前于 $\dot{I}_A$75°，A相方向元件虽不处于最大灵敏角方向，但也能较灵敏动作。

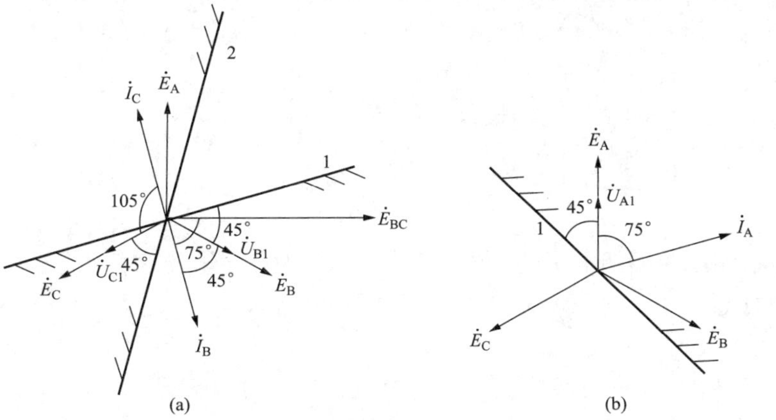

1—B相方向元件的电流动作边界线，直线下侧是动作区
2—C相方向元件的电流动作边界线，直线左侧是动作区

1—A相方向元件的动作边界线，直线右上方为动作区

图4－25 相间故障时的相量关系
（a）正向BC相短路；（b）正向三相短路

在反方向短路时，在上述相量图中由于电流方向反相，所以电流落在不动作区（非阴影区），方向元件不动作。

反方向的方向元件用于保护反方向的短路，因此反方向方向元件的动作区实际上是正方向方向元件的不动作区。对照式（4－47），反方向方向元件的动作方程应该是：

$$90° < \arg\frac{\dot{I}_{\varphi}e^{j45°}}{\dot{U}_{\varphi 1}} < 270° \tag{4-48a}$$

该动作方程等效于式（4－48b）。

$$45° < \arg\frac{\dot{I}_{\varphi}}{\dot{U}_{\varphi 1}} < 225° \quad （反向元件） \tag{4-48b}$$

从上式可见，当 $\dot{I}_{\varphi}$ 超前于 $\dot{U}_{\varphi 1}$135°时反方向方向元件动作最灵敏。换句话说 $\dot{U}_{\varphi 1}$超前于 $\dot{I}_{\varphi}$225°时反方向方向元件动作最灵敏，所以最大灵敏角为225°。

所以式（4－46）与式（4－48b），或者式（4－47）与式（4－48a）分别是最大灵敏角为45°的正方向方向元件与最大灵敏角为225°的反方向方向元件的动作方程。

但是需要注意的是，在正向或反向出口三相金属性短路时由于 $\dot{U}_{\varphi 1}$电压为零，方向元件无法正确进行相位比较。如果不采取相应措施，将可能造成方向元件在正向出口短路时拒动——产生“死区”，而在反向出口短路时误动。所以为了让方向元件此时仍能正确动作，应对电压 $\dot{U}_{\varphi 1}$实行“记忆”。从而保证方向元件正确判别故障方向，消除功率方向元件的死区。

在保护装置定值单中设有控制字来控制过流保护的方向指向。接入装置的TA极性，都设定正极性端应在母线侧。当控制字为“1”时，表示方向指向系统（母线），最大灵敏角为225°；当控制字为“0”时，表示方向指向变压器，最大灵敏角为45°。

（二）复合电压闭锁元件

复合电压闭锁元件由相间低电压元件和负序过电压元件按“或”逻辑构成。采用负序过电压元件在不对称短路时有很高的灵敏度，而且在YN，d接线变压器各侧发生不对称短路时负序电压的幅值不受星—角转换的影响。但负序过电压元件不能保护三相短路，所以另外采用相间低电压元件用于保护三相短路。

复合电压闭锁元件的动作判据是：

$$\min(\dot{U}_{ab},\dot{U}_{bc},\dot{U}_{ca}) < \dot{U}_{<zd} \tag{4-49}$$

$$U_2 > U_{2zd} \tag{4-50}$$

式中：$\dot{U}_{<zd}$为本侧母线相间电压的低电压定值；U_{2zd}为负序电压定值。

满足上述任意一个条件表明复合电压闭锁元件动作。

（三）过电流元件

采用保护安装侧TA的三相电流构成过电流元件。过电流元件的动作方程是：

$$I_{\varphi} \geqslant I_{zd} \tag{4-51}$$

式中：I_{zd}为电流元件的定值；φ 为A、B、C。

（四）复合电压闭锁方向过流保护的逻辑关系

保护由相间功率方向元件、过电流元件及复合电压元件构成。复合电压元件由相间低电压元件和负序电压元件的“或”逻辑构成。同名相的过电流元件和相间功率方向元件先构成“与”逻辑，然后再与复合电压元件构成“与”逻辑后经延时出口跳闸。

（五）TV断线对复合电压闭锁过流（方向）保护的影响

由于功率方向元件、复合电压元件都要用到电压量，所以TV断线对它们将产生影响。复合电压闭锁过流（方向）保护应采取如下一些措施：低压侧固定不带方向，低压侧的复合电压元件正常时取用本侧（或本分支）的复合电压。在判出低压侧TV断线时，在发TV断线告警信号同时将该侧复压元件退出，保护不经过复压元件闭锁。高（中）压侧如果采用功率方向元件的话正常时用本侧的电压，复合电压元件正常时由各侧复合电压的“或”逻辑构成。在判出高（中）压某侧TV断线时，在发TV断线告警信号同时该侧复压闭锁方向过流保护中的复压元件采用其他侧的复压元件，另外将方向元件退出。这种情况下，发生不是整定方向的接地短路时保护动作是允许的。

TV断线的判别可以用下面两个判据：

1）保护的起动元件未起动，正序电压小于30V，且任一相电流大于$0.04I_N$或开关在合位状态，延时10s报该侧母线TV异常。该判据用以判定TV三相断线。

2）保护的起动元件未起动，负序电压大于8V，延时10s报该侧母线TV异常。该判据用以判定TV一相或两相断线。

（六）变压器各侧复合电压闭锁过流（方向）保护的配置、跳闸对象及相应的控制字

在330kV及以上电压等级的变压器中，高压侧及中压侧的复压闭锁过流保护只有一个“复压闭锁过流保护”的控制字来选择投退。该控制字整定“1”时表示投入；整定“0”时表示退出。该保护不带方向，即在变压器内部或系统侧短路，该保护都可能动作。保护动作后经延时跳开变压器各侧断路器。低压侧有过流保护和复压闭锁过流保护，前者不带复合电压也不带方向，后者不带方向。低压侧有“过流保护”、“复压闭锁过流1时限”和“复压闭锁过流2时限”三个控制字。整定“1”表示该保护投入，整定“0”表示该保护退出。过流保护经延时跳开本侧断路器，复压闭锁过流1时限出口跳开本侧断路器，复压闭锁过流2时限出口跳开变压器各侧断路器。

在220kV电压等级变压器中，高压侧配置复压闭锁方向过流保护。保护为二段式，第一段带方向，方向可整定，设两个时限。如果方向指向变压器，1时限跳中压侧母联断路器，2时限跳中压侧断路器；如果方向指向母线（系统），1时限跳高压侧母联断路器，2时限跳高压侧断路器。第二段不带方向，延时跳开变压器各侧断路器。“复压闭锁过流Ⅰ段方向指向母线”控制字整定为“1”代表指向母线（系统）；整定为“0”代表指向变压器。“复压闭锁过流Ⅰ段1时限”、“复压闭锁过流Ⅰ段2时限”、“复压闭锁过流Ⅱ段”控制字选择相应保护的投退。“1”表示该保护投入；“0”表示该保护退出。中压侧配置复压闭锁方向过流保护，保护设三时限。第一时限和第二时限带方向，方向可整定。如果方向指向变压器，1时限跳高压侧母联断路器，2时限跳高压侧断路器；如果方向指向母线（系统），1时限跳中压侧母联断路器，2时限跳中压侧断路器。第三时限不带方向，延时跳开变压器各侧断路器。“复压闭锁过流方向指向母线”控制字整定为“1”代表指向母线（系统）；整定为“0”代表指向变压器。“复压闭锁过流1时限”、“复压闭锁过流2时限”和“复压闭锁过流3时限”控制字选择相应保护的投退。“1”表示该保护投入；“0”表示该保护退出。中压侧还配置限时速断过流保护，延时跳开本侧断路器。“限时速断过流保护”控制字选择它的投退。低压侧各分支上配置有过流保护，设二时限。第一时限跳开本分支分段断路器，第二时限跳开本分支断路器。“过流1时限”、“过

流2时限”控制字选择相应保护的投退。低压侧各分支上还配置有复压闭锁过流保护，不带方向，设三时限。第一时限跳开本分支分段断路器，第二时限跳开本分支断路器，第三时限跳开变压器各侧断路器。“复压闭锁过流1时限”、“复压闭锁过流2时限”和“复压闭锁过流3时限”控制字选择相应保护的投退。

六、零序电流（方向）保护

对于中性点直接接地的变压器，应装设零序电流（方向）保护，作为变压器和相邻元件（包括母线）接地短路故障的后备保护。

1. 零序方向元件原理

普通三绕组变压器高压侧、中压侧同时接地运行时，任一侧发生接地短路故障时，在高压侧和中压侧都会有零序电流流通，为使两侧变压器的零序电流保护相互配合，有时需要加零序方向元件。对于三绕组自耦变压器，高压侧和中压侧除电的直接联系外，两侧共用一个中性点并接地，自然任一侧发生接地故障时，零序电流可在高压侧和中压侧间流通，同样需要零序电流方向元件以使两侧变压器的零序电流保护相互配合。

但是，对于普通三绕组变压器来说，低压绕组一般总是接成三角形接线，在零序等值电路中，变压器的三角绕组是短路运行的。倘若三绕组变压器低压绕组的等值漏电抗等于零，则高压侧（中压侧）发生接地短路故障时，中压侧（高压侧）就没有零序电流流通，两侧变压器的零序电流保护不存在配合问题，无需设零序方向元件；自然，当三绕组变压器低压绕组的等值漏电抗不等于零时，就需要零序方向元件。

因此，在变压器的零序电流保护中，只有在低压侧绕组等值漏电抗不等于零且高压侧和中压侧中性点均接地的三绕组变压器以及自耦变压器上，才需要零序方向元件。当然，YN，d接线的双绕组变压器的零序电流保护，不需要零序方向元件。

图4－26示出了高压侧和中压侧中性点均接地的三绕组变压器，设高压侧系统1的零序等值阻抗为Z_{H0}，中压侧系统2的零序等值阻抗为Z_{M0}。以下讨论装设在变压器高压侧零序电流保护中的零序方向元件当正方向指向变压器、正方向指向系统（系统1）时的$\dot{I}_{H0}$与$\dot{U}_{H0}$的相位关系，其中$\dot{I}_{H0}$的正方向从本侧母线（H）指向变压器（即TA正极性端在母线侧），$\dot{U}_{H0}$电压降方向由母线（H）对地。

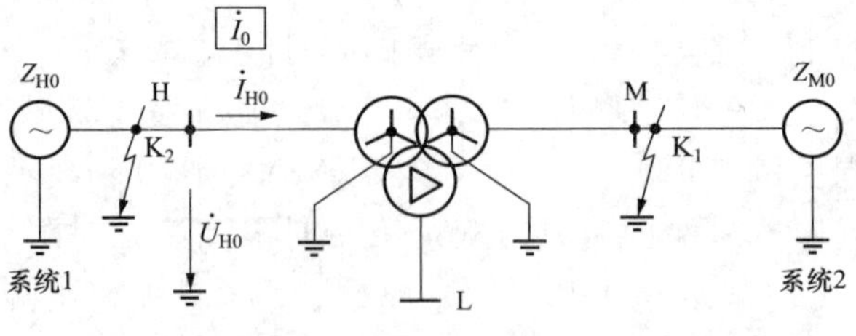

图4－26 高压侧和中压侧中性点均接地的三绕组变压器

图4－27（a）示出了在图4－26中中压母线M处K_1点发生接地短路故障时的零序网络图，由图可见，$\dot{U}_{H0}$与$\dot{I}_{H0}$的关系为：

$$\dot{U}_{H0}=-\dot{I}_{H0}Z_{H0} \tag{4-52}$$

如果零序方向元件正方向（动作方向）是指向变压器的话，现在就相当于在保护正方向上发生了接地短路故障，式（4－52）表明了该零序方向元件的相位关系。应当指出，变压器内部匝间短路和高压绕组或中压绕组内部接地时，$\dot{U}_{H0}$与$\dot{I}_{H0}$也有相同的相位关系。

图4－27（b）示出了图4－26中H高压母线系统1侧K_2点发生接地短路故障时的零序网络图，如果$\dot{I}_{H0}$的正方向仍是母线流向变压器，则由图可见$\dot{U}_{H0}$与$\dot{I}_{H0}$的关系式为：

$$\dot{U}_{H0}=\dot{I}_{H0}[Z_{T1}+(Z_{T2}+Z_{M0})//Z_{T3}] \quad (4-53)$$

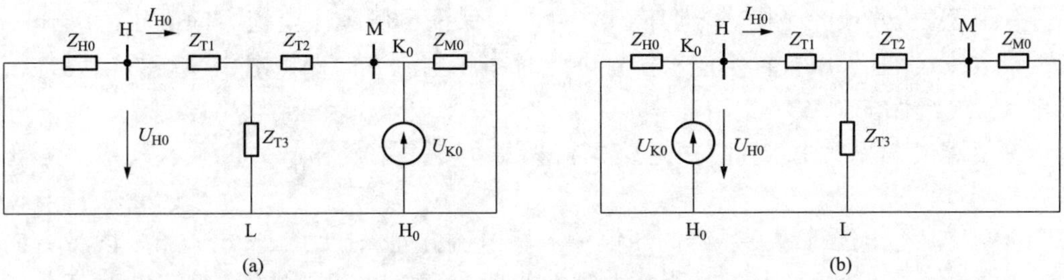

图4－27 在图4－26中压母线*M*处、高压母线系统1侧分别接地时的零序网络图

（a）M母线处K_1点接地时；（b）高压母线系统1侧K_2点接地

如果零序方向元件的正方向（动作方向）是指向本侧系统（母线）的话，现在相当于在保护正方向上发生了接地短路故障，式（4－53）表明了该零序方向元件的相位关系。

根据式（4－52）的相位关系，正方向（动作方向）指向变压器的零序方向元件的动作方程应该如式（4－54a）所示。

$$-90°<\arg\frac{3\dot{U}_0}{3\dot{I}_0 e^{j(\varphi_{M0}+180°)}}<90° \quad （动作方向指向变压器） \quad (4-54a)$$

如果零序阻抗角φ_{M0}是75°的话，由式（4－54a）可见最大灵敏角是255°，也就是－105°。

根据式（4－53）的相位关系，正方向（动作方向）指向本侧系统（母线）的零序方向元件的动作方程应该如式（4－54b）所示。

$$-90°<\arg\frac{3\dot{U}_0}{3\dot{I}_0 e^{j\varphi_{M0}}}<90° \quad （动作方向指向本侧系统） \quad (4-54b)$$

如果零序阻抗角φ_{M0}是75°的话，由式（4－54b）可见，最大灵敏角是75°。

在保护装置定值单中设有控制字来控制零序方向的指向。当控制字为“1”时，表示方向指向系统（母线），最大灵敏角为75°；当控制字为“0”时，表示方向指向变压器，最大灵敏角为255°。

提请注意的是，方向元件所用的零序电压固定为自产零序电压。用自产零序电流时，TA的正极性端在母线侧，用变压器中性点的零序电流时，TA的正极性端在变压器侧。

2. 零序电流元件

当$3I_0$电流大于该段零序电流定值时，该段零序过流元件动作。

3. 零序电流（方向）保护的动作逻辑

零序电流（方向）保护由零序过流元件与零序方向元件的“与”逻辑构成。如果有些场合不带方向的话，就纯粹是一个零序电流保护。

4. TV 断线对零序电流（方向）保护的影响

TV 断线将影响零序方向元件的正确动作，因此当判出 TV 断线后在发告警信号的同时，本侧的零序电流方向保护退出零序方向元件，成为纯粹的零序电流保护。这种情况下，发生不是整定方向的接地短路时保护动作是允许的。这样保护装置不再设置“TV 断线保护投退原则”控制字来选择保护的投退。

5. 本侧电压退出对零序电流方向保护的影响

当本侧 TV 检修或旁路代路未切换 TV 时，为保证本侧零序电流方向的正确动作，需将本侧的“电压投/退”压板置于退出位置。此时零序电流方向保护退出零序方向元件，成为纯粹的零序电流保护。

6. 变压器高压侧及中压侧零序电流方向保护和零序电压保护的配置、跳闸对象及相应的控制字

330kV 及以上电压等级变压器高压侧的零序电流方向保护为二段式。第一段带方向，方向固定指向系统（母线），经延时跳开本侧断路器。第二段不带方向，经延时跳开变压器各侧断路器。高压侧有“零序过流Ⅰ段”、“零序过流Ⅱ段”两个控制字选择它们的投退。当整定“1”时，相应保护投入；当整定“0”时，相应保护退出。中压侧的零序电流方向保护为二段式。第一段带方向，方向固定指向系统（母线）。设有三个时限，第一时限跳开分段断路器，第二时限跳开母联断路器，第三时限跳开本侧断路器。第二段不带方向，经延时跳开变压器各侧断路器。中压侧有“零序过流Ⅰ段 1 时限”、“零序过流Ⅰ段 2 时限”、“零序过流Ⅰ段 3 时限”及“零序过流Ⅱ段”四个控制字，选择它们的投退。当整定“1”时，相应保护投入；当整定“0”时，相应保护退出。自耦变压器公共绕组配置零序过流保护，由于在高压侧或者中压侧发生接地短路时公共绕组里的零序电流方向是不确定的，所以不能加零序方向元件。该零序电流保护动作经延时跳变压器各侧断路器。

220kV 电压等级变压器高压侧的零序电流方向保护为二段式。第一段带方向，方向可整定，设有两个时限。如果方向指向变压器，1 时限跳中压侧母联断路器，2 时限跳中压侧断路器；如果方向指向母线（系统），1 时限跳高压侧母联断路器，2 时限跳高压侧断路器。第二段不带方向，延时跳开变压器各侧断路器。高压侧有“零序过流Ⅰ段方向指向母线”控制字，当整定“1”时，方向指向母线（系统）；当整定“0”时，方向指向变压器。高压侧还有“零序过流Ⅰ段 1 时限”、“零序过流Ⅰ段 2 时限”和“零序过流Ⅱ段”三个控制字选择它们的投退。当整定“1”时，相应保护投入；当整定“0”时，相应保护退出。中压侧的零序电流方向保护为二段式。第一段带方向，方向可整定，设有两个时限。如果方向指向变压器，1 时限跳高压侧母联断路器，2 时限跳高压侧断路器；如果方向指向母线（系统），1 时限跳中压侧母联断路器，2 时限跳中压侧断路器。第二段不带方向，延时跳开变压器各侧断路器。中压侧有“零序过流Ⅰ段方向指向母线”控制字，当整定“1”时，方向指向母线（系统）；当整定“0”时，方向指向变压器。中压侧还有“零序过流Ⅰ段 1 时限”、“零序过流Ⅰ段 2 时限”和“零序过流Ⅱ段”三个控制字选择它们的投退。当整定“1”时，相应保护投入；当整定“0”时，相应保护退出。

从上可见，每一侧各段是不是带方向是固定的，因此没有选择带不带方向的专门控制字。

所有变压器的高、中压侧的零序电流（方向）保护采用自产的零序电压和自产的零序

电流。自耦变压器公共绕组的零序电流保护宜采用自产的零序电流，如果条件不具备的话，采用中性点的零序电流。经过上述这样安排，不再设专门的控制字来选择所采用的零序电流。

7. 零序过流各段经谐波制动闭锁

为防止变压器和应涌流对零序电流方向保护的影响，装置设有谐波制动闭锁措施。当谐波含量超过一定比例时，闭锁零序电流方向保护。

七、阻抗保护

在国家电网公司发布的《变压器、高压并联电抗器和母线保护及辅助装置标准化设计规范》中规定在330kV及以上电压等级的变压器上在高（中）压侧需配置阻抗保护作为本侧母线故障和变压器部分绕组故障的后备保护。阻抗元件采用具有偏移圆动作特性的相间、接地阻抗元件，保护相间故障和接地故障。偏移圆特性的阻抗元件，其正、反方向都有保护范围，如果所用的TA的正极性端在母线侧，则偏移圆特性的正方向指向变压器，反方向指向母线（系统）。330kV及以上电压等级的变压器一般是三个单相自耦变压器组成的三相自耦变压器组，变压器内部绕组间发生三相短路、两相短路（不接地）是不可能的。即使是一个三相变压器，由于高压绕组是绕在最外面的，所以中压侧内部绕组的相间短路（不接地）和低压侧内部绕组的相间短路（不接地）也不会发生。安装在高（中）压侧的阻抗元件，指向变压器方向的整定阻抗其保护范围要求不伸出中（高）压侧和低压侧的母线。而阻抗元件指向母线（系统）方向的整定阻抗按照与线路保护配合整定。

（一）阻抗元件的构成及特性

相间阻抗元件采用0°接线方式，接地阻抗元件采用带零序电流补偿的接线方式，分别如式（4－55）中两式所示。

$$\left.\begin{array}{c}\dfrac{\dot{U}_{\varphi\varphi}}{\dot{I}_{\varphi\varphi}}\\[2ex]\dfrac{\dot{U}_{\varphi}}{\dot{I}_{\varphi}+K3\dot{I}_{0}}\end{array}\right\}\qquad(4-55)$$

式中：$\varphi\varphi$为AB、BC、CA；φ为A、B、C。

相间阻抗元件和接地阻抗元件的动作方程分别如式（4－56）、式（4－57）所示。

$$90^\circ<\arg\frac{\dot{U}_{\varphi\varphi}-\dot{I}_{\varphi\varphi}Z_{p}}{\dot{U}_{\varphi\varphi}+\dot{I}_{\varphi\varphi}Z_{n}}<270^\circ\qquad(4-56)$$

$$90^\circ<\arg\frac{\dot{U}_{\varphi}-(\dot{I}_{\varphi}+K3\dot{I}_{0})Z_{p}}{\dot{U}_{\varphi}+(\dot{I}_{\varphi}+K3\dot{I}_{0})Z_{n}}<270^\circ\qquad(4-57)$$

式中：Z_p为正方向整定阻抗；Z_n为反方向整定阻抗。

它们的动作特性是偏移圆特性，最大灵敏角80°，如图4－28所示。

（二）安装在YN侧的阻抗元件在短路时的测量阻抗

为保证安装在高（中）压侧的阻抗元件其指向变压器方向的整定阻抗其保护范围不伸出中（高）压侧和低压侧的母线，因此应该知道在变压器另一（两）侧母线短路时阻抗元件的测量阻抗是多少。下面讨论这个问题。

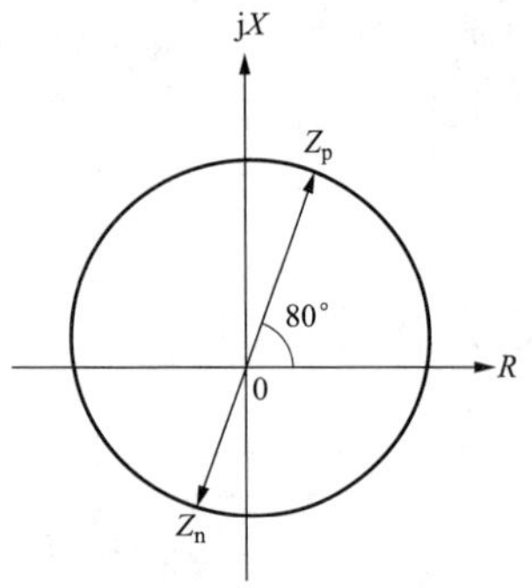

图 4－28 阻抗元件的动作特性

图 4－29（a）的系统图中 T 为三绕组变压器（或者是自耦变压器），H 为高压侧，M 为中压侧，L 为低压侧，其接线为 YN，yn，d11 接线。现在讨论装设在高（中）压侧阻抗元件在短路时的测量阻抗。对于发生在本侧系统中的短路故障，只要是金属性短路，接在两个故障相间上的相间阻抗元件和接在接地相上的接地阻抗元件分别可以正确测量相间短路点和接地短路点到保护安装处的阻抗（如果有分支电流的话，要考虑助增系数）。现在主要讨论在其他侧母线上发生短路时阻抗元件的测量阻抗。由于高压侧、中压侧都是 YN 接线，安装在高压侧的阻抗元件与安装在中压侧的阻抗元件在其他侧母线上发生短路时其测量阻抗有相似的关系，所以下面只讨论安装在高压侧的阻抗元件在中压侧、低压侧母线上发生短路时的测量阻抗。图 4－29（b）、（c）分别是在中压侧 M 母线和低压侧 L 母线上发生短路时的等值电路图。图中 Z_{T1}、Z_{T2}、Z_{T3} 分别是三绕组变压器高压侧、中压侧、低压侧的等值阻抗，Z_H、Z_M 分别是高压侧、中压侧的电源阻抗。分析时假设系统各元件正、负序阻抗相等。各参数（电压、电流、阻抗）均已归算到保护安装侧——高压侧。在第三章第二节的十一部分已经详细介绍了在变压器 d 侧发生短路时 YN 侧阻抗元件的测量阻抗，读者可以参阅，这里引用里面的一些分析并结合三绕组变压器的情况作一些分析说明。

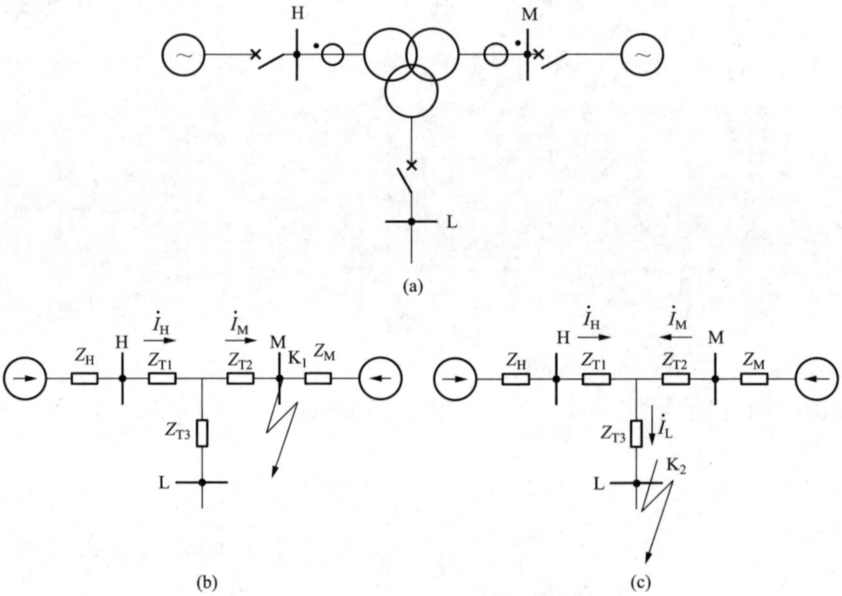

图 4－29 系统图和等值电路器

（a）系统图；（b）中压侧母线 K_1 点短路等值电路图；（c）低压侧母线 K_2 点短路等值电路图

根据第三章的式（3－133）～式（3－135）的分析，用 A 相相序分量表达的高压侧（H 侧）相间阻抗元件测量阻抗的一般表达式如式（4－58）所示，而用 A 相相序分量表达的高压侧（H 侧）接地阻抗元件测量阻抗的一般表达式如式（4－59）所示。

$$\begin{cases} Z_{m(HAB)} = \dfrac{\dot{U}_{HAB}}{\dot{I}_{HAB}} = \dfrac{\dot{U}_{HA1} - a\dot{U}_{HA2}}{\dot{I}_{HA1} - a\,\dot{I}_{HA2}} \\ Z_{m(HBC)} = \dfrac{\dot{U}_{HBC}}{\dot{I}_{HBC}} = \dfrac{\dot{U}_{HA1} - \dot{U}_{HA2}}{\dot{I}_{HA1} - \dot{I}_{HA2}} \\ Z_{m(HCA)} = \dfrac{\dot{U}_{HCA}}{\dot{I}_{HCA}} = \dfrac{\dot{U}_{HA1} - a^2\dot{U}_{HA2}}{\dot{I}_{HA1} - a^2\,\dot{I}_{HA2}} \end{cases} \tag{4-58}$$

$$\begin{cases} Z_{m(HA)} = \dfrac{\dot{U}_{HA}}{\dot{I}_{HA} + K3\dot{I}_{H0}} = \dfrac{\dot{U}_{HA1} + \dot{U}_{HA2} + \dot{U}_{H0}}{\dot{I}_{HA1} + \dot{I}_{HA2} + \dot{I}_{H0}(I + 3K)} \\ Z_{m(HB)} = \dfrac{\dot{U}_{HB}}{\dot{I}_{HB} + K3\dot{I}_{H0}} = \dfrac{\dot{U}_{HB1} + \dot{U}_{HB2} + \dot{U}_{H0}}{\dot{I}_{HB1} + \dot{I}_{HB2} + \dot{I}_{H0}(1 + 3K)} = \dfrac{a^2\dot{U}_{HA1} + a\dot{U}_{HA2} + \dot{U}_{H0}}{a^2\dot{I}_{HA1} + a\dot{I}_{HA2} + \dot{I}_{H0}(1 + 3K)} \\ Z_{m(HC)} = \dfrac{\dot{U}_{HC}}{\dot{I}_{HC} + K3\dot{I}_{H0}} = \dfrac{\dot{U}_{HC1} + \dot{U}_{HC2} + \dot{U}_{H0}}{\dot{I}_{HC1} + \dot{I}_{HC2} + \dot{I}_{H0}(1 + 3K)} = \dfrac{a\dot{U}_{HA1} + a^2\dot{U}_{HA2} + \dot{U}_{H0}}{a\,\dot{I}_{HA1} + a^2\dot{I}_{HA2} + \dot{I}_{H0}(1 + 3K)} \end{cases} \tag{4-59}$$

1. YN 侧阻抗元件在另一 YN 侧短路故障时的测量阻抗

分析高压侧阻抗元件在中压侧母线上发生短路时的测量阻抗，等值电路如图 4－29（b）所示。图中变压器各侧电压、电流、阻抗的幅值都已归算到高压侧。由于保护安装侧与短路侧都在 YN 侧，它们的电压、电流没有相位移。所以这种短路与在本侧短路时的情况一样。在低压侧没有助增电源的情况下，只要是金属性的短路，接在两个故障相上的相间阻抗元件和接在接地相上的接地阻抗元件分别可以正确测量相间短路点和接地短路点到保护安装处的正序阻抗，具体见下面分析。

（1）在中压侧 M 母线三相金属性短路时，高压侧阻抗元件的测量阻抗。

发生三相短路时只有正序分量，没有负序分量与零序分量，且两侧电压、电流都是对称的。又考虑到三相金属性短路时短路点的正序电压为零，低压侧没有助增电源因而 $\dot{U}_{HA1} = \dot{I}_{HA1}(Z_{T1} + Z_{T2})$。这样由式（4－58）、式（4－59）两式可见：

$$Z_{m(HAB)} = Z_{m(HBC)} = Z_{m(HCA)} = Z_{m(HA)} Z_{m(HB)} = Z_{m(HC)} = \frac{\dot{U}_{HA1}}{\dot{I}_{HA1}} = Z_{T1} + Z_{T2} \tag{4-60}$$

所以三个相间阻抗元件与三个接地阻抗元件的测量阻抗都正确反应了短路点到保护安装处的正序阻抗，由于低压侧没有助增电源，所以其值为 $Z_{T1} + Z_{T2}$。

（2）在中压侧 M 母线发生 B、C 两相金属性短路时，高压侧相间阻抗元件的测量阻抗。

各元件的正序阻抗与负序阻抗假设相等，根据 B、C 两相短路复合序网图，中压侧的相序电流、相序电压有如下关系：

$$\begin{cases} \dot{I}_{MA1} = C_1\dot{I}_{KA1} \\ \dot{I}_{MA2} = C_2\dot{I}_{KA2} = -C_1\dot{I}_{KA1} = -\dot{I}_{MA1} \\ \dot{U}_{MA1} = \dot{U}_{MA2} = -\dot{I}_{KA2}Z_{2\Sigma} = \dot{I}_{K1}Z_{1\Sigma} = \dfrac{1}{C_1}\dot{I}_{MA1}Z_{1\Sigma} \end{cases} \tag{4-61}$$

式中　C_1——正序电流分配系数。$C_1=\dfrac{Z_M}{Z_H+Z_{T1}+Z_{T2}+Z_M}$；

C_2——负序电流分配系数。$C_2=C_1$；

$Z_{1\Sigma}$——对短路点的综合正序阻抗。$Z_{1\Sigma}=\dfrac{(Z_H+Z_{T1}+Z_{T2})\ Z_M}{Z_H+Z_{T1}+Z_{T2}+Z_M}$；

$\dot I_{KA1}$、$\dot I_{KA2}$——复合序网图中短路点的正序电流、负序电流。$\dot I_{KA1}=-\dot I_{KA2}$。

考虑到H侧与M侧都是YN接线，它们的电压、电流没有相位移，并考虑到式（4－61）关系，可得到H侧的相序分量电流和H母线的相序分量电压是：

$$\left.\begin{aligned}&\dot I_{HA1}=\dot I_{MA1}\\&\dot I_{HA2}=\dot I_{MA2}=-\dot I_{HA1}\\&\dot U_{HA1}=\dot U_{MA1}+\dot I_{HA1}(Z_{T1}+Z_{T2})=\frac{1}{C_1}\dot I_{MA1}Z_{1\Sigma}+\dot I_{HA1}(Z_{T1}+Z_{T2})=\frac{1}{C_1}\dot I_{HA1}Z_{1\Sigma}+\dot I_{HA1}(Z_{T1}+Z_{T2})\\&\dot U_{HA2}=\dot U_{MA2}+\dot I_{HA2}(Z_{T1}+Z_{T2})=\dot U_{MA1}-\dot I_{HA1}(Z_{T1}+Z_{T2})=\frac{1}{C_1}\dot I_{HA1}Z_{1\Sigma}-\dot I_{HA1}(Z_{T1}+Z_{T2})\end{aligned}\right\}\tag{4-62}$$

将式（4－62）代入式（4－58）得到三个相间阻抗元件的测量阻抗是：

$$\left.\begin{aligned}Z_{m(HAB)}&=\frac{\dot U_{HA1}-a\dot U_{HA2}}{\dot I_{HA1}-a\dot I_{HA2}}=\frac{(1-a)\frac{1}{C_1}\dot I_{HA1}Z_{1\Sigma}+(1+a)\dot I_{HA1}(Z_{T1}+Z_{T2})}{(1+a)\dot I_{HA1}}\\&=(Z_{T1}+Z_{T2})-j\frac{\sqrt3}{C_1}Z_{1\Sigma}\\Z_{m(HBC)}&=\frac{\dot U_{HA1}-\dot U_{HA2}}{\dot I_{HA1}-\dot I_{HA2}}=\frac{2\dot I_{HA1}(Z_{T1}+Z_{T2})}{2\dot I_{HA1}}=(Z_{T1}+Z_{T2})\\Z_{m(HCA)}&=\frac{\dot U_{HA1}-a^2\dot U_{HA2}}{\dot I_{HA1}-a^2\dot I_{HA2}}=\frac{(1-a^2)\frac{1}{C_1}\dot I_{HA1}Z_{1\Sigma}+(1+a^2)\dot I_{HA1}(Z_{T1}+Z_{T2})}{(1+a^2)\dot I_{HA1}}\\&=(Z_{T1}+Z_{T2})+j\frac{\sqrt3}{C_1}Z_{1\Sigma}\end{aligned}\right\}\tag{4-63}$$

将C_1、$Z_{1\Sigma}$的表达式代入式（4－63），得到：

$$\left.\begin{aligned}Z_{m(HAB)}&=\frac{\dot U_{HA1}-a\dot U_{HA2}}{\dot I_{HA1}-a\dot I_{HA2}}=(Z_{T1}+Z_{T2})-j\frac{\sqrt3}{C_1}Z_{1\Sigma}\\&=(Z_{T1}+Z_{T2})-j\sqrt3(Z_H+Z_{T1}+Z_{T2})\\Z_{m(HBC)}&=\frac{\dot U_{HA1}-\dot U_{HA2}}{\dot I_{HA1}-\dot I_{HA2}}=(Z_{T1}+Z_{T2})\\Z_{m(HCA)}&=\frac{\dot U_{HA1}-a^2\dot U_{HA2}}{\dot I_{HA1}-a^2\dot I_{HA2}}=(Z_{T1}+Z_{T2})+j\frac{\sqrt3}{C_1}Z_{1\Sigma}\\&=(Z_{T1}+Z_{T2})+j\sqrt3(Z_H+Z_{T1}+Z_{T2})\end{aligned}\right\}\tag{4-64}$$

从上可见，在中压侧 M 母线发生两相短路时，接在两个故障相间的相间阻抗元件其测量阻抗正确反应了短路点到保护安装处的正序阻抗，由于低压侧没有助增电源，所以其值为 $Z_{T1}+Z_{T2}$。另两个相间阻抗元件测量阻抗的幅值比实际的短路点到保护安装处的阻抗大，而且也不在最大灵敏角方向。它们的测量阻抗如图 4－30（a）所示。

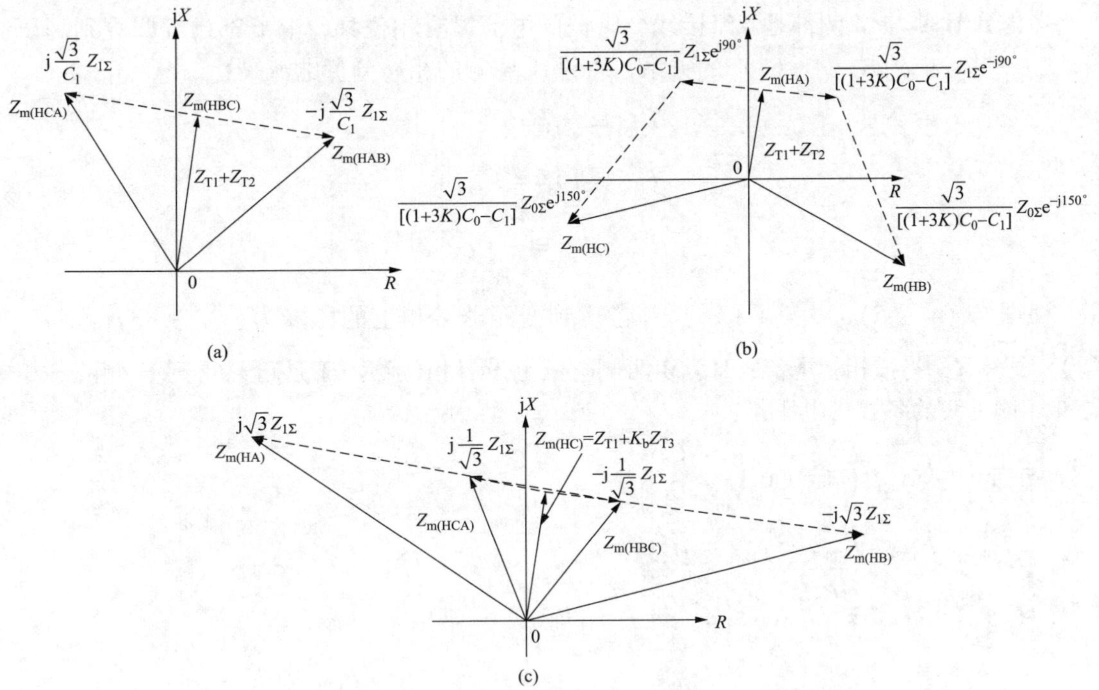

图 4－30　在中压侧、低压侧短路时高压侧阻抗元件的测量阻抗

（a）中压侧 M 母线 B、C 两相短路，高压侧相间阻抗元件测量阻抗；

（b）中压侧 M 母线 A 相接地短路，高压侧接地阻抗元件测量阻抗；

（c）低压侧 L 母线 B、C 两相短路，高压侧阻抗元件测量阻抗

（3）在中压侧 M 母线发生 A 相金属性短路时，高压侧接地阻抗元件的测量阻抗。

根据 A 相单相短路复合序网图，中压侧的相序电流、相序电压有如下关系：

$$\left.\begin{aligned}&\dot{I}_{MA1}=C_1\dot{I}_{KA1}\\&\dot{I}_{MA2}=C_2\dot{I}_{KA2}=C_1\dot{I}_{KA1}=\dot{I}_{MA1}\\&\dot{I}_{M0}=C_0\dot{I}_{K0}=C_0\dot{I}_{KA1}=\frac{C_0}{C_1}\dot{I}_{MA1}\\&\dot{U}_{MA2}=-\dot{I}_{KA2}Z_{2\Sigma}=-\dot{I}_{KA1}Z_{1\Sigma}=-\frac{1}{C_1}\dot{I}_{MA1}Z_{1\Sigma}\\&\dot{U}_{M0}=-\dot{I}_{K0}Z_{0\Sigma}=-\dot{I}_{KA1}Z_{0\Sigma}=-\frac{1}{C_1}\dot{I}_{MA1}Z_{0\Sigma}\\&\dot{U}_{MA1}=-(\dot{U}_{MA2}+\dot{U}_{M0})=\frac{1}{C_1}\dot{I}_{MA1}(Z_{1\Sigma}+Z_{0\Sigma})\end{aligned}\right\}\quad(4-65)$$

式中　C_1、C_2、$Z_{1\Sigma}$ 的含义同式（4－61）；

C_0——零序电流分配系数，$C_0=\dfrac{Z_{M0}}{Z_{H0}+Z_{T10}+Z_{T20}+Z_{M0}}$；

$Z_{0\Sigma}$——对短路点的综合零序阻抗，$Z_{0\Sigma}=\dfrac{(Z_{H0}+Z_{T10}+Z_{T20})\ Z_{M0}}{Z_{H0}+Z_{T10}+Z_{T20}+Z_{M0}}$；

$\dot{I}_{KA1}$、$\dot{I}_{KA2}$、$\dot{I}_{K0}$——复合序网图中短路点的正序电流、负序电流、零序电流，且 $\dot{I}_{K0}=\dot{I}_{KA1}=\dot{I}_{KA2}$。

考虑到H侧与M侧都是YN接线，它们的电流没有相位移，电流都已经归算到高压侧（H侧），并考虑到式（4－65）的关系，可得到H侧的相序分量电流是：

$$\left.\begin{aligned}&\dot{I}_{HA1}=\dot{I}_{MA1}\\&\dot{I}_{HA2}=\dot{I}_{MA2}=\dot{I}_{HA1}\\&\dot{I}_{H0}=\dot{I}_{M0}=\frac{C_0}{C_1}\dot{I}_{HA1}\end{aligned}\right\}\tag{4-66}$$

根据式（4－65）、式（4－66）并考虑到变压器某相上的压降为$(\dot{I}_{H\varphi}+K3\dot{I}_{H0})(Z_{T1}+Z_{T2})$，式中 $\dot{I}_{H\varphi}$为该相相电流；H、M两侧电压也没有相位移。于是可以得到H侧的各相电流和H侧母线的各相相电压是：

$$\left.\begin{aligned}
&\dot{I}_{HA}=\dot{I}_{HA1}+\dot{I}_{HA2}+\dot{I}_{H0}=\dot{I}_{HA1}\left(2+\frac{C_0}{C_1}\right)\\
&\dot{I}_{HB}=\dot{I}_{HB1}+\dot{I}_{HB2}+\dot{I}_{H0}=a^2\dot{I}_{HA1}+a\dot{I}_{HA2}+\dot{I}_{H0}\\
&\quad=(a^2+a)\dot{I}_{HA1}+\frac{C_0}{C_1}\dot{I}_{HA1}=\left(a^2+a+\frac{C_0}{C_1}\right)\dot{I}_{HA1}\\
&\dot{I}_{HC}=\dot{I}_{HC1}+\dot{I}_{HC2}+\dot{I}_{H0}=a\dot{I}_{HA1}+a^2\dot{I}_{HA2}+\dot{I}_{H0}=(a+a^2)\dot{I}_{HA1}+\frac{C_0}{C_1}\dot{I}_{HA1}\\
&\quad=\left(a+a^2+\frac{C_0}{C_1}\right)\dot{I}_{HA1}=\dot{I}_{HB}\\
&\dot{I}_{H0}=\frac{1}{3}(\dot{I}_{HA}+\dot{I}_{HB}+\dot{I}_{HC})=\frac{C_0}{C_1}\dot{I}_{HA1}\\
&\dot{U}_{HA}=\dot{U}_{MA}+(\dot{I}_{HA}+3\dot{I}_{H0})(Z_{T1}+Z_{T2})=0+(\dot{I}_{HA}+3\dot{I}_{H0})(Z_{T1}+Z_{T2})\\
&\quad=(\dot{I}_{HA}+3\dot{I}_{H0})(Z_{T1}+Z_{T2})\\
&\dot{U}_{HB}=\dot{U}_{MB}+(\dot{I}_{HB}+3\dot{I}_{H0})(Z_{T1}+Z_{T2})=(a^2\dot{U}_{MA1}+a\dot{U}_{MA2}+\dot{U}_{M0})+(\dot{I}_{HB}+3\dot{I}_{H0})(Z_{T1}+Z_{T2})\\
&\quad=\frac{\sqrt{3}}{C_1}\dot{I}_{HA1}(Z_{1\Sigma}e^{-j90^\circ}+Z_{0\Sigma}e^{-j150^\circ})+(\dot{I}_{HB}+3\dot{I}_{H0})(Z_{T1}+Z_{T2})\\
&\dot{U}_{HC}=\dot{U}_{MC}+(\dot{I}_{HC}+3\dot{I}_{H0})(Z_{T1}+Z_{T2})=(a\dot{U}_{MA1}+a^2\dot{U}_{MA2}+\dot{U}_{M0})+(\dot{I}_{HC}+3\dot{I}_{H0})(Z_{T1}+Z_{T2})\\
&\quad=\frac{\sqrt{3}}{C_1}\dot{I}_{HA1}(Z_{1\Sigma}e^{j90^\circ}+Z_{0\Sigma}e^{j150^\circ})+(\dot{I}_{HC}+3\dot{I}_{H0})(Z_{T1}+Z_{T2})
\end{aligned}\right\}\tag{4-67}$$

考虑到式（4－67）后，三个接地阻抗元件的测量阻抗是：

$$\left.\begin{aligned}
Z_{m(HA)} &= \frac{\dot{U}_{HA}}{\dot{I}_{HA}+K3\dot{I}_{H0}} = Z_{T1}+Z_{T2} \\
Z_{m(HB)} &= \frac{\dot{U}_{HB}}{\dot{I}_{HB}+K3\dot{I}_{H0}} = (Z_{T1}+Z_{T2}) + \frac{\frac{\sqrt{3}}{C_1}\dot{I}_{HA1}(Z_{1\Sigma}e^{-j90^\circ}+Z_{0\Sigma}e^{-j150^\circ})}{\frac{1}{C_1}\dot{I}_{HA1}[(1+3K)C_0-C_1]} \\
&= (Z_{T1}+Z_{T2}) + \frac{\sqrt{3}}{[(1+3K)C_0-C_1]}(Z_{1\Sigma}e^{-j90^\circ}+Z_{0\Sigma}e^{-j150^\circ}) \\
Z_{m(HC)} &= \frac{\dot{U}_{HC}}{\dot{I}_{HC}+K3\dot{I}_{H0}} = (Z_{T1}+Z_{T2}) + \frac{\frac{\sqrt{3}}{C_1}\dot{I}_{HA1}(Z_{1\Sigma}e^{j90^\circ}+Z_{0\Sigma}e^{j150^\circ})}{\frac{1}{C_1}\dot{I}_{HA1}[(1+3K)C_0-C_1]} \\
&= (Z_{T1}+Z_{T2}) + \frac{\sqrt{3}}{[(1+3K)C_0-C_1]}(Z_{1\Sigma}e^{j90^\circ}+Z_{0\Sigma}e^{j150^\circ})
\end{aligned}\right\} \tag{4-68}$$

从上可见，H 侧接在故障相上的阻抗元件其测量阻抗正确反应了短路点到保护安装处的正序阻抗，由于低压侧没有助增电源，所以其值为 $Z_{T1}+Z_{T2}$。另两个接地阻抗元件测量阻抗的幅值比实际的短路点到保护安装处的阻抗大。它们的测量阻抗如图 4－30（b）所示。

综上所述，在中压侧金属性短路时，高压侧阻抗元件的测量阻抗与在同一侧（高压侧）发生金属性短路时阻抗元件的测量阻抗完全一样。接在两个故障相上的相间阻抗元件和接在接地相上的接地阻抗元件分别可以正确测量相间短路点和接地短路点到保护安装处的正序阻抗。当低压侧没有助增电源时，其值为 $Z_{T1}+Z_{T2}$。当低压侧有助增电源时，在 Z_{T2} 的阻抗上流过的电流是高压侧、低压侧的电流之和，因此在阻抗元件测量阻抗中 Z_{T2} 应再乘以助增系数，测量阻抗为：$Z_{T1}+K_bZ_{T2}$。

2. YN 侧阻抗元件在另一 d 侧短路故障时的测量阻抗

分析高压侧（YN 侧）阻抗元件在低压侧（d 侧）母线上发生短路时的测量阻抗，等值电路如图 4－29（c）所示。图中变压器各侧电压、电流、阻抗的幅值都已归算到高压侧。d 侧发生单相接地短路时，如果忽略分布电容的影响，并不产生短路电流，所以现在只分析在变压器的低压侧母线发生三相和两相金属性短路时，装在高压侧的相间阻抗继电器的测量阻抗。

（1）在低压侧 L 母线三相金属性短路时，高压侧阻抗元件的测量阻抗。

发生三相短路时只有正序分量没有负序分量与零序分量，且两侧电压、电流都是对称的。由于三相金属性短路时短路点的正序电压为零，因而高压侧母线上的正序电压为

$$\dot{U}_{HA1} = \dot{I}_{HA1}(Z_{T1}+K_bZ_{T3}) \tag{4-69}$$

式中：K_b 为助增系数，即由于中压侧电源助增电流的影响而产生的助增系数。

$$K_b = \frac{Z_H+Z_{T1}+Z_{T2}+Z_M}{Z_{T2}+Z_M} \tag{4-70}$$

这样由式（4－58）和式（4－59）可见：

$$Z_{m(HAB)} = Z_{m(HBC)} = Z_{m(HCA)} = Z_{m(HA)} = Z_{m(HB)} = Z_{m(HC)} = \frac{\dot{U}_{HA1}}{\dot{I}_{HA1}} = Z_{T1}+K_bZ_{T3} \tag{4-71}$$

所以三个相间阻抗元件与三个接地阻抗元件的测量阻抗都正确反应了短路点到保护安装处的正序阻抗，由于中压侧有助增电源，所以其值为 $Z_{T1}+K_bZ_{T3}$。

（2）在低压侧 L 母线发生 B、C 两相金属性短路时，高压侧阻抗元件的测量阻抗。

各元件的正序阻抗与负序阻抗假设相等，根据 B、C 两相短路复合序网图，低压侧的相序电流、相序电压有如下关系：

$$\left.\begin{aligned}&\dot{I}_{LA1}=C_1\dot{I}_{KA1}=\dot{I}_{KA1}\\&\dot{I}_{LA2}=C_2\dot{I}_{KA2}=\dot{I}_{KA2}=-\dot{I}_{KA1}=-\dot{I}_{LA1}\\&\dot{U}_{LA1}=\dot{U}_{LA2}=-\dot{I}_{KA2}Z_{2\Sigma}=\dot{I}_{K1}Z_{1\Sigma}=\dot{I}_{LA1}Z_{1\Sigma}\end{aligned}\right\}\tag{4-72}$$

式中　C_1、C_2——正序、负序电流分配系数；由于低压侧没有电源，$C_1=C_2=1$；

$\dot{I}_{KA1}$、$\dot{I}_{KA2}$——复合序网图中短路点的正序电流、负序电流。$\dot{I}_{KA1}=-\dot{I}_{KA2}$。

由于 d 侧的正序分量转换到 YN 侧时，相位滞后 30°；d 侧的负序分量转换到 YN 侧时，相位越前 30°。考虑了式（4－72）以及变压器上的压降后，高压侧（H 侧）相序分量电流和 H 侧母线的相序分量电压分别为：

$$\left.\begin{aligned}&\dot{I}_{HA1}=\dot{I}_{LA1}e^{-j30^\circ}\\&\dot{I}_{HA2}=\dot{I}_{LA2}e^{j30^\circ}=-\dot{I}_{LA1}e^{j30^\circ}\end{aligned}\right\}\tag{4-73}$$

$$\left.\begin{aligned}&\dot{U}_{HA1}=\dot{U}_{LA1}e^{-j30^\circ}+\dot{I}_{HA1}(Z_{T1}+K_bZ_{T3})=\dot{I}_{LA1}Z_{1\Sigma}e^{-j30^\circ}+\dot{I}_{LA1}e^{-j30^\circ}(Z_{T1}+K_bZ_{T3})\\&\dot{U}_{HA2}=\dot{U}_{LA2}e^{j30^\circ}+\dot{I}_{HA2}(Z_{T1}+K_bZ_{T3})=\dot{I}_{LA1}Z_{1\Sigma}e^{j30^\circ}-\dot{I}_{LA1}e^{j30^\circ}(Z_{T1}+K_bZ_{T3})\end{aligned}\right\}\tag{4-74}$$

式中：K_b 为助增系数，其表达式是式（4－70）。

将式（4－73）、式（4－74）代入式（4－58）可得到高压侧三个相间阻抗元件的测量阻抗：

$$\left.\begin{aligned}Z_{m(HAB)}&=\frac{\dot{U}_{HA1}-a\dot{U}_{HA2}}{\dot{I}_{HA1}-a\dot{I}_{HA2}}=\frac{2\dot{U}_{KA1}e^{-j30^\circ}}{0}=\frac{2I_{LA1}Z_{1\Sigma}e^{-j30^\circ}}{0}=\infty\\Z_{m(HBC)}&=\frac{\dot{U}_{HA1}-\dot{U}_{HA2}}{\dot{I}_{HA1}-\dot{I}_{HA2}}=\frac{I_{LA1}Z_{1\Sigma}(e^{-j30^\circ}-e^{j30^\circ})+I_{LA1}(Z_{T1}+K_bZ_{T3})(e^{-j30^\circ}+e^{j30^\circ})}{I_{LA1}(e^{-j30^\circ}+e^{j30^\circ})}\\&=(Z_{T1}+K_bZ_{T3})-j\frac{Z_{1\Sigma}}{\sqrt{3}}\\Z_{m(HCA)}&=\frac{\dot{U}_{HA1}-a^2\dot{U}_{HA2}}{\dot{I}_{HA1}-a^2\dot{I}_{HA2}}=\frac{I_{LA1}Z_{1\Sigma}(e^{-j30^\circ}-e^{-j90^\circ})+I_{LA1}(Z_{T1}+K_bZ_{T3})(e^{-j30^\circ}+e^{-j90^\circ})}{I_{LA1}(e^{-j30^\circ}+e^{-j90^\circ})}\\&=(Z_{T1}+K_bZ_{T3})+j\frac{Z_{1\Sigma}}{\sqrt{3}}\end{aligned}\right\}\tag{4-75}$$

式中：$Z_{1\Sigma}$ 为对短路点的综合正序阻抗，由于低压侧没有电源，故而

$$Z_{1\Sigma}=\frac{(Z_H+Z_{T1})(Z_{T2}+Z_M)}{Z_H+Z_{T1}+Z_{T2}+Z_M}+Z_{T3}\tag{4-76}$$

将式（4－73）、式（4－74）代入式（4－59）可得到高压侧三个接地阻抗元件的测量阻抗：

$$
\left.\begin{aligned}
Z_{m(HA)} &= \frac{\dot{U}_{HA1}+\dot{U}_{HA2}}{\dot{I}_{HA1}+\dot{I}_{HA2}} = \frac{\dot{I}_{LA1}Z_{1\Sigma}(e^{-j30^\circ}+e^{j30^\circ})+\dot{I}_{LA1}(Z_{T1}+K_bZ_{T3})(e^{-j30^\circ}-e^{j30^\circ})}{\dot{I}_{LA1}(e^{-j30^\circ}-e^{j30^\circ})}\\
&= (Z_{T1}+K_bZ_{T3})+j\sqrt{3}Z_{1\Sigma}\\
Z_{m(HB)} &= \frac{a^2\dot{U}_{HA1}+a\dot{U}_{HA2}}{a^2\dot{I}_{HA1}+a\dot{I}_{HA2}} = \frac{\dot{I}_{LA1}Z_{1\Sigma}(e^{-j150^\circ}+e^{j150^\circ})+\dot{I}_{LA1}(Z_{T1}+K_bZ_{T3})(e^{-j150^\circ}-e^{j150^\circ})}{\dot{I}_{LA1}(e^{-j150^\circ}-e^{j150^\circ})}\\
&= (Z_{T1}+K_bZ_{T3})-j\sqrt{3}Z_{1\Sigma}\\
Z_{m(HC)} &= \frac{a\dot{U}_{HA1}+a^2\dot{U}_{HA2}}{a\dot{I}_{HA1}+a^2\dot{I}_{HA2}} = \frac{\dot{I}_{LA1}Z_{1\Sigma}(e^{j90^\circ}+e^{-j90^\circ})+\dot{I}_{LA1}(Z_{T1}+K_bZ_{T3})(e^{j90^\circ}-e^{-j90^\circ})}{\dot{I}_{LA1}(e^{j90^\circ}-e^{-j90^\circ})}\\
&= (Z_{T1}+K_bZ_{T3})
\end{aligned}\right\} \tag{4-77}
$$

所以在低压侧（d 侧）发生两相短路时，高压侧（YN 侧）只有接在故障相中（B、C）的滞后相（C）上的接地阻抗元件能够正确测量阻抗。中压侧没有助增电源时，其测量阻抗为 $Z_{T1}+Z_{T3}$；中压侧有助增电源时，应考虑助增系数，其测量阻抗为 $Z_{T1}+K_bZ_{T3}$。它们的测量阻抗如图 4-30（c）所示。

综合上述分析，归纳总结如下：

1）按变压器标准化设计规范要求，在 330kV 及以上电压等级的变压器上，在高压侧（YN 接线）、中压侧（YN 接线）需要配置带偏移特性的阻抗保护。高压侧的阻抗保护设置一段两时限，第一时限跳本侧断路器；第二时限跳变压器各侧断路器。中压侧的阻抗保护设置一段四时限，第一时限跳分段断路器；第二时限跳母联断路器；第三时限跳本侧断路器；第四时限跳变压器各侧断路器。

2）由于偏移特性的阻抗元件在两侧短路都有保护范围，其指向变压器方向的保护范围不能伸出另外两侧的母线，作为变压器内部部分绕组短路故障的后备。其指向母线（系统）方向的保护功能作为系统短路故障的后备。

3）安装在高压侧的阻抗保护在中压侧母线或者低压侧（d 接线）上发生三相金属性短路时，三个相间阻抗元件和三个接地阻抗元件都能正确测量短路点到高压母线的阻抗。所谓正确测量是指考虑了助增系数以后的阻抗。在中压侧母线上三相短路时，如果低压侧没有电源，高压侧的阻抗保护测量阻抗是变压器高、中压侧等值阻抗之和 $Z_{T1}+Z_{T2}$；如果低压侧有电源，高压侧的阻抗保护测量阻抗应该考虑助增系数，其值为 $Z_{T1}+K_bZ_{T2}$。在低压侧母线上三相短路时，如果中压侧没有电源，高压侧的阻抗保护测量阻抗是变压器高、低压侧等值阻抗之和 $Z_{T1}+Z_{T3}$；如果中压侧有电源，高压侧的阻抗保护测量阻抗应该考虑助增系数，其值为 $Z_{T1}+K_{b2}Z_{T3}$。

4）安装在高压侧的阻抗保护在中压侧母线发生短路时，其测量阻抗与发生在本侧短路时的测量阻抗相类似。在中压侧母线发生两相金属性短路时，接在两个故障相间的相间阻抗元件能正确测量短路点到高压母线的阻抗 $Z_{T1}+K_bZ_{T2}$；在中压侧母线发生单相接地金属性短路时，接在故障相上的接地阻抗元件能正确测量短路点到高压母线的阻抗 $Z_{T1}+K_{b1}Z_{T2}$。而其他的阻抗元件测量阻抗比真实的阻抗大。

5）安装在高压侧的阻抗保护在低压侧（d 接线）上发生两相金属性短路时，接在两个故障相中滞后相上的接地阻抗元件能正确测量短路点到高压母线的阻抗 $Z_{T1}+K_{b2}Z_{T3}$，这一点往往被人忽视。其他的阻抗元件测量阻抗比真实的阻抗大。

6）安装在中压侧的阻抗保护的测量阻抗情况与安装在高压侧的阻抗保护相类似。

7）安装在高压侧或中压侧的阻抗元件，为保证指向变压器方向的保护范围不伸出另外两侧的母线，其指向变压器方向的整定阻抗在整定计算中应该躲过另两侧母线短路时的测量阻抗。以高压侧的阻抗元件为例，其指向变压器方向的整定阻抗应该躲过 $Z_{T1}+K_{b1}Z_{T2}$ 和 $Z_{T1}+K_{b2}Z_{T3}$。

（三）TV 断线及系统振荡对阻抗保护的影响及措施

TV 断线及系统振荡对阻抗元件的工作会产生影响。

采用电流起动元件以后，在 TV 断线时由于起动元件不起动，阻抗保护不会误动。但为了防止在 TV 断线期间发生区外短路时阻抗保护的误动，在判断出 TV 断线以后应该将阻抗保护自动退出。当本侧 TV 检修或旁路代路未切换 TV 时，为避免阻抗保护的误动作，需投入相应硬压板或整定控制字，自动退出阻抗保护。TV 断线的判别方法请参阅复合电压闭锁的（方向）过流保护一节。

系统振荡对阻抗元件的工作产生的影响以及振荡闭锁原理在第三章中已经作了详细的分析。在变压器保护中用的阻抗保护，如果其动作时间在 1.5s 以上时可以用时限躲过振荡的影响，就不必经振荡闭锁控制。否则的话，阻抗保护应该受振荡闭锁控制，在系统振荡时闭锁阻抗保护。

（四）关于变压器阻抗保护其他一些问题的讨论

1. 阻抗元件要有躲负荷阻抗的能力

由于阻抗后备保护的动作特性大，所以负荷阻抗容易落入动作特性内，在整定计算时应设法躲过最小的负荷阻抗。如果阻抗元件采用图 4－31 所示的特性可以增强躲负荷阻抗的能力。（b）、（c）两图中 1 和 2 两个特性构成“或”逻辑，2 的特性用以保护出口短路。这三个特性在负荷阻抗方向上（功率因数角方向）保护范围较小，有利于躲过最小负荷阻抗。

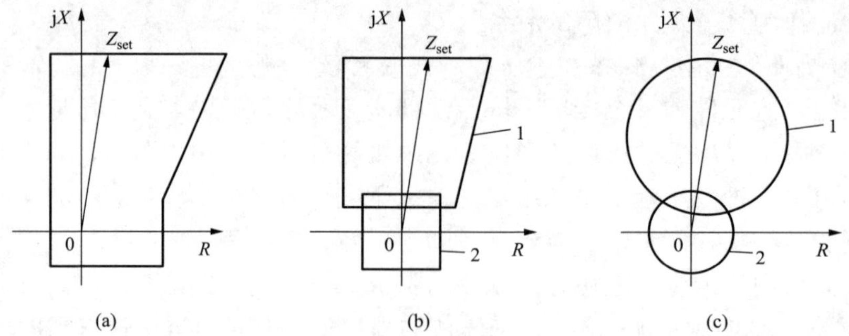

图 4－31　阻抗元件的动作特性

（a）多边形动作特性；（b）两个四边形动作特性；（c）两个圆动作特性

2. 阻抗元件最好不受变压器接线方式的影响

从前面的分析可见，在变压器 d 侧短路时，安装在 YN 侧的阻抗元件的测量阻抗受到变压器接线方式的影响。如果用多相补偿阻抗继电器（所谓第Ⅱ类阻抗继电器）可以使保护不受变压器接线方式的影响。该继电器由 $\dot{U}_{OP.AB}$、$\dot{U}_{OP.BC}$、$\dot{U}_{OP.BC}$ 三个工作电压（即补偿电压）两两比相构成。继电器由下述三个动作方程的“或”逻辑构成

（1）$180° < \arg \frac{\dot{U}_{OP.AB}}{\dot{U}_{OP.BC}} < 360°$，即 $180° < \arg \frac{\dot{U}_{AB} - \dot{I}_{AB}Z_{set}}{\dot{U}_{BC} - \dot{I}_{BC}Z_{set}} < 360°$；

（2）$180° < \arg \frac{\dot{U}_{OP.BC}}{\dot{U}_{OP.CA}} < 360°$，即 $180° < \arg \frac{\dot{U}_{BC} - \dot{I}_{BC}Z_{set}}{\dot{U}_{CA} - \dot{I}_{CA}Z_{set}} < 360°$；

（3）$180° < \arg \frac{\dot{U}_{OP.CA}}{\dot{U}_{OP.AB}} < 360°$，即 $180° < \arg \frac{\dot{U}_{CA} - \dot{I}_{CA}Z_{set}}{\dot{U}_{AB} - \dot{I}_{AB}Z_{set}} < 360°$。

式中：Z_{set}为整定阻抗。这个继电器本来是用于线路保护上的。根据分析，正常运行、区外短路与反方向短路时 $\dot{U}_{OP.AB}$超前于 $\dot{U}_{OP.BC}$；$\dot{U}_{OP.BC}$超前于 $\dot{U}_{OP.CA}$；$\dot{U}_{OP.CA}$超前于 $\dot{U}_{OP.AB}$，三个工作电压是正相序，上面三个方程没有一个能够满足。只有当区内发生不对称短路时 $\dot{U}_{OP.AB}$、$\dot{U}_{OP.BC}$、$\dot{U}_{OP.CA}$三个量中至少有一个量的相位将发生很大的变化，上面三个方程中至少有一个方程能够满足要求。

可以证明上述三个动作方程实际上是比较负序分量与正序分量幅值的幅值比较动作方程，三个继电器动作方程可以等效为下述幅值比较动作方程

$$|\dot{U}_{A2} - \dot{I}_{A2}Z_{set}| > |\dot{U}_{A1} - \dot{I}_{A1}Z_{set}|$$

正常运行、区外短路与反方向短路时，三个工作电压之间是正相序，其工作电压中的正序分量电压大于负序分量电压，所以继电器不动作。当区内发生不对称短路时至少有一个工作电压相位发生了很大变化，三个工作电压之间是逆相序，其工作电压中的负序分量电压大于正序分量电压，所以继电器动作。

如果把这个继电器用于变压器阻抗保护中，由于负序分量的电压、电流经过星－角转换后相位作同样的变换而幅值不变（指归算值），正序分量的电压、电流经过星－角转换后相位也是作同样的变换而幅值不变（指归算值），因此同样只有在区内不对称短路时三个工作电压之间是逆相序关系，其负序分量电压大于正序分量电压，所以继电器动作。阻抗保护用这个继电器以后，在高压侧的这个继电器只要整定阻抗按躲过从低压母线或中压母线到高压母线的等值阻抗整定，保护范围就不会伸出低压母线或中压母线。

由于在系统振荡时只有正序分量电气量，所以多相补偿阻抗元件在振荡时不会误动。

由于在过负荷运行时也只有正序分量电气量，所以多相补偿阻抗元件在过负荷时不会误动，不必要躲负荷阻抗。

由于三相短路只有正序分量电压，显然多相补偿阻抗元件也不能保护三相短路，需要另外配置阻抗元件保护三相短路。

八、变压器过励磁保护

变压器在运行中由于电压升高或者频率降低，将会使变压器处于过励磁运行状态，此时变压器铁芯饱和，励磁电流急剧增加，励磁电流波形发生畸变，产生高次谐波，从而使内部损耗增大、铁芯温度升高。另外，铁芯饱和之后，漏磁通增大，使在导线、油箱壁及其他构件中产生涡流，引起局部过热。严重时造成铁芯变形、损伤介质绝缘。

为确保大型、高压变压器的安全运行，设置变压器过励磁保护是非常必要的。标准化设计规定，在330kV及以上变压器的高压侧，220kV变压器的高压侧与中压侧应配置过励磁保护。

（一）过励磁保护的作用原理

变压器运行时，其输入端的电压

$$U = 4.44fWSB \tag{4-78}$$

式中：U 为电源电压；W 为一次绕组的匝数；S 为变压器铁芯的有效截面；f 为电源频率；B 为铁芯中的磁密。

由于绕组匝数 W，铁芯截面 S 均为定数，故将式（4－78）简化成

$$U = KfB$$

则

$$B = \frac{U}{Kf} \tag{4-79}$$

式中：K 为常数，$K = 4.44WS$。

由式（4－79）可以看出，变压器铁芯中的磁密，与电源电压成正比，与电源的频率成反比。在电源电压升高或频率降低时，均会造成铁芯中的磁密增大，从而产生过励磁。

在变压器过励磁保护中，采用一个重要的物理量，称之为过励磁倍数。过励磁倍数 n，它等于铁芯中的实际磁密 B 与额定工作磁密 B_e 之比，即

$$n = \frac{B}{B_e} = \frac{\dfrac{U}{U_e}}{\dfrac{f}{f_e}} = \frac{U_*}{f_*} \tag{4-80}$$

式中：n 为过励磁倍数；U_e 为变压器的额定电压；f_e 为电源的额定频率，$f_e = 50\text{Hz}$；其他符号的物理意义，同式（4－78）。

变压器过励磁时，$n > 1$。n 值越大，过励磁倍数越高，对变压器的危害越严重。

（二）测量过励磁倍数的原理

在微机型变压器保护中，保护装置计算出加于变压器上的电压 U 及其频率 f 以后，直接用式（4－80）算出过励磁倍数。由于通常计算电压 U 时都认为系统是额定频率，而在过励磁时系统频率可能已经比额定频率低了，所以在软件计算电压 U 时所用的算法应该注意在频率变化时带来的计算误差要小。

考虑到过励磁对变压器的危害主要体现在因变压器发热引起温度升高上。而变压器发热温升是一个累积的过程，它不但与当前的过励磁倍数有关也与历史上的过励磁倍数有关。所以有的制造厂家用均方根方式求过励磁倍数 N，这种计算方法包含“有效值”的概念在内，可以更贴切地反应过励磁时的发热状况。它的计算方法为：

$$N = \sqrt{\frac{1}{T}\int_0^T N^2(t)\,\mathrm{d}t} \tag{4-81}$$

式中：T 为从过励磁开始到当前计算时刻为止的时间。$N(t)$ 为在每一时刻按式（4－80）计算得到的过励磁测量倍数，它为时间的函数。按式（4－81）求得的过励磁倍数 N，包含了从过励磁开始一直到当前为止所有的过励磁信息在内，反映了发热的累积过程。

模拟型变压器保护中的过励磁保护，测量过励磁倍数的原理接线如图 4－32 所示。

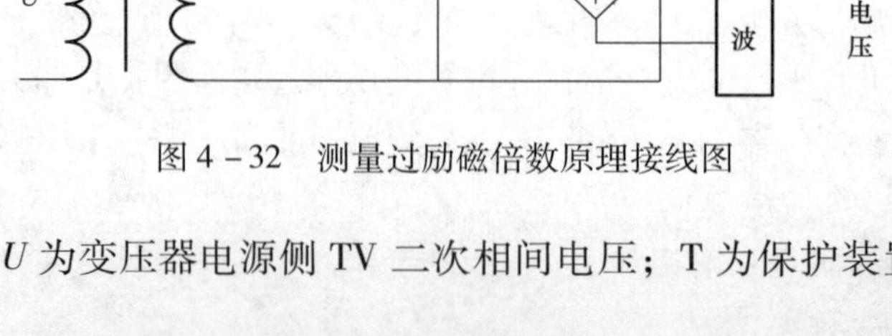

图 4－32　测量过励磁倍数原理接线图

在图 4－32 中：U 为变压器电源侧 TV 二次相间电压；T 为保护装置中的小型辅助电压

变换器；R 是电阻；C 是电容。

由图 4－32 可以看出：电压 U 通过辅助 TV 变换隔离、经电阻 R、电容 C 分压后再整流、滤波后变成直流电压，供过励磁测量元件进行测量。根据直流电压的大小来判断过励磁倍数。过励磁倍数与该直流电压成正比。

在图 4－32 中是利用电容器 C 的容抗与频率有关来反映电源的频率的。当电源的频率降低时，电容器的容抗增大，在电源电压一定时容抗上分得的压降就大，输出的直流电压就比较高；反之，当电源的频率升高时，在电源电压一定时，输出的直流电压就较低。

另外，当电源的频率一定时，电源电压 U 越高，输出的直流电压就高。

设额定频率及额定电压时，图 4－32 中的直流电压 $U=e$，当电源电压升高或频率降低时的直流电压为 U_1，则测得的过励磁倍数

$$n=\frac{U_1}{U}=\frac{U_1}{e} \tag{4-82}$$

（三）动作方程及逻辑框图

过励磁保护由定时限和反时限两部分构成。定时限保护动作后作用于告警信号及减励磁（发电机）；反时限保护动作后去切除变压器。

1. 动作方程

$$\begin{cases} n \geqslant n_{opL} \\ n \geqslant n_{oph} \end{cases} \tag{4-83}$$

式中：n 为测量过励磁倍数；n_{opL} 为过励磁倍数低定值，定时限部分启动值；n_{oph} 为过励磁倍数高定值，反时限部分启动值。

2. 反时限部分的动作特性

实际变压器过励磁越严重时，发热越多，为防止变压器的损坏允许变压器运行的时间越短；反之变压器过励磁较轻时，允许变压器运行的时间较长，这是一个反时限特性。所以保护也采用反时限特性与之相适应，即过励磁倍数越大时，保护动作跳闸的时间越短；反之过励磁倍数越小时，保护动作跳闸的时间越长。目前，国内不同厂家生产的过励磁保护其反时限部分的动作特性相差很大。

某些公司生产的反时限过励磁保护动作曲线的方程为

$$t=0.8+\frac{0.18K_t}{(M-1)^2} \tag{4-84}$$

式中：t 为动作延时，秒；K_t 为整定时间倍率，$K_t=1\sim63$；M 为启动倍数，$M=\frac{n}{n_{oph}}$，即等于过励磁倍数与反时限部分启动过励磁倍数之比。

也有公司采用的反时限过励磁保护动作特性曲线方程为

$$t=10^{-K_1 n+K_2} \tag{4-85}$$

式中：t 为动作延时；n 为过励磁倍数；K_1、K_2 为待定常数。

反时限过励磁保护动作特性曲线上的各点，可以根据要求整定。其标准特性曲线如图 4－33 所示。

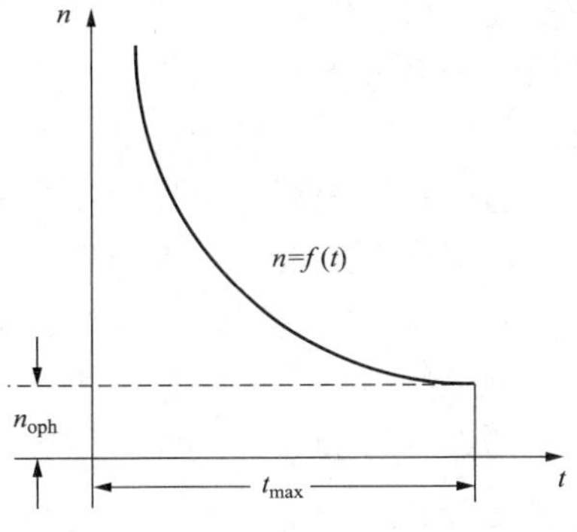

图 4－33　反时限过励磁保护动作特性曲线

在图 4－33 中：n_{oph}为反时限过励磁保护启动值；t_{max}为反时限过励磁保护动作长延时。

（四）逻辑框图

国内生产的微机型过励磁保护的动作逻辑框图大致如图 4－34 所示。

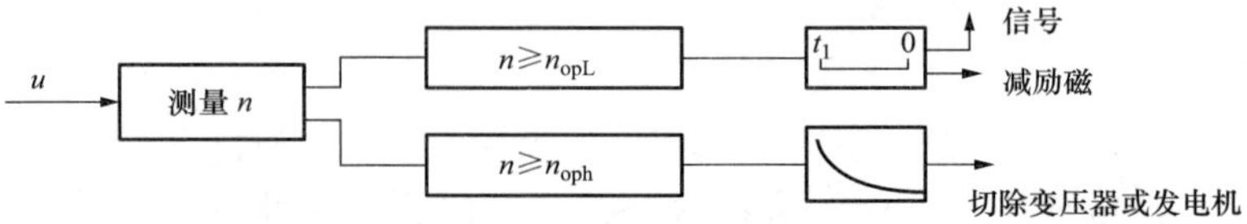

图 4－34 过励磁保护逻辑框图

由图可以看出，当变压器或发电机电压升高或频率降低时，若测量出的过励磁倍数大于过励磁保护的低定值时，定时限部分动作，经延时 t_1 发信号或作用于减励磁（保护发电机时）；若严重过励磁时，则保护反时限部分动作，经与过励磁倍数相对应的延时，切除变压器或发电机。

九、变压器中性点间隙保护和零序电压保护

（一）问题的提出

对于中性点直接接地的变压器，装设零序电流（方向）保护，作为接地短路故障的后备保护。对于中性点不接地的半绝缘变压器，装设间隙保护作为接地短路故障的后备保护。

所谓半绝缘变压器即其中性点线圈的对地绝缘比其他部位弱。所以中性点的绝缘容易被击穿。

在电力系统运行中，希望每条母线上的零序综合阻抗尽量维持不变，这样零序电流保护的保护范围也比较稳定。因此接在母线上的几台变压器的中性点采用部分接地。当中性点接地的变压器检修时，中性点不接地的变压器再将中性点接地，保持零序综合阻抗不变。

这样带来了一个新的问题。如果发生单相接地短路时所有中性点接地的变压器都先跳了，而中性点不接地的变压器还在运行。这时成了一个小接地电流系统带单相接地短路运行，中性点的电压将升高到相电压，对于半绝缘变压器中性点的绝缘会被击穿。

在 20 世纪 90 年代之前，为确保变压器中性点不被损坏，将变电站（或发电厂）所有变压器零序过流保护的出口横向联系起来，去启动一个公用出口部件。通常将该出口部件叫做零序公用中间。当系统或变压器内部发生接地故障时，中性点接地变压器的零序电流保护动作，去启动零序公用中间。零序公用中间元件动作后，先去跳中性点不接地的变压器，当故障仍未消失时再跳中性点接地的变压器。

运行实践表明，上述保护方式存在严重缺点，容易造成全站或全厂一次切除多台变压器，甚至使全站或全厂大停电。另外，由于各台变压器零序过流保护之间有了横向联系，使保护复杂化，且容易造成人为误动作，所以这种方法已不被使用。

为了避免系统发生接地故障时，中性点不接地的变压器由于某种原因中性点电压升高造成中性点绝缘的损坏，在变压器中性点安装一个放电间隙，放电间隙的另一端接地。当中性点电压升高至一定值时，放电间隙击穿接地，保护了变压器中性点的绝缘安全。当放电间隙击穿接地以后，放电间隙处将流过一个电流。该电流由于是在相当于中性点接地的线上流过，所以是 $3\dot{I}_0$电流，利用该电流可以构成间隙零序电流保护。

（二）间隙保护的作用原理

1. 原理接线

利用上述的放电间隙击穿以后产生的间隙零序电流 $3\dot{I}_0$ 和在接地故障时在故障母线 TV 的开口三角形绕组两端产生的零序电压 $3U_0$ 构成“或”逻辑，组成间隙保护。保护的原理接线如图 4－35 所示。

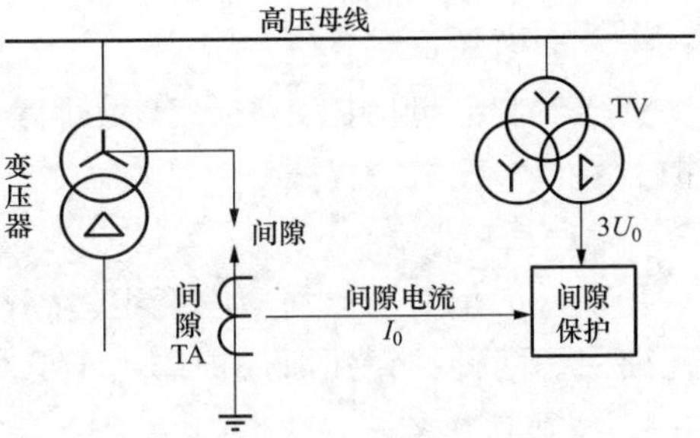

图 4－35　间隙保护原理接线图

2. 动作方程及逻辑框图

间隙零序电流保护与零序电压保护的动作方程为

$$\begin{cases}3I_0 \geqslant I_{0op} \\ 3U_0 \geqslant U_{0op}\end{cases} \tag{4-86}$$

式中：I_0 为流过击穿间隙的电流（二次值）；$3U_0$ 为 TV 开口三角形电压；I_{0op} 为间隙保护动作电流，通常整定 100A；U_{0op} 为间隙保护动作电压，通常整定 180V。

保护的逻辑框图如图 4－36 所示。

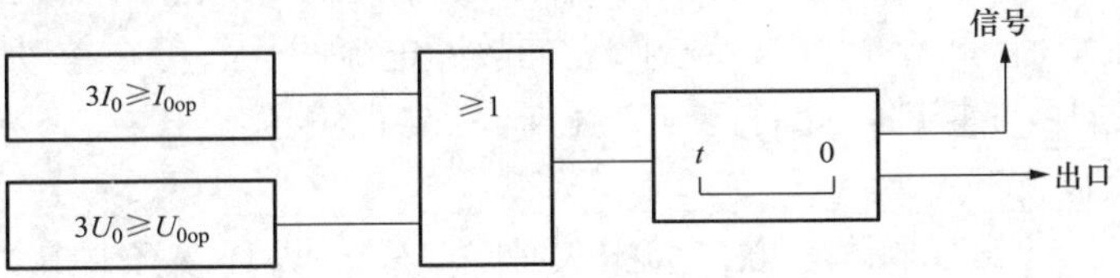

图 4－36　间隙保护逻辑框图

由图 4－36 可以看出：当间隙零序电流或 TV 开口三角零序电压大于动作值时，保护动作，经延时跳开变压器各侧断路器。

（三）提高动作可靠性措施

运行实践表明，曾因变压器中性点放电间隙误击穿致使间隙保护误动的现象较多。因此为了提高间隙保护的工作可靠性，正确地整定放电间隙的间隙距离是非常必要的。

在计算放电间隙的间隙距离之前，首先要确定危及变压器中性点安全的决定因素。即首先要根据变压器所在系统的正序阻抗及零序阻抗的大小，计算电力系统发生了接地故障又失去中性点接地时是否会危及变压器中性点的绝缘，如果不危及时，应根据冲击过电压来选择放电间隙的间隙距离。

放电间隙距离的选择，应根据变压器绝缘等级、中性点能承受的过电压数及采用的放电间隙类型计算确定。

另外，为提高间隙保护的性能，间隙 TA 的变比应较小。由于变压器零序保护所用的零序 TA 变比较大，故间隙 TA 应单独设置。

（四）零序电压保护

Y 侧中性点不接地的全绝缘变压器需要配置零序电压保护作为接地短路的后备保护。动作方程如式（4－86），当 $3U_0$ 电压大于零序电压定值时，零序电压元件动作，延时跳开变压器各侧断路器。

零序电压保护的投退选择借用“间隙保护”的投退控制字实现。该控制字整定“1”

时，零序电压保护投入；整定“0”时，零序电压保护退出。

十、非电量保护

变压器非电量保护，主要有瓦斯保护、压力保护、温度保护、油位保护及冷却器全停保护。

（一）瓦斯保护

瓦斯保护是变压器油箱内绕组短路故障及异常的主要保护。瓦斯保护分为轻瓦斯保护及重瓦斯保护两种。轻瓦斯保护作用于信号，重瓦斯保护作用于切除变压器。

1. 轻瓦斯保护

轻瓦斯保护反应变压器油面降低。轻瓦斯继电器由开口杯、干簧触点等组成。正常运行时，继电器内充满变压器油，开口杯浸在油内，处于上浮位置。当油面降低时，开口杯下沉，干簧接点闭合，发出信号。

2. 重瓦斯保护

重瓦斯保护反应变压器油箱内的故障。重瓦斯继电器由档板、弹簧及干簧接点等构成。当变压器油箱内发生严重故障时，伴随有电弧的故障电流使变压器油大量分解，产生大量汽体，使变压器产生喷油，油流冲击档板，使干簧触点闭合，作用于切除变压器。

应当指出：重瓦斯保护是油箱内部故障的主保护，它能反映变压器内部的各种故障。当变压器少数绕组发生匝间短路时，虽然故障点的故障电流很大，但在差动保护中产生的差流可能不大，差动保护可能拒动。此时，靠重瓦斯保护切除故障。

3. 提高可靠性措施

瓦斯继电器装在变压器本体上方，为露天放置，受外界环境条件影响大。运行实践表明，由于下雨及漏水造成瓦斯保护误动次数很多。

为提高瓦斯保护的正确动作率，瓦斯保护继电器应密封性能好，做到防止漏水漏气。另外，还应加装防雨盖。

（二）压力保护

压力保护也是变压器油箱内部故障的主保护。其作用原理与重瓦斯保护基本相同，但它是反应变压器油的压力的。

压力继电器又称压力开关，由弹簧和触点构成。置于变压器本体油箱上部。

当变压器内部故障时，温度升高，油膨胀压力增高，弹簧动作带动继电器动接点，使接点闭合，切除变压器。

（三）温度及油位保护

当变压器温度升高时，温度保护动作发出告警信号。

油位是反映油箱内油位异常的保护。运行时，因变压器漏油或其他原因使油位降低时动作，发出告警信号。

（四）冷却器全停保护

为提高传输能力，对于大型变压器均配置有各种的冷却系统。在运行中，若冷却系统全停，变压器的温度将升高。如不及时处理，可能导致变压器绕组绝缘损坏。

冷却器全停保护，是在变压器运行中冷却器全停时动作。其动作后应立即发出告警信号，并经长延时切除变压器。

冷却器全停保护的逻辑框图如图 4-37 所示。

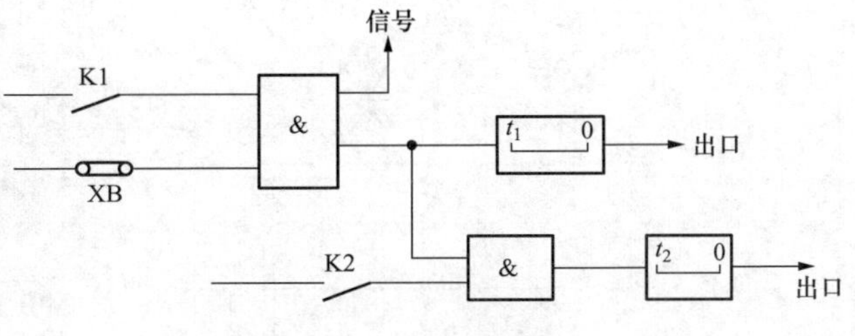

图 4－37 冷却器全停保护

在图 4－37 中：K1 为冷却器全停接点，冷却器全停后闭合；XB 为保护投入压板，当变压器带负荷运行时投入；K2 为变压器温度接点。

变压器带负荷运行时，压板由运行人员投入。若冷却器全停，K1 接点闭合，发出告警信号，同时启动 t_1 延时元件开始计时，经长延时 t_1 后去切除变压器。

若冷却器全停之后，伴随有变压器温度超温，图中的 K2 接点闭合，经短延时 t_2 去切除变压器。

在某些保护装置中，冷却器全停保护中的投入压板 XB，用变压器各侧隔离刀闸的辅助触点串联起来代替。这种保护构成方式的缺点是：回路复杂，动作可靠性降低。其原因是：当某一对辅助触点接触不良时，该保护将被解除。

第二节 母 线 保 护

一、概述

母线是发电厂和变电站重要组成部分之一。母线又称汇流排，是汇集电能及分配电能的重要设备。

（一）母线的接线方式

母线的接线方式种类很多。应根据发电厂或变电站在电力系统中的地位、母线的工作电压、连接元件的数量及其他条件，选择最适宜的接线方式。

1. 单母线和单母线分段接线方式

单母线及单母线分段的接线方式如图 4－38 所示。

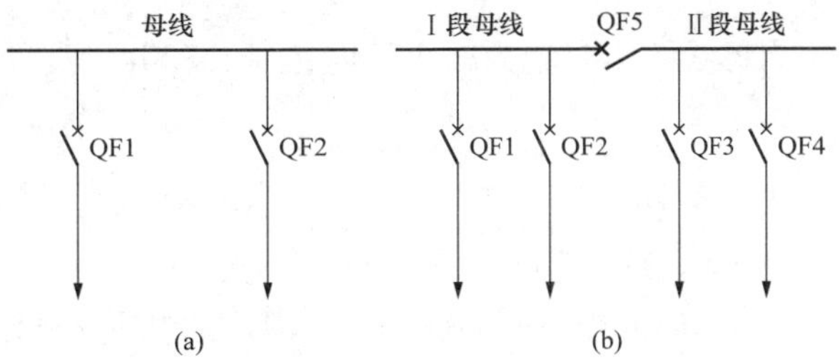

图 4－38 单母线及单母线分段接线

（a）单母线；（b）单母线分段

图中：QF1 ～ QF4 为出线断路器；QF5 为分段断路器。

在发电厂或变电站，当母线电压为 35 ~ 66kV、出线数较少时，可采用单母线接线方式；而当出线较多时，可采用单母线分段；对 110kV 母线，当出线数不大于 4 回线时，可采用单母线分段。

2. 双母线接线方式

在大型发电厂或枢纽变电站，当母线电压为 110kV 及以上，出线在 4 回以上时，一般采用双母线接线方式，如图 4－39 所示。

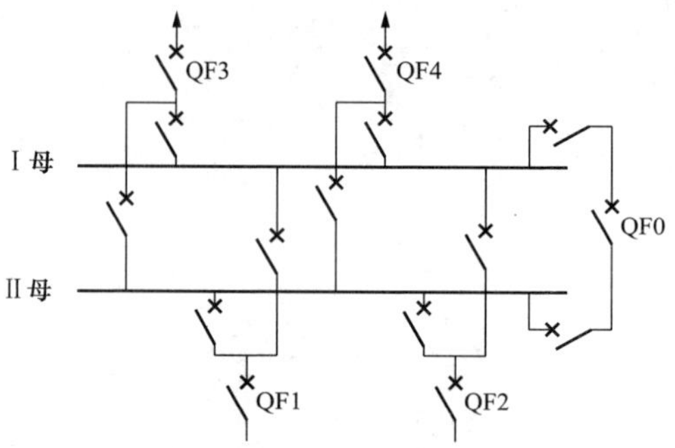

图 4－39　双母线接线

在图中：QF1～QF4 为出线断路器；QF0 为母联断路器。

3. 双母线分段接线方式

为了改进工作母线故障导致接于该段上的进出线在倒闸操作期间要 100% 停电的问题，一般可将工作母线分成 3～4 段，以减少正常检修和故障时的倒闸操作。

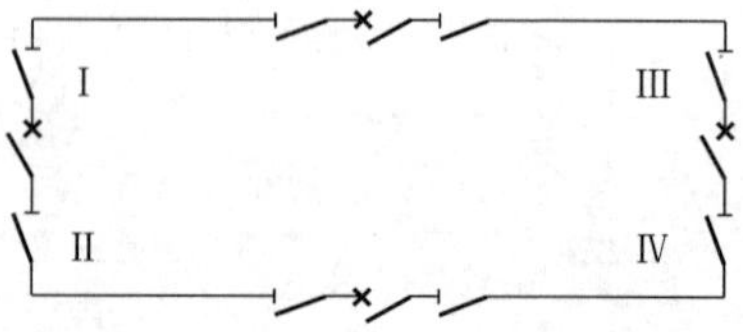

图 4－40　双母线双分段接线

如图 4－40 所示，在双母线分段接线方式中，Ⅰ、Ⅱ组母线（或Ⅲ、Ⅳ组母线）之间的联络断路器称为母联断路器，Ⅰ、Ⅲ组母线（或Ⅱ、Ⅳ组母线）之间的联络断路器称为分段断路器。在Ⅰ、Ⅱ母之间配置母差保护两套，在Ⅲ、Ⅳ母之间配置母差保护两套，且要求在分段断路器失灵时不同组的母差失灵保护之间能够相互启动，达到最终隔离故障的目的。

此外，双母线还可加装旁路母线。双母线带旁路母线及双母线分段接线的可靠性和灵活性都相当高，但使用的电气设备更多，配电装置结构比较复杂。

4. 3/2 接线方式

当母线故障时，为减少停电范围，220kV 及以上电压等级的母线可采用$\frac{3}{2}$断路器母线的接线方式。其接线如图 4－41 所示。

在图 4－41 中：QF1～QF6 为出线断路器。断路器 QF1～QF3 组成一串；断路器 QF4～QF6 组成另一串。QF2、QF5 称为串中间断路器，另几个称为边断路器。

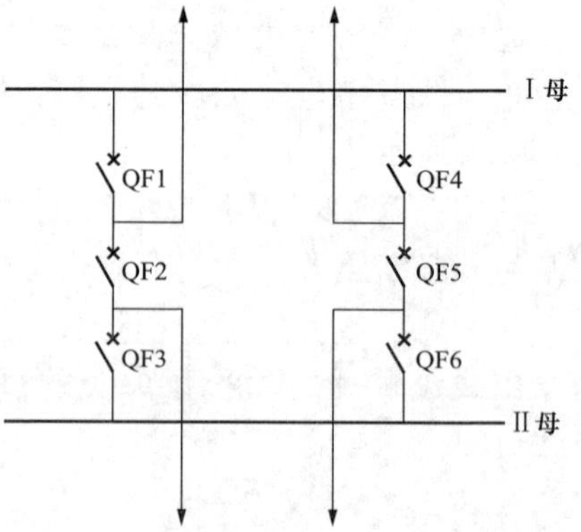

图 4－41　$\frac{3}{2}$断路器母线接线方式

（二）母线的故障

在大型发电厂和枢纽变电站，母线连接元件甚多。主要连接元件除出线单元之外，尚有 TV、电容器等。

运行实践表明：在众多的连接元件中，由于绝缘子的老化，污秽引起的闪络接地故障和雷击造成的短路故障次数甚多；母线电压和电流互感器的故障；另外，运行人员的误操作，如带负荷拉隔离开关、带地线合断路器造成的母线短路故障，也有发生。

母线的故障类型主要有单相接地故障和相间短路故障，两相接地短路故障及三相短路故障的几率较少。

(三) 对母线保护的要求、母线保护的种类及与其他保护间的配合

当发电厂和变电站母线发生故障时，如不及时切除故障，将会损坏众多电力设备及破坏系统的稳定性，从而造成全厂或全变电站大停电，乃至全电力系统瓦解。因此，设置动作可靠、性能良好的母线保护，使之能迅速检测出母线上的故障并及时有选择性的切除故障是非常必要的。

1. 对母线保护的要求

(1) 高度的安全性和可靠性。母线保护的拒动和误动将造成严重的后果。母线保护误动造成大面积的停电；母线保护拒动更为严重，可能造成电力设备的损坏及系统的瓦解。

(2) 选择性强、动作速度快。母线保护不但要能很好的区分区内故障和外部故障，还要确定哪条或那段母线故障。由于母线安全运行影响到系统的稳定性，尽早发现并切除故障尤为重要。

2. 对电流互感器的要求

母线保护应接在专用TA二次回路中，且要求在该回路中不接入其他设备的保护装置或测量表计。TA的测量精度要高，暂态特性及抗饱和能力强。母线TA在电气上的安装位置，应尽量靠近线路或变压器一侧，使母线保护与线路保护或变压器保护有重叠保护区。

3. 大型发电厂及枢纽变电站母线保护装置中含保护的类别

220kV母线保护功能一般包括母线差动保护，母联相关的保护（母联失灵保护、母联死区保护、母联过流保护、母联充电保护等），断路器失灵保护。500kV母线往往采用3/2接线，相当于单母线接线，其母线保护相对简单，一般仅配置母线差动保护，而断路器失灵保护往往置于断路器保护中。对重要的220kV及以上电压等级的母线都应当实现双重化，配置两套母线保护。

4. 与其他保护及自动装置的配合

由于母线保护关联到母线上的所有出线元件，因此，在设计母线保护时，应考虑与其他保护及自动装置相配合。

(1) 母线保护动作、失灵保护动作后，对闭锁式保护作用于纵联保护停信；对允许式保护作用于纵联保护发信。

当在断路器与TA之间发生短路故障或母线上故障断路器失灵时，采用上述措施后可使线路对侧的纵联保护动作于跳闸，否则的话对侧纵联保护不能跳闸导致故障不能快速切除。但母线保护动作停信与发信的措施在3/2接线方式中不能采用，因为在3/2接线方式中母线上的故障并不要求对侧断路器跳闸。该措施的具体解释，读者可参阅第三章纵联保护部分的叙述。

(2) 闭锁线路重合闸。

当母线上发生故障时，一般是永久性的故障。为防止线路断路器对故障母线进行重合，造成对系统又一次冲击，母线保护动作后，应闭锁线路重合闸。

(3) 起动断路器失灵保护。

为使在母线发生短路故障而某一断路器失灵时失灵保护能可靠切除故障；或3/2接线方式，故障点在断路器与TA之间时，失灵保护能可靠切除故障，因此母线保护动作后，应立即去启动失灵保护。

二、母线差动保护

母线保护中最主要的是母差保护。如果规定母线上各连接单元里从母线流出的电流为电流的正方向，也就是各连接单元 TA 的同极性端在母线侧，微机型母差保护把各连接单元 TA 二次按正方向规定的电流的相量和的幅值作为差动电流（动作电流）I_d。

$$I_d = \left| \sum_{j=1}^{n} \dot{I}_j \right| \tag{4-87}$$

式中：n 为母线上连接的元件；$\dot{I}_j$ 为母线所连第 j 条出线的电流。

母线在正常运行及外部故障时，根据节点电流定理（基尔霍夫第一定理），流入母线的电流等于流出母线的电流。如果不考虑 TA 的误差等因素，理想状态下各电流的相量和等于零。如果考虑了各种误差，差动电流应该是一个不平衡电流，此时母差保护可靠不动作。

当母线上发生故障时，各连接单元里的电流都流入母线，所以 TA 二次电流的相量和等于短路点的短路电流的二次值 I_K，差动电流的幅值很大。只要该差动电流的幅值达到一定的值，差动保护就可以可靠动作。

所以母线差动保护可以区分母线内和母线外的短路，其保护范围是参加差动电流计算的各 TA 所包围的范围。

模拟型的母差保护有实际的差动回路。在差动回路中将按正方向规定的二次电流相加流入差动继电器。按差动回路中的电阻大小分类可将保护分为低阻抗型、中阻抗型和高阻抗型的母线差动保护。传统的母线差动保护大多是低阻抗型。接于差流回路的电流继电器阻抗很小，在内部短路时，电流互感器的负担小，二次电压低，因而饱和度小，误差小。需要解决区外故障时的不平衡电流问题、TA 饱和问题及非周期分量电流问题。高阻抗型母线差动保护由于易引起内部高压已不采用。中阻抗型母线差动保护的差电流回路电阻介于高阻抗型和低阻抗型之间，其差动回路总电阻约有 200Ω 左右，因而也可大大减小外部短路时进入继电器的不平衡电流，并与制动回路相配合，可以保证保护动作的选择性。微机型母差保护已波有传统意义上的差动回路，动作电流、制动电流的计算都在软件中进行。

下面先介绍国产微机型母差保护和中阻抗母差保护。

（一）微机型母线差动保护

目前，微机型母差保护在国内各电力系统中得到了广泛应用，母线差动保护由母线大差动和几个各段母线的小差动组成。母线大差动是由除母联断路器和分段断路器以外的母线所有其余支路的电流构成的大差动元件，其作用是区分母线内还是母线外短路，但它不能区分是哪一条母线发生故障。某条母线小差动是由与该母线相连的各支路电流构成的差动元件，其中包括与该母线相关联的母联断路器和分段断路器支路的电流，其作用是可以区分该条母线内还是该条母线外故障，所以可以作为故障母线的选择元件。对于双母线、母线分段等形式的母线保护，如果大差动元件和某条母线小差动元件同时动作，则将该条母线切除，也就是“大差判母线故障，小差选故障母线”。

在差动元件中应注意 TA 极性的问题，一般各支路 TA 同极性端在母线侧，母联断路器 TA 的同极性端可在Ⅰ母侧或Ⅱ母侧。如果母联 TA 同极性端在Ⅰ母侧，如图 4-42（b）图所示，Ⅰ母小差计算电流是连接在Ⅰ母上的所有支路电流的相量和再加上母联电流，Ⅱ母小差计算电流是连接在Ⅱ母上的所有支路电流的相量和再减去母联电流，反之，图 4-42（a）图所示正好相反。如果 TA 同极性端不满足装置的规定则将可能导致母差保护误动或拒动，因此应加以重视。

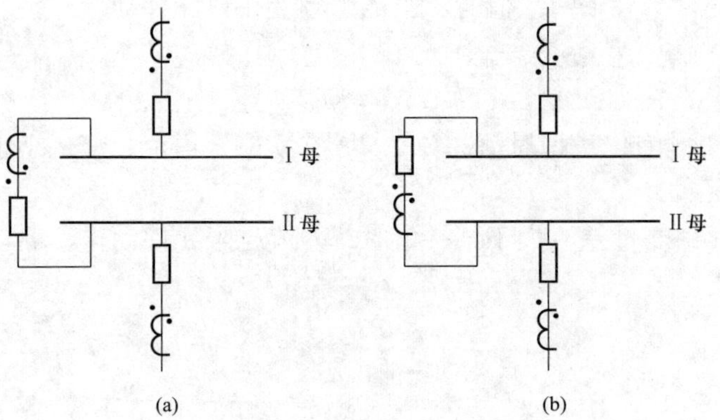

图 4－42 母联 TA 极性示意图

(a) 母联 TA 极性指向Ⅱ母；(b) 母联 TA 极性指向Ⅰ母

1. 保护逻辑框图

母线差动保护，主要由三个分相差动元件构成。另外，为提高保护的动作可靠性，在保护中还设置有启动元件、复合电压闭锁元件、TA 二次回路断线闭锁元件及 TA 饱和检测元件等。双母线或单母线分段单相母差保护的逻辑框图如图 4－43 所示。

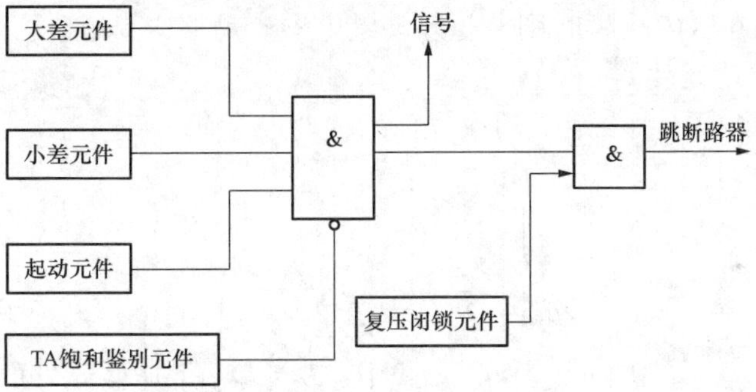

图 4－43 双母线或单母线分段母差保护逻辑框图（以一相为例）

由图 4－43 可以看出：当小差元件、大差元件及启动元件同时动作，此外，复合电压元件也动作时，保护才能去跳该条母线各断路器。如果 TA 饱和鉴定元件鉴定出 TA 饱和时，立即将母差保护闭锁。

2. 起动元件

为提高母差保护的动作可靠性，设置有专用的起动元件，只有在起动元件起动之后，母差保护才能动作。通常采用的起动元件有：电压工频变化量元件、电流工频变化量元件及差流越限元件。

（1）电压工频变化量元件。

当两条母线上任一相电压工频变化量大于门坎值时，电压工频变化量元件动作，去起动母差保护。动作方程为

$$\Delta U \geqslant \Delta U_{T} + 0.05U_{N} \tag{4-88}$$

式中：ΔU 为相电压工频变化量瞬时值；U_N 为额定相电压（TV 二次值）；ΔU_T 是浮动动作门坎值。

（2）电流工频变化量元件。

当相电流工频变化量大于门坎值时，电流工频变化量元件动作，去启动母差保护。动作方程为

$$\Delta I \geqslant KI_N \tag{4-89}$$

式中：ΔI 为相电流工频变化量瞬时值；I_N 为 TA 二次额定电流；K 是小于 1 的常数。

（3）差流越限元件。

当某一相大差元件测量差流大于某一值时，差流越限元件动作，启动母差保护。动作方程为

$$\left|\sum_{j=1}^{n} I_j\right| \geqslant I'_{opo} \tag{4-90}$$

式中：I'_{opo} 为差动电流启动门坎值；$I_d = \left|\sum_{j=1}^{n} I_j\right|$ 为大差元件某相的差动电流。

当上述各启动元件动作后，均将动作展宽 0.5s。

3. 差动元件

常见的母线差动元件有常规比率差动元件、工频变化量比率差动元件、复式比率差动元件。这些差动元件的差动电流的计算都相同，制动电流的计算有差异，因而在区外故障及区内故障时制动能力和动作灵敏度均有差异。差动元件的动作特性是比率制动特性曲线。其作用是在区外故障时让动作电流随制动电流增大而增大使之具有制动特性，能躲过区外短路产生的不平衡电流，而在区内故障时则希望差动继电器有足够的灵敏度。

（1）常规比率差动元件。

动作判据是式（4-91）中两个动作方程的“与”逻辑。

$$\begin{cases} \left|\sum_{j=1}^{m} I_j\right| > I_{cdzd} \\ \left|\sum_{j=1}^{m} I_j\right| > K\sum_{j=1}^{m} |I_j| \end{cases} \tag{4-91}$$

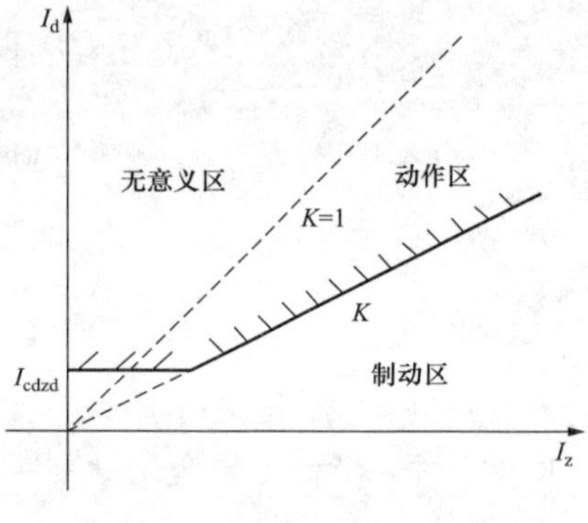

图 4-44 差动元件的动作特性图

式中：I_j 为第 j 个连接元件的电流；I_{cdzd} 为差动电流起动定值；K 为比率制动系数。根据上述的动作方程，绘制出的比率制动特性曲线如图 4-44 所示的双折线。图中 I_d 是差动电流，$I_d = \left|\sum_{j=1}^{n} \dot{I}_j\right|$，$I_z$ 是制动电流，$I_z = \sum_{j=1}^{n} |I_j|$。斜线的延长线经过坐标原点，其斜率即是比率制动系数 K。满足式（4-91）中第一个方程说明差动电流 I_d 在横线的上方；满足式（4-91）中第二个方程说明差动电流 I_d 与制动电流 I_z 对应的工作点位于斜线的上方。同时满足式（4-91）中两个方程，说明差动电流与制动电流对应的工作点位于双折线上方的阴影区，此时差动元件动作。由于 $\left|\sum_{j=1}^{n} \dot{I}_j\right|$ 不可能大于 $\sum_{j=1}^{n} |I_j|$，故差动元件不可能工作于斜率为 1 的虚线上方，所以斜率为 1 的虚线上方，是无意义区。双折线的上方和斜率为 1 的虚线下方所包含的区域是差动元件的动作区。在斜线部分，差动元件有制动作用，差动元件要动作时的动作电流随着制动电流的增大而增大，有利于外部短路时躲过不平衡电流使保护不误动。

（2）复式比率差动元件。

1）复式比率差动元件的动作判据是式（4－92）和式（4－93）的“与”逻辑。

$$I_d > I_{d.set} \tag{4-92}$$

$$I_d > K_r \times (I_r - I_d) \tag{4-93}$$

式中：I_d 为母线上各元件电流的相量和，即差动电流；I_r 为母线上各元件电流的标量和，即电流的绝对值和；$I_{d.set}$ 为差电流门坎定值；K_r 为复式比率系数（又称制动系数）。

式（4－92）、式（4－93）对应的比率制动特性曲线如图4－45中的双折线。斜线的斜率为 K_r，$K_r = \dfrac{I_d}{I_r - I_d}$。同时满足式（4－92）和式（4－93）说明工作点在双折线的上方的阴影区，差动元件动作。

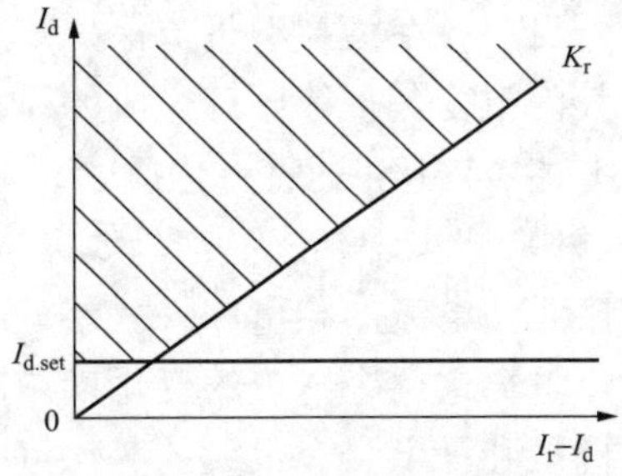

图4－45　复式比率差动元件动作特性

2）复式比率差动判据的优点。

若忽略TA误差和流出电流的影响，在区外故障时，$I_d = 0$，$\dfrac{I_d}{I_r - I_d} = \dfrac{0}{I_r} = 0$；在区内故障时，$I_d = I_r$，$\dfrac{I_d}{I_r - I_d} = \dfrac{I_d}{0} = \infty$。由此可见，复式比率差动继电器 K_r 值的选取范围很大，可以从0到∞，即能非常明确地区分区内和区外故障。复式比率差动判据与常规的比率差动判据相比，由于在制动量的计算中引入了差电流，使其在母线区外故障时由于 K_r 值可选得大于1而有很强的制动特性，而在母线区内故障时又无制动作用，因此能更明确的区分区外故障和区内故障。

4. TA饱和鉴别元件

（1）电磁式电流互感器饱和的特点。

当一次电流很大时、一次电流中含有很大的非周期分量时、当TA铁芯中有很大的剩磁时以及当TA二次负载阻抗很大时，电磁式电流互感器很容易饱和。TA饱和时存在下述一些特点：

1）TA二次电流波形发生畸变，TA二次电流中含有大量的谐波分量电流。

2）发生短路故障时即使TA发生饱和，但是TA是在短路发生一段时间以后才开始饱和的，在短路初始一段时间内TA一、二次电流总有一段正确传变的时间。大量试验证明TA最快要在短路发生2ms以后才会开始饱和。

3）即使TA处于非常严重的饱和状态，TA二次电流也不可能完全为零。在TA饱和时每一周波内总有一段时间一、二次电流是线性传变的。

4）即使在稳态短路电流的情况下TA的变比误差（幅值误差）小于10%，但是在短路暂态过程中由于短路电流中的非周期分量影响，其误差也往往大于10%。

现在很多TA饱和判别的原理都是基于上述这些特点构成的。

（2）TA饱和对母线保护的影响。

1）母线区外故障时TA饱和对母线保护的影响：理想情况下母线区外短路时差动元件的动作电流是零。在区外短路时假设离故障点最近支路的TA饱和，而其他支路的TA不饱和。饱和的TA其二次电流（归算值）的波形相对一次电流的波形产生缺损，差动元件的动作电流就是这部分缺损的电流。如果TA饱和比较严重，差动元件的动作电流比较大，将造成保护误动。

2）母线区内故障时TA饱和对母线保护的影响：由于电流互感器的饱和，饱和的电流互感器不能线性传变一次电流使区内故障时差动电流降低，会影响差动元件的灵敏度。此外如果为了在区外短路防止TA饱和时保护的误动，往往设置专门的TA饱和判别元件，在TA饱和时将差动保护闭锁。TA饱和判别需要的时间（软件算法数据窗的时间）又将延长区内短路时保护动作的时间。

（3）抗TA饱和方法。

目前，在模拟型母差保护装置中，TA饱和鉴别元件均是根据饱和TA二次电流的特点及其内阻变化规律原理构成的。在微机母差保护装置中，TA饱和判别元件的鉴别方法是根据上述TA饱和的特点构成的。

1）同步识别法。当母线区内发生故障时，各出线元件上的电流将发生很大的变化。各连接元件电流的相量和——差动电流有很大的变化量，各连接元件电流的标量和也有很大的变化量，这两个电流的变化量是同时出现的。当母差保护区外发生故障时，各连接元件电流的标量和马上会有很大的变化量。但是由于TA即使饱和也是在短路过了一段时间以后才饱和的，所以各连接元件电流的相量和的电流变化量是短路过了一段时间以后才出现的。相量和的电流变化量与标量和的电流变化量是不同时出现的，所以可以利用这个原理来鉴别TA饱和。当标量和的电流变化量与相量和的电流变化量同时出现时，认为是区内故障开放差动保护；而当标量和的电流变化量比相量和的电流变化量出现早一定时间以上时，判定是TA饱和，将差动保护闭锁。这种鉴别区外故障TA饱和的方法称作同步识别法。

2）自适应阻抗加权抗TA饱和法。其基本原理也是利用故障后TA即使饱和也不是短路后立即饱和的原理。在采用自适应阻抗加权抗饱和法的母差保护装置中，设置有工频变化量差动元件$\Delta BLCD$、工频变化量阻抗元件ΔZ及工频变化量电压元件ΔU。所谓的工频变化量差动元件$\Delta BLCD$，其动作电流是各连接元件电流相量和的变化量，制动电流是各连接元件电流标量和的变化量，比率制动特性曲线是一个双折线。所谓工频变化量阻抗元件ΔZ，是母线电压的变化量与各连接元件电流相量和的变化量的比值小于一定值时动作。工频变化量电压元件ΔU是反应所在母线电压变化量的元件。这三个元件按相设置。ΔU元件无论区内短路还是区外短路都能立即动作，它作为这套保护的开放元件。$\Delta BLCD$元件和ΔZ元件在区内短路时可以灵敏、快速动作；而在区外短路时，只要TA不饱和就可靠不动作，在TA饱和以后才可能动作。当区内发生故障时，ΔU、$\Delta BLCD$和ΔZ是同时动作的，保护可以快速跳闸。区外发生故障时，一开始TA没有饱和，所以ΔU元件先动作，$\Delta BLCD$和ΔZ元件没有动作。等到TA饱和以后$\Delta BLCD$和ΔZ元件才可能动作，据此判断是区外短路，保护不动作。

3）基于采样值的重复多次判别法。若在对差流一个周期的连续R次采样值判别中，有S次及以上不满足差动元件的动作条件，认为是外部故障TA饱和，继续闭锁差动保护；若在连续R次采样值判别中有M次以上满足差动元件的动作条件时，判为区内故障或发生区外故障转区内故障，立即开放差动保护（$M>S$）。该方法实际是基于以下原理构成的：即使TA饱和，在一次故障电流过零点附近也存在一、二次电流线性传变区。

4）谐波制动原理。TA饱和时差电流的波形将发生畸变，其中会有大量的谐波分量。用谐波制动可以防止区外故障TA饱和误动。但是，当区内故障TA饱和时，差电流中同样会有谐波分量。因此，为防止区内故障或区外故障转区内故障TA饱和使差动保护拒动，必须引入其他辅助判据，以确定是区内故障还是区外故障。利用区外故障TA饱和后在每个周波内的线性传变区内无差流；而区内故障 TA 饱和时，无论是否工作在线性传变区，一直是有差流的方法来区别区内、外故障，再利用谐波制动防止区外故障误动。在谐波制动原理中为了正确测量谐波含量以及辅助判据中要用到 TA 每周有线性传变区的原理，因此需要的数据窗比较大，一般需要一个周波。所以用谐波制动原理防止 TA 饱和的母差保护动作时间也相应较长。

5. 复合电压闭锁元件

由于母线是电力系统中的重要元件。母差保护动作后跳的断路器数量多，它的误动可能造成灾难性的后果。为防止保护出口继电器误动或其他原因误跳断路器，通常采用复合电压闭锁元件。只有当母差保护差动元件及复合电压闭锁元件同时动作时，才能去跳各路断路器。

（1）动作方程及逻辑框图。

在大接地电流系统中，母差保护的复合电压闭锁元件，由相低电压元件、负序电压及零序过电压元件组成。其动作判据为式（4－94）三个方程的“或”逻辑。

$$\begin{cases} U_\Phi \leqslant U_{op} \\ 3U_0 \geqslant U_{0op} \\ U_2 \geqslant U_{2op} \end{cases} \tag{4-94}$$

式中：U_Φ为最小的相电压（TV 二次值）；$3U_0$ 为零序电压，利用 TV 二次三相电压自产；U_2 为负序相电压（二次值）也是由软件计算的自产电压；U_{op}为低电压元件动作整定值；U_{0op}为零序电压元件动作整定值；U_{2op}为负序电压元件动作整定值。

复合电压元件逻辑框图如图 4－46 所示。

可以看出：当低电压元件、零序过电压元件及负序电压元件中只要有一个或一个以上的元件动作，立即开放母差保护。

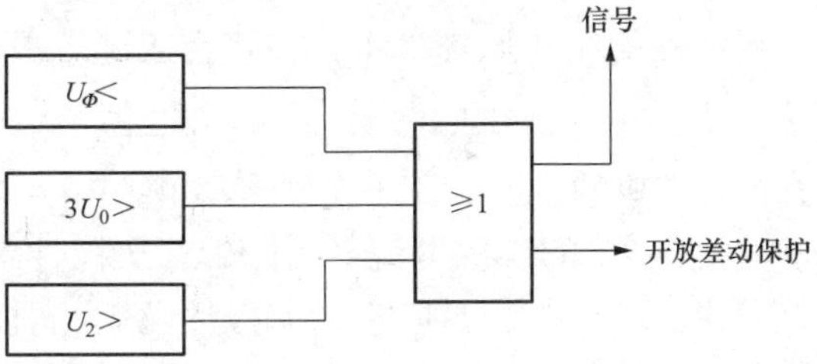

图 4－46　复合电压元件逻辑框图

（2）闭锁方式。

在模拟型母线保护中，为防止差动元件出口继电器由于振动或人员误碰出口回路造成的误跳断路器，复合电压闭锁元件采用出口继电器接点的闭锁方式，即复合电压闭锁元件的接点，分别串联在差动元件出口继电器的各出口接点回路中。现在微机型母线保护复合电压闭锁采用软件闭锁方式，当然对于出口继电器由于振动或人员误碰出口回路，仍然会造成保护误动。一般在母线保护中，母线差动保护、断路器失灵保护、母联死区保护、母联失灵保护都要经复合电压闭锁。但跳母联或分段断路器时不经过复合电压闭锁。母联充电保护和母联过流保护跳各断路器不经复合电压闭锁。500kV 的母线保护由于采用 3/2 接线方式，不用复合电压闭锁。因为即使母线保护误动跳边断路器，各线路和变压器都仍然能正常运行。

（二）中阻抗型母差保护

在模拟型的母线保护中经常用到中阻抗母差保护。中阻抗母差保护是指差流回路的阻抗较大的母差保护。该类保护的特点是动作速度快，躲故障时 TA 饱和的能力强。

1. 差动继电器原理接线及工作原理

每一条母线上的中阻抗母差元件，由三个分相差动继电器构成。设某条母线上只有两个出线单元，其单相差动继电器的原理接线如图 4－47 所示。

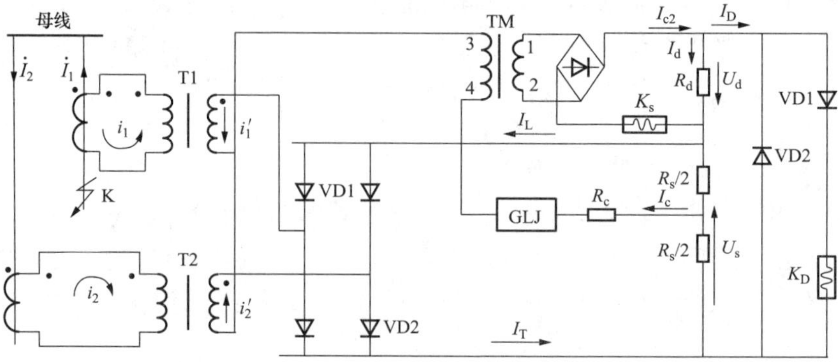

图 4－47　中阻抗差动继电器原理接线图

在图 4－47 中：T1、T2—辅助变流器；TM—升流变流器；GLJ—TA 断线告警元件，监视差回路的不平衡电流；R_c—差回路附加电阻；R_d—TM 二次动作电流回路电阻；I_d—动作电流；U_d—动作电压；$R_S/2$—制动回路电阻；U_s—制动电压；K_s—启动元件，无制动特性；K_D—动作元件。

辅助变流器 T1 及 T2 的作用是：强弱电隔离、降低电流值及各支路调平衡。强弱电气隔离可提高继电器的抗干扰能力；降低电流值后可使电流回路中各元件的容量及体积减小；当母线各连接单元 TA 变比不同时，可改变各辅助变流器的变比，使其二次输出电流平衡。TM 及 R_c 共同使差动回路呈现中阻抗。

继电器的工作原理如下：在正常工况下或外部故障 TA 不饱和时，设两出线单元上的电流 $\dot{I}_1$、$\dot{I}_2$ 的流向如图 4－47 所示，则辅助变流器 T1 二次电流 i'_1 由 T1 二次非极性端流出，经升流器 TM 的一次、GLJ 元件、R_c 电阻、$R_S/2$ 电阻、二极管 VD1 流回 T1 二次的极性端；辅助变流器 T2 的二次电流 i'_2 由 T2 二次极性端流出，经二极管 VD2、电阻 $R_S/2$、电阻 R_c、GLJ 元件、TM 一次回到 T2 的非极性端。此时，由于电流 i'_1 与 i'_2 大小相等、方向相反，故差回路的电流等于零，启动元件 K_s 及动作元件 K_D 不会动作。

当母线上发生故障时，出线单元上电流 $\dot{I}_2$ 的流向将发生变化，由流出母线变成流入母线，从而使电流 i'_2 的流向发生变化。此时，i'_2 与 i'_1 方向相同，在继电器差回路中出现很大的电流。该电流流过升流器 TM，产生动作差流 I_d 及动作电压 U_d，从而使启动元件 K_s 及动作元件 KD 同时动作，继电器出口及差动保护动作。

需要说明的是：启动元件 K_s 是否动作只由差流 I_d 的大小决定，而动作元件动作情况不但决定于 I_d 的大小，而且还与制动电压 U_s 的大小有关。I_d 决定于 i'_1 及 i'_2 的向量和，而 U_s 决定于 i'_1 及 i'_2 绝对值的和。

2. 动作方程

起动元件的动作方程

$$\left|\sum_{j=1}^{n}\dot{I}_j\right| \geqslant I_{\text{Lop}} \tag{4-95}$$

动作元件的动作方程

$$\left|\sum_{j=1}^{n}\dot{I}_j\right| \geqslant K_z\sum_{j=1}^{n}\left|\dot{I}_j\right| + I_{\text{hop}} \tag{4-96}$$

式中：$\dot{I}_j$为第j个连接元件的电流；I_{Lop}为启动元件的动作电流；I_{hop}为动作元件的最小动作电流；K_z为比率制动系数。

根据式（4－95）及式（4－96）绘出的中阻抗保护动作特性如图4－48所示。

图中：I_{dz}为差动电流，是各连接元件电流的相量和的幅值；K_z为制动系数；I_{zd}为制动电流，是各连接元件电流的标量和

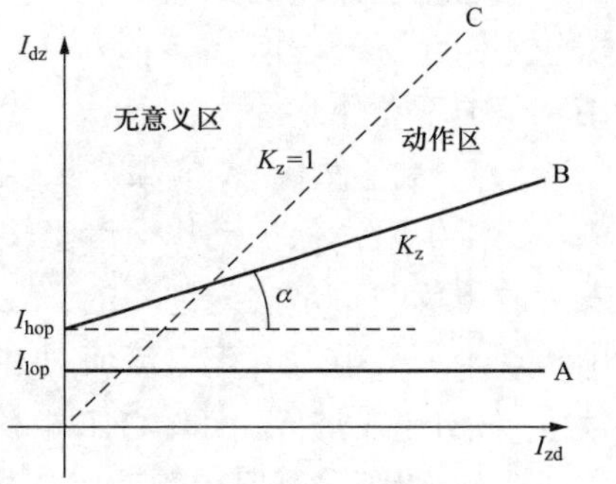

图4－48 中阻抗保护的动作特性

在图4－48中，直线C的方程为$\left|\sum_{j=1}^{n}\dot{I}_j\right| = \sum_{j=1}^{n}|\dot{I}_j|$，其斜率等于1。考虑到$\left|\sum_{j=1}^{n}\dot{I}_j\right|$值不可能大于$\sum_{j=1}^{n}|\dot{I}_j|$，所以直线C的上方为无意义区。直线B为动作元件的动作边界线，满足式（4－96）时，工作点在直线B的上方。所以直线B的上方与直线C的下方为动作区。直线A为启动元件的动作边界线，满足式（4－95）时工作点在直线A的上方。

3. 影响比率制动系数的因素

所谓动作元件的比率制动系数，指的是直线B的斜率，其斜率为：$K_z = \mathrm{tg}\alpha$。

由图可以看出，若不计动作元件的动作门坎（即最小动作电流I_{hop}）的影响，K_D处于临界动作状态的条件是动作电压等于制动电压，即$U_d = U_s$。

设动作元件处于临界动作时外加电流为I_T，则制动电压为

$$U_s = I_T\frac{R_s}{2}$$

而动作电压

$$U_d = I_T N_{TM}\frac{R_S R_d}{R_d + R_S}K_z \tag{4-97}$$

式中：N_{TM}为升流变流器的变比。

则制动系数

$$K_z = \frac{R_d + R_S}{2N_{TM}R_d} \tag{4-98}$$

可以看出：制动系数K_z由继电器回路的参数R_d、R_s及N_{TM}决定。

4. 差动TA饱和的影响

（1）区外故障TA饱和。

设故障点在图4－47中的K点，该线路上的差动TA严重饱和。在故障发生的瞬间，TA不会立即饱和，此时的工况与外部故障TA不饱和工况完全相同，差动继电器不会动作。待TA饱和之后，其二次电流i_1及辅助电流互感器T_1的二次电流i_1'近似等于零。由于线路TA饱和其励磁阻抗很小，致使电流互感器内阻近似等于零，相当于将辅助变流器T1一次短路，使其内阻也为零。由于差动继电器差动回路串有较大的电阻，辅助变流器T2二次电流i_2'的流径变成：由T2极性端出，经二极管V2、电阻$R_s/2$、电阻$R_s/2$、二极管V1、辅助变流器T1二次极性端、辅助变流器T1非极性端，流回辅助变流器T2非极性端。流过升流器的电流近似为零，差动继电器不动。可以看出，区外故障时差动TA饱和越严重，差动继电器越可靠不动作。

综上所述，中阻抗母差保护抗 TA 饱和原理是：TA 不饱和时，其内阻很大，比差动继电器差回路中的阻抗大得多，其他 TA 二次电流不会流经该 TA；TA 饱和时其内阻大大降低，由于差动继电器差回路电阻大，使非饱和 TA 二次电流的流径发生了变化：不再经差动继电器的差回路流动，而是经饱和 TA 的辅助变流器二次形成回路，故使差动继电器的差流很小，保护不动作。

（2）区内故障 TA 饱和。

由于中阻抗保护动作速度很快，使得区内故障即使 TA 饱和保护也能动作。因为 TA 在发生故障瞬间不是立刻饱和的，在还没有饱和的时候按照区内故障的特点，在继电器差回路中出现很大的电流，该电流流过升流器 TM，产生动作差流 I_d 及动作电压 U_d，从而使启动元件 K_s 及动作元件 K_D 同时动作。所以内部故障后 3～5ms 之内，动作元件 K_D 及启动元件 K_s 动作，K_D 动作只需要很短的电压脉冲，并一旦动作以后就保持一个至二个周期，将动作状态记忆下来，即使 3～5ms 之后 TA 已经饱和，使差回路电流变小，但 K_S 和 K_D 已经动作保持，从而确保母差保护可靠跳闸。

综上所述，中阻抗母差保护从原理上不受 TA 饱和的影响。分析表明，若区外故障 TA 处于某一浅饱和状态时，差动保护有可能会误动。因此，应注意继电器中各参数的选择。

5. 逻辑框图

为防止差动 TA 二次回路断线母差保护误动，保护装置中设置有 TA 断线报警及闭锁差动出口元件；为防止出口中间继电器误动或维护人员误碰中间继电器出口接点致使误跳断路器，装置中设置有快速复合电压闭锁元件。

中阻抗差动保护动作逻辑框图如图 4－49 所示。

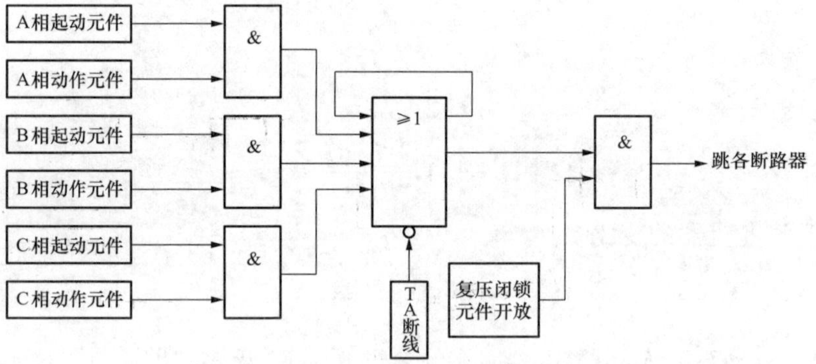

图 4－49　中阻抗保护动作逻辑框图

由图 4－49 可以看出，当差动保护中某一相差动继电器的启动元件及动作元件同时动作后，启动“或门”回路，“或门”回路动作后将动作状态自保持（1～2）周波（图中未画出），同时启动“与门”回路，此时，如果复合电压闭锁元件满足开放条件，保护动作去跳各路断路器。如果差动 TA 二次回路发生断线，TA 断线闭锁元件将全套保护闭锁。中阻抗母差保护的复合电压闭锁元件，由低电压元件、负序电压元件及零序电压元件构成，其逻辑框图同图 4－46。

（三）提高母线差动保护动作可靠性措施

母差保护的误动及拒绝动作，都将造成严重后果。因此，为确保电力系统的安全经济运行，提高母差保护的动作可靠性和动作灵敏度是非常必要的。

1. TA 断线闭锁

正常运行时，TA 断线时断线相上差动元件的差动电流是断线相上的负荷电流，差动电流不为零。但由于一般差动元件比率制动特性曲线中的起动电流是按躲过各连接元件中最大负荷电流整定的，再加上有复合电压闭锁，所以母线保护不会误动。但是在 TA 断线期间发生区外短路时，断线相上的差动电流是区外短路时流过保护的短路电流，母线保护将可能会误动。目前，对于大型发电机及变压器，由于 TA 的变比比较大，TA 断线时出现的电压很高，为了设备及人身的安全，差动保护在 TA 断线后不闭锁差动保护。此时在 TA 断线时允许差动保护动作跳闸。但与大型发电机及变压器相比，母线保护所用的母线出线 TA 的变比要小得多。例如 200MW 机组 TA 的变比为 12 000/5 =2400，高压母线出线上 TA 的变比通常为 600/1 或 1200/1，相差 2 ~4 倍；500kV 出线 TA 的变比将更小。相对而言，TA 的变比越小，二次回路开路时的电压低一些，其危害小一些。又由于母差保护的误动可能造成严重的后果。所以在母线保护装置中设置有 TA 断线闭锁元件，当差动 TA 断线时，立即将母差保护闭锁。

（1）TA 二次回路断线判别。

在微机母差保护装置中，一般采用差流越限来判差动 TA 二次回路断线

$$I_d \geqslant I_{op} \tag{4-99}$$

式中：I_d 为差电流；I_{op}为 TA 断线闭锁元件动作电流。当大差满足式（4 -99），经长延时（例如 5s）发 TA 断线报警信号同时闭锁母差保护。如果大差差动电流不满足式（4 -99），两个小差差动电流满足式（4 -99），经长延时（例如 5s）发母联 TA 断线报警信号，此时不闭锁母差保护。

另外再采用零序电流作为 TA 的异常判据。即当任一支路中的零序电流满足式（4 -100），经长延时（例如 5s）发 TA 异常报警信号，此时不闭锁母差保护。

$$3I_0 > 0.25I_{\Phi max} + 0.04I_e \tag{4-100}$$

式中：$3I_0$ 为零序电流；$I_{\Phi max}$为最大相电流；I_e 是 TA 二次额定电流（5A 或 1A）。

（2）对 TA 断线闭锁的要求。

对母差保护装置中的 TA 断线闭锁元件提出以下要求：

1）延时发出告警信号并将母差保护闭锁。

2）分相设置闭锁元件。母差保护为分相差动，TA 断线闭锁元件也应分相设置，即哪一相 TA 断线应去闭锁那一相的差动保护，以减少母线上又发生故障时差动保护拒动的几率。

3）母联、分段断路器 TA 断线，不应闭锁母差保护。若断线闭锁元件检查到的是母联 TA 或分段 TA 断线，应发 TA 断线信号但不闭锁母差保护。因为母联 TA 或分段 TA 断线时，大差在区外短路时并不会误动。在发 TA 断线信号后应自动切换到单母方式，此时再发生区内故障时，不再进行故障母线的选择。

2. TV 断线监视

对采用复合电压闭锁的母差保护，为防止由于 TV 二次回路断线造成复合电压闭锁元件的误判断，设置有 TV 二次回路断线的监视元件。判别 TV 断线的方法很多，下面举两个例子。

（1）利用自产零序电压与 TV 开口三角形电压进行比较判别。

判据为

$$\begin{cases}|\dot{U}_a+\dot{U}_b+\dot{U}_c|-3U_0/\sqrt{3}>U_{op}\\|\dot{U}_a+\dot{U}_b+\dot{U}_c|-3U_0\times\sqrt{3}>U_{op}\end{cases}\qquad(4-101)$$

式中：$\dot{U}_a$、$\dot{U}_b$、$\dot{U}_c$ 为 TV 二次三相电压；$3\dot{U}_0$ 为 TV 开口三角形输出电压；U_{op}为 TV 断线闭锁元件的动作电压。

对大接地电流系统 TV 断线判据为式（4－101）的上面一个方程，对小接地电流系统 TV 断线判据为式（4－101）的下面一个方程，两个方程不同的原因是大接地电流系统与小接地电流系统的 TV 变比中开口三角形处的相电压不同。在正常运行或系统发生各种故障时，式（4－101）中两个方程的左面计算值是零，不满足方程。在 TV 二次侧一相、两相断线时$|\dot{U}_a+\dot{U}_b+\dot{U}_c|$值不为零，但开口三角形输出电压 $3U_0$ 仍然是零，可以满足方程，判断 TV 一相、两相断线。检测出 TV 二次断线后经延时发出告警信号，不闭锁保护但退出复合电压闭锁（相当复合电压闭锁开放保护）。

（2）TV 断线的判别由下面两部分组成。

1）起动元件不起动，且负序电压满足式（4－102）判 TV 一相、两相断线。

$$3U_2\geqslant 12\text{V}\qquad(4-102)$$

TV 一相、两相断线时出现负序电压，可以满足式（4－102）。

2）起动元件不起动，三相电压幅值之和小于额定电压，且母联或任一出线的任一相有电流判 TV 三相断线。

$$\begin{cases}|\dot{U}_a|+|\dot{U}_b|+|\dot{U}_c|<U_e\\I_\varphi\geqslant 0.04I_e\end{cases}\qquad(4-103)$$

式中：$\dot{U}_a$、$\dot{U}_b$、$\dot{U}_c$ 为 TV 二次三相电压；U_e 为 TV 二次额定电压；I_φ 为母联或任一出线的任一相 TA 二次电流；I_e 为 TA 二次额定电流（5A 或 1A）。TV 三相断线时可以满足式（4－103）。

检测出 TV 二次断线后经延时发出告警信号，不闭锁保护但退出复合电压闭锁（相当复合电压闭锁开放保护）。

3. 母线运行方式识别

根据系统运行方式的需要，双母线上各连接元件经常在两条母线上进行切换。母线运行方式发生变化时，对于大差没有影响，但对于小差却会产生很大影响。随着连接元件在两条母线上的切换，该连接元件的电流参加哪条母线的小差电流计算也要跟着切换。因此正确地确认母线运行方式，即确认哪个连接元件接在哪条母线上运行，是保证母线差动保护正确动作的重要条件。在中阻抗及微机母差保护装置中，是利用隔离开关的辅助接点来识别母线的运行方式的。

（1）中阻抗母差保护母线运行方式的识别。

在中阻抗型母差保护装置中，是利用刀闸辅助接点启动切换继电器来确定母线连接单元运行在哪条母线上的。在双母线的中阻抗母差保护装置中，有两套完全相同的差动元件，分别称之为甲（或Ⅰ）母差动及乙（或Ⅱ）母差动。接在甲母上的连接元件，其隔离开关与甲母联接，并通过切换继电器接点将该元件差动 TA 二次电流引入到甲母差动回路中；而当该连接元件切换到乙母上运行时，通过切换继电器将 TA 二次电流自动引入到乙母差动回路中。装置上有信号灯，指示连接元件工作的母线。

在将连接元件由一条母线切换到另一条母线上的倒闸操作过程中，切换继电器自动地将两套差动元件合为一套（称之互联）；当倒闸操作完毕后再将两套差动元件分开。可以看出，由于差动TA二次回路中串有切换继电器的辅助接点，因此，隔离开关辅助接点及切换继电器的良好性将直接影响母差保护工作的可靠性。

为提高中阻抗型母差保护动作可靠性，对切换继电器提出以下要求：

1）切换继电器的动作电压应为额定电压的60%～70%；

2）切换继电器接点的接触应可靠，容量足够大；

3）用两对接点并联起来作一对接点用；

4）在切换过程中，切换接点应先闭合后另一对接点才打开，以防止切换过程中TA二次开路，另外，对隔离开关辅助接点应经常检查，确保动作的可靠性。

（2）微机型母差保护母线运行方式的识别。

在微机型母差保护装置中，将隔离开关的辅助接点作为开入量接到保护装置。保护装置根据测量到的开入量状态确定该连接元件接在哪条母线上，于是将该连接元件上的电流参加到该条母线的小差计算中去。所以随着隔离开关位置的切换，保护装置的小差计算能自适应地进行调整。为了保证保护装置的正确工作，显然对隔离开关的辅助接点应该不断地进行自检。例如当测量到某支路有电流而两个刀闸位置都无信号时，发出告警信号，并根据当前系统的电流分布状况自动校核隔离开关位置的正确性，以确保保护不误动。为防止因隔离开关辅助接点损坏而使装置长期工作于不正常状态，在母差装置盘上设置有母线隔离开关模拟盘。当装置发出隔离开关位置报警信号且确认隔离开关位置异常时，运行人员应立即通知维护人员进行检修，同时可利用刀闸模拟盘上强制开关的接点代替隔离开关的辅助触点作为开入量输入保护装置，让保护装置读取正确的刀闸位置。这样在隔离开关辅助接点检修期间，不会影响母差保护的正确工作。在母差保护投运试验时，应仔细检查隔离开关状态与保护对应位置识别的一致性及其回路的良好性。投运之后，在运行人员倒闸操作后，应对刀闸位置及其回路的正确性予以确认。

4. 大差元件比率制动系数的自动调整

在国内生产并广泛应用的微机双母线及单母线分段的母差保护装置中，设置两个小差元件及一个大差元件。大差元件用于确认母线故障，小差元件确定故障所在母线。正常运行时大差元件的整定值（起动电流及比率制动系数）与小差元件基本相同。接入大差元件的电流为两条母线各所连元件（除母联之外）TA二次电流，接入小差元件的电流为某条母线所连元件（包括母联）TA的二次电流。分析表明：当两条母线分裂运行时（即母联断路器或分段断路器断开），若母线上发生故障，大差元件的动作灵敏度要降低。

（1）母联断路器状态对大差差动元件动作灵敏度的影响。

现以图4－50的双母线接线为例来分析差动元件动作灵敏度。

在图4－50中：QF1～QF4是母线出线断路器；QF0是母联断路器。

流入大差元件的电流为$\dot{I}_1$～$\dot{I}_4$四个电流；流入Ⅰ母小差元件的电流为$\dot{I}_1$、$\dot{I}_2$及$\dot{I}_0$三个电流；

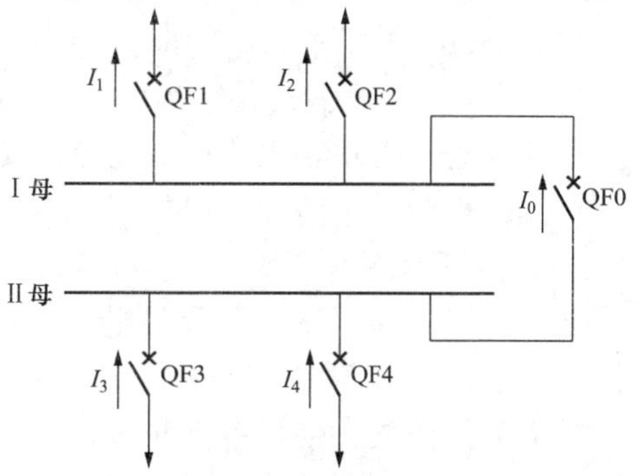

图4－50 母线接线示意图

流入Ⅱ母小差元件的电流为 $\dot{I}_3$、$\dot{I}_4$、$\dot{I}_0$ 三个电流。当母联断路器在合闸位置时，Ⅰ母发生短路故障，各个电流都流向Ⅰ母。在各电流都是同相位的情况下Ⅰ母小差元件的差动电流为 $|\dot{I}_1|+|\dot{I}_2|+|\dot{I}_0|=|\dot{I}_1|+|\dot{I}_2|+|\dot{I}_3|+|\dot{I}_4|$；Ⅰ母小差元件的制动电流也为 $|\dot{I}_1|+|\dot{I}_2|+|\dot{I}_3|+|\dot{I}_4|$，两者之比为1。大差元件的差动电流与制动电流与Ⅰ母小差相同，两者之比也为1。当母联断路器断开时Ⅰ母发生短路故障。Ⅰ母小差元件的差动电流为 $|\dot{I}_1|+|\dot{I}_2|$，制动电流也为 $|\dot{I}_1|+|\dot{I}_2|$，两者之比为1。而大差元件的制动电流仍为 $|\dot{I}_3|+|\dot{I}_4|+|\dot{I}_1|+|\dot{I}_2|$，但差流确只有 $|\dot{I}_1|+|\dot{I}_2|$。显然大差元件的动作灵敏度下降。

（2）实际对策。

为保证母联断路器停运时母差保护的动作灵敏度，可以采取以下措施：

1）解除大差元件。当母联断路器退出运行时，通过隔离开关的辅助触点解除大差元件，只要小差元件及其他启动元件动作经复合电压闭锁就可以去跳断路器。这种对策的缺点是降低了保护的可靠性，在微机保护中一般不采用。

2）自动降低大差元件的比率制动系数。当母联断路器退出运行时，自动将大差元件的制动系数减小。目前，这种措施在微机保护装置中得到了应用。用母联断路器的辅助触点作为开入量，微机母线保护测量到母联断路器退出运行时，在有些装置中自动将大差元件的制动系数降低到0.3。

5. 母线各连接单元TA变比不同时的调整

母线差动保护的原理是根据基尔霍夫第一定理（节点电流定理），把母线当作一个节点，流入节点的电流应该等于流出节点的电流。但是保护装置是接在TA二次的，只有各个TA的变比相同，那么二次电流的幅值关系也才能满足基尔霍夫第一定理。

对于中阻抗母差保护，当母线各连接单元TA变比不同时，可改变差动元件中各辅助变流器的变比，以求得各连接单元辅助变流器的二次电流达到平衡。在微机型母线保护中是利用软件来进行自动校正的。微机保护对各连接单元TA二次电流进行采样、模数转换以后得到了各二次电流的数字量，然后将这些数字量乘以不同的系数进行校正。微机保护装置要求将各TA的变比输入到定值单中，保护装置据此算出这些相应的系数。

6. 提高母差保护可靠性的其他措施

与其他保护比较，母差保护的回路复杂而且分布面广，接入TA的数量多，跳断路器的数量多，与其他保护（例如线路纵联保护、重合闸等）横向联系回路多。因此，确保上述回路的正确性及良好性，是提高母差保护动作可靠性的重要手段之一。

（1）各组差动TA二次回路只能有一个接地点，接地点应在保护盘上。

母差TA的数量多，各组TA之间的距离远。母差保护装置在控制室与各组TA安装处之间的距离也远。若在各组TA二次均有接地点，而由于各接地点之间的地电位相差很大，必定在母差保护中产生差流，可能导致保护误动。

（2）定期检测差动TA二次电缆芯线对地绝缘。

运行实践表明，发电厂及变电站一旦投产之后，退出母差保护校验的机会不多，TA二次回路无法检查。若差动TA二次回路对地绝缘不良，可能使TA二次某相流入差动元件的电流减小甚至消失，使母差保护误动。

（3）保证与其他保护之间的联系回路正确。

在母差保护正式投运之前，应认真检查与其他保护之间联系回路的正确性，在条件许可的情况下，可进行传动试验，验证母差保护与其他保护之间联系的正确性。

（4）运行中中阻抗母差保护 TA 二次不能短接。

试验表明，若将运行中中阻抗母差保护的一组 TA 二次回路短接，等于将全套母差保护退出运行。其原因相当于 TA 饱和。当母线某一连接元件检修时，可将该连接元件的母差 TA 二次回路在辅助 TA 二次断开。

（5）定期检查中阻抗母差保护的切换继电器。

运行实践表明，曾因切换继电器性能不良造成中阻抗母差保护误动及发告警信号。为提高中阻抗母差保护的可靠性，结合母差保护的检修，重点校验及检查切换继电器的性能，以保证动作电压为 60% ~70% 的额定电压，触点动作可靠，断开触点之间的绝缘满足要求。及时更换不合格或性能变差的切换继电器。

三、母联死区保护、母联失灵保护、母联充电保护、母联过流保护

（一）母联死区保护

对于双母线或单母线分段的母差保护，当故障发生在母联断路器与母联 TA 之间或分段断路器与分段 TA 之间时，如果不采取措施断路器侧的母差保护要误动，而 TA 侧的母差保护要拒动。一般把母联断路器与母联 TA 之间或分段断路器与分段 TA 之间这一段范围称作死区。

1. 死区原因分析

以图 4-51 所示的双母接线为例。设四个连接元件的 TA1、TA2、TA3、TA4 的同极性端都在母线侧，母联 TA 的同极性端在Ⅰ母侧，它们正方向电流 $\dot{I}_1$ ~ $\dot{I}_5$ 如图中实线箭头所示。TA1、TA2、TA3、TA4 的电流组成大差，由正方向电流的相量和构成的差动电流为 $I_d = |\dot{I}_1 + \dot{I}_2 + \dot{I}_3 + \dot{I}_4|$。TA1、TA2、TA5 的电流组成Ⅰ母小差，由正方向电流的相量和构成的差动电流为 $I_{d1} = |\dot{I}_1 + \dot{I}_2 + \dot{I}_5|$。TA3、TA4、TA5 的电流构成Ⅱ母小差，由于 $\dot{I}_3$、$\dot{I}_4$ 的正方向电流是流出Ⅱ母的而 $\dot{I}_5$ 的正方向电流是流入Ⅱ母的，故由正方向电流的相量和构成的差动电流为 $I_{d2} = |\dot{I}_3 + \dot{I}_4 - \dot{I}_5|$。在母联回路中电流互感器 TA5 靠近Ⅰ母，断路器 5 靠近Ⅱ母，所以把Ⅰ母小差又称作 TA 侧小差，把Ⅱ母小差称作断路器侧小差。在母联断路器 5 和母联 TA5 之间的死区内发生短路时，流过各个元件的 $\dot{I}_{1K}$ ~ $\dot{I}_{5K}$ 电流如图中虚线所示，它们都流向短路点。显然 $\dot{I}_1 = -\dot{I}_{1K}$、$\dot{I}_2 = -\dot{I}_{2K}$、$\dot{I}_3 = -\dot{I}_{3K}$、$\dot{I}_4 = -\dot{I}_{4K}$、$\dot{I}_5 = \dot{I}_{5K} = \dot{I}_{1K} + \dot{I}_{2K}$。大差的差动电流为 $I_d = |\dot{I}_1 + \dot{I}_2 + \dot{I}_3 + \dot{I}_4| = |-\dot{I}_{1K} - \dot{I}_{2K} - \dot{I}_{3K} - \dot{I}_{4K}| = |\dot{I}_K|$，等于短路点的短路电流（二次值）。TA 侧（Ⅰ母侧）小差的差动电流为 $I_{d1} = |\dot{I}_1 + \dot{I}_2 + \dot{I}_5| = |-\dot{I}_{1K} - \dot{I}_{2K} + \dot{I}_{5K}| = 0$。断路器侧（Ⅱ母侧）小差的差动电流为 $I_{d2} = |\dot{I}_3 + \dot{I}_4 - \dot{I}_5| = |-\dot{I}_{3K} - \dot{I}_{4K} - \dot{I}_{5K}| = |-\dot{I}_{3K} - \dot{I}_{4K} - \dot{I}_{1K} - \dot{I}_{2K}| = |\dot{I}_K|$，也等于短路点的短路电流（二次值）。所以大差和断路器侧小差动作跳开断路器侧母线上各连接元件和母联断路器。由于 TA 侧小差不动作，所以 TA 侧母线保护不动，使短路故障依然存在。

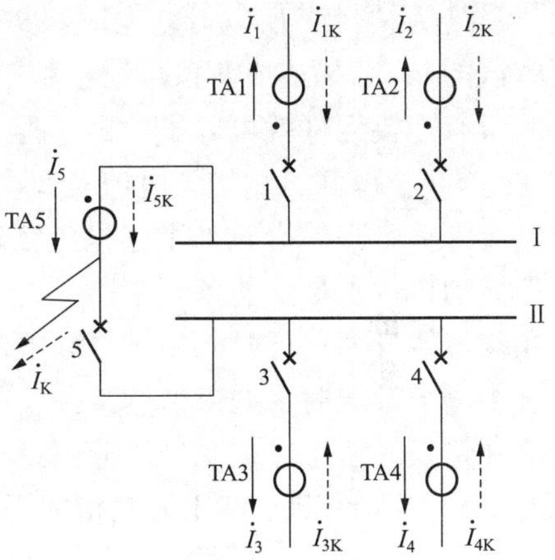

图 4-51 死区原因分析

所以把母联断路器和母联 TA 之间称作死区。这种短路故障只能靠母联失灵保护（见后面叙述，尽管母联断路器没有失灵，但是母联失灵保护仍然可以动作）带较长的延时跳开 TA 侧母线上各断路器才能被切除。为缩短故障切除时间，专设了母联死区保护。

2. 母联死区保护原理

微机型母联死区保护的逻辑框图如图 4－52 所示。在发生如图 4－51 所示的母联断路器和母联 TA 之间死区范围内的故障时，母联死区保护可同时满足下述四个条件：① 母线差动保护发过Ⅱ母的跳令；② 母联断路器已跳开（TWJ＝1）；③ 母联 TA 任一相仍有电流；④ 大差比率差动元件及Ⅱ母的小差比率差动元件动作后一直不返回。同时满足上述四个条件经死区动作延时后经过复合电压闭锁去跳开Ⅰ母上的各连接元件。在上述死区内发生短路，大差和Ⅱ母小差动作跳开Ⅱ母侧母线上各连接元件和母联断路器后，前三个条件已经满足。大差由于 TA1、TA2 中流有短路电流，所以一直不返回；Ⅱ母侧小差由于母联 TA5 中一直流有短路电流，所以也一直不返回，这样第四个条件可以满足。故而经短延时和复合电压闭锁可以跳开Ⅰ母侧母线上各断路器切除故障。但这种做法又带来新的问题。当双母线分列运行，母联断路器在跳闸位置时再发生上述死区范围内的故障，由于 TA1、TA2 和母联 TA5 一直有电流，大差和Ⅱ母侧小差动作发出Ⅱ母各连接元件的跳令后（实际Ⅱ母无故障，这种跳闸是错误的），大差及Ⅱ母侧小差动作后又一直不返回，母联断路器又一直在跳闸位置，TWJ 为“1”，所以母联死区保护经动作延时后又跳开Ⅰ母上的各连接元件（这种跳闸是应该的），结果造成两条母线全部被切除的严重后果。其实这种故障我们只希望跳开Ⅰ母上的所有连接元件就可以了。为了避免上述恶果可采取当两母线都有电压（说明两条母线都在运行），母联三相均无电流且母联 TWJ＝1（母联在跳位）时母联电流不计入两个小差的电流计算中去的措施（上述措施延时返回 400ms）。这样再出现该种故障时大差及Ⅰ母小差都能动作跳Ⅰ母上的各断路器，而由于Ⅱ母小差不动，Ⅱ母侧母线就不会被误切除了。但是在双母线分列运行时采用了母联电流不再计入小差的计算措施后，在死区内故障Ⅰ母侧差动跳Ⅰ母侧母线时，如果恰逢某一个断路器失灵时，母联死区保护将跳Ⅱ母侧的母线。为避免这种错误的发生，在双母线分列运行时在母联电流不再计入小差的计算后再将母联死区保护退出。上面的母联 TWJ 为三相常开接点（母联断路器处于跳闸位置时接点闭合）的串联。

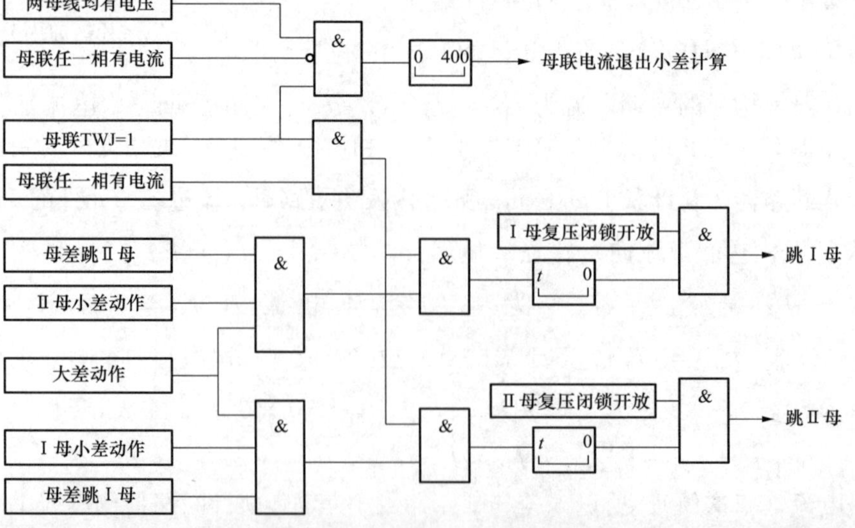

图 4－52　微机母联死区保护逻辑框图

模拟型的母联死区保护的原理框图如图4－53所示。当发生如图4－51所示的死区内的故障时，图4－53中下面部分的Ⅱ母差动保护先动作跳母联及Ⅱ母上各断路器，但此时故障没有被切除。随后在图4－53上面部分中由于母联断路器在分位延时50ms（考虑断路器主触头与辅助接点之间的不同时）以后封母联TA，使母联电流进入不了保护装置。这样迫使Ⅰ母小差动作，再加上大差动作，Ⅰ母复合电压动作跳开Ⅰ母上各断路器。在双母线分列运行，母联断路器在跳闸位置时再发生上述死区范围内的故障，由于在图4－53上面部分中母联断路器一直在分位，延时50ms以后封母联TA，使母联电流进入不了保护装置。可以使Ⅰ母小差动作，再加上大差动作，Ⅰ母复合电压动作跳开Ⅰ母上各断路器，Ⅱ母可以正常运行。上述封母联TA的方法在微机型母线保护中一般不采用。

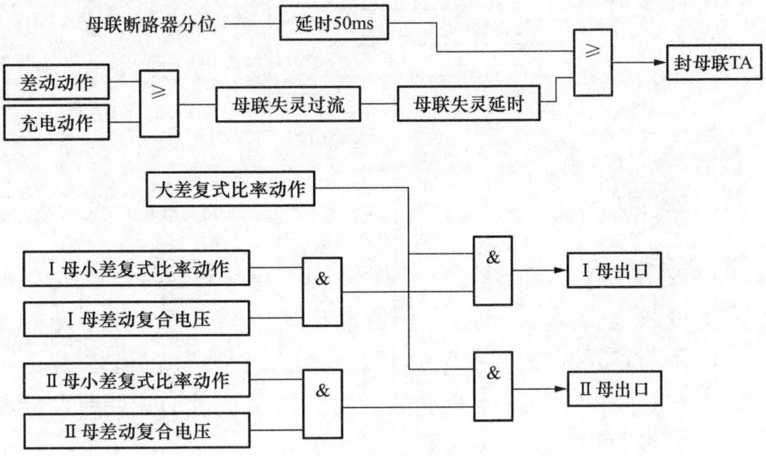

图4－53 模拟型母联死区保护及母联失灵保护的原理框图

（二）母联失灵保护

如果在图4－54所示的Ⅰ号母线上发生短路。Ⅰ母的差动保护动作跳母联及Ⅰ母上的所有断路器。但是如果母联断路器失灵而拒跳，那么Ⅱ母上的连接元件也应跳开才能切除故障，母联失灵保护用以完成此项工作。显然判断母联断路器失灵的条件应是有保护曾对它发出过跳闸命令，但在一定时间（考虑母联断路器跳闸时间再加保护返回时间并考虑裕度时间）内母联中仍一直有电流，才说明它失灵拒跳。微机型母联失灵保护的逻辑框图如图4－55所示。它由下述几部分构成：① 保护动作跳母联开关同时起动失灵保护。② 母联任一相仍一直有电流（大于母联失灵电流定值）。同时满足上述两条件的时间大于母联失灵延时时间再经两个母线电压闭锁（与）后切除两母线上的所有连接元件。通常情况下，只有母差保护和母联充电保护动作才起动母联失灵保护。母差保护动作起动母联失灵保护的必要性已如上述。为了在母联断路器充电在故障母线上，母联充电保护动作跳母联断路器时恰逢母联断路器失灵，希望母联失灵保护能够跳运行母线各断路器，因此母联充电保护也要起动母联失灵保护。有关母联充电保护原理请见下面分析。如果外部其他保护要起动母联失灵或者母联过

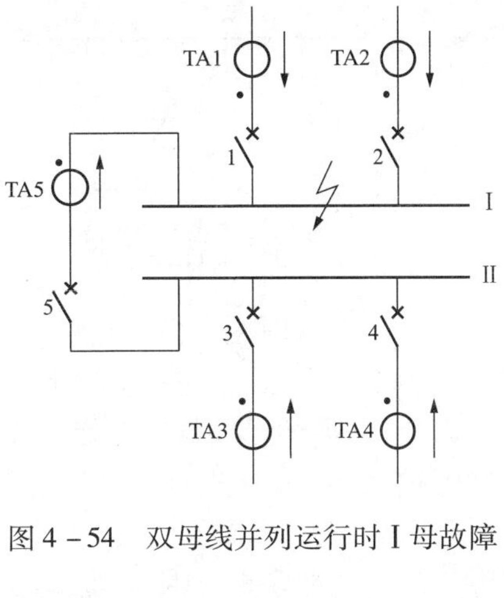

图4－54 双母线并列运行时Ⅰ母故障

流要起动母联失灵，可以经过控制字选择投入起动母联失灵。

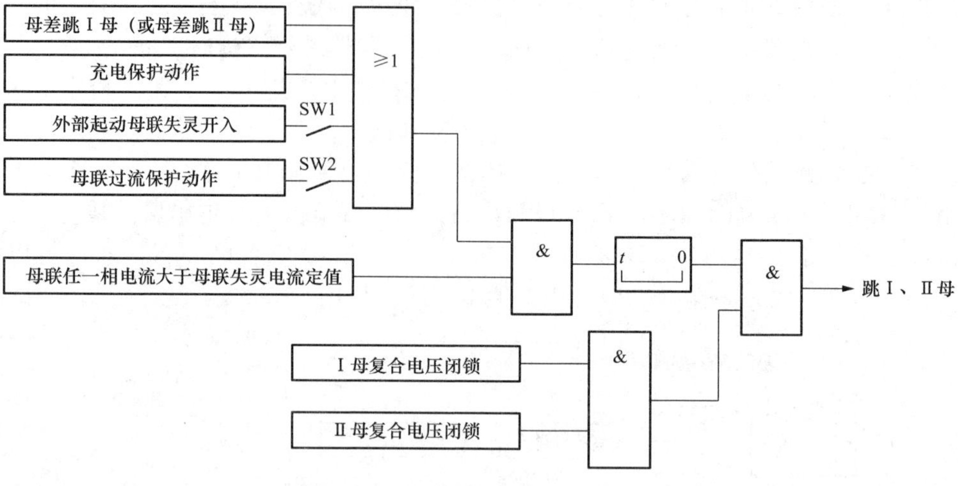

图4－55 微机母联失灵保护逻辑框图

SW1—投外部起动母联失灵控制字；SW2—投母联过流起动母联失灵控制字

在模拟型母线保护中母联失灵保护的原理框图如图4－53所示，当母差保护或者母联充电保护动作以后起动母联失灵保护，“或”门有输出。以图4－53中Ⅰ母故障为例，差动保护动作跳母联及Ⅰ母各断路器时图4－53中上面部分的“或”门有输出。如果母联任一相电流在母联失灵的延时时间内一直大于母联失灵过流定值，此时说明母联断路器失灵，保护装置将母联TA封住，使母联电流进入不了差动保护装置。这样图4－53中下面部分Ⅱ母小差动作，大差动作，Ⅱ母复合电压动作，经过“与”门跳Ⅱ母上各断路器。

（三）母联充电保护

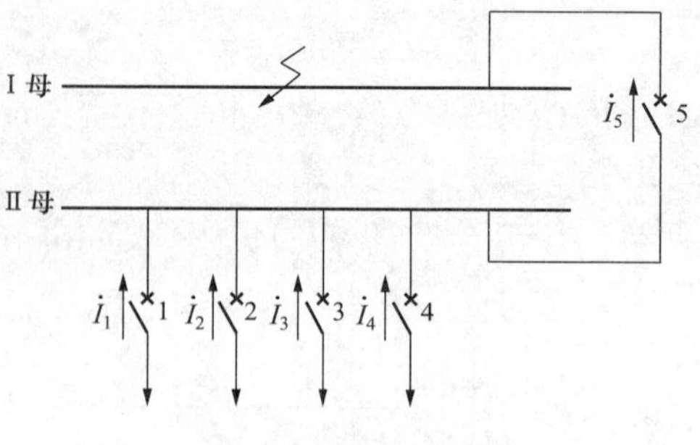

图4－56 用母联断路器对Ⅰ母充电

如图4－56所示，当Ⅰ母线由未运行状态（例如母线检修）恢复到运行状态时，先合母联断路器对该母线充电。如果该母线没有故障，再将某些连接元件倒到该母线上。但如果该母线有故障，在合母联断路器后保护应再次切除母联断路器，以使原运行Ⅱ母继续正常运行，这个保护称作母联充电保护。

微机型母线充电保护的原理框图如图4－57所示。其构成原理是：当母联断路器的跳闸位置继电器（TWJ）由“1”变为“0”（TWJ由动作变为不动作），或虽然母联断路器的TWJ＝1但母联已有电流（大于0.04倍的TA二次额定电流），或两母线均变为有电压状态，这时说明母联断路器已在合闸位置了，于是开放充电保护300ms。在充电保护开放期间，若母联任一相电流很大（大于充电保护整定电流），说明母联断路器合于故障母线上，于是经短延时跳母联断路器。母联充电保护的跳闸不经复合电压闭锁。母联充电保护动作后是否需要闭锁母差保护可由控制字选择，如选择需要闭锁母差保护，在整个充电保护开放期间将母线差动保护闭锁。

充电保护投入期间需要闭锁母差的原因是基于下述考虑。在母联充电于母联断路器和母联TA之间的故障的情况下，由于母联TWJ已经返回，微机型母线保护已经把母联TA的电流引入小差的计算，模拟型的母线保护已经不封母联TA（见母联死区保护叙述），这将会

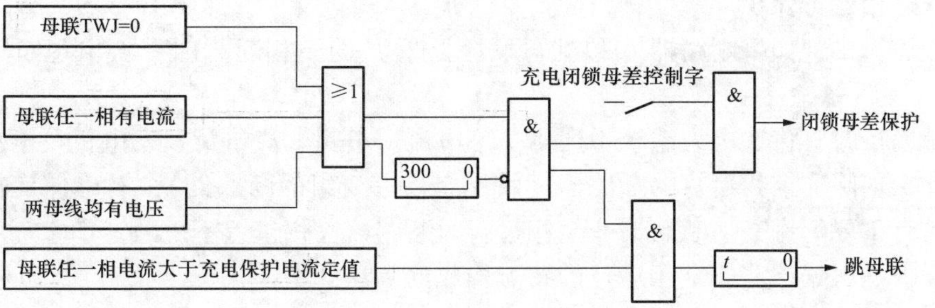

图 4－57 微机型母线充电保护原理框图

引起运行母线的差动保护动作而误将运行母线切除。充电保护投入时闭锁母差保护，可以避免这种情况的发生，故障由母联充电保护动作切除。另外，如果母联断路器合闸时，主触头先闭合而 TWJ 的接点后返回，微机型母线保护把母联 TA 的电流不引入小差的计算，模拟型母线保护将母联 TA 封住，母联电流没有接入小差的差动回路。而主触头闭合时又合闸于故障母线，这样运行母线的差动保护动作，误将运行母线各断路器跳开。充电保护投入时闭锁母差保护，也可以避免这种情况的发生，故障由母联充电保护动作切除。

由于母联充电保护动作的同时还起动母联失灵保护，即使母联断路器失灵，也可以由母联失灵保护把整个母线上的元件切除。

（四）母联过流保护

在有些特殊情况下，例如母联断路器经某一母线带一条输电线路运行（母联代路）时，需用母联断路器的母联过流保护临时作为输电线路的保护，当线路上有故障时由母联过流保护跳母联断路器切除故障。母联过流保护由相电流元件、零序电流元件和延时元件构成。如果线路上有故障，任一相的相电流元件或者零序电流元件动作经延时跳母联断路器。

动作判据为式（4－104）、式（4－105）的“或”逻辑。

$$I_{a(b,c)} \geq I_{op} \tag{4-104}$$

$$3I_0 \geq I_{0op} \tag{4-105}$$

式中：$I_{a(b,c)}$ 为母联 TA 的 a 相或 b 相或 c 相电流；I_{op} 为过电流元件动作电流整定值；$3I_0$ 为流过母联的零序电流；I_{0op} 为零序电流元件动作电流整定值。

母联过流保护的逻辑框图如图 4－58 所示。

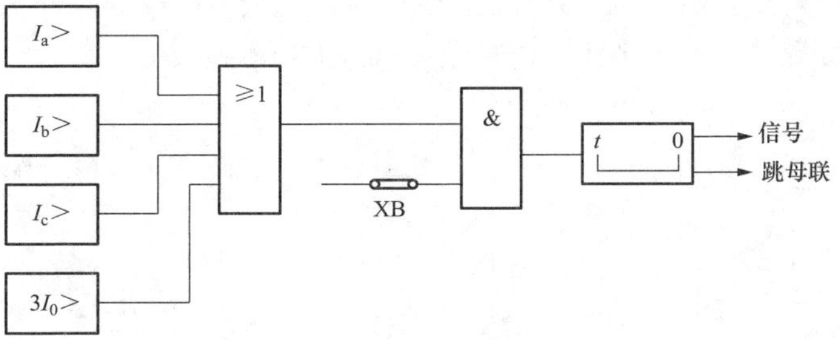

图 4－58 母联过流保护逻辑框图

在图 4－58 中 XB 为母联过流保护投退压板（或控制字）。母联过流保护动作后经延时跳开母联断路器。该保护不经复合电压闭锁元件闭锁。

四、非全相运行保护

母线在运行中，如果断路器（包括母联断路器）的一相断开时，将出现断路器非全相运行状态。

非全相运行时，将在电力系统中产生负序电流。负序电流将危及发电机及电动机的安全运行。因此，切除非全相运行的断路器（特别是发—变组的断路器），对确保旋转电机的安全运行，具有重要的意义。断路器非全相运行时断路器三相位置不一致又产生负序电流及零序电流，保护是根据这些非全相运行的特点构成的。

（一）母联断路器的非全相运行保护

母联断路器非全相运行保护的逻辑框图如图4－59所示。

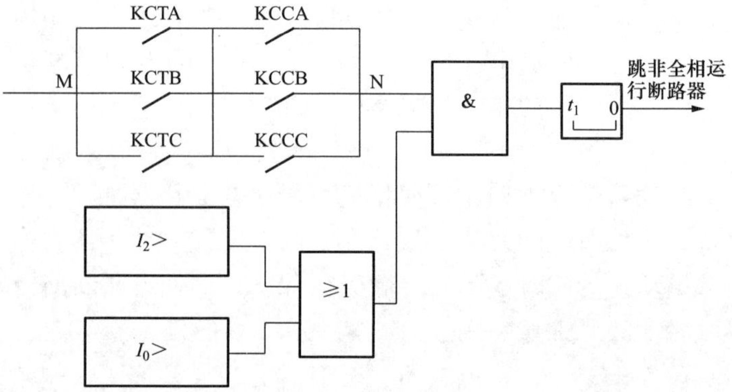

图4－59　母联断路器非全相运行保护逻辑框图

在图4－59中KCTA、KCTB、KCTC分别为断路器A、B、C三相的跳闸位置继电器触点，断路器跳闸后接点闭合；KCCA、KCCB、KCCC分别为断路器A、B、C三相的合闸位置继电器触点，当断路器合闸后触点闭合；I_2为负序电流（二次值）；I_0为零序电流（二次值）。

当断路器非全相运行时，KCTA、KCTB、KCTC三个触点中，KCCA、KCCB、KCCC三个触点中都至少有一个接点闭合，M、N两点之间连通。另外，由于电流缺相，将产生负序电流及零序电流。保护动作后，经延时切除非全相运行断路器。有时还去启动母联失灵保护。

（二）发电机变压器断路器非全相运行保护

发电机变压器断路器非全相运行保护的逻辑框图如图4－60所示。

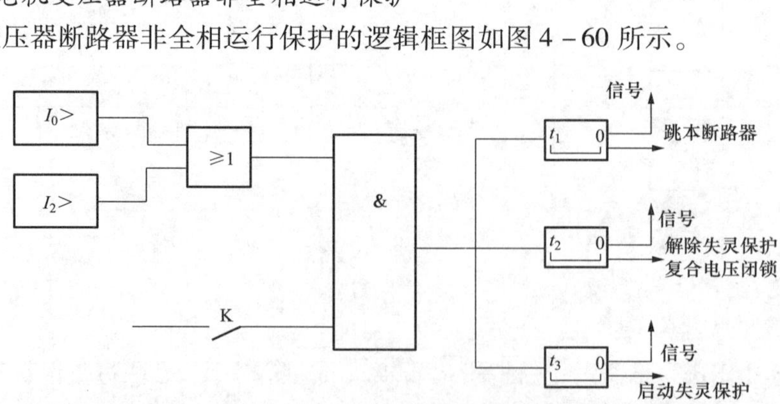

图4－60　发电机变压器断路器非全相运行保护逻辑框图

在图 4-60 中，I_2 为负序电流（二次值）；I_0 为零序电流（二次值）；K 为断路器三相位置不一致综合触点，相当于图 4-59 中的 M、N 之间等值接点。

由图 4-60 可以看出：当断路器三相位置不一致（即出现非全相运行时），综合触点 K 闭合；此时，若流过断路器的负序电流或零序电流大于整定值时，非全相保护动作，经短延时 t_1 去跳非全相运行断路器；若断路器未跳开，非全相运行仍然存在，则保护以延时 t_2 去解除失灵保护的复合电压闭锁，并经延时 t_3 去启动断路器失灵保护。

为确保发电机的安全，在发现断路器非全相运行时，应首先采取减少发电机出力的措施。

五、断路器失灵保护

（一）断路器失灵

当输电线路、变压器、母线或其他主设备发生短路，保护装置动作并发出了跳闸指令，但故障设备的断路器拒绝动作跳闸，称之为断路器失灵。

1. 断路器失灵的原因

运行实践表明，发生断路器失灵故障的原因很多，主要有：断路器跳闸线圈断线、断路器操动机构出现故障、空气断路器的气压降低或液压式断路器的液压降低、直流电源消失及控制回路故障等。其中发生最多的是气压或液压降低、直流电源消失及操作回路出现问题。

2. 断路器失灵的影响

系统发生故障之后，如果出现了断路器失灵而又没采取其他措施，将会造成严重的后果。

（1）损坏主设备或引起火灾。例如变压器出口短路而保护动作后断路器拒绝跳闸，将严重损坏变压器或造成变压器着火。

（2）扩大停电范围。如图 4-61 所示，当线路 L1 上发生故障断路器 QF5 跳开而断路器 QF1 拒动时，只能由线路 L2、L3 对侧的后备保护及发电机变压器的后备保护分别跳开断路器 QF6、QF7、QF4。这样扩大了停电的范围，将造成很大的经济损失。

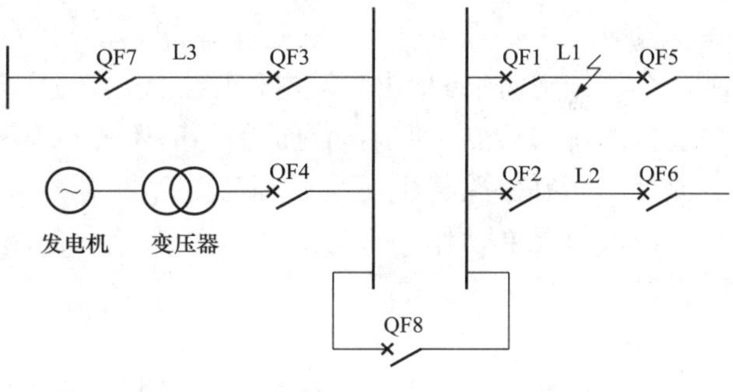

图 4-61 断路器失灵事故扩大示意图

（3）可能使电力系统瓦解。当发生断路器失灵故障时，要靠各相邻元件的后备保护切除故障，由于故障被切除时间过长，可能会影响系统的稳定运行，甚至可能使系统瓦解。

（二）断路器失灵保护原理

断路器失灵能解决的问题是缩短故障切除的时间并在一定程度上减少停电范围。例如在图 4-61 中 L1 线路故障 QF1 失灵，如果没有断路器失灵保护，只能靠线路保护的第二段甚至第三段保护跳 QF6、QF7，靠变压器的后备保护跳 QF4，故障切除的时间很长，停电范围也很大。为此加断路器失灵保护，来缩短故障切除时间并减少停电范围。断路器失灵保护是一种近后备保护。当判断 QF1 断路器失灵后经一短延时（0.3~0.5s）跳 QF2、QF8，保留了 L3 线路与发电机变压器组的运行减少了停电范围，而且故障切除时间也缩短了。因此目前要求在 220~500kV 电力网中，以及 110kV 电力网的个别重要系统，都应按规定设置断路器失灵保护。

对断路器失灵保护的要求如下：① 动作可靠性高；② 动作安全性强。这是因为断路器失灵保护的跳闸对象与母差保护一样，其误动或拒动都将造成严重后果。

断路器失灵保护动作后，宜尽快地再次跳开其他断路器。对于双母线或单母线分段接线，保护动作后以较短的时间断开母联或分段断路器，再经另一时间断开与失灵断路器接在同一母线上的其他断路器。

断路器失灵保护与其他保护的配合。断路器失灵保护动作后，应闭锁有关线路的重合闸。对于3/2 接线方式，当一串的中间断路器或边断路器失灵保护动作后除闭锁重合闸外还应启动远方跳闸装置，后者用以解决在断路器与TA 之间短路时经远方跳闸装置断开对侧断路器。对多角形接线方式，当断路器失灵保护动作时也应闭锁重合闸并启动远方跳闸装置。对于双母线接线方式，断路器失灵保护动作时也应闭锁重合闸。

对于双母线和单母线接线方式，由于失灵保护的动作对象是跳失灵断路器所在的母线上的所有断路器，其跳闸对象与母线保护跳闸对象完全一致，所以将失灵保护与母线保护做在同一套装置中以节省二次电缆。但是3/2 接线方式中，边断路器失灵时除要求跳边断路器所在的母线上的所有断路器外，还要跳中断路器。而中断路器失灵时，要求跳同一串上相邻的两个边断路器。所以它们的跳闸对象与母线保护的跳闸对象不相同。因此在3/2 接线方式中失灵保护不做在母线保护装置中，另外与重合闸一起做成一套断路器保护随断路器设置，相关内容可参阅本章第三节。下面介绍的是与母线保护做在一起的断路器失灵保护。

1. 失灵保护构成原理

判断断路器失灵应有两个主要条件。一是有保护对该断路器发过跳闸命令；二是该断路器在一段时间里一直流有电流，这样才能真正判断是断路器失灵。“有保护对该断路器发过跳闸命令”，相应的保护出口继电器接点闭合。所以断路器失灵保护应引入故障设备的继电保护装置的跳闸接点，但手动跳断路器时不能启动失灵保护。“该断路器在一段时间里还流有电流”是指在断路器中还流有任意一相的相电流，或者是流有零序电流或负序电流，此时相应的电流元件动作。满足这两个条件说明是断路器失灵，上述两个条件只满足任何一个，失灵保护均不应动作。

2. 失灵保护的逻辑框图

双母线接线的断路器失灵保护由失灵起动元件、延时元件、运行方式识别元件和复合电压闭锁元件四部分构成。其逻辑框图如图4－62 所示。

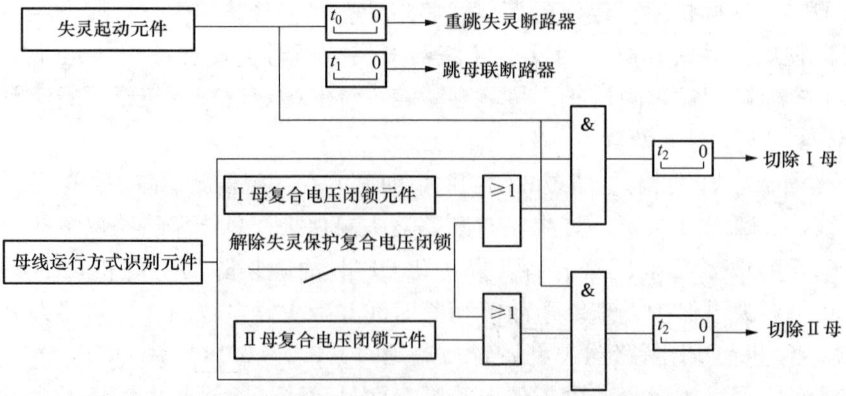

图4－62 双母线接线断路器失灵保护逻辑框图

图4－62中失灵起动元件包括来自于线路保护或者变压器保护的跳闸接点，和判断仍有电流的电流元件，其逻辑框图见图4－63和图4－64。失灵起动元件动作后以t_0延时再跳一次该断路器，以t_1延时跳母联断路器。再经运行方式识别元件判断失灵断路器所在的母线和复合电压元件闭锁以后以t_2延时切除失灵断路器所在的母线各断路器。

整个图4－62的逻辑框图中只有失灵起动元件中的保护装置跳闸接点来自于线路保护或者变压器保护装置，其他各部分都由微机母线保护装置完成。

3. 失灵起动元件

失灵起动元件用以检查保护对该断路器发过跳闸命令，并且该断路器还一直流有电流，这两个条件应该构成“与”逻辑。对于线路支路与变压器支路，失灵起动元件的逻辑框图略有不同。这主要是因为线路保护装置可以发分相跳闸命令和三相跳闸命令，而变压器保护装置只发三相跳闸命令。此外根据母线保护标准化设计规范中的要求，线路支路与变压器支路对相电流、零序电流、负序电流的逻辑关系要求不完全相同。

图4－63是线路支路的失灵起动元件逻辑框图。图中Ta、Tb、Tc、Ts分别是从线路保护装置送来的跳A、跳B、跳C的三个分相跳闸接点和三相跳闸接点，用以判断线路保护对该断路器发出过跳闸命令。$I_a>$、$I_b>$、$I_c>$是三个相电流元件，用以判断该断路器还流有某相的相电流；$I_0>$是零序电流元件，用以判断该断路器中还流有零序电流。当线路保护装置发的是分相跳闸命令的话，如果该相还有电流并且有零序电流（“与”逻辑）时，失灵起动。线路保护装置发的是三相跳闸命令的话，如果任意一相还有电流并且有零序电流（“与”逻辑）时，失灵起动。图中的零序电流元件也可以用负序电流元件代替。

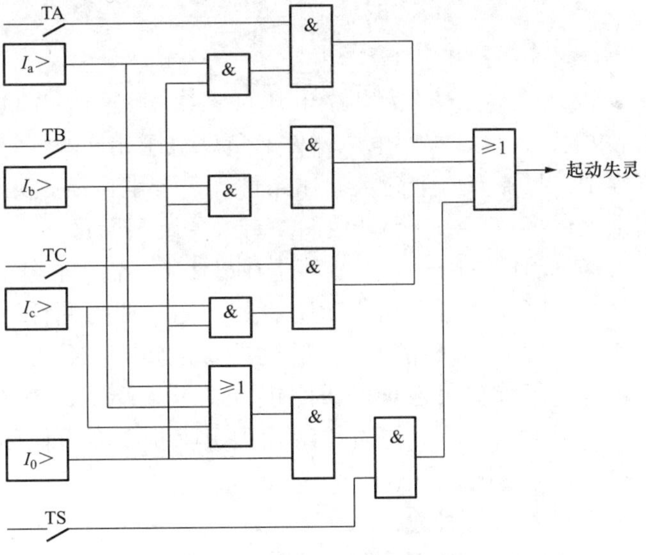

图4－63 线路支路失灵起动元件的逻辑框图

图4－64是变压器支路的失灵起动元件逻辑框图。图中TS是从变压器保护装置送来的三相跳闸接点，用以判断变压器保护对该断路器发出过跳闸命令。$I_a>$、$I_b>$、$I_c>$是三个相电流元件，用以判断该断路器还流有某相的相电流。$I_0>$、$I_2>$是零序电流元件和负序电流元件，用以判断该断路器中还流有零序电流或者负序电流。当变压器保护装置发了三相跳闸命令，如果任意一相还有电流或者有零序电流或者有负序电流（“或”逻辑）时，失灵起动。

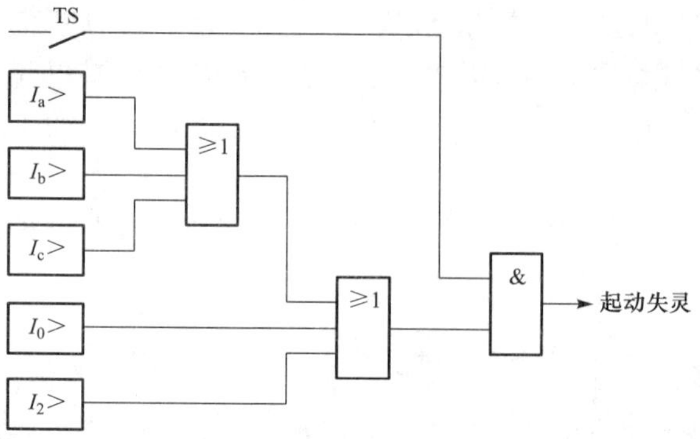

图 4－64 变压器支路失灵起动元件的逻辑框图

4. 延时元件

断路器失灵保护的延时用以确认在这段时间里该断路器中一直有电流（相电流、零序电流、负序电流）。显然最短动作延时应大于故障设备断路器的跳闸时间（含熄弧时间）与保护继电器的返回时间之和，以确认该断路器中还流有电流确实是由于断路器失灵造成的。失灵保护以较短的延时（0.2～0.3s）再跳一次失灵断路器，随后再以较短的延时（0.2～0.3s）跳母联断路器并切除接失灵断路器所在的母线上的其他连接元件。

5. 母线运行方式识别元件

母线运行方式识别元件用于确定失灵断路器接在哪条母线上，从而决定失灵保护去切除哪条母线。微机母线保护装置根据接入保护装置的来自于故障设备保护装置的跳闸接点的编号，查出该支路隔离开关辅助接点的位置，从而确认该支路接于哪条母线上。

6. 复合电压闭锁元件

复合电压闭锁元件的作用是防止失灵保护出口继电器误动而造成误跳断路器的措施。其动作判据为式（4－106）三个方程的“或”逻辑

$$\left.\begin{aligned} U_{\Phi} &\leqslant U_{op} \\ 3U_0 &\geqslant U_{0op} \\ U_2 &\geqslant U_{2op} \end{aligned}\right\} \tag{4-106}$$

式中：U_{Φ} 为母线 TV 二次相电压；$3U_0$ 为零序电压（二次值）；U_2 为负序电压（二次值）；U_{op}、U_{0op}、U_{2op} 分别为相电压元件、零序电压元件及负序电压元件的整定值。

以上三个动作方程中，只要有一个满足动作条件，复合电压闭锁元件就动作开放保护。双母线的复合电压闭锁元件有两套，分别开放两条母线的跳闸回路。

必须指出，当失灵保护动作跳闸时故障并不是在母线上，而是在线路或者变压器内。因此复合电压闭锁元件最好能够在线路末端或变压器另一侧（或另两侧）短路时有足够的灵敏度。在变压器另一侧（另两侧）短路时有足够的灵敏度这一点往往很难满足。为此保护装置对变压器支路设置有“解除失灵保护电压闭锁”的开入端子，该端子接变压器保护装置的另一对跳闸接点。如图 4－62 所示，当“解除失灵保护复合电压闭锁”的开入端子有输入时解除失灵保护的复合电压闭锁。

7. 提高失灵保护可靠性的其他措施

失灵保护动作后将跳开母线上的各断路器，影响面很大，因此要求失灵保护十分可靠。断路器失灵保护二次回路涉及面广，与其他保护、操作回路相互依赖性高，投运后很难有机会再对其进行全面校验。因此，在安装、调试及投运试验时应把好质量关，确保不留隐患；在失灵启动元件中不能使用非电量保护的出口接点，非电量保护主要有：重瓦斯保护、压力保护、发电机的断水保护及热工保护等。因为非电量保护动作后不能快速自动返回，容易造成保护误动。另外，要求相电流判别元件的动作时间和返回时间要快，均不应大于 20ms；对于双母线断路器失灵保护，复合电压闭锁元件应设置两套，分别接在各自母线 TV 二次，并分别作为各自母线失灵跳闸的闭锁元件。但当一条母线上的 TV 检修时，两套复合电压闭

锁元件将由同一个 TV 供电。例如设Ⅰ母上的 TV 检修，两条母线上的复合电压都接在不检修的Ⅱ母 TV 上。此时与Ⅰ母连接的系统内出现短路故障又发生Ⅰ母所连的某一出线的断路器失灵。此时失灵保护动作，以短延时跳开母联使Ⅱ母电压恢复正常，复合电压元件不会动作，失灵保护将无法将接在Ⅰ母上各元件的断路器跳开。为了确保失灵保护能可靠切除故障，复合电压闭锁元件有 1s 的延时返回时间是必要的。

第三节 断路器保护

一、断路器保护装置的配置与应用范围

一般在双母线、单母线接线方式中，输电线路保护要发跳闸命令时只跳线路本端的一个断路器，重合闸自然也只重合这一个断路器，所以重合闸按保护配置是合理的。对微机型重合闸来说就与微机线路保护装置做在一起。可是在图 4－65 所示的 3/2 接线方式中线路 L1 的保护要发跳令时，要跳 1 号、2 号两个断路器，重合闸自然也要合这两个断路器。而且这两个断路器的重合还有一个顺序问题，所以重合闸应该按断路器设置，每个断路器上设置一套重合闸装置，各自重合自己的断路器。在双母线、单母线接线方式中，如果断路器失灵，失灵保护应该跳开失灵断路器所在母线上的所有断路器，其跳闸对象与母线保护跳闸对象完全一致，因此把断路器失灵保护做在微机母线保护装置内是合理的。可是在图 4－65 所示的 3/2 接线方式中如果边断路器 1 失灵，失灵保护除需要跳开Ⅰ母上的各个断路器外还需要跳开中断路器 2 并起动远方跳闸装置跳 7 号断路器。而中断路器 2 失灵的话，失灵保护需要跳开两个边断路器 1、3 并起动远方跳闸装置跳 7、8 号断路器。显然再把失灵保护做在母线保护内是不合理的，失灵保护也应该按断路器设置。因此在 3/2 接线方式中把失灵保护、自动重合闸，再加上三相不一致保护、死区保护、充电保护做在一个装置内，这个装置称作断路器保护。

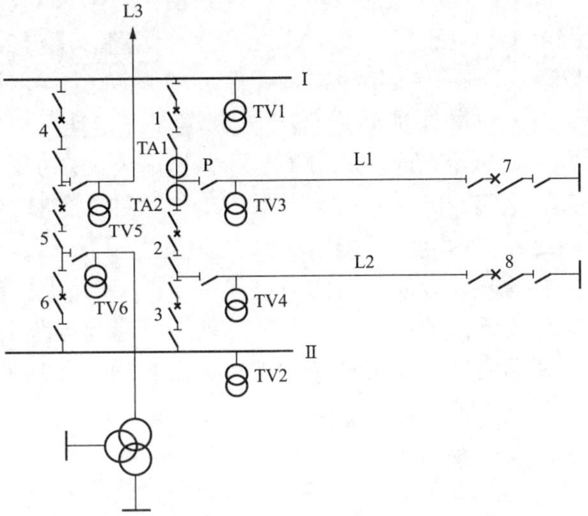

图 4－65 3/2 接线方式

二、3/2 接线方式的断路器失灵保护

（一）失灵保护动作的跳闸对象

如果在图 4－65 中 L1 线路上发生短路，线路保护跳 1、2 两个断路器。假如 1 号断路器失灵，为了短路点的熄弧，1 号断路器的失灵保护应将Ⅰ母上所有断路器（如图中 4 号断路器）都跳开。如果是在Ⅰ母上发生短路，母线保护动作跳母线上所有断路器。假如 1 号断路器失灵，1 号断路器的失灵保护应将 2 号断路器跳开，并发远方跳闸命令跳 7 号断路器（如果连接元件是变压器的话，应跳变压器各侧断路器），这样短路点才能熄弧。所以边断路器的失灵保护动作后应该跳开边断路器所在母线上的所有断路器和中断路器并起动远方跳闸功能跳与边断路器相连的线路对侧断路器（或跳变压器各侧断路器）。再来看 2 号断路器的失

灵保护，如果在L1线路上发生短路，线路保护跳1、2两个断路器。假如2号断路器失灵，2号断路器的失灵保护应将3号断路器跳开，并发远方跳闸命令跳8号断路器（如果连接元件是变压器，应跳变压器各侧断路器），这样短路点才能熄弧。所以中断路器的失灵保护动作后应该跳开它两侧的两个边断路器，并起动远方跳闸功能跳与中断路器相连的线路的对侧断路器（或跳变压器各侧断路器）。

如果上述失灵保护不起动远方跳闸功能，利用对侧的线路后备保护虽然也可切除对侧断路器，但这将加长故障切除时间。例如在图4－65中线路L1的末端发生短路，线路保护动作跳1、2号断路器。假如中断路器2失灵，如果中断路器2的失灵保护动作后只跳开3号断路器不通过远方跳闸装置跳开8号断路器。依靠8号的后备保护跳闸，一方面跳闸时间很长，另一方面8号的后备保护很可能在相邻线路末端短路灵敏度不够。所以中断路器的失灵保护动作后应起动远方跳闸功能跳与中断路器相连的线路的对侧断路器。

此外下述分析也说明失灵保护动作后经远方跳闸装置跳对侧断路器的必要性。如果在边断路器1和电流互感器TA1之间发生短路，Ⅰ母的母线保护动作跳开1号断路器后故障并未切除。由于在3/2接线中母线保护动作后已不再对L1线路的纵联保护停信或发信（原因请见第三章纵联保护部分），7号断路器的快速跳闸只能由边断路器1的失灵保护动作后起动远方跳闸功能完成。此时1号断路器的失灵保护由Ⅰ母的母线保护起动，TA1电流互感器又一直有电流，经延时后失灵保护动作除跳2号断路器外还经远方跳闸跳7号断路器。同理在中断路器2和电流互感器TA2之间发生短路，L2线路保护动作跳2号断路器后短路并未被切除。此时2号断路器的失灵保护由L2线路保护起动，电流互感器TA2又一直有电流，经延时后失灵保护动作跳1号断路器，并经远方跳闸跳7号断路器。由此也可见，边断路器和中断路器的失灵保护动作后都有必要起动远方跳闸功能。

（二）断路器失灵保护的构成

边断路器的失灵保护由母线保护或线路保护或变压器保护起动，失灵保护动作后先以较短延时（例如10ms）再跳一次本断路器，随后跳中断路器并经母线保护装置跳该母线上的所有断路器。如果连接元件是线路的话还应起动该线路的远跳功能发远跳命令，如果连接元件是变压器的话则起动变压器保护的跳闸继电器跳各侧断路器。

中断路器的失灵保护由线路或变压器保护起动，失灵保护动作后以较短延时再跳一次本断路器，随后跳两个边断路器。如果连接元件是线路，还要起动该线路的远跳功能发远跳命令；如果连接元件是变压器，则起动变压器保护的跳闸继电器跳各侧断路器。

线路保护或变压器保护动作后本装置相应的开关量输入接点闭合起动失灵保护。母线保护动作以后，用边断路器操作箱中的TJ_R接点作为本装置相应的的开关量输入接点，起动边断路器的失灵保护。

保护装置的断路器失灵保护有如下几种：故障相失灵，非故障相失灵和发电机、变压器三跳起动失灵；另外，充电保护动作时也起动失灵保护。

1. 故障相失灵

线路保护的分相跳闸接点一直动作起动失灵保护加之同名相的失灵保护过流高定值元件动作且失灵保护的零序过流元件也动作，说明是故障相断路器失灵。先经“失灵跳本断路器时间”的延时发三相跳闸命令跳本断路器，再经“失灵动作时间”延时发三相跳闸命令跳开其他各断路器。

2. 非故障相失灵

外部三相跳闸输入接点“发变三跳”、“线路三跳”一直动作起动失灵保护，并且失灵保护过流低定值元件也一直动作（非故障相上过流元件），与此同时失灵过流高定值元件曾动作过 20ms（故障相上过流元件），说明是非故障相断路器失灵。先经“失灵跳本断路器时间”延时发三相跳闸命令跳本断路器，再经“失灵动作时间”延时跳开相邻断路器。

3. 发电机、变压器三跳起动失灵

外部三相跳闸输入接点“发变三跳”一直动作起动失灵保护，而且① 低功率因数元件动作；② 负序过流元件动作；③ 零序过流元件动作。上述三个辅助元件有一个动作后先经“失灵跳本断路器时间”延时发三相跳闸命令跳本断路器，再经“失灵动作时间”延时跳开相邻断路器。三个辅助判据均可由整定控制字投退。

在变压器内部故障时如果断路器失灵，流过失灵断路器的主要是无功功率，功率因数很低，低功率因数元件能够动作。低功率因数元件的动作条件为：

$$|\cos\Phi| < \cos\Phi_{ZD} \tag{4-107}$$

式中：Φ 为同名相电压与电流的相角差的测量值；Φ_{ZD} 为装置低功率因数角的整定值，整定值范围为 45°～90°。

实际计算中，当装置整定为 Φ_{ZD} 时，低功率因数元件动作范围是：

$$\Phi_{ZD} < \Phi < 180 - \Phi_{ZD},\ 180 + \Phi_{ZD} < \Phi < 360 - \Phi_{ZD}$$

当任一相电压低于 0.3 倍的额定相电压时，退出该相的低功率因数元件的判别。

4. 充电保护起动失灵

为了当充电保护动作跳断路器时，如果断路器失灵，希望失灵保护去跳开相邻断路器，所以充电保护要起动失灵。如果此时失灵保护投入，则经“失灵动作时间”延时跳开相邻断路器。

三、3/2 接线方式的自动重合闸

1. 3/2 接线方式对自动重合闸顺序的要求

在图 4－65 所示的 3/2 接线方式中，如果线路 L1 上发生短路，L1 的线路保护动作跳 1 号、2 号两个断路器，重合闸自然也要合两个断路器。考虑到有可能重合于永久性故障线路上，为减少冲击这两个断路器不应该同时重合，而且先重合哪一个还有一个顺序问题。那么究竟是先合边断路器 1 还是先合中断路器 2 呢？如果先合中断路器 2，而又是重合于永久性故障上，线路保护再去跳 2 号断路器。如果此时万一 2 号断路器失灵，2 号断路器的失灵保护再将 3 号断路器跳开并远跳 8 号断路器，这将影响 L2 连接元件的工作，所以不能先合中断路器 2。如果先合边断路器 1，也是重合于永久性故障上，保护再去跳 1 号断路器。如果万一此时 1 号断路器失灵，1 号断路器的失灵保护再将 4、7 号断路器都跳开，L2 连接元件与其他各连接元件的工作都不受影响。所以当线路保护跳开两个断路器后应先合边断路器，等边断路器重合成功后（例如中断路器的装置检查到在一定时间内线路上一直有电压）再合中断路器，此时中断路器肯定合于完好线路。如果边断路器重合不成功，合于故障线路，保护再次将边断路器跳开，此时中断路器就不必再重合了。

2. 重合闸的起动

重合闸由两种方式起动：位置不对应起动和外部跳闸起动。外部跳闸起动指的是线路保护动作发跳闸命令同时起动重合闸。这两个起动元件起动后起动重合闸。位置不对应起动和外部跳闸起动重合有起动单重和起动三重两种。装置还根据外部来的线路三跳和 A、B、C 相的单相跳闸信号以及分相的 TWJ 信号判别是单相跳闸还是三相跳闸分别起动单重或三重。

3. 重合闸方式整定

本装置的重合闸可根据需要选用单相重合闸、三相重合闸、综合重合闸和重合闸停用四种方式中的任意一种。既可用屏上的重合闸转换开关也可用定值单中的控制字来选择重合闸方式。这几种重合闸原理与线路保护重合闸原理相同，读者可参阅第三章相关内容。

4. 重合闸的检查方式

当线路三相跳闸需要三相重合时可采用下述三种检查方式：

（1）检无压重合方式。检查线路或同期电压小于30V，同时相应的TV没有断线。

（2）检同期重合方式。检查同期的条件是：首先线路、同期电压都大于40V，再满足线路电压和同期电压中的同名相电压的相位差在定值整定的范围内。同期电压可以是任一相电压或任一相间电压，保护有自适应功能。

（3）不检重合方式。不作任何检查，时间到了就发合闸命令。

上述三种检查方式都可以用定值单中的控制字选择。需要指出，当本装置用于发电厂侧时，如果定值单中的“发电厂侧”控制字投入，则重合闸为单重方式时也要判该线路是否有压，有压条件为线路三相电压均大于40V。采取该措施后保证对侧重合成功后本侧才重合，以减少发电机的扭振，保证大轴安全。

5. 先合重合闸和后合重合闸

在3/2接线方式中，线路保护动作跳开两个断路器后，重合闸要求先合边断路器，等边断路器重合成功后（例如中断路器的装置检查到在一定时间内一直有电压）再合中断路器。所以边断路器和中断路器用的两套断路器保护装置中的重合闸有一个重合闸顺序问题。为适应该要求，装置中设有“投先合”和“闭锁先合”两个开关量输入。“投先合”开关量接点由屏上的“投先合”的硬压板提供。此外在定值单中还有“投先合”的软压板以及“后合固定”控制字。利用它们确定本装置的重合闸是先合重合闸还是后合重合闸。先合重合闸可经较短延时（即重合闸整定时间，约0.7s）发出一次合闸脉冲（合闸脉冲持续120ms）。在先合重合闸起动时，输出的开关量接点作为后合重合闸的“闭锁先合”的开关量输入。当后合重合闸接收到“闭锁先合”输入接点闭合的信息后，它的重合闸将经较长延时（重合闸整定时间+后合重合延时，约1.4s）发合闸脉冲。后合重合闸只有在“闭锁先合”开入量有输入时才真正以较长延时发合闸脉冲。如果设定的后合重合闸没有收到“闭锁先合”开入量闭合的信息时其重合闸仍可以较短的重合闸整定时间发合闸脉冲。这样做的目的是假如先合重合闸的装置因检修退出或因故重合闸未起动，后合重合闸仍可以较短延时发合闸命令，有利于系统稳定。当先合重合闸起动发出“闭锁先合”信号后，在发出重合脉冲前如果重合闸起动元件返还，则“闭锁先合”接点瞬时返回，立即撤销对后合重合闸的“闭锁先合”。假如定值单中的“后合固定”控制字整定为“1”时，该重合闸固定为后合重合闸，不受“闭锁先合”开入量的控制。它固定以较长延时发合闸脉冲。此外定值单中还有“后合检线路有压”控制字，它整定为“1”时后合重合闸在有“闭锁先合”接点闭合时，也就是它肯定是后合重合闸时，要检查线路有电压才能重合，以保证重合在完好线路上，避免系统受多次短路冲击。

6. 重合闸的充电

为了避免多次重合，装置必须在“充电”完成后才能起动重合闸回路。同时满足下述条件装置才开始充电：① 跳闸位置继电器TWJ不动作或线路有流；② 保护未起动；③ 不满足重合闸放电条件。充电时间满10s后充电完成，允许重合。

7. 重合闸的放电（闭锁）

凡是需要闭锁重合闸的都需要对重合闸放电。满足下述任一条件即可对重合闸放电，闭锁重合闸。

（1）重合闸起动前断路器压力不足，经延时400ms后“放电”。

（2）重合闸方式在退出位置，即重合闸转换开关在停用位置或者重合闸投入控制字置“0”时。

（3）重合闸用单重方式，而三相TWJ均动作或收到外部三跳命令或本保护装置三跳。

（4）收到外部的闭锁重合闸信号。例如线路保护延时段保护动作；母线差动保护动作；短引线保护动作；远方跳闸动作，这些通过外部的闭锁重合闸信号闭锁重合闸。

（5）在合闸脉冲发出时。这用来避免二次重合。

（6）失灵保护、死区保护、不一致保护、充电保护动作时。

（7）收到外部发变三跳信号时。

（8）对于后合重合闸，当单重或三重重合闸整定时间已到，但后合重合延时未到，这期间如再收到线路保护的跳闸信号，立即放电不重合。这可以确保先合断路器合于故障时，后合断路器不再重合。

（9）屏上的“投闭重”硬压板投入或定值单中的“投闭重”软压板置“1”。

8. 沟三接点

本装置有沟三接点输出提供给保护装置，当满足下述任一条件时，沟三接点闭合。保护装置得到闭合的沟三接点的开入量后只要保护动作均发出三跳命令。

（1）重合闸在未充好电状态。本条件在本断路器在合闸状态下但重合闸尚未充满电时由本装置向保护提供的开关量接点，此时线路上发生任何短路只要线路保护动作都跳三相。

（2）重合闸为三重方式。本条件是重合闸为三重方式时由本装置向保护提供的开关量接点，此时线路上发生任何短路只要线路保护动作都跳三相。

（3）重合闸装置故障或直流电源消失。这是在重合闸装置故障或直流电源消失情况下由本装置向保护提供的开关量接点，此时线路上发生任何短路只要线路保护动作都跳三相。

9. 沟通三跳

当装置收到任何保护的任一跳闸闭合接点时又发现线路有电流，同时满足下述任一条件时，保护发沟通三跳命令跳本断路器：

（1）重合闸在未充好电状态。本条件在本断路器在合闸状态下但重合闸尚未充满电时，线路上发生短路的情况下由本装置提供一条跳闸回路。

（2）重合闸为三重方式。本条件是重合闸为三重方式时线路上发生短路的情况下由本装置提供的一条跳闸回路。

10. 后合跳闸

如果本装置设定为后合重合闸，且定值单中“后合检线路有压”控制字投入。当本装置所在断路器单相跳闸后，如因某种原因另一套装置的先合重合闸未合，线路上跳闸相的电压一直不能恢复，使本装置的后合重合闸一直不能合闸。为避免长期两相运行，本装置再检查线路任一相有电流经“后合跳闸延时”定值三跳本断路器。

四、充电保护

当用本装置所在的断路器对母线等元件充电而合于故障元件上时，本装置有充电保护作为此种情况下的保护。该保护由两段式的电流保护构成，电流取自本断路器TA。当充电保护投入时、相应段的相电流元件动作经相应整定延时后充电保护动作出口跳本断路器。充电保护动作后还起动失灵保护，再经失灵保护延时出口跳其他断路器。充电保护的两段式电流和时间的定值均可独立整定。

五、死区保护

在断路器和电流互感器之间发生短路时，在很多情况下往往保护动作跳开断路器后故障并未切除。例如图4－65中当三相短路发生在2号断路器和电流互感器TA2之间时，L2线路保护动作跳开2号断路器后故障并未切除。当三相短路发生在1号断路器和电流互感器TA1之间时，母线保护动作跳开1号断路器后故障也并未切除。此时虽然可通过失灵保护动作跳开有关断路器，但考虑到这种站内的三相短路，故障电流大，对系统影响也较大，而失灵保护动作一般要经较长的延时，所以设置了动作时间比失灵保护快的死区保护。死区保护的动作判据为：当装置收到三跳信号，例如发变三跳、线路三跳、或A、B、C三个分相跳闸同时动作，这时如果死区过流元件动作，对应的断路器又已跳开，装置收到三相TWJ＝1的动作接点，经整定的时间延时起动死区保护。死区保护的出口与失灵保护相同，动作后跳相邻断路器。死区保护是否投入可由相应的控制字整定。

六、断路器三相不一致保护

当本断路器不管任何原因只有一相或两相跳开，处于非全相状态时可由本保护跳开三相。其判据为：① 本保护投入。② 任一相TWJ动作且该相无电流，确认为该相断路器在跳闸位置。③ 按②的判别方法又判断并非三相开关都处于跳闸位置，确认为断路器三相不一致。④ 不一致零序过流元件动作或不一致负序过流元件动作，此判据可由控制字投退。满足上述判据经可整定的时间延时出口跳开本断路器。

上述失灵保护、死区保护、充电保护、不一致保护动作后均闭锁重合闸。

七、瞬时跟跳回路

该回路可由用户设定是否投入。瞬时跟跳分为单相跟跳、两相跳闸联跳三相以及三相跟跳三部分，这三个回路出口后再跳一次本断路器。只有在起动元件动作的情况下上述三个回路才能发跳闸命令。

1. 单相跟跳回路

当"跟跳投入"控制字投入又收到线路保护来的A、B、C相的单相跳闸信号，而且本装置相应相的高定值电流元件动作，瞬时起动装置的分相跳闸回路。本装置再发一次分相跳闸命令。

2. 两相跳闸联跳三相回路

当本装置收到而且仅仅收到二相跳闸信号且任一相的高定值电流元件动作时，经15ms延时联切三相。该回路可避免保护装置的跳闸继电器仅发了两相跳闸命令而造成断路器两相运行。

3. 三相跟跳回路

当"跟跳投入"控制字投入又收到三相跳闸信号，而且本装置任一相高定值电流元件动作时，瞬时起动三相跳闸回路。本装置再发一次三相跳闸命令。

八、交流电压断线判别

交流电压断线的判据为：保护不起动，且三相电压向量和大于12V，延时1.25s发TV断线异常信号。TV断线时，将低功率因素元件退出，将检同期和检无压重合功能退出，装置的其他功能正常。当三相线路电压恢复正常10s后自动恢复正常运行。

九、跳闸位置异常告警

当TWJ动作且该相线路有电流，或三相的TWJ位置不一致时经10s延时报TWJ异常。

该判别在起动元件起动前后始终进行。

第四节 并联电抗器保护

超高压远距离输电线的对地电容电流很大，为吸收这种容性无功功率、限制系统的操作过电压；对于使用单相重合闸的线路，为限制潜供电容电流、提高重合闸的成功率，都应在输电线两端或一端变电站内装设三相对地的并联电抗器。

我国500kV线路的并联电抗器均为单相油浸式，铁芯带间隙，单台容量为40～60MVA。用在500kV变压器低压侧的可投切的并联电抗器，则为铁芯带间隙的三相油浸式，容量为30～60MVA。

接在变压器低压侧的并联电抗器，经专用断路器与低压侧母线相连。

500kV并联电抗器与输电线路相连的方式有三种：

(1) 通过隔离开关或与线路相连，节省设备，减少投资。这种方式的电抗器可与输电线视为一体，运行欠灵活。目前我国主要采用这种连接方式。

(2) 采用专用断路器，运行灵活，但投资大。我国部分超高压输电线路也有这种方式。

(3) 通过放电间隙与线路相连，当电压较高时使放电间隙击穿，自动投入电抗器；电压较低时又自动退出，不仅投资省，还能减少正常运行时的有功功率和无功功率损失，但是这种连接方式技术要求高、可靠性低。

并联电抗器的故障断开，有可能造成线路或变压器过电压，在设计工作中应予校核。

并联电抗器可能发生以下故障：① 线圈的单相接地和匝间短路；② 引线的相间短路和单相接地短路；③ 由过电压引起的过负荷；④ 油面降低；⑤ 温度升高和冷却系统故障。

此外，在低压系统和位于负荷中心区域的静止补偿装置中，一般采用空心干式并联电抗器，它们的保护比较简单。

如果并联电抗器有专用断路器的话，并联电抗器保护动作以后跳该断路器。如果并联电抗器没有专用断路器，通过隔离开关与线路相连的话，并联电抗器保护动作以后跳线路断路器，并发远跳信号跳线路对侧断路器。

一、并联电抗器的纵差保护和电流速断保护

三相并联电抗器和发电机三相定子绕组相似，可以装设纵差保护，它不但能保护相间短路，还能保护单相接地短路（220～500kV系统中性点直接接地），但不能保护电抗器的匝间短路。利用电抗器两端的套管电流互感器即可构成纵差保护，无需装设外附电流互感器。并联电抗器的纵差保护有比率制动特性的稳态量的纵差保护、差动电流速断保护。

电抗器的励磁涌流是纵差保护的穿越性电流，原则上不影响电抗器纵差保护的正常工作。电抗器外部短路时没有像发电机或变压器外部短路时那么大的穿越性电流，所以电抗器纵差保护比发电机纵差保护的动作电流更小，一般可取为电抗器额定电流的5%～10%。

有些厂家除了配置稳态量的比率制动特性的纵差保护外还配置了比率制动特性的工频变化量纵差保护。

除开分相式的纵差保护以外还配置比率制动特性的零序差动保护。引出端仍用套管互感器，中性点侧加设绝缘水平较低的外附电流互感器。两侧零序电流用自产方式获得，避免了用零序TA时的极性校验问题。零序差动保护不反应三相对称短路，但是考虑到故障初期很少可能是三相对称的，相反大都由不对称的一相或二相接地短路开始、最终发展为三相短

路，此时零差保护能动作。

差动保护应防止 TA 饱和造成的保护误动。在 TA 断线时应发告警信号，通过控制字选择是否闭锁差动保护。在主电抗器首端和中性点处的 TA 变比不一致时，应由软件进行补偿。

上述差动保护的构成原理读者可参阅本章变压器保护部分内容。

对于 63kV 及以下并联电抗器，一般只装设电流速断保护，其动作电流按下述原则整定：设电抗器引出端三相外部短路时的反馈电流 $I_{fb} \approx 0.8U_n/X_R$（$U_n$ 为额定电压，电抗器每相电抗为 X_R），则电流速断保护动作电流（一次值）$I_{op}=K_{rel}\ I_{fb}$，可靠系数 $K_{rel}=1.2 \sim 1.5$，灵敏度按电抗器引出端两相内部短路最小电流校验，要求灵敏系数大于或等于 2.0。

二、并联电抗器匝间短路和单相接地短路保护

电抗器的匝间短路是比较多见的一种内部故障形式，但是当短路匝数很少时，一相匝间短路引起的三相电流不平衡，有可能很小，很难被继电保护装置检出；而且不管短路匝数多大，纵差保护总是不反应匝间短路故障的。为此对于 330～500kV 的电抗器必须考虑其他高灵敏的匝间短路保护。

虽然油浸式电抗器装设的轻、重瓦斯保护，它对匝间短路有保护作用，但还应配置另一套匝间短路保护。

（一）单元件的横差保护

如果电抗器每相有两个并联分支，即双星形接线方式，这时和双星形接线方式的发电机一样，首先应该装设高灵敏的单元件横差保护，它反应的是双星形两个中性点间连线上的电流。这里再次明确：该保护不但是匝间短路的灵敏保护，而且还能有效地保护绕组内部的接地短路和相间短路。但对引出线的相间短路和接地短路无效，因为对引出端的各种短路故障，两组星形绕组电流完全一样，因此在两个中性点的连线上就没有电流流过。

（二）零序功率方向保护

任何利用零序或负序电流（电压）的保护方案，均不可能取得匝间短路的足够灵敏度，因为假设匝间短路使一相阻抗改变 3% 时，估算零序或负序电流均小于 1%，如此小的故障电流很难构成性能良好的匝间短路保护。

国内已研制成功具有补偿作用的零序功率方向原理的电抗器匝间短路保护，下面介绍该保护的动作行为分析。并联电抗器与输电线路之间可能有专用断路器，但一般情况下只有隔离开关。保护用的电压是输电线路 TV 的电压。

1. 零序功率方向保护在电抗器内匝间短路时的动作行为分析

匝间短路时在匝间短路处三相纵向电压不对称，按照对称分量法，可以分解成正序电压、负序电压和零序电压。在零序序网图中，在匝间短路处出现纵向的零序电压 $\Delta\dot{U}_0$。零序序网图如图 4－66 所示。图中 jX_{K10} 与 jX_{K20} 是匝间短路处两侧并联电抗器的零序电抗，jX_{K20} 中包括并联电抗器中性点处的小电抗在内。jX_{S0} 为除并联电抗器外的线路与系统的等值零序电抗。图中开关符号如果有专用断路器它代表断路器；如果没有专用断路器，它代表隔离开关。

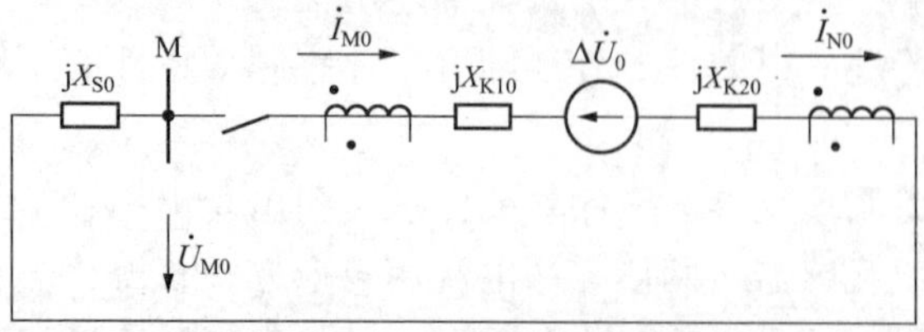

图 4－66　匝间短路时零序序网图

保护固定用输电线路的 TV，加

入保护的零序电压就是图中的 $\dot{U}_{M0}$，电压的正方向是上正下负。保护如果用电抗器首端的 TA，加入保护的零序电流是 $\dot{I}_{M0}$；如果用中性点处的 TA，加入保护的零序电流是 $\dot{I}_{N0}$。由于图 4－66 是一个串联电路，所以用电抗器首端 TA 电流与用中性点处的 TA 电流是相同的，即 $\dot{I}_{M0}=\dot{I}_{N0}$，下面用首端 TA 的电流为例进行分析。电流的正方向是星标进非星标出，TA 的星标在左侧。匝间短路时在短路处有零序电压 $\Delta\dot{U}_0$，如果系统的额定相电压为 $\dot{U}_e$，则 $\Delta\dot{U}_0=\alpha\dot{U}_e$。式中 $\alpha=0\sim1$，α 为匝间短路时短路的匝数与电抗器总匝数的比值。

由图 4－66 可见，按照电压的正方向，有

$$\dot{U}_{M0}=-j\dot{I}_{M0}X_{S0} \tag{4-108}$$

式中：jX_{S0}是系统等值零序电抗。因此有关系式：

$$\arg\frac{\dot{U}_{M0}}{\dot{I}_{M0}}=\arg(-jX_0)=-90^\circ \tag{4-109}$$

如果动作方程是：

$$-180^\circ<\arg\frac{\dot{U}_{M0}}{\dot{I}_{M0}}<0^\circ \tag{4-110}$$

则继电器将可以最灵敏动作。

但是如果匝间短路的短路匝数很小，例如只有 1 匝，则上图中 $jX_{K10}+jX_{K20}\approx jX_{K0}$。$jX_{K0}$ 为电抗器的零序电抗。该零序电抗比系统的等值零序电抗 jX_{S0}要大得多。一般电抗器的电抗可以达到几千欧姆，而系统的等值电抗可能只有几十欧姆。因此加在保护上的零序电压 $\dot{U}_{M0}$ 其值可能会很小，以至于动作方程式（4－110）无法正确比相，继电器不能可靠动作。为此需要进行零序电压的补偿。

取加入保护装置的正方向的零序电流与零序补偿电抗 jX_{0BC}的乘积的负值为零序补偿电压 $\dot{U}_{0BC}$，即

$$\dot{U}_{0BC}=-j\dot{I}_{M0}X_{0BC} \tag{4-111}$$

比较式（4－108）、式（4－111），可见 $\dot{U}_{M0}$与 $\dot{U}_{0BC}$是同相位的。此时动作方程改为：

$$-180^\circ<\arg\frac{\dot{U}_{M0}+\dot{U}_{0BC}}{\dot{I}_{M0}}<0^\circ \tag{4-112}$$

发生匝间短路时即使 $\dot{U}_{M0}\approx0$，但是只要补偿电压 $\dot{U}_{0BC}\neq0$，则式（4－112）中的中间这一项为：

$$\arg\frac{\dot{U}_{M0}+\dot{U}_{0BC}}{\dot{I}_{M0}}\approx\arg\frac{\dot{U}_{0BC}}{\dot{I}_{M0}}=\arg\frac{-j\dot{I}_{M0}X_{0BC}}{\dot{I}_{M0}}=\arg(-jX_{0BC})=-90^\circ \tag{4-113}$$

满足动作方程式（4－112）继电器可以灵敏动作。对于很少匝数的匝间短路，如果接入保护的电流 $\dot{I}_{M0}$小于电流的门槛值，保护将不能动作出现死区。

2. 非全相运行时零序功率方向保护动作行为的分析

当专用的断路器一相或两相断开时电抗器也处于非全相运行状态。这种情况发生在断路器合闸或跳闸的过程中。此时零序序网图中在断线处有一个零序电压 $\Delta\dot{U}_0$，如图 4－67 所

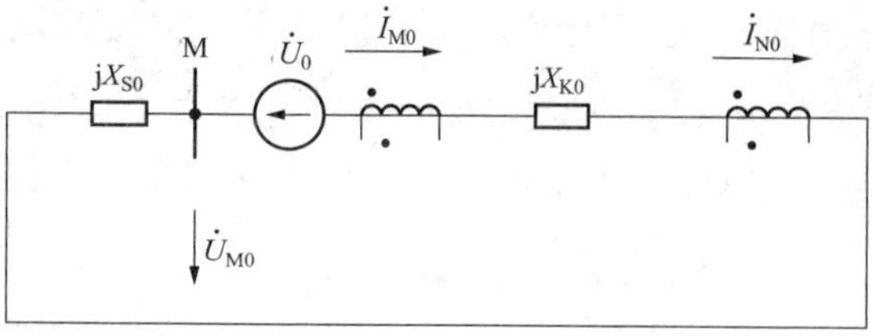

图 4－67 非全相运行状态时的零序序网图

示。图中 jX_{K0} 是电抗器的零序电抗，包括中性点的小电抗在内。接入保护的零序电压是 $\dot{U}_{M0}$（使用线路 TV），接入保护的零序电流是 $\dot{I}_{M0}$（如果用中性点处的零序电流就是 $\dot{I}_{N0}$，由于 $\dot{I}_{M0}=\dot{I}_{N0}$，所以结论是一样的）。

将图 4－67 与图 4－66 相比较，仅仅是零序电压 $\Delta\dot{U}_0$ 的位置不同，但零序电压都在 TV 安装处的靠电抗器一侧，所以零序功率方向保护也能够动作。同样的证明如下。按照电压、电流的正方向由图 4－66 同样可得到与式（4－108）相同的表达式：

$$\dot{U}_{M0}=-j\dot{I}_{M0}X_{S0} \tag{4-114}$$

而零序补偿电压 $\dot{U}_{0BC}$ 也仍然是式（4－111）

$$\dot{U}_{0BC}=-j\dot{I}_{M0}X_{0BC} \tag{4-115}$$

所以动作方程式（4－112）中的中间这一项为：

$$\begin{aligned}\arg\frac{\dot{U}_{M0}+\dot{U}_{0BC}}{\dot{I}_{M0}}&=\arg\frac{-j\dot{I}_{M0}X_{S0}-jI_{M0}X_{0BC}}{\dot{I}_{M0}}=\arg\frac{-j\dot{I}_{M0}(X_{S0}+X_{0BC})}{\dot{I}_{M0}}\\&=\arg[-j(X_{S0}+X_{0BC})]=-90^{\circ}\end{aligned} \tag{4-116}$$

该式满足动作方程式（4－112），继电器将灵敏动作，但该动作属于误动。

如果在系统中线路的断路器非全相运行时，零序序网图中的零序电压 ΔU_0 将在 TV 安装处的系统侧，相似的分析可知零序功率方向保护不会误动。

3. 电抗器内部发生接地短路时零序功率方向保护动作行为的分析

此时的零序序网图如图 4－68 所示。

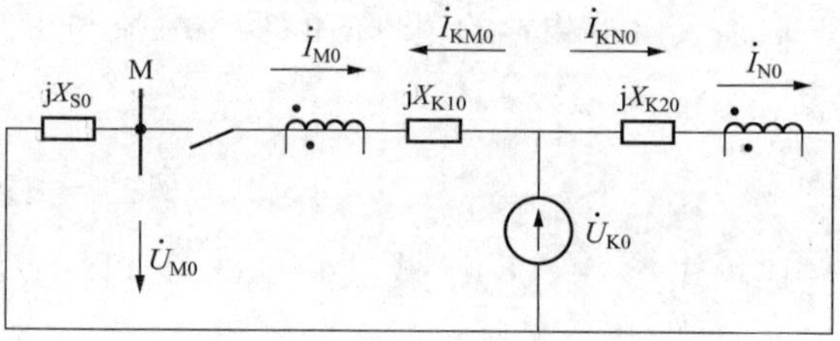

图 4－68 电抗器内部发生接地短路时的零序序网图

图中在短路点有一个零序电压 $\dot{U}_{K0}$，$\dot{U}_{K0}$ 值与短路点的位置、系统参数、系统额定相电压值有关。接入保护的零序电压是 $\dot{U}_{M0}$（使用线路 TV）。如果用电抗器首端的 TA 电流，接入保护的零序电流是 $\dot{I}_{M0}$；如果用中性点处 TA 电流，接入保护的零序电流就是 $\dot{I}_{N0}$。下面分别讨论用电抗器首端 TA 的零序电流与用中性点处 TA 的零序电流两种情况下保护的动作行为。

（1）用电抗器首端 TA 零序电流 $\dot{I}_{M0}$ 时动作行为分析。

图中 $\dot{I}_{M0}$、$\dot{I}_{N0}$ 分别是电抗器首端 TA 与中性点处 TA 的规定的正方向电流。按照电压、电流的正方向规定由图 4－68 可得到：

$$\dot{U}_{M0}=-j\dot{I}_{M0}X_{S0} \tag{4-117}$$

而零序补偿电压 $\dot{U}_{0BC}$ 是：

$$\dot{U}_{0BC}=-j\dot{I}_{M0}X_{0BC} \tag{4-118}$$

所以动作方程式（4－112）中的中间这一项为：

$$\arg\frac{\dot{U}_{M0}+\dot{U}_{0BC}}{\dot{I}_{M0}}=\arg\frac{-j\dot{I}_{M0}X_{S0}-jI_{M0}X_{0BC}}{\dot{I}_{M0}}=\arg\frac{-j\dot{I}_{M0}(X_{S0}+X_{0BC})}{\dot{I}_{M0}}$$

$$=\arg[-j(X_{S0}+X_{0BC})]=-90° \tag{4-119}$$

该式满足动作方程式（4－112）继电器将灵敏动作，这种动作是我们希望的。当然如果接地短路的短路点越接近中性点，短路点的零序电压 $\dot{U}_{K0}$ 就越小，流过保护的零序电流 $\dot{I}_{M0}$ 也越小，当小于零序电流的门槛时该保护将不动作。所以保护存在一定的死区。

（2）用中性点处 TA 零序电流 $\dot{I}_{N0}$ 时动作行为分析。

此时零序序网也如图 4－68 所示，图中 $\dot{I}_{M0}$、$\dot{I}_{N0}$ 分别是电抗器首端 TA 与中性点处 TA 的规定的正方向电流，保护用中性点处 TA 的电流 $\dot{I}_{N0}$。流过短路点两侧的短路电流中的零序电流分量 $\dot{I}_{KM0}$、$\dot{I}_{KN0}$ 都是由短路点的零序电压 $\dot{U}_{K0}$ 产生的，如果忽略短路点两侧零序阻抗角的不同，$\dot{I}_{KM0}$ 与 $\dot{I}_{KN0}$ 相位相同。从图中显然可以看出 $\dot{I}_{M0}=-\dot{I}_{KM0}$，$\dot{I}_{N0}=\dot{I}_{KN0}$。所以 $\dot{I}_{M0}$ 与 $\dot{I}_{N0}$ 的电流幅值不同，相位相反。设 $\dot{I}_{M0}$ 与 $\dot{I}_{N0}$ 的关系为：

$$\dot{I}_{M0}=-k\dot{I}_{N0} \tag{4-120}$$

式中：k 为实数。按照电压的正方向，由图 4－68 可得到：

$$\dot{U}_{M0}=-j\dot{I}_{M0}X_{S0}=jk\dot{I}_{N0}X_{S0} \tag{4-121}$$

考虑到现在加入到保护的电流是 $\dot{I}_{N0}$，而零序补偿电压 $\dot{U}_{0BC}$ 是加入保护装置的正方向的零序电流与补偿电抗 jX_{0BC} 的乘积的负值。所以零序补偿电压 $\dot{U}_{0BC}$ 是：

$$\dot{U}_{0BC}=-j\dot{I}_{N0}X_{0BC} \tag{4-122}$$

因此动作方程式（4－112）中的中间这一项为：

$$\arg\frac{\dot{U}_{M0}+\dot{U}_{0BC}}{\dot{I}_{N0}}=\arg\frac{jk\dot{I}_{N0}X_{S0}-jI_{N0}X_{0BC}}{\dot{I}_{N0}}=\arg\frac{-j\dot{I}_{N0}(X_{0BC}-kX_{S0})}{\dot{I}_{N0}}$$

$$=\arg[-j(X_{0BC}-kX_{S0})] \tag{4-123}$$

只要零序补偿阻抗 X_{0BC} 满足 $X_{0BC}>kX_{S0}$ 的关系，式（4－123）的角度就为 －90°，就可以满足动作方程式（4－112），继电器就可以正确动作。在电抗器内部首端处发生接地短路时，$|\dot{I}_{M0}|\gg|\dot{I}_{N0}|$，根据式（4－120），$k$ 值很大，零序补偿阻抗 X_{0BC} 的值将取得很大。

4. 电抗器外部发生接地短路时零序功率方向保护动作行为的分析

此时的零序序网图如图 4－69 所示，jX_{K0} 是电抗器的零序电抗。图中在短路点有一个零序电压 $\dot{U}_{K0}$，接入保护的零序电压是 $\dot{U}_{M0}$（使用线路 TV）。$\dot{I}_{M0}$、$\dot{I}_{N0}$ 分别是电抗器首端 TA 与中性点处 TA 的规定的正方向电流。由于 $\dot{I}_{M0}=\dot{I}_{N0}$，所以接入保护的电流用 $\dot{I}_{M0}$ 与 $\dot{I}_{N0}$ 结果是相同的。现在

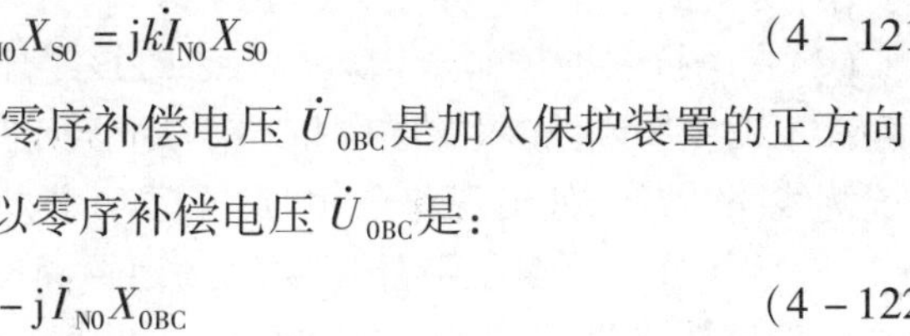

图 4－69　电抗器外部发生接地短路时的零序序网图

设用电抗器首端 TA 的零序电流 $\dot{I}_{M0}$。按照电压、电流的正方向规定由图 4－69 可得到：

$$\dot{U}_{M0}=j\dot{I}_{M0}X_{K0} \tag{4-124}$$

零序补偿电压 $\dot{U}_{0BC}$是加入保护装置的正方向的零序电流与补偿电抗 jX_{0BC}的乘积的负值。所以零序补偿电压 $\dot{U}_{0BC}$是：

$$\dot{U}_{0BC}=-j\dot{I}_{M0}X_{0BC} \tag{4-125}$$

因此动作方程式（4－112）的中间这一项为：

$$\arg\frac{\dot{U}_{M0}+\dot{U}_{0BC}}{\dot{I}_{M0}}=\arg\frac{j\dot{I}_{M0}X_{K0}-jI_{M0}X_{0BC}}{\dot{I}_{M0}}=\arg\frac{j\dot{I}_{M0}(X_{K0}-X_{0BC})}{\dot{I}_{M0}}$$
$$=\arg[j(X_{K0}-X_{0BC})] \tag{4-126}$$

显然只要 $X_{0BC}<X_{K0}$,式(4－126)的角度就为 90°,就可以不满足动作方程式(4－112),继电器就可以不误动。

5. 几点结论

(1)带零序电压补偿的零序方向保护设置的初衷是为了保护电抗器的匝间短路。由于电抗器的零序电抗很大,为了保证系统零序电抗较小使引入保护的零序电压很小时零序方向保护仍然能保护匝间短路,所以该零序方向保护带零序电压补偿。但是如果匝间短路的短路匝数很小时,由于匝间短路处的零序电压很小,如果产生的零序电流小于零序电流门槛时保护不能动作,所以保护存在一定的死区。

(2)在电抗器处于非全相运行状态时该零序功率方向保护将误动。由于现在并联电抗器一般都不设专用断路器,并联电抗器不会处于非全相运行状态,所以这个问题并不严重。而在系统侧线路断路器处出现非全相时,零序功率方向保护不会误动。

(3)为了在并联电抗器外部发生接地短路时零序功率方向保护不误动,必须满足补偿零序电抗小于电抗器的零序电抗的条件。即满足式(4－127)零序功率方向保护才不误动。

$$X_{0BC}<X_{K0} \tag{4-127}$$

(4) 为了在电抗器内部发生接地短路时零序功率方向保护仍然能起到保护作用，保护应该使用电抗器首端 TA 的电流。因为如果保护使用中性点处 TA 的零序电流，内部发生接地短路时零序补偿阻抗 X_{0BC}还必须满足 $X_{0BC}>kX_{S0}$的关系，零序功率方向保护才能动作。k 为电抗器首端与中性点处零序电流的幅值比。在电抗器内部首端处发生接地短路时，由于 k 值很大，零序补偿阻抗 X_{0BC}的值将取得很大，这可能与式（4－127）的要求相冲突。此外，中性点处 TA 的极性也不易检验。所以零序方向保护不宜采用中性点处的 TA 的零序电流。中性点处 TA 的电流如果引入保护装置也是用作中性点小电抗的过流保护或过负荷保护。

综上所述，零序补偿阻抗 X_{0BC}的取值既要满足式（4－127），不能太大；还应考虑保护匝间短路的需要不能太小，因此其值取为：

$$X_{0BC}=KX_{K0} \tag{4-128}$$

式中：K 是一个可自适应调整的系数，微机保护装置根据加入装置的零序电压、零序电流的大小，其值在（0～0.8）间调整。例如当加入到保护装置的零序电压比较大时，K 的取值可为零，不必引入零序补偿电压。当加入到保护装置的零序电压、零序电流都比较小时，K 的取值可以大一些，以便得到比较大的零序补偿电压。

三、主电抗器的过负荷保护及过电流、零序电流后备保护

考虑到并联电抗器所接系统有可能电压异常升高，造成电抗器的过负荷，故应装设过负荷保护。

根据330～500kV并联电抗器的技术规范，允许过电压倍数和时间的关系为一个反时限特性：

过压倍数	1.05	1.15	1.20	1.25	1.30	1.40
允许时间	连续	20min	3min	1min	20s	8s

配置的过负荷保护有定时限和反时限保护，动作于信号。采用电抗器首端的电流。

主电抗器还采用定时限和反时限的过电流保护作为电抗器内部相间短路的后备保护，采用电抗器首端的电流。主电抗器还采用定时限的零序过电流保护作为电抗器内部接地短路的后备保护，采用电抗器首端的自产零序电流。

四、中性点电抗器的过电流保护、过负荷保护

500kV三相并联电抗器的中性点经一小电抗器接地，目的是限制单相重合闸时的潜供电流，藉以提高单相重合闸的成功率。对于这个中性点接地处的小电抗器，在正常运行时，既无高电压，也无大电流。但在系统单相接地故障或单相断开线路期间，该接地电抗器将流过较大电流，在电抗器设计制造时，应保证其有足够的热稳定性，而且线路的零序过流保护和断路器的非全相保护，均对中性点接地电抗器有保护作用。因此中性点电抗器只配置反应由于三相电流不对称引起的中性点电抗器过电流的过电流保护以及反应三相电流不平衡的过负荷保护，过负荷保护延时动作于信号。中性点电抗器过电流保护及过负荷保护应优先采用主电抗器中性点处的三相电流用自产方式获得。

五、干式空心并联电抗器的保护

干式空心并联电抗器都是单相式结构。绕组的结构有两种。一种是单绕组，另一种是双绕组。单绕组一般按单星形接线，双绕组可接成双星形。干式空心并联电抗器通常安装在户外，只有在严重污染地区才安装在户内。三相采用品字形或直列式布置。电抗器各相绕组之间发生相间故障的几率很小，在设计保护时可不考虑电抗器的相间故障。电抗器的单相接地故障，可由母线上的公用接地保护来监视，不需装设单独的接地保护。因此，干式空心并联电抗器的继电保护比较简单，只需设置电抗器引线相间短路的过电流保护即可。

双绕组干式并联电抗器接成双星形之后，在两星形中性点之间装设电流互感器，可实现电抗器的单元件零序横差保护。正常情况下，两星形中性点间的不平衡电流不会超过5A。当其任一相发生故障（主要指匝间短路时），中性点间不平衡电流增大，超过继电器整定值时，保护动作，切断电抗器电源。这种保护方式与双星形接线的电力电容器组单元件零序横差保护类似。但在实际应用上，不如电力电容器组单元件零序横差保护的效果好。这是因为：第一，在电力电容器组情况下，两个星形中的单台电容器是互相分离的，一台电容器的故障往往不会影响另一台，而在两个星形的同一部位的电容器同时故障的几率很少（此时中性点间无不平衡电流或很小）。而在电抗器的情况下，两个星形的同相绕组是并绕在一起的，实际上是一台电抗器。并绕的绕组间的绝缘很薄，当一个绕组发生匝间故障时，很可能同时引起同一部位的另一绕组的匝间故障。此时，单元件零序横差保护便不能动作。第二，电力电容器同容量采用双星形布置实现单元件零序横差保护增加的投资不高。而干式并联电抗器同容量采用双绕组结构，给电抗器的制造带来较大的困难，增加投资较多。故设计上一般不推荐采用双绕组干式并联电抗器。

第五节 并联电容器组保护

一般在变电站的低压侧通常装设并联电容器组，以补偿无功功率的不足，来提高母线电压质量，降低电能损耗，达到系统稳定运行的目的。

并联电容器组可以接成星形（包括双星形），也可接成三角形。需要指出，相同容量的电容器接成三角形时，发出的无功功率是星形连接的3倍，但每相电容器上承受的电压是星形连接时的$\sqrt{3}$倍（绝缘的要求相应提高）。

在较大容量的电容器组中，电压中的小量高次谐波，在电容器中产生较大的高次谐波电流，容易造成电容器的过负荷，为此可在每相电容器组中串接一只电抗器以限制高次谐波电流。

电容器组的故障和不正常运行情况如下：

（1）电容器组与断路器之间连接线以及电容器组内部连线上的相间短路故障和接地故障。

（2）电容器组的故障，指的是电容器内部极间短路以及电容器组中多台电容器故障。

（3）电容器组过负荷。

（4）电容器组的供电电压升高。

（5）电容器组失压。

据上所述，讨论如下。

一、电容器组与断路器之间连接线、电容器组内部连线上的相间短路故障保护

对电容器组与断路器之间连接线以及电容器组内部连线上的相间短路故障，应装设带短时限的过电流保护，动作于跳闸。

继电器的动作电流$I_{\text{set. I}}$按躲过电容器组长期允许的最大工作电流整定，电流互感器一般为三相星形连接，故有

$$I_{\text{set. I}}=\frac{K_{rel}}{n_{\text{TA}}}I_{\text{N. max}} \qquad (4-129)$$

式中：K_{rel}为可靠系数，取1.25；n_{TA}为电流互感器变比；$I_{\text{N. max}}$为电容器组的最大额定电流。

过电流保护经0.3～0.5s延时跳闸，以躲过电容器组投入时的涌流，同时也可躲过F—C回路控制时熔断器的熔断时间。

保护灵敏度按下式校验

$$K_{\text{sen}}=\frac{\sqrt{3}}{2}\frac{I_{\text{k. min}}}{I_{\text{set. I}}}\geqslant 2 \qquad (4-130)$$

式中：$I_{\text{k. min}}$为保护安装处三相短路故障时流入保护的最小短路电流。

过电流保护一般是两段式或三段式。当为两段式时，第Ⅱ段兼作过负荷保护用，通常为定时限特性。当为三段式时，第Ⅱ段为定时限特性，第Ⅲ段可设为定时限特性，也可设为反时限特性。

二、电容器内部故障保护

并联电容器组由许多单台电容器串、并联组成。对于单台电容器，由于内部绝缘损坏而发生极间短路时，由专用的熔断器进行保护。熔断器的额定电流可取1.5～2倍电容器额定

电流。由于电容器具有一定的过载能力，一台电容器故障由专用的熔断器切除后对整个电容器组并无多大的影响。

三、多台电容器切除后的过电压保护

当多台电容器内部故障由专用熔断器切除后，继续运行的电容器将出现不允许的过载或过电压。目前，系统中运行的电容器组常用的保护为：零序电压保护、电压差动保护、零序电流保护。保护原理随接线方式的不同而不同，分述如下。

（一）电容器组为单星形接线时常用零序电压保护

图 4－70 示出了电容器组的零序电压保护接线，电压互感器 TV 开口三角形上的电压反映的是电容器组端点对中性点 N 的零序电压。电压互感器 TV 的一次绕组兼作电容器组的放电线圈。

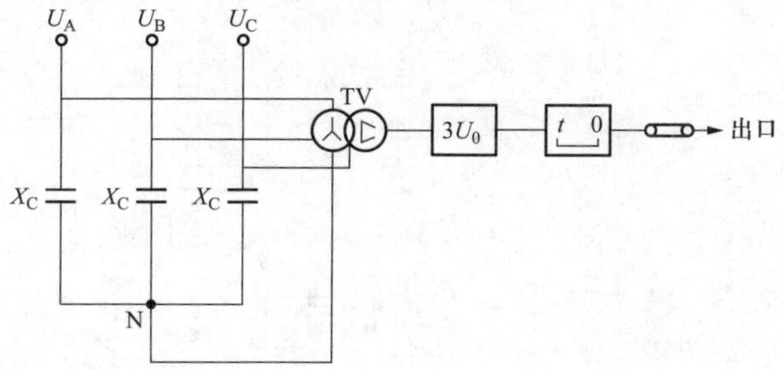

图 4－70 电容器组的零序电压保护接线

在运行中，电容器上最大电压不超过 1.1 倍额定电压是安全的，当超过 1.1 倍额定电压时保护应动作。正常运行时，每台电容器的额定电压可认为是（当实际额定电压大于此值时，应乘以修正系数，下同）

$$U_n = \frac{U_A}{N} \tag{4-131}$$

N 为每相串联的电容器台数。

保护装置的动作电压为

$$(3U_0)_{set} = \frac{(3U_0)_{一次}}{K_{sen}n_{TV}} \tag{4-132}$$

式中：K_{sen} 为灵敏系数，取 1.25～1.5；n_{TV} 为电压互感器一次绕组相电压与开口三角形绕组相电压的变比，例如 $\frac{6kV}{\sqrt{3}}/\frac{100}{3}$。

保护装置动作时限可取 0.2s。

（二）电容器组为单星形接线且每相由两组电容器串联组成时常用电压差动保护

图 4－71 示出了电容器组的电压差动保护接线。正常运行时，电容器组两串联段上电压

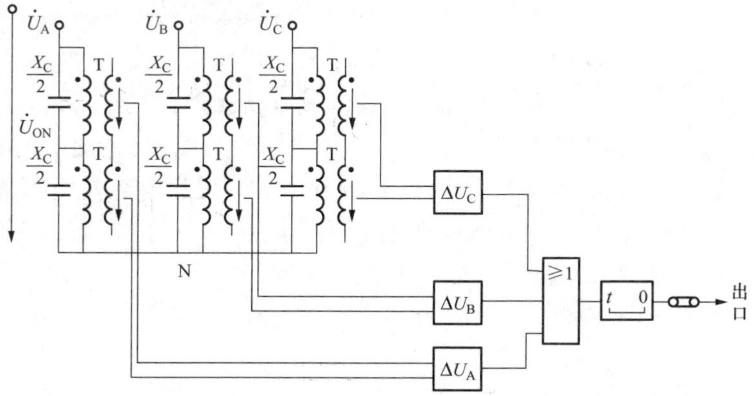

图 4－71 电容器组的电压差动保护

相等，可认为差电压 ΔU_A、ΔU_B、ΔU_C 均为零（实际存在很小的不平衡电压），保护不动作；当某相多台电容器切除后（每台电容器具有专用熔断器），两串联段上电压不相等，该相出现差电压，保护动作。保护装置动作时限可取 0.2s。

四、电容器组为双星形接线时常用中性线不平衡电流保护

图 4 -72 画出了中性线不平衡电流保护接线。当多台电容器被切除后，中心线中流有电流 $I_{NN'}$，保护即可动作。

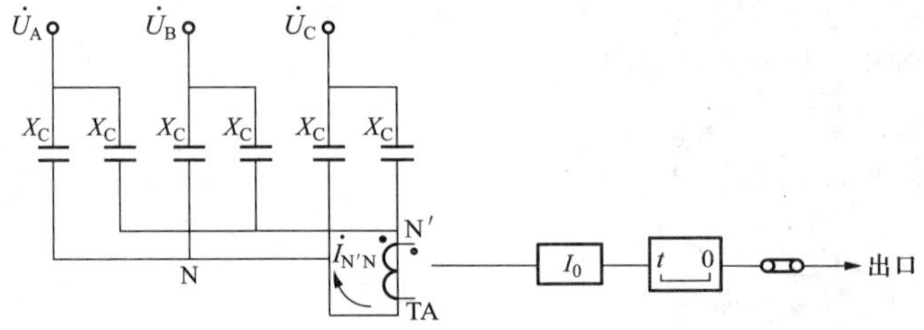

图 4 -72 电容器组的中性线不平衡电流保护接线

保护的动作电流 $I_{0.set}$ 为

$$I_{0.set} = \frac{I_{NN'}}{n_{TA}K_{sen}} \tag{4-133}$$

式中：$I_{NN'}$ 为中心线电流；K_{sen} 为灵敏系数，取 1.25 ~1.5；n_{TA} 为中心线电流互感器变比。

此外动作电流还应躲过正常运行时中心线中的不平衡电流 $I_{0.unb}$（一次值）

$$I_{0.set} = K_{rel}\ I_{0.unb} \tag{4-134}$$

保护装置动作时限可取 0.2s。

五、电容器组的过负荷保护

电容器组过负荷是由系统过电压及高次谐波所引起。按规定电容器应能在 1.3 倍额定电流下长期运行，对于电容量具有最大正偏差（100%）的电容器，过电流允许达到 1.43 倍额定电流。

注意到电容器组必装设反映稳态电压升高的过电压保护，而且大容量电容器组一般装设抑制高次谐波的串联电抗器，在这种情况下可不装过负荷保护。仅当系统高次谐波含量较高或实测电容器回路电流超过允许值时，才装设过负荷保护。保护延时动作于信号。为与电容器过载特性相配合，宜采用反时限特性过负荷保护。一般情况下，过负荷保护与过电流保护结合在一起。

六、电容器组的过电压保护

电容器组的过电压保护与多台电容器切除后的过电压保护，其作用是完全不同的。前者是供电电压过高保护整个电容器组不损坏，后者是在供电电压正常情况下，电容器组内部故障 K 台电容器切除后，使电容器上电压分布不均匀，保护切除电容器组使该段上剩余电容器不受过电压损坏。因此，保护构成的原理也是不同的。

电容器组只能允许在 1.1 倍额定电压下长期运行，当供电母线稳态电压升高时，过电压保护应动作，带时限发信号或跳闸。保护动作电压为

$$U_{set} = \frac{K_V(1-A)U_N}{n_{TV}} \tag{4-135}$$

式中 K_V——电容器长期允许的过电压倍数；

A——电容器组每相串联电抗器感抗 X_L 与每相容抗 X_C（总容抗）的比值，$A=\frac{X_L}{X_C}$；

U_N——电容器组接入母线的额定电压；

n_{TV}——电压互感器变比。

过电压保护应采用反时限特性，但为简化，一般采用定时限特性。

当电容器组设有以电压为判据的自动投切装置时，可不设过电压保护。

七、电容器组的低电压保护

当供电电压消失时，电容器组失去电源开始放电，其上电压逐渐降低。若残余电压未放电到0.1倍额定电压就恢复供电，则电容器组上将承受高于1.1倍额定电压的合闸过电压，导致电容器组的损坏，因而需装设低电压保护。

低电压保护所用电压接于高压母线电压互感器的二次侧，图4－73示出了电容器组低电压保护逻辑框图。由图可见，只有当三相电压同时降低到低电压动作值时，保护才可动作；同时为了防止所接TV二次空气小开关误跳造成TV二次失压引起电容器低压保护误动，保护经电流闭锁。当供电电压消失后，参照电流闭锁定值，判电容器组是否有电流，如果有电流则认为TV误跳，电容器保护不应该动作，于是断路器跳闸闭锁；如果无电流，则认为电容器低电压保护应该动作，需要跳开断路器。同时只有在断路器合上时，保护动作才有意义，在微机型保护中增加了断路器跳闸位置闭锁低压保护的功能。

低电压的动作值为

$$U_{set}=\frac{K_{min}U_N}{n_{TV}} \tag{4-136}$$

式中 K_{min}——系统正常运行时可能出现的最低电压系数，一般取0.5；

U_N——供电高压侧母线额定电压（低电压保护中的低电压元件接于高压侧电压互感器二次）；

n_{TV}——电压互感器变比。

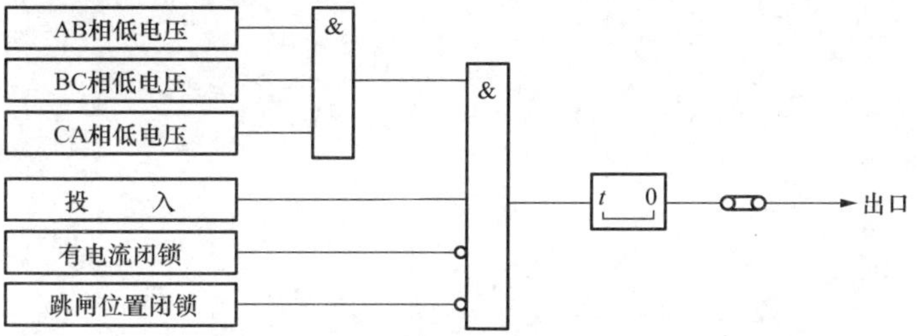

图4－73 电容器组的低电压保护逻辑框图

低电压保护的动作时限应小于供电电源重合闸的最短时限。

八、其他保护

微机型电容器组保护除上述保护功能外，一般还具有自动投切功能或低压自投功能。自动投切功能指的是电压偏高时自动切除电容器组，电压偏低时自动投入电容器组，以调节母线电压，该功能可由控制字设定为投入或退出。

对于电容器组中采用的串联电抗器，因其容量较小，一般不装设继电保护。对于油浸自冷式电抗器，主要利用气体继电器作电抗器内部故障的保护。重瓦斯动作于跳闸，轻瓦斯动作于信号。

九、电容器组在系统运行中异常问题

在500kV和220kV变电站投切主变压器时，110kV变电站中10kV电容器组过流保护动作跳闸。究其原因是电压中的高次谐波，在电容器中产生较大的高次谐波电流，造成电容器的过负荷甚至跳闸。为此，有些厂家的过电流保护推荐使用“电流有效值”不使用“电流的峰-峰值”作为过电流峰值判据。减少500kV和220kV变电站投切主变时，110kV变电站中10kV电容器组过流保护动作跳闸的机会。

参 考 文 献

[1] 罗士萍. 微机保护实现原理及装置. 北京：中国电力出版社，2001.
[2] 朱传琴. 数字电子技术. 北京：中国电力出版社，2007.
[3] 许正亚. 变压器及中低压网络数字式保护. 北京：中国水利水电出版社，2004.
[4] 江苏省电力公司编. 电力系统继电保护原理与实用技术. 北京：中国电力出版社.
[5] 国家电网公司发布. Q/GDW 175—2008 变压器、高压并联电抗器和母线保护及辅助装置标准化设计规范. 北京：中国电力出版社，2008.
[6] 各厂家说明书.

第五章

电力系统安全自动装置

第一节　备用电源自动投入装置

一、概述

电力系统对发电厂厂用电、变电所所用电的供电可靠性要求很高，因为发电厂厂用电、变电所所用电一旦供电中断，可能造成整个发电厂停电；变电所无法正常运行，后果十分严重。因此发电厂、变电所的厂、所用电均设置有备用电源。此外，一些重要的工矿企业用户为了保证其供电可靠性，也设置了备用电源。当工作电源因故障被断开以后，能自动而迅速地将备用电源投入工作，保证用户连续供电的装置即称为备用电源自动投入装置，简称备自投装置。备自投装置主要用于110kV以下的中、低压配电系统中，是保证电力系统连续可靠供电的重要设备之一。

在GB/T 14285—2006《继电保护和安全自动装置技术规程》中，规定以下情况应装设备用电源自动投入装置：

（1）装有备用电源的发电厂厂用电源和变电所所用电源；

（2）由双电源供电，其中一个电源经常断开作为备用的变电所；

（3）降压变电所内有备用变压器或有互为备用的母线段；

（4）有备用机组的某些重要辅机。

从以上的规定可以看出，装设备自投装置的基本条件是在供电网、配电网中（环网运行的方式不存在备用电源自动投入的问题，不需要装设备自投装置），有两个以上的电源供电，工作方式为一个为主供电源，另一个为备用电源（明备用），或两个电源各自带部分负荷，互为备用（暗备用）。

二、对备用电源自动投入装置的要求

备自投装置动作应考虑动作后负荷情况是否满足稳定性要求，如负荷过大，影响系统稳定，或无法满足电动机自起动的要求时，应采取必要的措施。保护设置与整定时，应考虑备自投装置投到故障设备上，应有保护能瞬时切除故障。

参照有关规程，对备自投的基本要求可以归纳如下：

（1）应保证在工作电源和设备断开后，才投入备用电源或备用设备。这一要求的目的是防止将备用电源或备用设备投入到故障元件上，造成备自投失败，甚至扩大故障，加重损坏设备。

实现方法：备用电源和设备的断路器合闸部分应由供电元件受电侧断路器的常闭辅助触点起动。

（2）工作母线和设备上的电压不论何种原因消失时备自投装置均应起动。工作母线失压的原因有：工作变压器故障，母线故障，母线上出线故障而没有被该出线的断路器断开，断路器因控制回路、操动机构、保护回路的问题或被运行人员误操作断开，电力系统内部故障等。以上各种原因造成工作母线失压时，备自投装置都应该动作。

实现方法：备自投装置应有独立的低电压起动部分。

(3) 备自投装置应保证只动作一次。当工作母线发生永久性故障或引出线上发生永久性故障，且没有被出线断路器切除时，由于工作母线电压降低，备自投装置动作，第一次将备用电源或备用设备投入，因为故障仍然存在，备用电源或备用设备上的继电保护会迅速将备用电源或备用设备断开，如果此时再投入备用电源或备用设备，不但不会成功，还会使备用电源或备用设备、系统再次遭受故障冲击，并造成扩大事故、损坏设备等严重的后果。

实现方法：控制备用电源或设备断路器的合闸脉冲，使之只动作一次。

(4) 若电力系统内部故障使工作电源和备用电源同时消失时，备自投装置不应动作，以免造成系统故障消失恢复供电时，所有工作母线段上的负荷全部由备用电源或备用设备供电，引起备用电源和备用设备过负荷，降低供电可靠性。在这种情况下，电力系统内部故障消失系统恢复后，负荷应该仍由原各自的工作电源供电。所以，备用母线电压消失时备自投装置不应动作。

实现方法：备自投装置设有备用母线电压监视继电器。

(5) 发电厂用备自投装置除满足上述要求，还应符合：

1) 当一个备用电源作为几个工作电源备用时，如备用电源已代替一个工作电源后，另一个工作电源又断开，备自投装置应动作。

2) 有两个备用电源的情况下，当两个备用电源为两个彼此独立的备用系统时，应各装设独立的自动投入装置；当任一备用电源都能作为全厂各工作电源的备用时，自动投入装置应使任一备用电源都能对全厂各工作电源实行自动投入。

3) 备自投装置在条件可能时，可采用带有检定同步的快速切换方式；也可采用带有母线残压闭锁的慢速切换方式及长延时切换方式。

(6) 应校验备用电源和备用设备自动投入时过负荷的情况，以及电动机自起动的情况，如过负荷超过允许限度，或不能保证自起动时，应有自动投入装置动作于自动减负荷。

(7) 当备用电源自动投入装置动作时，如备用电源或设备投于永久故障，应使其保护加速动作。

(8) 备自投装置的动作时间以使负荷的停电时间尽可能短为原则。所谓备自投装置动作时间，即指从工作母线受电侧断路器断开到备用电源投入之间的时间，也就是用户供电中断的时间。停电时间短对用户有利。但当工作母线上装有高压大容量电动机时，工作母线停电后因电动机反送电，使工作母线残压较高，若备自投动作时间太短，会产生较大的冲击电流和冲击力矩，损坏电气设备。所以，考虑这些情况，动作时间不能太短。运行实践证明，在有高压大电动机的情况下，备自投装置的动作时间以 1～1.5s 为宜，低电压场合可减小到 0.5s。

三、微机式备用电源自动投入装置

(一) 功能说明

备用电源的一次接线形式种类较多，备自投逻辑有较大的差别。常规的备自投装置常常需根据具体的使用要求修改逻辑，对微机备自投设备则需修改相关软件，增加了工程设计的工作量，且降低备自投设备的可靠性。为能以一种装置适应不同的要求，在微机型备自投装置中，采用基于图形化界面的逻辑可编程的方式实现备自投功能。

微机型备自投装置提供的模拟量输入，开关量输入及定值都可以成为控制备投动作的可编程元件。为防止备自投装置重复动作，借鉴保护装置中重合闸逻辑的作法，在动作逻辑中设置了一个“充电”计数器。在传统备自投上采用电容器充放电过程和瞬时动作延时返回的中间继电器实现一次合闸；在微机备自投中，一般采用逻辑判断和软件延时代替充电过程。备自投装置的动作逻辑的控制条件可分为三类：充电条件，闭锁条件，起动条件。即在所有充电条件均满足，而闭锁条件不满足时，经过一个固定的延时完成充电，备自投装置就绪，一旦出现起动条件即动作出口。备自投装置逻辑原理框图见图5－1。

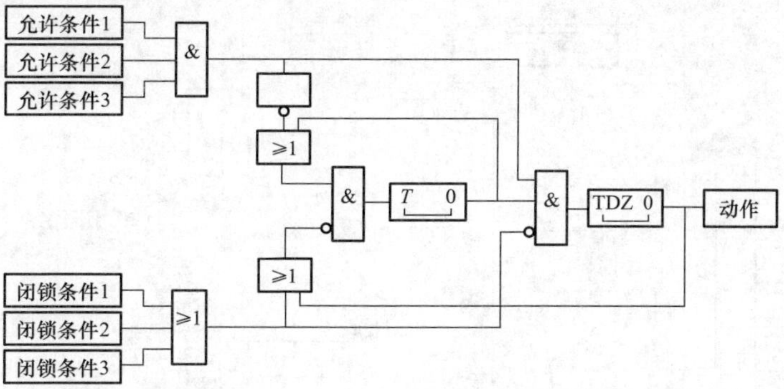

图5－1 备自投装置逻辑原理框图

为了避免合闸在故障上造成开关跳跃和扩大事故，充电时间的选取应考虑以下几个原则：① 等待故障造成的系统扰动充分平息，认为系统已经恢复到故障前的稳定状态；② 躲过对侧相邻保护最后一段的延时和重合闸最长动作周期；③ 考虑一定裕度。

（二）典型备用电源自投方式

1. 桥断路器或母联备投

图5－2是桥断路器或母联备投的一次接线图，这是一种典型的暗备用。正常情况母线工作在分段状态，靠分段断路器取得相互备用。在暗备用方式中，每个工作电源的容量应根据两个分段母线的总负荷来考虑，否则在备自投动作后，要减去相应负荷。为防止TV断线时备自投误动，取线路电流作为母线失压的闭锁判据。如果变压器或母线发生故障，保护动作跳开进线开关，进线开关将处于跳闸位置，此时闭锁备自投。手跳进线断路器情况类似。

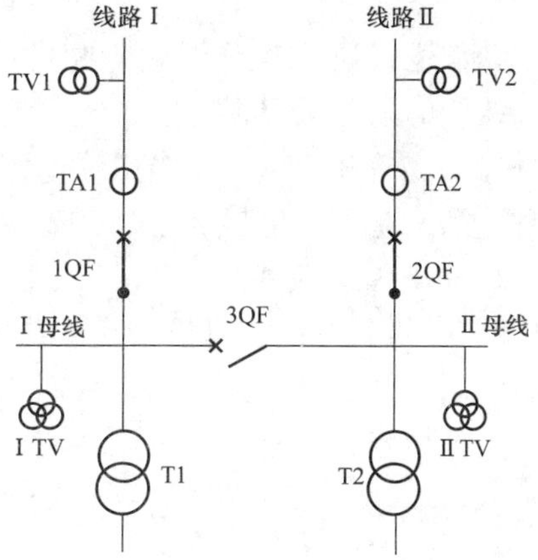

图5－2 桥断路器或母联备投一次接线图

正常运行时，桥断路器（母联）在断开状态，Ⅰ、Ⅱ段母线分别通过各自的供电设备或线路供电，当某一段母线因供电设备或线路故障跳开或偷跳时，此时，若另一条进线断路器为合位，则3QF自动合闸，从而实现供电设备或线路互为备用。以上过程可分解为图5－3桥断路器或母联备投逻辑框图中的下列动作逻辑：

（1）充电条件（逻辑“与”）：1QF合位；2QF合位；3QF分位；Ⅰ母有压；Ⅱ母有压。

（2）放电条件（逻辑“或”）：1QF分位；2QF分位；3QF合位；Ⅰ母Ⅱ母同时无压。

（3）Ⅰ母失压时，起动条件（逻辑“与”）：Ⅰ母无压；进线Ⅰ无流；（“线路检无流”投入，检查此条件，反之不检查）；Ⅱ母有压；2QF合位。备自投起动后经延时跳1QF，合3QF，发出动作信号，同时动作于信号继电器。

（4）Ⅱ母失压时，起动条件（逻辑“与”）：Ⅱ母无压；进线Ⅱ无流（“线路检无流”投入，检查此条件，反之不检查）；Ⅰ母有压；1QF 合位。备自投起动后经延时跳 2QF，合 3QF。

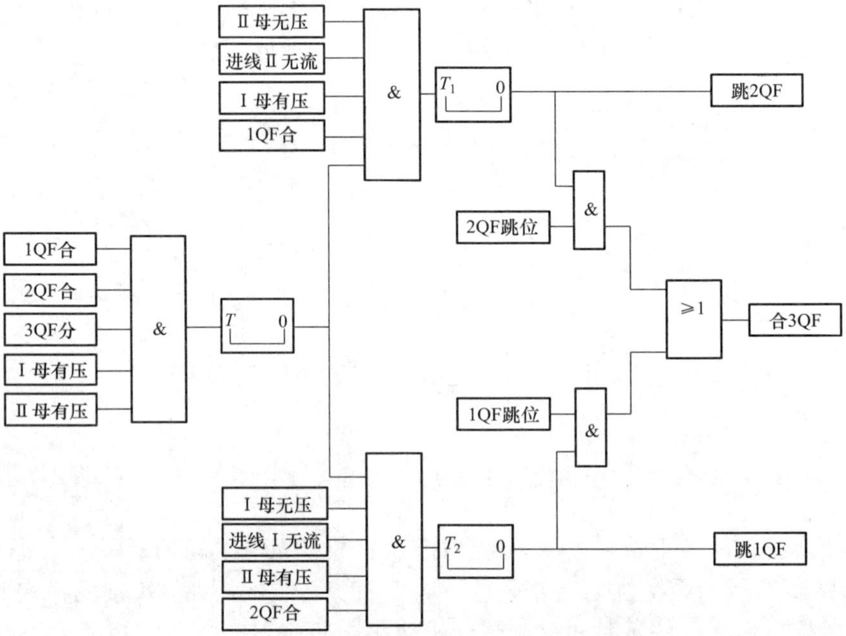

图 5－3　桥断路器或母联备投逻辑框图

动作逻辑还可考虑两轮式的Ⅰ、Ⅱ线过负荷时联切负荷，这些功能独立于备投逻辑，可通过相应的软压板投退。当Ⅰ线电流或Ⅱ线电流大于相应的第一段电流定值，经过第一段的延时，第一轮联切出口。当Ⅰ线电流或Ⅱ线电流大于相应的第二段电流定值，经过第二段的延时，第二轮联切出口。

2. 进线备自投

图 5－4 是进线备自投一次接线图。工作线路同时带两段母线运行，另一条进线处于明备用状态。当工作线路失电，其断路器处于合位，在备用线路有压、桥断路器合位的情况下跳开工作线路，经延时合备用线路。若工作电源断路器偷跳即合备用电源。为防止 TV 断线时备自投误动，取线路电流作为线路失压的闭锁判据。以上过程可分解为图 5－5 进线备自投逻辑框图中的下列动作逻辑：

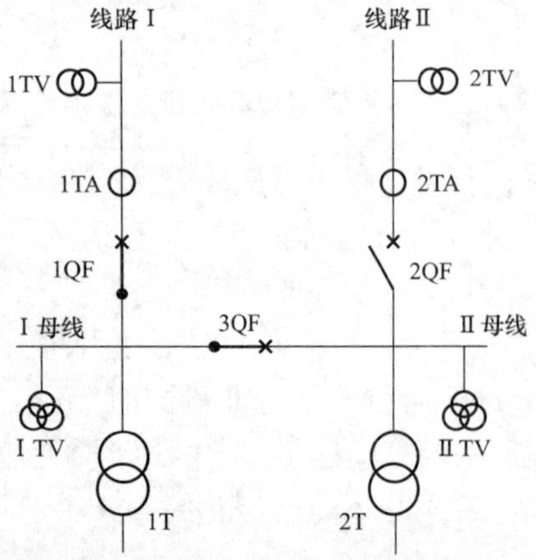

图 5－4　进线备自投一次接线图

（1）充电条件（逻辑“与”）：1QF 合位；2QF 分位；3QF 合位；Ⅰ母有压；Ⅱ母有压；进线Ⅰ有压（“线路检有压”投入，检查此条件，反之不检查）。

（2）放电条件（逻辑“或”）：1QF 分位；2QF 合位；3QF 分位；进线Ⅰ无压（“线路检有压”投入，检查此条件，反之不检查）。

（3）起动条件（逻辑“与”）：Ⅰ母无压；Ⅱ母无压；进线Ⅰ无流；进线Ⅱ有压；备自投起动后，经延时跳开 1QF，合上 2QF。

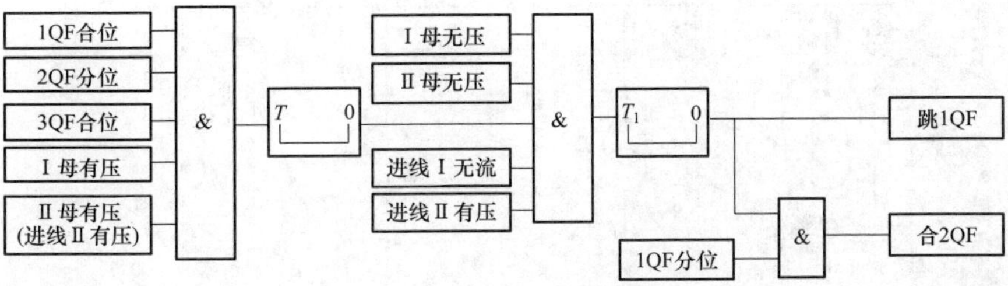

图5-5 进线备自投逻辑框图

进线备自投的跳闸回路一般可通过保护跳闸或手跳两种方式实现，但两种方式都有各自需要注意的问题。

(1) 采用保护跳闸方式在设计中必须要考虑闭锁重合闸问题，因为采用保护跳开工作线路开关后，保护装置会误认为开关偷跳而启动重合闸将原已被分开的线路开关又重新合上，导致无法隔离有故障的原工作线路，备自投也因此无法正常工作，因此必须用另一副跳闸输出接点去闭锁该线路保护的重合闸。

(2) 采用手跳方式就可以不用再考虑闭锁重合闸的问题，因为手动跳闸、遥控跳闸的操作回路已经考虑闭锁重合闸了。在人为手分工作线路开关时，为了避免备自投合备用线路开关，往往接入保护合后继电器接点，并加入“手分闭锁备自投”回路，但这将会造成备自投通过手跳回路跳开工作线路后，“手分闭锁备自投”回路又闭锁备自投，导致无法合备用线路。因此可取消保护合后继电器接点接入备自投装置，以便使备自投装置能正确动作。为了防止人为手分工作线路开关时备自投误投备用线路，应在备自投的现场运行规程里要求在人工断开工作线路开关前将备自投退出。

对于对侧设重合闸的系统，备自投可等待对侧重合一次失败后启动自投，也可直接自投。重合失败后自投对恢复供电较有利，但自投延时将延长一个重合闸动作周期。原则上对供电容量大、装置可靠性较高、供电线路较长、重合成功率低或对连续性供电有特殊要求的重要负荷可采用直接自投方式；对装置可靠性相对较低的常规继电器备自投的负荷可采用先重合后自投方式。

3. 变压器备自投

如图5-6备用变压器一次接线图所示，备用变压器分热备用和冷备用两种。热备用：母线失电，相应主变低压侧断路器处于合位，在备用变压器高压侧有压情况下跳开工作变压器低压侧断路器，合备用变压器低压侧断路器；当工作变压器偷跳，合备用变压器低压侧断路器。为防止TV断线时备自投误动，取主变压器低压侧电流作为母线失压的闭锁判据。冷备用：逻辑同上面热备用，通过外部增加继电器扩展接点，同时跳开工作变压器高、低压侧断路器及电容器组，合备用变压器高、低压侧断路器。

热备用过程可分解为图5-7变压器备自投逻辑框图中的下列动作逻辑：

(1) 充电条件（逻辑“与”）：1QF合位；2QF合位；母线有压；进线Ⅱ有压（“线路检有压”投入，检查此条件，反之不检查）。

(2) 放电条件（逻辑“或”）：1QF分位；2QF分位；母线失压；进线Ⅱ无压（“线路检有压”投入，检查此条件，反之不检查）。

(3) 起动条件（逻辑“与”）：母线失压；Ⅱ主变高压侧有压；4QF分位。备自投起动后，经延时跳开2QF，合上4QF。

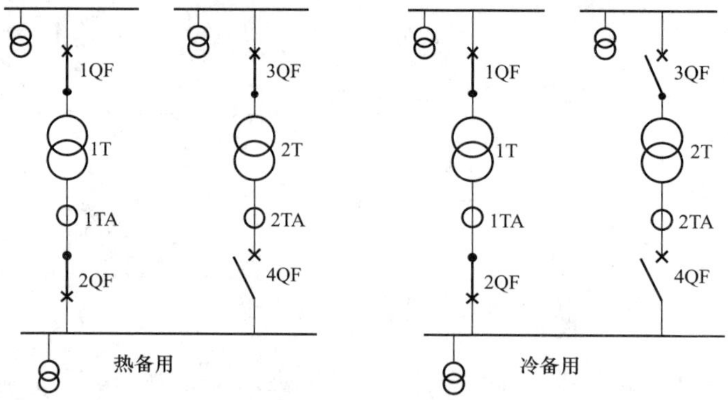

图 5－6　变压器备自投一次接线图

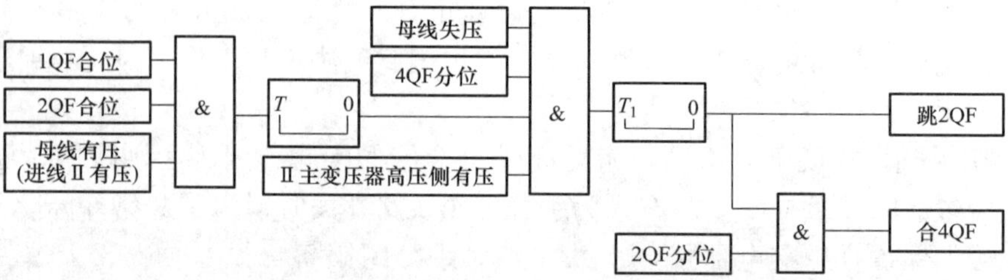

图 5－7　变压器热备用逻辑框图

4. 桥接线变压器备自投

图 5－8 是桥接线变压器备自投一次接线图。工作主变 1T 带全部负荷，备用主变 2T 处于明备用状态。当工作主变故障时，两段母线均失压，备自投起动，跳开主变 1T 高、低压侧断路器，合上分段开关及备用变压器两侧开关，由主变 2T 带全部负荷。需接入交流量包括低压侧Ⅰ母和Ⅱ母的三相电压及零序电压，两台主变低压侧 A 相电流，进线 1 和进线 2 的 A 相电压。接入的开关量包括两台主变压器两侧断路器低压侧分段断路器的合位。当两台主变压器任意一侧为手动跳开时，闭锁备自投装置。

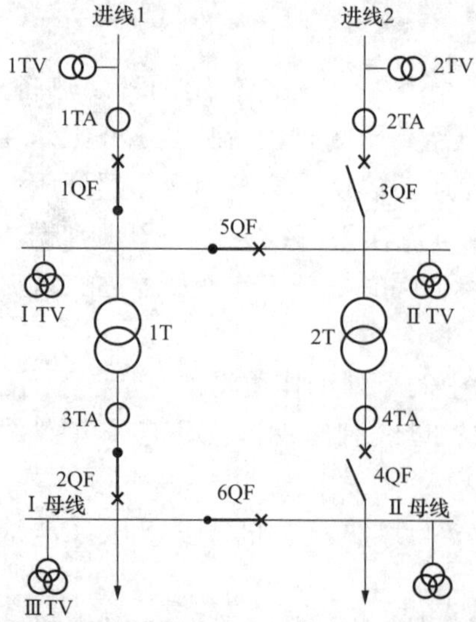

图 5－8　桥接线变压器备自投一次接线图

以上过程可分解为图 5－9 桥接线变压器备自投逻辑框图中的下列动作逻辑：

（1）充电条件（逻辑“与”）：3QF 分位；4QF 分位；2QF 合位；6QF 合位；Ⅰ母有压；Ⅱ母有压；进线 2 有压（“线路检有压”投入，检查此条件，反之不检查）；无手跳分位。

（2）放电条件（逻辑“或”）：3QF 合位；4QF 合位；6QF 分位；进线 2 无压（“线路检有压”投入，检查此条件，反之不检查）；有手跳分位。

（3）起动条件（逻辑“与”）：Ⅰ母无压；Ⅱ母无压；1T 低压侧无流（“检无流”投入，检查此条件，反之不检查）；进线 2 有压；无手跳分位。备自投起动后，经延时跳开 1QF、2QF，合上 3QF、4QF。

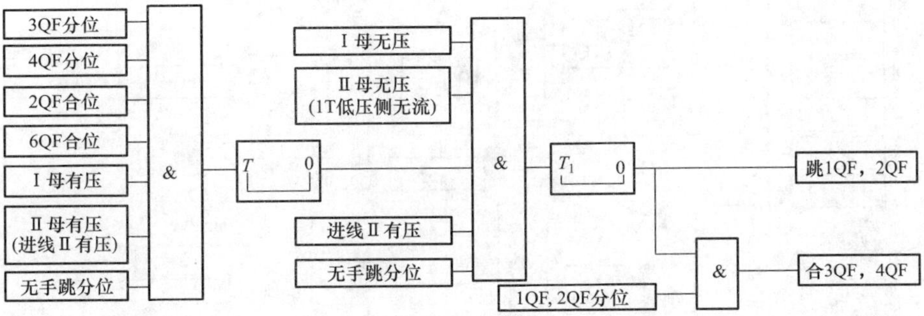

图 5 – 9　桥接线变压器备自投逻辑框图

5. 均衡负荷备自投

图 5 – 10 是均衡负荷备自投方式对应的主接线图。这种接线方式在负荷比较集中，比较重要的地区应用的比较多。Ⅰ母线备用Ⅱ母线方式：Ⅱ母线失电，Ⅰ母有压，跳断路器 2QF，合断路器 3QF；Ⅱ母线备用Ⅰ母线方式：Ⅰ母失压，Ⅱ母有压，跳 1QF，确认 1QF 跳开后合 3QF；确认 1QF 跳开及 3QF 合上后，跳 4QF，合 6QF 均衡 2 号、3 号主变压器负荷。这样处理，Ⅲ母会短暂失压，但可防止 2、3 号变压器的非同期合闸。为防止 TV 断线时备自投误动，取线路电流作为母线失压的闭锁判据。3QF 和 6QF 分别装一台备自投装置互相配合。动作过程分解为图 5 – 11 均衡负荷备自投逻辑框图中的下列动作逻辑：

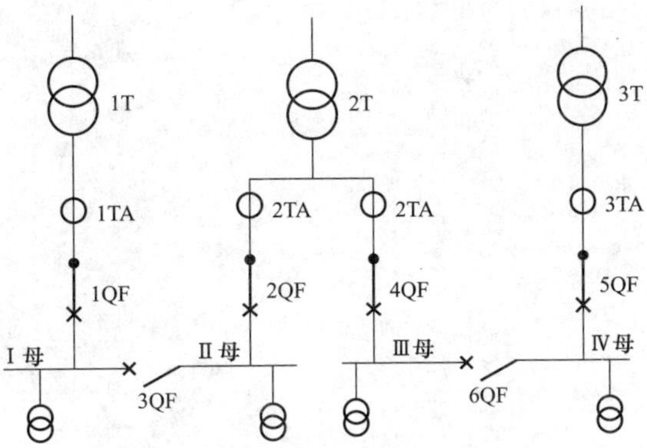

图 5 – 10　均衡负荷备自投一次接线图

（1）充电条件（逻辑“与”）：1QF 合位；2QF 合位；3QF 分位；Ⅰ母有压；Ⅱ母有压。

（2）放电条件（逻辑“或”）：1QF 分位；2QF 分位；3QF 合位；Ⅰ母Ⅱ母同时无压。

（3）Ⅰ母线为Ⅱ母备用，起动条件（逻辑“与”）：Ⅱ母失压；进线Ⅱ无流（“线路检有流”投入，检查此条件，反之不检查）；备自投起动后，经延时跳开 2QF，合 3QF，发出动作信号，同时动作于信号继电器。

（4）Ⅱ母线为Ⅰ母备用，起动条件（逻辑“与”）：Ⅰ母失压；进线Ⅰ无流（“线路检有流”投入，检查此条件，反之不检查）；备自投起动后，经延时跳开 1QF，合 3QF。

（5）此时，1QF 分位；3QF 合位；4QF 合位；6QF 分位；Ⅳ母有压；另一台备自投装置起动，跳 4QF，合 6QF 均衡负荷。4QF 拒跳则紧急联切负荷，出口不动作。

6. 双母线接线及其动作逻辑

图 5 – 12 所示为双母线主接线运行方式的一种。双母线接线的备自投装置的动作逻辑和单母分段接线的动作逻辑一样。不同的是接入到备自投装置的电压应接入经切换后的电压，即反应作用开关实际运行母线的电压。闭锁逻辑同单母分段接线。

需要注意的是，在一条母线检修时，可能主电源和备用电源都接在同一条母线上，对于某些微机型的备自投装置，需要判断母联断路器位置。在检修方式下，母联断路器位置不确定。此时须注意，备自投装置的运行方式应与当前的一次接线方式相适应。

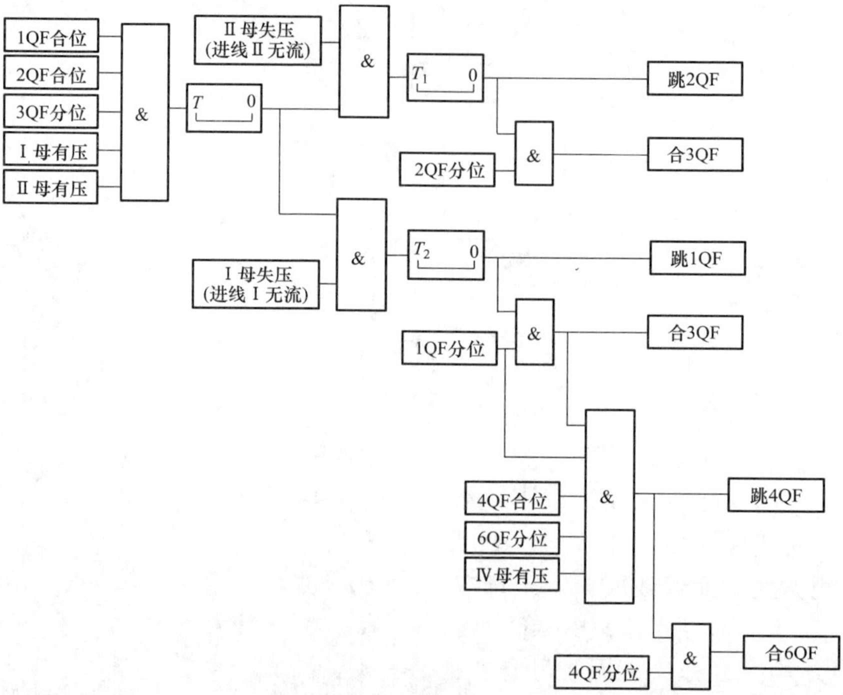

图 5－11 均衡负荷备自投逻辑框图

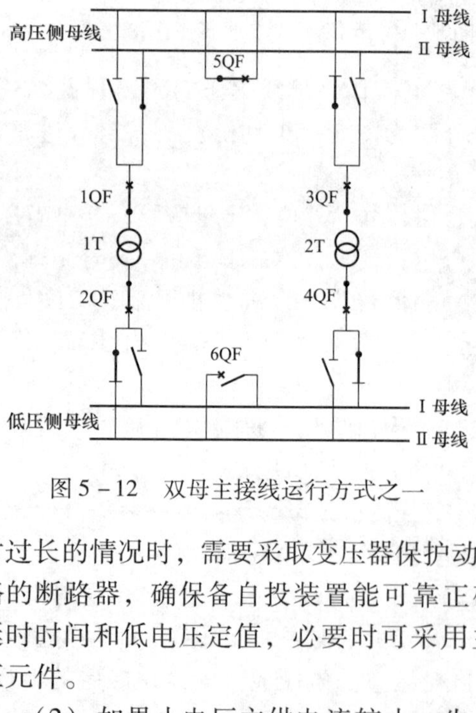

图 5－12 双母主接线运行方式之一

（三）备自投的一些特殊问题

以上介绍了几种典型的接线方式和相应的备自投逻辑。在实际运行中还需注意备自投的一些特殊问题处理。

1. 过负荷联切问题

有电厂并网的变电站备自投装置原理上应具备防止非同期合闸的措施，即具备备自投装置动作联跳电厂线开关或检无压合闸回路的条件。备自投常规的做法是满足无压、无流的条件后才启动动作，在跳开主供电源后，再合备用电源。实际运行中存在两种情况：

（1）存在主供电源失电后，因电源点的存在造成备自投装置低电压元件无法满足灵敏度或延时过长的情况时，需要采取变压器保护动作跳负荷侧断路器时，联跳该侧地区电源联网线路的断路器，确保备自投装置能可靠正确动作。或者认真核算小电源支撑下备自投动作延时时间和低电压定值，必要时可采用主供电源断路器辅助触点加无电流条件代替低电压元件。

（2）如果小电厂主供电流较小，失去电流闭锁条件，而此时如果出现失压现象，则备自投装置启动，发生非同期合闸。因此，必须具备备自投装置动作联跳电厂线开关条件。

2. 备自投装置的闭锁问题

常规备自投装置都有实现手动跳闸闭锁及保护闭锁功能，其中保护闭锁功能，分别有母差动作闭锁，主变后备保护动作闭锁母联（分段）自投，一般来说主变后备保护动作是相应母线及出线的后备，此时如果是出线拒动或母线发生故障，备自投不应动作；对于内桥接线，并投入桥自投的，则特别注意主变保护动作要闭锁对侧的备自投，防止自投到故障主变上。

地区电网一般使用的是进线主变压器及母联自投。考虑母线故障的几率很低，出线可能出现瞬时性故障而拒动的情况，为了最大限度地保证负荷的正常供应，本地区电网的主变后备保护不闭锁备自投装置。为了防止人员误分开关，本地区手分开关也不闭锁备自投装置。因此，在涉及人员手动分合开关，要充分考虑本条，并采取适当的措施。

3. 备自投装置的动作时间整定问题

对于单独备自投装置时间的整定要求：低电压元件动作后延时跳开工作电源，其动作时间宜大于本级线路电源侧后备保护动作时间与线路重合闸时间之和；备自投投入时间一般不带延时，如跳开工作电源时需联切部分负荷，投入时间可整定为0.1～0.5s。

在文献［6］中，时间整定原则按大于低电压继电器所反应的范围内，系统中其他设备的继电保护切除短路的时间计算，且要求备自投装置与有关的线路自动重合闸配合使用。具体描述为：备自投动作时间应大于同电压等级电源的后备保护动作时间，该时间为电源线全线有灵敏度段的动作时间和重合闸时间之和、母线保护动作时间、馈线后备保护动作时间三者中的最大值，时间级差为0.3～0.5s。

为了避免电网中上级设备的单一故障造成备自投装置的大面积动作，在本地区电网中，要求上、下级电网中的备自投装置动作时间宜按由上至下的原则逐级配合，末级装置备自投动作时间不宜大于6s。

4. 后加速跳闸的问题

备自投的基本要求中，当备自投动作于永久故障的设备上，应加速跳闸并只动作一次。应优先采用配置有后加速电流保护功能的备自投装置。

后加速过电流保护安装在变压器电源侧的自动投入装置，当投于故障设备上时，后加速保护应快速切除故障，本级线路电源侧速动段保护的非选择性动作由重合闸来补救，电流定值应对故障设备有足够的灵敏度，同时还应可靠躲过包括自起动电流在内的最大负荷电流；安装在变压器负荷侧的自动投入装置，如投入在故障设备上，为提高投入成功率，后加速保护宜带0.2～0.3s的延时，电流定值应对故障设备有足够的灵敏度，同时还应可靠躲过包括自起动电流在内的最大负荷电流。

5. 多级备自投的配合问题

当系统中存在多级备自投时，应考虑各级备自投间的关系。原则上高电压等级、高可靠性、影响面大的备自投先动作，低电压等级的、低可靠性、影响面小的备自投按躲过上级备自投整定。但是，低电压等级线路事故率高，在可靠性要求很高的情况下，为了缩短延时，各备自投可以同时动作，并且从运行方式上考虑避免多级备自投顺序自投。

在现场工作时，由于一次接线方式、负荷性质和经济运行等因素的作用，相应的备自投方式有很多。应根据运行方式设定好备自投动作状态，仔细检查备自投装置引入的电流、电压、开关量是否合理，闭锁条件是否是充分和必要的。试验时，应根据实际运行方式、装置的工作条件综合考虑，制定试验方案，不应局限于简单的验证装置的动作逻辑。在做传动试验时，应考虑周全，回路试验应全面，避免遗留死角。

第二节 微机型自动按频率减负荷装置

一、概述

电力系统的频率是电力系统中同步发电机产生的交流正弦电压的频率。电压和频率是衡量电能质量的重要指标。为了保证用户的正常工作和产品质量，应提高供电质量，使电网电压和频率都处在额定值附近运行，根据我国《电力工业技术管理法规》规定，正常运行时电力系统的频率应保持在50±0.2Hz的范围内。当采用现代自动调频装置时，频率的误差可不超过0.05~0.15Hz。

电力系统稳定运行时，发电机发出的总有功功率等于用户消耗的（包括传输损失）总有功功率，系统中运行着的同步发电机都以同一转速旋转，系统频率维持为一稳定值。电力系统所有发电机输出的有功功率的总和，在任何时刻都将等于此系统各种用电设备所需的有功功率和网络的有功损耗的总和。但由于有功负荷经常变化，其任何变动都将立刻引起发电机输出电磁功率的变化，而原动机输入功率由于调节系统的滞后，不能立即随负荷波动而作相应的变化，此时发电机转轴上的转矩平衡被打破，发电机转速将发生变化，系统的频率随之发生偏移。

二、电力系统低频运行的危害

当电力系统出现功率缺额时，就会出现系统频率下降，功率缺额越大，频率降低越多。当有功功率缺额超出了正常调节能力时，如果不及时采取措施，不仅影响供电质量，而且会给电力系统安全运行带来严重的后果。

（一）低频运行对发电机和系统安全运行的影响

（1）频率下降时，汽轮机叶片的振动会变大，轻则影响使用寿命，重则可能产生裂纹。对于额定频率为50Hz的电力系统，当频率降低到45Hz附近时，某些汽轮机的叶片可能因发生共振而断裂，造成重大事故。

（2）频率下降到47~48Hz时，由异步电动机驱动的送风机、吸风机、给水泵、循环水泵和磨煤机等火电厂厂用机械的出力随之下降，火电厂锅炉和汽轮机的出力也随之下降，从而使火电厂发电机发出的有功功率下降。这种趋势如果不能及时制止，就会在短时间内使电力系统频率下降到不能允许的程度，以致出现频率崩溃，造成大面积停电，甚至使整个系统瓦解。

（3）在核电厂中，反应堆冷却介质泵对供电频率有严格要求。当频率降到一定数值时，冷却介质泵会自动调开，使反应堆停止运行。

（4）电力系统频率下降时，异步电动机和变压器的励磁电流增加，使异步电动机和变压器的无功消耗增加，从而使系统电压下降。频率下降还会引起励磁机出力下降，并使发电机电动势下降，导致全系统电压水平降低。如果电力系统原来的电压水平偏低，在频率下降到一定值时，可能出现电压快速且不断地下降，出现电压崩溃，造成大面积停电，甚至造成系统瓦解。

（二）低频运行对电力用户的不利影响

（1）电力系统频率变化会引起异步电动机转速变化，这会使得电动机所驱动的加工工业产品的机械转速发生变化。有些产品（如纺织和造纸行业的产品）对加工机械的转速要求很高，转速不稳定会影响产品质量，甚至会出现次品和废品。

（2）电力系统频率波动会影响某些测量和控制用的电子设备的准确性和性能，频率过低时有些设备甚至无法工作。这对一些重要工作是不允许的。

（3）电力系统频率降低将使电动机的转速和输出功率降低，导致所带动机械的转速和出力降低，影响用户设备的正常运行。

三、限制频率下降的措施

频率崩溃的过程延续时间为几十秒，甚至更短。在这样短的时间里，要运行人员做出正确的决策往往是很困难的。虽然由负荷的调节效应，在频率下降时使系统负荷消耗的有功功率自动相应地减小，这在一定程度上可以减缓频率的下降，但往往是不够的，所以应采取迅速而有效的措施来限制频率的下降，使之不至于发生频率崩溃现象，并进一步使系统恢复到正常频率。常采用的限制频率下降的措施如下。

（1）动用系统中的旋转备用容量。在电力系统正常运行时，除了调速器反映频率的变化，自动进行相应的出力调节外，一般安排一定数量的旋转备用（热备用）。所以，当频率下降时，应立即增加具有旋转备用的机组出力，使频率得以恢复。

（2）迅速启动备用机组。因为汽轮发电机在升温、升速时要考虑机组的机械热应力，所以启动时间要很长（一般在1h以上），对单元式高参数机组，要从锅炉点火开始，时间就更长。而水轮发电机的辅助设备较简单，机组自启动水平高，所以在系统频率下降时，首先要求处于备用状态的水轮发电机迅速启动，并迅速投入系统。同样的，电力系统中其他能迅速启动的发电机，如燃气轮机也应立即启动，一般可在几分钟内投入电力系统。

但是在系统有功功率严重不平衡、频率急剧下降时，上述措施（1）、（2）往往来不及有效地制止频率的下降。

（3）按频率自动减负荷。一般电力系统中，为了经济运行，机组的旋转备用量不会超过20%，在高峰负荷时甚至会接近零，而系统在严重事故情况下有功功率缺额可达30%甚至更大，所以电力系统中常常设置自动按频率减负荷装置，或称低频减载装置，按频率下降的程度自动切除部分负荷，以阻止频率的下降。

四、电力系统负荷的静态频率特性

当频率变化时，系统负荷消耗的有功功率也将随着改变。这种有功负荷随频率而变化的特性称为负荷的静态频率特性。不同类型负荷消耗的有功功率，随频率变化的敏感程度不一样，它与负荷的性质有关。电力系统的负荷，一般可分为如下三类：

第一类：负荷消耗的有功功率与频率无关，如电热、照明、整流器负荷等，即 $P_{\mathrm{I}*}=K_0$ 为常数。

第二类：负荷消耗的有功功率与频率的一次方成正比，如碎煤机、卷扬机、金属切削机等负荷，其轴转矩为常数，即 $P_{\mathrm{II}*}=K_1f_*$。

第三类：负荷消耗的有功功率与频率的二次方、三次方、高次方成正比，如通风泵、水泵等负荷，即 $P_{\mathrm{III}}=K_2f_*^2+K_3f_*^3+\cdots$。

所以，电力系统总的有功负荷 $\sum P_{\mathrm{L}}$ 可以认为由上述三类负荷组成，即

$$\sum P_{\mathrm{L}}=K_0+K_1f_*+K_2f_*^2+K_3f_*^3+\cdots \qquad (5-1)$$

式中：加“*”为标幺值。

由上式可知：系统频率变化时，系统总有功负荷消耗的有功功率作相应变化，其关系曲

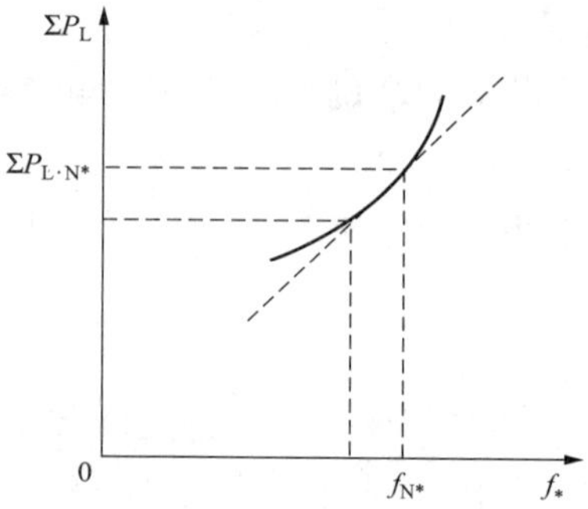

图 5－13 负荷的静态频率特性

线如图 5－13 所示。由图可见，当频率下降时，系统总有功负荷消耗的有功功率随之减少；当频率上升时，系统总有功负荷消耗的有功功率随之增加，这种现象为负荷的调节效应。图 5－13 中，在额定频率f_{N*}下，对应的系统额定负荷为$\Sigma P_{L\cdot N*}$。由于系统频率变化范围不大（45～51）Hz，此区间负荷的静态频率特性可近似为一条直线，其斜率为

$$K_L=\frac{\Sigma\Delta P_{L*}}{\Delta f_*}=\frac{(\Sigma P_L-\Sigma P_{L*N})/\Sigma P_{L*N}}{(f-f_n)/f_N} \tag{5-2}$$

式中 $\Sigma\Delta P_{L*}$——系统有功负荷变化量标幺值，$\Sigma\Delta P_{L*}=(\Sigma P_L-\Sigma P_{L*N})/\Sigma P_{L*N}$；

ΣP_{L*N}——额定频率下总有功负荷；

Δf_*——系统频率变化量标幺值，$\Delta f_*=(f-f_N)/f_N$；

f_N——额定频率。

将K_L定义为负荷调节效应系数。它反映的是系统频率变化时，对应负荷有功功率的变化量，可用来衡量负荷调节效应的大小。K_L的物理意义即为系统频率每下降（或上升）1%，系统负荷消耗的有功功率相应减少（或增加）的百分数。因负荷类型、性质随季节变化，所以K_L值随季节约有±（10%～15%）的变化。一般K_L取值在 1～3 范围内。显然，不同电力系统的K_L值不同，同一电力系统K_L值在不同季节也有所不同。

负荷调节效应对电力系统频率可起到一定的稳定作用。当电力系统有功功率平衡遭到破坏，出现有功功率缺额引起系统频率下降时，由于负荷调节效应，负荷本身消耗的有功功率相应减少，于是可以重新达到有功功率平衡，系统频率可以自动稳定在低于额定值的频率上运行。

但是，负荷调节效应毕竟是有限的，当电力系统出现较大的有功功率缺额时，仅靠负荷调节效应来补偿有功功率缺额，系统频率会降低到不允许程度，从而破坏系统的安全稳定运行。在这种情况下，必须借助自动低频减载装置来切除一部分不重要的负荷，才能保证系统的安全稳定运行。

五、电力系统频率动态特性

电力系统由于有功功率平衡遭到破坏而引起系统频率发生变化，频率从正常状态过渡到另一个稳定值所经历的时间过程，称为电力系统动态频率特性。如图 5－14 所示。由图可知，系统的频率变化不能突变，而是按一定指数规律变化。当系统频率在 45～51Hz 变化（负荷的静态频率特性近似呈线性变化），系统无旋转备用容量时，其表达式为

$$f=f_\infty+(f_N-f_\infty)e^{-1}/T_f \tag{5-3}$$

式中 f_∞——有功功率不平衡时，由f_N变化到另一个稳定运行的频率；

T_f——系统频率变化的时间常数，它与系统等值机组惯性常数及负荷调节效应系数K_L等有关，一般在 4～10s 间，大系统的T_f较大，小系统的T_f较小。

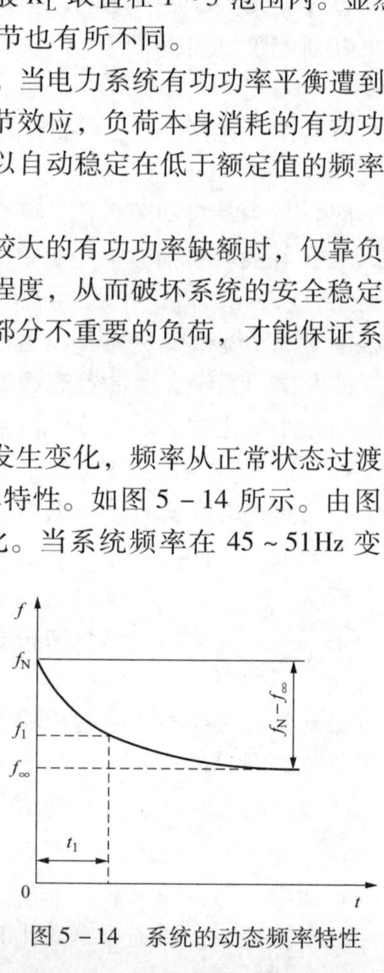

图 5－14 系统的动态频率特性

从f_N变化到f_1所经过的时间t_1由式(5-4)可求得

$$t_1 = T_f \ln \left| \frac{f_N - f_\infty}{f_1 - f_\infty} \right| \tag{5-4}$$

当发电机功率与负荷功率失去平衡时,系统频率f_x按指数曲线变化。系统功率缺额ΔP_{h*}值是一个随机的不定数,但系统频率f_x的变化总可归纳为如下几种情况。

(1)由于$\Delta f_{*\infty}$的值与功率缺额成比例,当ΔP_{h*}不同时,系统频率特性分别如图5-15中曲线a、b所示。该两曲线表明,在事故初期,频率的下降速率与功率缺额的标幺值成比例,即ΔP_{h*}值越大,频率下降的速率也越大。它们的频率稳定值分别为$\Delta f_{a\infty}$和$\Delta f_{b\infty}$。

(2)设系统功率缺额为ΔP_h,当频率下降至f_1时切除负荷功率ΔP_L,如果ΔP_L等于ΔP_h,则发电机组发出的功率刚好与切除后的系统负荷功率平衡。系统频率按指数曲线恢复到额定频率f_N运行,如图5-15中曲线c所示。

(3)上述事故情况下,如果在f_1时切除负荷功率ΔP_{L1}小于功率缺额ΔP_h值,则系统的稳态频率就低于额定值。设切除负荷ΔP_{L1}后,正好使系统频率f_x维持在f_1运行,那么它的频率特性如图5-15中直线d所示。

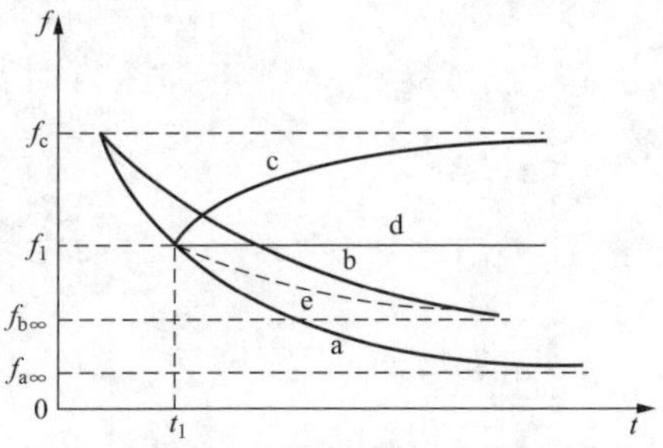

图5-15 电力系统频率的动态特性

(4)设频率下降至f_1时切除的负荷功率为ΔP_{L2},且ΔP_{L2}小于上述情况的ΔP_{L1},这时系统频率f_x将继续下降,如果这时系统功率缺额对应的稳态频率也为$f_{b\infty}$,于是系统频率的变化过程如图5-15中曲线e所示。比较a、e两曲线也可说明,如能及早切除负荷功率,可延缓系统频率下降过程。

六、自动按频率减负荷装置

当系统发生严重的功率缺额时,自动低频减载装置的任务是迅速断开相应数量的用户负荷,使系统频率在不低于某一允许值的情况下,达到有功功率的平衡,以确保电力系统安全运行,防止事故的扩大。因此,自动按频率减负荷装置是防止电力系统发生频率崩溃的系统性事故的保护装置。

(一)对自动按频率减负荷装置的基本要求

(1)能在各种运行方式且功率缺额的情况下,有计划地切除负荷,有效地防止系统频率下降至危险点以下。

(2)切除的负荷应尽可能少,应防止超调和悬停现象。

(3)变电所的馈电线路使故障变压器跳闸造成失压时,自动按频率减负荷装置应可靠动作,不应误动。

(4)电力系统发生低频振荡时,不应误动。

(5)电力系统受谐波干扰时,不应误动。

(二)自动按频率减负荷装置的工作原理

1. 最大功率缺额的确定

在电力系统中,自动低频减载装置是用来对付严重功率缺额事故的重要措施之一,它通过切除负荷功率(通常是比较不重要的负荷)的办法来制止系统频率的大幅度下降,藉以取得逐步恢复系统正常工作的条件。因此，必须考虑即使在系统发生最严重事故的情况下，即出现最大可能的功率缺额时，切除的负荷功率量也能使系统频率恢复在可运行的水平，以避免系统事故的扩大。可见，确定系统事故情况下的最大可能功率缺额，以及接入自动低频减载装置的相应的功率值，是系统安全运行的重要保证。确定系统中可能发生的功率缺额涉及对系统事故的设想，为此应作具体分析。一般应根据最不利的运行方式下发生事故时，实际可能发生的最大功率缺额来考虑，例如按系统中断开最大机组或某一电厂来考虑。如果系统有可能解列成几个子系统（即几个部分）运行时，还必须考虑各子系统可能发生的最大功率缺额。

一般并不要求系统频率恢复至额定值，而是希望它的恢复频率 f_h 低于额定值，约为 49.5 ~50Hz 之间，所以接到自动低频减载装置最大可能的断开功率 ΔP_{Lmax} 可小于最大功率缺额 ΔP_{hmax}。设正常运行时系统负荷为 P_{LN}，额定频率与恢复频率 f_h 之差为 Δf，则有：

$$\frac{\Delta P_{hmax}-\Delta P_{Lmax}}{P_{LN}-\Delta P_{Lmax}}=K_{L*}\Delta f_{*} \tag{5-5}$$

$$\Delta P_{Lmax}=\frac{\Delta P_{hmax}-K_{L*}P_{LN}\Delta f_{*}}{1-K_{L*}\Delta f_{*}} \tag{5-6}$$

式（5-6）表明，当系统负荷 P_L、系统最大功率缺额 ΔP_{hmax} 已知后，只要系统恢复频率 f_h 确定，就可按式（5-6）求得接到自动低频减载装置的功率总数。

例 5-1 某系统的负荷总功率为 $P_L=5000$MW，设想系统最大的功率缺额为 $\Delta P_{hmax}=1200$MW，设负荷调节效应系数为 $K_{L*}=2$，自动低频减载装置动作后，希望系统恢复频率为 $f_h=48$Hz，求接入低频减载装置的功率总数 ΔP_{Lmax}。

解： 希望恢复频率偏差的标幺值为

$$\Delta f_{*}=\frac{50-48}{50}=0.04$$

由式（5-6）得

$$\Delta P_{Lmax}=\frac{1200-2\times5000\times0.04}{1-2\times0.04}=870\ (\mathrm{MW})$$

接入自动低频减载装置功率总数为 870MW，这样即使发生如设想那样的严重事故，仍能使系统频率恢复值不低于 48Hz。

2. 自动低频减载装置的动作顺序

如上所述，接于自动低频减载装置的总功率是按系统最严重事故的情况来考虑的。然而，系统的运行方式很多，而且事故的严重程序也有很大差别，对于各种可能发生的事故，都要求自动低频减载装置能作出恰当的反应，切除相应数量的负荷功率，既不过多又不能不足，只有分批断开负荷功率采用逐步修正的办法，才能取得较为满意的结果。

由分析系统频率下降的动态方式可知，在频率下降速率 $\mathrm{d}f_{x*}/\mathrm{d}t$ 的信号中，载有功率缺额的信息。从理论上讲它提供了切除相应功率量的数学描述，是较为理想的检测信号。然而，目前得到实际应用的是按频率降低值切除负荷，即按频率自动减载。

自动低频减载装置是在电力系统发生事故时系统频率下降过程中，按照频率的不同数值按顺序切除负荷。也就是将接至低频减载装置的总功率 ΔP_{Lmax} 分配在不同启动频率值来分批地切除，以适应不同功率缺额的需要。根据启动频率的不同，低频减载可分为若干级，也称为若干轮。

为了确定自动低频减载装置的级数，首先应定出装置的动作频率范围，即选定第一级启动频率 f_1 和最末一级启动频率 f_n 的数值。

（1）第一级启动频率 f_1 的选择。

由图 5－15 系统频率动态特性曲线所示的规律可知，在事故初期如能及早切除负荷功率，这对于延缓频率下降过程是有利的。因此第一级的启动频率值宜选择得高些，但又必须计及电力系统动用旋转备用容量所需的时间延迟，避免因暂时性频率下降而不必要地断开负荷的情况，所以一般第一级的启动频率整定在 48.5～49Hz。在以水电厂为主的电力系统中，由于水轮机调速系统动作较慢，所以第一级启动频率宜取低值。

（2）末级启动频率 f_n 的选择。

电力系统允许最低频率受“频率崩溃”或“电压崩溃”的限制，对于高温高压的火电厂，频率低于 46～46.5Hz 时，厂用电已不能正常工作。在频率低于 45Hz 时，就有“电压崩溃”的危险。因此，末级的启动频率以不低于 46～46.5Hz 为宜。

3. 频率级差

当 f_1 和 f_n 确定以后，就可在该频率范围内按频率级差 Δf 分成 n 级断开负荷，即

$$n=\frac{f_1-f_n}{\Delta f}+1 \tag{5-7}$$

级数 n 越大，每级断开的负荷越小，这样装置所切除的负荷量就越有可能接近于实际功率缺额，具有较好的适应性。

关于频率级差 Δf 的选择问题，当前有两种截然不同的原则。

（1）按选择性确定级差。

强调各级动作的次序，要在前一级动作以后还不能制止频率下降的情况下，后一级才动作。

设频率测量元件的测量误差为 $\pm\Delta f_\sigma$，最严重的情况是前一级启动频率具有最大负误差，而本级的测频元件为最大正误差，如图 5－16 所示。设第 i 级在频率为 $f_i-\Delta f_\sigma$ 时启动，经 Δt 时间后断开负荷，这时频率已下降至 $f_i-\Delta f_\sigma-\Delta f_t$。第 i 级断开负荷后如果频率不继续下降，则 $i+1$ 级就不切除负荷，这才算是有选择性。这时考虑选择性的最小频率级差为

$$\Delta f=2\Delta f_\sigma+\Delta f_t+\Delta f_y \tag{5-8}$$

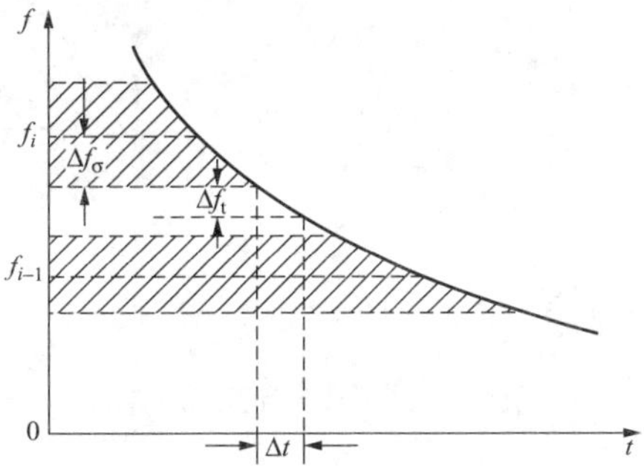

图 5－16　频率选择性级差的确定

式中：Δf_σ 为频率测量元件的最大误差频率；Δf_t 对应于 Δt 时间内的频率变化，一般可取 0.15Hz；Δf_y 为频率裕度，一般可取 0.05Hz。

按照各级有选择地顺序切断负荷功率，级差 Δf 值主要决定于频率测量元件的最大误差 Δf_σ 和 Δt 时间内频率的下降数值 Δf_t。模拟式频率继电器的频率测量元件本身的最大误差为 ±0.15Hz 时，选择性级差 Δf 一般取 0.5Hz，这样整个低频减载装置只可分成 5～6 级。

现在数字式频率继电器已在电力系统中广泛采用，其测量误差（0.015Hz 甚至更低）已大为减小且动作延时也已缩短，为此频率级差可相应减小为 0.3～0.2Hz 之间。

（2）级差不强调选择性。

由于电力系统运行方式和负荷水平是不固定的，针对电力系统发生事故时功率缺额有很

大分散性的特点，低频减载装置遵循逐步试探求解的原则分级切除少量负荷，以求达到较佳的控制效果，这就要求减小级差 Δf，增加总的频率动作级数 n，同时相应地减少每级的切除功率。这样即使两轮无选择性启动，系统恢复频率也不会过高。

在电力系统中，自动低频减载装置总是分设在各个地区变电所中，前面已讲到在系统频率下降的动态过程中，如果计及暂态频率修正项 Δf_i，各母线电压的频率并不一致，所以分散在各地的同一级低频减载装置，事实上也有可能不同时启动。因此如果增加级数 n，减小各级的切除负荷功率，则两级间的选择性问题也并不突出。

4. 每级切除负荷 ΔP_{Li} 的限制

低频减载装置采用了分级切除负荷的办法，以适应各种事故条件下系统功率缺额大小不等的情况。在同一事故情况下，切除负荷越多，系统恢复频率就越高，可见每一级切除负荷的功率受到恢复频率的限制。我们不希望恢复频率过高，更不希望频率恢复值高于额定值。

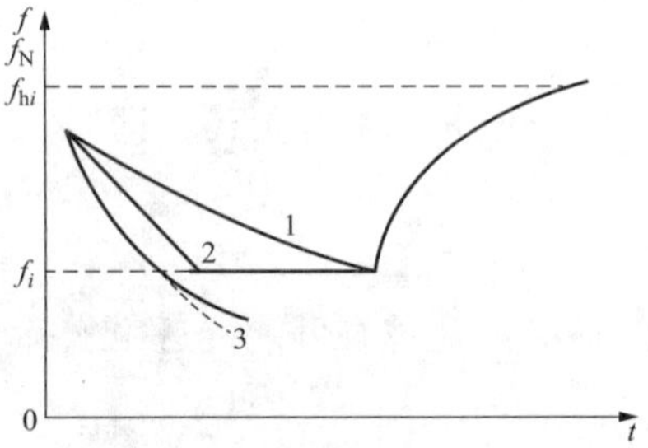

图 5－17　典型的系统频率变化过程

设第 i 级的动作频率为 f_i，它所切除的用户功率为 ΔP_{Li}。电力系统频率 f_x 下降特性是与功率缺额相对应的。显然它是随机的，是不确定的。典型的系统频率变化过程总可表达为如图 5－17 所示。其中如果特性曲线的稳态频率正好为 f_i，这是能使第 i 级启动的功率缺额为最小临界情况，因此当切除 ΔP_{Li}后，系统频率恢复值 f_h，如典型曲线 2、3 所示。曲线 2 表示切除 ΔP_{Li}后，频率正好稳定在 f_i。曲线 3 表示切除 ΔP_{Li}后，频率还继续下降。

如上所述，若系统恢复频率 f_h 为已知，则第 i 级切除功率的限值就不难求得，即按第 $(i-1)$ 级动作切除负荷后，系统的稳定频率正好按第 i 级的主启动频率 f_i 来考虑。

此时 $\Delta f_i = f_N - f_i$；系统当时的功率缺额 ΔP_{i-1}，由负荷调节效应的减小功率来补偿，因此

$$\frac{\Delta P_{i-1}}{P_{LN} - \sum_{k=1}^{i-1} \Delta P_{Lk}} = K_{L*} \frac{\Delta f_i}{f_N} \tag{5-9}$$

式中：$\sum_{k=1}^{i-1} \Delta P_{Lk}$ 为低频减载装置前 $(i-1)$ 级断开的负荷总功率。

为了把所有功率都表示为系统负荷 P_{LN}的标幺值，则上式表示为

$$\Delta P_{i-1*} = \left(1 - \sum_{k=1}^{i-1} \Delta P_{Lk*}\right) K_{L*} \Delta f_{i*} \tag{5-10}$$

当第 i 级切除负荷 ΔP_{Li*} 后，系统频率稳定在 f_h，同样这时系统的功率缺额相应地由负荷调节效应 ΔP_{hi}所补偿，即

$$\Delta P_{hi*} = \left(1 - \sum_{k=1}^{i} \Delta P_{Lk*}\right) K_{L*} \Delta f_{h*} \tag{5-11}$$

由于 i 级动作前的功率缺额等于第 i 级切除功率与动作后频率为 f_h 时系统功率缺额之和，即

$$\Delta P_{i-1*} = \Delta P_{Lk*} + \Delta P_{hi*} \tag{5-12}$$

所以

$$\Delta P_{Li*} = \left(1 - \sum_{k=1}^{i-1} \Delta P_{Lk*}\right) K_{L*} \Delta f_{i*} - \left(1 - \sum_{k=1}^{i} \Delta P_{Lk*}\right) K_{L*} \Delta f_{h*} \tag{5-13}$$

整理后可得

$$\Delta P_{\mathrm{L}i*}=\left(1-\sum_{k=1}^{i=1}\Delta P_{\mathrm{L}k*}\right)\frac{K_{\mathrm{L}*}(\Delta f_{i*}-\Delta f_{\mathrm{h}})}{1-K_{\mathrm{L}*}\Delta f_{\mathrm{h}}} \tag{5-14}$$

一般希望各级切除功率小于按式（5－14）计算所求得的值，特别是在采用n增大、级差减小的系统中，每级切除功率值就更应小些。

在自动低频减载装置的动作过程中，当第i级启动切除负荷以后，如系统频率仍继续下降，则下面各级会相继动作，直到频率下降被制止为止。如果出现的情况是：第i级动作后，系统频率可能稳定在$f_{\mathrm{h}i}$，它低于恢复频率的极限值f_{h}，但又不足以使下一级减载装置启动，例如像图5－17中曲线2所示的那样，因此要装设后备段，以便使频率能恢复到允许的限值f_{h}以上。后备段的动作频率应不低于前面基本段第一级的启动频率，它是在系统频率已经比较稳定时动作的。因此其动作时限可以为系统时间常数T_{x}的2～3倍，最小动作时间约定为10～15s。后备段可按时间分为若干级，也就是其启动频率相同，但动作时延不一样，各级时间差可不小于5s，按时间先后次序分批切除用户负荷，以适应功率缺额大小不等的需要。在分批切除负荷的过程中，一旦系统恢复频率高于后备段的返回频率，低频减载装置就停止切除负荷。

接于后备段的功率总数应按最不利的情况来考虑，即低频减载装置切除负荷后系统频率稳定在可能最低的频率值，按此条件考虑后备段所切功率总数的最大值，并且保证具有足以使系统频率恢复到f_{h}的能力。

5. 动作逻辑

以配置五轮正常减载和两轮加速减载的自动低频减载装置为例：四个基本轮动作顺序为第一轮→第二轮→第三轮→第四轮，仅当前一轮动作后，下一轮才开始计时；第五轮为特殊轮，低频启动后，第五轮立即启动计时。当第一轮启动后，装置同时检查当前的加速第一轮和加速第二轮的动作状况，决定是正常减载还是加速减载。自动低频减载装置原理见图5－18、图5－19。

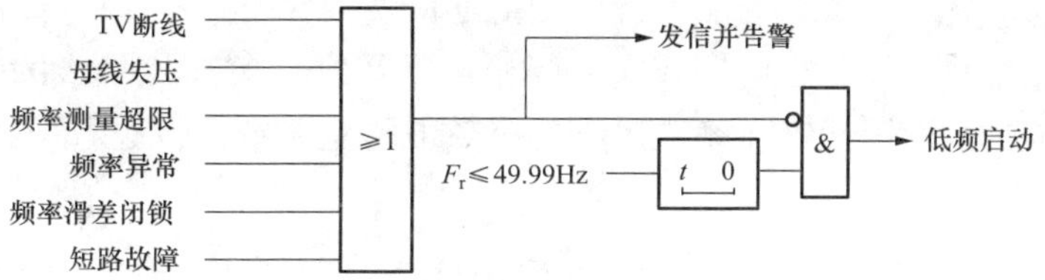

图5－18 低频减载启动逻辑

（三）自动低频减载装置误动作的原因及措施

自动低频减载装置动作时，原则上应尽可能快，这是延迟系统频率下降的最有效措施，但考虑到以下情况，又不允许自动低频减载装置瞬时动作。

1）当系统发生事故，电压急剧下降期间有可能引起频率继电器误动作；

2）自动低频减载装置动作反应全系统的平均频率，而不是所接母线的频率瞬时值；

3）防止在系统发生振荡时装置的误动作。

为此，要求装置有一定的动作时限。当然，时限过长不利于各级间的选择性，也可能在严重故障时会使系统的频率降低到危险的临界值以下。所以往往采用一个不大的时限（通常用0.1～0.2s）以躲过暂态过程可能出现的误动作。

自动低频减载装置是通过测量系统频率来判断系统是否发生功率缺额事故的，在系统实

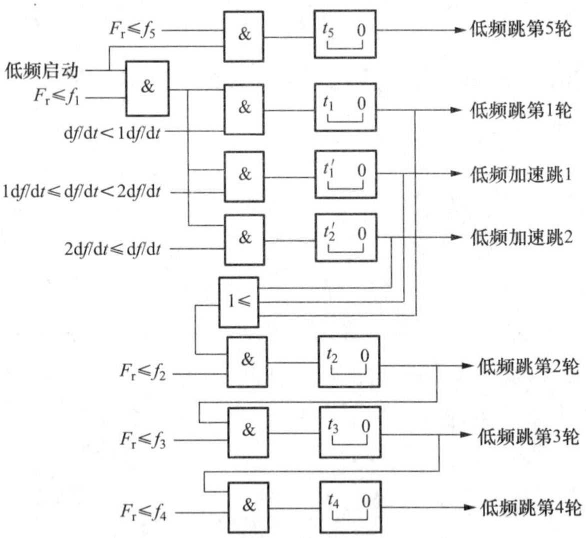

图 5－19　低频切负荷逻辑

际运行中往往会出现装置误动作的情况，例如地区变电所某些操作，可能造成短时间供电中断，该地区的旋转机组如同步电动机、同步调相机和异步电动机等的动能仍短时反馈输送功率，且维持一个不低的电压水平，而频率则急剧下降，因而引起低频减载装置的错误启动。当该地区变电所很快恢复供电时，用户负荷已被错误地断开了。

当电力系统容量不大、系统中有很大冲击负荷时，系统频率将瞬时下跌，同样也可能引起低频减载装置启动，错误地断开负荷。

在上述自动低频减载装置误动作的例子中，可引入其他信号进行闭锁，防止其误动作。目前自动按频率减负荷装置常用的闭锁有时限闭锁、低电压带时限闭锁、低电流闭锁、双频率继电器串联闭锁及滑差闭锁等。

（1）时限闭锁方式。该闭锁方式是由装置带一定延时出口的方式实现，曾主要用于由电磁式频率继电器或晶体管频率继电器构成的自动按频率减负荷装置中。但当电源短时消失或重合闸过程中，如果负荷中电动机比例比较大，则由于电动机的反馈作用，母线电压衰减较慢，而电动机转速却降低较快，此时即使装置带有延时，也可能引起自动按频率减负荷装置的误动；同时当基本级带延时后，对抑制频率下降很不利。

（2）低电压带时限闭锁。该闭锁方式是利用电源断开后电压迅速下降来闭锁自动按频率减负荷装置。由于电动机电压衰减较慢，因此必须带有一定的时限才能防止装置的误动。特别是当装置安装在受端接有小电厂或同步调相机以及容性负荷比较大的降压变电所内时，很易产生误动。另外，采用低电压闭锁也不能有效地防止系统振荡过程中频率变化而引起的误动。

（3）低电流闭锁方式。该闭锁方式是利用电源断开后电流减小的规律来闭锁自动按频率减负荷装置。该方式的主要缺点是电流值不易整定，某些情况下易出现装置拒动的情况，同时，当系统发生振荡时，装置也容易发生误动。目前这种方式一般只限于电源进线单一、负荷变动不大的变电所。

（4）滑差闭锁方式。滑差闭锁方式亦称频率变化闭锁方式。该方式利用从闭锁级频率下降至动作级频率的变化速度 df/dt 是否超过某一数值来判断是否为系统功率缺额引起的频率下降，从而决定是否进行闭锁。为躲过短路的影响，装置也需带有一定延时。目前这种闭锁方式正受到日益广泛的应用。

在低频减载实际动作过程中，可能会出现前一轮动作后系统的有功功率已经不再缺额，频率开始回升，但频率回升的拐点可能在下轮动作范围之内，第一轮切负荷后频率开始上升，但在第二轮频率定值以下的时间超过了第二轮的延时定值，则第二轮动作，不必要地多切了负荷，导致频率上升超过了正常值。过切的现象在地区小电网容易发生。在每一基本轮动作的判据中增加 $df/dt>0$ 的闭锁判据，可以有效防止过切现象发生。

第三节 电力系统安全稳定控制装置

一、电力系统稳定控制的概念

电力系统的运行状态可以分成正常状态和异常状态两种。正常状态又可分为安全状态和警戒状态；异常状态又分成紧急状态和恢复状态。电力系统的运行包括了所有这些状态及其相互间的转移，如图5－20所示。

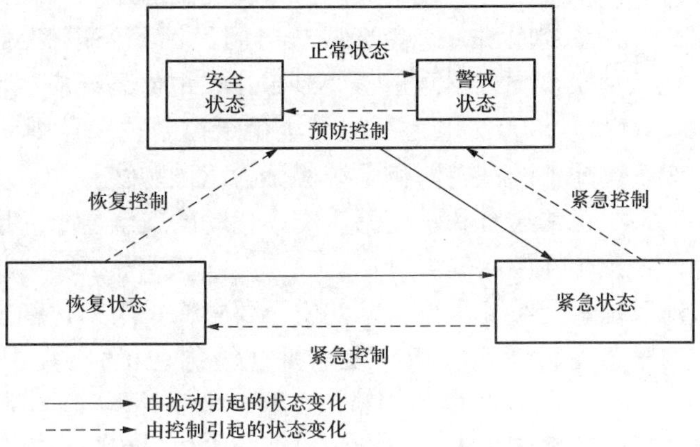

图5－20 电力系统运行状态及转换关系

安全状态是指系统的频率、各节点的电压、各元件的负荷均处于规定的允许值范围内，并且一般的小扰动不致使运行状态脱离正常运行状态。正常安全状态实际上始终处于一个动态的平衡之中，必须进行正常的调整，包括频率和电压，即有功功率和无功功率的调整。

警戒状态是指系统整体仍处于安全的范围内，但个别元件或地区的运行参数已临近安全范围的边缘，此时再有新的扰动将使系统进入紧急状态。对处于警戒状态的电力系统应该采取预防控制，使之进入安全状态。

紧急状态是指正常运行状态的电力系统遭到扰动（包括负荷的变动和各种故障），电源和负荷之间的功率平衡遭到破坏而引起系统频率和节点电压超过了允许的偏移值，或元件的负担超过了安全运行的限制值，系统处于危机中。对处于紧急状态下的电力系统，应该采取各种校正控制和稳定控制措施，使系统尽可能回复到正常状态。

恢复状态是指电力系统已被解列成若干个局部系统，其中有些系统已经不能保证正常地向用户供电，但其他部分可以维持正常状态；或者系统未被解列，但已不能满足向所有的用户正常供电，已有部分负荷被切除。当处于紧急状态下的电力系统不能通过校正和稳定控制回复到正常状态时，应按对用户影响最小的原则采取紧急控制措施，使之进入恢复状态。然后根据情况采取恢复控制措施，使系统回复到正常运行状态。

电力系统的预防控制、紧急控制和恢复控制总称为安全控制。安全控制是维持一个电力系统安全运行所不可缺少的。随着电力系统的发展扩大，对安全控制提出了越来越高的要求，成为电力系统控制和运行的一个极重要的课题。

二、电力系统稳定控制的三道防线

DL 755—2001《电力系统安全稳定导则》确立了电力系统承受大扰动能力的安全稳定

标准，将电力系统承受大扰动能力的安全稳定标准分为三级。

第一级安全稳定标准：正常运行方式下的电力系统受到第Ⅰ类大扰动后，保护、开关及重合闸正确动作，不采取稳定控制措施，必须保持电力系统稳定运行和电网的正常供电，其他元件不超过规定的事故过负荷能力，不发生连锁跳闸。

第二级安全稳定标准：正常运行方式下的电力系统受到前述的第Ⅱ类大扰动后，保护、开关及重合闸正确动作，应能保持稳定运行，必要时允许采取切机和切负荷等稳定控制措施。

第三级安全稳定标准：正常运行方式下的电力系统受到前述的第Ⅲ类大扰动导致稳定破坏时，必须采取措施，防止系统崩溃，避免造成长时间大面积停电和对最重要用户（包括厂用电）的灾难性停电，使负荷损失尽可能减小到最小，电力系统应尽快恢复正常运行。

相对应的，在 DL/T 723—2000《电力系统安全稳定控制技术导则》中，为保证电力系统安全稳定运行，二次系统配备的完备防御系统应分为三道防线。

第一道防线：保证系统正常运行和承受第Ⅰ类大扰动的安全要求。措施包括一次系统设施、继电保护、安全稳定预防性控制等：

第二道防线：保证系统承受第Ⅱ类大扰动的安全要求，采用防止稳定破坏和参数严重越限的紧急控制。常用的紧急控制措施有切除发电机（简称切机）、集中切负荷（简称切负荷）、互联系统解列（联络线）、HVDC 功率紧急调制、串联补偿等。

第三道防线：保证系统承受第Ⅲ类大扰动的安全要求，采用防止事故扩大，系统崩溃的紧急控制。措施有系统解列、再同步、频率和电压紧急控制等。

三、电力系统紧急控制的类型及其作用

（一）电力系统紧急控制的作用

电力系统发生短路等事故时，首先应由继电保护动作切除故障。一般情况下事故切除系统可继续运行。如果事故很严重或者事故处理不当，则可能造成事故扩大而导致严重后果。为此，电力系统中还应配备必要的紧急控制装置。

（二）电力系统紧急控制的措施

为实现紧急控制，通常要根据紧急状态（事故）前的电网结构和运行情况，考虑紧急状态（故障及其暂态过程）的实际情况，由控制装置进行分析判断，确定相应的控制措施。

紧急控制通常采用以下措施，每次控制可以是采用一种措施，也可能是同时采用多种措施，包括发电机侧控制手段和负荷端控制手段。

发电机侧控制手段：

1）切除发电机；

2）快关汽轮机的汽门；

3）水轮机快速降低和升高输出功率；

4）发电机励磁紧急控制；

5）动态电阻制动。

负荷端控制手段：

1）集中切负荷（切除高压线路实现）；

2）分散减负荷；

3）电容装置强行补偿、紧急投切并联电容装置及并联电抗器；

4）高压直流输电紧急调制；

5）电力系统解列。

（三）电力系统紧急控制与继电保护的关系

继电保护在电力系统发生短路等事故时首先动作并切除和隔离故障。它也是电力系统安全稳定三道防线中保证第一道防线有效的重要措施。一般情况下事故切除系统可继续运行。如果事故很严重或者事故处理不当，则可能造成事故扩大而导致严重后果。为此，电力系统中还应配备必要的紧急控制装置。因此从图 5－21 可以看出，继电保护是在紧急控制之前动作的，只有在事故很严重或者事故处理不当时，紧急控制装置才动作。

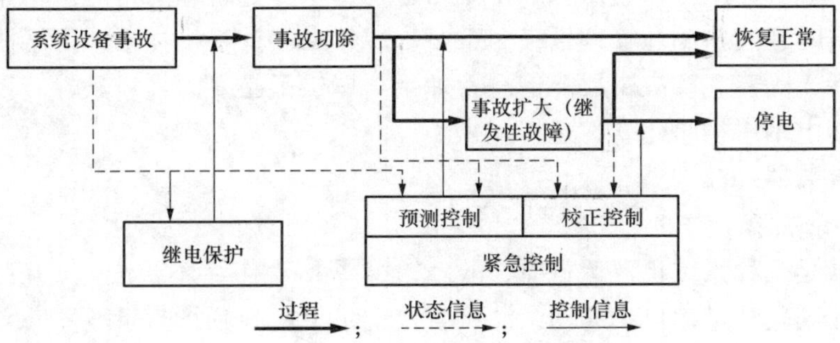

图 5－21 电力系统紧急控制与继电保护的关系

四、分布式稳定控制装置

1. 分布式稳定控制切负荷方式的选择

在故障或者过负荷情况下，安控装置查找策略表，采取适当的切负荷措施。既可以按轮次切负荷，也可以根据负荷的实际情况实现精确切负荷。

精确切负荷方式下，需要对负荷线路的电流进行采样计算，根据策略表设定的切负荷容量，或者接收到上一级控制主站发送来的切负荷量命令，按照一定的优先顺序（根据负荷的重要性，先切不太重要的负荷，后切重要负荷），按最匹配过切原则切除相应数量的负荷。

为了实现区域性的精确切负荷，通常设置区域控制主站，对实际负荷进行统计排序，再统一由其下发命令到各执行站，指定切除需要切除的负荷线路。这样，可以使得实际过切负荷量减少到最小。

2. 分布式稳定控制控制决策

多个厂站的稳定控制装置通过通信联系共同构成一个区域型稳控系统。装置通过采样计算，按有关判据判断电网故障，再根据当时的运行方式、潮流断面情况，查找策略表，采取就地出口或远传命令到其他控制站执行出口。

装置主要采取控制策略表的形式来进行决策，控制策略表是复杂电网稳定控制的基本依据。离线计算后的控制策略表是由运行方式人员按稳定要求，通过大量的离线分析计算，归纳整理形成的，然后由研制装置的软件人员把控制策略表以程序的形式编制成便于微机存放和查找的格式存贮在装置的存储器内。策略表一般按运行方式分成若干张大表，再按故障元件及故障类型分成若干张小表，每张小表中根据送电潮流、开机方式等分档放置相应的控制措施。稳定控制装置的启动过程一般为5s，如果5s之内发生两次故障，则按严重的故障采取措施，若第一次是较轻故障，那么第二次故障时将追加措施。

第四节　故障录波器及故障信息管理系统

现代电网的发展，不仅规模越来越大，电网自动化水平也已得到空前的发展和进步，微机继电保护、自动装置和故障录波器等二次装置在电网中得到了广泛应用。这些设备作为电网自动化系统的智能终端装置，除了实现传统的功能外，都具有强大的事件记录和波形存储功能。从电网调度运行管理的角度出发，对这些二次装置所记录的电网异常或故障信息能及时、有效的进行综合运用分析的需求显得尤为迫切；从专业管理的角度讲，充分加强对这些智能化设备的实时在线监测和管理也极为重要。近年来，计算机技术和网络技术在电力系统中的应用和发展，为建立和应用故障信息管理系统提供了必要的技术条件。目前，故障信息管理系统已经在电网中初步建立并运行。

一、故障录波器

（一）故障录波器的作用

故障录波器是一种系统正常运行时，故障录波器不动作（不录波）；当系统发生故障及振荡时，通过起动装置迅速自动起动录波，直接记录下反映到故障录波器安装处的系统故障电气量的一种自动装置。

故障录波器主要是用来记录电网中各种扰动（主要是电力系统故障）发生的过程，为分析故障和检测电网运行情况提供依据。其作用有：

（1）为正确分析事故原因、研究防止对策提供原始资料。通过录取的故障过程波形图，可以反映故障类型、相别，反映故障电流、电压大小，反映断路器的跳合闸时间和重合闸是否成功等情况。因此可以分析故障原因，研究防范措施，减少故障发生。

（2）帮助查找故障点。利用录取的电流、电压波形，可以推算出一次电流、电压数值，由此计算出故障点位置，使巡线范围大大缩小，省时、省力，对迅速恢复供电具有重要作用。

（3）分析评价继电保护及自动装置、高压断路器的动作情况，及时发现设备缺陷，以便消除隐患。根据故障录波资料可以正确评价继电保护和自动装置工作情况（正确动作、误动、拒动），尤其是发生转换性故障时，故障录波能够提供准确资料。并且可以分析查找装置缺陷。曾有记录，通过故障录波资料查到某220kV线路单相接地故障误跳三相和某220kV线路瞬时单相接地故障重合闸后加速跳三相的原因。同时，故障录波器可以真实记录断路器存在问题，例如拒动、跳跃、掉相等。

（4）了解电力系统情况、迅速处理事故。从故障录波图的电气量变化曲线，可以清楚地了解电力系统的运行情况，并判断事故原因，为及时、正确处理事故提供依据，减小事故停电时间。

（5）实测系统参数，研究系统振荡。故障录波可以实测某些难以用普通实验方法得到的参数，为系统的有关计算提供可靠数据。当电力系统发生振荡时故障录波器可提供从振荡发生到结束全过程的数据，可分析振荡周期、振荡中心、振荡电流和电压等问题，通过研究，可提供防范振荡的对策和改进继电保护及自动装置的依据。故障录波器为加强对电力系统规律的认识、提高电力系统运行水平积累第一手资料。

（二）故障录波器的性能要求

为满足上述需要，故障录波器必须在故障发生时提供高采样率的数据供分析。同时，应能完整检测整个故障过程，提供故障发生前至系统平息的全过程的记录，但是根据不同时段的特点，允许采用不同的采样率。即故障录波器必须具备高速故障记录、故障动态过程记录、长过程动态记录三个基本功能。

（1）高速故障记录要求记录因短路故障或系统操作引起的、由线路分布参数参与作用在线路上出现的电流及电压暂态过程，主要用于检测继电保护及安全自动装置的动作行为，也可用以记录系统操作过电压和可能出现的铁磁谐振现象。其特点是：采样速度高，一般采样频率不小于5kHz；全程记录时间短，例如不大于1s。

（2）故障动态过程记录用于记录因大扰动引起的系统电流、电压及其导出量，如有功功率、无功功率以及系统频率的全过程变化现象。主要用于检测继电保护与安全自动装置的动作行为，了解系统暂（动）态过程中系统中各电参量的变化规律，校核电力系统计算程序及模型参数的正确性。其特点是采样速度允许较低，一般不超过1.0kHz，但记录时间长，要直到暂态和频率大于0.1Hz的动态过程基本结束时才终止。

（3）长过程动态记录，在发电厂，主要用于记录诸如汽流、汽压、汽门位置，有功及无功功率输出，转子转速或频率以及主机组的励磁电压；在变电站，则用于记录主要线路的有功潮流、母线电压及频率、变压器电压分接头位置以及自动装置的动作行为等。其特点是采样速度低（数秒一次）。全过程时间长。

按照以上的要求，故障录波器每次启动后的记录应包含A、B、C、D、E五个时段。

A时段：系统大扰动开始前的状态数据，输出原始记录波形及有效值，记录时间应≥0.04s；

B时段：系统大扰动后初期的状态数据，应直接输出原始记录波形，应观察到5次谐波，同时也应输出每一周波的工频有效值及直流分量值，记录时间≥0.1s；

C时段：系统大扰动后的中期状态数据，输出连续的工频有效值，记录时间≥1.0s；

D时段：系统动态过程数据，每0.1s输出一个工频有效值，记录时间≥20s；

E时段：系统长过程的动态数据，每1s输出一个工频有效值．记录时间≥10min。

（三）微机故障录波器

1. 微机故障录波器的优点

故障录波器的发展经历了三个阶段，第一阶段是机械—油墨式故障录波器；第二阶段是机械—光学式故障录波器；第三阶段是微机—数字式故障录波器。目前，前两种装置已基本淘汰，在现场大量使用并能接入故障信息系统的是微机故障录波器。

微机型故障录波器是主机由微型计算机实现的新型录波装置，适用于各电压等级的输电线路，可安装于发电厂、变电站等场所。当电力系统振荡和发生故障时，自动记录故障类型、发生故障的时间、电流和电压的变化过程以及继电保护和自动装置的动作情况，计算出短路点到装置安装处的距离等，并且可以通过打印机就地打印事故报告。

与传统的机械故障录波器相比，微机型故障录波器的优点：

（1）除能完成时间、相角、瞬时值、有效值、开关量测量及故障量计算等测量功能外，还能借助计算机软件程序对测量到的电压、电流波形数据进行更为复杂的分析，如：谐波分析、序分量计算、功率计算、阻抗计算、相量图、阻抗轨迹图、故障测距。

（2）配备智能通信系统，直接将事故报告传送到各级调度中心。

2. 微机故障录波器的构成

微机型故障录波器由硬件、软件等组成。硬件组成示意图见图5－22，软件功能主要有装置起动判别、故障测距计算、波形记录、分析报告等。

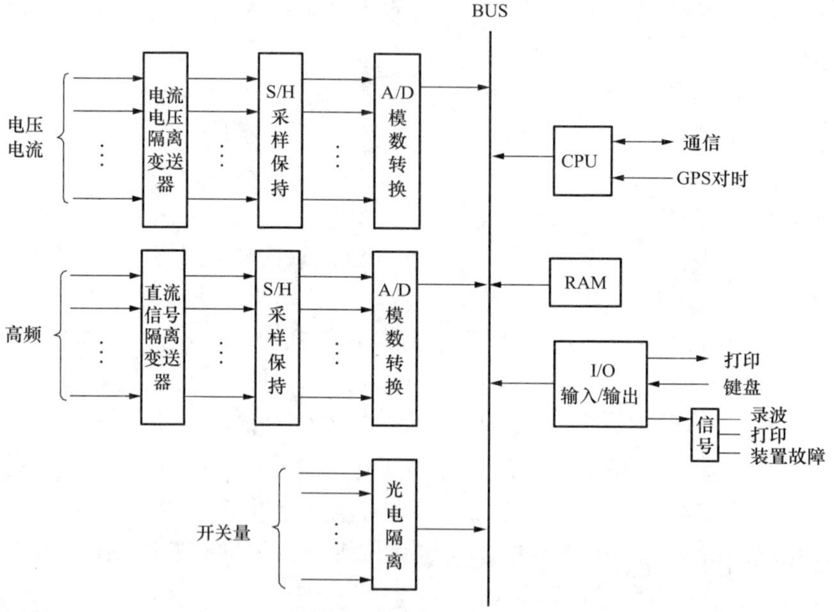

图 5-22 微机故障录波器构成示意图

3. 微机故障录波器的采集量

故障录波器在系统发生大扰动，包括在远方故障时，能自动地对扰动的全过程按要求进行记录，并当系统动态过程基本终止后，自动停止记录。应能无遗漏地记录每次系统大扰动发生后的全过程数据，并按要求输出历次扰动后的系统电参数（I、U、P、Q、f）及保护装置和安全自动装置的动作行为。所以故障录波器应接入必须的采集量，即应收集和记录全部规定的故障模拟量数据和直接改变系统状态的继电保护跳闸命令、安全自动装置的操作命令和纵联保护的通道信号。模拟量直接来自主设备，而开关量则由相应装置用空触点送来。

（1）故障录波器接入的模拟量。

根据现场实际情况，引入故障录波器电流的 TA 二次电流额定值可以为 1A，也可以为 5A，故障录波器电流采样工作回路线性工作范围应在 $0.1\sim20I_n$，并应考虑直流分量。引入故障录波器的二次电压，以二次电压有效值为标准，线性测量范围应为 0.01 ~2 倍额定电压。配有专用收发信机的线路保护，应将高频信号引入到高频录波端子。

一般情况，故障录波器的采样频率在 1kHz ~10kHz，500kV 系统用的故障录波器的采样频率不可低于 5kHz，故障录波器记录中各时间段（A、B、C、D、E）的采样时间和频率应能分别设定。故障录波器应具有优良的启动功能，每一路模拟量均可设定为正、负越限触发，突变量越限触发，故障录波器的硬盘应足够大，在目前的技术条件下，不应少于 10G，以供存放录波数据。故障录波器应具备良好的数据远传的能力，应能具备同时通过串口和以太网向外传输数据的功能。

（2）微机故障录波器接入的事件量。

各开关的位置信号，位置信号宜采用开关的辅助接点，如现场确有困难，可以采用经重动继电器引入的位置信号，但重动继电器的动作延时必须小于 10ms，且必须经测试合格后设备方可投入运行。

线路保护的分相跳闸信号，主变压器保护、高压电抗器保护的所有电气量、非电气量的跳闸信号，每一套母线保护的跳闸出口接点，每一套短线路保护，断路器失灵保护，过电压保护及就地判别装置以及其他保护的跳闸出口接点。断路器失灵保护总跳闸及经延时跳相邻断路器的跳闸出口接点。重合闸动作信号以及闭锁重合闸信号。

对于载波保护，应接入各主保护的收信信号，发信信号，unblock 信号，微波、光纤保护应接入通道告警信号。慢速通道的监频、跳频信号接点，如果有条件，应接入线路保护启动重合闸的接点。

每一路事件量应可单独设定为接点闭合触发或接点打开触发。事件量的分辨率不低于 1ms。

4. 微机故障录波器调试运行注意事项

故障录波器在现场调试时，应按照上面提出的要求，进行全面的检查，同时作为故障信息系统的重要组成部分，应结合故障信息系统情况，进行设备联调，认真检查数据远传能力，并进行通道稳定性测试，确保通信设置正确，运行稳定。录波记录应以 COMTRADE 格式上传，在子站保护管理机和调度端主站均应能及时准确调用录波记录，并提供完备的分析软件，分析记录中的信息。在投运前，应进行 GPS 对时精度测试，确保对时精度满足规定。

故障录波器在运行以后，经常会因为变电站扩建、改造的需要，增加、调整新的录波量。在调试结束，验收合格的情况下，应及时修改图纸，确保图纸和现场情况相符。必须在新设备投运前，将有关参数输入到录波器中，保证故障录波器对新设备能正确录波。

二、故障信息管理系统概述

定义：故障信息管理系统是有保护设备、故障录波器设备、子站主站、通信网络以及接口设备和主站设备组成的一个综合的系统；服务对象：主要是在系统发生故障后，作为调度员快速了解事故性质和保护动作行为的辅助决策工具。同时在系统保护动作行为不正确时，为继电保护人员分析保护动作行为提供技术手段。

根据电力系统本身的结构特点，电力系统继电保护及故障信息管理系统是一个分层分布式的管理系统，如图 5－23 所示，其结构应包括：

（1）调度端主站系统：主站 1 至主站 N 分别对应不同的管理部门，诸如地调、省调、网调等。

（2）变电站内的子站系统：子站 1 至子站 N 分别对应不同的厂站。

（3）微机保护、故障录波器等二次装置。

（4）通信链路：包括连接主站与子站的通信网络，以及变电站内的子站与保护装置、故障录波器的通信通道。

（一）故障信息管理系统主站

1. 主站的构成及功能

主站系统是指故障信息系统位于调度端的部分，包括数据服务器、通信服务器、Web 服务器、工作站等终端设备。故障信息系统主站架构图参见图 5－24。主站主要实现以下功能：

（1）收集各个信息子站采集的各设备的各种信息并进行综合分析。在收集并存储各子站上传信息的基础上，应提供较完善的故障数据分析手段，具体有谐波分析、矢量分析、阻抗分析等功能，故障数据的图形化分析须形象直观，方便使用。

（2）告警提示。当接收到子站上传的自检或事件信息时，显示上传信息的文字描述，并自动推出相应的子站画面，持续发告警音提示，直至用户响应。

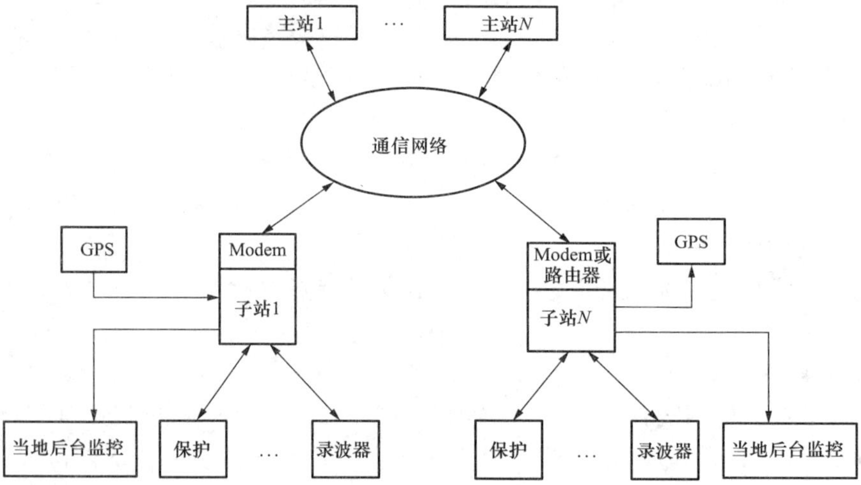

图 5－23　故障信息系统结构图

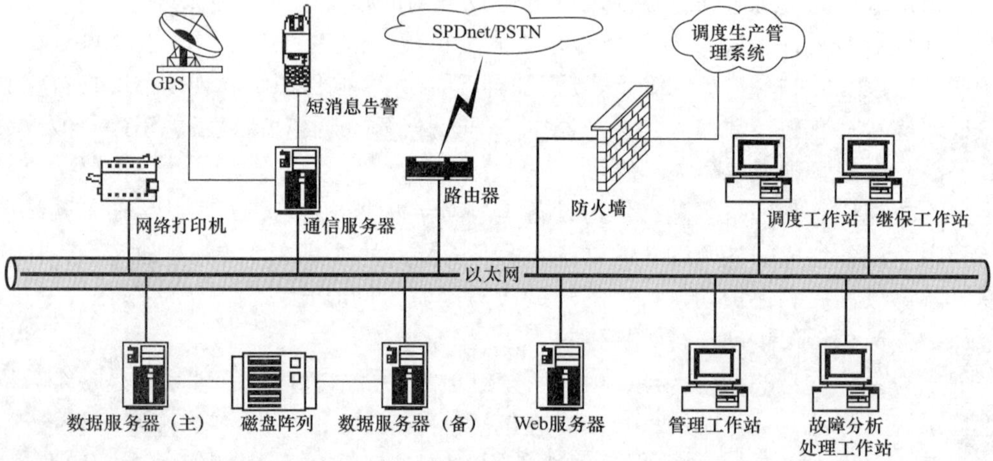

图 5－24　故障信息系统主站架构图

（3）图形化监控。对电网继电保护及故障信息采用一次接线图方式的图形化管理及图形化信息发布。主画面为区域地图叠加电网走线示意，并标识具体的厂站，直接调用图标进行菜单操作。

（4）远程监控和操作。对厂站端的继电保护装置、故障录波器运行状况和整定参数的动态实时监测和操作。

2. 主站系统各部分作用

（1）数据服务器主要是存储各子站上传的数据。

（2）通信服务器是沟通主子站的桥梁，主要负责主子站之间的数据传输，并可以通过GSM 的短消息服务发往指定的手机。

（3）Web 服务器主要是将子站上送的信息实时通过网页形式发布，使各个终端用户能实时浏览保护及故障录波器的各种信息。根据相关安全防护规定，电力二次系统分为：Ⅰ实时控制区，Ⅱ非控制生产区；Ⅲ生产管理区，Ⅳ管理信息区，其中Ⅰ区安全防护等级最高，其余以此类推。安全Ⅰ区、Ⅱ区与安全Ⅲ、Ⅳ区之间应采用专用的单向隔离装置，该隔离装置应达到或接近物理隔离的强度。故障信息管理系统属于安全Ⅱ区，调度生产管理系统（DMIS）属于安全Ⅲ区，Web服务器属于Ⅳ管理信息区，因此之间需加专用单向隔离装置。

（二）故障信息管理系统子站

故障信息系统子站架构图如图5－25所示。

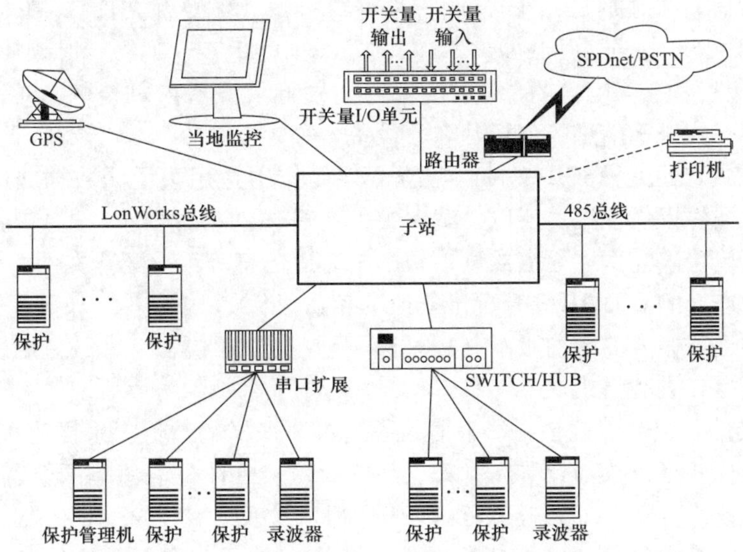

图5－25　故障信息系统子站架构图

1．故障信息管理系统子站的功能

主要是接入厂站内的继电保护和故障录波及其他自动装置，并且能够准确无误地采集这些装置在运行状态下产生的各种瞬间数据，再将采集到的各类数据进行整理就地存储并发往主站，供主站端进行分析处理。

2．故障信息系统子站数据采集

（1）子站采集的内容包括所连接微机保护、自动装置和录波器的信息，如保护的定值、压板投入状态、采样值、装置启动、动作时的报告、自检报告、异常信息、录波器所录数据、子站系统与站内装置的通信情况等。

（2）子站系统应能适应多种通信接口，接入不同厂家、不同时期、不同型号的保护装置，故障录波装置以及系统有必要管理的其他设备。子站与二次装置之间的通信方式主要有RS485总线、LonWorks总线、CAN网、以太网、点对点（RS232、RS485、RS422等）、虚拟串口等。

（3）子站系统应能适应不同厂家、不同时期的多种规约。例如与原南京电力自动化设备总厂（现国电南自）的WXB系列保护装置的通信采用南自94协议，PST系统的保护装置的通信采用IEC103协议；与南瑞继保的LFP系统保护装置的通信采用LFP协议，与RCS系列的保护装置通信采用IEC103协议等。

3．故障信息系统管理子站数据处理和转发

子站系统将采集到的装置数据进行必要的格式转换和整理，以便于向主站系统数据转发。子站系统将采集到的录波数据自动转换为COMTRADE标准格式的文件，必要时可按间隔对波形数据进行分解重组，再上传主站系统，提高数据传输效率。

COMTRADE 是英文 Common format for transient data exchange（COMTRADE）for power systems 的简写，中文一般称为电力系统瞬态数据交换的通用格式。IEEE 为了解决数字故障录波装置、数字保护、微机测试装置之间的数据交换问题，于 1991 年提出了这个标准，并于 1999 年进行了修订和完善。该标准是一种公用的数据传输格式标准，为不同厂家生产的设备所遵循。每个 COMTRADE 记录最多包含四个相关的文件。这些文件的文件名相同，但扩展名不同。四个文件分别是：① 标题文件（. hdr）；② 配置文件（. cfg）；③ 数据文件（. dat）；④ 信息文件（. inf）。

（1）标题文件。它是由记录的创建设备（如故障录波器）创建的 ASCII 文件，文件内容任意，一般为一些说明信息，如场站名、设备名等。

（2）配置文件。也是 ASCII 文件，配置文件的作用是用于说明数据文件的格式，为其他设备解读数据文件提供依据。所以，配置文件有具体的格式要求，这点与标题文件不同。配置文件的信息包含采样率、通道数量、频率、通道信息等项。配置文件的第一行的一个区标志着该文件所遵守的 COMTRADE 标准修改的年份，例如 1999 等。如果这个区不存在或是空的，说明文件遵守标准的最初版本（1991）。配置文件还包含一个区，用以标志数据文件是采用 ASCII 还是二进制格式。

（3）数据文件。包含着记录中每个输入通道每个采样的数值。采样值有两种表示标准：一种是从一负数扩展至正数（比如 -1023 至 +1023）；一种是取值范围全部是大于零的数，其中选出一个正数代表零（如采样值范围在 0~2046 之间，用 1023 代表零）。配置文件中的转换系数规定如何将数据值转换为工程单位。数据文件还包含开关量信息。开关量状态用“1”或“0”表示。数据文件可以是 ASCII 或二进制格式。具体使用哪一种格式由配置文件中的一个区说明。

（4）信息文件。它是任选的文件，提供一些额外的信息。

关于信息处理：

（1）必要性：由于子站所接保护装置和故障录波器装置在系统区外故障和系统操作以及扰动情况下都会记录下相应的信息，如果不加处理直接发送到主站系统，将使得主站系统的信息处理能力不堪重负，而且大量的无用的信息将严重影响运行人员和继电保护专业人员对有效信息的筛选。因此，必须在子站端对信息进行智能化处理。

（2）处理原则。

1）任何需要经子站系统转发到就地监控系统的信息处理优先级最高；

2）任何能够引起断路器跳闸的由保护装置输出的跳闸信号，要立即转发到主站，并在主站退出告警界面和音响报警；

3）保护运行过程中由于装置或接口回路异常而产生的告警信息。该信息对当地值班员有意义，需要通知检修马上处理，因此，该部分信息应立即送当地调度和地调主站并推报警界面，而送网调和市调主站则只将该信息保存以供查询，不推报警界面；

4）保护装置在系统故障时产生的保护装置内部的动作事件量，该部分信息只有在保护装置动作行为不正确时才需要查询，因此该部分信息可以保存在就地，待需要时根据召唤发送到主站或直接发送到主站但不推事故根据界面。

5）为了实现故障录波文件的自动上送，要在子站对录波文件进行分析，形成简化录波并自动上送。

6）子站可以综合保护和故障录波文件的动作情况，得到与本次故障对应的简单的事故分析报告并送有关主站。

7）在紧急情况下，主站可以直接控制子站对指定保护设备通信，调取保护动作事件和录波文件。子站应予以响应。

4. 故障信息管理系统子站时钟管理

变电站内的各个子站必须接收GPS装置的输出对时，对厂站内接入的智能化装置授时，通过GPS系统实现同步运行，以便获得统一的基准时间，从而保证故障记录的时标准确，为分析事故过程提供可靠依据。GPS对时方式主要有脉冲对时、串行对时、IRIG－B时钟码对时三种方式。

（1）脉冲对时方式。脉冲对时方式多采用空接点接入方式，它可以分为：秒脉冲（PPS）－GPS时钟1s对设备对时1次；分脉冲（PPM）－GPS时钟1min对设备对时1次；时脉冲（PPH）－GPS时钟1h对设备对时1次。

（2）串行口对时方式。被对时设备通过GPS时钟的串行口，接收时钟信息，来矫正自身的时钟。对时协议有RS232协议、RS422/485协议等。

（3）IRIG－B时钟码对时方式。IRIG－B是专为时钟传输而制订的时钟码标准。每秒钟输出一帧含有时间、日期和年份的时钟信息，这种对时比较精确。

一般应优先采用IRIG－B信号，且在投运前必须经过对时精度的测试试验，确保对时精度满足要求（误差小于1ms）。

（三）故障信息管理系统主站与子站的连接

主子站之间的通信根据不同地区的通信链路状况，可以用数据网，也可用通信专网，还可以用电话拨号，通信链路好的地区可以将电话拨号作为数据网或通信专网的通信备份。在目前的情况下，通常采用数据网，子站以太网接口经PCM设备接入光端机，较高档的PCM设备本身具有10M的以太网接口，普通PCM设备则没有，需要加2M/10M转换设备，即增加一个G.703转Ethernet的转换器（即2M转10M），并给其划分出独立通道。子站系统向主站系统进行数据转发时应采用IEC103及IEC104规约，支持文件传送并具备断点续传能力。

安全性管理：根据变电站二次系统安全防护管理规定，必须认真考虑保护、故障录波器、子站、主站接入系统时的安全问题，主要有以下几条要注意：

（1）不同安全区的设备在接入到子站时，要采用适当的隔离方式，决不可以通过网络连接在一起；

（2）所有以Windows为操作系统的设备自接入子站和数据网时要进行隔离，不可以直接接入；

（3）采用嵌入式子站装置是比较好的抵抗计算机病毒攻击的方法；

（4）在厂家工作人员进行调试时，要重视其工作的计算机的安全性，不能将病毒带入到网络中；

（5）主站系统和工作站必须单独成系统，不得接入到公司办公网和国际互联网。

参 考 文 献

［1］张瑛，赵芳，李全意编．电力系统自动装置．北京：中国电力出版社，2006.

［2］丁书文编著．电力系统微机型自动装置．北京：中国电力出版社，2005.

[3] 李火元主编．电力系统继电保护与自动装置（第二版）．北京：中国电力出版社，2005.
[4] 唐建辉，黄红荔合编．电力系统自动装置．北京：中国电力出版社，2005.
[5] 杨冠城主编．电力系统自动装置原理（第四版）．北京：中国电力出版社，2007.
[6] 崔家佩，孟庆炎，陈永芳，熊炳耀等．电力系统继电保护与安全自动装置整定计算．北京：水利电力出版社，1993.

第六章

二 次 回 路

第一节 概 述

在电力系统中，通常根据电气设备的作用将其分为一次设备和二次设备。一次设备是指直接用于生产、输送、分配电能的电气设备，包括发电机、电力变压器、断路器、隔离开关、母线、电力电缆和输电线路等，是构成电力系统的主体。二次设备是用于对电力系统及一次设备的工况进行监测、控制、调节和保护的低压电气设备，包括测量仪表、一次设备的控制、运行情况监视信号以及自动化监控系统、继电保护和安全自动装置、通信设备等。二次设备之间的相互连接的回路统称为二次回路，它是确保电力系统安全生产、经济运行和可靠供电不可缺少的重要组成部分。

二次回路通常包括用以采集一次系统电压、电流信号的交流电压回路、交流电流回路，用以对断路器及隔离开关等设备进行操作的控制回路，用以对发电机励磁回路、主变压器分接头进行控制的调节回路，用以反映一、二次设备运行状态、异常及故障情况的信号回路，用以供二次设备工作的电源系统等。

随着计算机、通信技术的发展，电力系统的自动化水平得以较快速度的提高，各种自动化设备的功能不断增强，集成度越来越高，如变电站综合自动化系统、电网安全稳定实时预警及协调防御系统（EACCS）等，将测量、保护及控制等功能，甚至整个或局部电网控制系统连接为一个整体，配置在同一硬件设备之中，使得二次回路大大简化，传统的二次回路间的分界点越来越模糊。

第二节 二次回路的接线图

电力系统的二次回路是个非常复杂的系统。为便于设计、制造、安装、调试及运行维护，通常在图纸上使用图形符号及文字符号按一定规则连接来对二次回路进行描述。这类图纸我们称之为二次回路接线图。

一、二次回路图纸的分类

按图纸的作用，二次回路的图纸可分为原理图和安装图。原理图是体现二次回路工作原理的图纸，按其表现的形式又可分为归总式原理图及展开式原理图。安装图按其作用又分为屏面布置图及安装接线图。

图 6－1 为简单过流保护的归总式原理图。

其特点是将二次回路的工作原理以整体的形式在图纸中表示出来，例如相互连接的电流回路、电压回路、直流回路等，都综合在一起。因此，这种接线图的特点是能够使读图者对整个二次回路的构成以及动作过程，都有一个明确的整体概念。其缺点是对二次回路的细节表示不够，不能表示各元件之间接线的实际位置，未反映各元件的内部接线及端子标号、回路标号等，不便于现场的维护与调试，对于较复杂的二次回路读图比较困难。因此在实际使用中，广泛采用展开式原理图。

图 6－2 为展开式原理图。

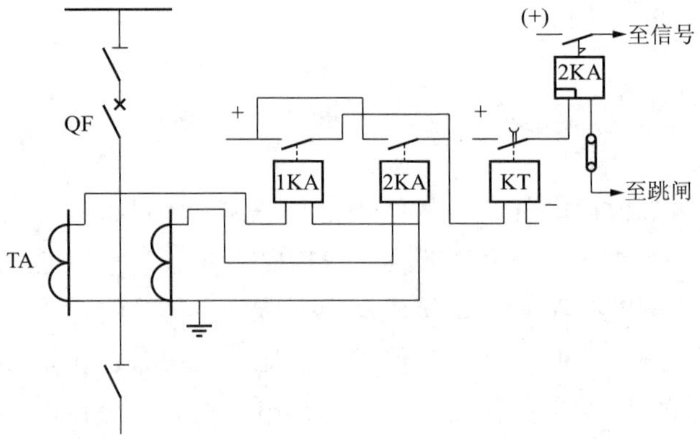

图 6－1 归总式原理图

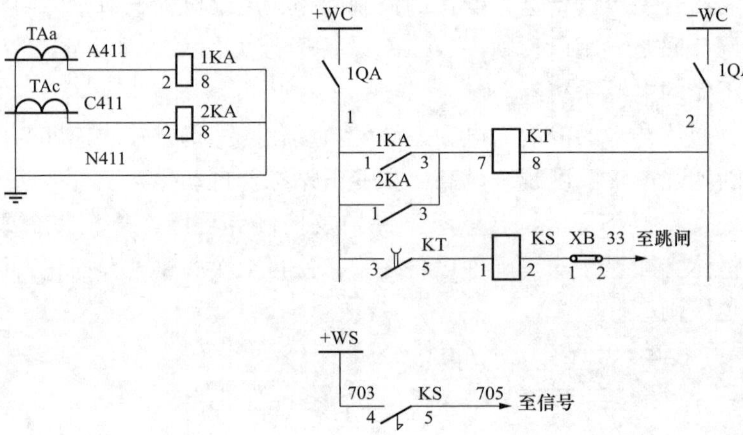

图 6－2 展开式原理图

其特点是以二次回路的每个独立电源来划分单元而进行编制的。如交流电流回路、交流电压回路、直流控制回路、继电保护回路及信号回路等。根据这个原则，必须将同属于一个元件的电流线圈、电压线圈以及接点分别画在不同的回路中，为了避免混淆，属于同一元件的线圈、接点等，采用相同的文字符号表示。展开式原理图的接线清晰，易于阅读，便于掌握整套继电保护及二次回路的动作过程、工作原理，特别是在复杂的继电保护装置的二次回路中，用展开式原理图表示其优点更为突出。

图 6－3 为保护柜面布置图。

屏面布置图是加工制造屏柜和安装屏柜上设备的依据。上面每个元件的排列、布置，系根据运行操作的合理性，并考虑维护运行和施工的方便来确定的，因此应按一定比例进行绘制，并标注尺寸。

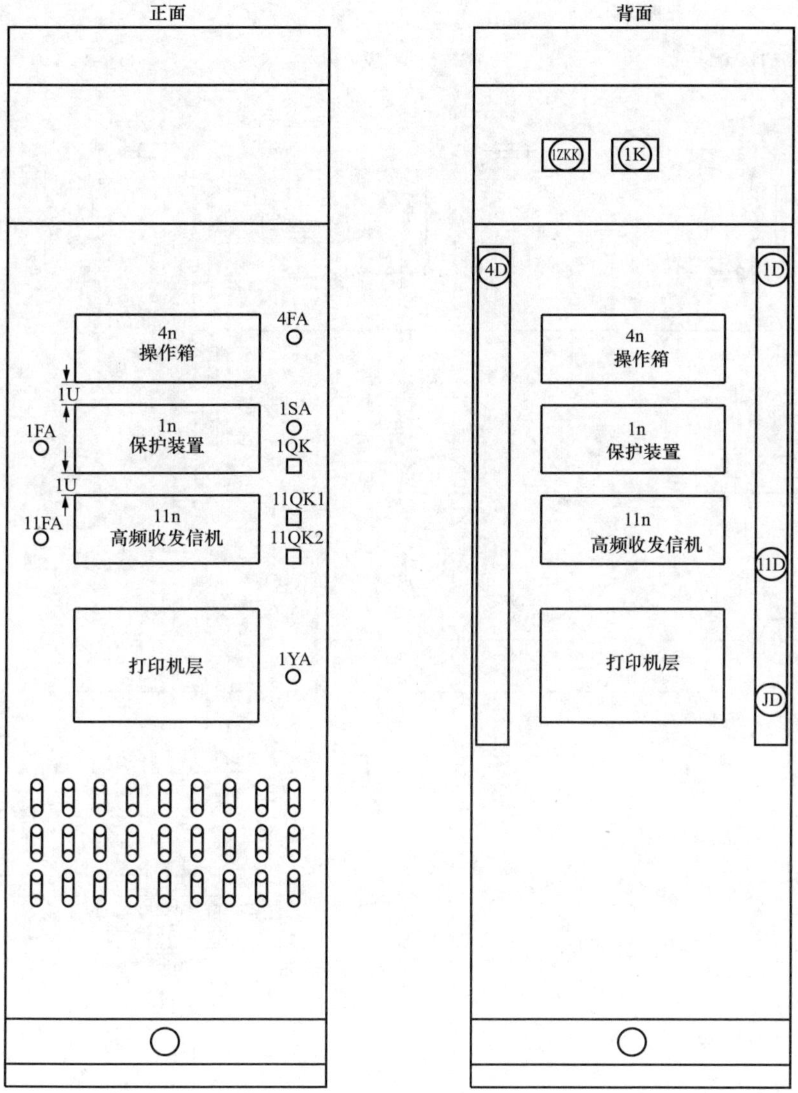

图 6－3 保护柜布置图

图 6－4 为安装接线图。

安装接线图是以屏面布置图为基础，以原理图为依据而绘制成的接线图。它标明了屏柜上各个元件的代表符号、顺序号，以及每个元件引出端子之间的连接情况，它是一种指导屏柜上配线工作的图纸。为了配线方便，在安装接线图中对各元件和端子排都采用相对标号法进行标号，用以说明这些元件间的相互连接关系。

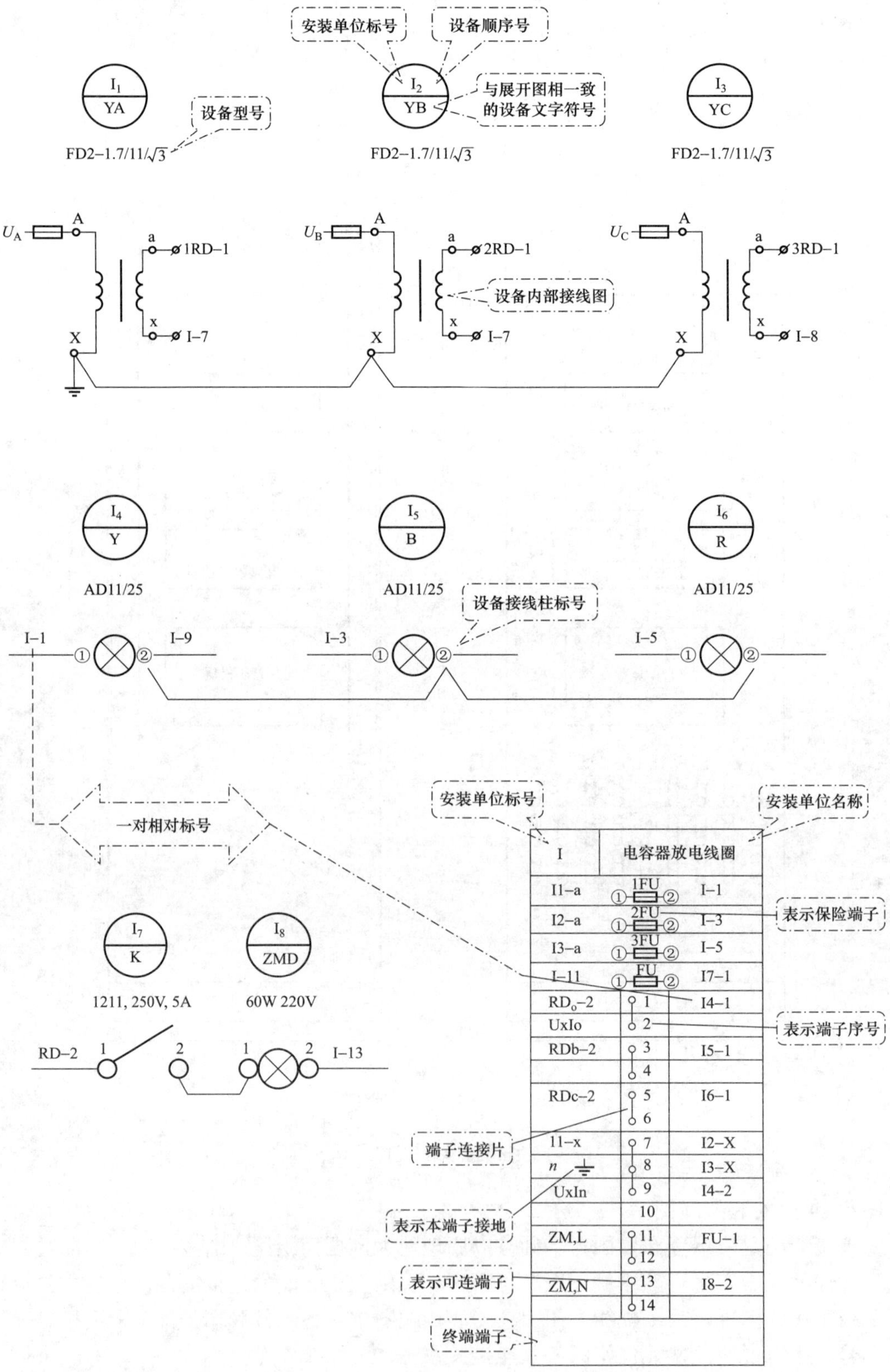

图 6－4　二次回路安装接线图

在国家电网公司编制的《线路保护及辅助装置标准化设计规范》（Q/GDW161－2007）、《变压器、高压并联电抗器和母线保护及辅助装置标准化设计规范》（Q/GDW175－2008）中，对保护柜中装置及其端子排的标号原则进行了规范，具体如表6－1、表6－2。

表6－1 线路保护及辅助装置标号原则

序号	装 置 类 型	装置标号	屏（柜）端子排标号
1	线路保护	1n	1D
2	线路独立后备保护（可选）	2n	2D
3	断路器保护（带重合闸）	3n	3D
4	操作箱	4n	4D
5	交流电压切换箱	7n	7D
6	断路器辅助保护（不带重合闸）	8n	8D
7	过电压及远方跳闸保护	9n	9D
8	短引线保护	10n	10D
9	远方信号传输装置	11n	11D

表6－2 元件保护及辅助装置标号原则

序号	装 置 类 型	装置标号	屏（柜）端子排标号
1	变压器保护、高抗保护、母线保护	1n	1D
2	操作箱	4n	4D
3	变压器、高抗非电量保护	5n	5D
4	交流电压切换箱	7n	7D
5	母联（分段）保护	8n	8D

二、二次回路的读图方法

二次回路图的逻辑性很强，在绘制时遵循一定的规律，读图时如能按此规律就很容易读懂。尤其是对比较复杂的继电保护装置的二次回路图纸，每个回路有数十甚至上百个元件组成，把这些元件按一定的逻辑及标准符号用线连接起来，回路是很复杂的。

读图前首先要弄懂该图纸所绘继电保护的功能及动作原理，图纸上所标符号的含义，然后按照先交流、后直流，先上后下，先左后右的顺序读图。对交流部分，要先看电源，再看所接元件。对直流元件，要先看线圈，再查接点，每一个接点的作用都要查清。如有多张图纸时，有些元件的线圈与触点可能发布在不同的图纸上，不能疏漏。

三、二次回路标号

（一）标号的作用

二次设备数量多，相互之间连接复杂。要将这些二次设备连接起来就需要数量庞大的二次连线或二次电缆，如何才能把每根二次线与二次设备间的相互关系表述清楚呢？有效的方法是标号，按二次连接线的性质、用途和走向为每一根线按一定规律分配一个唯一的标号，就可以把纷繁复杂的二次线一一区分开来。

按线的性质、用途来进行标号叫回路标号法，按线的走向按设备端子进行标号叫相对标号法。

（二）回路标号法

1. 回路标号原则

凡是各设备间要用控制电缆经端子排进行联系的，都要按回路原则进行标号。某些在屏顶上的设备与屏内设备的连接，也要经过端子排，此时屏顶设备可看作是屏外设备，在其连接线上同样按回路标号原则给以相应的标号。换句话说，就是不在一起（一面屏或一个箱内）的二次设备之间的连接线就应使用回路标号。

2. 回路标号作用

在二次回路图里面，用得最多的就是展开式原理图，在展开式原理图中的回路标号和安装接线图端子排上电缆芯的标号是一一对应的，这样看到端子排上的一个标号就可以在展开图上找到对应这一标号的回路；同样，看到展开图上的某一回路，可以根据这一标号找到其连接在端子排上的各个点，从而为二次回路的检修、维护提供极大的方便。典型的展开式原理图如图 6－2 所示。

3. 回路标号的基本方法

（1）用 4 位或 4 位以下的数字组成，需要标明回路的相别或某些主要特征时，可在数字标号的前面（或后面）增注文字或字母符号。

（2）按等电位的原则标注，即在电气回路中，连于一点上的所有导线均标以相同的回路标号。

（3）电气设备的接点、线圈、电阻、电容等元件所间隔的线段，即视为不同的线段，一般给予不同的标号；当两段线路经过常闭接点相连，虽然平时都是等电位，但一旦接点断开，就变为不等电位，所以经常闭触点相连的两段线路也要给予不同标号。对于在接线图中不经过端子而在屏内直接连接的回路，可不标号。

4. 直流回路标号细则

直流回路的标号有一个发展过程，原有的标号一般不超过 3 位阿拉伯数字，由于现在所建设的发电厂及变电站设备多，原有标号不够使用，所以新的标号规则可以有 4 四位数。具体见表 6－3。

表 6－3　直流回路标号原则

序号	回路名称	原标号				新标号			
		Ⅰ	Ⅱ	Ⅲ	Ⅳ	Ⅰ	Ⅱ	Ⅲ	Ⅳ
1	正源回路	1	101	201	301	101	201	301	401
2	负源回路	2	102	202	302	102	202	302	402
3	合闸回路	3－31	103－131	203－231	303－331	103	203	303	403
4	合闸监视回路	5	105	205	305	105	205	305	405
5	跳闸回路	33－49	133－149	233－249	333－349	133 1133 2233	233 2133 2233	333 3133 3233	433 4133 4233
6	跳闸监视回路	35	135	235	335	135 1135 1235	235 2135 2235	335 3135 3235	435 4135 4235
7	备用电源自动合闸回路	50－69	150－169	250－289	350－369	150－169	250－269	350－369	450－469

续表

序号	回路名称	原标号				新标号			
		Ⅰ	Ⅱ	Ⅲ	Ⅳ	Ⅰ	Ⅱ	Ⅲ	Ⅳ
8	开关设备的位置信号回路	70－89	170－189	270－289	370－389	170－189	270－289	370－389	470－789
9	事故跳闸音响信号回路	90－99	190－199	290－299	390－399	190－199	290－299	390－399	490－499
10	保护回路	01－99（或J1－J99）				01－099（或0101－0999）			
11	发电机励磁回路	601－699				601－699（或6011－6999）			
12	信号及其他回路	701－999（不够时可递增）				701－799（或7011－7999）			
13	断路器位置遥信回路	801－809				801－809（或8011－8999）			
14	断路器合闸绕组或操动机构电动机回路	871－879				871－879（或8711－8799）			
15	隔离开关操作闭锁回路	881－889				881－889（或8810－8899）			
16	发动机调速电动机回路	T991－T999				991－999（或9910－9999）			
17	变压器零序保护共用电流回路	J01、J02、J03				001、002、003			
18	变送器后回路					A001－A999			
19	至微机系统数字量					D001－D999			
20	至闪光报警装置					S001－S999			

注 1. 无备用电源自动投入装置的安装单位，序号7的标号可用于其他回路。
2. 断路器或隔离开关为分相操动机构时，序号3、5、14、15等回路标号后应以A、B、C标志区别。

从表6－3可以看出：

（1）对于不同用途的直流回路，使用不同的数字范围。

（2）控制和保护回路使用的数字标号，按熔断器所属的回路进行分组，每一百个数分为一组，如101～199，201～299，301～399，…其中每段里面先按正极性回路（编为奇数）由小到大，在编负极性回路（偶数）由大到小，如100，101，103，133，…，142，140，…，展开式原理图6－2中的1、2、33即是按规则编制的回路标号。

（3）信号回路的数字标号，按事故、位置、预告、指挥信号进行分组，按数字大小进行排列。

（4）开关设备、控制回路的数字标号组，应按开关设备的数字序号进行选取。例如有3个控制开关，则1号控制回路对应的标号选101－199，2号控制回路所对应的选201－299，3号控制回路所对应的选301－399。对分相操作的断路器，其不同相别的控制回路常用在数字组后加英文字母来区别，如107a，335B等。

（5）正极回路的线段按奇数标号，负极回路的线段按偶数标号；每经过回路的主要压降元（部）件（如线圈、绕组、电阻等）后，即行改变其极性，其奇偶顺序即随之改变。对不能标明极性或其极性在工作中改变的线段，可任选奇数或偶数。

（6）对于某些特定的主要回路通常给予专用的标号组。例如：正电源101、201，负电源102、202等。

5. 交流回路标号原则

交流回路的标号原则与直流回路类似，具体见表6－4。表中尽列出新标号，原标号可参照相关资料。

表 6-4 交流回路标号原则

序号	回路名称	标号					
		用途	A相	B相	C相	中性线	零序
1	保护装置及测量仪表电流回路	T1	A11 - A19	B11 - B19	C11 - C19	N11 - N19	L11 - L19
2		T1 - 1	A111 - A119	B111 - B119	C111 - C119	N111 - N119	L111 - L119
3		T1 - 2	A121 - A129	B121 - B129	C121 - C129	N121 - N129	L121 - L129
4		T1 - 9	A191 - A199	B191 - B199	C191 - C199	N191 - N199	L191 - L199
5		T2 - 1	A211 - A219	B211 - B219	C211 - C219	N211 - N219	L211 - L219
6		T2 - 9	A291 - A299	B291 - B299	C291 - C299	N291 - N299	L291 - L299
7		T11 - 1	A1111 - A1119	B1111 - B1119	C1111 - C1119	N1111 - N1119	L1111 - L1119
8		T11 - 2	A1121 - A1129	B1121 - B1129	C1121 - C1129	N1121 - N1129	L1121 - L1129
9	保护装置及测量仪表电压回路	T1	A611 - A619	B611 - B619	A611 - 619	N611 - N619	L611 - L619
10		T2	A621 - A629	B621 - B629	C621 - C629	N621 - N629	L621 - L629
11		T3	A631 - A639	B631 - B639	C631 - C639	N631 - N639	L631 - L639
12	经隔离开关辅助触点或继电器切换后的电压回路	6～10kV	A（C、N）760 - 769、B600				
13		35kV	A（C、N）730 - 739、B600				
14		110kV	A（B、C、L、S·C）710 - 719、N600				
15		220kV	A（B、C、L、S·C）720 - 729、N600				
16		330（500）kV	A（B、C、L、S·C）730 - 739、N600 [A（B、C、L、S·C）750 - 759、N600]				
17	绝缘检查电压表的公用回路		A700	B700	C700	N700	
18	母线差动保护公用电流回路	6～10kV	A360	B360	C360	N360	
19		35kV	A330	B330	C330	N330	
20		110kV	A310	B310	C310	N310	
21		220kV	A320	B320	C320	N320	
22		330（500）kV	A330（A350）	B330（B350）	C330（C350）	A330（A350）	
23	未经切换的电压回路	TV01	A611 - A619	B611 - B619	A611 - 619	N611 - N619	L611 - L619
24		TV09	A691 - A699	B691 - B699	A691 - 699	N691 - N699	L691 - L699

注 在设计中序号 330kV 系统的 13、16 和序号 19、22 的标号需要加以区分时，330kV 系统的序号 13 和 22 的标号应改为 A（B、C、L）750 - 759 和 A350、B350、C350。

（1）对于不同用途的交流回路，使用不同的数字组，在数字组前加大写的英文字母来区别其相别。例如电流回路用 A111 - A119，电压回路用 B611 - B619 等。电流回路的数字标号，一般以十位数字为一组，几组相互并联的电流互感器的并联回路，应先取数字组中最小的一组数字标号。不同相的电流互感器并联时，并联回路应选任何一组电流互感器的数字组进行标号。

（2）电流互感器和电压互感器的回路，均需在分配给他们的数字标号范围内，自互感器引出端开始，按顺序标号，例如 1TA 的回路标号用 111 - 119，2TV 的回路标号用 621～629 等。

（3）某些特定的交流回路给予专用的标号组。如用“A310”标示 110kV 母线电流差动保护 A 相电流公共回路；“B320Ⅰ”标示 220kV 的Ⅰ母线电流差动保护 B 相电流公共回路；“C700”标示绝缘检查电压表的 C 相电压公共回路等。

（三）相对标号法

相对标号常用于安装接线图中，供制造、施工及运行维护人员使用。当甲、乙两个设备需要互相连接时，在甲设备的接线柱上写上乙设备的标号及具体接线柱的标号，而在乙设备的接线柱上写上甲设备的标号及具体接线柱的标号，这种相互对应标号的方法称为相对标号法。如图 6－4 即是用相对标号标示的二次安装接线图，其中以罗马数字和阿拉伯数字组合为设备标号。

1. 相对标号的作用

回路标号可以将不同安装位置的二次设备通过标号连接起来，对于同一屏内或同一箱内的二次设备，相隔距离近，相互之间的连线多，回路多，采用回路标号很难避免重号，而且不便查线和施工，这时就只有使用相对标号：先把本屏或本箱内的所有设备顺序标号，再对每一设备的每一个接线柱进行标号，然后在需要接线的接线柱旁写上对端接线柱标号，以此来表达每一根连线。

2. 相对标号的组成

一个相对标号就代表一个接线桩头，一对相对标号就代表一根连接线，对于一面屏、一个箱子，接线柱数百个，每个接线柱都得标号，标号要不重复、好查找，就必须统一格式，常用的是“设备标号”－“接线桩头号”格式。

（1）设备标号一种是以罗马数字和阿拉伯数字组合的标号，多用于屏（箱）内设备数量较多的安装图，如中央信号继电器屏、高压开关柜、断路器机构箱等。罗马数字表示安装单位标号，阿拉伯数字表示设备顺序号，在该标号下边，通常还有该设备的文字符号和参数型号。例如一面屏上安装有两条线路保护，我们把用于第一条线路保护的二次设备按从上到下顺序编为Ⅰ1、Ⅰ2、Ⅰ3…，端子排编为Ⅰ；把用于第二条线路保护的二次设备按从上到下顺序编为Ⅱ1、Ⅱ2，端子排编为Ⅱ。为对应展开图，在设备标号下方标注有与展开图相一致的设备文字符号，有时还注明设备型号，如图 6－4 所示。这种标号方式便于查找设备，但缺点是不够直观。

另一种是直接编设备文字符号（与展开图相一致的设备文字符号）。用于屏（箱）内设备数量较少的安装图，微机保护将大量的设备都集成在保护箱里了，整面微机保护屏上除保护箱外就只有空气开关、按钮、压板和端子排了，所以现在的微机保护屏大都采用这种标号方式。例如保护装置就编为 1n、2n、11n，空气开关就编为 1K、2K、31K，连接片就标为 1LP、2LP、21LP 等；按钮就编为 1SA、2FA、11FA；属于 1n 装置的端子排就编为 1D，属于 11n 装置的端子排就编为 11D 等等。如图 6－5 所示。

（2）设备接线柱标号。每个设备在出厂时对其接线柱都有明确标号，在绘制安装接线图时就应将这些标号按其排列关系、相对位置表达出来，以求得图纸和实物的对应。对于端子排，通常按从左到右从上到下的顺序用阿拉伯数字顺序标号。如图 6－4 中的“Ⅰ1/YA”接线柱标号就是按照电压互感器出厂时的字母标号进行标号，图 6－5 中的“11n/LFX－912”接线柱从上到下的顺序标号、“11D”端子排从上到下的顺序标号。

把设备标号和接线柱标号加在一起，每一个接线柱就有了唯一的相对标号。如接线柱Ⅰ1－a、Ⅰ5－1、11n7、1K－3、1LP－2、11FA－1，端子号Ⅰ－1、Ⅰ－13、11D6、11D37。每

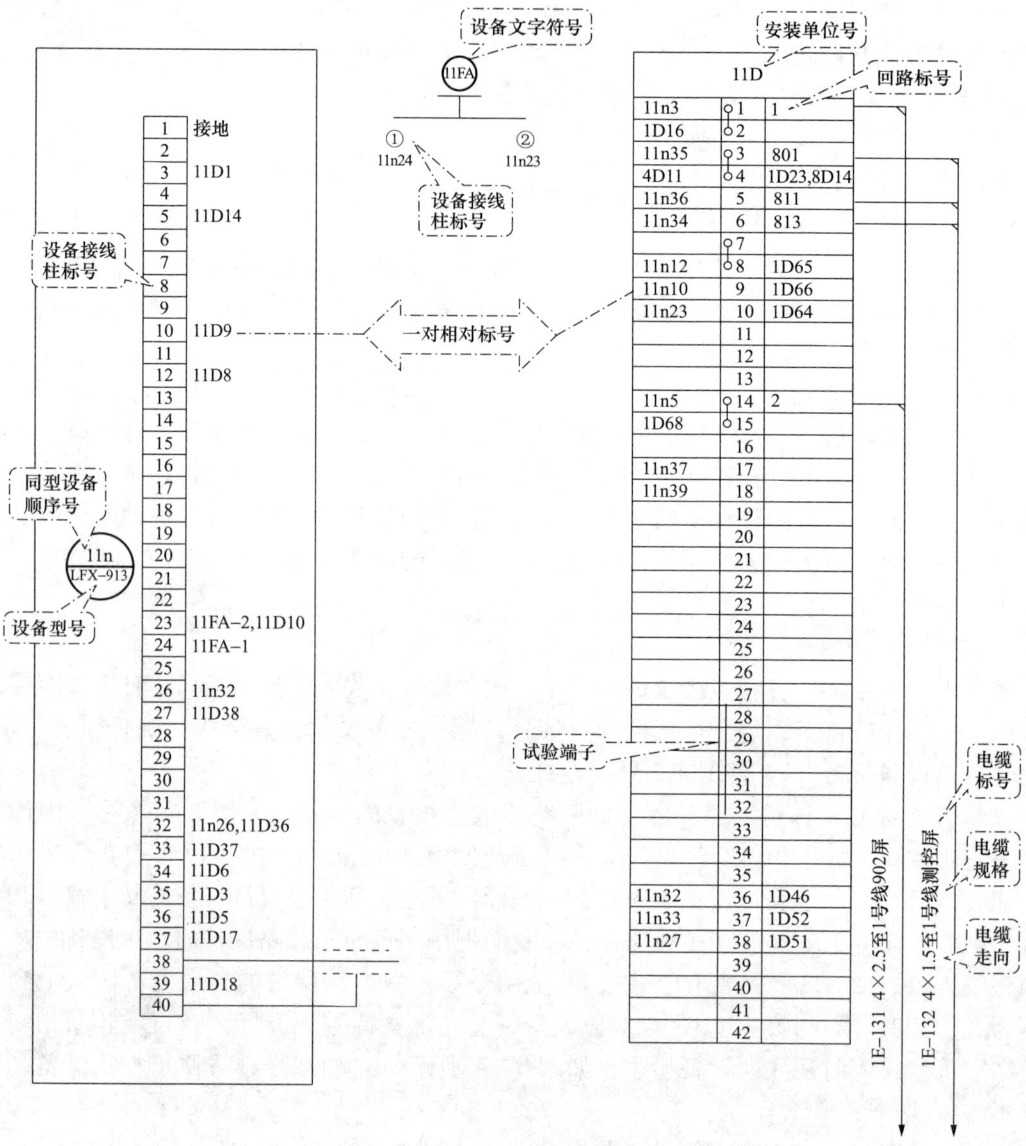

图6－5 采用设备文字标号的二次安装接线图

一对相对标号就唯一对应一根二次接线，如11D9和11n10、I4－1和I－1。

（四）控制电缆的标号

在一个变电站或发电厂里，二次回路的控制电缆也有相当数量，为方便识别，需要对每一根电缆进行唯一标号，并将标号悬挂于电缆根部。电缆的标号一般如下。

□□□－□□□□

其中第一位表示安装单位设备的序号，超过10个时可用两位数表示，第二、三位为所安装设备的拼音字头，见表6－5，横线后的前三位用阿拉伯数字表示电缆走向，根据不同的途径有不同的编号范围，见表6－6，最后一位用A、B、C表示相别，用R表示弱电。如1Y－123、2SYH－112、3E－181A……。打头字母表征电缆的归属，如“Y”就表示该电缆归属于110kV线路间隔单元，若有几个线路间隔单元，就以1Y、2Y、3Y进行区分；“E”表示220kV线路间隔单元；“2UYH”表示该电缆归属于35kV Ⅱ段电压互感器间隔。

为方便安装和维护，在电缆牌和安装接线图上，不仅要注明电缆标号，还要在其后标注电缆规格和电缆详细走向，如图6－5中所示。

表6－5 部分设备拼音符号

序号	电压及线路特征	符号	序号	安装设备名称	符号
1	500kV	WU	11	发电机	F
2	330kV	SS	12	发变组	FB
3	220kV	E	13	变压器	B
4	154kV	YU	14	母联断路器	LD
5	110kV	Y	15	分段断路器	F
6	60kV	LS	16	旁路断路器	PD
7	35kV	U	17	电压互感器	YH
8	20kV	ER	18	消弧线圈	X
9	10kV	S	19	母线保护	MB
10	6kV	L	20	中央信号	ZX

表6－6 各种电缆途径控制电缆的编号范围

序号	途径	基本编号	可增加编号
1	控制室去各处电缆	100－129	200－229、300－329
2	控制室屏间联络电缆	130－149	230－249、330－349
3	电动机及厂用配电装置电缆	150－159	250－259、350－359
4	出线小室电缆	160－179	260－279、360－379
5	配电装置内电缆	180－189	280－289、380－389
6	主变压器处的联络电缆	190－199	290－299、390－399

（五）小母线标号

为方便取用交流电压和直流电源，在部分保护屏顶安装有一排小母线，小母线的识别标号通常由英文字母表示，后面可以加上表征相别的英文字母，还可以用英文字母或阿拉伯数字的回路标号来进一步说明。常用的小母线标号见表6－7。

表6－7 常用小母线的文字符号和回路标号

序号	小母线名称	原编号		新编号	
		文字符号	回路标号	文字符号	回路标号
直流控制、信号及辅助小母线					
1	控制回路电源	+KM、－KM		+、－	
2	信号回路电源	+XM、－XM	701、702	+700、－700	7001、7002
3	事故音响信号（不发遥信时）	SYM	708	M708	708
4	事故音响信号（用于直流屏）	1SYM	728	M728	728

续表

序号	小母线名称	原编号		新编号	
		文字符号	回路标号	文字符号	回路标号
			直流控制、信号及辅助小母线		
5	事故音响信号（用于配电装置时）	2SYM. Ⅰ、2SYM. Ⅱ、2SYM. Ⅲ	727. Ⅰ、727. Ⅱ、727. Ⅲ	M7271、M7272、M7273	7271、7272、7273
6	事故音响信号（发遥信时）	3 SYM	808	M808	808
7	预告音响（瞬时）	1YBM\2YBM	709、710	M709、M710	709、710
8	预告音响（延时）	3YBM\4YBM	711、712	M711、M712	711、712
9	预告音响（用于配电装置时）	YBM. Ⅰ、YBM. Ⅱ、YBM. Ⅲ	729. Ⅰ、729. Ⅱ、729. Ⅲ	M7291、M7292、M7293	7291、7292、7293
10	控制回路断线预告信号	KDM. Ⅰ、KDM. Ⅱ、KDM. Ⅲ			
11	灯光信号	（－）XM	726	M726	726
12	配电装置信号	XPM	701	M701	701
13	闪光信号	（＋）SM	100	M100	100
14	合闸	＋HM、－HM		＋、－	
15	“信号未复归”光字牌	FM、PM	703、716	M703、M716	703、716
16	指挥装置音响	ZYM	715	M715	715
17	自动调整频率脉冲	1TZM、2TZM	717、718	M717、M718	717、718
18	自动调整电压脉冲	1TYM、2TYM	7171、7181	M7171、M7181	7171、7181
19	同步装置越前时间整定	1TQM、2TQM	719、720	M719、M720	719、720
20	同步装置发送合闸脉冲	1THM、2THM、3THM	721、722、723	M721、M722、M723	721、722、723
21	隔离开关操作闭锁	GBM	880	M880	880
22	旁路闭锁	1PBM、2PBM	880、900	M881、M900	881、900
23	厂用电源辅助信号	＋CFM、－CFM	701、702	＋701、－702	7011、7012
24	母线设备辅助信号	＋MFM、－MFM	701、702	＋701、－702	7021、7022
			交流电压、同步和电源小母线		
25	同步电压（运行系统）	TQM. Ⅰ、TQM. Ⅱ			
26	同步电压（待并系统）	TQM. Ⅰ、TQM. Ⅱ			
27	同步发动机残压	TQM. Ⅰ			
28	第一组或奇数母线段电压	1YMa、1YMb、1YMc、1YML、1SYMc、YMN	A630、B630、C630、L630、Sc630、N630	L1－630、L2－630、L3－630	A630、B630、C630、L630、Sc630、N630
29	第二组或奇数母线段电压	2YMa、2YMb、2YMc、2YML、2SYMc、YMN	A640、B640、C640、L640、Sc640、N640	L1－640、L2－640、L3－640	A640、B640、C640、L640、Sc640、N640
30	6～10kV 备用线段的电压	9YMa、9YMb、9YMc	A690、B690、C690	L1－690、L2－690、L3－690	A640、B640、C640

续表

序号	小母线名称	原编号		新编号	
		文字符号	回路标号	文字符号	回路标号
31	转角	ZMa、ZMb、ZMc	A790、B790、C790	L1 - 790、L2 - 790、L3 - 790	A790、B790、C790
32	低电压保护	1DYM、2DYM、3DYM	011、013、02	M011、M013、M02	011、013、02
33	电源	DYMa、DYMn		L1、N	
34	旁路电压切换	YQMc	C712	L3 - 712	C712

注　1. 表中交流电压，同步电压小母线的符号和标号，适用电压互感器二次侧中性点接地、同步设备和接线采用单相式。扩建工程小母线的符号和标号一般按原工程接线配合。

2. 母线设备控制（或继电器）屏上有几级电压小母线时，可用以下标志加以区分：
6kV 系统在标号后加 -6，如 1YM. a -6；35kV 系统在标号后加 -3；110kV 系统在标号后加 -11；220kV 系统在标号后加 -22；330kV 系统在标号后加 -33；500kV 系统在标号后加 -50 等。

四、二次回路连接导线截面的选择

二次回路中各连接导线的机械强度及电气性能应满足安全经济运行的要求。而导线的机械强度及电气性能与其材料及截面有关。

1. 按机械强度要求

若按导线的机械强度满足要求选择其截面，首先应知道导线所接的端子排端子。连接强电端子铜导线的截面，应不小于 $1.5mm^2$，而连接弱电端子铜导线的截面，应不小于 $0.5mm^2$。

2. 按电气性能要求

在保护和测量仪表中，交流电流回路导线应采用铜导线，其截面应大于或等于 $2.5mm^2$。此外，电流回路的导线截面还应满足电流互感器误差不大于10%的要求。

交流电压回路导线截面的选择，还应按照允许压降考虑。对于电能计量仪表（电度表），运行时由电压互感器至表计输入端的电压降不得超过电压互感器二次额定电压的0.5%；对于其他测量仪表，在正常负荷下上述压降不能超过3%；当全部测量仪表及保护装置均投入运行时，上述压降也不得超过3%。

在操作回路中，导线截面的选择，应满足正常最大负荷下由操作母线至各被操作设备端的导线压降不能超过额定母线电压的10%。

第三节　继电保护用电流互感器

电力系统的一次电压很高，电流很大，且运行的额定参数千差万别，用以对一次系统进行测量、控制的仪器仪表及保护装置无法直接接入一次系统，一次系统的大电流需要使用电流互感器进行隔离，使二次的继电保护、自动装置和测量仪表能够安全准确地获取电气一次回路电流信息。电流互感器有电磁式电流互感器和电子式电流互感器两种，下面介绍的是电磁式的电流互感器。

电流互感器是一个特殊形式的变换器，它的二次电流正比于一次电流。因为其二次回路的负载阻抗很小，一般只有几个欧姆，所以二次工作电压也很低，当二次回路阻抗大时二次工作电压 $U = IZ$ 也变大，当二次回路开路时，U 将上升到危险的幅值，它不但影响电流传变的准确度，而且可能损坏二次回路的绝缘，烧毁电流互感器铁芯。所以电流互感器的二次回路不能开路。

正确地选择和配置电流互感器型号、参数，将继电保护、自动装置和测量仪表等接入合适的二次侧，严格按技术规程与保护原理连接电流互感器二次回路，对继电保护等设备的正常运行，确保电网安全意义重大。

一、电流互感器的一次参数

电流互感器的一次参数主要有一次额定电压与一次额定电流。

一次额定电压的选择主要是满足相应电网电压的要求，其绝缘水平能够承受电网电压长期运行，并承受可能出现的雷电过电压、操作过电压及异常运行方式下的电压，如小接地电流方式下的单相接地。

一次额定电流的考虑较为复杂，一般应满足以下要求。

（1）应大于所在回路可能出现的最大负荷电流，并考虑适当的负荷增长，当最大负荷无法确定时，可以取与断路器、隔离开关等设备的额定电流一致。

（2）应能满足短时热稳定、动稳定电流的要求。一般情况下，电流互感器的一次额定电流越大，所能承受的短时热稳定和动稳定电流值也越大。

（3）由于电流互感器的二次额定电流一般为标准的5A与1A，电流互感器的变比基本由一次电流额定电流的大小决定，所以在选择一次电流额定电流时要核算正常运行测量仪表要运行在误差最小范围，继电保护用次级又要满足10%误差要求。

（3）考虑到母差保护等使用电流互感器的需要，由同一母线引出的各回路，电流互感器的变比尽量一致。

（4）选取的电流互感器一次额定电流值应与国家标准GB 1208—1997《电流互感器》推荐的一次电流标准值相一致。

二、电流互感器的二次额定电流

在GB 1208—1997中，规定标准的电流互感器二次电流为1A和5A。

变电所电流互感器的二次额定电流采用5A还是1A，主要决定于经济技术比较。在相同一次额定电流、相同额定输出容量的情况下，电流互感器二次电流采用5A时，其体积小，价格便宜，但电缆及接入同样阻抗的二次设备时，二次负载将是1A额定电流时的25倍。所以一般在220kV及以下电压等级变电站中，220kV设备数量不多，而10～110kV电压等级的设备数量较多，电缆长度较短，电流互感器二次额定电流多采用5A的。在330kV及以上电压等级变电站，220kV及以上电压等级的设备数量较多，电流回路电缆较长，电流互感器二次额定电流多采用1A的。

为了既满足测量、计量在正常使用的精度及读数要求，又能满足故障大电流下继电保护装置的精工电流及电流互感器10%误差曲线要求，二个回路采用同样的变比往往难以兼顾，所以常常要求不同次级具有不同变比。要求电流互感器的次级具有不同变比时，除实际变比不同外，最好的选择是在二次回路设置抽头，也可以在二次回路增加辅助电流互感器进行调节，但这一方法除了使二次回路接线复杂外，还使回路的综合误差增大，如果辅助电流互感器的特性不好，将增加继电保护装置不正确动作的可能性。

电流互感器的变比也是一个重要参数，当一次额定电流与二次额定电流确定后，其变比即确定。电流互感器的额定变比等于一次额定电流比二次额定电流。

三、电流互感器的额定输出容量

电流互感器的额定输出容量是指在满足额定一次电流、额定变比条件下，在保证所标称的准确度级时，二次回路能够承受的最大负载值，其单位一般用伏安表示。根据 GB 1208—1997 规定，额定输出容量的标准值有 5、10、15、20、25、30、40、50、60、80、100VA。

对于电流互感器二次回路的负载 S_L，可以用式（6-1）来计算

$$S_L = I_e^2(\sum K_1 Z_L + K_2 Z_1 + Z_{jc}) \tag{6-1}$$

式中 I_e——电流互感器的额定二次电流，单位 A；

Z_L——二次设备阻抗，单位 Ω；

Z_1——二次回路连接导线的阻抗，单位 Ω；

Z_{jc}——二次回路连接点的接触电阻，其大小取决于连接点的多少与连接点接触是否良好，一般取 0.05~0.1Ω；

K_1——二次设备的接线系数；

K_2——二次回路连接导线的接线系数。

电流互感器二次输出容量 S_e 必须大于 S_L，并留有适当裕度。

下面为测量表计（表 6-8）与继电保护装置（表 6-9）在不同接线方式、不同故障情况下计算二次负载时的接线系数。

表 6-8　测量、计量用电流互感器各种接线方式时的接线系数

电流互感器接线方式		单　相	三相星形	二相星形		二相差接	三角形
				$Z_{Lo}=Z_L$	$Z_{Lo}=0$		
接线系数	K_2	2	1	$\sqrt{3}$	$\sqrt{3}$	$2\sqrt{3}$	3
	K_1	1	1	$\sqrt{3}$	1	$\sqrt{3}$	3

注　Z_{Lo} 为零线回路中的负荷阻抗。

表 6-9　继电保护用电流互感器在各种接线方式时不同短路类型下的接线系数

电流互感器接线方式		接线系数							
		三相短路		二相短路		单相短路		经 Y，d 变压器二相短路	
		K_2	K_1	K_2	K_1	K_2	K_1	K_2	K_1
单　相		2	1	2	1	2	1		
三相星形		1	1	1	1	2	1	1	1
二相星形	$Z_{Lo}=Z_L$	$\sqrt{3}$	$\sqrt{3}$	2	2	2	2	3	3
	$Z_{Lo}=0$	$\sqrt{3}$	1	2	1	2	1	3	1
二相差接		$2\sqrt{3}$	$\sqrt{3}$	4	2				
三角形		3	3	3	3	2	2	3	3

注　1. 当在零线回路接有负载时，单相短路情况下，将三相星形接线的 $Z_L + Z_{Lo}$ 视为 Z_L。

2. 当 A、C 二相电流互感器接负载，A、C 二相短路时，$K_1=1$，$K_2=1$，其他相间短路时，$K_2=2$，$K_1=1$。

四、电流互感器的 10% 误差校核

对保护用电流互感器，必须按实际的二次负载大小及系统可能出现的最大短路电流进行 10% 校核。电流互感器的 10% 误差是继电保护装置对其的最大允许值，也是各类保护装置整定的依据。所以 10% 误差曲线的计算非常重要，特别是对母差保护、变压器及发电机的差动保护，由于这类保护的定值较灵敏，它们的整定依据之一就是躲过各侧电流互感器按 10% 误差计算出来的最大综合误差。

（一）10%误差曲线的测量与计算

电流互感器10%误差的校核方法，主要是计算出在最大短路电流时二次回路的最大允许阻抗 Z_{Ymax}，与该二次回路的实际阻抗进行比较，该实际阻抗必须小于最大允许阻抗，即 $Z_L \leqslant Z_{Ymax}$。

（1）负载阻抗可以按式（6－1）计算得出，但现场多为实际测量后计算得出。在现场测量时应选择负载最大的支路。如图6－6，在AN间通入交流电流 I，测得两端电压为 U，可以按式（6－2）计算出 Z_L，实际计算中可以只考虑负载阻抗的幅值。

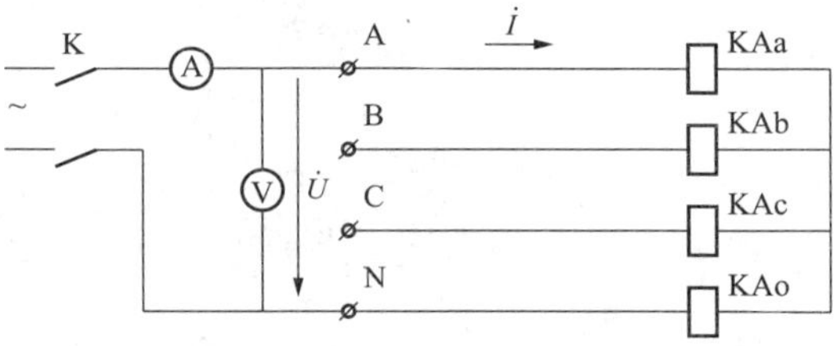

图6－6　电流互感器测量二次负载接线图

$$Z_L = \frac{\dot{U}}{\dot{I}} \tag{6-2}$$

需要注意的是，测量二次负载阻抗必须包括连接电缆与所有可能接入的负载，必须用50Hz的交流试验电源，在无法判定哪一相或哪一种接线二次负载最大时，应测量所有方式下的二次负载，取其中的最大值。

（2）为校核电流互感器误差是否满足要求，还必须绘制其10%误差曲线。该曲线的绘制需要做试验测量电流互感器的直流电阻 R，0.5～10A的伏安特性，然后根据表6－3中的公式计算出一组数据。按这组数据可以在 Z——m 坐标图上绘出不同短路电流倍数 m 下满足10%误差要求的允许最大阻抗，在根据可能出现的最大短路电流倍数可以查找出该短路电流下允许的最大负载阻抗 Z_{Ymax}，当其值大于按式（6－2）计算出的实际负载阻抗时，可以认为该电流互感器是满足10%误差的。

计算过程举例：

表6－10是对LB－220电流互感器一个次级的实测数据并计算的数据，其最终目的是要计算出二次允许负载 Z_{Ymax}。图6－7是根据表中数据绘制的10%误差时 Z_{Ymax} 与 m 的函数曲线。不同的短路电流倍数时，可以查出不同的最大允许负载阻抗。假设该电流互感器使用在最大短路电流 $I_K = 18$kA处，则 $m = 15$，查出 $Z_{Ymax} = 3.9\Omega$，大于实测二次负载1.96Ω，结论是可以满足要求。

现场测量 Z_2 较为困难，其大小对计算结果影响不大，一般根据使用的互感器型号不同用经验公式 $Z_2 \approx (1\sim3)R_2$ 求得。

表6－10　电流互感器10%误差曲线的测量与计算

基本参数	一次电流额定	1200A	二次额定电流	5A	准确度级	10P20
二次负载测量	通入电流 I	5A	测量电压	9.8V	Z_L	1.96Ω

说明	项目	数据来源								
励磁电流	I_0（A）	试验测得	0.5	1	2	4	5	6	8	10
试验电压	U_0（V）	试验测得	280	290	298	300	306	308	310	311
绕组内阻	R_2（Ω）	试验测得	0.353							
绕组漏抗	Z_2（Ω）	$\approx 2R_2$	0.706							
内部电动势	E_0（V）	$=U_0-I_0Z_2$	279	289	296	297	302	304	304	304

续表

基本参数	一次电流额定	1200A	二次额定电流	5A	准确度级	10P20
二次负载测量	通入电流 I	5A	测量电压	9.8V	Z_L	1.96Ω

说明	项目	数据来源								
允许总负载	Z_2+Z_Y	$=E_0/9I_0$	62.1	32.1	16.5	8.25	6.72	5.63	4.22	3.37
允许二次负载	Z_Y（Ω）	$=(E_0/9I_0)-Z_2$	61.4	31.4	15.9	7.55	6.02	4.92	3.52	2.67
短路电流倍数	m	$2I_0$	1	2	4	8	10	12	16	20

（二）拐点电压法

判断电流互感器在所接负载情况下是否满足误差要求，除上述方法以外，还可以采用一种简单实用的方法来加以判断，这就是拐点电压法。

保护用电流互感器的允许误差一般用 εPM 表示，如5P10，其含义是在10倍互感器额定电流下的短路电流时，其误差满足5%的要求。式中 ε 是准确度等级，M 是保证准确度的允许最大短路电流倍数。

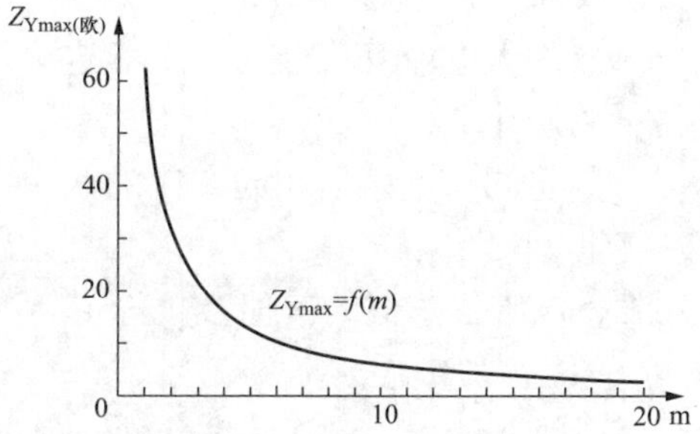

图6－7　电流互感器10%误差曲线图

电流互感器的标称准确限值电流倍数 M（如通常的5P10中的10）的概念是：当二次回路所带负载为额定阻抗 Z_H，并且一次电流达额定电流的标称准确限值倍数 M 倍时，电流互感器的铁芯处于极限饱和边缘，即一、二次间的复合误差刚好能维持在误差区别（如通常的5P10中的5）为5%以下，也就是说此时二次也刚好维持有 $10\times5=50A$ 的电流数值，此时的二次回路极限电动势 E_0 等于回路极限电压降 U_0，即：

$$E_0=K_mI_{2N}(Z_H+Z) \tag{6-3}$$

式中　K_m——允许误差时的电流倍数；

I_{2N}——电流互感器二次额定电流；

Z_H——电流互感器二次额定负载阻抗；

Z——电流互感器内部阻抗。

显然，电流互感器的二次回路极限电动势越高，则饱和特性越好，对避免二次电流的失真越有利。对于确定的电流互感器来说，回路极限电动势 E_0 是个常数，但实际准确限值电流倍数 K_X 却随实际的二次回路阻抗 Z_X 按反比规律变化，即：

$$E_0=5K_X(Z_X+Z) \tag{6-4}$$

伏安特性曲线中的拐点电压 U_g 的概念就是二次回路极限电压降 U_0，则实际准确限值电流倍数 K_X 为

$$K_X=\frac{U_g}{I_{2N}(Z_H+Z)} \tag{6-5}$$

仍然以表6－10测得的电流互感器的伏安特性的数据为例，作曲线图如图6－8所示，从图中可以看出，U_g 约280V，按 $Z_2=0.7\Omega$，$Z_X=1.96\Omega$ 计算，允许故障电流倍数

$$K_X=280/[5\times(1.96+0.7)]=21$$

大于实际可能出现的最大短路电流倍数15，同样也能判定电流互感器满足误差要求。

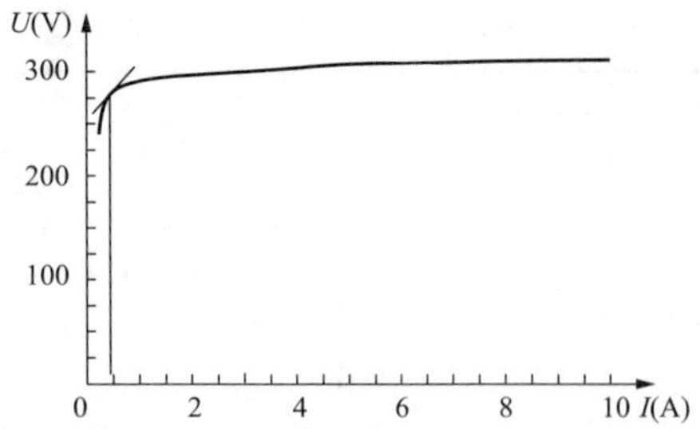

图 6－8 电流互感器伏安特性曲线图

（三）误差不满足时的措施

如检查发现电流互感器无法满足要求，可尝试用以下措施解决。

（1）选择大容量的电流互感器；

（2）加大连接二次回路电缆的截面积，减小连接电缆的阻抗 Z_1；

（3）在保护装置对电流互感器的二次接线方式没有特殊要求时，可以改变其接线方式以调整接线系数。例如，将不完全星形接线改为完全星形接线；将三角形接线改成为星形接线，这将使接线系数 K_1、K_2 调整为 1；

（4）加大电流互感器的一次额定电流 I_e，这样在同样的短路电流情况下，短路电流的倍数 m 将减小；

（5）将同一互感器相同变比的两个二次绕组串联使用，这将使其串联后的伏安特性增加，容量增大。

五、电流互感器的其他参数

（一）电流互感器的准确度

为了保证计量、测量的准确性，保证保护装置动作可靠、正确，电流互感器必须达到一定的准确度。在国家标准 GB 1208—1997 中，规定测量用电流互感器的准确度等级分为 0.1、0.2、0.5、1、3、5 等六个标准，这是一个相对误差标准。其中 0.1～1 的四个标准其二次负荷应在额定负荷的 25%～100% 间，3、5 两个标准其二次负荷应在额定负荷的 50%～100% 间，否则准确度不能满足要求。所以对负荷范围广，准确度要求高的场合，可以采用经补偿的 0.2s 和 0.5s 电流互感器，该互感器在 1%～120% 负荷间均能满足准确度要求。对测量用电流互感器除了幅值准确度要求外，还有角度误差要求。

继电保护用电流互感器的准确度级要求一般没有测量的高，但其不仅要求在额定一次电流下误差不超过规定值，由于要求其在故障大电流时有较好的传变特性，所以在一定短路电流倍数下误差不超过规定值。电流互感器的准确性能要求分为两类：

（1）要求在给定短路电流下的复合误差不超过规定值。P 类及 PR 类电流互感器一般用 εPM 表示误差等级，如 5P10，其含义是在 10 倍互感器额定电流下的短路电流时，其误差满足 5% 的要求。式中 ε 是准确度等级，M 是保证准确度的允许最大短路电流倍数。在标准 GB 1208—1997 中，规定 5P、10P 两个准确度级。

（2）要求对电流互感器的励磁特性做出规定。适用于 PX 类电流互感器。

（二）电流互感器的比值误差

互感器在测量电流时所出现的数值误差称为电流误差或比值误差，它是由于存在励磁电流引起的实际电流比与额定电流比不相等造成的。电流误差按一次电流的百分比表示如下：

$$\varepsilon_i = (K_n I_s - I_p)100\% / I_p$$

式中：K_n 为电流比额定值；I_p 为实际一次电流，A；I_s 为测量条件下一次通过 I_p 时的二次电流，A。

（三）电流互感器的相位差

一次电流 I_p 与二次电流 I_s 相量的相位差称为电流互感器的相位差 $\Delta\Phi$，相量的方向是按理想的电流互感器的相位为零来决定的。按规定的正方向，若二次电流的相量超前一次电流相量时，相位差作为正值。其单位通常用分（min）或厘弧度（crad）表示。

（四）电流互感器的复合误差

在有些情况下，电流不是准确的正弦函数，不能用方均根值和相量相位来准确表示其误差。在铁芯中磁通密度接近饱和时，这种情况更为明显。为此定义复合误差为稳态一次电流瞬时值与 K_n 倍二次电流瞬时值之差的方均根值。如下式。

$$\varepsilon_c = \frac{100}{I_p}\sqrt{\frac{1}{T}\int_0^T (K_n i_s - i_p)^2 dt} \tag{6-6}$$

式中：K_n 为电流比额定值；I_p 为实际一次电流，A；i_p 为一次电流瞬时值；i_s 为二次电流瞬时值；T 为一个周波的时间。

保护用 P、PR 类电流互感器的电流误差、相位误差和复合误差限值见表 6-11。

表 6-11　P 类及 PR 类电流互感器误差限制

准确级	额定一次电流下的电流误差（%）	额定一次电流下的相位误差		额定准确限值一次电流下的复合误差（%）
		±min	±crad	
5P、5PR	±1	60	1.8	5
10P、10PR	±3			10

（五）保护用电流互感器的暂态特性

系统发生短路故障时一定伴有电流迅速的、大幅值的变化，其中含有大的直流分量与丰富的各次谐波分量，这种暂态过程在故障初期最为严重。如果电流互感器没有较好的暂态特性，就无法准确进行信号的传变，严重时将发生电流互感器饱和，造成保护装置拒动或误动。

暂态过程的大小与持续时间与系统的时间常数有关，一般 220kV 系统的时间常数不大于 60ms，500kV 系统的时间常数在 80～200ms 之间。系统时间常数增大的结果，使短路电流非周期分量的衰减时间加长，短路电流的暂态持续时间加长。系统容量越大，短路电流的幅值也越大，暂态过程越严重。所以针对不同的系统要采用具有不同暂态特性的电流互感器。

一般 P 类保护用电流互感器仅考虑在稳态短路电流情况下保证具有规定的准确性，TP 类保护用电流互感器则要求在规定工作循环的暂态条件下保证规定的准确性。暂态特性良好的电流互感器与普通电流互感器相比，具有良好的抗饱和性能，这在制造中可以通过增加铁芯的截面积、选用高导磁材料或同时在铁芯中加入非磁性间隙等办法来改变磁路特性。改变磁路特性的大小不同形成了等级的暂态型电流互感器。

目前暂态型电流互感器分为四个等级，分别用 TPS、TPX、TPY、TPZ 表示。各等级暂态型电流互感器具有如下特点。

（1）TPS 级为低漏磁电流互感器，铁芯中不设非磁性间隙，暂态面积系数也不大，铁芯截面比稳态保护级大得不多，无剩磁通限值，制造工艺比较简单。TPS 级大多用于根据简单环流原理和采用高阻抗继电器的差动保护系统。由于对剩磁不作限制，保护继电器的励磁使用极限，通常由试验和现场经验公式确定。若在电流互感器已严重饱和时切断一次电流，将使得二次回路中的电流随同磁通由饱和状态快速降低到剩磁水平，保护继电器的复归时间，通常不明显受 TPS 电流互感器衰减特性的影响。所以该电流互感器也适用于对复归时间要求严格的断路器失灵保护电流检测元件。

（2）TPX 级在铁芯中不设非磁性间隙，在同样的规定条件下与 TPY 和 TPZ 级相比，铁芯暂态面积系数要大得多，无剩磁通限值，只适用暂态单工作循环，不适合在需要重合闸的情况下使用。该电流互感器与 TPS 电流互感器基本特性相似，只是对误差限值的规定不同。

（3）TPY 级在铁芯中设置一定的非磁性间隙，其相对非磁性间隙长度（实际非磁性间隙长度与铁芯磁路长度之比值）大于 0.1%。剩磁通不超过饱和磁通的 10%。由于限制了剩磁，TPY 级适用于双循环和重合闸情况，适用于带重合闸的线路保护。但由于磁阻、储能以及磁通变化量的不同，因而二次回路的电流值较高且持续时间较长。不宜用于断路器失灵保护。

（4）TPZ 级在铁芯中设置的非磁性间隙尺寸较大，一般相对非磁性间隙长度要大于 0.2% 以上，无直流分量误差限值要求，剩磁实际上可以忽略。TPZ 级准确级由于铁芯非磁性间隙大，铁芯磁化曲线线性度好，二次回路时间常数小，对交流分量的传变性能也好，但传变直流分量的能力极差。TPZ 级铁芯截面积比 TPY 级要小，但在制造上要满足指定的二次回路时间常数难度较大。这类电流互感器适用于仅反映交流分量的保护。许多继电器被测量经过输入电流/电压传感器转换后处理，因此，仅二次电流的交流分量有意义。由于不保证低频分量误差及励磁阻抗低，此类互感器一般不用于主设备保护和断路器失灵保护。

普通保护级（P 级）电流互感器是按稳态条件设计的，暂态性能较弱，但一般能够满足 220kV 以下系统的暂态性能要求。所有目前 220kV 及以下电力系统保护用电流互感器，在大多数情况下选用普通保护级（P 级）电流互感器，即能满足稳态也能满足暂态运行要求。在目前 500kV 线路保护中，一般选用 TPY 级暂态电流互感器。

第四节　继电保护用电压互感器

与电流互感器相同，电压互感器是隔离高电压，供继电保护、自动装置和测量仪表获取一次电压信息的传感器。电压互感器也有电磁式、电容式与电子式三种，下面介绍电磁式电压互感器。

电压互感器是一种特殊形式的变换器，与不同于电流互感器的是，它的二次电压正比与一次电压。电压互感器的二次负载阻抗一般较大，其二次电流 $I=U/Z$，在二次电压一定的情况下，阻抗越小则电流越大，当电压互感器二次回路短路时，二次回路的阻抗接近为 0，二次电流 I 将变得非常大，如果没有保护措施，将会烧坏电压互感器。所以电压互感器的二次回路不能短路。

正确地选择和配置电压互感器型号、参数，严格按技术规程与保护原理连接电压互感器二次回路，对降低计量误差，确保继电保护等设备的正常运行，确保电网的安全运行具有重要意义。

一、电压互感器的一次参数

电压互感器的一次参数主要额定电压。其一次额定电压的选择主要是满足相应电网电压的要求，其绝缘水平能够承受电网电压长期运行，并承受可能出现的雷电过电压、操作过电压及异常运行方式下的电压，如小接地电流方式下的单相接地。

对于三相电压互感器和用于单相系统或三相系统间的单相互感器，其额定一次电压应符合 GB 156—2003《标准电压》所规定的某一标称电压，即：6、10、15、20、35、60、110、

220、330、500kV。对于接在三相系统相与地之间或中性点与地之间的单相电压互感器，其额定一次电压为上述额定电压的$1/\sqrt{3}$。

二、电压互感器的二次额定电压

电压互感器的二次电压标准值，对接于三相系统相间电压的单相电压互感器，二次额定电压为100V。对接在三相系统相与地间的单相电压互感器，当其额定一次电压为某一数值除以$\sqrt{3}$时，其额定二次电压必须为$100/\sqrt{3}$V，以保持额定电压比的不变。

接成开口三角的剩余电压绕组额定电压与系统中性点接地方式有关。大接地电流系统的接地电压互感器额定二次电压为100V，小接地电流的接地电压互感器额定二次电压为100/3V。

电压互感器的变比也是一个重要参数，当一次额定电压与二次额定电压确定后，其变比即确定。电压互感器的额定变比等于一次额定电压比二次额定电压。

三、电压互感器的额定输出容量

电压互感器额定的二次绕组及剩余电压绕组容量输出标准值是10、15、25、30、50、75、100、150、200、250、300、400、500VA。对于三相式电压互感器，其额定输出容量是指每相的额定输出。当电压互感器二次承受负载功率因素为0.8（滞后），负载容量不大于额定容量时，互感器能保证幅值与相位的精度。

除额定输出外，电压互感器还有一个极限输出值。其含义是在1.2倍额定一次电压下，互感器各部位温升不超过规定值，二次绕组能连续输出的视在功率值（此时互感器的误差通常超过限值）。

在选择电压互感器的二次输出时，首先要进行电压互感器所接的二次负荷统计。计算出各台电压互感器的实际负荷，然后再选出与之相近并大于实际负荷的标准的输出容量，并留有一定的裕度。

四、电压互感器的误差

电磁式电压互感器由于励磁电流、绕组的电阻及电抗的存在，当电流流过一次及二次绕组时要产生电压降和相位偏移。使电压互感器产生电压比值误差（以下简称比误差）和相位误差（以下简称相位差）。

电容式电压互感器，由于电容分压器的分压误差以及电流流过中间变压器，补偿电抗器产生电压降等也会使电压互感器产生比误差和相位差。

电压互感器的比误差ε_V用式（6－7）表示：

$$\varepsilon_V\% = \frac{K_n U_2 - U_1}{U_1} \times 100 \tag{6-7}$$

式中：K_n为额定电压比；U_1为一次的实际电压，V；U_2为在一次侧施加U_1电压时二次的实际测量电压，V。

电压互感器的相位差，是指一次电压与二次电压相量的相位之差。相量方向以理想电压互感器的相位差为零来确定。当二次电压相量超前一次电压相量时，相位差为正值。相位差以（′）或crad表示。

电压互感器电压的变比误差和相位误差的限值大小取决于电压互感器的准确度级。GB 1207—1997《电压互感器》规定如下。

（1）对于测量用电压互感器的标准准确度级有：0.1、0.2、0.5、1.0、3.0五个等级。

（2）满足测量用电压互感器电压误差和相位误差有一定的条件，即在额定频率下，其一次电压在80% ~120%额定电压间的任一电压值，二次负载的功率因数为0.8（滞后），二次负载的容量在25% ~100%之间。测量用电压互感器的误差限值如表6-12所示。

表6-12　　测量用电压互感器的误差限值

准确级	比误差±（%）	相位差	
		±（′）	±（crad）
0.1	0.1	5	0.15
0.2	0.2	10	0.3
0.5	0.5	20	0.6
1.0	1.0	40	1.2
3.0	3.0	不规定	不规定

（3）继电保护用电压互感器的标准准确度级有3P和6P两个等级。

（4）由于使用条件与目的不同，满足继电保护用电压互感器电压误差和相位误差的条件与测量的有所不同，要求其频率满足额定值，二次负载的功率因数为0.8（滞后），二次负载的容量在25% ~100%之间外，其保证精度的一次电压范围为不小于5%的额定电压，在2%额定电压下的误差限值为5%额定电压下的2倍。

（5）继电保护用电压互感器在5%额定电压下的误差限值如表6-13所示。

表6-13　　保护用电压互感器的误差限值

准确度级	电压误差±（%）	相位差	
		±（′）	±（crad）
3P	3.0	120	3.5
6P	6.0	240	7.0

五、电压互感器的形式

电压互感器的形式多种多样，按工作原理分有电磁式电压互感器、电容式电压互感器、新型的光电式互感器。其中电磁式电压互感器在结构上又有三相式和单相式两种。在三相式电压互感器中又有三相二柱式和二相五柱式两种。从使用绝缘介质上又可分为干式、油浸式及六氟化硫等多种。

第五节　电流及电压的二次回路

电力系统二次回路中的交流电流、交流电压回路的作用在于：以在线的方式获取电力系统各运行设备的电流、电压值，并同其得到电力系统的频率、有功功率、无功功率等运行参数，从而实时地反映电力系统的运行状况。继电保护、安全自动装置等二次设备根据所得到的电力系统运行参数进行分析，并依据其对系统的运行状况进行控制与处理。

为了满足不同测量、继电保护及安全自动装置的要求，电流、电压互感器有多种配置与接线方式。

一、电流、电压互感器接用位置的选择

图6-9是220kV变电站电流、电压互感器典型配置方式。所有使用系统电压的地点，都根据需要应该安装单相或三相电压互感器。图6-9中在220kV、110kV正副母线，35kV

母线各设置了一组三相电压互感器，在220kV线路上设置了一组单相电压互感器。

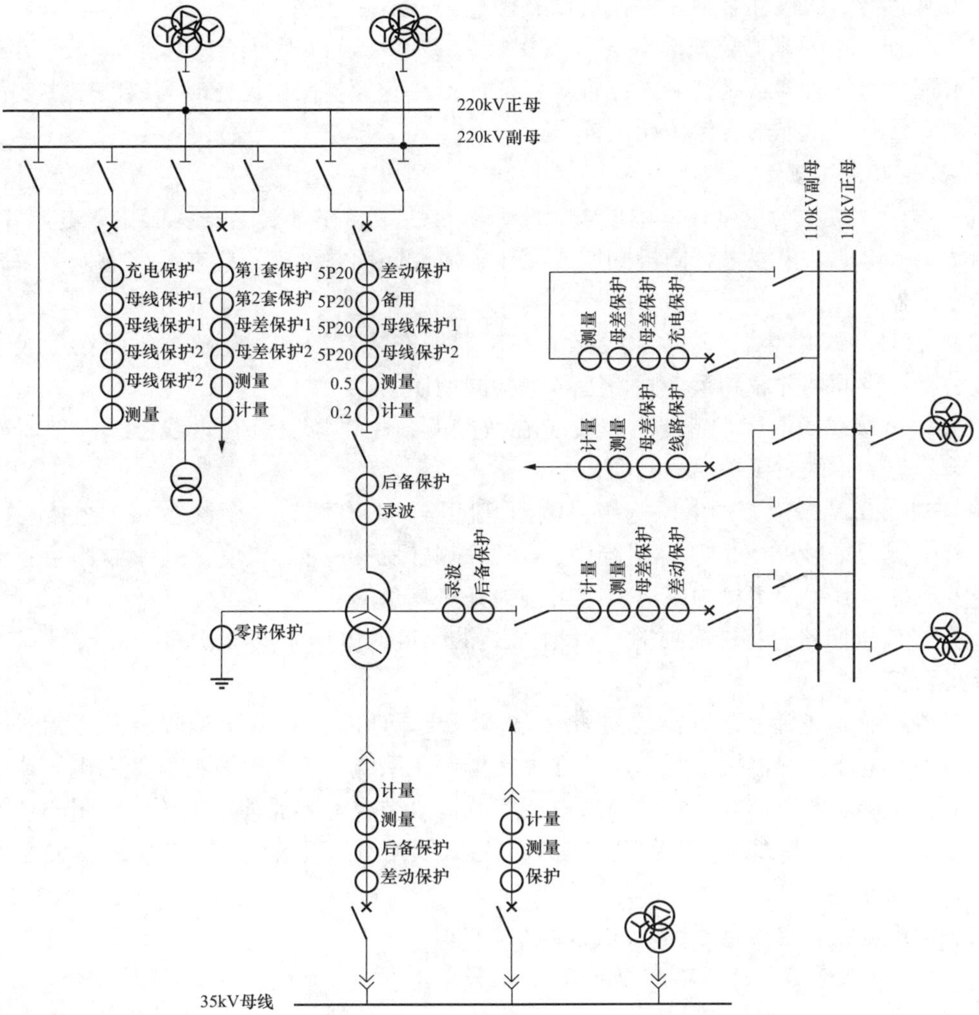

图6－9　220kV变电站电流、电压互感器典型配置图

（一）电流互感器接用位置的选择

在选择各类测量、计量及保护装置接入位置时，要考虑以下因素。

（1）选用合适的准确度级。如图6－9中，计量对准确度要求最高，接0.2级，测量回路要求相对较低接0.5级。保护装置对准确度要求不高，但要求能承受很大的短路电流倍数，所以选用5P20的保护级。

（2）保护用电流互感器还要根据保护原理与保护范围合理选择接入位置，确保一次设备的保护范围没有死区。如图6－9中，2套线路保护的保护范围指向线路，应放在第一、二组次级，这样可以与母差保护形成交叉，如何一点故障都有保护切除。如果母差保护接在最近母线侧的第一组次级，2套线路保护分别接第二、第三次级，则在第一与第二次级间发生故障时，既不在母差保护范围，线路保护也不会动作，故障只能靠远后备保护切除。虽然这种故障的几率很小，却有发生的可能，一旦发生后果是严重的。图中两组接入母差保护的次级，正副母间也要交叉，否则也有死区。

（3）当有旁路断路器而且需要旁代主变断路器等时，如有差动等保护则需要进行电流互感器的二次回路切换，这时既要考虑切换的回路要对应一次运行方式的变换，还要考虑切入的电流互感器二次极性必须正确，变比必须相等。

（4）按照反措要求需要安装双套母差保护的220kV及以上母线，其相应单元的电流互感器要增加一组二次绕组，其接入位置应保证任何一套母差保护运行时与线路、主变保护的保护范围有重叠，不能出现保护死区。

（二）电压互感器配置原则

（1）对于主接线为单母线、单母线分段、双母线等，在母线上安装三相式电压互感器；当其出线上有电源，需要重合闸检同期或无压，需要同期并列时，应在线路侧安装单相或两相电压互感器。

（2）对于3/2主接线，常常在线路或变压器侧安装三相电压互感器，而在母线上安装单相互感器以供同期并联和重合闸检无压、检同期使用；

（3）内桥接线的电压互感器可以安装在线路侧，也可以安装在母线上，一般不同时安装。安装地点的不同对保护功能有所影响；

（4）对220kV及以下的电压等级，电压互感器一般有两至三个次级，一组接为开口三角形，其他接为星形。在500kV系统中，为了继电保护的完全双重化，一般选用三个次级的电压互感器，其中两组接为星形，一组接为开口三角形。

（5）当计量回路有特殊需要时，可增加专供计量的电压互感器次级或安装计量专用的电压互感器组。

（6）在小接地电流系统，需要检查线路电压或同期时，应在线路侧装设两相式电压互感器或装一台电压互感器接线间电压。在大接地电流系统中，线路有检查线路电压或同期要求时，应首先选用电压抽取装置。通过电流互感器或结合电容器抽取电压，尽量不装设单独的电压互感器。500kV线路一般都装设三只电容式线路电压互感器，作为保护、测量和载波通信公用。

二、常用电流、电压互感器二次回路接线方式

（一）电流互感器二次回路的接线方式

1. 接线方式

在变电站中，常用的电流互感器二次回路接线方式有单相接线、两相星形（或不完全星形）接线、三相星形（或全星形）接线、三角形接线和电流接线等，如图6-10，它们根据需要应用于不同场合。现将各种接线的特点及应用场合介绍如下。

（1）单相式接线，如图6-10（a）所示。这种接线只有一只电流互感器组成，接线简单。它可以用于小电流接地系统零序电流的测量，也可以用于三相对称电流中电流的测量或过负荷保护等。

（2）三相星形接线又叫全星形接线，如图6-10（c）所示。这种接线由三只互感器按星形连接而成，相当于三只互感器公用零线。这种接线中的零线在系统正常运行时没有电流通过（$3I_0=0$），但该零线不能省略，否则在系统发生不对称接地故障产生$3I_0$电流时，该电流没有通路，不但影响保护正确动作，其性质还相当于电流互感器二次开路，会产生很高的开路电压。三相星形接线一般应用于大接地电流系统的测量和保护回路接线，它能反应任何一相、任何形式的电流变化。

（3）两相星形接线，如图6-10（b）所示。这种接线有两相电流互感器组成，与三相星形接线相比，它缺少一只电流互感器（一般为B相），所以又叫不完全星形接线。它一般用于小电流接地系统的测量和保护回路，由于该系统没有零序电流，另外一相电流可以通过计算得出，所以该接线可以测量三相电流、有功功率、无功功率、电能等。反应各类相间故障，但不能完全反应接地故障。

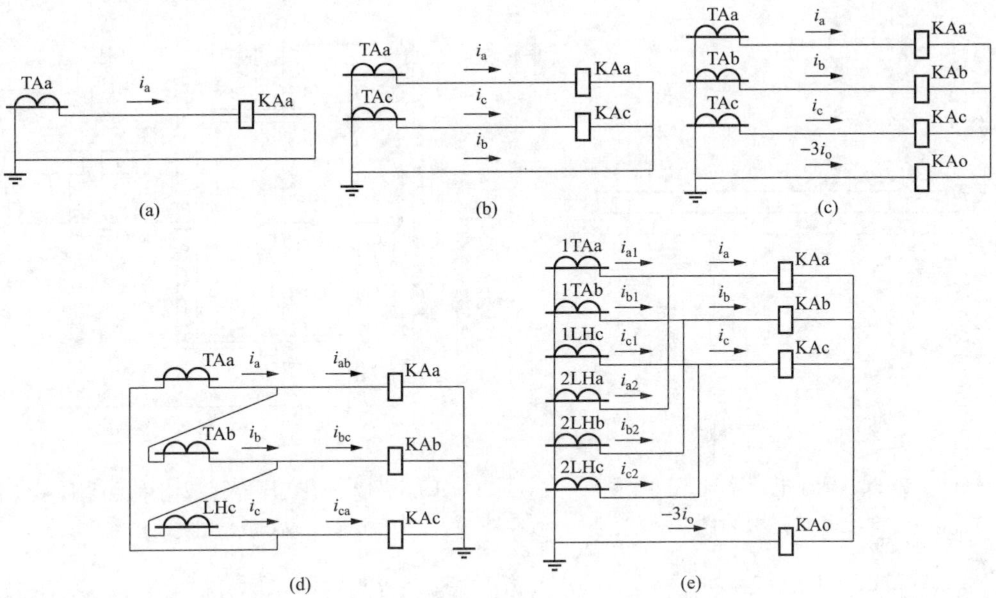

图 6－10　常用电流互感器二次回路接线方式图

对于小电流接地系统，不完全星形接线不但节约了一相电流互感器的投资，在同一母线的不同出线发生异名相接地故障时，还能使跳开两条线路的几率下降了三分之二。只有当 AC 相接地时才会跳开两条线路，AB、BC 相接地时，由于 B 相没有电流互感器，则 B 相接地的一条线路将不跳闸。由于小接地电流系统允许单相接地运行 2 小时，所以这一措施能够提高供电可靠性。需要指出的是，同一母线上出线的电流互感器必须接在相同的相，否则有些故障时保护将不能动作。如图 6－11 中，假设该小电流接地系统中线路 1 的电流互感器的安装于 A、C 相，线路 2 的电流互感器安装于 A、B 相，这时如果线路 1 发生 B 相接地，线路 2 发生 C 相接地故障，形成 BC 相短路，由于这两相上均未安装电流互感器，两条线路的保护均无法动作。

（4）三角形接线，如图 6－10（d）所示。这种接线将三相电流互感器二次绕组按极性头尾相接，像三角形，极性一定不能搞错。这种接线主要用于保护二次回路的转角或滤除短路电流中的零序分量。如图 6－12 中 YN，d11 组别的变压器配置差动保护时，由于主变的高压侧为星形接线，接地故障时有零序电流，而低压侧的三相线圈接为三角形，线电流的角度滞后高压侧 30°，系统发生接地故障时，零序电流在低压侧三角形接线中形成环路，无法流出，所以在低压侧的线电流中不含零序分量。这时如果高低压两侧的电流互感器二次接线均接成星形，不但在正常运行时两侧测到的负荷电流相差 30°形成差流，当发生接地故障时，由于低压侧不反映零序电流也会产生差流，这样在区外故障时会使差动保护误动。所以必须将高压侧的电流互感器二次接成三角形，接线组别同低压侧一次接线，这样就将高压侧电流向后转角 30°，同样滤除电流的零序分量。需要注意的是，三角接线的组别不能搞错，如 11 点接线为 A 相的头接 B 相的尾，B 相的头接 C 相的尾，C 相的头接 A 相的尾，这样低压侧的电流就滞后高压侧 30°。如果错接成 A 头 C 尾、C 头 B 尾、B 头 A 尾，就变成低压侧的电流超前高压侧30°，差流将更大。在计算差动继电器的平衡系数时，还要考虑到三角接线有一个$\sqrt{3}$的接线系数。在微机形差动保护中，常常将各侧电流互感器的二次回路均接为星形，在保护装置中通过软件计算进行电流转角与电流的零序分量滤除，这样就简化了接线。

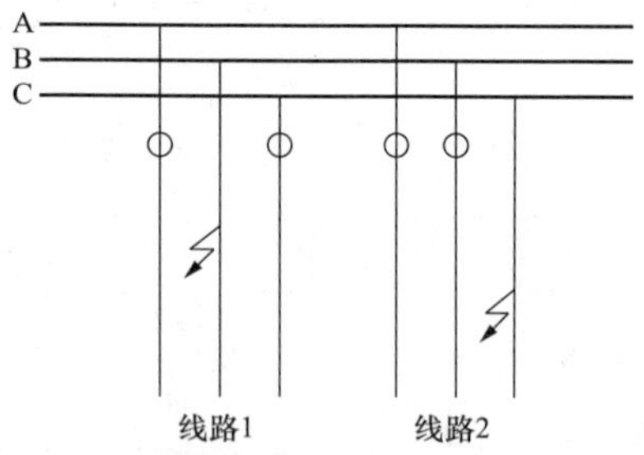

图6－11 小接地电流系统不同线路异名相接地故障图

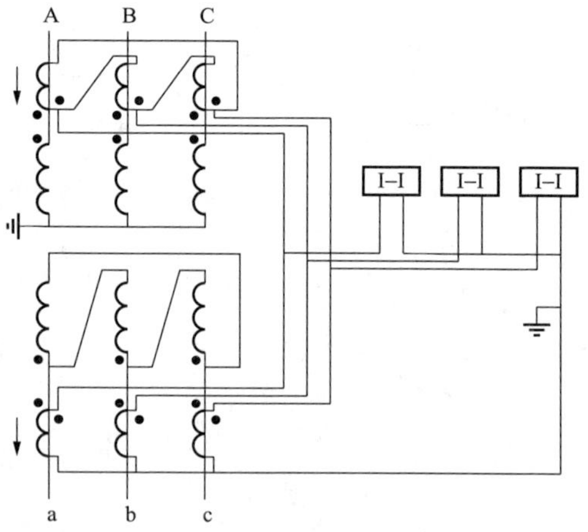

图6－12 主变压器接成组别为YN，d11的差动二次接线图

在许多保护中，对电流互感器的一、二次接线的极性有很严格的要求，如差动保护。对电流互感器接线极性的检验，可以用一次通流法，也可以采用电池搭放一次绕组，在二次侧用万用表检测二次产生脉冲的极性来判断其接线的正确性。

（5）和电流接线，如图6－10（e）所示。这种接线是将两组星形接线并接，一般用于3/2断路器接线、角形接线、桥形接线的测量和保护回路，用以反映两只开关的电流之和。该接线一定要注意电流互感器二次回路三相极性的一致性及两组之间与一次接线的一致性，否则将不能准确反映一次电流。两组电流互感器的变比还要一致，否则和电流的数值就没有意义。

除了以上接线外，还有其他一些接线方式，但并不常见。

在电流互感器的接线中，要特别注意其二次绕组的极性，特别是方向保护与差动保护等回路。当电流互感器二次极性错误时，将会造成计量、测量错误，方向继电器指向错误，差动保护中有差流等，造成保护装置的误动或拒动。

2. 接入顺序

当一组电流互感器接入多个负载时，应考虑其接入顺序，其原则是方便设备的调试及调试中的安全，还考虑到串联的顺序应使电缆最短。一般仪表回路的顺序是电流表、功率表、电度表、记录型仪表、变送器或监控系统。在保护用次级中，尽量将不同的设备单独接入一组次级，特别是母差等重要保护，需要串接的，应先主保护再后备保护，先出口跳闸的设备，再不出口跳闸的设备。如一个回路中需要接入线路保护、失灵保护起动装置、故障录波器等设备时，根据所定原则按该次序接入，这样在运行中如果要做录波器试验，可以将其退出而不影响线路保护与失灵起动装置的正常运行，如图6－13所示。

由于仪表与保护对电流互感器的要求不同，所以原则上两者不能公用一组电流互感器次级，但在35kV及以下系统中对计量准确度要求不高的场合，也有测量仪表与继电保护共用一组电流互感器的方式，这时应确保满足10%误差曲线要求，验算短路电流不会损坏仪表，并按先保护后仪表的次序接入。

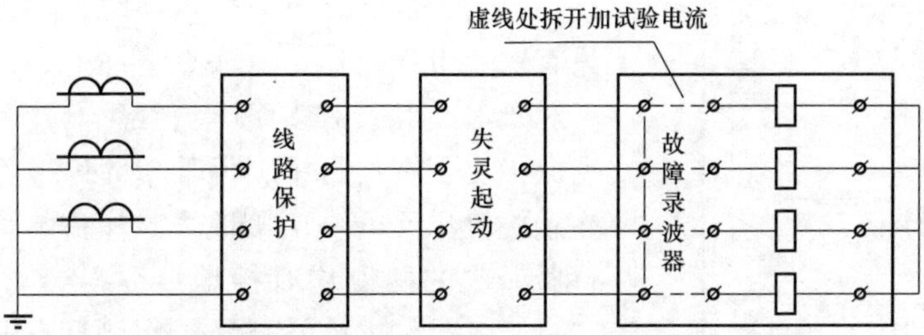

图 6－13　退出录波器电流回路示意图

3. 电流二次回路的接地

电流互感器二次回路必须接地，其目的是为了防止当一、二次之间绝缘损坏时对二次设备与人身造成危害，所以一般宜在配电装置处经端子接地，这样对安全更为有利，如图 6－10（a）、(b)、(c)、(e）所示。当有几组电流互感器的二次回路连接构成一套保护时，宜在保护屏上设一个公用的接地点，如图 6－12 为主变差动保护的接地方式。

对与三角形接线电流互感器二次回路也应接地，接地点选在经负载后的中性点，如图 6－10（d）所示。

在微机母差或主变差动保护中，各接入单元的二次电流回路不再有电气连接，每个回路应该单独一点接地，各接地点间不能串接。该接地点可以接在配电装置处，但以在保护柜上分别一点接于二次接地铜排为好。如图 6－14 为母差保护电流回路的接地，6－14（a）为错误接法，6－14（b）为正确接法，在错误接法中，各接地点串联后接地，一是一旦总接地点脱开，则每一组的接地都没有，第二是当其中一个回路停电需要做试验时可能影响其他运行中的回路。

在由一组电流互感器或多组电流互感器二次连接成的回路中，运行中接地不能拆除，但也不允许出现一个以上的接地点，当回路中存在两点或多点接地时，如果地电网不同点间存在电位差，将有地电流从两点间通过，这将影响保护装置的正确动作。图 6－15 为主变差动保护电流互感器回路两点接地时流过地电流的示意图。

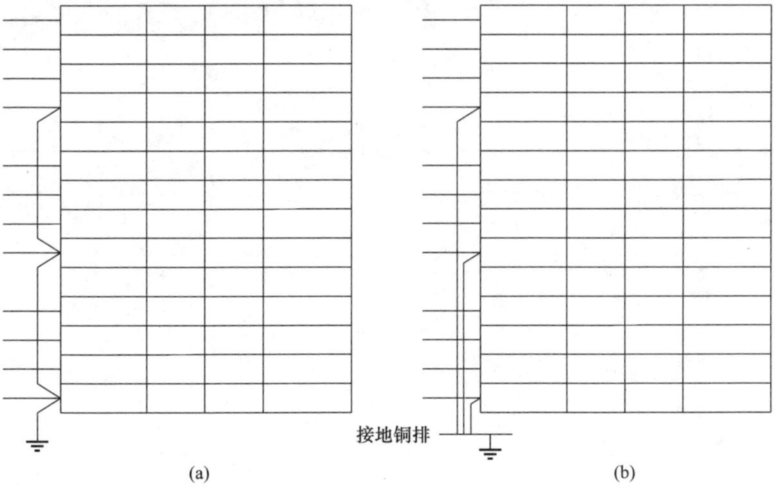

图 6－14　母差保护电流回路的接地

（a）错误接法；（b）正确接法

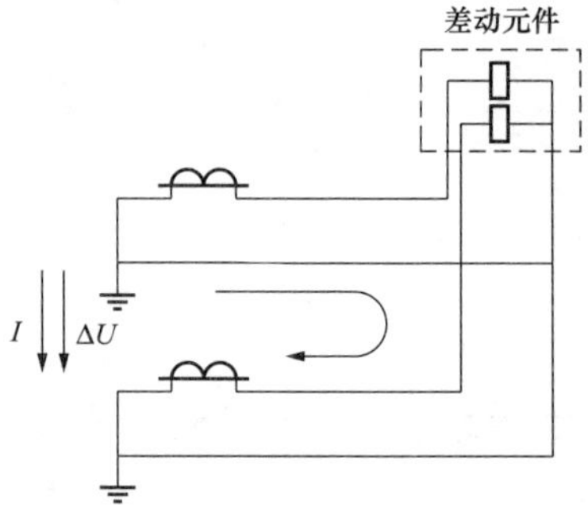

图6-15 主变差动电流回路两点接地

当电流二次回路有方式切换时，要保证在不同的方式下只有一点可靠接地，这一点将在下一节中讨论。

对于母差等具有多组电流互感器接入的保护，可能会出现保护装置在运行中，但某单元停电检修的情况，这时要注意检修单元的一次接地线对保护装置的影响。如电流互感器一次的两侧均有接地线时，会对二次电流产生分流，对于各单元电流互感器二次侧具有电气连接的差动保护，如固定连接母差保护、中阻抗母差保护等，需要考虑对运行中保护的影响，并采取对检修单元电流互感器二次回路短接退出等技术措施进行隔离。对于各电流互感器二次回路无电气连接的，如该电流回路上无试验工作，可以不短接退出。

4. 电流二次回路的切换

由于电流互感器二次回路不能开路，所以电流二次一般不应设置切换回路，但为了满足运行方式的需要，当确实需要切换时，可以设置大电流切换端子，但应确保在切换时电流互感器二次回路不能开路，切换到各种运行方式时保证与一次方式对应，并且变比、极性正确，只有一点且只能有一点接地。下面对一些常用的切换回路进行讨论。

（1）内桥接线差动电流回路的切换。

内桥的差动回路可以不设切换回路，但在内桥或进线开关中有一台停电检修时为不影响运行中设备，方便安全措施的实施，常在回路中增加大电流切换连片，如图6-16所示，其中图（a）为进线断路器与内桥断路器均在运行的正常方式，图（b）为内桥断路器转检修后其电流互感器二次连接片退出后短接的接线图。在内桥断路器转检修退出其电流回路时，如果差动保护还在运行中，则一定要先取下连接片，然后将互感器侧短接接地，否则接连连片时将差动保护高压侧电流短接会造成差动保护误动。

（2）旁路断路器代主变断路器时差动电流回路的切换。

在设有旁路断路器的变电站，旁路断路器代主变断路器时，其差动保护相应的电流回路

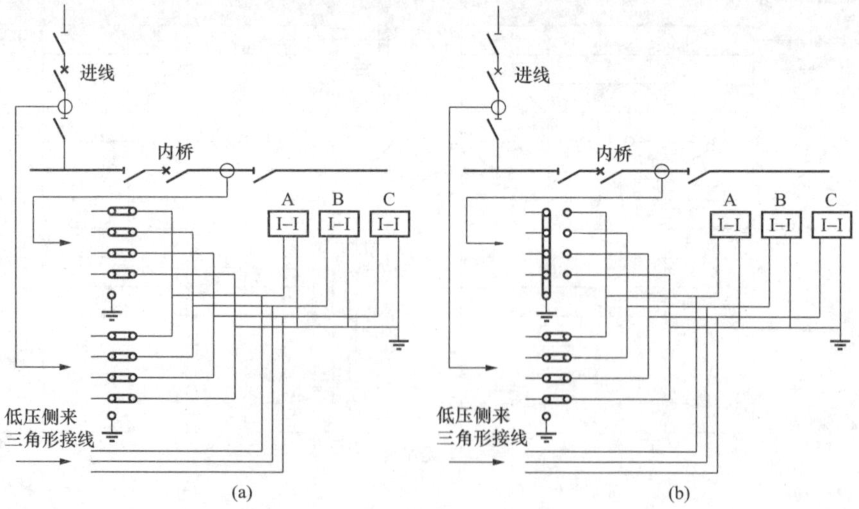

图6-16 内桥电流回路切换

（a）进线及内桥断路器均正常运行时的接线；（b）内桥断路器检修时的连接片位置

应该由主变的互感器切至旁路的互感器，并有两台及以上主变时，旁路的这组互感器应能分别切至这些主变的差动保护。图6－17即是切换回路的示意图，其中1号主变由旁路断路器代供，2号主变由本身断路器正常运行。当两台断路器均不旁代时，旁路的电流切换连片要短接退出。

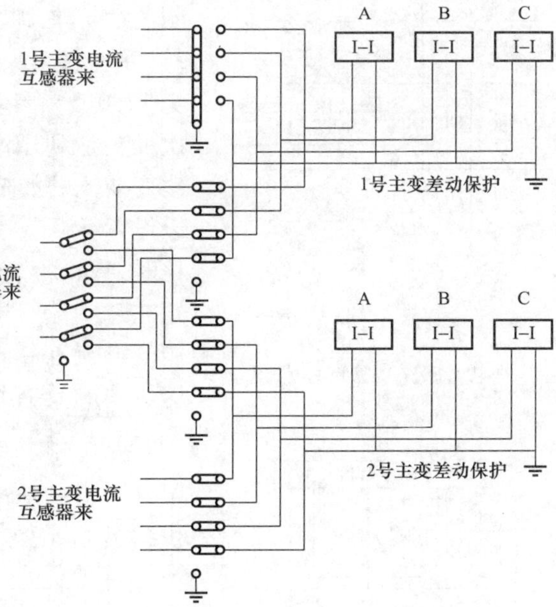

图6－17　旁代主变差动切换接线

需要指出的是，旁路断路器的带路操作中任何一台断路器都要视作运行设备，无论其处在合闸状态还是分闸状态，所以电流互感器的二次回路不能开路，也不能失去接地点，这点与内桥接线时的电流连接片操作不同，它要先在互感器侧短接接地，再拆开与差动保护回路的连接片。这一操作会造成差动保护回路的不平衡，会有差流产生，所以操作过程中需要停用相应的差动保护。

（3）固定连接式母线差动电流回路的切换。

微机型母差差动保护已经得到广泛的应用，但运行中固定连接式母线差动保护仍不少。与微机母差自动判定各单元运行方式、自动将相应电流按方式加到相应母线差动保护中不同，固定连接母差保护需要将各单元的电流手动切到对应母差的回路。如图6－18是固定连接母差保护电流回路切换的示意图。

该切换回路与旁路代主变的切换回路有点类似，区别在于各单元的电流是切入正母或副母差动保护，而旁路代主变的电流回路是切入1号主变或2号主变的差动保护，同样不能发生电流回路开路。

在A、B、C、N各相连线的切换中，N线的切换连接片不能省，否则可能造成运行设备与检修设备分界不清、电流二次回路开路或运行中电流二次回路发生多点接地等情况。如图6－19中，图（a）为当N线经各组连接片的接地端子时会造成多点接地。图（b）中虽然没有多点接地或开路的问题，但短接退出的回路如果有检修工作，由于有零线相连，则对运行中设备将会产生潜在的影响。图（c）中N线不经接地端子，但短接退出时仍会发生两点接地，如果接地端子不接地，则会在短接退出时发生电流二次回路开路。

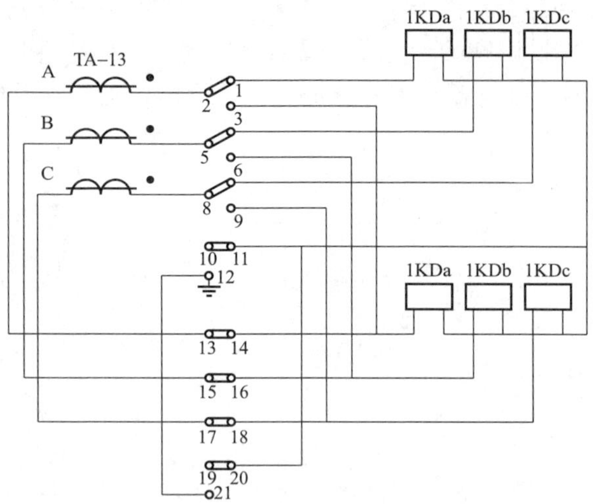

图 6-18 固定连接母差电流回路切换的示意图

5. 电流互感器变比的调整

为了灵活调整电流互感器的变比，以适应不同的需要，很多电流互感器都可以通过改变一次线圈的串并联及二次线圈的抽头来调整变比。如变比为 1250×2/5 的电流互感器，其一次并联时的变比为 1250/5，串联时的变比为 2500/5。二次抽头是利用改变二次线圈绕组匝数来改变变比的如变比为 1250/5 的互感器可以设置 750/5 变比的抽头，需要改变变比时，只要改变抽头位置即可。需要特别注意的是，电流互感器不能开路，备用的电流互感器次级必须短接接地，但应用中的具有抽头电流互感器的，其备用抽头不能再短接，否则将对使用抽头中的二次电流产生分流，造成保护装置的不正确动作。

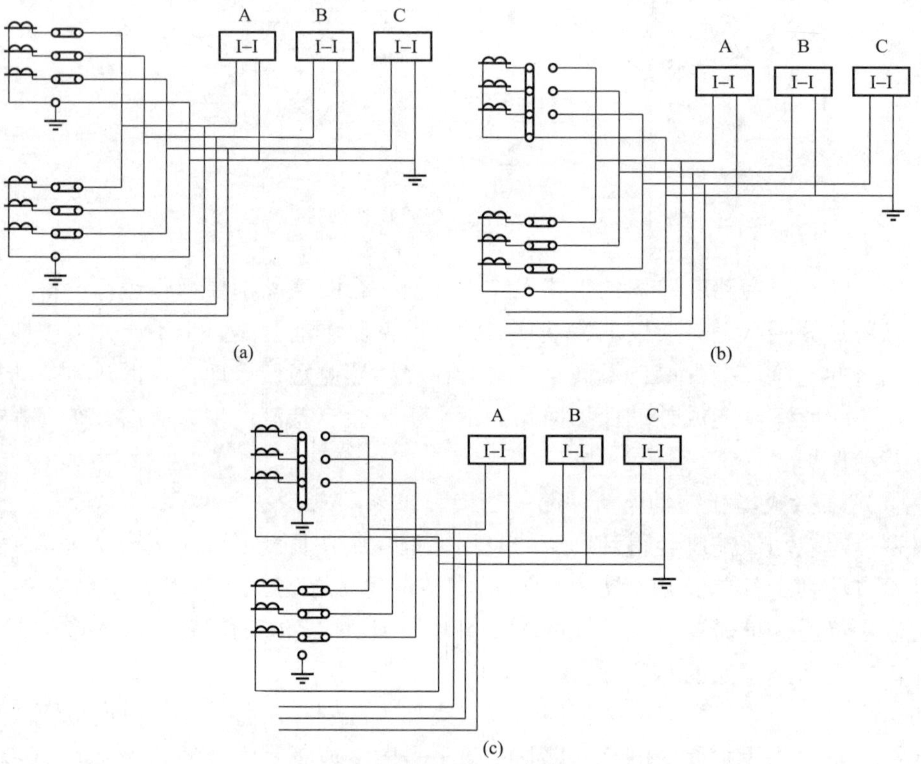

图 6-19 N 相不切换的差动回路接线图

(a) 各切换片保留接地点时正常运行时的多点接地；(b) 一组检修退出时 N 相仍然连接；(c) N 线不经过接地端子时有一组短接退出的两点接地

(二) 电压互感器的二次回路接线

图 6-20 为典型的双母线或单母线分段主接线时的电压互感器二次回路接线原理图。图

中可以看出，这里使用的是两组次级的电压互感器，一组次级三相接为星形，一组接为开口的三角形。

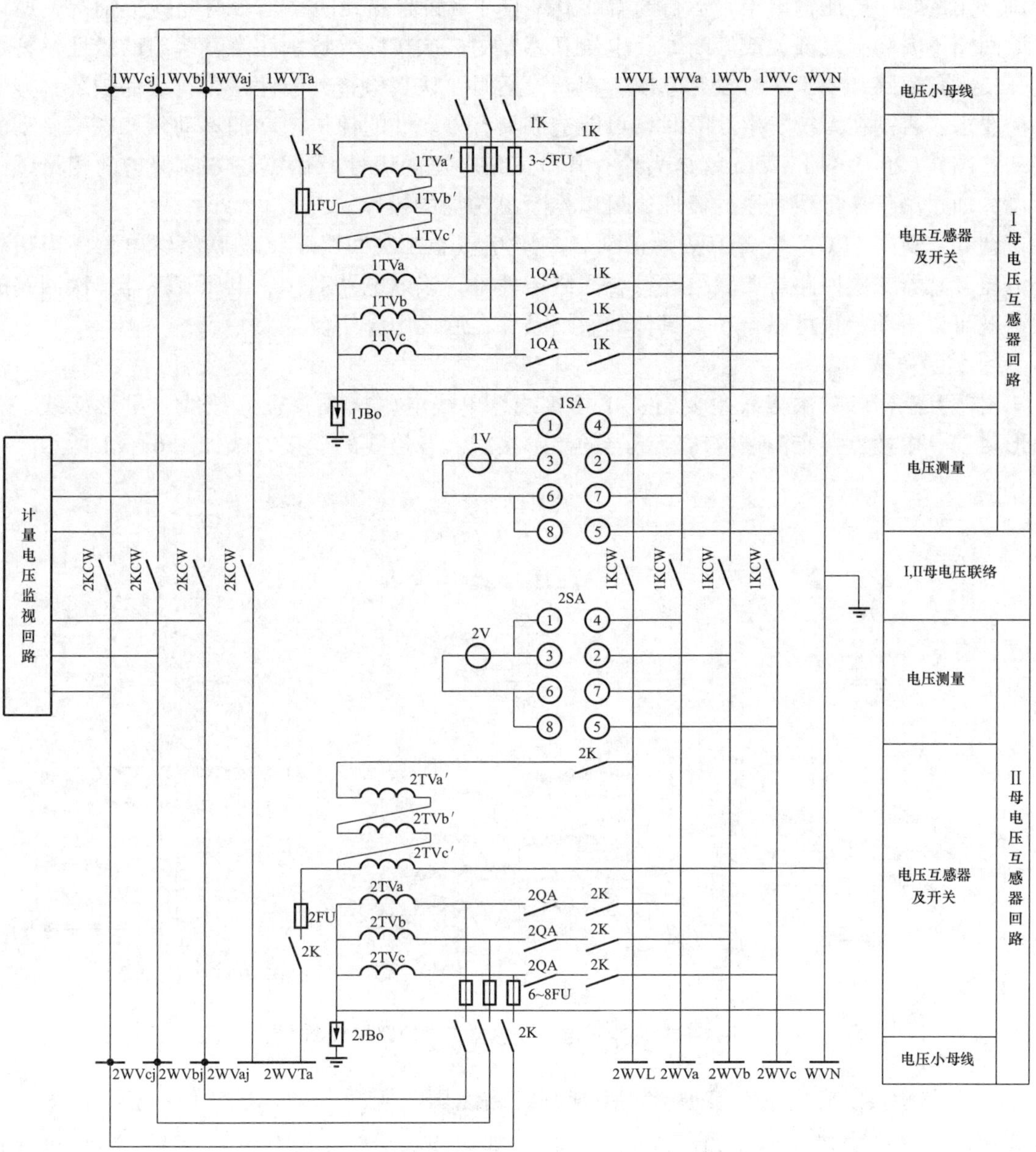

图6－20　典型电压互感器二次回路接线图

星形的一组次级经小空气开关1（2）QA、电压互感器隔离开关辅助接点的重动继电器1（2）K接点送至二次电压小母线1（2）WVa、1（2）WVb、1（2）WVc及WVN，这组小母线供保护装置与测量设备使用。

由于计量装置对精度要求较高，所以从电压互感器星形接线出口处另有一组电压经熔断器3～5（6～8）FU、继电器1（2）K接点送专用的计量小母线1（2）WVaj、1（2）WVbj、1（2）WVcj。为了减小回路压降，这组电压一般由电压互感器的二次端子箱经6mm^{2}或更粗的电缆直接连接到计量柜上。

电压互感器另一组次级接为开口三角形，其一端直接连到小母线 WVN 上，另一端经继电器1（2）K 接点连接到小母线1（2）WVL 上，供需要零序电压的保护装置等使用。因为开口三角的零序电压输出正常运行时等于0，平时无法监视其回路是否有断线等情况，所以在该回路不安装空气开关或熔断器。电压互感器的二次接线要特别注意其绕组的极性，特别是开口三角回路，由于平时没有电压，在新投运时要认真检查其极性是否符合保护装置方向保护要求，否则在系统发生故障时，可能造成具有方向性的保护该动的不动，二次不该动的误动。图 6－20 中的 1WVTa 就是为检查开口三角电压的极性及做零序方向保护的相量试验而设，通过测量该母线电压的极性，可以推断出 $3U_0$ 的极性。

图 6－20 中 1KCW 与 2KCW 为正副母电压互感器二次回路联络的联络继电器，当正副母电压互感器二次回路需要联络并符合联络条件是，该继电器动作。电压互感器二次回路的联络既可以手动，也可以自动，具体的联络条件在后面中介绍。

1. 接线方式

电压互感器的二次接线主要有：单相接线、单线电压接线、V/V 接线、星形接线、三角形接线、中性点接有消谐电压互感器的星形接线。各接线的连接方式如图 6－21 所示。

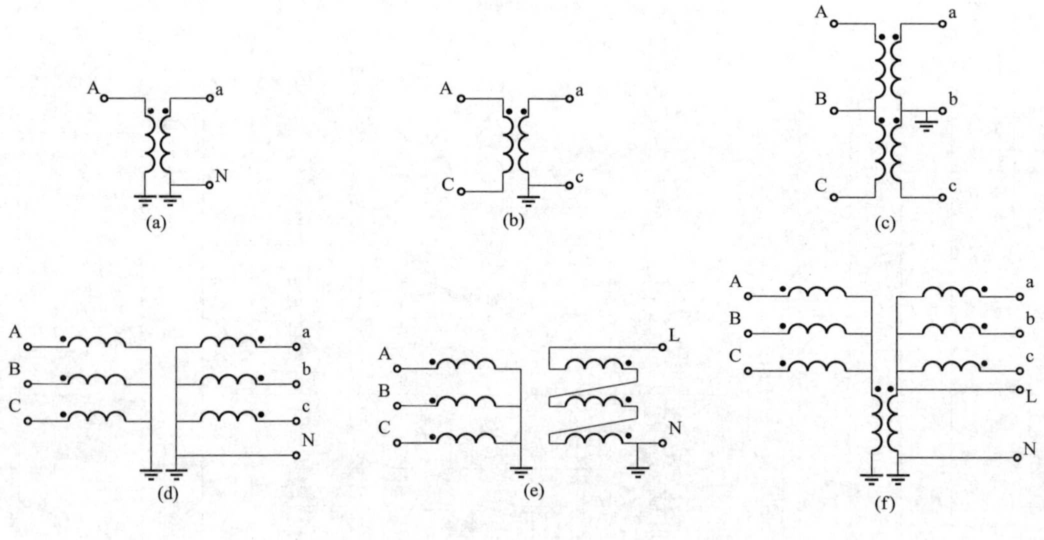

图 6－21　常见电压互感器二次回路接线图

（1）单相接线常用于大接地电流系统判线路无压或同期，可以接任何一相，但另一判据要用母线电压的对应相，如图 6－21（a）。其变比一般为 $U_{\phi}/100/\sqrt{3}$，需要时也可以选 $U_{\phi}/100$。

（2）接于两相电压间的一只电压互感器，主要用于小接地电流系统判线路无压或同期，因为小接地电流系统允许单相接地，如果只用一只单相对地的电压互感器，如果电压互感器正好在接地相时，该相测得的对地电压为零，则无法检定线路是否确已无压，如果错判则可能造成非同期合闸。具体接线见图 6－21（b），该接线也可用两只分别接于两相的单相电压互感器来代替，用两相间的线电压来判断无压或同期。其变比一般为 $U_{\phi\phi}/100$。

（3）V/V 接线主要用于小接地电流系统的母线电压测量，它只要两只接于线电压的电压互感器就能完成三相电压的测量，节约了投资。但是该接线在二次回路无法测量系统的零序电压，当需要测量零序电压时，不能使用该接线。具体接线见图 6－21（c），其变比一般

为 $U_{\phi\phi}/100$。

(4) 星形接线与三角形接线应用最多，常用于母线测量三相电压及零序电压。接线见图 6－21 (d)、(e)，星形接线的变比一般为 $U_{\phi}/100/\sqrt{3}$，对三角形接线，在大接地电流系统中一般为 $U_{\phi}/100$，在小接地电流系统中为 $U_{\phi}/100/3$。对于三角形接线的电压互感器二次侧，因系统正常运行时无电压，所以其输出的引线上不能安装空气开关或熔断器，否则空气开关跳闸或熔断器熔断时无法检测，如果该回路使用中没有负载，开口三角处不能短接，否则在系统中发生接地故障时要影响其他次级电压的正确测量，出现长时间接地故障时，可能会造成电压互感器二次绕组烧坏。

(5) 图 6－21 (f) 为中性点安装有消弧电压互感器的星形接线。在小接地电流系统，当单相接地时允许继续运行 2h，由于非接地相的电压上升到线电压，是正常运行时的$\sqrt{3}$倍，特别是间隙性接地还有暂态过电压，这将可能造成电压互感器铁芯饱和，引起铁磁谐振，使系统产生谐振过电压。所以使用在小接地电流系统的电压互感器均要考虑消谐问题。消谐措施有多种，在开口三角绕组输出端子上接电阻性负载或电子型、微机型消谐器是其中之一，图 6－21 (f) 中在星形接线的中性点接一只电压互感器能使发生接地故障时各电压互感器上承受的电压不超过其正常运行值，也能起到消谐的作用。所以该电压互感器也称为消谐电压互感器。图 6－22 为该接线的电压相量图，在 10kV 系统电压互感器的变比为 $10/\sqrt{3}/0.1/\sqrt{3}$，中性点的消谐电压互感器变比为 10/0.1，就是中性点电压互感器能工作在线电压下。当系统正常时，其相量图见图 6－22 (a)，可以看出三相 $\dot{U}_a$、$\dot{U}_b$、$\dot{U}_c$ 对称，幅值等于相电压，中性点电压等于 0，三相电压互感器均承受相电压，消谐电压互感器上的电压等于零，L 上无电压输出。当系统发生单相接地时，如 A 相，其相量图见图 6－22 (b)，U_a 变为 0，U_b、U_c 上升到$\sqrt{3}$倍相电压，由于消谐互感器的存在，各线圈上承受电压的相量如图 6－22 所示。

可以从图中看出，三个相电压绕组上承受的仍为相电压，零序电压 $3U_0 = U_L$ 的输出幅值也为相电压 57.7V，这一点与三角形接线的输出为 100V 不同。

(6) 用以检定同期或线路无压的线路电压互感器常采用电容型或电压抽取装置。电压抽取常见的有利用高频通道中的结合电容器来抽取电压，也有通过电流互感器的末屏来抽取的，利用电压抽取装置可做到不需要增加一次设备就可获得所需的二次电压，有较好的技术经济效益。

图 6－23 为利用高频结合滤波器的电压抽取装置原理图、等值电路图及相量图。该装置可接入 OY－$110/\sqrt{3}$型或 OY－$220/\sqrt{3}$型线路结合电容器回路中。结合电容器 C_1 的电容量分别为 0.066μF 和 0.0033μF，抽取装置内电容器 C_2 约 1～1.22μF。C_1 与 C_2 构成串联电容分压器，C_2 两端抽取电压约为 500V。加在调相电阻 R 及中间变压器 T 的一次侧。抽取装置的输出电压 C_2 的大小由 T 的匝数比确定。

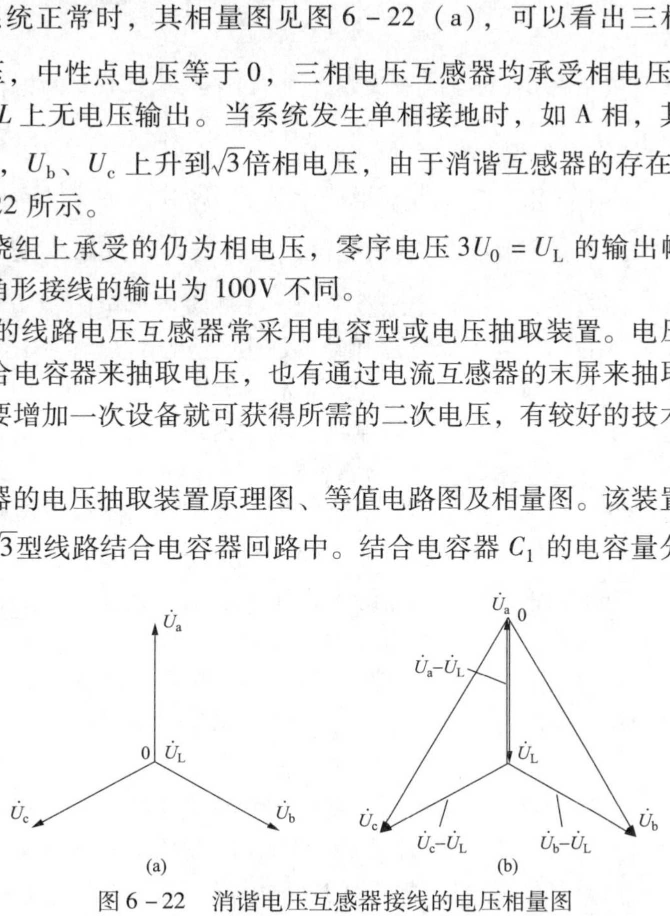

图 6－22 消谐电压互感器接线的电压相量图
(a) 系统正常时；(b) A 相单相接地时

由等值电路可见，通过 C_1 的电流 $\dot{I}_{C1}$ 相位超前 $\dot{U}_{\phi}$ 相电压 90°，

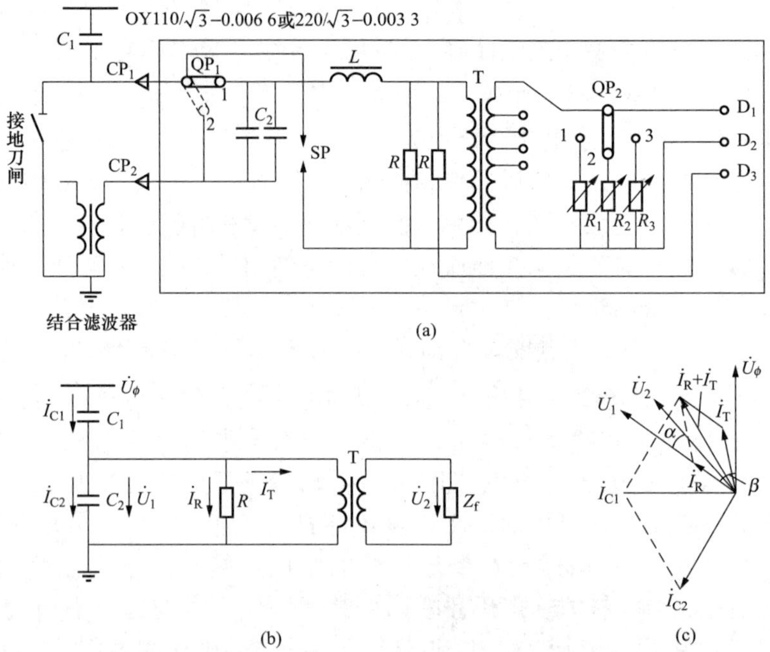

图 6－23 ZY－2 型电压抽取装置原理图及相量图

（a）原理图；（b）等值电路图；（c）相量图

其值主要由 C_1 的容抗来决定，可看作是一个不变的恒流源。$\dot{I}_{C1}$ 分成三个支路，即 C_2、R 和 T。$\dot{I}_{C1}=\dot{I}_R+\dot{I}_T+\dot{I}_{C2}$，$\dot{I}_{C2}=\dot{I}_{C1}-(\dot{I}_R+\dot{I}_T)$，变压器 T 一次电压 $\dot{U}_T$ 落后 $\dot{I}_{C2}$ 电流 90°；$\dot{I}_R$ 与 $\dot{U}_T$ 同相，$\dot{I}_T$ 的相位取决于负载阻抗角。要调整输出电压 $\dot{U}_2$ 的相位，就得改变 $\dot{U}_T$ 的相位，也就是要改变 $\dot{I}_{C2}$ 的相位，而改变 $\dot{I}_{C2}$ 的相位，可通过调节负载的阻抗角和改变 C_2 的大小而获得。在中间变压器 T 的二次侧设可调电阻，用来调节输出电压 $\dot{U}_2$ 的相位。电压抽取装置的输出电压一般为 100V 或 57V。输出电压的相位，可通过负载电阻来调节，输出容量最大为 5VA 或 10VA。电压误差不大于 ±7%，角误差不大于 ±4°。在抽取装置内还设有过电压保护器——火花间隙或低压阀式避雷器 SP，防止一次系统的高压进入二次回路。

2. 电压互感器二次回路的保护

电压互感器相当与一个电压源，当二次回路发生短路时将会出现很大的短路电流，如果没有合适的保护装置将故障切除，将会使电压互感器及其二次回路烧坏。

电压互感器二次回路的保护设备应满足：在电压回路最大负荷时，保护设备不应动作；而电压回路发生单相接地或相间短路时，保护设备应能可靠地切除短路；在保护设备切除电压回路的短路过程中和切除短路之后，反应电压下降的继电保护装置不应误动作，即保护装置的动作速度要足够快；电压回路短路保护动作后出现电压回路断线应有预告信号。

电压互感器二次回路保护设备，一般采用快速熔断器或自动空气开关。采用熔断器作为保护设备，简单、能满足上述选择性及快速性要求，报警信号需要在继电保护回路中实现。采用自动空气开关作为保护设备时，除能切除短路故障外，还能保证三相同时切除，防止缺相运行，并可利用自动开关的辅助触点，在断开电压回路的同时也切断有关继电保护的正电源，防止保护装置误动作，或由辅助触点发出断线信号。

电压回路采用哪种保护方式，主要取决于电压回路所接的继电保护和自动装置的特性。当电压回路故障不能引起继电保护和自动装置误动作的情况下，应首先采用简单方便的熔断器作为电压回路的保护。在电压回路故障有可能造成继电保护和自动装置不正确动作的场合，应采用自动开关，作为电压回路的保护，以便在切除电压回路故障的同时，也闭锁有关的继电保护和自动装置。在实际工程中，通常在60kV及以下没有接距离保护的电压互感器二次回路和测量仪表专用的电压回路，都采用快速熔断器保护；对于接有距离保护的电压回路，通常采用自动开关作为保护设备。

近年来生产的距离保护装置一般都具有性能良好的电压回路断线闭锁装置，电压回路故障不会引起保护误动。有些运行现场在接有距离保护的电压回路也采用了熔断器作为电压回路的故障保护，运行情况良好。因此，电压回路的保护方式，要根据工程的具体情况确定。

电压互感器二次侧应在各相回路和开口三角绕组的试验芯上配置保护用的熔断器或自动开关。开口三角形绕组回路正常情况下无电压，故可不装设保护设备。熔断器或自动开关应尽可能靠近二次绕组的出口处装设，以减小保护死区。保护设备通常安装在电压互感器端子箱内，端子箱应尽可能靠近电压互感器布置。

3. 电压二次回路的接地

电压互感器二次回路必须且只能在一点接地，接地的目的主要是防止一次高压通过互感器绕组之间的电容耦合到二次侧时，可能对人身及二次设备造成威胁；但如果有两点接地或多点接地，当系统发生接地故障，地电网各点间有电压差时，将会有电流从两个接地点间流过，在电压互感器二次回路产生压降，该压降将使电压互感器二次电压的准确性受到影响，严重时将影响保护装置动作的准确性。其接地点与二次侧中性点接地方式、测量和保护电压回路供电方式、以及电压互感器二次绕组的个数有关。

主要的电压互感器二次绕组接地方式，有B相接地和中性点接地两种。在DL/T 5136—2001《火力发电厂、变电所二次接线设计技术规定》中规定：“大接地电流系统，电压互感器主二次绕组宜采用中性点直接接地方式”；“小接地电流系统，电压互感器主二次绕组，宜采用B相接地方式”。B相接地，在小接地电流系统中，用两个单相电压互感器接成V－V接线就可获得三个对称的线电压，可节省投资。在采用线电压同步的情况下，B相接地能简化同步回路接线，不会因相别搞错而造成非同期并列。但B相接地，不能测量相电压，也不能接绝缘监视仪表。为了安全，在采用B相接地的星形接线电压互感器中性点应通过击穿保险器接地。击穿保险器动作或A、C相任一相接地，将造成二次绕组单相或两相短路。为了避免整个电压二次回路B相接地带来的弊端，或两个系统同期电压采样由于变压器接线组别不同存在的相角差，常常采用100V/100V的小变压器进行隔离或转角，以满足同步系统的需要。在反措中，已明确要求取消B相接地的方式。

电压互感器二次绕组中性点直接接地方式，虽然要求用三台单相电压互感器接成星形接线，与B相接地相比要求增加一台电压互感器。但无论是对于大接地电流系统，还是对小接地电流系统，这种接地方式，接线比较简单，能获得相电压和线电压，接线的功能齐全。

110～500kV系统为大接地电流系统，而10～35kV系统一般为小接地电流系统。在同一个变电所中电压互感器采用两种不同的接地方式，容易造成错误接线，影响测量仪表和继电保护的安全，也不利于运行维护，鉴于这种情况，在110～500kV变电所中各电压等级的电压互感器应统一采用一种接地方式，推荐采用零相接地。并且，全所各电压互感器二次回路共用一个零相电压小母线（YMN），在主控制室一点接地，在接地线上不应安装有可能断开的设备。当电压互感器离主控制室较远时，在变电所一次系统发生单相接地短路时，主控制室与电压互感器安装处的地电位差较大。为电压互感器的安全，应在配电装置处电压互感器二次绕组中性点加放电间隙或氧化锌避雷器。见图6－20。

当电压互感器与其他互感器之间没有直接的电气联系时，其接点既可选择在配电装置处也可通过小母线接地，如果有直接的电气联系，则应在小母线处接地。当在配电装置处一点接地时，线路互感器的二次回路与母线电压互感器的二次回路不能有电的联系，否则会使电压二次回路出现两点接地或多点接地。如果通过小母线（WVN）接地，则应在配电装置处加装放电间隙或氧化锌避雷器，并且注意，在线路保护停用校验时，线路可能仍有旁路代路运行，不能因拆开至小母线的N600连线而使线路电压互感器二次侧失去接地点。

4. 电压二次回路的切换与联络

当电气主接线为双母线接线时，为了保证保护装置及测量、计量等设备采集的二次电压与一次对应，必须设置二次电压的切换回路。当双母线接线或单母线分段接线，一台电压互感器检修或因故停运时，一次可以通过改单母线运行来保证电压互感器停运母线的设备继续运行，这时需要将二次回路进行联络，以确保相应的保护、计量设备继续运行。

（1）电压回路的联络。

双母线及单母线分段的电压联络回路见图6－20。其二次联络的条件，一是要在一次母联或分段断路器在合闸位置，并且两侧的隔离开关也在合闸位置时，联络继电器1K、2K才能动作，见图6－24。

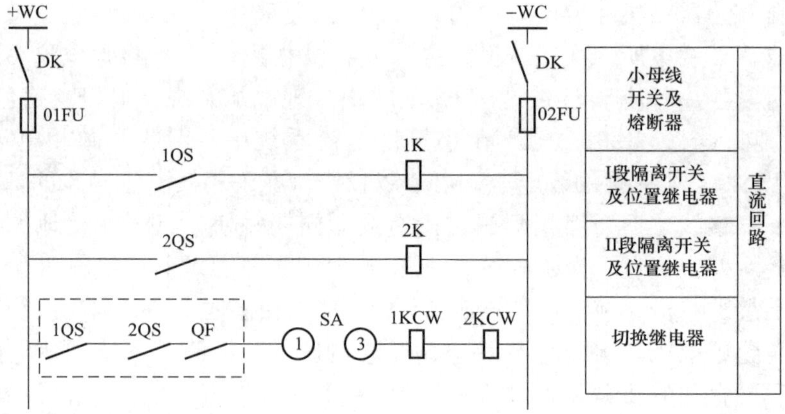

图6－24　电压互感器二次回路联络接线图

如图6－25，当一台电压互感器停运时，只有当停运电压互感器的一次隔离开关分开，并且二次电压总开关1QA或2QA断开（计量回路有单独熔断器时也应断开）时，二次回路才允许联络。在电压互感器停运或二次联络后要停用一台互感器时，要首先断开二次空气开关，否则二次回路的电压将到送到一次侧，由于电压互感器的变比很大，一次的电容电流将使二次回路过载，造成正常运行的电压互感器次级总空气开关跳闸，影响计量及保护装置的正常运行。

如图6－25中220kV电压互感器一相的联络回路图，其变比为$220/\sqrt{3}/0.1/\sqrt{3}$。当副母电压互感器的隔离开关2QS打开而二次空气开关2QA在合上位置时，倒送至一次的电压将产生一个电容电流 I_1，通过变比折算到二次的电流 $I_2=nI_1$，$I_2=2200I_1$。如果一次有电容电流4mA，二次将产生8.8A的电流，通过1QA的电流等于该电流加上全部二次负载电流，这将使1QA空气开关过载而跳闸。所以在电压互感器的二次侧各相线回路应串入电压互感器一次侧隔离开关的辅助触点，确保当一次侧断开时二次回路也断开，防止二次侧反充电。

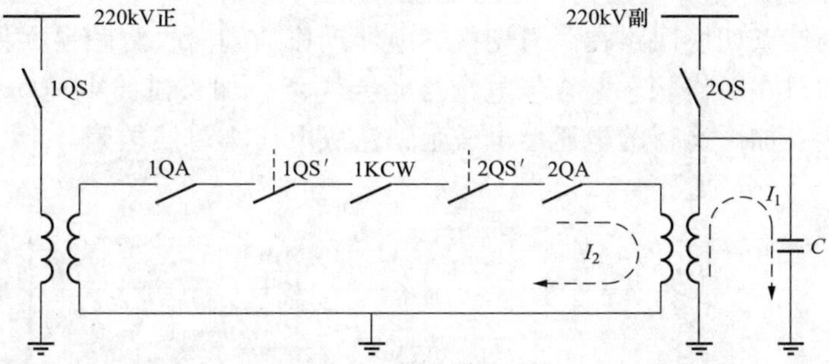

图6－25　电压二次回路联络引起空气开关跳闸示意图

（2）正、副母间电压回路切换。

在一次主接线为双母线的变电所中，为使二次回路计量、保护等设备输入的二次电压能与一次运行的母线对应，二次电压必须作相应的切换。

二次电压切换可以手动进行，如图6－26所示，由切换开关SA来选择计量、保护等设备是选用正母电压还是副母电压；该切换也可以根据运行方式的变换自动进行，如图6－27所示，主要利用该单元隔离开关的辅助接点起动切换继电器1KCW、2KCW，由切换

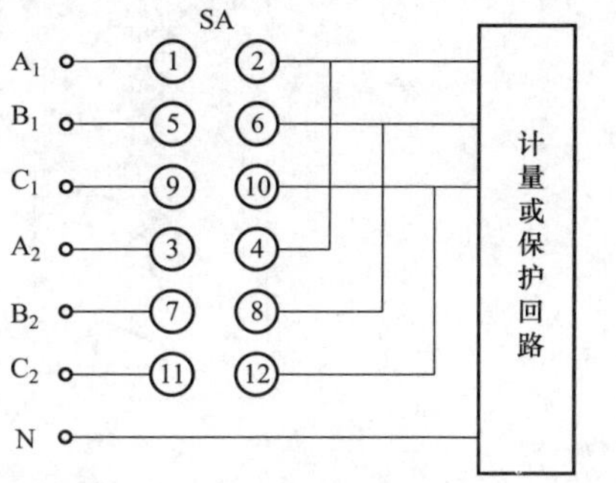

图6－26　手动电压切换回路

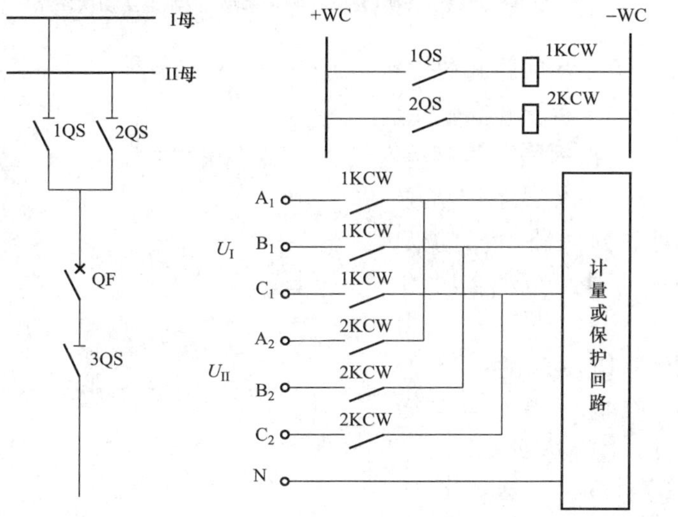

图6－27　自动电压切换回路

继电器的接点对电压回路进行切换。手动切换的好处是回路简单，连接可靠，但需要人为操作，而且一、二次操作不可能完全同步。自动切换能做到一、二次操作基本同步，但回路较手动切换复杂，对直流电源和隔离开关的辅助接点有依赖性，当直流电源消失或辅助接点接触不良时，1KCW、2KCW 将返回，交流电压也将消失。

为提高自动切换的可靠性，1KCW、2KCW 可选双位置继电器，如图 6－28 所示。双位置继电器即使直流电源消失，或隔离开关辅助接点接触不良，继电器接点将保持在原有位置。其中图 6－28（a）是采用隔离开关的双辅助接点，图 6－28（b）是采用隔离开关的单辅助接点。单辅助接点切换回路在一只切换继电器动作的同时去复归另一只切换继电器，两只继电器一定有一只在动作状态，在停电校验时要注意，加入试验电压时一定解除该回路，否则试验电压可能会加到运行的电压小母线上，造成电压小母线故障。

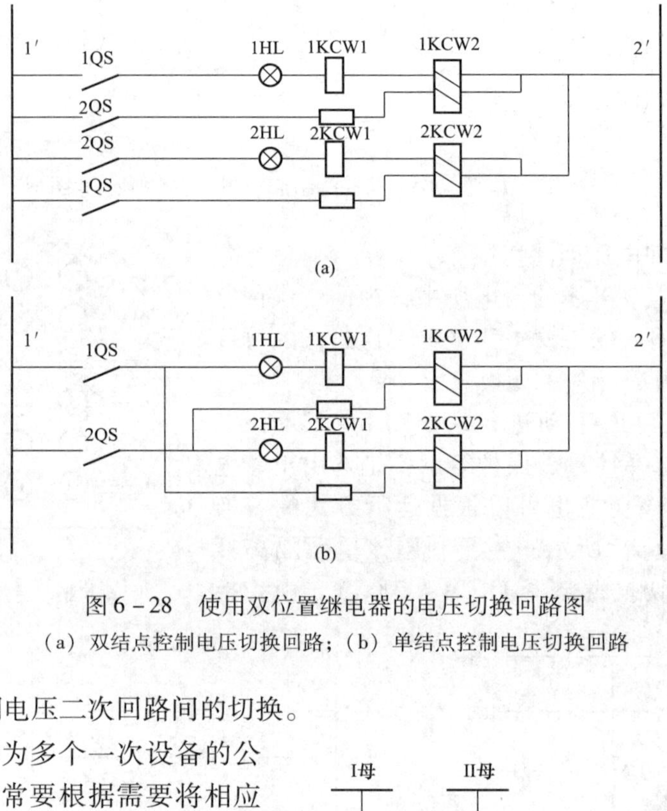

图 6－28　使用双位置继电器的电压切换回路图

（a）双结点控制电压切换回路；（b）单结点控制电压切换回路

（3）互为备用电压二次回路间的切换。

当二次回路作为多个一次设备的公共备用设备时，常常要根据需要将相应的二次回路切至对应的一次设备控制或保护回路。如同期并列回路电压的切换；如图 6－29 旁路代主变断路器时的电压切换。

图中经正、副母切换后的旁路电压，通过切换开关 SC 切 1、2 号主变保护或旁路本身保护，在主变保护柜上，也有切换开关 1（2）SC，将本断路器经切换过的电压切入主变保护，或者将旁路断路器来的电压切入主变保护。如

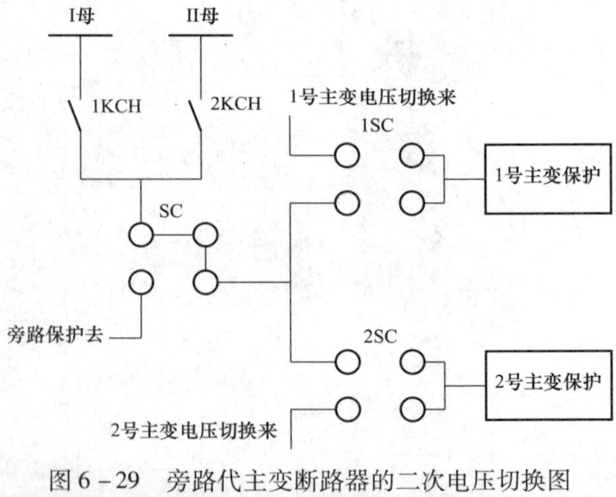

图 6－29　旁路代主变断路器的二次电压切换图

果旁路代主变断路器时旁路断路器自身保护需要继续运行，则旁路电压切旁路保护装置的SC接点可以短接，或者干脆取消旁路的SC接点。

同一个一次回路的继电保护和自动装置，取不同的电压互感器二次电压的切换，也有用多触点控制开关手动切换和自动切换两种。为了防止在电压切换过程中继电保护误动作，在电压回路切换的同时，应将可能误动作的继电保护正电源断开，应对切换继电器的位置是否正确进行监视。手动和自动回路设计时都应有效地防止在切换过程中对一次侧停电的电压互感器反充电。电压互感器的二次反充电，可能会造成严重的人身和设备事故。为此，切换回路应采用先断开后接通的接线。在断开电压回路的同时，有关保护的正电源也应同时断开。为增加电压切换的可靠性，常将两对辅助接点、继电器接点或切换开关接点并联使用，特别是总的联络回路，这样也可以增加接点的容量。

第六节　控制及信号的二次回路

一、控制回路

电力系统的控制对象主要包括断路器、隔离开关等，其中断路器是用来连接电网，控制电网设备与线路的通断，送出或断开负荷电流，切除故障的重要设备，其控制回路尤为重要。由于断路器的种类和型号是多种多样，故控制回路的接线方式也很多，但其基本原理与要求是相似的。断路器的控制回路按其操作方式可分为按对象操作和选线操作；按控制地点可分为集中控制和就地控制；按跳合闸回路监视方式可分为灯光监视和音响监视；按操作电源种类可分为直流操作与交流操作等等。现在就一些常用的断路器控制回路进行介绍。

（一）断路器控制回路的基本要求

断路器的控制是通过电气回路来实现的，为此，必须有相应的二次设备，在控制室的控制屏上应有能发出跳合闸命令的控制开关（或按钮），在断路器上应有执行命令的操作机构，并用电缆将它们连接起来。断路器的控制回路应满足下列要求：

（1）能进行手动跳、合闸和由继电保护与自动装置（必要时）实现自动跳、合闸，并在跳、合闸动作完成后，自动切断跳合闸脉冲电流（因为跳、合闸线圈是按短时间带电设计的）；

（2）能指示断路器的分、合闸位置状态，自动跳、合闸时应有明显信号；

（3）能监视电源及下次操作时分闸回路的完整性，对重要元件及有重合闸功能、备用电源自动投入的元件，还应监视下次操作时合闸回路的完整性；

（4）有防止断路器多次合闸的“跳跃”闭锁装置；

（5）当具有单相操作机构的断路器按三相操作时，应有三相不一致的信号；

（6）气动操动机构的断路器，除满足上述要求外，尚应有操作用压缩空气的气压闭锁；弹簧操动机构应有弹簧是否完成储能的闭锁；液压操动机构应有操作液压闭锁；

（7）控制回路的接线力求简单可靠，使用电缆最少。

（二）基本断路器控制回路

图6－30是一个基本的断路器操作回路，它是一个能满足断路器控制回路要求的最为简单的回路，现在我们就通过对该回路动作过程来分析它是如何来满足断路器控制回路的要求的。

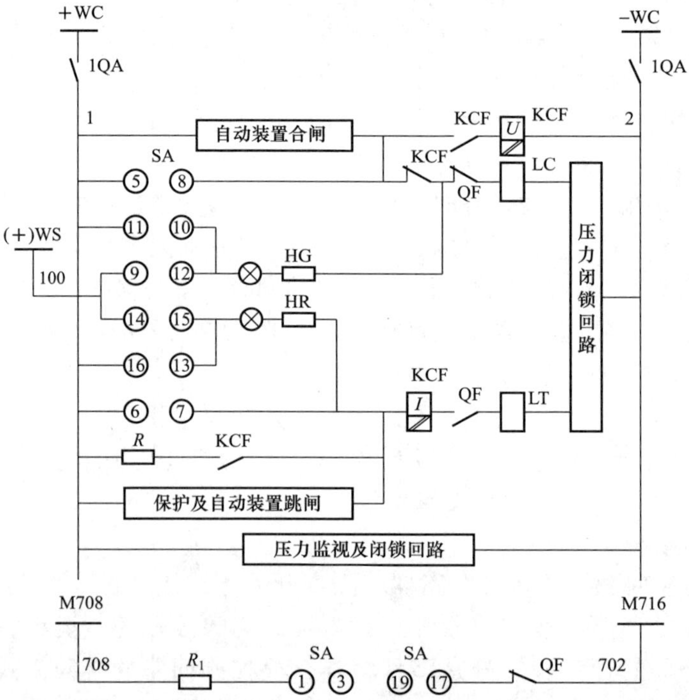

图 6-30　断路器基本操作回路图

图中所示的 +WC、-WC 是正、负控制小母线，有直流系统供给的直流控制电源，它通过空气开关 1QA 供本断路器的控制电源；(+) WS 是闪光小母线，提供闪光正电源；LC 为断路器的合闸线圈，LT 为断路器的分闸线圈；QF 接点为断路器的辅助接点，它的通、断对应于断路器位置，但为了确保断路器再分合闸过程中的可靠性，辅助接点的动作时间与主触头又不完全一致，如在断路器分合闸控制回路，其辅助接点的较主触头有一个短延时；SA 为断路器控制开关，运行人员通过操作该开关来实现对断路器的控制；继电器 KCF 的作用是防止断路器跳跃，另一个作用是在保护动作出口时，通过防跳的电流线圈自保持，保证其可靠跳闸；红灯 HG、绿灯 HR 用来指示断路器的合闸与分闸位置。为了完成断路器所要求的功能，控制开关的各片接点接通位置与把手位置的对应关系较为复杂，具体见表 6-14。

表 6-14　LW2-1a.4.6a.40.20.20/F8 接点配置

在“跳闸”后位置的手把（正面）的样式和触点盒（背面）接线图		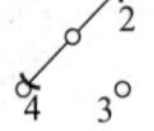		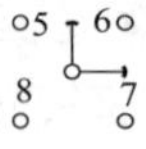		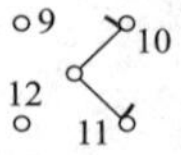								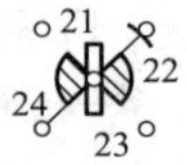		
手柄和触点盒的型式	F8	1a		4		6a			40			20		20		
触点号 / 位置	—	1-3	2-4	5-8	6-7	9-10	9-12	10-11	13-14	14-15	13-16	17-19	18-20	21-23	21-22	22-24
跳闸后	⊂⊃	—	×	—	—	—	—	×	—	×	—	—	×	—	—	×

续表

位置＼触点号	—	1-3	2-4	5-8	6-7	9-10	9-12	10-11	13-14	14-15	13-16	17-19	18-20	21-23	21-22	22-24
预备合闸		×	—	—	—	×	—	—	×	—	—	—	—	—	×	—
合闸		—	—	×	—	—	×	—	—	—	×	×	—	×	—	—
合闸后		×	—	—	—	×	—	—	—	—	×	×	—	×	—	—
预备跳闸		—	×	—	—	—	—	×	×	—	—	—	—	—	×	—
跳闸		—	—	—	×	—	—	×	—	×	—	—	×	—	—	×

现在我们来简单分析一下该回路的工作过程。假定该断路器的原始位置在分闸状态，断路器的操作系统正常，断路器的常闭接点接通，常开接点断开，从表6-14中查出控制开关SA的2-4、14-15等接通，这时正电源通过SA的10-11接点、绿灯HG、断路器常闭辅助接点QF、合闸线圈LC及压力闭锁回路到负电源构成回路，绿灯HG亮，发平光，指示断路器在分闸位置。由于绿灯加电阻的阻值较大，使用白炽灯时通过合闸线圈LC的电流只有数十至一百多毫安，如使用LED该电流为二、三十毫安，断路器不足以动作。

当断路器需要合闸时，顺时针转动控制开关SA至预备合闸位置，这时SA的10-11接点断开，9-10接点接通，绿灯HG由正电源改接到闪光小母线（+）WS，绿灯闪亮，这样可以提醒运行人员对自己的操作是否正确作进一步的判断。需要继续操作时，将SA顺时针转到合闸位置，这时SA的5-8接点接通，正电源通过5-8接点接至合闸线圈LC，断路器合闸。合闸到位后，合闸回路的断路器辅助常闭接点QF断开合闸电流，一是防止5-8粘接造成合闸线圈烧坏，因为合闸线圈的热容量是按短时通电来设计的；二是防止由SA接点来断开合闸电流，由于SA接点的断弧容量不够，容易使SA接点烧坏。需要指出的是，断路器一定要合到位之后，辅助接点QF才能打开，否则会出现断路器合闸不足情况，可能会造成断路器跳跃。所以辅助接点的打开有一定的滞后时间。合闸结束后，断路器常开辅助接点QF接通分闸回路，同时SA的13-16接点接通，红灯HR亮，发平光，指示断路器在合闸位置。

断路器分闸的过程与合闸相近，逆时针转动控制开关SA到预备分闸位置时，SA的13-14接点接通，红灯闪光，提醒运行人员注意，转至分闸位置时，SA的6-7接点接通，正电源接到跳闸线圈使断路器跳闸。分闸后断路器的常开辅助接点断开跳闸电流，常闭接点接通合闸回路为下一次合闸作好准备，同时绿灯亮，指示断路器在分闸位置。由于分闸回路中接有防跳继电器KCF的电流线圈，当分闸电流通过该线圈时，该继电器动作，其常开接点对动作自保持，直到断路器分闸后辅助接点断开分闸电流。这时无论手把KK的接点何时断开，都不会影响断路器的分闸。

断路器在分闸位置时，如果自动装置有合闸信号来（如备用电源自投），断路器将合闸，这时由于SA还在分闸后位置，接点14－15接通，所以会出现红灯闪光信号，提示运行人员该断路器已由分闸位置变为合闸，这时需要人为地将SA由分闸后位置切至合闸后位置，SA地14－15接点断开，13－16接点接通，红灯发平光。同样断路器在合闸位置时，如果保护及自动装置有跳闸信号来，断路器将跳闸，SA的9－10接点接通，绿灯闪光，在事故音响回路中SA的1－3、17－19接点也在接通位置，跳闸后常闭辅助接点QF接通，使中央信号发出事故音响信号。只有将QF复位至分后位置后，QF的10－11接点接通，绿灯发平光；QF的1－3、17－19接点断开，事故音响的起动回路解除。

该接线中KCF是防跳继电器，当正常分、合闸时，对操作影响不大。但一旦发生合闸于故障线路，控制开关SA的5－8来不及分开或粘连，或自动装置的合闸接点粘连时，如果没有防跳继电器时，断路器会发生反复的跳闸、合闸，短时间内多次切断故障电流，这是不允许的。这种断路器的跳跃现象轻则对系统造成多次冲击，严重时可能使断路器爆炸。接入防跳继电器后，当断路器手动分闸或保护装置跳闸时，都有跳闸电流流过KCF的电流线圈，这时合闸回路KCF的常闭接点分开，合闸回路不通，如果合闸信号没有复归，将通过KCF的常开接点使KCF的电压线圈得电，使其自保持，直到合闸信号返回。这样KCF就起到了防止断路器反复分、合闸的作用。接于分闸回路的KCF电流线圈，要求其在分闸时造成的压降要小，规程规定不能大于控制电源额定电压的5%，KCF继电器的动作电流则不能大于分闸电流的50%，保证KCF在分闸过程中可靠动作。

在有些断路器中已经考虑了防跳回路，它一般是有电压型继电器来完成防跳功能的，但操作箱中的防跳回路与断路器中的防跳回路一般不能同时使用，如果同时使用，断路器中的防跳继电器可能会造成因“寄生”回路而自保持，无法返回。至于是拆除操作箱中的防跳回路，还是拆除断路器器中的防跳回路，要视操作箱与断路器中的具体接线情况，一般建议采用断路器中的防跳回路。在采用断路器防跳回路时，需要研究保护出口是否有保持功能，否则操作箱中的防跳继电器电流保持回路应予保留。如图6－31是使用CZX－12R操作箱与阿尔斯通断路器时的防跳回路简图，K01是断路器中的防跳继电器，如果按两套防跳回路均使用的接线，在断路器合闸时，断路器防跳回路的辅助接线－S01在合后接通，但合闸信号一般还未返回，这时防跳继电器－K01就会动作。当合闸信号消失后，由于跳闸位置继电器

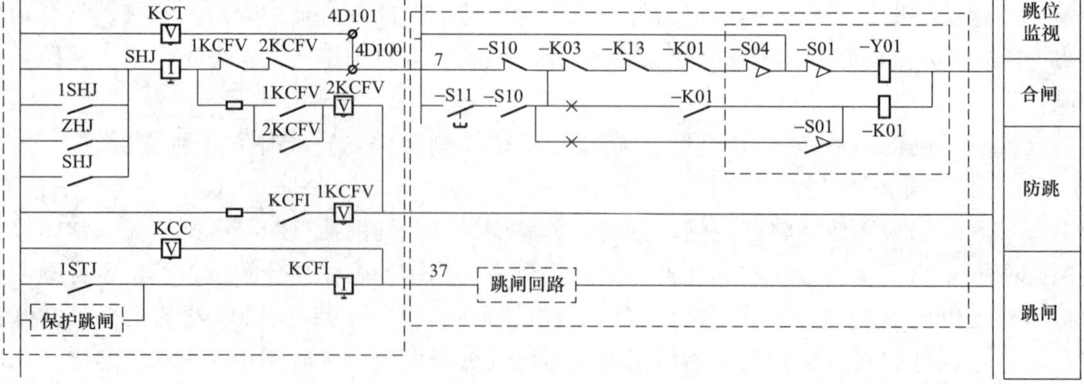

图6－31　断路器中的防跳回路

KCT 的存在，-K01 可能不能返回，一直处于自保持状态。所以要在图中打叉处将回路拆开，这样断路器中的防跳就不起作用了。

因为在保护及自动化的跳闸回路中，大多接有电流型的信号继电器，为了在 KCF 动作时不致使信号继电器不能动作，所以在 KCF 保护回路的接点中串有电阻 R，该电阻一般只有 1Ω 左右，在实际调试中应校核该电阻阻值是否合适。

从以上动作过程中可以知道，图 6-30 的断路器基本操作回路能满足本章第二节中对断路器控制回路的要求。红、绿灯不但指示了断路器的位置，而且对控制电源是否正常，分、合闸回路是否断线及断路器操作的压力均有监视作用，当断路器操作的液压或气体压力不正常时，压力继电器会断开断路器的分、合闸回路，同时发告警信号。

（三）监控系统对断路器的控制

使用监控系统断路器的控制回路的基本要求未变，但实现方法有所不同。图 6-32 为使用监控系统时的控制回路图，该控制回路在增加了远方控制功能的同时，仍然保留了就地控制的功能。图中 2SA 即是控制开关，也是远方与就地控制的切换开关。在现场无运行人员值班时，该开关放在远方操作位置，2SA 的 17-18 接点、19-20 接点接通，通过远方合闸接点可以合闸，通过远方分闸接点可以分闸。当现场检修等情况下不允许远方控制该断路器时，可以将控制开关 2SA 置于就地操作位置，这时 2SA 的 17-18 接点、19-20 接点不通，即使有远方控制信号来也无法操作断路器，确保了现场工作的安全。

图中的 KDP 是一只双位置继电器，它一个线圈得电后即使该动作电压消失，继电器还是保持在原来状态，直到另外一个线圈得到动作电压才能使继电器转换到另外一种状态。在远方操作时，由于没有就地操作时控制开关 2SA 的变位来判断是正常分、合闸，还是故障时保护装置的分、合闸，用以正确驱动事故信号及提供给重合闸等自动装置正确的变位信息，所以要加装该双位置继电器。对该位置继电器的动作要求是，当正常的远方或就地分、合闸时，应相应变位，当保护跳闸及自动重合闸时该继电器不变位。从图 6-32 中可以看出，KDP 的两个线圈分别接在手动分闸与手动跳闸回路，由于有二极管 V 的隔离，在重合闸接点 KC-2 动作时，KDP 不会动作，同样在保护装置的跳闸接点 KC-1 动作时，与 KDP 间无连接，所有 KDP 也不会动作。

监控系统发出的分、合闸信号都是一个短时接通信号，一般的接通时间在 0.2~0.8s 间，为保证分、合闸的可靠性，确保分、合闸继电器的接点不切断分、合闸电流，所以不仅有防跳继电器 KCF-1，还有合闸保持继电器 KCF-2。当有合闸信号来时，KCF-2 动作并自保持，直到合闸成功由断路器辅助接点 QF 切断合闸电流后 KCF-2 才返回。

（四）分相操作断路器的控制回路

在 220kV 系统中，常常使用可以按相分、合闸的断路器。图 6-33~图 6-36 是分相操动机构的控制回路图。

这些图是工程应用实例，看似复杂，但其基本原理仍然是本章第二节中的有关要求。与三相操动机构相比，分相操动机构每相都有一个分、合闸回路，图 6-33~图 6-36 中的断路器具有双组跳圈，第一组为 Y2LA、Y2LB、Y2LC，与合闸线圈共用一组电源，第二组为 Y3LA、Y3LB、Y3LC，单独用另一组电源。除此以外，每个跳闸回路都有一套三相不一致保护，如第一组电源中由一组常开及一组常闭辅助接点 S1LA、S1LB、S1LC，继电器 K16、

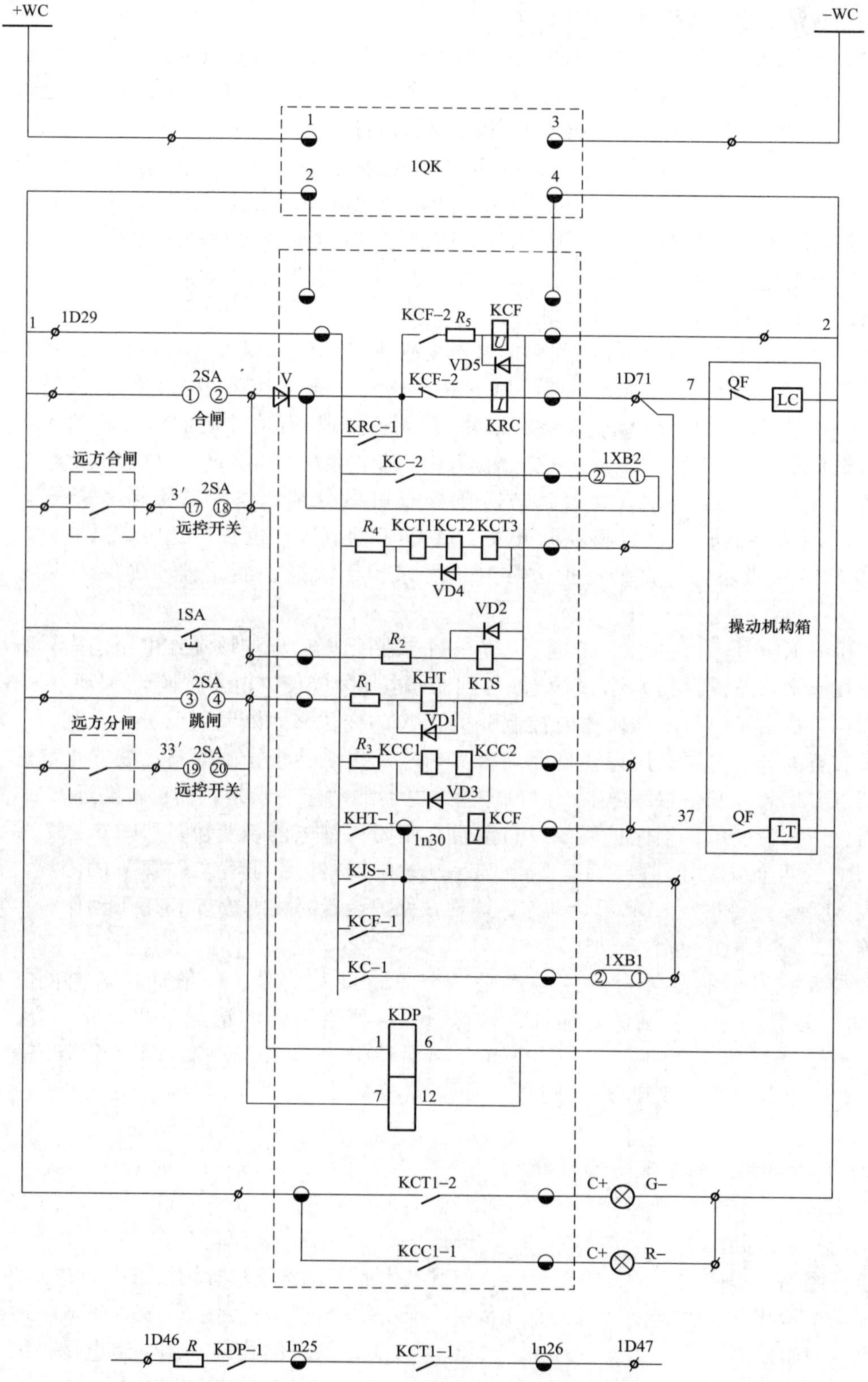

图 6－32　使用监控系统时的断路器控制回路图

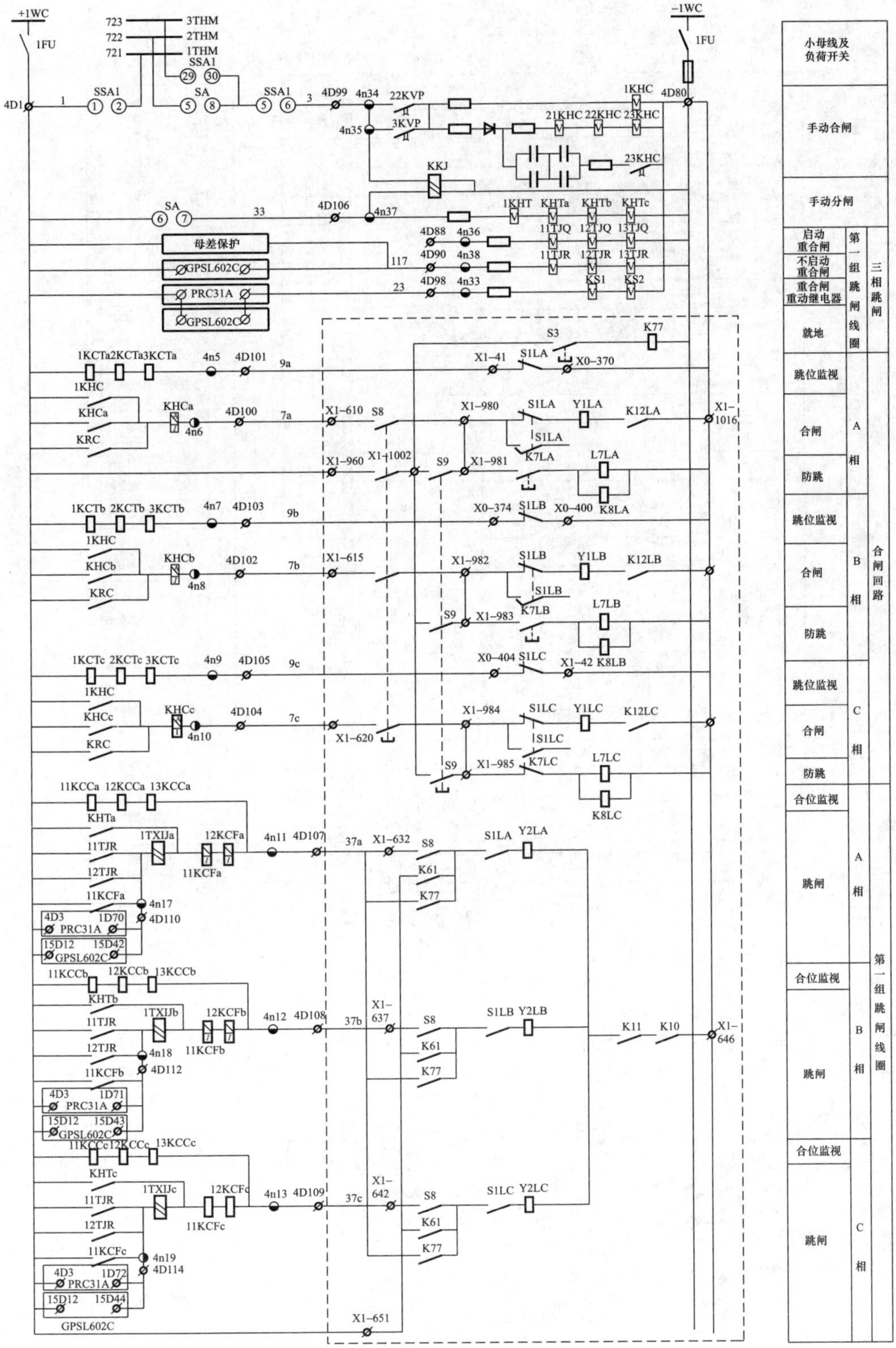

图6－33　分相操动断路器的控制回路图之一

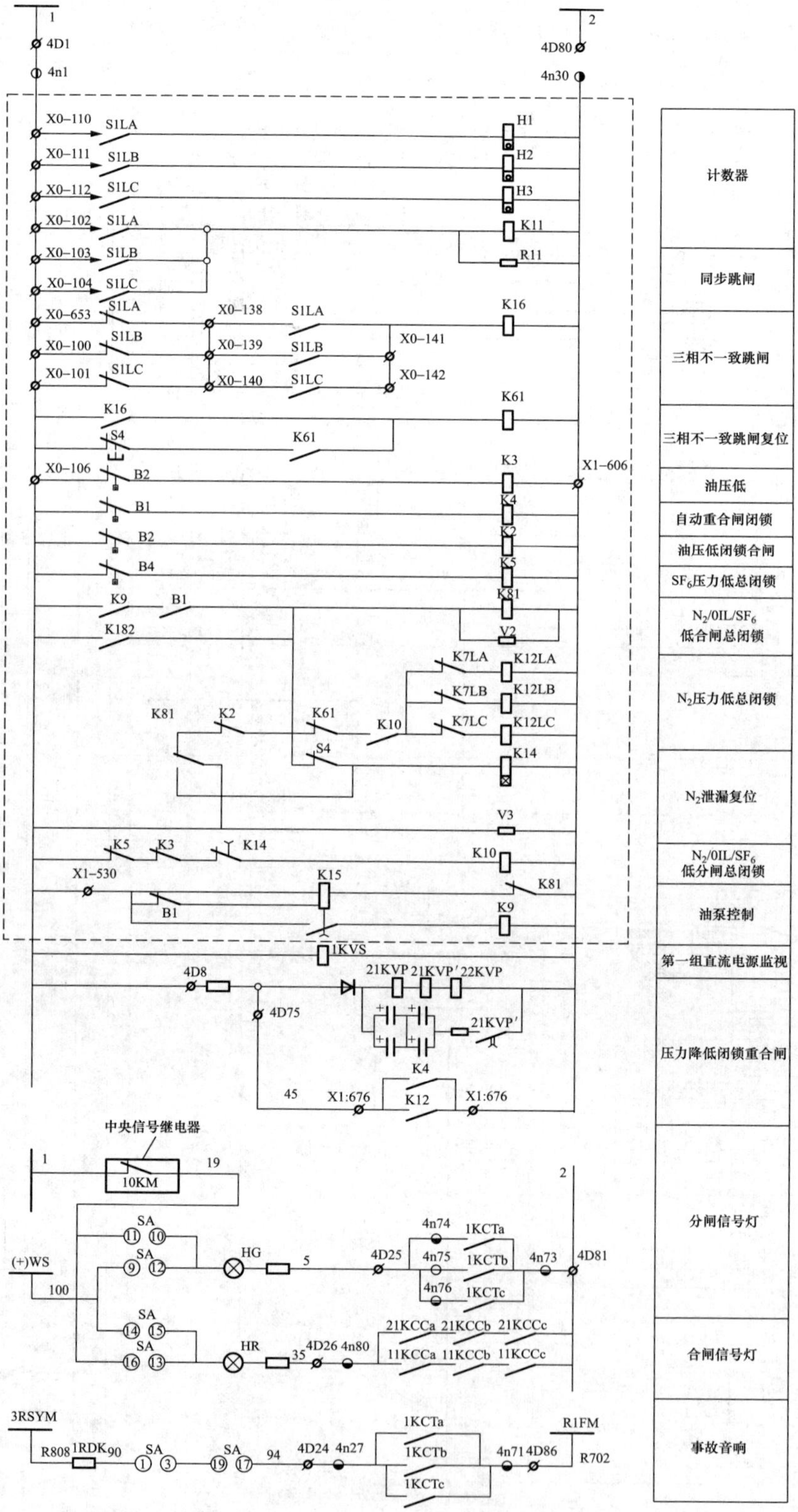

图6－34　分相操动断路器的控制回路图之二

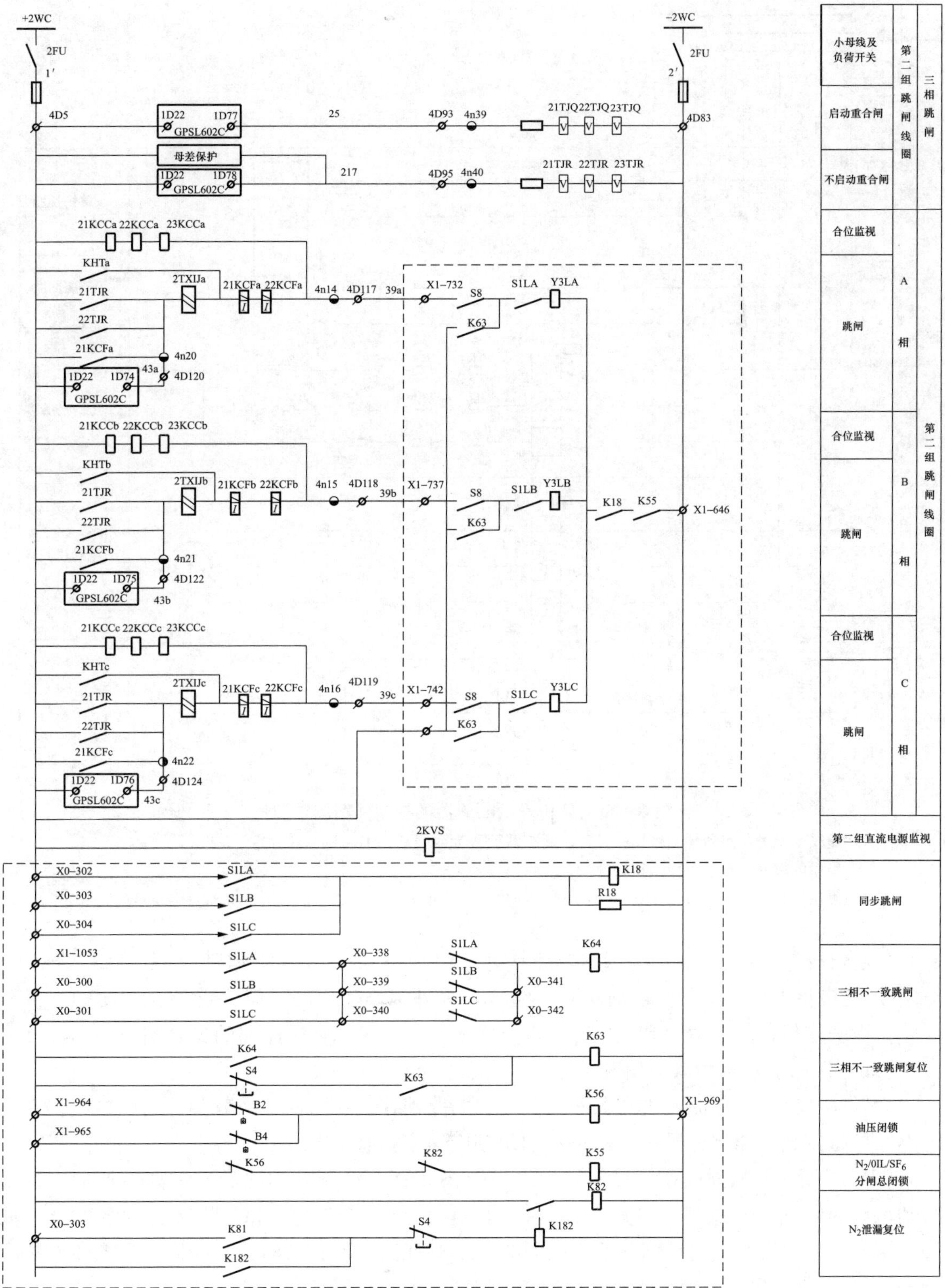

图 6-35　分相操动断路器的控制回路图之三

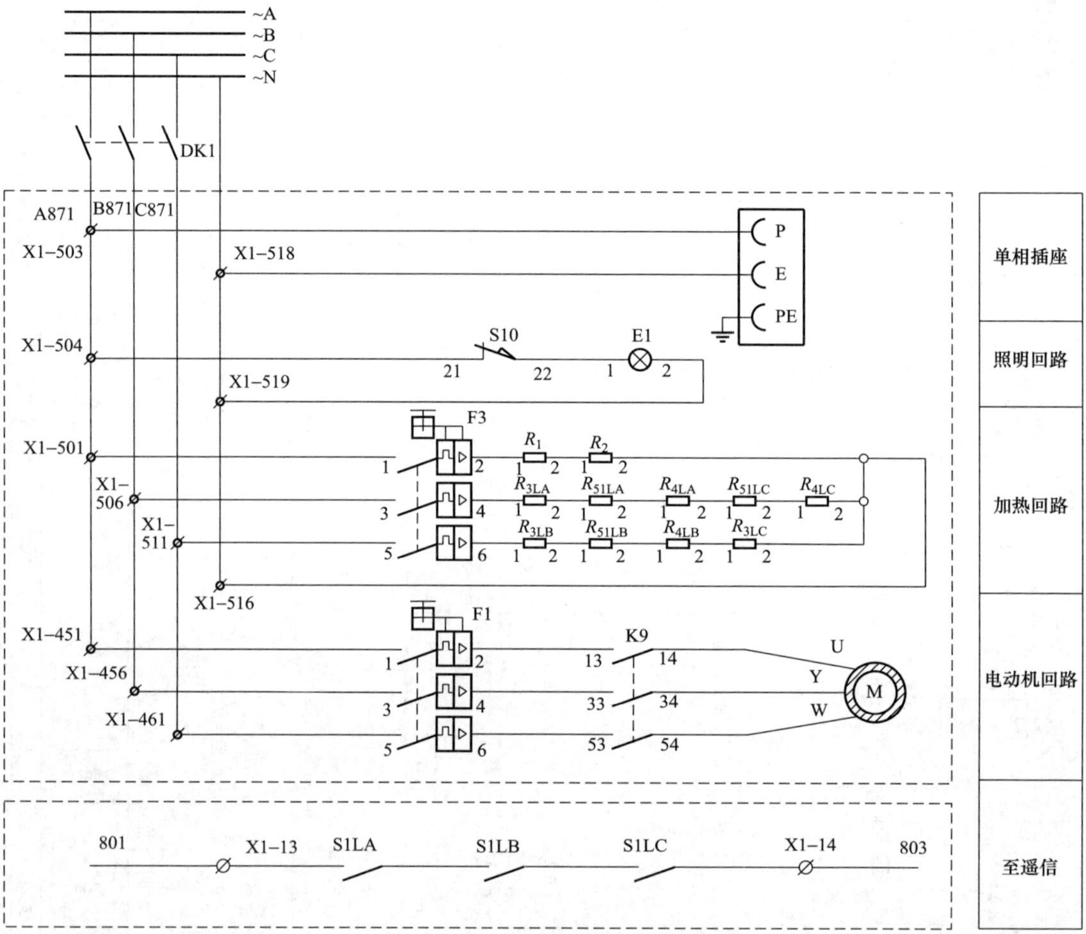

图 6 – 36 分相操动断路器的控制回路图之四

注：1. 虚线框里为断路器控制箱里的设备，断路器型号为西门子 3AQ1EE。
2. 操作继电器为保护柜操作箱内的设备。
3. 操作操作箱内 4D100 与 4D101，4D102 与 4D103，4D104 与 4D105 连线断开，断路器中防跳回路拆开。

K61 及复归按钮 S4 组成，第二组电源中由一组常开及一组常闭辅助接点 S1LA、S1LB、S1LC 及继电器 K64、K63、复归按钮 S4 组成。另外该操作回路还有完善的压力闭锁、报警回路，当操作机构的压力及 SF_6 压力出现异常时，能可靠闭锁断路器的分合闸回路。

（五）断路器控制回路的闭锁

为保证断路器工作的安全及电网的安全，断路器控制回路往往采取多种闭锁措施，当条件不满足是禁止断路器的操作。断路器的闭锁回路主要有：

（1）当断路器的操作系统异常时对分、合闸闭锁。液压机构的液压过高或过低，空气操动机构的空气压力过高或过低，弹簧操动机构的弹簧未储能，SF_6 断路器的 SF_6 压力低等，这是其断路器中的保护回路均将断开分、合闸回路，不允许断路器操作。在上述的液压操动机构的 SF_6 断路器中，现在用图 6 – 34 的第一组控制回路对闭锁原理作一介绍。当油压低时，压力接点 B2 接通，继电器 K3 动作，其串在继电器 K10 回路的常闭接点打开，K10 失压，串在分闸回路负电源侧的常闭接点打开，断路器无法分闸。同样压力接点 B2 接通时，继电器 K2 动作，其串在继电器 K12LA、K12LB、K12LC 回路的常闭接点打开，继电器 K12LA、K12LB、K12LC 失压，串在合闸回路负电源侧的常闭接点打开，断路器无法合闸。

（2）在存在不同电源需要并列的场合，断路器的控制回路要增加同期闭锁回路。变电所与发电厂往往设置一套或几套公用的同步系统，当某断路器需要同期合闸时，就将同期装置及相关回路切至该断路器的合闸回路。图 6－37 是断路器合闸的同期闭锁回路，其中 SSM1 为同期转换开关，用以切换同期电压回路及断路器控制的同期回路，STK 为同期闭锁开关，打开时断路器合闸要经同期继电器 KSC 的接点闭锁，合上则不经 KSC 接点闭锁，SB 为集中的同期合闸按钮，KC 为自动同期合闸接点。当需要对断路器进行同期合闸时，将 SSM1 及相应断路器的 SA 合上，当满足同期条件时通过手动按 SB 按钮或自动同期合闸接点 KC 进行合闸操作。如果不需要进行同期合闸，则将 SSM1 及相应断路器的 SA 合上后，将同期闭锁开关 STK 也合上，这时可以通过控制开关 1SA 直接进行合闸操作。

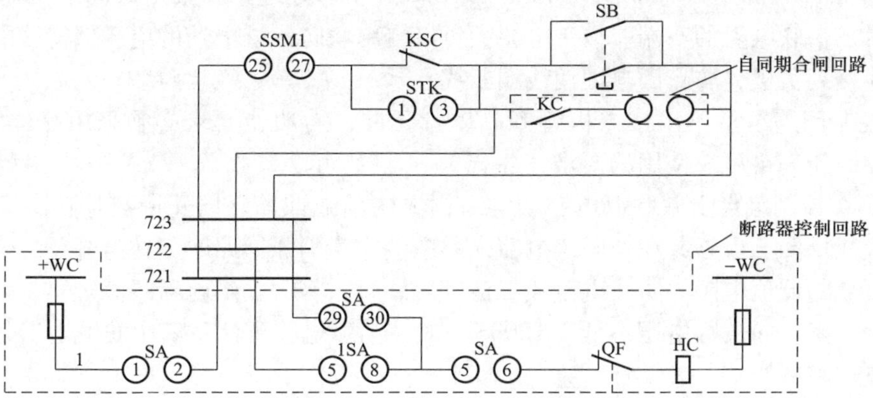

图 6－37　断路器同期合闸回路

通过监控系统合闸时，如果需要进行同期检测，只要将监控系统采集到的并列双方的电压进行比较，如果满足同期的条件，则允许发出合闸命令，不满足同期条件，则对合闸命令进行闭锁。这一切都有监控系统通过软件来实现。

（3）为了满足防误需要，在断路器的操作回路应增加防误闭锁回路。完成防误闭锁功能的方法很多，常用的有机械联锁、电气联锁、微机防误等，但其基本要求就是在不具备操作条件时将其回路断开，不予操作。机械联锁与电气连锁的方法多种多样，但一般是针对隔离开关、接地刀闸等。现在比较使用较多、比较完善的微机防误装置，该装置能按照规则库并所执行操作票来判断断路器是否允许合闸，如图 6－38 中，SM 为一电脑钥匙的插孔，当防护条件满足是，插入的电脑钥匙就会将该回路接通，允许断路器合闸。

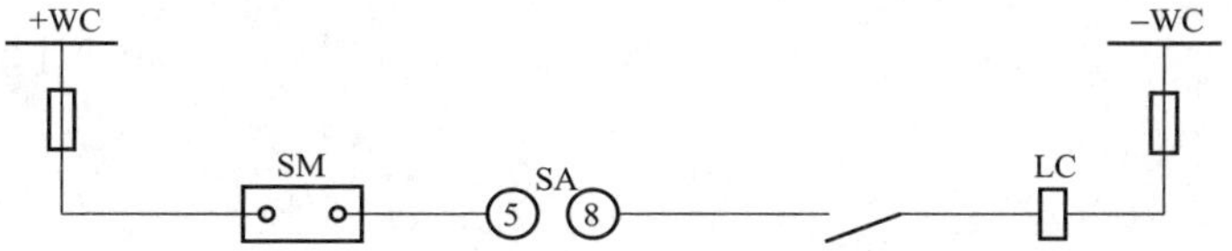

图 6－38　断路器合闸回路防误闭锁接线图

（六）提高操作回路可靠性的措施

断路器是否能正常操作，直接影响到电网的安全运行，且控制回路联系广泛，错综复杂，容易发生故障，所以提高控制回路可靠性很有必要。可以从以下途径提高操作回路可靠性：

（1）合理选择控制回路的熔断器或空气开关，其额定电流应按最大负荷电流选择，为满足选择性的要求，干线上的熔断器、熔件的额定电流应比支线上的大2～3级。

（2）控制回路的电源与保护及信号回路电源应分别配置专用的熔断器或空气开关，不应混用，避免产生寄生回路。

（3）对220kV及以上断路器，采用双跳圈断路器，两个跳圈的控制回路分开，用两组独立的熔断器或空气开关供电。

（4）每组控制电源回路的熔断器或空气开关设监视回路，当熔断器熔断或空气开关跳开时能自动报警，便于及时发现处理。

（5）控制回路使用的继电器应防止其断线，电压为220V的直流中间继电器线圈线径不宜小于0.09mm。如线径小于0.09mm时，其线圈须密封处理。当采用110V中间继电器串联电阻方式时，串联电阻的一端应接于电源的负极。串联防跳继电器的电压保持线圈回路的保持触点也应接到负极，防止因电蚀使线圈断线。

（6）控制回路尽量不串接二极管等晶体管元件，当功能要求必须采用晶体管元件时，应确保其参数能满足可靠使用的要求，并有3～4倍的可靠系数。

（7）不在控制触点上并联以电容、电阻构成的消弧回路，防止断路器击穿时引起误动作。当电容或反向二极管并在中间继电器线圈两端作为消弧回路时，在电容及二进管回路必须串入数百欧的低值电阻。防止电容或二极管短路时，将中间继电器线圈短路。消弧回路的反向二极管，其反向击穿电压不低于1000V。对该消弧电路要注意其中间继电器返回延时和有相关控制回路的影响。

（8）各直接接于直流系统控制电源下的分、合闸继电器的动作电压不宜低于直流额定电压的50%，以防止继电器线圈正极接地时，因直流系统过大的对地电容放电引起误动作。但也不应过高，以保证满足直流电源降低时的可靠动作和正常情况下的快速动作的要求，一般不大于直流额定电压的65%。对于动作功率较大的中间继电器（动作功率大于5W），因快速动作的要求，允许动作电压略低于额定电压的50%，但此时必须采取措施保证继电器的线圈正极回路有足够的绝缘强度，杜绝可能发生的接地故障。如果提高起动电压还不能满足防止误动作的要求，可以考虑在继电器的线圈两端并联适当的电阻以作补充。

（9）断路器的分、合闸线圈的控制回路中应设有串联自保持回路，以确保断路器的可靠分、合闸，并且使分、合闸出口继电器的触点不断弧。对自保持电流应不大于额定分、合闸电流的50%，动作灵敏系数不小于1.5，电流自保持线圈的压降不应大于回路额定电压的5%，防跳继电器的电流起动线圈的压降不大于额定电压的10%。

（10）为了增加触点采用两个以上中间继电器并联使用时，应先并联，然后经公共线引出。

（11）经串联信号继电器起动的中间继电器，在各种可能出现的动作情况下，应保证信号继电器和中间继电器可靠动作。信号继电器的动作灵敏系数不宜小于1.4；在0.8倍额定直流电压下，串联信号继电器的压降不大于额定大于的10%。可通过适当的选择信号继电器的动作电流和在中间继电器线圈两端并联电阻来满足上述要求。

（12）采用带屏蔽的铜芯控制电缆，电缆芯截面对于不得小于1.5mm；断路器跳（合）

闸回路的控制电缆截面选择，要注意校验包括各串联保持线圈、控制电缆在内的电压降。在跳（合）闸回路操作时，控制母线至跳（合）闸线圈的总电压降不应超过额定电压的10%。断路器的跳闸线圈、继电保护按双重化设置时，两控制回路的电缆应分开，尽量合用一根多芯电缆。

（13）应保证控制回路的绝缘良好。

二、信号回路

（一）信号回路的分类

变电站中必须安装有完善而可靠的信号装置，以供运行人员经常监视所内各种电气设备和系统的运行状态。这些信号装置按其告警的性质一般可以分为以下几种。

（1）事故信号——表示设备或系统发生故障，造成断路器事故跳闸的信号；

（2）预告信号——表示系统或一、二次设备偏离正常运行状态的信号；

（3）位置信号——表示断路器、隔离开关、变压器的有载调压开关等开关设备触头位置的信号；

（4）继电保护及自动装置的启动、动作、呼唤等信号。

为了方便现场运行人员分析判断，不同的信号一般有不同的表示方式，如：事故信号一般用电笛声表示，并伴有相应断路器变位的绿灯闪光信号；预告信号、继电保护及自动装置的启动、动作、呼唤等信号常发光字信号并伴有警铃声；断路器位置常以红绿，隔离开关位置常以自动、手动变位的十字灯或机械位置变化等来表示；主变压器的有载调压开关位置则常以相应的数字显示。随着计算机监控系统的应用，信号系统变得越来越完善，它的分类更细，信息量更全，可以语言报警，并记录报警时间，这样对事故的追忆、分析更为方便。

变电站中正常的操作和事故处理，均由变电所的运行人员根据调度指令及对信号设备动作情况的分析判断来进行控制操作。其中信号装置的作用是把电气设备和电力系统的运行状况变换运行人员可以察觉的声光信号。所以，虽然与控制装置相比信号装置不直接作用并改变设备的运行状态，但对变电所的安全运行同样重要。

（二）对信号装置的要求

1. 信号装置的动作要准确、可靠

信号装置作为一种信息变换设备，它输入的信息是电气设备和电力系统的各种运行状态，输出是运行人员可以感受的声光信号。这种变换是按人事先约定的对应关系进行的。例如，表示断路器正常合闸用红色信号灯点亮；事故跳闸的声音信号是电笛声，而灯光信号是绿色信号灯闪光；直流系统接地时为警铃响，并有光字牌指示等等。信号装置的这种变换信息的功能一定要准确可靠，既不能误变换，也不允许不变换。否则，运行人员就不能准确地掌握电气设备和系统的运行工况，因而也就不能作出正确的判断和操作，甚至可能造成操作地延误或严重事故。例如，当小接地电流系统发生单相接地时，如果信号装置失灵而不能及时发出警报信号，运行人员就不可能作出停用电容器及拉路查找接地点决定和操作，结果系统发生长时间接地，结果造成设备绝缘损坏和故障停电事故。

2. 声光信号要便于运行人员注意

运行人员感受各种信号主要靠视觉和听觉，光线的不同颜色、亮度，声音的不同频率及强度被人感受的灵敏度不同。信号装置采用的声光信号必须适应人的要求，明显、清晰，最有利于人的感官接收与判别，有利于对发生事件的判断。具体解释如下：

（1）对不同性质的信号，要有明显的区别。例如，事故跳闸的音响是电笛声，预告信号的音响是警铃声，运行人员从音响信号就能判断发生事件的性质。

（2）信号装置是否动作要有明显的区别，便于运行人员查找具体的动作信号内容，不致多读或少读信号，造成对发生事件的错误判断。最好还能做到：在几个动作的信号中，已经动作并被运行人员确认的信号与没有确认的之间有明显的区别，如未确认的闪光，已确认的不闪光；动作后又自动消失与没有动作的信号之间有明显的区别，如自动消失的有闪光但可复归，未动作的没有任何信号等。随着微机型信号系统及计算机监控系统的应用，这一点已不难实现。

（3）在变电站中信息量很大，在大量的信号中，动作的信号属于哪个设备单元，应有明显的指示。这样，在出现不正常运行状态或发生事故时，通过信号装置的动作指示，运行人员就能迅速知道，在哪个回路中，在什么设备上，发生了什么性质和什么内容的故障，便于快速反应与正确处理。

3. 信号装置对事件的反应要及时

当电气设备或系统发生事故或出现异常运行状态时，运行人员必须及时知道，并尽快进行处理，减少事故造成设备损坏的程度及对电网的影响，这样就要求信号装置有较高的反应速度，否则可能延误事故的处理，而使事故扩大。在信号系统中，常常根据信号的重要性将其分为瞬时预告信号与延时预告信号，这样既可以突出一些重要信号，也可以减少一些次要信号对运行人员的精神压力，如一些在系统波动或操作中的瞬间干扰可能触发的信号。

（三）事故信号

事故信号的级别高于预告信号，它只有当系统或变电站内设备发生故障引起断路器跳闸时才动作。断路器跳闸具体可以由以下原因引起。

（1）线路或电气设备发生事故，由继电保护装置动作跳闸；

（2）自动无功优化、备用电源自投等自动装置来跳闸；

（3）继电保护或自动装置误动作、二次回路故障误跳闸或断路器自动脱扣等非正常跳闸。

以上断路器跳闸无论是何种原因引起的，运行人员都应当立即知道，并迅速采取措施处，所以事故信号装置应具有以下功能。

（1）发生断路器跳闸时应无延时发出事故音响信号，同时有相应的灯光信号（一般为相应断路器绿灯闪光）指出发生跳闸的断路器位置；

（2）应立即通过远动装置，向调度系统及远方的监控系统发出遥信信号；

（3）能手动或自动复归音响信号，能进行定期切换对声光信号进行试验，但在试验时不发遥信；

（4）事故时应有光信号或机械掉牌、机械变位等指示信号，指明继电保护和自动装置的动作情况；

（5）能重复动作，当一台断路器事故跳闸后，在运行人员还没来得及确认事故及复位之前又发生了新的事故跳闸时，事故信号装置还能发出音响和灯光信号；

（6）能手动对事故信号装置进行定期切换试验。

（四）预告信号

预告信号是系统或变电站中电气设备运行状态发生变化或不正常的信号，在一般变电站中，预告信号应包括以下内容。

（1）系统中发生各种参数的越限，如系统过电压、欠电压，系统频率异常，各种电力设备的过负荷等；

（2）系统出现异常的运行方式，如交流小电流接地系统的接地故障；

（3）设备损坏但还不致造成故障跳闸，如电流互感器一次熔丝熔断造成二次电压异常，轻瓦斯动作告警等；

（4）各种设备的运行参数超过报警值还不至于造成故障时，如带油设备的油温升高超过极限，各种液压或气压机构的压力异常等，用 SF_6 气体绝缘设备的 SF_6 气体密度或压力异常；

（5）各种设备的回路、压力等状态与运行要求不符，可能存在缺陷会危及设备安全运行时，如弹簧机构的弹簧没有拉紧，三相断路器的三相位置不一致，有载调压变压器的三相分接头位置不一致，断路器的控制回路断线等；

（6）继电保护装置或回路发生异常，可能影响其正常运行的，继电保护和自动装置的交、直流电源消失，装置故障信号等；

（7）电流或电压互感器的二次回路断线、失压，产生差流、零流、差压、低压等越限告警或闭锁保护的；

（8）变电站中有继电保护或其他信号继电器动作没有复归的；

（9）变电站公用设备发生故障或异常，如直流系统的接地或电压异常，所用电等缺相或失压等；

（10）动作于信号的继电保护和自动装置的动作；

（11）一些设备的切换或动作，如断路器油泵起动，变压器辅助冷却器起动等。

其他一些运行人员需要了解的运行状态，也可以发出预告信号。

当预告信号动作时，即发生了电气设备或系统运行状态的不正常，这时运行人员应立即通过预告信号装置掌握异常情况，及时进行处理并做好记录，防止事故发生。因此对预告信号装置提出以下要求。

（1）预告信号出现时，应能与事故信号有区别的音响信号，同时有灯光信号指出预告信号的内容；

（2）能手动或自动的复归音响信号，在预告信号消除以前，应能保留相应的灯光或机械掉牌信号；

（3）能重复动作，即在一个预告信号没有消除前，再出现新的预告信号时，仍能发出音响和灯光信号；

（4）当保护装置或信号装置的直流电源因故消失重新恢复后，信号装置应保证其动作状态不便，便于运行人员查找；

（5）预告信号可以有选择地通过远动装置发给调度或集控中心；

（6）能手动对预告信号装置进行定期切换试验。

（五）信号系统的其他问题

1. 断路器的位置信号

断路器的位置信号只是反映其工作状态，有时也作为判断控制电源直流消失或控制回路断线的辅助判据。在实际运行的变电站中常用的断路器位置信号有单灯制、三灯制两种。

对三相操作机构的断路器，一般用单灯制来指示断路器位置信号，如图 6－39 为常用的、指示灯直接接在分、合闸回路的断路器位置指示回路，其接线简单明了，但如果采用白炽灯，由于其功率较大（约15W），会在分、合闸线圈上产生较大压降，切断分、合闸线圈可能产生的较大干扰电压也容易使白炽灯烧坏。要避免以上缺点，可以用中间继电器接在分、合闸回路，再由继电器接点控制指示灯的方法，如图6－40所示。

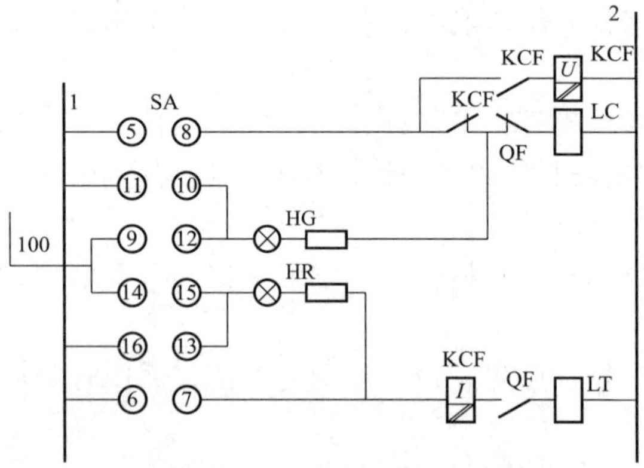

图6－39　断路器信号指示接线图之一

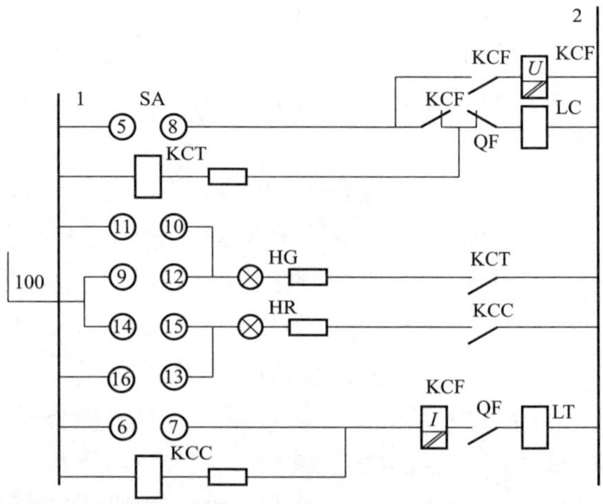

图6－40　断路器信号指示接线图之二

表6－15中是该回路在几种常见状态时红绿灯的不同指示情况，根据对灯光信号及音响信号的综合判断，就能清楚地判断断路器位置与是否事故跳闸。

表6－15　SA及断路器位置与红绿灯指示状态的对应关系

SA位置	断路器位置	红　灯	绿　灯	备　注
分　后	分	暗	亮	
预　合	分	暗	闪亮	
合　后	合	亮	暗	
	分	暗	闪亮	电笛响
预　分	合	闪亮	暗	

对于220kV及以上具有分相操作机构的断路器，由于各相断路器都有独立的操作回路，每相断路器也可能有不同的分、合闸状态，所以较为完备的是采用六灯制来指示每相断路器的位置，其中每一相可以看成一台三相操作机构的断路器的位置。如图6－41所示，每相的KCT、KCC各接一只灯，与三相操动机构相同，可以根据每只灯的状态来判断每相断路器的位置。

为了简化接线，有时也采用双灯制来指示断路器位置，如图6－42，其中分闸位置继电器KCT三相接点串联，合闸位置继电器KCC三相位置并联。当断路器有一相处于分闸位置时，绿灯亮红灯不良，只有当断路器的三相均处于合闸位置时，红灯才亮，所以对于这种接线要知道是哪一相分闸，需要进一步综合其他信息判断。好在目前生产的成套操作箱中一般都有开关分、合闸的信号记录，微机保护装置中也有故障相报告，所以双灯制在现场应用也很广泛。

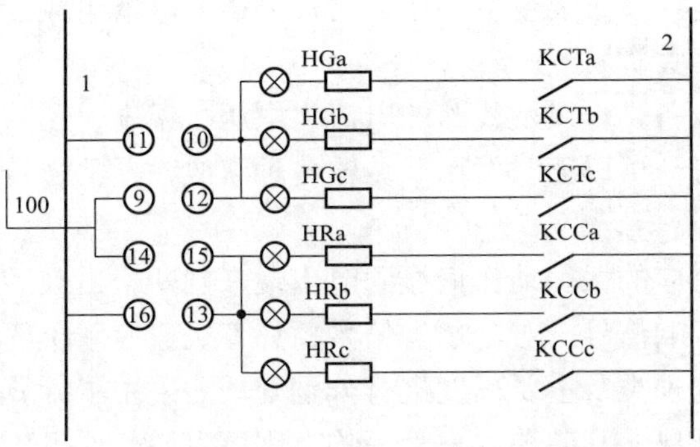

图 6-41 采用六灯制的分相操作断路器位置指示接线图

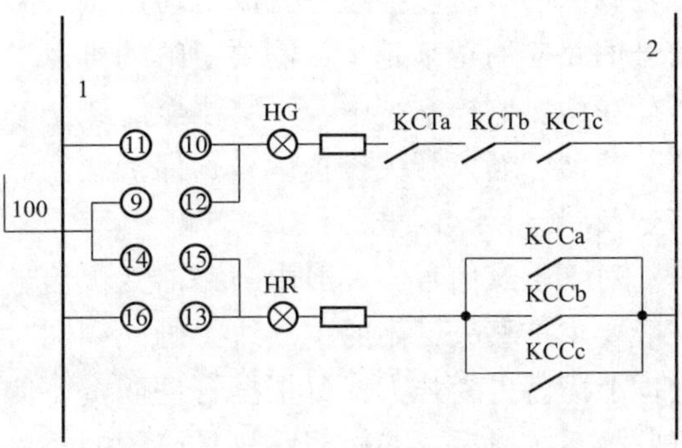

图 6-42 采用双灯制的分相操作断路器位置指示接线图

2. 隔离开关接地器的位置信号

在控制柜上，为指示一次系统的运行方式，常常需要反映变电站中各隔离开关和接地刀闸的运行状态。该位置信号可采用手动设置机械变位、自动调整机械指示或灯光指示的方式。手动设置机械变位的方法简单，但要增加运行人员的操作工作量，而且如果操作中遗忘，将造成指示信号与实际运行状态不一致的情况，对安全运行不利。自动指示的方式无论采用机械变位还是灯光指示，都是由隔离开关和接地刀闸的辅助触点来控制的，隔离开关或接地刀闸操作后，相应的辅助接点变位，带动机械指示或灯光信号变位。

由于隔离开关的分布范围广，辅助触点所处的环境条件差，为防止隔离开关辅助触点绝缘不良而影响其他回路的安全，隔离开关的位置信号应设立独立的电源。

3. 继电保护和自动装置的动作信号

在发生事故时，在伴有音响和灯光信号出现的同时，还应有标明继电保护和自动装置动作的信号，用来协助运行人员分析事故和检验各种装置动作的正确性。

在一些大型变电站中，由于继电保护和自动装置的构成原理复杂、套数多，因而动作的指示信号多，控制柜上无法具体指示每一个信号，所以我们经常将这些信号接到信号未复归小母线上，在中央信号控制柜上发“掉牌未复归”信号。当发生事故跳闸时，运行人员根据断路器跳闸等情况判断故障发生的单元，然后再到保护屏上去查看详细的动作指示信号。

4. 信号系统的电源

由于信号系统的回路复杂，牵涉面广，如果信号系统与控制及保护装置共用电源，则信号回路发生故障时，可能影响控制及保护装置的正常运行，这将大大降低控制及保护装置运行的可靠性。所以，在变电站中，信号回路一般采用相对独立的电源，设置独立的电源小母线。

使用独立电源需要注意防止寄生回路，信号回路与控制回路、保护回路在变电站中互有联系，错综复杂，但各个回路间的电源一定不能有交叉使用的情况。当控制电源与信号电源间存在寄生回路时，极易在运行中或操作时引起误跳断路器的情况。

（六）信号功能的实现

在计算机监控系统普遍应用之前，事故信号、预告信号一般是有冲击继电器、电笛、警铃及一些辅助接点起来组成的，但随着数字计算机技术的发展，基于数字技术及现代通信技术基础上的微机监控系统已广泛运用于大型发电厂及重要变电站中，常规的由继电器组成的信号回路应用越来越少，需要了解的可以参考相关资料。

在微机监控系统中，采集了全厂或全站主设备、母线及线路的电流、电压、温度、压力及断路器、隔离开关位置信号、保护动作等信息，可以随时发出及传输各种事故、异常告警信号及状态指示信号。

对于事故信号，一般由断路器变位信号与对应的保护动作信号同时出现来判断，出现后一般要求推事故场站的主接线图画面，同时发音响信号。对于预告信号，计算机监控系统的处理能力就更为强大，可根据管理职责、信号的种类及重要程度进行分别处理。采用了计算机监控系统以后，二次回路只是简单的开入、开出，其各种逻辑管理均有程序完成，这里不再叙述。

目前对变电站信息的采集与处理设备有两类，一种是集中式 RTU 装置，另一种是分散式测控单元装置。随着对监控设备功能要求的不断扩大及保护测控合一趋势的要求，采用分散式测控单元装置组成数据采集与处理系统的方案运用得越来越多，常见的采用分散式测控单元装置组成变电站微机监控系统的结构有两种参考形式，如图 6－43 及 6－44 所示。两者的区别主要是，图 6－43 采用了站级与间隔级均为双以太网结构，当地运行工作站直接挂在网上，该系统通信速度快，结构简洁，冗余度高，但造价也较高，常用在要求较高的变电所；图 6－44 站级与间隔级均为单网，当地运行工作站接在通信管理机后，只在通信管理机后形成局部双通道，该系统造价相对较低，但通信速度较低，系统冗余较小，一般应用与 110kV 及以下电压等级变电站中。

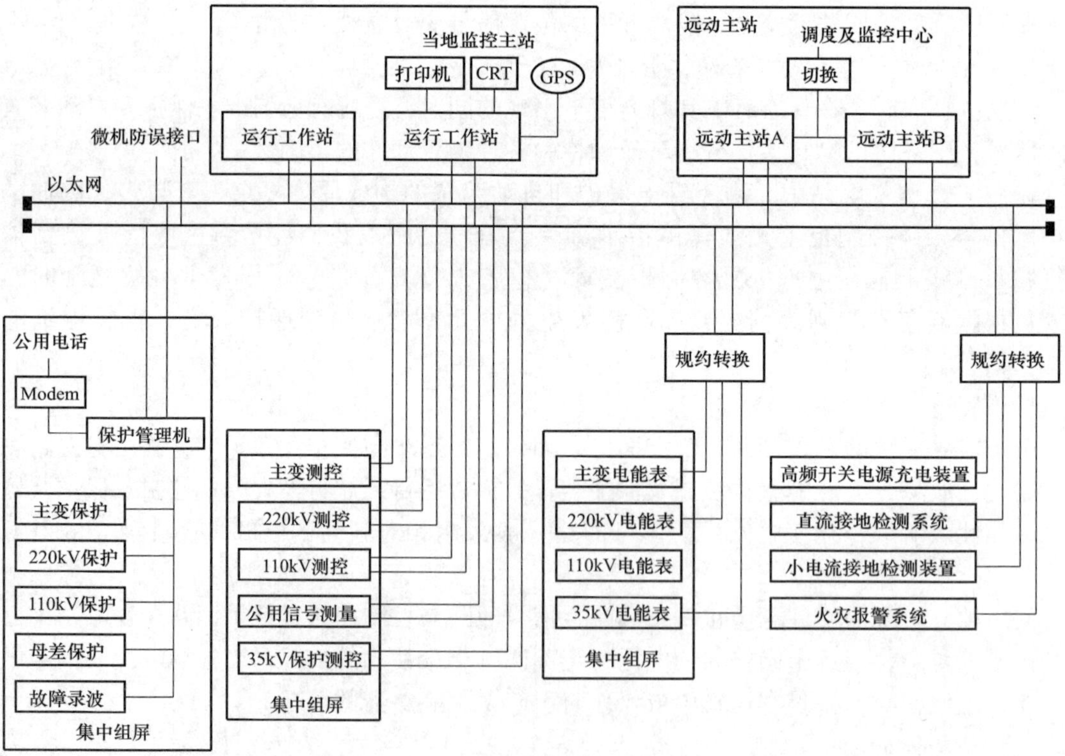

图 6－43　变电站微机监控系统逻辑框图（一）

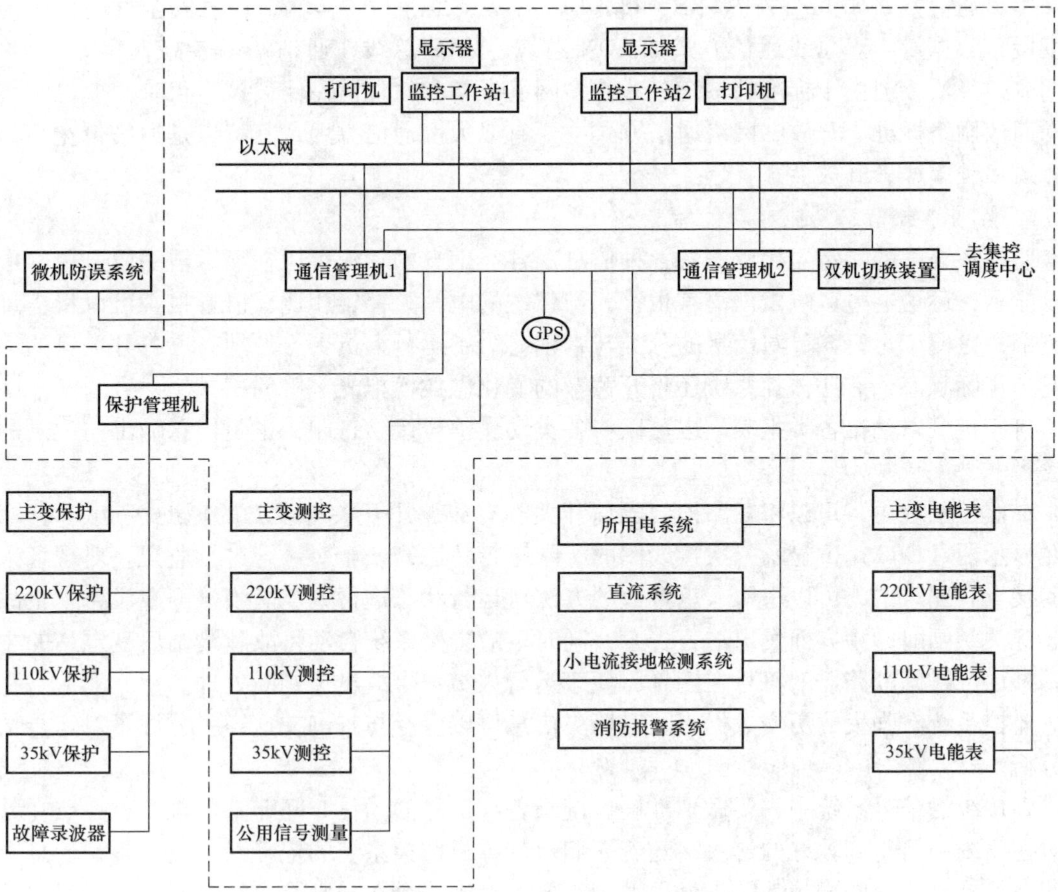

图6－44 变电站微机监控系统逻辑框图（二）

1. 计算机监控系统实现的主要功能

（1）实时数据采集。

实时数据采集分遥测量与遥信量，遥测量主要是变电站的各种供运行监视的实时数据，如交、直流母线电压、线路及主变各侧电流、主变温度、功率、频率、气体压力值等；遥信量主要是各种位置、状态信号，如断路器、隔离开关、变压器分接头、保护动作、装置异常、开关弹簧储能、气体压力等。

（2）监视与报警。

计算机监控系统通过设置多种限值、多种报警级别、多种告警方式，为运行值班人员提供了各种监视手段。

（3）运行设备的控制。

如对断路器、电动刀闸的分合控制，变压器分接头调节，信号远方复归等。

（4）运行管理。

强大的计算机功能可以辅助运行人员进行大量的管理工作，如保存各类参数的历史记录，自动编制各类运行报表，系统参数的曲线等。

2. 计算机监控系统信息传输的方式

计算机监控系统的信息传输主要采用各种通信技术及通信手段来实现。目前在综合自动化系统主要采用串口通信方式、总线通信及网络通信方式。

串口通信方式如 RS－232、RS－485 等，其特点是一对一传输，信息安全性高，但传输速度慢，数据量小。总线通信方式如 LON 总线、CAN 总线，通信速率较高，实时性较强，组网方式灵活，但由于标准的不统一，许多网络设备和软件需专门设计，很难使变电站自动化的通信网络标准、开放。网络通信方式主要有以太网通信方式，其特点是通信带宽高，通信介质多种多样，开放性高。

3. 监控系统信息功能实现的特点

监控系统中的显示器用以查看各种信息。各类信息的动作可以在显示器中以告警的形式加以显示，还可通过音响发出语言报警。与传统的电笛、警铃相比，语音报警可以将信息分得更细，更便于运行人员对信息的分类与判别。为了运行人员更方便地查看各开关量的动作情况与实际状态，有些监控系统还将开关量的变化做成模拟光字牌的格式。

打印机可以输出各类报表，也可以将各类动作信号逐条打印，也是信息输出与记录的一个途径。

在监控系统中，可以将断路器、隔离开关、有载调压开关等设备的辅助接点实时采集，并在显示器（CRT）中显示一次接线图的实际运行状态，便于对系统进行监视。对现场采集辅助接点有困难的，可以采取人工置数的方法对运行状态进行调整。当电网或设备发生故障引起开关跳闸时，一方面发出语言告警，同时事故告警系统自动将故障跳闸后变电站的主接线图推出，跳闸断路器的符号在闪烁，便于运行人员对事故迅速判断处理。

监控系统有强大的历史数据库，对历史信息可以保存与查询，这样就方便了对运行情况的分析。

在传统的信号系统中，要做到准确地记录各种信号的动作时间非常困难，这一点在计算机监控系统中可得到较好的解决。随着人们对计算机监控系统的依赖性提高，各种信息上送时间、尤其是排序的准确性就先显得尤为重要，否则将会在异常及事故分析时增添很多的麻烦。通常要求计算机监控系统在记录断路器变位或保护装置动作等开关量信号的变化情况时，同时记录收到信号的时间，有些微机型设备在上传信号时还带有时标，如顺序事件记录SOE，这样就减少了信号上传时间造成的误差。

为了确保系统中的所有时间保持同一性，一般在监控系统中还设有卫星时钟同步系统GPS 装置，该装置将卫星发送的标准时钟通过软件对时及硬件对时的方法对各具有时钟功能的设备进行时钟同步，其中硬件对时可以做到使设备的时钟绝对误差不大于 1ms，这对事故分析、判断保护装置与断路器等设备的先后动作顺序非常有用。

第七节　装置间二次回路的连接

一、保护装置双重化的接线

在电网中，220kV 及以上联络线保护、220kV 及以上微机型主变压器保护、以及大型发变组保护均采用双重化配置，即每个设备安装两套功能完备的主保护与后备保护。

保护装置双重化的前提是高性能的微机保护得到大量应用，使一套微机保护中集成了全部的主保护与后备保护功能，使二次回路接线得以大大简化。双重化配置的两套保护可以采用不同厂家或不同原理的设备，在原理及性能形成互补，对可靠切除故障有利。在运行中如其中一套发生故障或因故退出，一次设备仍可以由另一套保护装置继续维持运行，提高了电网的可靠性。

保护双重化后，二次回路的连接需要作相应的配置。

（一）线路保护

对电流回路，为保证两套保护的相对独立，应该接入电流互感器的两个次级。对于电压回路，不同的电压等级及不同的主接线有所不同，在双母线等主接线的220kV保护上，由于电压需要进行正、副母切换，双重化后电压回路的接线过于复杂，加上现在该电压等级及以下的电压互感器一般未配置两个主次级，所以现在220kV及以下的保护还是用同一组电压互感器次级，如图6-45所示。从这一点上讲，电压互感器没有两组星形接线次级输入保护还不是真正意义上的双重化。330kV及以上电压等级的系统，常采用3/2断路器的主接线，保护用接在线路则的电压互感器，一组电压互感器只供本单元及与本单元有关的设备使用，没有电压联络与正、副母切换问题，而且这一电压等级的电网更为重要，对保护装置的可靠性要求更高，一般都有两个主次级绕组，每套分别接一个二次绕组，即电压的二次回路也是双重化的。

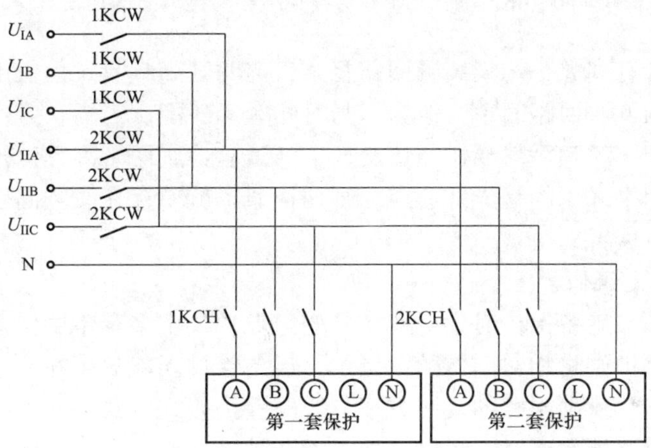

图6-45 双套保护公用一个电压互感器次级的接线图

保护跳闸回路，如果使用的是双跳闸线圈的断路器，则应该将两个跳闸回路完全独立，分别使用单独的控制电源，每套保护可以通过操作相分别跳两个跳圈，为简化接线，在正常运行时如没有单套保护的运行方式，也可以每套保护分别跳一个跳圈。当断路器为单跳圈时，则两套保护通过操作箱共同经该跳圈去跳断路器，但是每套保护有独立的压板，可以单独投退，这时每套保护的电源是独立的，单断路器的控制电源则公用一组。

3/2接线的断路器保护一般是按断路器配置的，每个断路器只有一套。220kV及以下系统的断路器保护（如重合闸）一般按保护配置，两套保护装置就配有两套重合闸。在现场运行中，为防止断路器出现多次重合，一般只投入一套重合闸的合闸压板，而将另一套停用。

变电站的旁路断路器是用来供其他断路器检修、故障退出代路或做新设备起动时调整特殊方式的，平时运行在对旁路母线充电状态，为了简化接线、节约投资，旁路断路器一般只配置一套的没有收发信机或光电接口设备的主保护及完备的后备保护。在代出线断路器时，一般将一套保护的收发信机或光电接口切至旁路保护，对侧的一套保护停用。见图6-46。

高频保护切换到旁路的方案，除上述将本线高频保护用收发信机整体切换到旁路保护外，还有在旁路保护柜上设置单独的高频收发信机，然后与被代线路保护切换通道的方法。

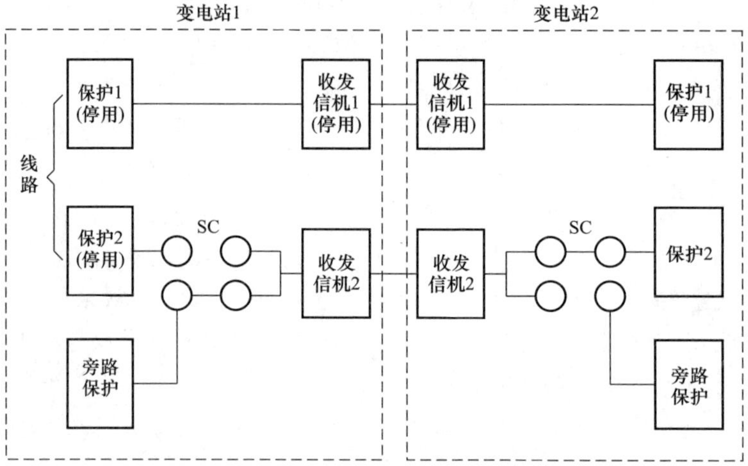

图6－46　高频保护在旁路代线路断路器时的切换

可以说这两种方法各有利弊，切换装置回路复杂，但两则高频收发信机由于频率固定，匹配性较好；切换通道的方法回路简单，但为了与对侧频率匹配，需要在旁代时对旁路保护柜上的收发信机进行改频，改频后需要做通道交换信号试验检查两则高频保护是否正常，对运行人员的要求较高。如果采用的是光纤通道，则切换通道就不存在改频问题，只要将尾纤插入旁路保护的光纤接口装置即可。

（二）主变与发变组保护

只设一套主保护与后备保护时，主变、发变组保护是由多套不同保护功能的保护装置来组成的，双重化的保护则将相对完备的主保护与后备保护功能集中在一套装置中。主变及发变组保护的电压回路、跳闸回路的接线方式与线路保护接入方式一样，由于主变与发变组有差动保护，在旁路断路器代路时，旁路的保护无法满足主变与发变组保护的要求，一般停用或只作为后备保护，这时需要将旁路的电流二次回路切入主变或发变组保护，以满足其保护范围及功能的要求。

在主保护、后备保护使用相对独立装置时，常常主保护与后备保护分别接一组电流互感器的次级，一般为差动保护接独立电流互感器，后备保护接主变压器套管电流互感器的次级，在双母带旁路主接线方式下，旁路断路器代主变压器断路器时，差动保护的电流回路进行相应切换，后备保护的电流回路不用切换。如图6－47为220kV主变保护接入各侧电流互感器位置图。其中差动保护的保护范围包括主变独立电流互感器至套管的引线，当旁代时则包括旁路母线。

保护双重化后一般将第一套保护接原差动保护电流互感器次级，即独立电流互感器，旁代时需切换；第二套保护接原后备保护电流互感器次级，即套管电流互感器，旁代时不需要切换，但对降压变的高压侧来说，无论是差动保护还是该侧的后备保护，其保护范围不包括开关电流互感器到变压器套管的引线，对低压侧来说，应其后备保护的保护范围指向非电源侧，所以引线故障将由后备保护切除。两套保护电流接入的具体位置如图6－47括号内所表示的名称。

在独立电流互感器次级足够时，可以将第二保护也接入独立电流互感器，旁代时切套管电流互感器，这样可以确保正常运行时两套保护均有足够的保护范围，当第一保护因故退出时，不至于因第二套保护存在死区而影响主变的正常运行。但现场进行电流二次回路的切换

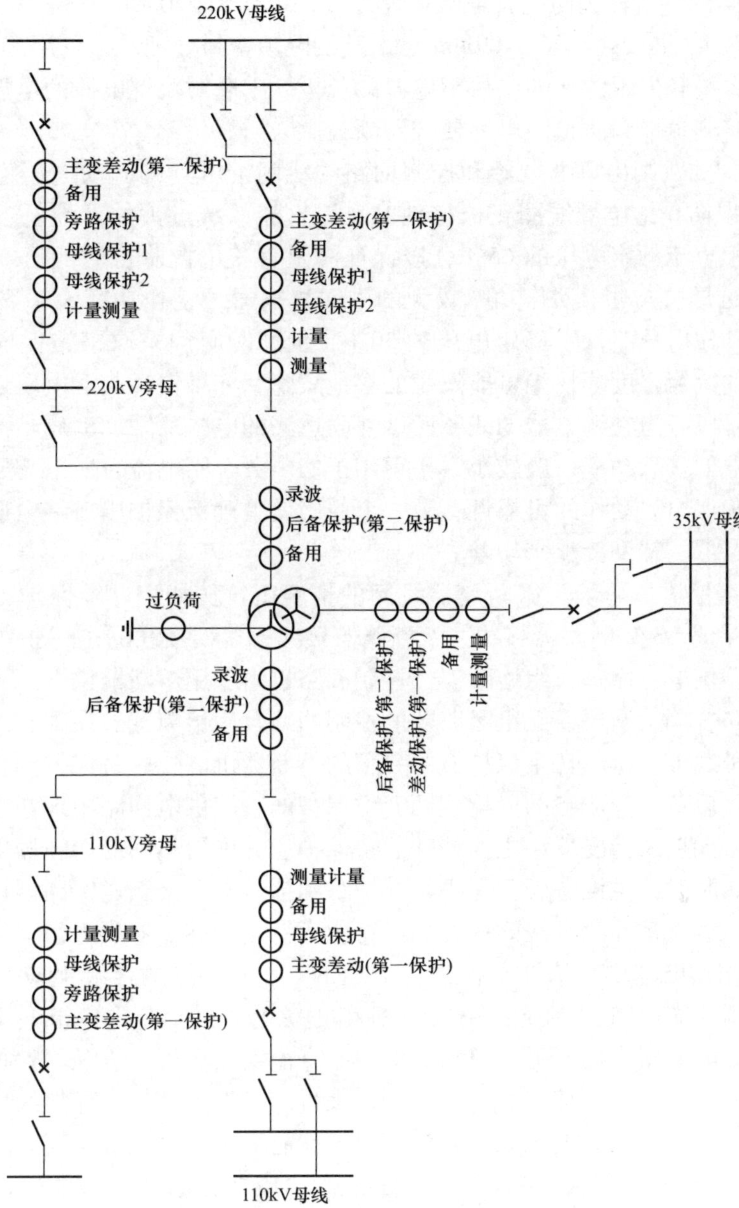

图6-47 主变保护电流互感器二次绕组配置图

较麻烦，因操作不当引起差动保护误动的情况时有发生，所以在保护方式满足要求时，不建议过多进行电流回路的切换。

为了避免电流回路的切换，也可以两套保护均使用套管电流互感器，在降压变的高压侧增设简单电流保护，接独立电流互感器作为引线的保护，当旁代时停用该保护，起用旁路保护作引线及旁路母线的保护，这样保护配置较复杂，该电流保护与旁路保护整定时要考虑励磁涌流的影响。

二、保护的跳闸回路

保护装置动作以后都要经专门的跳闸回路去对断路器进行跳闸，为了提高跳闸回路的可靠性，在回路设计、调试及运行操作中，对跳闸回路有一些具体的要求。

（1）用于跳闸的继电器为防止其线圈回路断线，电压为220V的直流中间继电器线圈线径不宜小于0.09mm。如线径小于0.09mm时，其线圈须密封处理。当采用110V中间继电器串联电阻方式时，串联电阻的一端应接于电源的负极。串联防跳继电器的电压保持线圈回路的保持触点也应接到负极，防止因电蚀使线圈断线。

（2）各种保护的跳闸出口继电器和控制回路的跳闸继电器的起动电压不宜低于直流额定电压的50%，以防止继电器线圈正极接地时，因直流系统过大的对地电容放电引起误动作。但也不应高于直流额定电压的65%，以保证满足直流电源降低时的可靠动作和正常情况下的快速动作的要求。对于动作功率较大的中间继电器（动作功率大于5W），因快速动作的要求，允许动作电压略低于额定电压的50%，但此时必须采取措施保证继电器的线圈正极回路有足够的绝缘强度，杜绝可能发生的接地故障。如果提高起动电压还不能满足防止误动作的要求，可以考虑在继电器的线圈两端并联适当的电阻、增加动作功率以作补充。保护的跳闸出口继电器接点功率一般较小，不得用于切断分合闸电流，所以需要采取出口自保持等方法，一是确保出口动作的可靠性，另一个原因就是确保保护出口继电器不断分合闸电流，该电流由断路器的辅助接点来切断。

（3）当有一组保护去端子几组断路器跳闸的情况下，例如，母线保护、断路器失灵保护、变压器差动保护、3/2断路器接线、双断路器接线、角型接线的主保护等等，保护装置应由专用的熔断器供电。而每一组熔断器的控制回路也由专用熔断器供电。不允许将保护与断路器的控制回路合用熔断器或几组断路器的控制回路合用熔断器。在配有双重化主保护的线路、变压器、母线等，每一套主保护应由专用的熔断器供电。后备保护的直流回路可单独设熔断器，也可将后备保护适当的分配到两套主保护的直流供电回路中。在主设备只要一套主保护和一套后备保护的情况下，主保护和后备保护应分别由不同的熔断器供电，以防止保护回路的熔断器熔断时，主设备失去保护。保护跳闸信号有空接点送断路器控制回路。有两组跳闸线圈的断路器，每一跳闸线圈的控制回路应由专用的熔断器供电。

（4）在由一组熔断器供电给几组保护的情况下，在保护屏的接线上应对每一组不（包括跳闸出口继电器线圈回路），由端子排上单独引正负电源。不允许一组电流保护的任一直流回路，包括跳闸继电器，接到另一组独立保护的直流回路。当一组独立保护的直流回路需延伸到另一保护屏上时，延伸部分的直流电源也来自同一端子排。这样接线可以作到，只要在端子排上将某一部分的直流电源断开，该组保护就能真正作到断开直流。

（5）在查找直流接地需要断开保护直流电源时，应首先断开保护的出口压板，再断开保护的直流电源。需恢复时，应首先恢复直流电源，在接通保护出口压板。

（6）除公用综合重合闸的出口跳闸回路外，其他直接控制跳闸线圈的出口继电器触点，其跳闸压板应装在跳闸线圈与出口继电器的触点之间。经由共用重合闸的选项元件的220kV线路的各套保护回路的跳闸压板，应分别经切换压板接到各自起动重合闸的选相跳闸回路不重合的端子上。综合重合闸中三相电流速断共用跳闸压板，但应在各分相回路中串入隔离二极管。

跳闸压板的开口端应装在上方，接到断路器的跳闸回路，并应保证压板在操作的过程中不与相邻压板相碰。关于压板的接入点及间距要求见图6－48。

穿过保护屏的压板导杆必须有绝缘套，防止压板接地。

（7）在变压器、电抗器瓦斯保护的动作不应经微机保护等处理后再跳闸，而应直接跳闸或经中间继电器重动后直接跳闸。因瓦斯继电器触点至中间继电器间的连接电量很长，电

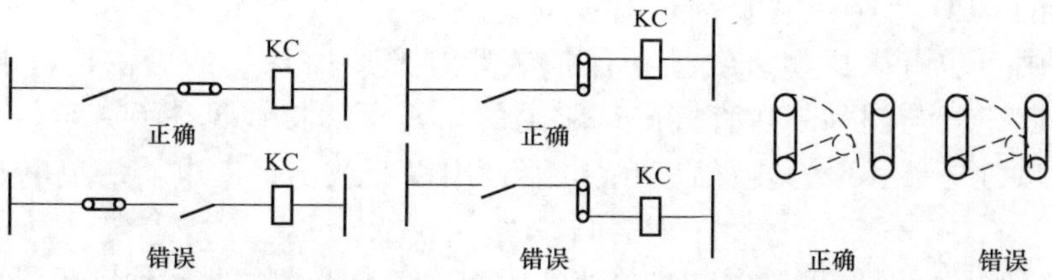

图 6－48 跳闸回路有关压板的联接图

缆的电容值大，为避免电源正极接地引起误动作，应采取动作功率较大的延时返回中间继电器，不引起快速动作。瓦斯继电器应有独立的投退压板，与差动保护能分别投退。

（8）端子排宜布置在屏柜的两侧。端子排中跳（合）引出端子与正电源间应至少隔开一个空端子。强电回路与弱电回路之间、交流回路与直流回路之间、各套独立保护的交直流回路之间都应用空端子隔开。

（9）断路器跳（合）闸回路的控制电缆截面选择，要注意校验包括各串联保持线圈、控制电缆在内的电压降。在跳（合）闸回路操作时，控制母线至跳（合）闸线圈的总电压降不应超过额定电压的10%。断路器的跳闸线圈、继电保护按双重化设置时，两系统的电缆回路、电压回路、直流电源、控制回路的电缆也应分开，而不应合用一根多芯电缆。为满足电源降要求，需增大电缆截面时，首先应选择大截面的控制电缆。一般不采用多芯并联的方式。当采用多芯并联时，要采取有效措施防止并联中的部分电缆芯断开。

三、母差保护的跳闸回路

在变电站中，母差保护是一套极其重要的保护装置，它能以极快的速度有选择性地切除母线故障，减小母线故障对设备及系统的影响，防止系统稳定破坏，这对220kV及以上的枢纽变电站尤其重要。母差保护不能拒动，但一旦误动后果也是非常严重的，特别对220kV及以下主接线为单母线或双母线的系统，误动时将切除一条母线甚至一个电压等级母线上的全部断路器，这往往就意味着全站停电。所以确保不误动是母差保护中考虑的一个重要问题。

采用复合电压闭锁母差保护出口是防止误动的一个有效办法。在母差保护中除电流差动继电器外，还设有测量母线电压的电压元件。为了确保足够的灵敏度，常常同时采用低电压元件及负序电压元件，无论哪个电压元件动作，就开放母差保护的出口回路，这时如果差动继电器同时动作，母差保护将出口跳闸。当母差保护的电流二次回路开路或短接等引起差流，造成差动继电器动作时，由于系统电压无异常，复合电压元件不会动作，差动保护只会发信号而不会出口跳闸。图6－49为常用母差保护的出口回路接线图，接通后跳某一只断路器。图中1KCW、2KCW为该断路器所在回路隔离开关位置的重动继电器接点，1KC、2KC分别为正、副母母差保护动作接点，1KVM、2KVM为相应母线电压元件动作接点，从接线可以看出，只有相应的母差与电压元件均动作才能跳运行于该母线上的断路器。

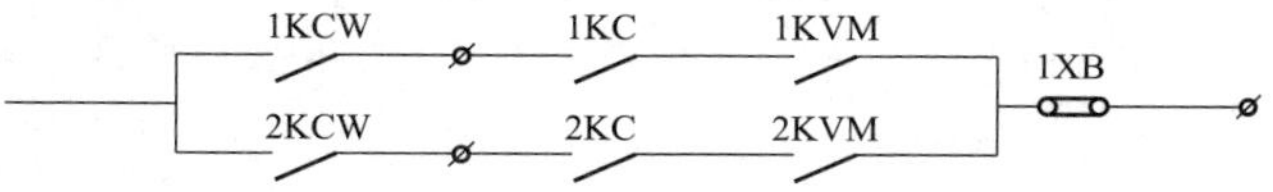

图 6－49 常用差动保护出口回路接线图

为提高母差保护的可靠性，微机型母差中常将差动元件与复合电压元件做在不同的机箱中，其使用的CPU及逆变电源都相对独立，两者的接点与电磁型母线差动保护一样，串联后出口跳闸。也有微机型母线差动保护装置参照线路保护的做法，将电压元件与差动元件做在一起，经与门判断后直接出口跳闸的。其原理接线见图6-50。其中KC整个母差保护的出口继电器，K为装置启动继电器，用以开放出口继电器的负电源，防止母差保护误动。

母差至各断路器的跳闸回路中应有单独的压板，各断路器的跳闸回路可以单独停用。母差保护动作跳闸后，不允许线路开关的重合闸动作，因此母差保护的跳闸回路必须接入不起动重合闸的跳闸端子。如果所用保护没有专用的不起动重合闸跳闸端子，则应该有母差保护在跳闸的同时，给出一个闭锁重合闸的接点，图6-51为其原理接线图。

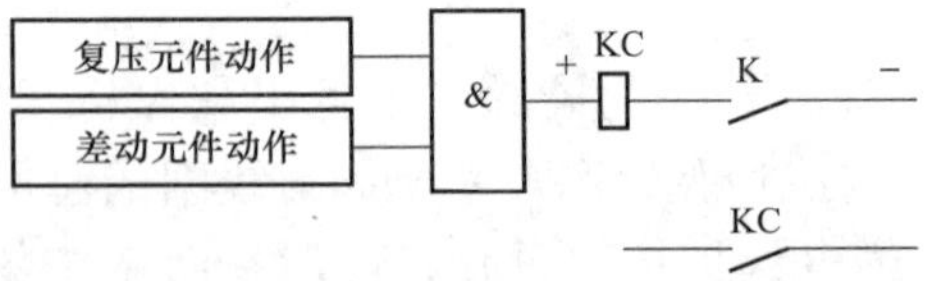

图6-50 直接跳闸的差动保护出口回路图

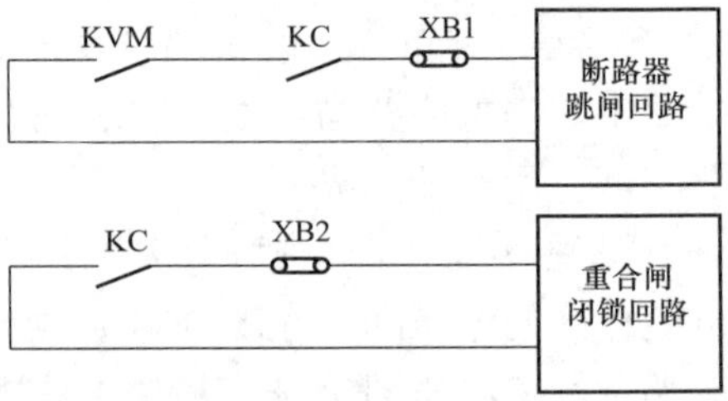

图6-51 差动保护出口重合闸闭锁回路图

四、断路器失灵保护的跳闸回路

在电力系统发生故障时，相应的保护装置将动作跳开断路器，如果该断路器因故不能跳闸，故障将不能切除，这时将由远后备保护来切除故障，但远后备保护的动作时间较长，这对系统的安全稳定运行带来不利影响。所以在220kV及以上系统中配置失灵保护在断路器拒动时快速切除故障。

失灵保护的起动回路一般按断路器设置，失灵保护的启动条件为：相关保护动作后不返回；经过一定时间后与动作保护有关的断路器未断开。当具备起动条件时经延时通过母差保护的出口回路跳闸。图6-52是常规接线的双母线接线的断路器失灵保护起动回路图，其中虚线框内为各线路保护装置提供的起动回路。KAa、KAb、KAc是检定是否有故障电流的电流继电器接点，一般按对系统最小故障电流有灵敏度整定，当系统故障未切除时，该继电器处于动作状态。KRC_A、KRC_B、KRC_C为该线路的分相跳闸继电器，KRC_Q、KRC_R为三相跳闸继电器。从图中可以看出，当保护发出跳闸信号而故障相电流仍然存在时，起动回路接通，经正、副母切换继电器接点起动对应的失灵延时动作继电器1KT或2KT，时间继电器动作后通过母差保护的跳闸回路跳开该单元所运行母线上的全部断路器，从而切除故障电流。

图6-53为微机型失灵起动装置的逻辑图，其判断失灵基本判据与图6-52相同，差别主要是增加了零序启动元件与突变量元件作为辅助判据。在出现跳闸信号存在而相应电流为消失时，首先发重跳信号对该相断路器再跳一次，这对于双跳圈断路器因跳闸回路故障而造成的失灵极为有用，如果重跳成功将有效避免失灵保护跳开整个母线上的其他元件，防止跳闸范围的扩大。

由于变压器的短路阻抗较大，当主变低压侧故障而主变断路器失灵时，母差保护的复压元件可能因灵敏度不够而不动作，失灵起动后无法跳闸，所以主变断路器失灵起动前，首先要提供一对接点解除母差保护中的复压闭锁，只要失灵起动时间一到，即使母差保护中复压

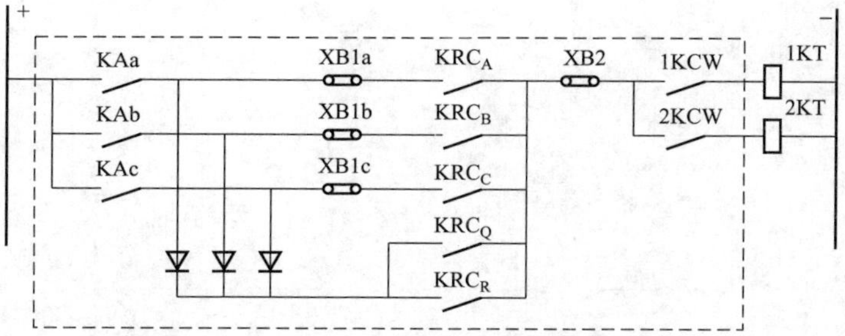

图 6－52　失灵启动接线图

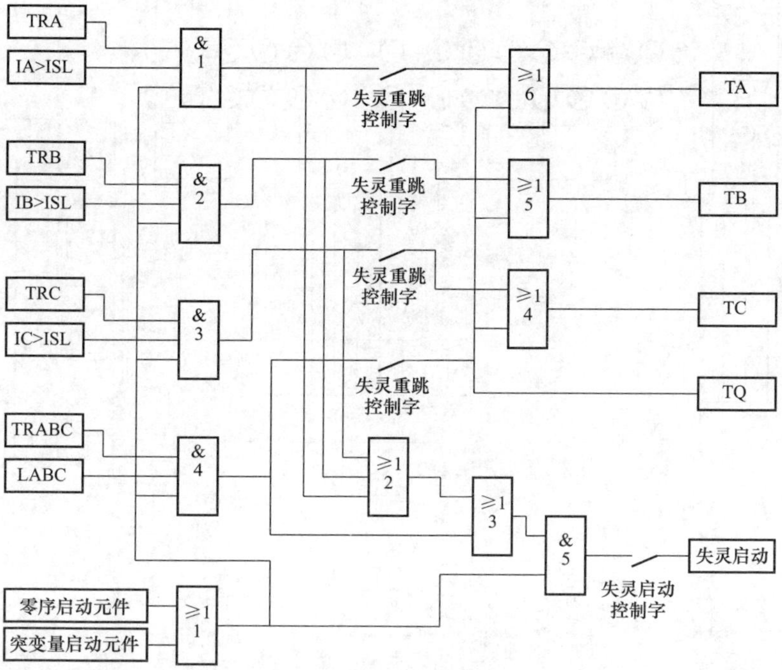

图 6－53　微机失灵启动装置逻辑图

闭锁元件不动作，出口跳闸。

失灵保护的出口方式有两种：一种是独立出口；一种是与母差保护共用出口，随着微机型母差保护的大量采用，现在大多数的失灵保护与母差保护共用出口回路。

五、纵联保护的切换回路

目前，常用纵联保护作为线路全线速动的主保护，纵联保护中常用高频通道与光纤通道。在设旁路母线的变电站，为了在旁路代线路断路器时仍有全线速动保护，常将一套纵联保护切至旁路保护回路。实现的方法有两种，一是在旁路保护中安装高频收发信机或光电转换装置，在旁路代线路断路器时切换收发信机频率与对侧一致，或将光纤改接至光电转换装置，使之组成完成的通道，但应用最为广泛的是将线路保护的收发信机或光电转换装置连同通道一起切换到旁路保护，如图 6－54 所示。

运行于本线断路器位置时，图中 SC 切至“本线”位置，该收发讯机的工作电源及起动发信接点、收信输出、动作信号等均连接到本线断路器的保护装置。与当有旁路断路器代本线断路器时，图中 SC 切至“旁路”位置，该收发讯机的工作电源及起动发信接点、收信输出、动作信号等均连接到旁路断路器的保护装置。

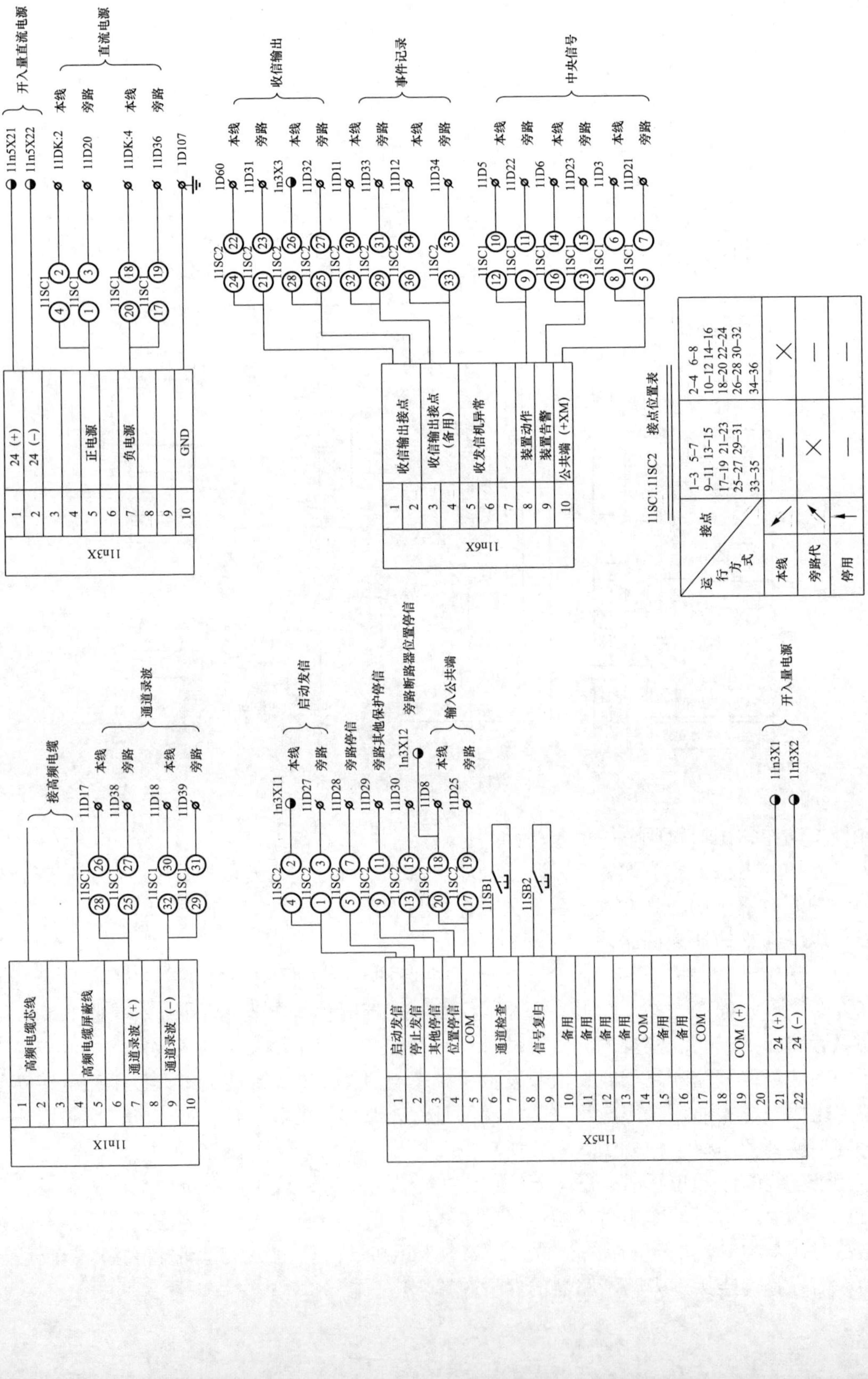

图6-54 高频收发信机及切换回路

旁路保护要与多个线路保护的收发信机进行切换，一般在旁路保护柜上设专用的端子排，各线路的切换回路在该端子排上并接。该切换回路要注意，不能有两条线路的收发信机同时切换到旁路，切换前后线路保护与旁路保护间不得有任何寄生回路。

六、保护的远方跳闸

对于220kV及以上的超高压线路，当发生某些故障时，仅断开本侧的断路器并不能真正切除故障，而需要将对侧断路器也跳开时就需要进行远方跳闸。典型的情况包括以下几类：

（1）3/2接线的断路器失灵保护动作：断路器失灵后需要发远方跳闸命令将和失灵断路器连接的电源切除。

（2）高压侧无断路器的线路并联电抗器保护动作：并联电抗器未配置专用断路器而和线路共用时，本侧断路器跳开并不能切除故障，需要发远方跳闸命令使对侧跳闸。

（3）线路过电压保护动作：本侧线路过电压动作后并不能解决线路过电压问题，需要发远方跳闸命令使对侧跳闸才能避免过电压。

（4）线路变压器组的变压器保护动作；线路变压器组中间无断路器，变压器故障只能发远方跳闸命令使远方的断路器跳闸切除故障。

远方跳闸保护对通道的依赖较大，应当尽可能采用光纤等性能良好的通信通道，同时为了为提高远方跳闸保护的安全性，防止误动作，接收端宜设置就地故障判别元件，以确定是否发生故障及是否应当进行远方跳闸。典型地就地故障判别元件起动量的有：低电流、过电流、负序电流、零序电流、低功率、负序电压、低电压、过电压等，就地故障判别元件应保证对其所保护的相邻线路或电力设备故障有足够灵敏度防止拒动。远方跳闸保护动作后还应闭锁重合闸。

七、三相不一致保护的跳闸回路

断路器一相跳开，而其他两相仍在合闸位置，我们称之为非全相运行，是一种非正常的运行方式。当系统发生非全相异常运行时，会产生零序分量和负序分量，它们会对发电机、电动机造成危害，对通信系统产生干扰，同时也影响系统保护装置的正确动作，所以电力系统不允许长时间地非全相运行。为此在分相操作的断路器安装有非全相保护，当系统出现非全相达到一定时间就跳开其他两相。

非全相保护也称为三相不一致保护，实现三相不一致保护有两种方式。一种是由断路器自身实现，一种是安装单独的三相不一致保护装置。

由断路器自身实现的接线如图6－55所示，它由断路器的一组A、B、C三相常开接点并联，另一组A、B、C三相常闭接点并联，再将两者串联后起动一只带延时的继电器K16来判断是否出现非全相运行。当三相均在合闸位置或分闸位置时，总有一组辅助接点处于分开位置，继电器K16不动作。当三相断路器不一致，有一相或两相处于分闸位置时，两组辅助接点中总有接点处于接通状态，K16继电器动作，到整定延时其接点接通，使继电器K61动作。K61一方面去断路器跳闸回路跳开三相断路器，有一付接点进行自保持，需要通过按钮S4才能复归。自保持是因为出现非全相情况一般为断路器操作机构或其二次控制回路出现了故障，需要查明原因才能进行再次操作。

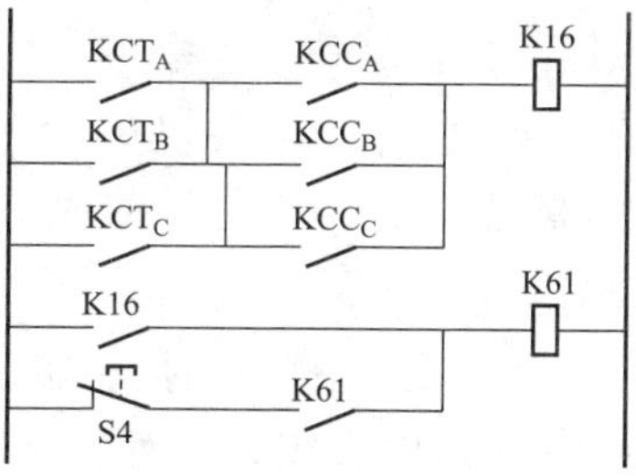

图6－55　断路器中的三相不一致保护

当断路器中没有三相不一致保护时，也可以安装独立的三相不一致保护装置来实现这一功能。独立的三相不一致保护除了用断路器辅助接点或位置接点构成判断三相不一致的起动回路外，还可以用零序电流与负序电流闭锁回路，用以提高该回路的可靠性。当出现三相不一致的异常运行情况时，只要有电流，就一定会出现零序电流或负序电流，当三相不一致起动回来沟通，同时又有零序电流或负序电流时，经过一定延时才发三相不一致的跳闸命令。图6-56为经零序或负序电流闭锁的三相不一致保护原理接线图，图中在判断三相位置不对应回路后串入了负序及零序电流继电器的接点KA1、KA0，这时只有负序或零序继电器同时动作才能起动跳闸继电器KC。零序与负序闭锁电流的整定要有足够的灵敏度，一般考虑躲过可能出现的最大不平衡电流即可。

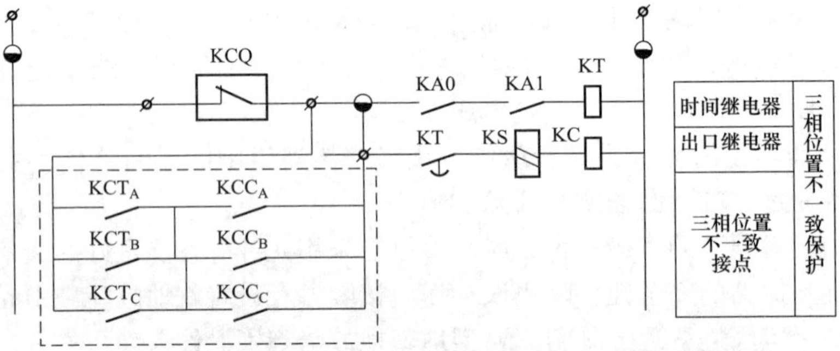

图6-56 经零序或负序电流闭锁的三相不一致保护原理接线图

为了防止三相不一致保护误动作，当通过断路器辅助接点判断出现三相不一致后，需经延时出口跳闸。对于不采用单相重合闸的线路，该时间一般整定0.6s，对于有单相重合闸的线路断路器，则三相不一致保护的动作时间要躲过保护单相跳闸及重合闸时间，防止这种情况下三相不一致保护误动。

八、开关量输入及输出部分

开关量输入插件完成将断路器和隔离开关或其他开关量的输入，以便完成相关的保护功能。不同的保护所需要的开关量不同，一般需采集的开关量有装置内的开关量，如断路器位置、隔离开关位置、瓦斯信号等。装置内的开关量是本装置的接点，如面板的转换接点、继电器接点。开关量输出插件主要完成跳闸出口信号，重合闸出口及就地和中央信号的输出。一般为了提高抗干扰能力，在输入和输出回路上采用光电隔离，信号电压采用24V的电压。其输入和输出电路图如6-57所示。电路中采用了电容、电阻构成的简单滤波电路。

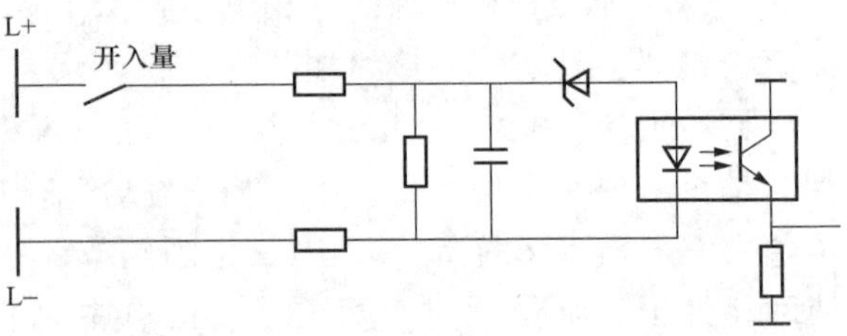

图6-57 开关量输入电路

24V电压不宜引出控制室，否则干扰问题较难解决。此外，小室式布置时，电缆可能较长，其对地电容较大，简单地采用光耦回路，在站内直流系统一点接地时就可能引起误动。为解决此问题，可采用适当提高光隔动作电压并适当增加延时的措施。

对于连接电缆较长，用于出口跳闸的开关量输入回路，如采用光电隔离无法满足其可靠性时，必须采用继电器进行隔离，如非电量保护接入跳闸回路的继电器，其动作电压应不小于50%额定电压，动作速度不宜小于10ms，并有较大的起动功率。

九、继电保护通信接口

在变电站和发电厂广泛采用综合自动化，以及在变电站采用无人值班后，变电站的各种信息就必须通过通信系统送到控制中心。在微机保护中普遍配置有通信接口或专门的通信插件。简单的保护通信口可直接集成。在通信插件内一般含通信速度极高，具备通用性接口的以太网络芯片。提供的接口根据不同的通信要求有 RJ45 通信接口、RS232 串行接口、RS442、RS485 等接口。

十、时钟回路

为了在发生事故后进行有效的事故分析，许多的微机保护都有事故记录功能，但需要准确记录事故发生时间等，因此需要精确的时钟。现在广泛采用 GPS 进行对时。在插件内设置硬件时钟回路，采用的精度高的时钟芯片，设置硬件对时电路接收 GPS 的脉冲对时信号。

十一、光纤通信及通道连接

光纤通信由于具有很强的抗电磁干扰的能力、极高的传输容量、极高的频带带宽和很小的传输衰耗等优点而获得了广泛应用，以光纤为通信媒介的保护有逐步替代高频保护的态势。光纤是光纤通信中光信号的传播媒体，由纤芯、包层。涂敷层和套塑几部分构成。由于光纤的不能过度弯曲，所以实际通信中作成光缆，分为单芯光缆和多芯光缆，为了增强光缆强度，在外面有强化的护层。

光纤的连接在实际中是很常见的，可以采用电弧熔接法的固定连接和用光纤活动连接器的活动连接。一般光纤与光纤的连接采用电弧熔接法连接，光纤和光端机及其他无源器件采用活动连接器连接。无论采用哪一种都需注意接头应保持清洁以保证光通信的可靠性。光纤通信系统的可靠性直接影响了光纤纵差保护的性能，所以对光纤系统的运行维护非常重要。

继电保护所采用的光纤通道主要有两种方式：一种是为保护敷设的专用光纤通道；另一种是复用已有的数字通信网络。相应的连接方式有专用通道方式和复用通道方式，复用通道方式分为64kbit/sPCM 复用和2M 接口复用两种。下面以某系列保护装置为例进行简单介绍，如图6－58 所示。

（1）专用光纤通道方式：如图6－58（a）所示，专用光纤只传输保护信息，可靠性高且不涉及调度通信等部门，管理方便。图中保护装置已内置了光端机，完成光信号的收发。图6－58（b）是纵联保护采用专用光纤的连接示意图，同光纤差动保护的通道相比仅增加了信号传输装置，进行光电信号的转换和传输。

（2）复用通道方式：复用通道方式指通过数字复用技术，利用现有的光纤通道对继电保护的信息进行传输，它可以充分利用光纤通道，因此得到了广泛应用。复用方式包括64kbit/s 的数字接口通过 PCM 终端设备或 2M 数字接口直接接入。图 6－58（b）和图6－58（c）是光纤差动保护的一侧连接示意图。图6－58（e）和图6－58（f）为光纤纵联保护的一侧连接示意图，仍需增加信号传输装置。

图中包括 RCS－901/2F（M）系列高频保护、RCS－931/943/953 系列线路纵差保护、FOX－40/41 系列光纤通信接口装置、MUX64/2M 系列光纤通信接口装置。

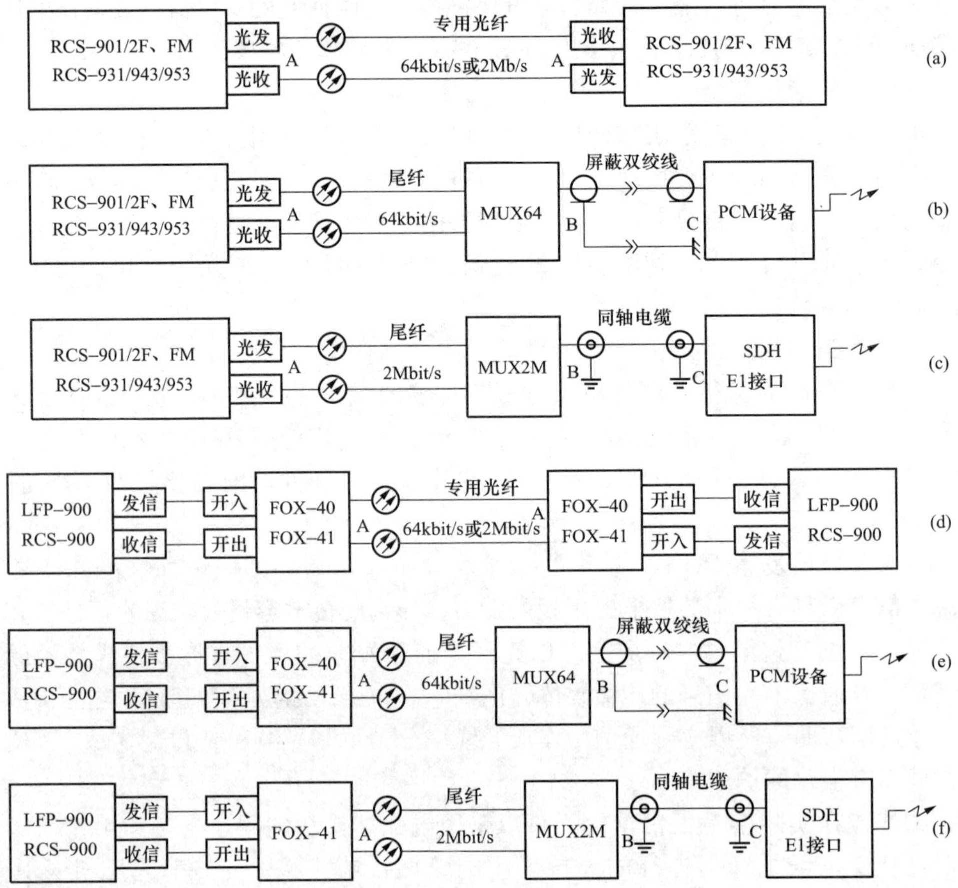

图 6－58　几种光纤通道的连接方式

第八节　直流电源系统

目前，发电厂及中、大型变电站的控制回路、继电保护装置及其出口回路、信号回路，皆采用由直流电源供电。重要发电厂及变电站的事照明也采用直流供电方式。另外，为确保发电机等主设备的安全，某些动力设备（例如电动油泵等）也由直流电源供电。完成对上述回路，装置及动力设备供电的系统称之为直流系统。

直流系统是发电厂和变电站的重要系统。在发电厂及大、中型变电站，由于被操作和被保护的主设备众多，使直流系统分布面广，它遍布厂或站的各个角落。因此，为确保发电厂和变电站的安全、经济运行，有完善而可靠的直流系统是非常必要的。

一、直流系统的构成及要求

（一）直流系统的构成

发电厂和变电站的直流系统，主要由直流电源、直流母线及直流馈线等组成。直流电源包括蓄电池及其充电设备；直流馈线由主干线及支馈线构成。

1．蓄电池

发电厂及变电站常用的蓄电池，主要有酸性的和碱性的两大类。常用的酸性蓄电池是铅蓄电池，而常用的碱性蓄电池是镉—镍蓄电池。它们电化学反应的方程式如下。

（1）铅蓄电池的正极为二氧化铅，负极为铅（海绵铅），电解液是硫酸溶液。工作时，蓄电池内部的化学反应为

$$PbO_2 + Pb + 2H_2SO_4 \underset{充电}{\overset{放电}{\rightleftharpoons}} PbSO_4 + 2H_2O \tag{6-8}$$

电池在放电时，正极、负极上均生成硫酸铅，而消耗硫酸，充电时与放电过程相反，其正、负极的硫酸铅分别反应成二氧化铅及海绵铅，同时生成硫酸。

（2）镉—镍蓄电池的正极为氧化镍，而负极为镉—铁，其电解液采用氢氧化钠或氢氧化钾溶液，并加入少量的氢氧化铝。电池内部的化学反应为

$$2Ni(OH)_2 + Cd(OH)_2 \underset{放电}{\overset{充电}{\rightleftharpoons}} 2NiOOH + Cd + 2H_2O \tag{6-9}$$

（3）电气参数。蓄电池的主要电气技术参数包括：

额定电压：发电厂及变电站常用的铅蓄电池的额定电压为2～2.5V/只，镉—镍蓄电池的额定电压为1.25V/只。

额定容量（安时）：不同型号的蓄电池，其额定容量不同。所谓额定容量是指：放电时间10h（或5h）、放电终止电压为1.8V（铅蓄电池）或1V（镉—镍蓄电池）时的计算放电容量。铅蓄电池的容量，小的有几十安时，大的有1600Ah；而镉—镍蓄电池的容量，小的有10Ah，大的有500Ah。

短路电流：短路时蓄电池供出电流的大小，决定于蓄电池的电动势、内阻及外回路的电阻。当外回路的内阻等于零时，镉—镍蓄电池可供出的最大短路电流为15～58A。

（4）蓄电池的充电。蓄电池的充电方法，通常采用恒流充电方法。充电的种类有初充电、正常充电和均衡充电三种。为提高蓄电池的放电性能，新的蓄电池在交付使用前，为完全达到荷电状态所进行的第一次充电称之为初充电。对已经放过电的蓄电池充电称之为正常充电。为补偿蓄电池在使用过程中产生的电压不均匀现象，使其恢复到规定的范围内而进行的充电称之为均衡充电。

（5）蓄电池组。发电厂及变电站直流系统的额定电压，通常48V、110V及220V三种。为取得上述各种电压，需要将多个蓄电池串联起来。另外，为使直流电源能输出较大的电流，需将几个蓄电池组并联使用。直流系统的电压越高，需串联的蓄电池个数越多；要求直流系统输出的电流越大，需并联的蓄电池支路数越多。

（6）蓄电池组的浮充。在充电装置的直流输出端始终并接着蓄电池和负载，以恒压充电方式工作。正常运行时充电装置在承担经常性负荷的同时向蓄电池补充充电，以补偿蓄电池的自放电，使蓄电池组以满容量的状态处于备用，该充电方式叫做浮充。此时，充电电源与蓄电池组并联运行。浮充方式有全浮充和半浮充两种。

2. 充电设备

为补偿蓄电池运行中的功率损耗，维持电源电压及增大短路容量，需对蓄电池经常进行充电。

充电设备通常采用将三相交流进行整流、滤波及稳压的交流－直流变换装置。它应满足以下要求：

（1）充电设备输出电压及输出电流的调节范围，应满足蓄电池组各种充电方式的需要。对于直流电压为110V的直流系统，充电设备输出电压的调节范围应为90～160V；对于额定电压为220V的直流系统，充电设备输出电压的调节范围为180～310V。

（2）具有维持恒定输出电压及恒定输出电流的调节功能。对于用可控硅整流设备作为

充电装置时，当其输入电压在额定电压的 +5% ~ −15% 范围内变化及输出负荷电流在额定电流的 20% ~100% 范围内变化时，其输出电压的变化≤ +2%；输入电压在 +5% ~ −15% 额定电压的范围内变化时，输出稳定电流的误差小于 ±5%。

（3）输出电压的纹波系数应满足《电力系统用蓄电池直流电源装置运行及维护技术规程》要求，直流母线纹波系数范围应不大于 2%。

（4）充电时应维持直流母线电压的变化小于 5%。

（5）充电设备的额定电流应按下式进行选择。

浮充电设备的输出电流，应能承担正常运行时直流系统的负荷电流和蓄电池的自放电电流。其额定电流应为

$$I_{\rm N}=\frac{1.1Q_{\rm S}}{T}+I_{\rm jc} \tag{6-10}$$

式中：$I_{\rm N}$ 为额定电流，A；$Q_{\rm S}$ 为蓄电池放电容量；T 为蓄电池长期放电时间，取 12h；$I_{\rm jc}$ 为直流系统正常负荷电流。

考虑到核对性充放电，也可按最大充电电流选择

$$I_{\rm N}=(0.1\sim0.125)Q_{\rm S10}/10 \tag{6-11}$$

式中：$I_{\rm N}$ 为额定电流；$Q_{\rm S10}$ 为蓄电池 10h 放电容量。

3. 直流母线及输出馈线

蓄电池组的输出与充电设备的输出并接在直流母线上。直流母线汇集直流电源输出的电能，并通过各直流馈线输送到各直流回路及其他直流负载（例如事故照明、直流电动机等）。

直流母线的接线方式，取决于蓄电池组的数量、对直流负荷的供电方式及充电设备的配置方式。在中、大型发电厂及变电站，直流母线的接线方式多为单母线分段或双母线。根据需要，从每段或每条直流母线上引出多路直流馈线，将直流电源引至全厂或全站的配电室及控制室的直流小母线上，或引至直流动力设备的输入母线上。

从各直流小母线上又分别引出多路出线，分别接至保护盘、控制盘、事故照明盘或其他直流负荷盘。

4. 直流监控装置

为测量、监视及调整直流系统运行状况及发出异常报警信号，对直流系统应设置监控装置。直流监控装置应包括测量表计、参数越限和回路异常报警系统等。

（二）对直流系统的基本要求

为确保发电厂及变电站的安全、经济运行，其直流系统应满足以下要求。

（1）正常运行时直流母线电压的变化应保持在 ±10% 额定电压的范围内。若电压过高，容易使长期带电的二次设备（例如继电保护装置及指示灯等）过热而损坏；若电压过低，可能使断路器、保护装置等设备不能正常工作。

（2）蓄电池的容量应足够大，以保证在浮充设备因故停运而其单独运行时，能维持继电保护及控制回路的正常运行，根据变电所设计规程，要求有人值班变电所全所事故停电蓄电池的放电容量不低于 1h，无人值班变电所全所事故停电蓄电池的放电容量不低于 2h；此外，还应保证事故发生后能可靠切除断路器及维持直流动力设备（例如直流油泵等）的正常运行，并有一定的冗余度。

（3）充电设备稳定可靠，能满足各种充电方式的要求，并有一定的冗余度。

（4）直流系统的接线应力求简单可靠，便于运行及维护，并能满足继电保护装置及控制回路供电可靠性要求。

（5）具有完善的异常、事故报警系统及直流电源分级保护系统。当直流系统发生异常或运行参数越限时，能发出告警信号；当直流系统某一支路发生短路故障时，能快速而有选择性地切除故障馈线，而不影响其他直流回路的正常运行。

（6）宜使用具有切断直流负载能力的、不带热保护的小空气开关取代原有的直流熔断器，小空气开关的额定工作电流应按最大动态负荷电流的1.5～2倍选用。

（7）对配置了双重化保护的厂、站，还应要求直流系统的备用冗余配置，宜配置两组蓄电池，各带一段直流母线，每组蓄电池的容量应能带全站负荷，两端直流母线正常时分裂运行，事故时可通过合母联开关的方式实现备用。双重化配置的保护各在一个直流段上运行。

二、直流系统的绝缘检测

前已述及，发电厂及变电站的直流系统分布面广，回路繁多，很容易发生故障或异常，其中最常见的不正常状态是直流系统接地。

（一）直流系统接地的危害

运行实践表明，直流系统一点接地，容易致使断路器偷跳。此外，当直流系统中发生一点接地之后，若再发生另外一处接地，将可能造成直流系统短路，致使直流电源中断供电，或造成断路器误跳或拒跳的事故发生。

当控制回路中发生两点接地时，可能造成断路器的拒跳或误跳。断路器的简化跳闸回路如图6－59所示。

由图6－59可以看出：当A、B两点接地或A、C两点接地、或A、D两点接地时，跳闸线圈TQ将有电流通过，致使断路器跳闸；而当C、E两点接地、或B、E两点接地、或D、E两点接地时，可导致断路器拒跳，或由于跳闸中间继电器不能启动而在继电保护动作后，断路器不能跳闸现象的发生。

另外，当图6－59中的A、E两点同时发生接地时，将造成直流电源的正极与负极之间的短路故障，致使熔断器（或快速开关）1FU、2FU要熔断（或快速开关跳闸），导致控制回路直流电源消失。

由于断路器线圈的动作电压较低，当站内直流系统的对地电容较大时，跳合闸线圈前的回路一点接地，也会造成断路器的误跳或误合。

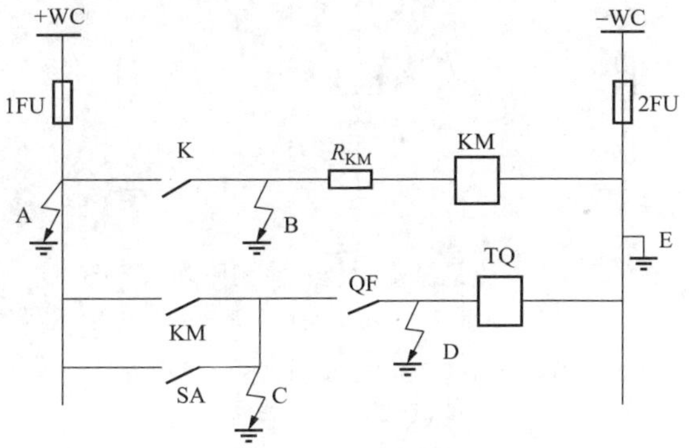

图6－59 简化的断路器跳闸回路

K—继电保护出口继电器的常开接点；A、B、C、D、E—分别为接地点位置；KM—跳闸中间继电器；SA—控制开关接点；TQ—断路器的跳闸线圈；R_{KM}—电阻；1FU、2FU—熔断器或快速开关刀口；QF—断路器辅助接点，断路器在合位时闭合；＋WC、－WC—控制回路直流正、负小母线

（二）直流绝缘检测装置

当直流系统发生一点接地之后，应立即进行检查及处理，以避免发生两点接地故障。这就需要设置直流系统对地绝缘的检测装置，当直流系统对地绝缘严重降低或出现一点接地之

后，立即发出告警信号。

1. 直流绝缘检测装置的构成原理

直流绝缘检测装置是根据电桥平衡原理构成的。其检测原理的示意图如图 6－60 所示。

正常工况下，直流系统正、负两极对地的绝缘电阻 $R_3=R_4$，由于装置内电阻 $R_1=R_2$，因此，在由 R_1、R_2、R_3、R_4 构成的四臂电桥中 $R_1R_4=R_2R_3$，满足电桥平衡条件。A 点的电位与地电位相等，直流电压表Ⓥ= 的指示等于零。信号继电器 KS 两端无电压，它不动作。

当某一极对地的绝缘电阻下降或直接接地时，R_3 不再等于 R_4，故 $R_1R_4 \neq R_2R_3$ 电桥平衡被破坏，A 点对地产生电压，信号继电器 KS 动作，发出告警信号。

图 6－60 中直流电压表的刻度为电压和电阻的双刻度，电压的刻度应与直流系统的额定电压相对应。

2. 绝缘检测和电压监视装置

直流系统的绝缘检测装置的种类很多。但是，不管是哪种装置，其构成原理均为电桥平衡原理。不同的是：构成元件不同，功能多少不同。早期多采用继电器构成的绝缘检测装置，但目前已不常用，这里不再作详细介绍，需要了解其原理可以查阅有关资料，现在主要采用微机型绝缘检测装置。

微机型直流电源检测装置不但可以监测全直流系统对地绝缘状况，还可判断出接地的极性，还能检测出具体发生接地的直流馈线。该装置的原理接线如图 6－61 所示。

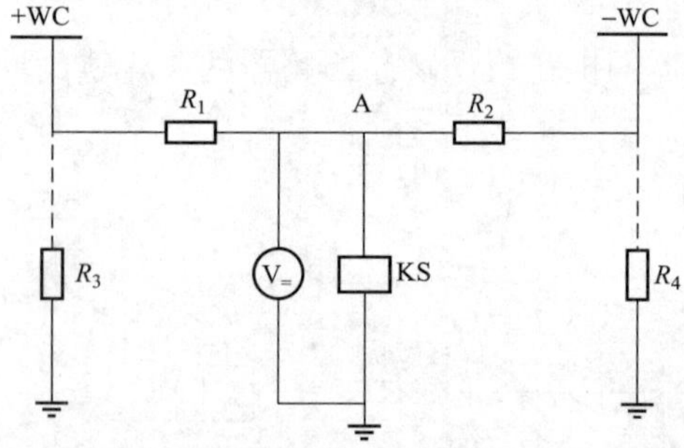

图 6－60 直流绝缘检测装置检测原理示意图
R_1、R_2—监测装置内 P 的辅加电阻；R_3、R_4—分别为直流电源两极对地的绝缘电阻；KS—电压信号继电器；$V_=$—直流电压表；＋WC、－WC—直流电源的正、负小母线

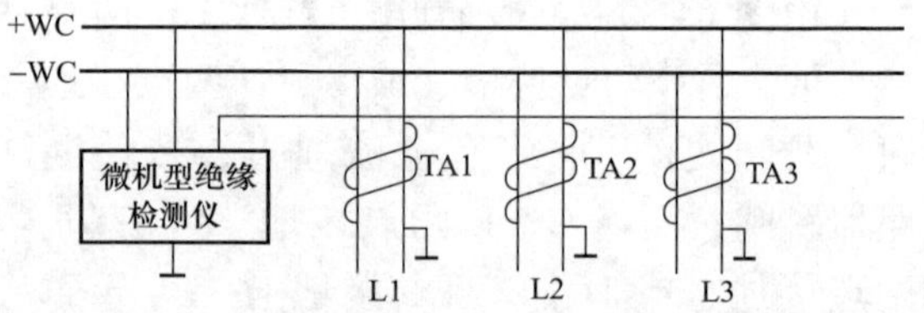

图 6－61 微机型绝缘监测装置原理接线图
＋WC、－WC—分别表示直流电源的正、负极母线；L1、L2、L3—直流馈线；TA1、TA2、TA3—直流绝缘监测回路辅助电流互感器

图 6－61 中所示的微机型绝缘检测仪的检测原理也是电桥平衡原理。不同的是装置内部有一低频电压信号发生器，该信号发生器产生的低频电压加在直流母线与地之间。当直流系统中某一馈线回路出现接地故障时，该馈线上将流过一低频电流信号。该低频电流信号经辅助电流互感器传递给检测仪，经计算判断出接地馈线及接地电阻的大小。由于叠加低频信号对直流系统的电压质量有一定影响，所以对其幅值不宜过大，一般不应大于额定电压的 5%，并应检验叠加信号后对继电保护等设备无不良影响。

也有采用霍尔传感器来代替图中辅助电流互感器的，霍尔传感器能检测各馈线上正负两根馈线的直流电流之差。因此，不必叠加低频信号。

（三）对直流绝缘监测装置的要求

直流系统是不接地系统，直流系统的两极（正极和负极）对地应没有电压，大地也应没有直流电位。但是，由于绝缘检测装置的电压表及信号继电器的一端是接地的，就使得直流系统通过该仪表及信号继电器与大地连接。实际上，发电厂及变电站的直流系统是经高阻接地的接地系统。又由于图 6－60 中的 R_1 等于 R_2，因此在正常工况下，地的直流电位应等于直流系统电压的$\frac{1}{2}$。对于直流电压为 220V 的直流系统，其所在大地的地电位应为 110V 左右。

对直流绝缘监测装置的要求，除了动作可靠之外，还要求其内测量电压表计的内阻要足够大，否则将可能造成继电保护出口继电器误动、拒动及断路器的拒跳和误跳。这是因为，如果绝缘检测装置中测量电压表的内阻过小（极限情况下为零），使直流系统在正常工况下已有一点接地，当再发生另一点接地时，就像两点接地一样，使断路器拒跳或误跳。

对直流系统绝缘监测装置用直流表计内阻的要求是：用于测量 220V 回路的电压表，其内阻不得低于 20kΩ，而测量 110V 回路的电压表，其内阻不低于 10kΩ。

三、直流系统接地位置的检查

直流系统发生一点接地之后，绝缘监测装置发出报警信号。运行及维护人员应尽快检测出接地点的具体位置，并予以消除。

（一）接地所在馈线回路的确定

前已述及，微机型绝缘监察装置，可以确定出接地点所在的直流馈线回路。对于没有设置能确定接地点所在馈线回路绝缘检测装置的直流系统，当出现一点接地故障之后，运行人员要首先缩小接地点可能所在的范围，即确定哪一条馈线回路发生了接地故障。

运行人员确定接地点所在直流馈线回路的具体方法是“拉路法”。

所谓拉路法是指：依次、分别、短时切断直流系统中各直流馈线来确定接地点所在馈线回路的方法。例如，发现直流系统接地之后，先断开某一直流馈线，观察接地现象是否消失。若接地现象消失，说明接地点在被拉馈线回路中，如果接地现象未消失，立即恢复对该馈线的供电。再断开另一条馈线进行检查。重复上述过程，直至确定出接地点的所在馈线。

用上述方法确定接地点所在馈线回路时，应注意以下几点：

（1）应根据运行方式、天气状况及操作情况，判断接地点可能所在的范围，以便在尽量少的拉路情况下能迅速确定接地点位置。

（2）拉路顺序的原则是先拉信号回路及照明回路，最后拉操作回路；先拉室外馈线回路，后拉室内馈线回路。

（3）断开每一馈线的时间不应超过 3s，不论接地是否在被拉馈线上，应尽快恢复供电。

（4）当被拉回路中接有继电保护装置时，在拉路之前应将直流消失后容易误动的保护（例如发电机的误上电保护、启停机保护等）退出运行。

（5）当被拉回路中接有输电线路的纵联保护装置时（例如高频保护等），在进行拉路之前，首先与调度员联系，同时退出线路两侧的纵联保护。

当用拉路法找不出接地点所在馈线回路时，可能原因如下：

1）接地位置发生在充电设备回路中，或发生在蓄电池组内部，或发生在直流母线上。

2）直流系统采用环路供电方式，而在拉路之前没断开环路时。

3）全直流系统对地绝缘不良。

4）各直流回路互相串电或有寄生回路。

（二）接地点的确定及消除

当确定接地点所在直流馈线回路之后，应由运行人员配合维护人员查找出接地点的位置，并予以消除。

运行中出现直流系统对地绝缘降低或直接接地的原因，通常有二次回路导线外层绝缘破坏、水淋受潮，二次设备受潮等。雨天容易发生。接地点多出现在室外端子箱、断路器操作箱或保护盘及控制盘处。

在查找接地点及处理时，应注意以下事项：

（1）应有两人共同进行；

（2）应使用带绝缘的工具，以防造成直流短路或出现另一点接地；

（3）需进行测量时，应使用高内阻电压表或数字万用表，表计的内阻应不低于2000Ω/V，严禁使用电池灯（通灯）进行检查；

（4）需开二种工作票，作好安全措施，严防查找过程中造成断路器跳闸等事故。

四、直流系统的其他问题

（一）继电保护及控制回路等对直流馈线的要求

（1）对大容量发电机组及额定电压为220kV及以上的主设备、输电线路等，应根据继电保护与控制回路双重化的要求及保护电源与控制电源分开的原则，使控制回路同保护回路由不同的直流馈线供电。两套双重化的保护及控制回路也需由不同的直流母线供电。对于具有双跳闸线圈的断路器，要求每个跳闸回路由不同的直流小母线供电，变压器各侧的控制回路也由不同的直流小母线供电。

（2）事故照明系统需有两套，分别由不同的母线供电。

（3）对于微机型保护装置，非电量保护应与电气量保护的直流电源分开。

（4）交、直流系统不能共用一根电缆，更不能有任何的电气连接。

（二）空气开关、熔断器及快速开关的选择

当直流系统发生短路故障时，为能迅速切除故障，需在各直流馈线及各分支直流馈线的始端设置能自动脱扣的空气开关、或熔断器或快速跳闸的小开关。另外，当需要对某馈线进行检修或检查时，可手动断开空气开关、快速小开关，或取下熔断器。

1. 选择原则

为确保直流系统的安全运行，对空气开关、熔断器及快速小开关的选择应遵照以下原则：

（1）正常或最大负荷工况下，不会误脱扣或误熔断，或误跳闸；

（2）在各直流馈线及各分支直流馈线上均应设置熔断器或快速开关；

（3）对大型直流动力设备供电的直流馈线宜设置空气开关；

（4）保护装置及控制回路的分支直流馈线宜采用快速开关，其上一级馈线宜采用熔断器；

（5）各级空气开关、熔断器或快速开关的脱扣、熔断或跳闸电流应满足上、下级配合及动作选择性要求，即只断开有短路故障的分支直流馈线，不得越级跳闸或熔断。

2. 技术参数的确定

（1）额定电压。空气开关、熔断器及快速开关的额定电压应大于或等于直流系统的额定电压。

（2）额定电流。对于直流电动机回路，应考虑电动机的启动电流。空气开关的脱扣或熔断器熔件的额定电流，应按下式确定

$$I_{N}=\frac{I_{cp}}{K_{X}} \qquad (6-12)$$

式中：I_N 为空气开关的脱扣或熔断器熔件的额定电流；I_{cp}为电动机的启动电流；K_X 为配合系数，具体数字可查相关手册。

对于控制、保护及信号回路，应按回路最大负荷电流选择，即

$$I_N = \frac{I_{max}}{K_X} \tag{6-13}$$

式中：I_N 为熔断器熔件的额定电流；I_{max} 为馈线的最大负荷电流；K_X 为配合系数，具体数字可查相关手册。

断路器合闸回路的熔断器熔件的额定电流为

$$I_N = K_X I_{HQ} \tag{6-14}$$

式中：I_N 为熔断器熔件的额定电流；I_{HQ} 为断路器的合闸电流；K_X 为配合系数，取 0.25～0.3。

（3）各级熔断器熔断特性的配合。

在直流系统中，各级熔断器宜采用同型号的，各级熔断器熔件的额定电流应相互配合，使具有熔断的选择性。上、下级熔断器熔件额定电流之比应为1.6∶1。

（4）自动空气开关与熔断器特性的配合。

当直流馈线用空气开关，而下级分支直流馈线用熔断器时，自动空气开关与熔断器的配合关系如下：

对于断路器合闸回路的熔断器，其熔件的额定电流应比自动空气开关脱扣器的额定电流小1～2级。例如，对熔件额定电流为60A和30A的熔断器，其上级自动空气开关脱扣器的额定电流应为100A和50～60A。

对于控制、信号及保护回路的熔断器，其熔件的额定电流一般选择5A或10A，其上级自动空气开关脱扣器的额定电流应比熔断器熔件额定电流大1～2级，通常选择20～30A。

（三）关于直流回路输出线不能与交流回路共用一条电缆问题

直流系统和交流系统为两个相互独立的系统。直流为不接地系统，而交流系统为接地系统。如果直流回路与交流回路公用一根电缆，当电缆中的直流芯线与交流芯线之间的绝缘损坏时，交流系统便串入直流系统，使直流系统接地。在电缆内部由于交、直流系统互串引起的直流接地很难检查及处理。

另外，交流回路与直流回路同用一根电缆，也容易相互干扰。若交流信号进入直流回路，将影响继电保护及控制回路的正常运行，相互之间的扰动可能致使继电保护误动，断路器偷跳等事件的发生。

第九节 保护装置及二次回路抗干扰

电力系统经常遇到雷电侵扰，还不时发生短路等各类故障，为了满足系统运行方式及设备检修的需要，经常还会对一次高压设备（断路器、隔离开关等）进行各种操作，此时都会产生暂态干扰电压，通过静电耦合、电磁耦合或直接传导等途径进入继电保护继电保护装置，其峰值高达几百伏至几千伏，甚至数十千伏，频率则在几百赫兹至几千赫兹，甚至高达几兆赫兹。这些电磁信号称为电磁干扰信号，经常对我们变电站的控制系统及继电保护装置产生不可忽视的影响，特别是大量采用电子元器件及计算机监控及保护系统的今天，这种影响尤其不能忽视，如果不采取有效措施防御，容易造成继电保护及安全自动装置的误动或拒

动，造成监控系统的数据混乱及死机等现象，严重时会损坏二次回路的绝缘及保护装置中的电子元器件，对电网的安全构成严重威胁。

一、干扰信号的分类

不同的干扰会对二次回路造成不同的影响，为了更好地研究和避免这些干扰的影响，需要对干扰进行分类。

按干扰信号的频率进行划分，可以分为低频干扰与高频干扰两类。低频干扰包括工频与其谐波以及频率在几千赫兹的振荡。高频干扰则有高于低频的振荡、无线电信号，还包括频谱含量丰富的快速瞬变干扰，如雷电冲击波等。

干扰按发源地来分，可以分为内部干扰与外部干扰。

干扰按其形态或信号源组成的等值电路来分，有共模干扰和差模干扰两种。共模干扰是发生在回路中一点与接地点之间的干扰。差模干扰是指发生在回路两线之间的干扰，它的传递途径与有用信号的传递途径相同。

按干扰信号造成的不同后果来划分，可以分为引起设备或元器件损坏的干扰与造成保护或断路器异常动作的干扰。一般来说，高频干扰或共模干扰容易损坏元器件；低频或差模信号则常引起保护装置的不正确动作。图 6－62 是共模信号与差模信号作用于二次回路的示意图。

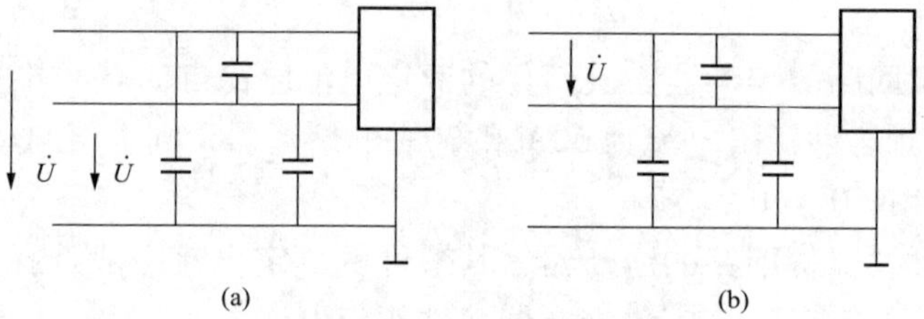

图 6－62　共模与差模干扰信号

（a）共模干扰信号；（b）差模干扰信号

二、二次回路干扰电压的来源

二次回路的干扰信号主要来源于一次回路或二次回路本身，也可以来源于雷电波及无线电信号。一次回路在正常运行情况下，电压、电流都是对称的，对二次回路的干扰很小。一次回路对二次回路的干扰，主要产生在一次系统的暂态过程中和不对称运行时。其中包括，一次系统遭受雷击时，在高压母线上产生的高频行波；在一次系统发生的各种形式的短路；断路器或隔离开关的操作而引起的暂态过程。在高压隔离开关操作时，由于没有灭弧装置，且开断速度慢，往往要产生多次火花放电现象，该放电干扰的强度很大，频谱很广，对二次回路产生的干扰就更为严重，曾经发生过隔离开关操作失灵引起长时间火花放电，从而形成很大的干扰信号烧坏多台高频收发信机通道设备损坏的案例。二次回路自身的干扰，主要是由于继电器或接触器的接点开断电感元件而引起的暂态干扰电压。此外，380V/220V 交流，无线电干扰也会在二次回路中产生干扰电压，在继电器室使用对讲机等大功率的无线电设备是很危险的。

一次回路中的干扰电压主要通过以下途径作用于二次回路。

（1）由于电气设备、导线及电缆间均存在大小不等的分布电容，所以一次设备对二次设备之间的静电耦合，包括一次母线对二次电缆间的静电耦合及互感器一、二次绕组间的静电耦合。由于一次的电压幅值很高，在二次回路产生的干扰也很可观。

（2）由于导体周围都存在磁场，与其他导体间存在互感，所以一次回路和二次回路间还存在电磁耦合，包括一次母线和二次电缆以及互感器一、二次绕组间的电磁耦合，当一次出现扰动或暂态过程时，会通过电磁耦合传递给二次侧，对二次回路形成干扰；

（3）当一次系统发生接地短路或避雷器动作时，都会有大电流流入变电所的接地网，再通过接地网分散进入大地，使得接地网中电流流入点和其他地方的电位不同，这一电位差将会对二次回路产生干扰。

干扰信号的来源多种多样，我们可以通过图 6－63 来分析一次回路对二次回路的干扰途径，并将二次回路中产生干扰电压的主要因素分析如下。

（一）静电耦合产生的干扰

一次的强电通过静电耦合到二次回路的干扰电压，实质上是经由耦合电容加到二次回路的，如图 6－64 所示为静电耦合产生干扰的简化电路。其对地阻抗 Z_2 包括电气连接的二次回路对地总阻抗，耦合阻抗 Z_1 包括设备的一、二次绕组间以及一次母线和二次电缆之间的耦合阻抗。如一次干扰源的干扰电压为 U_S，则二次回路产生的干扰电压 U_T 可由下式表达

$$U_T = \frac{Z_2}{Z_1 + Z_2} U_S \tag{6-15}$$

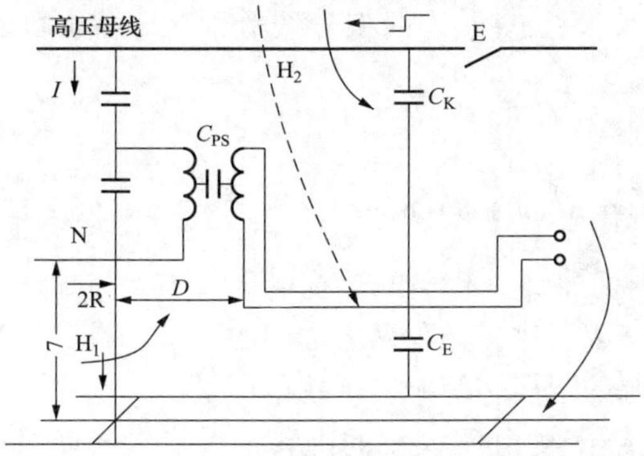

图 6－63　一次回路对二次回路干扰的耦合路径

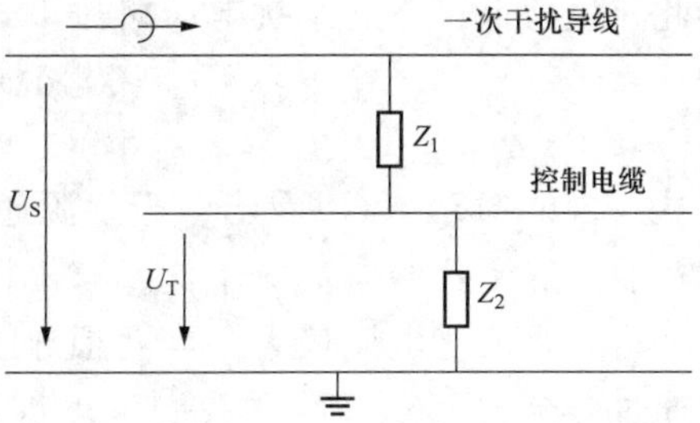

图 6－64　静电和产生干扰的简化电路图

在不对称的二次回路中，静电耦合的等效电路如图 6－64 所示，因二次回路的对地绝缘阻抗远大于负载阻抗，故二次回路对地阻抗近似等于负载阻抗，在这种情况下干扰电压能在二次回路的负载上产生一个附加的电压，此电压大到一定程度会引起二次设备的不正确动作。这种干扰类似于加到电流、电压互感器二次回路的干扰电压。

在对称的二次回路中，静电耦合的等效电路如图 6－65 所示，其二次回路对地的阻抗为二次设备和控制电缆的对地电容。因为在一般情况下二根电缆芯和设备的二次绕组对地分布电容是相等的，所以，在对称电路的两部分上产生相等的干扰电压，而加在负载上的干扰电压 U_L 接近为零，但当干扰电压达到一定幅值时会造成二次设备或电缆芯的绝缘击穿。这种干扰类似于加到直流控制母线上的干扰电压。

（二）电磁感应产生的干扰

电磁感应产生的干扰电压，是由一次回路和二次回路之间、二次回路的强电与弱电之间、交流与直流之间存在互感而引起的。干扰电压的大小与各回路之间的互感阻抗、干扰源的电流的大小、电流的频率以及各回路的相对位置有关。现用图 6－66 对回路间电磁感应的大小做一分析。

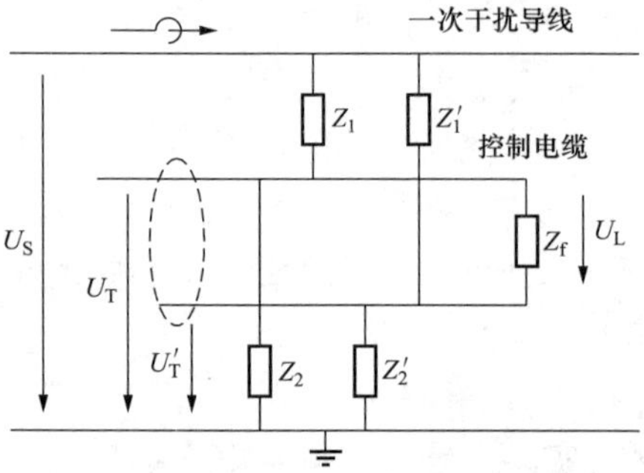

图 6－65　对称二次回路的静电耦合

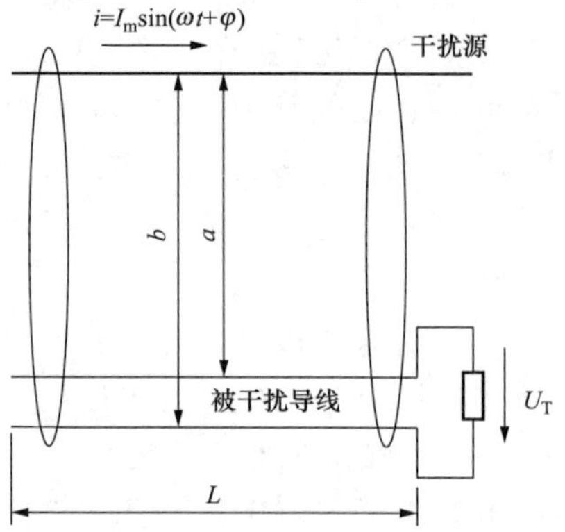

图 6－66　平行导线间的电磁干扰

图中干扰源与被干扰导线平行（其 φ 等于 0），当干扰源流过一电流 $i=I_m\sin(\omega t+\varphi)$ 时，两者之间的互感可以下式计算：

$$M=\frac{\mu_0 L}{2\pi}\ln\left(\frac{b}{a}\right)\cos\varphi \tag{6-16}$$

式中：μ_0 为空气的导磁系数；L 为平行的电缆芯长度；a、b 为两根导线分别与干扰源的距离；φ 为干扰源与导线间的夹角。

此时负载上产生的干扰电压可按下式计算：

$$U_T=M\frac{di}{dt}=\frac{\mu_0 L I_m \omega}{2\pi}\ln\left(\frac{b}{a}\right)\sin(\omega t+\psi)\cos\varphi \tag{6-17}$$

从式（6－17）可以看出，干扰源通过电磁干扰加到负载上的干扰电压大小，与导线的长度及通过的干扰源电流成正比，与干扰源的频率成正比，还与两者之间的平行度有关，当两者平行时，干扰电压最大，当两根导线与干扰源的距离相等时，干扰电压最小，反之则增大。通过分析式（6－17），我们可以理解影响电磁干扰电压大小的因素，寻找出降低电磁干扰的办法。

（三）由地电位差而产生的干扰

在变电站中，为了减少地电位差对电气设备及人员造成的安全威胁，建设了相对完善的地电网，但由于接地体本身存在一定的电阻与电感，要做到完全等电位是不可能的。当大电流接地系统发生单相或两相接地短路时，变电站的接地网中会流过很大的故障电流，此电流流经接地体的阻抗时便会产生电压降，使得变电所内各点的地电位有较大的差别。当同一回路连接到变电所的不同区域并且有多点接地时，各接地点间地电位差就会在连接的电缆芯中产生电流。例如，在主变差动回路中，如果各侧电流互感器二次回路的中性点各自单独在端子箱中接地，而各侧电流回路又在保护屏处有电气连接，如图 6－67 所示，这是在有地电位差时将在差动回路中流过电流，影响差动保护动作准确性。

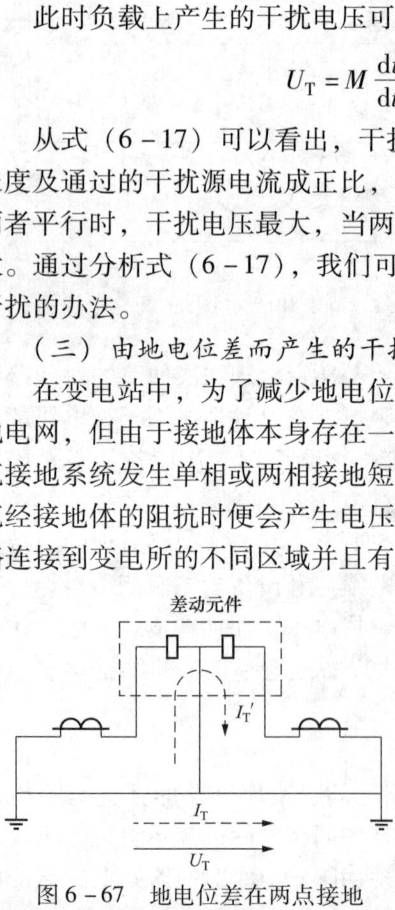

图 6－67　地电位差在两点接地回路中引起的干扰

在变电站中，曾经在故障时测量到地电位差达 3 万多伏的情况，当时这一干扰电压使全所的计算机监控系统失灵，由此可见电位差造成的干扰是不能忽视的。这一电位差将形成很大的地网电流，当这一电流通过电缆线或外皮时，可能会将其烧断。

（四）二次回路自身产生的干扰

变电所的二次回路回路错综复杂，有强有弱，当它们通过各种控制信号及电压、电流时，会对其他的回路产生干扰电压，但其中最为严重的干扰来源于二次回路开断继电器及断路器分、合闸线圈等电感元件。电感元件在接通或断开电源时将产生暂态干扰电压，其幅值与电感元件的工作电压、工作电流、电感量大小及相应的回路参数有关。在直流系统中接有中间继电器时，如果没有采取相应的抗干扰措施，切断该继电器的电感电流将产生数千伏的干扰电压，如果二次回路及保护装置不采取相应的抗干扰措施，这一干扰电压足以使保护装置起动甚至误动。

如果在二次回路设计施工中不注意按规程要求合理布置电缆等二次线，不将强弱电、动力电缆与控制电缆、直流电缆与交流电缆分开，则他们相互之间将产生干扰，这一干扰也有可能造成保护装置的不正确动作。

变电站的继电保护等二次设备均由直流电源提供工作电源，如果直流电源的品质不高，将对保护装置与二次回路产生干扰。如由于直流电源滤波不良产生的纹波，也可能是在相邻回路上发生故障与切除故障，或因其他人为原因产生的短时电源中断与恢复。在大型高压变电站，直流回路对地电容很大，控制回路的操作将引起直流回路的暂态变化，这种变化将在保护装置等微电子设备内部逻辑回路的电位发生畸变，从而造成逻辑功能紊乱，严重时可以造成误发信号或误跳闸。

（五）无线电信号的干扰

在无线电通信如此发达的今天，无线电信号可谓无所不在。在变电站中无线电对二次回路的除来源于通信设备发射的高频电磁信号外，还有高压电气设备的电晕放电及电弧放电等。对来自一次设备的无线电干扰，通常可通过对设备发射的无线电干扰水平的限制或通过电磁屏蔽措施有效地预防。目前，无线电干扰对二次设备构成威胁的主要来自无线电对讲机及手机等通信设备，由于对讲机的发射功率较大，所以威胁更大，在运行现场曾经多次发生使用无线通信设备而造成集成电路型保护动作的情况。

三、二次回路的抗干扰措施

干扰信号对二次回路安全及保护装置动作正确性的危害有目共睹，对各类干扰采取针对性的措施，抑制其强度，减小其危害是必要的。下面就列出抑制干扰的几种常用措施。

（一）防止静电耦合干扰的措施

抑制静电耦合产生的干扰，可以采用增大耦合阻抗，对二次回路及保护装置进行屏蔽，合理选择二次设备元器件参数等方法进行一致。

（1）从式（6－15）可以看出，在相同干扰源电压 U_s 情况下，当耦合阻抗 Z_1 增大时，二次回路的干扰电压 U_T 将下降。耦合阻抗 Z_1 主要是干扰源与被干扰回路间的分布电容 C_1 的容抗。适当合理布置干扰源与被干扰回路的相对位置，可以减小分布电容 C_1，可以增加耦合阻抗，从而降低干扰电压 U_T。

（2）在二次回路适当地点增加抗干扰电容，如在保护装置的电源入口处及电流、电压互感器二次回路接入保护装置前，可以将式（6－15）中的 Z_2 减小。图 6－68 是采用抗干扰电容后的静电干扰的简化电路图，图中 C_1 为漏电容，对应为式（6－15）中的 Z_1；C_3 为增加的抗干扰电容，其容量一般为几分之一微法至几十微法，等效阻抗为 Z_3；C_2 为二次回路与大地间的分布电容。此时加到二次回路上的耦合电压由式（6－18）表达。

$$Z_2' = \frac{Z_2 Z_3}{Z_2 + Z_3} \tag{6-18}$$

式中：Z_2'为考虑抗干扰电容后的阻抗，由于一般 C_4 的值比 C_2 值大很多，所以 Z_2'与 Z_2 相比将小很多，对照式（6－15），干扰电压 U_T 也将下降很多。

采用抗干扰电容不但可以防止静电感应的干扰，对无线电干扰及二次回路内容产生的高频干扰也有很好的抑制作用。但是该抗干扰电容对二次回路也会带来一些副作用，如果容量太大，可能会造成不良后果。图 6－69 可以从一个方面说明抗干扰电容对控制回路的影响。

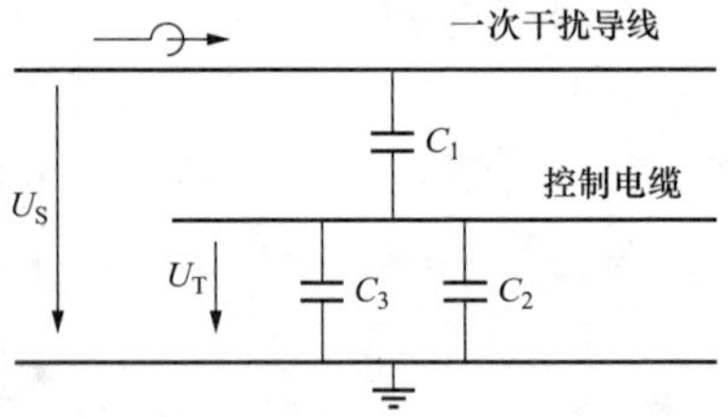

图 6－68　电容对干扰信号的抑制

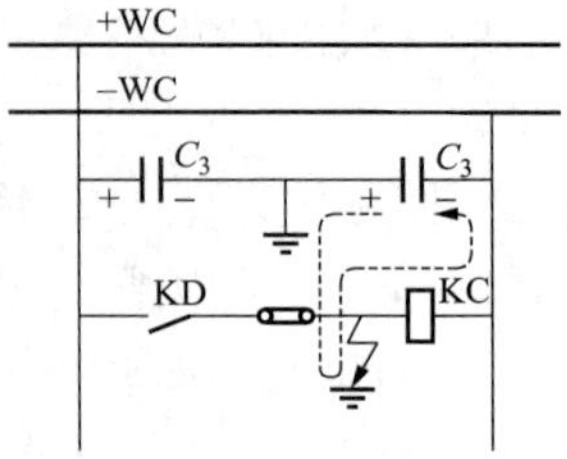

图 6－69　抗干扰电容对二次回路的影响

在图 6－69 电路中，由于直流绝缘监察系统的存在，并假定控制母线的额定电压为 U_e，正负控制母线对地的绝缘电阻相等，则正常运行时＋WC 对地的电压为＋50% U_e，－WC 对地的电压为－50% U_e。可以看出，这时在抗干扰电容上的充电电压为 50% U_e，如果在出口继电器 KC 的正电源侧接地，接于负电源侧的抗干扰电容 C_3 将通过两个接地电沿着虚线对 KC 放电，当 C_3 的容量足够大并 KC 的动作电压小于 50% U_e 时，KC 将动作跳闸。这也是规程中要求直接用于跳闸的出口继电器其动作电压不能低于 50% U_e 的原因。

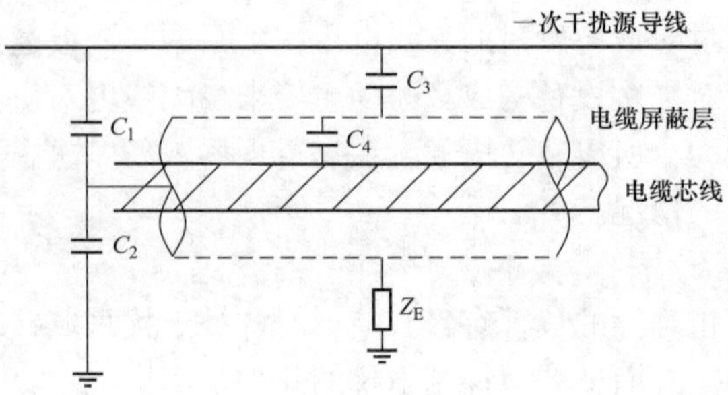

图 6－70　电缆屏蔽的抗干扰图

采用屏蔽电缆并将屏蔽层可靠与地网连接，可以有效抑制静电干扰。使用屏蔽电缆的抗干扰原理可以用图 6－70 来表示。

图 6－70 中由耦合电容 C_1 传递给二次回路的干扰信号被电缆的屏蔽层屏蔽并通过接地点传入地网。

试验表明，采用屏蔽电缆能将干扰电压降低 95% 以上，是一种非常有效的抗干扰措施。

当然采用屏蔽电缆的抗干扰效果与屏蔽层使用的材料、制作工艺、接地方式等有关。表 6－16 是在现场试验中测得的各种电缆在操作 500kV 隔离开关时的干扰电压，试验中采用的平行于 500kV 母线的电缆长度为 80m，母线长度为 250m。

表 6－16　　屏蔽电缆抗干扰效果试验数据

操作方式	最高暂态电压幅值（p－p，V）				
	塑料无屏蔽电缆	铅包铠装屏蔽	铜丝编织屏蔽	铜带绕包屏蔽	铜钢铝组合屏蔽
单相合闸	5060	170	190	175	163
单相分闸	7800	275	250	280	210
三相合闸	4500	320	490		
三相分闸	9000	340	480		

从表6-16中可以看出，在隔离开关操作过程中产生的干扰电压很大，当使用无屏蔽的塑料电缆时，其干扰电压最大达9000V；当使用屏蔽电缆时，对干扰电压的抑制效果很好，其干扰电压的幅值被抑制到5%以下；不同的屏蔽层材料抑制干扰效果很接近。

屏蔽电缆除了对静电干扰有较好的抑制作用外，对电磁干扰和高频干扰也有很好的抑制作用，所以屏蔽电缆在变电站二次回路中得到广泛的应用。

(3) 充分利用变电站中的自然屏蔽物，还可以进一步提高抗静电干扰的效果。在控制电缆敷设的路径上或二次设备的安装现场，有很多自然的屏蔽物，例如，电缆隧道和电缆沟盖板中的钢筋，各种金属构件，建筑物中的钢筋等，都是良好的自然屏蔽物。只要在施工中注意将它们与变电站的接地网连接起来就能形成良好的静电屏蔽。

（二）防止电磁感应干扰的措施

(1) 减少干扰源与二次回路间的互感减小由于电磁感应在二次回路产生的干扰电压。从式（6-16）可知，互感M与控制电缆及一次导线的长度L、相互的平行度有关，还受同一回路的两根电缆芯与一次导线的距离之比b/a影响，所以在电缆沟道的布置时应尽可能与一次载流导体成直角，减少平行段的长度。从式（6-17）还可以看出，当$a=b$时，二次回路负载上的干扰电压为零。为此，应尽可能使同一回路的电缆芯安排在一根电缆内，尽量避免同一回路的“+”“-”极电缆芯或电流、电压互感器二次回路中的ABCN四芯不在同一电缆内。这是降低感应电压最为有效的措施，并且对任何频率的干扰电压都是有效的。

(2) 电磁干扰需要磁性材料来进行屏蔽。在干扰源与二次环路之间设置电磁屏蔽物，使感应磁通不能进入二次环路，即可消除二次回路的感应电压。工程中常用的措施就是使用带电磁屏蔽的控制电缆，其屏蔽效果与屏蔽层材料的导磁系数、高频时的集肤效应、屏蔽层的电阻等因素有关。屏蔽层采用高导磁材料时，外部磁力线大部分偏移到屏蔽层中，而不与屏蔽层内导线相关链，因而不会在导线上产生感应电动势。高导磁材料的屏蔽层对各种频率的外磁场都有屏蔽作用。我们常用的钢带铠装电缆，钢板做成的保护柜，就具有较好的磁屏蔽作用。

(3) 非磁性材料的屏蔽层，其导磁率与空气的导磁率相近，故干扰磁通仍可达到电缆芯线。但在高频干扰磁场的情况下，干扰磁场会在屏蔽层上感应出涡流，建立起反磁通与干扰磁场抵消，使芯线不受影响。此种屏蔽的有效频率与屏蔽层的电导率、厚度和电缆外径成反比，有效频率一般在10~100kHz之间。

(4) 在较低频率时，涡流产生反磁通的效应小，因而对外面干扰磁通场的抵御作用也小，为增强对低频干扰磁场的屏蔽，电缆的屏蔽层两端或多点接地，使电缆的屏蔽层与接地网构成闭合回路。干扰磁通在这一闭合回路中感应出的电流可产生反向磁通，减弱干扰磁通对芯线的影响。减少屏蔽层和地环路的阻抗，可增强屏蔽效果。所以，在变电站要敷设100mm^2铜排，该铜排最好连接所有屏蔽电缆的两端接地点，这样可以提高屏蔽电缆抗电磁干扰的效果。

（三）防止电位差产生干扰的措施

防止电位差干扰对二次回路的影响，首先要确保变电站有一个完善的地网，有条件时可以补充铜排连接，将各点可能产生的电位差降到最低。其次要保证各二次回路对地绝缘良好，确保在地网产生较大电位差时，不致损坏二次回路绝缘，影响二次回路的正常运行。对于电流、电压互感器的二次回路，要求严格按照一个电气连接中只能有一个接地点。如果一个电气回路中存在两个接地点，电位差产生的地网电流会穿入该回路，影响保护的正确动作。

（四）微机保护装置的抗干扰

微机保护装置的抗干扰应保证具有一定的抗扰度，在选型时应当尽量选择抗扰度高的微机保护装置。微机保护的抗扰度主要指装置的各端口能承受的干扰级别，这些端口包括电源端口、输入端口、输出端口、通信端口、外壳端口和功能接地端口等。一般考虑端口的传导干扰、快速瞬变、1MHz 脉冲群、浪涌、静电放电、直流中断和工频干扰等的抗扰度要求，这些抗扰度要求均是对应前述的各种干扰类型的。具体的抗扰度标准请参考有关国家标准。

（五）改善二次回路的接地

为了保障人身和设备的安全以及满足继电保护和控制设备对电磁兼容的要求，通常将设备的外壳以及二次回路电缆的屏蔽层接地，要求在发电厂、变电站控制室内建立起等电位电网，以便很好地与厂、站公共接地网直接连接。改善继电保护及二次回路使用场所的地网，按 GB/T 14285—2006《继电保护和安全自动装置技术规程》等要求进行装置、电缆屏蔽层等接地，能有效降低干扰。

（1）装设静态保护和控制装置的柜地面下宜用截面不小于 100mm^2 的接地铜排直接连接构成等电位接地母线。接地母线应首末可靠连接成环网，并用截面不小于 50mm^2、不少于 4 根铜排与厂、站的接地网在一点直接连接。见图 6－71。

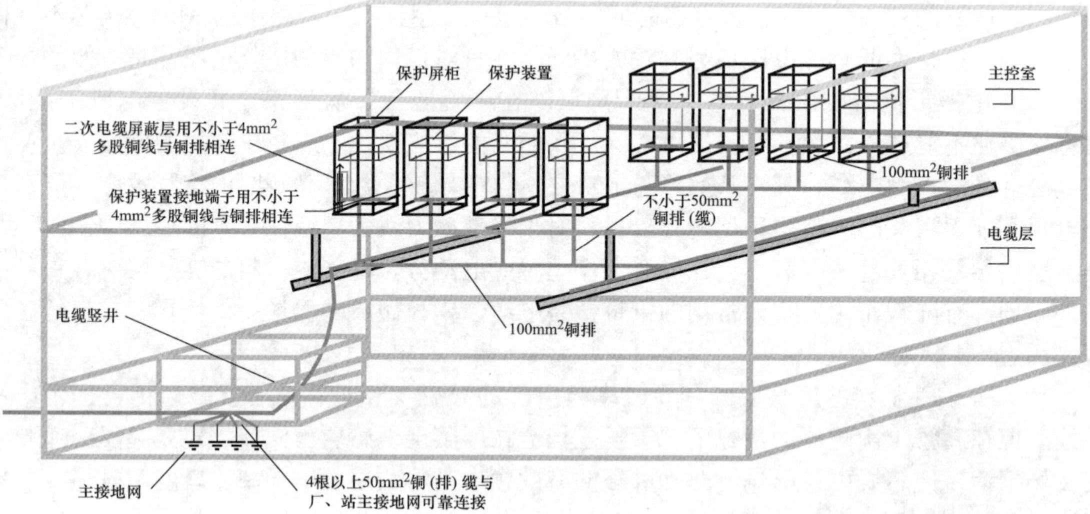

图 6－71　主控制室二次接地网敷设图

（2）静态保护和控制装置的柜下部应设有截面不小于 100mm^2 的接地铜排。柜上装置的接地端子应用截面不小于 4mm^2 的多股铜线和接地铜排相连。接地铜排应用截面不小于 50mm^2 的铜排与地面下的等电位接地母线相连。控制室的抗干扰地网还应用 100mm^2 铜导线敷设在电缆沟上层，与配电装置处的每个端子箱相连，并在端子箱处与地网可靠连接。见图 6－72、图 6－73。

（3）对用于微机保护电压、电流和信号接点的引入线，应采用屏蔽电缆，屏蔽层在开关站与控制室同时接地，不允许用电缆芯两端同时接地的方法作为抗干扰措施。利用电缆的屏蔽作用减缓电磁干扰，在控制室内电缆屏蔽层宜在保护柜上接于柜内的接地铜排；在开关场电缆屏蔽层应在与高压设备有一定距离的端子箱接地。互感器每相二次回路经屏蔽电缆从高压箱体引至端子箱，该电缆屏蔽层在高压箱体和端子箱两端接地。对于双层屏蔽电缆，内屏蔽应控制室或保护小室一端接地，外屏蔽应两端接地。

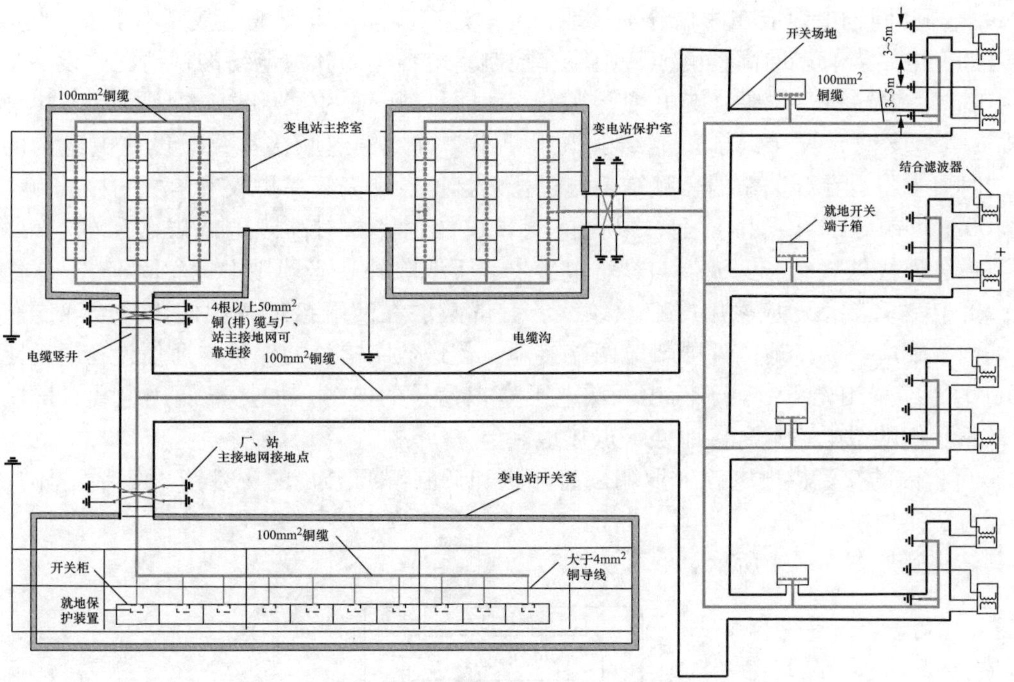

图 6－72　二次接地铜排平面布置图

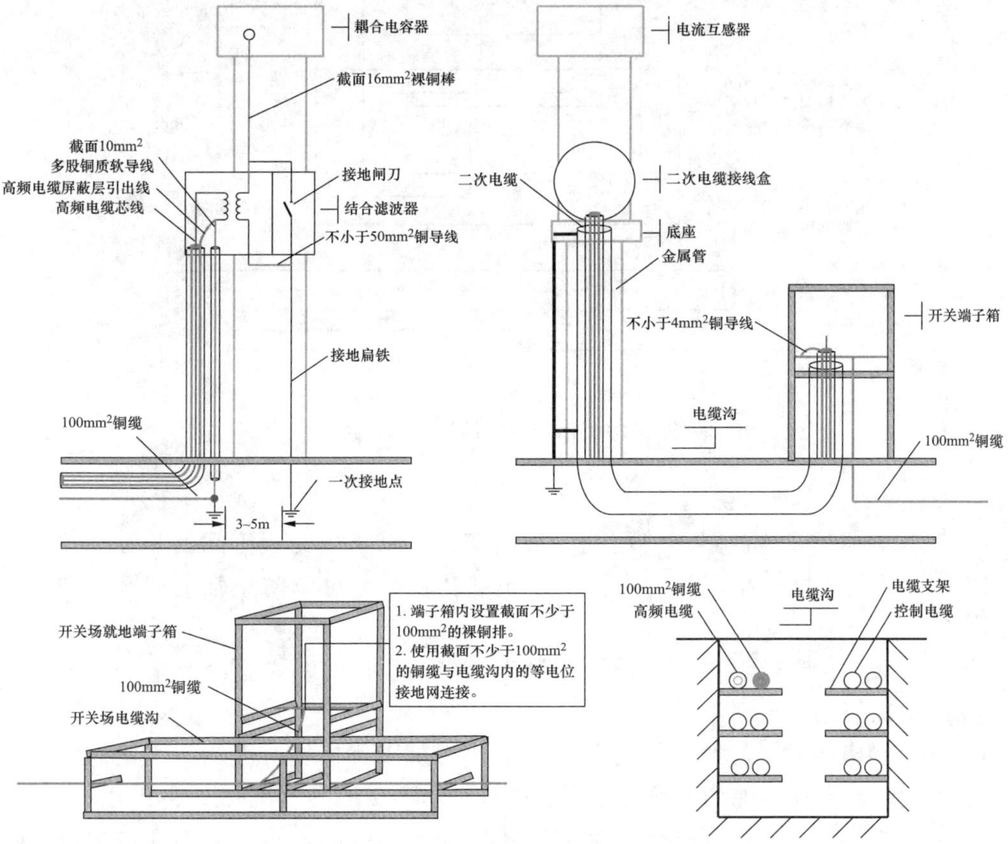

图 6－73　接地铜排在高频通道与电缆沟中的敷设位置

（4）高频同轴电缆应在两端分别接地，并紧靠高频同轴电缆敷设截面不小于 $100mm^2$ 的铜排。如变电站内有多回高频电缆，则应在控制室电缆走廊和主电缆沟视情况敷设一或二根公共 $100mm^2$ 铜导线，并在分支电缆沟敷设一根同样粗细的铜导线（铜排），公共铜导线（铜排）与分支铜导线（铜排）的结触电阻要小，宜烧铜焊联接，并敷设在电缆沟的最上层。同时要求将设在开关站的高频结合滤过器的接地点和高频保护收发信机的接地点都直接接到 $100mm^2$ 铜导线（铜排）上，以保证铜导线（铜排）对高频电缆屏蔽层的可靠短路。高频通道各连接处（结合滤波器与耦合电容器引下线除外）必须用铜螺丝固定。

（5）传送音频信号应采用屏蔽双绞线，其屏蔽层在两端接地，如使用双绞双屏蔽的电缆，则内屏蔽应一端接地，外屏蔽应两端接地；传送数字信号的保护与通信设备间的距离大于 50m 时，应采用光缆；对于低频、低电平模拟信号的电缆，如热电偶用电缆，屏蔽层必须在最不平衡端或电路本身接地处一点接地。

（6）柜内的交流供电电源（照明、打印机和调制解调器）的中性线（零线）不应接入柜内等电位接地网。

具体实施如图 6－74 所示。

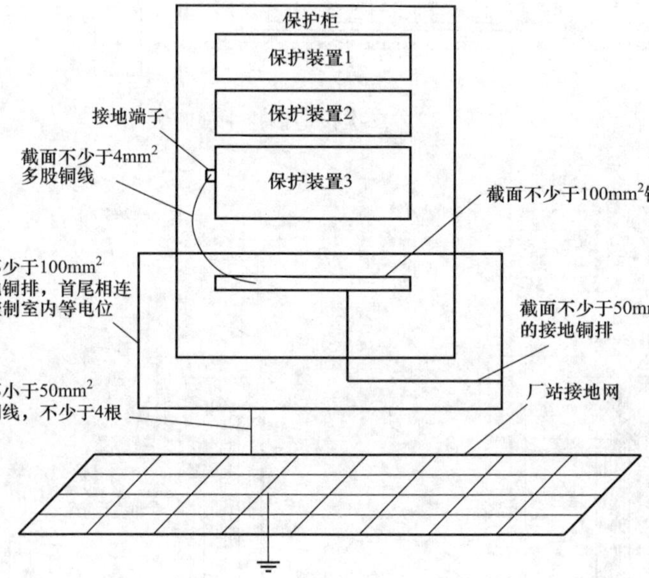

图 6－74 保护柜与变电站接地网连接示意图

（六）其他的抗干扰措施

（1）交流回路与直流回路不使用同一根电缆，可以防止交直流间的相互干扰。强电回路与弱电回路不使用同一根电缆，屏内连线不捆扎在一起可以防止强电回路对弱电回路的干扰。

（2）保护装置内部的弱电，一般不引装置，需要引出时，必须经光电隔离或继电器转接，以隔离干扰信号。

（3）不采用电缆备用芯两端同时接地方法作为抗干扰措施。因为，当接地的电缆芯两端地电位不同时，会在接地的电缆芯中产生电流，对不接地的电流芯产生干扰。

（4）对继电器等电感性元件，要采取防止切断感性电流产生干扰电压的措施。一般采用在感性元件两端并联串有电阻的反向二极管，而不能在继电器接点上并联电容。

（5）为防止户外高压配电装置等产生的无线电干扰波侵到室内，控制室及继电保护室应设电磁屏蔽网，或利用建筑体本身的钢筋连接后屏蔽体，保护屏柜及装置的外壳要可靠接地。对集成电路等抗干扰能力较差的保护装置，必要时应增加屏蔽网。在继电器室，应限制使用无线对讲机等无线通信设备。

（6）在可能引入雷电波的回路，可安装避雷装置。

参 考 文 献

[1] 王梅义编著．电网继电保护应用．北京：中国电力出版社，1999.
[2] 江苏省电力公司编．电力系统继电保护原理与实用技术．北京：中国电力出版社，2006.
[3] 金建源编著．新标准二次电路图识读．北京：中国水利水电出版社，2004.
[4] 国家电力调度通信中心编．电力系统继电保护实用技术问答（第二版）．北京：中国电力出版社，2000.
[5] 王维俭编著．电气主设备继电保护原理与应用．北京：中国电力出版社，1996.
[6] 袁季修，盛和乐，吴聚业编著．保护用电流互感器应用指南．北京：中国电力出版社，2004.
[7] 国家经济贸易委员会发布．DL/T 5136—2001《火力发电厂、变电所二次接线设计技术规程》．北京：中国电力出版社，2002.
[8] 水利电力部西北电力设计院编．电力工程电气设计手册．北京：水利电力出版社，1989.

第七章

继电保护整定计算基础

第一节　概　　述

一、整定计算的目的及任务

整定计算是针对具体的电力系统，通过网络计算工具进行分析计算、确定配置的各种保护系统的保护方式、得到保护装置的定值以满足系统的运行要求。整定计算主要针对已经配置的各种保护装置计算其运行定值，同时相关整定计算部门也应参与电网规划及保护配置和选型，使保护系统更加合理。整定计算是继电保护工作中一项非常重要的内容，正确、合理的进行整定计算才能使系统中的各种保护装置和谐的一起工作，发挥积极的作用。

（一）整定计算的目的

不同的部门其整定计算的目的有所不同。

（1）对于电力系统各级调度部门，其目的是对电力系统中已配置安装好的各种继电保护装置，按照具体电力系统的参数和运行要求，通过计算分析给出所需的各项整定值。这是整定计算最主要的内容。

（2）对于电力工程的设计部门，其计算目的是对电力系统进行计算分析，选择和论证继电保护的配置及选型的正确性。

整定计算工作的重要性在于：

（1）在设计保护时，通过整定计算的检验来保证保护方式及选型的合理性。

（2）在电力系统运行中，整定计算要确定各种保护的定值和使用方式，并及时协调保护与电力系统运行方式的配合，以达到正确发挥保护作用的目的。

（3）无论是设计还是运行，保护方式都与一次系统接线和运行方式有密切关系。在多数情况下是涉及全局性的问题，要综合平衡，做出决断。

（二）整定计算的任务

整定计算的任务主要任务是制订系统保护方案，在系统保护整定计算方案制订中要完成以下一些工作：

1）绘制电力系统接线图。

2）绘制电力系统阻抗图。

3）建立电力系统设备参数表。

4）建立电流、电压互感器参数表。

5）确定继电保护整定需要满足的电力系统规模及运行方式变化限度。

6）电力系统各点短路计算结果列表。

7）建立各种继电保护整定计算表。

8）按继电保护功能分类，分别给出整定值。

9）编写整定方案书，着重说明整定原则、结果评价、存在的问题及采取的对策。

需要注意的是，上述工作中一些基础性的工作是非常重要的，如一次接线、网络参数、各种互感器参数的收集等，如果和实际参数不符合则会直接引起计算错误，导致保护不正确工作。应当建立相关参数的计算机管理系统进行有效的管理。

二、整定计算的基本要求

对继电保护应满足四个基本要求，即选择性、灵敏性、速动性、可靠性，简称“四性”。四性是继电保护系统应当考虑的基本要求，应从系统的各个方面进行考虑，如整定计算、保护装置设计、制造及调试维护、二次回路设计、保护装置运行维护及管理等，这其中整定计算尤其需要处理好这四性的协调关系。

（一）选择性

选择性是指首先由故障设备或线路本身的保护切除故障，当故障设备或线路本身的保护或断路器拒动时，才允许由相邻设备、线路的保护或断路器失灵保护切除故障。遵循选择性的目的是在电力系统中某一部分发生故障时，继电保护系统能有选择性地仅断开有故障的部分，使无故障的部分继续运行，从而提高供电可靠性。如果保护系统不满足选择性则使保护可能误动或拒动，使停电范围扩大。

在各级保护系统中都配置有主保护和后备保护，所谓主保护是指满足系统稳定和设备安全要求，能以最快速度有选择地切除被保护设备和线路故障的保护，如纵联保护、差动保护、速断保护等。由于主保护的保护范围仅限于被保护设备（本级）内，所以在范围上已经保证了选择性，整定计算中则不用进行考虑。后备保护指主保护或断路器拒动时，用以切除故障的保护。后备保护可分为远后备和近后备两种。远后备是当主保护或断路器拒动时，由相邻电力设备或线路的保护实现后备。近后备是当主保护拒动时，由该电力设备或线路的其他保护实现后备的保护；当断路器拒动时，由断路器失灵保护来实现的后备保护。对于选择性主要考虑的是远后备保护的选择性问题，包括后备保护间、后备保护和主保护间选择性问题。

选择性的满足主要由整定计算来考虑，所以选择性的满足对于整定计算非常重要。整定计算中是通过上下级保护间进行协调，即通常所说的配合来实现的。上下级保护的配合原则主要有以下两个方面：

1. 相邻的上下级保护在时限上有配合－时限配合

所谓时限配合是指上一级保护动作时限比下一级保护动作时限要大，二者之间的动作时间差称为时限级差，用 Δt 表示时限级差。满足了时限配合可确保在发生故障时，总是靠近故障点近的保护先动作，远端的保护后动作，从而保证了保护系统在动作顺序上的选择性。时限级差 Δt 的选择应该考虑保护动作时间误差、断路器动作时间误差、可靠裕度等。

2. 相邻的上下级保护在保护范围上有配合－灵敏度配合

相邻上下级保护范围的配合也称为灵敏度配合，或整定值配合。所谓灵敏度配合指上一级保护的保护范围应比下一级相应段保护范围短（上一级保护范围不伸出下一级保护范围），即在下一级保护范围末端故障时，下一级保护动作（灵敏度高），上一级保护不动作（灵敏度低）。满足了灵敏度配合可确保在发生故障时，近故障点的保护灵敏度高，远故障点的保护灵敏度低，从而在保护范围上保证了选择性。

同时满足了时限配合和灵敏度配合的保护从故障点向电源方向的各级保护看，其灵敏度逐级降低，其动作时限逐级增长，构成了所谓的阶梯状的配合关系，图7－1及图7－2给出了典型的距离保护和零序保护的阶梯配合时限示意图。

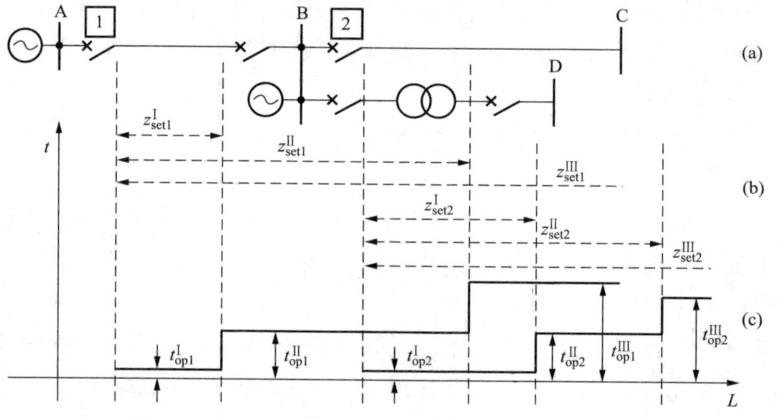

图 7－1　距离保护整定

（a）电网结构；（b）整定阻抗；（c）时限特性

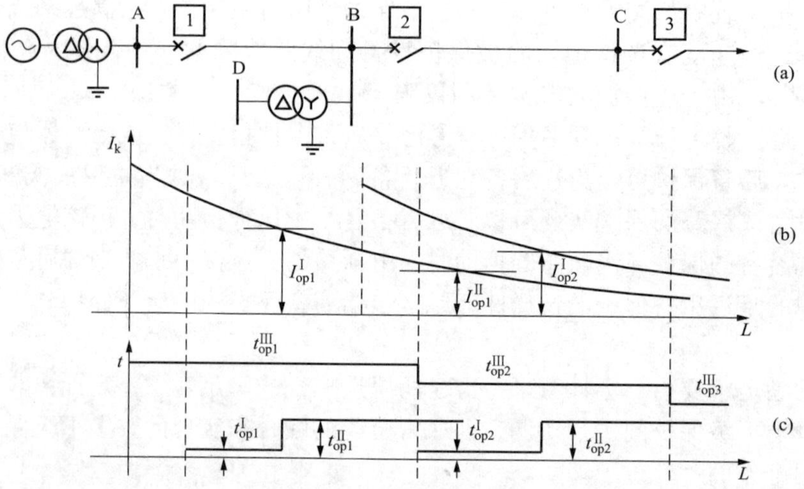

图 7－2　零序保护整定

（a）电网结构；（b）保护定值；（c）时限特性

为了保证选择性，在进行各级保护整定时应该同时满足时限配合及灵敏系数配合，由末端开始逐级配合。所谓逐级配合是指，在由保护范围和动作时间组成的两维平面上，相互配合的线路保护定值折线不相交，并留有一定的裕度空间，即保护范围和动作时间均取得配合，缺一不可，由图 7－2 所示动作时间和保护范围均取得配合。

但在实际整定计算工作中，由于网络结构、运行方式、保护配置等各种原因，很难做到完全按照上述理想原则整定，常常遇到选择性与灵敏性、选择性与速动性的矛盾，整定计算工作在很多情况下就是协调这些矛盾，根据电网的实际情况作出取舍。由于各种原因可能导致无法满足选择性，此时可不要求动作时限和灵敏系数均配合，一般有如下三种情况：

（1）完全配合：指需要配合的两个保护在保护范围和动作时间上均能配合，即满足选择性要求。

（2）不完全配合：不完全配合是指需要配合的两个保护在动作时间上能配合，但保护范围无法配合。比如为了保证能可靠切除末端故障则会使保护范围伸出相邻元件，但动作时间上可取得配合，在保护范围上不配合了，这样在不配合的保护范围内故障时将可能越级跳闸。

（3）完全不配合：完全不配合是指需要配合的两个保护在保护范围和动作时间上均不能配合，即无法满足选择性要求。在一些特殊点上，为了能可靠切除故障，同时动作时间又要求较短（否则导致保护系统整体性能下降甚至无法配合），此时将失去选择性，这种情形通常出现在选择的解列点上。

在保护的整定计算过程中应尽可能做到完全配合，如不能做到应该按照相关规程进行处理，并尽量减小不配合导致失去选择性带来了危害。各种保护的具体配合方法和原则在后面进行详细介绍。

（二）灵敏性

灵敏性是指在设备或线路的被保护范围内发生故障时，保护装置具有的正确动作能力的裕度，它反应了保护对故障的反应能力，一般以灵敏系数来描述。灵敏系数指在被保护对象的某一指定点发生金属性短路，故障量与整定值之比（反映故障量上升的保护，如电流保护）或整定值与故障量之比（反映故障量下降的保护，如阻抗保护）。

系统保护分为主保护和后备保护，其对应的保护范围上对应的灵敏系数称为主保护灵敏系数及后备保护灵敏系数。主保护的灵敏系数仅考虑对被保护设备（本级），后备保护的灵敏系数则主要考虑的是对相邻设备（下一级）。

整定计算完成定值计算后应当计算保护在规定的保护范围内的灵敏系数，并应保证灵敏系数不能低于整定规程规定的灵敏系数要求，这称为检验灵敏度。灵敏系数应根据不利正常（含正常检修）运行方式和不利故障类型（一般仅考虑金属性短路和接地故障）计算。

检验灵敏度主要应考虑两个方面。一个方面是在何种运行方式下来检验，按照要求一般应采用可能出现的最不利运行方式进行校验；另一方面是对何种故障类型进行检验，按照要求应当采用最不利的故障情形，通常采用金属性短路，有些时候应考虑一定的过渡电阻。在检验灵敏度时方式的选择是非常重要的，其选择是否合理会直接影响到对保护性能的评价和整个保护系统的性能。

检验灵敏度应注意的几个问题：

（1）应选取故障量较小的短路类型，对增量和欠量型保护应区别对待。例如，零序电流要以单相接地或两相接地时零序电流大小进行比较。

（2）选择可能出现的最不利运行方式，增量型保护取最小运行方式，欠量型保护则应取最大运行方式，重点在于被检验保护反映灵敏度最小的那种方式。例如，多电源变为单侧小电源的情况。

（3）保护动作时限长的，应考虑短路电流的衰减，一般在机端出口附近短路时考虑。

（4）经 Y，d 接线变压器之后的不对称短路，各相电流，电压的分布将发生改变，对不同接线、不同相别、不同相数的保护其灵敏度亦不相同。

（5）有些情况需考虑负荷电流对保护灵敏度的影响。比如对于短路点较远的短路，因为分支负荷端电压较高，还吸取一定的负荷电流，因而减小了短路支路的电流。某些容量较大的同步电动机，对短路开始瞬间（对速动保护）可向短路点送出短路电流，因而又增长了短路支路的电流。

（6）两侧有电源及环状网路中的线路保护，应考虑相继动作（线路两侧保护一侧先跳闸后，另一侧后跳闸）的影响，可能使灵敏度提高或降低。

（三）速动性

速动性是指保护装置应能尽快地切除短路故障，以提高系统稳定性，减轻故障设备和线路的损坏程度，缩小故障波及范围。继电保护在满足选择性的前提下，应尽可能的加快保护动作时间。

整定计算中，可通过合理的缩小动作时间级差来提高快速性。同时对于系统稳定及设备安全有重要影响及重要用户对动作时间有要求的保护应保证其速动性，必要时可牺牲选择性。

（四）可靠性

可靠性是指保护该动作时应动作，不该动作时不动作，即不误动、不拒动。为保证可靠性，在装置选择上应选用硬件和软件可靠的装置，回路设计上尽可能简单并减少辅助元件，安装调试保证可靠，加强运行维护管理等。在综合自动化系统中，保护系统应当相对独立，不受其他系统（如通信、监控系统等）的影响以保证保护系统独立、可靠的工作。

整定计算中，主要通过制订简单、合理的保护方案来保证。另外在运行方式变化时应注意对定值进行调整以确保保护系统可靠动作。

（五）四性的统一

继电保护的四性在整定计算中非常重要的，在制订保护系统方案中常常很难同时满足四个基本要求，应当对四性进行统一协调。对超高压电网现在普遍通过双重化的配置提高继电保护系统的可靠性，并采用强化主保护，简化后备保护的原则。整定计算对四性的要求的一般原则是首先尽量满足选择性，对需要快速动作的场合满足速动性，保证保护有足够的灵敏性，当出现冲突时应权衡利弊使保护系统能更好的满足系统运行的需要，如对速动性要求不高的地方，牺牲快速性可换取选择性和足够的灵敏性；有时合理设置解列点，尽管会失去选择性，但可改善速动性和后备保护系统性能；有时对保护适当的延时可提高保护系统可靠性等。

三、整定计算的工作步骤

整定计算的工作步骤，大致如下：

（1）确定整定方案所适应的系统情况。

（2）与调度部门共同确定系统的各种运行方式，并选择短路类型、选择分支系数的计算条件等，其中系统中性点接地方式的安排主要由继电保护专业进行。

（3）收集必要的参数与资料（保护图纸，设备参数等）。

（4）结合系统情况，确定整定计算的具体原则。

（5）根据需要进行短路计算，得到短路电流计算结果表。

（6）按同一功能的保护进行整定计算，并计算出保护装置的二次定值。

（7）对整定结果分析比较，选出最佳方案，最后应归纳出存在的问题，并提出运行要求。

（8）画出定值图，编制整定计算方案书，编制系统保护运行规程。

四、整定计算参数选择及计算

在整定计算过程中，参数的正确性是很重要的，一些一次参数需要实测，比如零序阻抗参数，测量单位应当保证其测量正确性。同时各种互感器参数也应当保证正确，无论在整定还是在输入参数时都要保证正确性。

由于各级调度的整定范围的不同，因此上下级调度间应当提供在整定范围分界点的各种运行方式下的归算等值阻抗（正序及零序阻抗），同时上级调度对于后备保护的整定也会提出相关动作时间参数等要求。

(一) 参数计算

整定计算中一般均采用标幺值进行计算，关于各种设备参数标幺值的详细计算方法请参考第二章故障分析第二节标幺值部分，按照规程在整定计算中相关参数可进行简化。

(1) 忽略发电机、调相机、变压器、架空线路、电缆线路等阻抗参数的电阻部分，并假定旋转电机的负序电抗等于正序电抗。注：对低压系统进行整定计算时应当计及电阻部分。

(2) 发电机及调相机的正序电抗可采用 $t=0$ 时的瞬态值 X''_{d}（有阻尼绕组）的饱和值，或暂态电抗 X'_{d}（没有阻尼绕组）值。

(3) 发电机电动势可以假定等于 1 标幺，且相位一致。只有在计算线路非全相运行电流和全相振荡电流时，才考虑线路两侧发电机综合电动势间有一定的相角差。

(4) 不考虑短路电流的衰减。对机端电压励磁的发电机出口附近的故障，应从动作时间上满足保护可靠动作的要求。

(5) 各级电压可采用标称电压值或平均电压值，而不考虑变压器电压分接头实际位置的变动。在短路计算中，一般采用平均额定电压进行计算。

(6) 不计线路电容和负荷电流的影响。

(7) 不计故障点的相间电阻和接地电阻。

(8) 不计短路暂态电流中的非周期分量，但具体整定时应考虑其影响。对有针对性的专题分析（如事故分析）和某些装置特殊需要的计算，可以根据需要采用某些更符合实际情况的参数和数据。

(二) 参数测量

按照 DL/T 584—2007《3kV～110kV 电网继电保护装置运行整定规程》（以下简称 3kV～110kV 整定规程）及 DL/T 559—2007《220kV～750kV 电网继电保护装置运行整定规程》（以下简称 220kV～750kV 整定规程）规定，下列参数应使用实测值。

1) 三相三柱式变压器的零序阻抗。

2) 架空线路和电缆线路的正序和零序阻抗、正序和零序电容。

3) 平行线之间的零序互感阻抗。

4) 其他对继电保护影响较大的有关参数。

对于变压器的参数可由厂家提供，而线路的参数测量则较复杂，但其工频参数如正序参数、零序参数和互感参数等是进行电力系统潮流计算、继电保护整定计算和选择电力系统运行方式等工作之前建立电力系统数学模型的必备参数，因此非常重要。线路参数的测量计算方法可采用计算法、仪表测量法、数字测量法等，一般应由基建等一次设备的建设部门通过正确测量提供，并应当满足整定计算的要求。

五、整定计算运行方式选择

继电保护的整定计算无论在进行短路计算、考虑最大负荷、校验保护灵敏度等都是建立在一定的运行方式之上的。整定计算中选择的运行方式是否合理会影响到系统保护整定计算的性能，也会影响到保护配置及选型和对保护的评价等，因此应当特别重视对整定计算运行方式的合理选择。同时一些运行方式主要是由继电保护方面考虑决定的，例如，确定变压器中性点是否接地运行等。

整定计算运行方式的选择是确定系统相关元件（发电机、变压器、线路等）的运行限度（范围）和运行方式（是否接地、并列运行等），即这些设备的最大运行范围和最小运行范围通常称为最大运行方式和最小运行方式。同时也应考虑正常运行方式和其他一些可能出现的特殊运行方式，以衡量保护系统在大多数情况下的性能和保护系统的合理性和可靠性。在进行短路电流整定计算、分支系数计算等情况时通常会考虑最大运行方式，而检验灵敏度则会选择最小运行方式。

整定计算运行方式的选择主要包括如何选择发电机、变压器运行变化限度、中性点直接接地系统中变压器中性点接地如何选择、线路运行变化限度的选择及流过保护最大负荷电流的选择及其他一些特殊问题考虑等，下面简单介绍它们的选择基本原则。

（一）发电机、变压器运行变化限度的选择原则

发电机、变压器运行变化限度有如下选择原则：

（1）一个发电厂有两台机组时，一般应考虑全停方式，即一台机组在检修中，另一台机组又出现故障。当有三台以上机组时，则应选择其中两台容量较大机组同时停用的方式。对水力发电厂的机组，还应结合水库运行特性选择，如调峰、蓄能、用水调节发电等。

（2）一个厂、站的母线上无论接有几台变压器，一般应考虑其中容量最大的一台停用，因为变压器运行可靠性较高，检修与故障重迭出现的几率很小。但对于发电机变压器组来说，则应服从于发电机的投停变化。

（二）中性点直接接地系统中变压器中性点接地的选择原则

中性点直接接地系统中变压器中性点接地的选择原则是：

（1）发电厂及变电站低压侧有电源的变压器，中性点均应接地运行，以防止出现不接地系统的工频过电压状态。如事前确定不能接地运行，则应采取其他防止工频过电压的措施。

（2）自耦型和有绝缘要求的其他型变压器，其中性点必须接地运行。

（3）T 接于线路上的变压器，以不接地运行为宜。当 T 接变压器低压侧有电源时，则应采取防止工频过电压的措施。

（4）为防止操作过电压，在操作时应临时将变压器中性点接地，操作完毕后再断开，这种情况不按接地运行考虑。

（5）变压器中性点运行方式的安排，应尽量保持变电站零序阻抗基本不变，并满足“有效接地”的条件：按大电流接地系统运行的电网中任一点发生接地故障时，综合零序阻抗/综合正序阻抗≤3。

（6）无地区电源的单回线供电的终端变压器中性点不宜直接接地运行。

（三）线路运行变化限度的选择

线路运行变化限度的选择有以下几点：

（1）一个厂、站母线上接有多条线路，一般应考虑一条线路检修，另一条线路又遇到故障的方式。

（2）双回线一般不考虑同时停用。

（3）相隔一个厂、站的线路，必要时可考虑与上述（1）的条件重叠。

（四）流过保护最大负荷电流的考虑因素

按负荷电流整定的保护，需要考虑各种运行方式变化时可能出现的最大负荷电流，一般应考虑到以下的运行变化。

（1）备用电源自投引起的负荷增加。

（2）平行双回线中，并联运行线路的减少，负荷转移。

（3）环状电网的开环运行，负荷转移。

（4）对于两侧电源的线路，当一侧电源突然切除发电机，引起另一侧增加负荷。

（5）其他电网结构发生变化导致的负荷变化。

（五）其他问题

根据系统接线特点分析，主要考虑以下一些问题：

（1）对单侧电源的辐射形网络，最大方式为系统的所有机组、线路、接地点（规定的）均投入运行，最小方式为系统可能出现最少的机组、线路、接地点的运行。

（2）在双侧电源和多电源环形网中，对某一线路的最大方式为开环运行，开环点在该线路相邻的下一级线路上，系统的机组、线路、接地点（规定接地的）均投入运行。最小方式是合环运行下，停用该线背后的机组、线路、接地点。

（3）对于双回线，除按上述情况考虑外，还应考虑双回线的保护接线。当双回线分接两套保护时，单回线运行为最大方式，双回线运行为最小方式；当双回线接一套和电流保护时，情况与上相反。目前平行双回线大多采用分别配置，不采用和电流方式。

（4）根据零序、负序的电流和电压分布的特点，最大方式应综合分析保护对端方向的机组、线路、接地点的变化，而最小方式则应综合分析保护背后方向的机组、线路、接地点。此外，对于平行线间的零序互感，也应考虑对最大、最小的影响。

六、整定计算的配合方法

整定计算中为了使保护系统能够协调统一工作，需要对各级保护进行协调配合。在选择性的讲述中谈到配合应满足灵敏度配合及动作时限配合，下面介绍各种保护的基本配合方法及配合中需注意的一些问题。

（一）阶段式保护的基本配合方法

在第三章零序方向电流保护和距离保护的基本原理介绍中已经介绍了零序方向电流保护和距离保护的构成，都采用了阶段特性的保护配合，事实上对于反应单端电气量变化构成的各种保护均采用阶段式保护配置，如电流电压保护、零序电流保护、距离保护等。如第三章所述，阶段式的各类保护其速断保护（Ⅰ段）部分为了躲过相邻线路出口短路，避免和相邻元件失去选择性，因此均只能保护线路的一部分；由延时段（Ⅱ段或Ⅲ段）的保护来解决对线路全长的保护问题，这样Ⅰ段和Ⅱ段一起构成本线路的主保护；设置定时限的Ⅲ段或Ⅳ段作为本线路及相邻线路的后备保护。由于各种阶段式类型的保护其整定配合原则大同小异，因此下边介绍一下阶段式保护通用的一些配合基本原则及方法。

多段式的保护整定计算应按被保护段分段进行，一般从保护Ⅰ段开始整定，后面各段按上下级配合关系进行配合整定，同时检验相关灵敏系数是否到达要求，以及时调整配合策略。

1. 阶段式保护速动段（Ⅰ段）的整定计算方法

保护速动段的整定通常考虑保护范围不伸出相邻元件，这样在定值上可以保证相邻元件故障时速动保护不会动作，从而可以快速动作，即在动作值上取得了配合。

速断保护的动作时间可整定为0s，根据具体情况可带一个短延时。

速断保护的灵敏系数仅要求在大方式下出口短路时有灵敏度即可，对速断保护的保护范围没有作要求。对于过电流、零序电流等受系统运行方式影响较大的保护其速断保护范围变化较大，尤其对于较短的线路，同时由于其动作时间为速动，因此应防止误动；距离保护范围稳定，距离Ⅰ段不受运行方式变化的影响，因此距离保护的Ⅰ段性能更好。另外，对于很短的线路，往往没有保护范围，因此可退出速断保护。

相邻元件类型不同其整定配合计算方法也有不同，下面具体进行介绍。

（1）按照躲开本线路末端最大短路故障整定。

当相邻元件为线路时，通常按照此种方法进行。以电流速断保护为例，如图 7－3 所示，保护 1 的速动段定值为了保证在 L2 线路故障时保护可靠不动作，选择本线路 L1 末端的 F3 点，计算在最大运行方式下（E_M 和 E_N 均为最大方式）时的三相短路电流值 $I_{d.max}$，然后考虑由于各种误差的影响因素乘上一个可靠系数 K_k 作为速断动作定值。选择最大方式下的三相短路电流是确保在其他运行方式和其他故障类型下速动段的保护范围不会延伸到 L2，此时其他小方式或两相短路电流时保护范围只会缩小，从而确保了选择性。

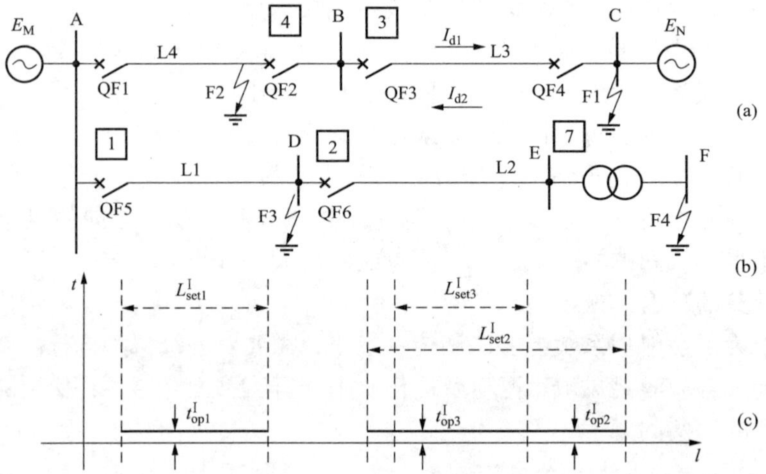

图 7－3 速动 I 段整定配合示意图

（a）电网结构；（b）整定范围；（c）时限特性

电压保护、零序电流保护、距离保护的整定也类似，首先计算在最大运行方式下，故障点在本线路末端的故障量，为了确保保护范围不超出相邻线路，增量型保护乘上一个可靠系数 K_k，一般取 1.3；欠量型保护乘上可靠系数 K_k，一般取 0.7～0.85。

（2）按照躲开线路两侧最大短路故障整定。

此种情形在多电源中保护不带方向时考虑，如图 7－3 所示，对保护 3 而言，如果对侧没有电源 E_N，则其速断整定计算方法同（1），仅需考虑故障点 F1 时的短路电流 I_{d1}。当对侧有电源时，则还需要考虑在背侧线路 L4 在 QF2 出口短路时流过的短路电流 I_{d2} 的影响，如果 I_{d2} 超过了速断电流定值则使得保护 3 与保护 4 失去了选择性，因为此时按照选择性的要求应当保护 4 动作，保护 3 不动作。实际选择计算故障点时选在背侧母线上。

对于其他类型的速断保护亦类似，均需考虑在多电源时最大运行方式下（对侧电源为最大运行方式）速断定值还要能躲过可能出现的最大短路故障。由于按照此原则整定时将使保护配合复杂，且按照躲背侧故障可能会使保护的动作灵敏度进一步降低，因此在多电源中往往通过增加一个方向闭锁元件来简化整定计算。当速断保护带方向闭锁时，其仅能在正向短路时动作，背侧故障时不动作，因此就不需要考虑躲过背侧最大短路故障。

（3）按照躲开线路变压器组其他侧短路故障整定。

对于终端线路往往采用线路接变压器组供电的方式，如图 7－3 所示 L2 线路为终端线路，其相邻元件仅为一台变压器。此时变压器的故障与线路故障对供电的后果是相同的，因此线路与变压器保护之间的选择性的必要性不大，可将线路保护范围伸入变压器中，但不能伸出变压器，因为伸出变压器后与变压器其他侧的馈线保护会失去选择性。按此原则整定可大大改善速断保护的性能，其保护范围更大，灵敏度更高，并且使阶段式保护的整体性能得以改善，相邻上一级与其配合时保护范围也相应扩大，更易配合。

对于终端线路所接的变压器保护 7 的配置一般装设有差动保护或电流速断保护作为变压器故障的主保护。当变压器装设有差动保护时，其保护范围不会超出其他侧母线，按照躲开变压器其他侧最大短路故障整定即可，如装设的是电流速断保护，由于其保护范围不固定，因此线路侧的速断保护需要和变压器的速断保护进行配合。

按照躲开变压器其他侧母线短路故障整定时，以保护 2 的电流速断保护为例，首先计算在大方式下故障点 F4 的最大故障电流，然后乘上可靠系数 K_k 便得到速断电流定值。对零序电流保护按照此方法进行时，由于其他侧为中性点不接地侧，因此计算方法有差异，计算方法在零序电流保护整定计算一节介绍。距离保护的整定同电流速断类似，其Ⅰ段也可伸入到变压器内部，但不超出相邻元件母线。

对于终端变压器为变压器组的情形时，其配合方法仍同前，只是应当考虑变压器的运行方式，如是否并列运行等，原则是确保线路侧速断保护范围不超出变压器的主保护的动作范围。当变压器故障时，如希望速断保护仍能具有选择性，可带一个小延时，如 0.1s；如果变压器进线侧装设有断路器，还可通过线路侧的重合闸来弥补，变压器故障时其主保护和线路侧的速断保护均动作，变压器的主保护动作将故障隔离后，线路侧重合成功后可对其余变压器继续供电。

当线路上支接有变压器时，如图 7－3 所示，当线路 L2 上又支接了一个变压器时，保护 2 速断保护还要确保其保护范围不超出支接变压器其他侧，此时会影响到保护配合及保护的灵敏度等。

对终端线路的速断保护，按照躲变压器其他侧短路故障整定时，由于变压器的阻抗远大于线路阻抗，因此其速断保护对本线路末端的灵敏度较高，其保护范围大多能够保护线路全长，此时终端线路就不需要再装设延时速动段保护了，仅需再增加一段后备保护即可，构成Ⅱ段式的保护配置。

2. 阶段式保护延时速动段保护（Ⅱ段或Ⅲ段）的整定计算方法

延时段保护的主要作用是保护线路的全长，并尽可能的减少延时。延时段保护的整定相对复杂些，因为其保护范围延伸到相邻线路或元件，因此应当和相邻线路或元件的保护进行配合以满足选择性的要求，其配合应当考虑动作时间和灵敏系数上的配合，而且在多电源中还要考虑在保护范围配合时分支系数的影响。另外当上下级配合的保护是不同原理的保护时则情形更加复杂。

下面介绍常见的一些配合方式。

（1）相同保护类型间的配合。

大多数的情形都是相同类型的保护进行配合，如电流保护之间、零序电流保护之间、距离保护之间等，计算方法相对简单些。为了使保护整定计算简化，保护性能更好，应尽可能的选择同种类型的保护之间进行配合。

1）上级Ⅱ段保护和下级Ⅰ段保护配合。

在进行延时速动段的保护整定计算中，首先考虑的是尝试进行Ⅱ段和下级Ⅰ段保护的配合，即保护范围不伸出到下级Ⅰ段的保护范围以外，一般下级Ⅰ段为速动段其动作延时较短。定值计算过程如下：

如图7－4（b）所示中，保护4的Ⅱ段和保护3的Ⅰ段配合。为了计算Ⅱ段定值首先应当计算出保护3的Ⅰ段定值，然后考虑一个配合系数 K_k 后进行计算。按照此配合在最大运行方式下保护4的Ⅱ段范围不会超出保护3的Ⅰ段范围，如果保护4和保护3之间还有助增电源还应当正确计算分支系数。

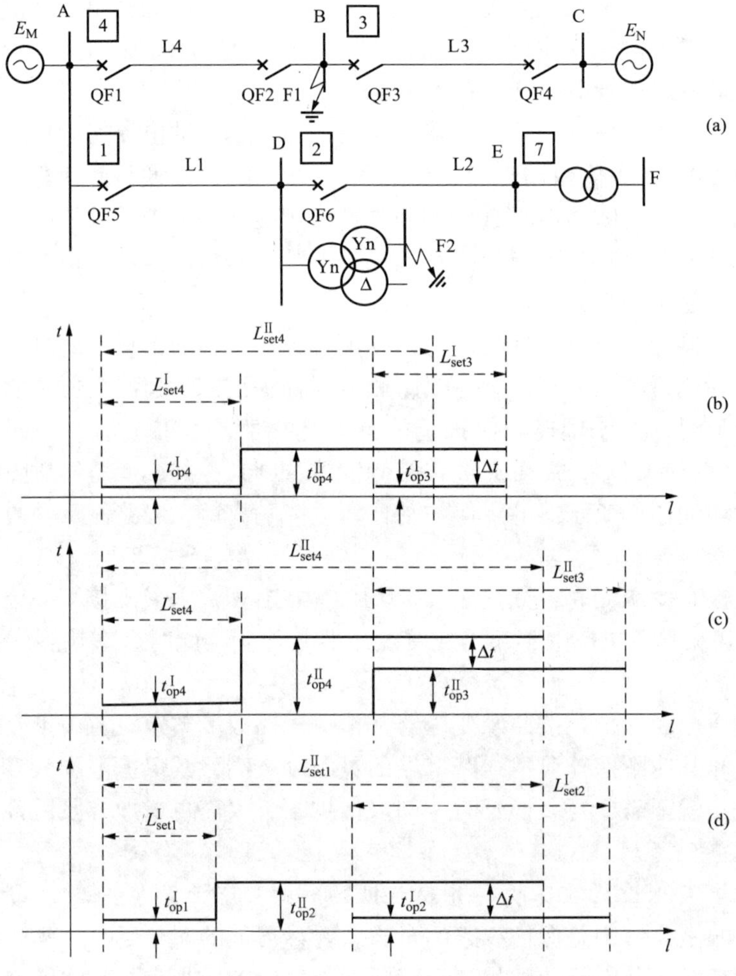

图7－4　Ⅱ段整定配合示意图

（a）电网结构；（b）配合方式1；（c）配合方式2；（d）配合方式3

由图7－4（b）所示保护4的Ⅱ段动作范围伸入到了保护3的Ⅰ段范围内，为了保证选择性，保护4的动作时间比保护3的Ⅰ段增加一个时限级差 Δt。

定值计算后应当校核对本线路L4末端F1处短路时的灵敏系数是否达到规定要求，如不满足，可考虑采用如下2）整定计算方法。实际计算中，电网结构和运行方式对计算结果有一定的影响，如长线路和短线路配合，短线路成串等按照此方式整定其灵敏系数很难满足要求，在系统运行方式变化大的电网（如有变化大的分支系数时）其灵敏系数亦很难满足要求。

2）上级Ⅱ段保护和下级Ⅱ段保护配合。

在上级Ⅱ段保护和相邻线路Ⅰ段保护尝试配合无法满足灵敏度要求时，则可考虑将保护范围进一步伸长，伸入到相邻线路Ⅱ段保护中，但应确保不超出Ⅱ段保护范围。按照完全配合原则在灵敏系数和动作时间上应取得配合，这往往会使动作时间增长。

如保护4的Ⅱ段和保护3的Ⅰ段配合灵敏度不满足要求，可尝试和保护3的Ⅱ段配合，如图7-4（c）所示，为了计算Ⅱ段定值首先应当计算出保护3的Ⅱ段定值，然后考虑一个配合系数K_k进行计算，由图中可见，保护4的Ⅱ段范围不会超出保护3的Ⅱ段范围，相对于和Ⅰ段配合保护4的Ⅱ段动作范围增大，灵敏度提高。同样地，如果保护4和保护3之间还有助增电源则还应当正确计算分支系数。

由图7-4（c）所示保护4的Ⅱ段动作范围伸入到了保护3的Ⅱ段范围内，为了保证选择性，保护4的动作时间比保护3的Ⅱ段增加一个时限级差Δt。由于保护3的Ⅱ段动作时间比Ⅰ段长，因此保护4的动作时间也更长。

定值计算完成后应校核对本线路末端的灵敏系数是否达到规定要求，通常情况下能够满足灵敏系数要求。如果由于电网结构或运行方式及其他原因等使灵敏系数仍不满足，则可选用性能更好的保护，如短线路用纵差保护，选用距离保护等；安排合理的运行方式；调整保护方案，如改善下级电网保护；采用设置不配合点等方式来满足要求。

3）上级Ⅲ段和下级Ⅱ（Ⅲ）段保护配合。

在有些较复杂的电网中，为了改善保护性能，采用了Ⅳ段式的配置，此时Ⅱ段和下级Ⅰ段配合，对灵敏度不做要求，这样对正常运行方式下和近距离的故障可较快切除；再增加一个Ⅲ段延时速动保护，它和下级的Ⅱ段或Ⅲ段配合，并确保对本线路末端有要求的灵敏系数，当然其动作时间会相对较长些。

为了计算Ⅲ段定值首先应当计算出下级Ⅱ或Ⅲ段定值，然后考虑一个配合系数K_k进行计算。多电源中则还应当正确计算分支系数。

动作时限配合：按照上述原则，上级动作时间比下级Ⅱ段动作时间或Ⅲ段动作时间增加一个时限级差，其动作时间较长。

定值计算完成后应校核对本线路末端的灵敏系数是否达到规定要求，如果仍不满足则应采用如前介绍的一些方法满足。

4）上级Ⅱ（Ⅲ）段和相邻变压器配合。

在进行Ⅱ段或Ⅲ段整定计算中，若相邻元件还包括变压器，此时其Ⅱ段或Ⅲ段应和变压器进行配合。因为如果不对保护的范围进行校核，则保护范围可能超出变压器其他侧母线，从而可能失去选择性。如图7-4（d）所示，保护1的Ⅱ段和保护2的Ⅰ（Ⅱ）段配合，保护1的Ⅱ段还应和相邻变压器差动保护配合（躲变压器其他各侧母线短路），对于增量继电器取上两个配合中定值高的为最后定值，对于欠量继电器取上两个配合中定值低的为最后定值。相邻变压器一般都配有差动保护，因此应确保Ⅱ段不伸出变压器其他侧母线。这在零序电流保护和接地距离保护整定计算中也需考虑，详细整定计算方法见后面。

（2）不同类型保护的配合。

在电网保护配置中由于各种原因会出现不同类型的保护间进行配合的情形，如电流元件和电压元件配合，接地距离保护和零序电流保护相互配合等。由于保护原理不同，因此不同原理的保护类型间进行配合时则复杂的多，但其基本的配合原则仍是上下级间在灵敏度和动作时间上应尽可能的取得配合。

不同类型间保护配合的灵敏度配合是通过保护范围的配合来进行的。首先，需计算出下级要配合的保护的保护范围，然后计算出在配合的保护范围末端故障时上级保护的故障量，再考虑配合系数和分支系数，在这个过程中，如何计算保护范围有时是比较困难的，当用计算机进行处理时能更好的进行处理。

动作时间的配合同前。

下面介绍一些常见的不同类型的保护之间的配合方法。

1）电流保护和电压保护之间的配合。

在电流电压保护中，若电流元件和电压元件做测量元件（控制保护范围），则可能会出现电流测量元件和电压测量元件配合或电压测量元件与电流测量元件配合的情形。

电流测量元件和电压测量元件配合时，下级电压测量元件速断定值若为 U_{set1}，则根据 U_{set1} 计算出其最小保护范围，然后在其保护范围末端计算最大运行方式下短路电流值 $I_{d.max}$，考虑可靠系数和分支系数便可得到延时电流定值 I_{set2}。在这个过程中，最复杂的是得到电压测量元件的最小保护范围，对单侧电源网络较简单，可手算并有相关公式可借鉴（可参考3kV～110kV 整定规程）。对于多电源等复杂网络则需要用计算机进行计算。电压测量元件和电流测量元件的配合与此类似。

2）接地距离保护和零序电流保护之间的配合。

在接地距离保护整定计算中，若相邻下级线路未配置接地距离保护，仅有零序电流保护则存在接地距离与零序保护之间的配合问题。现在的微机保护其距离保护均配置了相间距离和接地距离保护，则不存在接地距离和零序电流保护之间的配合问题，应当尽可能起用接地距离保护以简化配合关系和改善保护性能。

由于保护动作原理不一致，接地距离保护与零序电流保护配合关系比较复杂，其配合方法亦是先找到接地距离进行配合的下级零序Ⅰ段或Ⅱ段的保护范围，接地距离保护按照不伸出此保护范围进行整定（考虑乘上可靠系数和分支系数）。动作时间按上下级配合关系进行。

3）定时限保护和反时限保护之间的配合。

在电流保护及零序电流保护的整定计算中，有可能出现定时限的保护与反时限保护之间的配合。常见的情况是上级定时限与下级反时限配合，上级反时限与下级反时限配合。

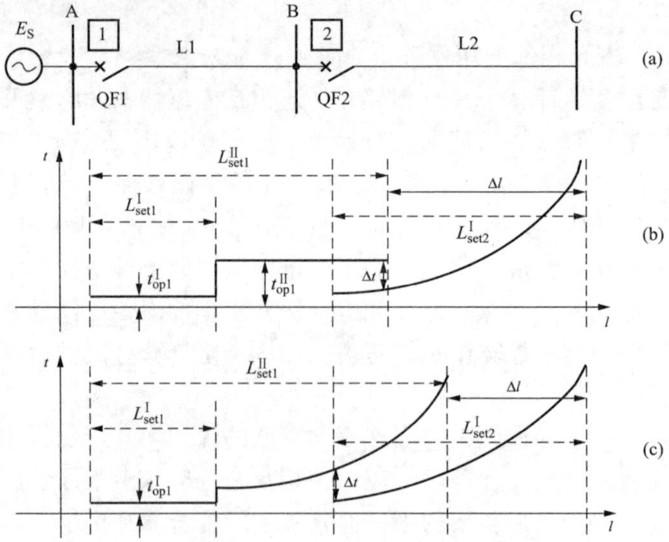

图7－5 反时限整定配合示意图

（a）电网结构；（b）定时限与反时限配合；（c）反时限与反时限配合

其配合基本原则是保证灵敏系数和动作时间相互配合，在配合的保护点上应当保证上级动作时间比下级保护动作时间大一个配合级差，体现在阶梯配合时间级差上二者动作时间曲线应不相交。反时限配合示意图如图 7－5 所示。

图 7－5（b）为定时限和反时限配合示意图，保护 1 的定时限Ⅱ段和保护 2 的反时限配合，动作范围上保护 1 的Ⅱ段不应超出保护 2 的反时限动作范围，在保护 1 的保护范围末端，保护 2 的反时限动作时间和保护 1 的Ⅱ段的动作时间应满足时限级差要求。

图 7－5（c）为反时限和反时限配合示意图，保护 1 的反时限和保护 2 的反时限配合，动作范围上保护 1 的动作范围不应超出保护 2 的反时限动作范围，保护 1 和保护 2 的动作时间在配合点上应满足时限级差要求。

4）延时速动段和相邻线路纵联保护配合。

在超高压电网中，线路保护均配有全线速动的纵联保护，由于纵联保护范围稳定，保护范围比Ⅰ段更大，因此常常选择上级延时速动段（Ⅱ段）与相邻线路的纵联保护进行配合，从而可以提高Ⅱ段动作灵敏度，改善保护性能。

按照与相邻线路纵联保护进行配合整定的计算方法亦很简单，由于纵联保护可保护相邻线路全长，因此配合的保护范围选择在相邻线路末端，求出相应的最大短路电流、零序电流或阻抗，然后考虑配合的可靠系数及分支系数即可。纵联保护的动作时间为速动，因此Ⅱ段的保护配合时间可为一个配合延时级差。

如图 7－6 所示，其中图（b）为保护 4 的Ⅱ段和保护 3 的Ⅰ段配合的示意图，图（c）为保护 4 的Ⅱ段和保护 3 的纵联保护配合的示意图，此时保护 4 的Ⅱ段保护动作范围增大了。

需要注意的是，按照此方法进行整定的前提是相邻线路纵联保护应能长期投入运行，如果一旦相邻线路所有的纵联保护退出，则可能会失去选择性。

（3）按对本线路末端短路有灵敏度进行整定。

由于电网结构、运行方式、保护配置等等各种原因，延时速动段按照上下级的配合关系仍无法满足灵敏性，此时可按照保灵敏度进行整定，即求出本线路末端故障量或阻抗后，根据要求的灵敏系数进行整定。按照此原则进行整定将使上下级保护之间可能出现灵敏系数或动作时间的不配合，从而失去选择性，将此处按照不配合点来进行考虑。采用此种方式进行整定应根据规程和实际情况考虑，尽量通过其他手段来满足，若采用过多会使整个保护系统可靠性变差。

3. 定时限后备保护（Ⅲ段或Ⅳ段）的整定计算方法

定时限保护（Ⅲ段或Ⅳ段）在阶段式保护中主要作为相邻线路及本线路的特殊故障（如高阻接地）的后备保护。如图 7－6 所示，在 L3 线路末端故障，当保护 3 的Ⅱ段拒动或 QF3 拒动时，此时只能靠保护 4 的Ⅲ段或Ⅳ段来切除故障。因此对于该段的整定应主要强调能灵敏的反应相邻线路故障和经过高阻接地故障，保证远后备的功能，因为这是各种故障时的最后一道屏障。

定时限保护的整定相对简单，各种保护类型不同，其整定方法亦有区别，其基本整定原则是考虑两个因素。

（1）按照保证正常运行方式下可靠不动作进行整定。

定时限后备保护作为故障的最后一道屏障，往往整定得很灵敏，因此应当保证在正常运行时不误动，对于电流保护和距离保护应确保在可能的最大负荷电流情况下不误动。零序及

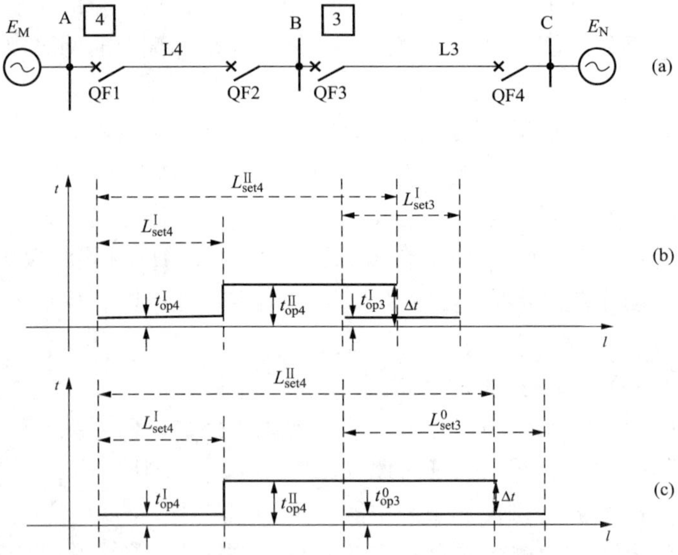

图 7－6 Ⅱ段与纵联保护配合示意图

（a）电网结构；（b）与Ⅰ段配合；（c）与纵联保护配合

负序电流保护等应能躲过各种可能产生的最大不平衡电流等导致误动的因素。如何考虑最大负荷电流及不平衡因素在相关章节详细介绍。

（2）按上下级后备段配合进行整定。

为了保证上下级之间的灵敏系数和动作时间的配合关系，可按Ⅲ段与下级Ⅱ段或Ⅲ段配合，Ⅳ段与下级Ⅲ段或Ⅳ段配合，按此配合可提高远后备性能，但会造成动作时间过长，配合更繁琐，应根据具体情况进行配合。

对于辐射型网络配合简单，后备保护之间进行配合通常是从终端线路开始，逐级往电源侧进行配合。对于复杂电网和环网则应选择一个开始点才能进行配合，否则将会出现无法进行配合的情况（配合死锁），开始点应与相邻主保护段配合，这样可以降低全网后备段的时间。如果开始点选不到合适的地方，可选择一个无选择性的点（解列点）作为开始点。

（二）整定计算配合中配合参数选择

整定计算配合中涉及一些参数的选取包括可靠系数、返回系数、分支系数、时间配合级差等，下面简单介绍其一般选择的方法。

1. 可靠系数选取

为了避免由于计算误差、测量误差，以及调试等误差，使各种保护的整定值偏离预定数值，从而引起保护范围不配合，引起保护误动作。因此，在进行整定配合时应有一定裕度以取得选择性，通常引入一个可靠系数在定值计算时予以考虑，一般用 K_k 表示。

可靠系数的选用，主要考虑整定计算条件的不同和保护类型、方式不同，一般考虑以下一些因素，以下叙述针对增量型保护，欠量型保护则与之相反：

（1）由短路电流绝对值决定定值的无时限保护，应选取较大可靠系数；而相互配合的延时保护，可选取较小的可靠系数。

（2）保护动作速度较快时，应选用较大的系数。

（3）不同原理和类型保护之间的配合，应取较大的可靠系数。

（4）当计算零序短路电流中有互感影响时，因难于精确计算，应选取较大可靠系数。

（5）当计算条件考虑因素较多时应取较大可靠系数，如考虑了分支系数、运行条件变化或计算条件难以精确计算等。

在整定计算规程中对选用可靠系数有相关的规定，一般会给出一个范围，应根据上述情况进行合理考虑。

2. 返回系数选择

按正常运行电流（或电压）整定的保护定值，由于定值比较接近正常运行值，在故障断开后，电流、电压恢复正常的过程中保护不能可靠返回会发生误动。为避免此种情况，应计算返回系数。对于按短路参量（电流、电压）或按自启动条件整定的保护，可不考虑返回系数。

返回系数的选择与配置的保护类型有关，常规的电磁性继电器由于考虑要保持一定的接点压力所以其返回系数较低，一般约为0.85；微机保护的返回系数则较高，一般考虑为0.95。

3. 时间配合级差选择

在动作时限配合中需要对上下级保护的动作时间级差进行选择。时限级差主要考虑保护动作时间误差、时间继电器误差、开关跳闸时间及其他相关误差。时限级差选择过大会使配合动作时间过长，选择过小可能会造成误动。

对于采用分立元件构成的保护装置（电磁继电器等）涉及的问题较复杂，因为整个动作回路涉及多个继电器，各个继电器的误差均需考虑，动作配合级差应选择较大些，详细可参阅参考文献[3]。

微机型保护装置中间的动作逻辑采用软件实现，固有的动作时间精度较高，可考虑较小的配合时限，一般定时限可考虑0.3s～0.5s，反时限可考虑0.5s～0.7s。

4. 分支系数计算

整定计算配合中需要考虑相邻线路有助增电流及汲出电流（分支电流）的情况，通常引入分支系数进行计算。在第三章距离保护中介绍了分支电流对距离保护的影响，实际上对于阶段式的电流保护、零序保护都会受到分支电流的影响。分支电流的存在使得保护范围伸长或缩短，为避免分支电流引起的保护范围变化导致上下级保护间保护范围不配合，应当正确合理的计算分支系数。

整定计算中，对于电流保护及零序电流保护采用的是电流分支系数的概念，其定义是相邻线路短路时，流过本线路的短路电流与流过相邻线路短路电流之比，通常用K_f或K_{fz}表示（在整定计算规程中用K_f表示）。对于距离保护采用的是助增系数的概念，它等于电流分支系数的倒数，一般用K_z或K_{zz}表示（在整定计算规程中用K_z表示）。有助增电流情况时$K_f<1$（$K_z>1$），汲出电流时正好相反。

第三章的距离保护内容中分支电流对阻抗继电器的影响分析中的一些结论对于电流保护而言仍然是适用的，详细论述请见第三章第二节中有关分支电流对阻抗继电器工作的影响相关内容。

（1）对Ⅰ段无需考虑分支系数的影响，因为保护范围不会伸入到下级也就无所谓分支系数。Ⅱ段和Ⅲ段在多电源网络中则应进行考虑。

（2）通常，在整定值不变的情况下，助增电流的存在使得保护范围缩短，汲出电流使得保护范围增长。

（3）电流分支系数的大小与助增电源和保护背后电源的大小有关，所以它与系统的运行方式有关，分支系数中运行方式的考虑也就非常重要了。

（4）辐射状电网中计算助增系数的公式为式（3－107），电流分支系数为其倒数，在简单电网中可直接根据阻抗参数用该公式计算。采用计算机进行计算可采用其他方式进行。

（5）在辐射状电网中，助增系数（或电流分支系数）的大小与短路点在相邻线路上的位置（Z_K）无关，因此计算助增系数时短路点可选择在相邻线路末端。

（6）在相邻线路是平行线路的情况下，助增系数（或电流分支系数）的大小与短路点在相邻线路的位置有关，计算助增系数时通常短路点取在相邻的平行线路末端。

分支系数计算时运行方式的选择：

1）有助增电源时，其运行方式应考虑保护背后电源为最大运行方式，助增电源为最小运行方式。对距离保护而言，此时助增电流最小，助增系数最小；对电流保护而言，电流分支系数最大。

2）对于汲出电流情况，其运行方式应考虑汲出电流最大的运行方式，此时助增系数最小，电流分支系数最大。

3）同时有助增及汲出电流时，其运行方式应综合进行考虑，一般情况是助增电流为最小、汲出电流为最大的运行方式。

需要注意的是，理论上分支系数应为复数，实用上常取其绝对值。

（三）其他配合相关问题

1. 单回线与双回线间配合考虑

单回线对双回线一般按照取相邻双回运行，一般短路点选在相邻线路末端。（双回的保护范围不到线路末端时，也近似取在末端）这样分支系数容易计算。当有必要准确计算在相邻的双回线保护范围末端短路时的分支系数时，可用图解法。

双回线对单回线，当双回线接分电流保护时，应取双回改为单回运行方式。而双回线的保护用和电流保护时，应取双回运行方式，故障点可选择相邻线路末端。

环形内部的网路中最大分支系数，随短路点远去而减小，应取开环方式。

对同杆并架的双回线，考虑双回线同时检修或双回线同时跳开的情况。

平行双回线零序电流保护配合整定应考虑其变化情况，详细请参考零序电流整定部分。

2. 解列点

解列点多设置在一些地区电源和主网联络处，在环网配合时也涉及合理选择解列点以改善保护配合性能。下面简单介绍一些解列点的设置情形。

（1）对单回线环网的运行线路，允许设有一个解列点或一回解列线路，例如零序电流保护最末一段定值之间相互配合时允许有一处无选择性。

（2）下一级电压母线配出线路的故障切除时间，应满足上一级电压电网继电保护部门按系统稳定要求和继电保护整定配合需要提出的整定限额要求；下一级电压电网应按照上一级电压电网规定的整定限额要求进行整定，必要时，为保证电网安全和重要用户供电，可设置适当的解列点，以便缩短故障切除时间。

（3）在某些运行方式下，允许适当地牺牲部分选择性，例如对终端供电变压器、串联供电线路、预定的解列线路等情况。

（4）后备保护整定配合有困难时，允许适当设置解列点，但在选择解列点时应尽可能合理，解列点不宜多。

（5）在电网的某些点上以及与主网相连的有电源的地区电网中，应创造条件设置合适的解列点，以便当主网发生重大事故时，采取有效解列措施，确保地区电网的重要负荷供电。

（6）在环网中，本线路相间距离Ⅲ段与相邻线路相间距离Ⅲ段之间整定配合时，可适当选取解列点。

（7）带地区电源的主网终端线路，宜选用解列重合闸方式，终端线路发生故障，在地区电源解列（或跳闸联切）后，主网侧检无压重合。

（8）对于在电网发生故障时为提高保护性能、改善保护之间的配合关系而装设的解列装置，测量元件通常以电网故障电气量为判据（如故障时的过电流、低电压、零序电压、零序电流等），其定值按保预定的解列范围有足够的灵敏系数整定，同时，还应可靠躲过常见运行方式下的正常电气量或正常运行时的不平衡电气量。动作时间可根据解列的需要整定，不与其他保护配合。

（9）作为防止电网发生电压崩溃、频率崩溃、系统振荡等稳定事故而装设的安全自动解列装置，测量元件通常以电网运行时的异常电气量为判据（如低电压、低频率、过负荷、功率倒向、功角变化等）。为防止电网故障时安全自动解列装置误动作，一些安全自动解列装置的动作时间需要躲过系统保护切除故障的时间。

（10）应尽可能的将解列断路器选择在主网与地区电源的功率平衡点上。

3. 纵续动作下的配合

在进行整定计算时在一些特殊的情形下应考虑纵续动作对保护的影响。所谓纵续动作指在故障发生后，一侧的保护动作并跳闸后，使另一侧的保护的故障量增大而动作的情形。纵续动作的考虑主要在进行灵敏度校验时，如果灵敏度不够，但在对侧保护跳闸后，本侧故障量增大能够相继动作时则可以按此进行校验。一般有如下情形：

（1）当线路末端发生接地故障时，允许由线路两侧继电保护装置纵续动作切除故障。

（2）考虑零序电流保护速断段纵续动作的可能条件，尽量避免临时更改线路保护装置的定值。

（3）在复杂网络中，若采用远后备保护方式，当相邻元件故障，而其保护装置或断路器拒动时，允许按其他有足够灵敏度的分支相继跳闸后的条件来校验本保护的灵敏度。

（4）对于110kV电网线路，考虑到在可能的高电阻接地故障情况下的动作灵敏系数要求，其最末一段零序电流保护的电流定值一般不应大于300A（一次值），此时，允许线路两侧零序保护相继动作切除故障。

（5）当与相邻线路零序电流Ⅰ段配合时：如相邻线路零序电流Ⅰ段能纵续动作保护全线路，则本线路零序电流Ⅱ段定值计算应选用故障点在相邻线路断路器断口处的分支系数K_F值，按与相邻线路零序电流Ⅰ段配合整定。

（6）零序电流最末一段电流定值、接地距离Ⅲ段阻抗定值，对相邻线路末端接地故障的灵敏系数应力争不小于1.2，确有困难时，可按相继动作校核灵敏系数。

（7）双回线内部保护的配合，可按双回线主保护（例如纵联保护）动作，或双回线中一回线故障时两侧零序电流（或相电流速断）保护纵续动作的条件考虑，确有困难时，允许双回线中一回线故障时，两回线的延时保护段间有不配合的情况。

4. 方向元件的配置

不同的保护原理其方向元件的设置有些差异，下面就一些通用的情况做介绍。

为了提高保护动作的可靠性，单侧电源线路的各保护均不应经方向元件控制，应当退出装置的方向运行控制字。

双侧电源线路的保护，如经核算在可能出现的不利运行方式和不利故障类型下，均能与背侧线路保护配合，也可不经方向元件控制。有两种情况，一种是电流保护在定值上能躲过背侧最大三相短路电流时（电流定值大于背侧最大三相短路电流）可不经方向元件控制；另一种情况是在动作时间上能与背侧保护动作时间配合（比背侧保护动作时间长 Δt）时可不经方向元件控制。

在复杂电网中，为简化整定配合，各保护宜经方向元件控制，一般在多电源、环网中考虑。但作为最末一段的后备保护均不应带方向，一方面是其动作时间长，另一方面应防止因方向元件而导致失去最后一道保护屏障。

需要注意的是，对于经过方向元件控制的各保护，在失去方向元件控制（如电压回路断线时）时将失去方向性，保护仅剩下电流相关保护，但此时则可能失去选择性。

七、整定计算相关技巧和应注意的问题

（1）整定计算要决定保护的配置与使用，它直接关系到保证系统安全和对重要用户连续供电的问题，同时又和电网的经济指标、运行调度、调试维护等多方面工作有密切关系，因此要求有全面的系统观点。

（2）对于继电保护的技术要求，选择性、速动性、灵敏性、可靠性，要全面考虑，在某些情况下，“四性”的要求会有矛盾，不能兼顾，应有所侧重；如片面强调某一项要求时，都会使保护复杂化，影响经济指标及不利于运行维护等弊病。

（3）整定保护定值时，要注意相邻上下级各保护间的配合关系，不但在正常方式下考虑，而且方式改变时也要考虑，特别是采取临时性的改变措施更要慎重，要安全可靠。

（4）当系统运行方式发生变化，超出了原整定计算方案中的运行方式应当对相关保护进行重新计算或校验，以确定是否满足新运行方式的需求；如果不满足，则应当采取临时修改定值等措施并备案。

（5）主保护和后备保护应有所侧重，以改善和保证主保护为主，兼顾后备性，在主保护段满足灵敏度要求时，应尽可能提高其后备灵敏度。

（6）大接地电流系统中，变压器中性点接地的分布，应按保证设备安全和零序电抗变化小，对保护效果有利的原则考虑，接地点不宜过多。

（7）制定保护整定方案时，要尽可能地适应较多的运行方式，提高适应能力（保护适应运行方式变化范围大小的能力）。保护的适应能力与保护方式有关，但是任何保护的适应能力都是有限的，因此应以满足常见的一些运行方式为基础。对于特殊少见而又恶化保护效果的运行方式可作临时处理。

（8）对于临时性的改变定值要尽量减少，在主保护保证灵敏度的前提下，可适当提高后备段的后备灵敏度，用以解决常见的临时方式。临时方式下避免手改定值，必要时增加保护段。有些手动操作，尽可能代之以自动措施。

八、整定计算定值管理

网、省公司继电保护整定计算部门在软件控制字的选择上应制定统一的使用原则，使整定和使用控制字的数量愈少愈好。为减少整定计算人员的工作量和不同人员任意选取定值，可将通用的附加定值作统一的规定，对不同电压等级的线路，按线路长度、电流互感器变比等，列出通用的附加定值选取统一定值：如突变量电流定值、零序电流启动电流、静态失稳电流、圆特性阻抗的正序灵敏角、零序灵敏角、接地距离偏移角、相间距离偏移角、负荷限制电阻、多边形特性阻抗的相间距离电阻、接地距离电阻、重合闸检无压值和检同期合闸角等。

第二节 电流电压保护整定计算

一、概述

66kV 及以下的线路保护通常以电流电压保护为主，作为相间短路的保护，一般配置Ⅱ段或Ⅲ段式电流保护，根据具体情况考虑是否再增加方向元件或电压元件。电流保护的配置采用第一节介绍的阶梯型的配合关系，其中Ⅰ段和Ⅱ段一起作为本线路的主保护，Ⅲ段作为本线路和相邻线路的后备保护。

对微机型馈线保护，其装置中往往还设有重合闸、低频减载、低压减载及其他测控功能，使得功能更强大，相关辅助定值也较多。关于重合闸、低频减载及低压减载的整定请参考第五章电力系统安全自动装置中相关内容。下面介绍电流保护的整定配合计算方法及方向和电压元件的整定原则。

二、阶段式电流保护整定计算方法

对于馈线保护一般首先考虑整定电流保护，相对而言电流保护更简单、可靠。同时在运行方式上也应当尽量采用辐射性的运行方式。为了简单起见，如下的保护配置均考虑所有线路配置电流保护，无电压元件或电压元件仅作为闭锁元件的情形。

(一) 电流速断保护整定计算

瞬时电流速断保护按照躲过本线路末端最大三相短路电流整定；对多电源网络，无方向的电流速断保护定值应按躲过本线路两侧母线最大三相短路电流整定。对双回线路，应以单回运行作为计算的运行方式，对环网线路，应以开环方式作为计算的运行方式。整定动作时间可为0s，保护动作范围要求在常见运行大方式下能有保护范围，即出口短路的灵敏系数，在常见运行大方式下，三相短路的灵敏系数不小于1时即可投运。对于很短的线路则很可能没有保护范围宜退出Ⅰ段运行。

电流速断保护在阶段式电流保护中作为线路或线路变压器组的主保护，其整定基本配合方法见概述中阶段式保护配合方法，下边仅就一些特殊问题和具体计算公式予以说明。

(1) 对双侧电源线路的电流速断保护定值，如果保护带有方向元件则按躲过本线路末端最大三相短路电流整定。如图 7－7 所示，整定保护 1 的电流速断定值，首先计算出电源 E_S 为大方式时本线路末端 F1 点的三相短路电流值 $I_{D\cdot\max}^{(3)}$，按照式（7－1）进行计算

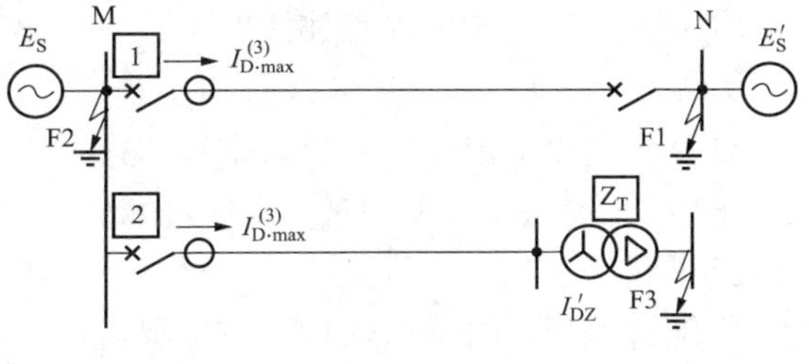

图 7－7 电流速动保护整定计算

$$I_{DZ\cdot\mathrm{I}} \geqslant K_k \cdot I_{D\cdot\max}^{(3)} \qquad (7-1)$$

式中：K_k 为可靠系数，取 $K_k>1.3$；取可靠系数大于 1.3 是在考虑各种误差的基础上进行的，一般可根据线路长度、装置误差等因素酌情考虑。

(2) 如果保护 1 的电流速断不带方向元件，保护 1 还需躲开背侧最大短路电流。保护 1 还要计算在 F2 点短路时，在 E_S'为大方式时流过保护 1 的三相短路电流 $I_{D\cdot\max}^{(3)}{}'$，然后和短路点 F1 处计算的 $I_{D\cdot\max}^{(3)}$进行比较，取二者最大的电流值作为短路电流配合值，整定计算公式为式（7－1）。

（3）对于单电源按双侧电源线路的方向电流速断保护的方法整定。如图 7－7 所示，如果保护 1 对侧没有电源 E'_S，则保护 1 就无需考虑背侧的故障点 F2 了。

（4）对于接入供电变压器的终端线路（含 T 接供电变压器或供电线路），按照和变压器相关保护进行配合整定。

1）变压器装有差动保护，则线路电流速断保护定值可按躲过变压器其他侧母线三相最大短路电流整定，确保其保护范围不伸出变压器。如图 7－7 所示，整定保护 2 的电流速断定值，首先计算出在大方式下（E_S 和 E'_S 均为大方式，此时提供的短路电流最大）变压器另一侧母线 F3 点短路，流过保护 2 的三相短路电流 $I^{(3)}_{D.max}$，按照式（7－1）进行计算。如果所接的变压器为三绕组变压器，则再计算第三侧母线上的三相短路电流 $I^{(3)}_{D.max}{}'$，取二者的最大值即可。如果在线路中间还 T 接有变压器时，还应考虑躲开 T 接变压器中其他侧母线最大三相短路电流，方法同前。

2）变压器以电流速断作为主保护，则线路电流速断保护应与变压器电流速断保护配合整定，以确保变压器侧故障时不失去选择性。如图 7－7 所示 I'_{DZ} 为变压器的电流速断定值，保护 2 的电流速断定值按照式（7－2）进行计算：

$$I_{DZ.\,I} \geqslant K'_k \cdot n \cdot I'_{DZ} \qquad (7-2)$$

式中：n 为并联变压器台数；$K'_k \geqslant 1.1$。

电流速断的保护范围只能保护线路的一部分，按照 3～110kV 整定规程规定电流速断保护应校核被保护线路出口短路的灵敏系数，在常见运行大方式下，三相短路的灵敏系数不小于1（说明有保护范围）时即可投运。由于电流速断保护在定值上已经取得了与相邻线路或变压器在保护范围上的配合，因此动作时间定值整定为 0s。

（二）延时电流速断保护整定计算

一般采用如前介绍的Ⅱ段与Ⅰ段或Ⅱ段与Ⅱ段配合的方法。

以图 7－8 为例，保护 1 的延时电流速断保护首先考虑与相邻线路 L1 的保护 2 的Ⅰ段进行配合，如保护 2 的电流速断定值为 $I'_{DZ.\,I}$，则按照式（7－3）进行计算。

$$I_{DZ.\,II} = K_k K_{F.\,max} I'_{DZ.\,I} \qquad (7-3)$$

式中：K_k 为可靠系数，$K_k \geqslant 1.1$；$K_{F.\,max}$ 为最大分支系数。

其分支系数应考虑在相邻线路末端 F1 点短路时，流过保护 1 的电流为最大的运行方式（E'_S 为大方式，E_S 为小方式）。

计算出的电流定值应校核对本线路末端故障是否有规定的灵敏系数，故障点考虑本线路末端 F2 点，灵敏系数要求请见 3～110kV 整定规程。如果计算出的灵敏系数达不到规定要求，则可和保护 2 的Ⅱ段配合。如果仍然不能满足灵敏度要求，则可考虑对保护方案进行调整，如配置电压电流速断保护，按保灵敏度进行整定，或采用距离保护等。

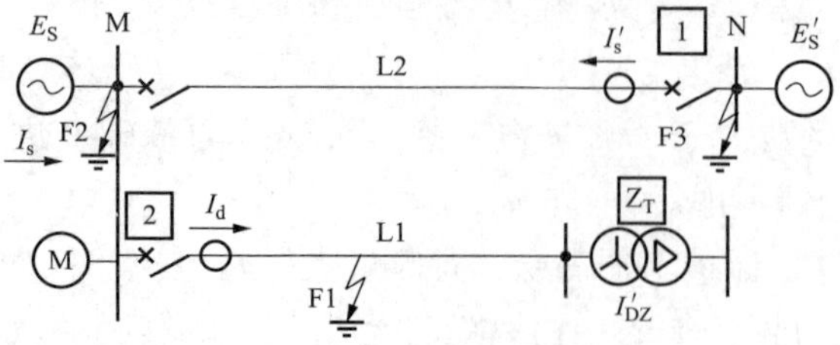

图 7－8　延时电流速动保护整定计算

动作时间按前述时限配合原则进行。

需要注意的是在图 7－8 中，保护 1 的延时电流速断还应考虑在背侧 F3 点短路时，由对侧 E_S 提供的短路电流与背侧线路保护的配合问题（在 t_{II} 的时间内是否会引起保护动作）。如果保护 1 受方向元件控制则不需考虑此问题。

（三）定时限过电流保护

过电流保护的整定计算相对简单，一般按照躲过最大负荷电流进行整定，同时电流定值还应与相邻线路的延时段保护或过电流保护取得配合，其最大负荷电流的计算按照前述基本配合原则进行。其定值计算公式见式（7－4a）和式（7－4b），取二者的最大值：

$$I_{\mathrm{DZ.III}} \geqslant K_{\mathrm{k}}' \cdot K_{\mathrm{F.max}} \cdot I_{\mathrm{DZ.III}}' \tag{7-4a}$$

$$I_{\mathrm{DZ.III}} \geqslant \frac{K_{\mathrm{k}}}{K_{\mathrm{f}}} \cdot I_{\mathrm{FH.max}} \tag{7-4b}$$

式中：$I_{\mathrm{DZ.III}}'$为相邻线路过电流保护定值；$I_{\mathrm{FH.max}}$为本线路的最大负荷电流；$K_{\mathrm{k}} \geqslant 1.2$；$K_{\mathrm{f}} = 0.85 \sim 0.95$；$K_{\mathrm{k}}' \geqslant 1.1$；$K_{\mathrm{F.max}}$为最大分支系数。

动作时间按前面介绍的阶段配合关系整定，取 $\Delta t = 0.3 \sim 0.5\mathrm{s}$。

在图7－8中，保护1的过电流保护要考虑母线M上所接的高压电动机的自启动电流的影响，如果L1线路故障，保护2切除故障后高压电动机启动电流可能会使得保护1的过电流保护因为躲不过而误动，因此在考虑最大负荷电流$I_{\mathrm{FH.max}}$时应考虑电动机自启动的影响。最大负荷电流除以返回系数，是考虑在L1线路故障，保护2切除故障后，在流过保护1的事故过负荷电流情况下保护1的过电流保护能够可靠返回。同时保护2的过电流保护在灵敏度和动作时间上均应取得配合。

三、阶段式电流电压保护整定计算方法

电流电压保护的采用往往应用在电网结构较复杂或系统运行方式变化较大的情形。由于电流保护受系统运行方式影响较大，在多电源情形下很难满足要求，因此可考虑同时再引入电压测量元件协调电流保护进行工作。对电流保护而言，当运行方式为小方式时，其保护范围减小；而对电压保护而言，其保护范围反而扩大，同时当电压回路故障（如TV断线）时需用电流进行闭锁，所以不能单独采用电压元件做测量元件。实际工作中，大多同时采用电流和电压元件协调工作。

根据电流和电压元件的作用，可分为几种情况。电流元件作为测量或闭锁元件，电压元件作为测量或闭锁元件，一般情况下，首先应考虑采用单独的电流元件作为测量元件，如果不满足要求，再考虑电压元件作为闭锁元件或测量元件。

当线路上同时配置有电压测量元件及电流元件时，则在Ⅱ段和Ⅲ段进行配合时则可能会涉及电压测量元件与电流测量元件及电流测量元件与电压测量元件的配合问题，由于保护原理不同，受系统运行方式影响也不同，使得保护配合复杂，应当尽量在同种类型的保护间进行配合，以简化整定计算。下面简单介绍其配合的基本方法。

1. 电压电流联锁速断

当采用电流测量元件和电压测量元件协同进行工作，对保护范围进行控制，则构成了电压电流联锁速断保护。其整定按照常见运行方式进行，按照电流测量元件和电压元件对保护范围末端有相同灵敏度整定。相对而言，其配合较简单，采用电流测量元件间、电压测量元件间配合。一般在电流保护无法满足要求时，可采用此方案进行配合计算。由于按照常见运行方式整定电流速断定值，比按照最大运行方式整定时灵敏度高。在最大运行方式下电流速断保护范围虽然伸长了，但电压速断的保护范围缩短了，所以整个保护不会误动。

2. 电流测量元件与电压测量元件间配合

对电流测量元件及电压测量元件相互进行配合时，由于保护范围不同，因此计算比较复杂，其基本的思路如前所述首先是找到与之配合的电流或电压测量元件的最小保护范围，然

后躲过最小保护范围进行整定，对于整定计算软件系统可通过一些算法来计算最小保护范围，手动计算则限于辐射型的简单网络。

应当尽量避免不同原理的测量元件间配合，以简化整定计算，提高保护系统的可靠性。

3. 其他

对电网结构复杂，运行方式变化大等使得采用电流电压保护整定配合困难时，可考虑配置自适应的电流电压保护及距离保护作为线路的主保护，一些短线路可考虑配置线路纵差保护，可极大的改善保护性能。现在的微机保护易实现距离保护，其整定也相对简单，对复杂的中低压电网可考虑配置相间距离保护辅以电流保护。

应尽量不用电压元件作测量元件，因为电压元件在TV断线时无法工作，还需要电流闭锁元件协同工作，相对而言电流二次回路出故障几率小些，影响也仅限于一条线路；如母线TV出问题将影响许多装置。电压元件可作为过电流保护的闭锁元件以提高灵敏度和可靠性。

四、辅助定值整定及注意事项

（一）辅助定值整定

方向元件控制：可设置方向元件的投入或退出，根据具体情况考虑，一般为了简化整定，Ⅰ段或Ⅱ段可带方向，末段不带方向。

重合闸控制：可设置是否投入断路器位置不对应起动重合闸及保护起动重合闸，一般二者可同时投入。另外重合闸方式可选择前加速或后加速，一般后加速较多。重合闸采用检无压、检同期及不检设置，若选择检同期，还应考虑同期角的相关定值。重合闸的独立段过流定值，可选择加速段的电流定值，可选择躲过启动电流及涌流。重合闸时间设置，一般可考虑1s并与相关的保护取得配合。

TV断线检查：是否投入TV断线检查，在TV断线时相关的电流保护是否退出（方向和电压元件自动退出）。

低频保护相关控制：一般包括低频动作频率定值、低频滑差闭锁值、低频动作时间、低频的低电压闭锁值、低频投退软压板控制，其整定方法见自动装置一章。无流闭锁值（表明线路是否投入运行）一般装置为固定值，请参考技术说明书，一般为0.3～0.5A。

低压减载相关控制：一般包括低压动作值、电压变化率闭锁值、低压减载动作时间，低压减载软压板控制，无流闭锁值（表明线路是否投入运行）同低频减载。

零序电流保护/小电流接地选线控制：中性点经小电阻接地可投入零序，并直接跳闸，一般也为Ⅲ段式，且第三段可设置为反时限；设置为中性点不接地时，可设置为发信号。

电流保护反时限的特性设置：第Ⅲ段反时限或定时限设置；反时限特性，一般提供了三种，一般反时限、非常反时限、极端反时限，反时限基准电流值，反时限时间系数定值。

（二）复压闭锁元件整定

复压闭锁元件为低电压闭锁元件和负序电压元件，一般多采用低电压闭锁元件。采用复压闭锁元件一方面可以增加装置可靠性，防止误动；另一方面可提高电流元件的灵敏度，如过电流保护经过复压闭锁元件控制时则最大负荷电流不需考虑负荷的自启动电流。

需要注意的是当电流电压速断保护的电压元件作为测量元件时，就不能同时作为复合电压闭锁过电流保护的闭锁元件。如果需要应再用独立的电压元件作闭锁元件。

当复压元件作为电流速断或延时电流速断保护的闭锁元件时，低电压和负序电压定值按保测量元件范围末端故障时有足够的灵敏系数整定，为简化计算，也可以按躲过正常运行的低电压和不平衡负序电压，保线路末端故障时有足够的灵敏系数整定，要求电压元件可靠系数不小于 1.5。

作为过电流保护的闭锁元件时，低电压定值按躲过保护安装处最低运行电压整定，负序电压定值按躲过电压互感器的不平衡负序电压整定。一般低电压定值整定为最低运行电压的 0.8～0.85 倍，负序电压定值整定为 0.04～0.08 倍的额定电压。

五、整定计算案例

图 7-9 为一个 35kV 网络，其正序网络图及参数如图所示，保护为Ⅲ段式电流保护。保护 2 和 3 的定值已给出，请整定保护 1、4 和 5。所有网络参数归算至平均额定电压 37kV，基准容量为 100MVA。

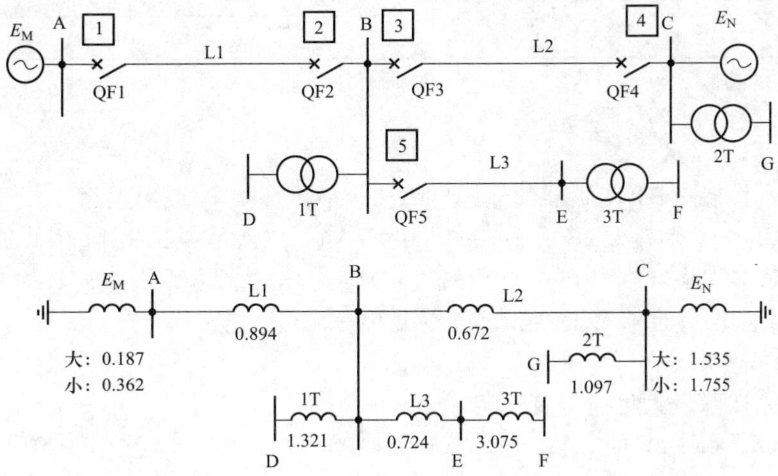

图 7-9 网络接线图及系统参数图

（一）保护有关参数见下表

断路器编号	保护编号	变电站名	TA 变比	TV 变比	最大负荷	备注
QF1	1	A	200/5	350/1	100A	
QF2	2	B	200/5	350/1	100A	
QF3	3	B	200/5	350/1	100A	
QF4	4	C	200/5	350/1	100A	
QF5	5	B	200/5	350/1	100A	

1. 保护 2 定值

Ⅰ段：$I_{DZ2.\,I}$ = 653.6A　　二次值：16.34A　　动作时间：$t=0s$

Ⅱ段：$I_{DZ2.\,II}$ = 312.9A　　二次值：7.82A　　动作时间：$t=0.6s$

Ⅲ段：$I_{DZ2.\,III}$ = 201A　　二次值：5A　　动作时间：$t=1.5s$

2. 保护 3 定值

Ⅰ段：$I_{DZ3.\,I}$ = 1157A　　二次值：28.9A　　动作时间：$t=0s$

Ⅱ段：$I_{DZ3.\,II}$ = 465.6A　　二次值：11.64A　　动作时间：$t=0.6s$

Ⅲ段：$I_{DZ3.\,III}$ = 201A　　二次值：5A　　动作时间：$t=1.2s$

（二）短路计算电流表

（1）大方式三相短路电流表：单位（A）

	C	G	B	D	A	E	F
L2 支路	889.883	380.334	706.346	369.799	502.809	341.813	112.058
L1 支路	889.883	380.334	1443.076	755.506	502.809	698.33	228.936
L3 支路	0	0	0	0	0	1040.143	340.994

（2）小方式两相短路电流表：单位（A）

	C	G	B	D	A	E	F
L2 支路	700.705	319.366	556.637	309.583	406.793	287.645	98.513
L1 支路	700.705	319.366	1075.605	598.216	406.793	555.824	190.359
L3 支路	0	0	0	0	0	843.469	288.872

（三）保护整定

1. 保护 5 整定

（1）Ⅰ段：按躲过 3T 变压器其他侧母线三相最大短路电流整定：

$I_{DZ5.\text{I}}=K_k\times I_{d3.\max}=1.3\times341=443.3\text{A}$，二次值 443.3/40 = 11.08A

小方式下对本线路末端（E 点）灵敏度：$K_{lm}=I_{d2.\min}/I_{DZ.\text{I}}=843/443=1.9>1.3$，Ⅰ段也对本线路末端已有足够灵敏系数，可不设Ⅱ段。

动作时间：$t_{\text{I}}=0\text{s}$

（2）Ⅲ段：按躲最大负荷电流整定

$I_{DZ5.\text{III}}=K_k\times K_{zqd}\times I_{F\max}/K_f=1.2\times1.5\times100/0.9=201\text{A}$ 二次值：201/40 = 5A

对 3T 低压侧远后备灵敏度 $K_{lm}=288.87/201=1.44>1.2$ 满足要求

动作时间：和相邻低压线路后备配合，低压为 1s，$t_{\text{III}}=1.3\text{s}$

2. 保护 1 整定

（1）Ⅰ段：按躲本线路末端最大短路电流整定。

$I_{DZ1.\text{I}}=K_k\times I_{d3.\max}=1.3\times1443=1875.9\text{A}$ 二次值：1875.9/40 = 46.9A

动作时间：$t=0\text{s}$

常见运行方式三相短路出口灵敏度：8342/1875 > 1，投入运行。

（2）Ⅱ段：和相邻线路电流元件配合。

和保护 3 的Ⅰ段配合：

$$I_{DZ1.\text{II}}=K_k\times K_{F.\max}\times I_{DZ3.\text{I}}=1.2\times1\times1157=1388\text{A}$$

与保护 5 的Ⅰ段配合：$I_{DZ1.\text{II}}=K_k\times K_{F.\max}\times I_{DZ5.\text{I}}=1.2\times0.692\times443=368\text{A}$

其分支系数按背侧 E_N 为大方式，助增 E_M 为小方式计算，$K_{F.\max}=Z_{n\Sigma}/(Z_{m\Sigma}+Z_{n\Sigma})=2.427/(2.427+1.081)=0.692$

灵敏度：1075.6/1388 = 0.77 < 1.3 不满足要求，改为和保护线路的Ⅱ段配合。

与保护 3 的Ⅱ段配合：$I_{DZ1.\text{II}}=K_k\times K_{F.\max}\times I_{DZ3.\text{II}}=1.2\times1\times465.6=558.72\text{A}$

保护 5 无Ⅱ段，与Ⅰ段的配合结果为 368A

取二者的最大值：558.72A

近后备灵敏度：$K_{lm}=1075.6/558.7=1.92>1.3$ 满足要求

二次值：558.72/40 = 13.9A

动作时间：$t=t_{\text{II}}+0.3\text{s}=0.9\text{s}$

（3）Ⅲ段：按躲最大负荷电流整定。

$I_{DZ1.Ⅲ}=K_k\times K_{zqd}\times I_{fmax}/K_f=1.2\times1.5\times100/0.9=201A$ 二次值：201/40 = 5A

做 L3 远后备灵敏度 $K_{lm}=556/201=1.43>1.2$ 满足要求

做 L2 远后备灵敏度 $K_{lm}=701/201=2.01>1.2$ 满足要求

做变压器 1T 低压侧远后备灵敏度 $K_{lm}=598/201=1.54>1.2$ 满足要求

动作时间：和相邻线路后备Ⅲ段配合，取保护 3（$t_Ⅲ=1.2s$）和保护 5（$t_Ⅲ=1.3s$）的Ⅲ段动作时间长的配合，$t_Ⅲ=1.3s+0.3s=1.6s$。

注：若与保护 3、保护 5 的Ⅲ段电流元件配合。

$$I_{DZ1.Ⅲ}\geqslant K_k\times I'_{DZ3.Ⅲ}=1.1\times201=221A$$

3. 保护 4 整定

（1）Ⅰ段：按躲本线路末端母线故障整定。

短路点：B 母线，$I_{d3.max}=706.3A$

$$I_{DZ4.Ⅰ}=K_k\times I_{d3.max}=1.3\times706.3=918.2A \text{ 二次值：} 918.2/40=22.9A$$

动作时间：$t=0s$

常见运行方式下三相短路出口灵敏度：1015/918.2 > 1，投入运行。

（2）Ⅱ段：和相邻线路电流保护配合。

与保护 2 的Ⅰ段配合：$I_{DZ4.Ⅱ}=K_k\times K_{f.max}\times I_{DZ2.Ⅰ}=1.2\times1\times653.6=784.3A$

与保护 5 的Ⅰ段配合：$I_{DZ4.Ⅱ}=K_k\times K_{f.max}\times I_{DZ5.Ⅰ}=1.2\times0.363\times341=148.1A$

其分支系数按背侧 E_N 为大方式，助增 E_M 为小方式计算，$K_{f.max}=Z_{n\Sigma}/(Z_{m\Sigma}+Z_{n\Sigma})=1.256/(1.256+2.207)=0.363$

取两者的最大值 784.3A。

灵敏度：556.7/784.3 < 1.3 不满足要求，改为与相邻线路Ⅱ段配合。

与保护 2 的Ⅱ段配合：$I_{DZ4.Ⅱ}=K_k\times K_{f.max}\times I_{DZ2.Ⅱ}=1.2\times1\times312.9=375.5A$

保护 5 无Ⅱ段，与Ⅰ段的配合结果为 148.1A

取两者中最大值 375.5A。

近后备灵敏度：$K_{lm}=556.7/375.5=1.48>1.3$ 满足要求。

二次值：375.5/40 = 9.4A

动作时间：$t=t_Ⅱ+0.3s=0.9s$

（3）Ⅲ段：躲最大负荷电流整定。

$I_{DZ4.Ⅲ}=K_k\times K_{zqd}\times I_{fmax}/K_f=1.2\times1.5\times100/0.9=201A$ 二次值：201/40 = 5A。

做 L3 远后备灵敏度 $K_{lm}=287.6/201=1.43>1.2$ 满足要求。

做 L1 远后备灵敏度 $K_{lm}=406.8/201=2.01>1.2$ 满足要求。

做变压器 1T 低压侧远后备灵敏度 $K_{lm}=309/201=1.54>1.2$ 满足要求。

动作时间：和相邻线路后备配合，取保护 2($t_Ⅲ=1.5s$)和保护 5($t_Ⅲ=1.3s$)的Ⅲ段动作时间长的配合 $t=1.5s+0.3s=1.8s$。

注：与保护 2、保护 5 的Ⅲ段电流元件配合。

$$I_{DZ4.Ⅲ}\geqslant K_k\times I'_{DZ2.Ⅲ}=1.1\times201=221A$$

（四）整定计算说明

（1）整定计算中未考虑方向元件，计算完成后应按照前述方向元件的方法进行设置。

（2）Ⅲ段未考虑低电压闭锁，如考虑低电压闭锁，则可不考虑自启动系数，灵敏度和可靠性可得以提高。

（3）Ⅲ段除了躲最大负荷电流外，还应和相邻线路后备段配合。

第三节　零序电流保护整定计算

一、概述

在第三章第一节中介绍了零序方向电流保护的基本原理、相关元件的构成，同时介绍了阶段式零序电流保护三段式或四段式保护的构成及各段的作用。对超高压线路的零序电流保护则可采用简化的二段式零序电流保护，新的标准化设计规范中则要求零序电流保护设置两段定时限和一段反时限保护。第三章还介绍了零序电流大小的计算方法和影响因素，通过其介绍可以看出零序电流保护的整定计算比较繁杂，第三章的相关的计算方法可直接引用。

本节将介绍三段式及四段式零序电流保护的整定计算方法。对于超高压电网的零序电流保护整定计算，则仅介绍简化的二段式整定计算方法，符合新的标准化设计规范。最后介绍零序电流保护中涉及的辅助定值和相关因素对零序保护的影响。

在进行零序电流保护的整定前，对于零序电流的影响因素、变化规律应当熟悉才能更好的掌握其计算方法，同时零序电流受系统及接地运行方式等影响较大，正确选择零序保护的计算运行方式也非常重要，下面对上述问题进行简单介绍。

（一）有互感时零序电流变化特点

在整定计算中遇到最多的是平行双回线的互感影响，在第二章第二节中介绍了平行双回线在各种情况下的等值电路，在进行分析计算时可直接采用。下面介绍常见一些情况的零序电流变化。

1. 平行双回线路外部接地时的零序电流变化

示意图如图 7－10 所示，由于两回路零序电流同向，而产生助磁作用，使零序电抗增大、零序电流减小，等值电路见第二章。

2. 平行双回线路内部接地一侧三相跳闸后的零序电流变化

示意图如图 7－11 所示，由于两回路零序电流反向，而产生去磁作用，使零序电抗减小、零序电流增大，等值电路见第二章。

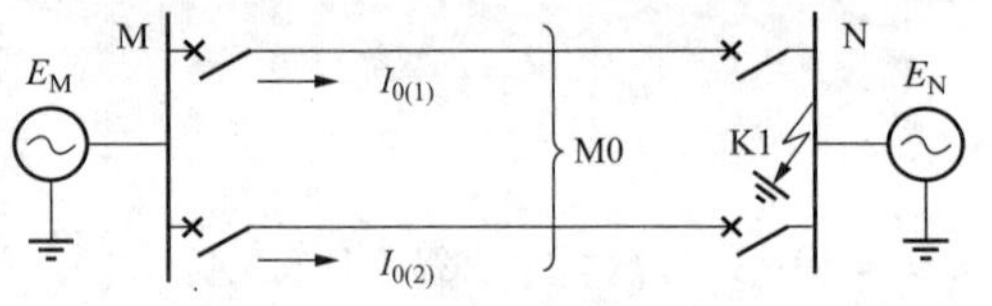

图 7－10　平行双回线路外部接地时的零序电流变化

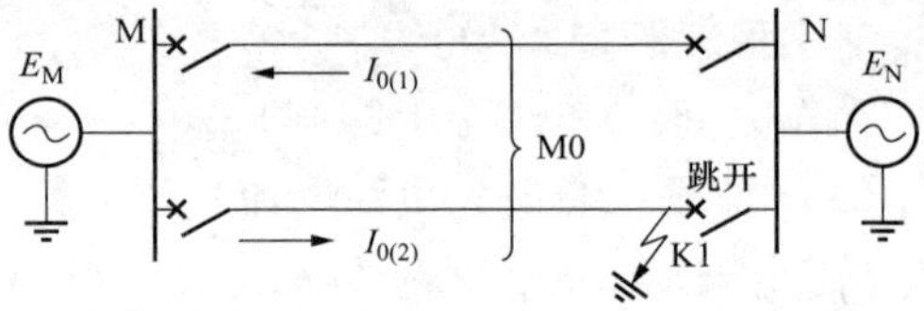

图 7－11　一侧跳开后零序电流示意图

3. 平行双回线路一回线停电检修时的零序电流变化

示意图如图 7－12 所示，影响情形同 2，只是此时检修接地感应的电流更小，影响更小。

4. 一端共母线的平行线路

示意图如图 7－13 所示，其情形同平行双回线路。

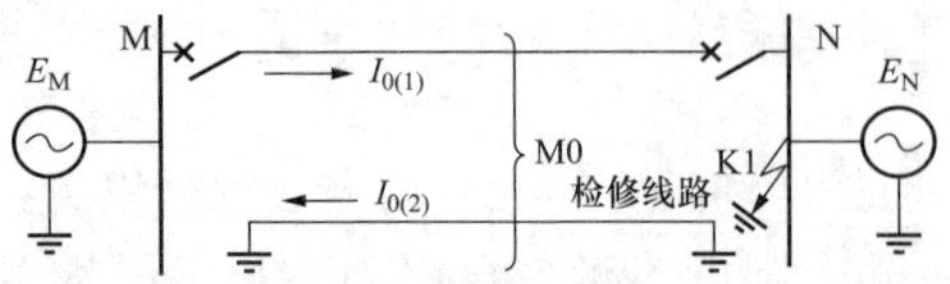

图 7－12　一回线停电检修时零序电流示意图

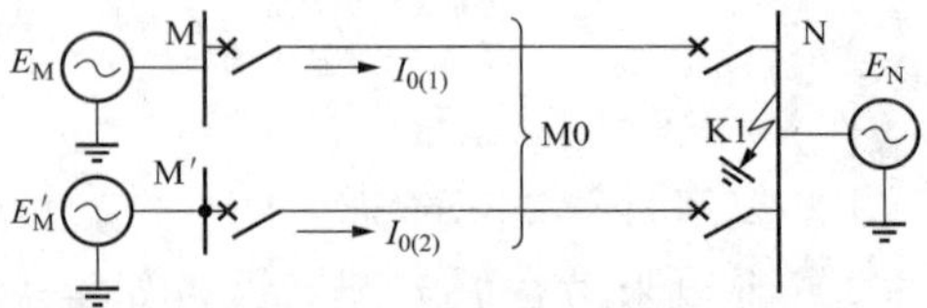

图 7－13　一端共母线时零序电流示意图

（二）零序保护计算方式选择

对零序保护的电流影响较大的因素包括变压器中性点接地的选择、网络运行方式选择及分支系数的选择，下面分别进行介绍。

1. 接地方式

变压器的接地方式对零序阻抗影响很大，直接影响到了零序保护的性能，因此应尽量保证零序网络的稳定，中性点接地方式的选择请见本章第一节中的介绍。

2. 运行方式

对零序电流保护的运行方式考虑的基本原则是选择在线路末端短路时使流过保护的零序电流最大的运行方式，通常有以下一些情况：

（1）单电源辐射型网络，取最大运行方式。

（2）多电源网络及环形网络，取正负序网最大，断开相邻线路，开环，减少保护正方向相邻的接地点。

（3）双回线中的一回停用，如有互感时还应接地。

（4）相邻有互感的线路，取相邻线停用并接地方式。

（5）可通过比较正序与零序综合等值阻抗，决定用单相接地或两相接地故障类型。

（6）一端母线有联系的平行线，当有互感时（双回有互感在纵续动作时，由于零序电流网络的重新变化，短路点在始端可能最大）通过保护的最小零序电流的方式选取与上述相反。

3. 分支系数

以正常方式计算所得各分支电流为基础，当欲求某支路最大分支系数时，可把除本线以外的其他分支中较大的电流支路，进行检修和故障（即同时停用两条线）进行试探，一般可求得，用软件进行计算时可在多个计算结果中进行比较。

（1）辐射型电网分支系数与短路点在相邻线路上的位置无关。

（2）环形网路中的分支系数随短路点远而减小，开环为最大，应取开环方式。

（3）单回线对双回线，应取相邻双回运行方式，短路位置参考（1）和（2）。

（4）双回线对单回线，应取双回改为单回方式。如双回线间有互感时，还应将所停线路两端接地。

（5）辐射线对环网内的线，应取合环方式。短路点应选在相邻保护段保护范围末端。也可近似选在环内线末端。

（6）单回线旁临平行线有互感时，也应按（3）的方式考虑。

（7）一端母线有联系或两端母线有联系的平行线，当有互感时，一回对另一回的最大分支系数，短路点应选在相邻线末端。

二、阶段式零序电流保护整定计算方法

本节介绍的零序电流保护整定针对110kV采用三相重合闸的电网。在零序保护配置上，单侧电源线路的零序电流保护一般为三段式，终端线路也可以采用两段式。双侧电源复杂电网的线路零序电流保护一般为四段式或三段式保护，在使用了阶段式接地距离保护的复杂电网，零序电流保护宜适当简化。

阶段式零序电流保护的基本整定配合计算原则同前，分段进行整定配合。

（1）分段进行计算，按保护正方向计算，然后考虑是否带方向性。

（2）各段时限配合按前述配合原则进行。

（3）灵敏度按本线路末端接地短路流过保护的最小零序电流校验，灵敏度要求见 3 ~ 110kV 规程。

（一）零序电流Ⅰ段整定

零序Ⅰ段的整定一般可采用第一节速动段配合原则的（1）和（3），零序Ⅰ段应确保其选择性，保证其保护范围不超出线路末端。

1. 按躲开本线路末端接地短路流过保护的最大零序电流整定

对于一般线路采用此方法，关键点在于计算最大零序电流，最大零序电流的计算应考虑选择合适的运行方式（参考前面的零序运行方式选择部分）和选择接地故障的类型，计算公式为（7 –5）：

$$I_{DZ.\,Ⅰ} \geqslant K_k 3I_{0.\,max} \quad (7-5)$$

式中：$I_{0.\,max}$为本线路末端接地短路流过保护的最大零序电流；$K_k \geqslant 1.3$，一般取1.3 ~ 1.5。

对微机保护Ⅰ段均可带方向，所以不需要考虑躲反向的零序电流。

2. 按照伸入线路末端供电变压器整定

对终端线路可采用，计算公式同式（7 –5），只是故障点选择在变压器内部。

（二）零序电流Ⅱ段整定

对于三段式零序电流保护的零序电流Ⅱ段电流定值，应确保本线路末端接地故障时有规定的灵敏系数，其计算方法是，按与相邻线路零序电流Ⅰ段或Ⅱ段配合，动作时间按配合关系整定。对保护的末段，应确保其保护范围不伸出变压器另一侧（220kV 和 330kV）母线。

四段式保护的零序电流Ⅱ段电流定值一般按与相邻线路零序电流Ⅰ段配合整定，对零序电流定值的灵敏系数不作要求。

1. 按与相邻Ⅰ段或Ⅱ段配合整定

与Ⅰ段配合：
$$I_{DZ.\,Ⅱ} \geqslant K_k K_F I'_{DZ.\,Ⅰ} \quad (7-6)$$

与Ⅱ段配合：
$$I_{DZ.\,Ⅱ} \geqslant K_k K_F I'_{DZ.\,Ⅱ} \quad (7-7)$$

式中：$I'_{DZ.\,Ⅰ}$为相邻线路零序Ⅰ段动作值；$I'_{DZ.\,Ⅱ}$为相邻线路零序Ⅱ段动作值；K_F为最大分支系数；K_k为配合可靠系数，$K_k \geqslant 1.1$。

动作时间：按照上下级时限配合关系进行整定。

2. 校核变压器 220kV（或 330kV）侧接地故障流过线路的 $3I_0$

$$I_{DZ.\,Ⅱ} \geqslant K'_k 3I_0 \quad (7-8)$$

式中：K'_k为可靠系数，$K'_k \geqslant 1.3$。

动作时间和接地侧线路零序Ⅰ段配合，动作时间为一个时限级差。

（三）零序电流Ⅲ段整定

对于三段式零序电流保护的零序电流Ⅲ段电流定值，它是做本线路经电阻接地故障和相邻元件接地故障的后备保护，为保证灵敏度，要求其电流一次定值不应大于 300A。其计算方法是首先考虑和相邻线路零序电流Ⅱ段或Ⅲ段按式（7 –9）和式（7 – 10）配合，动作时间按上下级时限配合关系整定。若本线路末端有变压器，还要能躲过其他各侧三相短路可能产生的最大不平衡电流（一般较小）。

对于四段式零序电流保护的零序电流Ⅲ段电流定值，则应保证灵敏性，确保本线路末端接地故障时有规定的灵敏系数。其计算方法是，如零序电流Ⅱ段对本线路末端故障有规定的灵敏系数，则零序电流Ⅲ段定值取与零序电流Ⅱ段相同定值。如零序电流Ⅱ段对本线路末端故障达不到规定的灵敏系数要求，则零序电流Ⅲ段按三段式保护的零序电流Ⅱ段的方法整定。

1. 与相邻线路零序Ⅱ段（Ⅲ段）配合

与Ⅱ段配合：$I_{DZ.Ⅲ} \geqslant K_k K_F I'_{DZ.Ⅱ}$ (7-9)

与Ⅲ段配合：$I_{DZ.Ⅲ} \geqslant K_k K_F I'_{DZ.Ⅲ}$ (7-10)

式中：$I'_{DZ.Ⅱ}$为相邻线路零序Ⅱ段动作值；$I'_{DZ.Ⅲ}$为相邻线路零序Ⅲ段动作值；K_F为最大分支系数；K_k为配合可靠系数，$K_k \geqslant 1.1$。

2. 校核变压器220kV（或330kV）侧接地故障流过线路的$3I_0$

计算方法同前，动作时间与接地侧线路零序电流Ⅱ配合。

（四）零序电流Ⅳ段整定

其作用同Ⅲ段式的最末一段，因此整定计算方法同Ⅲ段式零序电流保护的第Ⅲ段。

三、超高压电网零序电流保护整定计算方法

对于超高压电网，电网结构复杂，网络运行方式变化较大，使得零序电流保护的应用受到很大的限制。首先，零序电流保护范围变化较大，在系统运行方式变化大时整定配合困难，易失去选择性；其次，保护范围相对于接地距离而言有很大的劣势，同时零序参数测量计算困难且不精确，零序互感参数的考虑则更复杂；最后，在采用单相重合闸期间，零序电流保护还需要考虑非全相等问题。因此在有接地距离充当接地故障的后备情况下，确定以接地距离保护为主、零序电流保护为辅的接地保护，可以适当的简化零序电流保护的配置和整定计算。配置上采用二段式，即保留零序Ⅱ段和零序Ⅲ段。

（一）零序电流Ⅱ段整定

若相邻线路配置的纵联保护能保证经常投入运行，可按与相邻线路纵联保护配合整定，躲过相邻线路末端故障。零序电流Ⅱ段定值还应躲过线路对侧变压器的另一侧母线接地故障时流过本线路的零序电流。

采用单相重合闸的线路，如零序电流Ⅱ段定值躲过本线路非全相运行最大零序电流，动作时间可取1.0s；如零序Ⅱ段电流定值躲不过本线路非全相运行最大零序电流，动作时间一般可取为1.5s；对采用0.5s快速重合闸的线路，零序Ⅱ段可取1.0s左右。

采用三相重合闸的线路，零序电流Ⅱ段动作时间可取1.0s；若相邻线路选用动作时间为1.0s左右的单相重合闸，且本线路零序电流Ⅱ段躲不过相邻线路非全相运行时流过本线路最大零序电流时，动作时间可取1.5s。

1. 与相邻线路纵联保护配合，I_0躲过相邻线路末端故障

$$I_{DZ.Ⅱ} \geqslant K_k 3I_{0max} \tag{7-11}$$

式中：I_{0max}为相邻线路末端故障时流过本线路的最大零序电流；K_k为可靠系数，$K_k \geqslant 1.2$。

2. 躲本线路非全相运行的最大零序电流

$$I_{DZ.Ⅱ} \geqslant K_k 3I_{0F} \tag{7-12}$$

式中：I_{0F}为本线路非全相运行的最大零序电流；K_k为可靠系数，$K_k \geqslant 1.2$。

3. 躲过线路末端变压器另一中性点接地故障时流过本线路的零序电流

$$I_{DZ.Ⅱ} \geqslant K_k 3I_0 \tag{7-13}$$

式中：I_0为变压器另一电压侧母线接地故障时流过本线路的零序电流；K_k为可靠系数，$K_k \geqslant 1.3$。

（二）零序电流Ⅲ段整定

对二段式的零序电流保护的第Ⅲ段为零序最末一段，作本线路经高阻接地故障和相邻元

件接地故障的后备保护，为保证灵敏度，要求其电流一次定值不应大于300A。一般按照和相邻线路零序Ⅱ段或Ⅲ段配合，配合公式同前，这里不再赘述。

如果零序电流保护Ⅲ段的动作时间小于变压器相间短路保护的动作时间，则前者的电流定值还应当躲过变压器其他各侧母线三相短路时由于电流互感器误差所产生的二次不平衡电流。为简化计算，电流定值可按等于或大于三相短路电流的0.1～0.15计算。如果不修改Ⅲ段定值，其动作时间可选择比变压器相间短路保护的动作时间长一些，在动作时间上取得配合。

（三）零序电流反时限整定

零序电流最末一段应以适应短路点接地电阻的接地故障为整定条件，按照220～750kV整定规程要求其动作电流整定值不大于300A。对于定时限的零序电流最末一段，对于复杂电网而言在配合上非常困难，在运行中因最后一段无法满足时限配合关系，一些保护的最末段采用同电流同时间的做法，在高阻接地时，由于接地距离受过渡电阻影响较大，只能靠零序最末一段，也就存在着无选择性跳闸的隐患。采用反时限电流保护可较好的解决这个问题，且微机保护容易实现反时限零序电流保护，只是其整定计算及配合较为复杂。

因此，对超高压电网而言，其零序电流最末一段有必要采用反时限零序电流保护。采用反时限零序电流保护时，全网应使用统一的启动值和反时限特性，接地故障时可按电网自然的零序电流分布以满足选择性。反时限零序电流的启动值一般应不大于300A。

一般厂家提供了IEC的标准反时限特性，如普通反时限、非常反时限、极端反时限。普通反时限的特性为

$$t=\frac{0.14\times t_p}{\left(\frac{I}{I_p}\right)^{0.02}-1} \tag{7-14}$$

式中：t_p为时间常数；I_p为电流基准值；I为计算得到的流过保护的$3I_0$电流。

电流基准值可按照小于300A考虑，这样在整定中主要考虑t_p值的整定了。

图7-14给出了普遍反时限在t_p分别为1，2，3，I_p为300A时反时限特性曲线图。

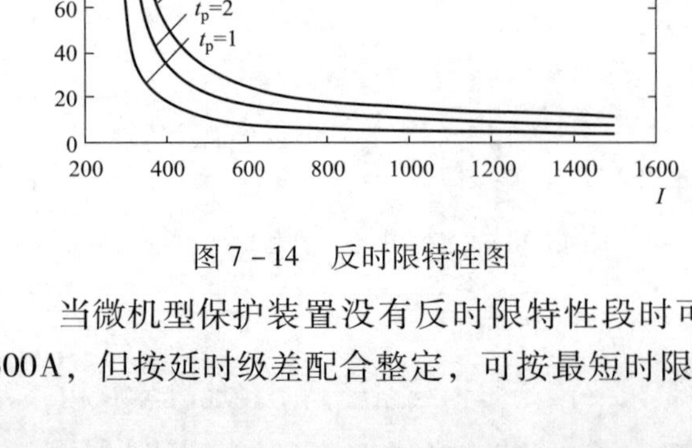

图7-14 反时限特性图

在进行反时限整定中，如图7-15所示，对末端保护3的反时限特性确定好后，如t_p=0.5，计算F3故障点短路电流I_{d3}，将I_{d3}代入（7-14）得到保护3出口动作时间t_3。保护2与保护3配合，在末端动作时间应为$t_2=t_3+\Delta t$，将t_2和I_{d3}代入（7-14），可计算出保护2的t_p时间系数；同理，保护2的时间系数定好后，计算f_2故障点短路电流I_{d2}，计算出保护2的出口动作时间t_2，保护1和保护配合的时间为$t_1=t_2+\Delta t$，将t_1和I_{d2}代如式（7-14），可计算出保护1的t_p时间系数。用计算机可比较容易的实现。

当微机型保护装置没有反时限特性段时可采取各线路零序电流最长延时段均整定为300A，但按延时级差配合整定，可按最短时限取3.5s，最长时限不超过7s。如果发生配合

困难，可预先设置解列点，将环网解列，以取得配合效果。

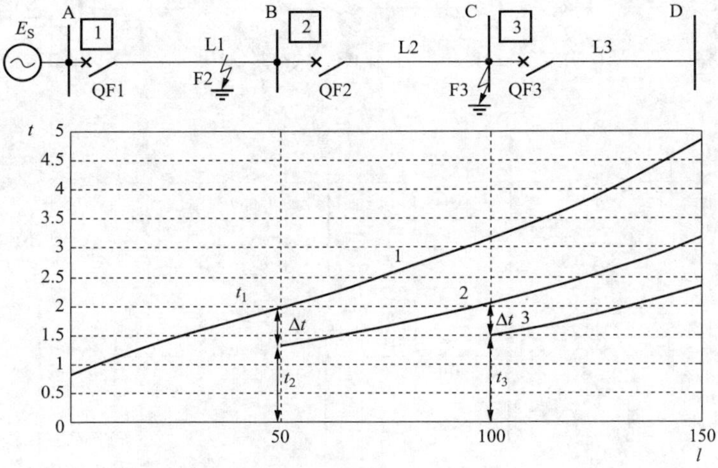

图 7－15　反时限配合示意图

四、辅助定值整定及注意事项

（一）辅助定值

方向元件控制：零序各段是否经方向元件控制，原则同前。

零序启动元件：零序保护的启动定值，保证足够灵敏度，也可考虑为Ⅳ段定值。

TV 断线零序保护控制：自动退出方向元件和零序电压元件，同时零序电流保护是否退出或延时动作。

其他控制：如是否考虑经零序电压闭锁（即零序保护动作必须还要零序电压大于零序电压定值，提高可靠性）。

（二）注意事项

（1）在多电源中，零序电流Ⅰ段受各种因素影响较大，保护范围不稳定，在微机保护普遍配置接地距离的情形下，如接地距离Ⅰ段投入使用，则零序电流Ⅰ段宜退出运行。

（2）零序电流保护最末一段与相邻线路零序电流保护配合整定有困难或动作时间过长时，如有必要，可设置适当的解列点。

（3）零序电流最末一段电流定值，对相邻线路末端金属性接地故障的灵敏系数力争不小于 1.2，确有困难时，可按相继动作来校核灵敏系数。

（4）对于 110kV 线路越来越多地应用解环运行，零序短路电流曲线较陡，保护范围较稳定，保护范围较长，因此在单电源的辐射型电网（不存在分支电流等影响）中具有很好的性能，此时接地保护用零序电流保护是一种较好的方案，不应摒弃。对辐射型电网，一般零序电流保护用三段足够。

五、整定计算案例

图 7－16 为一个 110kV 算例网络，其系统主接线、正序网络图及零序网络图和标幺值参数如图所示，保护为Ⅲ段式零序电流保护。保护 2 的定值已给出，请整定其余保护。所有网络参数归算至平均额定电压 115kV，基准容量为 100MVA。

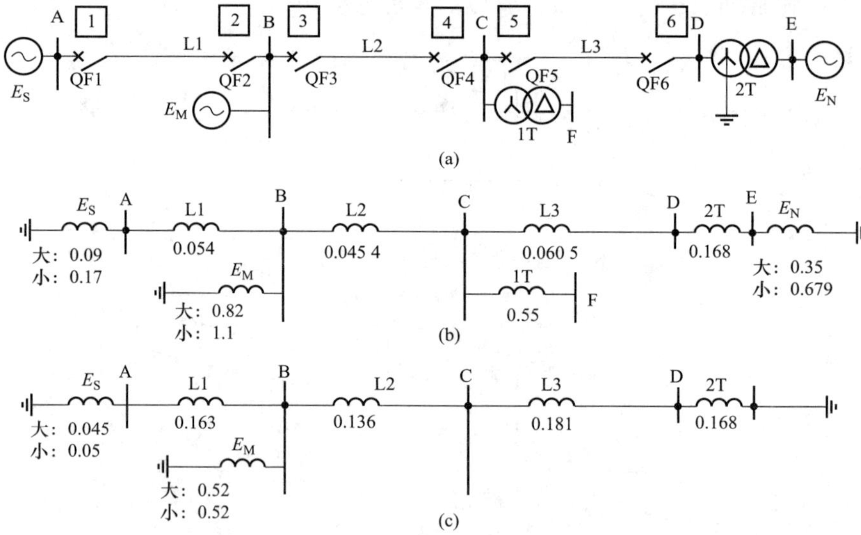

图 7－16 110kV 算例接线图及系统参数图

（a）110kV 算例整定计算接线图；（b）110kV 算例正序网络图；（c）110kV 算例零序网络图

（一）保护有关参数表

断路器编号	保护编号	变电站名	TA 变比	TV 变比	备注
QF1	1	A	600/5	1100/1	
QF2	2	B	600/5	1100/1	
QF3	3	B	600/5	1100/1	
QF4	4	C	600/5	1100/1	
QF5	5	C	600/5	1100/1	
QF6	6	D	600/5	1100/1	

保护 2 定值：

Ⅰ段：$I_{DZ2.\ Ⅰ}=1237A$ 二次值：10.3A 动作时间：$t=0s$

Ⅱ段：$I_{DZ2.\ Ⅱ}=432A$ 二次值：3.6A 动作时间：$t=0.6s$

Ⅲ段：$I_{DZ2.\ Ⅲ}=216A$ 二次值：1.8A 动作时间：$t=1s$

（二）短路计算电流表

（1）大方式零序电流表（表中为 $3I_0$ 值，前四项为单相接地，后四项为两相接地，单位为 A）。

	A（k1）	B（k1）	C（k1）	D（k1）	A（k1，1）	B（k1，1）	C（k1，1）	D（k1，1）
L1 支路	784	2580	1419	646	952	2492	1334	702
L2 支路	405	1107	1988	905	492	1069	1868	983
L3 支路	405	1107	1619	905	492	1069	1522	983

（2）小方式零序电流表（表中为 $3I_0$ 值，前四项为单相接地，后项相为两相接地，单位为 A）。

	A（k1）	B（k1）	C（k1）	D（k1）	A（k1，1）	B（k1，1）	C（k1，1）	D（k1，1）
L1 支路	530	1906	1112	505	737	2106	1172	606
L2 支路	274	837	1568	712	381	925	1653	855
L3 支路	274	837	1289	712	381	925	1359	855

（三）保护整定

1. 保护 5 整定

（1）零序电流Ⅰ段：按保本线末接地短路有灵敏度 1.5 整定。由于线路 L3 上仅只有一台主变压器，可将保护范围伸入到变压器内部。若按照躲本线路末端最大零序电流整定，则保护 3 的零序Ⅱ段与保护 5 的零序Ⅰ段配合时则灵敏度将不够，只能和Ⅱ段配合，动作时间增大了。

短路点：D 母线，单相接地故障时，$3I_{0min}=712.465A$。

$I_{DZ5.\ I}=3I_{0min}/K_{lm}=712.465/1.5=475A$　二次值 $I_{DZ5.j}=I_{DZ}/TA=475/120=3.96A$

动作时限：$t_{5.\ I}=0s$

（2）零序电流Ⅱ段：零序电流Ⅰ段定值已能满足要求，故可不设Ⅱ段。

（3）零序电流Ⅲ段：按躲线末变压器中低压侧三相短路最大不平衡电流整定：

短路点：E 母线，$I_{d3max}=1266A$

$$I_{DZ5.\ III}=K_{kbp}\times I_{d3max}=0.13\times1266=186.65A$$

$$I_{DZ5.j}=I_{DZ5.\ III}/TA=186.65/120=1.56A$$

动作时间：$t_{5.\ III}=0.3s$

2. 保护 3 整定

（1）零序电流Ⅰ段：按躲本线末接地短路最大零序电流 $3I_{0max}$ 整定：

短路点：C 母线，$3I_{0max}=1988A$

$$I_{DZ3.\ I}=K_k\times3I_{0max}=1.3\times1988=2584.21A$$

$$I_{DZ3.j}=I_{DZ3.\ I}/TA=2584.21/120=21.54A$$

动作时间：$t_{5.\ I}=0s$。

（2）零序电流Ⅱ段：按与相邻线路零序Ⅰ段配合整定：

与 L3 线路保护 5 配合：$I_{DZ3.\ II}=K_{ph}\times K_{fzmax}\times I_{DZ5.\ I}=1.1\times1\times475=522.5A$

二次值：$I_{DZ3.j}=I_{DZ3.\ II}/TA=522.5/120=4.36A$

近后备灵敏度：$K_{lm}=3I_{0min}/I_{DZ3.\ II}=1568/522.5=3.00$（$3I_{0min}=1568.707A$，校验点：C 母线）

动作时限：与 L3 保护 5 配合：$t_{3.\ II}=t_{5.\ I}+0.3=0+0.3=0.3s$

（3）零序电流Ⅲ段：按与相邻线路Ⅲ段零序保护配合整定：

与 L3 保护 5 的Ⅲ段配合

$$I_{DZ3.\ III}=K_k\times K_{fzmax}\times I_{DZ5.\ III}=1.1\times1\times187=205.32A$$

$$I_{DZ3.j}=I_{DZ3.\ III}/TA=205.32/120=1.71A$$

远后备灵敏度：$K_{lm}=3I_{0min}/I_{DZ}=712/205.32=3.47$（$3I_{0min}=712A$ 校验点：D 母线）

动作时限：与 L3 保护 5 配合：$t_{3.\ III}=t_{5.\ III}+0.3=0.3+0.3=0.6s$

3. 保护 4 整定

（1）零序电流Ⅰ段：按躲本线末接地短路最大零序电流 $3I_{0max}$ 整定：

短路点：B 母线，$3I_{0max}=1107A$

$$I_{DZ4.\,I}=K_k\times 3I_{0max}=1.3\times 1107=1437.7A$$
$$I_{DZ4.\,j}=I_{DZ4.\,I}/TA=1437.7/120=12A$$

动作时间：$t_{4.\,I}=0s$

（2）零序电流Ⅱ段：按与相邻线路零序各段配合整定：

与L1保护2的Ⅰ段配合

$$I_{DZ4.\,II}=K_{ph}\times K_{fzmax}\times I_{DZ2.\,I}=1.1\times 0.517\times 1237=703.5A$$

近后备灵敏度：$K_{lm}=3I_{0min}/I_{DZ4.\,II}=837/703.6=1.19<1.5$，灵敏度不满足要求，改为和L1线路保护2的Ⅱ段配合：

与L1保护2的Ⅱ段配合

$$I_{DZ4.\,II}=K_{ph}\times K_{fzmax}\times I_{DZ2.\,II}=1.1\times 0.517\times 432=245A$$
$$I_{DZ4.\,j}=I_{DZ4.\,II}/TA=245/120=2.05A$$

近后备灵敏度：$K_{lm}=3I_{0min}/I_{DZ4.\,II}=837/245=3.41$（$3I_{0min}=837A$，校验点：B母线）

动作时间：与L1保护2的Ⅱ段配合：$t_{4.\,II}=t_{2.\,II}+0.3=0.6+0.3=0.9s$

（3）零序电流Ⅲ段：按与相邻线路Ⅲ段零序保护配合整定：

与L1保护2的Ⅲ段配合

$$I_{DZ4.\,III}=K_k\times K_{fzmax}\times I_{DZ2}=1.1\times 0.517\times 216=123A$$
$$I_{DZ4.\,j}=I_{DZ4.\,III}/TA=123/120=1.03A$$

远后备灵敏度：$K_{lm}=3I_{0min}/I_{DZ}=274/123=2.23$（$3I_{0min}=274A$，校验点：A母线）

动作时间：与L1保护2的Ⅲ段配合：$t_{4.\,III}=t_{2.\,III}+0.3=1+0.3=1.3s$

4. 保护6整定

（1）零序电流Ⅰ段：按躲本线末接地短路最大零序电流$3I_{0max}$整定：

短路点：C母线，$3I_{0max}=1619A$

$I_{DZ6.\,I}=K_k\times 3I_{0max}=1.3\times 1619=2104A$　二次定值$I_{DZ6.\,j}=I_{DZ6.\,I}/TA=2104/120=17.5A$

动作时间：$t_{6.\,I}=0s$

（2）零序电流Ⅱ段：按与相邻线路零序Ⅰ/Ⅱ段配合整定：

与L2保护4的Ⅰ段配合

$$I_{DZ6.\,II}=K_{ph}\times K_{fzmax}\times I_{DZ4.\,I}=1.1\times 1\times 1438=1581A$$

近后备灵敏度：$K_{lm}=3I_{0min}/I_{DZ6.\,II}=1289/1581=0.81<1.5$（$3I_{0min}=1289A$，校验点：C母线）灵敏度不满足要求

按与相邻线路零序Ⅱ段配合整定：

与L2保护4的Ⅱ段配合

$$I_{DZ6.\,II}=K_{ph}\times K_{fzmax}\times I_{DZ4.\,II}=1.1\times 1\times 245=270A$$
$$I_{DZ6.\,j}=I_{DZ6.\,II}/TA=270/120=2.25A$$

近后备灵敏度：$K_{lm}=3I_{0min}/I_{DZ6.\,II}=1289/270=4.77>1.5$（$3I_{0min}=1288A$，校验点：C母线）灵敏度满足要求

动作时间：与L2保护4的Ⅱ段配合：$t_{6.\,II}=t_{4.\,II}+0.3=0.9+0.3=1.2s$

（3）零序电流Ⅲ段：按与相邻线路Ⅲ段零序保护配合整定：

与L2保护4的Ⅲ段配合

$$I_{DZ6.\,III}=K_k\times K_{fzmax}\times I_{DZ4.\,III}=1.1\times 1\times 123=135A$$
$$I_{DZ6.\,j}=I_{DZ6.\,III}/TA=135/120=1.13A$$

远后备灵敏度：$K_{lm}=3I_{0min}/I_{DZ}=837/135=6.18>1.2$（$3I_{0min}=836.779A$，校验点：B

母线），满足灵敏度要求。

动作时间：与 L2 保护 4 的Ⅲ段配合：$t_{6.Ⅲ}=t_{4.Ⅲ}+0.3=1.3+0.3=1.6\text{s}$

（四）整定计算说明

（1）在计算最大和最小零序电流时，手动计算可以根据正序和零序综合阻抗大小来考虑，以较少计算工作量。用计算机时，可直接同时计算出，然后要求选择。

（2）在上述方式选择中，未考虑相邻线检修，如在整定保护 3 和保护 5 时未考虑联络线 L1 检修或助增系统 E_M 侧线路检修。若实际考虑的话，如保护 5 在联络线 L1 时，流过的零序电流仅有 222A，Ⅰ段灵敏度不够，Ⅲ段灵敏度仅 1.2，可作为特殊方式考虑。但在 E_M 侧小电源侧相关线路检修时，则影响不大，可有 600A 左右零序电流。

（3）按照上述整定，保护 4 和保护 6 的Ⅱ段及Ⅲ段动作时间均较长，保护 2 需要和系统侧的 110kV 相关线路配合，如果保护 2 的Ⅰ段按照保灵敏度考虑或者保护 2 装设纵联差动保护，则保护 4 和保护 6 的Ⅱ段动作性能可得到提升。请自行按照保灵敏度或与纵联保护配合方法进行检验。

（4）若Ⅲ段采用反时限，可以改善后备保护性能，读者可以尝试进行。

（5）上述整定计算均考虑了保护Ⅰ段及Ⅱ段带方向，Ⅲ段均不带方向。对于保护 2 和保护 3 的Ⅲ段，在 L1 线路方向故障时，因 $I_{DZ2.Ⅲ}=1.8\text{A}$，$t_{2.Ⅲ}=1\text{s}$；$I_{DZ3.Ⅲ}=1.71\text{A}$，$t_{3.Ⅲ}=0.6\text{s}$，可见动作时间及定值均不配合，且 $t_{3.Ⅲ}$ 和保护 2 的Ⅱ动作时间（$t_{2.Ⅱ}=0.6\text{s}$）相同，将会误动。将保护 3 得Ⅲ段动作时间增大为 1.3s，在动作时间上取得配合。因此增强保护 2 的相关保护，可改善相关保护的性能，读者可尝试在此基础上提出更好的方案。

（6）保护 1 为系统侧保护，这里不再整定，请读者参考前面的整定计算方法进行整定。

第四节 距离保护整定计算

一、概述

距离保护是反应短路点至保护安装处距离长度的一种保护，也是属于反应单端电气量变化而构成的保护，因此也是采用阶段式的保护配置。在第三章中简单介绍了距离保护的各段配置及作用，距离保护的配置一般为三段式。对于 220kV 及以上的超高压线路，由于在本线路Ⅰ段范围外，本线路末端可通过纵联保护快速跳闸，因此距离Ⅱ段保护实际上是作为本线路主保护（距离Ⅰ段及纵联保护）的后备。110kV 的保护一般不配置纵联保护，此时线路末端故障还得靠距离Ⅱ段，因此它仍是主保护。

距离保护相对于电流保护及零序电流保护来说，其突出的优点是受运行方式变化的影响小。如第三章所述，距离保护第Ⅰ段除 T 接线外不受运行方式变化的影响。距离保护第Ⅱ、Ⅲ段其保护范围由于分支电流的影响，所以在一定程度上将受运行方式变化的影响，尤其在多电源及环网中受到较大影响，对开环运行的辐射性电网将会有较稳定的保护范围。

距离保护范围较稳定，但原理及构成较复杂，影响因素较多，第三章详细论述了过渡电阻、分支电流、交流失压、系统振荡等对距离保护的影响，这些问题在整定计算中同样需要认真考虑，以保证距离保护的可靠性。由于受过渡电阻影响较大，一方面采用性能较好的阻抗继电器提高躲过渡电阻能力（整定计算中也可通过合理设置动作特性来提高，比如多边形的阻抗继电器），另一方面辅以在经高电阻接地时有更好灵敏度的零序电流最末一段来弥补。分支电流的选择和计算对距离保护的影响较大，尤其对接地距离保护。对系统振荡的影响，一方面靠距离保护装置本身解决，另一方面在整定计算中也应加以考虑。

微机型距离保护均配置有接地距离和相间距离，对相间距离的整定相对简单些，而对于接地距离的整定较复杂，零序补偿系数的考虑，零序互感的影响都使接地距离保护的整定更加复杂。对超高压线路的线路保护在采用双重化后，对距离保护可适当的进行一些简化。下面叙述距离保护的基本整定计算方法。

二、接地距离保护整定计算方法

接地距离保护的整定计算由于需要考虑零序电流补偿，而零序补偿系数 K 值的准确性不易满足，如果有零序互感的影响时则计算误差更大，因此接地距离保护应当综合考虑这些因素，保证其选择性。

（一）接地距离Ⅰ段整定方法

接地距离Ⅰ段的整定较简单，对于接地距离Ⅰ段的整定应当首先以满足选择性为主，由于其动作时间为速动，应当确保其保护范围不超出本线路末端。因为对本线路末端附近故障，220kV 线路由全线速动保护快速切除，110kV 的线路可通过相继速动来快速切除。一般可采用如下两种整定方法。

1. 对于一般线路，按躲本线路末端故障

$$Z_{DZ.Ⅰ} \leqslant K_k Z_1 \tag{7-15}$$

式中：Z_1 为本线路正序阻抗；$K_k \leqslant 0.7$（由于零序参数的测定、零序补偿系数的计算误差都比较大，所以比相间距离考虑更大的裕度，以保证对相邻线的选择性）。

动作时间：$t_Ⅰ = 0s$。

2. 单回线送变压器终端方式，送电侧保护伸入受端变压器，但不伸出变压器另一侧母线

$$Z_{DZ.Ⅰ} \leqslant K_k Z_1 + K_{kT} Z'_T \tag{7-16}$$

式中：$K_k = 0.8 \sim 0.85$；Z_1 为本线路正序阻抗；$K_{kT} \leqslant 0.7$；Z'_T 为受端变压器正序阻抗。

动作时间：$t_Ⅰ \geqslant 0s$。

（二）接地距离Ⅱ段整定方法

接地距离Ⅱ段的整定较为复杂，当和相邻线路的接地距离保护及零序电流保护配合时，其计算更加复杂，根据情况可对接地距离Ⅱ段进行适当的简化。对接地距离Ⅱ段应当首先以满足对线路末端的灵敏度为主，兼顾选择性和速动性。根据具体情况可采用如下一些整定计算方法。

1. 相邻线仅有接地距离时，按与相邻线路接地距离Ⅰ段或Ⅱ段配合

和相邻线路接地距离配合时，按照整定计算规程中的计算精确公式应当考虑本线路和相邻线路零序补偿系数，正序和零序助增系数，流过本线路的正序和零序电流等，因此计算公式较复杂，为此进行了简化，简化计算公式如下：

与Ⅰ段配合计算的简化公式：

$$Z_{DZ.Ⅱ} \leqslant K_k Z_1 + K_k K_Z Z'_{DZ.Ⅰ} \tag{7-17}$$

式中：Z_1 为本线路正序阻抗；$Z'_{DZ.Ⅰ}$ 为相邻线路接地距离Ⅰ段动作阻抗；K_Z 为助增系数，选用正序助增系数与零序助增系数两者中的较小值；$K_k = 0.7 \sim 0.8$。

动作时间：按照上下级配合关系进行。

和相邻接地距离Ⅱ段配合计算公式仅需将式中 $Z'_{DZ.Ⅰ}$ 改为 $Z'_{DZ.Ⅱ}$。

需要注意的是，上述公式中未考虑零序互感的问题，且为保守起见，选用的正序和零序助增系数的较小者，这会使整定阻抗减小，保护范围缩短，会影响到后续段的配合。由于计算机可直接计算出相邻线路接地距离Ⅰ段或接地距离Ⅱ段保护范围末端故障时流过保护安装

处的相电流和相电压，因此可用更简单的计算公式

$$Z_{DZ.\,II} \leqslant K_k \frac{\dot{U}_\phi}{\dot{I}_\phi + K3I_0} \tag{7-18}$$

该公式还适合于有零序互感的情形，只要计算机在计算相电流和相电压时考虑了零序互感影响。

2. 相邻线路有纵联保护时，按与相邻线路纵联保护配合整定，躲相邻线路末端接地故障

$$Z_{DZ.\,II} \leqslant K_k Z_1 + K_k K_Z Z_1' \tag{7-19}$$

式中：Z_1'为相邻线路正序阻抗；$K_k = 0.7 \sim 0.8$；K_Z为助增系数，选用正序助增系数与零序助增系数两者中的较小者。

动作时间：$t_{II} = 1.0$s 左右

按此公式计算相对简单，但式中仍未考虑零序互感等影响，在用计算机进行整定时仍可用前述公式（7-18），只是故障点选择为相邻线路末端。

3. 如相邻线路仅有零序电流保护时，按与相邻线路零序电流Ⅰ（Ⅱ）段配合

由于微机保护一般均配有接地距离保护，因此不考虑此种配合。如果确需和相邻线路零序电流保护配合，建议用计算机进行计算，首先求出相邻线的零序电流Ⅰ段和Ⅱ段最小保护范围，然后求出在相邻线路零序保护最小范围末端短路时流过保护的相电流和相电压，最后用相关公式进行计算。

4. 当按照1~3的方法配合无法满足灵敏度要求时，可按本线路末端接地故障有足够灵敏度整定

$$Z_{DZ.\,II} \geqslant K_{lm} Z_1 \tag{7-20}$$

式中：Z_1为本线路正序阻抗；$K_{lm} = 1.3 \sim 1.5$。

动作时间：按照配合关系整定。

按此原则整定确保了接地Ⅱ段对本线路末端接地故障的灵敏度，但其保护范围可能会伸得较远，在灵敏度上不能取得配合，在动作时间上应尽可能取得配合，否则按完全不配合点处理。

5. 校核与相邻变压器保护配合关系

接地距离Ⅱ段保护范围一般不应超过相邻变压器的其他各侧母线，应进行校核。

（三）接地距离Ⅲ段整定方法

接地距离Ⅲ段作为本线路和相邻线路的后备保护，应主要考虑选择性和灵敏性，再考虑速动性，并根据电压等级及保护配置等进行综合协调。接地距离Ⅲ段的整定计算方法应同时考虑躲最小负荷阻抗及和相邻接地距离Ⅱ段或Ⅲ段配合。

1. 躲最小负荷阻抗

$$Z_{DZ.\,III} \leqslant K_k Z_{FH} \tag{7-21}$$

式中：Z_{FH}按实际阻抗元件可能所见到的事故过负荷最小负荷阻抗（应配合阻抗元件的实际动作特性进行检查）整定。

Z_{FH}的计算公式为：

$$Z_{FH} = \frac{(0.95U)^2}{P_{max}/\cos\varphi} \tag{7-22}$$

式中：U为线路运行电压；P_{max}为最大事故负荷有功功率；$\cos\varphi$为功率因数。

$$K_k \leqslant 0.7$$

对于不同特性阻抗继电器在进行电阻分量定值计算时其整定方法有差异，参考其技术说

明书。

2. 与相邻接地距离Ⅱ段或Ⅲ段配合

保护范围的配合计算公式同Ⅱ段与Ⅰ段类似，因此也存在计算公式的简化问题。

动作时间按照上下级配合关系进行，也可考虑采用最大固定时间的方式。

三、相间距离保护整定计算方法

相间距离保护的整定计算由于不存在零序助增、零序电流补偿、零序互感等因素影响，相对接地距离要简单得多，在整定计算方法及配合原则上和接地距离有许多类似的地方，下面仅就两者之间一些不同的地方进行介绍。

（一）相间距离保护Ⅰ段整定方法

整定计算方法同接地距离Ⅰ段，只是在可靠系数 K_k 的选择上，由于相间距离保护的误差影响小得多，因此可取为：$K_k=0.8\sim0.85$。按此法进行，其保护范围较接地距离Ⅰ段更大。

（二）相间距离保护Ⅱ段整定方法

相间距离Ⅱ段的整定方法一般考虑和相邻距离Ⅰ段或Ⅱ段配合，有纵联保护时可与纵联保护配合，并保证对本线末端的灵敏度要求，同时校核是否可躲过变压器其他侧母线故障。

相对与接地距离Ⅱ段，其配合更简单些，可靠系数也可取得更高些，配合系数 K_k 一般取为 $K_k=0.8\sim0.85$。

（三）相间距离保护Ⅲ段整定方法

整定计算方法同接地距离Ⅲ段类似。

四、辅助定值整定及注意事项

（一）辅助定值

TV 断线控制：TV 断线自检是否投入，投入后断线对相关保护（距离、零序保护）的处理。一般微机保护可考虑投入自检，微机保护在 TV 断线后会退出距离保护并可投入相电流保护或零序电流保护，在 TV 断线恢复后会自动重新投入距离保护。

振荡闭锁控制：是否经振荡闭锁控制，振荡闭锁电流定值等相关定值。关于振荡闭锁的原理和控制策略请参考第三章相关内容。

纵续动作控制：是否投入不对称及双回线相继动作功能，投入相继动作功能可以加速保护动作，一般 110kV 线路保护具备。具体见后面的纵续动作介绍。

阻抗特性控制：各个厂家阻抗特性有差异，具体参考厂家特殊的定值规定，如四边性特性中电阻分量、阻抗偏移角等，这些控制参数影响距离保护的动作特性如躲过渡电阻能力、防止超越能力等。

计算辅助参数：如零序补偿系数、线路阻抗参数、正零序灵敏角、测距参数等，零序补偿系数影响接地保护是否正常工作，其他参数影响到动作灵敏角和测距的准确性。

（二）注意事项

1. 距离保护对变压器低压侧短路灵敏度的问题

第三章距离保护一节中介绍了 YN，d11 接线变压器三角侧短路，星侧阻抗继电器的测量阻抗的问题，由该部分的分析可知，

（1）三角侧发生单相接地短路时如果忽略分布电容并不产生短路电流，星型侧的距离Ⅲ段不会动作。

（2）在变压器△侧发生三相短路时，Y 侧装设的三个相间阻抗继电器、三个接地阻抗继电器的测量阻抗能够正确测量，即六个阻抗继电器都可以作为母线低压侧的后备。

（3）在三角侧发生两相短路时，星侧落后相（注：对 YN，d1 接线变压器则是超前相）上的接地阻抗继电器都能准确测量到短路点到保护安装处的正序阻抗。由于距离Ⅲ段任何一个阻抗继电器动作都是三跳的，所以按变压器后短路有足够灵敏度整定的距离Ⅲ段可作为变压器保护的后备。相间阻抗继电器是不能正确进行测量的，灵敏度不够。但对平行双回线路末端变压器低压侧的故障，距离保护由于分支电流的影响，灵敏度可能达不到要求。对多电源联网线路或环网线路而言也如此。

由于零序电流保护不能反应变压器△侧相间故障，对两相故障则仅能靠接地距离保护，对 110kV 系统，相对主后备较弱，一些装置未启用接地距离，在低压侧相间短路时，由于低压母线一般不装设母差保护，因此一旦母线故障位于低压开关柜内，短路产生的弧光可能造成直流操作回路烧坏使全站保护拒动，此时故障可能会持续数分钟，直到故障延伸到高压侧，才由其他站高压侧后备保护切除。

对一些 110kV 装置如配有负序电流保护，则负序电流保护可灵敏的反应低压侧的两相故障，而低压侧三相短路则由高压侧相间距离保护来切除。用负序电流保护作为低压侧远后备应当是一种优选的方案，构成简单、可靠，微机保护可容易的实现上述功能。

采用其他的特殊继电器，如负序阻抗继电器、多相补偿继电器等亦可完成，一些装置针对变压器低压侧故障专门增加了一段距离保护。

2. 距离保护的纵续（相继）速动

对于 110kV 线路的微机保护装置，为了提高在末端故障时的速动性，可投入相继速动功能，相继速动功能一般有不对称故障相继速动和平行双回线相继速动。220kV 及以上电压等级线路由于全线配置了快速纵联保护就没有必要再考虑相继速动措施了。

整定计算中在进行灵敏度计算及距离保护整定中可考虑纵续速动的相关影响。

（1）不对称故障相继速动。

不对称故障的相继速动的原理比较简单。110kV 及以下的线路一般都采用三相操作机构的断路器，对线路上的任何故障，保护动作都是三跳。利用这个特点，可以构成不对称故障的相继速动。如图 7－17 所示，故障前保护 1 检测到三相均有电流，在 L1 线路末端 F2 点发生不对称故障时，

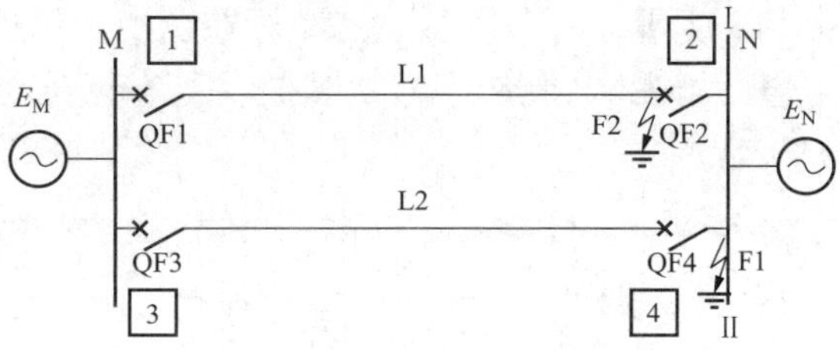

图 7－17　相继速动示意图

保护 2 属于近端故障，可由其距离Ⅰ段快速跳闸，保护 1 的Ⅱ段可动作，延时准备跳闸；在对侧 QF2 三相跳闸后，保护 1 检测到任一相无流（可判断对侧已跳闸），同时距离Ⅱ段未返回，则加速本侧Ⅱ段跳闸。不对称故障相继动作，对单回及双回线路都适用。

对于三相短路不能相继速动，因为即使对侧Ⅰ段三相跳开后，本侧由于三相都持续有短路电流所以不能实现相继速动。

在不对称故障中相继动作是加速距离Ⅱ段跳闸，动作逻辑过程中要求Ⅱ段动作不返回，因此整定时应确保距离Ⅱ段对本线路末端故障时有灵敏度。

（2）平行双回线相继速动。

对平行双回线是通过一回线路故障时另一回线（健全线）保护的动作情况变化来实现的，动作情况的变化可通过方向元件或距离Ⅲ段实现，然后以接点的方式告知故障线路。下面以根据健全线路距离Ⅲ段动作来实现的方法为例进行说明。

仍以图7－17所示，在平行双回线路L1线路末端故障时，保护1的距离Ⅱ段动作，本侧另一回线路保护3的Ⅲ动作，通过一副接点将动作信号发给保护1（保护1的Ⅲ段启动后也会通过接点发闭锁Ⅱ段信号给保护3，相互闭锁），保护1收到该接点信号后闭锁Ⅱ段；当对侧保护2的Ⅰ段快速跳闸后，保护3的Ⅲ段返回，保护1则收不到保护3的闭锁信号，经短延时保护1的Ⅱ段不返回时，加速Ⅱ段跳闸。也可以采用由接点发加速信号的方式，即保护3在距离Ⅲ段动作后如果短延时返回，则发加速信号给保护1，保护1在收到保护3的加速信号，同时Ⅱ段不返回时，经短延时跳闸。平行双回线的相继动作仍然需要距离Ⅱ端保证对末端有灵敏度。在单回线运行时，此逻辑失效（收不到另一回线的信号），但不会造成误动。

当双回线分别接于对侧变电站母线的两个分段时，如图L1线路接于N母线Ⅰ母，L2线路接于N母线Ⅱ母，当故障点在N母线Ⅱ母时，Ⅱ母差动动作，若QF4的动作比N母线的分段开关更快时，对保护1而言，则在Ⅱ段未返回时，保护3的Ⅲ段已经停止发信号，则造成误动。因此对上述过程中Ⅱ段应带一个短延时以避开两个断路器的跳闸时间差。

平行双回线的相继动作，对小电源侧或负荷端，需要投入小电源侧的逻辑才能实现。图7－17中，若M侧为小电源或负荷端，则由于短路电流由N侧提供，回路阻抗大，短路电流很小，同时保护3为反方向；在对侧保护2将QF2跳开后，保护1和3的短路电流将增大，但保护3仍为反方向，也无法发闭锁信号。因此，当投入负荷端控制时，保护1的动作逻辑变为收不到相邻线保护3的信号，本侧保护1的距离Ⅱ段动作，又检测到本侧最大相电流由小变大或者最低的相间电压由低升高（通过此项来判别对侧是否已跳开，而不通过相邻线的信号来判断），则Ⅱ段经短延时跳闸。

五、整定计算算例

为了和零序电流保护进行比较，仍采用第三节的算例网络，系统主接线、正序阻抗图如图7－18所示，有名值参数已经标在图中。保护为Ⅲ段式相间距离和接地距离保护。保护2的定值已给出，请整定其余保护。所有网络参数归算至平均额定电压115kV，基准容量为100MVA。

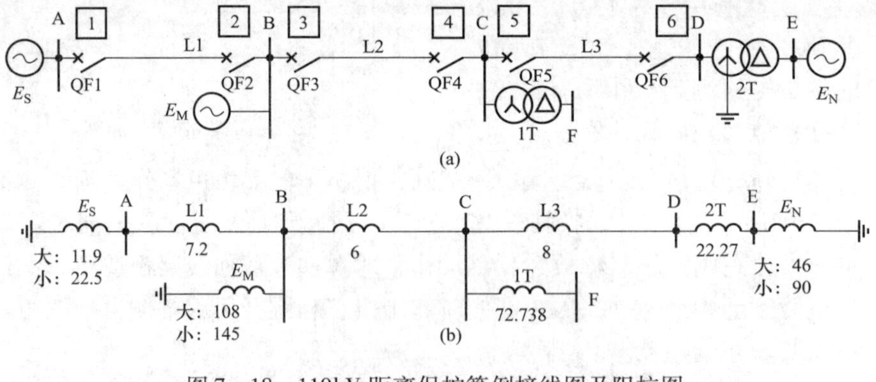

图7－18　110kV距离保护算例接线图及阻抗图
（a）110kV距离保护算例整定计算接线图；（b）110kV距离保护算例正序阻抗图

（一）保护有关配置信息

保护2的定值信息（一次值）：

距离Ⅰ段：相间阻抗 $Z_{DZ2.\,Ⅰ}=5.76\Omega$，$t_{2.\,Ⅰ}=0s$；接地阻抗 $Z_{DZ2.\,Ⅰ}=5.04\Omega$，$t_{2.\,Ⅰ}=0s$。

距离Ⅱ段：相间阻抗 $Z_{DZ2.Ⅱ}=10.8\Omega$，$t_{2.Ⅱ}=0.5s$；接地阻抗 $Z_{DZ2.Ⅱ}=10.8\Omega$，$t_{2.Ⅱ}=0.5s$。

距离Ⅲ段：相间阻抗 $Z_{DZ2.Ⅲ}=75\Omega$，$t_{2.Ⅲ}=1s$；接地阻抗 $Z_{DZ2.Ⅲ}=75\Omega$，$t_{2.Ⅲ}=1s$。

（二）相间距离保护整定

1. 保护5整定

（1）距离Ⅰ段整定：按单回线送变压器终端方式，送电侧保护伸入变压器整定：

与变压器（组）2T配合：

$$Z_{DZ5.Ⅰ}=K_k\times Z_L+K_t\times Z_t=0.8\times 8.000+0.7\times 22.27=22\Omega$$

$$Z_{DZ5.j}=Z_{DZ5.Ⅰ}\times TA/TV=22\times 120/1100=2.4\Omega$$

动作时间：$t_{5.Ⅰ}=0s$

近后备灵敏度：$K_{lm}=Z_{DZ5.Ⅰ}/Z_L=22/8.000=2.75>1.5$，满足要求

（2）距离Ⅱ段整定：可整定为和Ⅰ段相同。

（3）距离Ⅲ段整定：按躲最小负荷阻抗整定。

最小负荷阻抗 $Z_{f.min}=0.9\times U_n/(1.732\times 1.2\times I_{f.max})=0.9\times 110\,000/(1.732\times 1.2\times 400)=119\Omega$

$$Z_{DZ5.Ⅲ}=K_k\times Z_{f.min}=0.7\times 119=83\Omega$$

动作时间：$t_{5.Ⅲ}=1s$（考虑与低压侧保护配合）

2. 保护3整定

（1）距离保护Ⅰ段整定：按躲本线路末端相间故障整定。

$$Z_{DZ3.Ⅰ}=K_k\times Z_L=0.8\times 6.0=4.8\Omega$$

$$Z_{DZ3.j}=Z_{DZ3.Ⅰ}\times TA/TV=4.8\times 120/1100=0.52\Omega$$

动作时间：$t_{3.Ⅰ}=0s$。

（2）距离保护Ⅱ段整定：按与相邻线路相间距离Ⅰ段/Ⅱ段配合整定。

与L3保护5的Ⅰ段配合

$$Z_{DZ3.Ⅱ}=K_k\times Z_L+K_{ph}\times K_{zmin}\times Z_{DZ5.Ⅰ}=0.8\times 6.0+0.8\times 1.0\times 22=22.4\Omega$$

$$Z_{DZ3.j}=Z_{DZ3.Ⅱ}\times TA/TV=22.4\times 120/1100=2.44\Omega$$

近后备灵敏度：$K_{lm}=Z_{DZ3.Ⅱ}/Z_L=22.4/6.0=3.73$（校验点：C母线）。

动作时间：与L3线路的保护5的Ⅰ段配合，$t_{3.Ⅰ}=t_{5.Ⅰ}+0.3s=0+0.3s=0.3s$。

（3）距离保护Ⅲ段整定：按与相邻线路相间距离Ⅲ段配合整定。

与L3保护5的Ⅲ段配合

$$Z_{DZ3.Ⅲ}=K_k\times Z_L+K_{ph}\times K_{zmin}\times Z_{DZ5.Ⅲ}=0.8\times 6.0+0.8\times 1.0\times 119=100\Omega$$

$$Z_{DZ3.j}=Z_{DZ3.Ⅲ}\times TA/TV=100\times 120/1100=10.9\Omega$$

动作时间：与L3线路的保护5的Ⅲ段配合，$t_{3.Ⅲ}=t_{5.Ⅲ}+0.3s=1s+0.3s=1.3s$。

3. 保护4的整定

（1）距离Ⅰ段整定：按躲本线路末端相间故障整定。

$$Z_{DZ4.Ⅰ}=K_k\times Z_L=0.8\times 6.0=4.8\Omega$$

$$Z_{DZ4.j}=Z_{DZ}\times TA/TV=4.8\times 120/1100=0.524\Omega$$

动作时间：$t_{4.Ⅰ}=0s$

（2）距离Ⅱ段整定：按与相邻线路相间距离Ⅰ/Ⅱ段配合整定。

与L1保护2的Ⅰ段配合

$$Z_{DZ4.Ⅱ}=K_k\times Z_L+K_{ph}\times K_{zmin}\times Z_{DZ2.Ⅰ}=0.8\times 6.0+0.8\times 1.57\times 5.76=12\Omega$$

$$Z_{DZ4.j}=Z_{DZ4.Ⅱ}\times TA/TV=12\times 120/1100=1.313\Omega$$

正序最小助增系数 K_{z1min} 的计算考虑背侧大方式，助增小方式 $K_{z1.min}=1+Z_n/Z_m=1+0.624/1.1=1.57$

近后备灵敏度：$K_{lm}=Z_{DZ4.Ⅱ}/Z_L=12/6=2>1.5$，满足要求

动作时间：与 L1 保护 2 的Ⅰ段配合，$t_{4.Ⅰ}=t_{2.Ⅰ}+0.3s=0+0.3s=0.3s$。

（3）距离Ⅲ段整定：按与相邻线路相间距离Ⅲ段配合整定：

与 L1 保护 2 的Ⅲ段配合

$$Z_{DZ4.Ⅲ}=K_k\times Z_L+K_{ph}\times K_{zmin}\times Z_{DZ2.Ⅲ}=0.8\times 6.0+0.8\times 1.57\times 75.0=110\Omega$$

$$Z_{DZ4.j}=Z_{DZ4.Ⅲ}\times TA/TV=110\times 120/1100=12\Omega$$

远后备灵敏度：$K_{lm}=Z_{DZ4.Ⅲ}/(Z_L+K_{zmax}\times Z_{L2max})=110/(6.0+2.16\times 7.2)=5.1$

正序最大助增系数 K_{z1max} 计算考虑背侧小方式，助增大方式：$K_{z.max}=1+Z_n/Z_m=1+0.954/0.82=2.16$

动作时间：与 L1 保护 2 的Ⅲ段配合，$t_{4.Ⅲ}=t_{2.Ⅲ}+0.3s=1s+0.3s=1.3s$。

4. 保护 6 的整定

（1）距离Ⅰ段整定：按躲本线路末端相间故障整定。

$$Z_{DZ6.Ⅰ}=K_k\times Z_L=0.8\times 8.0=6.4\Omega$$

$$Z_{DZ6.j}=Z_{DZ6.Ⅰ}\times TA/TV=6.4\times 120/1100=0.7\Omega$$

动作时间：$t_{6.Ⅰ}=0s$。

（2）距离Ⅱ段整定：按与相邻线路相间距离Ⅰ/Ⅱ段配合整定。

与 L2 保护 4 的Ⅰ段配合

$$Z_{DZ6.Ⅱ}=K_k\times Z_L+K_{ph}\times K_{zmin}\times Z_{DZ4.Ⅰ}=0.8\times 8.0+0.8\times 1.0\times 4.8=10.24\Omega$$

近后备灵敏度：$K_{lm}=Z_{DZ6.Ⅱ}/Z_L=10.24/8.0=1.28<1.3$，灵敏度不满足要求。

与 L2 保护 4 的Ⅱ段配合

$$Z_{DZ6.Ⅱ}=K_k\times Z_L+K_{ph}\times K_{zmin}\times Z_{DZ4.Ⅱ}=0.8\times 8.0+0.8\times 1.0\times 12.0=16.0\Omega$$

$$Z_{DZ6.j}=Z_{DZ6.Ⅱ}\times TA/TV=16.0\times 120/1100=1.75\Omega$$

近后备灵敏度：$K_{lm}=Z_{DZ6.Ⅱ}/Z_L=16/8.0=2>1.3$，灵敏度满足要求。

动作时间：与 L1 保护 4 的Ⅱ段配合，$t_{6.Ⅰ}=t_{4.Ⅱ}+0.3s=0.3s+0.3s=0.6s$。

（3）距离保护Ⅲ段整定：按与相邻线路相间距离Ⅲ段配合整定：

与 L2 保护的保护 4 的Ⅲ段配合

$$Z_{DZ6.Ⅲ}=K_k\times Z_L+K_{ph}\times K_{zmin}\times Z_{DZ4}=0.8\times 8.0+0.8\times 1.0\times 110=94.7\Omega$$

$$Z_{DZ6.j}=Z_{DZ6.Ⅲ}\times TA/TV=94.7\times 120/1100=10.3\Omega$$

远后备灵敏度：$K_{lm}=Z_{DZ6.Ⅲ}/(Z_L+K_{zmax}\times Z_{L2max})=94.7/(8.0+1.0\times 6.0)=6.7>1.2$ 满足要求。

动作时间：与 L1 保护 4 的Ⅲ段配合，$t_{6.Ⅲ}=t_{4.Ⅲ}+0.3s=1.3s+0.3s=1.6s$。

（三）接地距离保护整定

1. 保护 5 的整定

保护 5 的接地距离整定原则和方法同相间距离，配合系数相同时，其定值也相同。

$$Z_{DZ5.Ⅰ}=22\Omega \quad 动作时间\ t_{5.Ⅰ}=0s$$

距离Ⅱ段整定：可整定为和Ⅰ段相同

$Z_{DZ5.Ⅲ}=K_k\times Z_{f.min}=0.7\times 119=83\Omega$ 动作时间：$t_{5.Ⅲ}=1s$（考虑与低压侧保护配合）

2. 保护 3 的整定

（1）接地距离Ⅰ段整定：按躲本线路末端故障整定。

$$Z_{DZ3.Ⅰ}=K_k\times Z_L=0.7\times6.0=4.2\Omega$$

$$Z_{DZ3.j}=Z_{DZ3.Ⅰ}\times TA/TV=4.2\times120/1100=0.46\Omega$$

动作时间：$t_{3.Ⅰ}=0s$。

（2）接地距离Ⅱ段整定：按与相邻线路接地距离Ⅰ/Ⅱ段配合整定。

与 L3 保护 5 的Ⅰ段配合

$$Z_{DZ3.Ⅱ}=K_k\times Z_L+K_k\times K_{zmin}\times Z_{DZ5.Ⅰ}=0.7\times6.0+0.7\times1.000\times22=19.6\Omega$$

$$Z_{DZ3.j}=Z_{DZ3.Ⅱ}\times TA/TV=19.6\times120.0/1100=2.14\Omega$$

动作时间：与 L3 保护 5 的Ⅰ段配合，$t_{3.Ⅱ}=t_{5.Ⅰ}+0.3s=0s+0.3s=0.3s$。

近后备灵敏度：$K_{lm}=Z_{DZ}/Z_L=19.594/6.000=3.27>1.5$，满足要求。

（3）接地距离Ⅲ段整定：

整定方法同相间距离，此处略。

3. 保护 4 的整定

（1）接地距离Ⅰ段整定：按躲本线路末端故障整定：

$$Z_{DZ4.Ⅰ}=K_k\times Z_L=0.7\times6.000=4.2\Omega$$

$$Z_{DZ4.j}=Z_{DZ4.Ⅰ}\times TA/TV=4.2\times120/1100=0.46\Omega$$

动作时间：$t_{4.Ⅰ}=0s$。

（2）接地距离Ⅱ段整定：按与相邻线路接地距离Ⅰ/Ⅱ段配合整定：

与 L1 保护 2 的Ⅰ段配合

$$Z_{DZ4.Ⅱ}=K_k\times Z_L+K_k\times K_{zmin}\times Z_{DZ2.Ⅰ}=0.7\times6.0+0.7\times1.57\times5.04=9.74\Omega$$

$$Z_{DZ4.j}=Z_{DZ4.Ⅱ}\times TA/TV=9.74\times120.0/1100=1.06\Omega$$

正序最小助增系数 K_{z1min} 计算过程同前，$K_{z1min}=1.57$

零序最小助增系数 K_{z0min} 计算考虑背侧大方式，助增小方式 $K_{z0min}=1+Z_{n0}/Z_{m0}=1+0.485/0.52=1.933$。取正序和零序助增系数的小值：$K_{zmin}=1=K_{z1min}=1.57$。

近后备灵敏度：$K_{lm}=Z_{DZ4.Ⅱ}/Z_L=9.74/6.000=1.62>1.5$ 满足要求。

动作时间：与 L1 保护 2 的Ⅰ段配合，$t_{4.Ⅱ}=t_{2.Ⅰ}+0.3s=0s+0.3s=0.3s$。

（3）接地距离Ⅲ段整定：略。

4. 保护 6 的整定

（1）接地距离Ⅰ段整定：按躲本线路末端故障整定：

$$Z_{DZ6.Ⅰ}=K_k\times Z_L=0.7\times8.0=5.6\Omega$$

$$Z_{DZ6.j}=Z_{DZ6.Ⅰ}\times TA/TV=5.6\times120/1100=0.61\Omega$$

动作时间：$t_{6.Ⅰ}=0s$。

（2）接地距离Ⅱ段整定：按与相邻线路接地距离Ⅰ/Ⅱ段配合整定：

与 L2 保护 4 的Ⅰ段配合

$$Z_{DZ6.Ⅱ}=K_k\times Z_L+K_k\times K_{zmin}\times Z_{DZ4.Ⅰ}=0.7\times8.0+0.7\times1.0\times4.2=8.54\Omega$$

近后备灵敏度：$K_{lm}=Z_{DZ6.Ⅱ}/Z_L=8.54/8.0=1.07<1.3$ 不满足要求：

与 L2 保护 4 的Ⅱ段配合

$$Z_{DZ6.Ⅱ}=K_k\times Z_L+K_k\times K_{zmin}\times Z_{DZ4.Ⅱ}=0.7\times8.0+0.7\times1.0\times10.4=12.89\Omega$$

$$Z_{DZ6.j}=Z_{DZ}\times TA/TV=12.89\times120.0/1100=1.41\Omega$$

近后备灵敏度：$K_{lm} = Z_{DZ6.Ⅱ}/Z_L = 12.89/8.0 = 1.61 > 1.3$ 满足要求：

动作时间：与 L2 保护 4 的Ⅱ段配合，$t_{6.Ⅱ} = t_{4.Ⅱ} + 0.3s = 0.3s + 0.3s = 0.6s$。

（3）接地距离Ⅲ段整定：略。

（四）整定计算说明

（1）计算中未考虑电阻分量，对圆特性的阻抗继电器应按照电阻分量求阻抗及灵敏角，整定时按照阻抗计算。多边型的按照其特性整定。

（2）保护 4 和保护 2 的Ⅰ段配合，灵敏度满足要求，而保护 6 与保护 4 只能与Ⅱ段配合才能满足要求。一般长线路与短线路配合，难于满足要求，若短线路装设纵联保护，可提高灵敏度，如保护 6 按照与纵联保护配合灵敏度可提高到 1.4。应当避免短线成环成串的情形。

（3）整定中考虑到接地距离保护的参数误差，所以可靠系数更保守，相对而言其计算公式和相间距离类似。同时在计算助增系数时，按照简化公式进行，取正序和零序助增系数的小者。

（4）最小负荷阻抗中计算中的最大负荷电流已经考虑了自启动电流及负荷转移等情形。

（5）和零序电流保护对比而言，接地距离保护的范围更稳定，算例中线路长度都不长，所以零序Ⅱ段与Ⅰ段配合较困难，接地距离则好些。

（6）整定计算中未考虑振荡的影响，如有振荡的影响还应考虑距离Ⅲ段动作时间上能否躲过。

第五节　纵联保护整定计算

一、概述

第三章中介绍了纵联保护的构成原理，由于具有绝对的选择性，不需要和相邻线路保护配合，因此能够做到全线速动。由于其原理简单，所以整定计算也简单，主要是考虑使相关的工作元件满足灵敏度要求，如启动元件、方向元件、测量元件、收发信元件等对故障的灵敏度要求，相关元件在灵敏度上取得配合。

纵联保护的类型较多，如纵联距离、纵联方向、纵联零序等。下面进行简单介绍。

二、纵联方向保护整定计算方法

纵联方向保护的整定计算主要包括启动元件、方向判别元件、故障测量元件的整定。

1. 启动元件的整定

在第三章中纵联保护一节谈到了闭锁式纵联保护要采用两个灵敏度不同的起动元件的原因，低定值起动元件起动后起动发信，高定值起动元件起动后程序执行故障计算程序从而开放保护。

反映各种短路故障的高定值起动元件按被保护线路末端发生金属性故障有灵敏度整定，灵敏系数大于 2。

低定值起动元件按躲过最大负荷电流下的不平衡电流整定，并保证在被保护线路末端故障时有足够灵敏度，灵敏系数大于 4。

2. 方向判别元件整定

纵联方向保护对方向元件的要求一个是方向性，一个是灵敏性以及可靠性（正、反方向元件的配合），可参考第三章的详细要求，这其中灵敏性指方向判别元件在被保护线路末端发生金属性故障时应有足够灵敏度，灵敏系数大于3。若采用方向阻抗元件作为方向判别元件，灵敏系数大于2，在整定计算中应予以保证。

3. 故障测量元件

对于纵联方向保护，还应保证故障测量元件的灵敏度。故障测量元件（如零序电流元件）的定值按被保护线路末端故障时有足够的灵敏度整定，灵敏系数大于2。若采用阻抗元件作为故障测量元件时，灵敏系数大于1.5。

三、纵联距离保护整定计算方法

纵联距离保护的基本工作原理同纵联方向，其核心是利用阻抗继电器来充当方向元件和故障测量元件。因此对纵联距离主要考虑阻抗测量元件和起动元件的整定。

1. 起动元件整定

同纵联方向元件。

2. 阻抗测量元件整定

线路超范围纵联保护本侧反向（或启动）元件灵敏度高于对侧正向灵敏度，并有足够的裕度。

纵联距离（相间和接地）保护的测量元件按保灵敏度整定，其灵敏度的要求如下：

（1）50km以下线路，不小于1.7；

（2）50km～100km线路，不小于1.6；

（3）100km～150km线路，不小于1.5；

（4）150km～200km线路，不小于1.4；

（5）200km以上线路，不小于1.3。

四、纵联差动保护整定计算方法

光纤纵联差动保护本身具有选相能力，不受系统振荡影响，在非全相运行中有选择性的快速动作，不受TV断线影响，且一般带有制动特性，可防止区外故障误动，因此比传统纵联方向及纵联距离保护有更好的性能而得到了广泛采用。纵联电流差动保护的影响因素包括了电容电流的影响、线路两侧TA误差特性不一致、高阻接地灵敏度的问题、TA断线闭锁的影响等。在整定计算中应通过合理的设置定值来解决上述问题。

纵联电流差动保护的整定主要包括启动元件的整定和各种差动元件的整定。

1. 启动元件整定

装置零序电流起动元件应按躲过最大负荷电流下的不平衡电流整定，并能满足规定条件下的灵敏度，灵敏系数大于2.5。

突变量启动元件按躲过被保护线路运行时的最大不平衡电流整定，灵敏系数大于1.5。

2. 差动元件整定

零序电流差动保护的差流定值，对切除线路末端高电阻接地故障灵敏度不小于1.5。若无零序电流差动保护的分相电流差动保护的差流低定值，对切除线路末端高电阻接地故障灵敏度不小于1.3；若有零序电流差动保护的分相电流差动保护的差流低定值，对切除线路末端高电阻接地故障灵敏度不小于1。

分相电流差动保护的差流高定值应可靠躲过线路稳态电容电流，可靠系数不小于4。零序电流差动保护的差流定值和分相电流差动保护的差流低定值躲不过线路稳态电容电流须经线路电容电流补偿。

五、辅助定值整定及注意事项

（1）纵联通道相关控制：如通道方式（允许或闭锁式），是否专用收发信机，通道检查时间（闭锁式），收发信机工作方式，弱电源侧控制，解除闭锁是否投入（允许式）等。应该根据纵联保护采用的方式来进行整定，如果控制项整定或输入错误则将使纵联保护无法正常工作。

（2）光纤纵差保护：光纤通道控制（时钟方式、PCM或专用光纤等），电容补偿是否投入，远跳控制等，TA断线是否闭锁差动等。这些辅助参数直接决定了通信和保护的工作方式，因此应确保和实际一致。

第六节　变压器保护整定计算

一、概述

第四章介绍了变压器保护的原理，变压器的保护功能较多，主保护是差动保护及重瓦斯，各侧配置有后备保护。对于220kV及以上电压等级的变压器保护均按照双重化进行配置，即每套有完整的主保护和后备保护，构成双主双后的配置，且往往采用主后一体化的变压器保护装置（主保护和后备保护在同一机箱）。110kV及以下的变压器保护往往只配置一套，主保护和后备保护往往配置在不同的机箱。在整定计算时应对不同的配置予以考虑。

变压器保护的整定计算包括各种差动继电器及各侧后备保护的整定。后备保护又包括相间短路故障的后备保护和接地故障短路的后备保护。主保护的整定计算相对简单，不需要考虑和相邻元件配合，而变压器的后备保护则应当考虑和其他系统的配合问题，按照要求满足保护范围和动作时间上的配合关系。同时，变压器的运行方式不同，其整定计算的方法亦不同，如低压侧并列运行、中性点是否接地、低压侧是否考虑电源上网、是否有分段备自投等等，在整定计算时应对运行方式及其他保护的配合予以考虑。

二、变压器主保护整定计算方法

第四章差动保护介绍了微机型差动保护的构成原理，一般包括比率制动差动元件、励磁涌流制动元件、TA断线闭锁元件、抗饱和元件、过励磁元件等。其中TA断线闭锁元件一般不需要整定，仅通过控制字投退；抗饱和元件也不需要整定；主要考虑比率制动差动元件和谐波制动元件的整定。除了比率差动元件外，还配置有差动速断元件，因此对差动速断元件也要进行考虑。对于500kV的自耦型变压器还配置有零序差动保护或分侧差动保护，其原理与比率制动差动保护有区别，整定计算方法也有不同。

（一）比率制动差动元件整定

第四章中介绍了微机型比率制动差动元件的构成，可以看出不同原理的比率制动差动保护其整定方法有差异，因此差动保护的整定应主要根据差动保护装置的整定说明进行。对于常规的折线型特性的比率制动差动保护主要考虑启动电流、拐点电流、比率制动系数等的整定。

1. 启动电流

差动元件的启动电流的整定原则是，应当能可靠躲过正常运行时由于TA变比等误差产生的最大不平衡电流和TA断线所产生的最大不平衡电流。

最大不平衡电流主要考虑正常运行时电流互感器比误差、调压、各侧电流互感器型号不一致、变压器的励磁电流等产生的不平衡电流。启动电流I_{DZo}可按下式计算

$$I_{DZo}=K_H(K_1+K_2+K_3+K_4)I_e \tag{7-23}$$

式中　I_e——变压器的额定电流（二次值）；

K_H——可靠系数，取 1.5 ~2；

K_1——电流互感器 TA 的比误差。对于 10P 型 TA，取 0.03 ×2（三绕组变压器时，最大为 0.09）；对于 5P 型 TA，取 0.01 ×2；

K_2——变压器改变分接头或带负荷调压造成的误差，取变压器最大调压分接头的绝对值；

K_3——其他误差（变压器的励磁电流等引起的误差），取 0.05；

K_4——通道变换及调试误差，取 0.05 ×2 =0.1。

将以上各值代入式（7－23）可得：$I_{DZo}=(0.39\sim0.52)I_e$。通常取 $I_{DZo}=(0.4\sim0.5)I_e$。

一般当变压器两侧流入差动保护装置的电流值相差不大（即为同一个数量级）时，I_{DZo} 可取 $0.4I_e$。而当差动两侧电流值相差很大（相差 10 倍以上）时，I_{DZo} 取 $0.5I_e$ 是合理的。

微机保护在 TA 断线时可以进行检测并闭锁，可以不用考虑躲过断线时负荷电流。

2. 拐点电流

对折线型的比率制动差动元件，拐点电流即开始起制动作用时的电流，一般按照高压侧额定电流的 0.8 ~1 倍考虑，变斜率等特性不需要考虑。另外，为躲过区外故障被切除后的暂态过程对变压器差动保护的影响，可使保护的制动作用提早产生，也可取为 0.6 ~0.8 倍的额定电流。

3. 比率制动系数

比率制动系数的整定应根据各个厂家说明进行整定，有些取固定斜率，不需要整定；有些其特性采用变斜率，也不用整定。对于比率制动的系数的取值的基本原则是，应当能可靠躲过外部短路引起的最大不平衡电流。

以折线型的比率制动差动保护为例，其比率制动系数 K_z 的整定原则，按躲过变压器出口三相短路时产生的最大不平衡差流来整定。

变压器出口区外故障时的最大不平衡电流为：

$$I_{He\delta max}=(K_1+K_2+K_3+K_4+K_5)I_{kmax} \tag{7－24}$$

式中：$K_2\sim K_4$ 意义同式（7－23）而 K_1 取 0.1；K_5 为表征两侧 TA 暂态特性不一致造成不平衡电流的系数，取 0.1；I_{kmax} 为出口三相短路时最大短路电流（TA 二次值）。

代入式（7－24）得

$$I_{He\delta max}=0.4I_{kmax}$$

忽略拐点电流不计，计算得特性曲线的斜率 $K\approx0.4$。实取比率制动系数 $K_z=(1.1\sim1.3)K=0.48\sim0.52$。长期运行的实践表明：比率制动系数取 0.4 ~0.5 是合理的。

（二）励磁涌流制动元件整定

对微机型变压器差动保护往往采用多种方法来实现涌流制动，二次谐波制动元件采用最广泛，其次是各种针对涌流波形与短路波形的区别来构成的制动元件，其原理差异较大，但一般不需要进行整定。下面仅介绍二次谐波制动元件的整定。

对二次谐波制动的涌流元件，由于制动方法不同（如采用分相制动、最大相制动等），整定计算方法也有差异。具有二次谐波制动的差动保护的二次谐波制动比，是表征单位二次谐波电流制动作用大小的。二次谐波制动比越大，则保护的谐波制动作用越弱，反之亦反。具有二次谐波制动的差动保护二次谐波制动比，通常整定为 15% ~20%。但是，在具体整定时应根据变压器的容量、主接线及系统负荷情况而定。

（1）对于大容量的发电机变压器组，且在发电机与变压器之间没有断路器时，由于变压器的容量大且空投的可能性较小，二次谐波制动比可取较大值。例如18% ~20%。

（2）对于容量较大的变压器，由于空充电时的励磁涌流倍数较小，二次谐波制动比可取16% ~18%。

（3）对于容量较小且空投次数可能较多的变压器，二次谐波制动比应取较小值。即取15% ~16%。

（4）对处于冶炼及电气机车负荷所占比重大的系统而自身容量小的变压器，在其他容量较大的变压器空充电时，穿越性励磁涌流可能致使其差动保护误动。因此，除应将变压器的二次谐波制动方式改成“或门”（即一相制动三相）之外，二次谐波制动比还应取较小值。例如14% ~15%（或12% ~13%）。

（三）差动速断元件整定

由于变压器差动保护中设置有涌流判别元件，因此，其受电流波形畸变及电流中谐波的影响很大。当区内故障电流很大时，差动TA可能饱和，从而使差流中含有大量的谐波分量，并使差流波形发生畸变，可能导致差动保护拒动或延缓动作。差动速断元件只反应差流的有效值，不受差流中的谐波及波形畸变的影响。

差动速断元件的整定值应按躲过变压器励磁涌流来确定。通常

$$I_{DZ}=KI_e \tag{7-25}$$

式中：I_{DZ}为差动速断元件的动作电流；K为一个正值系数；一般取4~8；I_e为变压器的额定电流（差动TA二次值）。

由式（7-25）可以看出：差动速断元件的动作值决定于系数K，而K的整定应根据具体情况而定。K的大小与变压器容量、主接线及与无穷大系统（母线）之间联系电抗的大小有关：

（1）对于在发电机与变压器之间无开关的大型变压器发电机组，K值可取3~4；

（2）对于大型发电厂的中、小型变压器（例如有空投可能性的厂高变及启备变），K值可取8~10；

（3）对于经长线路与系统联接的降压变电站中的中、大型变压器，K值可取4~6。

也可根据容量来考虑K值的取值，对6300kVA及以下，7~12；6300~31 500kVA，4.5~7.0；40 000~120 000kVA，3.0~6.0；120 000kVA及以上，2.0~5.0，容量越大，系统电抗越大，励磁涌流与变压器额定电流的比值越小，K取值越小。

（四）分侧差动元件整定

对分侧差动保护由于其差动各侧在同一电压等级，所以不存在励磁电流、调压、过励磁等问题，TA误差的影响也小得多，整定计算所考虑的不平衡电流小得多。

分侧差动元件的特性一般为各种比率制动特性，对于折线型比率制动，整定计算内容包括启动电流、拐点电流、比率制动系数。其最小动作电流一般按照0.1~0.3倍额定电流考虑，拐点电流一般按照额定电流的0.6~0.8倍考虑，动作斜率按照0.2~0.4考虑，不用考虑励磁电流、调压、过励磁等影响。

1. 启动电流I_{DZo}

分侧差动元件的动作电流可按下式计算

$$I_{DZo}=K_H(K_1+K_2)I_e \tag{7-26}$$

式中：K_H为可靠系数，取1.2~1.5；K_1为两侧TA变比误差，5P级TA，取0.01×2，10P级TA，取0.03×2；I_e为变压器该侧的额定电流，TA二次值；K_2为通道调整及传输误差，

取 0.05×2=0.1。

将各系数值代入式（7-26）得

$$I_{DZo}=(0.24\sim0.32)I_e$$

2. 比率制动系数 K_z

比率制动系数 K_z，按躲过变压器出口短路的最大不平衡电流来整定。设变压器出口短路时的最大短路电流为 I_{Kmax}，在差动元件中产生的最大不平衡电流为 I_{dmax}，则

$$I_{dmax}=(K_1+K_2+K_3)I_{Kmax} \tag{7-27}$$

式中：K_1 为两侧差 TA 的误差，取 0.1；K_2 为通道传输及调整误差，取 0.1；K_3 为两侧 TA 暂态特性的误差，取 0.1，同变比、同型号的 TA 取 0.05。

代入式（7-27），得

$$I_{dmax}=(0.25\sim0.3)I_{Kmax}$$

若忽略拐点电流对计算的影响，则在差动元件动作特性平面上，通过最大不平衡电流点曲线的斜率为

$$K=K_1+K_2+K_3$$

则比率制动系数

$$K_z=K_H\times K \tag{7-28}$$

式中：K_z 为比率制动系数；K_H 为可靠系数，取 1.2～1.3。

代入式（7-28）得 K_z=0.3～0.39，可取 0.4。

3. 拐点电流 I_{zdo}

分侧差动元件拐点电流的整定原则是，在外部故障切除后的暂态过程中，差动元件被可靠制动。

$$\text{通常 } I_{zdo}=(0.5\sim0.7)I_e$$

式中：I_e 为变压器的额定电流，TA 二次值。

（五）零序差动元件整定

零序差动保护的优点同分侧差动，其整定计算方法类似。对不带制动的零序差动元件应考虑躲过外部接地故障和三相短路及励磁涌流所产生的不平衡电流；带制动的零序差动元件整定方法同前。

对零差保护的整定计算，对动作特性为一段折线式零差元件，是要确定比率制动系数 K_z 及启动电流 I_{0DZo}；而对于无制动特性的零差元件，是确定其动作电流 I_{0po}。

1. 动作特性为Ⅰ段折线式的零差元件

（1）最小零序动作电流 I_{0DZo} 的整定。

最小零序动作电流 I_{0DZo} 的整定原则，应躲过正常工况下差动回路的零序不平衡电流。

正常工况下零差回路的不平衡电流可按下式计算

$$I_{0He\delta}=(K_{01}+K_{02})I_e \tag{7-29}$$

式中：I_e 为变压器的额定电流（差动 TA 二次值）；K_{01} 为各侧不同相差动 TA 变比不同产生的零序电流，取 5%；K_{02} 为通道转换及调整误差，取 10%。

零差元件的最小动作电流为

$$I_{0DZo}=K_H(K_{01}+K_{02})I_e \tag{7-30}$$

式中：K_H 为可靠系数，取 1.5～2。

故 $I_{0DZo}=(0.225\sim0.3)I_e$，可取 $0.3I_e$。

（2）比率制动系数 K_z。

比率制动系数的整定原则是：应能使零差保护可靠地躲过区外接地故障时的零序不平衡电流。

区外接地故障时最大不平衡零序电流

$$I_{0dmax}=(K_{01}+K_{02}+K_{03})3I_{0kmax} \tag{7-31}$$

式中：$3I_{0kmax}$为区外接地故障时的最大零序电流；K_{01}为区外故障时，两侧 TA 暂态特性不一致产生的误差，取 0.1；K_{02}为区外故障时 TA 的 10% 误差，即 0.1；K_{03}为通道转换及调整误差，取 0.1。

故 $I_{0dmax}=(0.3)3I_{0kmax}$。

为可靠躲过外部故障，比率制动系数

$$K_{0Z}=K_H(0.3)\frac{3I_{0kmax}}{3I_{0kmax}} \tag{7-32}$$

式中：K_H为可靠系数，取 1.3～1.5。

代入上式得：

$K_{0Z}=0.39\sim0.45$，可实取 0.4～0.5。

2. 无制动特性的零差保护

无制动特性的零差保护的动作电流，应按躲过区外接地故障或励磁涌流产生的不平衡电流来整定。

$$I_{oDZ}=K_H(K_{01}+K_{02}+K_{03})3I_{0kmax} \tag{7-33}$$

式中：I_{0DZ}为零差元件的动作电流；K_H为可靠系数，取 1.5；K_{01}、K_{02}、K_{03}其物理意义同式（7-31）；$3I_{0kmax}$为区外接地故障时的最大零序电流。

将各值代入式（7-33）得

$I_{0DZ}=0.375I_{0kmax}$，实取 $0.4I_{0kmax}$。

（六）过励磁闭锁元件

对过励磁闭锁元件的整定，就是确定 5 次谐波制动比 $K_{5\omega z}$的值。对有过励磁闭锁元件的纵差保护，5 次谐波制动比通常为

$$K_{5\omega z}=0.3$$

三、变压器后备保护整定计算

大、中型变压器短路故障后备保护主要分为相间短路故障的后备保护和接地故障的后备保护，前者可采用复合电压（方向）过电流保护、负序（方向）电流保护、低阻抗保护等，后者一般采用零序（方向）电流保护。

变压器后备保护的配置一般在各侧分别配置，构成所谓的高后备、中后备、低后备。各侧后备保护的作用有区别，对系统的降压变和联络变而言，主电源侧的高后备主要作为变压器内部故障的后备保护及其中、低压侧母线故障的后备保护。中、低压侧的后备保护则主要作为各侧引出线、各侧母线及各侧相邻线路的后备保护。由于作用不同，因此各侧后备保护的整定计算方法不同。对于 220kV 及以上的变压器而言，采用了双重化后构成了双主双后的配置。在主保护加强的情况下，对后备保护应当进行优化，以发挥其更好的作用。在整定计算中尤其应该考虑后备保护的合理整定，满足灵敏性、选择性、可靠性等要求。以下仅针对系统的降压变和联络变进行说明，升压变的整定计算请参考大型发变组的整定计算导则。

对于高压侧的后备保护，由于配置了双重化的两套差动保护，同时高压侧本身主后保护

都实现了双重化，高压侧母线保护也基本实现了双重化，对高压侧线路和母线保护的后备保护要求相对低一些，因此应主要考虑对中低压侧的远后备，尤其应保证其灵敏性。相对而言，中、低压侧的各种保护的配置和性能及可靠性等都不如高压侧保护，应当加强和完善中、低压侧的后备保护，重视中、低压侧与周围保护的整定配合以提高变压器后备保护的可靠性。

（一）相间短路故障后备

相间短路故障的后备保护配置基本原则如下：

微机型的变压器后备保护功能较强，一般各侧都提供了多段多时限的后备保护功能，一般可提供二段带方向，一段不带方向的后备保护，每段则可通过 1 ~ 3 个时限去跳相关断路器（这些时限可整定）。按照前述各侧后备保护的要求，高压侧可采用一段带方向、一段不带方向的过电流保护，中、低压侧后备保护至少二段配置方能满足要求，但中、低压侧段数也不宜过多以简化后备保护整定，缩短动作时间。可采用一段带方向，不带方向的最末一段做总后备的方式。其中中、低压侧 I 段（带方向）作为各侧引出线及母线故障的后备，不带方向的相间后备作为相邻线路的远后备。同时各段动作时限亦不应过多，以缩小动作时间，以不超过 2 个时限为宜。

1. 复压闭锁（方向）过电流保护

第四章变压器保护基础中介绍了复压闭锁方向过电流保护的构成，主要有复压闭锁元件、过电流元件及方向元件构成，同时微机型变压器的后备保护往往采用多段式以改善后备保护配合性能，各段的整定方法有所不同，下面分别进行介绍。

（1）过流元件整定。

1）中、低压 I 段过流元件整定。

如前所述，中、低压 I 段的作用是作为中、低压母线附近故障的后备保护，所以应当保证选择性和速动性。对于低压侧一般无母线保护，110kV 侧即使配置母线保护，中压侧的 I 段也可作为母线保护的后备。

I 段的电流定值整定按照与母线上所有线路速断保护或限时速断保护配合进行整定，同时应确保其能躲过最大负荷电流。需指出的是，此原则需和相邻线路速断保护配合，应确保所有相邻线路的速断保护均投入运行，如仅投入过电流保护应压缩其动作时间使满足时限配合关系，必要时牺牲局部，保证主系统稳定。

灵敏度校验要求：考虑在系统最小运行方式下中低压侧母线上发生两相金属性短路时流过保护的最小短路电流，以进行保护灵敏系数的校验，并应满足灵敏度要求，一般考虑 1.5。

2）最末一段过电流元件整定。

各侧的过电流元件均应按照可靠躲过实际运行中变压器可能流过的最大负荷电流整定，最大负荷电流应考虑如并列运行的多台变压器转负荷、电动机自启动、备自投等情况。过电流元件的整定可采用如下公式：

$$I_{DZ}=\frac{K_k}{K_f}I_{FH.\max} \tag{7-34}$$

式中：K_k 为可靠系数，取 1.2 ~ 1.3；K_f 为返回系数，电磁型取 0.85，微机型取 0.95；$I_{FH.\max}$ 为最大负荷电流，复合电压闭锁的过电流保护，只考虑本变压器的额定电流，无复合电压闭锁的过电流保护，最大负荷电流应适当考虑电动机的自起动系数。

灵敏度要求：对电源侧，一般要求对无电源侧母线的灵敏度为1.5。中、低压侧的过电流元件作为母线及相邻线路的远后备，应在系统最小运行方式下校验对母线和相邻线路的后备灵敏度情况，并应满足灵敏度要求。

需要指出的是，按照躲最大负荷电流进行整定构成的变压器过电流保护往往对低压侧相邻线路末端达不到灵敏度要求，此时一旦10kV开关或保护拒动，将使变压器长时间通过较大的故障电流，危及到变压器安全。为此，可采用负序电流保护做为相邻元件的后备保护，将有明显的改善效果，同时线路上亦可采用负序电流和相电流的构成方式，以改善保护性能。

（2）复压元件整定。

复压元件包括低电压和负序电压元件采用或的方式构成，其原则是按照短路故障时有足够的灵敏度整定。

低电压元件应当能躲过电动机启动电压及最低运行电压，可按如下公式计算：

$$U_{1.ZD}=\frac{U_{min}}{K_k\cdot K_f} \tag{7-35}$$

躲过电动机负荷自起动时的低电压：

电压取自变压器低压侧电压互感器时　$U_{1.ZD}=(0.5\sim0.7)U_N$

电压取自变压器高压侧电压互感器时　$U_{1.ZD}=(0.7\sim0.8)U_N$

负序电压应按躲过正常运行时的不平衡电压整定

$$U_{2.ZD}=(0.04\sim0.08)U_N \tag{7-36}$$

式中：$U_{1.ZD}$为正序低电压定值；$U_{2.ZD}$为负序电压定值；U_{min}为正常运行时可能出现的低电压，一般取$U_{min}=(0.9\sim0.95)U_N$；U_N为额定电压；K_k为可靠系数，取1.1～1.2；K_f为返回系数，电磁型取1.15～1.2，微机型取1.05。

（3）方向元件整定。

1）方向元件配置。

各段Ⅰ段带方向，以简化整定配合；Ⅱ段均不带方向，以避免因方向元件导致失去最末一段保护。低压侧无电源时各段均不带方向（相当于单电源的电流保护）。

2）方向元件指向整定。

对于带方向的元件，应确定其动作方向是指向系统（反方向）还是变压器（正反向）。当设定为变压器时，作为变压器的后备，设定为系统，作为母线及线路侧后备。方向指向的整定原则是：应有利于加速跳开小电源或无电源的断路器，避免小系统影响主系统或两个较强系统相互影响。

降压变压器（包括中、低压侧有小电源的变压器）的高压侧相间的方向指向变压器，中压侧方向指向该侧母线。

系统联络变压器的高、中压侧方向均可指向变压器，也可指向本侧母线，决定系统需要，一般多采用前者。

（4）动作时限整定。

1）Ⅰ段动作时间。

Ⅰ段时间定值应与出线保护速动段配合，动作时间按照上下级配合关系进行，一般最长时间以不超过0.6s为宜（按照配合时限级差0.3s，考虑两个时限级差）。

动作逻辑：Ⅰ段动作后，跳本侧断路器；在变压器并列运行时，也可先跳本侧母联断路器，再跳本侧断路器。

2）Ⅱ段动作时间。

动作时间：时间定值应与出线保护最长动作时间配合，对主电源侧还应与中低压过流保护配合。

动作逻辑：最末一段动作，跳三侧断路器。

2. 阻抗保护整定

低阻抗保护通常用于330kV及以上大型升压变压器、联络变压器及降压变压器，作为变压器引线、母线、相邻线路相间故障后备保护。低阻抗保护的缺点是对另一侧短路时灵敏度不足，且构成较复杂。对联络变和降压变压器，其低阻抗的作用范围应是对应各侧变压器绕组和母线。

元件保护新的标准化设计规范中，对低阻抗的配置如下：

（1）高压侧低阻抗后备保护。

配置带偏移特性的相间阻抗保护。指向变压器的阻抗不伸出中压侧母线，作为变压器部分绕组相间故障的后备保护，指向母线的阻抗仅作为本侧母线相间故障的后备保护。设置一段两时限，第一时限跳开本侧断路器，第二时限跳开变压器各侧断路器。

（2）中压侧低阻抗后备保护。

配置带偏移特性的相间阻抗保护，指向变压器的阻抗不伸出高压侧母线，作为变压器部分绕组相间故障的后备保护，指向母线的阻抗仅作为本侧母线相间故障的后备保护。设置一段三时限，第一时限跳开本侧分段和母联，第二时限跳开本侧断路器，第三时限跳开变压器各侧断路器。

同时高、中各侧还配置了过流保护，延时跳开各侧，做为总后备。根据上述配置要求，高、中各侧的低阻抗保护的正向阻抗定值实际上仅要求能够对各侧部分绕组起保护作用，选择性的要求是保护范围不伸出其他侧母线；反向故障定值仅作为本侧母线相间短路故障的后备，因此对母线故障应当有一定灵敏度要求，在选择性上应保证其范围不超出距离Ⅰ段，一般5%～10%左右。

3. 负序电流保护整定

负序电流保护的优点是对相间短路灵敏度较高，缺点是无法对三相短路起作用，因此还需配置相过电流保护。相对而言，负序电流保护的整定计算要更复杂些，负序电流保护一般配置在大容量的升压变压器中，对降压变可考虑在低压侧进行配置以简化整定计算。在降压变低压侧配置时，其整定计算的基本原则是和线路侧的电流保护取得配合，在动作范围上很难配合，负序电流保护如果主要作为低压母线相邻线路的远后备的话，可按照保灵敏度进行，并躲过不平衡电流。动作时间上和相邻线路后备段配合。

（二）接地故障后备保护－零序方向电流保护

在中性点直接接地的电网中，如变压器中性点直接接地运行，对单相接地引起的变压器过电流，应装设零序过电流保护，保护可由两段组成，其动作电流与相关线路零序过电流保护相配合。

1. 零序过流元件整定

（1）零序过流Ⅰ段。

Ⅰ段零序过电流元件的动作电流应与相邻线路零序过电流保护第Ⅰ段或第Ⅱ段或快速主保护相配合。计算公式如下：

$$I_{DZ1}=K_{rel}K_{bro1}I_{DZ1L} \quad (7-37)$$

式中：I_{op1}为零序电流Ⅰ段的动作电流；K_{bro1}为Ⅰ段零序分支系数，其值等于线路零序电流Ⅰ段保护区末端接地故障时，流过本保护安装处的零序电流与流过线路零序电流之比，取各种运行方式的最大值；K_{rel}为可靠系数，取1.1；I_{DZ1L}为相邻线路零序电流Ⅰ段的动作电流。

Ⅰ段未对灵敏度做要求。

（2）零序过流Ⅱ段。

Ⅱ段零序过电流继电器的动作电流应与相邻线路零序过电流保护的后备段相配合。

与相邻零序过流Ⅱ段配合的计算公式同零序过流Ⅰ段，仅需将I_{DZ1L}改为相邻线路零序配合段的动作电流值即可。

灵敏度要求：对母线接地故障应有不小于1.5的灵敏系数。

2. 零序方向元件整定

对于高中压侧均直接接地的三绕组普通变压器，高中压侧Ⅰ段应带方向，方向可指向本侧母线。零序过流Ⅱ段不应带方向，作为总后备。

3. 动作时限整定

动作时限及逻辑的整定还应根据实际现场运行情况进行考虑，下面是一般情况：

（1）零序Ⅰ段。

动作时间：与本侧零序Ⅰ段或配合段动作时间按上下级配合关系进行。

动作逻辑：可以较短时间跳母联或分段，以较长时间跳本侧。

（2）零序Ⅱ段。

动作时间：与与之配合的线路零序电流保护按照上下级配合关系进行。

动作逻辑：延时跳各侧。

四、变压器其他相关保护整定

（一）中性点间隙保护

全绝缘变压器：应装设零序过电流保护，满足变压器中性点直接接地运行的要求。此外，应增设零序过电压保护，当变压器所连接的电力网失去接地中性点时，零序过电压保护经0.3s～0.5s时限动作断开变压器各侧断路器。

分级绝缘变压器：为限制此类变压器中性点不接地运行时可能出现的中性点过电压，在变压器中性点应装设放电间隙。此时应装设用于中性点直接接地和经放电间隙接地的两套零序过电流保护。另外，还应增设零序过电压保护。用于中性点直接接地运行的变压器保护装设零序电流保护。用于经间隙接地的变压器，装设反应间隙放电的零序电流保护和零序过电压保护。当变压器所接的电力网失去接地中性点，又发生单相接地故障时，此电流电压保护动作，经延时动作断开变压器各侧断路器。需注意的是间隙保护不是后备保护，其动作电流、动作电压及动作延时的整定值不需与其他保护相配合。

1. 动作电流

当流过击穿间隙的电流大于或等于100A时保护动作，即

$$I_{0DZ}=\frac{100}{n_T}\ (\text{A}) \quad (7-38)$$

式中：I_{0DZ}为保护的动作电流；n_T为间隙TA的变比。

2. 动作电压

$$U_{0DZ}=(150\sim180)\text{V}$$

式中：U_{0DZ}为保护的动作电压。

3. 动作延时

为躲过暂态过电压，间隙保护具有动作延时，一般其值为

$$t=0.3\text{s}$$

（二）变压器过励磁保护

过励磁保护一般配置在 330kV 及以上的大型变压器中，其配置一般包括一段定时限，作用于信号告警，配置一段反时限特性的作用于跳闸，且其特性曲线应与变压器过励磁特性匹配。

1. 定时限过励磁元件

定时限过励磁元件动作过励磁倍数的整定值，应按躲过正常运行时变压器铁芯中出现的最大工作磁密来整定。

一般定时限元件动作过励磁倍数取变压器额定励磁的1.15～1.2 倍。

其动作延时可取 6～9s。

2. 反时限过励磁元件

发电机或变压器反时限过励磁保护的动作特性，应按与制造厂给出的允许过励磁特性曲线相配合来整定。如图 7－19 所示。

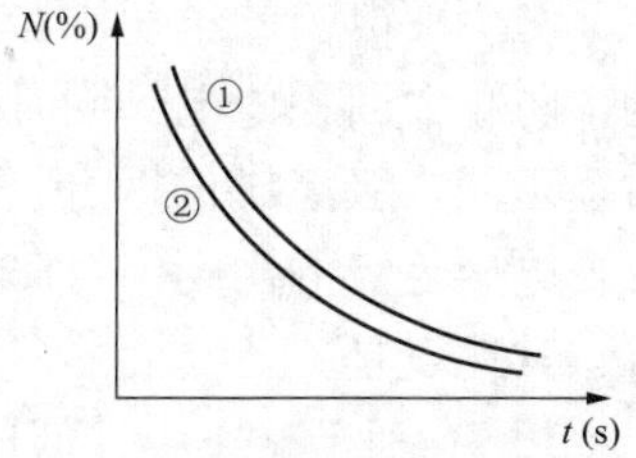

曲线①—变压器的允许过励磁特性曲线；
曲线②—反时限过励磁保护的动作特性曲线。

图 7－19 变压器反时限过励磁保护整定图例

按照此原则整定需变压器制造厂家给出允许过励磁特性曲线。

反时限过励磁保护的定值项一般取 7～10 个点进行如下表所示。

过励磁倍数	1.1	1.15	1.2	1.25	1.3	1.35	1.4
反时限过励磁时间（s）	t_1	t_2	t_3	t_4	t_5	t_6	t_7

五、辅助定值及注意事项

（一）辅助定值

TA 断线控制元件整定：该控制字影响 TA 断线时差动保护是否被闭锁。

TV 断线控制元件整定：是否投入 TV 自检功能、TV 断线时复压或方向元件的动作行为控制（如是否闭锁，是否引入其他侧 TV 控制等）。

涌流制动方式控制字：一些装置提供多种涌流识别制动方式，可根据需要进行选择，常见的如谐波制动、波形判别等。

接线控制字：微机保护对于由于连接组别产生的不平衡电流由装置内部进行自动校正，一般需提供变压器一次接线方式及联结组别，TA 二次接线方式。

系统参数：包括变压器额定容量、各侧电压一次及二次额定值、各侧配置的 TA 变比（有些是提供一次值）、TA 二次额定值等。

方向控制：方向控制包括两个方面：一是各段电流（过电流及零序电流）元件是否经方向控制，二是正方向的指向（变压器或系统）。

跳闸控制：包括各段相间后备及接地后备保护动作时限和动作对象（跳哪些断路器）的设定。

阻抗保护辅助控制：相间或接地阻抗继电器特性控制（如灵敏角、偏移角等）、阻抗方向指向、动作时限控制、零序补偿系数等。

复合电压元件控制：各段是否经本侧复合电压控制，是否引入其他侧复合电压控制。

零序电流保护相关：包括零序电流的输入选择控制，即零序方向电流元件的零序电流采用自产零序电流还是外接零序电流；零序电流保护是否经零序电压闭锁，零序电流各段是否经谐波制动闭锁。

（二）注意事项

1. 合理的安排变压器运行方式以改善变压器保护效果

对于变电站的主变压器运行方式合理的安排不仅可以保证系统安全稳定运行和变压器安全，防止大面积停电，同时可以改善变压器保护效果，充分发挥变压器保护效能。一个变电站接于同一级高压的两台及以上的变压器其他两侧应并列运行。随着500kV网架的加强，更高电压等级的出现，对220kV及以下电网的变电站的两台变压器的中、低压侧宜分列运行，其优点是：

1）有利于减小中、低压侧的短路容量，不必更换断路器加装电抗器等。

2）有利于系统稳定。分开运行后中、低压母线与系统间阻抗增加，中压电网故障对全网的影响随之减小，中压侧出口速切距离的要求降低，简化了保护。低压侧母线有可能不必加装母差。

3）避免了由于三侧并列（或两侧并列）保护配置复杂和整定计算在环中配合困难，抬高时限。从根本上解决了在中压或低压侧母线故障时因一套保护或一台断路器拒动而使两台变压器全部跳闸造成大面积停电事故。分开运行后减少了保护时限级数，取得了加快故障切除的良好效果。

为进一步提高供电的安全性也可在分开运行的母联断路器上加装双向备用电源自投装置。

对于接入中压侧的小电源，一是本身就不能承担大容量变电站的负荷；二是不能保证变压器后备保护足够的灵敏度，为安全在适当处做解列点处理，并不影响上述方式的安排。

2. 变压器过电流保护与变压器的热稳定

为了保证变压器的安全，变压器外部短路故障，如短路电流大于任一侧绕组热稳定电流时，变压器过电流保护的动作时间不应超过2s。为了解决变压器短路时的热稳定问题，一方面合理的安排运行方式，如是否并列运行等；另一方面对中、低压侧尽量压缩其动作时间，以满足变压器的热稳定要求。对于微机型变压器保护有多段可采用，可考虑专用一段定时限或反时限作为热稳定的异常运行保护。

3. 中性点加小电抗后对变压器保护的影响

随着电网的快速发展，电网间联系的紧密程度增强，各电压等级电网中的短路电流不断增加。而且，由于制造和经济上的考虑，500kV自耦变压器在系统中大量使用，降压型自耦变压器中压侧电抗常接近于零，从而导致220kV侧单相短路电流超过三相短路电流，并且单相接地短路电流超过断路器的额定遮断容量的情况。为此可将500kV自耦变压器中性点经小电抗（一般在15Ω左右）接地，能有效地降低220kV侧的单相接地短路电流。下面介绍加装小电抗后对变压器保护的影响。

加装小电抗后对保护的影响应当分析其在故障时对故障量的影响，对非接地性故障，不涉及中性点的小电抗，所以无影响；在接地故障时，因为影响到零序网络，所以主要是对零序电流的变化有影响，在500kV系统发生单相和两相接地故障时，500kV侧零序电流在主变中性点加装小电抗后幅值和角度变化均很小。在220kV母线发生单相和两相接地故障时，500kV出线的零序电流在主变中性点加装小电抗后幅值变化较大，可达到20%～40%，但零序电流角度变化不超过1.2°，变化不大。综合以上可以看到在变压器中性点加装小电抗后，对零序电流幅值有一定影响，但其角度变化不大，所以不影响其方向。

对主变差动保护而言，由于零序电流角度无变化，仅故障的零序电流大小有变化，区内故障时故障点的零序电流会略有降低，灵敏度有一些影响，但对动作灵敏的差动继电器能可靠动作。

对变压器阻抗保护而言，各侧均按对本侧有灵敏度考虑，其角度不发生变化，所以无影响。

对变压器低压侧过流保护，在角型侧，所以不受零序电流影响。

对变压器的零序过电流保护，首先因零序电流角度变化不大，所以其方向无影响，幅值上在500kV系统故障如前所述，变化很小，所以无影响；在220kV系统故障时，则对不带方向的零序电流保护需考虑和相邻元件的零序配合。

六、整定计算算例

图7－20为220kV变压器保护整定计算算例接线图，变压器的中压侧有小电源，10kV侧无出线，仅运行了一台主变压器，试对该主变压器的保护进行整定。

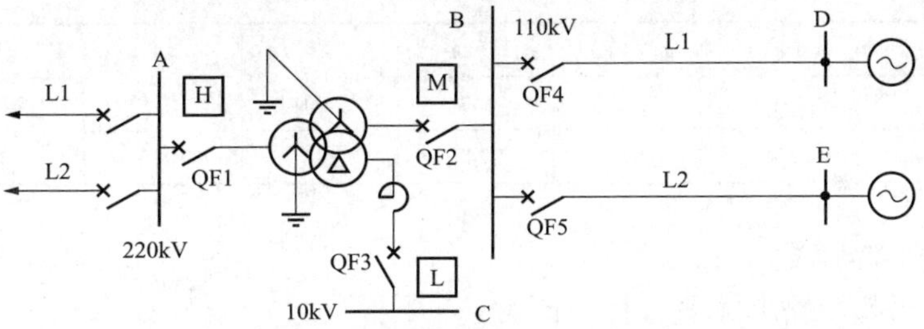

图7－20 变压器保护算例接线图

（一）设备参数情况

1. 主变压器

容量S_n＝120 000MVA，短路阻抗为13.785%/23.16%/7.58%，对应的阻抗标幺值为：$U_{1*}=0.122\ 3$，$U_{2*}=-0.007\ 5$，$U_{3*}=0.070\ 7$。

高压侧TA：600/5；中压侧TA：1200/5；低压侧TA：6000/5。

2. 系统电源

220kV系统侧等值阻抗为：正序大方式0.016，小方式0.027；零序大方式0.029，小方式0.038。

D母线等值电源，正序大方式1.2，小方式3.0；零序大方式0.65，小方式0.65。

E母线等值电源，正序大方式0.32，小方式0.95；零序大方式0.8，小方式0.8。

低压侧限流电抗标幺值0.104。

线路L1长度18km，正序阻抗0.054 4，零序阻抗0.167。

线路L2长度27km，正序阻抗0.081 7，零序阻抗0.245。

(二) 有关保护定值情况(均为一次值)

1. 高压侧线路保护定值

略。

2. 中压侧线路保护定值

(1) L1 线路:零序Ⅰ段 3504A,$t=0s$;零序Ⅱ段 1456A,$t=0.3s$。

(2) L2 线路:零序Ⅰ段 3172A,$t=0s$;零序Ⅱ段 1227A,$t=0.3s$。

3. 低压侧出线

均为电容器组和站用变,无馈线出线。

(三) 短路电流计算表

1. 零序短路电流计算

(1) 大方式零序电流表(表中为 $3I_0$ 值,前四项为单相接地,后四项为两相接地,单位为 A),H 为高压侧实际电流,M 为中压侧实际电流,L 为低压侧一次电流。

	A (k1)	B (k1)	E (k1)	D (k1)	A (k1.1)	B (k1.1)	E (k1.1)	D (k1.1)
H 支路	1840	1000	370	413	1570	1325	311	396
M 支路	500	6279	2323	2598	427	8322	1953	2490

(2) 小方式零序电流表(表中为 $3I_0$ 值,前四项为单相接地,后项相为两相接地,单位为 A),H 为高压侧实际电流,M 为中压侧实际电流,L 为低压侧一次电流。

	A (k1)	B (k1)	E (k1)	D (k1)	A (k1.1)	B (k1.1)	E (k1.1)	D (k1.1)
H 支路	1541	761	287	343	1450	1078	271	353
M 支路	419	4974	1876	2241	394	7046	1772	2308

2. 相间短路电流计算

(1) 大方式三相短路电流表:标幺值。

	A	B	C	D	E
H 支路	2.388	7.645	2.535	4.928	4.524
M 支路	2.388	7.645	1.182	4.928	4.524
L 支路	0	0	3.717	0	0

(2) 小方式两相短路电流表:标幺值。

	A	B	C	D	E
H 支路	0.977	6.107	2.418	4.252	3.81
M 支路	0.977	6.107	0.473	4.252	3.81
L 支路	0	0	2.891	0	0

(四) 主保护整定

1. 比率制动差动保护

比率差动保护的整定应该考虑保护装置的性能特点、互感器的误差特性等。对二次谐波制动应考虑制动方式及变压器结构特点,最好能根据试验结果进行。由于现在各个厂家的差动保护特性有较大区别，如折线型、变斜率型、工频变化量等等。这里就不再详细介绍，请参考厂家的推荐值。

2. 差动速断保护

根据变压器容量差动速断保护定值可选为 $4I_e$ 值。

（五）低后备整定

低压侧装设复压闭锁过流保护，由于低压侧仅有电容器组，所以不需要考虑出线配合，可按照保低压母线灵敏度整定。低压侧无电源，所以不带方向元件。

（1）电流Ⅰ段：按照保低压母线故障有足够灵敏度整定。

$I_{DZL.Ⅰ}=I_{d2.min}/K_{lm}=2.891\times5499/1.5=10\ 598A$。二次值 $I_{DZLj.Ⅰ}=10\ 598/1200=8.83A$。

（2）电流Ⅱ段：按照躲过变压器额定电流整定。

$I_{n.L}=120\ 000/1.732/10.5=6598A$；二次值：$I_{e.L}=I_{n.L}/TA=6598/1200=5.5A$。

$I_{DZL.Ⅱ}=K_k\times I_{e.L}/K_{fh}=1.2\times5.5/0.95=6.95A$。

（3）复压元件：

低电压元件：$U_{DZL}=0.7U_e$；负序电压元件：$U_{2DZL}=0.06U_e$。

（六）中后备整定

中压侧装设复压闭锁过电流保护及零序过电流保护。中压侧连接有小电源，所以其Ⅰ段带方向，Ⅱ段不带方向。本例为简单起见，仅考虑了一台主变运行。

1. 复压闭锁过流保护整定

（1）电流Ⅰ段：和相邻出线的Ⅰ/Ⅱ段相间短路保护配合。

110kV 装设相间距离保护，由于相间Ⅰ段保护范围稳定，可按照躲过Ⅰ段范围末端整定。中压侧 L1 线路 80% 处短路时，流过中压侧最大短路电流为 5.946，一次值：$5.946\times502=2984A$。

$I_{DZM.Ⅰ}=K_k\times I_{d.max}=1.2\times2984=3581A$，二次值：$3581/240=14.92A$。

校核对中压侧母线故障灵敏度：$K_{lm}=I_{dmin}/I_{DZM.Ⅰ}=6.107\times502/3581=0.856$，不满足要求。

和相间距离Ⅱ段配合，由于Ⅱ段保护范围受分支电流影响（系统侧未画出），因此应当先计算出其最小保护范围，然后按照躲开此保护范围整定。如果灵敏度差别不大，可按照躲 L1 末端故障整定，因此Ⅱ段一般要求对末端有足够灵敏度，如本例按照躲开末端整定灵敏度可提高到 1.03，长线路则可能达到要求。一般和相邻Ⅱ段配合可满足要求，如灵敏度不够仍可按与Ⅱ段配合或躲本线末端，由电流Ⅱ段保灵敏度。可通过计算机相关算法求出相邻Ⅱ段最小范围，并计算出对应点的短路电流值。这里不再介绍。

动作时间和相邻线路Ⅱ段配合。

（2）电流Ⅱ段：按照躲本侧最大负荷电流整定。

$I_{n.M}=120\ 000/1.732/115=603A$；二次值：$I_{e.M}=I_{n.M}/TA=603/240=2.51A$。

$I_{DZM.Ⅱ}=K_k\times I_{e.M}/K_{fh}=1.2\times2.51/0.95=3.17A$。

对中压侧母线故障灵敏度：$K_{lm}=I_{dmin}/I_{DZM.Ⅰ}=6.107\times502/3.17\times240=4.03$，满足要求。

对 L1 线路末端故障灵敏度：$K_{lm}=I_{dmin}/I_{DZM.Ⅰ}=4.252\times502/3.17\times240=2.8$，满足要求。

对 L2 线路末端故障灵敏度：$K_{lm}=I_{dmin}/I_{DZM.Ⅰ}=3.81\times502/3.17\times240=2.52$，满足

要求。

对高压母线故障灵敏度：$K_{lm} = I_{dmin}/I_{DZM.\ I} = 0.977 \times 502/3.17 \times 240 = 0.64$，不满足要求。大方式时灵敏度为1.56可满足要求。

（3）复压元件整定。

低电压元件：$U_{DZL} = 0.8U_e$；负序电压元件：$U_{2DZL} = 0.06U_e$；在L2线路末端故障时，中压侧最高故障电压为0.612，灵敏度为1.31，可满足要求。

2. 零序过流保护整定

（1）零序电流Ⅰ段：和中压侧零序电流Ⅰ段配合。

和L1线路的零序Ⅰ段配合：$I_{DZ0M.\ I} = K_k \times K_{fz} \times I_{DZ0L1.\ I} = 1.1 \times 0.96 \times 3504 = 3700A$

和L2线路的零序Ⅰ段配合：$I_{DZ0M.\ I} = K_k \times K_{fz} \times I_{DZ0L2.\ I} = 1.1 \times 0.95 \times 3172 = 3314A$

取二者中最大值：$I_{DZ0M.\ I} = 3700A$

校验对中压侧母线故障灵敏度：$K_{lm} = I_{d0.\ min}/I_{DZ0M.\ I} = 4974/3700 = 1.34 < 1.5$

动作时间 $t_{m0.\ I} = 0.3s$。

（2）零序电流Ⅱ段：和零序电流Ⅱ段配合。

和L1线路的零序Ⅱ段配合：$I_{DZ0M.\ I} = K_k \times K_{fz} \times I_{DZ0L1.\ II} = 1.1 \times 0.96 \times 1456 = 1538A$

L2线路零序Ⅱ段定值更小，分支系数也小，定值肯定更小，取 $I_{DZ0M.\ I} = 1538A$

校验对中压侧母线故障灵敏度：$K_{lm} = I_{d0.\ min}/I_{DZ0M.\ I} = 4974/1538 = 3.17 > 1.5$。

对L1线路末端故障灵敏度：$K_{lm} = I_{d0.\ min}/I_{DZ0M.\ I} = 2241/1538 = 1.46 > 1.2$。

对L2线路末端故障灵敏度：$K_{lm} = I_{d0.\ min}/I_{DZ0M.\ I} = 1772/1538 = 1.15 < 1.2$。

可考虑和线路的零序Ⅲ段进行配合，动作时间和相邻段配合，这里不再详细介绍。

（七）高后备整定

（1）复压过电流保护。

可仅装设一段过电流保护作为总后备，该段不带方向。

$I_{n.\ H} = 120\ 000/1.732/220 = 315A$；二次值：$I_{e.\ H} = I_{n.\ H}/TA = 315/120 = 2.62A$。

$I_{DZH.\ II} = K_k \times I_{e.\ H}/K_{fh} = 1.2 \times 2.62/0.95 = 3.31A$。

对中、低压侧灵敏度可满足要求，高压侧母线故障灵敏度不足。

在中、低压侧短路时复压元件灵敏度不满足要求，可采用其他侧电压开放。

（2）零序电流保护。

整定计算方法同中压侧，这里不再详细介绍。对灵敏度仅要求对高压母线接地故障有足够的灵敏度。

（八）整定计算说明

（1）变压器低压侧无馈线，若有馈线可按照与所有馈线的速动段整定，但馈线较短时往往根本无法满足灵敏度要求，可和延时速断配合，动作时间争取在1s内。

（2）低压侧仅有电容器组，可根据实际低压侧的最大负荷电流来进行整定。

（3）中压侧为小电源侧，因此在枯水期小方式时灵敏度对高压侧故障不足。

（4）由算例可看出，中低压侧和相邻出线Ⅰ段配合往往很难满足灵敏度要求，往往需要和Ⅱ段配合。采用计算机进行范围计算和配合较容易实现。

（5）中压侧一般装设母差保护，但无断路器失灵保护，因此在线路末端故障时，如断路器失灵，中压侧对末端灵敏度不够则会拒动，应当尽量满足对线路末端的灵敏度要求。

（6）高压侧对中、低压侧的电压灵敏度无法满足要求，往往需采取其他侧电压开放保护的措施。

（7）校验灵敏度时中后备应当考虑助增电源的影响。

第七节 母线及断路器失灵保护整定计算

一、概述

母线保护包括母线差动保护、母联相关保护（母联失灵、母联死区、母联过流、母联非全相、母联充电等）、断路器失灵保护。母线保护类型多样，不同装置实现方式也有一定差异，对微机型母线保护装置的整定也有一些差异，主要考虑各种运行方式下保证快速性、灵敏性和可靠性。

二、母线差动保护整定计算方法

现在大多数的母线保护装置为微机型母线保护装置，其差动保护大多为完全电流差动保护，且带比率制动和抗饱和元件，双母线方式的母差保护还带复压闭锁，对差动保护的整定包括启动元件、比率制动元件和复压闭锁元件，下面介绍一下这些元件的整定。

（一）启动元件

对不带比率制动的母差保护的启动元件应按可靠躲过区外故障最大不平衡电流和任一元件电流回路断线时由于负荷电流引起的最大差电流整定。

对比率制动原理的母线差动保护的起动元件，应可靠躲过最大负荷时的不平衡电流及躲开出线最大负荷电流（以防止TA断线时误动），当保护有完善的TA断线闭锁元件时，可取二者的较小值。其灵敏度要求，按被保护母线最小短路故障有足够灵敏度校验，灵敏系数不小于2。现在的微机型母差保护都带比率制动，因此应按照正常工况考虑。

1. 按躲过正常工况下的最大不平衡电流来整定

按躲过正常工况下的最大不平衡电流来整定启动电流 $I_{DZ.o}$，其计算公式为

$$I_{DZ.o}=K_{rel}(K_{er}+K_2+K_3)I_N \tag{7-39}$$

式中：K_{rel}为可靠系数，可取1.5～2；K_{er}为各元件TA的相对误差，取0.06（10P级TA）；K_2为保护装置通道传输及调整误差，取0.1；K_3为外部故障切除瞬间各侧TA暂态特性不同产生的误差，取0.1；I_N 为TA二次标称额定电流（1A或5A）。

将K_{er}、K_2及K_3取值代入式（7－39），可得

$$I_{DZ.o}=(0.39\sim0.52)I_N$$

2. 按躲过TA二次断线由负荷电流引起的最大差流来整定

分析表明：当母线出线元件中负荷电流最大的TA二次断线时，其在差动保护差流回路中产生的差流最大为I_N（不考虑出线元件过负荷运行）。

若按躲过TA二次断线条件来整定$I_{DZ.o}$，则

$$I_{DZ.o}\geqslant I_N \tag{7-40}$$

综合上述条件，$I_{DZ.o}$可取（0.5～1.1）I_N。

（二）比率制动元件

比率制动元件：不同的母线保护装置其比率制动特性不同，整定方法也有差异。微机母线保护设置大差动元件进行母线故障判别，各段小差动元件选择故障母线。对大差动元件应当考虑正常时和分列运行时灵敏度的问题，一些装置设置了高低两个定值，一般高定值按母联处于合位整定，低定值按母联处于分位整定。没有高低定值之分时需要综合考虑差动保护

的可靠性和灵敏性，选择合适的定值。

对比率制动系数的整定按照可靠躲开区外短路所产生的最大不平衡电流整定，并且应当保证在区内故障时灵敏度不小于2。对于常规的折线性比率制动特性的比率制动系数可按如下方法整定：

1. 按能可靠躲过外部故障整定

区外故障时，在差动元件差回路中产生的最大差流为

$$I_{\text{unbmax}} = (K_{\text{er}} + K_2 + K_3) I_{\text{kmax}} \tag{7-41}$$

式中：I_{unbmax}为最大不平衡电流；K_{er}为TA的10%误差，取0.1；K_2为保护装置通道传输及调整误差，取0.1；K_3为区外故障瞬间由于各侧TA暂态特性差异产生的误差，取0.1；I_{kmax}为区外故障的最大短路电流。

将以上各系数值代入式（7－41），得

$$I_{\text{unbmax}} = 0.3 I_{\text{kmax}}$$

此时，比率制动系数可按下式计算

$$S = K_{\text{rel}} \frac{I_{\text{unbmax}}}{I_{\text{kmax}}} \tag{7-42}$$

式中：K_{rel}为可靠系数，取1.5～2；其他符号的意义同式（7－39）。

将K_{rel}取值代入式（7－42）得

$$S = 0.45 \sim 0.6$$

2. 按确保动作灵敏度系数来整定

首先，当母线上出现故障时，其最小故障电流应大于母差保护启动电流的2倍以上。

当上述条件满足时，可按下式计算计算比率制动系数

$$S = \frac{1}{K_{\text{sen}}} \tag{7-43}$$

式中：S为差动元件的比率制动系数；K_{sen}为动作灵敏度系数，取1.5～2.0。

将K_{sen}之值代入上式，得

$$S = 0.5 \sim 0.67$$

综上所述，S取0.5～0.67是合理的。

（三）复压闭锁元件

母差保护的复压闭锁元件包括低电压元件、负序电压元件和零序电压元件，其整定的基本原则是能躲过正常工况条件，并在故障时有足够灵敏度。

1. 低电压元件

低电压按躲过最低运行电压整定，在故障切除后能可靠返回，并保证对母线故障有足够的灵敏度，一般可整定为母线最低运行电压的60%～70%，同时应注意是采用的相电压还是线电压。

2. 负序电压元件

负序电压闭锁元件按躲过正常运行最大不平衡电压整定，并保证对母线不对称故障有足够的灵敏度。负序电压（U_2相电压）可整定为2～6V。

3. 零序电压元件

零序电压闭锁元件按躲过正常运行最大不平衡电压整定，并保证对母线接地故障有足够的灵敏度。零序电压（$3U_0$）可整定为4～8V。

三、母联相关保护整定计算方法

1. 母联或分段开关充电保护

按最小运行方式下被充电母线故障有灵敏度整定。一般考虑灵敏度大于1.5。

2. 母联或分段开关解列保护

按可靠躲过最大运行方式下的最大负荷电流整定，且必须躲过该运行方式下流过母联的负荷电流。

3. 母联失灵保护

按母线故障时流过母联的最小故障电流来整定，应考虑母差动作后系统变化对流经母联断路器的故障电流影响。母联失灵的动作时间考虑最大跳闸灭弧时间。

四、断路器失灵保护整定计算方法

现在微机型断路器失灵保护大多和微机母线保护在一起，其整定项主要考虑电流判别元件（相电流、负序电流、零序电流）、复合电压元件、失灵动作延时。失灵保护相关元件的整定主要应当保证其灵敏性，确保失灵时能够可靠动作。

（一）电流判别元件整定

对于相电流判别元件应保证在本线路末端金属性短路或本变压器低压侧故障时有足够灵敏度，灵敏系数大于1.3，并尽可能躲过正常运行负荷电流。

负序电流和零序电流则应保证在本线路末端金属性短路或本变压器低压侧相间（接地）故障时有足够灵敏度。负序电流和零序电流判别元件的定值一般应不大于300A，对不满足精工电流要求的情况，可适当抬高定值。

新的元件保护设计标准中，各线路支路共用电流判别元件，各元件支路共用电流判别元件。

（二）复合电压元件整定

断路器失灵保护的复压元件也包括低电压元件、负序电压元件、零序电压元件。

1. 低电压元件

对低电压元件，应保证与本母线相连的任一线路末端和任一变压器低压侧发生短路故障时有足够灵敏度，且在母线最低运行电压下不动作，而在切除故障后能可靠返回。整定中应注意低电压为相电压还是线电压。对元件支路可能在变压器低压侧故障时灵敏度不够，通过解除复压闭锁解决。

2. 负序和零序电压元件

对于负序电压、零序电压元件应保证与本母线相连的任一线路末端和任一变压器低压侧发生短路故障时有足够灵敏度，同时应可靠躲过正常运行情况下的不平衡电压。

（三）动作时间

断路器失灵保护经相电流判别的动作时间（从起动失灵保护算起）应在保证断路器失灵保护动作选择性的前提下尽量缩短，应大于断路器动作时间和保护返回时间之和，再考虑一定的时间裕度。

双母线接线方式下，以较短时限（约0.25～0.35s）动作于断开母联或分段断路器，以较长时限（约0.5s）动作于断开与拒动断路器连接在同一母线上的所有断路器。

3/2接线方式下，可直接经一时限（约0.2～0.5s）跳本断路器三相及与拒动断路器相关联的所有断路器，包括经回路断开对侧的断路器。也可经较短时限（约0.13～0.15s）动作于跳本断路器三相，经较长时限（约0.2～0.25s）跳开与拒动断路器相关联的所有断路器，包括经远方跳闸通道断开对侧的线路断路器。

断路器失灵保护经负序或零序电流判别的动作时间（从起动失灵保护算起）应在保证断路器失灵保护动作选择性的前提下尽量缩短。如环形接线中有需要和重合闸时间配合，应大于重合闸动作时间和合于故障开关跳开时间之和，再考虑一定的时间裕度。

五、辅助定值及注意事项

TA 断线控制：TA 断线时对双母线应当闭锁母线差动保护、3/2 接线可只发信号不闭锁母差。一些装置设置了 TA 断线电流定值，应当保证躲过正常运行时最大不平衡电流值。

失灵控制：包括失灵保护投退，失灵保护方式，是否投入复压闭锁，是否考虑零序及负序电流判别元件等。

充电是否闭锁母差：该选项决定在充电时是否闭锁母差，一般选择不闭锁。

TA 变比调整控制：微机型母线保护允许不同支路采用不同变比的 TA，应设置各支路实际 TA 变比或变比调整系数，该参数应当保证正确，否则导致母差不正确动作。

互联状态控制字：是否进入互联状态（单母线方式），此时母差和失灵动作都将不具选择性。

第八节 特殊运行方式下的影响

一、概述

对一些特殊运行方式下应当保证保护系统能够可靠的进行工作，在相关保护停运时，应当考虑对保护系统的影响，是否会失去选择性，是否会影响速动性，灵敏性会否受到影响。下面介绍相关的内容。

二、系统运行方式变化的处理

对只有两回线和一台变压器的变电站，当该变压器退出运行时，可不更改两侧的线路保护定值，此时，不要求两回线路相互间的整定配合有选择性。

在电力设备由一种运行方式转为另一种运行方式的操作过程中，被操作的有关设备均应在保护范围内，部分保护装置可短时失去选择性。

三、保护停运的处理

（一）纵联保护停运时影响及处理

对正常设置全线速动保护的线路，如果因检修或其他原因，本线路的全线速动保护全部退出运行，而在当时的运行方式下，必须依靠线路两侧同时快速切除故障才能保持系统稳定运行，或者与相邻线路保护之间配合有要求时，为保证尽快地切除本线路故障，可按如下原则处理：

（1）在相邻线路的全线速动保护和相邻母线的母线差动保护都处于运行状态的前提下，可临时缩短没有全线速动保护的线路两侧对全线路金属性短路故障有足够灵敏度的相间和接地短路后备保护灵敏段的动作时间。根据线路发生相间短路和接地故障对电网稳定运行的影响程度，将相间和接地短路后备保护灵敏段动作时间临时缩短到瞬时或一个级差时限。无法整定配合时，允许当相邻线路或母线故障时无选择性地跳闸。

（2）任何一套线路全线速动保护投运后，被缩短的后备保护段动作时间随即恢复正常定值。

（3）对采用三相重合闸方式的线路，三相重合闸仍保留运行。对采用单相重合闸方式的线路，如果原来按照后备保护延时段动作后三相跳闸不重合来整定重合闸起动方式，则停用单相重合闸；如果原来不按后备保护延时段动作后三相跳闸不重合来整定重合闸起动方式，且单相重合闸时间不小于1.0s时，可缩短对全线有灵敏度的接地故障后备保护段动作时间，保留单相重合闸继续运行，但要躲开非全相运行过程中零序电流引起的可能误动作。

(4) 对超短线路，距离Ⅰ段可以停用，但不得将该类线路全线速动保护停用。

(5) 原则上，一般不允许线路全线速动保护停运。特殊情况下，若线路的全线速动保护全部停用，根据稳定运行要求，可将被保护线路停运或将本线路两侧相间短路和接地故障后备保护灵敏段临时改为瞬时动作。

(6) 不允许同一母线上有二回及以上线路同时停用全部的全线速动保护；线路全线速动保护和相邻任一母线的母线保护也不能同时停用。

(二) 母线差动保护停用时影响及处理

对正常设置母线差动保护的双母线主接线方式，如果因检修或其他原因，引起母线差动保护被迫全部停用且危及电网稳定运行时，应考虑：

(1) 对3/2接线方式，当任一母线上的母线差动保护全部退出运行时，则可将被保护母线也退出运行。

(2) 对双母线接线方式，母线差动保护因故全部退出运行时，应尽量缩短母线差动保护的停用时间。不安排母线连接设备的检修，避免在母线上进行操作，减少母线故障的概率。

(3) 改变母线接线及运行方式，选择轻负荷情况，并考虑当发生母线单相接地故障，由母线对侧的线路后备保护延时段动作跳闸时，电网不会失去稳定。尽量避免临时更改继电保护定值。

(4) 根据当时的运行方式要求，临时将带短时限的母联或分段断路器的过电流保护投入运行，以快速地隔离母线故障。

(5) 如果仍无法满足母线故障的稳定运行要求，在本母线配出线路全线速动保护投运的前提下，在允许的母线差动保护停运期限内，临时将本母线配出线路对侧对本母线故障有足够灵敏度的相间和接地故障后备保护灵敏段的动作时间缩短。无法整定配合时，允许无选择性跳闸。

四、其他问题

(一) 关于220kV单电源线路的保护整定

随着更高电压等级的出现，220kV电网将逐步解环，将会出现许多220kV单电源运行的情形，包括一些220kV的终端站。单电源线路通常由双回并列或单回终端线路供电，其保护性能与双电源有明显不同，同时其整定计算也有别于环网运行方式。下面对保护性能影响、保护整定的有关问题进行介绍。

1. 纵联保护的性能影响

(1) 单回线和双回线。

单回线方式下，由于末端无正序电源，纵联距离（方向）保护如不考虑弱馈则一般不会动作。而双回线方式下，在故障靠近首端时此时短路电流不会流过负荷端，开始的动作行为与单回线差别不大；但如首端故障先切除，末端保护一般能正确动作，明显与单回线不同。在故障靠近末端时（故障电流会流过末端），保护感受到的故障与正常双电源系统类似，基本正确。

(2) 变压器中性点接地。

变压器是否接地直接影响保护的起动和选相。在单回线方式下，变压器接地时保护的动作行为明显优与不接地方式，变压器不接地且不置弱馈，纵联距离（方向）保护多数拒动。在双回线方式下，变压器是否接地的影响与故障点位置相关，首端影响较大，末端影响小。

（3）有无负荷。

线路有无负荷直接影响保护的启动，尤其在变压器不接地或三相故障方式下，在置弱馈时，与纵联动作行为直接相关。无负荷时故障，末端保护不启动，弱馈能起作用。有负荷时故障，末端保护启动，弱馈可能不起作用。有无负荷影响保护的选相，部分保护在感受纯粹的零序电流时，可能直接选为三相故障。关于弱馈的实现方法请参考第三章的纵联保护部分。

2. 终端单回线路的整定计算

终端单回线路系统侧距离、零序保护定值整定计算没有特别的要求，不在此赘述。若距离Ⅰ（Ⅱ）段采用了躲变压器其他侧母线故障整定，尤其针对短线路，为防止接地距离超越，可靠系数应经过验算取安全的数值（接地距离元件补偿系数和圆特性距离保护的灵敏角仍按照线路参数整定）。

不带地区电源的终端单回线路，在选择了终端变电站变压器高压侧中性点不直接接地运行后，负荷侧建议纵联保护投入但不出口跳闸、距离和零序后备保护退出。区内故障系统侧跳闸后故障点已经消失，负荷侧纵联保护必须投入弱馈功能确保系统侧能够跳闸。

若为线路—变压器组接线，也可不装设纵联保护，定值整定考虑距离、零序Ⅰ段对全线故障有足够灵敏度。

3. 终端双回线的整定计算

（1）不带地区电源的终端双回线路整定计算。

对中、低压侧无地区电源的变电站，可选择变压器220kV侧中性点不直接接地运行。变压器220kV侧中性点不直接接地运行有利于继电保护整定计算。首先双回线全停也不会带来接地点变更引起的零序电流分配关系变化，同时全网接地数目减少在一程度降低电网接地故障短路电流水平。其次，将220kV零序网和110kV零序网完全隔离，电源侧线路零序保护不用考虑与终端站变压器中压侧及其110kV出线零序保护配合后，零序电流保护保全线的Ⅰ（Ⅱ）段电流定值可压低，动作时间可以缩短。不仅提高了本线接地故障灵敏度，更有利于上级线路电源侧零序电流保护的整定，有利于优化环网中零序电流保护的配合。最后，电源站其他出线发生短路故障时，终端双回线路无故障电流流过，终端双回线只考虑内部故障时的定值配合，即使纵联保护拒动，也能保证内部故障不失去选择性。

（2）带地区电源的终端双回线路整定计算。

若中、低压侧有电源，变压器220kV侧中性点直接接地运行时，在线路发生故障时，因为地区电源的容量往往较小，所以在平行双回线外部故障时其短路电流很小，对于快速跳闸并不要求。其整定计算原则如下：

（1）终端站保护。

对距离保护而言，其整定计算方法基本同前，其Ⅰ段按躲线末故障整定，但其可靠系数应保证不发生超越；Ⅱ段可按保灵敏度考虑，时间可略长，如取0.6s，由于终端线路往往较短，和系统侧配合一般没问题；Ⅲ段可按保灵敏度整定，动作时间和相邻线路Ⅲ段配合。

对零序保护而言，可仅考虑配置Ⅱ段和Ⅲ段，同时Ⅱ段应保证区外故障时不误动。

（2）系统侧保护。

对距离保护而言，Ⅰ段整定按躲末端故障；Ⅱ段则应和终端的双回线配合，并保证其范围不超出中压侧，对线路末端有规定的灵敏度；Ⅲ段躲最小负荷阻抗，并与变压器的后备保护和相关线路后备保护配合。

对零序保护而言，也可考虑配置Ⅱ段和Ⅲ段。Ⅱ段和相邻线路零序Ⅱ段配合，并保证范围不超出中压侧；Ⅲ段和变压器后备及相邻出线配合。

第九节　整定计算工具

一、整定计算工具介绍

随着电网的发展，规模越来越大，网络结构很复杂，尤其对于超高压电网。继电保护的整定计算的计算工作量大，特别是后备保护间的相互配合很繁琐，因此采用计算机等计算工具进行整定计算一直是科研院校的研究目标。20 世纪 90 年代以来，随着计算机技术的发展，尤其是软件技术的发展，使得整定计算软件的研究和开发进入到一个新的阶段。

利用计算机进行整定计算，除了采用专用的整定计算软件外，还可以利用一些通用的分析计算工具或短路计算程序进行整定计算。对一些专题的整定计算问题分析也可以采用这些软件工具进行分析，如果没有专用的整定计算工具，则可利用这些通用分析计算工具做辅助计算。

下面首先介绍一些较通用的分析计算工具的情况，然后介绍整定计算软件系统。

（一）通用的分析计算工具

对整定计算中涉及的最多的是短路计算和故障分析，下面一些工具可完成这些工作。

1. Matlab

Matlab 最初的主要功能是进行矩阵运算，但随着技术发展其应用范围涉及了科技、工程等很多领域。使用 Matlab 编程运算与人进行科学计算的思路和表达方式完全一致，所以不像学习其他高级语言如 Basic、Fortran 和 C 等那样难于掌握，用 Matlab 编写程序犹如在演算纸上排列出公式与求解问题，所以又被称为演算纸式科学算法。

一方面可直接利用其强大的数学运算能力编程进行短路计算或故障分析，已经有通用的直接在 Matlab 下运行的潮流和短路计算包，如 matpower 等。另一方面 Matlab 中包括了被称作工具箱（Toolbox）的各类应用问题的求解工具，其中有一个工具箱称为 power system blockset（电力系统仿真工具箱），类似电力系统的仿真软件，如 EMTP、NETOMAC、PSASP 等，里面有许多电力系统元件模型可以采用。

利用 Matlab 采用传统的复合序网法计算单相接地故障并画相量图见图 7－21。

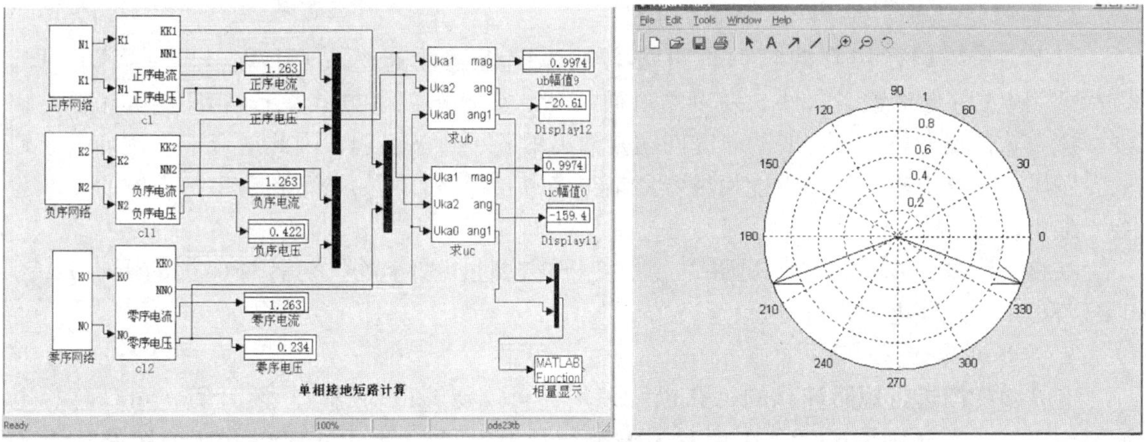

图 7－21　在 Matlab 用复合序网计算图

同时 Matlab 的可视化数据功能强大，可显示和分析各种数据，图 7－22 是在 Matlab 中计算一个简单的辐射形网络后，逐点（每隔 10%）得到的在大小方式下的短路电流曲线，并画出定值的取值，相当于图解法分析保护范围，图中直观的得到最大（55%）和最小保护范围（20%）。事实上其他软件的计算结果也可用 Matlab 的可视化完成，直接输入数据，用 plot 绘图命令完成即可。当然图解法也可用 autoCAD、office 等其他软件完成，但笔者认为 Matlab 的可视化图形功能更强大，使用非常方便，很容易上手。前述的反时限特性图及配合关系图均是在 Matlab 中完成运算并用图形显示出来。

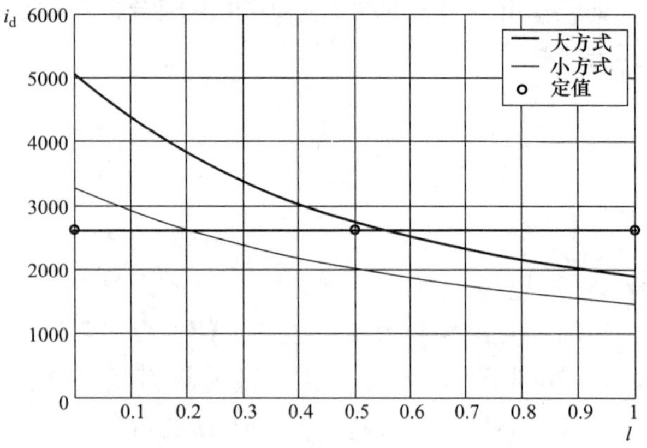

图 7－22 用计算机进行图解法示意图

2. Power World Simulator

Power World Simulator 是一个面向对象的电力系统大型可视化分析和计算程序，其设计特点是用户界面友好以及优异的交互性能。交互能力和可视化方法使它在胜任严谨的电网运行分析的同时，还可以用来向管理层人员、初级专业人员阐明电力系统的运行原理和进行专业培训。

Power World Simulator 的功能包括电力系统潮流计算、灵敏度分析、静态安全分析、短路电流计算、经济调度 EDC/AGC，最优潮流 OPF、无功优化，GIS 功能、电压稳定分析 PV/QV、ATC 计算、用户定制模块等多种庞大复杂功能于一体，并利用数据挖掘技术实现强大丰富的三维可视化显示技术。程序使用方便、功能强大、可视化程度极高。

相对而言，Power World Simulator 的主要功能在可视化的潮流计算和分析上，其短路电流计算功能相对较弱，如只能计算出相电流及电压，无法给出序电流和序电压。但用于运行方式上的变化及一般的短路计算是很容易的，尤其对于运行方式的显示非常直观。更重要的一点是相对于其他的一些计算分析工具，它的使用很方便，界面友好，非常直观。图 7－23 是对一个简单的 110kV 网络进行短路计算的示例。

3. 电磁暂态类

对电力系统进行仿真的软件也可进行故障分析和计算，如 EMTP、PSS/E、DDRTS、PSASP、BPA 等电磁暂态软件。许多的科研院所、设计部门、方式运行等部门都有这类软件。这类软件更专业，且主要的研究问题是故障的各种暂态过程，因此适合于一些继电保护的专题研究。这类软件的使用也相对要复杂得多，且短路计算的显示和输出并不方便，不适合于整定计算。

在整定计算中涉及一些专题研究（如变压器中性点加小电抗对各种保护的影响分析）时可考虑采用这些电磁暂态分析软件。

4. 专用短路计算程序

有许多专门进行短路计算的工具也可采用，只要能够正确进行短路计算，可计算相电流、电压，各序分量等即可。在无专门的整定计算软件情形下可减小一部分短路计算工作量。

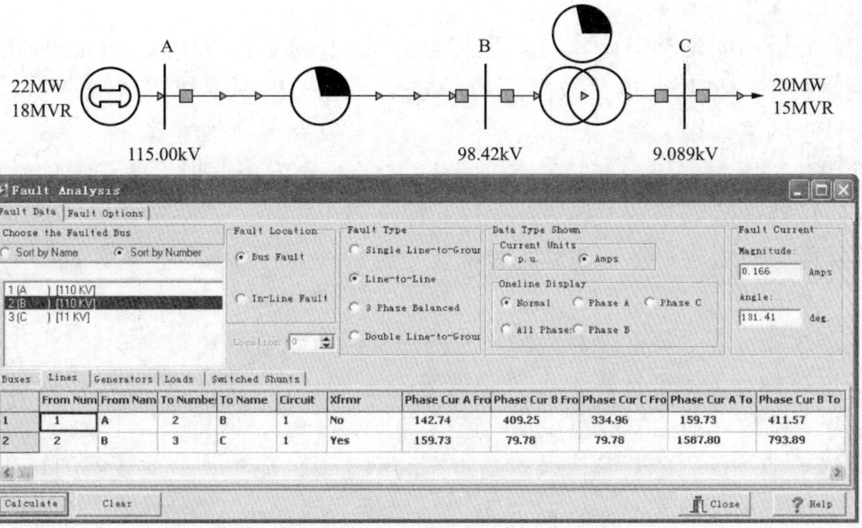

图 7－23　Power World Simulator 计算短路电流示意图

（二）整定计算软件系统

整定计算中人工进行计算中涉及的大量工作包括：系统各种运行方式计算、大量的短路计算、大量的分支系数的计算、各种保护方案的整定计算比较、定值单的管理等。因此整定计算软件系统也应围绕这些问题来减轻整定计算人员的劳动，并给出最佳的整定计算方案。

利用计算机进行整定计算可采用更精确的计算模型，同时也可以采用更好的算法，如前所述对接地距离保护的整定算法，并且容易在多个方案中进行比较。因此采用计算机进行整定计算与手动计算相比，具有明显的优越性，是目前的发展趋势。

目前国电电力、电科院、华北电力大学、华中科技大学、四川大学、浙江大学等许多高校和企业都研制成功了整定计算软件。这些整定计算软件都结合了最新的一些软件技术，一般都具有以下功能。

1．图形管理功能

现在的整定计算软件大多都采用了图形化的系统组态方式，可以方便的组态一个配电站、变电站、发电厂、县调配网、地调和省调电网主接线图。而且所有的设备参数都可以在图形上输入，采用图模一体化的方式以及数据库技术进行整定计算信息管理，相比于传统的表格等输入方式更直观、友好。

图形系统同时提供了完善的图形编辑和管理功能，包括主接线图、各序阻抗网络图、保护配置图、地理接线图等。提供图形元件的查询、打印等。一些软件系统提供了矢量化的图形系统，一些软件基于 AutoCAD 及 Visio2003 等生成图形系统。

2．参数管理功能

参数管理对整定计算软件系统所需的一次设备的各种电气设备参数、系统参数、保护配置信息、互感器参数等进行输入和管理查询。

3．运行方式的管理功能

运行方式作为整定计算中非常重要的一个环节，所以整定计算软件系统都提供了完善的运行方式管理功能。可以设置多个运行方式，如大小方式、正常方式、特殊方式等。同时可很方便的在原有的方式基础上建立新方式，还可以为方式添加一些约束条件。

4. 故障计算分析功能

故障计算分析功能是整定计算的基础。应当能计算整定计算中涉及的故障分析和计算。

（1）网络的拓扑分析：这是故障分析的基础，应能根据系统主接线图自动生成正序、零序网络，显示网络连接关系，自动对序网络节点、支路进行编号等。

（2）简单故障计算：应当能计算各种运行方式下的单相接地、两相接地、两相相间短路、三相相间短路的故障信息，如短路电流、序分量、电压、短路容量等。且对故障点相连接的相关支路能够直观的显示。在计算中都能考虑各种运行方式、检修方式以及互感参数的影响。

（3）复杂故障：能计算非全相故障、复故障、经过渡电阻短路等。

（4）整定计算有关参数计算：可对保护整定中的一些中间计算过程参数进行计算，如最大、最小分支系数；最大、最小短路电流等。

（5）网络等值功能：能对某区域对指定点的网络等值阻抗，分支支路的转移阻抗等。

（6）短路电流曲线绘制：一些软件系统可提供当线路上发生故障时，随着故障点位置的变化，短路点及线路两端短路电流的变化曲线。用于进行整定计算分析。

5. 整定计算功能

整定计算是核心功能，根据电网电压等级不同、规模不同其功能有差异。对于网调一级一般整定范围为220kV及以上的系统，地调及县调整定范围为220kV及以下系统。除了电网的线路保护进行整定计算外，对变压器保护、母线保护、断路器失灵保护、短引线保护、高压电抗器保护等元件保护也可以进行整定计算。

尽管不同软件系统的功能有不同，但大都提供了自动和手动的整定计算方式。一般都是根据保护原理进行整定，线路的原理性定值计算分为相间距离保护、接地距离保护及零序电流保护，低压的则为电流电压保护。元件一般按照装置级定值进行计算。

在整定计算过程中可以指定或设置采用的运行方式，可以设置采用的整定计算原则，一般都提供了整定计算规程所规定的计算原则及根据地方情况所设定的特殊整定原则，也可同时考虑采用多个原则，由软件系统在整定计算过程中根据计算结果进行比较。在整定计算前对相关配合系数也可以进行设定，如可靠系数要求、灵敏系数要求、配合时限等。整定计算完成后，可以生成整定计算书，并可打印。

6. 定值单管理功能

定值的计算包括原理性定值和装置级定值。目前的大多数整定计算软件系统都考虑定值单的信息管理功能，不仅能够计算传统的原理性定值，而且能根据装置自动生成装置级定值。

由于各个地方的定值单的格式、各种装置的定值数据也有差异，因此一些软件提供了相应的所谓定值单模板供修改，同时可生成多种数据格式的定值单。对定值通知单的管理则可实现查询、修改、批准、执行、作废、删除、新增和打印等功能，并且面向Web应用。

7. 保护动作仿真功能

一些整定计算软件系统还具有保护动作仿真功能，即设置好故障类型、动作中保护或开关是否拒动，然后计算某保护安装处电气量，与定值比较，考察本线路及下两级、上两级保护的动作行为，检验定值的正确性。

8. 数据库等其他功能

整定计算软件系统几乎都采用了数据库技术，利用数据库来管理整定计算系统的各种数据。同时提供数据库的维护和管理工具，一些数据库提供了相关的数据接口。目前采用 SQL sever 数据库来构成的比较多。

二、用计算机进行整定计算的核心工作原理

用计算机进行整定计算不仅仅是单纯的进行短路计算，录取短路计算结果。其中比较重要的核心工作包括：在计算中涉及大量的计算，如何提高计算效率；在涉及多种环路的复杂电网涉及多种环路中，如何选择进行配合，如何选择配合点，运行方式中如何考虑等。

1. 故障计算模型的选择

在整定计算过程中，对于系统中大型厂站数目较多、环网结构复杂时，还必须考虑保护临近范围内厂站方式的适当组合以及环网中某些线路的投切操作，如在基本运行方式下，考虑保护对侧或背侧母线上元件的轮断组合等。因此，在继电保护整定计算过程中，为了使各种保护达到最佳的配合状态，必须对电网的各种运行方式以及故障情况进行大量反复的故障计算。

故障计算模型大多基于节点阻抗矩阵或导纳矩阵，目前较好的方式是采用变结构的故障计算方法。变结构电力网络短路故障计算方法，考虑系统运行方式变化和元件检修等情况下，是计算故障的有效方法，详细计算算法可参考相关文献。

2. 网络拓扑分析

在整定计算中需要进行网络的拓扑分析，应能自动编号，为网络提供正序、零序网络连接关系。由于整定计算中涉及相邻上下级的各种配合，应能够容易的找到相邻上下级元件。对于图形系统而言，对于变压器的各种运行方式变化（如是否接地等），开关状态的变化等连接变化也能识别。在进行网络配合中也需要相关的网络拓扑分析结果。

3. 多环复杂电网方向保护全网最优配合算法

对于电网保护整定而言，最复杂的是后备保护的配合问题。对于多环复杂电网而言，确定环网方向保护最优配合顺序是实现电网继电保护整定计算微机化、自动化、智能化的关键，其核心是找到电网中作为整定配合起始点的方向保护集合—断点集。由于全网保护配合成功所需的平均迭代次数正比于断点集所包含的保护数量，因此，需要找出基数最小的断点集，即最小断点集，使得方向保护配合过程达到收敛所需的迭代次数最少，从而提高整个系统保护动作的快速性和灵敏度。

有多种算法可实现方向保护的最小断点集求取和最优配合，大多基于图论理论和保护配合关系来进行。其基本方式是首先采用搜索配合关系，即寻找哪些配合关系，包括 T 接支路等，再利用各种搜索算法找出所有有向基本回路，在其基础上用算法求取最小断点集，并确定最优配合顺序。在这个过程中，可利用人工智能搜索技术、专家系统、人工神经网络等技术。

4. 装置级定值的生成

以往的整定计算软件系统注重原理级定值的计算，对装置级定值的计算和生成不够重视。由于微机型保护装置的广泛应用，其辅助定值较多，因此应当有装置级定值自动计算和生成系统，以减少整定计算人员的劳动。

对装置级定值而言，如何适应新的微机保护的出现，如何适应不同厂家的保护装置，如何对新原理的保护进行装置级定值计算等。目前采用较多的是利用模板，由用户定义，然后装置计算完成后按照用户的模板进行生成。利用插件技术也是一种较好的实现的方式、易于适应新装置的变化和维护管理。

新的标准化设计中对装置的定值格式作了规定，这有利于装置级定值的维护和管理。

三、计算机整定使用中的相关问题

采用计算机进行整定计算过程中，整定计算人员如何更好的使用这些软件是很重要的，因为参数的输入、运行方式的选择与制订、整定计算原则的设置、相关配合参数的设置都应由整定计算人员根据电网的具体情况进行。靠计算机来完成所有的判断结果是不切实际的，也是不正确的，应当正确合理的利用整定计算软件系统，才能发挥其作用。

1. 参数录入

对参数录入，不同系统录入的方式不同，对于图模一体化的系统而言，直接在图形元件设备上进行。一般需要录入的参数包括一次电气设备参数：如变压器的额定参数、阻抗参数；线路的各序阻抗及相关参数，如有零序互感还应输入互感参数。系统参数包括网络电压设定、系统等值阻抗等。互感器参数包括保护采用的各种电压互感器、电流互感器的变比等参数。保护配置参数，如保护型号，是否带方向等。

在参数录入中应当特别重视数据的正确性，如阻抗参数错误、变比错误等将直接导致计算结果不正确，引发定值错误。软件系统应提供相关录入数据的数据检查功能，并提示用户可能出错的数据。

2. 运行方式选择

关于运行方式的设置，不同的软件系统采取的方式不同。可采用由计算机自动选择运行方式，也可进行多种方式的组合，也可自行进行定义。笔者认为在运行方式的选择上应当以满足现场运行为目的，由计算机自动选择其方法太机械，定值计算不可靠，整定计算人员应当参与，但不能全靠整定计算人员。同时，考虑选择的方式过多使计算复杂，同时保护性能很难在正常运行方式下得到满足。应当在最常见的运行方式上考虑系统的运行方式变化（如检修的方案等），制订出最大和最小方式，针对特殊的方式再进行考虑。同时对不同季节的运行方式可考虑相关预案和试算，以检查定值是否满足要求，如丰水期大方式、丰水期小方式等。总之，应当充分重视运行方式的选择，按照整定计算规程的相关规定，结合现场实际运行方式的变化情况进行。

3. 整定计算配合原则选择

整定计算前需要对相关的整定计算原则，配合原则等进行设置。软件系统大多提供了许多的计算原则供选择。计算原则的选取应当按照整定计算规程，结合本地网络的实际情况考虑。如电流电压保护采用电流保护还是电流电压联锁速断配合，是与相邻元件配合还是考虑保灵敏度等。在计算过程中是否考虑相继动作、整定中进行母线上元件轮断时，采用的轮断的原则（自动还是固定 $N-1$ 或根据出线选择等）。

在进行配合原则选择时，应当以利于改善整个保护系统的最佳性能来进行，根据不同的电网时间情况来考虑。笔者认为，在整定计算软件系统中，可设置一些缺省原则和优化原则由计算机按照这些原则执行，也可设置多个原则，由计算机根据计算结果来选择，但无论以何种方式，都应当由整定计算人员来综合结合全网进行判断。

在复杂环网保护同段配合或全网配合过程中，需要计算相关的断点（不配合点）才能使环网配合能够继续。不同的整定计算系统可能会得到不同的结果，一般会给出多个不配合点供用户选择。可根据实际网络结构的具体特点和电网解列点的设置要求，提前设置解列点，计算机在配合时更容易得到更佳的效果，不能采用全部将计算机得到的不配合点进行计算的方法，这样系统中不配合的问题太多，保护性能会很差。在计算机配合完成后应当对不配合点进行检查，是否合理，是否影响到整体的保护效果。

计算中对于灵敏度达不到的保护往往需要进行调整，可由整定计算人员来进行调整，若由计算机自动调整则可能会影响到其他保护和整体的保护系统性能。但若有很多保护的灵敏度均达不到要求，则可能需要在配合原则、方式选择、保护配置等方面进行调整。

在计算过程中一些软件系统会设置后备保护的最大和最小动作时限以保证配合性，也有采用后备保护固定时限的方式。对于系统变化频繁、运行方式变化较大的网络采用固定时限的好处是不用频繁更改定值，进行校验。采用上下级配合关系则可改善后备保护动作性能。根据具体情况进行选择。

4. 有关参数选择

对整定计算中可靠系数及灵敏系数、配合级差、方向元件设置等均应当进行设置。这些系数应当根据整定计算规程进行，一般规程会给出要求范围，具体值应当根据实际情况制订。整定计算中可考虑由软件系统根据具体情况进行考虑，如不同长短的线路取不同的可靠系数、灵敏系数，不同装置的配合级差等。

5. 人机交互

整定计算软件系统可自动计算或手动计算。笔者认为不应当采用全部保护均计算完成后再进行调整的方式，对于阶段式保护其上下级间有配合，应该按照其配合关系采用分段计算、逐段配合的方式进行，如调整Ⅰ段后再进行Ⅱ段的整定，上一段的性能、保护范围提升后，后面各段配合才能有改善。在各段全部计算完成后，也应根据后面各段计算情况，如无法配合，则对前面各段相关部分进行调整。整定计算过程应该是对多种方案进行优化、比较、调整，然后得到相对更好的保护方案。整定计算软件系统应当能够根据整定计算人员的调整作出正确合理的计算，因此即使有整定计算软件进行计算，也需要整定计算人员有较丰富的经验，参与整定计算方案制订、调整。

参 考 文 献

[1] 3kV ~ 110kV 电网继电保护装置运行整定规程 DL/T 584—2007.

[2] 220kV ~ 750kV 电网继电保护装置运行整定规程 DL/T 559—2007.

[3] 崔家佩，孟庆炎，陈永芳，熊炳耀. 电力系统继电保护与安全自动装置整定计算. 北京：水利电力出版社，1993.

[4] 朱声石. 高压电网继电保护原理与技术（第三版）. 北京：中国电力出版社，2005.

[5] 毛锦庆，王澎. 从简化整定计算论线路的微机型继电保护装置. 电力自动化设备，2004，第24卷第11期.

[6] 王广学，体玲，李晓娟. 电力系统输电线路接地距离保护整定计算研究. 电网技术，2002，26卷2期：59 ~ 54.

[7] 陈祥文，柳焕章. 超高压线路简化整定计算的原则和方法. 继电器，2007，35卷2期：11 ~ 15.

[8] 常风然. 优化后备保护配合原则的探讨. 电力系统自动化，2007，31卷9期：91 ~ 94.

[9] 高翔. 零序反时限保护应用相关问题研究. 电工技术，2007，2期：15 ~ 16.

[10] 吴运祥，沈国荣，朱声石. 重视并应用好变压器后备保护. 继电器，2000，28卷7期：8 ~ 11.

[11] 何鸣，叶远波，陈实. 变压器中低压侧后备保护配置及整定方案. 电网技术，2006，30卷16期：89 ~ 91.

[12] 魏莉，彭建宁. 变压器、配网线路后备保护配置、整定方面的改进措施. 继电器，2007，35卷17期：83 ~ 85.

[13] 刘焕强. 输电线路参数测量方法的对比分析及现场应用. 电工技术，2006，9：14～17.
[14] 梁义明，任立辉，邢彦军. 输电线路参数测量方法的比较研究. 吉林电力，2005，1：32～36.
[15] 王汉斌，张园园，吕艳萍，潘露. 复合阻抗对输电线路零序参数的影响. 电力系统及其自动化学报，2006，18卷6期.
[16] 韩学军. 500kV中性点加小电抗研究.
[17] 吕飞鹏. 基于MS. NET的多层分布式继电保护图模一体化系统研究. 继电器，2005，1.
[18] 王慧芳. 继电保护整定计算软件中的若干问题分析. 继电器，2006，34卷12期：14～19.
[19] 廖小君. 用Matlab进行不对称故障分析. 四川电机工程学报，2002.
[20] 廖小君. 用VBA开发图形化的短路计算程序. 四川电机工程学报. 2002.
[21] 王莉，苏忠阳. 220kV终端线路保护的整定分析. 继电器，2004，32卷20期：46～50.
[22] 常风然，张洪，周纪录，孙利强. 单电源线路保护问题分析及对策. 继电器，2007，35卷10期：9～13.

第八章

继电保护相关知识

第一节 一次设备基础知识

一、变电站的主接线

变电站的电气主接线是电力系统接线的重要组成部分，它表明变电站内的变压器、各等级的线路、无功补偿设备以最优化的接线方式与电力系统连接，同时也表明在变电站内各种电气设备的连接方式。电气主接线方案的好坏影响到发电厂、变电站甚至电力系统的安全，因此，对电气主接线要求具有可靠性、灵活性和经济性。

对继电保护专业技术人员而言，应当了解和掌握变电站的一次主接线的类型，各种主接线的特点，其运行方式的变化。事实上不同的主接线，其保护二次回路（电流、电压、跳闸回路等）、保护功能配置、整定计算等都有较大不同，如有些需要电压切换，有些其电流取和电流，有些母线保护需加复压闭锁、线路变压器组接线的整定等。

发电厂、变电站的电气主接线，常常因为建设条件、能源类型、系统状况、负荷需求等多种因素而有所差异。变电站在系统中的重要性不同，其接线也有差异，一般包括系统枢纽变电站、地区变电站、企业专用变电站、系统终端变电站。各种不同的电气主接线，都是由一些基本的接线形式组合而成的。概括起来，这些基本接线形式可以分为两大类：无母线接线形式和有母线接线形式。

（一）无母线的电气主接线形式

无母线的电气主接线，最大特点是不使用母线，使用的断路器数量较少，断路器数等于或小于出线回路数，结构和操作较简单，投资较小，一般适合于出线较少的变电站。以下介绍其在变电站中的常见形式。

1. 线路—变压器组单元接线

线路—变压器组单元接线由一条线路和一台（或两台）变压器构成一个单元接线，如图 8 – 1 所示。这种接线可视具体情况的不同，在变压器高压侧装设不同的开关电器。图 8 – 1 示出了三种情况：

（1）一般情况，可在变压器高压侧装设一台高压断路器和一台隔离开关如图 8 – 1 最右侧图所示，通常在变压器低压侧有电源时考虑这种接线。此时在线路发生故障时，由线路侧保护和本侧保护动作切除故障；当变压器发生故障时，由变压器两侧断路器切除故障，以减少故障波及的范围。

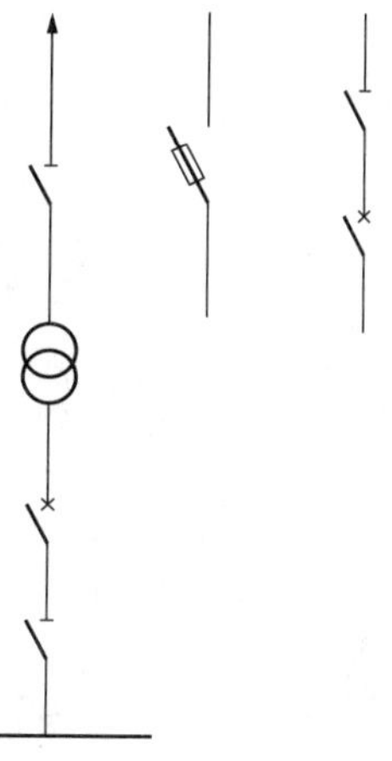

图 8 – 1 线路变压器组单元接线

（2）对变压器低压侧无电源，可允许在变压器和线路间只装设一组带接地刀闸的隔离开关，不装设断路器，如图 8 – 1 最左侧图所示。在线路故障时，由线路侧保护动作切除故障；当变压器故障时，变压器保护动作通过远方跳闸装置动作于线路对侧断路器切除故障，若线路侧保护范围可保护线路全长及变压器时则可由线路侧跳闸。

（3）当变电站短路电流不超过高压熔断器容量时，也可采用高压熔断器来保护变压器，一般用跌落式熔断器如图 8－1 中间图所示。变压器故障时则可由熔断器切除。

线路－变压器组接线最简单、设备使用少，占地少；但可靠性不高，变压器或线路故障检修都会导致其余元件停运。单元接线在电厂也有应用，构成发电机－变压器单元，以及扩大单元接线等。

2. 桥形接线

对于只有两回电源进线和两台变压器的降压变电站，可考虑采用桥形接线，这种接线相当于在两个变压器－线路组接线之间装设一台桥断路器而构成。在此种接线方式中，4 个元件只用 3 台变压器，是非常省断路器的一种方式，如图 8－2 所示。根据跨接“桥”的位置不同，分为内桥接线和外桥接线及扩大桥接线。内桥接线是桥断路器接在线路断路器内侧，如图 8－2（a）所示，其优点是线路的投入和切除操作方便，在线路故障时仅需线路侧断路器跳闸，其余不受影响；变压器故障时需跳进线和桥断路器，使进线侧线路不能供电，但由于变压器的可靠性远大于线路，所以系统中应用内桥接线较多。外桥接线使桥断路器接在外侧，如图 8－2（b）所示，其特点与内桥相反。桥接线可作为最终接线，也可作为过渡接线，过渡到有母线如单母接线等接线方式，前提是设计时有预留位置。

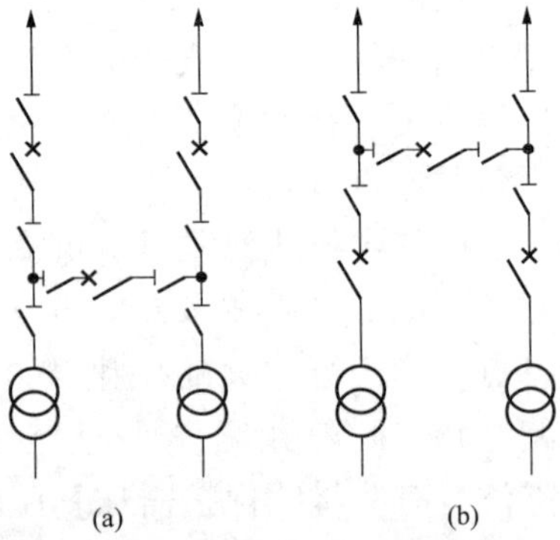

图 8－2　桥形接线
（a）内桥接线；（b）外桥接线

内桥接线的运行方式可采用明备用或暗备用的方式，均可通过备用电源自动投入装置提高其供电可靠性。

在内桥接线方式中，为防止合闸于故障，当主变保护动作时，应该闭锁进线重合闸和内桥备自投。

当电压互感器装设于线路侧时，二次回路上应装设电压切换装置，经切换后用于为保护和自动装置提供母线电压。

随着新建变电站征地成本的增加以及供电负荷的急剧增长，在负荷密集地区，为了取得同等供电容量的经济性，往往在一个变电站装设三台主变，其常用的主接线方式通常是内桥加线路－变压器组接线方式，而在低压侧，位置处于中间的主变则采用低压双分支的方式，如图 8－3 所示。在这种接线方式的变电站，其低压侧通常装设分段负荷均分备自投。

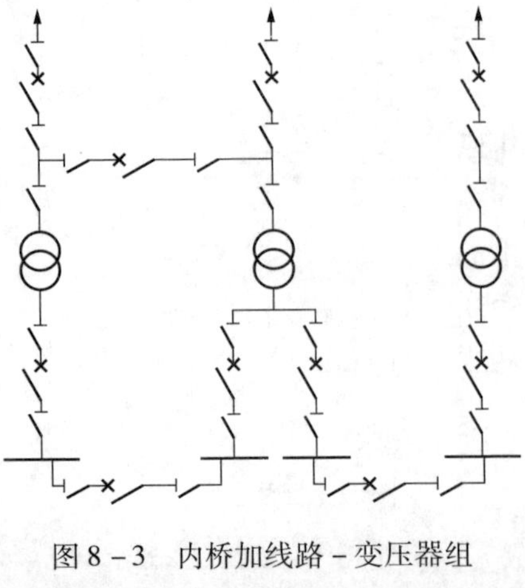
图 8－3　内桥加线路－变压器组

3. 多角形接线（四边形接线）

此接线方式是将断路器按照成环来配置，设备少，投资省，运行的可靠性和灵活性较好，正常情况下为双重连接，任何一台断路器检修都不影响送电，如图 8－4 所示。由于没有母线，在连接的任一部分故障对系统运行影响也较小。最主要的缺点是回路数受到限制，因为当环形接线中有一台断路器检修时就要开环运行，此时当其他回路发生故障就要造成两个回路停电，扩大了故障停电范围。开环运行的时间愈长这一缺点就愈大。而环中的断路器数量多，开环检修的机会就多，所以一般只采用四角形和五角形接线。同时为了可靠性，线路和变压器采用对角连接原则。四边形的保护接线比较复杂，一、二次回路倒换操作较多，一般在某些电厂有应用。

（二）有母线的电气主接线形式

母线起汇集和分配电能的作用。在变电站中，当进出线回路数较多时（一般超过 4 回），为便于电能的汇集和分配，采用母线作为中间环节，可以使接线简单清晰，运行方便，也有利于安装和扩建。一般有单母接线、单母分段、双母线接线、双母分段、3/2 接线等等，下面分别进行介绍。

1. 单母线接线

单母线是母线制式中最简单的一种接线方式。如图 8－5 所示，这种接线的特点是只有一组母线，所有电源回路和出线回路都通过一台断路器连接在该汇流母线上并列运行，接线简单、清晰、操作方便、扩建容易。对单母线而言，最大的缺点在于一旦母线故障或连接的设备故障其对应的断路器拒动，都将使整个配置装置停电，同样的母线和母线隔离开关检修也将全停。

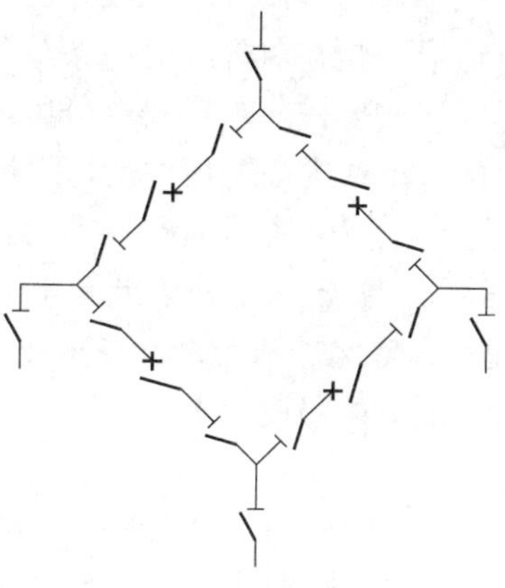

图 8－4 四角形接线

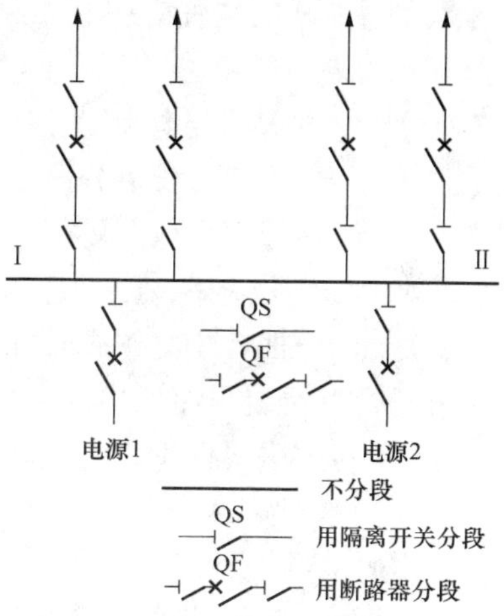

图 8－5 单母线接线

2. 单母线分段接线

为了弥补上述单母线接线形式的不足，可将母线进行分段，通过一台断路器连接起来，构成单母线分段接线形式，如图 8－5 所示。重要负荷可分接在二段母线上。采用此接线形式后，在母线故障或连接的断路器失灵拒动时，由继电保护动作跳开分段断路器将故障隔离，从而使无故障母线继续运行，提高了供电可靠性，因此这种方式得到了广泛的应用，尤其在中低压的配置装置中。

单母线分段主接线方式如果装设有母差保护，为避免合闸于故障，母差保护在动作后应闭锁线路重合闸和分段备自投。

3. 双母线接线

对于单母分段，在母线检修时仍将停一段母线，为了进一步提高供电可靠性，可设置两组母线，由母线联络断路器将两组母线连接起来，而每一个元件则通过一台断路器和两组隔离开关分别连接到两组母线上，构成双母线接线方式，如图8－6所示。

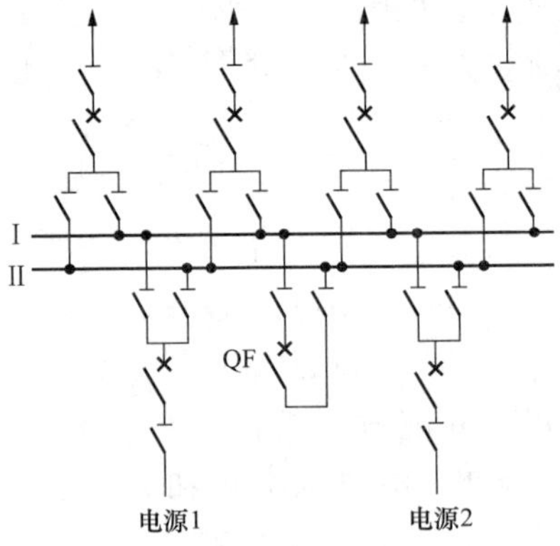

图8－6　双母线接线

这种母线接线的特点在于每一元件都可通过隔离开关连接到任一母线上，当然在实际运行中，某一元件是固定在某一母线上运行。在母线故障及断路器失灵时，仅停故障母线，但可将无故障支路切换到无故障母线，从而快速恢复供电；在母线检修及其他元件检修时，可通过倒闸操作将其余元件先切换到另一条母线。可见双母线比单母分段方式具有更高的可靠性，且运行和调度灵活、扩建方便。

双母线同单母线相比其复杂性更高，由于增加了一条母线及相关隔离开关，占地增加；在倒闸过程中操作较多，易造成误操作；对二次来讲，若保护的电压取自母线侧电压互感器则需配置电压切换回路，二次接线更复杂。同时，若母联断路器失灵，则会使双母线均停。

在双母线接线方式中，为了确保母差保护的正确动作，要求母差保护装置应能正确识别相应支路的一次联结状态，根据隔离开关的位置状态进行小差电流的计算或进行电流回路的自动切换，对隔离开关位置应引起重视。母差保护动作后应闭锁线路重合闸。

4. 双母线分段

对双母线接线方式的配电装置，如进出线回路较多，可进一步在双母线的一条或两条母线增加分段断路器，形成双母线单分段或双母线双分段的母线接线形式。双母线单分段或双分段接线克服了双母线接线存在全停可能性的缺点，缩小了停电范围，提高了接线的可靠性。

双母线分段接线方式中，Ⅰ、Ⅱ组母线（或Ⅲ、Ⅳ组母线）之间的联络断路器称为母联断路器（母联开关），Ⅰ、Ⅲ组母线（或Ⅱ、Ⅳ组母线）之间的联络断路器称为分段断路器（分段开关）。在Ⅰ、Ⅱ母之间配置母差保护两套，在Ⅲ、Ⅳ母之间配置母差保护两套，且要求在分段开关失灵时不同组的母差失灵保护之间能够相互启动，达到最终隔离故障的目的。

5. 带旁路的各种母线接线

对于上述的单母线、双母线等形式的接线均可加旁路母线构成单母线带旁路、单母线分段带旁路（如图8－7）、双母线带旁路、双母线分段带旁路等接线形式。所谓旁路母线，是设置一套公用的母线、断路器及保护装置，当母线引出线的断路器、保护装置等需停电时，可通过旁路母线由旁路断路器及其保护代替，从而引出线不必停电，增加了供电可靠性。

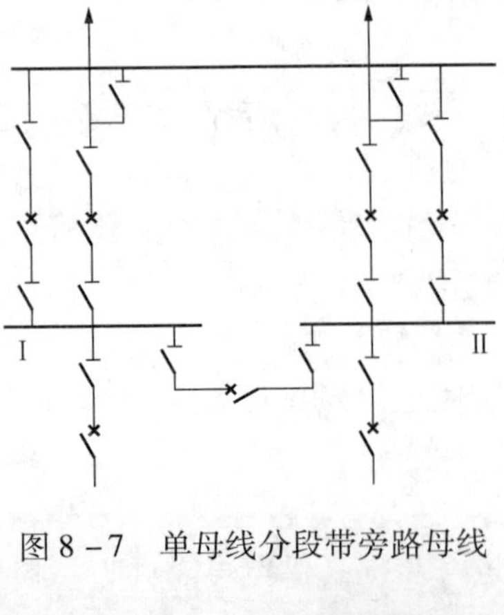

图8－7　单母线分段带旁路母线

分段兼旁路接线，在分段兼旁路接线方式中，通过隔离开关状态的改变，两母线之间的联络断路器既可以工作于分段方式，也可以工作于旁路方式。

如图8－8，当合上1G、2G而断开3G、4G、5G时，工作于分段方式；当合上1G、4G而断开2G、3G、5G时，工作于旁路代Ⅰ母开关状态；当合上2G、3G而断开1G、4G、5G时，工作于旁路代Ⅱ母开关状态；当合上5G而断开1G、2G、3G、4G时，工作于两组母线硬连接状态。

对于以前较早的变电站往往配置了旁路母线，但加装了旁路母线后，增加了配电设备及占地；旁路代替元件工作的倒闸操作也较复杂，容易产生误操作；保护及二次的接线复杂了，在无人值班变电站的应用受到限制。随着电网的加强、断路器可靠性的提高、微机保护可靠性的提高、无人值班变电站的广泛应用，因此现在新建的变电站已经很少采用旁路母线了。

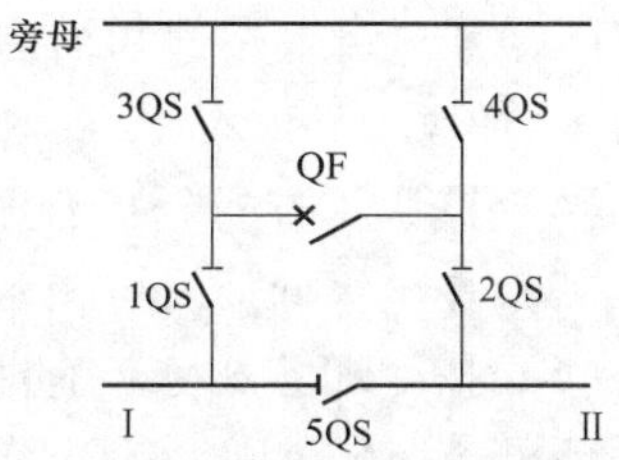

图 8－8　分段兼旁路母线

6. 3/2 断路器接线

3/2 接线如图 8－9 所示，此接线方式设置了两条母线，每两个回路（通常一回线路或一组变压器）用三台断路器接在这两组母线上，形成一个完整串。在每个完整串中，两个元件采用三台断路器，每个元件占用 $1\frac{1}{2}$台断路器，故又称为 $1\frac{1}{2}$断路器接线。在建设初期，往往在两母线间仅有 2 台断路器和一个元件，称为不完整串。在每串内配有检修断路器用的隔离开关、接地开关、保护及测量用的电流互感器，在各元件回路配有三相电压互感器、避雷器，母线上配有单相电压互感器、避雷器等。

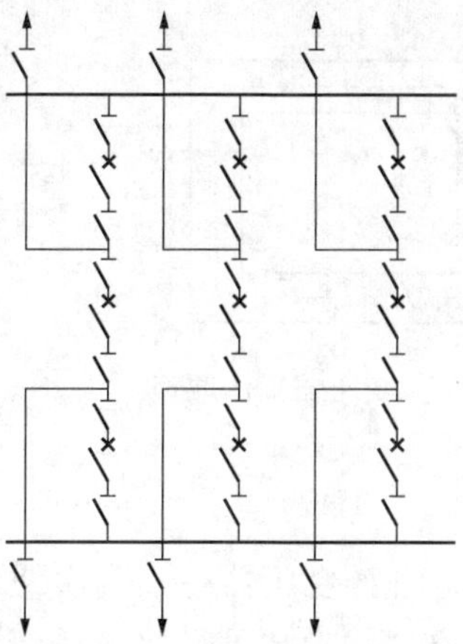
图 8－9　3/2 断路器接线

对于 3/2 断路器接线，在母线故障及检修时不停电，即使在母线故障同时断路器拒动的情况下，仍然能保证 80% 以上的元件不停电，因此具有较高的可靠性。3/2 接线系统的运行也很灵活、操作简单、检修简单，不容易产生误操作；在二次回路方面与双母线有一定区别，但总体更简单。这种接线形式一般广泛应用在大型发电厂和超高压变电站中。

在 3/2 断路器接线方式中，与母线邻近的断路器称为边断路器（边开关），两组母线中间的断路器称为中断路器（中开关）。其线路保护或变压器保护的高压侧输入电流应采用边开关和中开关 TA 的和电流输入方式。同时保护的配置与双母线等有一定的区别，请参考相关章节。

二、变压器

变压器是把不同电压等级的系统联系起来的电压转换设备，是电力系统中的一个重要电气设备。

（一）变压器的分类

变压器的种类很多，大致分为电力变压器和特种变压器两大类。电力变压器根据其使用特点，有其特定的名称，如升压变压器、降压变压器、联络变压器、配电变压器、厂用变压器等。不同的变压器的类型不同，其保护配置、整定等也有一定差异。下面介绍常见的一些分类。

（1）按用途分：有升压变压器、降压变压器、联络变压器、配电变压器以及用于直流输电的换流变压器等。不同用途的变压器其后备保护的整定有较大差异。

（2）按相数分：有单相变压器、三相变压器等。

（3）按绕组数分：有双绕组变压器、三绕组变压器、多绕组变压器、自耦变压器、分裂变压器等。绕组类型和结构不同，对保护配置等有一定差异，如一般绕组变压器和自耦变压器。

（4）按调压方式分：有无励磁调压变压器、有载调压变压器、无分接变压器。

（5）按绝缘介质分：有油浸变压器和干式变压器。

（6）按冷却方式分：有油浸自冷（ONAN）变压器、油浸风冷（ONAF）变压器、强迫油循环风冷（OFAF）变压器、强迫油循环水冷（OFWF）变压器、强迫油导向循环风冷（ODAF）变压器、强迫油导向循环水冷（ODWF）变压器以及蒸发冷却变压器。

（二）变压器的基本原理

变压器是一种静止的电机，它的功能是把一种电压的电能转换为另一种电压的电能。变压器是依据电磁感应原理工作的，其主要组成部分是铁芯和绕组。如图 8－10 所示，为一台单相变压器的原理示意图，在一个闭合的铁芯上套有两个彼此绝缘的绕组，两个绕组的匝数分别是 N_1 和 N_2，把其中接交流电源的绕组（AX 绕组）称为一次绕组或原绕组（原边），另一个接负载的绕组称为二次绕组或副绕组（副边）。

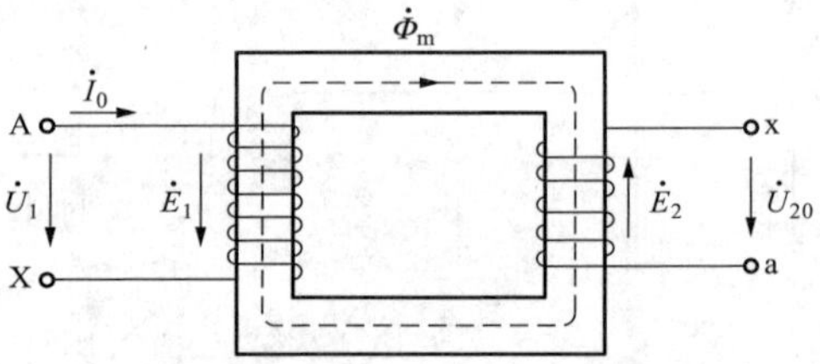

图 8－10　变压器工作原理

当变压器原边加上电源电压 $\dot{U}_1$、副边开路时，变压器空载运行，此时原边流过的电流称为空载电流，也即励磁电流，由励磁电流 $\dot{I}_0$ 产生的磁势在铁芯中建立交变的主磁通 $\dot{\Phi}_m$（交变频率与电源频率相同），该主磁通同时交链一次绕组和二次绕组，在两个绕组中分别感应出电动势 $\dot{E}_1$、$\dot{E}_2$。当变压器原边加上电源电压、副边接上负载时，则称为变压器负载运行。

在变压器中，电压与感应电动势近似有 $U_1=E_1$，$U_2=E_2$。由于变压器一、二次绕组的匝数不相同，所以电压不相等，匝数多的绕组电压高，匝数少的绕组电压低，这就是变压器的变压原理。

（三）变压器的基本结构

以目前应用最广泛的油浸式变压器为例，它由一、二次绕组，铁芯，油箱，底座，高低压套管，引线，散热器（冷却器），净油器，储油柜，气体继电器，分接开关等组件和附件构成，其外形及结构如图 8－11 所示。现将各部分主要结构简述如下。

1. 铁芯和绕组

铁芯是变压器的磁路部分，也是器身的骨架。铁芯由铁芯柱、铁轭和夹紧装置等组成，套装绕组的部分称为铁芯柱，连接铁芯柱的部分称为铁轭。根据铁芯的结构，变压器可分为芯式和壳式两类，电力变压器大都采用芯式结构，如图 8－12 所示。为了提高磁路的磁导率，同时减小铁芯中的涡流损耗，变压器的铁芯一般用厚度为 0.35～0.5mm、表面涂有绝缘漆的硅钢片叠成，一般采用冷轧硅钢片。

绕组是变压器的电路部分，由一次绕组、二次绕组、对地绝缘层（主绝缘）、一二次绕组间的绝缘、撑条构成的油道或气道，高压和低压引线构成。绕组的结构形式有筒式、连续式、纠结式、螺旋式和交错式等。绕组由绝缘的扁导线或圆导线绕制而成，套制在铁芯柱上，匝数多的为高压绕组，匝数少的为低压绕组。绕组的安装位置对于不同类型的变压器有不同。

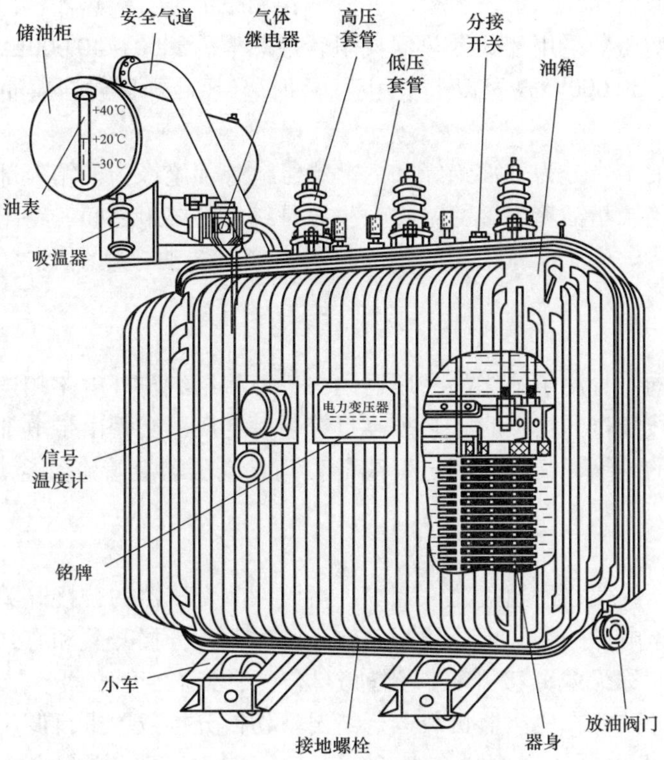

图 8-11　油浸式电力变压器

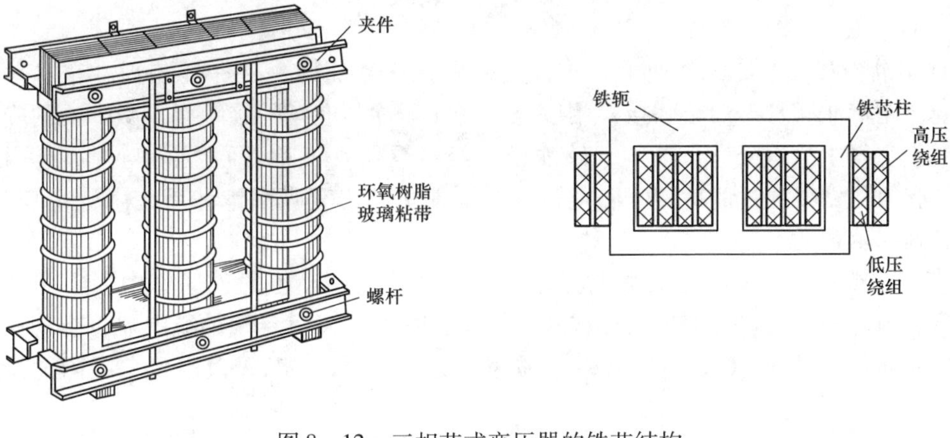

图 8-12　三相芯式变压器的铁芯结构

铁芯和绕组合起来称为器身，是变压器最主要的结构。

2. 油箱及底座

油浸式变压器的油箱中盛满了变压器油，整个器身浸泡在油中。变压器油箱用钢板加工制成，一般做成椭圆形，这样机械强度高，所需油量较少。变压器油的作用一方面既是绝缘介质，又是冷却介质。在油箱的底部用钢材等作成底座。

3. 冷却系统

变压器在运行时，绕组与铁芯产生的损耗会转化为热量，必须设法散热，以免变压器过热发生事故。油浸式变压器的热量通过油传递给油箱及冷却装置，再由周围空气或冷却水进行冷却。为了增大散热面积，更大容量的变压器在油箱上装有散热器，以提高散热效果。如2500～6300kVA的变压器采用片式散热器或扁管散热器，8000～40 000kVA的变压器采用带风扇的扁管散热器，50 000kVA及以上采用强迫油循环风冷却器或强迫油循环水冷却器。

4. 绝缘

油浸式变压器的绝缘分为外部绝缘和内部绝缘。外部绝缘指油箱外部的绝缘，主要有瓷套管和空气，内部绝缘指油箱内部的绝缘，主要是绕组与绕组之间、绕组与油箱之间以及绕组的匝间、层间绝缘。变压器所采用的绝缘材料有变压器油、电缆纸、电话纸、绝缘纸板、酚醛压制品、浸绝缘渍漆等。

5. 套管和引线

变压器绕组连同器身浸于绝缘的变压器油中，要将绕组与外电路相连，需用引线将绕组引到油箱外部。引线穿过油箱盖时，必须经过套管。变压器套管由带电部分和不带电部分组成，既是引线对地的绝缘，又起着固定引线的作用。变压器套管有纯瓷套管、充油式套管、电容式套管等种类。

6. 分接开关

为保持电网电压的偏移不超过允许范围，可以调节变压器的分接开关以改变高压绕组的匝数，从而达到调整电压的目的。分接开关有无励磁调压分接开关和有载调压分接开关。无励磁调压分接开关又称无载分接开关，此种分接开关必须在变压器不带电的情况下进行切换。有载调压分接开关能在变压器负载运行情况下切换分接位置进行调压。

通常，电压在35kV以下、容量在10 000kVA及以下的变压器，它们的高压绕组可设有3个分接抽头，中间一个分接头对应于额定电压，上、下两个分接头对应于改变变比±5%。大型电力变压器设有5个分接抽头，相应的调压范围为±2.5%和±5%。

7. 其他装置

（1）储油柜和吸湿器。储油柜又称油枕，是变压器油的一种保护装置。它水平安装于油箱盖上，用弯曲联管与油箱联接，用以缩小变压器油与空气的接触面，减少油的受潮和氧化。为防止空气中的水分进入油内，储油柜是经吸湿器（又称呼吸器）与外界连通的，吸湿器内装有氯化钴浸渍过的硅胶，有很强的吸潮能力，当其吸潮饱和后，由蓝色变为红色，因此也起到指示剂的作用。

（2）气体继电器。又称瓦斯继电器，装设在油箱与储油柜的连通管中。当变压器内部发生故障，内部绝缘受热分解出气体或油箱漏油使油面下降时，气体继电器将会动作，发出信号，或使断路器跳闸。0.8MVA及以上油浸式变压器和0.4MVA及以上车间内油浸式变压器，均应装设瓦斯保护。

轻瓦斯保护的继电器由开口杯、干簧触点等组成，作用于信号。重瓦斯保护的继电器由挡板、弹簧、干簧触点等组成，作用于跳闸。

轻瓦斯保护动作原理：正常运行时，气体继电器充满油，开口杯浸在油内，处于上浮位置，干簧触点断开。当变压器内部故障时，故障点局部发生高热，引起附件的变压器油膨胀，油内溶解的空气被逐出，形成气泡上升，同时油和其他材料在电弧和放电等的作用下电离而产生瓦斯。当故障轻微时，排出的瓦斯缓慢地上升而进入气体继电器，使油面下降，开口杯产生的支点为轴逆时针方向的转动，使干簧触点接通，发出信号。

重瓦斯保护动作原理：当变压器内部故障严重时，产生强烈的瓦斯，使变压器内部压力突增，产生很大的油流向油枕方向冲击，因油流冲击挡板，挡板克服弹簧的阻力，带动磁铁向干簧触点方向移动，使干簧触点接通，作用于跳闸。重瓦斯保护应动作于跳开变压器各侧断路器。

变压器沿气体继电器管道方向应有1%～1.5%的升高坡度，其他通向气体继电器总管的连管应有2%～4%的升高坡度。

气体继电器在安装中，应注意其箭头方向应指向油枕，且外部应装设防雨罩。

（3）其他附件。变压器通常还装设有防爆管、压力释放阀、净油器、温度计等附件。

（四）变压器的技术参数

在变压器的铭牌上标有型号和技术参数，是选择和使用变压器的依据。在变压器的参数中，一些参数在保护装置中需正确输入，保护装置根据这些参数进行相位校正、幅值平衡（计算平衡系数等）。

1. 额定容量 S_N

指在额定电压和额定电流下连续运行时，变压器所能输出的视在功率，单位为VA或kVA。

2. 额定电压 U_N

指变压器长期运行所能承受的工作电压，单位为V或kV。U_{1N}表示原绕组额定电压，U_{2N}表示副绕组额定电压。对于三相变压器，额定电压均指线电压。

3. 额定电流 I_N

在额定容量和额定电压下，变压器绕组允许的长期工作电流。单位为A或kA。I_{1N}表示一次绕组额定电流，I_{2N}表示二次绕组额定电流。对于三相变压器，额定电流均指线电流。

4. 绕组连接组别

三相变压器绕组的常用联结方法有两种：星形接法（Y接）和三角形接法（D接）。星形接法是将三相绕组的末端X、Y、Z接在一起形成中性点，将三相绕组的首端A、B、C引出。若将中性点引出接地，则称为YN接法。三角形接法是将各相绕组的首末端依次连接形成闭合回路。连接组别涉及到各侧相位问题，具体可参考第四章变压器保护一节。

（五）变压器的运行方式

变压器通常可采用三种运行方式：单台运行、分列运行和并列运行。变压器的运行方式不同，对保护的整定计算、跳闸方式等有影响。

1. 单台运行

由一台变压器单独向负荷供电。这种运行方式最简单，但缺点是供电可靠性差，若遇变压器故障或检修，则要中断对所有负荷的供电。

2. 分列运行

这是变压器的典型运行方式，见图8－13。正常运行时图中的分段断路器QF断开运行，两台变压器分别通过低压侧母线W1、W2向各自的负荷S1、S2供电；当一台变压器因故障或检修停运时，将QF合上，由另一台变压器通过母线W1、W2继续向S1、S2中的大部分负荷供电。分列运行的优点是供电可靠性较高，能保证对重要用户的供电，而且在故障状态下短路电流

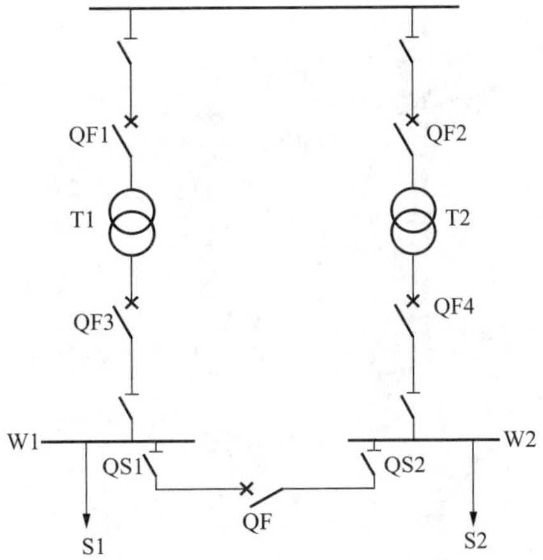

图8－13 变压器分列运行接线

小，通过配置低压分段备自投装置可进一步提高供电可靠性。

3. 并列运行

这种运行方式是将图 8－13 中的分段断路器 QF 合上运行。也就是将两台或两台以上变压器的原绕组并联接到公共电源上，副绕组也并联接在一起向负荷供电。并列运行除有提高供电可靠性的优点外，还可根据负荷情况增减投入并列的变压器台数，做到经济运行；且能在不中断供电的情况下轮流安排变压器检修。

变压器并列运行应满足额定电压（或分接头电压）相等，接线组别相同，短路阻抗（百分值）相等这三个条件。

三、断路器

断路器的作用是：① 根据系统的需要将某些电气设备投入或退出系统运行。② 当系统中发生故障时由继电保护动作于断路器将故障设备从系统中切除。所以断路器在一次系统中起着控制和保护的关键作用。它能切断和接通正常工作电流、过负荷和短路电流。为了使断路器具备上述功能，断路器在分、合过程中必须要能够可靠熄灭电弧。断路器配合重合闸可实现重合闸功能。由于保护装置是通过断路器来切除故障的，因此对断路器应当有一定的了解，尤其是与保护的连接部分和操动机构、辅助接点等，对其工作原理和一些参数也应有所了解。

1. 断路器的分类

断路器按照安装地点可分为户内式和户外式。

根据不同的灭弧介质和工作原理，高压断路器可分为以下几种类型：

（1）油断路器。油断路器以变压器油作为灭弧介质，又可分为少油断路器和多油断路器。少油断路器具有用油量少、体积小、价格较低的优点。目前应用已很少了。

（2）SF_6断路器。采用 SF_6（六氟化硫）气体作为灭弧介质和触头间隙的绝缘介质，SF_6 断路器目前在 110kV 及以上高压及超高压系统广泛使用，如图 8－14 所示。SF_6 断路器与以 SF_6 为绝缘的有关电器组成的封闭组合电器（GIS），在城市高压配电装置中的应用也日益广泛。

（3）真空断路器。真空断路器在真空容器中进行电流的开断与关合，是利用电弧弧区压力在真空环境中扩散灭弧的断路器。真空断路器一般是户内使用，多用于 6～35kV 电压级，如图 8－15 所示。

图 8－14　220kV SF_6 断路器

图 8－15　ZN4－10 型真空断路器

2. 断路器的结构

高压断路器的结构形式，按照对地绝缘方式的不同，分为绝缘支柱型、罐式型及全封闭组合型。高压断路器的结构组成比较复杂，大体上由以下五个部分组成：

（1）开断元件。是断路器的核心元件，关合、开断电路都由它执行，包括触头、导电部分和灭弧装置等。灭弧室的作用是熄灭电弧，灭弧方式有纵吹、横吹及纵横吹。

（2）支撑元件。通常指断路器的瓷柱、瓷套及其他固体绝缘件，用于支撑开断元件，并起绝缘作用。

（3）传动元件。它把操作指令及操作动力传递给开断元件，通常由连杆、齿轮、拐臂、液压或空气管道等组成。

（4）基座。是整台断路器的基础，用于支撑和固定断路器。

（5）操动机构。其任务是进行断路器的合闸、分闸操作以及合闸状态的保持。目前常见的断路器操动机构有电磁操动机构、液压操动机构、弹簧贮能操动机构、手力操动机构和气动操动机构等。对于电磁、气动、液压等操动机构还应要求分、合闸电源电压、气压或液压在一定范围内变化时，仍能可靠工作。

当断路器关合有短路故障电路时，断路器将自动分闸。此时若合闸命令还未解除，则断路器分闸后又将再次合闸，接着又会分闸。这样，就有可能使断路器连续多次合分短路故障电路，这一现象称为“跳跃”。出现“跳跃”现象时，断路器将连续多次合分短路电流，造成触头严重烧伤，甚至引起断路器爆炸事故。防“跳跃”措施，有机构的和电气的两种方法。

3. 断路器的有关基本技术参数

断路器的基本技术参数包括如下一些参数。

（1）额定电压：断路器正常工作时的电压。

（2）额定电流：断路器长期可以通过的电流。

（3）额定开断电流：断路器在额定电压下能开断而不妨碍其继续工作的最大短路电流。它表明了断路器的开断能力。

（4）动稳定电流：断路器在合闸位置时能承受的最大峰值电流。它表明断路器在短路时承受短路电流电动力效应的能力。

（5）热稳定电流：在规定的时间内断路器所能承受的电流有效值。它表明断路器承受断路器电流热效应的能力。

（6）分闸时间：分闸时间是表明断路器分断快慢的参数。它包括固有分断时间和燃烧时间。固有分断时间指断路器接到分闸命令起到触头分离的时间间隔；燃烧时间指触头分离到各相燃烧完全熄灭的时间间隔。固有分断时间和燃烧之间之和称为全开断时间。全开断时间越短，断路器分闸速度越快。

（7）合闸时间：指断路器接到合闸命令到各相触头均接触的时间间隔。

（8）分、合闸相间同步时间（同期性）：指在分闸及合闸时，最先完成动作的一相和最后完成动作的一相的时间间隔，要求其时间在几个 ms 内。在各相不同步的时间内会有不平衡电流产生，可能对保护有一定影响。

（9）无电流间隔时间。指断路器自动重合闸过程中，断路器跳闸各相电弧熄灭起到断路器重合触头预击穿为止的一段时间（300ms）。

（10）金属短接时间。是指断路器自动重合闸过程中，断路器重合闸触头全部接通起到断路器再次跳闸触头刚分为止的一段时间（40～75ms）。

（11）合闸线圈、分闸线圈额定电源电压。交流为220V，380V；直流为48V，110V，220V。合闸线圈一般配一套，分闸线圈要可靠，一般可配两套及以上。

4. 断路器的辅助接点

断路器靠本身所带常开、常闭接点的变换开合位置，来接通断路器机构合、跳闸控制回路和音响信号回路，达到断路器断开或闭合电路的目的，并能正确发出音响信号，启动自动装置和保护闭锁回路等。当断路器的辅助接点用在合、跳闸回路时，均应带延时，以实现断路器的可靠分合闸。

四、隔离开关

隔离开关又称刀闸，是高压开关的一种，它没有灭弧装置，当其处在关合位置时，能承载工作电流，但不能用来接通或切断负荷电流和短路电流，使用时应与断路器配合。

1. 隔离开关的用途

在电力系统中隔离开关的主要用途是：

（1）隔离电压。进行检修维护时，用隔离开关将电气设备与运行中的电网隔离，构成明显可见的断开间隙，以确保检修工作的安全。

（2）倒闸操作。投入备用母线或旁路母线以及改变运行方式时，利用隔离开关配合断路器来完成。

（3）在双母线接线方式中利用两条母线上的隔离开关位置的通断将连接元件在两条母线之间切换。

（4）接通和断开小电流电路。隔离开关具有一定的通、断小电感电流和电容电流的能力，在运行中可利用隔离开关进行下列操作：接通和断开电压互感器和避雷器电路；接通和断开电压为10kV，长为5km以内的空载输电线路和电压为35kV，长为10km以内的空载输电线路；接通和断开励磁电流不超过2A的空载变压器：35kV级小于1000kVA，110kV级小于3200kVA。

2. 隔离开关的分类

隔离开关的类型很多，可按以下方式进行分类：

（1）按装设地点，可分为：户内式、户外式。

（2）按绝缘支柱的数目，可分为：单柱式、双柱式、三柱式。

（3）按运动方式，可分为：水平旋转式、垂直旋转式、摆动式、插入式。

（4）按有无接地刀闸，可分为：带接地刀闸和不带接地刀闸两种。

（5）按操动机构，可分为：手动、电动和气动等。

图8－16和图8－17分别显示了户内和户外采用的两种隔离开关。

图8－16　户内隔离开关

图8－17 户外双柱式隔离开关

3. 隔离开关的辅助接点

隔离开关的位置状态通常是通过机械联动机构带动二次辅助接点的通断来实现与保护和自动装置的接口。辅助接点可分为机械辅助接点和真空辅助接点两类。

传统机械辅助接点通过动静触头之间的摩擦接触/断开来实现接点的通断，由于触头暴露在空气中，产生的电弧易使接点表面氧化或烧黑，特别在潮湿腐蚀性环境中容易导致接触不良。真空辅助接点开关的核心部件被密封成为一个整体以增强可靠性，其运动部分——转子依靠磁场的作用悬浮于定盘中，基本上不与定盘产生摩擦，所以转轴转动轻盈灵活，其接点工作于真空或惰性气体质中，基本不产生电弧，确保良好的电接触可靠性。

当隔离开关的辅助接点用于其分合闸回路中时，均应带延时。如在合闸过程中，一次隔离开关合到位后其常开辅助接点才接通，常闭辅助接点断开，如此可确保隔离开关分合闸可靠到位。

五、互感器

在高压电网中，为了测量和继电保护的需要．必须使用互感器。互感器的任务是：

（1）把一次系统中的高电压和大电流按比例地变换成二次系统的低电压和小电流，以便提供测量和继电保护所需要的参数；

（2）把电网处于高压的部分与处于低压的测量仪表和继电保护装置部分分隔开，以保证人员和设备安全。

互感器有电压互感器和电流互感器两大类，分别转换电压与电流。目前广泛采用的互感器是应用电磁感应原理变换参数的，叫做电磁式互感器，其工作原理和变压器类似，但在性能上和结构上，则和电力变压器有较大的差别。现在新的数字式光电互感器正逐步得到应用，详细介绍请参考本章第三节的数字化变电站部分。

（一）电磁式电流互感器。

电力系统广泛采用电磁式电流互感器，有一次绕组和二次绕组，其一次绕组匝数极少，串联在被测电路中；二次绕组匝数较多，与测量仪表或继电器的电流线圈串联，由于仪表或继电器的电流线圈阻抗很小，因此正常工作时电流互感器的二次侧接近于短路状态。

1. 电流互感器的分类

电流互感器根据使用情况主要分为以下几类。

（1）按照装设地点：户内式、户外式。一般35kV以上采用户外式。

（2）按照按照方式：穿墙式、支持式（支柱式）、装入式（套管式，装在变压器、断路器等设备的套管上）。

（3）按照一次绕组匝数：单匝式、复匝式。

（4）按照绝缘类型：干式、浇注式（用环氧树脂做浇注）、油浸式、气体式（SF_6气体做绝缘）。

2. 误差参数

电流互感器在变换过程中存在误差，主要有比值误差、相位误差复合误差。对于保护而言，其误差直接影响到保护的信号输入，其准确度的高低影响到整个保护系统，因此应重视误差对保护影响。关于误差、准确度的详细介绍请参考第六章二次回路的互感器部分。

3. 结构

互感器由铁芯、绕组（一次和二次）和绝缘材料组成。绕组分一次绕组和二次绕组，都用铜导体制成。一次绕组根据铁芯和绝缘结构可绕成圆形、矩形、U形、吊环形。一次绕组可由相同的几段组成，通过段间的串联、并联，实现电流比的变换，当绕组由两段组成时，可通过串、并改变两种变比，当绕组由4段组成时，通过串、并一串合并实现3种变比变换。也可通过一次绕组抽头实现电流比的变换。二次绕组有筒形和环形等种类，二次绕组通常要设中间抽头，以扩展变比。电流互感器的绝缘则包括内绝缘和外绝缘。

电流互感器的结构主要取决于互感器绝缘介质种类，下面简单介绍油绝缘介质、气体绝缘介质和固体绝缘介质电流互感器的典型结构。

（1）油浸式电流互感器结构。

总体结构：常见的结构为正立式和倒立式两种，其特点比较如下，其外形见图8－18所示。

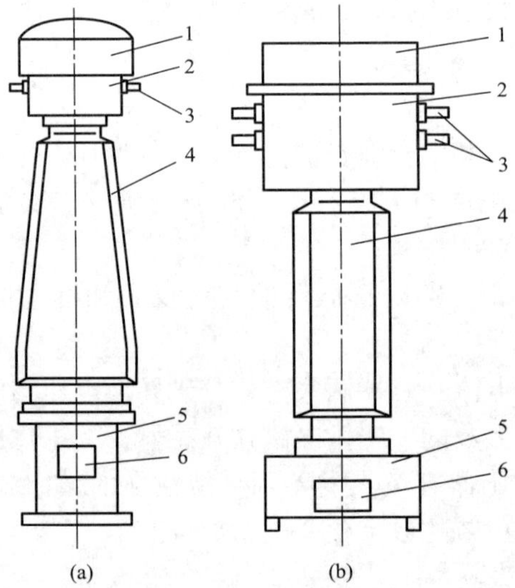

图8－18　电流互感器外形图

（a）正立式；（b）倒立式

1—屏障器；2—储油柜；3——次出线；4—瓷套；5—油箱；6—二次出线盒

正立式：一次绕组从上部端子引入，以U形或吊环型通过互感器全身，最后又从上部引出，二次绕组分布在互感器的中下部（U形底部或吊环底部），互感器重心低，容易满足抗地震性能要求，一次绕组长，产生热量多，绝缘厚且长，散热困难。大电流温升难解决，小电流高短路电流倍数动稳定问题不易解决。

倒立式：与正立式相反，一次绕组从互感器上部穿过，不经过互感器器身，重心高，抗震性能差，要求有机械强度高的瓷套。

绝缘结构：油浸式电流互感器的绝缘结构一般有两种，一种是链型结构，它适用66kV及以下的互感器；另一种是电容型结构，它适用于220kV及以上的互感器。

（2）SF_6气体绝缘电流互感器结构。

SF_6气体绝缘电流互感器分独立式和套装式两类，独立式即单独安装使用，套装式即与其他配电装置配套使用，如GIS等，独立式SF_6电流互感器大都采用倒立式结构。一、二次绕组都安装在器身的顶部，构成贯穿式结构，一次绕组为导杆型，二次绕组安装在屏蔽筒内，二次线通过出线管引至出线盒，其出线可采用油纸绝缘，也可采用充气套管，顶部壳体用钢板制成，或用机械强度和气密性均高的铸铝合金制成，下部套管由高强度瓷或环氧玻璃钢与硅橡胶制成的复合式套管。

（3）浇注绝缘电流互感器。

由树脂、填料、固化剂等按一定比例混合，浇注到装有互感器一、二次绕组及其附件的模具内，固化成型后，即成为浇注绝缘电流互感器。目前常用的浇注绝缘电流互感器有单匝贯穿式、多匝贯穿式、多匝链式支柱式等，广泛应用于10～35kV系统。

（二）电压互感器

按工作原理，电压互感器可分为电磁式和电容分压式两种。电磁式电压互感器的工作原理和变压器相同，电容式的电压互感器则采用分压的原理。

1. 分类

（1）按安装地点，可分为户内式、户外式。35kV及以下多制成户内式，35kV及以上多制成户外式，其绝缘有明显差异。

（2）按相数，可分为单相式、三相式。10kV及以下可采用三相式。

（3）按绕组数，可分为双绕组、三绕组和四绕组。

（4）按绝缘方式，可分为干式、浇注式、油浸式、气体式等。

2. 结构

（1）油浸式电压互感器。

电压互感器的结构由绝缘介质种类划分，油浸式电压互感器结构分为单级式和串级式单级式可用于220kV及以下电压等级，串级式则可用于66kV及以上电压的所有电压等级。单级式的电压互感器其一、二次绕组绕在共同的铁芯上，绝缘不分级，靠磁耦合实现能量转换。串级式电压互感器由多个匝数相同的一次绕组装在数量为绕组数一半的相同的铁芯上，自上而下排列，接于高压与地之间。

（2）SF_6气体绝缘电压互感器的结构。

SF_6气体绝缘电压互感器由外壳、绝缘套管、铁芯、一、二次绕组以及安装附件组成。一次绕组一般采用宝塔形层式绕组，并按分级方式绕制；二次绕组为层式绕组，紧靠铁芯绕制，铁芯通常采用单相双柱叠片铁芯。SF_6绝缘电压互感器可以与GIS配套，也可以作成独立式气体绝缘电压互感器。

（3）浇注绝缘电压互感器。

同电流互感器一样，浇注绝缘也采用不饱和树脂和环氧树脂。浇注电压互感器通常用于35kV电压等级，可做成户内、户外、接地、不接地等多种结构。特别是10kV开关柜内，几乎全部采用浇注式互感器。

（4）电容式电压互感器。

电容式电压互感器的本体是一个电容分压器，其原理如图8－19所示。电容分压的分压比为$K=U_1/U_2=(C_1+C_2)/C_1$，$U_2=C_1U_1/(C_1+C_2)$。调节C_1和C_2的比值即可得到不同的分压比。为使C_2上的电压不随负载电流大小而变比，串入了适当的电感L（补偿电抗器），这一串入的电感称补偿电抗。电感量大小，决定于分压器内阻Z。如果串入L后，分压器内阻等于零，则输出电压U_2不随负载大小而变化。Z_X是阻尼电抗器，用以防止操作中产生谐振过电压。

电容式电压互感器的结构，按电容分压器和电磁单元的组合方式分为分装式和单柱式两种。电容分压器和电磁单元分别安装，电磁单元通过外部套管与电容分压器的中压端子相互连接的方式称为分装式，这种结构形式占地多，但维护方便。电容分压器与电磁单元上下组装在一起，二者在产品内部连接，称为单柱式，这种结构占地少，为便于维护、调节，在电磁单元外部设有调节板。

六、电抗器

电抗器是电力系统中常用的一种电感元件，可用于限制短路电流、稳定电压和无功补偿等。电抗器品种繁多，应用范围很广，下面介绍常见的几种。

（一）串联电抗器

串联电抗器串联在并联电容器组的回路中，其主要作用是降低电容器组的涌流倍数和涌流频率，抑制谐波电压放大，减少系统电压波形畸变。

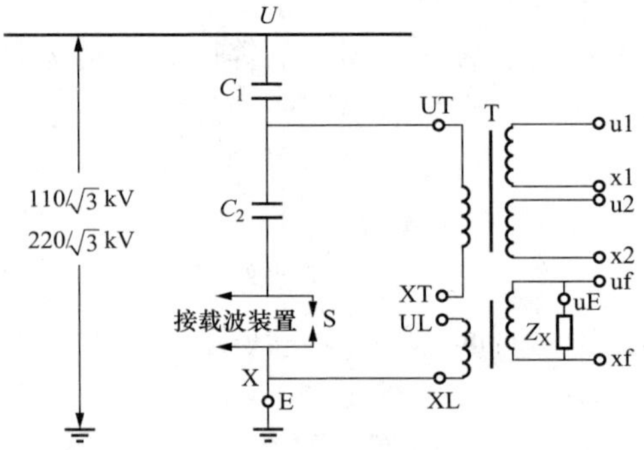

图 8－19　电容式电压互感器原理图

串联电抗器可分为普通串联电抗器和干式空心串联电抗器两种。普通串联电抗器为油浸式，由铁芯、绕组、油箱、套管和储油柜等部件构成。

（二）限流电抗器

限流电抗器有水泥电抗器和干式空心电抗器两种，都是无铁芯的空心电感线圈。

1. 限流电抗器的作用

限流电抗器串联于电力系统中，当系统发生短路故障时，限流电抗器能限制短路电流，减轻相应输配电设备的负担，可选择轻型电气设备，节省投资。

2. 限流电抗器的装设地点

（1）安装在线路上，称为线路电抗器。主要用来限制电缆馈线回路的短路电流，而在架空线路上不装设电抗器。当线路电抗器以后发生短路时，不仅限制了短路电流，还能维持较高的母线剩余电压，提高了供电的可靠性。

（2）安装在母线分段断路器处，称为母线分段电抗器。当线路上或一段母线上发生短路时，它能限制另一段母线提供的短路电流。若能满足要求，可省去在每条线路上装设电抗器，以节省工程投资。但它限制短路电流的效果较小。

（3）安装在变压器回路中（一般是低压侧），称为变压器回路电抗器。当变压器容量较大时，为了限制短路电流，以便变压器回路能选用轻型断路器，可装设变压器回路电抗器。

（三）并联电抗器

并联电抗器通常安装于超高压输电线路的终端，用于补偿线路对地电容，限制在线路一侧断开后产生的过电压。

在超高压、长线路输电线路中，须安装一定容量的并联电抗器，主要目的一是补偿容性充电功率；二是在轻负荷时吸收无功功率，控制无功潮流，稳定网络的运行电压。并联电抗器防止了线路一侧开关切合所产生的过高的工频操作过电压及相应的暂态振荡过电压，从而可减少电网损耗，提供电质量，提高系统的稳定性。

在超高压输电线路上安装的并联电抗器，一般三相分别装设一只，接成星形接线，且在中性点对地之间的零序回路上再装设一只零序小电抗器。零序电抗器的作用是减少潜供电流的影响。

（四）分裂电抗器

从限制短路电流和维持母线剩余电压的角度看，要求电抗器具有较大的电抗，但正常运行时，为了减小电抗器上的电压损失，要求其电抗越小越好。为了解决这个矛盾，可以采用分裂电抗器。

分裂电抗器在结构上与普通电抗器相似，只是在绕组中心有一个抽头。中间抽头一般用来连接电源，两个分支连接两组大致相等的负荷。当分裂电抗器与普通电抗器的电抗值相等时，两者在短路时的限流作用相同，但正常运行时，分裂电抗器的电压损失只有普通电抗器的一半，而且比普通电抗器多供一倍数目的出线，从而减少了电抗器数量，减少了设备投资和占地面积，因而被广泛应用。

七、消弧线圈

（一）消弧线圈的作用

在中性点不接地的电力系统中，当发生单相接地故障时，将有接地电容电流流过接地故障点，引起弧光放电；若接地电容电流超过规定数值，则电弧不能自行熄灭，引发弧光短路或谐振过电压，烧坏电气设备，威胁系统安全运行。为此，可在系统中性点与大地之间接一个具有铁芯的可调电感线圈。装设消弧线圈后在接地故障时对接地电流起补偿作用，使接地点的电流减小或接近于零，从而消除接地点的电弧，减少跳闸率和设备损坏率，明显提高供电可靠性。

根据消弧线圈的电感电流对接地电容电流的补偿程度，补偿方式可分为全补偿、欠补偿和过补偿三种。在变压器中性点经消弧线圈接地时，采用的是接近谐振的过补偿方式。

（二）消弧线圈的结构

消弧线圈的外形和单相变压器相似，其主要构件也由铁芯、绕组、油箱、套管、油枕、分接开关、散热器等组成。与变压器不同之处在于其铁芯为均匀多间隙的芯柱结构，间隙中填以绝缘纸板；这样可以避免铁芯磁饱和，得到一个近乎恒定的电抗值，使补偿电流与电压成线性关系，从而使消弧线圈能保持有效的消弧作用。

为了改变消弧线圈的电抗值，消弧线圈设有 5 ~ 9 个分接头，通过分接开关实现分接头切换，以选择适应不同网络电容电流的电抗值。目前电力系统中应用最多的是调节分接头式（调匝式），通过改变消弧线圈的匝数（分接头），调节消弧线圈的电抗值。

（三）消弧线圈的分类

自动跟踪补偿消弧线圈按改变电感方法的不同，大致可分为调匝式、调气隙式、调容式、调直流偏磁式、可控硅调节式等。

1. 调匝式自动跟踪补偿消弧线圈

调匝式消弧线圈是将绕组按不同的匝数抽出分接头，用有载分接开关进行切换，改变接入的匝数，从而改变电感量。调匝式因调节速度慢，只能工作在预调谐方式，为保证较小的残流，必须在谐振点附近运行。

2. 调气隙式自动跟踪补偿消弧线圈

调气隙式电感是将铁芯分成上下两部分，下部分铁芯同线圈固定在框架上，上部分铁芯用电动机，通过调节气隙的大小达到改变电抗值的目的。它能够自动跟踪无级连续可调，安全可靠。其缺点是振动和噪声比较大，在结构设计中应采取措施控制噪声。这类装置也可以将接地变压器和可调电感共箱，使结构更为紧凑。

3. 调容式消弧补偿装置

通过调节消弧线圈二次侧电容量大小来调节消弧线圈的电感电流，二次绕组连接电容调节柜，当二次电容全部断开时，主绕组感抗最小，电感电流最大。二次绕组有电容接入后，相当于主绕组两端并接了相同功率的电容，使主绕组感抗增大，电感电流减小，因此通过调节二次电容的容量即可控制主绕组的感抗及电感电流的大小。电容器的内部或外部装有限流线圈，以限制合闸涌流。电容器内部还装有放电电阻。

4. 调直流偏磁式自动跟踪补偿消弧线圈

在交流工作线圈内布置一个铁芯磁化段，通过改变铁芯磁化段磁路上的直流励磁磁通大小来调节交流等值磁导，实现电感连续可调。

直流励磁绕组采取反串连接方式，使整个绕组上感应的工频电压相互抵消。通过对三相全控整流电路输出电流的闭环调节，实现消弧线圈励磁电流的控制，利用微机的数据处理能力，对这类消弧线圈伏安特性上固有的不大的非线性实施动态校正。

5. 可控硅调节式自动跟踪补偿消弧线圈

该消弧系统主要由高短路阻抗变压器式消弧线圈和控制器组成，同时采用小电流接地选线装置为配套设备，变压器的一次绕组作为工作绕组接入配电网中性点，二次绕组作为控制绕组由2个反向连接的可控硅短路，可控硅的导通角由触发控制器控制，调节可控硅的导通角由0~180°之间变化，使可控硅的等效阻抗在无穷大至零之间变化，输出的补偿电流就可在零至额定值之间得到连续无极调节。可控硅工作在与电感串联的无电容电路中，其工况既无反峰电压的威胁，又无电流突变的冲击，因此可靠性得到保障。

（四）安装位置

选择消弧线圈的安装位置时应注意，在任何运行方式下，大部分电网不得失去消弧线圈的补偿。不应将多台消弧线圈集中安装在一处，并应尽量避免在电网中仅安装一台消弧线圈。

在变电站中，消弧线圈的安装一般有两种情况：

（1）装设在变压器中性点上，与避雷器并联。避雷器能防止大气过电压损坏消弧线圈。

（2）采用专用接地变压器。如变压器无中性点或中性点未引出，应装设专用接地变压器，其容量应与消弧线圈的容量相配合。

八、防雷及接地装置

（一）防雷装置

常用的防雷装置有避雷针、避雷线、避雷网、避雷带及避雷器。一套完整的防雷装置包括接闪器、引下线和接地装置。上述针、线、网、带实际上都只是接闪器。各种防雷装置的具体作用是：

1. 避雷针

利用尖端放电原理，避免设置处所遭受直接雷击。同时变压器、其他电气设备或建筑物均在其保护范围内，以防止遭到直击雷的破坏。

2. 避雷线

线路上的避雷线也称架空地线。它主要是为了在线路（靠近变电站区段）可能受到直接雷危害时，可以限制沿线路侵入变电站的雷电冲击波幅值及陡度。

3. 避雷器

常分管型与阀型两类，它可进一步防止沿线路侵入变电站（或变压器）的雷电冲击波对电气设备的破坏，把侵入的雷电波（或感应雷雷电波）限制在避雷器残压值范围内，从而使变压器及其他电气设备可免受过电压的危害。

4. 避雷带

沿建筑物屋顶四周易受雷击部位明设的金属带作为接闪器、沿外墙作引下线和接地网相连的装置称为避雷带。多用在民用建筑特别是山区。由于雷击选择性较强（可能从侧面横向发展对建筑物放电），故使用避雷带（网）的保护性能比避雷针的要好。

5. 避雷网

分为明装避雷网和笼式避雷网两大类。沿建筑物屋顶上部明装金属网格作为接闪器，沿外墙装引下线接到接地装置上，称为明装避雷网。一般建筑物中常采用这种方法。而把整个建筑物中的钢筋结构连成一体，构成一个大型金属网笼，称为笼式避雷网。

（二）接地装置

凡是电气设备或设施的任何部位（不论带电与不带电），人为地或自然地与具有零电位的大地相接通的方式，便称为电气接地，常简称接地。埋入土壤内并与大地直接接触的金属导体或导体组，叫做接地体，也叫接地极。连接接地体与电气设备应接地部分的金属导体，叫做接地线。接地体和接地线的总和，称为接地装置。

接地装置有两种，工作接地和保护接地。工作接地是为了保证电力系统在正常情况和事故情况下能够可靠工作，而将电力系统中某点进行接地，例如变压器中性点接地，避雷器和避雷针接地等。保护接地是为了保护人身安全、防止触电，将金属结构或电气设备的外壳进行接地。例如将变压器的外壳接地。

第二节 变电运行及事故处理基础

一、变电站倒闸操作概述

在电力系统中运行的电气设备，经常需进行检修、调试及消除缺陷等工作，这就要改变电气设备的运行状态或改变电力系统的运行方式。变电站的电气设备有运行、热备用、冷备用和检修四种不同的状态。当电气设备由一种状态转到另一种状态或改变电力系统的运行方式时，需要进行一系列的操作，这种操作称为电气设备的倒闸操作。

（一）倒闸操作的主要内容

（1）电力线路的停、送电操作。

（2）电力变压器的停、送电操作。

（3）发电机的起动、并列和解列操作。

（4）电网的合环与解环。

（5）母线接线方式的改变（倒母线操作）。

（6）中性点接地方式的改变。

（7）继电保护自动装置使用状态的改变。

（8）接地线的安装与拆除等。

上述绝大多数操作任务是靠拉、合某些断路器和隔离开关来完成的，断路器和隔离开关被称为开关电器。此外，为了保证操作任务的完成和检修人员的安全，需取下、装上某些断路器的操作熔断器和合闸熔断器，这两种被称为保护电器的设备，也像开关电器一样进行频繁操作。

（二）倒闸操作管理

1. 合、解环操作

合环操作必须相位相同，操作前应考虑合环点两侧的相角差和电压差，并估算合环潮流。解环操作应先检查解环点的有功、无功潮流，以确保合、解环后系统各部分电压在规定范围内，备环节潮流的变化不超过继电保护、系统稳定和设备容量等方面的限额。

2. 变压器操作

变压器投入运行时，一般先从电源侧充电，后合上负荷侧开关。变压器停电时，操作顺序相反。向空载变压器充电时，充电开关应有完备的继电保护，并保证有足够的灵敏度，同时应考虑励磁涌流对系统继电保护的影响。变压器充电或拉停时，各侧中性点应保持接地。在运行中的各变压器，其中性点接地的数目和地点，应按继电保护的要求设置。运行中的变压器中性点接地开关如需倒换，则应先合上另一台变压器的中性点接地开关，再拉开原来一台变压器的中性点接地开关。

3. 断路器操作

开关合闸前，应检查继电保护已按规定投入。断路器合闸后，应确认三相均已接通，自动装置已按规定设置。断路器使用自动重合闸装置时，应按现场规程规定考虑其遮断容量，当断路器切断故障电流的次数，按规定尚有一次时，若需继续运行，应停用该断路器的自动重合闸装置。断路器分闸前，应考虑所带的负荷安排。断路器操作时，当遥控失灵，现场规定允许进行近控操作时，必须三相同时操作，进行分相操作。

4. 隔离开关操作

隔离开关操作必须在断路器拉开后进行。允许用隔离开关单独进行下列操作：

（1）系统无接地时合拉电压互感器；

（2）无雷击时合拉避雷器；

（3）拉合不超过5A的母线充电电流；拉合励磁电流不超过2A的空载变压器；

（4）在没有接地故障时，拉合变压器中性点接地开关或消弧线圈隔离开关；

（5）拉合断路器或隔离开关的旁路电流，断路器合闸状态下，拉合与断路器并联的旁路电流（等电位法操作）；

（6）母联断路器在合闸位置时，进行倒换母线（等电位法操作）。

5. 二次回路操作

凡继电保护和自动装置压板的投入或切出以及定值的改变，均应由调度发令进行操作。

一次设备的操作同时涉及二次侧电流和电压回路的切换，均由变电站值班人员按有关规定自行操作，调度均不发令。

凡设备的继电保护或自动装置全投入或停用时，调度只发综合操作命令，而当几套保护装置中只投入或停用一套保护装置时，调度明确发令指出哪一套保护装置投入或停用。

6. 母线操作

（1）向母线充电时，应使用具有反映各种故障类型的速动保护的断路器（母联、旁路或线路断路器）进行，迫不得已需用隔离开关向母线充电时，还必须先检查和确认母线绝缘正常。

（2）用变压器向220kV、110kV母线充电时，变压器中性点必须接地。向不接地或经消弧线圈接地系统的母线充电时，应防止出现铁磁谐振或母线三相对地电容不平衡而产生异常过电压，如有可能产生铁磁谐振，应先带适当长度的空线路或采用其他消谐措施。

（3）进行倒母线时，母联断路器应合上并改为非自动。装有母差保护的变电站，应注意母差保护方式的调整。双母线（或单母线分段）停用一组母线时，应注意母线电压互感器低压侧倒送电。

7. 线路操作

（1）线路停电前，应正确选择解列点或解环点，并应考虑减少系统电压波动。对馈电线路一般先拉开受电端断路器，再拉开送电端断路器。送电顺序相反。对220kV及以上超高压长距离线路，还应考虑拉开空载线路时充电功率的影响（尤其是电压波动大引起的过电压）等。

（2）线路送电，断路器必须有完备的继电保护，并保证有足够的灵敏度。空载线路充电应考虑充电功率可能引起的电压波动，以及线路末端电压升高对变压器的影响。

（3）110kV及以上电压等级的线路，送端电源变压器中性点必须至少有一个接地点。

（4）新建或检修后相位可能变动的线路投入运行时，应进行核相工作。

二、继电保护有关操作

（一）一般性的规定

（1）继电保护装置应按规定投入运行。一般情况下，一次设备恢复（退出）热备用，则相应的二次保护要投入（退出）运行。不允许一次设备无保护运行。

（2）继电保护装置应按规定投入运行。一般情况下，一次设备恢复（退出）热备用，则相应的二次保护要投入（退出）运行。不允许一次设备无保护运行。

（3）对电气设备和线路充电时，必须投入快速保护。

（4）电压互感器倒闸操作时，必须防止二次向一次反充电。

（5）线路及备用设备充电时，应将重合闸及备用电源自动投入装置临时退出运行。

（6）新投产保护装置或保护电流、电压回路有变动时，必须要带负荷测试。

（7）在微机保护装置使用的交流电压、交流电流、开关量输入、开关量输出回路工作应停用整套微机保护装置。

（二）保护的有关操作规定

（1）高频装置、通道异常或有工作时，受影响的高频保护应停用。

（2）交流电流回路故障或在电流互感器一，二次侧有作业时，高频保护应停用。

（3）当保护通道异常或任一侧纵联保护异常时，线路两侧的该套纵联保护应同时停运。

（4）母差保护正常时都应投入运行，原则上不允许母线无母差保护运行。

（5）母线配置有两套母差保护的变电站在正常运行情况下，两套母差保护均应投入运行。

（6）微机母差保护装置中均配置了充电保护，该保护在母差保护投入运行时，应退出运行，只有在母线充电时启用。

（7）开关保护回路有工作或开关停运时，应断开该开关失灵保护的启动、跳闸回路压板（跨线）。

（8）双母线分开运行时应停用母联断路器失灵启动保护。

（9）当某保护屏上的母差保护停用时，该保护屏上的失灵保护也必须停运。

（10）与母差保护共用出口回路的失灵保护装置，当母差保护停用时，失灵保护也应停用。

（11）变压器差动保护新安装或二次回路有改变时，应进行带负荷测试正确后方可投运。

三、事故处理的基本概念

电力系统事故是指电力系统设备故障或人员工作失误，影响电能供应数量或质量并超过规定范围的事件。引起电力系统事故的原因是多方面的，如自然灾害、设备缺陷、管理维护不当、检修质量不好、外力破坏、运行方式不合理、继电保护误动和人员工作失误等。

按照事故范围，可将事故分为系统事故和局部事故两大类。局部性事故是由于电力系统内各别元件发生故障，使系统内的频率、电压和潮流分布发生变化，有时使局部系统发生振荡现象，这类事故使部分用户受到影响。系统性事故是由于电力系统失去了电源，如主要送电线路跳闸，主要发电厂全停等，使电力系统的频率、电压严重下降或使稳定破坏。此类事故影响很大，常常使电力系统的大部分发电厂解列，大量用户停电。

按照事故原因，可将事故分为变电事故和系统事故两大类。变电事故包括误操作，保护误动、拒动，绝缘不良，站用电中断，直流中断，断路器故障、爆炸，短路，内过电压，污闪，雷击，检修返工延期等。系统事故包括稳定破坏，系统解列，低频率，低（高）电压，误调度，保护误动、拒动，通信失灵，远动故障等。

第三节　变电站综合自动化

一、电力系统自动化的特点及功能

（一）电力系统自动化的重要性

电力系统中，被控制的发、输、变、配电设备数量很多，通过不同电压等级的电力线路连接成网状系统。电力系统运行控制的目标，就是始终保持整个电力系统的稳定运行，安全、经济地向用户提供合格质量的电能；在电力系统发生事故的时候，迅速切除故障，防止事故扩大，尽快恢复电力系统的正常运行。

同时由于电力商品的生产、传输、销售几乎在同一瞬时完成，电力生产的瞬时性和动态性要求其控制系统也应该具有实时性，常规的控制方式将难以满足这一要求。为此，借助各类自动装置和自动化系统才能有效监视和控制电力系统生产的各个环节，保证电力系统的安全稳定运行。

电力系统自动化是指应用各种具有自动检测、决策和控制功能的装置系统，通过信号系统和数据传输系统对电力系统各元件、局部系统或全系统的运行工况进行就地或远方的自动监视、调节和控制，保证电力系统安全、可靠、经济运行和向电力用户提供合格的电能。

（二）电力系统自动化的内容

电力系统自动化是二次系统的一个组成部分。通常是指对电力设备及系统的自动监视、控制和调度。电力系统自动化是一个总称，它由多个子系统组成，每个子系统完成一项或几项功能。从电力系统运行管理区分，可以将电力系统自动化的内容划分为几个部分：电网调度自动化、发电厂综合自动化、变电站综合自动化和配电网综合自动化。而发电厂综合自动化又可分为火电厂综合自动化和水电厂综合自动化。

变电站自动化（俗称综自系统）就是将变电站远动四遥、继电保护、测量仪表等二次系统功能综合于一体，实现对变电站一次设备的数据采集、监示、控制、操作、故障隔离、故障记录及其他自动化功能，是保证变电站安全、经济运行的一种新型技术手段。

1. 电网调度自动化系统

电网调度自动化系统的功能可概括为：调度整个电力系统的运行方式，使电力系统在正常状态下安全、优质、经济地向用户供电；在缺电状态下做好负荷管理；在事故状态下迅速消除故障的影响和恢复正常供电。

电网调度自动化系统的任务是综合利用计算机、远动和通信技术，实现电力调度管理自动化，有效地帮助调度员完成调度任务。在电网调度自动化的层面上，每个变电站的上送信息并不多，主要是相关断路器的遥信状态及电网潮流，但全网覆盖范围非常大。

电网调度自动化系统结构的一个特点是分层结构。通常电网调度控制分为国调、网调、省调、地区调、县调几个层次。

2. 变电站综合自动化系统

变电站综合自动化系统包括变电站微机监控、微机保护、微机自动装置、微机五防等子系统。而微机监控的核心是SCADA（Supervisory Control And Data Acquisition）系统，即数据采集与监视控制系统。

变电站综合自动化是自动化技术、计算机技术、信号处理技术、现代通信技术等高科技技术在变电站领域的综合应用。即将变电站的二次设备（包括测量仪表、信号系统、继电保护、自动装置和远动装置等）经过功能组合和优化设计，利用上述技术，实现对全变电站的主要设备和输、配电线路的自动监视、测量、自动控制和保护及与调度间通信等综合性的自动化功能。

变电站综合自动化系统具有功能综合化、系统结构微机化、测量显示数字化、操作监视屏幕化、运行管理智能化等特征。变电站综合自动化就是通过微机化保护、测控单元采集变电站各种信息，如母线电压、线路电流、直流温度、断路器位置及各种遥信状态等，并对采集到的信息加以分析和处理，借助于计算机通信手段，相互交换和上送相关信息，实现变电站运行监视、控制、协调和管理。变电站综合自动化既包括了横向综合，即利用计算机手段将不同间隔不同厂家的设备连在一起，又包括了纵向综合，即通过纵向通信联系，实现变电站与控制中心、调度端的紧密结合。

3. 配电网综合自动化系统

配网系统虽然电压等级低，但配电网络纷繁复杂，而且相关设备面临日晒雨淋，工作环境恶劣，因此配电网自动化发展较晚，其功能也在不断增加和调整。通过基于通信网络、馈线终端单元和后台计算机网络的配电综合自动化系统，它能在配电网正常运行时，监视配电网运行状况和遥控改变配电网的运行方式，故障时能够及时检测和自动隔离故障区域，改变配电网络拓扑结构，及时恢复健全段供电。

二、变电站综合自动化的结构形式

变电站综合自动化系统的分类可以有多种。如果按照设备布局来划分，可以分为集中式、局部分散式和分散分布式三种。如果按照变电站控制层次来划分，可以分为三层式控制系统、两层式分布控制系统、集控中心站形式等。

（一）按设备布局分类

1. 集中式综合自动化系统

集中式变电站综合自动化系统，指通过集中组屏布置的方式采集变电站的模拟量、开关量和数字量等信息，并同时完成微机保护、自动控制以及调度通信等功能。由于早期综自设备的技术不够成熟，设备抗电磁干扰和高温潮湿的性能有限，使得只有选择在能够提供良好环境的主控室安装运行综自设备。这种结构形式的综合自动化系统国内早期的产品较多。

集中式综合自动化系统的缺点是所有待监控的设备都需要通过电缆连接进入主控室或继保室，特别是大量10kV设备二次电缆的安装敷设，造成变电站安装成本高、周期长、不经济，同时增加了TA二次负载。

2. 局部分散式综合自动化系统

局部分散式综合自动化系统是将高压等级的保护和测控设备集中安装于主控室，而将低压等级的保护综自设备集中安装于高压室内或旁边的专用继保测控室，使得在对设备性能没有更高要求的条件下取得经济成本等方面的均衡。这种结构形式在20世纪90年代的旧站改造中较为常见，同时也广泛应用于现在的超高压变电站中。在500kV及以上电压等级的变电站综合自动化系统中，往往将变电站根据电压等级和场地布局等因素分为主控室和几个继保功能小室，例如分为一个主控室、两个500kV继保小室、一个220kV继保小室、一个主变继保小室等，各种二次设备电缆可以就近连接入相应的继保小室中，不同继保小室保护测控设备之间通过光纤进行通信联系。

3. 分散分布式综合自动化系统

随着微机保护测控装置技术性能的提高，使得保护测控装置分散安装于高压开关柜或场地机构箱成为可能。分散分布式综合自动化系统就是将高压等级的保护和测控设备集中安装于主控室，而将低压等级的保护综自设备分散安装于高压开关柜上，各设备之间通过现场总线或网络进行联结。分散分布式综自系统实现了二次回路不出开关柜，极大地减少了电缆敷设劳动量、缩短了安装工期、提高了经济性。目前国内主要保护及综自系统厂家的设备都能满足低压等级的分散分布式要求。而要达到110kV以上电压等级的保护综自设备分散分布的目标，则还需要相当长的路要走。

（二）按控制层次分类

1. 三层式综合自动化系统

三层式综合自动化系统采用总控单元（单机方式或双机主备切换方式）作为综自系统的核心通信单元；站控层分布配置SCADA监控主机（单机或主备方式）、操作员站、保护工程师站及五防主机等；间隔层装置采用单网或双网组网，通常选用485或现场总线方式，结构如图8-20所示。

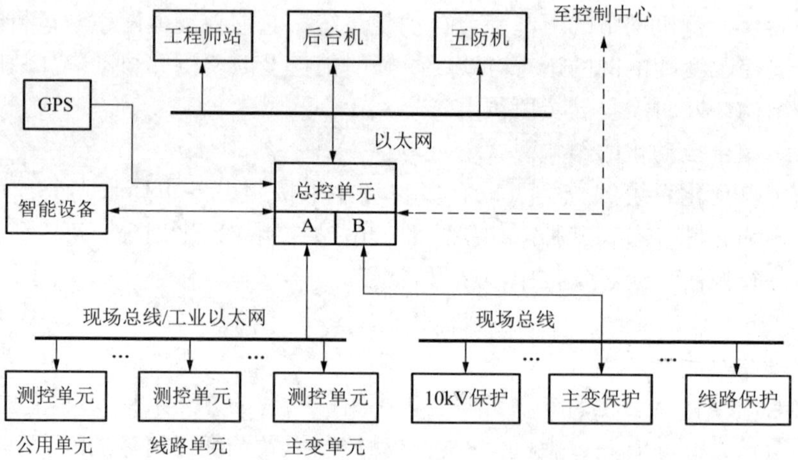

图8-20 三层式综合自动化系统结构

三层式综合自动化系统在20世纪90年代属于是主流，但随着广泛应用和技术发展，其缺点也逐渐体现。由于采用间隔层设备、通信控制层设备、站控层设备三层式结构来设计运行，这种结构下，间隔层设备与站控层设备的通信流将不可避免的通过通信控制器。因此通信控制器的性能成为整个系统通信的瓶颈，特别在设备较多的情况下，三层式综合自动化系统的性能表现不尽人意。

2. 两层式综合自动化系统

随着计算机技术和网络技术发展，变电站综自系统开始采用间隔层设备、站控层设备的两层式变电站综自模式，采用双以太网来进行组网。在两层式综合自动化系统中，站控层分布配置 SCADA 监控主机（单机或主备方式）、操作员站、保护工程师站及五防主机等；间隔层装置采用单网或双网组网，通过工业以太网方式直接接入监控网络，实现间隔层的测控单元直接上站控层网络，测控装置直接与站控层通信。当在站控层及网络失效的情况下，间隔层应能独立完成就地数据采集和控制功能。

对于条件不具备的分散式低压保护测控装置，现场采用的一种折衷方案是将低压保护测控装置采用现场总线方式组网，再通过通信控制器或规约转换器接入站控层监控网。这种方案将依然无法避免低压保护测控部分的通信瓶颈问题。对变电站内的电能表、故障录波、站用系统等其他智能设备也通过通信控制器或规约转换器接入站控层监控网。

两层式变电站综自系统的典型网络结构如图 8－21 所示。

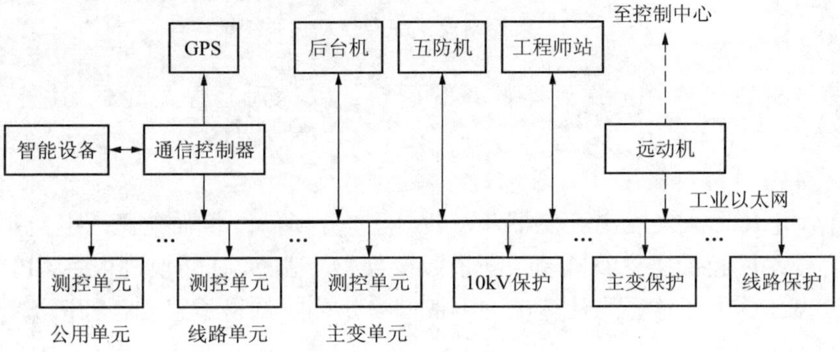

图 8－21　两层式综合自动化系统结构

3. 集控站模式综合自动化系统

有的电力用户采用集控站模式完成变电站无人值班，该种方式利用一个 220kV 或 110kV 枢纽变电站作为集控站，其综合自动化系统不仅完成本站的测控功能，同时还能监控其他的多个无人值班变电站。在集控站采用的多为两层式综合自动化系统，其典型网络结构如图 8－22 所示。

三、监控系统的基本功能及实现方法

监控系统是实现变电站综合自动化的核心，其完成的基本功能如下：

（1）“四遥”功能的实现，即遥测、遥信、遥控、遥调；

（2）主变档位的采集；

（3）微机保护的通信联系；

（4）微机五防系统的通信联系；

（5）其他智能设备的通信联系；

（6）实现全网统一校时。

在监控系统后台显示的主接线上，不同电压等级要求用不同的颜色进行区分表示，常见电压等级如下：0.40kV 黄褐；6kV 深蓝；10kV 绛红；35kV 鲜黄；110kV 朱红；220kV 紫；330kV 白；500kV 米黄。

（一）遥测采集的实现

遥测采集的作用是为了将变电站内交流电流、电压、功率、频率、直流电压、主变温

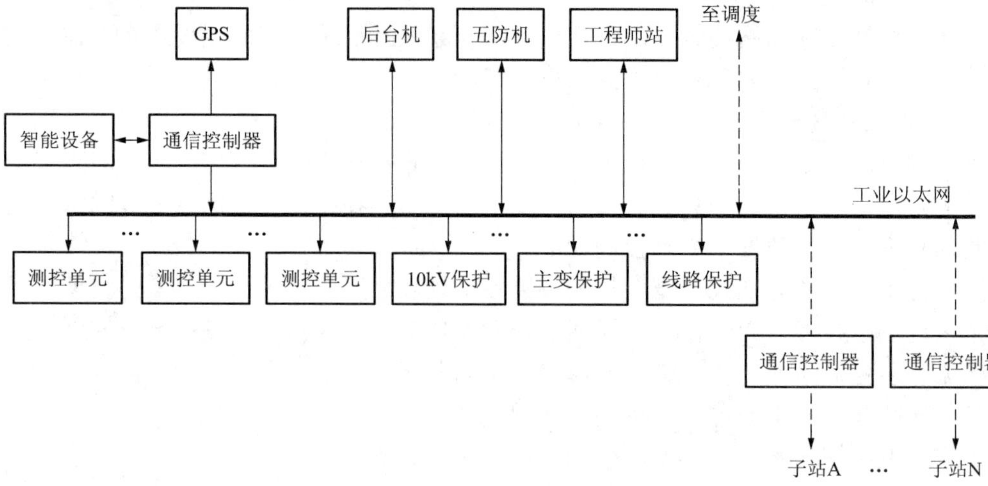

图 8－22　集控站模式综合自动化系统结构

度、档位等信号进行采集并上送到监控系统后台，以达到运行人员对其进行工况监视的目的。

1. 遥测采集及计算

外部电流及电压输入经隔离互感器 TV/TA 隔离变换后，将强电压、电流量转换成相应的弱电电压信号，再经低通滤波器输入至模数变换器，由 A/D 转换进入主 CPU。经 CPU 采样数字处理后，计算出各种遥测计算量，再按照一定的规约格式组成各种遥测量，通过通信口送给上位机。

遥测量的计算通常采用均方根算法，将各次谐波均要计算在内。

功率遥测分两表法与三表法，测量方法如图 8－23 和图 8－24 所示。

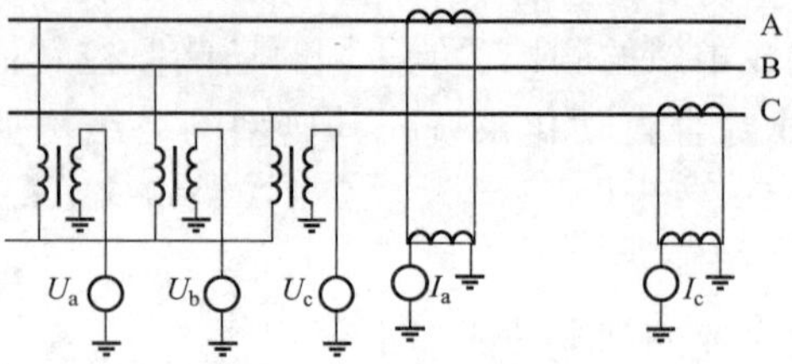

图 8－23　两表法测量接线

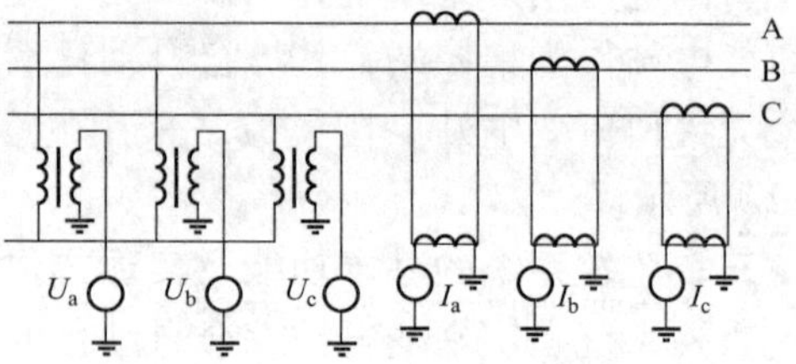

图 8－24　三表法测量接线

（1）两表法。

对于两表法测量，电压输入为 U_a、U_b、U_c，但所采用的计算量为 U_{ab} 和 U_{bc}，电流输入为 I_a、I_c，计算公式如下

$$U = \sqrt{\frac{1}{N}\sum_{n=1}^{N} u^2(n)}$$

$$I = \sqrt{\frac{1}{N}\sum_{n=1}^{N} i^2(n)}$$

式中：$u_{(n)}$ 为 n 时刻的电压采样值；U 为电压有效值；

$i_{(n)}$为 n 时刻的电流采样值；I 为电流有效值。

$$P=\frac{1}{N}\sum_{n=1}^{N}[u_{ab}(n)i_a(n)+u_{bc}(n)i_c(n)]$$

$$Q=\frac{1}{N}\sum_{n=1}^{N}\left[u_{ab}(n)i_a\left(n-\frac{3}{4}N\right)+u_{bc}(n)i_c\left(n-\frac{3}{4}N\right)\right]$$

$$\cos\varphi=\frac{P}{\sqrt{P^2+Q^2}}$$

式中：P 为三相有功功率；Q 为三相无功功率。

（2）三表法。

对于三表法测量，电压输入为 U_a，U_b，U_c，电流输入为 I_a，I_b，I_c，计算公式如下

$$U=\sqrt{\frac{1}{N}\sum_{n=1}^{N}u^2(n)}$$

$$I=\sqrt{\frac{1}{N}\sum_{n=1}^{N}i^2(n)}$$

式中：$u_{(n)}$为 n 时刻的电压采样值；U 为电压有效值；$i_{(n)}$为 n 时刻的电流采样值；I 为电流有效值。

$$P=\frac{1}{N}\sum_{n=1}^{N}[u_a(n)i_a(n)+u_b(n)i_b(n)+u_c(n)i_c(n)]$$

$$Q=\frac{1}{N}\sum_{n=1}^{N}\left[u_a(n)i_a\left(n-\frac{3}{4}N\right)+u_b(n)i_b\left(n-\frac{3}{4}N\right)+u_c(n)i_c\left(n-\frac{3}{4}N\right)\right]$$

$$\cos\varphi=\frac{P}{\sqrt{P^2+Q^2}}$$

在工程实际应用中，应根据现场实际情况来正确设置测控装置的电表接法。有的测控装置提供了在就地液晶面板上显示遥测一次值的功能，如需要显示一次值，则在测控装置内部参数中还应正确设置 TA 变比和 TV 变比。

为确保装置带负荷投入运行后显示遥测值正确，在现场应用中应保证测控装置输入电流、电压回路的极性和相序正确。对大量的 10kV 线路采用两相式 TA 时，为保证功率计算正确，一定要选择正确的功率计算方法。

2. 标度系数

电力系统中的各种参数有不同的量纲和数值变换范围，如电压测量值单位为 V 或 kV，电流测量值单位为 A 或 kA，功率测量值单位为 MW/Mvar 或 kW/kvar 等。一次检测仪表的变化范围也不同，如电压互感器二次输出为 0～100V，电流互感器输出为 0～5A（或 1A）。所有这些信号又都经过各种形式的变换器转化为 A/D 转换器所能接收的信号范围，如 0～5V。经过 A/D 转换成数字量，然后再由计算机进行数据处理和运算，变换成运行人员便于监视和管理的数值量。这就是标度变换。

在通信报文数据传送中，一个遥测量通常用两个字节来表示。如果其中有效位为 11bit，则其最大值（又称为满度值）为 2047。一般将各种电气量额定值的 1.2 倍设定为满度值，如电流二次额定值为 5A，则测控装置采样为 $1.2\times5=6$A 时输出码值为 2047，由此得到电流的标度系数为 $K=6/2047$。后台监控系统将通道码与标度系数相乘并加上偏移量（除频率

等个别遥测量外，通常为0）后，即可显示出电流值6.0A来。如果再乘上变比系数（如TA变比设为300/5），则将显示电流值为360A。

对于遥测数据通常将电流I、电压U、频率f等作为无符号数据；而将有功功率P、无功功率Q、功率因数$\cos\varphi$等作为有符号数（正负表示吸收/送出功率）；对于直流量，则有的量作为无符号数（如直流电压），有的量作为有符号数（如直流电流，正负表示充放电的方向）。

不同的厂家的测控装置和遥测类型，有着不同的标度变换系数。

表8－1为几种厂家的测控装置遥测类型测量系数。

表8－1　不同测控装置的测量系数

测量类型	测量系数		
	DISA系列	BJ系列	RCS9000系列
电流I	6/2047	0.01	6/4095
电压U	120/2047	0.1	120/4095
有功P、无功Q	1247/2047	1	1039/4095
直流	5/2047	0.01	6/4095
$\cos\varphi$	1.2/2047	0.001	1.2/4095
频率f	10/2047	0.01	10/4095

3. 遥测转发顺序

需要指出的是，不同类型和不同厂家的测控装置，不仅遥测标度系数是不同的，其遥测的转发顺序也是不同的。在使用中首先应根据工程实际进行装置通信地址规划，再按地址从1到n将各个测控所转发的遥测数据名称正确填入相应的后台监控系统遥测数据库中，并根据现场实际在遥测参数库中正确设置遥测系数和变比。

如某种类型的测控装置遥测转发顺序如下：I_a、I_b、I_c、P、Q、$\cos\varphi$。则只要各测控装置的地址确定了，其后台监控系统遥测数据库的顺序也就照此转发顺序顺次确定了。

4. 遥测越限

可以通过设置遥测越上限/下限监视来对一些重要的遥测数据进行重点监测。当运行中监控系统后台上遥测数据超过越限设定值后，经整定延时后计算机报越限告警。为防止遥测值在越限点附近上下波动时监控机频发告警信号，监控系统越限库中通常可以设置越限死区值来避免。在遥测值达到越限条件后，只有恢复到越限值减去死区值以下监控机方报遥测越限回归，在死区值范围内数据波动时将不再报越限动作和恢复。

通常变电站的中低压侧母线电压、直流电压、主变温度、主变功率、重要线路功率等应设置遥测越限监视。其中10kV电压等级越限值为10.0～10.7kV，35kV电压等级越限值为35.0～38.0kV，110kV电压等级越限值为107.0～117.0kV。

（二）遥信采集的实现

1. 遥信的采集

遥信又称为状态量。遥信采集的作用是为了将变电站内断路器、中央信号等位置信号上送到监控系统后台，以达到运行人员对其进行工况监视的目的。变电站综合自动化系统中应采集的状态量包括：断路器状态，隔离开关状态，变压器分接头信号及变电站一次设备告警信号、各种保护跳闸信号、预告信号等。目前这些信号大部分采用光电隔离方式输入系统，也可通过通信方式获得。通过光耦开入方式采集的遥信量称为“实遥信”，通过通信虚拟采集的遥信量称为“虚遥信”（如有的厂站通过五防机上送刀闸虚遥信方式）。

开关状态量信号通过光电隔离转换成数字信息，取得状态信号，变位信息（COS）、事件顺序记录（SOE）。为了取得良好的抗干扰性能，信号量的开入通常采用DC220/110V直流电压强电输入，原理图如图8－25所示。

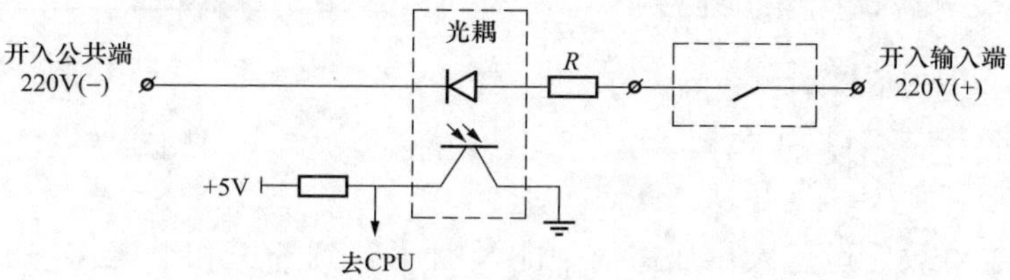

图8－25　遥信采集回路

为防止信号干扰抖动而导致误报，通常信号量的采集带有滤波回路，或可以在测控装置上进行遥信防抖确认时限的整定设置。遥信输入是带时限的，即某一位状态变位后，在一定的时限内该状态不应变位，如果变位，则该变化将不被确认，这是防止遥信抖动的有效措施，如图8－26所示。在工程应用中应正确利用此项功能，如防抖时限设得过小，则遥信经常可能误报；如果防抖时限设得太长，则可能导致遥信响应时间过长甚至丢失。该时限通常设为20ms～40ms左右，此防抖时间通常是可以在测控装置中进行整定的。

通常要求遥信（或SOE）的分辨率<2ms，这仅与遥信的采集频率有关。当遥信的采集频率每周波大于12点（采样间隔为1.667ms）时，就可以满足要求。

当遥信状态改变后，测控装置即以最快的速度向监控后台插入发送变化遥信信息，后台收到变化遥信报文后，经解码发现遥信历史库状态与当前状态不一致，遂提示该遥信状态发生改变，这就是遥信变位的过程。

即使遥信状态没有发生改变，测控装置每隔一定周期，定时向监控后台发送本站所有遥信状态信息，这就是全遥信报文发送过程。

变化遥信和全遥信报文均不带时间标记。因此遥信变位时间是由后台监控机产生，当发生事故跳闸时，该信息不能作为事故追忆的依据，仅能提供作参考。

在工程应用中应注意“断路器控制回路断线”信号的防抖时限不能设得过小。通常控制回路断线的信号采用断路器操作回路中的合位继电器HWJ和跳位继电器TWJ的常闭触点串联输出方式，如果HWJ和TWJ均不动作则表明控制回路断线。在断路器分合闸过程中，位置继电器总是原来处于励磁状态的先被短接返回，待断路器辅助触点完成分合切换后，原来未励磁的再动作，因此HWJ和TWJ总存在一个均处于返回状态的交叠过程。如图8－27中KZDX所示。该交叠过程的时间长短与断路器类型有关，通常在几十毫秒内。如果将控制回路断线信号的防抖时限设定过小，在运行中断路器分合闸过程中将会被报控制回路断线。

为保证在保护装置和重要设备在故障或异常时能够可靠发出信号，保护装置闭锁/失电告警、保护装置异常、直流屏信号、非电量保护信号、远动通信机房电源告警等信号必须通过空触点以实遥信方式输出与监控系统接口。

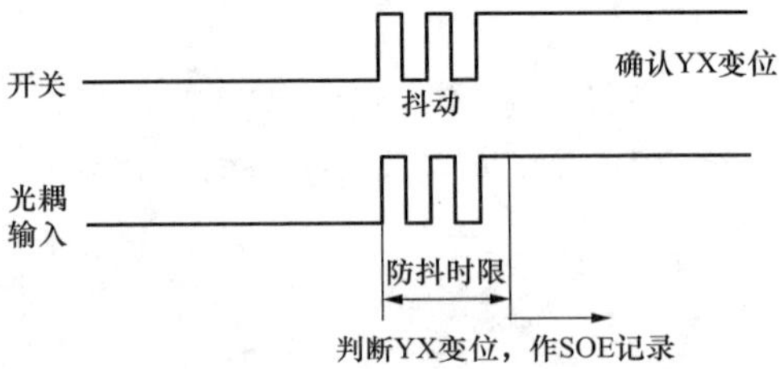

图 8－26　遥信软件时序

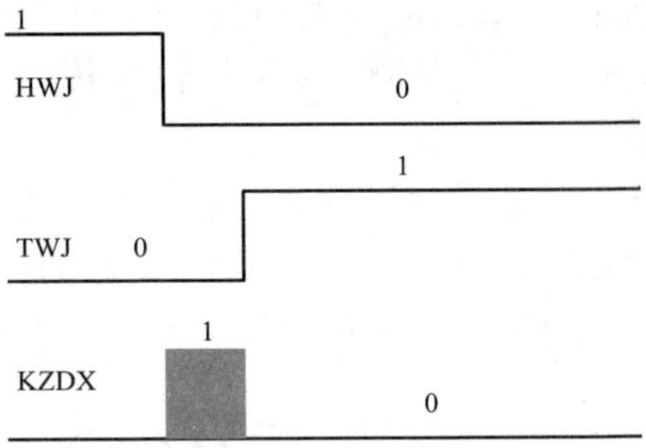

图 8－27　控制回路断线误发原理

2. SOE 的概念

电力系统发生事故后运行人员从遥信中能及时了解到开关和继电保护的状态改变情况。为了分析系统事故，不仅需要知道开关和保护的状态，还应掌握其动作的先后顺序及确切时间。

SOE（Sequence Of Events）即事件顺序记录，该记录由测控装置产生。当发生实际遥信状态改变时，测控装置确认遥信状态改变后，通过通信报文的形式将该信息上送监控后台，报文包含了遥信状态改变的具体时刻，且精确到毫秒，因此利用 SOE 可以分辨电力系统事故发生时各种遥信变化的先后顺序。SOE 是监控系统中一个非常重要的概念。

在通信传送信息时，变位遥信的传送优先级是最高的，其次是 SOE，优先级最低是全遥信。

3. 双位置遥信

在常规变电站中，对于断路器的位置监视，需要由跳合闸回路中的红、绿两个指示灯来共同完成。即正常运行中，红灯亮表示开关处于合闸位置；绿灯亮表示开关处于分闸位置；红绿灯均不亮表示控制回路断线或开关位置异常；红绿灯均点亮也表示开关位置异常。

在综合自动化变电站中，断路器的位置监视通过遥信采集方式上送到综自系统的后台监控机。无论位置信号取自断路器辅助触点还是操作回路中的 HWJ/TWJ，如果仅用一个遥信量来反应断路器的状态，显然不够严谨。为此，综合自动化后台监控系统通常采用双位置遥信的方式来反应断路器位置。即将断路器的合闸位置信号表示为“主遥信”，将其跳闸位置信号表示为“副遥信”，通过这两个遥信状态组合来表示至少断路器的三种状态。断路器双位置遥信表见表 8－2。

表 8－2　　断路器双位置遥信表

序号	主遥信	副遥信	断路器状态	显示颜色
1	1	0	合位	红色
2	0	1	分位	绿色
3	0	0	异常	白色
4	1	1	异常	白色

4. 计算遥信

利用监控系统后台机的强大计算功能，可以实现遥测、遥信及中间计算值的混合运算，从而将后台监控系统作为一个功能强大的可编程信号发生器，完成许多通常靠硬件装置或二次接线才能完成的功能。如判别 TV 断线、小电流系统单相接地、母线潮流平衡判别等等。

例如 TV 断线判别条件：某段母线 TV 任一线电压低于额定电压的 80%；小电流系统单相接地判别条件：35kV 或 10kV 某段母线 TV 任一相电压高于额定电压的 1.2 倍；母线潮流平衡判别条件：任一母线节点各支路有（无）功功率之和大于某一门坎值。

（三）遥控功能的实现

遥控是由监控后台发布命令，要求测控装置合上或断开某个断路器或隔离开关。遥控操作是一项十分重要的操作，为了保证可靠，通常采用返送校核法，将遥控操作分为两步来完成，简称“遥控返校”。

遥控命令中需要指定遥控操作性质（合闸或分闸）和遥控对象号。遥控性质码以 CCH 为合闸，以 33H 为跳闸，以 AAH 为执行，不同的规约有不同的性质码。对于三层式综自系统首先由监控后台向总控单元发送遥控命令，总控收到遥控命令后将之转发给相应的测控单元，测控单元收到遥控命令后并不急于执行出口，而只是将遥控分闸或合闸继电器驱动，根据继电器动作的返回触点判断是否遥控性质和对象是否正确，然后再将动作情况回复给总控，总控再回复给监控后台校核，监控后台在规定时间内（如 15s）如果判断收到的遥控返校报文与原来所发的遥控命令完全一致才发遥控执行命令，而相应测控单元在规定时间内收到遥控执行命令后，才驱动遥控执行继电器动作，输出框图如图 8-28 所示。

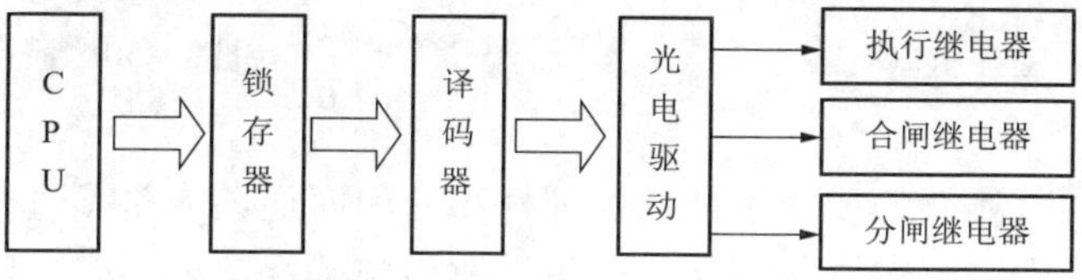

图 8-28　遥控输出框图

如外部二次回路与断路器操作箱正确连接，则相应断路器便完成分合闸操作。如监控后台未收到遥控返校报文，则经延时提示“遥控超时”。如收到遥控返校报文不正确，则提示“遥控返校出错”。如测控装置在规定时间内未收到遥控执行命令，则使已动作的遥控性质继电器返回，取消本次遥控操作，并清除保存的原遥控命令。而对于两层式综自系统，当地后台直接与测控单元进行通信，远方调度就需要远动机来转发。

遥控出口执行时间通常可整定，为可靠完成断路器分合闸操作，遥控出口执行时间一般整定为 100～200ms。遥控出口时间通常在测控装置中是可以进行整定的。

对于需要进行同期合闸的断路器，在监控后台遥控时可以进行“检同期/合环/检无压/普通”四种遥控方式的选择。如果选择“检同期”方式合闸，则检同期的过程由测控装置来完成，通过装置内预设的定值，装置自动将其采集的母线电压和线路电压按是否满足频差、压差、角差等条件进行判断，并以整定的断路器合闸时间的提前量发出合闸脉冲，使断路器一次触头合闸时对电力系统的冲击最小。

此外，需要重点指出的是，监控后台数据库中相关断路器的遥控对象务必根据工程实际正确设置，遥控出口回路与断路器操作回路必须正确连接，否则就可能出现遥控误跳合开关的事故。

通常断路器操作箱上都有“手合”、“手跳”、“保护合”、“保护跳”四个重要的操作接口输入端子，监控系统遥控出口回路务必接于其“手合”、“手跳”回路。此外，在工程接线当中要特别注意其他自动装置与断路器操作箱的正确接口。例如备自投装置出口应接于断路器操作箱的“保护跳”和“手合”回路，而VQC装置投切电容则应接于断路器操作箱的“手跳”和“手合”回路。通常“手合”和“保护合”是没有区别的；“手跳”要复归合后继电器，而“保护跳”不复归合后继电器，合后触点和跳位触点串联输出后形成“事故总”信号。

当运行中发生遥控超时时，应重点检查监控后台机到相应测控单元的各级元件通信是否正常；当遥控返校正确而无法出口时，应重点检查外部回路（如遥控压板、切换开关、闭锁联锁回路等）是否正确；当遥控返校出错时应重点检查相应测控单元遥控出口板或电源板是否故障，遥控出口回路如图8－29所示。

（四）遥调功能的实现

遥调是监控后台向测控装置发布变压器分接头调节命令。同遥控命令相似，遥调命令中也应指定遥调对象和调节性质（升或降）。测控单元收到命令经检验合格后就驱动相关出口继电器动作，如外回路已正确接于变压器有载调压升降压回路当中，则变压器调压机构将正确进行分接头档位调节操作，遥调出口回路如图8－30所示。

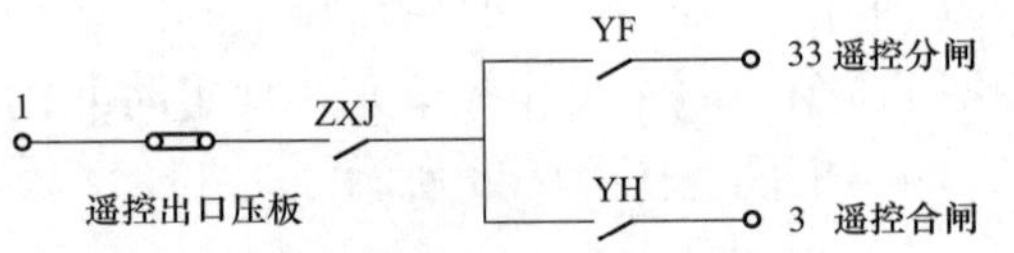

图8－29 遥控出口电路

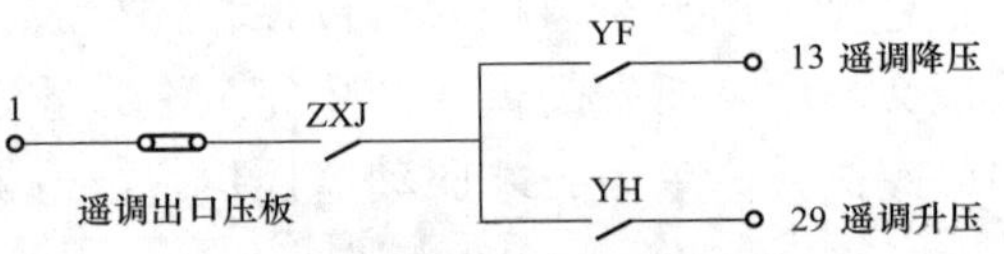

图8－30 遥调出口图

一般认为对遥调可靠性的要求不如遥控那样高，因而遥调大多不进行返送校核。这一特点在变电站改造工程中需要特别加以注意，需采取措施确保监控后台上的主变档位遥控对象号设置正确后才可进行遥调出口操作试验，否则如果设置错误，将因为遥调不进行返送校核，将可能直接导致误跳合开关出口。

为了防止遥调主变时调压机构发生滑档，有的变电站采用了遥调主变的急停出口控制。其本质是通过一个遥控出口回路去令变压器调压电源空气开关脱扣，从而使得运行人员在主变滑档时能够及时干预，停止主变分接头调节。急停的出口触点通常为常开触点。

（五）主变档位的采集

在综合自动化变电站及无人值班改造变电站中，为了将有载调压变压器档位在监控系统后台上和电压无功控制（VQC）装置上显示出来，其实现的方法多种多样。依据其采集通道的不同，可分为遥信判档方式与遥测判档方式两种类型。

1. 遥信判档方式

（1）遥信一一对应方式。

这种方式为将变压器有载调压档位二次触点简单地接入监控系统或VQC装置遥信开入点。如主变最高档位为19档，则当主变为1档时、YX1接通，2档时，YX2接通，……，19档时、YX19接通。如果有载调压机构每档二次触点只有一对，为了与两个装置接口，则必须通过加装开关量转换盒的方式进行触点扩展。这种方式如图8－31所示。

该接口方式的优点是直观，但缺点却非常明显，即需所电缆芯数多，需占用较多遥信资源，接线复杂等。

（2）十位加个位方式。

为了弥补第一种方式的缺点，有的变压器有载调压机构提供了一个十位档触点，当主变档位在1～9档时，十位档触点断开，在10～19档时，十位档触点接通。监控系统或VQC装置将个位档与十位档触点接入遥信开入回路，通过简单运算即可算出变压器实际档位，如图8－32所示。

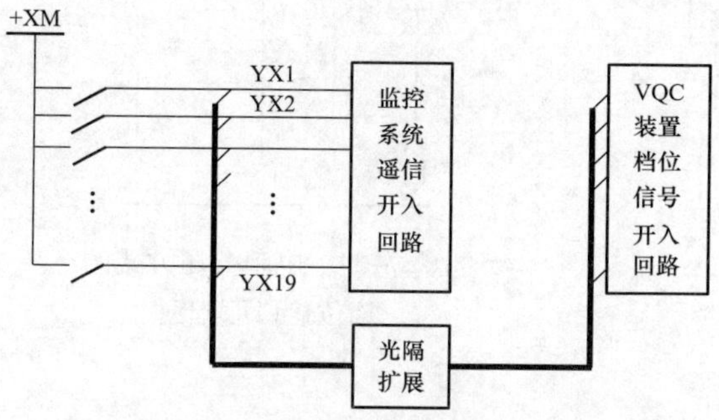

图8－31 遥信一一对应方式的档位接口示意图

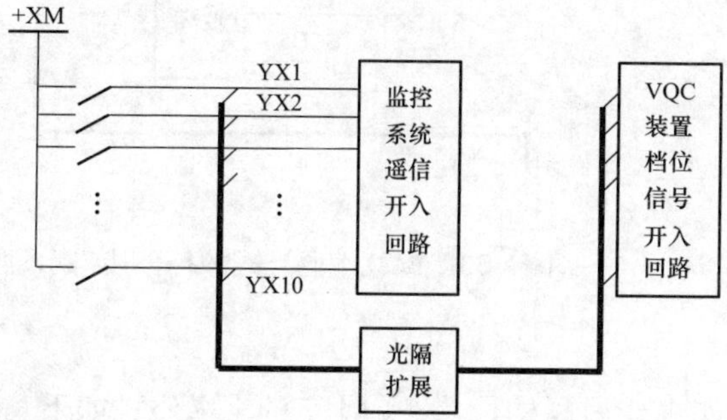

图8－32 个位加十位方式的档位接口示意图

与第一种方式相比，该种方式可减少近一半的电缆芯数及遥信资源占用。缺点是当有载调压机构档位二次触点不够时，仍需加装开关量转换盒以扩展触点。

（3）BCD编码方式。

为了进一步减少资源占用，有的变压器有载调压机构提供了BCD编码输出，即变压器档位按照BCD编码规则，由五个输出触点的状态共同反映出来。见表8－3。

表8－3　BCD编码方式接口档位对应关系

档位值	BCD－5	BCD－4	BCD－3	BCD－2	BCD－1
1	0	0	0	0	1
2	0	0	0	1	0
3	0	0	0	1	1
4	0	0	1	0	0
…	…	…	…	…	…

监控系统或VQC装置将主变档位的BCD触点接入遥信开入回路，按照BCD编码规则进行还原计算即可算出变压器实际档位。对于最高档位为19的变压器，与监控系统接口仅需一根6芯的电缆，占用5个遥信资源即可，如图8－33所示。

在遥信判档的方式中，该方式最为简单经济可靠，但前提条件是变压器有载调压机构需提供BCD编码输出。

2. 遥测判档方式

（1）电阻分压式。

在调压机构档位二次触点转盘（即电阻分压盘）上找准实际档位起止点，如主变最高档位为19档，则串接入18个阻值为1K的高精度等值电阻，在其两端加入直流220V电压，当主变实际档位变化时，抽头电压值也随之对应变化。将抽头电压与档位总电压同时接入监控系统直流采集通道或VQC装置档位电压测量点，利用其电压比即可计算出主变实时档位值。该种方式在无人值班改造变电站应用较多，原理如图8－34所示，档位接口示意图见图8－35。

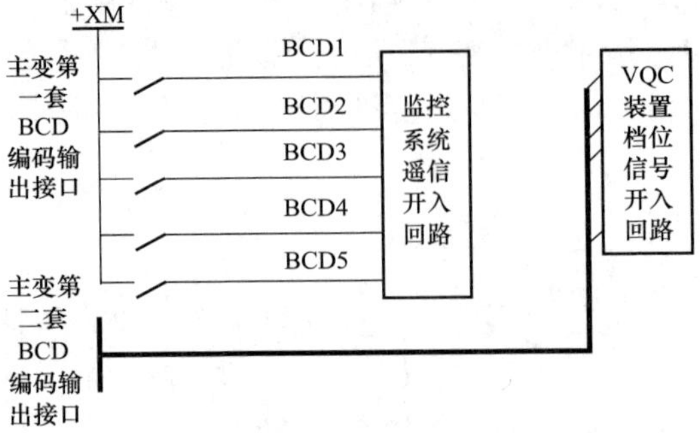

图 8－33　BCD 编码方式的档位接口示意图

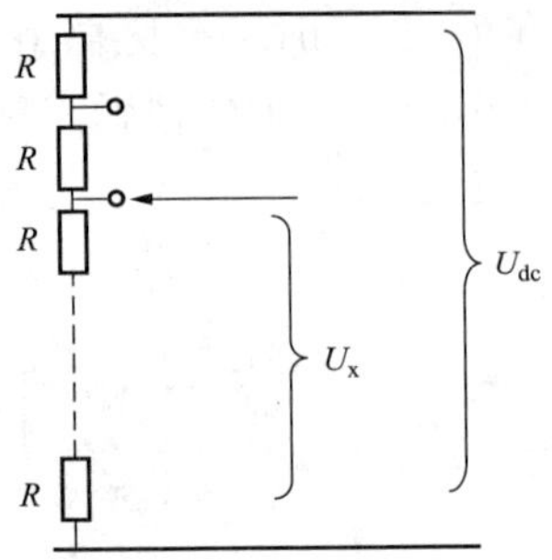

图 8－34　电阻分压方式的档位接口原理图

如主变最高档位为 19 档，则计算公式如下：

$$A = 18 \times U_x / U_{dc} + 1.5$$

式中：A 为主变档位值；U_x 为档位抽头电压值；U_{dc}为档位总电压值。

例如当主变实际在 1 档时，$U_x = 0V$，$U_{dc} = 220V$，可得 A = 1.5；

当主变实际在 19 档时，$U_x = 220V$，$U_{dc} = 220V$，可得 A = 19.5；

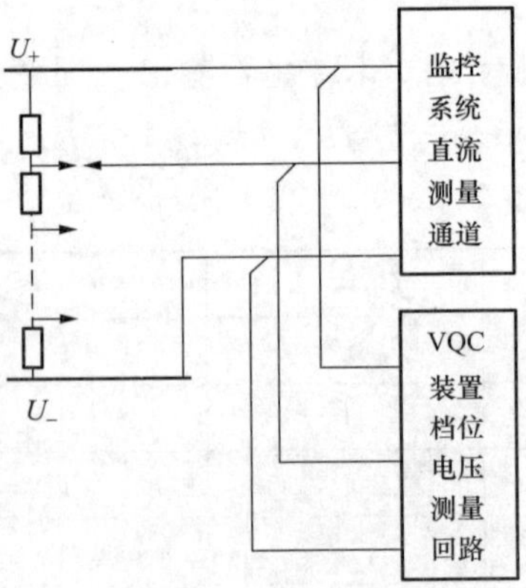

图 8－35　电阻分压方式的档位接口示意图

计算值通过取整，便可在监控系统后台上正确显示出来。

该种方式具有接线简单、经济的优点，无论主变最高档位是多少，该种方式都只需要三芯电缆，且需占用监控系统两个直流遥测点。缺点是在调压过渡过程中，由于档位抽头电压短时悬空，如果监控系统此时捕捉到抽头电压的变化遥测，将显示档位值异常，最终随过渡过程的结束而档位恢复正常；此外，档位计算值受电阻分压抽头接触电阻的影响较大。

（2）4～20mA 电流环。

有的变压器有载调压机构提供了 4～20mA 电流环输出接口，该接口输出电流随主变实际档位值而在 4～20mA 之间线性变化。将此电流串接入监控系统的一个毫安电流测量通道和 VQC 装置的档位电流测量回路中，利用相关运算即可计算出实际档位值，示意图和接口如图 8－36 和图 8－37 所示。

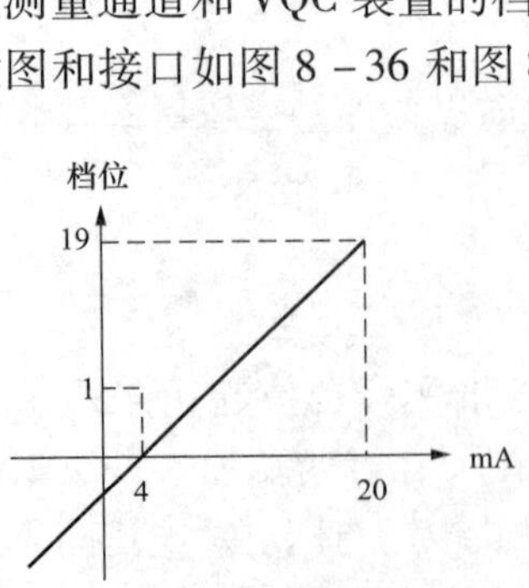

图 8－36　4～20mA 电流环方式的接口原理图

图 8－37　4～20mA 电流环方式的接口示意图

该种方式具有接线最为简单可靠，占用资源最少的优点。无论主变最高档位是多少，该种方式都只需要两芯电缆，且只需占用监控系统一个遥测点，但前提条件是变压器有载调压机构需提供4~20mA电流环输出。该种方式不足之处在于档位毫安输出较小，遥测判档阀值较窄，如电流环电流源带载能力较差或测控装置精度不稳定，则可能会出现档位计算值不准确的情况。为准确测量4~20mA电流值，测控装置内部一般先通过0~20mA变送器，变为0~5V的直流电压接入测控通道，或通过在250Ω电阻上进行电压采样的方式来实现。

3. 各种方式的比较

下面以一个最高档位为19档的变压器为例，将上述各种接口方式进行比较。

表8-4　各种档位接口方式的比较

接口方式	与监控系统接口		与VQC装置接口		所需其他相关材料
	电缆芯数	信号或测点数	电缆芯数	信号或测点数	
一一对应式	20	19	20	19	开关量转换盒
十位加个位	11	10	11	10	开关量转换盒
BCD编码	6	5	6	5	
电阻分压式	3	2	3	2	18×1K电阻
4~20mA电流环	2	1	2	1	

综上所述，变压器有载调压机构档位与监控系统和VQC装置的接口方式中，以4~20mA电流环的方式和BCD编码方式最为简单经济。

（六）微机保护的通信

综合自动化变电站中，大量采用了各种各样的微机保护装置。而微机保护功能正是变电站综合自动化的一个显著特征。为了实现对这些微机保护的相关信息采集，以及运行中对微机保护进行远方控制，需要微机保护与监控系统完成通信联系。

目前国内微机保护生产厂家较多，且各有特点。这些微机保护有的采用直接通过串口与总控单元联系的方式，有的则通过组网后直接或经保护通信管理机与总控单元通信的方式。

微机保护的相关信息，如定值、采样值、开关量、保护自检报告、保护跳闸事件报告、保护定值区号等都可通过通信网络上送到监控后台机，如果允许远方修改定值，则运行人员也可以根据调度命令在监控后台机对保护定值进行调整、修改操作。

绝大部分保护规约无法表示浮点数，因此微机保护在上送定值数据时，对于浮点数都是将其扩大10倍或100倍或1000倍后上送的，监控后台收到相关数据后，再除以10倍或100倍或1000倍进行数据还原，以此正确显示定值信息。如无特殊指定，则默认为100倍。因此在监控系统调试过程中务必将后台显示定值与微机保护装置液晶面板实际显示值进行仔细核对，不仅要检查后台定值项名称解释是否正确，同时也要检查数值是否一致。

现在许多微机保护支持IEC103规约，该规约允许设备在进行报文传输时进行自我描述，即上送后台监控系统的报文中可以将保护定值名称包含其中，从而大大减少了监控系统和微机保护联调的工作量，提高了准确性。

此外，微机保护自检报告和跳闸事件报告报文中，包含有时标，在微机保护接受监控系统统一校时的情况下，其记录的动作时间可以信赖。如微机保护只接受了监控系统广播校时，而未能实现硬接点校时，则微机保护与监控系统之间可能存在一个较小的时间差，在进行事故分析时应注意此时间差的存在。

对于有些保护装置，还可以将保护动作或者启动的故障录波传送到监控系统，为事故的分析提供帮助。

（七）五防闭锁功能的实现

综合自动化变电站必须考虑防止电气误操作的功能。所谓的“五防”是指防止电力系统倒闸操作中经常发生的五种恶性误操作事故：误分合断路器；带负荷拉隔离开关；带地刀（接地线）合隔离开关送电；带电合地刀或挂接地线；误入带电间隔。

1. 电气“五防”分类

目前国内防误操作装置根据动作原理大致可分为机械型、电气型、电脑型三大类。

（1）机械型。

可分为直接式和间接式。

直接式：钢丝弹簧轮轴传动闭锁，机械连杆传动闭锁。

间接式：钥匙盒闭锁，电控钥匙盒闭锁，简易接地桩，机械程序锁，红绿翻牌等。

（2）电气型。

电气报警，电气回路闭锁，电磁回路闭锁，高压带电显示装置。

（3）电脑型。

可分为模拟屏型和微机型五防系统两类。

第一类是以变电站的一次模拟屏为核心，在模拟屏工控机内预存了所有设备的倒闸操作程序，操作时将操作人员模拟预演正确的操作程序传输给电脑钥匙，从而对电气设备进行逐项对应操作。

第二类是在微机上安装五防系统，通过五防机与变电站监控系统后台机（或总控单元）通信而进行数据交换，利用其五防闭锁规则实现防误闭锁功能。根据具体工程现场的差异和各运行单位的使用习惯，微机五防的操作方式有所不同，有的采用在五防机上办票并在五防机上进行遥控操作的方式，而有的采用在五防机上办票而在监控后台机上操作的方式。后者通过在五防机上模拟预演并传输操作票给监控系统后台机，监控系统根据操作步骤只能对允许操作的对象进行遥控分合闸操作，而其他对象则被五防闭锁。对于不允许遥控操作的隔离开关、接地刀闸等设备，则通过配套加装微机密码闭锁、机械程序锁、电磁闭锁、机械闭锁等装置来实现防误闭锁。

由于微机五防系统具有智能化程度高、功能齐全、操作简单、维护扩充方便等特点，因而适用于主结线复杂的变电站，得到了广泛的应用和发展。微机型五防系统通常可采用以下三种方案来实现：

方案一：通过监控系统的逻辑闭锁软件实现全站的防误操作闭锁功能，同时在受控设备的操作回路中串接本间隔的闭锁回路。

方案二：监控系统设置“五防”工作站。远方操作时通过“五防”工作站实现全站的防误操作闭锁功能，就地操作时则由电脑钥匙和锁具来实现，在受控设备的操作回路中串接本间隔的闭锁回路。

方案三：配置独立于监控系统的专用微机“五防”系统。远方操作时通过专用微机“五防”系统实现全站的防误操作闭锁功能，就地操作时则由电脑钥匙和锁具来实现，同时在受控设备的操作回路中串接本间隔的闭锁回路。专用微机“五防”系统与变电站监控系统应共享采集的各种实时数据，不应独立采集信息。

本间隔的闭锁可以由电气闭锁实现，也可采用能相互通信的间隔层测控单元实现。

现在的专用微机五防系统一般都应具备如下功能:

1) 五防机应能显示一次主接线及刷新设备实时位置情况、倒闸操作模拟预演并开出操作票或运行人员倒闸操作培训。

2) 电脑钥匙应具有“双无技术”。即“无线”采码,“无限”编码。电脑钥匙探头和编码之间采用无线方式交互信息。电脑钥匙应具有按操作票对电编码锁、机械编码锁逐一解锁操作、重复操作、中止操作、检修操作和非正常跳步操作等功能。电脑钥匙具有掉电记忆、自学锁编码、锁编码检测等功能,具有操作票浏览,操作追忆、音响提示等功能。

3) 锁具,含编码锁、机械编码锁、状态检测器及附件、地线桩、地线头等。所有远方操作功能的断路器和隔离开关均采用电编码锁闭锁,对于手动操作设备的刀闸、地刀采用机械编码锁闭锁,采用状态检测器实现防走空功能。线路侧接地刀闸应具备防止对侧反充电的闭锁功能。上述两种锁能适应变电站内各种运行方式,在紧急状态下,可通过电解锁钥匙和机械解锁钥匙对其进行解锁操作。

2. 五防操作过程

以下以某五防系统为例介绍五防操作的闭锁原理和操作过程。

五防系统由五防专家系统、电脑钥匙和电编码锁等几大部分组成。其中专家系统工作站挂接在综合自动化系统的双冗余以太网上。该系统是根据电气误操作事故的原则设计,实时与监控系统通信,监测现场设备的状态,根据设备状态和电力系统对倒闸操作的“五防”要求,按照其五防规则进行判断,由操作票专家系统生成倒闸操作票,然后将操作票传送到电脑钥匙,五防功能原理如图 8－38 所示。

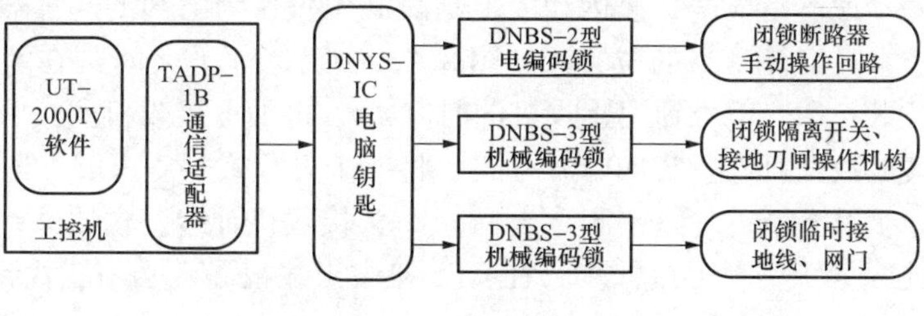

图 8－38 五防功能原理图

正常情况下将电脑钥匙插入五防专家系统工作站的通信适配器,操作员在操作员工作站上进行的每一步操作都将通过五防专家系统的“五防”判断,正确后才能将操作命令发出,当操作员所操作的设备被五防系统判断为不符合电力系统“五防”要求时,本次操作即被取消。如果操作员工作站故障或监控网络通信异常时,操作员可以将传输有正确操作票的电脑钥匙拿到现场对断路器、隔离开关、接地刀闸等进行倒闸操作。

在五防软件系统中已经输入了变电站的电气一次主接线图和每一个设备的操作规则,该系统通过冗余 LAN 网与监控系统实时通信,获得现场设备的实际状态,当运行人员在工作站上对任何一个设备进行操作时,五防系统就根据预先编写好的规则对每一项操作进行判断,符合五防规则就允许操作,不符合五防规则的操作就拒绝执行,从而达到了防误的目的。

操作票专家系统是五防系统实现其五防功能必不可少的部分,操作票流程如下:图形开票(或调用预存票、典型票)→进行五防判断→打印操作票→传送到电脑钥匙→工作站操作(或到现场操作)→通过电脑钥匙回传设备状态(因电脑钥匙故障无法回传时,可以使用操作票回填功能）。操作票专家系统能否开出合格的操作票是该系统能否实现五防功能的关键；其次，操作票专家系统是操作员与该系统的人机接口（HMI），是否符合操作员的操作习惯也是一个很重要的因素。

（八）全网统一校时功能的实现

为了在电网事故后进行事故追忆和事故分析，在同一电网中的不同变电站、同一变电站的不同设备装置的时钟必须统一。全网统一校时一般通过 GPS 卫星授时或北斗授时来完成。

全球定位系统（Global Positioning System，GPS）是美国从 20 世纪 70 年代开始研制，于 1994 年全面建成，具有在海、陆、空进行全方位实时三维导航与定位能力的新一代卫星导航与定位系统。

GPS 在电力系统综合自动化中的应用，主要是授时校频功能，有个别采用新型原理的自动装置也利用了 GPS 的定位功能。

1. GPS 原理

（1）GPS 系统的组成。

GPS 由三个独立的部分组成：① 空间部分：21 颗工作卫星，3 颗备用卫星。② 地面支撑系统：1 个主控站，3 个注入站，5 个监测站。③ 用户设备部分：接收 GPS 卫星发射信号，以获得必要的导航和定位信息，经数据处理，完成导航和定位工作。

GPS 接收机硬件一般由主机、天线和电源组成。

（2）GPS 定位原理。

GPS 定位的基本原理是根据高速运动的卫星瞬间位置作为已知的起算数据，采用空间距离后方交会的方法，确定待测点的位置。如图 8－39 所示，假设 t 时刻在地面待测点上安置 GPS 接收机，可以测定 GPS 信号到达接收机的时间 Δt，再加上接收机所接收到的卫星导航电文、卫星星历等其他数据可以确定四个方程式，将四个方程式联立求解，即可计算出四个参数 x、y、z 和 V_{to}。其中 x、y、z 是待测点坐标，V_{to} 为接收机钟差。根据钟差即可计算出国际标准时间来。因此，为了实现卫星同步，在 GPS 接收天线视界内必须能找到四颗 GPS 卫星。

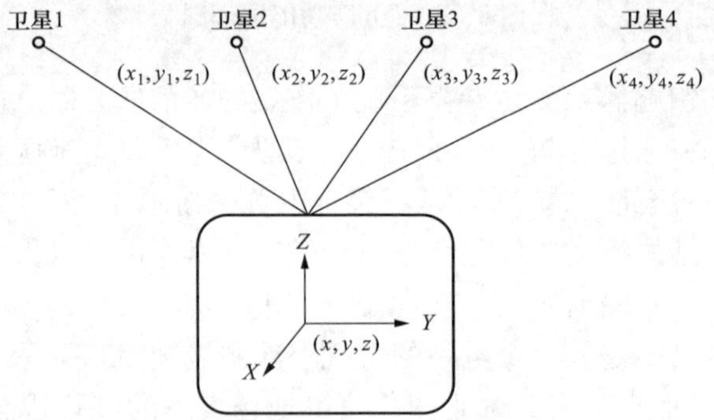

图 8－39　GPS 定位原理图

2. GPS 与监控系统的接口

如图 8－40 所示，在综合自动化系统中，GPS 接收机通过安装于户外的卫星天线与 GPS 卫星同步，经过接收装置内部硬件电路和处理软件，通过对接收信号的解码和处理，能从中提取并输出几种时间信号，实现三种基本对时方式：

脉冲同步信号：常用的脉冲信号有：1PPS，1PPM，1PPH。1PPS 为间隔 1s 的秒脉冲信

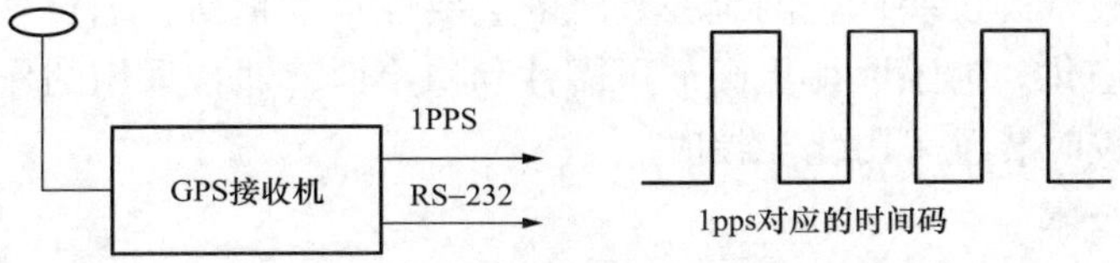

图 8－40　GPS 接收机输出方式

号，其脉冲前沿与国际标准时间（格林威治时间）的同步误差不超过 1μs。

串行口通信对时信号：经 RS－232 串行口输出的与 1PPS 脉冲前沿相对应的国际标准时间和日期代码（年－月－日，时: 分: 秒）。

输出 IRIG－B 码对时：IRIG－B 为 IRIG 委员会的 B 标准，是专为时钟的传输制定的时钟码。每秒输出一帧按秒、分、时、日期的顺序排列的时间信息。IRIG－B 信号有直流偏置（TTL）电平、1 kHz 正弦调制信号、RS422 电平方式、RS232 电平方式四种形式。

如果测控或保护装置采用串行口通信对时方式，则监控系统总控单元通过一个 RS232 通信接口与 GPS 接收机相连，以此作为广播软件校时的基础。如测控或保护装置设计有秒脉冲校时接口，则通过空接点/差分输入接入秒脉冲进行硬件对时。如装置采用空接点方式进行硬件校时，则 GPS 接收机秒脉冲需经光隔扩展成多路脉冲输出，每路脉冲与一个装置接口；当装置采用差分输入校时，则只需接收机的一个秒脉冲接成系统对时总线与多个装置校时。如装置采用 IRIG－B 码对时方式，则通过与 GPS 接收机的 IRIG－B 码扩展接点连接，即可完成对时。采用 IRIG－B 码对时方式时，要注意搞清楚测控或保护装置的 B 码输入到底采用有源输入还是空接点方式输入。目前推荐采用 RS－485 串行数据通信接口接收时间同步系统发出的 IRIG－B（DC）时码作为对时信号源。

如果综合自动化系统仅靠广播软校时方式来进行对时，则由于通信传输时延及软件接收时延，在未作任何修正处理的情况下，将使得接收广播校时的装置实际时间与发送广播校时的设备之间存在一个短暂的时间差。如未考虑该时间差的存在，则可能影响对电力系统事故的分析。

3. 北斗授时原理

北斗导航系统是我国建立的第一代卫星导航系统，在 2000 年 10 月随着 2 颗北斗导航实验卫星的成功发射，标志着中国拥有了自主的卫星导航系统。

北斗导航系统是全天候、全时提供卫星导航定位信息的区域导航系统，该系统是由空间的导航通信卫星、地面控制中心和用户终端 3 部分组成：空间部分有 2 颗地球同步卫星，执行地面控制中心与用户终端的双向无线电信号的中继任务；地面控制中心主要负责无线电信号的发送接收，以及整个工作系统的监控管理；用户终端是直接由用户使用的设备，用于接收地面控制中心经卫星转发的测距及授时信号。北斗导航系统具有快速定位、简短通信和精密授时的三大主要功能。

“北斗一号”为用户机提供两种授时方式：单向授时和双向授时。单向授时的精度为 100ns，双向授时的精度为 20ns。在单向授时模式下，用户机不需要与地面中心站进行交互信息，只需接收北斗广播电文信号，自主获得本地时间与北斗标准时间的钟差，实现时间同步；双向授时模式下，用户机与中心站进行交互信息，向中心站发射授时申请信号，由中心站来计算用户机的时差（通过双向传播时间除以 2 的方式获取），再通过出站信号经卫星转发给用户，用户按此时间调整本地时钟与标准时间信号对齐。

北斗授时系统与监控系统的接口方式与 GPS 相似。

随着保护测控技术的发展，全网统一校时的重要性越来越高，综自系统采用双套校时装置的情况正趋于普遍化。为了取得更高的可靠性和稳定性，通常采用的作法是一套校时装置采用 GPS，另一套校时装置采用北斗授时。

四、数据通信技术

（一）变电站综合自动化系统通信的要求

由于数据通信在综合自动化系统内的重要性，经济可靠的数据通信成为系统的技术核心，而由于变电站的特殊环境和综合自动化系统的要求，使变电站综合自动化系统内的数据通信网络具有如下的特点和要求：快速的实时响应能力；很高的可靠性；优良的电磁兼容性能；分层式结构。

不同类型和特性的信息要求传送的时间差异很大，其具体内容如下：

1. 经常传输的监视信息

监视变电站的运行状态，需要传输母线电压、电流、有功功率、无功功率、功率因数、零序电压、频率等测量值，这类信息需要经常传送，响应时间需满足 SCADA 的要求，一般要求小于 3s。计量用的信息，如有无功电能量，这类信息传送的时间间隔可以较长，传送的优先级可以较低。遥信状态信息的定时采集，继电保护装置和自动装置投入/退出的工作状态等可以采用定时召唤方式，以刷新数据库。

2. 突发事件产生的信息

状态变化信息（如断路器状态变化），需要快速响应的信息，例如事故时断路器的位置信号，这种信号要求传输时延最小，优先级最高。故障情况下，继电保护动作的状态信息和事件顺序记录，这些信息作为事故后分析事故之用，不需要立即传送，待事故处理完再送即可。故障发生时的故障录波，带时标的扰动记录的数据，这些数据量大，传输时占用时间长，也不必立即传送。

（二）并行数据通信和串行数据通信

并行数据通信是指数据的各位同时传送，可以以字节为单位（8 位数据总线）并行传送，也可以以字为单位（16 位数据总线）通过专用或通用的并行接口电路传送，各位数据同时传送，同时接收。

并行传输速度快，需要的传输信号线多、成本高，因此常用在短距离传输中，要求传输速度高的场合。

串行通信是数据一位一位顺序地传送。串行通信数据的各不同位，可以分时使用同一传输线，因此串行通信最大的优点是可以节约传输线，特别是当位数很多和远距离传送时，这个优点更为突出，这不仅可以降低传输线的投资，而且简化了接线。串行通信的缺点是传输速度慢，且通信软件相对复杂些。因此适合于远距离的传输，数据串行传输的距离可达数千公里。在变电站综合自动化系统内部，各种自动装置间或继电保护装置与监控系统间，为了减少连接电缆，简化配线，降低成本，常采用串行通信方式。

在串行数据传送中，有异步传送和同步传送两种基本的通信方式。

在异步通信方式中，发送的每一个字符均带有起始位、停止位和可选择的奇偶校验位用一起始位表示字符的开始，用停止位表示字符的结束构成一帧。在异步传送中，每一个字符要用起始位和停止位作为字符开始和结束的标志，占用了时间。所以在数据块传送时，为了提高速度，就去掉这些标准，采用同步传送。同步传送的特点是在数据块的开始处集中使用同步字符来作为传送的指示。

同步传输中，每个帧以一个或多个“同步字符”开始。同步字符通常称 SYN，是一种特殊的码元组合。通知接受装置这是一个字符块的开始，接着是控制字符。帧的长度可包括在控制字符中，这样接受装置是寻找 SYN 字符，确定帧长，读入指定数目的字符，然后再寻找下一个 SYN 字符，以便开始下一帧。

我国 1991 年发布的电力行业标准《循环式远动规约》（DL 451—91，简称 CDT 规约），是采用同步传输方式，同步字符为 EB90H。同步字符连续发 3 个，共占 6 个字节，按照低位先发、高位后发，每字的低字节先发、高字节后发的原则顺序发送。

（三）数据通信的工作方式

通信是双方工作的，根据收发通信双方是否同时工作，可以分为全双工、半双工和单工三种不同的方式。

全双工：通信双方都有发送和接收设备，由一个控制器协调收发两者之间的工作，接收和发送可以同时进行，称为全双工，如 RS232。

半双工：通信双方都有接收和发送能力，但接收器和发送器不能同时工作，通过收发转换控制来决定工作于接收状态还是发送状态，如 RS485。

单工：收和发固定于一种方式，只能实现数据单向传输。

（四）规约

远动是应用通信技术，完成遥测、遥信、遥控和遥调等功能的总称。电力系统远方终端装置简称为 RTU（Remote Terminal Unit）。在电网调度自动化系统中，调度主站与各厂站端 RTU 的数据通信是调度自动化系统非常重要的环节。为保证数据通信正常有序地进行，双方必须遵守一些共同的约定，用以明确信息传送顺序、信息格式和信息内容，这些约定就称为通信规约或协议。

规约按其信息传送方式的不同分为循环式规约（CDT）和问答式规约（Polling）两种。

1. 循环式通信规约（CDT）

循环式通信规约是一种以厂站端 RTU 为主动端自发不断循环向主站上报现场数据的数据传输规约。在厂站端与主站的远动通信中，RTU 周而复始地按照一定规则向主站传送各种信息。主站也可向 RTU 传送遥控、遥调、时钟对时等信息。在循环传送方式下，RTU 无论采集到的数据是否变化，都以一定的周期周而复始地向主站传送，RTU 独占整个通道。

（1）CDT 规约特点。

发送端（厂站 RTU）按预先约定，周期性地不断地向调度端发送信息。

信息以帧为单位，按信息重要程度不同，分为 A、B、C、D、E 帧 5 种帧类别。

每帧长度可变，多种帧类别循环传送，上帧与下帧相联，信道永无休闲地循环传送。

信息按重要性和实时性的不同，规定有不同的优先级和循环更新时间。遥信变位优先传送，重要遥测量更新循环时间较短。

区分循环量、随机量和插入量，采用不同形式传送，以满足电网调度自动化系统对信息实时性和可靠性的不同要求。

（2）CDT 规约的信息组织结构。

帧系列。在 CDT 规约中，不同类型的信息采用不同的帧传送，多种帧连接在一起构成一个帧系列。设计帧系列的原则是保证各帧的信息传送周期在指定的时间范围内，例如 A 帧的循环传送周期必须不大于 3s，B 帧的循环传送周期一般不大于 6s 等。

帧结构。在 CDT 规约中，帧结构如图所示。每一帧均由同步字、控制字和信息字组成。

向通道发码时，首先发送同步字，然后发送控制字和信息字。信息字的数量 n 依据实际需要设定，帧长度是可变的。帧长度受缓冲区长度限制，一般以信息字数 N 不超过 160 为限。

同步字	控制字	信息字 0	信息字 1	…	信息字 N－1

同步字：同步字是一帧开始标志。同步字应当很特殊，不会与后面的控制字或信息字相同。在 CDT 规约中采用 3 组 EB90H，共 48 位。

0EBH	090H	0EBH	090H	0EBH	090H

控制字：控制字用来说明本帧有无信息的有关情况，共 6 个字节 48 位。它们是控制字节，帧类别码，信息字数 N，校验码等组成。规约中对每个字节的内容都有明确规定。

控制字节	帧类别码	信息字数 N	××	××	校验码

控制字节：控制字的第 1 字节是控制字节共 8 位，其中最高位为扩展位，当扩展位为 0 时，本规约已定义了 18 种帧类别，如下表所示；当扩展位为 1 时，还可再扩展帧类别，另行定义。如 XT9702 规约的控制字节定义为 0F1H，表示其规约是“循环式远动规约”的扩充。

表 8－5　XT9702 规约帧类别码

帧类别码	上行	下行	帧类别码	上行	下行
61H	重要遥测（A 帧）	遥控选择	A8H	计算电度	
C2H	次要遥测（B 帧）	遥控执行	A9H	五防遥信	五防遥信
B3H	一般遥测（C 帧）	遥控撤消	7AH	时间	时间
F4H	遥信（D1 帧）	遥调选择	7BH	调试数据	调试数据
85H	脉冲电度（D2 帧）	遥调执行	4CH	VQC	VQC
26H	事件记录（E 帧）	遥调撤消	3DH	保护	保护
57H	设备状态		9EH		确认#

信息字数：信息字数是指本帧内预定发送的信息字数，不包括遥信插入，遥控/遥调返校，遥控/遥调执行确认，遥控/遥调超时撤消等信息字。

一般信息字结构

bit7	bit6	bit5	bit4	bit3	bit2	bit1	bit0
插入标志	功　能　码						
校验码							

（3）CDT 规约的信息传送规则。

部颁 CDT 规约的帧结构和通道发码规则如下：部颁 CDT 规约的帧结构包括同步字、控制字、信息字，帧长度可变；通道发码规则是：低字节先送，高字节后送，字节内低位先送，高位后送。

无论采用何种帧系列，都实现下列三种方式传送：

固定循环传送，用于传送 A、B、C、D1、D2 帧；

帧插入传送，用于传送 E 帧。当 SOE 连续出现时，E 帧可连续组织几帧在允许插入的位置传送；

信息字随机插入传送。当需插入的信息出现时，就应插入当前帧的信息字传送，并遵守以下规则：

变位遥信、遥控和升降命令的返校信息连续播送 3 遍，对时的变电站端时钟返回信息插送一遍。

变位遥信、遥控和升降命令的返校信息连续插送 3 遍必须在同一帧内，不许跨帧。

若本帧不够连续插送 3 遍，全部改到下帧进行。

被插的帧若是 A、B、C 或 D 帧，则原信息被取代，原帧长度不变；若是 E 帧，则应在 SOE 完整字之间插入，帧长度相应加长。变电站端加电或重新复位后，帧系列应从 D1 帧开始传送。

（4）CRC 循环冗余码校验原理。

在数据通信中，由于干扰的存在，因而通道不可能保证数据总是传输正确无误，如果传输出错，会产生误码。通信技术规范要求误码率应小于 10^{-6}。如果监控系统接收到错误数据而不加以防错处理，那么运行中将可能导致不可预测的后果。为了防止这种情况的发生，就需要在通信报文中能够筛选出错误的数据来，并加以摒弃。

常规做法是采用校验码的方式。而校验码的产生通常又有几种方式，有代码和校验、纵向冗余校验、循环冗余校验 CRC。其中前几种方式具有算法简单有效的特点，但纠错能力有限，抗干扰能力较差。循环冗余码校验英文名称为 Cyclical Redundancy Check，简称 CRC。CRC 算法复杂，但抗干扰能力极强，具有能检测出待校验数据块每一位的能力。CRC 校验原理是：对于一个长度为 K 的二进制信息码元，用 M(x)表示。发送装置将产生一个 R 位的码元序列，称监督码序列，用 R(x)表示，附加在 K 位的信息码元序列后面，组成总长度为 N 位（N = K + R）的循环码序列 C(x)，使得这个 N 位的循环码序列，可以被某个预定的生成多项式 G(x)整除，并把 N 位的循环码 C(x)作为一帧信息发送出去。接收装置对接收到的 N 位码元的帧，除以同样的生成多项式 G(x)。当无余数时，则认为没有错误。部颁远动规约规定：采用循环码（48，40）生成多项式为：G(x) = X8 + X2 + X + 1，陪集码为 0FFH。以 G(x)模 2 除前 5 个字节，生成余式 R(x)。以 R(x)作为校验码。R(x)的生成可以采用查表或者计算的方法得到。

R(x)的计算生成过程如下：

CRC - 16 码由两个字节构成，在开始时 CRC 寄存器的每一位都预置为 1，然后把 CRC 寄存器与 8 - bit 的数据进行异或，之后对 CRC 寄存器从高到低进行移位，在最高位（MSB）的位置补零，而最低位（LSB，移位后已经被移出 CRC 寄存器）如果为 1，则把寄存器与预定义的多项式码进行异或，否则如果 LSB 为零，则无需进行异或。重复上述的由高至低的移位 8 次，第一个 8 - bit 数据处理完毕，用此时 CRC 寄存器的值与下一个 8 - bit 数据异或并进行如前一个数据似的 8 次移位。所有的字符处理完成后 CRC 寄存器内的值即为最终的 CRC 值。

2. 问答式通信规约（Polling）

采用问答通信方式可以适应全部通信网络。除点对点之外，其余各种如多点串接、多点环形、多点星形等网络等都可以，节省通道投资。而 CDT 规约则只能适用于点对点通信网络。

问答式规约只有一个节点为主站，其余节点皆为从站，主站处于主动地位，从站处于被动地位。一般情况下，从站只接收主站发送的信息，只有主站要求该从站回答时，该从站才向网络发送数据。问答式规约是一种非平衡式规约，从站绝不允许主动向网络发送数据。对于问答式规约，网络上的节点地址不允许有重复的，否则网络上两个节点同时发送会造成通信错误。

子站的远动数据种类不一，可按其特性和重要程度加以分类，对于重要的、变化快的数据，采样扫描周期应短一些。对于不重要的、变化缓慢的数据，采样扫描周期可以长些。各种远动数据可以选择相应的扫描周期。RTU 可提供几种类别的扫描周期，这样也就把远动数据按扫描周期分成为几个类别，主站在需要时可以向子站查询某些类别的数据。

（1）数据传输控制。

在通信系统中，为了确保通信双方能有效、可靠地进行数据传输，在发送端和接收端对数据的格式、数据链路的控制、双方应答等有一系列的约定。由于在实际的通信开始之前，通道两侧无任何意义上的连接关系，因此通信双方首先应建立起通信链路。通信链路的建立、数据信息的传送、接收的确认、链路的拆除等过程均在一问一答中完成。

（2）帧格式。

1）可变帧长的帧格式。可变帧长的帧格式由启动字符（68H）、L、重复 L、启动字符（68H）、控制域、地址域、可变长度的链路用户数据、帧检验和、结束字符（16H）组成。其中 L 包括控制域、地址域、用户数据区的 8 位位组的个数，为二进制数。控制域用来说明数据传输方向、传输状态以及帧类型等；地址域说明信息的发送源或目的地地址。当由主站触发一次传输服务，主站向变电站端传输时说明目的地地址；当变电站端向主站传输报文时说明源地址，故地址域总是指向变电站端地址；链路用户数据即报文传送的远动数据；帧校验和是控制、地址、用户数据区 8 位位组的算术和。可变帧长帧格式用于由主站向变电站端传输数据，或由变电站端向主站传输数据。

2）固定帧长格式。固定帧长格式由启动字符（10H）、控制域、地址域、帧校验和、结束字符（16H）组成。其中各项的意义与可变帧长帧格式意义相同。固定帧长帧格式用于变电站端向主站问答的确认报文或主站向变电站端发送查询报文。

（3）链路传输规则。

1）链路服务。在 Polling 规约中，链路服务级别分为三级：

第一级是发送/无回答服务，主要用于主站向变电站端发送广播报文。

第二级是发送/确认服务，用于由主站向变电站端设置参数和遥控、设点、升降的选择、执行命令。

第三级是请求/响应服务，用于由主站向变电站端召唤数据，变电站端以数据或事件数据回答。

2）等待—超时—重发、等待—超时、重传次数。

等待—超时—重发：主站未收到厂站发过来的确认帧或响应帧，超过时间后按服务用户给定的重传次数，链路层重传原报文，直至等于重传次数为止。

等待—超时：主站未收到厂站发过来的确认帧或响应帧，超过时间后，即结束这一次传输服务，启动新一轮传输服务。

重传次数：其值按不同的报文取0～5次。

3）链路传输规则。

链路传输按窗口尺寸为1的非平衡方式传输规则进行，适用于各种网络配置。所谓窗口尺寸为1，即主站向变电站端触发一次传输服务，成功地完成或者报告产生差错之后才能开始下一轮转输服务。对于发送/确认和请求/响应传输服务在传输过程中受到的干扰，可用等待—超时—重发或等待—超时方式发送下一帧。

发送/无回答服务传输规则：即只有在前一轮服务结束后，才能开始新的一轮的发送。当一帧发送完后，发送线路空闲间隔。

发送/确认服务传输规则：即只有在前一轮传输结束后，才能开始新的一轮的发送。当变电站端正确收到主站报文，变电站端即向主站发送一个确认帧。若变电站端因为过载等原因不能接收主站报文，变电站端则传送忙帧给主站。若确认帧受到干扰或超时未收到，则不改变帧计数目的状态，重发原报文直到允许的重复次数。变电站端依前后两次接收到的发送帧中计数位的值是否相同，确定是继续保留确认帧拷贝，还是消除该拷贝，形成新的确认帧。

请求/响应服务传输规则：即当前一轮传输过程结束才能触发新一轮的请求帧。变电站端收到请求后，将按有无所要求的数据发出响应或否定的响应帧。若响应帧受到干扰或超时，则不改变帧计数位，重复发送请求帧，直到允许的重复次数。变电站端依前后两次收到的帧计数位的值是否相同，确定是继续保留响应帧拷贝，还是消除拷贝形成新的响应帧。

4）变电站事件启动触发传输。

变电站端事件启动触发传输只适用于点对点和多个点对点的全双工通道结构。当遥信发生变位或遥测的变化超时时，变电站端主动触发一次发送/确认服务，并组织报文向主站传送。主站收到报文后，以确认报文回答变电站端。如果因为忙，数据缓冲区溢出，则主站以忙帧回答厂站。随后变电站端如还要传送数据时，则变电站端此时触发一次请求/响应服务，变电站端以请求帧询问调度中心链路状态，主站以响应帧报告链路状态。此种传输按平衡传输的链路规则的规定进行。

平衡式传输的链路传输规则采用的窗口尺寸为1，即变电站端事件启动触发一次传输服务，并成功地完成和收到主站的回答报文。如果没有正确收到报文，则超时后才能开始下一轮新的传输任务。变电站端没有数据变化时，不主动发出事件启动触发传输，主站和变电站端之间的链路传输按以下规则进行，由主站触发发送/确认、请求/响应、发送/无回答服务。

只有在前一轮的传输结束之后，如果变电站端内又发生遥信变位或遥测越值，而主站又没有发送询问报文，此时变电站端才主动触发一次传输服务。

变电站端每次主动触发送/确认帧或请求/响应帧时，帧计数位改变其状态；若主站收到无差错的确认帧或响应帧，则这一次主动触发传输即告结束。

若发送帧、请求帧或确认帧、响应帧受到干扰，致使变电站超时未收到报文，则变电站端不改变计数值状态，重发前一轮的发送帧或请求帧，直至五次重复。为防止报文丢失，重复传输技术同前。

3. CDT与Polling规约的比较

（1）对网络拓朴的要求不同。

CDT 规约只适应点对点的简单通道，故要求通信双方网络的拓朴结构是点对点的结构；而 Polling 规约能适应点对点、点对多点、多点环形、多点星形等几乎所有通道结构，通道连接的任意两节点之间，总可以用 Polling 方式通信。

（2）通道的使用率不同。

用 CDT 规约传送信息时，主站和厂站之间连续不断地发送和接收，始终占用通道；而 Polling 规约只在需要传送信息时才使用通道，因而允许多个 RTU 分时共享通道资源。

（3）主站与厂站的通信控制权不同。

采用 CDT 规约的远动信息传输，以变电站端为主动方，变电站端远动信息连续不断地送往主站，变电站端的重要信息能及时插入传送传输，主站只发送遥控、遥调等命令；采用 Polling 规约的远动信息传送以主站为主动方，包括变位遥信等在内的重要远动信息，变电站端只有在接收到询问后，才向主站报告。仅对于点对点或多个点的通道结构，允许变电站端事件启动信息传输，及时向主站报告重要信息。

（4）对通信质量的要求不同。

采用 CDT 规约，在通道上连续传送信息，某远动信息一次传送没有成功时，可在下一次传送中等到补偿，信息刷新周期短，因而对通道的质量要求不很高；而采用 Polling 规约的信息传输，仅当需要时才传送，即使采用了防止报文丢失和重传技术，对通道质量的要求比 CDT 方式高。

（5）实现的控制水平不同。

采用 CDT 规约的远动信息传输，数据采集以变电站为中心；而用 Polling 规约的远动信息传输，采集信息中心在主站，数据处理比 CDT 规约简单，可以在更大的范围内控制电网的运行。

（6）通信控制的复杂性不同。

采用 CDT 规约通信，信息发送方不考虑信息接收方接收是否成功，仅按照确定的顺序组织发送，通信控制简单；采用 Polling 规约的通信，信息发送方考虑到接收方的接收成功与否，采用了防止信息丢失以及等待—超时—重发等技术，通信控制比较复杂。

4. 信息传输系统的质量指标

电力系统自动化对信息传输的质量要求主要有可靠性、误码率和传输速率三种。

可靠性：可靠性 = 运行时间/(运行时间 + 停用时间) ×100%

误码率：通常以传输的码元中发生差错码元的概率作为传输质量的一个指标，称为误码率。一般要求误码率不大于 10^{-5}，即平均传输 100 000 个二元制码出现 1 个误码。

传输速率：传输速率通常以码元传输速率来衡量。码元传输速率定义为每秒钟传输码元的个数，单位为 bit/s（比特每秒），例如每秒钟传输 2400 个码元，码元传输速率即为 2400bit/s。码元传输速率也称为码元速率和波特率。

5. 常见通信规约

常见通信规约见表 8－6。

表 8－6　常见通信规约

用于与主站的通信		
序号	规约名称	备注
1	DL/T 451—91 循环式远动规约（CDT）	
2	Polling 规约	

续表

序号	规约名称	备注
用于与主站的通信		
3	IEC60870－5－101	简称101，用于厂站RTU与调度端的通信标准
4	IEC60870－5－103	简称103，是针对继电保护和间隔层设备与厂站层设备间的数据通信传输接口规范
5	IEC60870－5－104	IEC60870－5－101的网络规约
6	XT9702扩展CDT规约	
7	DISA扩展CDT规约	
8	SC1801规约	
9	RTU模式下的ModBus规约	
10	NDP3.0规约	
11	DL/T 634.5104—2002规约	
……	……	
用于与智能设备的通信		
1	DL/T 451—91循环式远动规约（CDT）	
2	IEC60870－5－103	
3	ModBus	
4	LFP3.0保护串口规约	
5	南自94保护串口规约	
6	ABB SPABUS规约	
7	DL/T 719—2000电度表通信规约	
8	各种直流监控规约	
9	各种消弧线圈通信规约	
10	IEC61850规约	
……	……	

五、串行通信接口和现场总线技术

在变电站综合自动化系统中，广泛采用了串行接口通信和现场总线技术。本小节重点介绍各种串行接口标准和应用较广的几种现场总线。

（一）串行通信接口

1. RS－232、RS－422与RS－485概述

RS－232、RS－422与RS－485都是串行数据接口标准，最初都是由电子工业协会（EIA）制订并发布的，RS－232在1962年发布，命名为EIA－232－E，作为工业标准，以保证不同厂家产品之间的兼容。RS－422由RS－232发展而来，它是为弥补RS－232之不足而提出的。为改进RS－232通信距离短、速率低的缺点，RS－422定义了一种平衡通信接口，将传输速率提高到10Mbit/s，传输距离延长到4000英尺（速率低于100kbit/s时），并允许在一条平衡总线上连接最多10个接收器。RS－422是一种单机发送、多机接收的单向、平衡传输规范，被命名为TIA/EIA－422－A标准。为扩展应用范围，EIA又于1983年在RS－422基础上制定了RS－485标准，增加了多点、双向通信能力，即允许多个发送器连接

到同一条总线上，同时增加了发送器的驱动能力和冲突保护特性，扩展了总线共模范围，后命名为 TIA/EIA－485－A 标准。由于 EIA 提出的建议标准都是以"RS"作为前缀，所以在通信工业领域，仍然习惯将上述标准以 RS 作前缀称谓。

RS－232、RS－422 与 RS－485 标准只对接口的电气特性做出规定，而不涉及接插件、电缆或协议，在此基础上用户可以建立自己的高层通信协议。

2. RS－232 串行接口标准

由于通信设备厂商都生产与 RS232C 制式兼容的通信设备，因此，在异步串行通信中应用最广泛，简化 RS232 通信接线如图 8－41 所示。其中引脚信号的中文含义分别为：TXD 发送数据、RXD 接收数据、GND 信号地。

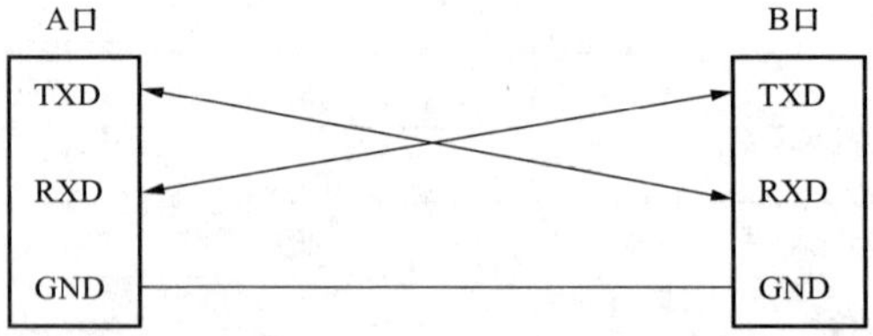

图 8－41 简化 RS232 通信接线

一个完整的 RS232C 接口连接器一般使用型号为 DB－25 的 25 芯插头座，共有 22 根线。一些设备与 PC 机连接的 RS232C 接口，因为不使用对方的传送控制信号，只需三条接口线，即"发送数据"、"接收数据"和"信号地"，这种称为简化 RS232 接口，采用 DB－9 的 9 芯插头座，传输线采用屏蔽双绞线。综合自动化变电站中用到的通常都是简化 RS232 接口。

RS232 逻辑电平对地是对称的，与 TTL 逻辑电平完全不同。它以正负电平表示逻辑状态，逻辑 0 电平规定在＋3 V～＋15 V 之间，逻辑 1 电平在－3 V～－15 V 之间。而 TTL 以高低电平表示逻辑状态，比方说＋5 V 表示逻辑 1，0 V 表示逻辑 0。因此，为了能够同计算机接口或智能设备的 TTL 器件连接，必须在 RS232C 与 TTL 电路之间进行电平的变换。常用的集成电路接口芯片有 MAX202CPE。RS232 使用屏蔽线作传输介质。

由于 RS－232－C 接口标准出现较早，存在不足之处，主要有以下几点：

（1）接口的信号电平值较高，易损坏接口电路的芯片，又因为与 TTL 电平不兼容故需使用电平转换电路方能与 TTL 电路连接。

（2）传输速率较低，最大为 20kbit/s。

（3）接口使用一根信号线和一根信号返回线而构成共地的传输形式，这种共地传输容易产生共模干扰，所以抗噪声干扰性弱。

（4）传输距离有限，最大传输距离为 20m。

（5）RS232C 接口采用全双工工作方式，但是在总线上只允许连接 1 个收发器，即只能用作点对点通信。

3. RS－422 与 RS－485 串行接口标准

（1）平衡传输。

RS－422、RS－485 与 RS－232 不一样，数据信号采用差分传输方式，也称作平衡传输，它使用一对双绞线，将其中一线定义为 A，另一线定义为 B。

通常情况下，发送驱动器 A、B 之间的正电平在＋2～＋6V，是一个逻辑状态，负电平在－2～6V，是另一个逻辑状态。另有一个信号地 C，在 RS－485 中还有一"使能"端，而在 RS－422 中这是可用可不用的。“使能”端是用于控制发送驱动器与传输线的切断与连接。当“使能”端起作用时，发送驱动器处于高阻状态，称作“第三态”，即它是有别于逻辑“1”与“0”的第三态。

接收器也作与发送端相对的规定，收、发端通过平衡双绞线将 AA 与 BB 对应相连，当在收端 AB 之间有大于＋200mV 的电平时，输出正逻辑电平，小于－200mV 时，输出负逻辑电平。接收器接收平衡线上的电平范围通常在 200mV 至 6V 之间。参见图 8－42。

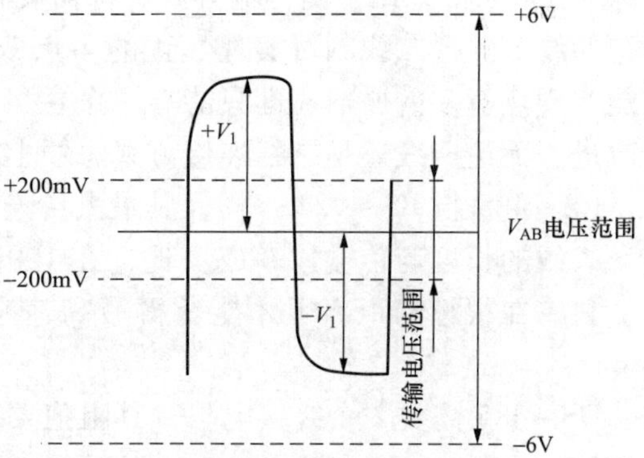

图 8－42　RS422 电平范围

（2）RS－422 电气规定。

RS－422 标准全称是“平衡电压数字接口电路的电气特性”，它定义了接口电路的特性。图 8－43 为典型的 RS－422 四线接口以及其 DB9 连接器引脚定义。由于接收器采用高输入阻抗和发送驱动器比 RS232 更强的驱动能力，故允许在相同传输线上连接多个接收节点，最多可接 10 个节点。即一个主设备（Master），其余为从设备（Salve），从设备之间不能通信，所以 RS－422 支持点对多的双向通信。接收器输入阻抗为 4k，故发端最大负载能力是 10×4k＋100Ω（终接电阻）。RS－422 四线接口由于采用单独的发送和接收通道，因此不必控制数据方向，各装置之间任何必须的信号交换均可以按软件方式（XON/XOFF 握手）或硬件方式（一对单独的双绞线）实现。

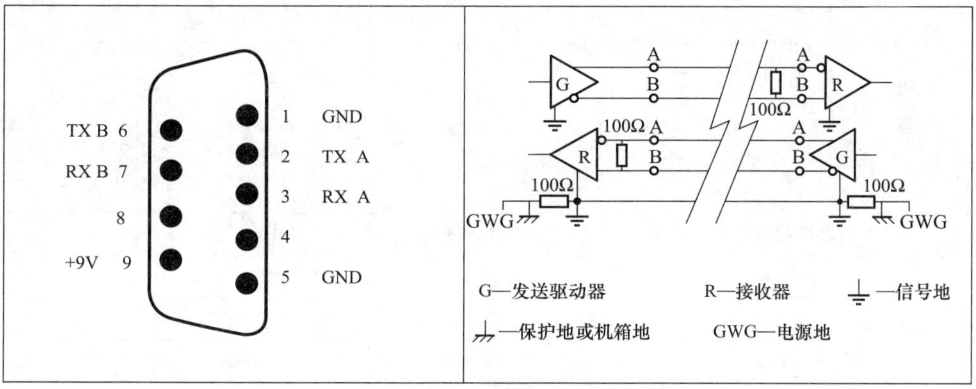

图 8－43　RS－422 通信接口原理

RS－422 的最大传输距离为 4000 英尺（约 1219m），最大传输速率为 10Mbit/s。其平衡双绞线的长度与传输速率成反比，在 100kbit/s 速率以下，才可能达到最大传输距离。只有在很短的距离下才能获得最高速率传输。一般 100m 长的双绞线上所能获得的最大传输速率仅为 1Mbit/s。

RS－422 需要一终接电阻，要求其阻值约等于传输电缆的特性阻抗，一般为 100～120Ω（通常可选 120Ω）。在短距离传输时可不需终接电阻，即一般在 300m 以下不需终接电阻。终接电阻接在传输电缆的最远端。RS－485 也需要匹配电阻。

（3）RS－485 电气规定。

由于 RS－485 是从 RS－422 基础上发展而来的，所以 RS－485 许多电气规定与 RS－

422 相仿。如都采用平衡传输方式、都需要在传输线上接终接电阻等。RS－485 可以采用二线与四线方式，二线制可实现真正的多点双向通信。而采用四线连接时，与 RS－422 一样只能实现点对多的通信，即只能有一个主（Master）设备，其余为从设备，但它比 RS－422 有改进，无论四线还是二线连接方式总线上可多接到 32 个设备。

RS－485 与 RS－422 一样，其最大传输距离约为 1219m，最大传输速率为 10Mbit/s。平衡双绞线的长度与传输速率成反比，在 100kbit/s 速率以下，才可能使用规定最长的电缆长度。只有在很短的距离下才能获得最高速率传输。一般 100m 长双绞线最大传输速率仅为 1Mbit/s。

RS－485 需要 2 个终接电阻，其阻值要求等于传输电缆的特性阻抗。在短距离传输时可不需终接电阻，即一般在 300m 以下不需终接电阻。终接电阻接在传输总线的两端。

表 8－7　　几种串口通信接口方式的比较

规　　定		RS232	RS422	R485
工作方式		单端	差分	差分
节点数		1 收、1 发	1 发 10 收	1 发 32 收
最大传输电缆长度		50 英尺	400 英尺	400 英尺
最大传输速率		20kbit/s	10Mbit/s	10Mbit/s
最大驱动输出电压		+/－25V	－0.25V～+6V	－7V～+12V
驱动器输出信号电平（负载最小值）	负载	+/－5V～+/－15V	+/－2.0V	+/－1.5V
驱动器输出信号电平（空载最大值）	空载	+/－25V	+/－6V	+/－6V
驱动器负载阻抗（Ω）		3K～7K	100	54
摆率（最大值）		30V/μs	N/A	N/A
接收器输入电压范围		+/－15V	－10V～+10V	－7V～+12V
接收器输入门限		+/－3V	+/－200mV	+/－200mV
接收器输入电阻（Ω）		3K～7K	4K（最小）	≥12K
驱动器共模电压			－3V～+3V	－1V～+3V
接收器共模电压			－7V～+7V	－7V～+12V

（二）现场总线技术

在变电站综合自动化系统中，微机保护、微机监控和其他微机型自动装置间的通信，大多数通过 RS422/RS485 通信接口相连，实现监控系统与微机保护和自动装置间的相互交换数据和状态信息。这与变电站传统的二次系统相比，已有很大的优越性，可节省大量连接电缆，接线简单可靠。然而，在变电站综合自动化系统中，采用 RS422/RS485 通信接口，虽然可以实现多个节点（设备）之间的互连，但连接的数一般不超过 32 个，在变电站规模稍大时，便满足不了综合自动化系统的要求；其次，采用 RS422/RS485 通信接口，其通信方式多为查询方式，即由主机询问，保护单元或测控单元回答，通信效率低，难以满足较高的实时性要求；此外，采用 RS422/RS485 通信接口，整个通信网上只能有一个主节点对通信进行管理和控制，其余皆为从节点，受主节点管理和控制，这样主节点便成为系统的瓶颈，一旦主节点出现故障，整个系统的通信便无法进行；另外对 RS422/RS485 通信接口的通信规约缺乏统一标准，使不同厂家生产的设备很难互连，给用户带来不便。

1. 现场总线的概念

现场总线（Fieldbus）是 20 世纪 80 年代末、90 年代初国际上发展形成的，用于过程自动化、制造自动化、楼宇自动化等领域的现场智能设备互连通信网络。它作为工厂数字通信网络的基础，沟通了生产过程现场及控制设备之间及其与更高控制管理层次之间的联系。它不仅是一个基层网络，而且还是一种开放式、新型全分布控制系统。

2. 现场总线特点

现场总线是用于现场仪表与控制系统和控制室之间的一种全分散、全数字化、智能、双向、互联、多变量、多点、多站的通信系统。

现场总线具有可靠性高、稳定性好、抗干扰能力强、通信速率快，造价低廉、维护成本低等优点，现场总线系统在技术上具有开放性、互可操作性与互用性、现场设备的智能化与功能自治性、系统结构的高度分散性、对现场环境的适用性等特点。

3. OSI 参考模型

国际标准化组织 ISO 定义的开放系统互连 OSI 全部七层模型如下：

（1）物理层：提供有关同步和比特流在物理媒体上的传输手段。

（2）数据链路层：用于建立、维持和拆除链路连接，实现无差错传输功能。

（3）网络层：规定网络连接的建立、维持和拆除的协议。

（4）传输层：完成开放系统之间的数据传送控制。

（5）会话层：依靠传输层以下的通信功能使数据传送功能在开放系统间有效地进行。

（6）表示层：对应用层信息内容的形式进行变换。

（7）应用层：实现应用进程之间的信息交换。

4. 几种典型的现场总线

（1）HART。

HART 是 HighwayAddressableRemoteTransducer（可寻址远程传感器高速公路）的缩写。1986 年由美国 ROSEMOUNT 公司开发的一套过渡性临时通信协议。但目前受到了广泛承认，已成为事实上的国际标准。

HART 协议以国际标准化组织（ISO）开放性系统互连模型（OSI）为参照，使用 OSI 的 1、2、7 三层，即物理层、数据链路层、应用层。物理层采用基于 Be11202 通信标准的 FSK 技术，所以可以通过租用电话线进行通信。

HART 协议使用 FSK 技术在 4～2mA 过程测量模拟信号上叠加一个频率信号。逻辑 1 为 1200Hz，逻辑 0 为 2200Hz，波特率为 1200bit/s。它成功地使模拟和数字双向信号能同时进行而且互不干扰。因此在与智能化仪表通信时，还可使用模拟仪表、记录仪及模拟控制。在不对现场仪表进行改造的情况下，逐步实现数字性能（包括数字过程变量），是一种理想的方案。这是一个由模拟系统向数字系统过渡的协议。

在应用层规定了 3 类命令。第一类是通用命令，这是所有设备都能理解、执行的命令；第二类是一般行为命令，它所提供的功能可以在许多现场设备中实现；第三类为特殊设备命令，以便在某些设备中实现特殊功能。这类命令可以允许开发此类设备的公司所独有。此外它还为用户提供统一的设备描述语言 DDL。

HART 支持点对点、主从应答方式和多点广播方式。

直接通信距离，有屏蔽双绞线单台设备 3000m，而多台设备互相距离 1500m。只使用一个电源时，能连接 15 个智能化设备。

（2）CAN 现场总线。

CAN 是 ControllerAreaNetwork（控制器局域网络）的缩写。这是由德国 BOSCH 公司开发的控制局域网络，是一种具有很高可靠性、支持分布式实时控制的串行通信网络。它最初是用于汽车内部大量控制测量仪器、执行机构之间数据交换的一种串行数据通信协议。现在已广泛应用于包括变电站自动化设备的监控等领域。

CAN 协议实现 ISO/OSI 模型的 1、2 两层。物理层定义了传送过程中的所有电气特性，目标层和传输层包括了 ISO/OSI 定义的数据链路层的所有功能。目标层的功能包括确认哪个信息是要发送的，确认传送层接收到的信息并为之提供接口。传送层的功能包括帧组织、总线仲裁、检错、错误报告、错误处理等。

CAN 可以点对点、一点对多点（成组）及全局广播等几种方式传送和接收数据，可以多主方式工作，网络上任意一个节点均可以在任意时刻主动地向网络其他节点发送信息，可以方便地构成多机备份系统。

网络上各节点可以定义不同的优先级以满足不同的实时要求。CAN 采用非破坏性总线仲裁技术。当两个节点同时向网络上传送信息时，优先级低的节点主动停止数据传送，而优先级高的节点可不受影响地继续传输数据，有效地避免了总线冲突。

CANBUS 上的节点数，理论值为 2000 个，实际值是 110 个。直接通信距离为 10km/5kbit/s，40m/1Mbit/s。传输介质为双绞线和光纤。

CAN 采用短帧结构，受干扰概率低，并采用冗余校验 CRC 及其他校错措施，保证了极低的信息出错率。而且具有自动关闭总线功能，在错误严重的情况下，可切断它与总线的联系，使总线上的其他操作不受影响。

（3）LONWORKS。

LONWORKS 是局部操作网络 Local Operation Network 的简称。由美国 Echelon 公司推出并由它与摩托罗拉、东芝公司共同倡导，于 1990 年正式公布形成。其技术核心是神经元 Neuron。LONWORKS 的应用范围几乎包括了测控应用的所有范畴，在我国电力系统中的应用也已相当广泛。

LONWORKS 的通信协议 LONTALK 协议遵循 ISO/OSI 参考模型，提供了 OSI 所定义的全部 7 层服务。这是在现场总线中唯一提供全部服务的现场总线。

LONWORKS 的核心是 Neuron（神经元）芯片，内含 3 个 8 位的 CPU：第一个 CPU 为介质访问控制处理器，实现 LONTALK 协议的第一层和第二层；第二个 CPU 为网络处理器，实现 LONTALK 协议的第三层至第六层；第三个 CPU 为应用处理器，实现 LONTALK 协议的第七层，执行用户编写的代码及用户代码所调用的操作系统服务。LONWORKS 的神经元芯片已由 Motorola 和东芝公司生产。

提供一套开发工具平台 LONBuilder 和 NodeBuilder。有了这一套工具，用户就可以利用神经元芯片、LONTALK 通信协议和 LONWORKS 收发器很方便也很灵活地开发出自己所需要的系统和产品。

LONWORKS 的直接通信距离为 2700m/78kbit/s、130m/1.25Mbit/s；节点数 32 000 个；传输介质支持双绞线、同轴电缆、射频、红外线、电力线等多种通信介质，且多种介质可以在同一网络中混合使用。

（4）PROFIBUS。

PROFIBUS 是 ProcessFieldBus（过程现场总线）的简称。1987 年德国联邦科技部集中了 13 家公司和 5 个研究所按 ISO/OSI 参考模型制订现场总线的德国标准。于 1991 年 4 月在 DIN19245 中发表，并正式成为德国现场总线标准，而后又列入了欧洲标准 EN50170。PROFIBUS 得到了广泛的支持，并在电力系统获得广泛应用。如 SIEMENS 公司的 SICAM、LSA 变电站自动化系统即采用了 PROFIBUS。

PROFIBUS 是一种用于工厂自动化车间级监控和现场设备层数据通信与控制的现场总线技术。可实现现场设备层到车间级监控的分散式数字控制和现场通信网络，从而为实现工厂综合自动化和现场设备智能化提供了可行的解决方案。它采用了 OSI 模型的物理层、数据链路层和应用层。传输速率为 9.6kbit/s 到 12Mbit/s，最大传输距离在 12Mbit/s 时为 100m，在 1.5Mbit/s 时为 400m，可用中继器延长到 10km。其传输介质可以是双绞线，也可以是光纤，最多可挂接 127 个站点。

PROFIBUS 是一种多主站系统，可以实现多个控制、配置或可视化系统在一条总线上相互操作。拥有访问权（令牌）的主站无需外部请求就可以发送数据。而从站是一种被动设备，不享有总线访问权。从站只能对接收到的消息进行确认，或者在主站请求时进行发送。波特率支持 9.6k 至 12M。总线上最多可连接 126 个设备。PROFIBUS 也支持广播和多点通信。

（5）FF 总线。

基金会现场总线，即 FoudationFieldbus，简称 FF，这是在过程自动化领域得到广泛支持和具有良好发展前景的技术。其前身是以美国 Fisher-Rousemount 公司为首，联合 Foxboro、横河、ABB、西门子等 80 家公司制订的 ISP 协议和以 Honeywell 公司为首，联合欧洲等地的 150 家公司制订的 WordFIP 协议。屈于用户的压力，这两大集团于 1994 年 9 月合并，成立了现场总线基金会，致力于开发出国际上统一的现场总线协议。它以 ISO/OSI 开放系统互连模型为基础，取其物理层、数据链路层、应用层为 FF 通信模型的相应层次，并在应用层上增加了用户层。

FF 总线分低速 H1 和高速 H2 两种通信速率。H1 的传输速率为 3125kbit/s，通信距离可达 1900m（可加中继器延长），可支持总线供电，支持本质安全防爆环境。H2 的传输速率为 1Mbit/s 和 2.5Mbit/s 两种，其通信距离为 750m 和 500m。物理传输介质可支持比绞线、光缆和无线发射，协议符合 IEC1158－2 标准。其物理媒介的传输信号采用曼彻斯特编码，每位发送数据的中心位置或是正跳变，或是负跳变。正跳变代表 0，负跳变代表 1，从而使串行数据位流中具有足够的定位信息，以保持发送双方的时间同步。接收方既可根据跳变的极性来判断数据的“1”、“0”状态，也可根据数据的中心位置精确定位。

六、工业以太网

随着计算机网络技术的迅猛发展，工业以太网 Ethernet 开始广泛应用于变电站综合自动化系统当中。特别是工业控制出现的嵌入式技术，利用嵌入式软、硬件，设计者可以在单片机协同系统上实现以太网技术即嵌入式以太网，为综合自动化系统提供了实现站内网络通信的新途径。在三层式结构的综合自动化系统中，最初工业以太网的应用更多集中于通信控制层设备至站控层设备之间，即通信控制器（总控单元）至监控后台机或五防机之间，或者在集控中心采用局域网LAN方式实现多个服务器或终端设备互联。同传统的串行通信接口或现场总线相比，以太网具有以下一些显著的优点：① 高数据传输速率：10M/100M；② 低误码率：$10^{-8} \sim 10^{-11}$。

当然，同现场总线相比，工业以太网也有着接线较为复杂，连接距离较短（0.1～2.5km）等缺点。当设备之间的距离超过100m时，可以通过加装光纤及光电HUB的方式来加以解决。随着两层式结构的综合自动化系统的快速发展，各种微机保护和微机测控装置开始采用工业以太网直接联结。

由于采用的网络标准其开放性好、应用广泛以及价格低廉、使用的是透明而统一的TCP/IP协议，以太网已经成为工业控制领域的主要通信标准。工业以太网同普通商用网络相比，在数据链路层、网络层、协议层等方面并无本质区别，但针对工业控制的实时性等需求，工业以太网解决了通信实时性、网络安全性、本质安全与安全防爆技术等技术问题，并且采用一些适合于工业恶劣环境的措施，如防尘防水、抗振动、耐高温、电磁兼容性等。

（一）计算机网络硬件组成

计算机网络是由两个或多个计算机通过特定通信模式连接起来的一组计算机，完整的计算机网络系统是由网络硬件系统和网络软件系统组成的。本小节对构成一个完整的计算机网络可能用到的主要硬件及作用作一个简单介绍。

组成计算机网络的硬件一般有：网络服务器、网络工作站、网络适配器（又称为网卡）、连接线（学名“传输介质”或“传输媒体”，主要是电缆或双绞线，还有光纤）。如果要扩展局域网的规模，就需要增加通信连接设备，如调制解调器、集线器、网桥和路由器等。把这些硬件连接起来，再安装上专门用来支持网络运行的软件，包括系统软件和应用软件，就构建起了一个计算机网络。

1. 服务器（Server）

服务器（Server）是一台高性能计算机，用于网络管理、运行应用程序、处理各网络工作站成员的信息请示等，并连接一些外部设备如打印机、CD-ROM、调制解调器等。根据其作用的不同分为文件服务器、应用程序服务器和数据库服务器等。广义上的Server（服务器）是指向运行在别的计算机上的客户端程序提供某种特定服务的计算机或是软件包。这一名称可能指某种特定的程序，也可能指用于运行程序的计算机。一台单独的服务器计算机上可以同时有多个服务器软件包在运行，也就是说，它们可以向网络上的客户提供多种不同的服务。

文件服务器是网络中最重要的硬件设备，其中装有NOS（网络操作系统）、系统管理工具和各种应用程序等，是组建一个客户机/服务器局域网所必需的基本配置；对于对等网，每台计算机则既是服务器也是工作站。

2. 工作站（Workstation）

工作站（Workstation）也称客户机，由服务器进行管理和提供服务的、连入网络的任何计算机都属于工作站，其性能一般低于服务器。网络工作站需要运行网络操作系统的客户端软件。

3. 网卡

网卡也称网络适配器、网络接口卡（Network Interface Card，NIC），在局域网中用于将用户计算机与网络相连，大多数局域网采用以太（Ethernet）网卡。网卡是一块插入微机

I/O 槽中，发出和接收不同的信息帧、计算帧检验序列、执行编码译码转换等以实现微机通信的集成电路卡。它主要完成如下功能：

（1）读入由其他网络设备（路由器、交换机、集线器或其他 NIC）传输过来的数据包（一般是帧的形式），经过拆包，将其变成客户机或服务器可以识别的数据，通过主板上的总线将数据传输到所需 PC 设备中（CPU、内存或硬盘）。

（2）将 PC 设备发送的数据，打包后输送至其他网络设备中。它按总线类型可分为 ISA 网卡、EISA 网卡、PCI 网卡等。其中 ISA 网卡的数据传送以 16 位进行，EISA 和 PCI 网卡的数据传送量为 32 位，速度较快。

网卡的工作原理与调制解调器的工作原理类似，只不过在网卡中输入和输出的都是数字信号，传送速度比调制解调器快得多。

网卡的接口有三种规格：粗同轴电缆接口（AUI 接口）；细同轴电缆接口（BNC 接口）；无屏蔽双绞线接口（RJ－45 接口）。一般的网卡仅一种接口，但也有两种甚至三种接口的，称为二合一或三合一卡。网卡上的红、绿小灯是工作指示灯，红灯亮时表示正在发送或接收数据，绿灯亮则表示网络连接正常，否则就不正常。值得说明的是，倘若连接两台计算机线路的长度大于规定长度（双绞线为 100m，细电缆是 185m），即使连接正常，绿灯也不会亮。

4. 调制解调器

调制解调器也叫 Modem。它是一个通过电话拨号接入 Internet 的必备的硬件设备。通常计算机内部使用的是“数字信号”，而通过电话线路传输的信号是“模拟信号”。调制解调器的作用就是当计算机发送信息时，将计算机内部使用的数字信号转换成可以用电话线传输的模拟信号，通过电话线发送出去；接收信息时，把电话线上传来的模拟信号转换成数字信号传送给计算机，供其接收和处理。按调制解调器的传输能力不同有低速和高速之分，常见的调制解调器速率有 14.4kbit/s、28.8kbit/s、33.6kbit/s、56kbit/s 等。

要扩展局域网的规模，就需要用通信线缆连接更远的计算机设备，但当信号在线缆中传输时会受到干扰，产生衰减。如果信号衰减到一定的程度，信号将不能识别，计算机之间不能通信。必须使信号保持原样继续传播才有意义。

5. 中继器

中继器（Repeater），用于连接同类型的两个局域网或延伸一个局域网。当我们安装一个局域网而物理距离又超过了线路的规定长度时，就可以用它进行延伸；中继器也可以收到一个网络的信号后将其放大发送到另一网络，从而起到连接两个局域网的作用。

6. 集线器

集线器（HUB），是一种集中完成多台设备连接的专用设备，提供了检错能力和网络管理等有关功能。HUB 有三种类型：对被传送数据不做任何添加的 Passive HUB，被称为被动集线器；能再生信号，监测数据通信的 Active HUB，被称为主动集线器；能提供网络管理功能的 Intelligent HUB，被称为智能集线器。

7. 交换机

交换机（Switch），也叫交换式集线器，是一种工作在 OSI 第二层（数据链路层）上的、基于 MAC（网卡的介质访问控制地址）识别、能完成封装转发数据包功能的网络设备。交换机同集线器一样主要用于连接计算机等网络终端设备，但比集线器更加先进，它允许连接其上的设备并行通信而不冲突。

8. 网桥

网桥（Bridge）也连接网络分支，但网桥多了一个“过滤帧”的功能。一个网络的物理连线距离虽然在规定范围内，但由于负荷很重，可以用网桥把一个网络分割成两个网络。这是因为网桥会检查帧的发送和目的地址，如果这两个地址都在网桥的这一半，那么这个帧就不会发送到网桥的另一半，这就可以降低整个网的通信负荷，这个功能就叫“过滤帧”。

9. 路由器

路由器（Router）用于连接两种不同类型的局域网，它可以连接遵守不同网络协议的网络。路由器能识别数据的目的地地址所在的网络，并能从多条路径中选择最佳的路径发送数据。如果两个网络不仅网络协议不一样，而且硬件和数据结构都大相径庭，那么就得用网关（Gateway）。

网络电缆用于网络设备之间的通信连接，常用的网络电缆有双绞线、细同轴电缆、粗同轴电缆、光缆等。此外计算机网络还可以使用无线传输媒体等传输媒体。

10. UPS 不间断电源

UPS（Uninterruptible Power System）伴随着计算机的诞生而出现，是计算机常用的外围设备之一。实际上，它是一种含有储能装置，并以逆变器为主要组成部分的恒压恒额的不间断电源。配备 UPS 的主要目的是防止由于突然停电而导致计算机丢失信息和破坏硬盘，综自系统的后台监控主机或服务器必须通过 UPS 提供电源。UPS 工作原理如下。

正常运行时，交流电输入经整流滤波电路变成恒定的直流电压，一方面给直流电池浮充，另外经逆变器后调制成交流脉冲波，再经滤波整形后输出稳定的工频交流电。当输入交流停电时，由直流电池组供电给逆变器工作，保持交流电源不会中断。当逆变故障交流输出不正常时，输出电子开关断，旁路电子开关合，负载由旁路交流供给。

为防止站用变失压时综自系统通信中断，远动设备应采用变电站内直流电源或与其他专业公用 UPS 电源。对于采用专用 UPS 电源的，共工作方式应为在线运行方式，并具有监测 UPS 电源运行状态的 UPS 电源。UPS 电源在带满全部设备后，应留有 40% 以上的供电容量；UPS 在交流电失电后，不间断供电维持时间不小于 60min。

（二）网络拓扑结构

计算机连接的方式叫做“网络拓扑结构”（Topology）。网络拓扑是指用传输媒体互连各种设备的物理布局，特别是计算机分布的位置以及电缆如何通过它们。

常用的计算机网络拓扑结构有四种。它们是总线网络、环形网络、星形网络和网状网络。

1. 总线网络

总线结构是使用同一媒体或电缆连接所有端用户的一种方式，也就是说，连接端用户的物理媒体由所有设备共享，如图 8 - 44 所示。

总线形网络使用一定长度的电缆，也就是必要的高速通信链路将设备（比如计算机和打印机）连接在一起。设备可以在不影响系统中其他设备工作的情况下从总线中取下。总线形网络中最主要的实现就是以太网，它目前已经成为局域网的标准。连接在总线上的设备都通过监察总线上传送的信息来检查发给自己的数据，只有与地址相符的设备才能接受信息，其他设备即使收到，也只是简单地忽略了事。当两个设备想在同一时间内发送数据时，以太网上将发生碰撞现象，但是使用一种叫作“带有碰撞检测的载波侦听多路访问”（CSMA/CD）的协议可以将碰撞的负面影响降到最低。

2. 环形网络

环形网，正如名字所描述的那样，是使用一个连续的环将每台设备连接在一起。它能够保证一台设备上发送的信号可以被环上其他所有的设备都看到。在简单的环形网中，网络中任何部件的损坏都将导致系统出现故障，这样将阻碍整个系统进行正常工作。而具有高级结构的环形网（如自愈式双环网结构）则在很大程度上改善了这一缺陷。

环型结构在 LAN 中使用较多。这种结构中的传输媒体从一个端用户到另一个端用户，直到将所有端用户连成环型，如图 8－45 所示。这种结构显而易见消除了端用户通信时对中心系统的依赖性。

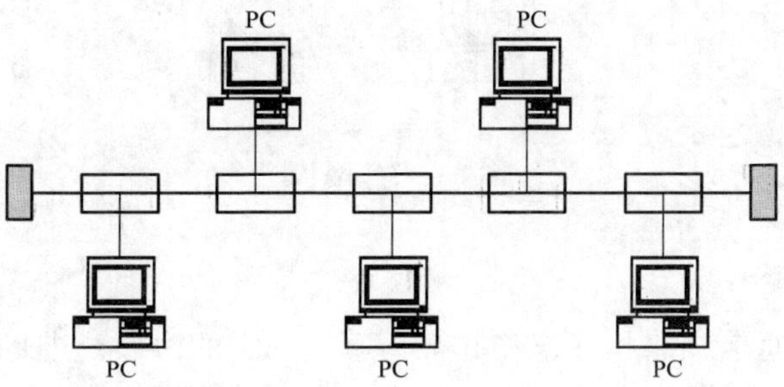

图 8－44 总线式网络

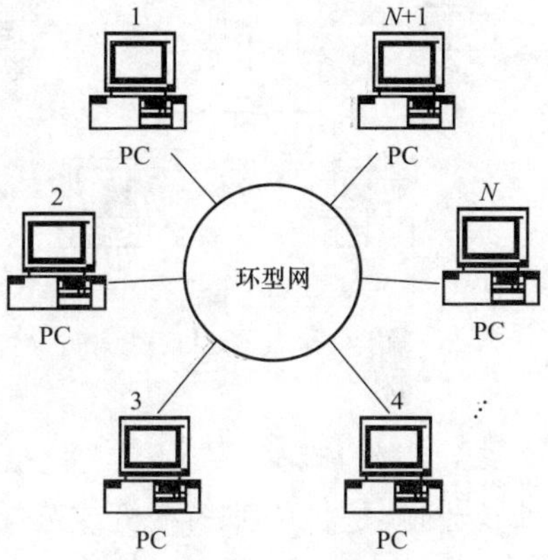

图 8－45 环形网络

环行结构的特点是，每个端用户都与两个相邻的端用户相连，因而存在着点到点链路，但总是以单向方式操作，于是便有上游端用户和下游端用户之称。例如用户 N 是用户 N＋1 的上游端用户，N＋1 是 N 的下游端用户。如果 N＋1 端需将数据发送到 N 端，则几乎要绕环一周才能到达 N 端。环上传输的任何信息都必须穿过所有端点，因此，如果环的某一点断开，环上所有端间的通信便会终止。为克服这种网络拓扑结构的脆弱，每个端点除与一个环相连外，还连接到备用环上，当主环故障时，自动转到备用环上。

环形网络的一个例子是令牌环局域网。在令牌环网络中，拥有“令牌”的设备允许在网络中传输数据。这样可以保证在某一时间内网络中只有一台设备可以传送信息。

3. 星形网络

星形结构如图 8－46 所示，是目前使用最普遍的以太网（Ethernet）星形结构，处于中心位置的网络设备为集线器（Hub）或交换机。

这种结构便于集中控制，因为端用户之间的通信必须经过中心站。由于这一特点，也带来了易于维护和安全等优点。端用户设备因为故障而停机时也不会影响其他端用户间的通信。但这种结构非常不利的一点是，中心系统必须具有极高的可靠性，因为中心系统一旦损坏，整个系统便趋于瘫痪。对此中心系统通常采用双机热备份，以提高系统的可靠性。

还应指出，以 Hub 构成的网络结构，虽然呈星形布局，但它使用的访问媒体的机制却仍是共享媒体的总线方式。在星形网中，可以在不影响系统其他设备工作的情况下，非常容易地增加和减少设备。

4. 网状网络

如果一个网络只连接几台设备，最简单的方法是将它们都直接相连在一起，这种连接称为点对点连接。用这种方式形成的网络称为全互联网络，也就是网状网络，如图 8－47 所示。这种方式只有在涉及设备数很少的条件下才有使用的可能。

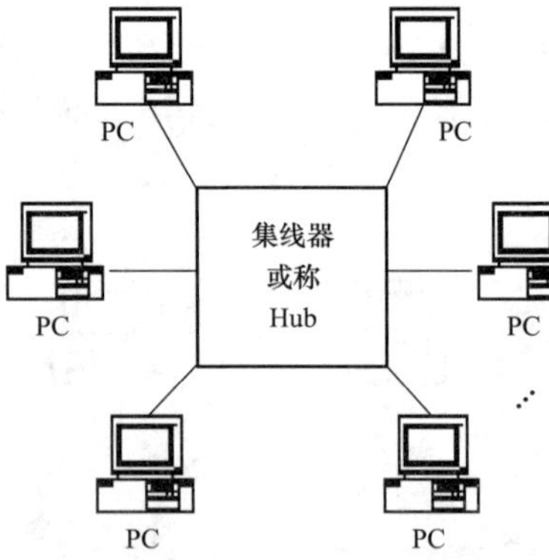

图 8－46 星形网络

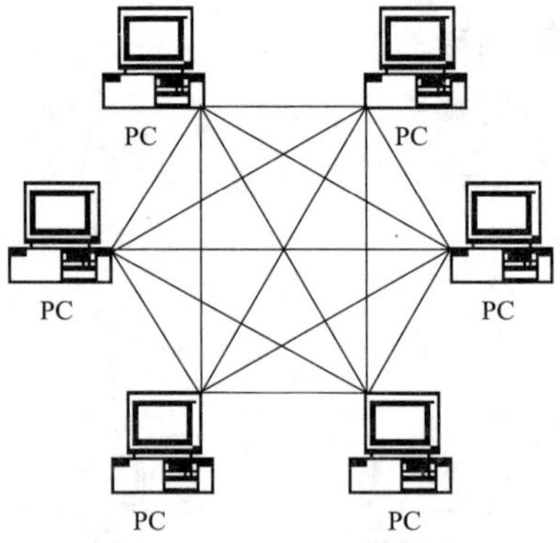

图 8－47 网状网络

（三）网线连接

局域网就是将单独的微机或终端，利用通信线路相互连接起来，遵循一定的协议，进行信息交换，实现资源共享。其中，通信线路，即传输介质常用的有：双绞线、同轴电缆、光纤等。从性价比和可维护性出发，大多数局域网使用非屏蔽双绞线（UTP — Unshielded Twisted Pair）作为布线的传输介质来组网。

网线由一定距离长的双绞线与 RJ45 头组成。双绞线由 8 根不同颜色的线分成 4 对绞合在一起，成队扭绞的作用是尽可能减少电磁辐射与外部电磁干扰的影响，双绞线可按其是否外加金属网丝套的屏蔽层而区分为屏蔽双绞线（STP）和非屏蔽双绞线（UTP）。双绞线按其电气特性而进行分级或分类，一般分为非屏蔽双绞线（UTP）和屏蔽双绞线（STP）两大类，局域网中非屏蔽双绞线分为 3 类、4 类、5 类和超 5 类四种，屏蔽双绞线分为 3 类和 5 类两种。目前局域网中常用到的双绞线一般都是非屏蔽的 5 类 4 对（即 8 根导线）的电缆线。这些双绞电缆线的传输速率都能达到 100Mbit/s。随着传输介质的发展，近年来在局域网中又出现了超 5 类双绞线。超 5 类双绞线属非屏蔽双绞线，与普通 5 类双绞线比较，超 5 类双绞线在传送信号时衰减更小，抗干扰能力更强，在 100M 网络中，用户设备的受干扰程度只有普通 5 类线的 1/4。做好的网线要将 RJ45 水晶头接入网卡或 HUB 等网络设备的 RJ45 插座内。相应地 RJ45 插头座也区分为三类或五类电气特性。RJ45 水晶头由金属片和塑料构成，结构如图 8－48 所示，特别需要注意的是引脚序号，当金属片面对我们的时候从左至右引脚序号是 1～8，这序号做网络联线时非常重要，不能搞错。双绞线的最大传输距离为 100m。

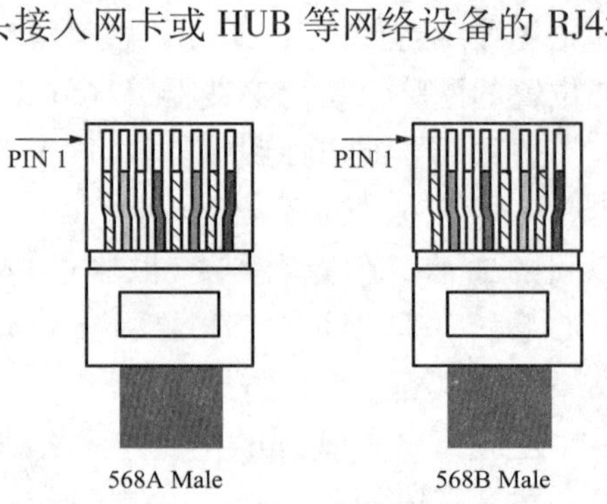

图 8－48 RJ45 水晶

EIA/TIA 的布线标准中规定了两种双绞线的线序 568A 与 568B：

标准 568A：绿白—1、绿—2、橙白—3、蓝—4、

蓝白—5、橙—6、棕白—7、棕—8

标准 568B：橙白—1、橙—2、绿白—3、蓝—4、蓝白—5、绿—6、棕白—7、棕—8

在整个网络布线中应用一种布线方式，但两端都有 RJ－45 plug 的网络联线无论是采用端接方式 A，还是端接方式 B，在网络中都是通用的。双绞线的顺序与 RJ45 头的引脚序号一一对应。10M 以太网的网线使用 1，2，3，6 编号的芯线传递数据，100M 以太网的网线使用 4，5，7，8 编号的芯线传递数据。

100BASE－T4 RJ－45 对双绞线的规定如下：

1、2 用于发送，3、6 用于接收，4、5，7、8 是双向线。

1、2 线必须是双绞，3、6 双绞，4、5 双绞，7、8 双绞。

交叉线和直连线的应用规则：同种设备相连用交叉线，不同设备相连用直连线！

当双绞线电缆连到 HUB 和网卡之间时，如何才能判断其是否连通？可检查 HUB 和网卡上的发光二极管 LED 是否发亮，因为每 16ms 集线器和网卡之间便发送一个脉冲信号，当相互间能接收到此信号时，LED 就发亮，表示物理连接正常。如果手上有网线测试仪，则可利用仪器进行接线正确性检查。

在把水晶头的两端都做好后即可用网线测试仪进行测试，网线测试仪如图 8－49 所示，如果测试仪上 8 个指示灯都依次为绿色闪过，证明网线制作成功。如果出现任何一个灯为红灯或黄灯，都证明存在断路或者接触不良现象，此时最好先对两端水晶头再用网线钳压一次后再测试。如果故障依旧，再检查一下两端芯线的排列顺序是否一样，如果不一样，应剪掉一端重新按另一端芯线排列顺序制做水晶头，直到测试全为绿色指示灯闪过为止。此外，用 Ping 命令也可以检查网络连接是否良好。

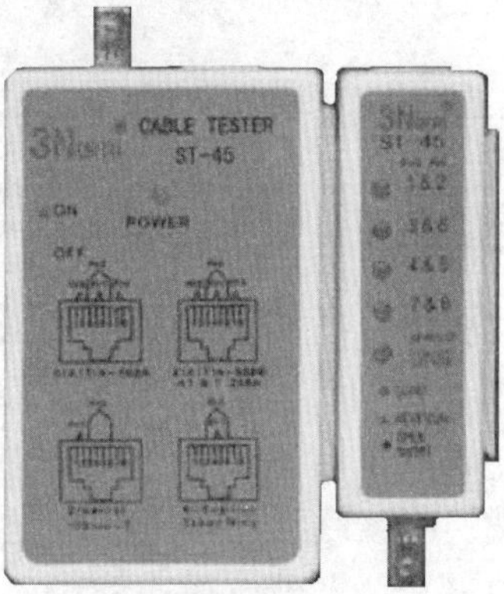

图 8－49 网线测试仪

（四）TCP/IP 协议

TCP/IP 协议已成为互联网的标准通信协议。许多厂商和系统都支持该协议，而且已经被人们所认可。TCP/IP 协议提供两种类型的服务，即面向连接的可靠传输服务 TCP 协议和无连接的 UDP 数据报协议。TCP 发送信息时必须先和对方建立 3 次握手连接，然后发送信息；UDP 无需建立连接而可直接发送数据。所以 UDP 适用于单播、组播和广播 3 种通信模式，而 TCP 不适用于组播，但它可提供可靠的传输机制。由于 UDP 方式的高效率和分组广播等特点，以太网应用在变电站综合自动化系统中时一般都采用 UDP 方式，在应用层协议上通常采用IEC60870－5－104 标准规约。

七、信道和传输介质

（一）有线通信和无线通信方式

用于信息通道的通道又称为“信道”。在数据通信网络中各站点之间的联系，都是通过信道来完成的。综合自动化变电站到调度控制中心的通信信道可以简单地分为有线信道和无线信道两大类。

用线缆来完成数据信息传送的方式称为有线通信，明线、电缆、电力线载波和光纤通信等都属于有线信道。

用无线电波通过自由空间来进行信息传送的方式称为无线通信，微波中继、短波、无线扩频、GPRS 和卫星通信等都属于无线信道。

概括划分如下：

- 通信
  - 有线通信
    - 实线通信
    - 载波通信
      - 明线载波通信
      - 电缆载波通信
      - 电力线载波通信
    - 光纤通信
  - 无线通信
    - 微波中继通信
    - 短波通信
    - GPRS通信
    - 无线扩频通信
    - 卫星通信

（二）传输介质

传输介质指设备到接收设备之间信号传递所经媒介。它可以是有线的，也可以是无线的。

可用于进行数据交换通信的传输介质很多，在变电站综合自动化中较为常见的有：屏蔽电缆、双绞线、同轴电缆、光纤光缆和无线通信信道。

其中，屏蔽电缆通常用于 RS232 通信接口连接中；双绞线通常用于 RS485/CAN/LON 现场总线连接和 LAN 网络连接；同轴电缆通常用于 LAN 网络连接；光纤通常用于站控或站调两端通信连接，或用于采用光通信的间隔层连接，并广泛应用于微机光纤纵差保护作通道使用；无线通信信道通常用于站控或站调两端通信连接，并广泛应用于配网自动化中。几种传输介质的比较如下：

（1）双绞线：价格低、带宽可达 268KHz，有一定抗干扰性，100m ~ 15km，误码率约 $10^{-5} \sim 10^{-6}$；

（2）同轴电缆：价格适中，速率可达 10Mbit/s，最大距离限制在几公里范围内，误码率约 10^{-7}；

（3）光缆：价格较贵，性能最好，速率可达数百 Mbit/s，不加中继可达 6 ~ 8km，误码率低于 10^{-10}；

（4）无线通信信道：微波通信（$10^{9} \sim 10^{10}$ Hz）、红外通信（$10^{11} \sim 10^{14}$ Hz）、激光通信（$10^{14} \sim 10^{15}$ Hz）。

1. 光纤通信方式

光在本质上是一种电磁波，光纤通信实质上就是依靠激光在光纤当中不断全反射进行传播的方式。光纤通信系统是以光波为载体，光导纤维为传输媒介的通信方式，其基本组成部分是数据源、光发送机、光接收机和光纤通道，光纤通道示意图见图 8 – 50 所示。由于典型的光载波频率约 100THz，而微波载波频率为 1 ~ 10GHz，因此光纤通信传输的带宽很宽，传输信息的容量很大。光纤通信是目前通信质量最好的传输方式。根据光纤中光信号传输基模的多少，光纤可分为单模光纤（SM）和多模光纤（MM）两类。单模光纤中只传输一个基模，没有模间色散，传输带宽很宽，是高速长距离光纤通信系统的理想传输媒质；多模光纤中传输多个基模，有模间色散，传输带宽窄，是近距离光纤通信的传输媒质。一般的光纤在波长为0.7～1.6μm之间有三个低衰耗区域，这三个低衰耗区，也是光纤通信最常用的三个传输窗口。这三个波长段分别为0.85μm、1.31μm和1.55μm。其中多模通信一般采用0.85μm、1.31μm，衰耗约1～4dB/km；单模通信采用1.31μm、1.55μm，衰耗约0.2～0.4dB/km。

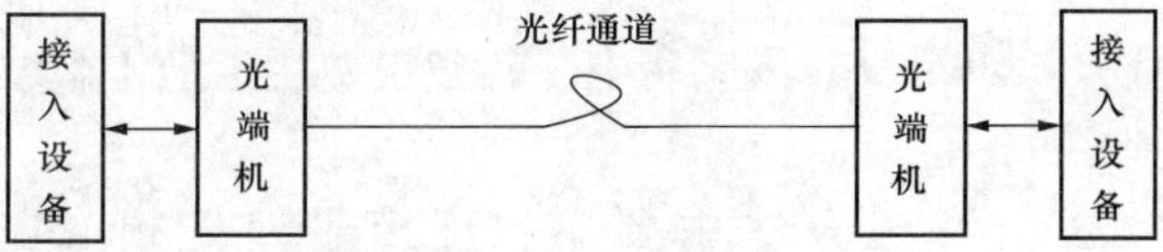

图8－50 光纤通道示意图

详见本书第三章第七节（三、光纤通道与接口）。

2. 载波通信方式

电力载波通信就是把语音和数据信号调制到特定频率（40～500kHz）的载波上进行通信的方式，以电力线作为信号传输通道，实现甲乙两地点信号传送的一种通信方式。

电力载波通信的优点在于利用电力线路作为传输通道，建设周期短、节省投资；缺点在于要求两地点之间必须存在电力线路，且电力线路检修及故障时，将中断通信，并且带宽较窄，传输容量较小，通信距离受限制。

详见本书第三章第七节（一、纵联保护的载波通道及高频通道衰耗简介）。

3. 微波通信方式

波长为0.001～1.0m、频率为300MHz～300GHz的无线电波，称为微波。在微波频段，由于频率很高，电波的绕射能力弱，所以信号的传输主要是利用微波在视线距离内的直线传播，又称视距传播。这种传播方式，虽然与短波相比，具有传播较稳定，受外界干扰小等优点，但在电波的传播过程中，却难免受到地形，地物及气候状况的影响而引起反射，折射，散射和吸收现象，产生传播衰落和传播失真。由于地球表面曲率影响，微机在地面传播的距离是有限的，为了实现远距离微波传送，一般每隔40～50km就要设置一个中继站，按接力的方式一站站依次传递下去，因此此方式称为微波中继通信，原理图见图8－51。应用于综

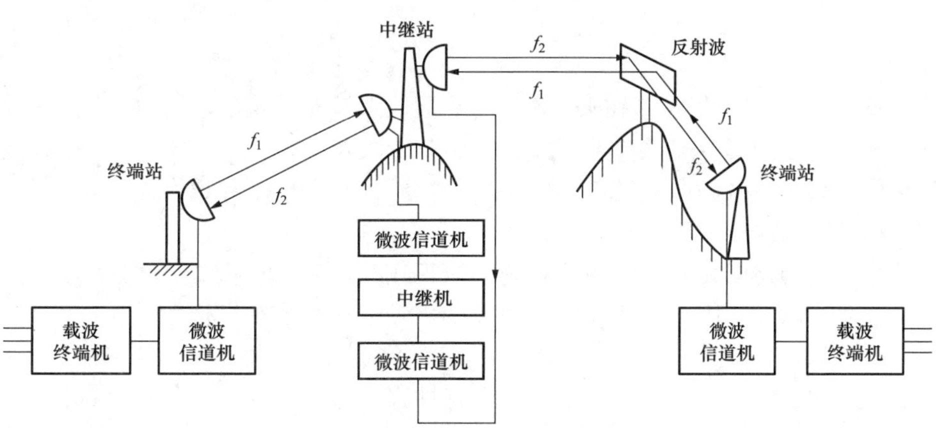

图8－51 微波中继通信原理图

合自动化的微波通信的频率通常在1GHz以上。微波扩频通信技术特点是利用伪随机码对输入信息进行扩展频谱编码处理，然后在某个载频进行调制以便传输。

微波中继通信的优点是：微波频段频带很宽，可以容纳数量很多的无线电频道而不致相互干扰，传输容量大；方向性强；比有线方式经济。缺点在于传输距离受限；信号质量受天气和地理条件影响较大；与有线传输方式相比，信号不稳定、可靠性较差。

4. 无线扩频通信方式

无线扩频通信方式来源于军事通信应用中，其建设费用远低于微波通信，却也具有很大的容量和很高的通信速率。

目前常用的扩频通信实现方法主要有：直接序列扩频（Direct Sequence Spread Spectrum）、跳频（Frequency Hopping）、跳时（Time Hopping）、宽带线性调频（Chip Modulation）等方式。以上方法中最常用的是直接序列扩频和跳频。直接序列扩频技术采用高速伪随机码（PN码），对信息比特进行模2加得到扩频序列，将所要传输信息的带宽拓展100~1000倍，使之成为宽频带、低功率、谱密度的信号，然后扩频序列去调制载波发射。接收端则利用相关解扩技术实现信号的解调还原。在接收端，接收信号经过放大混频后，经过与发射端相同且同步的PN码进行相关解扩，把扩频信号恢复出窄带信号，再对窄带信号进行相干解调解出原始信息序列。原理图见图8－52。

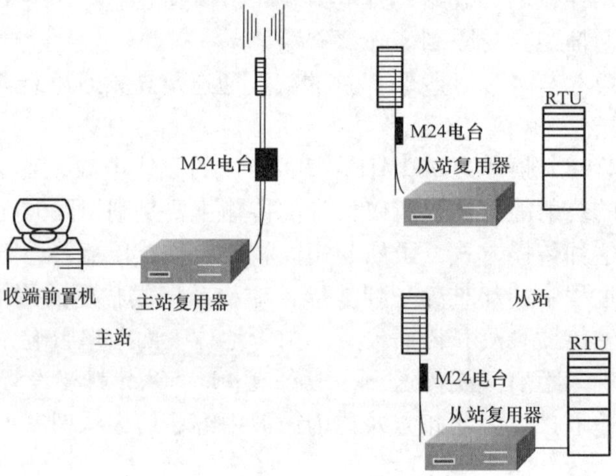

图8－52　无线扩频原理图

与微波通信方式不同的是，无线扩频通信既可以点对点方式工作，也可以点对多点方式工作。由于采用扩频和码分多址技术，无线扩频频带较宽，且多个厂站占用相同频带，每一用户都有其自己的伪随机码，并且与其他用户的代码几乎是正交的，因此多用户在同一频率上互不干扰地进行数据传输。

应用于综合自动化的无线扩频通信系统一般工作在2.4~2.483 5GHz频段，通信距离可达几十公里。通过话音复用器，还可以利用无线扩频通信系统在进行数据通信的同时，传送话音信号。

原理上，无线扩频通信具有干扰小、抗干扰性强、隐蔽性强、码分多址、抗多径干扰等优点。

八、站内通信系统

一个完整的通信系统包括了变电站内和站外系统两个部分。其中，站外部分包括各种通信信道、路由和公用数据网等。站内通信系统通常包括通信电源系统、光纤通信系统、载波通信系统、综合数据网设备、保护通信接口屏、通信 PCM 设备屏等。

通信电源系统包括高频开关电源、蓄电池组、直流分配屏等部分。其中通信电源输出为 -48V，要求直流正极接地。变电站应具备对通信设备运行状态监视的手段，运行管理要求监控的告警信息应接入变电站监控系统，并通过变电站计算机综合监控系统向运行维护单位转发相关监视信息。

远动通信设备应能实现与相关调度中心及远方监控中心的数据通信，对于 220kV 以上变电站，要求变电站至调度/控制中心的通道采用双通道方式，以一主一备通道方式，其中主通道应采用数据网方式接入接入地区级电力调度数据专网，备通道采用专线方式。

在构建站内通信系统过程中，应充分重视二次系统安全防护，按照“安全分区、网络专用、横向隔离、纵向认证”的基本原则，配置以下变电站二次系统安全防护设备。

1. 变电站内各应用系统安全区划分

控制区（Ⅰ）：变电站计算机监控系统、继电保护、安全自动装置；

非控制区（Ⅱ）：电能量计量系统子站设备、继电保护及故障信息管理子站系统、故障录波装置。

2. 纵向安全防护

控制区的各应用系统接入电力调度数据网前应加装 IP 认证加密装置，非控制区的各应用系统接入电力调度数据网前应加装防火墙或 IP 认证加密装置。

3. 横向安全防护

控制区和非控制区的各应用系统之间网络互联应安装防火墙，实施逻辑隔离措施。

专用生产控制大区与变电站内管理信息大区内的生产管理系统之间的互联，应加装专用生产控制大区向管理信息大区单向传输的正向型安全隔离装置。

九、提高通信可靠性的手段

变电站综合自动化系统由于通信接口众多，电气连接点多面广，加之运行环境较为恶劣，电磁干扰严重，变电站内高压电器设备的操作，低压交、直流回路内电气设备的操作，电气设备周围静电场、电磁波辐射都会产生电磁干扰。这些电磁干扰进入变电站内的综合自动化系统，就可能引起系统工作不正常。特别是在变电站遭受雷击或电力系统一次发生短路故障时，雷过压和操作过电压等强烈的快速瞬变干扰将可能导致电子通信元器件故障或二次设备损坏。

电磁干扰的三要素是：干扰源、传播途径和电磁敏感设备。针对电磁干扰的三要素，其相应解决办法是：抑制干扰源的产生，切断电磁干扰的传播途径，提高设备抗电磁干扰的能力。在不能对现有设备抗电磁干扰性能提高且无法对干扰源进行有效控制的现实面前，我们能做的更多的是尽量切断电磁干扰的传播途径。

如图 8-53 所示，雷电侵入变电站综合自动化系统设备的途径主要为：

（1）从站用变传入的远端雷击经由交流母线进入直流屏，并进入二次设备，同时经交流母线分散到各用电设备。

（2）雷电经由一些外场设备进入交流母线，经交流母线分散到各用电设备。

（3）雷电经由一些外场设备进入直流母线，经直流母线分散到各用电设备。

（4）雷电经由 GPS 接收天线或微波扩频天线，经天馈通道分散到二次设备。

（5）雷电造成的电磁感应和地电位反击。即在连线较长的两设备间容易产生两个地电

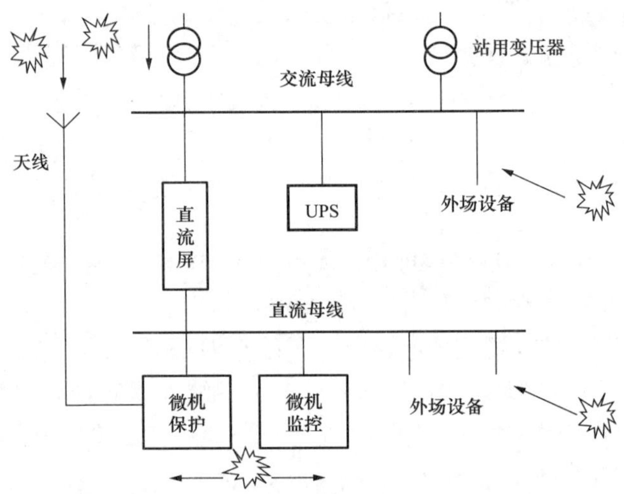

图 8－53　雷电入侵途径

位间的反击。

为将雷电对二次综自设备的威胁降低到最小，应该从降低二次设备之间的接地阻值、通信连接线的布线工艺、加强核心设备的屏蔽保护、交直流电源加装防雷模块等方面进行综合防范。

首先从理论上讲，如果两个二次设备之间的接地电阻为无穷小，则雷电注入地网的横向电流就不可能在其两端产生电压差，也就不可能造成地电位反击损坏。因此，要提高二次设备的防雷水平，必须首先提高微机保护和自动装置屏柜之间的接地水平，进一步降低其相互之间的接地阻值。

其次如果一个电子设备放在理想的法拉第笼中，则外场的电磁干扰对其影响几乎为零。因此，想办法提高二次设备的屏蔽保护水平，也是提高防雷水平的有效手段。

为提高通信可靠性，可从以下方面入手。

1. 二次设备装置的接地和屏柜的接地

（1）安装在通信室的保护专用光电转换设备与通信设备间应使用屏蔽电缆，并按敷设等电位接地网的要求，沿这些电缆敷设截面不小于 $100mm^2$ 铜排（缆）可靠与通信设备的接地网紧密连接。

（2）保护柜屏和继电保护装置本体应设有专用的接地端子，微机型保护装置和收发信机机箱应构成良好的电磁屏蔽体，并使用截面不小于 $4mm^2$ 多股铜质软导线可靠连接至等电位接地网的铜排上。

（3）在主控室、保护室柜屏下层的电缆室内，按柜屏布置的方向敷设 $100mm^2$ 的专用铜排（缆），并用 $100mm^2$ 的专用铜排（缆）将该专用铜排（缆）首末端连接，形成保护室内的等电位接地网。保护室内的等电位接地网必须用至少 4 根以上、截面不小于 $50mm^2$ 的铜排（缆）与厂、站的主接地网可靠连接。

（4）静态保护和控制装置的屏柜下部应设有截面不小于 $100mm^2$ 的接地铜排。此接地铜排可以不与屏柜绝缘。屏柜上装置的接地端子应用截面不小于 $4mm^2$ 的多股铜线和接地铜排相连。接地铜排应用截面不小于 $50mm^2$ 的铜缆与保护室内的等电位接地网相连。

（5）分散布置的保护就地站、通信室与集控室之间，应使用截面不少于 $100mm^2$ 的、紧密与厂、站主接地网相连接的铜排（缆）将保护就地站与集控室的等电位接地网可靠连接。

（6）保护及相关二次回路和高频收发信机的电缆屏蔽层应使用截面不小于 $4mm^2$ 多股铜质软导线可靠连接到等电位接地网的铜排上。

（7）电流回路中 A、B、C 相线和中线应该在同一根电缆内，防止在屏蔽层中感生较大的电流、电压，产生干扰，同时严重影响电缆绝缘和安全。

（8）微机型继电保护装置所有二次回路以及自动化系统输入、输出回路的电缆均应使用屏蔽电缆，除另有规定外，电缆屏蔽层应两端可靠接地，严禁使用电缆内的空线替代屏蔽层接地。

（9）通信电缆屏蔽层应一点接地。

（10）监控后台机的电源应采用单相三相方式，设备工作接地必须接到地线 PE 上，且地线 PE 与总控单元之间应使用截面不少于 $100mm^2$ 的接地铜缆连接。

（11）通信机房应装设 $120mm^2$ 的铜质环形母线，环形母线应采用两点以上就近接入全所总接地网；通信设备的保护接地与工作接地合用一组接地体；通信设备各直流电源的正极在电源设备侧均应直接接地。

（12）微机型继电保护装置屏（柜）内的交流供电电源的中性线（零线）不应接入等电位接地网。

2. 合理布线，防止通信信号反射

对于总线型结构通信网络，在通信布线安装过程中，应按总线方式将测控设备顺次连接，避免接成树形、星形、T 形等接线，并避免在同一网络接线中采用不同规格的通信电缆，从而减小通信网络中波阻抗突变带来的信号反射，影响通信质量。图 8－54 为几种错误的接线方式。

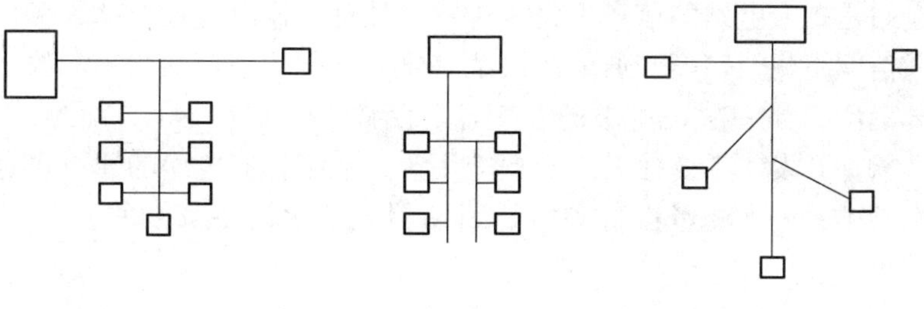

图 8－54　几种错误的通信接线

3. 合理规划二次电缆的路径

尽可能离开高压母线、避雷器和避雷针的接地点、并联电容器、电容式电压互感器、结合电容及电容式套管等设备，避免和减少迂回，缩短二次电缆的长度，与运行设备无关的电缆应予拆除。

4. 二次回路布线时，应考虑减少互感耦合

强、弱信号不应使用同一根电缆；信号电缆应尽可能避开电力电缆；尽量增大信号电缆与电力电缆的距离，并尽量减少其平行长度。

5. GPS 天线注意事项

在安装 GPS 卫星天线等天馈通道时，既要让 GPS 天线能有较好的对空视野，又要防止雷击损害。同时在天线的走线中，应尽可能远离水管、建筑物接地体等可能通过雷电流的导体，并防止与其平行走线。

6. 注意通信媒介的选择

控制室和继电器室内设备之间采用屏蔽双绞线通信，需经过室外电缆沟的通信媒介采用光缆。

双绞线的一对扭绞线在空间位置相同，旋转方向相反，长度相同，因此其磁场干扰可以相互抵消。线对外面再采用一层屏蔽层并单端接地后，对外界电磁场的抗干扰能力进一步增强。对于RS422或RS485等采用平衡传输模式的通信方式，其本身已具有较强的抗共模干扰能力，因此平衡传输方式通信用屏蔽双绞线连接，并在双绞线终端加装100或120Ω匹配电阻减小网络反射，能获得很好的抗干扰特性。

7. 注意防雷及光电隔离

在交流站用母线上加装一、二级交流防雷模块，在直流母线上加装二级直流防雷模块，在通信串口之间加装光电隔离设备。

8. 选择合适芯片

不同类型的485通信接口芯片带载能力不同，且抗干扰能力也不相同。尽可能选用抗静电或抗雷击的芯片，可有效避免此类损失，常见的芯片有MAX485E、MAX487E、MAX1487E等。特别值得一提的是SN75LBC184，它不但能抗雷电的冲击而且能承受高达8kV的静电放电冲击。

十、数字化变电站

数字化变电站是电力系统综合自动化的发展趋势，也是当前国内的一个热点。随着近年来的市场与技术培养，数字化变电站已如雨后春笋般相继投入运行。现在数字化变电站已从10kV到500kV电压等级，从新建变电站到旧站改造均已有投运记录。随着数字化技术的不断发展，数字化变电站将将会得到进一步发展。

数字化变电站是指变电站的信息采集、传输、处理、输出过程全部数字化，基本特征为设备智能化、通信网络化、模型和通信协议统一化、运行管理自动化等。数字化变电站涵盖了变电站的全部范围，如一次设备中的互感器、断路器、变压器，二次设备中的保护、控制、通信，以及软件开发、系统建模、数据应用等，数字化变电站的建设将是一项系统的工程。数字化变电站中，一次测量设备和智能断路器是一次设备革新的核心，IEC61850标准是综自通信的关键。

（一）数字化变电站的设备特点

变电站的一次和二次设备都采用智能设备，设备间信息传输的方式为网络通信或串行通信，取代传统的控制电缆、TA和TV电缆等二次回路连接线。

1. 电子式互感器

光电互感器技术的应用是数字化变电站最主要的技术特征之一，它成功避免了传统互感器设备笨重、绝缘要求高、有铁芯饱和现象、电磁兼容问题、有开路和短路危险等诸多问题。光电互感器具有不受电磁干扰（或影响很小）、不饱和、测量范围大、效应频带宽，体积小、重量轻等优点。

根据原理的不同，光电互感器技术出现了两个主流分支，光学电子式互感器和混合电子式互感器。光学电子式互感器是基于光效应的互感器，如采用法拉第磁光效应原理的电流互感器和泡克尔斯电光效应原理的电压互感器。这类互感器直接用光进行测量变换和传输，与高压电路完全隔离，在地面有光电转换设备。混合电子式互感器是将电量模拟采样和电光转换在互感器设备的高压部分完成，通过光纤将数字采样信息传送至地面合并器。电流互感器一般采用 Rogowski 线圈作为保护采样用，带小铁芯的低功率线圈作为计量采样用以提高计量精度；电压互感器采用电阻、电感、电容分压实现模拟量的采样。如果按远端模块是否需要供电来划分，则光学电子式互感器又可称为无源式电子互感器，混合电子式互感器又称为有源式电子互感器。目前混合电子式互感器技术相对成熟，在实际工程中得到了大量的应用。

Rogowski 线圈的基本原理如图 8－55 所示。根据相关电磁关系，一次电流通过 Rogowski 线圈环内的一次导线时，线圈两端的电压 $e(t)$ 与一次电流 I 的关系如下式：

$$e(t)=-\frac{\mathrm{d}\phi}{\mathrm{d}t}=-\frac{\mu_0 Nh}{2\pi}\ln\frac{R_a}{R_j}\cdot\frac{\mathrm{d}l}{\mathrm{d}t}$$

式中：μ_0 为真空磁导率；N 为绕组匝数；h、R_a 和 R_j 为非磁性骨架材料的高度、内径与外径大小。可见，Rogowski 线圈的输出电压与电流变化率成正比关系，因此通过获取输出电压的积分即可获取被测一次电流大小。需要指出的是，由于 Rogowski 线圈两端电压仅反应电流的变化率，因此不能用于稳恒直流的测量。而且，变化比较缓慢的非周期分量的测量也有一定局限性。

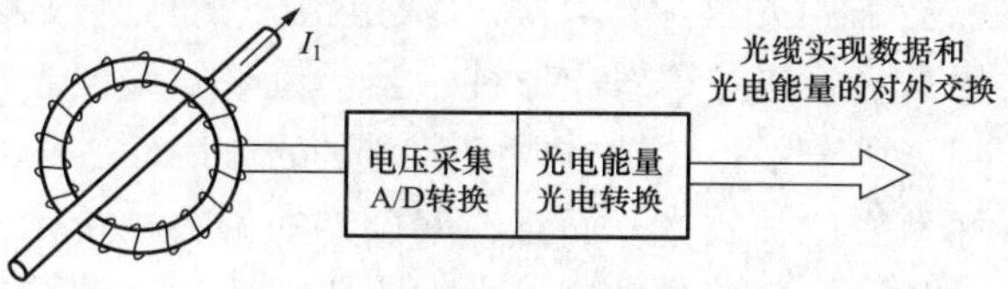

图 8－55　Rogowski 线圈原理图

国外各大电力设备生产厂商如 ABB、SIEMENS 等公司对电子式互感器的研究应用较早，国内也有不少厂家的有源电子式电流互感器已得到成功运用。电子式互感器的接线原理图如图 8－56 所示。

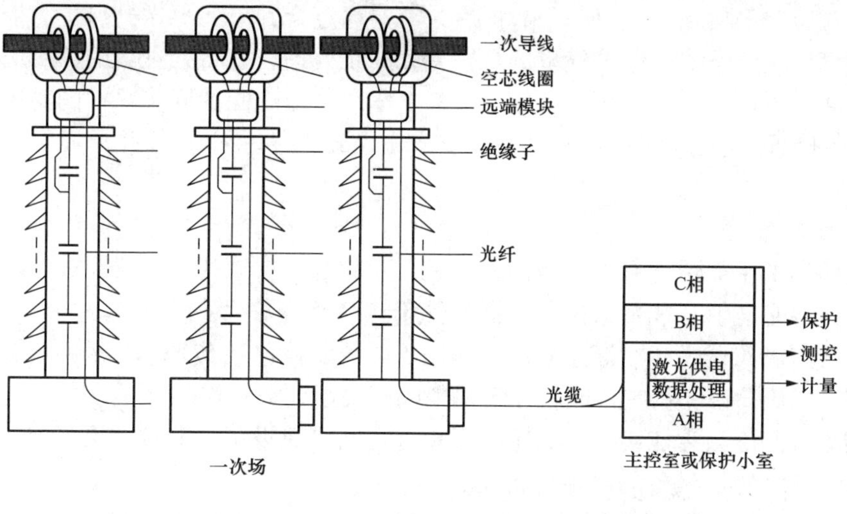

图 8－56　电子式互感器接线示意图

图 8－57 显示了电子式互感器与传统电磁式互感器的外形尺寸比较，从图中可以看出，电子式互感器的体积明显要小得多。

图 8－57　电子式互感器与传统电磁型互感器尺寸比较

无源电子式电流互感器采用光学原理实现一次电流的测量，也常被称为光学电流互感器，目前研究较多的主要是基于法拉第效应原理。当一束平面偏振光在磁场作用下的介质中传播时，其偏转平面受到正比于平行传播方向的磁分量的作用而旋转，这种平面偏振光在磁场作用下的旋转现象，称为法拉第效应。而且，偏振光的偏转角正比于磁场强度沿偏振光通过材料路径的线积分。因此，偏振角与被测一次电流成正比，利用检偏器将偏振角的变化转换为输出光强的变化，经光电变换及信号处理即可得到一次电流的大小。基于法拉第效应的电子式互感器测量系统不仅可以测量变化电流，而且还可对稳恒直流和非周期分量进行有效测量，不存在测量频带问题。但传感头部分光学装置复杂，光学材质易受温度影响而影响电流测量精度。长期以来，光学电流互感器测量精度受温漂的影响和长期工作的稳定性两大技术难题一直阻碍着其工程应用和发展。

电子式互感器采集到一次电气量数据后，需要通过合并单元再送到保护测控装置。合并单元即对传感模块传来的三相电气量进行合并和同步处理，并将处理后的数字信号按特定的格式提供给间隔层设备使用。合并单元存在各电压、电流之间的同步采样的问题，一种解决方案是采用 GPS 同步采样系统外加再采样技术来实现同步采样。合并单元示意图如 8－58 所示。

2. 智能断路器

智能断路器的主要特征有两个方面，一是数字化的接口取代硬接线完成对断路器的控制和状态监视，二是能够智能地给出断路器的健康状况及检修建议。

理想的智能断路器是指在断路器内嵌电压、电流变换器及其光电测量系统，由微机控制的二次系统、IED 设备和相应智能软件实现集成开关系统智能性的开关设备。过渡期内的一种解决方案称为间隔级智能终端，其主要思想是把间隔级设备下放过程层，由智能化的间隔级设备同时担负过程层设备的数字化功能。

开关设备（包括断路器和隔离开关）的智能化是过程层数字化的重要组成部分。智能断路器的最终实现目标是实现断路器的智能控制和在线监测，实现开关设备的顺序控制、联锁控制、受控分合闸，以及实现监测断路器灭弧室的局放和介损、机构动作特性、开关动作时间和次数、机构内温度、触头温度、分合闸线圈电压等，为实现开关设备的状态检修提供

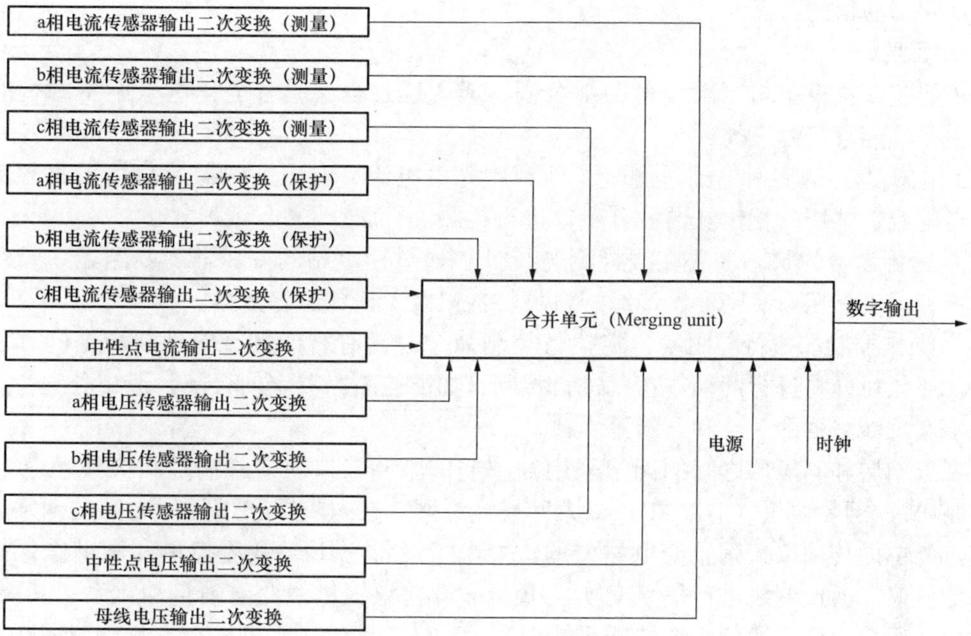

图 8-58　合并单元示意图

依据。

（二）IEC61850 标准

在计算机技术的日新月异的前提下，以欧洲大的电力巨头公司（ABB，SIEMENS，ALSTOM）为首的 IEC 国际电工委感到无论是以前各个厂家自己所制定的通信协议都不能完全满足当前电力通信的发展了。而各大厂家在互连时所花费的人力和物力，也变得越来越大。为了将当前无序的通信协议（比如：LON，CAN，PROFIBUS，IEC60870-5）等规范化，三大巨头提出了"One World，One Technology，One Standard"的 IEC61850 通信协议。1999 年的 IEC TC57 京都会议和 2000 年 SPAG 会议提出制定 IEC61850 协议作为变电站建设的无缝通信协议。

IEC61850 将变电站通信体系分为 3 层：变电站层（第 2 层）、间隔层（第 1 层）、过程层（第 0 层）。这三个层次的任务如下：

1. 变电站层（站控层）

变电站层（站控层）的主要任务是：通过两级高速网络汇总全站的实时数据信息，不断刷新实时数据库，按时登录历史数据库；按既定协约将有关数据信息送往调度或控制中心；接收调度或控制中心有关控制命令并转间隔层、过程层执行；具有在线可编程的全站操作闭锁控制功能；具有（或备有）站内当地监控、人机联系功能；具有对间隔层、过程层诸设备的在线维护、在线组态、在线修改参数的功能；具有（或备有）变电站故障自动分析和操作培训功能。

2. 间隔层

间隔层的主要功能是：汇总本间隔过程层实时数据信息；实施对一次设备保护控制功能；实施本间隔操作闭锁功能；实施操作同期及其他控制功能；对数据采集、统计运算及控制命令的发出具有优先级别的控制；承上启下的通信功能，即同时高速完成与过程层及变电站层的网络通信功能，必要时，上下网络接口具备双口全双工方式以提高信息通道的冗余度，保证网络通信的可靠性。

3. 过程层

过程层是一次设备与二次设备的结合面，或者说过程层是智能化电气设备的智能化部分，其主要功能可分为三类：

（1）电气运行的实时电气量测量，即利用光电电流、电压互感器及直接采集数字量等手段，对电流、电压、相位及谐波分量等进行检测。

（2）运行设备的状态参数在线检测与统计，如对变电站的变压器、断路器、母线等设备在线检测温度、压力、密度、绝缘、机械特性以及工作状态等数据。

（3）操作控制的执行与驱动，在执行控制命令时具有智能性，能判断命令的真伪及其合理性，还能对即将进行的动作精度进行控制，如能使断路器定向合闸，选相分闸，在选定的相角下实现断路器的关合和开断等。

在变电站层和间隔层之间的网络采用抽象通信服务接口映射到制造报文规范（MMS）、传输控制协议/网际协议（TCP/IP）以太网或光纤网。在间隔层和过程层之间的网络采用单点向多点的单向传输以太网。变电站内的智能电子设备（IED）、测控单元和继电保护均采用统一的协议，通过网络进行信息交换。IEC61850 协议提供了变电站自动化系统功能建模、数据建模、通信协议、通信系统的项目管理和一致性检测等一系列标准。具有应用开放和网络开放统一的传输协议 IEC61850 将是变电站变电站自动化系统到控制中心的唯一通信协议，也是变电站自动化系统甚至过程层到控制中心的唯一通信协议。

IEC61850 协议与数字化变电站概念的区别：IEC61850 协议从根本上来说是一个通信协议，它搭建了一个统一协议平台，为建设数字化变电站提供了坚实的基础；而实现了一、二次设备的数字化和智能化的变电站才是数字化变电站；不能说采用了 IEC61850 协议就算是数字化变电站。

（三）数字化变电站的网络架构

数字化变电站的典型网络架构如图 8-59 所示。

数字化改造过渡阶段的典型网络架构如图 8-60 所示。

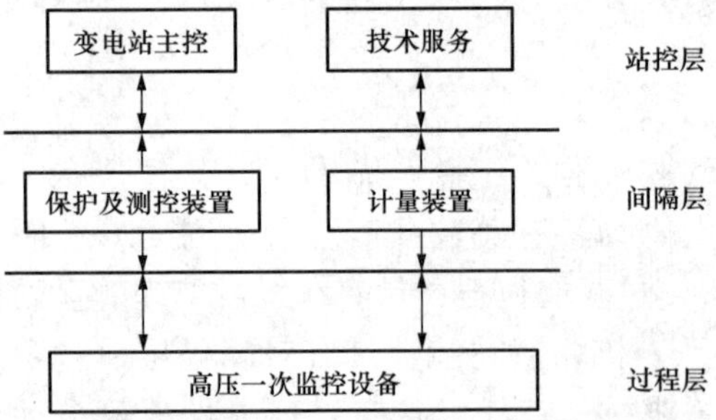

图 8-59 数字化变电站的典型网络架构图

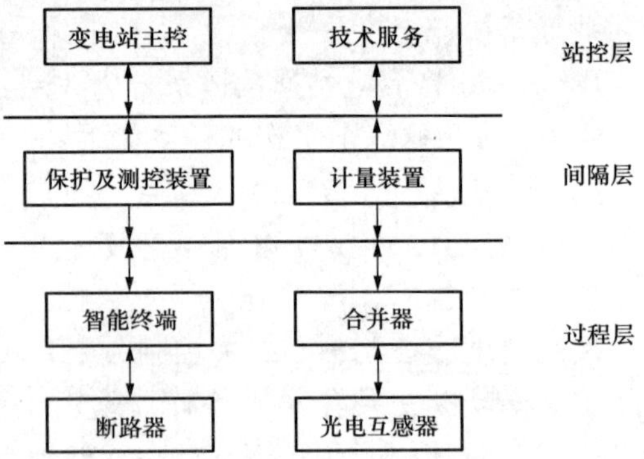

图 8-60 数字化改造过渡变电站的典型网络架构图

图 8-61 为传统变电站和数字化变电站结构的对比：

数字化变电站通过面向通用对象的变电站事件模型 GOOSE（Generic object oriented substation event）来实现设备相互之间的信息交流沟通，用以取代传统的电缆连接。GOOSE 提供了网络条件下快速信息交换的手段，GOOSE 信息在三层结构系统中的一体化完整应用，

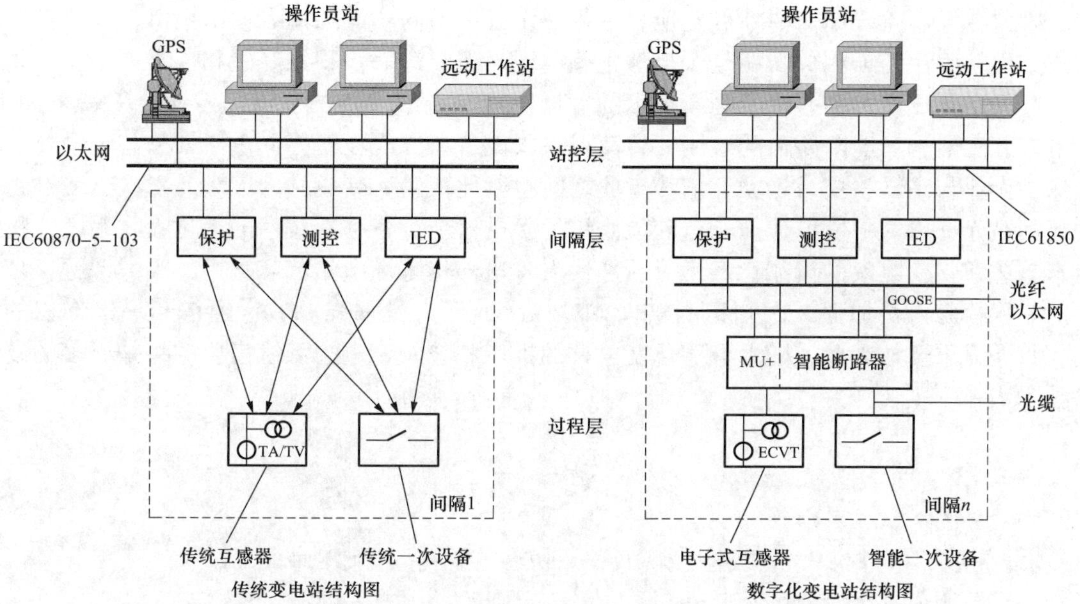

图 8－61 传统变电站和数字化变电站结构的对比

实现了变电站间隔层二次设备的网络化信息交互。

（四）应用扩展和新挑战

开放的 IEC61850 标准为实施数字化变电站提供了坚实的基础，由于大量智能化的一、二次设备被采用，因而变电站设备的占地面积可以得以减少，实现紧凑型变电站。

在数字化变电站中，各类数据将极大地丰富，因而可以展开一些高级的数据应用，如数据仓库、数据挖掘、设备故障的在线诊断等，达到优化系统运行、提高系统安全可靠性、降低运行成本的目的。

由于数字化变电站可以在间隔层交换数据，这将拓展测控和保护的实现思路，实现许多新的应用。例如通过间隔间进行数据交换和信号传递，可以实现分布式的母线保护、小电流选线等功能。

在数字化变电站中，由于保护装置不再从电流电压回路中直接采样，代之以利用光纤通道作为数据源，因此可以使得微机保护的年检调试工作变得真正实现标准化和状态检修。传统的继保校验工作必须依赖继保测试仪，通过仪器设备给保护装置通入电压、电流来模拟电力系统各种故障状态来观察保护装置的动作行为。这些测试仪器内部需要考虑绝缘和功率放大，所以通常比较笨重而且输出的电压电流足以威胁人身安全，工作中必须特别注意。数字化变电站中保护装置接收到的直接是数字量，所以新式校验设备将直接输出数字信号，具有体积小、重量轻、携带方便、安全灵活等优点，并可轻松地实现暂态校验。与此同时，在传统变电站中做保护设备年检时，能够方便地通过断开相关二次回路的方式来完成相关安全措施；而在数字化变电站，由于通过数据流和信息交换的方式来实现各种保护功能，因此如何准确有效地做好年检或设备消缺时的安全措施，需要继保人员站在系统的高度作更多的思考。

在传统变电站中，设计施工按照原理图、安装图、接线展开图、端子排图等进行，所有保护装置的输入输出对外接口均可以用图纸表示。在数字化变电站中，由于保护装置与系统的相关逻辑联系更多是通过网络通信来完成，由软件及相关参数来代替原来的二次回路联接，因此在设计阶段如何清晰准确地表示各种设备及不同功能的输入输出接口，以及在调试阶段如何来确保验证相关功能是否全部正确实现，需要进一步积累经验和探索创新。

在数字化变电站中，由于高新技术的大量应用，将给传统的变电站专业分工带来冲击。光电式互感器和智能断路器的应用，将使得一次设备和二次设备界面重新划分甚至融合，继电保护专业与高压检修、远动通信等专业之间将彼此覆盖。变电站内庞大的二次电缆群将消失，而被光纤以太网所取代。运行和检修维护人员对新设备、新技术的消化吸收程度，将直接影响数字化变电站的可靠稳定运行。加快人才培养将是变电站数字化后的重大课题，特别是对一次检修人员加强二次知识的培训，对二次继保人员加强对数字通信和一次知识的培训，将尤显重要。因此，随着数字化变电站的推广和普及，电力系统需要的将是更多的复合型技术人才。

参 考 文 献

[1] 宋继成著. 220~500kV 变电站电气接线设计. 北京：中国电力出版社，2004.

[2] 上海超高压局. 变电运行操作技能必读. 北京：中国电力出版社，2001.

[3] 姚春球. 发电厂电气部分. 北京：中国电力出版社，2004.

[4] 袁季修，盛和乐，吴聚业. 保护用电流互感器应用指南. 北京：中国电力出版社，2004.

[5] 江智伟主编. 变电站自动化及其新技术. 北京：中国电力出版社，2006.

[6] 杨祥林. 光纤通信系统. 北京：国防工业出版社，2002.

[7] 熊桂喜，王小虎译. 计算机网络. 北京：清华大学出版社，2002.

[8] 阳宪惠主编. 现场总线技术及其应用. 北京：清华大学出版社，2002.

[9] 付周兴，王清亮，董张卓. 电力系统自动化. 北京：中国电力出版社，2006.

[10] 丁书文. 变电站综合自动化系统实用技术问答. 北京：中国电力出版社，2007.

[11] CEAC 信息化培训认证管理办公室组编. 计算机网络基础与局域网构建. 北京：高等教育出版社，2006.

[12] 国家电网公司组编. 国家电网公司输变电工程通用设计. 北京：中国电力出版社.

[13] 相关厂家资料及说明书.

附录　事故分析案例

案例1. 一起零序互感引起的平行双回线跳闸事故分析

一、事故简述

××××年××月××日14时53分，××站220kV甲线和乙线开关跳闸，甲线开关三相跳闸不重合，乙线开关B相跳闸后重合成功。故障前乙线的潮流为38.6万kW，甲线为本侧向对侧充电状态。甲线和乙线保护配置均为RCS931和PSL602数字式线路保护。当时，甲线的主保护和重合闸停用、其余保护投入运行，乙线保护均在投入状态。

二、事故原因分析

故障发生后，保护信号如下。

（一）甲线

保护装置	动作信息
PSL602保护	接地距离Ⅰ段动作，B相故障保护三跳出口，故障测距8.61km
PSL631A失灵保护	失灵重跳B相，失灵重跳三相
CZX操作箱	“TA”，“TB”，“TC”灯亮
GXC－01光纤信号传输装置	无
RCS931保护	无
SCADA系统光字牌	PSL602装置保护动作，PSL631A装置失灵重跳，第一组出口跳闸，第二组出口跳闸

（二）乙线

保护装置	动作信息
PSL602保护	纵联保护B跳出口，重合闸动作，B相跳闸重合成功，故障测距－290.54km
PSL631A失灵保护	失灵重跳B相
CZX操作箱	“TB”，“CH”灯亮
GXC－01光纤信号传输装置	发信“KA”，收信“KA”灯亮
RCS931保护	无
SCADA系统光字牌	PSL602装置保护动作，GXC－01装置动作，PSL602重合闸动作，PSL631A装置失灵重跳，第一组出口跳闸，第二组出口跳闸

所有故障录波器启动，所有220kV线路收发信机启动。现场一次设备检查正常。

（三）检查经过和数据故障分析

根据保护动作行为，分别在××站和电厂采集了甲乙两线保护装置内部的录波数据，以及××站220kV故障录波器的数据，如下：

（1）故障前系统运行方式如图1所示。

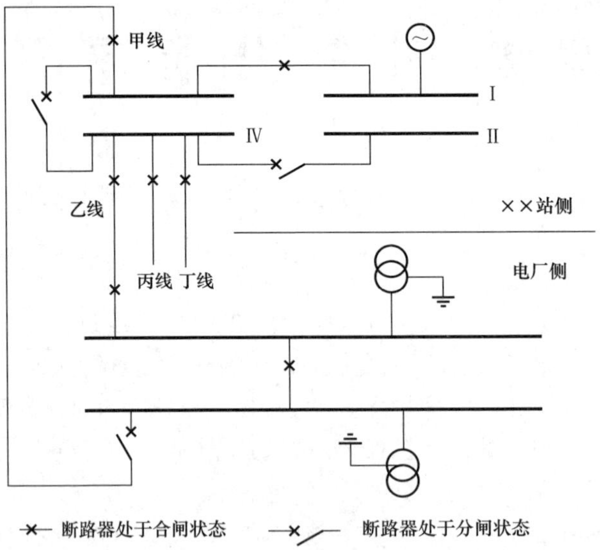

图1　故障前系统运行方式

（2）故障后两侧零序电压波形如图2所示。

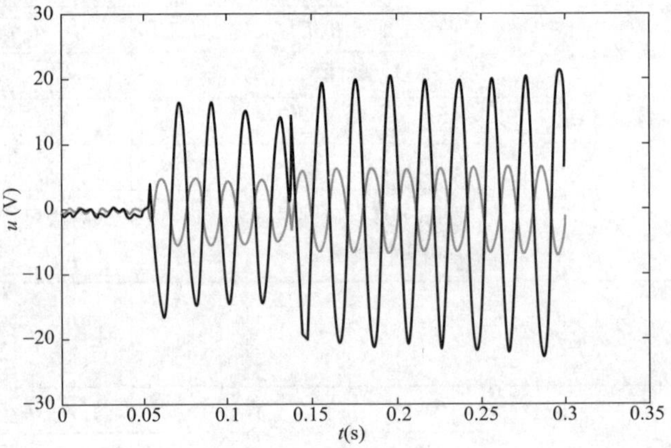

图2　两侧零序电压比较

甲线故障时，B相电压由正常的57V下降为19V，A，C相电压正常，$3U_0$电压在B相电压下降的同时产生，大小为33V，方向与B相电压相反。B相电流由充电电流0.1A左右突变为48A，一次故障电流约为24kA左右，A，C相电流没有过大的变化。

乙线正常负荷电流是1.5A（二次值）左右，故障时A相电压为55.8V，B相电压59V，C相电压56V左右，$3U_0$电压10V、相角−141°，A相电流0.8A、相角174°，B相电流1.98A、相角6.5°，C相电流1.55A、相角−64°，$3I_0$电流为2.45A、相角−60°，此时，$3I_0$超前$3U_0$为77°。

通过上述数据可见：

甲线发生了B相接地故障，因为甲线××站侧主保护和重合闸停用，且故障测距阻抗为0.23+j0.454Ω即0.5Ω，角度63°，接地距离保护Ⅰ段整定为0.48Ω，K为0，灵敏角是81°。接地距离Ⅰ段处于临界动作状态，所以，PSL602保护装置的接地距离Ⅰ段动作，发三相跳闸命令。而 RCS931 保护的接地距离Ⅰ段整定为 0.48Ω，K 为 0，灵敏角是 81°故障点在Ⅰ段范围之外，所以 RCS931 保护接地距离Ⅰ段没有动作，故障随后被 PSL602 保护动作切除。因此，甲线二套保护装置动作行为是正确的。

乙线电压电流没有突变，但有零序电流达到 2.45A，且 A 相电流变小，B 相电流增大，三相电流相位也不再是 120°，所以产生了零序电流，PSL602 的纵联零序保护的动作整定为 0.5A，此时的 $3\dot{I}_0$ 又超前 $3\dot{U}_0$ 为 77°，对保护而言是正方向故障，同时电厂侧的故障数据显示，$3U_0$ 为 4.17V，角度 -1.4°，$3I_0$ 为 2.98A，相角 70°，即零序电流超前零序电压 71°，也是正方向故障，所以 PSL602 的纵联零序保护动作，选 B 相跳闸，并重合成功。对于 RCS931 保护，其纵差电流保护中的零序差动保护此时启动，但由于零序纵差保护动作时间在 200ms 左右，所以没有来得及动作，故障就被 PSL 纵联零序保护动作切除，而它的零序保护只有Ⅱ段和Ⅲ段，零序Ⅱ段和Ⅲ段分别整定为 1.44A，1.1s 和 0.5A，3.2s，虽然电流达到动作值，但因有延时所以不会动作，接地距离和相间距离保护因为电压和电流都没有突变，其故障量反应的测量阻抗仍接近负荷阻抗，所以不会动作，因此，乙线二套保护装置动作行为正确。

（四）甲线与乙线之间的零序电流、零序电压分析

（1）线路区内接地故障时的零序电流、电压分布如图 3。

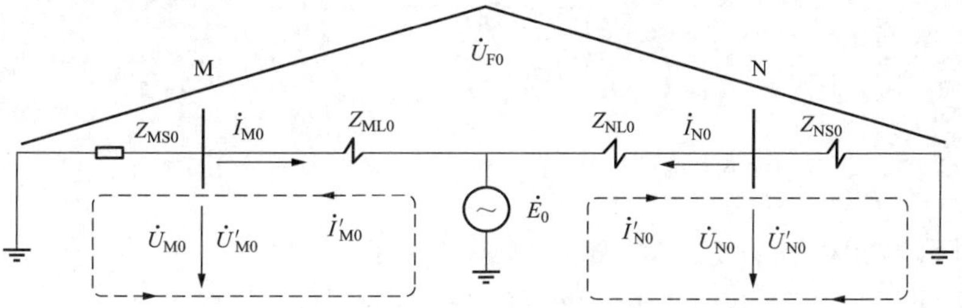

图 3 线路区内接地故障时，零序电压、零序电流分布图

三角形粗实线为零序电压分布，故障点零序电压（$\dot{U}_{F0}$）最高，逐渐向接地的中性点降低。细的虚线为接地点两侧零序电流分布情况。这里故障点的零序电压源以并联的形式出现。

图中 $\dot{U}_{M0}$、$\dot{I}_{M0}$；$\dot{U}_{N0}$、$\dot{I}_{N0}$ 为两侧零序电压、电流的规定正方向，可见两侧实际零序电压 $\dot{U}'_{M0}$、$\dot{U}'_{N0}$ 和规定正方向相同，零序电流 $\dot{I}'_{M0}$、$\dot{I}'_{N0}$ 和规定正方向相反。因此两侧零序纵联方向保护判正方向区内故障。

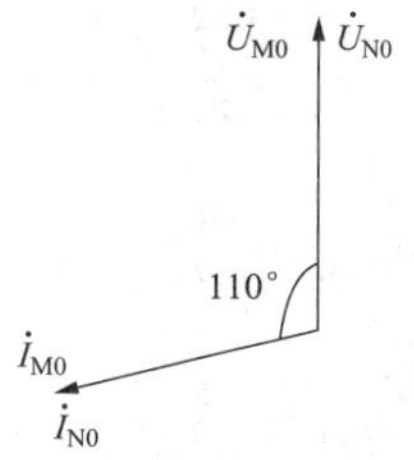

图 4 线路内部接地短路时两侧零序电压、零序电流相量关系

实际零序电压、电流相量如图 4，假设线路零序阻抗角为 70°，则两侧零序电流超前零序电压 110°。

（2）甲线与乙线两端都没有电的联系，但是是同杆并架的平行线路，是“强磁弱电”联系。在甲线零序电流作用下，乙线产生的零序互感电动势源以串联的形式出现。甲线对乙线产生零序互感的模型如图 5 所示。

在串联的零序电动势源作用下，乙线的零序电压、电流分布如图 6 所示。图中“Z”

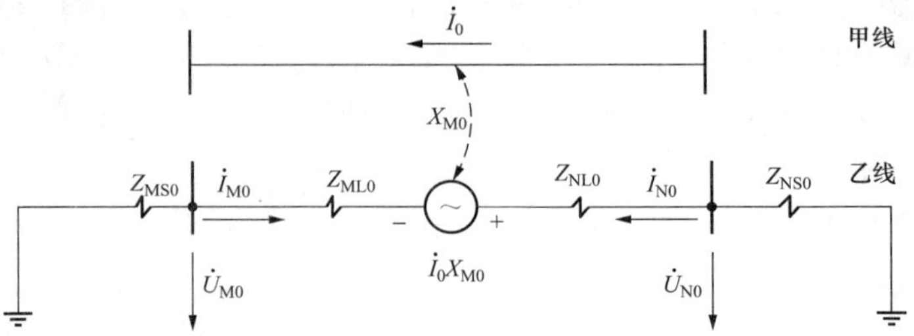

图 5 平行双回线的零序互感模型

型粗实线，为零序电压分布，细的虚线为串联零序电动势源作用下，两侧零序电流分布情况，N 侧的零序电压与规定正方向相同、电流与实际规定正方向均相反；M 侧的零序电压与规定正方向相反、电流与实际规定正方向均相同。相量如图 7 所示（M 侧的零序电压、电流的关系出现了“负负得正”的效果）。

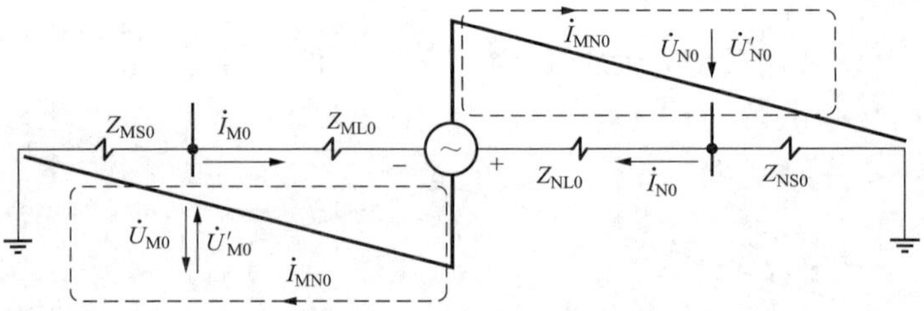

图 6 被感应线路零序电压、零序电流分布图

从相量图可看出，实际乙线两侧零序纵联方向元件中，零序电流均超前零序电压 110°，纵联保护判区内正方向故障，保护动作行为正确。

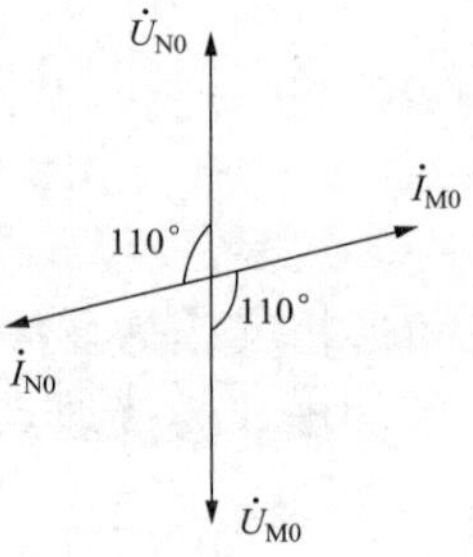

图 7 在串联电动势源的作用下，两侧零序电流、零序电压的相量关系

三、经验教训和措施、建议

当天下午，因雷雨天气，在甲线向电厂充电状态时，发生了 B 相接地故障，保护动作切除，保护动作行为符合当时运行状态和故障形式。乙线并没有故障发生，但因与甲线同杆架设，在甲线发生 B 相接地故障时，由于零序互感的影响，在乙线的负荷电流中叠加了零序电流，并在母线上产生了零序电压，使乙线线路保护的纵联零序保护启动并判为正方向故障动作切除 B 相，并重合成功。

措施和建议如下：

（1）应该避免类似“强磁弱电”的系统运行方式。必要时可停用零序方向纵联保护。

（2）平行双回线零序互感问题对保护的影响应深入探讨，应着手从保护原理上予以克服。如使用分相电流差动保护、使用负序纵联方向保护等。

关于同杆并架线路在“强磁弱电”情况下纵联零序方向保护的动作行为分析读者还可以参阅第三章第三节中“平行线路线间互感对纵联零序方向保护的影响”中的分析。

案例2. 一起220kV线路保护异常跳闸的分析

一、事故简述

××××年××月××日500kV某变电站（以下简称甲站）至220kV某变电站（以下简称乙站）的一条环网运行的220kV线路，因乙站侧TV断线异常，在重负荷情况下引起TV断线相过流保护动作，两侧断路器三相跳闸。

该220kV线路两侧保护配置为：

第一套保护包括：国电南自PSL602（允许式光纤纵联保护、三段式距离、四段式零序保护、）+GXC-01（光纤信号收发装置）；国电南自PSL631A（断路器失灵保护）。

第二套保护包括：南瑞继保RCS931（分相电流差动保护，具备远跳功能、三段式距离、二段式零序保护）；南瑞继保CZX-12R断路器操作箱。

甲站侧220kV该线路保护TA变比2500/1，乙站侧220kV该线路保护TA变比1200/5，TV断线相过流定值950A（一次值），线路全长9.14km。RCS931保护重合闸停用，使用PSL602保护重合闸（单重方式）。

××月××日2时03分，甲站220kV线路断路器三相跳闸。

PSL602保护装置报文显示：

××××年××月××日 02时03分14秒553毫秒

000 000ms 距离零序保护启动

000 000ms 综重电流启动

000 001ms 纵联保护启动

000 027ms 综重沟通三跳

000 038ms 故障类型和测距　　CA相间接地 401.40km

000 039ms 测距阻抗值　　136.529+j136.529Ω

RCS931保护装置报文如下：

启动绝对时间	××××年××月××日 02:03:14:560
动作相	ABC
动作相对时间	00 0 01ms
动作元件	远方起动跳闸
故障测距结果	0000.0km

PSL602保护装置“保护动作”指示灯亮、保护出口。RCS931保护装置“TA、TB、TC”灯亮、保护出口。断路器操作箱上第一组“TA、TB、TC”灯亮。录波图显示断路器跳闸前线路负荷电流约1040A、峰值约1470A。（见图1甲站侧RCS931保护故障录波图）

此次异常跳闸情况甲站侧主要有几个疑点是：

（1）为什么负荷电流情况下，甲站侧保护就地判别条件成立，保护会远跳出口？

（2）为什么PSL602保护装置有测距且不正确，而RCS931保护装置没有测距？

（3）为什么PSL602和RCS931两套保护都动作，而断路器操作箱上只有一组跳闸灯亮？

（4）为什么PSL602保护综重沟通三跳出口？

二、事故原因分析

甲站220kV线路RCS931保护收到远跳信号的原因为：乙站220kV副母电压回路，因

TV端子箱内电压切换回路二次线腐蚀断落，造成TV二次失压，乙站PSL602保护TV断线相过流保护动作，后备三相跳闸。TV断线失压相过流保护定值整定950A，当时负荷电流约1040A、峰值约1470A，TV断线相过流保护动作行为正确。

乙站保护三跳后启动操作箱内三跳继电器TJQ，该继电器一接点跳乙站线路断路器；另一接点开入回PSL602保护装置，PSL602保护装置即通过GXC－01装置向甲站侧PSL602保护装置发允许跳闸信号；还有一接点开入RCS931保护装置，RCS931装置远跳开入有信号后即向甲站侧RCS931保护装置发远跳令。

根据调度定值控制字设置要求，甲站侧RCS931保护装置收到远跳令后需进行就地判别。判据为：保护是否启动，如果保护启动同时有远跳信号则出口跳闸。乙站侧断路器跳闸为负荷电流情况的TV断线过流保护动作所致，系统无实际故障，正常情况下甲站侧保护不应启动，远跳不会出口。

但根据甲站侧保护录波图显示，在三相负荷电流消失的瞬间有短时零序电流，有效值495A左右（峰值700A左右），线路电压在三相电流消失后继续存在25ms，说明此零序电流系乙站侧断路器跳闸不同期所致。

也就是说乙站侧断路器在TV断线过流保护动作后，断路器三相跳闸时存在非同期，造成短时间线路非全相运行，使得甲站侧保护装置感受到了零序电流突变，另外两相电流差也有突变。而RCS931保护电流变化量启动定值为200A（一次值）、零序启动电流定值200A，符合保护启动条件，所以甲站侧RCS931保护远方跳闸出口，跳开甲站侧三相断路器。

RCS931保护装置三跳动作同时通过本屏上“至重合闸”压板向PSL602保护发三跳启动信号。PSL602保护重合闸正常投单重方式，收到外部三跳启动信号后即闭锁重合，同时沟通本保护三跳回路，综重直接发三相跳闸令即为“综重沟通三跳”。

甲站侧虽然两套保护都三跳出口，但录波图显示RCS931保护先于PSL602保护动作27ms，故虽然两套保护都动作，操作箱上只有RCS931第一套保护出口时作用于第一组跳闸线圈的“TA、TB、TC”信号。PSL602保护再动作时断路器已基本跳开，故操作箱上第二组跳闸线圈无跳闸信号。

由于此次保护动作为非全相引起的零序启动后的远跳，RCS931保护装置因母线电压没有突变，距离保护未动作，故无测距。

又由于不同保护的软件差异，PSL602保护装置显示“距离零序保护启动，故障类型CA相间接地”。根据故障分析，负荷线路B相断线与CA相间接地故障性质类似，可初步判断B相为乙站断路器不同期较早断开相。测距401.4km反应的是C、A相负载阻抗测量值。由于此次PSL602纵联保护中距离正方向元件只启动而未动作，所以PSL602纵联保护虽然在本侧启动前27ms就收到允许信号但本侧正方向元件未动作，故PSL602纵联保护未出口。

通过上述分析，乙站侧TV断线过流动作只跳乙站侧断路器比较合适，远跳原因为重负荷情况下乙站断路器三相分闸不同期引起。

三、经验教训和措施、建议

（1）可考虑远跳回路中就地判别适当增加延时，躲过开关分闸不同期所导致的保护误启动。

（2）目前较多220kV线路保护中“分相电流差动保护的远跳”和“光纤纵联保护的其

他保护允许发信”都由操作箱中的 TJQ 和 TJR（永跳继电器）继电器触点并联后启动。建议改为只有 TJR 启动，以减少断路器在事故中不必要的多动或误动，对事故的判别和处理都是有利的。

（3）应提高对分相断路器的同期性要求。

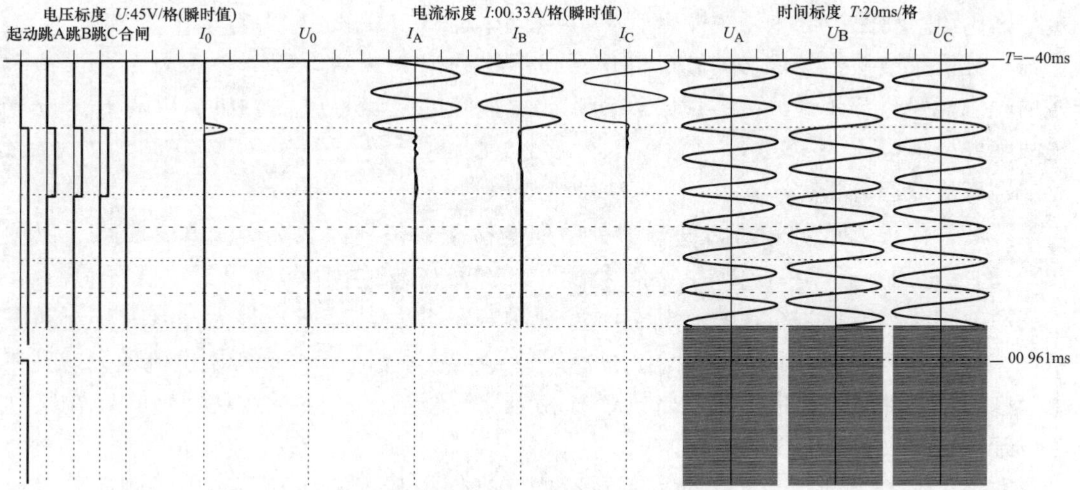

图 1 RCS931 保护装置录波图

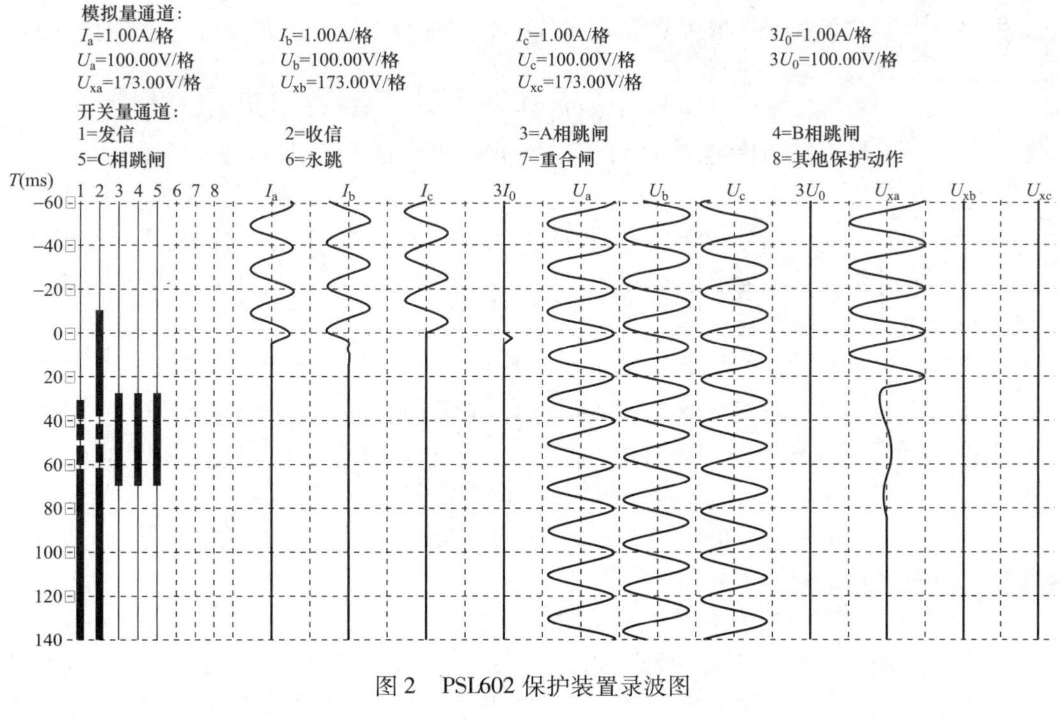

图 2 PSL602 保护装置录波图

案例3. 220kV某变电站1号主变压器差动保护误动原因分析

一、事故简述

××××年××月××日14时45分，××站1号主变压器A套差动保护（采用独立TA）动作，跳开该主变三侧开关，造成××站110kV正母线及35kVⅠ段母线失电，××站1号主变B套差动保护（采用主变套管TA）未动作。

经过分析录波报告及保护装置事件记录，最终认定××站1号主变A套差动保护的动作是由于未能躲过穿越性故障，属于误动。此次故障的故障点就在110kV甲线上，为B相接地故障，故障电流约3200A。

二、事故原因分析

故障后，保护人员对外回路进行了一系列的检测，包括：二次交流电流回路（保护屏至TA）直流电阻，高、中压侧TA伏安特性，二次回路绝缘电阻等项目，结果均正常。

在对故障录波波形进行反复分析后，发现尽管是B相故障电流很大，但因其制动电流也很大，故B相差动元件尚不致误动；C相尽管是非故障相，但其中压侧电流偏大，且在相位上与故障相电流基本反向。据此，怀疑C相电流回路与B相或N线（或地）存在某种不正常的连接。

在对A套保护装置进行通电检验的过程中，当保护装置的A相高、中压侧通入大小相等、相位相反的电流（模拟A相区外穿越性故障）时，曾出现一次与实际故障十分相近的差动保护误动情况，当时，高压侧A相通入28A，中压侧A相通入反向的26A，中压侧C相电流竟大11A左右（持续时间约四个周波），造成差动保护出口。如此情况，验证了分析判断的结果，并可进一步推断是C相电流回路与N线（或地）存在不正常连接（基本排除C相电流回路与B相电流回路存在某种不正常连接的可能性）。但此类情况仅出现了一次，以后又反复模拟了多次，均未再现。

后对该块保护屏屏内的C相电流回路进行仔细检查，最终在A套保护屏110kV旁路720开关替代701开关的电流切换端子（4SD）上发现了异常情况。

4SD电流端子为胶木底座、内嵌铜导体的电流切换端子。当螺旋式插销旋进某相插孔时，该相电流回路接通；当某相螺旋式插销从插孔中移出，该相电流回路断开。各相电流插孔内均有螺纹且分为不连通的上、下两段。

该电流端子的整体形状见图1。

如前所述，该电流端子的插孔在插销旋出后应分为相互不连通的两部分。但发现其C相电流插孔的上、下段有一块区域十分接近，几乎相碰（见图2、图3、图4）。

由于该C相电流插孔的上、下段几乎相通，其相互之间的绝缘不佳且很不稳定。

6月24日，××站1号主变701开关运行，该主变中压侧独立TA接入A套差动回路（3SD的各相电流插孔的插销均旋入），旁路720开关独立TA退出A套差动回路（4SD的各相电流插孔的插销均旋出）。

当110kV甲线发生B相单相接地故障时，由于4SD电流端子的C相插孔此时出现短时连通，造成C相电流回路非正常接地，如此一来，故障相（B相）电流除一部分仍经由保护装置零序小TA及N线的路径流回701开关的B相TA（图5的虚线路径）之外，还分出一部分经由保护装置C相小TA、4SD－C端子及4SD－N端子、接地铜排、701开关TA二次侧 N 线接地点的新路径流回 701 开关的 B 相 TA（图 5 的点划线路径）。

图 1　铅笔所指就是 4SD 的 C 相电流插孔

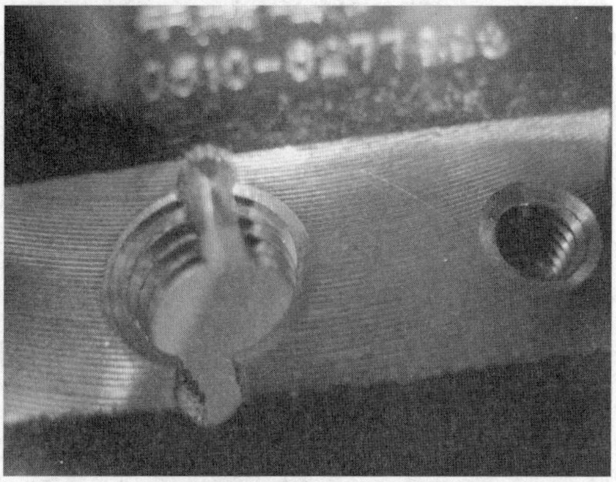

图 2　C 相电流插孔的上、下段几乎相通

图 3　换个角度看，C 相电流插孔的上、下段几乎相通

图 4　换个角度看，C 相电流插孔的上、下段几乎相通

图 6、图 7 是利用 PSVIEW 调试分析软件从 × ×站 1 号主变 PST－1202A 保护装置下传的录波报告。

其中，图 6 是波形图。从波形图及其左边的电流瞬时值可见，在差动保护出口瞬间（29ms），I_b、I_c 及 $3I_0$ 存在如下关系：

$$I_b = 19.827\text{A} \approx -I_c + 3I_0 = -(-4.466) + 15.062 = 19.528\text{A}$$

图 7 是差动保护出口瞬间（29ms）中压侧各相电压、电流的矢量关系。

从图 7 中可见，$\dot{I}_b$ 与 $\dot{I}_c$ 的相位差接近 180°(42.8 + 138.80 = 181.6°)；$\dot{I}_b$ 与 $3\dot{I}_0$ 的相位差接近 0°(138.80 − 137.91 = 0.89°)；$\dot{I}_c$ 与 $3\dot{I}_0$ 的相位差接近 180°(42.8 + 137.91 = 180.71°)。

以上的波形图及矢量关系均说明了图 5 中电流的分配关系：$I_b = -I_c + 3I_0$。

正是由于 B 相电流从反方向流入了保护装置的 C 相小 TA，导致该套差动保护的 C 相差动元件误判发生了区内故障，从而造成了此次差动保护误动的后果。

找到误动原因后，保护人员将 4SD 端子进行了更换，并对该主变保护装置的其他电流端子进行了详细检查，未再发现其他类似情况。

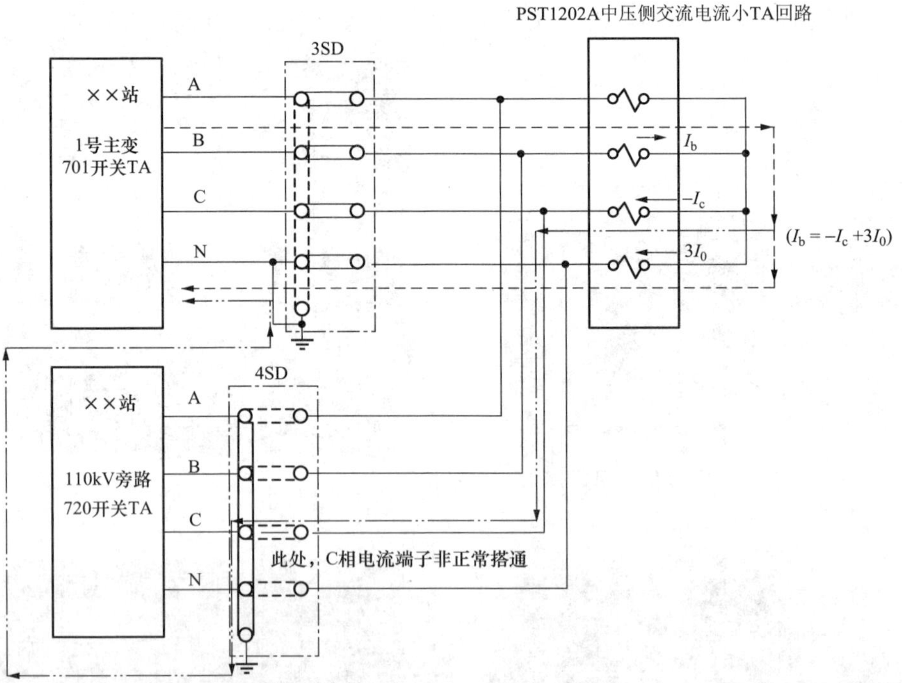

图5　B相短路时，若720开关C相电流端子非正常搭通，短路电流分布示意图

虚线(- - -)箭头表示B相故障电流的正常路径；

点划线(—·-)箭头表示C相回路接地后的分流路径

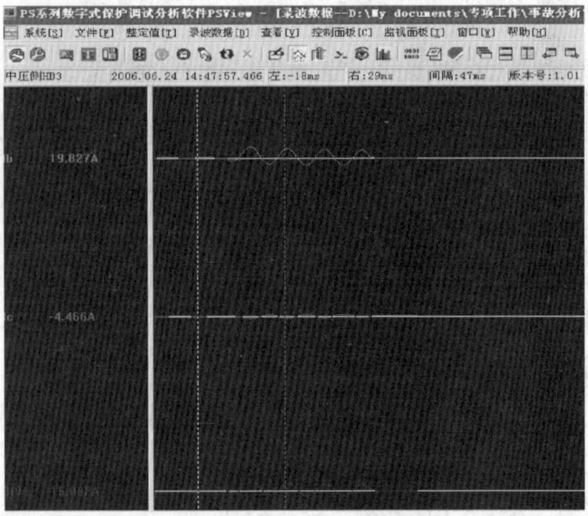

图6　故障时的波形图

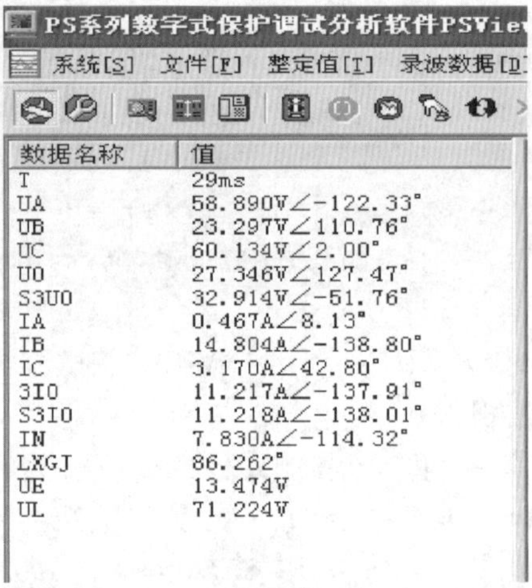

图7　中压侧各相电压、电流的矢量关系

由于该电流端子安装在保护屏的下端，除非将其卸下检查，插孔内部的情况很难看清。加之该插孔上、下段的非正常连通仅短时、断续性的出现，平时尚具备一定的绝缘强度，故现场保护检修人员及运行人员实在难以发现该项缺陷。

此次故障，说明该类电流端子的生产质量存在一定问题，并可能影响到保护装置的正常运行。

三、经验教训和措施、建议

应重视对此类电流端子可能存在的问题，并结合停电检修的机会对插孔上、下段之间的隔离情况进行仔细的检查，并举一反三，发现问题及时处理，以避免类似事故重演。

案例4. 一起220kV变电站交流站用电全失事故

一、事故简述

××××年××月××日16时49分，220kV CC变站用电总开关1QF、2QF相继跳闸，该站交流站用电全失。17时36分运行人员至现场，隔离了110kV GIS室内照明动力电源回路故障后，恢复1QF、2QF总开关供电，该站站用电恢复供电。事故发生时110kV GIS室内照明动力电源回路上有人工作，工作内容为110kV GIS室增设SF_6气体泄漏检测及排风系统。

该交流站用电系统介绍。

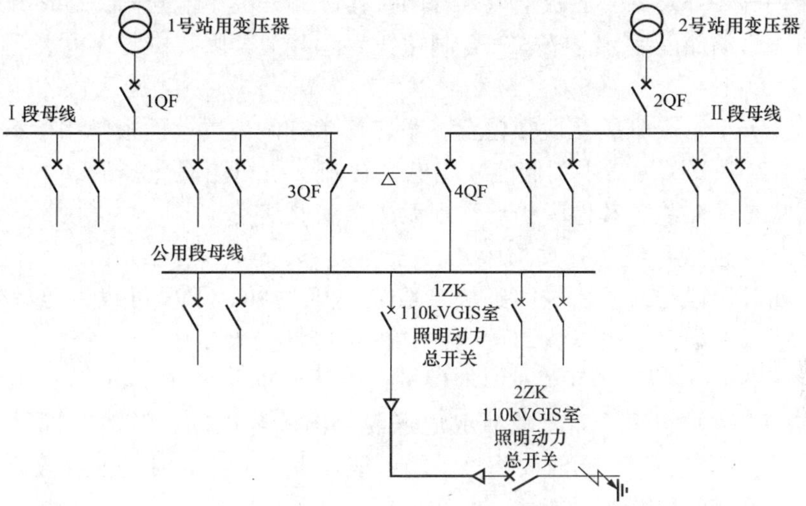

图1　CC变站用电系统接线图

（一）CC变交流站用电系统接线

如图1所示，该站站用电正常方式为：1号站变通过1QF供Ⅰ段母线，2号站变通过2QF供Ⅱ段母线，公用段母线通过联锁开关3QF、4QF可分别由Ⅰ段或Ⅱ段母线供电，自主方式默认Ⅰ段母线，正常投自动方式，即正常由Ⅰ段母线通过3QF供电，4QF断开。Ⅰ段母线失电后自动断开3QF，合上4QF由Ⅱ段母线供电。若Ⅰ段母线电压恢复则自动回到3QF供电状态。

（二）站用电系统各级开关保护配置

1QF、2QF额定电流$I_n=630A$，为NS630N塑壳断路器+STR53UEFT电子脱扣器（带单相接地保护）+MN欠压脱扣及延时单元（延时0.25s）

3QF、4QF额定电流$I_n=250A$，组成TMD250双电源连锁切换装置，带电磁脱扣。

1ZK、2ZK普通微型断路器，额定电流$I_n=63A$（C级脱扣，瞬时脱扣电流$5\sim10I_n$）。其中110kV GIS室内总开关2ZK带漏电保安器。

（三）站用电系统各级开关保护定值设定

（1）1QF、2QF：

1）过负荷电流保护定值：$I_r = I_n \times 1 \times 1 = 630A$，脱扣时间 $t_r = 8s$。

2）短延时电流保护定值：$I_{sd} = I_r \times 6 = 3780A$，脱扣时间 $t_{sd} = 0.2s$。

3）瞬时电流保护定值：$I_i = I_n \times 11 = 6930A$，脱扣时间 $t_{\not i} = 20ms$。

4）接地零流保护定值：$I_g = I_n \times 0.2 = 126A$，脱扣时间 $t_g = 0.1s$。

（2）3QF、4QF：

1）额定电流 $I_n = 250A$，瞬时脱扣电流 $5I_n = 1250A$。

2）大于250A反时限特性延时脱扣。

二、事故原因分析

（一）事故现场现象

（1）现场1QF、2QF都脱扣动作，且有脱扣指示，全站失电，3QF、4QF、1ZK、2ZK未脱扣动作。

（2）恢复时按1QF、2QF面板上电气合闸按钮，总开关不能合闸，后在开关本体上手动按压储能手柄，手动储能后，再按电气合闸按钮，总开关合闸，恢复送电。

（二）初步分析

（1）现场1QF、2QF开关在脱扣位置，不在正常分闸位置，面板脱扣指示灯亮。

（2）1QF、2QF开关因需手动储能才能电气合闸，所以不是欠压脱扣。（欠压脱扣在系统恢复电压后将自动储能，其他脱扣动作则无法自动储能）

（3）因Ⅰ段、Ⅱ段母线总开关均脱扣，分析认为，故障点同时在Ⅰ段和Ⅱ段母线上的可能性极小。而公用段母线及所供回路故障造成1QF脱扣，Ⅰ段母线失压后公用段母线带故障切换至Ⅱ段母线致使Ⅱ段母线2QF再脱扣的可能性极大！

（4）除接地保护定值，各开关过电流保护定值从1QF至3QF再至1ZK都是符合逐级配合的，不存在越级跳闸问题，即便是1QF电子脱扣器故障误动，但2QF同样再误动的可能性不大，同样道理1ZK、2ZK同时故障拒动的可能性也较小，同时也未发现明显的相间短路故障点。故可排除相间短路的可能性。

（5）排除欠压脱扣、相间短路脱扣，那么公用段母线及所供回路单相接地或接零故障造成1QF、2QF开关相继脱扣的可能性较大。

（三）事故模拟

初步原因明确后，12月6日在110kV GIS室照明动力电源上（2ZK开关负荷侧）现场实试模拟单相短路故障，故障电流通过大功率电阻丝控制在180A左右。首先模拟接地短路，此时2ZK漏电保安器动作，2ZK脱扣，站用电其他开关正常。

再模拟接零短路，此时1QF脱扣动作，3QF、1ZK、2ZK均未动作[注]。证明站用电1QF为接地保护动作脱扣。

动作原因为：试验电流180A大于1QF接地故障定值，延时0.1s脱扣。由于1ZK、2ZK均未达到瞬动定值（C级脱扣，$5I_e$以上即315A以上瞬动）故需经反时限延时脱扣。查特性曲线180A约为12s脱扣。3QF因额定值未到，故不会动作属正常。

（四）事故结论

通过上述分析及现场实试，11月28日异常跳闸的原因已基本清楚，原因为110kV GIS室内工作人员在接线时造成单相短路（由于是接零短路，因此漏电保安器未动作），但由于是在长电缆末端单相故障，短路电流值较小未达1ZK、2ZK瞬时脱扣定值，但故障电流却大于1QF接地保护定值，故1QF延时0.1s脱扣。1QF脱扣后Ⅰ段母线失压，公用段自动切换至Ⅱ段，造成2QF同样接地保护脱扣，致使全站交流系统失电。

三、经验教训和措施、建议

早期的交流站用电系统一般不配置接地保护，即便配置也都设置在退出状态，但随着无人值班变电站的不断增加，接地保护开始运用。接地保护的主要作用为：

（1）防止在较大的不平衡负载时，在零线电流作用下使较远处的零排母线带有电位，不利于人身及设备安全。

（2）防止长电缆末端非金属性接地（零）短路时，故障点有可能因故障电流较小而无法快速切除，导致电缆、电线过热燃烧，不利于无人值班变电站的安全运行。

基于上述原因，该接地保护定值如果设置较大（大于额定值），则失去了其存在的意义。如果设置偏小，就可能出现三相负载略有不平衡就频繁跳闸的现象，造成站用电系统供电不可靠。但即便定值设置适中，也不能避免上述站用电全失的事故。

若要完全避免上述问题，就要实现逐级配合，即在各级分开关上都装设接地保护，但是这样做会造成了回路和设备配置的复杂化，同样不利安全运行。

针对上述原因，建议如下：

（1）若1QF、2QF开关继续使用原定值的接地保护，则应设置1QF、2QF开关接地过流流脱扣动作闭锁公用段母线自投的回路，以避免上述全站交流系统失电事故。

（2）由于重要供电回路均由Ⅰ、Ⅱ段母线双电源环供，而公用段母线负荷均为非重要供电回路，建议公用段母线由自动投切改为手动投切，以避免公用段母线回路故障造成全站交流系统失电。

（3）取消1QF、2QF开关接地保护。

（4）若必须采用接地保护，则各级开关必须全部配置接地保护，并实现逐级配合。

案例5. 防跳回路异常造成的事故

一、事故简述

××××年××月××日，某电厂200kV出线由于外单位铲车误撞线路铁塔，造成A相故障，线路两侧保护装置正确动作，但在重合时两侧断路器均产生“跳跃”现象。其中，该电厂侧的断路器连续开断后液压急剧下降，断路器停留在合位后拒分。由于故障点未切除，该厂220kV断路器失灵保护动作将母联断路器及一条母线上的所有元件切除，一条母线停电。

二、事故原因分析

事故检查发现：故障线路的该电厂侧分相操作箱中防跳继电器电压保持线圈极性接反，防跳回路未能起到作用，致使断路器产生“跳跃”现象，该分相操作箱中的防跳继电器在运行中曾经烧损，继电保护人员在更换继电器时没认真核对电压保持线圈的接法，将线圈接反；对端则由于其防跳继电器中的电流线圈短路而导致防跳回路未能起到作用，继电保护人员由于没有很好掌握分相操作箱中防跳回路的原理及传动方法，年度校验工作中将此回路疏漏。

三、经验教训和措施、建议

制定下发断路器防跳回路的传动试验方法，要求全网对所有未进行检验的断路器防跳回路逐相进行传动，传动方法如下：

（1）检查重合闸触点及手合继电器触点是否正确接入。

（2）断开断路器失灵保护、重合闸的断路器位置不对应起动回路。

（3）用手合方式合上断路器，并在整个传动过程中使断路器的控制把手保持在“合闸”位置。

（4）用短接线逐相短接跳闸回路的方法跳开断路器，如防跳回路完好，则断路器应只跳开一次且不再合入，否则应对防跳回路进行更进一步的检查。

（5）二次回路的正确与否对继电保护装置的正确动作有非常重要的作用，二次回路的异常同样会造成严重的系统事故。因此，必须加以足够的重视，必须加以足够的重视，必须坚决消除“重装置，轻回路”、“重视主保护，轻视辅助保护”的错误思想，确保整套保护回路的正确性。

（6）继电保护人员不能只满足于知道如何按照校验规程对保护装置进行校验，同样应对保护装置、二次回路的原理有比较深入的了解，从而可根据其原理接线进行正确的试验工作。

（7）在加强对现场继电保护人员技术培训的同时，也要重视对设计人员的技术培训工作，加强对原理图、安装接线图的设计审核工作，防止由于回路的设计不当而造成二次设备的工作不正常。

案例6. 辅助触点切断合闸电流引起干扰误跳三相

一、事故简述

××××年××月××日，某220kV变电站一条220kV线路C相发生雷击故障，二套REL－551光纤纵差保护、一套接地距离Ⅰ段、零序方向Ⅰ段100ms后C相断路器跳闸，经1700ms后C相断路器重合成功（有负荷电流），再经30ms后无故障三相跳闸，此时没有保护动作的三相跳闸信号，在FCX—11C操作箱内第一组和第二组三相跳闸灯亮，合闸灯亮。

二、事故原因分析

事故后模拟故障，做联动断路器试验，C相瞬时故障C相跳闸，C相重合成功后立即三相跳闸，FCX—11C操作箱内二组三相跳闸灯亮，重合闸灯亮，同当日故障时情况相同。随即在FCX—11C操作箱拔去STJ手跳继电器，再模拟C相瞬时故障，C相跳闸，C相重合成功，一切动作均正常。测STJ动作电压为120V正常（直流电源220V）。用录波试验仪对操作屏幕内小线进行监测，再次模拟C相瞬时故障，由录波图上发现通道11（起动STJ小线）在合闸脉冲消失瞬间有一个正跃变干扰脉冲，该脉冲幅值为220V，脉宽为6ms（见图1通道11）。STJ是小密封继电器，其动作电压为$0.6U_e$，动作时间5ms左右。当电压为220V，脉宽为6ms的干扰脉冲进入后，足以使STJ手跳继电器动作误跳三相。干扰源是C相断路器重合闸后断路器辅助触点切断合闸电流瞬间产生的，合闸线圈中的储能通过杂散线间电容C形成高频谐振回路，对线间电容C充电到高电压，使辅助触点“冒火”，直到触点距离拉大而终止。每次触点“冒火”都会在回路中产生暂态干扰，通过电磁耦合对同一电源系统相近的其他回路产生严重的电磁干扰。该线路的断路器三相不一致保护在断路器操动机构内形成，其跳闸电缆返回到保护室操作屏FCX—11C操作箱内起动STJ，这根控制电缆很长，且与断路器合闸操作回路在同一根控制电缆内，两线间电容C很大，另外在操作屏和FCX—11C

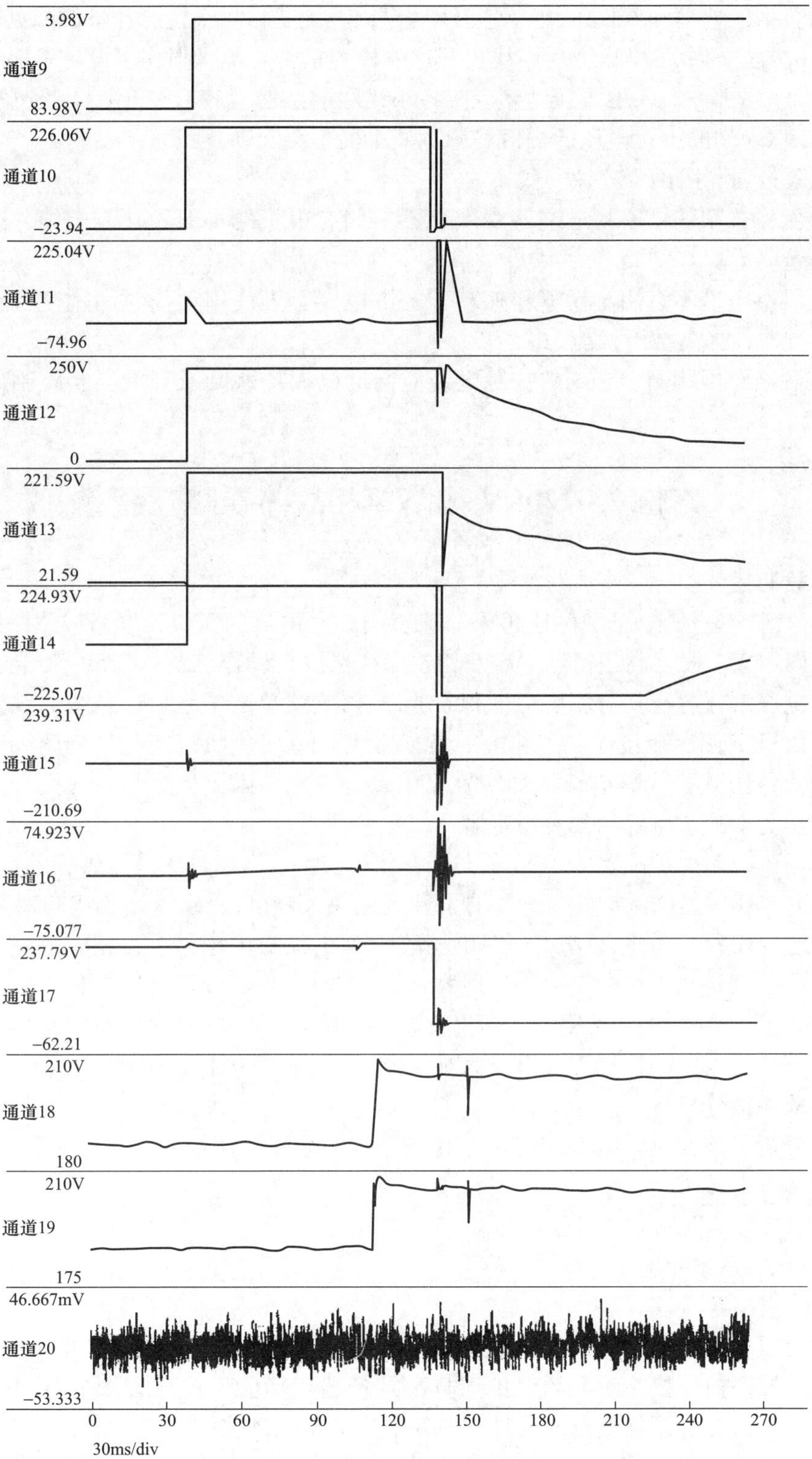
3.98V
通道9
83.98V
226.06V
通道10
−23.94
225.04V
通道11
−74.96
250V
通道12
0
221.59V
通道13
21.59
224.93V
通道14
−225.07
239.31V
通道15
−210.69
74.923V
通道16
−75.077
237.79V
通道17
−62.21
210V
通道18
180
210V
通道19
175
46.667mV
通道20
−53.333
0
30
60
90
120
150
180
210
240
270
30ms/div

图1 干扰脉冲录波图

操作箱内这些小线也是捆扎在一起，在切断合闸电流的瞬间，产生的暂态干扰电压，通过线间电容 C 耦合来的差模和共模干扰，使 STJ 动作，误跳三相。干扰脉冲录波图见图 1。

在模拟试验过程中将操作屏后小线松开逐一检查是否有绝缘损伤，没有发现异常后重新捆扎，此后再做试验，STJ 不再误动。说明各小线间的杂散电容有变化，干扰电源的切入点有改变，STJ 感受到的干扰电压的幅值和脉宽变小而不会起动。

三、经验教训和措施、建议

（1）跳闸、合闸的小密封继电器线圈上不宜接有很长的小线及控制电缆，防止线间电磁干扰而误起动。

（2）手跳继电器不宜用小功率快速动作的继电器，可使用动作时间稍慢且动作能量大的电磁型继电器，提高抗干扰能力。

（3）接到断路器跳闸、合闸的控制电缆应同继电保护跳闸及开放三相跳闸的屏内连线尽量远离布置。

案例 7. 220kV 线路单相故障误跳三相

一、事故简述

××××年××月××日 16 时 00 分，某变电站与电厂的 220kV 联络线路保护（接地距离 1 段、方向零序 1 段、高频闭锁零序及相差高频保护）动作三跳，未重合，造成该变电站与系统主力电厂解环运行。对侧电厂的保护是 A 相单跳单重。事后，组织的线路事故寻线发现故障是由于瞬时 A 相接地（道路施工吊车碰线）造成。而该变电站侧的线路重合闸实际上为“单重”方式，线路单相瞬时性故障应重合一次。因此，这是一起由于该变电站保护不正确动作而影响了系统的安全稳定运行的严重事故。

该变电站侧线路保护配置为 WXB－11C 微机保护＋JGX－11D 晶体管相差动高频保护，JGX－11D 由 WXB－11C 保护的“N”端子开入经 WXB－11C 综重选相出口跳闸。WXB－11C 的重合闸方式为“单重”方式，即单相故障单相跳闸单相重合；相间故障、二相接地及三相故障均三相跳闸不重合。由该变电站侧的 WXB－11C 故障打印报告、故障录波图均表明是该 220kV 线路 A 相接地故障（A 相故障电流为 7720A）。那么是什么原因导致了在单相故障情况下该变电站侧保护三跳出口而对侧电厂同样配置的保护却动作正确呢？

二、事故原因分析

首先，分析了该变电站侧 WXB－11C 保护装置的故障打印报告，事故总报告如下：

15ms　　Io1CK

25ms　　1ZKJCK

26ms　　GBIoCK

56ms　　NT3CK

由报文可以看出引起三跳的保护是经 WXB－11C“N”端子选相出口的保护，即 JGX－11D 相差动高频保护。相差动高频保护本身不具备选相功能，这样看来是 WXB－11C 综重的选相元件出了差错，同样的选相元件在对侧电厂却正确动作了。

通过对电厂和该变电站二侧的故障录波图的对比分析，发现二侧开关的动作时间有较大的差异：电厂侧 A 相开关在故障发生后 60ms 左右跳开，而该变电站侧开关是在故障发生后 90ms 左右三相跳闸。当对侧电厂侧 A 相开关跳闸后，对于该变电站侧而言，在这 30ms 的时间内，实际上是 A 相发生了接地又断线的复故障。变电站侧非故障的 B、C 二相上也出现了一定的故障电流，变电站侧录波图测出 B、C 二相故障电流约 1080A，相位与 A 相故障电流相位相反。

WXB－11C 保护综重内的选相元件仅提供给外部保护（如：JGX－11D 相差动高频保护等）出口选相使用。其选相原理为故障初始采用相电流突变量选相，随即改由阻抗选相直至故障切除。综重内共设置了 6 个阻抗选相元件，即：Z_a、Z_b、Z_c、Z_{ab}、Z_{bc}、Z_{ca}，这 6 个阻抗选相元件在故障发生后不断的进行测量。

在故障发生 60ms 内，二侧的保护测量及选相都是正确的。对侧电厂 A 相开关跳开后，变电站侧 WXB－11C 综重内的 Z_b、Z_c、Z_{bc}不会动作（因为此时的 Z_b、Z_c 方向为反向；B、C 相故障电流数值接近，方向相同，因此 Z_{bc}测量为负荷阻抗）。但 Z_{ab}、Z_{ca}则可能动作。正是 Z_{ab}、Z_{ca}的选相动作导致了“NT3CK”（“N”端子开入保护出口三跳）。

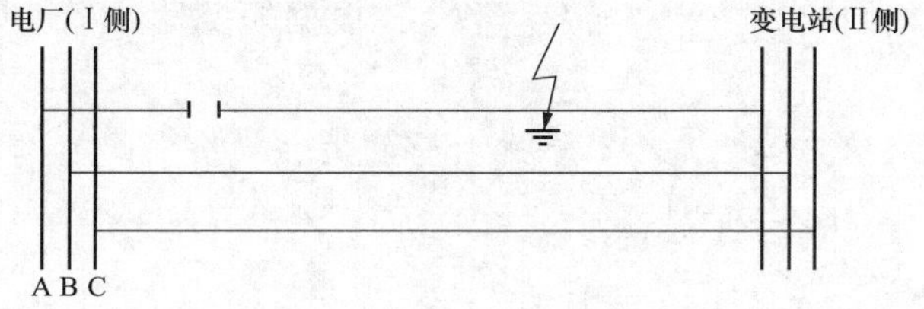

图 1　同名相接地断相示意图

理论分析计算如下（忽略实际负荷电流）：

二侧系统短路阻抗及电气参数（$U_b=230\text{kV}$　$S_b=1000\text{MVA}$）：

电厂侧：$Z_{1XTI}=j0.06329$　　$Z_{0XTI}=j0.09173$

变电站侧：$Z_{1XTII}=j0.1551$　　$Z_{0XTII}=j0.2725$

以故障点为界二侧线路阻抗：

电厂侧：

$$Z_{1LI}=0.03352+j0.16943$$

$$Z_{0LI}=0.25723+j0.4412$$

变电站侧：

$$Z_{1LII}=0.01538+j0.07777$$

$$Z_{0LII}=0.1181+j0.20251$$

$$Z_{1I}=Z_{1XT1}+Z_{1LI}=0.03352+j0.23272$$

$$Z_{0I}=Z_{0XTI}+Z_{0LI}=0.25723+j0.53292$$

$$Z_{1II}=Z_{1XTII}+Z_{1LII}=0.01538+j0.23287$$

$$Z_{0II}=Z_{0XTII}+Z_{0LII}=0.11807+j0.47501$$

$$Z_{1\Sigma}=Z_{1I}+Z_{1II}=0.0489+j0.46559$$

$$Z_{0\Sigma}=Z_{01}+Z_{0II}=0.3753+j1.00793$$

假设故障前线路空载，即两侧电源电动势角度差为零。因此只需考虑故障分量。将图 1 简化成如图 2 的电路模型。

因为系统两侧电动势均等于 $\dot{E}$，在短路前线路中无电流，故障点的电压也为 $\dot{E}$。在短路

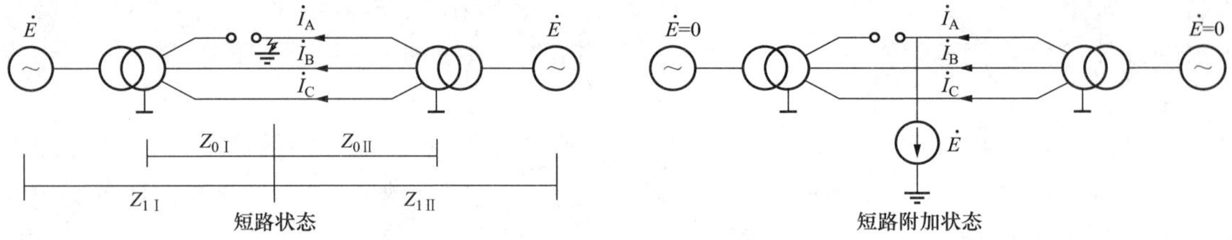

图2　电路模型

接地的支路中引入两个方向相反、大小相同于 $\dot{E}$ 的电动势。然后，就可以将短路状态分解为短路前负荷状态和短路附加状态。短路前的负荷状态中线路无电流，因此无需计算。短路附加状态仅在故障支路有电动势 $\dot{E}$。令故障相电流为 $\dot{I}_A$。两健全相电流相等（因为故障相对它们的互感是相同的），令 $\dot{I}=\dot{I}_B=\dot{I}_C$，根据短路附加状态电路模型，联列方程求解：

［线路自感阻抗＝（Z_0+2Z_1）/3；线路互感阻抗＝（Z_0-Z_1）/3］

$$\left.\begin{aligned}(Z_{0\text{II}}+2Z_{1\text{II}})\dot{I}_A+2(Z_{0\text{II}}-Z_{1\text{II}})\dot{I}&=3\dot{E}\\(Z_{0\text{II}}-Z_{1\text{II}})\dot{I}_A+(2Z_{0\Sigma}+Z_{1\Sigma})\dot{I}&=0\end{aligned}\right\}$$

解上式：

$$\dot{I}_A=[(2Z_{0\Sigma}+Z_{1\Sigma})3\dot{E}]/[(Z_{0\text{II}}+2Z_{1\text{II}})(2Z_{0\Sigma}+Z_{1\Sigma})-2(Z_{0\text{II}}-Z_{1\text{II}})^2]$$
$$=8344.5\angle-82.11^\circ\ \text{(A)}$$

$$\dot{I}=\dot{I}_B=\dot{I}_C=[(Z_{1\text{II}}-Z_{0\text{II}})3\dot{E}]/[(Z_{0\text{II}}+2Z_{1\text{II}})(2Z_{0\Sigma}+Z_{1\Sigma})-2(Z_{0\text{II}}-Z_{1\text{II}})^2]$$
$$=841.9\angle 92.77^\circ\ \text{(A)}$$

$$\dot{I}_{AB}=\dot{I}_A-\dot{I}_B=9183.3\angle-82.59^\circ\ \text{(A)}$$

$$\dot{I}_{CA}=\dot{I}_C-\dot{I}_A=9183.3\angle 97.41^\circ\ \text{(A)}$$

$$\dot{U}_{AB}=230\angle 30^\circ\ \text{(kV)}$$

$$\dot{U}_{CA}=230\angle 150^\circ\ \text{(kV)}$$

$$Z_{AB}=\dot{U}_{AB}/\dot{I}_{AB}=25.05\angle 112.59^\circ\ (\Omega)$$

$$Z_{CA}=\dot{U}_{CA}/\dot{I}_{CA}=25.05\angle 52.59^\circ\ (\Omega)$$

由理论计算验证：此时 AB 相阻抗正处于选相阻抗（WXB－11C 保护装置综重选相阻抗动作区为－15°～115°，定值为 50Ω）临界动作区，而 CA 相阻抗则完全处于选相阻抗动作区。这就是“NT3CK”的原因。

三、经验教训和措施、建议

由此可以看出，如果高压线路保护的配置是 WXB－11C 和另一套须经 WXB－11C 保护选相的外部保护构成，且线路二侧开关的切除故障时间差异较大时，单相故障导致开关后跳闸一侧保护误出口三跳的情况是存在的。

（1）应运用具有更加完善的选相元件的保护。

（2）适当减小选相元件的整定阻抗值。

案例8. 主变压器空投时差动保护误动

一、事故简述

××××年××月，某220kV 变电站1号主变压器，投运一年后进行常规预试检修。该主变为180MVA 容量的自耦变压器，配置了双重化主变微机保护（其中一套主保护为二次谐波制动原理的比率差动保护，另一套为波形对称制动原理的比率差动保护）。当主变复役合闸送电时，二套差动保护同时出口跳闸。因此，现场运行及检修人员进行了详细的检查和分析工作，致使该主变比计划时间推迟了3h 恢复送电。

二、事故原因分析

主变压器系合肥 ABB 公司生产的180MVA 自耦变压器其型号：OSFPSZ9－180MVA/220kV；额定容量180/180/90/40MVA；额定电压：220×（+10，－6）×1.25%/118/37.5kV；接线组别：YN，a0，yn0，d11；额定档位下的短路电压：H－M 9.33% H－L 31.45% M－L 19.96%；Po=50.999kW，Io=0.06%；三侧差动保护用电流互感器：220kV 侧型号 I0SK－245 变比1200/5，110kV 侧型号 I0SK－123 变比1200/5，35kV 侧型号 LAB6－40.5WG 变比2000/5。

在事情发生后，现场工作人员与保护制造厂家的专家一起调阅了保护装置内部的合闸涌流录波图（如图1、图2、图3 所示）。

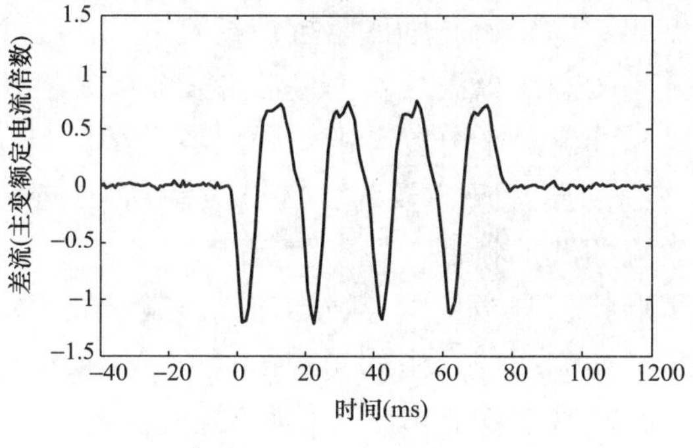

图1 差动保护的 A 相差电流波形

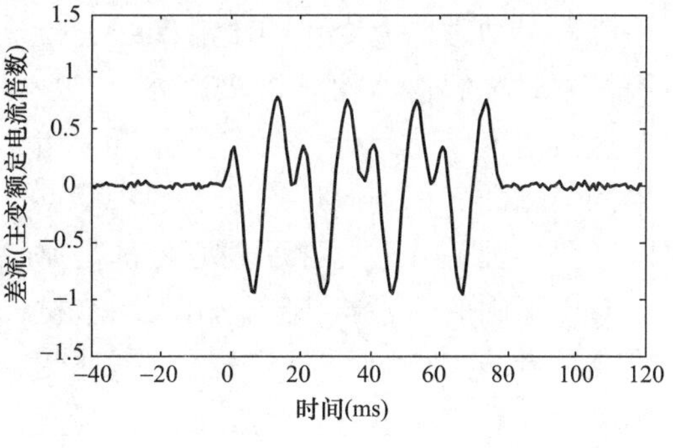

图2 差动保护的 B 相差电流波形

通过波形可以看出 A、B 两相差流为明显的励磁涌流波形。C 相差流在刚开始的第一个周波内为明显的对称波形（与故障波形很相似），在后面连续的几个周波中，波形中间逐渐出现歪头，表明二次谐波有一定含量。C 相差流的幅值最大，有效值可达1倍 I_{n}（I_{n} 为变压器的二次额定电流）。该主变的差动保护动作定值为0.8I_{n}，二次谐波制动系数为0.15。

由图4 可见，C 相差流的二次谐波含量在10%以上，且逐渐变大，最后才达到14%以上。在最初0～20m 的第一个周波和80～100ms 的最后一个周波内，由于全波傅氏算法的计算数据窗暂态，二次谐波含量是有较大误差。

根据上述二次谐波含量的分析图，可以看出由于C 相差流的励磁涌流判据中的二次谐波含量小于二次谐波闭锁整定值（整定值为15%）。而稳态比率差动的动作门槛大于制动门槛，因此稳态比率差动保护动作。C 相涌流的初始波形对称性极好，第二套波形对称制动原理比率差动保护也出口跳闸。最后，造成了二套不同涌流制动原理的差动保护同时跳闸的罕见现象。

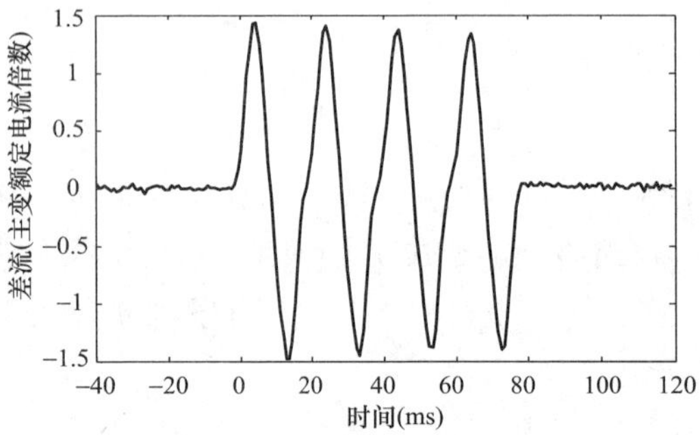

图3 差动保护的C相差电流波形

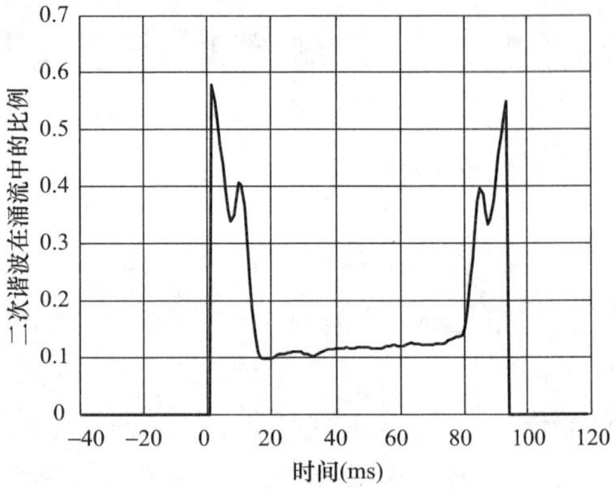

图4 差动保护的C相差流二次谐波含量

对于三相变压器励磁涌流的波形特征，主要与以下因素有关：

1）三相绕组的接线方式、三相铁芯型式；

2）系统电压、系统阻抗大小以及合闸初相角；

3）剩磁磁通的大小和方向，饱和磁通的大小；

4）铁芯材质、磁滞回线和局部磁滞环等。

由于变压器铁芯饱和的非线性，变压器空载合闸时可能产生与短路电流可比拟的暂态励磁涌流。由于剩磁的影响，励磁电流中有直流分量，它使励磁电流偏于时间轴一侧，这一特点使磁通对励磁电流变化的磁滞回线不与坐标原点相对称，因此励磁阻抗在励磁电流正、负半周是不对称的，这就意味着励磁电流含有一定分量的偶次谐波分量而使波形发生畸变。当然，这只是定性的分析，而定量分析三相变压器励磁涌流是十分复杂的。因此各类微机差动保护的励磁涌流识别原理均基于这些特点，即谐波制动原理（主要为二次谐波制动），或者是间断角原理、波形对称原理等，都是反映励磁涌流的波形特征。

对于不同的变压器空投，由于制造材料、体积形状、剩磁量等参数的差异，其谐波含量和直流分量的大小均可能不一样。另外变压器的励磁涌流还与合闸的初相角有关，如果空载合闸瞬间（$t=0$）正好发生在电压瞬时值为零时，此时铁芯饱和严重，使励磁涌流中含有大量的偶次谐波，且波形严重不对称。相反，如果在电压瞬时值为峰值时合闸，铁芯中剩磁又很小时，铁芯就不饱和，励磁电流波形也就比较对称，二次谐波也比较小。所以在变压器空投时，由于三相合闸时对应的三相电压瞬时值不相同，所以三相励磁涌流的情况是不同的，但至少有两相会有明显的励磁涌流特征。此外为了实现相位补偿，在变压器Y侧用两相电流差作为该侧的差动电流，有时会出现对称性的涌流。为防变压器空投涌流造成差动保护动作，目前国内外的变压器差动保护的励磁涌流判据普遍采用二次谐波原理，对于其二次谐波的制动值整定一般规程和厂家均推荐为15%～20%，这是一个建立在大量统计数据基础之上的经验值。而对于波形对称制动原理的差动保护，其对称度判断都是制造厂家在装置计算程序内设定，而无需现场整定。这台180MVA变压器，A、B相励磁涌流特征非常明显而C相涌流特征就不很明显，（整个空投过程中二次谐波含量低于15%且呈现逐渐变大的趋势，波形对称度又极好），这可能是在相位补偿中，两相电流相减后出现了对称性涌流之故，使二次谐波含量下降。

在微机主变保护推广应用前，220kV主变大多采用BCH系列电磁型继电器作为主变差动保护。由于电磁型继电器在涌流判别原理方面的不足，因此常常依靠增大保护定值的方法来避免合闸涌流造成的跳闸（一般差动保护动作值整定为 $1.5I_n$），同时电磁型继电器的动作时间相对较慢，在达到整定值后60～100ms才出口跳闸。正是电磁型继电器的这些特点，发生主变空投涌流引起的差动保护跳闸次数无论在绝对数量还是相对比例上都远少于微机保护。就拿上述实例来说，若采用传统的BCH型差动继电器，仅涌流的数值就不会使差动保护动作。当然，这是在牺牲变压器内部故障灵敏性和快速性的基础上实现的。

微机比率差动保护，由于智能化特点，在涌流判断方面远比电磁型保护优越，为能灵敏反映主变内部匝间故障，微机差动保护的动作门槛整定值一般均低于主变额定电流（整定为 $0.4\sim0.8I_e$ 左右)，并且微机保护动作速度明显高于传统的电磁型保护，一般达到20～40ms左右。若主变合闸涌流的前几个周波的数值达到差动动作门槛值，二次谐波含量较低（如低于15%）或直流分量较小（波形对称度好)，就会造成比率差动保护的出口跳闸。

国产微机主变差动保护制造厂家在励磁涌流制动逻辑方面往往提供二个选择，一是分相独立制动逻辑，当判断出某相出现涌流时相应闭锁该相本身的差动保护出口，即通常所谓的“一取一”闭锁逻辑；二是交叉制动逻辑，当判断出三相中的任一相或二相出现涌流时闭锁所有相的差动保护出口，即通常所谓的“三取一”或“三取二”闭锁逻辑。采用交叉制动逻辑，在上述实例中，由于A、B相均出现大于15%的二次谐波和明显的波形不对称，将相应会闭锁C相的比率差动保护出口。但是如果此时C相确实是发生故障，也将被闭锁，只能靠主变本体非电量保护和高压侧后备保护来切除故障。目前，电网中运行的国产微机主变差动保护装置的励磁涌流制动逻辑普遍采用的是分相独立制动原理。其主要也是出于在空投主变又发生内部故障时不影响差动保护动作的考虑。

三、经验教训和措施、建议

以上分析，从微机保护对主变涌流的判断原理要想兼顾各方面因素来完全避免合闸涌流对差动保护影响似乎有较大困难。频繁的合闸涌流造成差动保护跳闸也确实给现场运行带来很大的麻烦。因此，从运行角度出发，有以下建议供各方参考：

（1）通过对一些进口保护装置的运行实践，建议国内主变保护装置制造厂家可以借鉴国外保护所使用的方法：对变压器空投时，短时投入涌流交叉闭锁的逻辑。交叉闭锁的时间可以在现场通过人为整定，如：整定闭锁时间为40～80ms。这对防止变压器空充过程中可能出现的励磁涌流特征不明显所导致的比率差动误动作情况有明显的效果，40～80ms的闭锁时间过后，差动保护依旧按相独立开放。

（2）利用微机保护可设置多套保护定值的特点，采用设置二套保护定值的方法来减少空投涌流对于差动保护的影响。具体做法是：在主变合闸冲击时，启用一套临时保护定值，适当提高差动保护的门槛值（如 $1.0\sim1.3I_n$）和适当降低二次谐波闭锁涌流定值（如：10%左右)，以增加躲避涌流的可靠性和对涌流判断的灵敏度。相应将冲击侧（一般为主变高压侧）后备保护定值降低，将复合电压闭锁过流保护的电流定值整定为 $0.6\sim1.0I_n$；时间降低为0.3～0.5s；同时解除复合电压闭锁逻辑，以增大后备保护反映主变内部故障的灵敏性和快速性。待主变冲击正常后，带负荷前再启用正常保护定值。

案例9. 寄生回路造成保护误动

一、事故简述

××××年××月××日11时25分，220kV某变电站1号变压器高压侧B相，2号变压器高压侧 A 相同时跳闸，非全相保护延时 5s 出口，两台主变压器均三侧跳闸。其一次接线图如图 1 所示。事故时，该站有继保人员正在进行 220kV L1、L2 线路保护的保护定检。

二、事故原因分析

该变电站采用两组操作电源分别接于两组独立的 110V 蓄电池，而Ⅰ、Ⅱ段母线隔离开关的电压切换回路，都接在第二组操作电源上，见图 2。事故后通过模拟试验证实，用 101 正电源碰 735（或 737），必然造成 1 号主变压器高压侧断路器 B 相保护出口。经检查发现，主变压器高压侧断路器的两组操作回路之间存在着寄生回路（见图 3）。由于 VD1、VD2 桥路的存在，当 101 正电源触到 735 或 737 时，电流就通过 1K—202—2KTB—VD1、VD2—KS，直至 102 负电源，等效展开图见图 4。

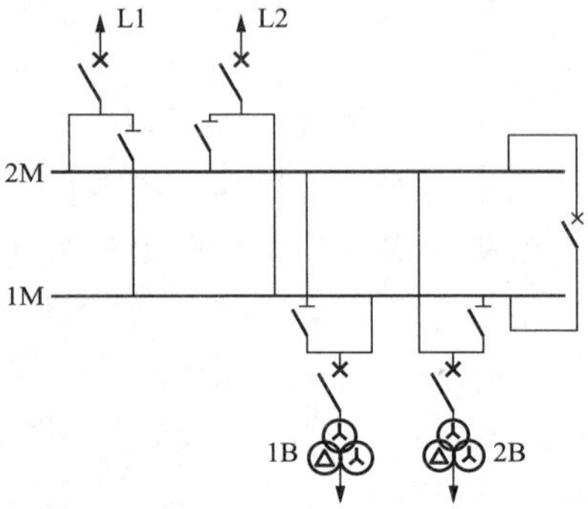

图 1　某变电站一次接线示意图

模拟试验测出 CD 两点电压 U_{CD} 为 55V，而在验收试验记录中两台主变压器高压侧断路器 6 个 KS 的动作值中，最低的是 1 号主变压器 B 相，55V 与 2 号主变压器 A 相，55V，因此，造成 1 号主变压器及 2 号主变压器的误动。

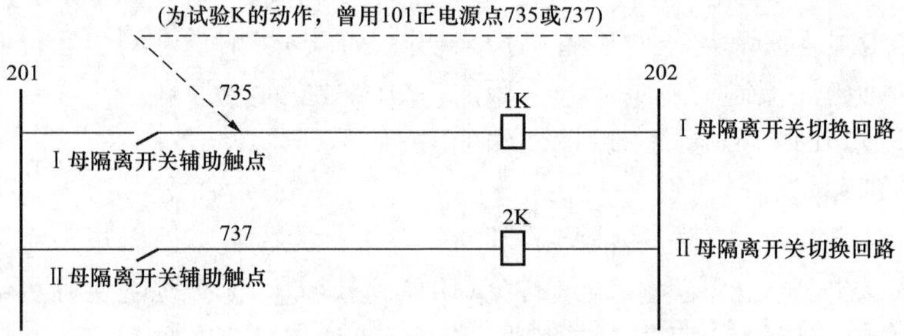

图 2　母线隔离开关切换继电器接线示意图

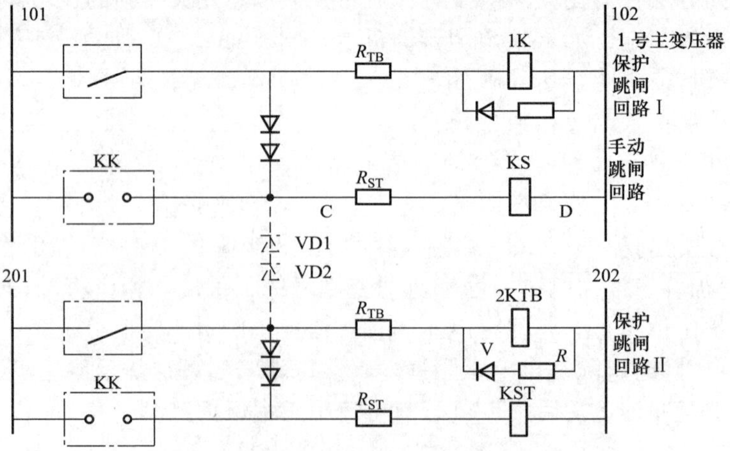

图 3　两组操作回路之间的寄生回路

三、经验教训和措施、建议

在高压侧操作箱插件上拆除 VD1、VD2 二极管（如图 3 所示），断开保护跳闸回路Ⅱ永

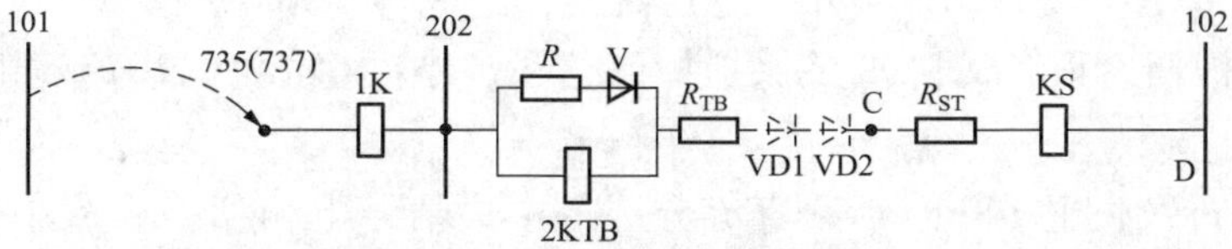

图4 以101点735或737时的等效电流回路图

跳起动KS回路，消除两组操作回路之间的寄生。严格防止两组控制回路电源以任何方式发生电气连接，特别是在两段直流母线分别由两组独立蓄电池供电的变电站。

在二次回路上工作时，应先查清图纸。有两组独立蓄电池供电的变电站，在二次回路设计时，应避免电气交叉连接，以防止此类情况的再次发生。

案例10. 220kV某站全站失电事故分析

一、事故简述

××××年××月××日，220kV××站110kV线路CD1111线C相流变处发生故障，导致××站全站停电，并影响所供等7座110kV变电站。损失负荷26万kW。

××站220kV系统为双母单分段接线，具有双母联，有4回联络线，4回终端线，其中两回联络线到××电厂，两回联络线到500kV××站；110kV系统为双母单分段接线，有110kV出线7回，正常情况下分列运行；35kV系统为双母单分段接线。

当天上午10:10，××站CG1222线路进行TA调换及闸刀大修工作，承担TA调换的是某省送变电公司员工。在工作过程中，需要使用钢丝绳从母线间隔内进行流变起吊工作。在钢丝绳施放过程中，钢丝绳不慎触及邻近间隔CD1111有电部分，导致CD1111线路跳闸（正确动作）。钢丝绳受电动力摆动，又弹及CD1111母线闸刀母线引下线部分，引发110kV母差动作（正确动作）。

此时控制室内铃响、喇叭响，控制室内灯光突然变暗，控制盘220kV母线电压，110kV母线电压，35kV母线电压均显示为零，220kV四根联络线开关控制屏上绿灯闪烁，线路开关跳闸，××站全站停电。

二、事故原因分析

从故障录波及保护动作情况分析，整个事故过程分为三个过程：

（1）10:09:48.414CD1111线路故障，故障点位于线路出口，保护配置为LFP941A，保护23ms出口，动作元件为零流一段，距离一段，故障电流31A（二次值），90ms切除故障，110kV付母线电压恢复。

（2）第一次故障后1800ms，110kV副母线故障，110kV母差动作，跳开220kV付母线上元件，110kV旁路，2号主变110kV侧开关，本次故障持续140ms左右。当2号主变110kV开关跳开后，110kV副母线失电。

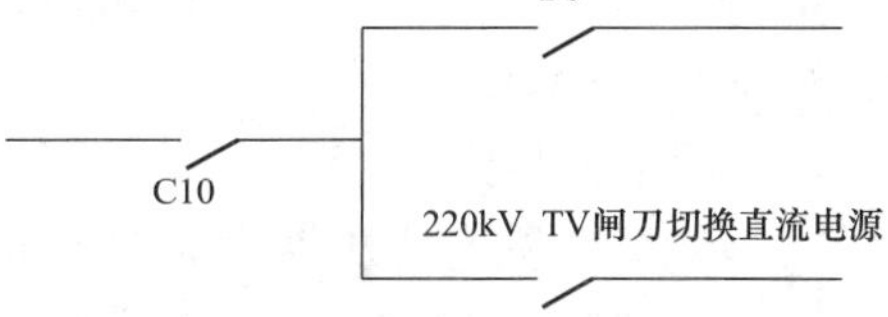

图1 直流分屏直流小开关示意图

（3）当110kV副母线失电140ms后(10:09:50.354)，录波图上看到220kV电压失却，原因为中央信号屏上220kV TV闸刀切换直流电源失却（直流分屏上中央信号直流小开关跳开引起）造成220kV电压小母线失电。站内四回联络线后备距离保护（均为 CSL101A）失去交流电压，先后跳开，造成××站全停。

根据故障录波器、设备故障点及保护掉牌信号，本次事故中 110kV 线路保护和母差保护动作行为正确。

在 110kV 副母线失电 140ms 后，直流分屏上中央信号电压切换直流小开关跳开是导致此次事故的原因（如图 1 所示）。图中 B6 为中央信号（光字牌和音响等信号）的直流小开关，C10 为中央信号电压切换直流小开关，事故中均跳开。其中 C10 的跳开导致 220kV TV 闸刀切换直流电源失电。致使 220kV 电压小母线失电，相关线路保护的交流电压全部失去。

在正常情况下，220kV 后备距离保护（CSL101A）有 TV 失压闭锁功能，在保护正常运行时，如果失去交流电压可以闭锁保护出口。但是，由于第一次故障发生时，站内 220kV 联络线路的后备距离保护已经起动（突变量启动），TV 失压闭锁逻辑在保护起动后不再起作用（需待保护整组复归后才起作用），所以 220kV 电压小母线失电后，距离保护失压动作出口，导致四回 220kV 联络线先后跳开，××站失去电源，全站停电。4 回 220kV 联络线跳开时间依次如下：从第一次故障发生开始计算，2643ms××××线保护动作，5583ms××××线保护动作，5590ms××××保护动作，6613ms××××线保护动作。

三、经验教训和措施、建议

由于××站地处市区重要负荷，因此在直流回路设计中，不仅要求后备保护用 TV 可以在正副母之间切换，而且要求在正母Ⅰ、Ⅱ段之间切换，导致所有的后备距离保护从根源上来看，公用一个切换直流电源，这个电源一旦失去，将造成后备距离保护失压。因此从一次规划设计中，应强调同一方向的线路应尽可能地均匀分布在不同分段母线上，从直流电源设计中应充分考虑各种恶劣情况，以避免全站停电为原则。

上下级直流小开关的配合问题也是此次故障的原因之一。中央信号直流小开关回路中的问题，导致上级直流开关跳闸，电压切换直流电源失却，从而引起事故扩大。

对于一些重要的直流电源不宜和中央信号等站控其他电源合用一个支路电源，建议由直流屏独立支路电源供电。

TV 切换重动继电器应使用有记忆作用的双接点启动的双位置继电器。

案例 11. 二次回路接线错误造成保护拒动

一、事故简述

××××年××月××日 6 时 17 分 16 秒，某发电厂的 2 号机高压厂用 6kVB 段工作进线断路器变压器侧发生短路故障，引起 2 号机组发变组和高压厂用变压器差动等保护动作，将机组解列、灭磁，跳开厂用分支断路器，并由厂用电快速切换装置将备用进线断路器合上。此后，故障延伸至该段备用电源进线 TV 间隔和工作电源断路器母线侧，引起启动备用变压器差动和 220kV 侧过流保护动作。但由于保护第一出口的接线错误，未能跳开启动备用变压器 220kV 侧 2200 断路器切除故障，最后经 58s 发展为变压器内部故障，重瓦斯保护动作跳闸（故障位置见图 1）。

二、事故原因分析

经查，启动备用变压器保护采用的是国外某公司的 SR745 继电器，该继电器共设八个出口，其中“1”出口是无触点可控硅输出并且会导致直流系统一点接地，不符合国内设计直流系统的要求，1999 年 4 月保护生产厂商、某发电厂以及基建调试单位共同商定后，临

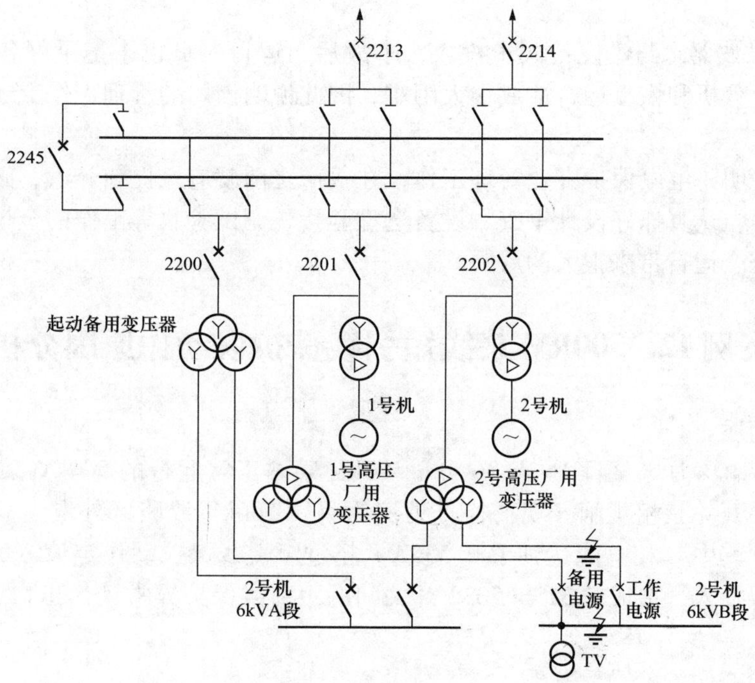

图1 某电厂主接线及2号机6kV母线示意图

时将保护 输出“1”出口临时改为继电器触点输出的备用“5”出口，保护装置的内部软件设置和外部输出触点接线均做了相应改动，通电试验后投入运行。

1999年12月，继电器生产厂家将提供给某电厂的所有同型号的继电器做了更改，将原“1”出口的可控硅输出改为继电器触点输出，重新供货，继电保护人员在恢复原继电器时，仅将保护装置的内部软件设置由“5”出口恢复至“1”出口，但继电器背后的接线未做改动，仍然接在“5”口上，修改后也未做传动试验，埋下了隐患，从而导致了此次事故的扩大。

三、经验教训和措施、建议

（1）将保护装置外部输出线恢复正常，并重新进行传动检查，确保装置本身及回路的正确性。

（2）以此次事故教训为契机，组织全网继电保护人员认真学习有关规程、规定，强化安全意识，克服侥幸心理，不等不靠，在各项工作中严把质量关、安全关，切实做好工作。

（3）进一步严格执行基建验收程序，要求参加验收的人员必须提前做好准备工作，熟悉图纸、熟悉设备，不走过场，不甩项漏项，严格把好验收质量关。

（4）投产前的技术准备和基建验收对一个新建电厂而言，都是非常重要的工作，直接关系到投产以后的运营水平。但某电厂的领导及专业人员对生产准备及基建验收工作重视程度不够，事故调查中发现：基建单位对设备进行改动后没有向生产单位详细交底；生产单位的继电保护人员的运行准备不充分，对保护装置的性能以及基建调试中的改动没有深入了解，抱有依赖思想和侥幸心理，验收工作存在走过场的现象。

（5）专业人员责任心不强，对所维护的保护装置的原理及使用方式等情况不清楚，安全意识薄弱，盲目作业。不按有关规程、规定办事，更换保护继电器后，因为变压器未停电就不按规程规定对相应保护及回路进行传动试验，留下了事故隐患，是这次扩大事故的直接原因。

（6）故障录波器未与主设备同步投入，事故后，运行人员也未记录好各继电保护的动作信号，给事故分析和恢复运行造成很大困难，因此说明该厂的管理工作上还存在一定的不足之处。

此次事故说明，继电保护专业管理工作，在投产之前就应该提前介入，必须做好投产前的生产准备工作，认真抓好设计审查、设备选型验货、调试验收等工作的全过程管理，否则将会对设备的安全运行带来很大的威胁。

案例 12. 500kV 某线短引线保护误动作原因分析

一、事故简述

××××年××月××日 16 点 36 分，500kV 某站正常运行的 500kV 某线短引线 1、2 保护动作出口，开关三相跳闸。现场检查情况为另一 500kV 线路区外发生故障，本线有穿越的故障电流，其中 C 相电流达到了 0.535A，超过短引线保护动作定值（0.5A），该线路的短引线保护误投入，造成 5031 与 5032 开关间的短引线保护异常动作出口，跳开了 5031、5032 开关。

现场仔细检查保护装置后发现：

5031 与 5032 开关间的短引线保护装置 RXHL 菜单里的输入设置如下：

Configuration——BinInput：（逻辑配置——开关量输入）

BinInput（开关量输入）	1	2
ResetLED（信号灯复归）	—	√
ChATAGrp（改变定值组）	—	—
Block I >（相过流）	—	—
Block I > >（相速断）	√	—
Block In >（中性点过流）	√	—
Block In > >（中性点速断）	√	—

从中可以看出 BinInput 1（第一个开关量输入）在逻辑里没有配置闭锁相过流保护（Block I >），故短线保护一直在投入状态，在电流大于动作值时短线保护动作出口，跳开了 5031 开关。

二、事故原因分析

××××年××月××日，该站内的 5031 与 5032 开关经过站内启动正常后投运，此时该线路还没有完好，因此在该线路投运前需要将 5031 与 5032 开关间的短引线保护投入，作为线路正式启动前 5031 与 5032 开关间的主保护。但是在执行定值的说明 1“本保护受闸刀辅助接点控制”时，因为出线闸刀处于非正常运行方式，为了使短线保护能可靠地投入，因此按照说明 2“本保护正常时停用，当开关间元件停役而相应开关仍然运行时，用上短线保护”的要求进行执行。为了实现这个要求将 BinInput 1（第一个开关量输入）在逻辑配置里设置成不闭锁相过流保护（Block I >），这样短引线保护在该线路正式投运前的相当一段时间内就能实现一直投入的状态，不再受出线闸刀辅助接点等外回路的影响。

××××年××月该线路正式启动投运前，由于停电时间较短，停电期间的工作安排中除了线路保护两侧对调及保护带负荷复校外没有关于短线保护的工作任务，此时没有新的保护整定通知单，再加上定值单中没有涉及到逻辑配置方面的定值，值班员能核对到的定值是与定值单相符合的。在启动过程中按照方案要求解除或投入5031与5032开关间的短线闭锁只是通过外回路的临时措施来实现的，也没有涉及到短线保护的逻辑配置。在全部试验结束线路正式投运后，根据试验方案的要求恢复了外回路的临时措施，保护投入正常的运行。理论上在该线路正常运行时，短线保护应该受线路出线闸刀合闸状态的影响而自动退出，而实际上短线保护一直处于投入状态，最终造成了本次的异常跳闸。

三、经验教训和措施、建议

（1）对长期处于临时状态的分部投运的设备应该做好与运行单位的详细的交接和备忘记录，并在调试的后续方案中有所体现。

（2）试验单位对生产单位管理流程依赖性较强，试验单位应在积极配合生产单位工作的同时，加强对危险点的分析，在自身的技术流程中加强对关键点的细化控制。

（3）各参建单位在工作中应加强沟通，发现问题应及时向主管及相关部门进行反映，如本次发现的无法正常整定的问题应及时与调度相关部门联系。

为了让基层单位更好地理解和执行调度部门的意图，建议定值整定单能够更加细化，对影响保护关键功能的控制字或逻辑配置的状态应在定值单中有所体现，对保护的内部的所有功能都应有明确的定值。

案例13. 电缆线间绝缘降低重瓦斯保护误跳闸

一、事故简述

××××年××月××日14点12分，某500kV变电站3号主变压器运行中无故障跳闸，A、C两相重瓦斯保护动作信号掉牌，跳闸同时变电站内有直流接地信号，事后对3号主变压器瓦斯保护等二次回路进行检查，未发现异常，主接线图见图1。

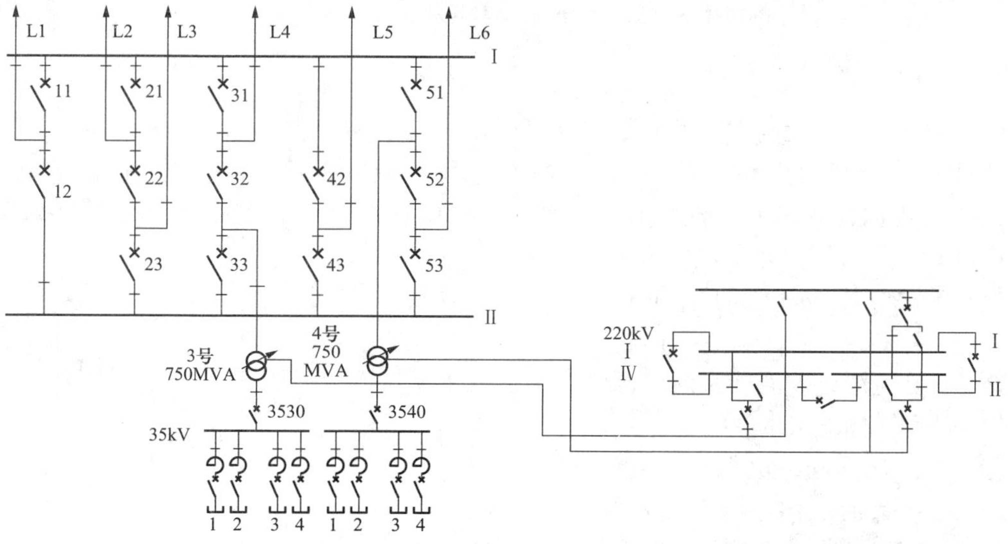

图1 某变电站500kV一次主接线图

××××年××月××日，该变电站又发生 L6 线路二次回路直流接地，3 号主变压器在运行中重瓦斯保护又无故障跳闸，检查发现 511 隔离开关操动机构到隔离开关控制箱的一根控制电缆中直流正电源线与交流 220V 火线的芯线间绝缘为零，对地绝缘只有几欧姆（万用表测量值）。

二、事故原因分析

（1）同一座变电站、同样原因发生三次（包括 1989 年 5 月 5 日一次）主变压器重瓦斯保护无故障误跳闸，均是由于设计不当造成交、直流混接，发生直流系统正电源接地，这是误跳闸的主要原因。

（2）变压器重瓦斯保护起动跳闸中间继电器的控制电缆很长，约 400m 左右，电缆芯线对地电容较大，容抗 $X_C = j\dfrac{1}{\omega C}$ 较小，通过线间电磁耦合过来的干扰电压较大，所以三次均是变电站直流电源正极接地时，发生重瓦斯保护无故障跳闸，如图 2、图 3。

图 4 是通过直流正极接地电磁耦合干扰电压的等值电路图。图中 R_+ 是直流系统正极对地的等值电阻，若直接接地则 $R_+ = 0$ 重瓦斯保护跳闸中间 KZ 分到直流耦合电压 U_1，U_1 的大小随 R_+ 及 $j\dfrac{1}{\omega C}$ 大小而异。

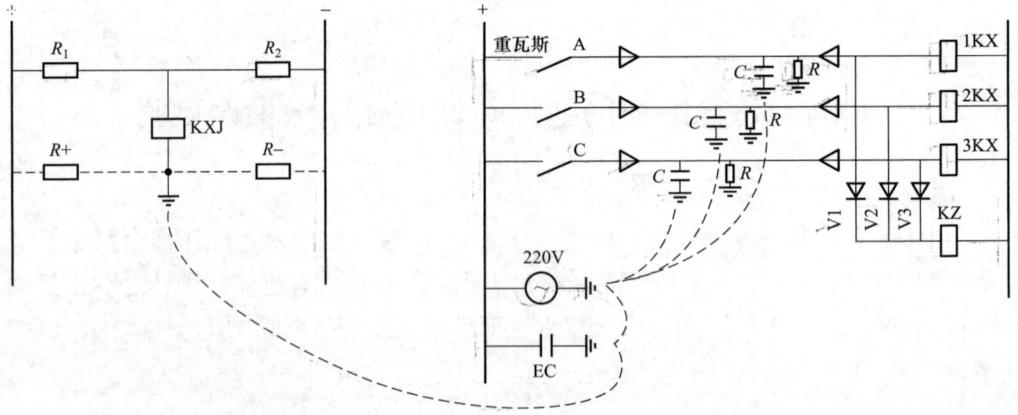

图 2　直流监视装置示意图　　图 3　重瓦斯保护跳闸示意图

（3）重瓦斯保护跳闸中间继电器 KZ 同分相动作信号继电器 1KX～3KX 之间有二极管隔离，见图 3。二极管对交流有整流作用，如图 5、图 6 所示。瓦斯保护跳闸中间继电器 KZ 除有电磁干扰耦合过来的直流电压 U_1 外，还叠加有经 V1～V3 二极管将交流 220V 半波整流脉动电压 U_2，交流电源对耦合电容 C 的充放电过程企图使半波整流的脉动电压连续。

$$U_{ZJ} = U_1 + U_2$$

这是直流电源正极混接交流电源时容易造成重瓦斯保护无故障跳闸的根本原因。

（4）该变压器的继电保护装置是 ABB 公司的产品，中间继电器的动作电压普遍较低，约 30% U_e 左右，这也是直流接地时造成重瓦斯保护无故障跳闸的原因之一。

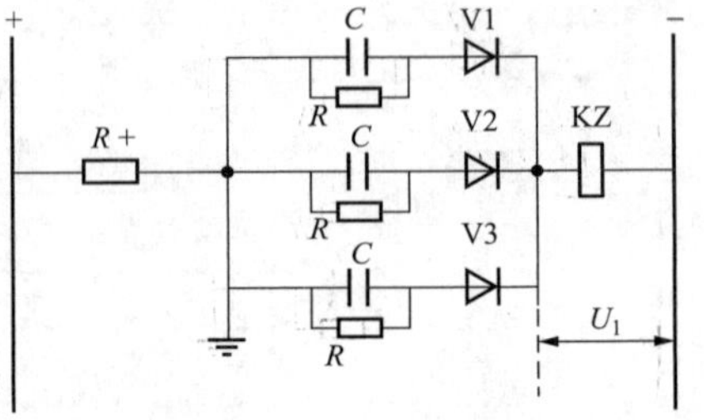

图 4　电磁耦合干扰电压 U_1 等值图

三、经验教训和措施、建议

（1）提高重瓦斯保护跳闸中间继电器的动作电压，在线圈回路加串电阻，使动作电压大于55% U_e，小于70% U_e。

（2）交流、直流、强电、弱电回路不能合用在同一根控制电缆中，避免芯线间感应出干扰电压，并在其终端连接设备上产生出不能接受的共模和差模干扰电压。请设计单位引起注意。

（3）工程图纸审核往往忽略二次回路安装接线图纸的审核，因而没有发现交流、直流电源在同一根控制电缆中，造成重瓦斯保护同样原因的二次无故障误跳闸。同一组断路器辅助触点同时给二个不同回路使用，由于安装接线的错误造成继电保护原理图的错误。

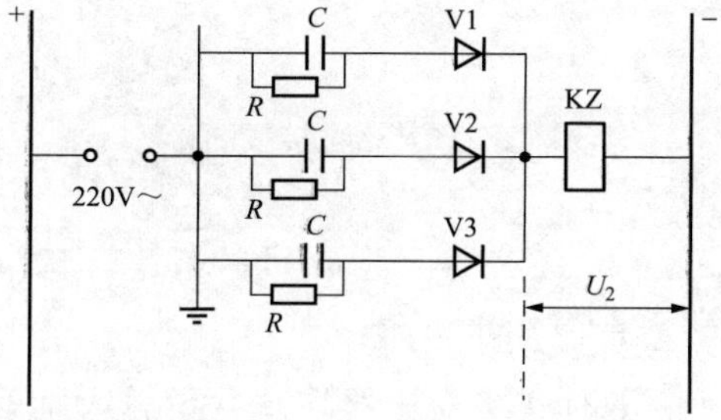

图5 交流半波整流电压 U_2 等值图

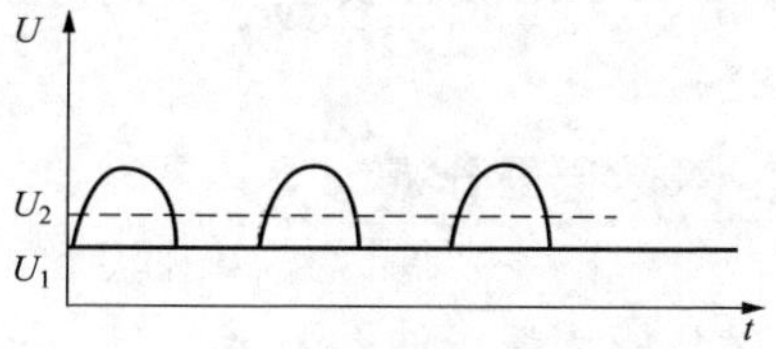

图6 交、直流混接时ZJ两端电压

（4）查找二次回路设备绝缘不良，万用表一般是不能发现问题的，除非全部击穿，只有在加电压时才能有泄漏而发现绝缘不良，6月28日第一次误跳闸，如果用1000V绝缘电阻表检查回路绝缘，也许不会发生第二次误跳闸。

案例14. 变压器充电引起的母差误动事故

一、事故简述

××××年××月××日，500kV某变电站进行1号联络变压器投运前的充电工作。当时有关系统接线如图1、图2所示。联络线受电320MW。

500kV 1号变压器为待投运设备，其三侧断路器均在断开状态；其余220kV运行设备均倒至2号母线运行，母联201断路器在合位，计划用1号母线带211断路器对1号空载联络变压器进行五次冲击试验。220kV母差为中阻抗的比率制动型保护，其跳Ⅰ母断路器（211、201）出口连接片因当时联络变压器211断路器TA二次未接入母差回路而解除，母联201断路器专用充电保护投入。

在对1号联络变压器完成第一次冲击后，未见任何异常。随即于15时16分再次合211断路器进行第二次冲击时，该站220kV母差保护出口跳闸，跳开如图2所示的五条220kV运行线路，经检查一次设备无故障。省网与主网解列，主网频率从50.02Hz升至50.08Hz，省网频率从50.02Hz降至49.50Hz。省中调立即事故拉路，并令本省两主力电厂调压调频。15时25分，省网内一台300MW机组因DEH自动系统故障掉闸，省网频率降至49.3Hz。全网共限负荷400～500MW。

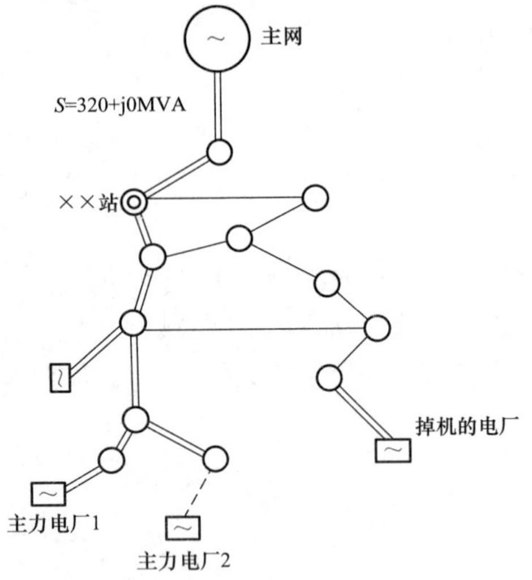

图1　主系统接线图

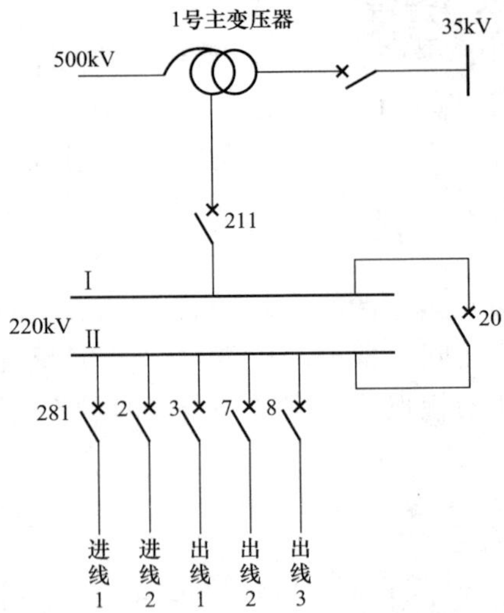

图2　某站主接线图

二、事故原因分析

此次事故的主要原因是冲击联络变压器时，母差保护误动跳闸所致。

通过分析现场录波图发现，211断路器两次合闸冲击时联络变压器均产生了较大励磁涌流，而第二次合闸时断路器有三相不同期现象（B相比A、C相慢合20ms）。1号母线上只接有联络变压器211断路器和母联201断路器，由于211断路器的TA二次尚未接入母差回路（未做相量检查），故1号母线的差动回路中只有母联201断路器TA二次回路接入，因而在第一次合闸冲击时，1号母线差动元件即因主变压器励磁涌流作用动作，但因电压闭锁元件的闭锁作用而未出口（实际上，为了避免这种情况下频繁跳开母联断路器已将母差跳201断路器连接片解除）。但此时，由于装置本身的原因无任何中央信号告警。

第二次冲击时母差动作跳闸是因为比率制动型母差保护在211断路器第一次冲击联络变压器后，即因1号母线的差动元件动作，而使母联断路器辅助TA二次封闭回路动作并一直保持，导致母联TA二次不能接入2号母线差动回路。当第二次冲击时，由于联络变压器励磁涌流的作用使2号母线差动元件动作，又由于断路器不同期使得复合电压闭锁元件开放，最终导致母差保护出口跳闸。

母联断路器辅助TA二次封闭回路动作并一直保持的原因分析如下：比率制动型母差保护由于原理原因出口回路设有自保持（现场整定保持时间0.5s），即当母联断路器失灵或故障发生在母联断路器与TA之间时，强迫另一条母线差动元件动作，并为了防止母联断路器停运时母联TA二次回路分流，该装置设有母联TA二次自动封闭回路，如图3所示简化回路。当1号或2号母线差动元件动作后（即CK1或CK2闭合）或母联断路器QF断开后（b1闭合），启动时间继电器125，经整定延时（现场整定300ms）后，125时间继电器的1、2触点向上吸合。同时，双位置继电器113向下线圈励磁，使双位置继电器113的3、4、5触点闭合，2触点打开。进而使双位置继电器101的向下线圈励磁，101继电器的2、3、4、5、6触点打开，1、7触点闭合。同时，使时间继电器125失磁，使其1触点打开，2触点打开并向下吸合。这样，便完成了母联断路器QF辅助TA二次的封闭操作，并有先封后断的次序。

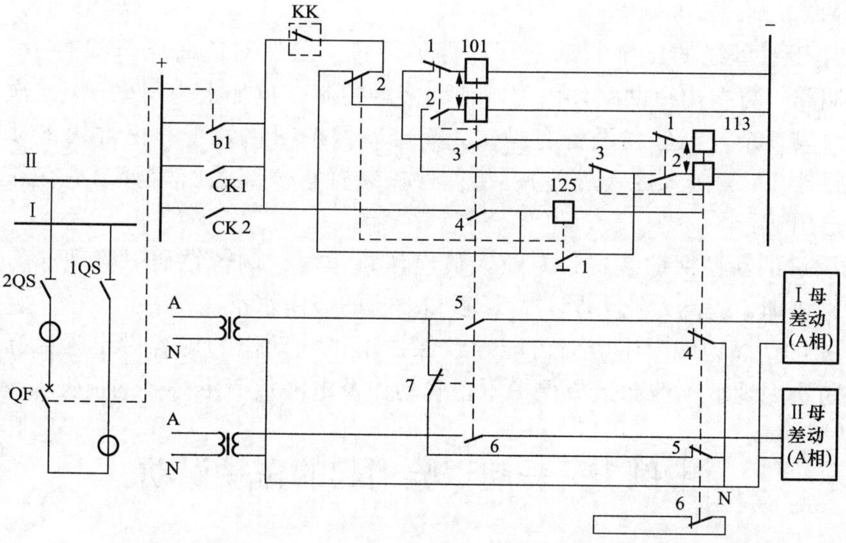

图3 母联TA二次自动封闭回路

但若要解除母联断路器辅助TA二次封闭回路，只有母联断路器在断开状态下（正常CK1、CK2不动作）手合母联断路器才能完在。即正电源通过b1触点、KK触点（手合母联断路器瞬时通）、125继电器的2触点、101继电器的1触点使101继电器向上线圈励磁，使101继电器的2、3、4、5、6触点闭合，1、7触点打开。进而使113继电器的向上线圈励磁，使113继电器的1、3、4、5触点打开，2、6触点闭合。从而完成母联断路器辅助TA二次解除封闭而接入差动元件的操作。

三、经验教训和措施、建议

（一）暴露的问题

由于该型母差装置封母联辅助TA二次回路不能自行复归，在运行中有以下问题：

（1）使用母联断路器进行自动同期并列时，上述回路不能自行复归。在并列操作时，可能导致母差出口误动。

（2）当图3中的母联断路器辅助触点b1采用三相辅助触点并联时，如果运行中母联断路器有一相偷跳时，可能导致母差出口误动。

（3）在母差装置校验或检修时，如果差动元件动作过，母联辅助TA二次回路将被封闭，且无告警信号。在母差投入运行，系统遇有故障时，极易因此而造成母差出口误动。

（二）解决措施

经与设备制造厂家共同研究，对装置回路进行了完善，提出以下解决措施：

（1）增加母联断路器辅助TA二次封闭回路动作指示信号。该信号只有在母联断路器处于合位且母联断路器辅助TA二次封闭回路解除时才能手动复归。

（2）使用自动同期装置合母联断路器时，用同期装置启动合闸的一付触点去解除母联断路器辅助TA二次封闭回路。

（3）对母联断路器辅助触点b1使用三相并联的改为三相串联。

（4）为了确保先解除母联断路器辅助TA二次封闭回路，后合母联断路器，将图3中113双位置继电器的6触点，串联接入母联断路器的合闸回路。当母差停运时，用连接片将该触点短接。

（三）经验教训

（1）应用于双母线的比率制动型母差保护装置，虽然对应每条母线有一个差动元件，但交流电流回路、母差出口回路均由刀闸辅助接触控制，再加上封母联 TA 二次回路，使本装置二次接线较复杂。当母线设备有操作，而母差保护回路处于非正常状态时（如本次事故中 211 断路器 TA 二次未接入母差），母差保护装置宜全部退出运行，不宜部分装置运行而另一部分退出运行。

（2）对引进的新型保护装置，专业人员应认真学习，刻苦钻研。管理部门应组织有关人员进行教育培训，提高专业人员的责任心和设备的应用水平。

（3）厂家的产品说明书中应对可能导致保护不正确动作的内容做出醒目标示，以提醒用户注意，防止因理解不清而造成保护不正确动作及电网负荷不必要的损失。

案例 15. 一起试验引起的保护误动

一、事故简述

××××年××月××日，某供电公司 500kV 站 500kV 甲Ⅰ线保护 CSC－101A 零序电流Ⅵ段保护动作，甲Ⅰ线 5021、5022 开关三相跳闸，但未造成对外限电。跳闸前运行方式：该站 500kVⅠ、Ⅱ段母线运行，甲线Ⅰ、Ⅱ回线并列运行。

跳闸当时工作情况：500kV 行波测距装置调试。

二、事故原因分析

（一）工作现场当时情况

行波测距装置调试工作开工后，工作人员先进行工作准备，将保护测试仪取出进行接线。连接测试仪电源线、数据线、接地线，用短接线将行波测距屏端子排上甲Ⅰ线电流回路从端子排外侧封口，打开 A462、B462、C462 端子连片（如图 1 所示）。将测试仪电流输出线接至端子排内侧，进行保护测试仪开、关机操作，检查测试仪状况。此时，运行人员告知甲Ⅰ线开关跳闸。保护人员停止工作，撤离工作现场。

（二）检查过程

生产、安监专职到现场后，立即与保护班人员进行检查，模拟当时的情况，即将测试仪接地线、电源线接好，将保护测试仪电流输出线接至端子排内侧，检查 CSC－101 保护与 CSI－125A 失灵启动装置 $3I_0$采样值均为 0.17A（此时测试仪未开机），将测试仪电流输出线从端子排断开后两装置 $3I_0$采样变为 0。发现此情况后，开始查找原因。经测量测试仪电流输出“I_n”端子与测试仪接地端子间电阻为 0，直接连通。测试仪开机后两装置 $3I_0$采样又有所增大，可达 0.22A。

下午 18:00 至 20:00 左右，在晚高峰负荷的情况下，再次对装置进行进一步检查时发现，在测试仪不开机的情况下，只要将测试仪接地端接地，保护装置 $3I_0$采样值又有所增大，$3I_0$电流在 0.25A 至 0.36A 之间，在保护装置频繁启动时，观察 $3I_0$采样值（CSC－101 保护与 CSI－125A 失灵启动装置）在 0.23A 至 0.36A 之间变化，模拟 8 次测试仪接地，有 6 次保护装置零序电流保护Ⅳ段均出口跳闸。

（三）跳闸原因分析

经检查跳闸原因为：当天本站内有 500kV 线路行波测距装置调试工作。调试工作开工后，在进行工作准备过程中，工作人员先用短接线将行波测距屏端子排上甲Ⅰ线电流回路从端子排外侧封口，打开 A462、B462、C462 端子连片，但未将 N462 断开，测试仪电流输出公共端“I_n”端与电流回路接地点连通（TA 接地点在设备区端子箱内，距主控室约 300m 左右），使运行装置的电流回路出现两点接地，由于户内外的电位差，造成零回路电流增大，叠加线路运行时的不平衡电流，最终使保护装置感受到的 $3I_0$ 值（0.56A）超过零序电流Ⅳ段定值（0.25A），从而零序电流Ⅳ保护段动作跳闸。

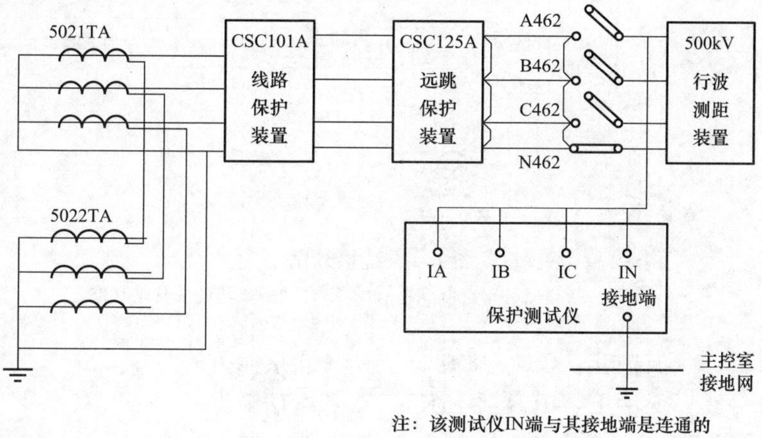

图 1 相关 TA 二次回路及试验接线图

三、经验教训和措施、建议

（1）在运行中的二次回路工作，危险点考虑不够周详。

（2）对 TA 二次回路两点接地的危害没有足够的认识。

（3）对试验装置熟悉程度不够。

（4）在运行的 TA 二次回路工作中，应将试验回路与运行的 TA 二次回路完全断开。对在短接 TA 时可能造成保护误动的，有必要时应临时退出相关保护，再进行工作。

案例 16. 一起 500kV 母线失电事故分析

一、事故简述

××××年××月，某 500kV 甲变电站仍在投运中，已投运设备为正常运行方式。该变电站 1、2、3 期工程同时开工建设，安装 1×1000MVA 主变压器一台，电压等级为 500/220/35kV；500kV 出线 9 回，采用 3/2 断路器接线；220kV 出线 6 回采用双母线接线。12 日 22 时，该站 500kV 1、2 号母线 CSC－150 型微机母线保护中的失灵直跳功能出口（另一套母线保护为 RCS－915E 型，也含失灵保护，未动作），跳开 1 号母线的 5011、5042、5061、5071 开关及 2 号母线的 5013、5043、5063、5073 开关，5013、5043 开关的 RCS－921A 型断路器保护三相跟跳，500kV 1、2 号母线停电。跳闸后的甲站 500kV 系统接线如图 1 所示。

二、事故原因分析

调查人员到达现场后，通过查询故障录波数据、调度自动化系统记录等，确认其时甲站的 500kV 1、2 号母线并未发生故障，CSC－150 型母线保护失灵直跳功能的出口属误动。

（一）甲站 500kV 1、2 号母线的保护配置

500kV 1 号母线：保护Ⅰ：RCS－915E （南瑞继保）

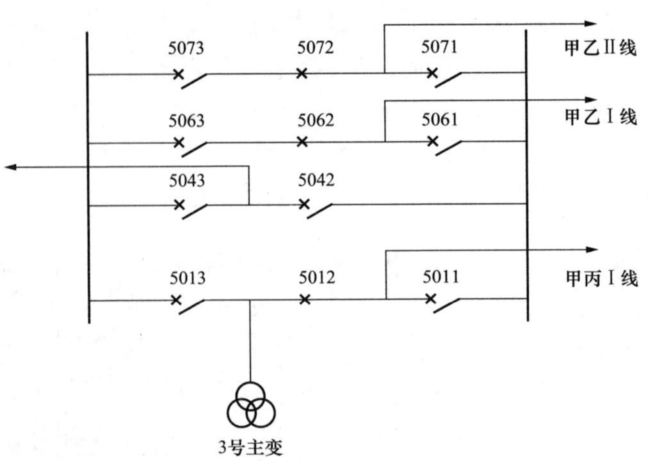

图1　系统接线图

—×—断路器处于合闸状态；—×╱—断路器处于分闸状态

保护Ⅱ：CSC－150　　　　（北京四方）

500kV 2 号母线：保护Ⅰ：RCS－915E　　（南瑞继保）

保护Ⅱ：CSC－150　　　　（北京四方）

（二）CSC－150 保护报文分析

CSC－150 保护的报文显示，造成甲站 500kV 1、2 号母线同时掉闸的保护是 CSC－150 型母线保护中的失灵直跳功能。

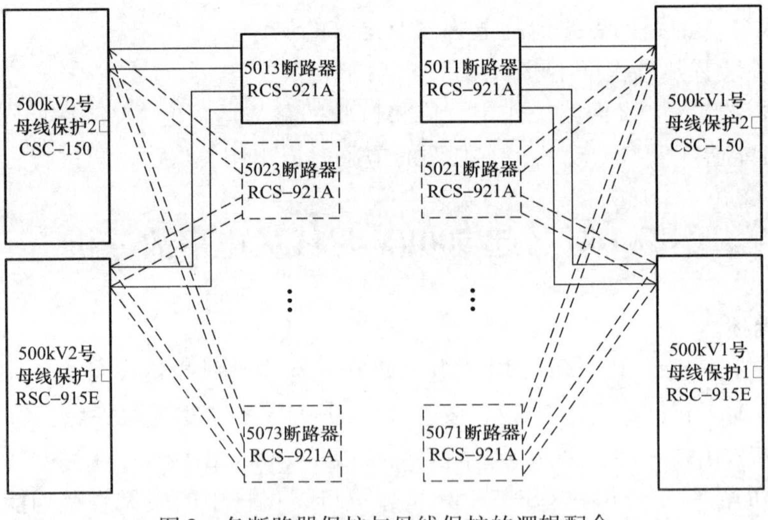

图2　各断路器保护与母线保护的逻辑配合

甲站使用了 CSC－150 型母线保护的两部分功能：一是母差功能，二是失灵直跳功能。失灵保护的动作逻辑在各断路器的断路器保护中完成，母线保护中的失灵直跳功能实际上只是为失灵保护提供出口回路，与母差功能的动作逻辑无关。即当 500kV 线路故障，且相应边开关失灵时，由该边开关的断路器失灵保护直接跳开本串的中开关，同时通过两套母线保护中的失灵直跳功能向连接母线的所有边开关发出跳闸令。各断路器保护与母线保护的逻辑配合如图 2 所示。

断路器失灵保护启动母线保护的失灵直跳功能是在失灵保护动作后，输出两个开关量至母线保护来实现的，两个开关量在母线保护内部构成“与”门。正常运行时，母线保护装置的两个开入量均不会收到来自断路器失灵保护的跳闸命令，在断位；当断路器失灵保护动作发出跳闸命令时，母线保护装置的两个开入量同时闭合，经一个小的抗干扰延时（为10ms），向本母线的所有边开关发出跳闸命令。

为提高安全性，CSC－150型母线保护的两个失灵功能开入量采用了不同的回路设计：一路开入量经220V光耦直接接入装置，另一路开入量经220V/24V两级光耦转换后接入装置，两个开入量经逻辑“与”后，再延时10ms出口跳闸。

本次事故中，所有边开关的断路器失灵保护并未发出跳闸命令（5013、5043开关的断路器保护发出的跟跳命令是由这两个开关跳闸引起的。其他边开关由于电流较小而未发出跟跳命令），但CSC－150母线保护内部记录的数据却表明，两个失灵直跳功能开入量均确有输入。意即：虽然断路器失灵保护并未动作，但母线保护中的失灵功能却收到了出口命令。而只要该开入量存在，CSC－150母线保护的失灵直跳功能出口则属必然。CSC－150母线保护记录的跳闸时刻的内部数据显示：220V/24V光耦开入量的动作时宽超过140ms，220V直通光耦开入量的动作时宽为10.0ms。由于CSC－150记录两个失灵跳闸开入量的时刻是从失灵跳闸出口后2.5ms开始显示变位，故两个开入量的实际时宽应分别为：

220V/24V光耦开入量　超过152.5ms（保护装置的记录时长有限，不能确认何时返回）

220V直通光耦开入量　22.5ms。

500kV 1、2号母线的两套CSC－150型母线保护中失灵功能的动作行为完全相同，因而造成两条母线同时跳闸。双重化配置的另外两套母线保护（RCS－915E型）未见异常。

（三）跳闸原因分析

考虑到两套CSC－150型母线保护中失灵跳闸功能的动作行为完全相同，初步猜测保护动作的原因应源于母线保护中的两个失灵跳闸开入量或直流公用回路。为此，开展了以下调查工作：

（1）经过现场检查、试验，首先排除了误接线、误整定的可能。

（2）测试CSC－150型母线保护的失灵功能开入量光耦的动作电压，符合反措要求［18项反措（55%～70%）U_e，华北网调反措（60%～75%）U_e］，不致因光耦动作电压过低受干扰而误出口。

数据如下：

220V/24V光耦开入量：131V（60%U_e）

220V直通光耦开入量：143V（65%U_e）

试验至此，已基本排除了装置本身因明显缺陷导致误动的可能。调查重点转移到直流回路。在讨论何种直流系统异常可能导致误出口时，有人提出：直流一点接地一般不会造成保护误动，但应确认一下CSC－150型母线保护失灵功能开入量正端的对地电位，如其为－110V，当不会因直流一点接地造成误动；如为悬浮电位，则有可能。

（3）测量CSC－150型母线保护，正常运行时失灵功能开入量正端的对地电位。

CSC－150型保护（两套装置数据基本相同）：

220V/24V光耦开入量正端对地电压：0.0V

220V直通光耦开入量正端对地电压：－20.0V

分析认为，在这种情况下，若直流系统发生正端接地，光耦开入量负极性端瞬间对地电位将变为－220V。此时光耦11（如图3所示）正极性端的对地电位为0V，光耦12正极性

端的对地电位为 -20V，则光耦 11 两端电压差为 220V，光耦 12 两端电压差为 200V，光耦 11、12 两端电压差在直流正端接地的初始时刻是满足其动作条件（131V 和 143V）的。其后的电压差是一个指数衰减过程，衰减的快慢与回路中的分布电容有关。光耦开入量正端引入线的分布电容越大，则加在光耦开入量两端的电压差衰减时间就越长，越容易超过母线保护内为躲干扰而设置的开入量防抖延时，从而造成总出口回路误出口。

经查，该开入量的正端引入线为多根长电缆［注］，存在较大的对地电容。因此在发生直流正接地的情况下，光耦 11、12 导通的可能性是存在的。

【注】甲站 500kV 系统 3/2 主接线，终期规划七串，目前已建设六串。500kV 系统的继电保护、故障录波、测控单元等二次设备屏（柜）体分别布置在三个保护小室中。其中 500kV 母线保护布置在第二保护小室，各串开关的断路器失灵保护屏分别布置在三个保护小室中。断路器保护与母线保护之间的连接电缆沿 1—2、3—2 小室间电缆沟敷设，距离较长，约 100m 左右，电缆芯线对地（电缆屏蔽层）存在较大的分布电容。

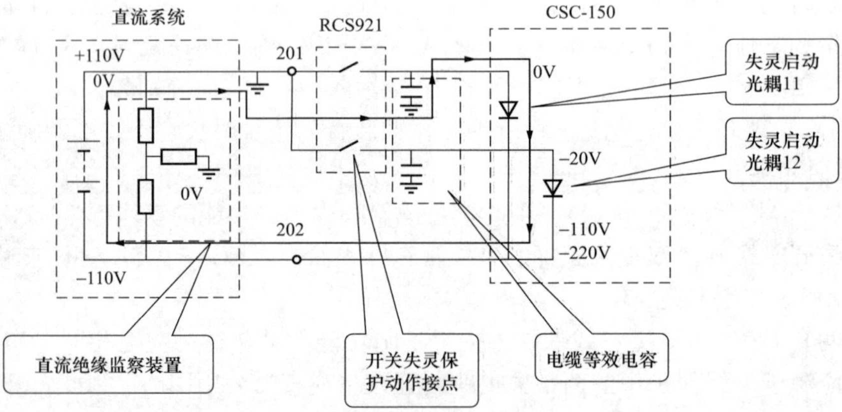

图 3　直流系统联系图

若光耦开入量正端对地电压为 -110V（正常情况），则发生直流正端接地的瞬间，在光耦两端产生的电压差只能达到 110V（额定直流电压的 50%），不会造成光耦开入量的导通。且随着电压差的指数衰减，光耦开入量更不会动作。分析认为，如果光耦开入量的正端对地电压与其负端电位相同（-110V），与控制回路中的中间继电器类似，只要其动作电压符合反措要求［18 项反措（55% ~70%）U_e］，直流系统发生一点接地是不会造成保护误动。

（4）现场模拟直流正端接地试验。

为验证上述分析，并顾及试验的安全性，在将甲站直流负荷大部分倒至第一组直流，并将无法倒至第一组直流的第二组直流所带部分保护停运后，现场模拟了第二组直流电源正极接地。试验中，CSC-150 型保护的 220V/24V 光耦开入量出现了约 36 ~ 38ms 宽的开入变位；另一开入量（220V 直通光耦）未出现变位。因“与”门条件不满足，CSC-150 型保护的失灵跳闸功能未出口。

虽然现场模拟试验未能再现事故现象，但已定性地证明了第 3 点中的分析是正确的。

分析现场模拟直流接地试验未造成 CSC-150 型保护动作的原因是，模拟试验时第二组直流所带负荷已大部分倒出，改变了电容电流的分配，仅使得动作值相对灵敏的 220V/24V 光耦开入量变位。

（5）调查是否有直流接地。

事实上，调查人员一到现场即曾询问跳闸时刻是否伴随有直流接地？但得到的答复是未见报警。若果真如此，事故原因还不能算是真正查出。

1）跳闸前后进行中的220kV 非全相保护传动是否有可能造成直流接地？

此时，调查工作的重点回到跳闸时未投运、且其时正在进行的220kV 某开关的非全相保护调试工作。虽然该保护放置在开关机构箱内，而500kV 保护在独立的保护小室，二者不在同一物理空间内，但因共用一个站用直流系统，其调试工作是否可能与跳闸有关？

经现场察看和了解非全相保护传动过程，疑为在传动过程中，调试人员将由不同熔断器供电的第二组直流电源的正极点接至接在第一组直流的合闸线圈的正极性端，形成第二组直流正极与第一组直流负极经合闸线圈相连，等同于第二组直流正极、第一组直流负极接地如图4 所示。分析如下：

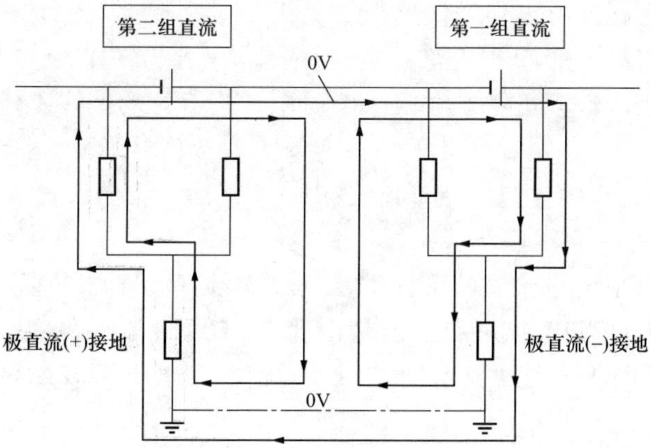

图4　两组直流系统等效直流接地联系图

当第二组直流正极接地时，将会沿着图中棕色箭头所示方向产生电流，直流绝缘监察装置报第二组正极接地；当第一组直流负极端接地时，将会沿着图中蓝色箭头所示方向产生电流，直流绝缘监察装置报第一组负极接地。

照此推理，当第二组直流正极与第一组直流负极端连通时，两组直流短接后将形成一个端电压为440V 的电池组，中点（正负极连通处）对地电压为零。在回路中将会沿着图中红线方向产生电流，致使第二组直流检测装置报正极接地、第一组直流检测装置报负极接地。

若如此，监控系统应有记录。仔细查找监控系统的信息发现，查到监控系统有一条记录："2 号直流屏母线直流接地异常"，5s 后复归。监控系统记录的直流接地时刻与事故发生时刻有约4s 的时差，而且还发生在跳闸后，与上述分析不相吻合；似乎应先直流接地，后跳闸。但显然这是一条值得重视的信息。那么，直流接地信号上报到监控系统时是否可能有延时呢？

调取13 日晚模拟第二组直流接地试验期间的监控信息，显示

"2006/06/13　21:41:29:340　500kV Ⅰ母 CSC－150 保护失灵启动开入11 动作"

"2006/06/13　21:41:32:956　2 号直流屏母线直流接地异常"

数据表明，从监控报"失灵开入量变位"到报"直流接地"确有3.6s 的时间差，且也是先报"失灵开入量变位"后报"直流接地"。这说明，监控系统记录的直流接地信号与实际发生的时刻确实存在3～4s 的延时。这也解释了为什么此前一直说未见直流接地，因为一直是在跳闸时刻前的信息中查找直流接地信号，当然找不到。而跳闸后，监控系统接收的信

息很多，直流接地信号被淹没在其中了。

但根据上述分析，若第二组直流正极与第一组直流的负极连通，直流绝缘监察装置不仅应报“2 号直流屏母线直流接地异常”，还应报出“1 号直流屏母线直流接地异常”。进一步反复查找监控系统的事件记录，未发现“1 号直流屏母线直流接地异常”。而在事故前一天（6 月 11 日）监控系统曾记录到 4 次“1 号直流屏母线直流接地异常”，说明第一组直流绝缘监察装置及其与监控系统的数据通信都是正常的（因 CSC－150 微机型母线保护装置的直流取自第二组直流，故前述第一组直流接地不会造成其失灵直跳功能误出口）。

虽然经分析由不同熔断器供电的两组直流混接形成的等效直流接地可以导致 CSC－150 装置的失灵直跳功能误出口，但监控系统记录的信号与上述分析结果不完全相符。

除两组直流混接可以引发 CSC－150 型保护的失灵保护直跳功能误出口外，第二组直流的正极直接一点接地，同样可以引发误出口。

2）据了解，6 月 12 日晚 22 时左右，与该站 220kV 某开关非全相保护传动同时进行的，还有 220kV“录波器接入 221 间隔非全相保护动作开关量”的接线工作，存在误碰导致的直流接地的可能。

3）另，事故当晚，雷雨大风，空气湿度很大，也有可能导致直流回路的某一点瞬间对地绝缘降低，造成直流一点接地。

综合上述分析与模拟试验，监控系统记录的“2 号直流屏母线直流接地异常”，可以肯定，其与 22 时的跳闸具有因果关系。正是由于第二组直流系统的异常，引发了 CSC－150 装置失灵直跳功能的开入回路导通，出口跳闸，跳开了该站两条 500kV 母线上的全部开关。

三、经验教训和措施、建议

CSC－150 型母线保护中的失灵直跳功能因光耦开入回路设计缺陷，在第二组直流正极一点接地或等效接地时误出口（但这一误出口与母差保护和失灵保护的动作逻辑无关）。

虽然 CSC－150 型母线保护失灵直跳功能光耦开入量的动作电压满足反措要求，但回路的反向截止作用导致光耦开入的正端对地电位不再是－110V。这一装置本身固有的设计缺陷是导致两条 500kV 母线开关同时全部跳闸的潜在原因，第二组直流系统正极接地或等效接地是诱发因素。这一缺陷的消除也使得对光耦外围回路的设计和在微机型保护中应用的认识又向前推进了一步，并进一步完善了关于光耦使用的反措。

案例 17. 同杆线路纵联零序方向保护误动分析及措施研究

一、事故简述

××××年××月××日，某电网 220kV 甲线发生发展性的两相接地故障，两侧保护动作三跳相继切除故障，动作时间差约 40ms，在甲线本侧切除故障后约 40ms，乙线两侧纵联零序保护先后跳闸。随后，甲线对侧强送电，再次出现瞬时性接地故障，甲线对侧经约 100ms 保护三跳切除故障，与此同时，乙线两侧纵联零序保护再次动作跳闸。

二、误动原因分析

经调查发现，甲线与乙线存在着一段长约 20km 的同杆线路，其中互感甲线本侧与乙线本侧为同名端。甲线本侧通过 220kVA 站与乙线相连，有较强的电气联系，甲线对侧需通过多个 220kV 变电站，才与乙线连接，电气联系较弱。其电网拓扑示意图如图 1 所示，图中

Z_{0m}表示线路之间的零序互感，下同。

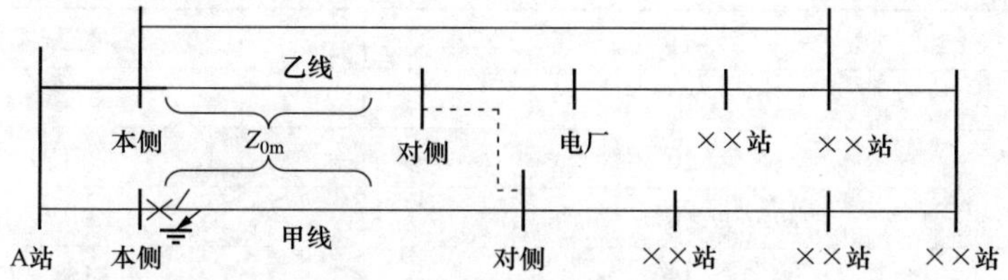

图1　电网拓扑示意图

（一）保护误动的定量分析

以该电网当前方式为计算依据，模拟当时故障情况。设故障点为距甲线本侧5%处单相故障，分别考虑线路有无互感以及故障时甲线本侧是否三相跳开，组合成① 无互感、不跳开；② 无互感、已跳开；③ 有互感、不跳开；④ 有互感、已跳开等四种情况分析，其中计算互感取值为0.0219（标幺值），约为线路同杆段零序电抗的60%。表1与表2列出了计算的零序电流电压情况。

表1　不同运行工况下零序电流$3I_0$情况表（一次值，单位：A）

	乙线对侧	甲线对侧
①	804.6∠270°	2947.8∠270°
②	32.7∠270°	3339.9∠270°
③	327.6∠270°	2911.2∠270°
④	616.2∠90°	3393.9∠270°

表2　不同运行工况下零序电压$3U_0$情况表（一次值，单位：kV）

	乙线对侧	乙线本侧
①	14.73∠180°	37.86∠180°
②	0.48∠180°	1.41∠180°
③	7.47∠180°	44.1∠180°
④	9.36∠0°	10.26∠180°

以上短路计算忽略线路电阻，角度以电源点电动势为基准参考点，在与当时系统故障状况基本符合的第4种情况中，即在甲线本侧跳开，甲线故障继续存在的情况下，由于线路互感的影响，乙线零序电压两侧变为反相，虽然零序电流为穿越性电流，由于两侧TA感受也是反相的，综合比较表1、表2可知，乙线对侧与乙线本侧零序电流均超前零序电压90°，满足零功方向继电器判正向的条件，两侧保护均判为正向，且当时零序电流超过保护整定的零序停信值480A，从而导致纵联零序方向保护误动。

表3　电气联系改变时零序电流$3I_0$情况表（一次值，单位：A）

	乙线对侧	甲线对侧
①	616.2∠90°	3393.9∠270°
②	693∠90°	3437.7∠270°
③	762.6∠90°	3740.1∠270°
④	888.3∠90°	3525∠270°

表 4　电气联系改变时零序电压 $3U_0$ 情况表（一次值，单位：kV）

	乙线对侧	乙线本侧
①	9.36∠0°	10.26∠180°
②	5.76∠0°	12.15∠180°
③	3.09∠0°	13.17∠180°
④	1.74∠180°	15∠180°

图 2、图 3 分别列出了乙线第二次跳闸时的两侧录波图，通过录波图，可以看到乙线两侧零序电流超前零序电压约 1/4 周波，与定量分析结果吻合。

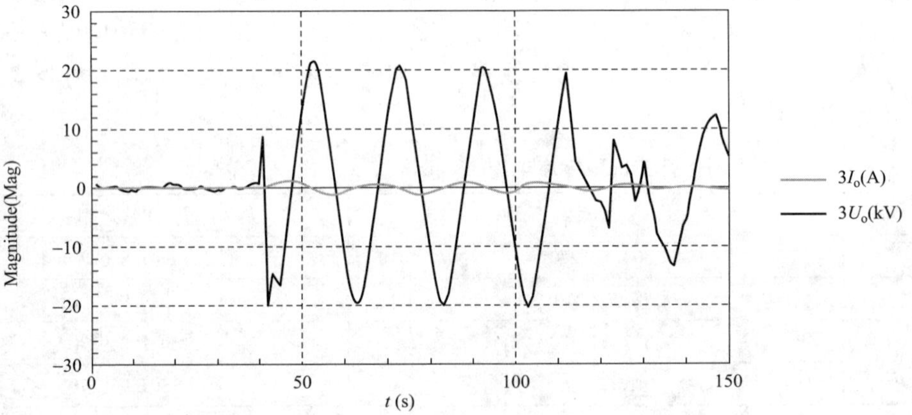

图 2　乙线对侧第二次跳闸时零序电压、零序电流录波图

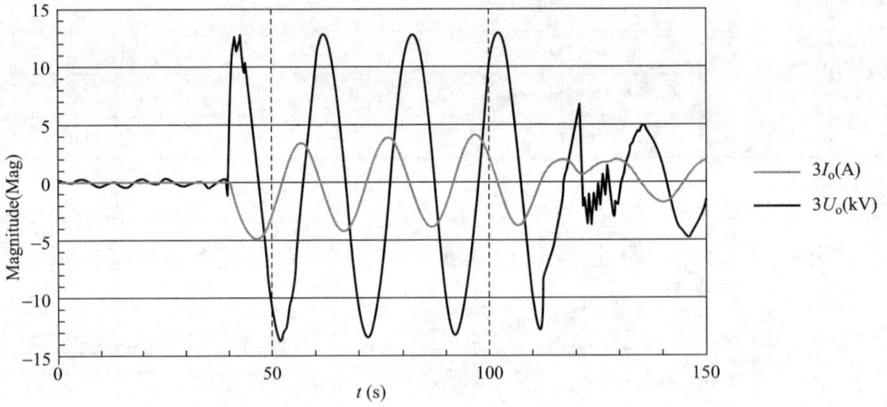

图 3　乙线本侧第二次跳闸时零序电压、零序电流录波图

针对第 4 种情况，进一步分析乙线两侧零序电压受电气联系和电磁联系强弱影响的变化，在图 1 所示电网的甲线对侧站与乙线对侧站间人为增加一条用虚线表示的 L 线，以改变两站间的电气联系，对比增加线路前后电压电流的情况。计算时分别考虑 L 线长度为① 无穷大（相当于线路断开）；② 100km；③ 50km；④ 20km 四种情况，其中 L 线参数按正序电抗 0.3Ω/km，零序电抗 0.9Ω/km 取值。

由上计算结果可知，当L线线路长度逐渐减小时，乙线与甲线电气联系逐渐增强，当线路长度降到20km时，乙线对侧与乙线本侧零序电压同相位，此时，电气联系成为提供零序电流的主导因素，乙线对侧零序电压从原来的滞后零序电流90°变为超前90°，乙线对侧零功方向判为反相，纵联零序保护将不会误动。

（二）保护误动的理论分析

为了更清楚的认识和分析互感引起纵联零序保护误动的情况，现在对有互感线路的一般电网做进一步理论分析。分析包括有电气联系的互感线路分析和完全没有电气联系的互感线路分析两部分。

（1）互感线路存在电气联系。

如图4所示接线图，其中第Ⅱ回线首端发生单相永久性接地故障，第Ⅱ回线M侧断路器断开，双回线M侧有互感（Z_{1L0}和Z_{4L0}）。

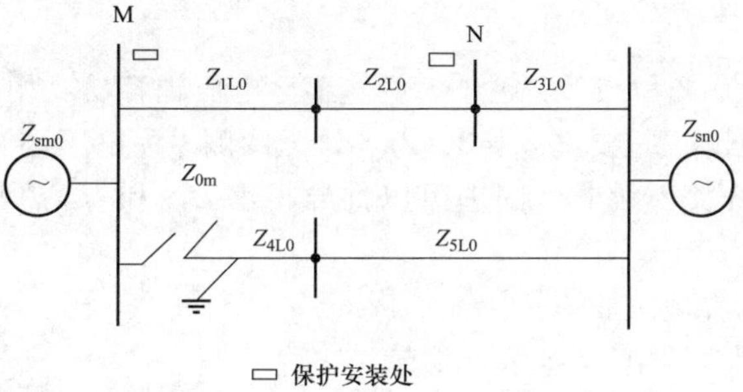

图4 系统接线示意图

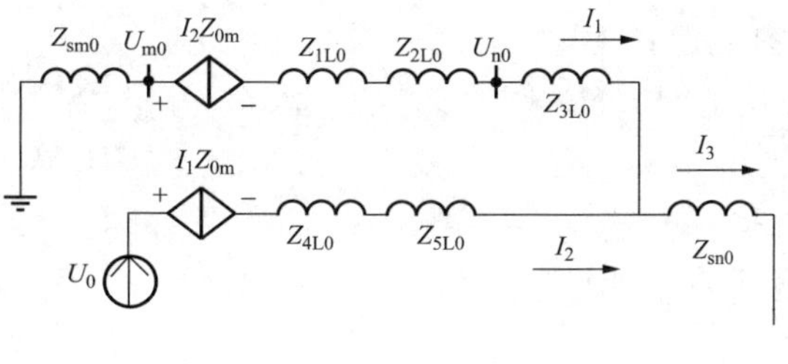

图5 零序回路示意图

考虑线路互感的影响，忽略电阻，根据每回线路的零序电压降和KCL方程，可列出以下方程组（电流假定正方向如图所示）：

$$\begin{cases} U_0=(Z_{4L0}+Z_{5L0})I_2+Z_{sn0}I_3+Z_{0m}I_1 \\ 0-U_{n0}=I_1(Z_{1L0}+Z_{2L0}+Z_{sm0})+I_2Z_{0m} \\ U_{n0}-0=I_1Z_{3L0}+Z_{sn0}I_3 \\ I_1+I_2=I_3 \end{cases} \tag{1}$$

对方程组进行求解，可求得：

$$U_{n0}=\frac{U_0[Z_{sn0}(Z_{1L0}+Z_{2L0}+Z_{sm0})Z_{0m}(Z_{sn0}+Z_{3L0})]}{(Z_{1L0}+Z_{2L0}+Z_{3L0}+Z_{sm0}-Z_{0m})(Z_{4L0}+Z_{5L0}+Z_{sn0})+(Z_{sn0}+Z_{0m})(Z_{4L0}+Z_{5L0}-Z_{0m})} \tag{2}$$

$$U_{m0}=\frac{U_0(Z_{sn0}+Z_m)Z_{sm0}}{(Z_{1L0}+Z_{2L0}+Z_{3L0}+Z_{sm0}-Z_{0m})(Z_{4L0}+Z_{5L0}+Z_{sn0})+(Z_{sn0}+Z_{0m})(Z_{4L0}+Z_{5L0}-Z_{0m})} \tag{3}$$

因为 $Z_{0m}<Z_{1L0}$，$Z_{0m}<Z_{4L0}$ 所以上式分母恒大于零；因此只有当 $Z_{sn0}(Z_{1L0}+Z_{2L0}+Z_{sm0})-Z_{0m}(Z_{sn0}+Z_{3L0})<0$ 时，即两侧系统参数与线路阻抗、线路互感呈现一定关系时，$U_{n0}<0$，此时线路两侧（M、N 侧）零序电压反相。下面就几种特殊情况进行分析：

1）当 $Z_{0m}=0$，分子恒大于零，即线路没有互感，两侧零序电压不反相，说明无互感的线路故障不会对相邻线路纵联零序保护造成影响。

2）当 $Z_{3L0}=0$，分子恒大于零，即另一侧共端点的互感线路，即使故障线路对侧跳开，两侧零序电压也不会反相。

3）当 $Z_{3L0}=0$ 且 $Z_{2L0}=Z_{5L0}=0$ 时，系统就变为全线有互感的双回线情况，此时分子 U_0［Z_{sn0}（$Z_{1L0}+Z_{sm0}$）$-Z_{0m}Z_{sn0}$］恒大于零，因此全线有互感的双回线系统不会出现两侧零序电压反相的问题。

4）Z_{0m} 和 Z_{3L0} 越大，Z_{sm0} 与 Z_{sn0} 越小，两侧零序电压越容易反相。极限情况是当 $Z_{sn0}=0$（即假设为无穷大系统），只要 $Z_{3L0}\neq0$，$Z_{0n}\neq0$，两侧零序电压必然反相。

当第Ⅱ回线 M 侧开关不跳时，同理可以推导得出 U_{m0} 和 U_{n0} 总是同相的，保护不会误动。推导过程不再赘述。

（2）互感线路不存在电气联系。

若平行架设的两回线路电气上完全没有联系，平行线上流过零序电流时，由于互感的影响，将会在本线路上产生零序感应电流，并使电网各点出现相应的零序电压，如图 6 所示，AB 与 MN 为有互感且无电气联系的线路，当 AB 流过零序电流时，MN 线路上将会感应零序电压，相当于 MN 上叠加了一个大小为 I_0Z_{0m} 的零序电压源，Z_{sm0} 与 Z_{sn0} 为线路 MN 两侧背后的等值阻抗，此时从保护安装处看，满足以下公式：

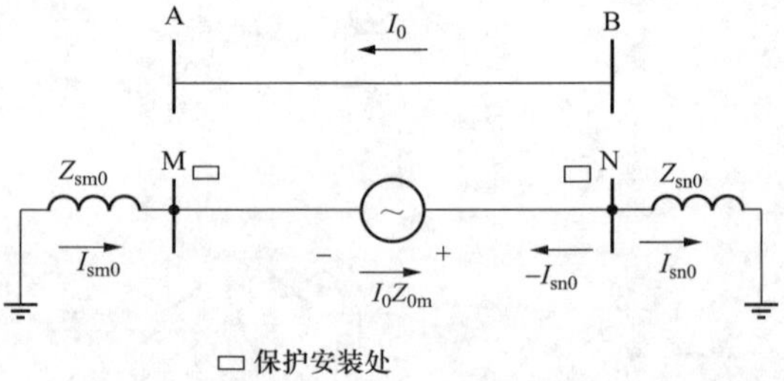

图 6 系统接线示意图

$$U_{m0}=-Z_{sm0}\times I_{sm0}=|Z_{sm0}|\times I_{sm0}\angle-90° \tag{4}$$

$$U_{n0}=Z_{sn0}\times I_{sn0}=-Z_{sn0}\times(-I_{sn0})=|Z_{sn0}|\times(-I_{sn0})\angle-90° \tag{5}$$

式（4）、式（5）显示，当理想情况忽略线路电阻时，MN 线 M 侧和 N 侧测量到的零序电流均超前零序电压相位 90°，与本线路内部接地故障情况一致，从而妨碍零序方向继电器正确判断故障，只要当 MN 线的零序电流超过保护零序停信值，就会造成纵联零序保护误动。

通过理论分析可知，影响电压反相造成纵联零序保护误动的因素包括电的联系强弱、磁的强弱影响两方面，电的联系越弱，磁的联系越强，误动的可能性越大。

在甲线故障时，当甲线本侧先动作跳开，由电网拓扑分析和定量计算结果表明，甲线和乙线存在较弱的电气联系和较强的电磁联系，定量计算显示电磁联系远强于电气联系，其影响效果与理论分析结果一致。

需要特别指出的是：不一定要同杆架设的线路发生故障才可能导致误动，只要是同杆架设或者同走廊线路上流过足够大的零序电流，存在互感的相邻线路就有误动的风险。

互感引起的保护误动有其独有的特点。就零序方向继电器来看，互感引起的效果与线路发生接地故障的效果是一致的，但分析线路两侧的零序电流电压，两者还是存在较大的差异：互感引起的零序变化可以视为零序电压源串接于线路，是一个纵向故障源，故障引起的零序变化可以视为零序电流源并接于故障点，是一个横向故障源；互感引起的零序电流是穿越性的，故障导致的零序电流两侧均由线路流向母线；互感引起的零序电压两侧相差180°，故障导致的零序电压两侧均为正。

三、可能发生误动的典型电网结构分析

为了进一步说明存在互感的电网结构及其对纵联零序保护的影响，本文假设互感线路AB、MN拓扑关系如图7所示，Z_{AM}与Z_{BN}为线路两端的等值联系阻抗，当Z_{AM}与Z_{BN}均为零时，图形拓扑关系可视为两端共端点的双回线，当Z_{AM}与Z_{BN}趋近无穷大时，图形拓扑关系则可以理解为没有任何电气联系的并架线路。为表达方便，系统其他部分采用电源等值支路表示。下面具体分析危险性较大的典型线路。

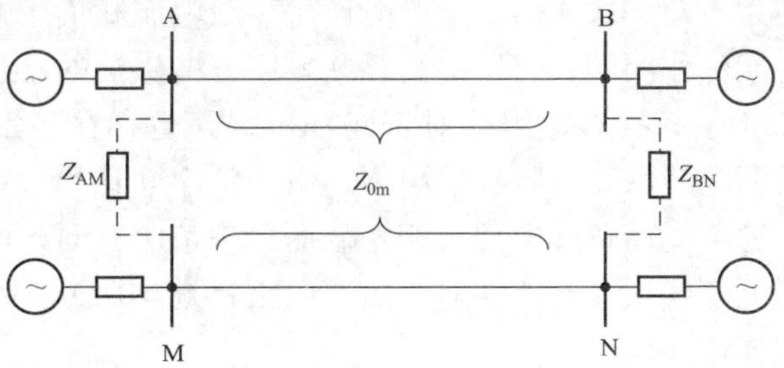

图7　系统接线示意图

假设AB与MN为不同电压等级线路同杆架设，当高电压等级线路AB流过零序电流时，低电压等级线路MN危险性较大。因为，高电压等级线路故障时产生的零序电流往往相对较大，由互感定义可知，在Z_{0m}一定的条件下，MN感应的零序电压U_{MN0}会随I_{AB0}成比例增加，从而对相邻线路影响也大了很多，而且，高低电压等级线路若存在电气联系，必须通过变压器的连接，Z_{AM}和Z_{BN}也自然会增加变压器的阻抗，电气联系也相应减弱，所以，对于高低电压等级线路，不仅要关注同杆并架情况，对于长距离同走廊架设，也要引起足够重视，相关误动作事例曾有发生。

假设AM侧共端点，BN侧不共端点且仅存在弱的电气联系或者不存在电气联系，即$Z_{AM}=0$，$Z_{BN}\rightarrow\infty$，则当共端点的A侧或M侧发生近端故障，互感线路的误动作危险性较大。因为当A侧发生近端故障时，A侧快速保护（如工频突变量距离、距离Ⅰ段等）会抢先纵联保护动作，在等待B侧开关相继跳开过程中，AB与MN线路实际上存在强的电磁联系，此时电网结构正如乙线与甲线的关系，MN线路发生误动的危险性很大。

假设AM、BN侧两端都不同端点，即$Z_{AM}\neq0$，$Z_{BN}\neq0$，比一端不共端点的互感线路危险性更大。若有一侧存在弱的电气联系或者不存在电气联系，即Z_{AM}较小而Z_{BN}很大时，出现误动的危险性同于第二种情况；若两侧仅存在弱的电气联系或者不存在电气联系，即Z_{AM}和Z_{BN}数值都很大时，则不需要故障线路的相继动作，只要线路流过较大零序电流，相应互感线路就有误动的可能，因此该类型电网结构在电网实际运行中必须给予高度的重视。

四、运行应对措施

针对电网现有结构现状，不可能通过改造消除电网的同杆并架，而且由于线路走廊的限制，可以预见，未来电网还会是多回同杆并架的大量出现。如何避免保护误动或者减少误动，从电网运行的角度上考虑，结合上述分析的结论，可以从以下几个方面采取措施，减少误动风险：

（一）积极推广光纤差动保护

基于基尔霍夫定律原理的光纤差动保护，不再依赖零序功率方向继电器判别故障处于区内还是区外，可以从根本上避免零序方向的误判问题，而且，光纤差动保护的天然判相功能，对于同杆线路的跨线故障，有很强的识别功能。应该说，采用光纤差动保护是最有效和最完善的措施，但首先需要解决光纤通道资源的问题，往往由于通道资源不足，互感线路无法完全实现光纤差动保护。

（二）增加纵联零序保护的负序闭锁条件

理论上可以利用负序方向元件或者负序电流元件等作为纵联零序方向保护同杆并架线路应用时的闭锁条件。因为不对称故障时，会同时产生零序电流和负序电流，互感对负序电流的影响较小，利用负序元件作闭锁，可以提高纵联零序方向保护的可靠性。但在实际系统中对于100km以下线路都不进行换位，因此对于同杆短线路也存在一定的负序互感，在不同电压等级同杆架设以及弱电气联系等特殊情况下，由于负序互感的影响，被干扰线路会出现很小的负序电压，甚至还可能使负序电压反相，从而影响负序方向元件正常判别，同样会造成零序保护误动。实际上乙线误动时乙线对侧负序电压就是0.05V。因此采用负序元件闭锁的方案有待进一步研究探讨。

（三）改进纵联零序保护逻辑

针对纵联零序方向保护，可以从以下几个方面考虑改进：

（1）适当延长纵联零序方向保护的动作时间。

目前，新一代微机保护中纵联零序保护可以定位为纵联距离保护和纵联方向保护的辅助主保护，主要用在高阻接地、缓慢发展故障等特殊故障时弥补纵联距离保护和纵联方向保护的不足。对于同杆并架或存在强互感线路的纵联零序保护，可以适当增加延时，不但考虑躲过同杆线路的相继动作时间差，而且考虑躲过故障线路切除故障的时间，以保证纵联零序保护不会在同杆线路单侧跳开后发生误动，或者在系统故障时互感线路流过强零序电流时本线不会误动。但是，目前仍在运行的某些类型纵联保护中纵联零序保护是判别接地故障的唯一主保护，此方案必然会影响保护整体性能。

（2）适当提高有同杆线路的零序停信门槛值。

零序电流达到保护停信门槛值是纵联零序方向保护动作的必要条件，对于同杆架设的线路，适当提高零序停信门槛值，可以有效减少误动的概率，但是同时也降低了保护灵敏度，与增加延时一样，为了避免或者降低误动的风险，牺牲了保护的部分性能。

（3）增设纵联零序保护延时段。

综合考虑以上两点，可以将纵联零序保护改为两段式，第一段设置较高零序门槛值，并且不带延时，保证在严重故障时快速切除故障，第二段为有延时的保护，设置较低零序门槛值，使其在高阻接地等故障时有足够灵敏度，保证区内发生接地故障时能可靠切除故障，延时的设置，可以按第一个方案的思路考虑，一般来说，考虑到只有在大电流情况下才会出现互感线路导致零序方向两侧同向的情况，而此时故障线路应在100ms内切除故障，所以延时可以设为100ms加一定的时间级差。此方案将会给整定计算带来一定的难度，定值整定时需综合考虑高、低定值的协调配合以及Ⅱ段延时设置的合理性。

（四）合理选择充电端

事故发生后，对于有同杆并架情况线路的强送充电，注意选择从与同杆线路有较强电气联系的一侧充电，因为，若充电时线路存在不对称接地故障时，只要电气联系较大，强过电磁联系的影响，同杆线路的两侧零序电压不会反相，纵联零序方向保护就不会误动。该原则对于新投产线路的启动，也具有借鉴意义。

随着电网建设的快速发展，以及线路走廊越来越困难的情况下，同杆线路和同走廊线路将会越来越多，线路互感对纵联零序保护的影响，甚至对其他保护的影响，也将会日益严峻。因此，一方面需要保护工作者进一步深入研究互感对电网运行特别是故障时的影响，另一方面要积极采取有效措施，综合考虑，严防保护误动，确保系统安全运行。

关于同杆并架线路在“强磁弱电”情况下纵联零序方向保护的动作行为分析读者还可以参阅第三章第三节中“平行线路线间互感对纵联零序方向保护的影响”中的分析。

案例18. 一起500kV双线误跳闸的事故分析

一、事故简述

××××年××月××日15时13分，某站500kV甲线本侧跳闸，15时57分该站500kV乙线跳闸，15时58分500kV甲线对侧跳闸。线路跳闸期间，本站监控后台频繁发出500kV甲线、乙线、丙线、丁线、戊线、己线线路第二套分相电流差动光纤通道故障动作和复归信号以及保护被闭锁信号。

事故发生后，网调下令将其余线路的第二套分相电流差动保护从跳闸改信号，第二套远方跳闸从跳闸改信号，将本站安稳装置和EACCS装置故障通道停用，并通知通信人员进行处理。在得到国调许可后，迅速恢复甲线、乙线运行。

在保护动作期间，由于正在进行本站至另一500kV站的双线的启动，通信设备厂家技术人员在现场和省调进行通信保障，并正为配合本次启动，对相关通信业务进行配置调整。省调通信值班员接到网调调度通知后，立即通知厂家技术人员对相关ARKT设备进行了检查，检查发现本站内第二套ARKT SDH设备中的所有2M通路出现劣化降级告警。厂家技术人员经仔细分析后，最终判断为本侧第二套ARKT设备交叉矩阵板故障引起该设备所有2M业务出现信号劣化和误码。后经更换备件，通信和保护设备于22时15分恢复正常。

（一）事故前的500kV本站系统运行方式

如图1，500kV Ⅰ、Ⅱ段母线正常运行，500kV甲线、乙线、丙线、丁线、戊线、己线正常运行；2号主变500kV侧正常运行；500kV庚线、辛线在启动充电状态。

（二）事故时现场信息

（1）本站控系统的事件记录。

从15时09分~16时47分，本站内500kV线路相继出现长时间的通道中断告警、保护闭锁的信号。本站控系统中各条线路出现告警的时间如下：

15：09：54：009　500kV丙线

15：09：54：031　500kV丁线

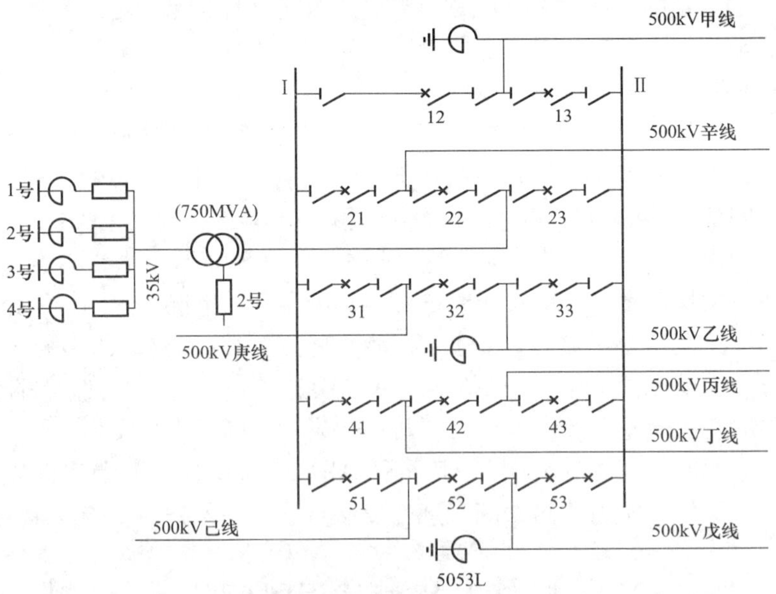

图1 本站内接线图

15: 09: 54：035 500kV 戊线

15: 09: 58：877 500kV 己线

15: 10: 19：486 500kV 甲线

15: 12: 40：040 500kV 乙线

（2）本站南自厂保护 PSL603GAM 信息：

1）本侧 500kV 甲线第二套分相电流差动保护 PSL603GAM

15: 13: 18：765 远传跳闸出口

15: 13: 18：811 A、B、C 三相跳闸

15: 13: 18：821 远传跳闸返回

2）本侧 500kV 乙线第二套分相电流差动保护 PSL603GAM

15: 57: 34：814 远传跳闸出口

15: 57: 34：859 开关三相跳闸

15: 57: 34：869 远传跳闸返回

3）对侧 500kV 甲线第二套分相电流差动保护 PSL603GAM

15: 58: 37: 584 远传跳闸出口。开关三跳

二、事故原因分析

（一）通信设备动作情况分析

（1）基本情况。

××××年××月××日 500kV 庚线、辛线启动试验，ARKT 公司技术人员在本站现场和省公司通信网管机房对本次启动的相关通信业务进行技术保障。

按照省公司 ARKT 西北环网设计规划，其中相关 500kV 变电站设备之间均配置 2 块 2.5G 光板，1 块用于构建二纤复用段共享环，用于承载非保护、安稳、EACCS 的通信业务，另外 1 块按点对点配置，用于承载相关保护、安稳、EACCS 业务，为了完成本次双线启动试验的相关技术实施保障工作，ARKT 公司技术工程人员当日通过网管对 ARKT 西北环网相

关站点设备通信业务配置进行调整，在本站第二套 ARKT 设备配置数据下发过程中发现加载时间过长，随即停止其他通信业务配置调整工作并对相关设备进行检查。15 时 20 分左右本站继电保护通道异常，ARKT 公司技术人员随后通过设备网管发现，从 15 时 28 分开始本站第二套 ARKT 设备上承载的相关保护通道相继频繁出现 DS、EXBER、SSF 告警，同时发现本站第二套 ARKT 设备上承载其他 2M 业务也相继频繁出现类似告警。

（2）本站第二套 ARKT 设备相关告警分析。

××××年××月××日 15 时 28 分开始出现多个 VC12 DS（信号劣化）告警，该告警是由于设备对 VC12 中 V5 字节（B1，B2）进行奇偶校验而产生，误码率门限为 10E -6。当时此 DS（信号劣化）告警一直时断时续。

15 时 53 分 出现 EXBER（误码过高）告警，该告警是由于设备对 VC12 中的 V5 字节（B1，B2）进行奇偶校验而产生，误码率门限为 10E -3，当时此 EXBER（误码过高）告警也是时断时续。

16 时 11 分个别 VC12 出现 SSF（服务信号失效）告警。随后出现多个 VC12 SSF（服务信号失效）告警。

为了尽可能减少故障对用户业务的影响程度，排障前期 ARKT 公司技术人员分别对故障设备的所有板件进行了仔细的检测分析并且对站点设备监控盘配置 Flash 卡中的交叉连接数据信息进行查验，数据正常无误。后经 ARKT 公司技术人员更换本第二套 ARKT 设备矩阵板后设备恢复正常。

通过对本次事件的情况调查，初步判断 ARKT 公司技术工程人员为配合本次工程启动，对本第二套 ARKT 设备配置数据下发，本站第二套 ARKT 设备交叉矩阵板故障，导致该设备的 VC12 相继出现 DS、EXBER、SSF 告警。

（二）保护设备动作情况的检查和分析

事故发生后，网调、省调、中试所、供电公司会同保护厂家针对相关装置、二次回路及故障录波进行了检查，检查情况如下：

按照保护设计的原则，本站和对侧站 PSL603GAM 装置的远方跳闸是由 RCS974 高抗保护动作、SSR530 过电压保护动作、RCS921 断路器失灵保护动作来触发并通过光纤通道传递信号至对侧保护动作。经检查发现两侧的上述保护均未触发 PSL603GAM 的远跳。

甲线、乙线两侧相关二次回路未见任何异常。

对本站 BEN5000 故障录波报告分析后发现，在 PSL603GAM 三相跳闸令发出的同时装置一直有通道故障的信号。

对本站 PSL603GAM 装置报告分析发现，从 15 时 09 分开始伴随装置通道故障的同时，不断出现差动保护通道中断、远传跳闸等报文，直到 16 时 40 分左右通信通道完全中断。其中，甲线路第二套分相电流差动保护 PSL603GAM 在 15 时 13 分 18 秒 765 毫秒第一次收到远传跳闸命令出口跳闸外，还先后收到了 11 次远传跳闸命令、2 次远传 A（启动中央信号）和 2 次远传 B（启动故障录波）命令；乙线路第二套分相电流差动保护 PSL603GAM 除在 15 时 57 分 34 秒 814 毫秒第一次收到远传跳闸命令出口跳闸外，还先后收到了 2 次远传跳闸命令和 2 次远传 A（启动中央信号）；对侧站甲线路第二套分相电流差动保护 PSL603GAM 装置除在 15 时 58 分 37 秒 584 毫秒收到远传跳闸出口跳开开关外，还收到两次远传 A（启动中央信号）。

在整个通道异常期间（约一个半小时）本站 500kV 甲线、乙线、丙线、丁线、戊线、已线第二套分相电流差动保护 REL561 都发生很多次通道异常并闭锁保护的情况（变电站站控事件记录和保护装置中均有记录）。

综合保护的事件记录情况，初步断定在通信通道长时间异常过程，分相电流差动保护 PSL603GAM 收到紊乱的通信数据，最终导致远传跳闸出口跳开本和对侧的相应开关。

（三）保护设备现场试验

继电保护人员对分相电流差动保护 PSL603GAM 的二次回路接线、保护装置和定值进行试验，没有发现异常。

三、经验教训和措施、建议

（1）初步判断在本站启动过程中，ARKT 公司技术工程人员为配合本次工程启动，对本第二套 ARKT 设备配置数据下发期间，本站第二套 ARKT 设备交叉矩阵板故障，导致该设备的 VC12 相继出现 DS、EXBER、SSF 告警，这是引发此次跳闸的主要原因。

（2）交叉矩阵板的故障导致本站六条线路第二套分相电流差动保护的 2M 通信通道的长时间劣化降级和误码告警，电流差动保护 PSL603GAM 连续收到紊乱的通信数据，最终导致远传跳闸出口跳开相应的开关。

（3）本站第二套 ARKT 设备出现多次信号劣化告警和误码告警（误码更恶劣）情况，最终导致服务信号失效告警（即通道中断）。在更换通道故障设备后，所有的通信和保护设备等均恢复了正常。

（4）组织有关通信和保护厂商在电力试院研究院组织通信和保护设备的测试，研究 HDLC 等通信规约对电流差动保护和远方跳闸功能的影响，并明确有关技术规定。

（5）要求保护厂商，对通道异常情况下电流差动保护和远方跳闸等功能进行进一步研究，努力提高电流差动保护的抗干扰能力。

（6）使用远方跳闸就地判别装置。

案例 19. 一起保护误动引起的重大电网事故的分析

一、事故简述

（一）事故电网概况

事故省公司电网以 220kV 电网为主网架，500kV 电网初具规模。截止到 2005 年底，全口径装机容量 2800 万 kW，其中省网统调总装机容量 2196 万 kW。省网统调装机容量中火电 1963 万 kW，占 89%；水电 233 万 kW，占 11%。

事故网公司电网以 500kV 电网为骨干网架，覆盖周边六省（市），供电面积 130 万平方公里，供电人口约 3.8 亿。截止到 2005 年底，全口径装机容量 9934.6 万 kW（含三峡水电机组），其中火电 5996 万 kW，占 59%；水电 4038.6 万 kW，占 41%。

（二）事故经过

××××年××月××日晚，该省电网某 500kV 变电站，因与其相连的某双回线之第二回线路运行中发生差动保护装置误动作，而导致 2 台开关跳闸。随后，此双回线之第一回线路差动保护装置“过负荷保护”动作，又导致该变电站另外 2 台开关跳闸。而对侧变电站安全稳定装置拒动。

事故发生后，省电力调度中心紧急停运部分机组，迅速拉限部分地区负荷，稳定系统电压。

此后不久，该省电网多条220kV线路故障跳闸，1座500kV变电站及部分220kV变电站出现满载或过负荷，一些发电厂电压迅速下降。该省电网有2个区域电网的潮流和电压出现周期性波动，电压急剧下降，系统出现振荡。

由于受振荡影响，部分发电机组相继跳闸停运。该省电力调度中心紧急切除某地区部分负荷，拉停部分220kV变电站主变压器。国调中心下令该网公司电网与某相邻电网解列，该电网外送功率迅速大幅降低。之后，电网功率振荡平息。

在事故发生过程和处置过程中，共有5条500kV、5条220kV线路跳闸；共停运发电机组32台，减少发电出力577万kW；周边四省电网低频减载装置动作切除负荷160万kW，该省电网减供负荷276.5万kW（网公司电网共损失负荷379.4万kW），该省电网电量损失232万kW时，相领四省电量损失合计280.46万kW时；系统功率振荡期间频率最低为49.11赫兹，该网公司电网与周边电网解列。

本次事故没有造成人身伤亡、重大设备损坏以及其他次生事故。党政机关、广播电台、铁路、机场、煤矿、医院等重要用户及道路交通等公共场所基本未受影响。部分工业用户和部分居民住户受到停电影响。

事故发生后，电力调度处理及时、果断，措施有效。紧急停运部分发电机组，拉限负荷，维持电压水平，控制系统潮流，防止了事故进一步扩大，成功地避免了一次电网大面积停电事故发生。

当日21时30分，周边电网停供负荷全部恢复供电。21时38分，该省所有受影响的重要负荷恢复供电。22时23分，该省电网所有220kV跳闸线路全部送电成功，该省电网基本恢复正常。23时20分，该省电网恢复正常稳定运行，损失负荷全部恢复供电。次日2时51分，网公司主网恢复正常运行方式。

二、事故原因分析

经调查分析，500kV某线第二回线路保护装置误动作，是本次事故的直接原因；500kV某线第一回线路应接入“报警”的“过负荷保护”误设置为“跳闸”而动作，是本次事故扩大的原因；500kV该变电站安全稳定控制装置拒动，是本次事故进一步扩大的原因。

三、经验教训和措施、建议

（1）继电保护装置存在缺陷，继电保护、安全稳定控制装置等二次设备管理上存在薄弱环节，发电企业涉网设备技术监督有待加强。

（2）电网发展滞后于电源建设，网架结构薄弱，部分输电断面“卡脖子”，电磁环网等安全稳定问题突出。

（3）调度判断准确，处置果断。事故发生后，国调中心、网调，特别是省调判断准确，处置果断，指挥有效，迅速平息系统振荡，精心组织电网恢复和供电恢复，成功地避免了一次类似美加大停电的电网瓦解和大面积停电事故发生。

（4）应急预案发挥了重要作用。该省电力公司按照《国家处置电网大面积停电事件应急预案》等应急管理的要求，认真组织编制了各级、各类应急预案。组织过专门的预案演练，使调度值班员在面对突发事故时能够沉着应对、正确处置，防止了事故的进一步扩大。

（5）厂网密切配合，为事故处理提供保障、创造条件。各发电厂在事故处理过程中以高度的责任感密切配合电网企业，严格执行调度命令，全力协助事故处理，反应迅速，及时起停机组，调整负荷，为事故处理赢得了时间、创造了条件。

案例20. 某220kV变电站母线全停事故分析

一、事故简述

××××年××月××日16时13分46秒，220kV某站发生母线全停事故。

事故前该站运行方式：双母线方式运行，共有6条220kV出线，两台主变，其中甲线、乙线、丙线、1号主变正母运行；丁线、戊线、己线、2号主变副母运行，见图1。

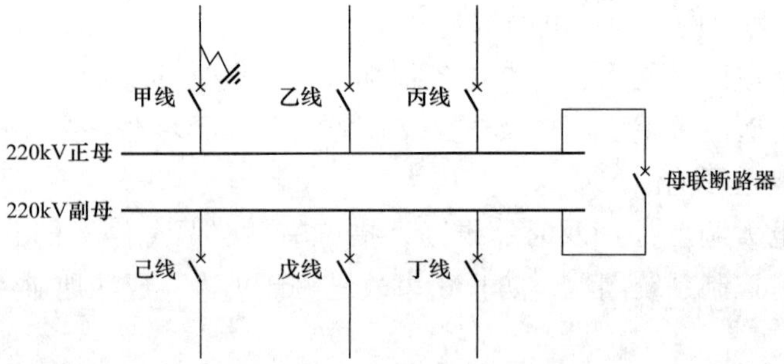

图1　故障前××站运行接线图

16时13分46秒雷击造成甲线在该站出口处C相故障，甲线两侧双高频动作，该站侧接地距离Ⅰ段、零序Ⅰ段保护正确动作，60ms C相开关跳闸切除故障，约过85ms该站甲线C相又有故障电流，后加速保护动作、开关三跳。由于持续存在C相故障电流，保护启动母差失灵保护。该站220kV正母失灵保护动作，425ms时刻母联开关跳闸，620ms左右正母上所有开关跳开；同时乙线、丙线母差远跳对侧开关三跳（甲线高频停信对侧仍为C相跳闸）。又经过140ms母联开关偷合（偷合原因详见母联开关偷合分析），甲线C相故障点继续存在，造成220kV副母差动动作，70ms切除副母上所有开关，同时220kV丁线、己线母差远跳对侧开关三跳，戊线母差停信对侧开关三跳（此时甲线又发生B相故障，因此保护选相选为B、C两相而三跳）。故障至此结束，历时约850ms，该站220kV母线全停，整个故障过程中保护动作全部正确。

二、事故原因分析

（一）保护动作分析

（1）0～60ms：甲线C相故障，该站侧CSL－101A高频零序保护，接地距离Ⅰ段，零序Ⅰ段动作，LFP－901A高频方向、高频零序保护、突变量距离、接地距离Ⅰ段动作，60ms C相开关跳闸；电厂侧WXB－11C高频零序保护动作，LFP－901A高频方向、高频零序保护动作，60ms C相开关跳闸。

（2）145～620ms：甲线在C相开关跳开、重合闸前，约过85ms该站侧C相又有故障电流（雷击造成开关击穿、故障重燃），后加速保护20ms动作三跳。但故障电流持续存在，从而启动该站220kV正母失灵保护动作，从丙线电流录波图中看出425ms时刻电流突然增大，说明此时该站220kV母联开关跳开；从录波图看丙线620ms切除故障电流，从录波图看乙线610ms切除故障电流，第二次故障到620ms时刻正母线上所有开关全部跳开。同时从乙线、丙线对侧的保护动作报告中看出610ms时刻收到对侧母差远跳信号而开关三跳。甲线高频停信对侧仍C相跳闸，此时电厂侧甲线A、B两相运行。

（3）700ms：电厂甲线A、B两相运行期间又发生B相故障，转换性故障保护动作三跳，80ms切除故障。

（4）770ms～850ms：该站甲线LFP－901A保护动作报告看，770ms时刻C相又出现对应的故障电流和正母电压，801ms LFP－901A后加速保护、790ms突变量距离保护动作。由于220kV母联偷合，此时母联CT二次回路已脱离母差，而母联开关偷合不会启动母联电流切换回路，造成220kV副母差动动作，70ms切除副母上所有开关；同时从已线对侧的保护动作报告中看，823ms时刻收到该站母差远跳信号而三跳出口；从丁线对侧保护动作报告看，808ms时刻收到该站母差动远跳信号而三跳出口；从戊线对侧保护动作报告看，810ms时刻收到该站母差动作停信而三跳出口（此时甲线又发生B相故障，因此保护选相选为B、C两相而三跳）。

故障至此结束，历时约850ms，整个故障过程该站220kV正母失灵保护、副母差动保护、相关线路保护动作全部正确。经分析确认，故障点均在甲线上；事后查明是甲线C相开关（西门子公司3AQ1EE）击穿、故障重燃，造成220kV正母失灵保护动作，770ms时刻该站220kV母联开关偷合，又造成该站220kV副母差动保护动作，母线全停。

（二）该站220kV母联偷合分析

因该站监控后台无220kV母联合闸记录，但通过保护动作记录和录波分析认为在该站母线全停事故中，220kV母联开关有偷合现象，省公司及时组织由电力调度通信中心、电力试验研究院、电业局有关人员组成的调查组进行了现场调查。调查组至现场后，进行了全面的回路检查和模拟试验，查明了原因，并及时改进了相关回路，经现场全面试验正确后投运。

（1）220kV母联开关偷合原因。

该站220kV母线保护装置1997年投运，为早期中阻抗RADSS母线保护，本次事故中发现母联电流切换回路原理接线存在缺陷，在母联开关分闸时存在合闸寄生回路和接点竞赛现象，分闸后经延时（母联断路器延时时间）启动合闸回路，造成了220kV母联开关“分闸－合闸－分闸”，母联合闸相关回路的示意图见图2，详细的母联电流切换回路原理接线图见图3。

根据图2，母差动作或母联开关分闸后，母差（失灵）动作接点或母联开关辅接点导通，经230ms延时后，时间继电器D25.137：26－25接点闭合，此时1D110端子（该端子与1D112合闸回路短接）带上正电源。由于D25.125（母联CT断联双位置继电器）继电器动作时间约为30ms（母差动作后230ms＋30ms），在该30ms时间内D25.125：116－115接点仍为闭合状态，存在合闸回路中间继电器（SHJ）和D25.125继电器竞争，造成开关合闸。

（2）原因分析与整改方案。

在查明220kV母联开关偷合原因后，省调马上组织召开由设计单位、试验单位、安装单位、运行单位、制造厂家等相关单位专家参加的专题分析会。经过认真分析和讨论，认为

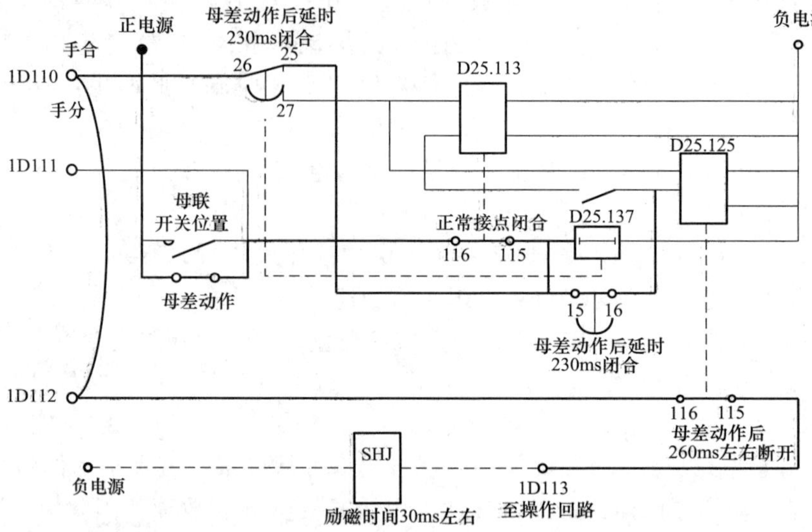

图2 母联合闸寄生回路示意图

该站220kV母联电流切换回路寄生回路及接点竞赛能引起220kV母联开关偷合。专家们对该现象在现场检修和运行操作中没有发现的原因进行了分析，主要由于母联电流切换回路十分复杂，现场检修和操作过程中开关“分-合-分”过程非常短暂，且开关最终在分闸状态，在现场检修和运行操作中难以发现此现象。

专家们对现场整改方案进行了讨论分析，认为整改方案可行，并且不影响母差保护正常动作逻辑。制造厂家同意了分析结论，并对改进后原理接线进行了确认。

整改方案：将原理接线图中1D110至1D112短接线拆除，增加D25.137：27至1D112连线。改进接线后寄生回路消除，经现场反复试验开关动作正确，保护逻辑正常，改进后原理接线详见图4。

三、经验教训和措施、建议

（1）对全省范围内运行的RADSS母差保护立即进行全面排查，对存在寄生回路的保护装置进行确认并立即落实整改，以避免类似情况发生。

（2）立即组织全省供电公司、发电厂等有关单位的管理、检修、运行人员进行整改方案宣贯；要求整改过程中做好危险点分析和预控措施，接线改造后必须进行认真全面的试验验证，确保整改实施工作安全有序地进行。

（3）进一步加强对继电保护装置入网技术监督管理，要求各制造厂家对产品在运行中发现的缺陷和整改及时通报各用户单位，及时消除隐患。

（4）设计单位和调试单位应加强对保护原理和二次回路的分析研究，保证回路的正确性。

（5）加快技术改造进程，对早期同类产品尽早实施技术改造，确保装置可靠运行。

（6）加快保护装置及二次回路标准化设计，提高保护设备及二次回路可靠性。

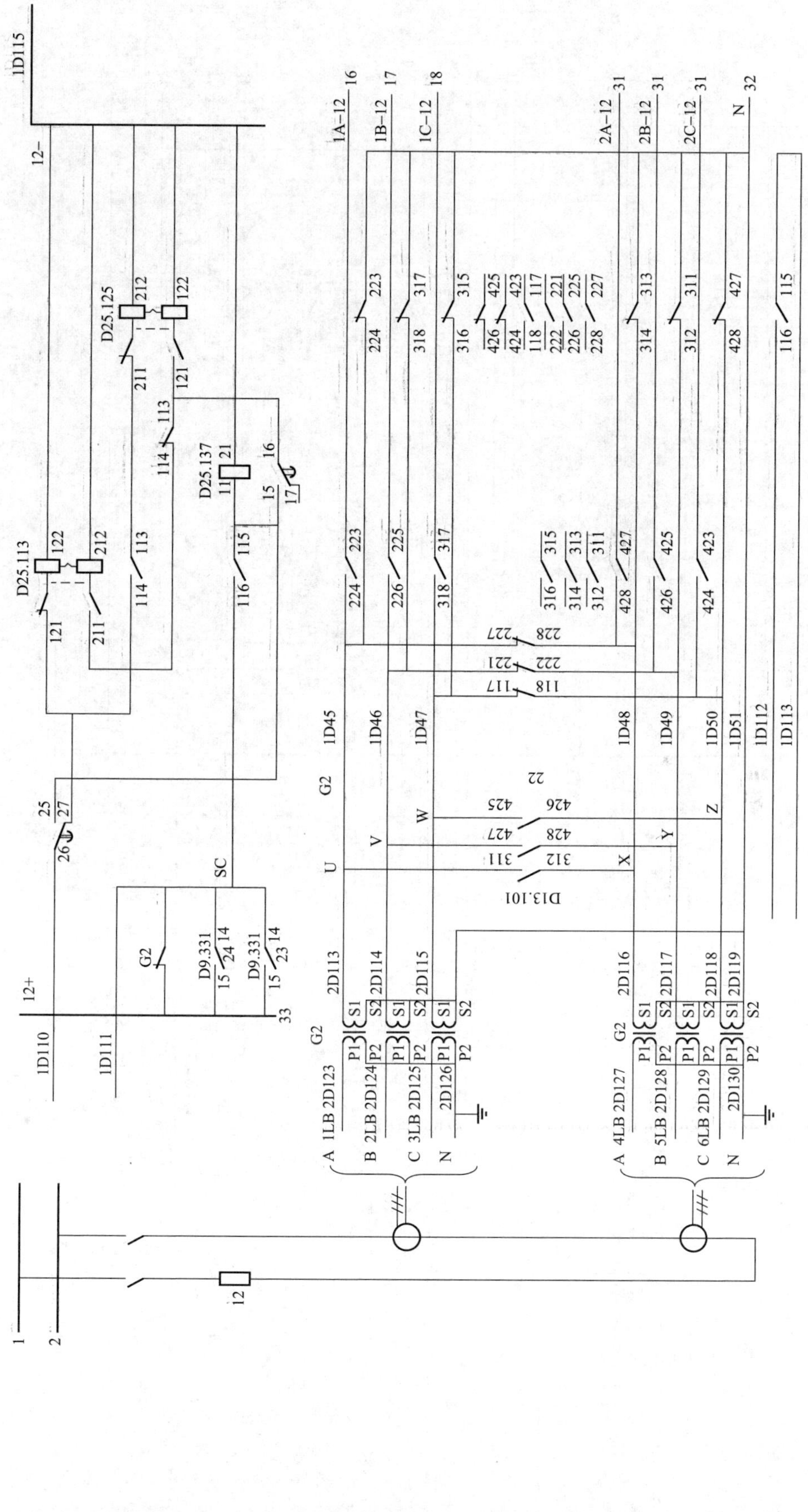

图3 整改前母联电流切换回路

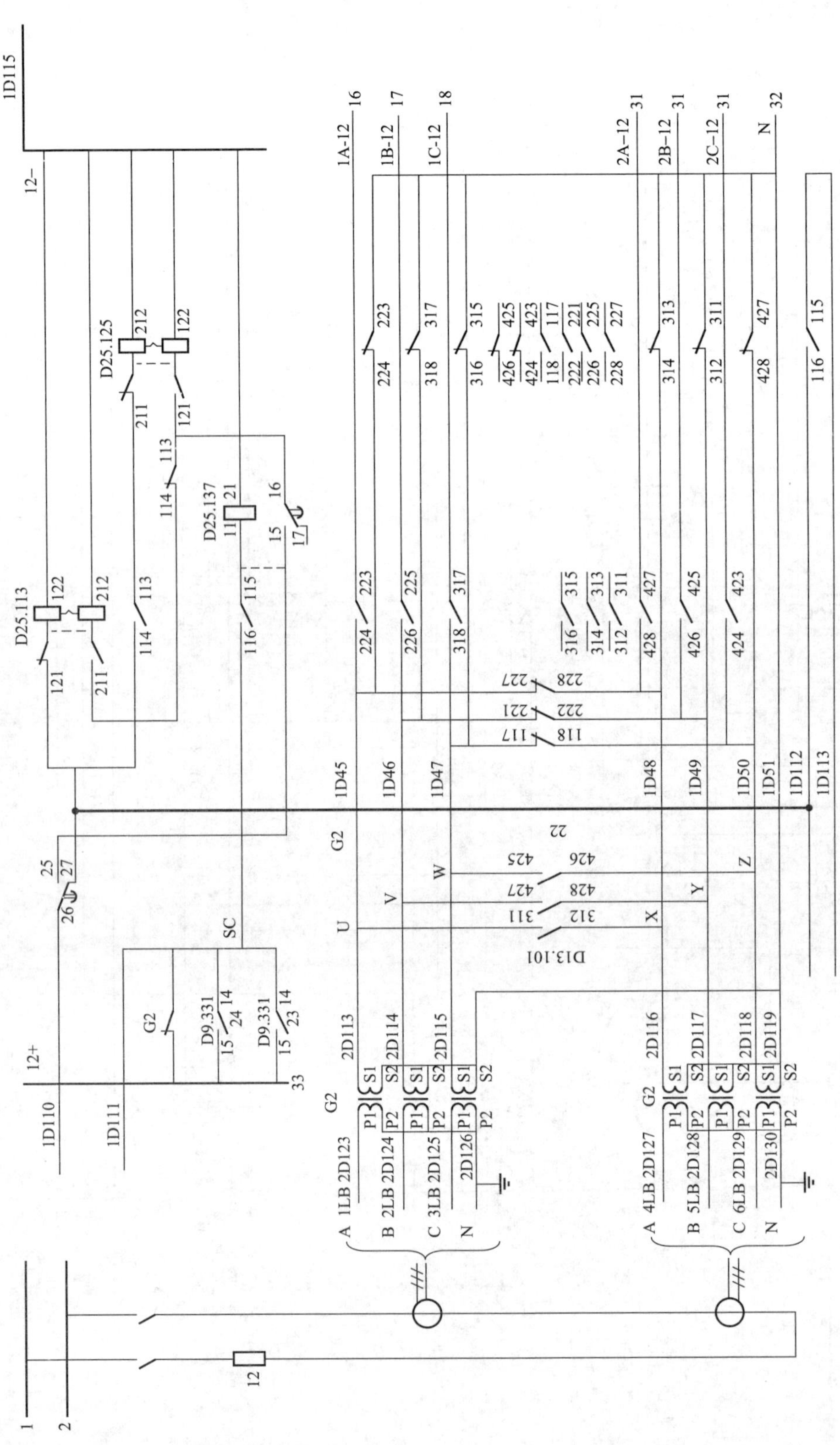

图4 整改后母联电流切换回路

（注：将1D110至1D112短接线拆除，增加D25.137:27至1D112连线）